2014

「도시 및 주거환경정비조례」

조문 해설

도시개발신문 대표
전 연 규 저

진 원 사
도시개발신문사

머리말

이 책은 전국의 「도시정비조례」(이하 "도시정비조례"라 한다.) 해설서다.

대도시 시장도 이제는 자신에 맞도록 조례를 제정할 수 있으며, 법적상한용적률도 결정할 수 있는 권한이 부여되었다. 2012.2.1 도시정비법 개정으로 인구 50만 이상의 대도시인 경기도 수원시, 부천시, 고양시, 안산시, 안양시도 도시정비조례를 제정했다. 여기에 서울시를 비롯한 부산시, 대구시, 광주시, 울산시, 대전시, 인천시, 경남, 경북, 충남, 충북, 전남, 전북, 제주특별자치도 외에도 세종특별자치시까지 도시정비조례를 제·개정했다.

이 책에서는 서울시 조례를 기준으로 설명하고 있지만 부산시, 대구시, 광주시, 대전시 및 과밀억제권역인 인천시, 경기도와 함께 대도시인 안양시, 수원시, 부천시, 고양시, 남양주시, 안산시, 화성시 조례를 비교 분석하였다.

그 이유로는 재개발 역사가 길어 도시재개발사업조례나 도시정비조례 및 조례 시행규칙이 잘 정비되어 있어서다. 그 외의 지역도 관련 규정을 소개하였다.

시도나 대도시의 재개발·주거환경개선사업의 구역지정 요건, 재개발·도시환경정비사업의 분양대상자격, 권리산정기준일 등을 상세히 풀이해 놓았다.

시간과 건강이 허락한다면 이 책을 기본서로 하여 영상 조문해설도 할 예정이니 독자여러분들은 조문해설을 먼저 읽고 이해했으면 한다.

「도시 및 주거환경정비법 조문해설」과 함께 이 책이 재건축재개발사업의 지침서가 되었으면 한다.

독자들의 건승을 기원한다.

2014년 7월

선릉 한국도시개발연구포럼 연구실에서

전 연 규

일러두기

1. 이 책에서 법령의 줄임말은 다음과 같다.
「도시 및 주거환경정비법」: **도시정비법**
「도시 및 주거환경정비조례」: **도시정비조례**
「도시재정비촉진을 위한 특별법」: **재정비특별법**
「국토의 계획 및 이용에 관한 법률」: **국토계획법**

2. 도시정비조례 조문 아래 관계 법령인 시행령(이하 "영"이라 함), 시행규칙, 조례 시행규칙 등으로 기재하였다. 따라서 본문과 관계된 법령 등과의 관계를 파악해 조문의 의미를 음미하는 것이 좋다.

3. 개정 연혁에서는 도시정비조례 이전 도시재개발사업조례나 도시재개발법령 등을 통해 과거의 모습에 비춰 현재의 도시정비조례와 경과조치를 통해 실체를 파악하는 것이 좋다. 도시재개발법상 도시재개발사업조례는 그대로 명기하였으며, 최초 도시정비조례는 그대로 하되 그 다음부터는 도시정비조례란 명칭을 생략하고 서울시조례로만 표기하였다.
또한 밑줄 친 조문은 개정된 내용을 표시한 것이다.

4. 본문 해설은 서울시 도시정비조례를 기준으로 하였으며, 관련 조문, 시도(대도시포함)별 조례와 판례·유권해석의 순으로 하였다.

5. 서울시 도시정비조례를 기준으로 한 해설을 통해 시도(대도시 포함) 도시정비조례를 이해하도록 하였다.

목 차

제1장 총 칙 / 1

제2장 정비구역의 지정 / 151

제3장 정비사업의 시행 / 281

제7장 사업시행인가 및 관리처분계획인가 시기조정 / 951

제8장 주거환경관리사업의 주민협의체 및 주민공동체운영회 / 965

제9장 보 칙 / 981

부 록 / 1021

제 1 장

총 칙

조례 제1조(목적)

목 적

「도시재개발법」·「도시저소득주민의 주거환경개선을 위한 임시조치법」 및 「주택건설촉진법」 중 재건축관련 규정을 통합한 도시정비법령이 제정되면서 시도 조례로 위임된 사항을 정하려는 것이 목적이다.

▢ 개정 연혁

▸ 도시재개발사업조례(서울시 조례)

제1조(목적) 이 조례는 도시재개발법(이하 "법"이라 한다.) 및 동법 시행령(이하 "영"이라 한다.)에서 위임한 사항과 기타 시행 상 필요한 사항을 규정함을 목적으로 한다.

➡ 2003.12.30 도시정비조례가 시행되기 이전 도시재개발법과 동법 시행령(동법 시행규칙은 없었음.)에서 위임한 사항을 정하기 위한 목적으로 만들어졌다.

▸ 도시정비조례[서울시조례 제4167호, 200312.30 제정]

제1조(목적) 이 조례는 도시정비법(이하 "법"이라 한다.), 동법 시행령(이하 "영"이라 한다.) 및 동법 시행규칙(이하 "시행규칙"이라 한다.)에서 위임된 사항과 그 시행에 관하여 필요한 사항을 규정함을 목적으로 한다.

부 칙 〈조례 제4167호, 2003.12.30 제정〉

제1조(시행일) 이 조례는 공포한 날부터 시행한다(효력발생시기는 2003.12.30).

➡ 노후·불량주택을 체계적이고 효율적으로 정비하여 도시기능을 회복하고 쾌적한 주거환경을

조성하기 위하여 「도시재개발법」·「도시저소득주민의 주거환경개선을 위한 임시조치법」 및 「주택건설촉진법」 중 재건축관련 규정을 통합한 도시정비법이 제정됨에 따라 관계 법령에서 위임된 사항과 그 시행에 관하여 필요한 사항을 정하려는 것이다.

내용은 변하지 않고 법령 띄워 쓰기와 표시로 2007.12.26, 2009.7.30 개정이 있었다.

▢ 조례 제1조(목적)

이 조례는 도시정비법(이하 "법"이라 한다.), 동법 시행령(이하 "영"이라 한다.) 및 동법 시행규칙(이하 "시행규칙"이라 한다.)에서 위임된 사항과 그 시행에 관하여 필요한 사항을 규정함을 목적으로 한다(본조).

도시재개발법의 시대에는 법과 시행령만 있었으나, 도시정비법에서는 법, 시행령 및 시행규칙이 제정되었다. 이에 따라 도시정비조례의 목적에서도 도시재개발사업조례와 달리 법, 시행령 외에도 시행규칙을 포함하여 규정하고 있다.

서울시를 비롯한 다른 시도 및 대도시 도시정비조례의 목적도 같다.

조례 제2조제1호(기존무허가건축물, 특정무허가건축물)

토지보상법 시행규칙 부칙 제5조

조례 제2조제2호(신발생무허가건축물)

특정무허가건축물과 신발생무허가건축물

도시재개발법 당시 서울시 도시재개발사업조례 제2조(정의)에 "기존무허가건축물과 관리처분계획기준일"밖에 없었다. 도시정비법으로 통폐합되면서 2003.12.30 도시정비조례에서 사업이란 명칭을 없어지고 도시정비조례가 제정되었다.

▢ 개정 연혁

▸ 도시재개발사업조례[서울시조례]

제2조(정의) 이 조례에서 사용하는 용어의 정의는 다음 각 호와 같다.

1. "기존무허가건축물"이란 다음 각 목의 1에 해당하는 무허가건축물을 말하며 그 외의 무허가건축물은 "신발생무허가건축물"이라 한다.

   가. 1981.12.31 현재 무허가건축대장에 등재된 건물

   나. 1981. 2차 촬영항공사진에 수록되어 있는 무허가건축물

   다. 재산세 납부 등으로 공부상 1981.12.31 이전에 존립하였다는 확증 있는 무허가건물

   라. 1982.4.8 이전에 사실상 건립된 연면적 85㎡ 이하의 주거용 건물로서 1982. 제1차 촬영 항공사진에 수록되어 있거나 또는 재산세 납부 등 공부상 1982.4.8 이전에 건립하였다는 확증이 있는 무허가 건물

▸ **도시정비조례[서울시조례 제4167호, 2003.12.30, 제정]**

제2조(정의) 이 조례에서 사용하는 용어의 정의는 법 제2조 각 호와 같으며, 그 밖에 용어의 정의는 다음과 같다.

1. "기존무허가건축물"이란 다음 각 목의 1에 해당하는 무허가건축물을 말한다.
   가. 1981.12.31 현재 무허가건축물대장에 등재된 무허가건축물
   나. 1981. 제2차 촬영한 항공사진에 나타나 있는 무허가건축물
   다. 재산세 납부대장 등 공부상 1981.12.31 이전에 건축하였다는 확증이 있는 무허가건축물
   라. 1982.4.8 이전에 사실상 건축된 연면적 85㎡ 이하의 주거용건축물로서 1982. 제1차 촬영한 항공사진에 나타나 있거나 재산세 납부대장 등 공부상 1982.4.8 이전에 건축하였다는 확증이 있는 무허가건축물 〈개정 2009.7.30〉
2. "신발생무허가건축물"이란 제1호에 의한 기존무허가건축물 이외의 무허가건축물을 말한다.

부 칙 〈제4167호, 2003.12.30〉

이 조례는 공포한 날부터 시행한다(효력발생시기는 2003.12.30).

➡ 기존 도시재개발사업조례의 기존무허가건축물의 개념을 이어받았다. 기존의 조례에는 사업이 포함되어 있었으나, 도시정비법이 들어오면서 조례의 명칭에 사업이란 명칭이 삭제되었다.

▸ **[서울시조례 제4686호, 2008.9.30, 일부개정]**

제2조(정의) 이 조례에서 사용하는 용어의 정의는 「도시 및 주거환경정비법」(이하 "법"이라 한다.) 제2조 각 호와 같으며, 그 밖에 용어의 정의는 다음과 같다. 〈개정 2007.12.26〉

1. "기존무허가건축물"이란 다음 각 목의 어느 하나에 해당하는 무허가건축물을 말한다. 〈개정 2008.9.30〉
   가. 1981.12.31 현재 무허가건축물대장에 등재된 무허가건축물

나. 1981. 제2차 촬영한 항공사진에 나타나 있는 무허가건축물

다. 재산세 납부대장 등 공부상 1981.12.31 이전에 건축하였다는 확증이 있는 무허가건축물

라. 1982.4.8 이전에 사실상 건축된 연면적 85㎡ 이하의 주거용건축물로서 1982. 제1차 촬영한 항공사진에 나타나 있거나 재산세 납부대장 등 공부상 1982.4.8 이전에 건축하였다는 확증이 있는 무허가건축물 〈개정 2009.7.30〉

마. 토지보상법(건설교통부령 344호) 부칙 제5조에 따른 무허가건축물 중 조합정관에서 정한 건축물 〈신설 2004.11.5, 개정 2008.7.30, 2008.9.30〉

2. "신발생무허가건축물"이란 제1호에 따른 기존무허가건축물 이외의 무허가건축물을 말한다. 〈개정 2008.9.30〉

부 칙 〈2008.9.30〉

이 조례는 공포한 날부터 시행한다.

➡ 제1호 마목이 신설되었다.

▸ **[서울시조례 제5102호, 2011.5.26, 일부개정]**

제2조(정의) 이 조례에서 사용하는 용어의 정의는 「도시정비법」(이하 "법"이라 한다.) 제2조 각 호와 같으며, 그 밖에 용어의 정의는 다음 각 호와 같다. 〈개정 2007.12.26, 2009.7.30〉

1. "특정무허가건축물"이란 건설교통부령 제344호 토지보상법 시행규칙 부칙 제5조에 따른 1989.1.24 당시의 무허가건축물등을 말한다. 〈개정 2008.9.30, 2009.7.30, 2011.5.26〉

2. "신발생무허가건축물"이란 제1호에 따른 특정무허가건축물 이외의 무허가건축물을 말한다. 〈개정 2008.9.30, 2009.7.30, 2011.5.26〉

부 칙 〈제5102호, 2011.5.26〉

제1조(시행일) 이 조례는 공포한 날부터 시행한다.

제2조(특정무허가건축물의 정의 및 재개발사업의 분양대상 등에 관한 적용례) 제2조제1호 및 제27조제1항제1호의 개정규정은 이 조례 시행 후 최초로 영 제11조제1항에 따라 주민공람을 하는 분부터 적용한다.

➡ 무허가건축물 소유자의 조합원 자격과 재개발사업의 분양자격을 정함에 있어, 최근의 대법원의 판결 취지를 반영하여 무허가건축물에 대한 정의 및 이와 관련한 규정을 합리적으로 조정함으로써 정비사업 시행과 관련한 혼란을 방지하는 등 조례운영상 나타난 일부 미비점을 개선·보완하였다.

– "기존무허가건축물"을 "특정무허가건축물"로 용어를 변경하고, "특정무허가건축물"을 건설교통부령 제344호 토지보상법 시행규칙 부칙 제5조에 따른 1989.1.24 당시의 무허가건축물 등으로 규정하였다(제2조제1호 등).

- 특정무허가건축물 소유자의 조합원 자격과 재개발사업의 분양자격은 조합정관으로 정하도록 규정(제13조제3호, 제27조제1항제1호).
- 특정무허가건축물의 정의 및 재개발사업의 분양대상 등에 관한 개정규정은 이 조례 시행 후 최초로 영 제11조제1항에 따라 주민공람을 하는 분부터 적용(부칙 제2조)

특정무허가건축물이 재개발사업에서 화두로 떠올랐던 건 일명 지덕사 사건의 영향 때문이다.

지덕사 소유 토지 위에 오래 전부터 무허가건축물들이 들어서면서 당초에 주택건설촉진법(현 주택법)에 의한 지역직장주택조합으로 출발하였다. 그 후 사업이 여의치 않으면서 재개발사업으로 추진하면서 발생한 사건으로 그동안 무허가건축물에 관대하였던 재개발사업에서도 조합설립동의 시에 조합원으로의 자격 여부 및 분양대상자 자격에 대해 동의 받도록 강화하였던 것이다.

▢ 조례 제2조제1호(특정무허가건축물)

"특정무허가건축물"이란 건설교통부령 제344호 토지보상법 시행규칙 부칙 제5조에 따른 1989.1.24 당시의 무허가건축물등을 말한다(동조 제1호).

기존 재개발사업조례부터 기존무허가건축물이 존재하였으며, 조합원으로서의 자격을 주는 등 도시정비조례에 들어와서도 그대로 승계되어 왔다.

그 후 서울시는 2010.5.13 대법원에서 패소하면서 무허가건축물 소유자의 조합원 자격에 대해 판례의 취지를 반영하여 무조건 조합원으로 인정해오던 태도를 바꿔 아래와 같이 개정하였다.

2010.5.13 조례 제24조를 개정하여 종전의 주택인 "무허가건축물을 소유한 자"를 "주거용으로 사용하고 있는 특정무허가건축물 중 조합정관 등에서 정한 건축물을 포함한다."로 바뀌어 재개발·도시환경정비사업의 분양대상자가 되도록 하였다.

특정무허가건축물의 소유자에 대해 조합정관(단 재개발·도시환경정비조합만 해당함.)으로 조합원의 자격과 분양대상 자격자로 부여하고, 법 제16조제1항에 의한 조합설립 동의를 받도록 바뀌었다.

도시정비조례

제2조(정의) 이 조례에서 사용하는 용어의 정의는 법 제2조 각 호와 같으며, 그 밖에 용어의 정의는 다음과 같다.

1. "기존무허가건축물"이란 다음 각 목의 1에 해당하는 무허가건축물을 말한다.
   가. 1981.12.31 현재 무허가건축물대장에 등재된 무허가건축물
   나. 1981. 제2차 촬영한 항공사진에 나타나 있는 무허가건축물
   다. 재산세 납부대장 등 공부상 1981.12.31 이전에 건축하였다는 확증이 있는 무허가건축물
   라. 1982.4.8 이전에 사실상 건축된 연면적 85㎡ 이하의 주거용건축물로서 1982. 제1차 촬영한 항공사진에 나타나 있거나 재산세 납부대장 등 공부상 1982.4.8 이전에 건축하였다는 확증이 있는 무허가건축물 〈개정 2009.7.30〉

제24조(재개발사업의 분양대상 등) ① 영 제52조제1항제3호의 규정에 의하여 재개발사업으로 건립되는 공동주택의 분양대상자는 관리처분계획기준일 현재 다음 각 호의1에 해당하는 토지등소유자로 한다.

1. 종전의 건축물 중 주택(기존무허가건축물 및 사실상 주거용으로 사용되고 있는 건축물을 포함한다.)을 소유한 자

(이하 생략)

……

제2조(정의) 이 조례에서 사용하는 용어의 정의는 법 제2조 각 호와 같으며, 그 밖에 용어의 정의는 다음 각 호와 같다. 〈개정 2007.12.26, 2009.7.30〉

1. "특정무허가건축물"이란 건설교통부령 제344호 토지보상법 시행규칙 부칙 제5조에 따른 1989.1.24 당시의 무허가건축물등을 말한다. 〈개정 2008.9.30, 2009.7.30, 2011.5.26〉

제27조(재개발사업의 분양대상 등) ① 영 제52조제1항제3호에 따라 재개발사업으로 건립되는 공동주택의 분양대상자는 관리처분계획기준일 현재 다음 각 호의 어느 하나에 해당하는 토지등소유자로 한다. 〈개정 2009.7.30〉

1. 종전의 건축물 중 주택(주거용으로 사용하고 있는 특정무허가건축물 중 조합정관 등에서 정한 건축물을 포함한다.)을 소유한 자 〈개정 2009.7.30, 2011.5.26〉

(이하 생략)

○ 특정무허가건축물의 개념을 단독주택 재건축사업에서 적용할 수 있는지

재개발과 같은 규정이 없어 단독주택 재건축사업에 적용이 불가하다(조례 제28조에 재개발과 같은 규정 없음). 즉 단독주택 재건축사업장에서 특정무허가건축물소유자에 대해 조합정관으로 조합원 자격을 부여한다는 내용을 넣어 동의를 받아도 분양대상자격이 없음에 유의하여야 한다.

일부 단독주택 재건축조합에서 이에 반하는 조합정관으로 조합원분양이 가능하도록 정한 사례가 있을 정도로, 이에 대한 이해가 부족한 실정이다.

※ 조례 제28조(단독주택 재건축사업의 분양대상 등) ① 영 제52조제2항제1호의 단서에 따라 단독재건축사업으로 건립되는 공동주택의 분양대상자는 관리처분계획기준일 현재 다음 각 호의 어느 하나에 해당하는 토지등소유자로 한다. 〈개정 2009.7.30〉

1. 종전의 건축물 중 주택 및 그 부속토지를 소유한 자 〈개정 2009.7.30〉
2. 분양신청자가 소유하고 있는 권리가액이 분양용 최소규모 공동주택 1가구의 추산액 이상인 자 다만, 분양신청자가 동일한 세대인 경우의 권리가액은 세대원 전원의 가액을 합산하여 산정할 수 있다. 〈개정 2009.7.30〉〈단서신설 2010.7.15〉

○ 도시환경정비사업에서도 적용할 수 있는지

도시환경정비사업에서도 조례 제36조에 의해 위 재개발사업과 같이 특정무허가

건축물에 대한 조합원 및 분양대상 자격여부 규정이 준용된다(조례 제36조).

※ 조례 제36조(도시환경정비사업의 임대주택 및 주택공급 등) 도시환경정비사업에 따른 임대주택 및 주택의 공급 등에 관하여는 제21조제1항, 제22조, 제23조, 제27조, 제29조제1항·제2항, 제30조, 제31조 및 제33조부터 제35조까지 규정을 준용한다. 〈개정 2009.7.30, 개정 2010.3.2, 2012.7.30〉

▢ 조례 제2조제1호 관련, 서울시의 행정소송 패소(일명 지덕사 사건)

- 재개발구역지정결정취소소송(대법원 2010.5.13 선고 2010두2715 판결)

재개발사업의 분양대상과 노후·불량건축물로 분류되는 기준인 "기존무허가건축물"에 대하여 최근 재개발구역지정결정취소소송에 대한 대법원 판결(2010.5.13 선고 2010두2715 판결)에서 무허가건축물 소유자의 조합원 자격에 대한 판례의 취지를 반영하였다.

- 조례 제13조 특정무허가건축물 소유자의 조합원 자격에 관한 사항

재개발·도시환경정비사업의 분양대상을 정함에 있어 기존무허가건축물 소유자의 분양자격은 조합정관에서 조합원으로 인정한 경우에 한한다(조례 제27조제1항제1호).

즉 2011.5.26 이후에는 재개발사업의 경우 특정무허가건축물 소유자는 법 제16조제1항에 따른 동의를 얻어야 분양대상 조합원이 된다. 또한 특정무허가건축물은 제3조(노후불량건축물), 제26조(관리처분의 기준) 등과도 밀접한 관계가 있다.

서울시고시 제2010-281호
상도 제11재개발정비구역지정 변경(폐지)

2007.6.21 서울시고시 제2007-199호로 서울시 동작구 상도4동 산65번지 일대의 재개발사업 시행을 위해 「도시정비법」 제4조에 의한 상도 제11재개발 정비구역 지정을 변경(폐지)하였기에, 같은 법 제4조제5항에 따라 이를 고시하고, 토지이용규제기본법 제8조의 규정에 따라 지형도면을 함께 고시합니다.

2010년 7월 22일

서 울 특 별 시 장

1. 변경(폐지)의 사유

○ 2007.6.21 서울시고시 제2007-199호로 고시한 상도 제11재개발구역지정 처분의 취소를 청구하는 행정소송이 우리시를 상대로 제기되어 원고의 청구를 인용하는 판결이 대법원에서 최종 판결 확정됨으로써 정비구역 지정을 변경(폐지)함.

※ 관련소송

1) 사 건 명 : 대법원 2010두2715 재개발구역지정결정취소
(관련사건 : 서울행정법원 2007구합26278, 서울고등법원 2009누14448)

2) 원 고 : 주식회사 세아주택

3) 피 고 : 서울시장

4) 청구취지 : 피고가 2007.6.21 서울시고시 제2007-199호로 고시한 상도 제11주택재개발구역지정처분을 취소한다.

5) 판결내용 : 청구취지와 같음.

6) 판결확정일자 : 2010.5.13

2. 정비구역지정 변경(폐지)내용은 정비구역의 지정 및 정비계획 결정사항으로 그 내용은 다음과 같습니다.

======== 다 음 ========

1. 정비구역 : 변경(폐지) 결정

가. 정비사업의 명칭 : 상도 제11재개발정비사업

(이하 생략)

〈도시개발신문 2011. 3. 14〉

기존무허가건축물 소유자 조합원 자격 기준마련

ㅇ 기존무허가건축물 소유자도 토지등소유자(?)

서울시가 기존 무허가건축물 소유자 대책을 내놓은 근본적인 이유는, 최근 대법원이 무허가건축물 소유자는 토지등소유자에 포함된다고 볼 수 없다는 판결에 따른 것이다.

그동안 일반적으로 추진위나 조합의 인·허가를 담당하는 구청은 신발생무허가건축물의 소유자와는 달리 기존무허가건축물 소유자에 대해서는 토지등소유자로 산정해 동의율을 산정해 왔다. 즉 지금까지 정비구역 내 기존무허가건축물을 적법한 건축물과 동일하게 조합원 자격 및 분양대상으로 인정해 왔다.

기존무허가건축물을 토지등소유자로 인정하며 서울시 내세운 법적근거는, 도시정비법 제9조제9호 및 도시정비조례 제27조제1항이다.

즉, 도시정비법 제9조제9호는 '재개발사업에서 토지등소유자라 함은 정비구역안에 소재한 토지 또는 건축물의 소유자 또는 지상권자'로 규정하고 있고, 도시정비조례 제27조제1항제1호에 따라 '종전의 건축물중 기존무허가건축물로서 사실상 주거용으로 사용되고 있는 건축물을 소유한 자'를 관리처분계획기준일 현재 재개발사업의 분양대상자로 해 토지등소유자 과반수의 동의를 얻어 조합설립을 위한 추진위원회를 구성, 승인한 것이다.

때문에 조합설립인가를 받기 위해서는 도시정비법 제16조제1항에 따라 해당지역 주민의 동의율이 75%를 넘어야 하기에 기존무허가건축물 소유자를 포함한 동의율을 인정했으나, 조례가 개정되면 기존무허가건축물 소유자를 제외하고 동의율을 산정해야 한다.

그러나 이미 기존무허가건축물 소유자를 포함해 추진위원회가 승인됐거나 조합설립인가가 났다면 문제가 커질 수 있다. 대법원 판결처럼 기존무허가건축물 소유자를 동의자수 산정에서 제외하면 75% 동의율에 미달하게 된다. 때문에 소송으로 번질 경우 조합설립 존폐위기 및 정비구역 지정취소까지 이를 가능성이 커진다.

한 전문가는 "무허가건축물 소유자는 토지등소유자에서 제외되므로 동의자 수 산정에 있어 제외돼야 한다."며 "만약 무허가건축물 소유자를 제외한 동의자 수가 법적 요건에 미달하는 경우 조합설립인가에 하자가 있다."고 말했다.

이에 서울시 관계자는 "기존무허가건축물 소유자가 포함돼 조합설립인가를 받은 곳을 정확히 파악하지 않았지만, 몇몇 구역에 존재하는 것으로 알고 있다."며 "현재로선 조합설립동의서를 다시 징구해 '조합설립인가변경'을 신청하는 것이 최선의 방법이다."고 밝혔다. 이어 "서울시는 정비구역 내 기존무허가건축물에 대해 지금까지 사실상 적법한 건축물과 동일하게 조합원 자격 및 분양대상을 인정해 왔다."며 "소유권이 관리되고 있는 점, 행정의 일관성 등을 감안해, 시도 조례로 정하는 기존무허가건축물 소유자를 도시정비법이 정하고 있는 토지등소유자로 보도록 법령개정을 국토해양부에 건의한바 있다."고 덧붙였다.

○ 대법원 판결

지난해 5월 대법원은 기존 무허가건축물 소유자를 토지등소유자로 인정해 추진위 및 조합설립동의서를 받은 A재개발조합에 대해, 기존 무허가건축물 소유자는 토지등소유자로 볼 수 없다며 동의자 수 산정에서 제외시켜야 한다고 판결했다.

대법원은 판결문에서 "도시정비법 제2조제9호 가목 및 제19조제1항에 의하면 재개발구역 내의 토지 또는 건축물의 소유자 또는 그 지상권자는 토지등소유자로서 무허가건축물은 원칙적으로 관계법령에 의해 철거돼야 할 것인데, 그 소유자에게 조합원 자격을 부여해 결과적으로 재개발사업의 시행으로 인한 이익을 향유하게 하면 위법행위를 한 자가 이익을 받게 돼 버린다."며 "조합원의 자격이 부여되는 건축물이라 함은 원칙적으로 적법한 건축물을 의미하고 무허가건축물은 여기에 포함되지 않는다."고 설명했다.

이어 "다만 조합은 각자의 사정 내지는 필요에 따라 일정한 범위 내에서 기존 무허가건축물 소유자에게 조합원 자격을 부여하도록 정관으로 정할 수 있다."고 판결했다.

따라서 재판부는, 서울시가 제시한 각 규정은 적법하게 정비조합이 설립된 이후에 그 조합의 정관에 의해 기존 무허가건축물의 소유자에게도 조합원 자격 등을 부여할 수 있다는 것으로 해석될 뿐, 조합 설립 이전에 기존무허가건축물의 소유자가 도시정비법 제2조제9호 가목에 규정된 토지등소유자에 포함돼 당연히 조합원의 자격을 가진다는 의미로 볼 수는 없다고 해석한 것이다.

다시 말해 향후 조합이 설립된 후 정관에서 따로 정해야만 조합원 지위를 부여할 수 있다며, 무허가건축물 소유자들을 토지등소유자로 인정해 추진위 승인을 받은 행위는 위법하다는 것이 법원의 최종 판단이다.

(이하 생략)

▢ 조례 제2조제2호(신발생무허가건축물)

"신발생무허가건축물"이란 제1호에 따른 특정무허가건축물 이외의 무허가건축물을 말한다(동조 제2호).

특정무허가건축물의 경우 조합정관에 의해 법 제16조제1항의 동의를 얻으면 분양대상조합원이 될 수 있다. 반면 신발생무허가건축물 소유자는 조합정관에 의해 동의를 받아도 분양대상조합원이 될 수 없으며, 제2조제5호인 호수밀도 산정 시 사용된다. 이는 조례 제35조, 제40조와 밀접한 관계가 있다.

▢ 시도별 조례

○ 경기도, 인천시, 대구시, 대전시, 광주시, 울산시

기존무허가건축물은 서울시 특정무허가건축물과 그 개념이 같으며, 신발생무허가건축물은 기존무허가건축물에 해당하지 않는 무허가건축물로 규정하고 있다.

경기도의 경우, 신발생무허가건축물은 주거환경개선사업과 재개발사업의 주택공급과 관련이 있다.

※ 경기도 도시정비조례 제20조(주거환경개선사업의 주택공급대상에서 제외되는 자) 영 제54조제1항 관련 [별표2] 제2호에 따라서 주택공급이 제외되는 과소토지 소유자 등은 다음 각 호와 같다. 다만, 시장·군수가 해당 지역의 실정을 감안하여 토지의 합리적 이용 및 주택공급에 미치는 영향이 크지 않다고 판단하는 경우에는 제1호에 한하여 주택을 공급할 수 있다.
1. 「건축법」 제57조에 따라서 해당 시군 조례로 정한 대지분할 제한면적에 미달하는 토지소유자
2. 신발생무허가건축물의 소유자

제21조(재개발사업의 임대주택 공급대상자 등) ① 영 제54조제2항 관련 [별표3] 제2호 가목(4)에서 "시도 조례가 정하는 자"란 다음 각 호의 어느 하나에 해당하는 자를 말한다.
1. 해당 정비구역안에 거주하는 세입자로서 세대별 주민등록표에 등재된 날을 기준으로 영 제11조에 따른 정비구역의 지정을 위한 공람·공고일(사업시행방식전환의 경우에는 전환을 위한 공람·공고일을 말한다.) 3월 이전부터 사

업시행인가로 인하여 이주하는 날까지 계속하여 거주하고 있는 무주택세대주. 다만, 신발생무허가건축물에 거주하는 세입자는 제외한다.

- 남양주시

제2조(정의) 이 조례에서 사용하는 용어의 뜻은 다음과 같다.

1. "기존무허가건축물"이란 토지보상법에 따른 보상대상 무허가건축물(1989.1.24 이전 건축된 무허가건축물을 말한다.)을 말한다.
2. "새롭게 생긴 무허가건축물"이란 기존무허가건축물 외의 무허가건축물을 말한다.

➡ 신발생무허가건축물을 남양주시에서는 "새롭게 생긴 무허가건축물"로 표현하고 있다.

- 부천시, 안산시, 화성시

제2조(정의) 이 조례에서 사용하는 용어의 뜻은 「도시정비법」(이하 "법"이라 한다.) 제2조 각 호와 같으며, 그 밖에 용어의 뜻은 다음 각 호와 같다.

1. "기존무허가건축물"이란 건설교통부령 제344호 「공익사업을 위한 토지등의 취득 및 보상에 관한 법률 시행규칙」부칙 제5조에 따른 1989.1.24 당시의 무허가건축물등을 말한다.
2. "신발생무허가건축물"이란 제1호에 따른 기존무허가건축물 이외의 무허가건축물을 말한다.

- 수원시, 고양시, 안양시

제2조(정의) 이 조례에서 사용하는 용어의 뜻은 다음 각 호와 같다.

1. "기존무허가건축물"이란 「공익사업을 위한 토지등의 취득 및 보상에 관한 법률」에 따른 보상대상 무허가 건축물(1989.1.24 이전 건축된 무허가건축물)을 말하며, 그 외의 무허가 건축물은 "신발생무허가건축물"이라 한다.

○ **인천시**

제2조(용어의 정의) 이 조례에서 사용하는 용어의 정의는 다음과 같다. 〈개정 2013.4.8〉

1. "기존 무허가건축물"이란 토지보상법 시행규칙 부칙 제5조에 따른 1989.1.24 당시의 무허가건축물(건축법에 의한 허가를 받지 아니하거나 신고를 하지 아니하고 건축한 건축물을 말한다.)을 말한다.
2. "신발생무허가건축물"이란 "기존 무허가건축물"에 해당되지 아니하는 무허가건축물을 말한다.

○ **부산시**

제2조(정의) 이 조례에서 사용하는 용어의 뜻은 다음과 같다. 〈개정 2005.2.16, 2005.9.21, 2010.3.3〉

1. "기존무허가건축물"이란 1989.3.29 이전에 발생한 무허가건축물(위법시공건축물을 포함한다. 이하 같다.)을 말하며, 그 외의 무허가건축물은 "신발생무허가건축물"이라 한다. 〈개정 2005.9.21, 2010.3.3〉

제29조(주거환경개선사업의 주택공급대상에서 제외되는 자) 영 제54조제1항 관련 [별표2] 제2호의 규정에 의하여 주택공급이 제외되는 과소토지소유자 등은 다음 각 호와 같다. 다만, 구청장이 당해 지역의 실정을 감안하여 토지의 합리적 이용 및 주택공급에 미치는 영향이 크지 않다고 인정하는 경우에는 주택을 공급할 수 있다. 〈개정 2005.2.16〉

2. 신발생무허가건축물의 소유자

제13조(조합설립인가내용의 경미한 변경) 영 제27조제4호에서 "그 밖에 시도 조례로 정하는 사항"이란 다음 각 호의 사항을 말한다. 〈개정 2010.3.3, 2012.12.26〉

6. 제2조제1호에 따른 기존무허가건축물 소유자가 해당 조합의 정관으로 정하는 바에 따라 조합원으로 인정되는 경우〈신설 2012.12.26〉

제21조(재개발 및 도시환경정비사업의 관리처분계획 기준 등) 법 제48조제2항에 따라 사업시행자가 수립하는 재개발사업 및 도시환경정비사업의 관리처분계획은 다음 각 호의 기준에 따른다. 〈개정 2005.2.16, 2005.9.21, 2010.3.3〉

2. 종전 건축물의 소유면적은 관리처분계획기준일 현재 소유 건축물별 건축물대장을 기준으로 하며, 법령에 위반하여 건축된 부분의 면적(무허가건축물의 경우에는 기존무허가건축물에 추가된 면적을 말한다.)은 제외한다. 다만, 정관 등이 정하는 바에 따라 재산세과세대장·측량성과 및 물건조서 기준으로 할 수 있다. 〈개정 2005.9.21, 2010.3.3〉
3. 종전 토지 또는 건축물의 소유권은 관리처분계획기준일 현재 부동산등기부에 따르고, 기존무허가건축물인 경우에는 항공촬영판독결과와 재산세과세대장 등 소유자임을 입증하는 자료를 기준으로 하며, 국·공유지는 제1호 단서규정에 따라 인정된 점유연고권자를 기준으로 한다. 〈개정 2005.9.21, 2010.3.3〉

제22조(재개발사업의 분양대상 등) ① 영 제52조제1항제3호 단서에 따라 재개발사업으로 조성되는 대지 및 건축시설 중 공동주택의 분양대상자는 관리처분계획기준일 현재 다음 각 호의 어느 하나에 해당하는 자로 한다. 〈개정 2005.2.16, 2010.3.3, 2012.12.26〉

1. 종전 건축물중 주택(기존무허가건축물 및 사실상 주거용으로 사용되고 있는 건축물을 포함한다.)을 소유한 자

▢ 관련 조문

○ 특정무허가건축물 관련

조례 제13조(조합정관에 정할 사항) 영 제31조제17호에서 "그 밖에 시도 조례가 정하는 사항"이란 다음 각 호의 사항을 말한다. 〈개정 2009.7.30, 2011.5.26〉

1~2, 4~9 : 생략

3. 특정무허가건축물 소유자의 조합원 자격에 관한 사항

➡ 조합원 자격을 인정받으려면 법 제16조제1항에 의한 동의를 받아야 한다(토지등소유자의 3/4 이상 및 토지면적의 1/2 이상 동의를 요한다).

조례 제27조(재개발사업의 분양대상 등) ① 영 제52조제1항제3호에 따라 재개발사업으로 건립되는 공동주택의 분양대상자는 관리처분계획기준일 현재 다음 각 호의 어느 하나에 해당하는 토지등소유자로 한다. 〈개정 2009.7.30〉

1. 종전의 건축물 중 주택(주거용으로 사용하고 있는 특정무허가건축물 중 조합정관 등에서 정한 건축물을 포함한다.)을 소유한 자 〈개정 2009.7.30, 2011.5.26〉

2~5 : 생략

➡ 위 제13조의 조합정관에 의한 동의를 받게 되면 조례 제27조에 의한 공동주택 분양대상자에 포함된다.

조례 부칙 〈제5102호, 2011.5.26〉

제1조(시행일) 이 조례는 공포한 날부터 시행한다.

제2조(특정무허가건축물의 정의 및 재개발사업의 분양대상 등에 관한 적용례) 제2조제1호 및 제27조제1항제1호의 개정규정은 이 조례 시행 후 최초로 영 제11조제1항에 따라 주민공람을 하는 분부터 적용한다.

○ 신발생무허가건축물

제2조(정의)

5. "호수밀도"란 건축물이 밀집되어 있는 정도를 나타내는 지표로서 정비구역 면적 1헥타르 당 건축되어 있는 건축물의 동수를 말하고 다음 각 목의 기준에 따라 산정한다.
   가. 공동주택은 독립된 주거생활을 할 수 있는 구조로서 세대수가 가장 많은 층의 소유권이 구분된 1세대를 1동으로 보며, 나머지 층의 세대수는 계상하지 아니한다.
   나. 신발생무허가건축물은 건축물 동수 산정에서 제외한다.
   다. 정비구역안의 존치 또는 사업의 완료된 공원과 존치되는 학교를 제외한 면적으로 산정한다.
   라. 단독 또는 다가구주택을 건축물 준공 후 다세대주택으로 전환한 경우에

는 구분소유등기에 불구하고 전환 전의 건축물 동수에 따라 산정한다.

마. 준공업지역 안에서 정비사업으로 기존 공장의 재배치가 필요한 경우에는 정비구역 면적중 공장용지 및 공장 건축물은 제외하고 산정한다.

바. 비주거용건축물은 건축면적당 90㎡를 1동으로 보며, 소수점 이하는 절사하여 산정한다.

제35조(재개발사업의 임대주택 공급대상자 등) ① 영 제54조제2항 관련 [별표3] 제2호 가목(4)에서 "시도 조례가 정하는 자"란 다음 각 호의 어느 하나에 해당하는 자를 말한다. 〈개정 2009.7.30, 2010.7.15, 2012.1.5, 2012.7.30 2014.5.14〉

1. 해당 정비구역안에 거주하는 세입자로서 세대별 주민등록표에 등재된 날을 기준으로 영 제11조에 따른 정비구역의 지정을 위한 공람·공고일(사업시행방식전환의 경우에는 전환을 위한 공람·공고일을 말한다.) 3월전(「국민기초생활 보장법」 제2조제2호에 따른 수급자는 사업시행인가 신청일 전)부터 사업시행인가로 인하여 이주하는 날(법 제48조의2제2항에 따라 건축물을 철거하는 경우 구청장의 허가를 받아 이주)까지 계속하여 거주하고 있는 무주택세대주. 다만, 신발생무허가건축물에 거주하는 세입자는 제외한다.

(이하 생략)

제40조(국·공유지의 점유·사용 연고권 인정기준 등) ① 법 제66조제4항에 따라 정비구역안의 국·공유지를 점유·사용하고 있는 건축물소유자(신발생무허가건축물을 제외한다.)에게 우선 매각하는 기준은 다음 각 호와 같다. 〈개정 2009.7.30〉

1. 점유·사용인정 면적은 건축물이 담장 등으로 경계가 구분되어 실제사용하고 있는 면적으로 한다. 다만, 200㎡를 초과하여서는 아니 된다.
2. 경계의 구분이 어려운 경우에는 처마 끝 수직선을 경계로 한다.
3. 제1호 및 제2호에 따른 점유·사용 건축물이 사유지와 국·공유지를 함께 점유·사용하고 있는 경우에 사유지를 포함한 국·공유지의 매각면적이 200㎡를 초과하여서는 아니 된다.

(이하 생략)

▢ 판 례

① 도시재개발사업 시행자가 관련 조례에 정한 '기존 무허가건축물'에 대하여 그 일부 면적만에 상응한 분양을 하고 차액부분에 대하여 청산금을 지급하지 아니한 채 분양처분고시를 하여 그 소유권을 상실시킨 경우, 불법행위의 책임을 지는지(적극)?

재개발사업 시행자가 분양신청을 하지 아니한 토지의 소유자에 대하여 대지 및 건축시설을 분양하지도 아니하고 청산금도 지급하지 아니하기로 하는 분양처분고시는 행정처분의 성질을 지닌 것이므로 그것이 적법한 행정소송의 절차에 의하여 취소되지 아니하는 한 법원도 그 처분에 기속되어 그 행정처분의 내용과 달리 청산금을 지급하라고 명할 수는 없지만, 그와 같이 대지 및 건축시설도 분양하지 아니하고 청산금도 지급하지 아니한 채 분양처분고시를 하여 재개발구역 내에 다른 사람이 소유하고 있던 토지의 소유권을 상실시켰다면 재개발사업 시행자는 그 한도에서 재개발사업을 위법하게 시행하였으므로 그 토지의 소유자에 대하여 불법행위의 책임을 지고, 이는 도시재개발사업 시행자가 서울시 도시재개발사업조례 제2조제1호의 '기존 무허가건축물'에 해당하는 건축물에 대하여 그 일부 면적만을 인정하여 그에 상응한 분양을 하고 그 차액부분에 대하여 청산금을 지급하지 아니한 채 분양처분고시를 한 경우에도 마찬가지이다.

② 재개발사업을 시행하는 공사(公社)의 시행규정에서 무허가건축물의 면적은 무허가건물확인원상의 면적으로 한다고 규정하고 있더라도, 그 측량성과에 따른 면적이 모두 인정되어야 하는지?

도시재개발사업을 시행하는 공사(公社)의 시행규정에서 무허가건축물의 면적은 무허가건물확인원상의 면적으로 한다고 규정하고 있더라도, 이는 서울시 도시재개발사업조례 제2조제1호 가목에 해당하는 '1981.12.31 현재 무허가건축대장에 등재된 건물'의 면적산정에 관한 규정일 뿐, 나아가 위 조례 제2조제1호 나목 내지 라목 소정의 기존 무허가건축물을 배제하거나 또는 나목 내지 라목의 기존 무허가건축물에 대하여 무허가건물확인원에 등재할 것을 요구하는 취지라고 볼 수는 없으므로, 결국 위 조례의 기존 무허가건축물로 인정되는 이상 그 측량성과에 따른 면적이 모두 인정되어야 한다(대법원 2007.6.29 선고 2006다60441 판결 손해배상).

③ 무허가건축물의 소유자도 도시정비법 제2조제9호 가목에 규정된 조합원의 자격이 인정되는 '토지등소유자'에 해당하는 것을 전제로 재개발추진위원회의 구성을 승인한 처분에 대하여, 법규의 중요한 부분을 위반한 것으로서 그 하자가 중대하고 명백하여 당연무효인지?

무허가건축물의 소유자는 원칙적으로 도시정비법 제2조제9호 가목에 의하여 조합원의 자격이 인정되는 '토지등소유자'로 볼 수 없어 이들을 제외하면 위 법 제13조제2항에 규정된 '토지등소유자의 과반수 동의'라는 승인요건을 갖추지 못하였음에도, 이들이 주축이 되어 구성한 재개발추진위원회를 승인한 처분은 법규의 중요한 부분을 위반한 것으로서 그 하자가 중대하고 객관적으로 명백하여 당연무효이다(서울행법 2008.4.4 선고 2006구합27915 판결 재개발추진위원회승인처분취소).

□ 유권해석

조합정관에서 정하는 기존무허가건축물 소유자에 대한 추진위원회 동의율 산정 시 포함 여부

Q 도시정비조례 제2조제1호 마목의 조합정관에 정하는 기존무허가건축물의 소유자를 추진위원회 구성에 따른 동의율 산정 시 토지등소유자에 포함하여야 하는지?

A 도시정비조례 제2조제1호 마목은 기존무허가건축물의 범위에 토지보상법 시행규칙 제5조의 규정에서 정한 무허가건축물 중 조합정관에서 정하는 경우 기존무허가건축물에 포함하도록 한 것이며, 기존무허가건축물은 현재 각 자치구에서 관리하고 있는 자료가 미흡하고 또한 객관적으로 인정할 수 있는 준공기준일 등이 없어 아무 대책 없이 기존무허가건축물 범위에 포함할 경우 재개발사업 시행에 대혼란을 초래할 수 있으므로 각 구역별로 재개발사업에 미치는 영향을 최소화 할 수 있도록 조합이 객관적으로 입증할 수 있는 기준을 자율적으로 정하여 정관에 반영하도록 한 것임.

따라서 이 규정은 조합설립인가 시부터 적용하는 것이 원칙이나, 추진위원회구성을 위한 동의율 산정에 포함할 것인지는 관계 법령과 위 조례 개정 취지 등을 종합적으로 검토하여 추진위원회구성 승인권자인 구청장이 판단하여 처리할 사안임(서울시 주거정비과 2004.11.11).

재건축사업지 내 기존무허가건축물의 토지등소유자 인정에 대해

Q 도시정비법 제2조제9호 나목에 의거 재건축사업의 토지등소유자는 "정비구역안에 소재한 건축물 및 그 부속토지의 소유자"로 규정한바, 서울시 도시정비조례 제2조제1호의 기존무허가건축물도 토지등소유자의 요건을 갖출 경우 조합원으로 인정할 수 있는지?

A 기존무허가건축물 소유자의 조합원 자격에 관한 사항은 동법 제2조제9호 나목의 "토지등소유자"의 요건을 갖추었다면 동 조례 제12조(조합정관에 정할사항)에 의거 조합정관에서 정할 사항임. 다만, 상기 내용의 기존무허가건축물이란 동 조례 제2조 1호에 해당하는 기존무허가건축물을 말함(서울시 주거정비과 2007.2.6).

공유지분 소유자의 분양자격

Q 갑이 100-1번지 공유지분 토지 60㎡, 을은 100-1번지 공유지분 20㎡와 100-2번지 70㎡, 병이 양 지번 상 기존무허가건축물을 각각 소유한 경우 3인 모두 분양대상이 되는지?

A 당초부터 2필지 상에 걸쳐 기존무허가건물이 있었다면 도시정비조례 제24조에 의거 주택을 소유한 자와 종전 토지의 총면적이 90㎡ 이상인 자는 분양대상자로 볼 수 있으나, 동일인 소유의 1필지 상 기존무허가건물이 완공된 후 필지를 분할하여 토지와 주택으로 각각 분리하여 소유한 경우에는 수인의 분양신청자를 1인의 분양대상자로 보아야 함(서울시 주거정비과 2004.4.10).

조례 제2조제3호(관리처분계획기준일)

법 제46조제1항

관리처분계획기준일

기존 도시재개발사업조례에서부터 현재까지 관리처분계획기준일의 개념은 그대로 사용되고 있다.

□ 개정 연혁

▶ 도시재개발사업조례[서울시조례]

제2조(정의) 이 조례에서 사용하는 용어의 정의는 다음 각 호와 같다.

2. "관리처분계획기준일"이란 법 제35조제1항제5호에 의한 분양 신청기간이 만료되는 날을 말한다.

▶ 도시정비조례[서울시조례 제4167호, 2003.12.30, 제정]

제2조(정의) 이 조례에서 사용하는 용어의 뜻은 다음과 같다

3. "관리처분계획기준일"이란 법 제46조제1항에 따른 분양 신청기간이 만료되는 날을 말한다. 〈개정 2008.9.30, 2009.7.30〉

부 칙 〈제4167호, 2003.12.30〉

이 조례는 공포한 날부터 시행한다(효력발생시기는 2003.12.30).

➡ 기존 도시재개발사업조례에서부터 현재까지 단 한 차례도 관리처분계획기준일의 개념이 바뀌지 않았다.

□ 조례 제2조제3호(관리처분계획기준일의 의미)

관리처분계획기준일이란 도시정비법 제46조제1항에 따른 분양신청기간 만료일을 말한다(동조 제3호).

법 제46조제1항에서 분양신청기간이 30일 이상 60일 이내로 규정되어 있는데, 이 60일이 끝나는 날이 관리처분계획기준일이다. 단 단서 조항에 의하면 관리처분계획수립에 지장이 없다고 판단될 시 20일의 범위 내에서 연장할 수 있으므로, 이 경우 관리처분계획기준일은 20일이 끝나는 날이 된다.

- 재개발분양대상자 중 세대원이 관리처분계획기준일 이후 1세대를 구성하였을 경우 1세대 1주택을 기준으로 분양대상자를 산정하고, 관리처분계획기준일(2008.3.20) 이전에는 별도의 세대를 구성하여 분양대상자를 2인으로 산정하였다.
관리처분 신청 이후 검토 과정에서 관리처분계획기준일 이후에 동일 재개발조합원과 동일세대를 구성하여 1세대로 되었을 경우 관리처분계획인가 시 분양대상자가 1인인지, 아니면 2인으로 산정하여야 하는지?

이에 대해 국토부는 수인의 토지등소유자가 1세대에 속하는 때(이 경우 동일한 세대별 주민등록표 상에 등재되어 있지 아니한 배우자 및 미혼인 20세 미만의 직계비속은 1세대로 보며, 1세대로 구성된 수인의 토지등소유자가 조합설립인가 후 세대를 분리하여 동일한 세대에 속하지 아니하는 때에도 이혼 및 20세 이상 자녀의 분가를 제외하고는 1세대로 본다.) 등 도시정비법 제19조제1항 각 호에 해당하면, 그 수인을 대표하는 1인을 조합원으로 보도록 규정하고 있어 동 규정에 따르도록 해석하였다(국토부 2011.12.16).

- 관리처분계획기준일 이후 분양대상자로부터 토지등을 매입한 경우 분양대상이 되는가?

이에 대해 서울시는 다음과 같이 해석하였다.

관리처분계획기준일 이후 건축물의 규모나 유형의 변동 없이 소유권이 이전된 경우 종전의 권리자의 행위는 새로운 소유자에게 승계되므로 새로운 소유자 명의로 관리처분계획을 수립할 수 있다. 따라서 관리처분계획기준일 이후에 한 사람이 소유하고 있던 토지 또는 건축물(별개의 건물로 각각 분양대상이 될 수 있는 경우를 포함)의 일부를 취득한 자는 공동주택 분양대상자가 될 수 없다(서울시 주정 58531-2497, 2003.10.7).

– 분양신청기간 만료 이후 정비구역의 확대로 추가 편입된 구역에 대하여 별도로 분양신청을 완료했을 경우에 관리처분계획기준일은 어떻게 되는가.

도시정비조례 제2조제3호에 의하면 관리처분계획기준일이란 법 제46조제1항에 의한 분양신청기간이 만료되는 날이므로, 추가구역에 대한 관리처분계획기준일은 정비구역 변경·지정으로 인한 사업시행변경인가의 고시일 기준으로 추가구역에 대한 분양신청기간이 만료되는 날을 적용하여야 한다는 것이 서울시 견해다(서울시 주정 2007.7.19)

○ 서울시 도시정비조례 경과조치에 따른 관리처분계획기준일은 2003.12.30 전(前)

서울시는 법 제50조의2에서의 권리산정기준일에 대해 그 이전의 경우 권리산정기준일을 도시조례정비 시행일인 2003.12.30 이전으로 적용하고 있다.

부 칙 〈제4167호, 2003.12.30〉

제1조(시행일) 이 조례는 공포한 날부터 시행한다.

제5조(분양대상기준의 경과조치) 제24조제2항제1호에 불구하고 이 조례 시행 전에 단독 또는 다가구주택을 다세대주택으로 전환하여 구분등기를 완료한 주택에 대하여는 전용면적 60㎡ 이하의 주택을 공급하거나 정비구역안의 임대주택을 공급할 수 있으며, 다세대주택의 주거전용총면적이 60㎡를 초과하는 경우에는 종전 관련조례의 규정에 의한다. 단, 하나의 다세대전환주택을 공유지분으로 소유하고 있는 경우에는 주거전용 총면적에 포함시키지 아니하며 전용면적 85㎡ 이하 주택을 분양신청 조합원에게 배정하고 잔여분이 있는 경우, 전용면적 60㎡ 이하 주택 배정조합원의 상향요청이 있을 시에는 권리가액 다액 순으로 추가 배정할 수 있다.

제7조(다가구주택의 분양기준에 관한 경과조치) 1997.1.15 이전에 가구별로 지분

또는 구분소유등기를 필한 다가구 주택(1990.4.21 다가구주택제도 도입이전에 단독주택으로 건축허가를 받아 지분 또는 구분등기를 필한 사실상의 다가구주택을 포함한다.)은 제24조제2항제3호의 규정에 불구하고 다가구 주택으로 건축허가 받은 가구 수에 한하여 가구별 각각 1인을 분양대상자로 한다. 〈개정 2005. 11.10〉

제8조(재개발사업 분양대상 기준에 관한 경과 조치) 이 조례 시행 당시 종전 도시재개발법 제4조에 의하여 재개발구역으로 지정된 정비구역(정비계획이 수립되지 않은 정비구역은 제외한다.)의 경우 제24조에 불구하고 구역지정·고시일을 이 조례 시행일로 보며 제24조제1항제2호 단서 규정의 30㎡를 20㎡로 한다.

○ 법 제19조제1항과의 관계(세대분리의 경우)

서울시는 도시정비조례에서 관리처분계획기준일을 분양신청기간이 만료되는 날을 기준으로 하고 있으며, 2009.2.6 이전까지는 이 관리처분계획기준일에 의해 분양대상자격을 정하고 있었다.

그러나 2009.2.6 법 제19조제1항제3호가 개정되면서 “수인의 토지등소유자가 1세대에 속하는 때(이 경우 동일한 세대별 주민등록표 상에 등재되어 있지 아니한 배우자 및 미혼인 20세 미만의 직계비속은 1세대로 보며, 1세대로 구성된 수인의 토지등소유자가 조합설립인가 후 세대를 분리하여 동일한 세대에 속하지 아니하는 때에도 이혼 및 20세 이상 자녀의 분가를 제외하고는 1세대로 본다.)”로 바뀌어 2009.8.7부터 효력이 발생하게 되었다.

서울시는 세대분리에 대해서는 도시정비조례를 개정하여 2009.8.7 이후 조합설립인가를 받은 것부터 법 제19조제1항제3호를 적용하도록 바뀜에 따라(2009.4.22 조례 부칙), 조례 제27조·제28조의 관리처분계획기준일이 사실상 뒤로 늦춰지는 결과를 낳게 되었다.

○ 세대분리 외 필지분할, 다세대전환 등의 경우

이들은 권리산정기준일과 밀접한 관계를 갖는다.

이와 관련하여 서울시 도시정비조례 제27조제2항 및 제3항, 제28조제2항을 참고하기 바란다.

도시정비법 제50조의2(주택등 건축물의 분양 받을 권리산정 기준일) ① 정비사업으로 인하여 주택 등 건축물을 공급하는 경우 제4조제5항에 따른 고시가 있은 날 또는 시·도지사가 투기억제를 위하여 기본계획수립 후 정비구역 지정·고시 전에 따로 정하는 날(이하 이 조에서 "기준일"이라 한다.)의 다음 날부터 다음 각 호의 어느 하나에 해당하는 경우에는 해당 토지 또는 주택 등 건축물의 분양받을 권리는 기준일을 기준으로 산정한다. 〈개정 2012.2.1〉

1. 1필지의 토지가 수개의 필지로 분할되는 경우
2. 단독 또는 다가구주택이 다세대주택으로 전환되는 경우
3. 하나의 대지범위 안에 속하는 동일인 소유의 토지와 주택 등 건축물을 토지와 주택 등 건축물로 각각 분리하여 소유하는 경우
4. 나대지에 건축물을 새로이 건축하거나 기존 건축물을 철거하고 다세대주택, 그 밖의 공동주택을 건축하여 토지등소유자가 증가되는 경우

② 시·도지사는 제1항에 따라 기준일을 따로 정하는 경우에는 기준일·지정사유·건축물의 분양받을 권리의 산정 기준 등을 해당 지방자치단체의 공보에 고시하여야 한다.

[본조신설 2009.2.6]

□ 시도별 조례

다른 시도 및 대도시 도시정비조례에서의 관리처분계획기준일의 의미도 서울시와 같다.

□ 관련 조문

제2조(정의) 이 조례에서 사용하는 용어의 뜻은 다음과 같다.

4. "권리가액"이란 관리처분계획기준일 현재 제27조제3항에 따라 산정된 종전 토지등의 총가액을 말한다. 〈개정 2008.9.30, 2009.7.30〉

➡ 관리처분계획기준일은 재개발사업등의 분양대상자격 여부와 관련된 종전 토지등의 총가액을 산정하는 기준이 된다.

제26조(재개발 및 도시환경정비사업의 관리처분 기준 등) 법 제48조제1항에 따른 재개발사업 및 도시환경정비사업의 관리처분계획은 다음 각 호의 기준에 적합하게 수립하여야 한다. 〈개정 2009.7.30, 2012.1.5〉

1. 종전 토지의 소유면적은 관리처분계획기준일 현재 「측량·수로조사 및 지적에 관한 법률」 제2조제19호에 따른 소유토지별 지적공부(사업시행방식전환의 경우에는 환지예정지증명원)에 따른다. 다만, 1필지의 토지를 수인이 공유로 소유하고 있는 경우에는 부동산등기부(사업시행방식전환의 경우에는 환지예정지증명원)의 지분비율을 기준으로 한다.
2. 국·공유지의 점유연고권은 그 경계를 기준으로 실시한 지적측량성과에 따라 관계법령과 정관 등이 정하는 바에 따라 인정한다.
3. 종전 건축물의 소유면적은 관리처분계획기준일 현재 소유건축물별 건축물대장을 기준으로 하되, 법령에 위반하여 건축된 부분의 면적은 제외한다. 다만, 정관 등이 따로 정하는 경우에는 재산세과세대장 또는 측량성과를 기준으로 할 수 있다.
4. 종전 토지등의 소유권은 관리처분계획기준일 현재 부동산등기부(사업시행방식전환의 경우에는 환지예정지증명원)에 따르며, 소유권 취득일은 부동산등기부상의 접수일자를 기준으로 한다. 다만, 특정무허가건축물(미사용승인건축물을 포함한다.)인 경우에는 구청장 또는 동장이 발행한 기존무허가건축물확인원이나 그 밖에 소유자임을 입증하는 자료를 기준으로 한다.
5. 국·공유지의 점유연고권자는 제2호에 따라 인정된 점유연고권을 기준으로 한다.
6. 「건축법」 제2조제1항제1호에 따른 대지부분 중 국·공유재산을 법 제48조제5항 및 제6항에 따라 구청장이 감정평가업자를 추천하거나 「부동산가격공시 및 감정평가에 관한 법률」에 따른 감정평가업자가 감정평가를 할 경우에는 법 제32조·제48조제1항제4호 및 제66조제5항에 따라 평가하여야 한다.

➡ 관리처분의 기준을 수립하기 위한 종전 토지의 소유면적, 종전 건축물 소유면적, 종전 토지등의 소유권의 기준은 관리처분계획기준일이 된다.

第27조(재개발사업의 분양대상 등) ① 영 제52조제1항제3호에 따라 재개발사업으로 건립되는 공동주택의 분양대상자는 관리처분계획기준일 현재 다음 각 호의 어느 하나에 해당하는 토지등소유자로 한다. 〈개정 2009.7.30〉

1. 종전의 건축물 중 주택(주거용으로 사용하고 있는 특정무허가건축물 중 조합정관 등에서 정한 건축물을 포함한다.)을 소유한 자 〈개정 2009.7.30, 2011.5.26〉
2. 분양신청자가 소유하고 있는 종전토지의 총면적이 90㎡ 이상인 자 〈개정 2009.7.30, 2010.3.2, 2010.7.15〉
3. 분양신청자가 소유하고 있는 권리가액이 분양용 최소규모 공동주택 1가구의 추산액 이상인 자. 다만, 분양신청자가 동일한 세대인 경우의 권리가액은 세대원 전원의 가액을 합산하여 산정할 수 있다. 〈개정 2009.7.30〉〈단서신설 2010.7.15〉
4. 사업시행방식전환의 경우에는 전환되기 전의 사업방식에 따라 환지를 지정받은 자. 이 경우 제1호부터 제3호까지 규정은 적용하지 아니할 수 있다. 〈개정 2009.7.30〉
5. 재정비특별법 제11조제4항에 따라 재정비촉진계획에 따라 기반시설을 설치하게 되는 경우로서 종전의 주택(사실상 주거용으로 사용되고 있는 건축물을 포함한다.)에 관한 보상을 받은 자 〈개정 2009.7.30〉

➡ 재개발·도시환경정비사업에 의해 신축되는 공동주택의 분양대상자는 관리처분계획기준일을 현재로 토지등소유자를 판단하게 된다. 이 규정은 법 제19조제1항과 밀접한 관계를 갖는다.

第28조(단독재건축사업의 분양대상 등) ① 영 제52조제2항제1호의 단서에 따라 단독재건축사업으로 건립되는 공동주택의 분양대상자는 관리처분계획기준일 현재 다음 각 호의 어느 하나에 해당하는 토지등소유자로 한다. 〈개정 2009.7.30〉

1. 종전의 건축물 중 주택 및 그 부속토지를 소유한 자 〈개정 2009.7.30〉

2. 분양신청자가 소유하고 있는 권리가액이 분양용 최소규모 공동주택 1가구의 추산액 이상인 자 다만, 분양신청자가 동일한 세대인 경우의 권리가액은 세대원 전원의 가액을 합산하여 산정할 수 있다. 〈개정 2009.7.30〉〈단서신설 2010.7.15〉

➡ 단독주택 재건축 역시 위의 재개발·도시환경정비사업과 같이 신축되는 공동주택의 분양대상자는 관리처분계획기준일을 현재로 토지등소유자를 판단하게 된다. 이 규정은 법 제19조제1항과 밀접한 관계를 갖는다.

第30条(주택공급 기준 등) ② 재개발사업 및 도시환경정비사업으로 조성되는 상가 등 부대·복리시설은 관리처분계획기준일 현재 다음 각 호의 순위를 기준으로 공급한다. 〈개정 2009.7.30〉

1. 제1순위 : 종전 건축물의 용도가 분양건축물 용도와 동일하거나 유사한 시설이며 사업자등록(인가·허가 또는 신고 등을 포함한다. 이하 이 항에서 같다.)을 필한 건축물의 소유자로서 권리가액(공동주택을 분양받은 경우에는 그 분양가격을 제외한 가액을 말한다. 이하 이 항에서 같다.)이 분양건축물의 최소분양단위규모 추산액 이상인 자 〈개정 2009.7.30〉
2. 제2순위 : 종전 건축물의 용도가 분양건축물 용도와 동일하거나 유사한 시설인 건축물의 소유자로서 권리가액이 분양건축물의 최소분양단위규모 추산액 이상인 자 〈개정 2009.7.30〉
3. 제3순위 : 종전 건축물의 용도가 분양건축물 용도와 동일하거나 유사한 시설이며 사업자등록을 필한 건축물의 소유자로서 권리가액이 분양건축물의 최소분양단위규모 추산액에 미달되나 공동주택을 분양받지 아니한 자 〈개정 2009.7.30〉
4. 제4순위 : 종전 건축물의 용도가 분양건축물 용도와 동일하거나 유사한 시설인 건축물의 소유자로서 권리가액이 분양건축물의 최소분양단위규모 추산액에 미달되나 공동주택을 분양받지 아니한 자 〈개정 2009.7.30〉
5. 제5순위 : 공동주택을 분양받지 아니한 자로서 권리가액이 분양건축물의 최소분양단위규모 추산액 이상인 자 〈개정 2009.7.30〉
6. 제6순위 : 공동주택을 분양받은 자로서 권리가액이 분양건축물의 최소분양

단위규모 추산액 이상인 자 〈개정 2009.7.30〉

➡ 재개발·도시환경정비사업에 의해 조성되는 상가 등 부대·복리시설의 분양대상자는 관리처분계획기준일을 기준으로 현재의 토지등소유자로 판단하게 된다.

▢ 판 례

- 분양대상 조합원에 해당하는지 여부 판정의 기준일을 '분양신청기간 만료일'이 아니라 '관리처분계획이 수립되는 날'로 늦추는 내용으로 정관을 변경하는 재개발조합 조합원 총회의 결의의 효력 유무(무효)

도시재개발법(1995.12.29 법률 제5116호로 전문 개정된 것) 제33조제2항, 제34조제1항, 제35조, 서울시 도시재개발사업조례 제2조제2호, 제26조, 제27조제1항 등 관련 규정에 의하면, 분양대상 조합원의 확정 등 관리처분계획의 내용은 분양신청기간 만료일을 기준으로 하여 정하도록 되어 있고, 한편 같은 법은 재개발사업을 촉진하고 도시의 건전한 발전과 공공복리의 증진에 기여한다는 입법목적(제1조)을 달성하기 위하여 재개발조합이 그 사업을 시행하는 경우 정관의 변경, 사업시행계획의 수립 및 변경, 그리고 관리처분계획 등 일정한 사항에 대해서는 조합원 총회의 결의를 거친 후에 행정청의 인가를 받도록 규정하고 있는바(제18조제1항, 제22조제1항, 제34조제1항, 그리고 제21조에 의하여 준용되는 민법 제42조제2항), 이와 같은 입법목적과 관련 규정의 취지 및 분양대상 조합원에 해당하는지 여부 판정의 기준일을 '분양신청기간 만료일'이 아니라 '관리처분계획이 수립되는 날'로 늦추는 변경을 할 경우 재개발사업의 진행에 현저한 지장을 초래하고 재개발조합원들의 권리관계에도 큰 혼란을 초래할 우려가 있는 점 등 사정을 감안하면, 위와 같은 내용의 피고 조합 조합원 총회의 결의는 관련 법령의 취지에 배치될 뿐만 아니라 공익에 현저히 반하는 것으로서 그 효력이 없다(대법원 2002.1.22 선고 2000두604 판결 아파트분양거부처분취소).

▢ 유권해석

분양신청기간 완료 후 구역 추가 시 추가구역에 대한 관리처분계획기준일

Q 분양신청기간 만료 이후 정비구역의 확대로 추가 편입된 구역에 대하여 별도로 분양신청을 완료했을 경우에 관리처분계획기준일은 언제인가?

A 도시정비조례 제2조제3호에 의하면 관리처분계획기준일이란 법 제46조제1항에 의한 분양신청기간이 만료되는 날을 말한다고 정하고 있는바, 추가구역에 대한 관리처분계획기준일은 정비구역 변경지정으로 인한 사업시행변경인가의 고시일 기준으로 추가구역에 대한 분양신청기간이 만료되는 날을 적용하여야 함(서울시 주거정비과 2006.4.27).

구역경계의 조정으로 종전 권리가액의 변동이 있을 시 관리처분계획변경인가 대상 여부

Q 관리처분계획인가를 받은 구역으로서 인접한 구역과 면적의 증감 없이 종전 토지를 분할해 상호경계 조정을 위한 구역변경을 한 경우에 분할된 새로운 지번의 감정평가액이 다르게 산정됐다면 관리처분변경인가를 받아야 하는지?

A 도시정비법 제48조제1항에 의하면 "사업시행자는 분양대상자별 종전의 토지 또는 건축물의 명세 및 사업시행인가·고시가 있는 날을 기준으로 한 가격 등이 포함된 관리처분계획을 수립해 시장·군수의 인가를 받아야 하며, 관리처분계획을 변경·중지 또는 폐지하고자 하는 경우에도 또한 같다"로 정하고 있는바, 정비구역의 변경지정으로 해당 구역 내 토지등소유자의 권리명세가 변경이 됐다면 위 규정에 따라 관리처분계획의 변경인가를 받아야 할 것임(서울시 주거정비과 2006.8.18).

관리처분계획기준일 이후 취득한 토지등의 권리가액 합산 여부

Q 동일한 정비구역에서 아버지와 아들이 각각 공동주택 분양대상자였으나, 아버지가 관리처분계획기준일 이후 사망하여 아들이 아버지의 소유 토지등을 상속에 의거 취득한 경우 이를 관리처분계획 수립 시 권리가액에 합산하여 주택을 분양받을 수 있는지?

A 도시정비법 제10조에 의하면 "사업시행자와 정비사업과 관련하여 권리를 갖는 자

의 변동이 있은 때에는 종전의 사업시행자와 권리자의 권리·의무는 새로이 사업시행자와 권리자로 된 자가 이를 승계한다."로 정하고 있는바, 본 건의 경우 아버지의 분양대상 권리를 아들이 취득한 경우 위 규정에 따라 권리·의무가 승계되므로 관리처분계획 수립 시 아들의 권리가액에 아버지의 권리가액을 합산하여 주택을 분양받을 수 있을 것임(서울시 주거정비과 2006.12.21).

관리처분계획기준일 이후 취득한 토지등의 권리가액 산정

Q 조합원이 분양주택의 규모를 늘릴 목적으로 관리처분계획기준일 이후 구역 내 토지등을 취득한 경우 권리가액에 포함되는지?

A 도시정비조례 제24조제3항에 의하면 이 조례 시행일(2003.12.30) 이후에 하나의 대지범위 안에 속하는 여러 필지 중 그 토지의 일부 또는 공유지분으로 취득하였거나 건축물과 분리하여 취득한 토지와 1필지의 토지를 조례 시행일 이후 분할 또는 공유지분으로 취득한 토지는 종전 토지의 총면적 및 권리가액을 산정함에 있어 포함하지 않도록 규정함(서울시 주거정비과 2005.12.5).

관리처분계획기준일 현재 어머니와 동일세대인 아들이 분양신청일 이후 다른 토지등을 매입한 경우 1세대를 분양 받아야 하는지

Q 관리처분기준일 현재 단독분양대상 조합원인 어머니와 동일세대 세대원이었던 자가 분양신청기간 종료이후 별도의 세대를 구성하고, 단독 분양신청을 한 조합원의 권리(토지 및 건축물)전부를 매입하여 조합원이 된 경우 관리처분기준일 당시 어머니와 동일세대 세대원이었다는 이유로 어머니와 세대원을 단독분양대상자에서 제외하고 어머니와 세대원 공동명의로 아파트 1세대만 분양하는 것이 타당한지?

A 재개발사업의 관리처분계획 중 분양설계는 도시재개발법 제35조제1항제5호에 "동법 제33조에 의한 분양신청기간이 만료되는 날을 기준으로 하여 수립한다."고 정하고 있으며, 도시재개발사업조례 제2조제2호에 분양신청기간 만료되는 날을 "관리처분계획기준일"이라 정의하고, 동 조례 제27조제1항에 재개발사업 공동주택의 분양대상자는 "법 제33조제2항에 의한 분양신청자 중 관리처분계획기준일(이하 "기준일"이라 함.) 현재"로 정하고 있음.

질의하신 내용과 같이 기준일 현재는 어머니('A'라 함.)와 동일세대('B'라 함.)가 기준일 이후에 세대를 분리하여 분양 받을 권리('C'라 함.)를 양수한 경우라면 관리처분은 기준일 현재 소유자(분양대상자)인 'A'와 'C'에게 처분하게 되며, 'B'가 'C'를 매입한 사항은 분양 받을 권리의 양도·양수에 관한 사항으로 도시재개발사업조례 제27조제2항 가목에 해당되지 아니함. 다만 'C'의 분양대상 여부는 도시개발사업조례 및 해당 조합정관의 분양대상 규정을 별도 검토하여야 함(서울시 재개 2001.2.27).

관리처분계획기준일 현재 1세대가 보유한 별개의 토지등을 타인에게 양도한 경우 주택분양 여부

Q 관리처분계획기준일(분양신청 마감일) 현재 세대주와 세대원이 별개의 토지 및 건축물을 소유하고 있었으나, 관리처분계획기준일 이후 하나의 물건을 타인에게 양도하였을 경우 새로운 소유자도 각각 분양대상자가 되는지?

A 도시재개발사업조례 제27조제1항 본문에 의거 재개발사업의 분양대상은 관리처분계획기준일 현재를 기준하므로 기준일 이후 양수자는 주택분양대상이 아님(서울시 주재 2000.10.19).

조례 제2조제4호(권리가액)

영 제52조제1항제4호

권리가액(權利價額)

도시재개발사업조례에서는 권리가액을 제2조(정의)가 아닌 분양대상 조문인 제27조제1항제1호에서 규정하였다. 도시정비조례에서는 제2조에서 규정하면서 관리처분계획기준일 현재의 종전토지등의 총가액이라 설명하고 있다.

▢ 관련 조문

▸ 도시재개발사업조례[서울시조례]

제27조(재개발사업의 분양대상) ① 대지 및 건축시설 중 공동주택의 분양대상자는 법 제33조제2항에 의한 분양신청자 중 관리처분계획기준일 현재 다음 각 호의1에 해당하는 자이어야 한다.

1. 분양신청자가 소유하고 있는 종전의 토지 및 건축물의 총가액(영 제40조제1항에 의한 가격을 말하며, 이하 "종전가액"이라 한다.) 중 다음 각 목에 해당하는 가액을 제외한 가액(이하 "권리가액"이라 한다.)이 당해 사업시행구역의 분양예정대지 및 건축시설 중 분양용 최소규모 공동주택 1세대의 추산액(제26조제4호에 의한 지분대지 가격을 포함한 공동주택가격을 말한다.) 이상인 자. 이 경우 점유연고권이 인정되어 당해 점유자에게 불하되었거나 불하예정인 국공유지 면적에 해당하는 가격은 권리가액에 포함한다.

   가. 건축법 제2조제1호에 의한 하나의 대지범위에 속하는 토지가 수필지이거나 그 대지 범위 안에 수개의 건축물이 있는 경우로서 구역지정·고시일(당해 토지등에 대하여 법 제4조제3항제2호 내용을 최초로 결정·고시한 날을 말한다. 이하 같다.) 후에 그 토지의 일부를 취득(수 필지 중 1필지 이상을 필지단위로 취득하였거나 필지의 일부를 공유지분으로

취득한 것을 모두 포함한다.)하였거나, 그 건축물의 일부를 취득(수동의 건축물중 1동 이상을 취득 하였거나 1동의 건축물 일부를 공유지분으로 취득한 것을 모두 포함한다.)한 경우 그 해당 가액

나. 하나의 건축물이 하나의 대지범위에 속하는 토지를 점유하고 있는 경우로서 구역지정·고시일 후에 그 건축물과 토지를 분리하여 취득하거나, 그 건축물 또는 토지의 일부를 취득한 경우 그 해당가액

다. 지적법 제2조제3호에 의한 1필지의 토지를 구역지정·고시일 후에 분할취득 또는 공유지분으로 취득한 경우 그 해당가액

라. 신발생무허가건축물의 경우 그 해당가액

➡ 분양신청자가 소유하고 있는 종전의 토지 및 건축물의 총가액("종전가액") 중 구역지정·고시일 후에 토지의 일부를 취득하였거나 건축물의 일부를 취득한 경우의 해당 가액, 구역지정·고시일 후에 건축물과 토지를 분리하여 취득하거나 건축물 또는 토지 일부를 취득한 경우의 해당 가액, 또는 신발생무허가건축물의 경우 그 해당 가액을 제외한 가액을 "권리가액"이라 규정하였다. 단 점유연고권이 인정되어 당해 점유자에게 불하되었거나 불하예정인 국공유지 면적에 해당하는 가격은 권리가액에 포함한다.

▸ 도시정비조례[서울시조례 제4167호, 2003.12.30, 제정]

제2조(정의) 이 조례에서 사용하는 용어의 정의는 법 제2조 각 호와 같으며, 그 밖에 용어의 정의는 다음과 같다.

4. "권리가액"이란 관리처분계획기준일 현재 제24조제3항에 의하여 산정된 종전 토지등의 총가액을 말한다.

부 칙 〈제4167호, 2003.12.30〉

이 조례는 공포한 날부터 시행한다(효력발생시기는 2003.12.30).

▸ 도시정비법 시행령[대통령령 제18044호, 2003.6.30, 제정]

제52조(관리처분의 기준 등) ① 재개발사업 및 도시환경정비사업의 경우 법 제48조제7항의 규정에 의한 관리처분은 다음 각 호의 방법 및 기준에 의한다.

4. 1필지의 대지 및 그 대지에 건축된 건축물(법 제48조제3항에 의하여 보류지로 정하거나 조합원외의 자에게 분양하는 부분을 제외한다.)을 2인 이상에게 분양하는 때에는 기존의 토지 및 건축물의 가격(제69조의 규정에 의하여 사업시행방식이 전환된 경우에는 환지예정지의 권리가액을 말한다. 이하 제8호에서 같다.)과 제41조제1항·제4항·제5항, 제47조제3항 및 제50조제4호의 규정에 의하여 토지등소유자가 부담하는 비용(재개발사업의 경우에는 이를 고려하지 아니한다.)의 비율에 따라 분양할 것

➡ 도시재개발법령에서는 권리가액이란 용어를 사용하지 않았으나, 도시정비법으로 들어오면서 사업시행방식의 전환에 의한 권리가액의 문제가 제기되었다.
그 후 2012.7.31 시행령 개정으로 재개발도시환경정비사업 외에도 법 제6조제1항제4호의 방법으로 시행하는 주거환경개선사업, 가로주택정비사업에서의 관리처분도 해당되도록 추가되었다.

▸ **[서울시조례 제5466호, 2013.3.28, 일부개정]**

제2조(정의) 이 조례에서 사용하는 용어의 뜻은 다음과 같다. 〈개정 2007.12.26, 2009.7.30, 2012.12.31〉

4. "권리가액"이란 관리처분계획기준일 현재 제27조제3항에 따라 산정된 종전 토지등의 총가액을 말한다. 〈개정 2008.9.30, 2009.7.30〉

➡ 조례 개정으로 제24조제3항이 제27조제3항으로 조(條) 이동만 하였다.
권리가액은 조례 제27조제3항에 따라 산정된 종전 토지등의 총가액을 말하는 것으로, 법 제50조의2 권리산정기준일과 밀접한 관계를 갖는다.

▢ 조례 제2조제4호(권리가액)

"권리가액"이란 관리처분계획기준일 현재 제27조제3항에 따라 산정된 종전 토지등의 총가액을 말한다(동조 제4호).

권리가액은 조합원 개인별 종전재산의 총가액을 말하며, 관리처분계획기준일(=분양신청기간이 만료되는 날)을 기준으로 감정평가업자 2인 이상이 평가한 금액을 산술평균하여 산정한다. 권리가액은 관리처분계획기준일 외에도 권리산정기준일과 밀접한 관계가 있다.

이렇게 권리가액은 분양대상자격과 신축주택의 공급 기준이 되는 것으로, 자세한 설명은 조례 제27조제3항 설명 시 후술하기로 한다.

☐ 시도별 조례

○ 경기도

권리가액에 대한 정의를 제18조(주택공급 기준 등)에서 규정하고 있다.

- 남양주시, 부천시, 수원시, 안양시, 안성시, 고양시, 화성시

경기도와 같다.

○ 인천시

제24조(주택의 공급순위) 재개발사업과 도시환경정비사업의 관리처분계획을 수립할 때에 영 제52조제1항제8호에 따른 주택의 공급순위는 다음 각 호의 기준에 따른다.

1. 분양대상자가 소유한 기존의 토지 또는 건축물의 권리가액(이하 "권리가액"이라 한다.)에 가장 근접한 가격의 분양대상주택을 해당 분양대상자에게 공급한다. 이 경우 권리가액에 근접한 가격의 분양대상주택이 2 이상인 때에는 분양신청내용에 따른다.
2. 제1호에 불구하고 조합의 정관 등이 정하는 경우에는 다음 각 목에 따른 주택의 규모별 공급물량을 권리가액이 많은 순으로 공급할 수 있다.
   가. 국민주택규모(전용면적이 85㎡ 이하인 주택의 규모를 말한다. 이하 같다.)의 주택은 공급물량의 전부
   나. 국민주택규모를 초과하는 주택은 그 분양대상주택의 각 평형별 공급물

량의 50%까지(분양 신청된 주택의 물량이 분양대상주택의 50% 이하인 경우에만 적용한다.)와 가목에 따른 주택의 공급물량이 분양 신청된 주택의 물량보다 부족한 경우의 그 부족분

3. 동일한 규모의 주택에 대한 분양신청자가 분양대상주택의 물량보다 많은 경우에는 권리가액이 많은 순으로 공급하고 권리가액이 동일한 경우와 주택의 동·호수 결정 등은 공개 추첨에 따른다.

○ 부산시

제26조(재개발사업 및 도시환경정비사업의 관리처분 방법) 영 제52조제1항제8호에 따라 재개발사업 및 도시환경정비사업의 분양주택 공급은 제22조에 따른 분양대상자에게 다음 각 호의 기준에 따라 사업시행인가일을 기준으로 한 종전 토지 또는 건축물의 권리가액을 기준으로 공급한다. 〈개정 2010.3.3〉

1. 권리가액에 가장 근접한 분양주택가액의 주택을 분양한다. 이 경우 근접한 분양주택가액이 2개인 때에는 분양대상자의 신청내용에 따른다. 〈개정 2010.3.3〉
2. 제1호에도 불구하고 정관등으로 정하는 경우에는 국민주택규모의 주택은 분양대상자의 권리가액이 많은 액수 순으로 분양할 수 있으며, 국민주택규모를 초과하는 주택은 해당 주택의 총 건설세대 수의 50/100 이하가 분양대상자에게 분양될 경우에는 규모별 50/100까지 분양대상자에게 권리가액이 많은 액수 순으로 분양할 수 있다. 〈개정 2010.3.3〉
3. 동일규모 주택 분양 시 경합이 있는 경우에는 권리가액이 많은 액수 순으로 분양하고, 권리가액이 동일한 경우에는 공개추첨에 따르며, 주택의 동·층·호 등의 위치 결정은 주택규모별 공개추첨에 따른다. 〈개정 2010.3.3〉

○ 대구시, 대전시, 울산시

부산시와 같다.

대구시, 대전시는 조례 제26조, 울산시는 제27조에서 규정하고 있다.

○ **광주시**

제2조제11호 권리가액이란 관리처분계획기준일 현재 제25조제3항에 따라 산정된 종전 토지등의 총가액을 말한다. 〈신설 2012.5.15〉

서울시와 같이 제2조에서 규정하고 있다.

"재개발사업 및 도시환경정비사업의 관리처분 방법"등 조문에서 규정하고 있다.

서울시와 달리 제2조(정의)에서 규정하지 않는 경우가 대부분으로, 권리가액을 기준으로 정비사업으로 인한 신축주택의 분양대상자격이나 공급기준 내용을 담고 있다.

▢ 관련 조문

○ **도시정비법 시행령**

제52조(관리처분의 기준 등) ① 관리처분계획방식에 따른 주거환경개선사업, 재개발사업, 도시환경정비사업 및 가로주택정비사업의 경우 법 제48조제7항에 따른 관리처분은 다음 각 호의 방법 및 기준에 의한다. 〈개정 2009.8.11, 2012.7.31〉

4. 1필지의 대지 및 그 대지에 건축된 건축물(법 제48조제3항에 의하여 보류지로 정하거나 조합원외의 자에게 분양하는 부분을 제외한다.)을 2인 이상에게 분양하는 때에는 기존의 토지 및 건축물의 가격(사업시행방식이 전환된 경우에는 환지예정지의 권리가액을 말한다.)과 제41조제1항·제4항·제5항, 제47조제3항 및 제50조제4호에 의하여 토지등소유자가 부담하는 비용(재개발사업의 경우에는 이를 고려하지 아니한다.)의 비율에 따라 분양할 것

○ **도시정비조례**

제27조(재개발사업의 분양대상 등) ① 영 제52조제1항제3호에 따라 재개발사업으로 건립되는 공동주택의 분양대상자는 관리처분계획기준일 현재 다음 각 호의 어느 하나에 해당하는 토지등소유자로 한다. 〈개정 2009.7.30〉

1. 종전의 건축물 중 주택(주거용으로 사용하고 있는 특정무허가건축물 중 조합

정관 등에서 정한 건축물을 포함한다.)을 소유한 자 〈개정 2009.7.30, 2011.5.26〉

2. 분양신청자가 소유하고 있는 종전토지의 총면적이 90㎡ 이상인 자 〈개정 2009.7.30, 2010.3.2, 2010.7.15〉
3. 분양신청자가 소유하고 있는 권리가액이 분양용 최소규모 공동주택 1가구의 추산액 이상인 자. 다만, 분양신청자가 동일한 세대인 경우의 권리가액은 세대원 전원의 가액을 합산하여 산정할 수 있다. 〈단서신설 2010.7.15〉
4. 사업시행방식전환의 경우에는 전환되기 전의 사업방식에 따라 환지를 지정받은 자. 이 경우 제1호부터 제3호까지 규정은 적용하지 아니할 수 있다. 〈개정 2009.7.30〉
5. 「재정비특별법」 제11조제4항에 따라 재정비촉진계획에 따라 기반시설을 설치하게 되는 경우로서 종전의 주택(사실상 주거용으로 사용되고 있는 건축물을 포함한다.)에 관한 보상을 받은 자 〈개정 2009.7.30〉

③ 제1항제2호의 종전 토지의 총면적 및 제1항제3호의 권리가액을 산정함에 있어 다음 각 호의 어느 하나에 해당하는 토지는 포함하지 아니한다. 〈개정 2009.7.30〉

1. 「건축법」 제2조제1항제1호에 따른 하나의 대지범위 안에 속하는 토지가 여러 필지인 경우 권리산정기준일 후에 그 토지의 일부를 취득하였거나 공유지분으로 취득한 토지 〈개정 2009.7.30, 2010.7.15〉
2. 하나의 건축물이 하나의 대지범위 안에 속하는 토지를 점유하고 있는 경우로서 권리산정기준일 후 그 건축물과 분리하여 취득한 토지 〈개정 2009.7.30, 2010.7.15〉
3. 1필지의 토지를 권리산정기준일 후 분할하여 취득하거나 공유로 취득한 토지 〈개정 2009.7.30, 2010.7.15〉

④ 제1항부터 제3항까지 규정에 불구하고 사업시행방식전환의 경우에는 환지면적의 크기, 공동환지 여부에 관계없이 환지를 지정받은 자 전부를 각각 분양대상자로 할 수 있다. 〈개정 2009.7.30〉

➡ 제1항제3호의 권리가액은 분양대상이 될 수 있는 최소규모의 공동주택 추산액 이상인 자이다. 제3항의 경우 실질적인 권리가액의 산정은 종전가액에서 제1호 내지 제3호를 제외한 금액을 말한다.

第28조(단독재건축사업의 분양대상 등) ① 영 제52조제2항제1호의 단서에 따라 단독재건축사업으로 건립되는 공동주택의 분양대상자는 관리처분계획기준일 현재 다음 각 호의 어느 하나에 해당하는 토지등소유자로 한다. 〈개정 2009.7.30〉

1. 종전의 건축물 중 주택 및 그 부속토지를 소유한 자 〈개정 2009.7.30〉
2. 분양신청자가 소유하고 있는 권리가액이 분양용 최소규모 공동주택 1가구의 추산액 이상인 자 다만, 분양신청자가 동일한 세대인 경우의 권리가액은 세대원 전원의 가액을 합산하여 산정할 수 있다. 〈개정 2009.7.30〉〈단서신설 2010.7.15〉

➡ 단독주택 재건축사업의 경우에도 재개발사업과 같이 권리가액에 따른 분양대상자를 가리게 된다. 그러나 이 사업은 2014.8.3부터 없어지기로 되어 향후 삭제될 전망이다.

※ 도시정비법 시행령 부칙 〈대통령령 제24007호, 2012.7.31〉
제1조(시행일) 이 영은 2012.8.2부터 시행한다. 다만, 영 제27조의2의 개정규정은 2013.2.2부터 시행하고, 영 제52조제2항제1호 및 [별표1] 제3호의 개정규정은 2014.8.3부터 시행한다.

第30조(주택공급 기준 등) ① 영 제52조제1항제8호에 따른 재개발사업의 주택공급에 관한 기준은 다음 각 호와 같다. 〈개정 2009.7.30〉

1. 권리가액에 해당하는 분양주택가액의 주택을 분양한다. 이 경우 권리가액이 2개의 분양주택가액의 사이에 해당하는 경우에는 분양대상자의 신청에 따른다. 〈개정 2009.7.30〉
2. 제1호에 불구하고 정관등으로 정하는 경우, 다음 각 목의 기준에 따라 주택을 분양할 수 있다. 〈개정 2009.7.30〉
   가. 국민주택규모 주택은 분양대상자의 권리가액이 많은 순으로 분양할 수 있다. 〈개정 2009.7.30〉
   나. 국민주택규모를 초과하는 주택은 해당 주택의 총 건설 가구 수의 50% 이하가 분양대상자에게 분양될 경우 규모별 50%까지 분양대상자에게 권리가액이 많은 순으로 분양할 수 있으며, 제27조에 따른 분양대상자가 분양받을 국민주택규모의 주택이 부족하여 현금청산되어야 하는 경우에는 그 부족분에 한하여 권리가액이 많은 순으로 추가 공급할 수 있다. 〈개정 2009.7.30〉

3. 동일규모의 주택분양에 경합이 있는 경우에는 권리가액이 많은 순으로 분양하고, 권리가액이 동일한 경우에는 공개추첨에 따르며, 주택의 동·층 및 호의 결정은 주택규모별 공개추첨에 따른다. 〈개정 2009.7.30〉

② 재개발·도시환경정비사업으로 조성되는 상가 등 부대·복리시설은 관리처분계획기준일 현재 다음 각 호의 순위를 기준으로 공급한다. 〈개정 2009.7.30〉

1. 제1순위 : 종전 건축물의 용도가 분양건축물 용도와 동일하거나 유사한 시설이며 사업자등록(인가·허가 또는 신고 등을 포함한다. 이하 이 항에서 같다.)을 필한 건축물의 소유자로서 권리가액(공동주택을 분양받은 경우에는 그 분양가격을 제외한 가액을 말한다. 이하 이 항에서 같다.)이 분양건축물의 최소분양단위규모 추산액 이상인 자 〈개정 2009.7.30〉
2. 제2순위 : 종전 건축물의 용도가 분양건축물 용도와 동일하거나 유사한 시설인 건축물의 소유자로서 권리가액이 분양건축물의 최소분양단위규모 추산액 이상인 자 〈개정 2009.7.30〉
3. 제3순위 : 종전 건축물의 용도가 분양건축물 용도와 동일하거나 유사한 시설이며 사업자등록을 필한 건축물의 소유자로서 권리가액이 분양건축물의 최소분양단위규모 추산액에 미달되나 공동주택을 분양받지 아니한 자 〈개정 2009.7.30〉
4. 제4순위 : 종전 건축물의 용도가 분양건축물 용도와 동일하거나 유사한 시설인 건축물의 소유자로서 권리가액이 분양건축물의 최소분양단위규모 추산액에 미달되나 공동주택을 분양받지 아니한 자 〈개정 2009.7.30〉
5. 제5순위 : 공동주택을 분양받지 아니한 자로서 권리가액이 분양건축물의 최소분양단위규모 추산액 이상인 자 〈개정 2009.7.30〉
6. 제6순위 : 공동주택을 분양받은 자로서 권리가액이 분양건축물의 최소분양단위규모 추산액 이상인 자 〈개정 2009.7.30〉

➡ 재개발·도시환경정비사업 등의 주택공급에 관한 기준은 권리가액을 기준으로 하고 있다.

부 칙 〈제4167호, 2003.12.30〉

제5조(분양대상기준의 경과조치) 제24조제2항제1호에 불구하고 이 조례 시행 전에 단독 또는 다가구주택을 다세대주택으로 전환하여 구분등기를 완료한 주택에 대하여는 전용면적 60㎡ 이하의 주택을 공급하거나 정비구역안의 임대주택을 공급할 수 있으며, 다세대주택의 주거전용총면적이 60㎡를 초과하는 경우에는 종전 관련조례의 규정에 의한다. 단, 하나의 다세대전환주택을 공유지분으로 소유하고 있는 경우에는 주거전용 총면적에 포함시키지 아니하며 전용면적 85㎡ 이하 주택을 분양신청 조합원에게 배정하고 잔여분이 있는 경우, 전용면적 60㎡ 이하 주택 배정조합원의 상향요청이 있을 시에는 권리가액 다액 순으로 추가 배정할 수 있다.

▢ 유권해석

Q ① 조합정관에 분양신청자 중 권리가액에 상응하는 규모로 상가를 분양한다고 되어 있는데, 이때 권리가액이 종전가액인지 아니면 비례율을 적용한 가액인지?

② 상가 조합원도 종전가액에 비례율을 적용하는지?

A ① 도시정비조례 제2조제4호에 의하면 "권리가액"이란 관리처분계획기준일 현재 동 조례 제24조제3항에 의하여 산정된 종전 토지나 건축물에 대한 평가금액 등의 총가액을 말하는 것으로 비례율을 적용하지 아니한 종전 총가액을 말하는 것임.

② 조례 시행규칙 별지 제23호서식에 의하면 "비례율"이란 구역 내 분양대상 대지 및 건축물 등 총 추산액에서 총사업비를 뺀 금액을 종전 토지 및 건축물 총가액으로 나눈 값을 말하는 것으로 도시정비법 제57조제1항에 의한 대지 또는 건축물을 분양받은 자가 종전에 소유하고 있던 토지 또는 건축물의 가격과 분양받은 대지 또는 건축물의 가격사이에 차이가 있는 경우에 그 차액에 상당하는 금액(청산금)을 분양받은 자로부터 징수하거나 지급하기 위하여 산정한 값으로서 상가 조합원에게도 적용받아야 할 것이나, 토지 및 건축물 등에 관한 권리의 평가방법 및 관리처분계획에 관한 구체적인 사항은 당해 조합정관이 정한 바에 따라 할 것임(서울시 주거정비과-18071, 2007.11.15).

조합총회 의결권 행사 가능 여부

Q 각각 분양대상이 되는 3개의 물건을 소유한 조합원이 관리처분계획인가 이후 2개의 물건을 2자녀에게 증여한 경우, 이를 취득한 자녀가 총회에 참석하여 의결권 행사 등이 가능한지?

A 도시정비법 제48조제2항제5호에 따라 분양설계에 관한 계획은 제46조에 의한 분양신청기간이 만료되는 날을 기준으로 하여 수립하도록 정하고 있으며, 동법 제20조제1항제2호에 의하여 조합원 자격에 관한 사항은 정관에 포함하여 작성하도록 정하고 있는바, 관리처분계획인가 이후 소유권을 일부 증여한 조합원에 대하여는 권리가액 변동에 따른 관리처분을 변경하고, 증여받은 자녀의 권리는 현금으로 청산하여야 하며, 이 경우 조합원 자격이 자녀에게 부여되는지 여부는 당해 조합정관에 따라 판단할 사항임(서울시 주거정비과-20131, 2007.12.24).

Q ① 재개발사업에서 2003.12.30 이전부터 공유지분으로 소유하고 있던 자의 소유권을 2005.5.20 전부 이전받아 90㎡ 이상이 되는 경우, 분양대상이 되는지?

② 1필지의 토지를 5인이 공유지분으로 소유하고 있는 경우 1인이 단독으로 90㎡ 이상이며, 나머지 4인의 지분면적이 합산하여 90㎡가 될 경우 4인에게 공동으로 분양권이 주어질 수 있는지?

③ 위 ②의 경우로서 4인의 지분면적 합이 90㎡에 미달되나 권리가액이 합산하여 공동주택 최소규모 1가구 추산액 이상인 경우에도 수인의 분양신청자를 1인의 분양대상자로 볼 수 있는지?

A ① 서울시 도시정비조례 제24조제2항제3호에 따라 하나의 주택 또는 한 필지의 토지를 수인이 소유하고 있는 경우 수인의 분양신청자를 1인의 분양대상자로 보도록 정하고 있으나, 다만 2003.12.30 전부터 공유지분으로 소유한 토지의 지분면적이 90㎡ 이상인 자는 그러하지 아니하다고 정하고 있는바, 2003.12.30 전부터 공유지분으로 소유한 토지에 대하여 소유형태와 규모 등의 변경 없이 전부 이전받은 경우에는 그 시점이 2003.12.30 이후라도 사업시행자 등의 권리·의무의 승계 원칙에 따라 종전 토지의 총면적을 산정함에 있어 포함할 수 있으므로 분양자격이 있음.

② 위 회신내용 A1에 따라 단독으로 분양대상이 되는 자 이외에 4인의 분양신청 자 전체를 1인의 분양대상자로 볼 수 있음.

③ 토지의 면적이 90㎡ 미만인 1필지의 토지를 수인이 소유하고 있는 경우에는 권리가액이 분양용 최소규모 추산액 이상인 공유지분자만이 분양자격이 있음(서울시 주거정비과-10716, 2007.7.6).

권리가액의 범위 내에서 2가구 분양신청이 가능한지

Q 재개발구역 내 토지와 건물이 커서 권리가액이 3억 원이라 가정할 시에 재개발사업으로 건립되는 공동주택 A형은 1억5천, B형은 2억, C형은 3억이라 할 때 권리가액에 합당한 C형을 신청할 수도 있고 C형을 포기하고 A형 2가구를 신청할 수 있는지?

A 도시재개발사업조례 제28조제1항제1호에 의거 분양대상자 1인에게 1주택을 분양하고 남은 권리가액은 부대·복리시설 또는 청산대상으로 하고 있음(서울시 주재58507-197, 1999.4.17).

상가 영업권 보상액도 권리가액에 합산할 수 있는지

Q 도시재개발법 시행령 제40조제1항에 의거 종전의 토지 및 건축물의 가격평가를 할 때 기존 건축물중 점포나 상가의 경우 영업권에 대한 보상액을 산출하여 관리처분계획 수립 시 도시재개발사업조례 제27조의 권리가액에 반영할 수 있는지?

A 도시재개발사업조례 제27조제1항제1호의 권리가액이란 종전 토지 또는 건축물의 총가액에서 제27조제1항제1호 각 목에 해당하는 가액을 제외한 가액을 말하며, 점포 또는 상가 등에 대한 영업권 보상액은 권리가액에 포함되지 아니함(서울시 주재58507-2767, 2000.10.11).

조합원의 권리가액에 대한 공동주택 배정 평형

Q ① 43평의 분양가액이 265,000,000원으로 100세대를 건립하고 32평형은 186,000,000원으로 200세대, 23평형은 130,00,000원으로 200세대를 건립할 경우 조합원의 권리

가액이 187,000,000원일 때 43평형을 배정할 수 있는지?

② 권리가액이 265,000,000원 이상인 자 10명중 5명이 32평형을 분양신청하고 권리가액이 265,000,000원 미만 186,000,000원 이상인 자 52명 중 43평형 28명, 32평형 22명, 23평형 2명일 때 43평형의 배정은 33명만 배정해야 하는지?

③ 23평형의 분양가액에 미달하는 99명은 23평형으로 배정하게 되는지?

A ① 권리가액이 32평형 분양가액 186,000,000원 이상인 자는 43평형 배정이 가능함.

② 조합정관으로 정하여 조합원에게 국민주택규모 초과 즉 43평형의 건립가구 50% 이하가 배정되는 때에는 50%까지(43평형을 100가구를 건립하는 경우 50가구까지)는 권리가액이 32평형의 분양가액 이상이 아니더라도 배정할 수 있으며, 이 경우에는 권리가액의 다액 순으로 하여야 함.

③ 조합정관으로 정하여 국민주택규모 이하 즉 32평형 이하의 주택은 권리가액 다액 순으로 배정이 가능하므로 분양대상조합원이 200명인 경우 43평형에 50명을 제외한 150명은 32평형을 200가구 건립하므로 전원 32평형의 배정이 가능할 것임(서울시 재개58507-2485, 2002.11.1).

큰 평을 분양받기 위하여 공람 시 토지 및 건축물을 매입한 경우 합산이 가능한지 여부

Q 재개발 관리처분계획 공람 시 상위 평형으로 가기위해 30평대 배정으로 공람 통보받은 별개의 토지 및 건축물을 사서 붙일 경우 권리가액에 포함하여 큰 평형(40평 이상)에 갈 수 있는지 만약 합산이 안 된다면 그 토지와 건물은 청산을 받아야 하는지?

A 공동주택의 분양은 관리처분계획기준일 즉 분양신청기간이 만료되는 날 현재 소유자를 대상으로 하게 되므로 관리처분계획기준일 이후 취득한 토지등은 권리가액에 합산이 되지 아니하며, 청산 여부는 그 소유형태 등이 별도로 검토되어야 함(서울시 재개 2002.1.30).

조례 제2조제5호(호수밀도)

호수밀도

도시재개발법령에서는 사용되지 않았던 용어다.
건축물이 밀집되어 있는 정도를 나타내는 지표로서 정비구역 면적 1ha(1만㎡)당 건축되어 있는 건축물의 동수(棟數)를 말한다.

□ 개정 연혁

▸ 도시정비조례[서울시조례 제4167호, 2003.12.30, 제정]

제2조(정의) 이 조례에서 사용하는 용어의 뜻은 다음과 같다

5. "호수밀도"란 정비구역 면적 1헥타르 당 건축되어 있는 건축물의 동수로서 다음 각 목의 기준에 의하여 산정한 밀도를 말한다.
   가. 공동주택은 기준층의 소유권이 구분된 1가구를 1동으로 보며 기준층 이외의 가구는 계상하지 아니한다.
   나. 신발생무허가건축물은 건축물 동수 산정에서 제외한다.
   다. 기존공원의 일부 또는 전부를 존치하여야 하는 경우에는 정비구역안의 총 건축물 동수를 존치면적을 제외한 면적으로 나누어 산정한다.
   라. 단독 또는 다가구주택을 건축물 준공 후 다세대주택으로 전환한 경우에는 구분소유등기에 불구하고 전환전의 건축물 동수에 의하여 산정한다.
   마. 준공업지역 안에서 정비사업으로 기존 공장의 재배치가 필요한 경우에는 정비구역 면적중 공장용지 및 공장 건축물은 제외하고 산정한다.

부 칙 〈제4167호, 2003.12.30〉

이 조례는 공포한 날부터 시행한다(효력발생시기는 2003.12.30).

▸ [서울시조례 제4686호, 2008.9.30, 일부개정]

제2조(정의) 이 조례에서 사용하는 용어의 뜻은 다음과 같다

5. "호수밀도"란 정비구역 면적 1헥타르 당 건축되어 있는 건축물의 동수로서 다음 각 목의 기준에 의하여 산정한 밀도를 말한다. 〈개정 2008.9.30〉
   가. 공동주택은 기준층의 소유권이 구분된 1가구를 1동으로 보며 기준층 이외의 가구는 계상하지 아니한다.
   나. 신발생무허가건축물은 건축물 동수 산정에서 제외한다.
   다. 기존 공원의 일부 또는 전부를 존치하여야 하는 경우에는 정비구역안의 총 건축물 동수를 존치면적을 제외한 면적으로 나누어 산정한다. 〈개정 2008.9.30〉
   라. 단독 또는 다가구주택을 건축물 준공 후 다세대주택으로 전환한 경우에는 구분소유등기에 불구하고 전환 전의 건축물 동수에 따라 산정한다. 〈개정 2008.9.30〉
   마. 준공업지역 안에서 정비사업으로 기존 공장의 재배치가 필요한 경우에는 정비구역 면적 중 공장용지 및 공장 건축물은 제외하고 산정한다. 〈개정 2008.9.30〉
   바. 비주거용건축물은 건축면적당 90㎡를 1동으로 보며, 소수점 이하는 절사하여 산정한다. 〈신설 2008.7.30〉

부 칙 〈제4686호, 2008.9.30〉

이 조례는 공포한 날부터 시행한다(효력발생시기는 2008.9.30).

➡ 바목 비주거용건축물에 대한 항목이 신설되었다.

▸ [서울시조례 제4949호, 2010.3.2, 일부개정]

제2조(정의) 이 조례에서 사용하는 용어의 뜻은 다음과 같다

5. "호수밀도"란 정비구역 면적 1헥타르 당 건축되어 있는 건축물의 동수로서 다음 각 목의 기준에 따라 산정한 밀도를 말한다. 〈개정 2008.9.30, 2009.7.30〉

가. 공동주택은 독립된 주거생활을 할 수 있는 구조로서 세대수가 가장 많은 층의 소유권이 구분된 1세대를 1동으로 보며, 나머지 층의 세대수는 계상하지 아니한다. 〈개정 2009.7.30, 2010.3.2〉

나. 신발생무허가건축물은 건축물 동수 산정에서 제외한다. 〈개정 2009.7.30〉

다. 정비구역안의 총 건축물 동수를 사업이 완료된 공원면적과 존치되는 공원면적을 제외한 면적으로 산정한다. 〈개정 2008.9.30, 2009.7.30, 2010.3.2〉

라. 단독 또는 다가구주택을 건축물 준공 후 다세대주택으로 전환한 경우에는 구분소유등기에 불구하고 전환 전의 건축물 동수에 따라 산정한다. 〈개정 2008.9.30, 2009.7.30〉

마. 준공업지역 안에서 정비사업으로 기존 공장의 재배치가 필요한 경우에는 정비구역 면적중 공장용지 및 공장 건축물은 제외하고 산정한다. 〈개정 2008.9.30, 2009.7.30〉

바. 비주거용건축물은 건축면적당 90㎡를 1동으로 보며, 소수점 이하는 절사하여 산정한다. 〈개정 2008.9.30, 2009.7.30〉

부 칙 〈제4949호, 2010.3.2〉

이 조례는 공포한 날부터 시행한다(효력발생시기는 2010.3.2).

➡ 가와 다목을 개정하였다.

▸ [서울시조례 제5007호, 2010.7.15, 일부개정]

제2조(정의) 이 조례에서 사용하는 용어의 뜻은 다음과 같다

5. “호수밀도”란 정비구역 면적 1헥타르 당 건축되어 있는 건축물의 동수로서 다음 각 목의 기준에 따라 산정한 밀도를 말한다. 〈개정 2008.9.30, 2009.7.30〉

가. 공동주택은 독립된 주거생활을 할 수 있는 구조로서 세대수가 가장 많은 층의 소유권이 구분된 1세대를 1동으로 보며, 나머지 층의 세대수는

계상하지 아니한다. 〈개정 2009.7.30, 2010.3.2〉

나. 신발생무허가건축물은 건축물 동수 산정에서 제외한다. 〈개정 2009.7.30〉

다. 정비구역안의 존치 또는 사업의 완료된 공원과 존치되는 학교를 제외한 면적으로 산정한다. 〈개정 2008.9.30, 2009.7.30, 2010.3.2, 2010.7.15〉

라. 단독 또는 다가구주택을 건축물 준공 후 다세대주택으로 전환한 경우에는 구분소유등기에 불구하고 전환 전의 건축물 동수에 따라 산정한다. 〈개정 2008.9.30, 2009.7.30〉

마. 준공업지역 안에서 정비사업으로 기존 공장의 재배치가 필요한 경우에는 정비구역 면적중 공장용지 및 공장 건축물은 제외하고 산정한다. 〈개정 2008.9.30, 2009.7.30〉

바. 비주거용건축물은 건축면적당 90㎡를 1동으로 보며, 소수점 이하는 절사하여 산정한다. 〈개정 2008.9.30, 2009.7.30〉

부 칙 〈제5007호, 2010.7.15〉

제1조(시행일) 이 조례는 2010.7.16부터 시행한다.

▢ 조례 제2조제5호(호수밀도)

건축물이 밀집되어 있는 정도를 나타내는 지표로서 정비구역 면적 1헥타르 당 건축되어 있는 건축물의 동수를 말하고 다음 각 목의 기준에 따라 산정한다(동조 제5호).

가. 공동주택은 독립된 주거생활을 할 수 있는 구조로서 세대수가 가장 많은 층의 소유권이 구분된 1세대를 1동으로 보며, 나머지 층의 세대수는 계상하지 아니한다.

나. 신발생무허가건축물은 건축물 동수 산정에서 제외한다.

다. 정비구역안의 존치 또는 사업의 완료된 공원과 존치되는 학교를 제외한 면적으로 산정한다.

라. 단독 또는 다가구주택을 건축물 준공 후 다세대주택으로 전환한 경우에는 구분소유등기에 불구하고 전환 전의 건축물 동수에 따라 산정한다.

마. 준공업지역 안에서 정비사업으로 기존 공장의 재배치가 필요한 경우에는 정비구역 면적중 공장용지 및 공장 건축물은 제외하고 산정한다.

바. 비주거용건축물은 건축면적당 90㎡를 1동으로 보며, 소수점 이하는 절사하여 산정한다.

호수밀도란 정비구역 면적 1헥타르(가로100m×세로100m=1만㎡) 당 건축되어 있는 건축물의 동수를 말한다.

서울시의 경우 재개발·도시환경정비사업의 구역지정 요건(재정비촉진구역의 재개발·도시환경정비사업도 포함)으로, 재개발구역은 60호 이상이며 주거환경개선사업은 80호 이상이다.

이 요건을 충족하지 못한 상태에서 재개발·도시환경정비구역으로 지정되면, 행정소송인 구역지정 취소 또는 재정비촉진계획결정 취소소송으로 이어져 정비사업 자체가 불투명하게 된다.

이렇듯 호수밀도는 정비구역 지정에 있어서 중요한 요소다.

○ 건축물의 동수 및 호수밀도 산정

- 건축물의 동수(棟數) 산정기준(서울시 도시계획조례 시행규칙 제4조 관련 [별표1, 2호])

건축물의 동수는 건축물대장을 기준으로 한다. 다만, 특정무허가건축물의 경우에는 「서울시 도시정비조례」 제2조제1호의 규정을 적용한다.

연립주택 및 아파트는 기준층 세대수를 동수에 넣어 계산한다. 기존 건축물이 철거된 경우에는 건축물 폐쇄대장으로 확인한다. 다만, 재해로 인하여 멸실된 경우에는 건축물 동수에 넣어 계산하지 않는다.

- 호수밀도 산정방법(서울시)

호수밀도란 정비구역 면적 1헥타르 당 건축되어 있는 건축물의 동수(棟數)로 다음의 기준에 따라 산정한다.

• 공동주택은 독립된 주거생활을 할 수 있는 구조로서 세대수가 가장 많은 층의 소유권이 구분된 1세대를 1동으로 보며, 나머지 층의 세대수는 계상하지 아니한다.

➡ 공동주택의 건축물 동수 산정은 가장 많은 세대수의 세대를 1동으로 계산하고 그 나머지는 제외하므로, 공동주택이 밀집한 곳의 세대밀도는 높으나 호수밀도는 실제 수치보다 사실상 낮다. 이로 인한 구역지정과 관련한 민원이 많은 실정이다.

- 신발생무허가건축물은 건축물 동수 산정에서 제외한다.

➡ 특정무허가건축물이 아닌 신발생무허가건축물은 분양대상 자격도 없으며, 호수밀도 산정에서도 제외된다.

- 정비구역안의 존치 또는 사업의 완료된 공원과 존치되는 학교를 제외한 면적으로 산정한다.

➡ 정비구역 면적이 불필요하게 확대되지 않도록 존치공원이나 사업이 완료된 공원 또는 존치 학교는 정비구역면적 산정에서 제외하였다. 특히 재정비촉진지구지정 및 촉진계획결정과 밀접한 관계가 있다.

- 단독 또는 다가구주택을 건축물 준공 후 다세대주택으로 전환한 경우에는 구분소유등기에 불구하고 전환 전의 건축물 동수에 따라 산정한다.

➡ 법 제50조의2 규정에 따라 건축물 준공 후 다세대주택으로 전환하더라도 분양대상에 해당하지 않고, 구분등기여부와 관계없이 전환 전의 동수로 계산한다.

- 준공업지역 안에서 정비사업으로 기존 공장의 재배치가 필요한 경우에는 정비구역 면적 중 공장용지 및 공장 건축물은 제외하고 산정한다.
- 비주거용건축물은 건축면적당 90㎡를 1동으로 보며, 소수점 이하는 절사하여 산정한다.

➡ 비주거용건축물은 건축면적당 90㎡를 1동으로 보는 근거로 과소필지(토지면적이 90㎡ 미만인 토지)를 들 수 있으며, 분양신청자가 소유하고 있는 종전토지의 총면적이 90㎡ 이상인 자에게만 분양대상 자격이 주어진다. 따라서 비주거용건축물 90㎡를 1동으로 보며, 이하는 산정에서 제외한다.

▢ 관련 조문

서울시 도시정비조례를 기준으로 하였다. 정비구역 지정 요건은 시도별 다름에 유의하여야 한다.

○ 도시정비조례

제4조(정비계획 수립대상 정비구역 지정 요건) ① 영 제10조제1항 관련 [별표1] 제6호에서 위임된 정비계획 수립대상에 대한 정비구역 지정 요건은 다음 각 호와 같다. 〈개정 2008.7.30, 2008.9.30, 2009.7.30, 2012.12.31〉

1. 주거환경개선구역은 호수밀도가 80 이상인 지역으로서 다음 각 목의 어느 하나에 해당하는 지역 〈개정 2006.1.1, 2008.7.30, 2008.9.30, 2009.7.30, 2012.1.5〉
   가. 노후·불량건축물의 수가 대상구역안의 건축물 총수의 60% 이상인 지역
   나. 주택접도율 20% 이하인 지역
   다. 구역의 전체 필지 중 과소필지가 50% 이상인 지역
   라. 〈삭제 2010.7.15〉
2. 재개발구역은 면적이 1만㎡(법 제4조제4항에 따라 서울시 도시계획위원회가 심의하여 인정하는 경우에는 5천㎡) 이상으로서 다음 각 목의 어느 하나에 해당하는 지역
   가. 구역의 전체 필지 중 과소필지가 40% 이상인 지역
   나. 주택접도율이 40% 이하인 지역(단, 법 제3조제6항에 따라 이 조례 시행 전에 고시된 2010 정비기본계획상 재개발예정구역인 경우에는 50% 이하인 지역으로 한다.)
   다. 호수밀도가 60 이상인 지역

➡ 재개발사업과 주거환경개선사업의 구역지정 요건으로 호수밀도로 구분(재개발사업은 호수밀도 60 이상, 주거환경개선사업은 호수밀도 80)한다.

조례 부칙 〈제4322호, 2005.9.30〉

① (시행일) 이 조례는 공포한 날부터 시행한다.

② (정비계획 수립대상 정비구역 지정 요건에 대한 경과조치) 조례 제4조에서 정한 호수밀도 기준에도 불구하고, 1998 서울시 재개발기본계획 상 정비예정구역으로 선정되고 2010 서울시 정비기본계획에 반영된 자연녹지지역 내 정비예정구역은 재개발구역 지정 시 도시계획위원회의 심의를 받아 호수밀도 규정을 적용하지 아니할 수 있다.

○ 도시정비법 시행령

[별표1] 정비계획 수립대상구역(영 제10조제1항 관련)

6. 무허가건축물의 수, 노후·불량건축물의 수, 호수밀도, 토지의 형상 또는 주민의 소득수준 등 정비계획 수립대상구역의 요건은 필요한 경우 제1호부터 제5호까지에 규정된 범위 안에서 시도 조례로 이를 따로 정할 수 있으며, 부지의 정형화, 효율적인 기반시설의 확보 등을 위하여 필요하다고 인정되는 경우에는 법 제4조제4항에 따른 도시계획위원회의 심의를 거쳐 제1호부터 제5호까지의 규정에 해당하는 정비구역 수립대상구역 면적의 110/100 이하의 범위에서 시도 조례로 정하는 바에 따라 제1호부터 제5호까지의 규정에 해당하지 아니하는 지역을 포함하여 정비계획을 수립할 수 있다.

□ 시도별 조례

호수밀도란 재개발·주거환경개선사업의 정비구역 지정요건의 하나로, 시도별 호수밀도 계상 방식이 다르다.

○ 경기도

제2조제5호 "호수밀도"란 정비구역 면적 1헥타르 당 건축되어 있는 건축물의 동수로서 다음 각 목의 기준에 따라서 산정한 밀도를 말한다.

가. 공동주택은 기준층의 소유권이 구분된 1가구를 1동으로 보며 기준층 이외의 가구는 계산하지 않는다.

나. 신발생무허가건축물은 건축물 동수 산정에서 제외한다.

다. 기존공원의 일부 또는 전부를 존치하여야 하는 경우에는 정비구역의 총 건축물 동수에서 존치면적을 제외한 면적으로 나누어 산정한다.

라. 단독 또는 다가구주택을 건축물 준공 후 다세대주택으로 전환한 경우에는 구분소유등기에 불구하고 전환 전의 건축물 동수에 의하여 산정한다.

- 남양주시

제2조제6호 "호수밀도"란 정비구역 면적 1헥타르 당 건축되어 있는 건축물의 동 수로서 다음 각 목의 기준에 따라서 산정한 밀도를 말한다.

가. 공동주택은 기준층의 소유권이 구분된 1가구를 1동으로 볼 것. 다만, 기준층 이외의 가구는 계산하지 아니한다.

나. 새롭게 생긴 무허가건축물은 건축물 동 수 산정에서 제외할 것

다. 기존 공원의 일부 또는 전부를 존치하여야 하는 경우에는 정비구역의 총 건축물 동 수에서 존치면적을 제외한 면적으로 나누어 산정할 것

라. 단독주택 또는 다가구주택을 건축물 준공 후 다세대주택으로 전환한 경우에는 구분소유등기에도 불구하고 전환 전의 건축물 동 수에 따라 산정할 것

마. 준공업지역 안에서 정비사업으로 인한 기존공장의 재배치가 필요한 경우에는 정비구역 면적 중 공장용지와 공장 건축물은 제외하고 산정할 것

- 부천시, 수원시, 안산시, 안양시, 안산시

남양주시와 같다.

- 고양시

제2조제4호 "호수밀도"란 정비구역 면적 1헥타르 당 건축되어 있는 건축물의 동수로서 다음 각 목의 기준에 따라서 산정한 밀도를 말한다.

가. 공동주택은 기준층의 소유권이 구분된 1가구를 1동으로 보며 기준 층 이외의 가구는 계산하지 않는다.

나. 신발생무허가건축물은 건축물 동수 산정에서 제외한다.

다. 기존공원의 일부 또는 전부를 존치하여야 하는 경우에는 정비구역의 총

건축물 동수에서 존치면적을 제외한 면적으로 나누어 산정한다.

라. 단독 또는 다가구주택을 건축물 준공 후 다세대주택으로 전환한 경우에는 구분소유등기에 불구하고 전환 전의 건축물 동수에 의하여 산정한다.

○ 인천시

제2조제6호 "호수밀도"란 정비구역의 토지면적 1만㎡에 건축되어 있는 건축물의 동수를 말하며, 다음 각 목의 기준에 따라서 산정한 밀도를 말한다.

가. 공동주택은 세대수가 가장 많은 층을 기준으로 소유권이 구분된 1세대의 주택을 1동으로 본다.

나. 신발생무허가건축물은 건축물 동수 산정에서 제외한다.

다. 단독 또는 다가구주택을 건축물 사용승인 후 다세대주택으로 전환한 경우에는 구분소유등기에도 불구하고 전환 전의 건축물 동수에 따라 산정한다.

○ 부산시

제2조제6호 "호수밀도"란 정비구역 면적 1헥타르 당 건축되어 있는 건축물의 동수를 말한다. 이 경우 공동주택은 기준층의 소유권이 구분된 1세대를 건축물 1동으로 보며, 기준층 외의 세대는 계상하지 아니한다. 〈개정 2010.3.3〉

○ 광주시

제2조제4호 "호수밀도"란 정비구역 면적 1헥타르 당 건축되어 있는 건축물의 동수를 말한다. 이 경우 공동주택은 기준층의 소유권이 구분된 1세대를 건축물 1동으로 보며 기준층 이외의 가구는 계상하지 않는다. 〈개정 2012.5.15〉

○ 울산시

제2조제10호 "호수밀도"란 정비구역 면적 1헥타르 당 건축되어 있는 건축물의 동수를 말한다. 이 경우 공동주택은 기준층의 소유권이 구분된 1세대를 건축물 1통으로 보며, 기준층 이외의 세대는 계상하지 아니한다.

○ **대구시**

제2조제8호 "호수밀도"란 정비구역 면적 1헥타르 당 건축되어 있는 건축물의 동수를 말한다. 이 경우 공동주택은 기준층의 소유권이 구분된 1세대를 1동으로 보며 기준층 이외의 세대는 계상하지 아니한다.

○ **대전시**

제2조제5호 "호수밀도"란 정비구역 면적 1헥타르 당 건축되어 있는 건축물의 동수를 말한다.

▢ 판 례

- 구 서울시 도시정비조례 제2조제5호 다목에서 정한 '기존 공원의 일부 또는 전부를 존치하여야 하는 경우'에 정비구역안의 공원 또는 녹지의 기능을 회복하거나 개선하기 위하여 기존 공원을 대신하여 그와 유사한 기능을 가진 다른 공원을 그 구역 안에 설치하는 경우가 포함되는지(적극)

호수밀도는 재개발사업을 위한 정비계획 수립 대상구역 지정요건인 구 도시정비법 시행령(2009.8.11 대통령령 제21679호로 개정되기 전의 것) 제10조제1항 [별표1] 제2호 나목의 '건축물이 과도하게 밀집되어 있어 그 구역 안의 토지의 합리적인 이용과 가치의 증진을 도모하기 곤란한 지역' 또는 같은 호 다목(제1호 라목)의 '인구가 과도하게 밀집되어 있고 기반시설의 정비가 불량하여 주거환경이 열악하고 그 개선이 시급한 지역'에 대한 판단 기준으로 볼 수 있는 점, 정비구역을 지정할 때에는 원칙적으로 기존 공원이나 녹지를 정비구역에 포함하지 않도록 하고, 예외적으로 공원 또는 녹지의 기능을 회복하거나 그 안의 건축물을 정비하기 위하여 필요한 경우와 토지이용의 증진을 위하여 필요한 경우에만 이를 정비구역에 포함되도록 하고 있는데, 이와 같이 예외적으로 공원 등이 정비구역에 포함되는 경우에 호수밀도를 산정할 때 기존 공원 등의 면적이 제외되지 않으면 기존 공원 등을 제외한 구역에 주택이 밀집되어 있더라도 그 호수밀도가 낮게 산정되어서 해당 구역이 노후·불량주택이 밀집한 지역인지를 제대로 판단할 수 없게 될 우려가 있는 점,

2010.7.15 서울시조례 제5007호로 개정된 서울시 도시정비조례는 제2조제5호 다목으로 정비구역안의 총 건축물 동수를 '정비구역안의 존치 또는 사업이 완료된 공원과 존치되는 학교를 제외한 면적'으로 나누어 산정하도록 하여 호수밀도가 왜곡되지 않도록 하고자 하는 위 규정의 취지를 분명히 하고 있는 점 등을 종합해 보면, 구 서울시 도시정비조례(2009.7.30 서울시조례 제4824호로 개정되기 전의 것) 제2조제5호 다목에서 정한 '기존 공원의 일부 또는 전부를 존치하여야 하는 경우'란 기존 공원이 원형 그대로 존치되는 경우뿐만 아니라 그 정비구역안의 공원 또는 녹지의 기능을 회복하거나 개선하기 위하여 기존 공원을 대신하여 그와 유사한 기능을 가진 다른 공원을 그 구역 안에 설치하는 경우도 포함한다고 보는 것이 타당하다(대법원 2013.12.12 선고 2011두22051 판결 정비구역 지정처분취소).

▢ 유권해석

주상복합건축물(근생, 연립주택)의 호수밀도 산정 시 기준층 적용 기준

Q 주상복합건축물(근생, 연립주택)의 경우 업무시설 용도의 층을 기준층으로 호수밀도를 산정할 수 있는지와 근생시설 및 시장 등 공동주택 외의 집합건축물에 대해서도 기준층을 적용하여 호수밀도를 산정할 수 있는지?

A 도시정비조례 제2조제5호 가목에 의하면 "공동주택은 기준층의 소유권이 구분된 1가구를 1동으로 보며, 기준층 이외의 가구는 계상하지 아니 한다."로 정하고 있는바, 호수밀도를 산정함에 있어 주상복합건축물의 경우에는 근생시설 등을 제외한 공동주택이 연속되어지는 가장 많은 층을 기준층으로 보아야 할 것이며, 공동주택 이외의 집합건축물은 기준층을 적용하여 호수밀도를 산정할 수 없음(서울시 주거정비과 2006.12.7).

Q 도시정비조례 제2조제5호 마목 관련, 호수밀도 산정 시 기존 공장의 범위는?

A 기존 공장의 범위는 서울시 도시계획조례 시행규칙 [별표1의3]에서 정한 공장의 범위를 적용함이 타당함(서울시 주거정비과 2005.12.6).

기타 용도지역에 입지한 공장용지와 공장건축물을 호수밀도 산정 시 제외 가능 여부 및 기존 공장의 재배치 범위

Q 재개발 정비예정구역 내 준공업지역과 기타 용도지역이 혼재한 경우 기타 용도지역 내 입지한 공장용지 및 공장 건축물을 제외한 호수밀도 산정 가능 여부와 기존 공장의 재배치 범위는?

A 준공업지역과 기타 용도지역이 혼재한 정비예정구역에서 정비사업으로 기타 용도지역에 있는 기존 공장을 준공업지역 내로 재배치가 필요한 경우에는 도시정비조례 제2조제5호 마목 규정을 적용할 수 있을 것으로 사료되며, 이를 적용하여 호수밀도가 충족되는 경우에는 정비계획에 기존 공장 재배치계획을 수립하여 반영하여야 하며, 기존 공장의 범위는 도시계획조례 시행규칙 [별표1의3]에서 정한 공장의 범위를 적용함(서울시 주거정비과 2005.12.7).

사도(私道)분할로 인하여 분양대상이 증가된 경우 호수밀도도 증가되는지

Q 재개발구역 지정 요건인 호수밀도 산정에 있어 사도의 분할로 분양대상이 증가된 경우 호수밀도가 증가되는 것인지?

A 서울시 도시정비조례 제2조 호수밀도는 정비구역 면적 1헥타르 당 건축되어 있는 건축물의 동수로서 대상구역 내 분양대상 수는 호수밀도 산정에 기준이 되지 않음(서울시 주거정비과 2006.11.7).

도시정비법의 호수밀도 산정 시 면적적용기준

Q 호수밀도 산정 시 1헥타르 당(當)이라고 되어 있던데, 필지별 면적합산인지, 도로나 공원포함(종교시설)인지 또는 도로포함이라면 내부도로만 말하는 것인지(구역 안 도로), 아니면 외측도로도 포함하는지(구역외측도로)?

A 호수밀도란 평면상에서 건축물의 조밀한 정도를 나타내는 것으로써, 즉 전체구역 안에 소재한 건축물의 전체 호수를 1ha당으로 환산하여 산정된 호수임(서울시 2007.7.25).

현행 호수밀도 산정방식의 맹점 및 서울시 호수밀도 적용범위 완화요청

Q 방화뉴타운지역에 살고 있는 시민으로, 현행 호수밀도 산정방식에 맹점이 있어 이를 조례 개정을 통하여 현실에 맞게 적용하여 주기바람.

현행 호수밀도 산정방식이 ha당 건물의 바닥면수로 되어 있어 현재 연립, 아파트, 빌라 등 공동주택에는 1층의 숫자만 산정되고 다수의 나머지 층의 세대는 적용하지 않아 실제 건물의 세대밀도는 상당히 높은데도 호수밀도가 낮아 재정비특별법의 적용을 받을 수가 없어 낙후된 지역인 방화뉴타운에 호수밀도의 부족으로 현재로서는 촉진지구로 지정받을 수 없는 실정임. 현실에 맞게 호수밀도의 산정방식을 개별 등기가 되어있는 모든 주택의 수를 호수밀도로 산정할 수 있게 조례를 개정해 주시기 바람. 또한 현재 서울의 재개발을 위한 호수밀도 요건은 ha당 60호로서 경기도 ha당 50호와 타 지방의 ha당 40호와도 형평성에 문제가 있으므로 이를 최소한 경기도 수준의 ha당 50호 정도로 완화바람. 방화뉴타운의 경우 열악한 환경으로 개발이 시급하여 서울시에서 2차 뉴타운으로 지정하였으나 재정비특별법 시행령에서 20%를 완화해 주어도 현행 호수밀도의 부족으로 전 구역이 촉진지구의 지정을 받을 수 없어, 조례 개정을 통하여 호수밀도를 ha당 50호로 완화해 줄 수 있는지?

A "현행 호수밀도 산정방식의 맹점 및 호수밀도 적용범위 완화 요청"과 관련, 시 조례에서 도입한 호수밀도 기준은 재개발사업의 정비기반시설이 열악하고 노후·불량 건축물이 밀집한 지역을 대상으로 한 도시정비법의 입법 취지에 따라 단위면적(ha) 당 건축되어 있는 건축물의 수평적인 밀집정도를 나타낸 것이며, 공동주택과 같이 공간적인 밀집정도를 나타내는 것은 아님. 만약 공동주택의 모든 가구 수를 호수밀도 산정에 계상할 경우 호수밀도가 급격하게 증가하여 단독주택지와 공동주택지 간의 형평성 문제가 제기되어 노후·불량건축물 밀집지역의 주거환경을 우선 개선하고자 하는 입법 취지에도 맞지 않음. 그동안 재개발사업에 대한 호수밀도 기준은 과거 「서울시 재개발 구역지정 등에 관한 도시계획위원회 심의기준 규칙」에서 80호/ha 이상으로 하였으나, 2003.12.30 「서울시 도시정비조례」 제정 시 70호/ha 이상으로 정하였으며, 2005.9.30 다시 호수밀도를 60호/ha 이상으로 완화하여 현재 운용하고 있음.

호수밀도 기준을 추가 완화할 경우, 재건축사업과의 경계가 붕괴되어 재건축 대상지역이 재개발구역으로 전환됨으로서 사업성이 없는 소 필지의 노후·불량건축물 밀집지역에 대한 정비를 어렵게 하고 정비기반시설이 비교적 양호한 지역까지 재개발구역에 포함되어 법운용의 혼란 및 국가자원의 낭비, 재개발사업의 과도한 확산 등 부정적인 도시문제를 유발할 수 있음. 따라서 특정지역의 재개발사업을 위한 재개발구역 지정요건인 호수밀도 완화 요청을 수용할 수 없으나, 뉴타운사업지구 내에서는 호수밀도 기준이 없는 재건축사업 방식으로 정비사업을 추진할 수 있음. 참고로 경기도의 재개발사업의 호수밀도 기준은 50호가 아닌 70호임(서울시 2007.4.7).

호수밀도 기준에 미달된 경우 구역지정이 가능한 지 여부

Q 정비기본계획상 정비예정구역으로 반영되어 있는 지역에서 호수밀도 70에 미달되나 노후·불량주택이 대상구역안의 건축물 총수의 2/3 이상인 지역 등 도시정비조례 구역지정기준 각 목의 사항을 하나라도 충족하는 경우 정비구역 지정이 가능한지?

A 정비기본계획상 정비예정구역은 정비구역으로 지정할 개략적인 범위를 정한 것이므로 정비구역의 지정은 도시정비조례에서 정한 정비구역 지정 요건에 적합하여야 함. 이 경우 호수밀도가 70에 미달되면 위 조례에서 정한 각 호 사항이 충족되어도 정비구역으로 지정할 수 없음(서울시 주거정비과 2004.12.29).

※ 2005.9.30 호수밀도 기준이 70에서 60으로 개정됨.

노후불량건축물 산정의 부속건축물의 처리방법

Q 기존 공동주택을 재건축하려고 할 때 건축물 동수를 어떻게 산정하는지 여부와 주 건축물 공동주택 2동, 근생 상가 1동, 부속건축물 노인정(관리사무소 등) 1동의 경우 건축물 동수는 어떻게 처리하는지?

A 공동주택 재건축사업의 건축물에 있어 노후·불량 건축물로 보는 기준은 주택단지 내 각 건축물 동수를 기준으로 산정하지는 않고, 이는 1개의 주택단지를 기준으로 하여 서울시 도시정비조례 제3조제1항제1호 별표에 따라 주택단지의 준공년도를 적용하여 판단함(서울시 주거정비과-2326, 2007.2.14).

조례 제2조제6호(사업시행방식의 전환)

법 제80조제1항

사업시행방식의 전환

도시정비법에 사업시행방식의 전환 제도가 도입되면서 조례에서 자리 잡았다.
이 경우에 기존 관리처분계획에 의해 환지예정지 지정을 받은 자들에 대해 소유토지별 지적공부는 환지예정지증명원에 따르게 된다. 또한 1필지의 토지를 수인이 공유로 소유하고 있는 경우에도 환지예정지증명원의 지분비율을 기준으로 한다.

□ 개정 연혁

► 도시정비조례[서울시조례 제4167호, 2003.12.30, 제정]

제2조(정의) 이 조례에서 사용하는 용어의 뜻은 다음과 같다

6. "사업시행방식전환"이란 법 제80조제1항 또는 법 부칙 제14조에 의하여 재개발사업의 시행방식이 전환되는 것을 말한다.

부 칙 〈제4167호, 2003.12.30〉

이 조례는 공포한 날부터 시행한다(효력발생시기는 2003.12.30).

➡ 사업시행방식전환이란 자력재개발사업방식으로 진행되는 곳에 대해 주로 수익성을 높이기 위해 합동재개발사업방식으로 바꾸는 것으로, 도시정비법에서 진행되었기 때문에 도시재개발법에서는 사업시행방식의 전환이란 용어자체가 없었다.

□ 조례 제2조제6호(재개발사업의 시행방식의 전환)

"사업시행방식전환"이란 법 제80조제1항 또는 법 부칙 제14조에 따라 재개발사

업의 시행방식이 전환되는 것을 말한다(동조 제6호).

재개발사업에 한정되어 적용되는 것으로 사업시행방식이 전환되는 경우 기존의 토지등소유자가 분양대상자에 포함되는지 여부와 밀접한 관계가 있는 조문이다.

재개발사업 시행방식의 전환은 주로 장기간 정비사업이 지연되거나 권리관계에 대한 분쟁 등으로 해당 조합 또는 토지등소유자가 시행하는 정비사업을 계속 추진하기 어렵다고 인정 시 시장·군수가 직접 정비사업을 시행하거나 지정개발자 또는 주택공사등에게 당해 조합 또는 토지등소유자를 대신하여 시행하게 하는 경우이거나 토지등소유자의 4/5 이상의 요구가 있어 재개발사업의 시행방식의 전환이 필요하다고 인정하는 경우 등 2가지 종류가 있다(도시정비법 제80조 참조).

위 2가지 경우 정비사업이 완료되기 전이라도 정비구역의 전부 또는 일부에 대하여 시행방식의 전환을 승인할 수 있으며, 사업시행자는 시행방식을 전환하기 위하여 관리처분계획의 변경 시 토지면적의 2/3 이상의 동의와 토지등소유자의 4/5 이상의 동의가 필요하다.

○ 조례에서 재개발사업 시행방식의 전환

조례에서는 후자인 토지등소유자의 4/5 이상의 요구가 있어 재개발사업의 시행방식의 전환이 필요하다고 인정하는 경우를 의미한다.

이는 기존의 도시재개발법에 의한 환지방식으로 진행하던 재개발사업의 경우, 도시정비법으로 들어오면서 관리처분계획 방식으로의 전환을 의미한다. 대표적으로 노원구·송파구에서 자력재개발사업을 합동재개발사업으로의 전환 사례가 있다.

- 노원구

기존 자력재개발사업은 지구지정 후 약 30년이 경과된 사업으로 사업이 완료되지 않은 상태에서 뉴타운지구(2005.12.16), 재정비촉진지구(2006.10.19)지정되어, 사실상 중단된 실정으로 사업시행방식 전환(자력재개발 → 합동재개발)을 선행 후 조합설립 등 재정비촉진사업으로 추진하도록 하고 있다.

※ 자력재개발사업(상계1구역, 2구역, 6구역) → 합동재개발(상계1, 2, 3, 4, 5, 6구역)

상계1 재정비촉진구역 내 자력재개발사업의 시행방식전환 승인 고시 (노원구고시 제2013-27호)

건설부고시 제55호(1981.2.20)로 구역지정, 서울시고시 제384호(1981.10.23)로 사업시행인가, 서울시고시 제22호(1989.1.17) 관리처분계획인가, 서울시고시 제309호(2008.9.11)로 상계재정비촉진계획 결정·고시된 상계1 재정비촉진구역 내 환지로 공급하는 방식(자력재개발)의 재개발 사업에 대하여 도시정비법 제80조 및 부칙 제14조에 의한 재개발사업의 사업방식을 전환 승인하고 이를 고시합니다.

2013년 7월 4일
노 원 구 청 장

1. 사업명칭 : 상계1 재정비촉진구역 내 자력재개발구역의 사업시행방식전환 승인
2. 사업위치 : 서울시 노원구 상계동 6구역 8블럭 9롯트 일대
3. 사업면적 및 시행방식전환 구역(토지) 현황
   기 정 : 구분 환지로 공급하는 방식(자력재개발)
   변 경 : 구분 주택 및 부대·복리시설을 건설하여 공급하는 방식(합동재개발)
   구역명 : 상계1 재정비촉진구역
   위치 및 면적 : 서울시 노원구 상계동 6구역 8블럭 9롯트 일대 87,978㎡
   비 고 : 합동재개발 방식(시행방식전환)
4. 고시 방법 : 시보, 구보 및 구 게시판(홈페이지)
5. 관련 도면 : 게재 생략(노원구청 주택사업과 비치도면과 같음.)
6. 관련 도서는 노원구청 주택사업과에 비치하여 토지소유자와 이해관계인에게 보임.

사업시행방식을 전환한 구역의 분양대상

Q 사업시행방식이 전환되는 재개발구역에서 A와 B 두 사람이 각각 구분되어 있는 2개의 필지(환지)에 하나의 주택을 지었을 경우(대지는 각자 소유, 주택은 공유), A와 B 모두 분양대상이 되는지?

A 도시정비조례 제24조에 의하면 사업시행방식 전환의 경우에는 전환되기 전의 사업방식에 의하여 환지를 지정받은 자는 분양대상자로 정하고 있음(서울시 주거정비과 2005.7.15).

▢ 시도별 조례

경기도, 인천시, 부산시, 대구시, 대전시 등은 서울시와 달리 제2조에 사업시행방식의 전환 규정을 두지 않은 반면, 광주시, 울산시는 제2조(정의)에서 규정하고 있다.

대부분 시도 또는 대도시에서는 제2조(정의)와 관계없이 사업시행방식이 전환되기 전의 사업방식에 따라 환지를 지정받은 자를 분양대상자로 규정하고 있다.

▢ 관련 조문

○ 도시정비조례

제26조(재개발 및 도시환경정비사업의 관리처분 기준 등) 법 제48조제1항에 따른 재개발사업 및 도시환경정비사업의 관리처분계획은 다음 각 호의 기준에 적합하게 수립하여야 한다. 〈개정 2009.7.30, 2012.1.5〉

1. 종전 토지의 소유면적은 관리처분계획기준일 현재 「측량·수로조사 및 지적에 관한 법률」 제2조제19호에 따른 소유토지별 지적공부(사업시행방식전환의 경우에는 환지예정지증명원)에 따른다. 다만, 1필지의 토지를 수인이 공유로 소유하고 있는 경우에는 부동산등기부(사업시행방식전환의 경우에는 환지예정지증명원)의 지분비율을 기준으로 한다.
2. 국·공유지의 점유연고권은 그 경계를 기준으로 실시한 지적측량성과에 따

라 관계법령과 정관 등이 정하는 바에 따라 인정한다.

3. 종전 건축물의 소유면적은 관리처분계획기준일 현재 소유건축물별 건축물대장을 기준으로 하되, 법령에 위반하여 건축된 부분의 면적은 제외한다. 다만, 정관 등이 따로 정하는 경우에는 재산세과세대장 또는 측량성과를 기준으로 할 수 있다.
4. 종전토지등의 소유권은 관리처분계획기준일 현재 부동산등기부(사업시행방식전환의 경우에는 환지예정지증명원)에 따르며, 소유권 취득일은 부동산등기부상의 접수일자를 기준으로 한다. 다만, 특정무허가건축물(미사용승인건축물을 포함한다.)인 경우에는 구청장 또는 동장이 발행한 기존무허가건축물확인원이나 그 밖에 소유자임을 입증하는 자료를 기준으로 한다.

5~6 : 생략

➡ 환지방식에서 합동재개발방식으로 전환된 경우에는 부동산등기부 관련 지적공부는 환지예정지증명원에 따르며, 공유의 경우에도 환지예정지증명원 지분 비율을 기준으로 한다.

제27조(재개발사업의 분양대상 등) ① 영 제52조제1항제3호에 따라 재개발사업으로 건립되는 공동주택의 분양대상자는 관리처분계획기준일 현재 다음 각 호의 어느 하나에 해당하는 토지등소유자로 한다. 〈개정 2009.7.30〉

1. 종전의 건축물 중 주택(주거용으로 사용하고 있는 특정무허가건축물 중 조합정관 등에서 정한 건축물을 포함한다.)을 소유한 자 〈개정 2009.7.30, 2011.5.26〉
2. 분양신청자가 소유하고 있는 종전토지의 총면적이 90㎡ 이상인 자 〈개정 2009.7.30, 2010.3.2, 2010.7.15〉
3. 분양신청자가 소유하고 있는 권리가액이 분양용 최소규모 공동주택 1가구의 추산액 이상인 자. 다만, 분양신청자가 동일한 세대인 경우의 권리가액은 세대원 전원의 가액을 합산하여 산정할 수 있다. 〈개정 2009.7.30〉〈단서신설 2010.7.15〉
4. 사업시행방식전환의 경우에는 전환되기 전의 사업방식에 따라 환지를 지정받은 자. 이 경우 제1호부터 제3호까지 규정은 적용하지 아니할 수 있다. 〈개정 2009.7.30〉

5. 재정비특별법 제11조제4항에 따라 재정비촉진계획에 따라 기반시설을 설치하게 되는 경우로서 종전의 주택(사실상 주거용으로 사용되고 있는 건축물을 포함한다.)에 관한 보상을 받은 자 〈개정 2009.7.30〉

④ 제1항부터 제3항까지 규정에 불구하고 사업시행방식전환의 경우에는 환지면적의 크기, 공동환지 여부에 관계없이 환지를 지정받은 자 전부를 각각 분양대상자로 할 수 있다. 〈개정 2009.7.30〉

➡ 사업시행방식이 전환된 경우에는 제1호 내지 제3호에 제한받지 않고 환지면적의 크기나 공동환지 여부와 관계없이 환지받은 자 전부가 분양대상자이다.

제35조(재개발사업의 임대주택 공급대상자 등) ① 영 제54조제2항 관련 [별표3] 제2호 가목(4)에서 "시도 조례가 정하는 자"란 다음 각 호의 어느 하나에 해당하는 자를 말한다. 〈개정 2009.7.30, 2010.7.15, 2012.1.5〉

1. 해당 정비구역안에 거주하는 세입자로서 세대별 주민등록표에 등재된 날을 기준으로 영 제11조에 따른 정비구역의 지정을 위한 공람·공고일(사업시행방식전환의 경우에는 전환을 위한 공람·공고일을 말한다.) 3월전(「국민기초생활 보장법」 제2조제2호에 따른 수급자는 사업시행인가 신청일 전)부터 사업시행인가로 인하여 이주하는 날(법 제48조의2제2항에 따라 건축물을 철거하는 경우 구청장의 허가를 받아 이주)까지 계속하여 거주하고 있는 무주택세대주. 다만, 신발생무허가건축물에 거주하는 세입자는 제외한다. 〈개정 2012. 7.30〉

2~6 : 생략

② 제1항제1호에 따른 공급대상자 세대의 판단기준은 다음 각 호와 같다. 〈개정 2009.7.30〉

1. 정비구역 지정을 위한 공람·공고일 3개월 이전부터 임대주택 입주 시까지 세대별 주민등록표에 부부 또는 직계 존·비속으로 이루어진 세대. 이 경우 이혼모가 직계 존·비속이었던 자와 동거하고 있는 세대를 포함한다. 〈개정 2009. 7.30〉
2. 관할구청장이 소년·소녀 가장세대로 책정한 세대로서 가족 2인 이상이 세대별 주민등록표에 등재된 세대 〈개정 2009.7.30〉

3. 형제·자매 등으로만 이루어진 세대로서 가족 2인 이상이 세대별 주민등록표에 등재된 세대. 이 경우 세대주가 30세 이상이거나 「소득세법」 제4조에 따른 소득이 있는 자이어야 한다. 〈개정 2009.7.30〉
4. 재개발구역지정을 위한 공람·공고일(1996.6.30 이전 지정된 정비구역은 사업계획결정·고시일을 말하며, 사업시행방식전환의 경우에는 사업시행방식 전환을 위한 공람·공고일을 말한다.) 3개월 이전부터 이주 시까지 세대별 주민등록표상에 배우자 및 직계 존·비속인 세대원이 없는 세대인 경우에는 세대주가 30세 이상이거나 「소득세법」 제4조에 따른 소득이 있는 자 이어야 한다. 다만, 가옥주와 동일가옥 거주자로서 주민등록표상 분리세대는 제외하며, 동일 가옥에 주민등록표상 여러 세대인 경우 하나의 임대주택만 공급한다. 〈개정 2009.7.30, 2010.7.15〉

○ 도시정비법령

법 제80조(재개발사업의 시행방식의 전환) ① 시장·군수는 제9조제1항에 의하여 사업대행자를 지정하거나, 토지등소유자의 4/5 이상의 요구가 있어 제6조제2항에 의한 재개발사업의 시행방식의 전환이 필요하다고 인정하는 경우에는 정비사업이 완료되기 전이라도 대통령령이 정하는 범위 안에서 정비구역의 전부 또는 일부에 대하여 시행방식의 전환을 승인할 수 있다.

② 사업시행자는 제1항에 의하여 시행방식을 전환하기 위하여 관리처분계획을 변경하고자 하는 경우 토지면적의 2/3 이상의 동의와 토지등소유자의 4/5 이상의 동의를 얻어야 하며 변경절차에 관하여는 제48조제1항의 관리처분계획 변경에 관한 규정을 준용한다.

③ 사업시행자는 제1항의 정비구역의 일부에 대하여 시행방식을 변경하고자 하는 경우에 재개발사업이 완료된 부분에 대하여는 제52조에 따라 준공인가를 거쳐 당해 지방자치단체의 공보에 공사완료의 고시를 하여야 하며, 변경하고자 하는 부분에 대하여는 이 법에서 정하고 있는 절차에 따라 시행방식을 전환하여야 한다.

④ 제3항에 따라 공사완료의 고시를 한 때에는 「측량·수로조사 및 지적에 관한 법률」 제86조제3항에도 불구하고 관리처분계획의 내용에 따라 제54조에 의

한 이전이 된 것으로 본다. 〈개정 2009.6.9〉

법 부칙 〈법률 제6852호, 2002.12.30〉

제14조 (재개발사업추진방식의 전환에 관한 경과조치) 본칙 제80조는 이 법 시행 이후 지정된 정비구역에 한하여 적용한다. 다만, 토지등소유자의 2/3 이상의 요구와 관할 시장·군수가 공공의 이익을 위하여 필요하다고 지방도시계획위원회의 심의를 거쳐 인정하는 경우에는 이 법 시행 이전에 시행중인 정비사업에도 적용할 수 있다.

영 제69조(사업시행방식의 전환) 법 제80조제1항에 의하여 시장·군수는 법 제43조제2항에 의하여 환지로 공급하는 방법으로 실시하는 재개발사업을 위한 정비구역의 전부 또는 일부를 법 제48조에 의하여 인가받은 관리처분계획에 따라 주택 및 부대·복리시설을 건설하여 공급하는 방법으로 전환하는 것을 승인할 수 있다.

조례 제2조제7호(무주택세대주)

「주택공급에 관한 규칙」 제2조제9호

무주택세대주

도시정비조례에서 무주택세대주 기준은 「주택공급에 관한 규칙」 제2조제9호를 적용한다.

▢ 개정 연혁

▸ 도시정비조례[서울시조례 제4167호, 2003.12.30, 제정]

제2조(정의) 7. "무주택세대주"란 「주택공급에 관한 규칙」 제2조제9호에 해당하는 세대주를 말한다. 〈개정 2008.9.30, 2009.7.30〉

부 칙 〈제4167호, 2003.12.30〉

이 조례는 공포한 날부터 시행한다(효력발생시기는 2003.12.30).

▢ 조례 제2조제7호(무주택세대주)

"무주택세대주"란 「주택공급에 관한 규칙」 제2조제9호에 해당하는 세대주를 말한다(동조 제7호).

「주택공급에 관한 규칙」에서의 무주택세대주와 세대주 개념을 도시정비조례에서 차용해 사용하고 있다.

- 세대주의 의미

"세대주"란 세대별 주민등록표상에 배우자, 직계존속(제11조의2 또는 제12조에 따라 입주자를 선정하는 경우에는 배우자의 직계존속을 포함한다.) 또는 직계비속인 세대원으로 이루어진 세대의 세대주를 말한다. 다만, 세대별 주민등록표상에 배우자 및 직계 존·비속인 세대원이 없는 세대주(이하 "단독세대주"라 한다.)로서 「민법」 제4조에 따른 성년에 이른 사람(이하 "성년자"라 한다.)은 세대주로 본다(「주택공급에 관한 규칙」 제2조제8호).

➡ 기존의 20세 이상인 자이었으나, 2011.3.7 민법 개정에 따라 2013.7.1부터 19세 이상인 자로 바뀌었다.

- 무주택 세대주

"무주택세대주"란 세대주를 포함한 세대원(세대주와 동일한 세대별 주민등록표상에 등재되어 있지 아니한 세대주의 배우자 및 배우자와 동일한 세대를 이루고 있는 세대원을 포함한다.) 전원이 주택을 소유하고 있지 아니한 세대의 세대주를 말한다(동 규칙 제2 제9호).

즉 세대주를 포함한 세대원 전원이 주택을 소유하고 있지 아니한 세대의 세대주를 말하며 세대주와 동일한 세대별 주민등록표 상에 등재되어 있지 않은 세대주의 배우자 및 배우자와 동일한 세대를 이루고 있는 세대원도 무주택이어야 한다(국토부 주택기금과 2012.12.31).

- 주택소유 여부 판정기준

「주택공급에 관한 규칙」 제6조제3항에서 규정하고 있다(아래 조문을 참조할 것).

▢ 시도별 조례

○ 경기도, 인천시, 광주시, 울산시

서울시와 같이 제2조에서 규정하고 있다.

○ 부산시

제32조(재개발사업의 임대주택 공급대상자 등) ① 영 제54조제2항 관련 [별표3] 제

2호 가목(4)에 따라 "시도 조례가 정하는 자"란 입주자모집공고일 현재 혼인기간이 5년 이내인 무주택세대주를 말한다. 〈개정 2005.9.21, 2010.3.3〉

② 영 제54조제2항 관련 [별표3] 제2호 나목에 따른 임대주택의 규모 및 규모별 입주자 선정방법, 공급절차의 기준은 다음과 같다. 〈개정 2005.2.16, 2005.9.21, 2007.8.8, 2008.5.7, 2010.3.3, 2012.12.26〉

1. 임대주택의 규모는 법 제4조의2에 따른 국토부장관의 고시에 따른다. 〈개정 2005.9.21, 2008.5.7, 2010.3.3〉
2. 규모별 입주자 선정방법 및 공급절차 등에 대하여는 주택법령의 관련규정에 따른다. 다만, 공급순위는 다음 각 목에 따르되 각 순위 안에서도 2000년 이후 출산으로 자녀가 3명 이상이 된 사람을 우선한다.〈개정 2007.8.8, 2010.3.3, 2012.12.26〉
   가. 제1순위 : 정비구역 지정 공람·공고일 3개월 전부터 계속하여 해당 정비구역안에 거주하고 있는 세입자와 해당 정비구역안에 주택을 공급받을 자격을 가진 분양대상 토지등소유자로서 분양신청을 포기한 자
   나. 제2순위 : 해당 정비구역 외의 재개발정비구역안의 세입자로서 정비구역 지정 공람·공고일 3개월 전부터 계속하여 해당 정비구역안에 거주하고 있는 자
   다. 제3순위 : 입주자모집공고일 현재 혼인기간이 5년 이내인 무주택세대주 〈신설 2010.3.3〉
   라. 생 략

○ 대전시

제2조(정의) 10. "무주택세대주"란 「주택공급에 관한 규칙」 제9조제2항제5호 관련 별지 제4호서식 뒤쪽의 무주택판단기준에 해당하는 자를 말한다.

※ 별지 제4호서식 뒤쪽의 무주택판단기준

1. 주택소유여부 기준일은 건물등기부등본 상 등기접수일(미등기 주택인 경우에는 건축물대장등본상의 처리일)입니다.
2. 주택은 우리나라 전 지역에 소재하는 주택이 모두 해당되며, 주택의 공유지분 또는 주택의 용도가 있는 복합건물도 주택에 해당됩니다. 다만, 다음 요건 중 어느 하나에 해당하는 경우에는 주택을 소유한 것으로 보지 아니합니다.

가. 상속으로 인하여 주택의 공유지분을 취득한 사실이 판명되어 사업주체로부터 이를 통보받은 날부터 3월 이내에 그 지분을 처분한 경우

나. 도시지역이 아닌 지역 또는 면의 행정구역(수도권은 제외)에 건축되어 있는 주택으로서 다음 중 어느 하나에 해당하는 주택의 소유자가 당해 주택건설지역에 거주하다가 다른 주택건설지역으로 이주한 경우

(1) 사용승인 후 20년 이상 경과된 단독주택

(2) 85㎡ 이하의 단독주택

(3) 소유자의 「가족관계의 등록 등에 관한 법률」에 따른 최초 등록기준지에 건축되어 있는 주택으로서 직계존속 또는 배우자로부터 상속 등에 의하여 이전받은 단독주택

다. 개인주택사업자가 분양을 목적으로 주택을 건설하여 분양을 완료하였거나 사업주체로부터 부적격당첨자로 통보받은 날부터 3월 이내에 당해 주택을 처분한 경우

라. 세무서에 사업자로 등록한 개인사업자가 그 소속근로자의 숙소로 사용하기 위하여 건설한 주택 또는 정부시책의 일환으로 근로자에게 공급할 목적으로 사업계획승인을 얻어 건설한 주택을 공급받아 소유하고 있는 경우

마. 20㎡ 이하의 주택을 소유하고 있는 경우 다만, 2호 또는 2세대 이상의 주택을 소유한 자는 제외한다.

바. 60세 이상의 직계존속이 주택을 소유하고 있는 경우(「주택공급에 관한 규칙」 제11조의2 또는 제12조에 따라 입주자를 선정하는 경우에는 배우자의 직계존속포함하며 제19조제13항 및 제32조제5항제1호에 따라 주택을 공급받는 경우에는 주택을 소유한 것으로 봄)

사. 건물등기부등본 또는 건축물대장등본등의 공부상 주택으로 등재되어 있으나 주택이 낡아 사람이 살지 아니하는 폐가이거나 주택이 멸실되었거나 주택이 아닌 다른 용도로 사용되고 있는 경우로서 사업주체로부터 부적격당첨자로 통보받은 날부터 3월 이내에 멸실 또는 실제 사용하는 용도로 공부를 정리한 경우

아. 무허가건물을 소유하고 있는 경우

▢ 관련 조문

○ 도시정비조례

조례 제20조(소형주택 건설비율 및 용도) ① 법 제30조의3제2항제1호 및 제2호에 따른 시도 조례로 정하는 비율은 법적상한용적률에서 정비계획으로 정하여진 용적률을 뺀 용적률의 50/100을 말한다. 〈신설 2009.7.30, 개정 2012.7.30〉

② 법 제30조의3제6항에 따라 인수된 소형주택의 용도는 임대주택 또는 장기

전세주택으로 활용한다. 〈신설 2009.7.30, 개정 2012.7.30〉

③ 제2항에 따른 장기전세주택의 임차인 자격은 서울시에 거주하는 무주택세대주로 하며, 입주자 선정에 관한 사항은 「서울시 장기전세주택 공급 및 관리규칙」에서 정할 수 있다. 〈신설 2012.1.5, 개정 2012.7.30〉

➡ 무주택세대주의 개념은 재건축·재개발사업(재정비촉진지구의 재개발사업은 제외)에서의 장기전세주택의 임차인 자격 기준이 된다.

조례 제35조(재개발사업의 임대주택 공급대상자 등) ① 영 제54조제2항 관련 [별표 3] 제2호 가목(4)에서 "시도 조례가 정하는 자"란 다음 각 호의 어느 하나에 해당하는 자를 말한다. 〈개정 2009.7.30, 2010.7.15, 2012.1.5〉

1. 해당 정비구역안에 거주하는 세입자로서 세대별 주민등록표에 등재된 날을 기준으로 영 제11조에 따른 정비구역의 지정을 위한 공람·공고일(사업시행방식전환의 경우에는 전환을 위한 공람·공고일을 말한다.) 3월 전부터 사업시행인가로 인하여 이주하는 날(법 제48조의2제2항에 따라 건축물을 철거하는 경우 구청장의 허가를 받아 이주)까지 계속하여 거주하고 있는 무주택세대주. 다만, 신발생무허가건축물에 거주하는 세입자는 제외한다. 〈개정 2012. 7.30〉
2. 해당 정비구역안의 주택을 공급받을 자격을 가진 분양대상 토지등소유자로서 분양신청을 포기한 자
3. 소속 대학의 장(총장 또는 학장)의 추천에 따라 선정된 저소득가구의 대학생(제8조제2항제2호에 따라 임대주택을 계획한 해당구역에 한함) 〈신설 2012. 1.5〉
4. 해당 정비구역 이외의 재개발구역 안의 세입자로서 제1호에 해당하는 입주자격을 가진 무주택세대주
5. 해당 정비구역에 인접하여 시행하는 도시계획사업(이 법에 따른 정비사업을 제외한다.)으로 철거되는 주택의 소유자 또는 무주택세대주로서 구청장이 추천하여 시장이 선정한 자
6. 그 밖에 규칙이 정하는 자

조례 시행규칙 제13조(재개발사업의 임대주택 공급대상자 등) ② 조례 제35조제1항에 따른 무주택세대주에 해당되는지 여부는 「주택공급에 관한 규칙」 제6조제3

항의 규정을 준용한다. 〈개정 2010.3.11〉

➡ 재개발·도시환경정비사업의 임대주택 공급대상자는 무주택세대주로서 「주택공급에 관한 규칙」 제6조제3항을 적용한다.

○ **「주택공급에 관한 규칙」**

제6조(세대주 인정기간의 산정 및 주택소유 여부 판정기준) ① 세대주 인정기간은 세대별 주민등록표상에 세대주로 등재되어 있는 기간에 따라 산정한다. 다만, 세대별 주민등록표상에 세대주로 등재되어 있지 않은 기간이라도 다음 각 호에 해당하는 경우에는 그 기간을 전후하여 세대주로 등재되어 있는 기간을 합산하여 세대주 인정기간을 산정한다. 〈개정 2010.6.30〉

1. 세대별 주민등록표상에 주민등록말소 등으로 세대주로 등재되지 아니한 기간이 있는 경우에는 그 말소 등으로 등재되어 있지 아니한 기간
2. 「장애인복지법」 제58조제1항제1호에 따른 장애인생활시설[1]에 거주하는 장애인의 경우에는 해당 시설 거주기간

② 다음 각 호의 사유로 인하여 세대주가 변경된 경우에는 변경 전 세대주의 세대주 인정기간(같은 세대별 주민등록표상에 등재된 이후의 기간에 한정한다.)을 변경 후 세대주의 세대주 인정기간에 합산하여 이를 변경된 세대주의 세대주 인정기간으로 한다. 다만, 결혼으로 세대주가 변경된 경우에는 각각의 세대주 인정기간을 합산하되, 중복되는 기간은 한 번만 계산한다. 〈개정 1999.5.8, 2009.9.17, 2010.6.30〉

---

1) 장애인복지법 제58조(장애인복지시설) ① 장애인복지시설의 종류는 다음 각 호와 같다. 〈개정 2011.3.30〉

1. 장애인 거주시설 : 거주공간을 활용하여 일반가정에서 생활하기 어려운 장애인에게 일정 기간 동안 거주·요양·지원 등의 서비스를 제공하는 동시에 지역사회생활을 지원하는 시설
2. 장애인 지역사회재활시설 : 장애인을 전문적으로 상담·치료·훈련하거나 장애인의 일상생활, 여가활동 및 사회참여활동 등을 지원하는 시설
3. 장애인 직업재활시설 : 일반 작업환경에서는 일하기 어려운 장애인이 특별히 준비된 작업환경에서 직업훈련을 받거나 직업 생활을 할 수 있도록 하는 시설
4. 장애인 의료재활시설 : 장애인을 입원 또는 통원하게 하여 상담, 진단·판정, 치료 등 의료재활서비스를 제공하는 시설
5. 그 밖에 대통령령으로 정하는 시설

1. 세대주가 사망한 경우
2. 세대주가 결혼 또는 이혼한 경우
3. 세대주의 배우자 또는 세대원인 직계존·비속으로 세대주가 변경된 경우
4. 〈삭제 1999.5.8〉

③ 주택소유 여부를 판단함에 있어서는 주택의 공유지분을 소유하고 있는 것을 주택을 소유하고 있는 것으로 보되, 다음 각 호의 어느 하나에 해당하는 경우에는 주택을 소유하지 아니한 것으로 본다. 다만, 제19조제13항에 따른 특별공급 및 제32조제5항제1호에 따른 우선공급의 경우 무주택세대주에 해당하는지 여부를 판단함에 있어서 제6호의 규정은 이를 적용하지 아니한다.

1. 상속으로 인하여 주택의 공유지분을 취득한 사실이 판명되어 사업주체로부터 제21조의2제3항에 의하여 부적격자로 통보받은 날부터 3월 이내에 그 지분을 처분한 경우
2. 도시지역이 아닌 지역 또는 면의 행정구역(수도권은 제외한다.)에 건축되어 있는 주택으로서 다음 각 목의 1에 해당하는 주택의 소유자가 당해주택 건설지역에 거주(상속으로 주택을 취득한 경우에는 피상속인이 거주한 것을 상속인이 거주한 것으로 본다.)하다가 다른 주택건설지역으로 이주한 경우
   가. 사용승인 후 20년 이상 경과된 단독주택
   나. 85㎡ 이하의 단독주택
   다. 소유자의 「가족관계의 등록 등에 관한 법률」에 따른 최초 등록기준지에 건축되어 있는 주택으로서 직계존속 또는 배우자로부터 상속 등에 의하여 이전받은 단독주택
3. 개인주택사업자가 분양을 목적으로 주택을 건설하여 이를 분양 완료하였거나 사업주체로부터 제21조의2제3항에 의한 부적격자로 통보받은 날부터 3월 이내에 이를 처분한 경우
4. 세무서에 사업자로 등록한 개인사업자가 그 소속근로자의 숙소로 사용하기 위하여 법 제10조제3항에 의하여 주택을 건설하여 소유하고 있거나 사업주체가 정부시책의 일환으로 근로자에게 공급할 목적으로 사업계획승인을 얻어 건설한 주택을 공급받아 소유하고 있는 경우
5. 20㎡ 이하의 주택을 소유하고 있는 경우. 다만, 2호 또는 2세대 이상의 주

택을 소유한 자는 제외한다.

6. 60세 이상의 직계존속(제11조의2 또는 제12조에 따라 입주자를 선정하는 경우에는 배우자의 직계존속을 포함한다.)이 주택을 소유하고 있는 경우
7. 건물등기부 또는 건축물대장등의 공부상 주택으로 등재되어 있으나 주택이 낡아 사람이 살지 아니하는 폐가이거나 주택이 멸실되었거나 주택이 아닌 다른 용도로 사용되고 있는 경우로서 사업주체로부터 제21조의2제3항에 의한 부적격자로 통보받은 날부터 3월 이내에 이를 멸실시키거나 실제 사용하고 있는 용도로 공부를 정리한 경우
8. 무허가건물을 소유하고 있는 경우

○ 도시정비법령

법 제50조(주택의 공급 등) ④ 정비사업의 시행으로 임대주택을 건설하는 경우에 임차인의 자격·선정방법·임대보증금·임대료 등 임대조건에 관한 기준 및 무주택세대주에게 우선 매각하도록 하는 기준 등에 관하여는 「임대주택법」 제20조와 제21조의 규정에 불구하고 대통령령이 정하는 범위 안에서 시장·군수의 승인을 얻어 사업시행자가 이를 따로 정할 수 있다. 다만, 재개발임대주택으로서 최초의 임차인 선정이 아닌 경우에는 대통령령이 정하는 범위 안에서 인수자가 이를 따로 정한다. 〈개정 2005.3.18, 2008.3.28, 2009.4.22〉

영 제54조(주택의 공급 등) ② 법 제50조제4항 본문에 따라 임대주택을 건설하는 경우의 임차인의 자격·선정방법·임대보증금·임대료 등 임대조건에 관한 기준 및 무주택세대주에게 우선분양전환하도록 하는 기준 등에 관하여는 [별표3]에 규정된 범위에서 시장·군수의 승인을 받아 사업시행자가 따로 정할 수 있다. 〈개정 2005.5.18, 2008.12.17〉

③ 법 제50조제4항 단서에 따라 인수자는 다음 각 호의 범위에서 임대주택의 임차인의 자격 등에 관한 사항을 정하여야 한다. 〈신설 2005.5.18, 2008.12.17, 2012.7.31〉

1. 임차인의 자격은 무주택 기간과 해당 정비사업이 위치한 지역에 거주한 기간이 각각 1년 이상인 범위에서 오래된 순으로 할 것. 다만, 시·도지사가 법 제50조제3항 및 이 영 제41조의2제2항에 따라 임대주택을 인수한 경우

에는 거주 지역, 거주기간 등 임차인의 자격을 별도로 정할 수 있다.
2. 임대보증금과 임대료는 정비사업이 위치한 지역의 시세의 90/100 이하의 범위로 할 것
3. 임대주택의 계약방법 등에 관한 사항은 임대주택법령이 정하는 바에 의할 것
4. 관리비 등 주택의 관리에 관한 사항은 「주택법」이 정하는 바에 의할 것

▢ 관련 판례

○ 구 「주택공급에 관한 규칙」 소정의 무주택세대주 및 그 무주택기간의 판단기준

구 「주택공급에 관한 규칙」(1993.9.1 건설부령 제527호로 개정되기 전의 것) 제13조제2항의 "무주택세대주"란 세대주를 포함한 세대원 전원이 주택을 소유하고 있지 아니한 경우의 세대주를 말하고, 세대주를 포함한 세대원이 주택을 "소유한다"란 물권변동에 관하여 형식주의를 취하는 우리의 법제상 부동산의 원시취득이 아닌 승계취득의 경우에 있어 민법 제187조에 해당하는 경우를 제외하고는 세대주를 포함한 세대원 앞으로 주택에 관한 소유권이전등기가 마쳐져 있는 경우를 의미하므로, 무주택기간도 원인무효이거나 다른 특별한 사정이 없는 한 공부상 소유권 이전 시점을 기준으로 판단하여야 한다(대법원 1995.5.9 선고 93다58271 판결 수분양권지위확인).

○ 국민주택의 특별공급 대상자로서의 '무주택세대주'와 관련하여, 구 「주택공급에 관한 규칙」 제2조제9호에 언급된 '세대원'의 의미

구 「주택공급에 관한 규칙」(2007.8.24 건설교통부령 제576호로 개정되기 전의 것) 제2조제9호에 언급된 '세대원'에 관하여는 명시적인 정의규정이 없으나, 일반인에게 있어 '세대원'이란 통상 '세대주 및 그 배우자와 동일한 주소 또는 거소에서 생계를 같이하는 가족'을 의미하는 점, 위 규칙 제19조제1항이 국민주택의 특별공급 대상자를 '무주택세대주'로 한정한 취지는 생계를 같이하는 자 중 1인이라도 주택을 소유하고 있으면 굳이 그 세대주에게 국민주택을 특별공급하면서까지 그 주거안정을 도모할 필요가 없다는 데 있는 점, '세대주가 세대별 주민등록표상의 어느 동일 세대원과 생계를 같이하지 아니하는 경우'에는 그 세대원이 별도로 주택을

소유하고 있다 하더라도,

위 규칙 제19조제1항제3호 각 목에서 정한 주택을 소유하고 있는 세대주에게는 '세대주와 그 세대원이 동일 세대에 속하지 아니하는 경우'와 마찬가지의 주거불안이 발생하는 점 등에 비추어 보면, 제2조제9호에서 언급된 '세대원'이란 적어도 국민주택의 특별공급 대상자로서의 '무주택세대주'와 관련하여서는 '생계를 같이 할 것'을 그 요건으로 한다고 해석함이 상당하다(서울행법 2007.10.12 선고, 2007구합9020 판결 : 항소, 특별공급아파트공급대상자부적격처분취소).

○ 「주택공급에 관한 규칙」 제4조제1항의 "입주자 모집공고일 1년 전부터 입주시까지"의 의미

「주택공급에 관한 규칙」 제4조제1항은 "입주자 모집공고일 1년 전부터 입주시까지" 무주택 세대주일 것을 요구하고 있으나, 위 규정 중 "입주자 모집공고일 1년 전부터"라는 부분은. 주택조합이 구성원을 위하여 건설한 주택을 구성원들에게 공급하는 경우에는 성질상 "입주자 모집공고일"이라는 개념을 상정할 수 없어 주택조합의 경우에는 이 부분이 아무런 의미가 없고, "입주시까지"라는 규정만이 의미가 있으므로, 주택조합의 조합원이 될 수 있는 자는 주택조합 설립인가 당시부터 입주시까지 계속 무주택 세대주인 자라고 해석함이 타당하다.

– 주택조합규약에 조합원 자격이 주택조합 설립인가일 현재 1년 이상 무주택 세대주로 규정되어 있는 경우 무주택자와 세대주이어야 하는 기간

주택조합규약에 조합원 자격이 주택조합 설립인가일 현재 1년 이상 무주택 세대주로 규정되어 있는 경우, "주택조합 설립인가일 현재 1년 이상"의 기간은 "무주택"의 요건에만 적용되고 "세대주" 요건에는 적용되지 않는다고 해석하여야 하므로, 주택조합의 조합원 자격은 주택조합 설립인가일 1년 전부터 입주시까지 계속 무주택자이어야 하나, 세대주의 기간은 주택조합 설립인가 일로부터 입주시까지로 해석함이 상당하다.

– 위 규칙 제2조제7호의 "세대원"의 의미

위 규칙 제2조제7호의 "세대원"이란 세대주와 현실적으로 장기간 함께 거주할 목적으로 세대를 구성하는 세대원을 의미하고, 현실적으로 함께 거주할 생각 없이 결혼준비 등의 다른 목적으로 일시적으로 세대주와 함께 기거하면서 주민등록법에 따라 어쩔 수 없이 주민등록지를 옮겨 세대주와 같은 세대를 구성하게 된 세대원은 여기에 포함되지 아니 한다(부산지법 1992.7.7 선고, 92가합5051, 제8민사부판결 : 항소, 손해배상).

▢ 유권해석

무주택세대주의 정의

Q 「주택공급에 관한 규칙」 제2조제9호에서 정의하는 무주택세대주에 대한 적용여부를 질의함. 토지지분이 없는 주택을 소유하고 있을 경우(공유지분 없음, 주택은 등기되어 있음.), 무주택세대주에 포함되는지?

A 「주택공급에 관한 규칙」 제6조제3항제1호에 따라 주택의 공유지분을 소유하고 있는 경우에 주택을 소유한 것으로 보고 있음. 따라서 토지지분 없이 주택의 지분만 소유한 경우 주택을 소유한 것으로 보는 것임(국토부 2010.8.06).

무주택세대주 인정 기준

Q "세대주 인정기간"은 세대별 주민등록표상에 세대주로 등재되어 있는 기간에 의해 산정. 다만, 세대별 주민등록표상에 세대주로 등재되어 있지 않은 기간이라도 다음 각 호에 해당하는 경우 그 기간을 전후하여 세대주로 등재된 기간을 합산하여 "세대주 인정기간 산정"이라고 「주택공급에 관한 규칙」 제6조제1항 및 제2항에 세대주 인정기간 산정원칙이 표기되어 있음. 이때 다음 각 호 중 "세대주의 배우자 또는 세대원인 직계존비속으로 세대주가 변경된 경우"라는 내용이 있는데, 이는 어떤 의미인지?
이 의미는 따로 세대주를 구성하지 않았더라도 아버지 또는 어머니가의 세대주로 있던 기간부터 본인이 세대주로 분리된 시점까지 합산된다는 의미인지?
세대주(아버지 또는 어머니)의 세대원인 직계존비속으로 세대주가 변경된 경우는 세대원이었음이 확인되면 제가 세대주가 아니었더라도 기존 세대주(아버지 또는 어머니)가 무주택이었을 경우는 아버지 또는 어머니의 무주택세대주 기간까지 포함한다는 의미가 맞는지?

그렇다면 만약 국민임대 또는 전환불가 공공임대 등을 지원할 경우 아버지 또는 어머니의 세대원이었음을 확인할 수 있는 부모님의 초본까지 제출하면 부모님의 무주택기간까지 인정받을 수 있는 것인지?

A 질의요지는 세대주 인정기간 산정으로, 세대주란 세대별 주민등록표상에 배우자 또는 직계 존·비속인 세대원으로 이루어진 세대의 세대주를 말하며, 「주택공급에 관한 규칙」 제6조제1항에 따라 세대주 인정기간은 세대별 주민등록표상에 세대주로 등재되어 있는 기간에 의하여 산정됨.

다만 「주택공급에 관한 규칙」 제6조제2항에 따라 세대주의 배우자 또는 세대원인 직계 존, 비속으로 세대주가 변경된 경우에는 변경 전 세대주의 세대주 인정기간을 변경 후 세대주의 세대주 인정기간에 합산하여 이를 변경된 세대주의 세대주 인정기간으로 할 수 있으나, 이는 같은 세대별 주민등록표상에 등재된 기간에 한함(국토부 주택기금과 2013.6.17).

1가구 1주택 소유 여부

Q 저는 부산 연산동에 소재해 있는 삼일 아파트를 소유함. 이 아파트는 30년 이상이 되었고 그 당시 준공 허가를 받지 못하여 소유권 행사는 토지만 되어 있음. 등기부 등본을 떼어 보니 토지에 대해 1/N로 되어 있는데, 이 경우는 1주택으로 간주가 되는지?

A 주택 소유여부는 민법 등 일반원칙에 따라 정하여 지며, 「주택공급에 관한 규칙」 제9조제4항에 따라 주택소유 또는 무주택기간은 건물등기부등본, 건축물대장등본, 기타 주택 소유여부를 증명할 수 있는 서류(과세자료 등)를 기준으로 산정하고 있음. 따라서 귀하의 주택에 대하여 건물등기부 등본 및 기타 과세자료(취·등록세 등)등이 부과되는 경우에는 주택으로 인정됨(국토부 2010.6.14).

※ 참고로, 「주택공급에 관한 규칙」에서는 한정된 주택을 무주택세대에게 우선하여 공급하고자 국민주택(보금자리주택), 국민임대주택, 영구임대주택 등에 대하여 무주택세대주를 기본 요건으로 하고 있음.

세대와 가구의 차이점

Q 세대와 가구의 차이점에 대하여 질의함. 가구는 단독주택에서 세대는 공동주택에서 사용한다고 나와 있는데, 어딜 찾아봐도 정확한 법령에 근거한 체계적인 설명이 없음. 가구 수 제한이 있는 택지지구 단독주택의 경우 당해주택에 대하여 1가구만 등기를 할 수 있는 것인지, 원룸을 지을 경우 허용 가구 수 한도 내에서만 임대가 가능한 것인지?
택지개발계획 수립 시 단독주택은 1세대로 보는데 그러면 단독주택은 흔히 말하는 세대구성(분리)이 안 되는 건지, 이와 반대로 아파트나 오피스텔은 한 호당 가구 수 제한이 없는지, 세대구성(분리) 가능한지?

A 「택지개발촉진법」 제19조에 따르면 택지를 공급받은 자 또는 그로부터 당해 택지를 취득한 자는 택지개발실시계획(지구단위계획)에서 정한 용도에 따라 주택등을 건설하여야 하며, 지구단위계획에 단독주택의 가구 수, 최고층수, 허용용도 등을 정하고 있음. 따라서 질의하신 사항은 당해 택지개발사업지구의 지구단위계획에서 정하고 있는 가구 수 범위를 준수하여야 하며, 공동주택과 단독주택의 용도별 건축물의 종류는 건축법 시행령 제3조의4 [별표1]을 참고 바람(국토부 2011.3.31).

조례 제2조제8호(미사용승인건축물)

미사용승인건축물

도시재개발사업조례에는 미사용승인건축물에 대한 규정이 없었다.
도시정비조례 제정 시에도 미사용승인건축물 및 미준공건축물이란 용어를 사용하지 않았으나, 2008.7.30 조례 개정 시에 도입되었다.

▢ 개정 연혁

▸ 도시정비조례[서울시조례 제4657호, 2008.7.30, 일부개정]

제2조(정의) 8. “미사용승인건축물”이란 관계 법령에 따라 건축허가 등을 받았으나, 사용승인·준공인가 등을 받지 못한 건축물로서 사실상 준공된 건축물을 말한다. 〈신설 2008.7.30〉

부 칙 〈제4657호, 2008.7.30〉
제1조(시행일) 이 조례는 공포한 날부터 시행한다.

➡ 다수의 선량한 시민들의 권익을 저해하는 무분별한 소규모의 공동주택 신축 행위자의 분양권을 제한하고, 사실상 주거용으로 사용되고 있는 건축물의 범위를 명확히 정했다. 2008.7.30 신설된 규정이다.

▢ 조례 제2조제8호, 미사용승인건축물(未使用承認建築物)

“미사용승인건축물”이란 관계 법령에 따라 건축허가 등을 받았으나, 사용승인·준공인가 등을 받지 못한 건축물로서 사실상 준공된 건축물을 말한다(동조 제8호).

건축허가 등을 받았으나, 사용승인·준공인가 등을 받지 못한 건축물로서 사실상 준공된 건축물을 말하며, 이를 '미준공건축물'로도 부른다. 이 미사용승인건축물은 특정무허가건축물, 과소필지안의 건축물 등과 같이 노후·불량건축물로 분류된다(서울시 조례 제3조제4항).

최근 일부 대도시의 경우 장기 미사용승인건축물에 대해 건축허가를 취소한 바 있으며, 일부 시에서는 건축허가를 취소하겠다는 계획을 수립하였다.

건축법(제11조)상 건축허가를 받은 경우 허가를 받은 날로부터 1년 이내에 건축공사에 착수해야 하며 건축공사에 착수하지 않을 경우 동 건축허가를 취소하도록 되어 있다.

※ 건축법 제11조(건축허가) ⑦ 허가권자는 제1항에 따른 허가를 받은 자가 다음 각 호의 어느 하나에 해당하면 허가를 취소하여야 한다. 다만, 제1호에 해당하는 경우로서 정당한 사유가 있다고 인정되면 1년의 범위에서 공사의 착수기간을 연장할 수 있다.
 1. 허가를 받은 날부터 1년 이내에 공사에 착수하지 아니한 경우
 2. 허가를 받은 날부터 1년 이내에 공사에 착수하였으나 공사의 완료가 불가능하다고 인정되는 경우

□ 시도별 조례

○ 경기도

경기도는 미사용승인건축물에 대한 용어 규정(제2조제9호)과 함께 별도의 특례 규정을 두고 있다. 또한 서울시와 달리 미사용승인건축물에 대해 조합정관에서 조합원의 자격을 규정하여 법 제16조제1항의 동의를 얻으면 조합원 자격을 부여하고 있다.

제2조제9호 "미사용승인건축물"이란 관계 법령에 따라 건축허가 등을 받았으나, 사용승인·준공인가 등을 받지 못한 건축물로서 사실상 공사가 완료된 건축물을 말한다. 〈신설 2012.5.11〉

제3조의2(미사용승인건축물에 대한 특례) 제3조제2항에 따라 미사용승인건축물의 준공일을 결정하는 경우 용도별 분류와 구조는 건축허가 내용에 따르며, 준공일은 재산세 및 수도요금·전기요금 등의 부과 개시일로 한다.

[본조신설 2012.5.11]

제12조(조합정관에 정할 사항) 〈개정 2012.5.11〉 영 제31조제17호에서 "시도 조례가 정하는 사항"이란 다음 각 호의 사항을 말한다. 〈개정 2012.5.11〉

3. 기존무허가건축물소유자 및 미사용승인건축물 소유자의 조합원 자격에 관한 사항 〈개정 2012.5.11〉

- 남양주시

경기도와 같다.

- 부천시, 수원시, 안산시, 안양시, 안산시, 고양시

제3조(노후·불량건축물) ⑤ 미사용승인건축물의 준공일을 결정하는 경우 용도별 분류와 구조는 건축허가 내용에 따르며, 준공일은 재산세 또는 수도요금·전기요금 등의 부과 개시일로 한다.

제17조(조합정관에 정할 사항) 영 제31조제17호에서 "조례로 정하는 사항"이란 다음 각 호의 사항을 말한다.

1. 이사회의 설치·소집·사무 및 의결방법 등 이사회 운영에 관한 사항
2. 도시환경정비사업의 임대주택의 건설 및 처분에 관한 사항
3. 기존무허가건축물 소유자 및 미사용승인건축물 소유자의 조합원 자격에 관한 사항

○ 인천시, 부산시, 대구시, 대전시, 광주시, 울산시

관련 조문이 없다.

미사용승인건축물에 대해서는 서울시와 달리 아무런 규정이 없다. 조합정관에 정할 사항에도 포함되지 않아 법 제16조에 의한 동의를 얻더라도 분양대상조합원이 되지 못한다.

□ 관련 조문

제3조(노후·불량건축물) ④ 미사용승인건축물의 용도별 분류 및 구조는 건축허가

내용에 따르며, 준공년도는 재산세 및 수도요금·전기요금 등 부과 개시년도로 한다. 〈신설 2008.7.30, 개정 2008.9.30, 2009.7.30, 2011.3.17〉

➡ 미사용승인건축물은 노후불량건축물의 일종으로 분류된다.

제26조(재개발 및 도시환경정비사업의 관리처분 기준 등) 법 제48조제1항에 따른 재개발사업 및 도시환경정비사업의 관리처분계획은 다음 각 호의 기준에 적합하게 수립하여야 한다. 〈개정 2009.7.30, 2012.1.5〉

1. 종전 토지의 소유면적은 관리처분계획기준일 현재 「측량·수로조사 및 지적에 관한 법률」 제2조제19호에 따른 소유토지별 지적공부(사업시행방식전환의 경우에는 환지예정지증명원)에 따른다. 다만, 1필지의 토지를 수인이 공유로 소유하고 있는 경우에는 부동산등기부(사업시행방식전환의 경우에는 환지예정지증명원)의 지분비율을 기준으로 한다.
2. 국·공유지의 점유연고권은 그 경계를 기준으로 실시한 지적측량성과에 따라 관계법령과 정관 등이 정하는 바에 따라 인정한다.
3. 종전 건축물의 소유면적은 관리처분계획기준일 현재 소유건축물별 건축물대장을 기준으로 하되, 법령에 위반하여 건축된 부분의 면적은 제외한다. 다만, 정관 등이 따로 정하는 경우에는 재산세과세대장 또는 측량성과를 기준으로 할 수 있다.
4. 종전토지등의 소유권은 관리처분계획기준일 현재 부동산등기부(사업시행방식전환의 경우에는 환지예정지증명원)에 따르며, 소유권 취득일은 부동산등기부상의 접수일자를 기준으로 한다. 다만, 특정무허가건축물(미사용승인건축물을 포함한다.)인 경우에는 구청장 또는 동장이 발행한 기존무허가건축물확인원이나 그 밖에 소유자임을 입증하는 자료를 기준으로 한다.
5. 국·공유지의 점유연고권자는 제2호에 따라 인정된 점유연고권을 기준으로 한다.
6. 건축법 제2조제1항제1호에 따른 대지부분 중 국·공유재산을 법 제48조제5항 및 제6항에 따라 구청장이 감정평가업자를 추천하거나 「부동산가격공시 및 감정평가에 관한 법률」에 따른 감정평가업자가 감정평가를 할 경우에는 법 제32조·제48조제1항제4호 및 제66조제5항에 따라 평가하여야 한다.

➡ 종전토지등의 소유권 중 관리처분계획기준일 현재 미사용승인건축물인 경우 구청장 또는 동장이 발행한 기존무허가건축물확인원이나 그 밖에 소유자임을 입증하는 자료를 기준으로 한다.

☐ 유권해석

건축물 부분사용승인서 미사용승인부분의 가산금부과여부에 관한 질의

Q 「수도권정비계획법」 제12조 내지 제15조에 의하여 과밀부담금을 부과한 건축물에 임시사용승인을 일부분만 받아 사용코자 할 경우, 임시사용 승인하는 면적에 대해 과밀부담금을 납부하고 사용하도록 하고 나머지 사용승인을 받지 않는 부분에 대하여는 「법 제15조제4항」의 규정에 의한 가산금(5/100)을 부과하여야 하는지?

〈의견〉

○ 갑설 : 「수도권정비계획법」 제15조제2항에서 과밀부담금의 납부 시기는 임시사용승인을 받을 경우에는 임시사용승인일이라고 규정되어 있으므로 부담금 전액을 임시사용승인일까지 납부하지 않을 경우, 납부하지 않은 금액(임시사용을 받지 못한 부분)에 대해서는 동법 제15조제4항대로 5/100의 가산금을 포함하여 부과하여야 함.

○ 을설 : 「수도권정비계획법」 제15조에 납부시기를 사용승인일과 임시사용승인일로 규정하고 있으며 건축물을 사용함에 따라 인구집중유발이 발생하므로 한 건축물에서 임시사용승인을 받는 경우 그 부분에 대해서만 과밀부담금을 납부하고, 임시사용승인을 받지 않은 부분에 대해서는 납부시기가 지난 것이 아니므로 가산금을 부과하여서는 안 됨.

※ 서울시 의견 : 갑설

A 과밀기한의 납부기한은 「수도권정비계획법」 제15조제2항에 의하여 건축물의 사용승인일(임시사용승인은 임시사용승인일을 말함)로 하도록 정하고 있음. 이는 과밀부담금이 부과된 건축계획이 완성되어 실제사용으로 인구집중이 일어나는 시기에 징수하기 위함.

따라서 건축물의 일부를 임시사용하기 위한 경우에는 실제 사용하는 면적인 임시

사용승인면적을 기준으로 납부기한을 적용하여야 하므로 귀 시의 의견 중 "을설"이 타당함(법제처).

미준공건축물의 재건축조합원 자격관련

Q ① 재건축정비구역안에 건축허가를 받았으나 미준공된 건축물에 20년 이상 거주한 경우 건축물 등기부등본 없이 재산세과세 납부증명 등의 방법으로 미준공건축물 및 그 부속토지의 소유자임을 입증할 수 있다면 도시정비법 제2조제9호 나목에 의한 '토지등소유자'로 볼 수 있는지?

② 건축허가를 받았으나 미준공된 건축물을 도시정비법 시행령 제2조에서 정한 노후·불량건축물 비율 산정 시 건축물 산정 대상에 포함되는지?

A 건축물의 준공과 상관없이 민법에 의해 소유권을 취득하였다면, 그 건축물 및 부속토지의 소유자는 도시정비법에 의한 '토지등소유자'이며, 당해 건축물을 노후·불량건축물 비율 산정 시 건축물 산정대상에 포함하여야 할 것임(건교부 주거환경팀 2007.1.10).

재건축사업구역 내 장기미사용승인 건축물의 조합원자격에 대해

Q 단독주택과 다세대 빌라 등을 철거하고 재건축사업을 하고자 추진위원회 구성 승인을 득하였습니다. 재건축사업추진지역 내에 제가 소유한 다세대 주택이 1991년경 건축하였으나 현재까지도 장기 미사용승인 상태에서 거주하고 있음. 이 경우 각각 조합원 자격이 확보되는 것인지?

A 도시정비법 제19조에 재건축조합원은 토지등소유자로 재건축사업에 동의한 자로 정하고, 토지등소유자로 '정비구역안에 소재한 건축물 및 그 부속토지의 소유자'로 정함.

따라서 건축허가 당시 다세대주택으로 허가되었으나 장기 미사용승인 된 경우의 조합원자격여부는 건축물의 준공 여부와 상관없이 민법에 의해 소유권을 세대별로 각각 취득하였고 재건축사업에 동의한다면, 그 건축물 및 부속토지의 소유자는 도시정비법 제 규정에 의한 '토지등소유자(조합원)'로 볼 수 있을 것임(서울시 주거정비과 2007.9.3).

미사용승인건축물을 다세대로 설계 변경하여 사용승인된 경우 분양자격

Q 당초 다가구로 건축허가(1996.9.10)를 받았다가 허가내용과 다르게 건축되어 사용승인을 받지 못하던 중, 2006.9.25 다세대주택으로 설계변경허가를 얻어 건물 대수선 및 2007.2.28 사용승인을 득하였을 경우 서울시 도시정비조례 제24조제2항제1호를 적용할 수 있는지?

A 도시정비조례 제24조제2항제1호에 의하면 "단독주택 또는 다가구주택이 건축물 준공 이후 다세대주택으로 전환된 경우 수인의 분양신청자를 1인의 분양대상자로 본다."고 정하고 있는바, 준공 이전 당초 다가구에서 다세대로 설계변경을 하여 사용승인을 득하였으므로, '집합건물법'에 정한 규정에 적합하게 구분소유권을 가진 자는 각각 조합원 자격 및 주택을 소유한 자로서 분양자격이 있을 것으로 사료되나, 본 건과 같이 우리시 정비기본계획에 포함하기 위한 절차를 이행하고자 하는 지역에 대하여는 관할 구청장이 미리 건축허가제한을 실시하여 다수 시민의 권익이 침해되지 않도록 조치함이 바람직할 것임(서울시 주거정비과 2007.5.7).

미사용승인 된 건축물의 양성화 가능여부

Q 건축허가를 득한 후 건축한 건축물로서 완공된 건축물이 「건축법」에 적합하지 아니하여 사용승인을 얻지 못한 건축물의 양성화가 가능한지?

A 「특정건축물 정리에 관한 특별조치법」 제3조제1항에 의하여 2003.12.31 당시 사실상 완공된 주거용 특정건축물로서 관계 법령의 규정에 따라 지정·결정 또는 설정된 정비구역, 도시계획시설, 도시개발구역 등의 안에 있는 건축물에 대하여는 적용하지 아니하며, 다만 정비구역안에 있으나 해당 정비사업에 지장이 없는 건축물, 도시개발구역 안에 있으나 해당 도시개발사업에 지장이 없는 건축물에 대하여는 동 법 적용대상이 될 수 있으며, 또한 동법 제5조제2호에 의하여 「건축법」 제33조 및 제37조(적용에 있어 당해 도로의 최소너비는 「건축법」 제2조제1항에도 불구하고 3m로 함.)에 위반되지 아니하고 건축물의 구조 안전, 위생 및 방화와 도시계획사업의 시행에 현저한 지장이 없는 건축물로서 기타 동 법령의 규정에 적합한 주거용 특정건축물일 때 당해 지역 건축위원회의 심사를 거쳐 사용승인서의 교부가 가능한 것임(건교부 건축기획팀-2006.5.12).

조례 제2조제9호(과소필지)

서울시 건축조례 제29조

과소필지

도시재개발사업조례에서 과소필지란 개념이 없었으나, 도시정비조례에서 도입되었다. 과소필지는 노후불량건축물의 일종으로 부정형, 세장형 필지와 함께 구역지정 요건이다.

□ 개정 연혁

▸ 도시정비조례[서울시조례 제4167호, 2003.12.30, 제정]

제4조(정비계획 수립대상 정비구역 지정 요건) 영 제10조제1항 관련 [별표1] 제5호에 의한 정비계획 수립대상 구역의 지정요건은 다음 각 호와 같다.

1. 주거환경개선구역은 호수밀도가 80 이상인 지역으로서 다음 각 목의 1에 해당하는 지역
   가. 노후·불량건축물의 수가 대상구역안의 건축물 총수의 2/3 이상인 지역
   나. 주택접도율(정비구역안의 너비 4m 이상의 도로에 접한 건축물의 총수를 정비구역안의 건축물 총수로 나눈 비율을 말한다. 이하 이조에서 같다.) 20% 이하인 지역
   다. 건축대지로서 효용을 다할 수 없는 과소필지(서울시 건축조례 제25조제1호에 의한 규모 이하의 토지를 말한다. 이하 같다.), 부정형 또는 세장형 필지 수가 50% 이상인 지역
2. 재개발구역은 호수밀도가 70 이상이고, 면적이 10,000㎡ 이상으로서 다음 각 목의 1에 해당하는 지역. 다만, 「서울시 지역균형발전지원에 관한 조례」 제2조제4호에 의한 뉴타운사업지구 안에서는 호수밀도를 60 이상으로 할 수 있다.
   가. 제1호 가목·다목 또는 라목에 해당하는 지역

나. 주택접도율이 30% 이하인 지역

부 칙 〈제4167호, 2003.12.30〉

이 조례는 공포한 날부터 시행한다(효력발생시기는 2003.12.30).

➡ 과소필지의 개념이 제2조(정의)가 아닌 제4조에서 규정되었다.

▸ [서울시조례 제5007호, 2010.7.15, 일부개정]

제4조(정비계획 수립대상 정비구역 지정 요건) ① 영 제10조제1항 관련 [별표1] 제5호에 따른 정비계획 수립대상 구역의 지정요건은 다음 각 호와 같다. 〈개정 2008.7.30, 2008.9.30, 2009.7.30〉

1. 주거환경개선구역은 호수밀도가 80 이상인 지역으로서 다음 각 목의 어느 하나에 해당하는 지역 〈개정 2008.9.30, 2009.7.30〉

가. 노후·불량건축물의 수가 대상구역안의 건축물 총수의 60% 이상인 지역 〈개정 2006.1.1, 2009.7.30〉

나. 주택접도율 20% 이하인 지역 〈개정 2008.7.30, 2008.9.30, 2009.7.30, 2010.3.2〉

다. 건축대지로서 효용을 다할 수 없는 과소필지(90㎡ 미만의 토지를 말한다. 이하 같다.), 부정형 또는 세장형 필지 수가 50% 이상인 지역 〈개정 2008.7.30, 2008.9.30, 2009.7.30, 2010.7.15〉

라. 〈삭제 2010.7.15〉

2. 재개발구역은 면적이 1만㎡(법 제4조제4항에 따라 서울시 도시계획위원회가 심의하여 인정하는 경우에는 5천㎡) 이상으로서 다음 각 목에서 정하고 있는 기준 중 2 이상에 해당하는 지역 〈개정 2009.7.30〉

가. 제1호 가목·다목 또는 라목에 해당하는 지역 〈개정 2009.7.30〉

나. 주택접도율이 40% 이하인 지역(단, 법 제3조제6항에 따라 이 조례 시행 전에 고시된 2010 도시·주거환경정비기본계획상 재개발예정구역인 경우에는 50% 이하인 지역으로 한다.) 〈개정 2009.7.30〉

다. 호수밀도가 60 이상인 지역 〈개정 2009.7.30〉

부 칙 〈제5007호, 2010.7.15〉

제1조(시행일) 이 조례는 2010.7.16부터 시행한다.

제2조(구역지정 및 노후·불량건축물에 관한 경과조치) ① 제4조제1항의 개정규정은 이 조례 시행 후 최초로 영 제11조제1항에 따라 주민공람을 하는 분부터 적용한다.

② 영 제2조제1항의 개정규정(대통령령 제21679호)에 불구하고 개정 당시 종전규정에 따라 노후·불량건축물을 산정하여 이 조례 시행일 당시 영 제11조제1항에 따라 주민공람을 한 구역은 종전규정에 따른다.

➡ 서울시 건축조례 제25조제1호가 아닌 "주거지역에서의 대지 분할제한인 90㎡"를 과소필지로 하였다.

► **[서울시조례 제5237호, 2012.1.5, 일부개정]**

제2조(정의) 9. "과소필지"란 토지면적이 90㎡ 미만인 토지를 말한다. 〈개정 2012.1.5〉

제4조(정비계획 수립대상 정비구역 지정 요건) ① 영 제10조제1항 관련 [별표1] 제5호에 따른 정비계획 수립대상 구역의 지정요건은 다음 각 호와 같다. 〈개정 2008.7.30, 2008.9.30, 2009.7.30〉

1. 주거환경개선구역은 호수밀도가 80 이상인 지역으로서 다음 각 목의 어느 하나에 해당하는 지역 〈개정 2006.1.1, 2008.7.30, 2008.9.30, 2009.7.30, 2012.1.5〉
   가. 노후·불량건축물의 수가 대상구역안의 건축물 총수의 60% 이상인 지역
   나. 주택접도율 20% 이하인 지역
   다. 구역의 전체 필지 중 과소필지가 50% 이상인 지역
   라. 〈삭제 2010.7.15〉
2. 재개발구역은 노후·불량건축물이 해당 지역 안에 있는 건축물 수의 60% 이상이고, 면적이 1만㎡(법 제4조제4항에 따라 서울시 도시계획위원회가 심의하여 인정하는 경우에는 5천㎡) 이상으로서 다음 각 목의 어느 하나에 해

당하는 지역 〈개정 2009.7.30, 2010.7.15, 2012.1.5〉
가. 구역의 전체 필지 중 과소필지가 40% 이상인 지역
나. 주택접도율이 40% 이하인 지역(단, 법 제3조제6항에 따라 이 조례 시행 전에 고시된 2010 정비기본계획상 재개발예정구역인 경우에는 50% 이하인 지역으로 한다.)
다. 호수밀도가 60 이상인 지역

부 칙 〈제5237호, 2012.1.5〉

제1조(시행일) 이 조례는 공포한 날부터 시행한다(효력발생시기는 2012.1.5).

제2조(재개발사업 정비예정구역의 과소필지 정의에 관한 적용특례) 이 조례 시행 당시 2010 서울시 재개발사업부문 도시·주거환경정비기본계획의 정비예정구역 안의 토지에 대해서는 제2조제9호의 규정에 불구하고 서울시 건축조례 제29조에 따른 규모 미만의 토지로 한다.

➡ 조례 제4조 정비구역 지정 요건인 과소필지가 제2조로 바뀌었다.

▢ 조례 제2조제9호(과소필지)

"과소필지"란 토지면적이 90㎡ 미만인 토지를 말한다(동조 제9호).

과소필지는 주거지역에서의 대지 분할제한 규모인 90㎡미만의 토지로 규정하고 있다.

※ 서울시 건축조례 제29조(건축물이 있는 대지의 분할제한) 건축법 제57조제1항 및 영 제80조에 따라 건축물이 있는 대지의 분할은 다음 각 호의 1에 해당하는 규모 이상으로 한다.
1. 주거지역 : 90㎡
2. 상업지역 : 150㎡
3. 공업지역 : 200㎡
4. 녹지지역 : 200㎡
5. 제1호 내지 제4호에 해당하지 아니한 지역 : 90㎡

▢ 시도별 조례

○ 경기도

제4조(정비계획 수립대상 정비구역 지정요건) ② 영 [별표1] 제6호에 따라 조례로 정하는 주거환경개선사업을 위한 정비계획 수립대상 구역의 요건은 다음 각 호의 어느 하나에 해당하는 경우를 말한다. 〈개정 2010.4.19, 2012.12.28〉

4. 영 [별표1] 제1호 바목에서 말하는 "과소필지 등이 과도하게 분포된 지역"이라는 것은 '「건축법」 제57조에 따른 분할제한면적 이하인 과소필지, 부정형 또는 세장형(대지 폭 3m 미만을 말한다. 이하 같다.)의 필지수가 50% 이상인 지역'을 말한다.

③ 영 [별표1] 제6호에 따라 조례로 정하는 재개발사업을 위한 정비계획 수립대상 구역의 요건은 면적이 1만㎡ 이상으로 노후·불량건축물의 수가 전체 건축물 수의 60% 이상인 지역으로서 다음 각 호의 어느 하나에 해당하는 경우를 말한다.

1. 영 [별표1] 제2호 가목에서 말하는 "토지가 대지로서의 효용을 다할 수 없게 된다"는 것은 '「건축법」 제57조에 따른 분할제한면적 이하인 과소필지, 부정형 또는 세장형의 필지수가 30% 이상인 경우'를 말한다. 〈개정 2014.1.10〉

2~4 : 생략

- 남양주시, 부천시, 안양시, 안성시, 수원시, 화성시, 고양시

경기도와 같다.

○ 부산시

제2조제5호 "과소필지"란 「측량·수로조사 및 지적에 관한 법률」에 따른 필지로서 분할제한면적 미만인 토지를 말한다.

제4조(정비계획수립 대상구역) ① 영 제10조제1항 관련 [별표1](이하 "영 [별표1]"이라 한다.) 제6호에 따른 정비계획수립 대상구역의 요건은 다음 각 호와 같다. 〈개정 2013.4.8〉

1. 주거환경개선사업을 위한 정비계획은 다음 각 목의 어느 하나에 해당하는

지역으로서 해당지역 안에 있는 노후·불량건축물 및 1985.6.30 이전에 건축된 법률 제3719호 「특정건축물정리에 관한 특별조치법」 제2조에 따른 무허가건축물의 수가 전체 건축물 수 및 건축연면적의 70% 이상인 경우에 수립한다.

가. 접도율이 30% 이하인 지역

나. 대지로서의 효용을 다할 수 없는 과소필지·부정형 또는 세장형 필지 등의 면적이 대상구역 전체면적의 50% 이상인 지역

다. 호수밀도가 70 이상인 지역

제25조(주거환경개선사업의 주택공급기준) 영 제54조제1항 관련 [별표2] 제2호에 따라 주거환경개선사업을 위한 정비구역 또는 다른 주거환경개선사업을 위한 정비구역안에 과소필지 등의 토지를 소유한 자 등에게 주택을 공급할 수 있는 경우는 다음 각 호와 같다.

1. 토지면적의 합이 분할제한면적 이상인 2 이상의 과소필지를 소유한 경우
2. 제23조제3항제1호에 해당되는 자
3. 구청장 등이 해당 지역의 실정상 토지의 합리적인 이용 및 주택공급 등에 지장이 없다고 인정하는 경우

○ 대구시

제4조(정비계획 수립 대상구역 요건) ② 영 제10조제1항 관련 [별표1] 제6호에 따른 정비계획수립 대상구역의 요건은 다음 각 호와 같다. 〈개정 2013.3.11 조례 제4479호〉

1. 주거환경개선구역은 노후·불량건축물의 수가 대상구역의 건축물 총수의 2/3 이상인 지역으로서 다음 각 목의 어느 하나에 해당하는 경우를 말한다. 〈개정 2013.3.11 조례 제4479호〉

가~라, 바 : 생략

마. 대지로서 효용을 다할 수 없는 과소필지(「대구시 건축조례」 제25조에 따른 분할제한 면적 이하인 것을 말한다.), 부정형 또는 세장형(대지폭 3m 미만을 말한다.)의 필지수가 50% 이상인 지역

○ 대전시, 울산시

대구시와 같다.

○ 인천시

제2조(정의) 5. "과소필지"란 「측량·수로조사 및 지적에 관한 법률」에 따른 필지로서 분할제한면적 미만인 토지를 말한다.

제4조(정비계획수립 대상구역) ① 영 제10조제1항 관련 [별표1](이하 "영 [별표1]") 제6호에 따른 정비계획수립 대상구역의 요건은 다음 각 호와 같다. 〈개정 2013.4.8〉

1. 주거환경개선사업을 위한 정비계획은 다음 각 목의 어느 하나에 해당하는 지역으로서 해당지역 안에 있는 노후·불량건축물 및 1985.6.30 이전에 건축된 법률 제3719호 「특정건축물정리에 관한 특별조치법」 제2조에 따른 무허가건축물의 수가 전체 건축물 수 및 건축연면적의 70% 이상인 경우에 수립한다.
   가. 접도율이 30% 이하인 지역
   나. 대지로서의 효용을 다할 수 없는 과소필지·부정형 또는 세장형 필지 등의 면적이 대상구역 전체면적의 50% 이상인 지역
   다. 호수밀도가 70 이상인 지역

□ 관련 조문

과소필지는 노후불량건축물의 일종으로 정비구역 지정요건의 한 요소이다.

○ 도시정비조례

제3조(노후·불량건축물) ③ 영 제2조제1항제1호 전단의 규정에 따른 노후·불량건축물은 건축대지로서 효용을 다할 수 없는 과소필지안의 건축물로서 2009.8.11 전에 건축된 건축물을 말한다. 〈신설 2011.3.17, 개정 2012.1.5〉

➡ 과소필지는 노후불량건축물의 한 형태로 보고 있다.

제4조(정비계획 수립대상 정비구역 지정 요건) ① 영 제10조제1항 관련 [별표1] 제6호에서 위임된 정비계획 수립대상에 대한 정비구역 지정 요건은 다음 각 호와 같다. 〈개정 2008.7.30, 2008.9.30, 2009.7.30, 2012.12.31〉

1. 주거환경개선구역은 호수밀도가 80 이상인 지역으로서 다음 각 목의 어느 하나에 해당하는 지역 〈개정 2006.1.1, 2008.7.30, 2008.9.30, 2009.7.30, 2012.1.5〉

   가, 나, 라 : 생략

   다. 구역의 전체 필지 중 과소필지가 50% 이상인 지역

2. 재개발구역은 면적이 1만㎡(법 제4조제4항에 따라 서울시 도시계획위원회가 심의하여 인정하는 경우에는 5천㎡) 이상으로서 다음 각 목의 어느 하나에 해당하는 지역

   가. 구역의 전체 필지 중 과소필지가 40% 이상인 지역

   나, 다 : 생략

➡ 과소필지는 주거환경개선구역 및 재개발구역의 정비구역 지정요건이다.

○ 도시정비법 시행령

[별표1] 〈개정 2012.7.31〉

정비계획 수립대상구역(영 제10조제1항 관련)

1. 주거환경개선사업을 위한 정비계획은 다음 각 목의 어느 하나에 해당하는 지역에 수립한다.

   가. 1985.6.30 이전에 건축된 법률 제3719호 「특정건축물정리에 관한 특별조치법」 제2조에 따른 무허가건축물 또는 위법시공건축물과 노후·불량건축물이 밀집되어 있어 주거지로서의 기능을 다하지 못하거나 도시미관을 현저히 훼손하고 있는 지역

   나. 「개발제한구역의 지정 및 관리에 관한 특별조치법」에 의한 개발제한구역으로서 그 구역지정 이전에 건축된 노후·불량건축물의 수가 당해 정비구역안의 건축물 수의 50% 이상인 지역

   다. 재개발사업을 위한 정비구역안의 토지면적의 50% 이상의 소유자와 토지 또는 건축물을 소유하고 있는 자의 50% 이상이 각각 재개발사업의 시행을 원하지 아니하는 지역

라. 철거민이 50세대 이상 규모로 정착한 지역이거나 인구가 과도하게 밀집되어 있고 기반시설의 정비가 불량하여 주거환경이 열악하고 그 개선이 시급한 지역

마. 정비기반시설이 현저히 부족하여 재해발생시 피난 및 구조 활동이 곤란한 지역

바. 건축대지로서 효용을 다할 수 없는 과소필지 등이 과다하게 분포된 지역으로서 건축행위 제한 등으로 주거환경이 열악하여 그 개선이 시급한 지역

사. 국토계획법 제37조제1항제5호에 따른 방재지구로서 주거환경개선사업이 필요한 지역

2. 재개발사업을 위한 정비계획은 노후·불량건축물의 수가 전체 건축물의 수의 2/3(시도 조례로 비율의 10% 범위에서 증감할 수 있다.) 이상인 지역으로서 다음 각 목의 1에 해당하는 지역에 대하여 수립한다. 이 경우 법 제35조제2항에 의한 순환용주택을 건설하기 위하여 필요한 지역을 포함할 수 있다.

가. 정비기반시설의 정비에 따라 토지가 대지로서의 효용을 다할 수 없게 되거나 과소토지로 되어 도시의 환경이 현저히 불량하게 될 우려가 있는 지역

나. 노후·불량건축물의 연면적의 합계가 전체 건축물의 연면적의 합계의 2/3(시도 조례로 비율의 10% 범위에서 증감할 수 있다.) 이상이거나 건축물이 과도하게 밀집되어 있어 그 구역안의 토지의 합리적인 이용과 가치의 증진을 도모하기 곤란한 지역

다. 제1호 라목 또는 마목에 해당하는 지역

3. 재건축사업 : 생략

4. 도시환경정비사업을 위한 정비계획은 다음 각 목의 어느 하나에 해당하는 지역에 대하여 수립한다.

가. 제2호 가목 또는 나목에 해당하는 지역

나. 인구·산업 등이 과도하게 집중되어 있어 도시기능의 회복을 위하여 토지의 합리적인 이용이 요청되는 지역

다. 당해 지역안의 최저고도지구의 토지(정비기반시설용지를 제외한다.)면적이 전체 토지면적의 50%를 초과하고, 그 최저고도에 미달하는 건축물이 당해 지역안의 건축물의 바닥면적 합계의 2/3 이상인 지역

라. 공장의 매연·소음 등으로 인접지역에 보건위생상 위해를 초래할 우려가 있는 공업지역 또는 「산업집적활성화 및 공장설립에 관한 법률」에 의한 도시형 업종이나 공해발생정도가 낮은 업종으로 전환하고자 하는 공업지역

마. 역세권 등 양호한 기반시설을 갖추고 있어 대중교통 이용이 용이한 지역으로서 주택법 제38조의6에 따라 토지의 고도이용과 건축물의 복합개발을 통한 주택 건설·공급이 필요한 지역

☐ 유권해석

과소필지, 부정형 또는 세장형 필지의 기준

Q 도시정비조례 제4조에서 정한 정비구역 지정요건 중 "과소필지, 부정형·세장형 필지의 적용기준"은 어떠한지?

A 도시정비조례 제4조제1호 다목에 의하면 "건축대지로서 효용을 다할 수 없는 과소필지(건축조례 제25조제1호에 의한 규모 이하의 토지를 말한다.), 부정형 또는 세장형 필지 수가 50% 이상인 지역"으로 정하고 있는바, 이 경우 과소필지란 지적공부상 필지를 기준으로 서울시 건축조례 제25조제1호에서 정한 규모(90㎡) 이하의 필지를 말하며, 부정형 또는 세장형 필지는 토지의 형상이 부정형 또는 세장형으로 인하여 사실상 건축대지로 사용이 부적합하여 정비계획 수립권자인 관할구청장이 인정한 필지를 말하며, 그 면적은 별도 정하고 있지 않음(서울시 주거정비과 2006.8.25).

※ 2007.2.13부터 시(市) 방침으로 세장형 필지는 1필지 토지의 폭이 5m 미만인 경우에 대하여, 부정형 필지는 지적 상 토지 내 최대의 정방형, 장방형 면적이 60㎡ 미만 필지(장방형은 한 변의 길이가 5m 이상인 경우에 한함.)로 정하고 있음.

조례 제2조제10호(주택접도율)

법 제4조제1항, 영 제10조제1항 [별표1]

주택접도율

도시정비법의 시행으로 정비사업이 통폐합되면서 구역지정 요건으로 주택접도율이 도시정비조례에 출현하였다.

▢ 개정 연혁

▸ 도시정비조례[서울시조례 제4167호, 2003.12.30, 제정]

제4조(정비계획 수립대상 정비구역 지정 요건) 영 제10조제1항 관련 [별표1] 제5호에 의한 정비계획 수립대상 구역의 지정요건은 다음 각 호와 같다.

1. 주거환경개선구역은 호수밀도가 80 이상인 지역으로서 다음 각 목의 1에 해당하는 지역
   가. 노후·불량건축물의 수가 대상구역안의 건축물 총수의 2/3 이상인 지역
   나. 주택접도율(정비구역안의 너비 4m 이상의 도로에 접한 건축물의 총수를 정비구역안의 건축물 총수로 나눈 비율을 말한다. 이하 이조에서 같다.) 20% 이하인 지역
   다. 건축대지로서 효용을 다할 수 없는 과소필지(「서울시 건축조례」 제25조제1호에 의한 규모 이하의 토지를 말한다. 이하 같다.), 부정형 또는 세장형 필지 수가 50% 이상인 지역
   라. 상습침수지역·재해위험지역 등 재해발생이 우려되는 지역으로서 신속히 사업시행이 필요한 지역
2. 재개발구역은 호수밀도가 70 이상이고, 면적이 10,000㎡ 이상으로서 다음 각 목의 1에 해당하는 지역. 다만, 「서울시 지역균형발전지원에 관한 조례」 제2조제4호에 의한 뉴타운사업지구 안에서는 호수밀도를 60 이상으로 할 수 있다.

가. 제1호 가목·다목 또는 라목에 해당하는 지역
나. 주택접도율이 30% 이하인 지역

부 칙 〈제4167호, 2003.12.30〉
이 조례는 공포한 날부터 시행한다(효력발생시기는 2003.12.30).

► **[서울시조례 제4657호, 2008.7.30 일부개정]**

제4조(정비계획 수립대상 정비구역 지정 요건) ① 영 제10조제1항 관련 [별표1] 제5호에 의한 정비계획 수립대상 구역의 지정요건은 다음 각 호와 같다. 〈개정 2008.7.30〉
1. 주거환경개선구역은 호수밀도가 80 이상인 지역으로서 다음 각 목의 1에 해당하는 지역
   가. 노후·불량건축물의 수가 대상구역안의 건축물 총수의 60% 이상인 지역 〈개정 2006.1.1〉
   나. 주택접도율(정비구역안의 너비 4m 이상의 도로에 접한 건축물의 총수를 정비구역안의 건축물 총수로 나눈 비율을 말한다. 다만, 연장 35m 이상의 막다른 도로의 경우에는 너비 6m로 한다. 이하 이 조례에서 같다.) 20% 이하인 지역 〈개정 2008.7.30〉
   다. 건축대지로서 효용을 다할 수 없는 과소필지(「서울시 건축조례」 제25조에 의한 규모 미만의 토지를 말한다. 이하 같다.), 부정형 또는 세장형 필지 수가 50% 이상인 지역 〈개정 2008.7.30〉
   라. 상습침수지역·재해위험지역 등 재해발생이 우려되는 지역으로서 신속히 사업시행이 필요한 지역

부 칙 〈2008.7.30〉
제1조(시행일) 이 조례는 공포한 날부터 시행한다.

➡ 주택접도율의 단서 조항인 "연장 35m 이상의 막다른 도로의 경우에는 너비 6m로 한다."는 규정이 추가되었다.

▶ **[서울시조례 제4949호, 2010.3.2, 일부개정]**

제2조(정의) 10. "주택접도율"이란 영 제10조제1항 관련 [별표1] 제1호 마목에 따른 정비기반시설의 부족여부를 판단하기 위한 지표로서 폭 4m 이상 도로에 길이 4m 이상 접한 대지의 건축물의 총수를 정비구역안의 건축물 총수로 나눈 비율을 말한다. 다만, 연장 35m 이상의 막다른 도로의 경우에는 폭 6m로 한다. 〈신설 2010.3.2〉

부 칙 〈제4949호, 2010.3.2〉

이 조례는 공포한 날부터 시행한다.

➡ 조례 제4조제1항제1호 나목의 주택접도율이 제2조로 이동하였다.

□ 조례 제2조제10호(주택접도율)

"주택접도율"이란 도시정비법 시행령 제10조제1항 관련 [별표1]에 따른 정비기반시설의 부족여부를 판단하기 위한 지표로서 폭 4m 이상 도로에 길이 4m 이상 접한 대지의 건축물의 총수를 정비구역안의 건축물 총수로 나눈 비율을 말한다. 다만, 연장 35m 이상의 막다른 도로의 경우에는 폭 6m로 한다(동조 제10호).

특히 주택접도율은 주거환경개선사업과 재개발사업의 정비구역 지정요건이다(주거환경개선사업은 20% 이하, 재개발사업은 30% 이하).

□ 시도별 조례

○ 경기도

제2조(정의) 4. "주택접도율"이란 구역 내 폭 4m 이상의 도로에 접한 건축물의 총수를 구역 건축물 총수로 나눈 백분율을 말한다.

제4조(정비계획 수립대상 정비구역 지정요건) ② 영 [별표1] 제6호에 따라 조례로

정하는 주거환경개선사업을 위한 정비계획 수립대상 구역의 요건은 다음 각 호의 어느 하나에 해당하는 경우를 말한다. 〈개정 2010.4.19, 2012.12.28〉

3. 영 [별표1] 제1호 마목에서 말하는 "정비기반시설이 현저히 부족"하다는 것은 '주택접도율이 20% 이하인 경우'를 말한다.

③ 영 [별표1] 제6호에 따라 조례로 정하는 주택재개발사업을 위한 정비계획 수립대상 구역의 요건은 면적이 1만㎡ 이상으로 노후·불량건축물의 수가 전체 건축물 수의 60% 이상인 지역으로서 다음 각 호의 어느 하나에 해당하는 경우를 말한다.

3. 영 [별표1] 제1호 마목에서 말하는 "정비기반시설이 현저히 부족"하다는 것은 '주택접도율이 30% 이하인 경우'를 말한다.

– 남양주, 수원시, 고양시

경기도와 같다.

– 부천시, 안산시, 안양시

제2조제6호 "주택접도율"이란 영 제10조제1항 관련 [별표1] 제1호 마목에 따른 정비기반시설의 부족여부를 판단하기 위한 지표로서 폭 4m 이상 도로에 길이 4m 이상 접한 대지의 건축물의 총수를 정비구역안의 건축물 총수로 나눈 비율을 말한다. 다만, 연장 35m 이상의 막다른 도로의 경우에는 폭 6m로 한다.

제4조(정비계획 수립대상 정비구역 지정 요건) ② 영 [별표1] 제6호에 따라 조례로 정하는 주거환경개선사업을 위한 정비계획 수립대상 구역의 요건은 다음 각 호의 어느 하나에 해당하는 경우를 말한다.

3. 영 [별표1] 제1호 마목에서 말하는 "정비기반시설이 현저히 부족"하다는 것은 '주택접도율이 20% 이하인 경우'를 말한다.

③ 영 [별표1] 제6호에 따라 조례로 정하는 주택재개발사업을 위한 정비계획 수립대상 구역의 요건은 면적이 1만㎡ 이상으로 노후·불량건축물에 해당하는 건축물의 수가 대상구역의 건축물 총 수의 2/3 이상인 지역 중 다음 각 호의 어느 하나에 해당 하는 경우를 말한다.

3. 영 [별표1] 제1호 마목에서 말하는 "정비기반시설이 현저히 부족"하다는 것은 '주택접도율이 30% 이하인 경우'를 말한다.

- 안산시

제4조(정비계획 수립대상 정비구역 지정요건) ① 영 [별표1] 제6호에 따른 정비계획 수립대상 구역의 지정요건은 다음 각 호와 같다.

1. 주거환경개선구역은 1985.6.30 이전에 건축된 법률 제3719호 「특정건축물 정리에 관한 특별조치법」 제2조에 따른 무허가건축물 또는 위법시공건축물과 노후·불량건축물이 대상구역의 건축물 총수의 60% 이상인 지역으로서 다음 각 목의 어느 하나에 해당하는 지역

   나. 주택접도율이 20% 이하인 지역

2. 재개발구역은 노후·불량건축물에 해당하는 건축물의 수가 대상구역의 건축물 총 수의 60% 이상이고, 면적이 1만㎡ 이상으로서 다음 각 목의 어느 하나에 해당하는 지역

   나. 주택접도율이 30% 이하인 지역

○ 인천시

제2조(정의) 7. “접도율”이란 정비구역안에 있는 모든 건축물 중에서 폭 4m 이상의 도로에 접한 대지 안의 건축물이 차지하는 동 단위의 백분율을 말한다.

제4조(정비계획수립 대상구역) ① 영 제10조제1항 관련 [별표1](이하 “영 [별표1]”이라 한다.) 제6호에 따른 정비계획수립 대상구역의 요건은 다음 각 호와 같다. 〈개정 2013.4.8〉

1. 주거환경개선사업을 위한 정비계획은 다음 각 목의 어느 하나에 해당하는 지역으로서 해당지역 안에 있는 노후·불량건축물 및 1985.6.30 이전에 건축된 법률 제3719호 「특정건축물정리에 관한 특별조치법」 제2조에 따른 무허가건축물의 수가 전체 건축물 수 및 건축연면적의 70% 이상인 경우에 수립한다.

   가. 접도율이 30% 이하인 지역

2. 재개발사업을 위한 정비계획은 다음 각 목의 어느 하나에 해당하는 지역으로서 노후·불량건축물의 수가 해당지역 안에 있는 전체 건축물 수 및 건축연면적의 70% 이상인 경우에 수립한다.

   가. 접도율이 40% 이하인 지역

○ 대전시

제2조(정의) 9. "주택접도율"이란 정비구역안 폭 4m 이상의 도로에 접한 건축물의 총수를 정비구역안 건축물의 총수로 나눈 백분율을 말한다.

제4조(정비계획 수립대상구역 지정요건) 영 [별표1] 제5호의 규정에 의한 정비계획 수립대상구역의 지정요건은 다음 각 호와 같다.

1. 주거환경개선구역의 경우에는 다음 각 목의 어느 하나에 해당하는 지역을 말한다. 〈개정 2007.2.23 조례 제3480호〉
   마. 정비대상 구역안의 폭 4m 미만 도로의 길이가 총 도로길이의 40% 이상이거나 주택접도율이 30% 이하인 지역
2. 재개발구역의 경우에는 다음 각 목 중 2개 이상에 해당하는 지역을 말한다.
   나. 대상구역안의 폭 4m 미만 도로의 길이가 총 도로길이의 30% 이상이거나 주택접도율이 40% 이하인 지역

제4조(정비계획 수립대상 구역지정 요건) 영 제10조제1항 관련 [별표1] 제6호에 따른 정비계획 수립대상 구역의 지정요건은 다음 각 호와 같다. 〈개정 2012.5.15, 2013.2.15〉

1. 주거환경개선구역의 경우에는 다음 각 목의 1에 해당하는 요건을 말한다.
   라. 정비대상 구역 내 너비 4m 미만 도로의 길이가 총 도로길이의 40% 이상이거나 너비 4m 이상 도로에 접한 주택접도율이 30% 이하인 지역
2. 재개발구역의 경우에는 다음 각 목의 어느 하나에 해당하는 요건을 말한다. 〈개정 2012.5.15〉
   다. 정비대상 구역 내 너비 4m 미만 도로의 길이가 총 도로길이의 30% 이상이거나 너비 4m 이상 도로에 접한 주택접도율이 40% 이하인 지역

○ 광주시

제2조(정의) 8. 주택접도율이란 구역 내 폭 4m 이상의 도로에 접한 건축물의 총수를 정비구역 내 건축물 총수로 나눈 백분율을 말한다. 〈개정 2012.5.15〉

제4조(정비계획 수립 대상구역 요건) ② 영 제10조제1항 관련 [별표1] 제6호에 따른 정비계획수립 대상구역의 요건은 다음 각 호와 같다. 〈개정 2013.3.11 조례 제

4479호)

1. 주거환경개선구역은 노후·불량건축물의 수가 대상구역의 건축물 총수의 2/3 이상인 지역으로서 다음 각 목의 어느 하나에 해당하는 경우를 말한다.
   라. 정비대상 구역 내 4m 미만 도로의 길이가 총 도로길이의 40% 이상이거나 4m 이상 도로에 접한 주택접도율이 30% 이하인 지역
2. 재개발구역은 노후·불량건축물의 수가 대상구역의 건축물 총수의 2/3 이상인 지역으로서 다음 각 목의 어느 하나에 해당하는 경우를 말한다. 〈개정 2013.3.11 조례 제4479호〉
   나. 정비대상 구역 내 4m 미만 도로의 길이가 총 도로길이의 50% 이상이거나 4m 이상 도로에 접한 주택접도율이 40% 이하인 지역

○ 부산시

제2조(정의) 7. "주택접도율"이란 정비예정구역 내 도로에 접한 건축물의 총수를 구역 내 건축물 총수로 나눈 백분율을 말한다.

제4조(정비계획수립 대상구역) 영 제10조제1항 관련 [별표1] 제6호에 따른 정비계획수립 대상구역별 요건은 다음 각 호와 같다.

1. 주거환경개선사업구역의 경우에는 다음 각 목의 어느 하나에 해당하는 지역을 말한다. 〈개정 2005.2.16, 2008.12.31, 2010.3.3〉
   라. 대상구역안에 폭 4m 미만 도로의 길이가 총 도로길이의 40/100 이상이거나 주택접도율이 30/100 이하인 지역
2. 재개발사업구역의 경우에는 노후·불량건축물의 수가 전체 건축물의 수의 2/3 이상인 지역으로서 다음 각 목의 어느 하나에 해당하는 지역을 말한다. 〈개정 2010.3.3, 2012.12.26〉
   다. 대상구역안에 폭 4m 미만 도로의 길이가 총 도로길이의 30/100 이상이거나 주택접도율이 40/100 이하인 지역

▢ 관련 조문

제4조(정비계획 수립대상 정비구역 지정 요건) ① 영 제10조제1항 관련 [별표1] 제6호에서 위임된 정비계획 수립대상에 대한 정비구역 지정 요건은 다음 각 호와 같다. 〈개정 2008.7.30, 2008.9.30, 2009.7.30, 2012.12.31〉

1. 주거환경개선구역은 호수밀도가 80 이상인 지역으로서 다음 각 목의 어느 하나에 해당하는 지역 〈개정 2006.1.1, 2008.7.30, 2008.9.30, 2009.7.30, 2012.1.5〉
   가. 노후·불량건축물의 수가 대상구역안의 건축물 총수의 60% 이상인 지역
   나. 주택접도율 20% 이하인 지역
   다. 구역의 전체 필지 중 과소필지가 50% 이상인 지역
   라. 〈삭제 2010.7.15〉
2. 재개발구역은 면적이 1만㎡(법 제4조제4항에 따라 서울시 도시계획위원회가 심의하여 인정하는 경우에는 5천㎡) 이상으로서 다음 각 목의 어느 하나에 해당하는 지역
   가. 구역의 전체 필지 중 과소필지가 40% 이상인 지역
   나. 주택접도율이 40% 이하인 지역(단, 법 제3조제6항에 따라 이 조례 시행 전에 고시된 2010 정비기본계획상 재개발예정구역인 경우에는 50% 이하인 지역으로 한다.)
   다. 호수밀도가 60 이상인 지역

▢ 판 례

– 구 서울시 도시정비조례 제4조제1항제1호 나목에서 정한 '주택접도율' 산정의 기준이 되는 건축물에 해당하는지 판단하는 방법

구 서울시 도시정비조례(2009.7.30 조례 제4824호로 개정되기 전의 것) 제4조제1항제1호 나목의 문언 내용이나 본문과 단서의 관계, 구 도시정비조례가 주택접도율이라는 지표를 도입한 입법 취지, 관련 법령인 건축법의 도로에 관한 규정 내용 등을 종합적으로 고려할 때, 원칙적으로 정비구역안의 어느 건축물의 대지가 접

하고 있는 도로 부분의 너비가 4m 이상이면 그 건축물은 주택접도율 산정의 기준이 되는 건축물에 해당하지만, 예외적으로 그 건축물의 대지가 접하는 도로 부분을 통하여 '정비구역 밖의 너비 4m 이상인 도로'에 이르기까지 '너비가 4m 이상 유지되는 연결 도로'가 전혀 없는 경우에는 주택접도율 산정의 기준이 되는 건축물에 해당하지 않는다고 해석하는 것이 타당하다(대법원 2013.12.12 선고 2011두22051 판결 정비구역 지정처분취소).

□ 유권해석

Q 재개발사업의 접도율 산정기준이 어떻게 되는지?

A 도시정비법 시행령 [별표1] 제2호 다목에 따라 정비기반시설이 현저히 부족해 재해발생 시 피난 및 구조 활동이 곤란한 지역에 대해 정비계획 수립 대상구역으로 정하고 있으며, 동 법령의 제정 취지를 살펴볼 때 현황을 기준으로 주택접도율을 산정하는 것이 타당한 것으로 사료되며 구체적인 사항은 정비계획 입안권자인 관할구청장과 협의바람. 4m의 기준을 적용함에 있어 질의와 같이 반올림 등을 해서는 안 됨(서울시 묻고 답하기).

접도율 산정 기준

Q 도시정비조례 제4조에서 정한 정비구역 지정 요건 중 "주택접도율의 적용기준"에 대한 산정기준은?

A 도시정비조례 제4조제1호 나목에 따라 주택접도율이란 "정비구역안의 너비 4m 이상의 도로에 접한 건축물의 총수를 정비구역안의 건축물 총수로 나눈 비율"로 정하고 있는바, 접도율을 산정함에 있어서는 공부상에 등재된 건축물(동 조례 제2조제1호의 기존무허가건축물 포함)을 대상으로 하되 공동주택의 경우에는 기준층의 적용 없이 개별 독립된 건축물을 1동으로 보아야 하며, 실제 현황 상 대상 건축물의 접도 형태에 따라 판단할 사항임(서울시 주거정비과 2006.9.1).

조례 제2조제11호(권리산정기준일)

도시정비법 제50조의2, 재정비특별법 제33조(토지등 분할거래)

권리산정기준일

권리산정기준일은 2009.2.6 도시정비법 제50조의2 규정이 신설되면서 만들어졌다. 이후 서울시는 법 제50조의2를 이행하기 위해 2010.7.15 도시정비조례를 개정하면서 권리산정기준일을 도입하였다.

▢ 개정 연혁

► 도시정비조례[서울시조례 제5007호, 2010.7.15, 일부개정]

제2조(정의) 이 조례에서 사용하는 용어의 정의는 「도시정비법」(이하 "법"이라 한다.) 제2조 각 호와 같으며, 그 밖에 용어의 정의는 다음 각 호와 같다. 〈개정 2007.12.26, 2009.7.30〉

11. "권리산정기준일"은 법 제50조의2에 따라 정비사업으로 인하여 주택 등 건축물을 공급하는 경우 법 제4조제5항에 따른 고시가 있은 날 또는 시장이 투기억제를 위하여 기본계획수립 후 정비구역 지정·고시 전에 따로 정하는 날을 말한다. 〈신설 2010.7.15〉

부 칙 〈제5007호, 2010.7.15〉

제1조(시행일) 이 조례는 2010.7.16부터 시행한다.

제3조(권리산정기준일에 관한 적용례 및 경과조치) ① 제27조 및 제28조 개정규정은 최초로 기본계획(정비예정구역에 신규로 편입지역 포함)을 수립하는 분부터 적용한다.

② 이 조례 시행 전에 기본계획이 수립되어 있는 지역 및 지구단위계획이 결정·고시된 지역은 종전규정(제27조 및 제28조)에 따른다.

➡ 주택 등 건축물의 분양받을 권리산정기준일을 합리적으로 조정하였다.

☐ 조례 제2조제11호(권리산정기준일)

"권리산정기준일"은 법 제50조의2에 따라 정비사업으로 인하여 주택 등 건축물을 공급하는 경우 법 제4조제6항에 따른 고시가 있은 날 또는 시장이 투기억제를 위하여 기본계획수립 후 정비구역 지정·고시 전에 따로 정하는 날을 말한다(동조 제11호).

○ 도시정비조례상 권리산정기준일(조례 시행 전인 2003.12.30 이전)

서울시는 법 제50조의2 기준일 이전에 도시정비조례 부칙 제5조에 의해 조례 시행 전인 '2003.12.30 전'을 권리산정기준일로 시행해 왔다. 그러나 2009.2.6 법 개정으로 정비구역 지정·고시일이라는 새로운 기준일이 규정되었지만 그 시행시기를 미뤄오다가, 2010.7.15 도시정비조례를 개정하면서 그 다음날인 7.16부터는 구역지정되는 정비사업에 대해서는 조례 시행일 전이 아닌 법 제50조의2에 의해 기준일로 적용하기로 했던 것이다.

- 도시정비조례 부칙

부칙〈제4167호, 2003.12.30〉

제1조 (시행일) 이 조례는 공포한 날부터 시행한다.

제5조 (분양대상기준의 경과조치) 제24조제2항제1호에 불구하고 이 조례 시행 전에 단독 또는 다가구주택을 다세대주택으로 전환하여 구분등기를 완료한 주택에 대하여는 전용면적 60㎡ 이하의 주택을 공급하거나 정비구역안의 임대주택을 공급할 수 있으며, 다세대주택의 주거전용총면적이 60㎡를 초과하는 경우에는 종전 관련조례에 의한다. 단, 하나의 다세대전환주택을 공유지분으로 소유하고 있는 경우에는 주거전용 총면적에 포함시키지 아니하며 전용면적 85㎡ 이하 주택을 분양신청 조합원에게 배정하고 잔여분이 있는 경우, 전용면적 60㎡ 이하 주택 배정조합원의 상향요청이 있을 시에는 권리가액 다액 순으로 추가 배정할 수 있다.

부 칙 〈제5007호, 2010.7.15〉

제1조(시행일) 이 조례는 2010.7.16부터 시행한다. 다만, 제48조제2항의 개정규정은 2010.10.1부터 시행한다.

제3조(권리산정기준일에 관한 적용례 및 경과조치) ① 제27조 및 제28조 개정규정은 최초로 기본계획(정비예정구역에 신규로 편입지역 포함)을 수립하는 분부터 적용한다.

② 이 조례 시행 전에 기본계획이 수립되어 있는 지역 및 지구단위계획이 결정·고시된 지역은 종전규정(제27조 및 제28조)에 따른다.

○ 도시정비법상 기준일(2009.2.6)

- 법 제19조제1항의 개정과 법제처 해석

법 제19조(조합원의 자격 등)〈개정 2003.12.31〉 ① 정비사업(시장·군수 또는 주택공사등이 시행하는 정비사업을 제외한다.)의 조합원은 토지등소유자(재건축사업의 경우에는 재건축사업에 동의한 자에 한한다.)로 하되, 토지 또는 건축물의 소유권과 지상권이 수인의 공유에 속하는 때에는 그 수인을 대표하는 1인을 조합원으로 본다. 〈개정 2005.3.18〉

[시행 2009.2.6] [법률 제9444호, 2009.2.6, 일부개정]

제19조(조합원의 자격 등)〈개정 2003.12.31〉 ① 정비사업(시장·군수 또는 주택공사등이 시행하는 정비사업을 제외한다.)의 조합원은 토지등소유자(재건축사업의 경우에는 재건축사업에 동의한 자에 한한다.)로 하되, 다음 각 호의 어느 하나에 해당하는 때에는 그 수인을 대표하는 1인을 조합원으로 본다. 〈개정 2005.3.18, 2009.2.6〉

1. 토지 또는 건축물의 소유권과 지상권이 수인의 공유에 속하는 때
2. 수인의 토지등소유자가 1세대에 속하는 때(이 경우 동일한 세대별 주민등록표 상에 등재되어 있지 아니한 배우자 및 미혼인 20세 미만의 직계비속은 1세대로 보며, 1세대로 구성된 수인의 토지등소유자가 조합설립인가 후 세대를 분리하여 동일한 세대에 속하지 아니하는 때에도 이혼 및 20세 이상

자녀의 분가를 제외하고는 1세대로 본다.)

3. 조합설립인가 후 1인의 토지등소유자로부터 토지 또는 건축물의 소유권이나 지상권을 양수하여 수인이 소유하게 된 때

➡ 정비구역 지정·고시 이전이라도 일정한 시점을 정하여 행위를 제한하고 신축 주택의 분양권을 제한함으로써 부동산 투기세력의 유입을 근본적으로 차단하면서 부동산 가격을 안정시키고자 하였다.

Q ① 조합이 시행하거나 조합이 시장·군수 또는 주택공사등과 공동으로 시행하는 정비사업에서 조합설립인가 후 1인의 토지등소유자로부터 건축물을 양수하여 수인이 소유하게 되고 그 대지부분에 공유관계가 발생한 경우, 시도 조례로 주택공급에 관해 따로 정하여 법 제19조제1항에 따른 수인을 대표하는 1인 외의 토지등소유자에게 해당 정비사업에 따른 건축물을 법 제50조제1항에 따라 공급할 수 있는지?

② 수도권 과밀억제권역에 위치하지 아니하는 지역에서 조합이 시행하거나 조합이 시장·군수 또는 주택공사등과 공동으로 시행하는 재건축사업의 경우, 법 제19조제1항제3호에 따른 수인을 대표하는 1인 외의 토지등소유자에게 해당 정비사업에 따른 건축물을 같은 법 제50조제1항에 따라 공급할 수 있는지?

A ① 조합이 시행하거나 조합이 시장·군수 또는 주택공사등과 공동으로 시행하는 정비사업에서 조합설립인가 후 1인의 토지등소유자로부터 건축물을 양수하여 수인이 소유하게 되고 그 대지부분에 공유관계가 발생한 경우, 시도 조례로 주택공급에 관해 따로 정하여 법 제19조제1항에 따른 수인을 대표하는 1인 외의 토지등소유자에게 해당 정비사업에 따른 건축물을 법 제50조제1항에 따라 공급할 수 없음.

② 수도권 과밀억제권역이 아닌 지역에서 조합이 시행하거나 조합이 시장·군수 또는 주택공사등과 공동으로 시행하는 재건축사업의 경우, 법 제19조제1항제3호에 따른 수인을 대표하는 1인 외의 토지등소유자에게 해당 정비사업에 따른 건축물을 법 제50조제1항에 따라 공급할 수 있음(법제처 2010.7.12)

– 2009.2.6 법 제50조의2(주택등 건축물의 분양 받을 권리산정 기준일) 신설

○ **재정비특별법상 권리산정기준일(법 제33조)**

제33조(토지등 분할거래) ① 재정비촉진사업별로 해당 사업에 관하여 정하고 있는 관계 법률에 따라 주택 등 건축물을 공급하는 경우, 제5조제5항에 따른 고시가 있은 날 또는 시·도지사나 대도시 시장이 투기 억제 등을 위하여 따로 정하는 날(이하 이 조에서 "기준일"이라 한다.) 이후에 다음 각 호의 어느 하나에 해당하는 경우에는 해당 토지 또는 주택 등 건축물을 분양받을 권리는 기준일을 기준으로 산정한다.

1. 한 필지의 토지가 여러 개의 필지로 분할되는 경우
2. 단독주택 또는 다가구주택이 다세대주택으로 전환되는 경우
3. 주택 등 건축물이 분할되거나 공유자의 수가 증가되는 경우
4. 하나의 대지 범위에 속하는 동일인 소유의 토지와 주택 등 건축물을 토지와 주택 등 건축물로 각각 분리하여 소유하는 경우
5. 나대지(裸垈地)에 건축물을 새로 건축하거나 기존 건축물을 철거하고 다세대주택이나 그 밖의 공동주택을 건축하여 토지등소유자가 증가하는 경우

② 시·도지사 또는 대도시 시장은 제1항에 따라 기준일을 따로 정하는 경우 기준일, 지정 사유, 건축물을 분양받을 권리의 산정 기준 등을 해당 지방자치단체의 공보에 고시하여야 한다.

[전문개정 2011.5.30]

▢ 시도별 조례

○ **경기도**

관련 조문이 없다.

도시정비법 제50조의2에 의한 기준일을 적용하는 곳도 있으나, 일부 지자체의 경우 관리처분계획기준일로 규정하기도 하므로 해당 도시정비조례를 반드시 확인하여야 한다.

- 고양시, 안양시, 수원시, 부천시

경기도와 달리 관련 조문이 있다.

표현방식에 있어 각 다르게 규정하고 있으므로 해당 시도별 반드시 도시정비조례를 확인해 보아야 한다.

- 고양시

제2조(정의) 9. "권리산정기준일"은 법 제50조의2에 따라 정비사업으로 인하여 주택 등 건축물을 공급하는 경우 법 제4조제5항에 따른 고시가 있는 날 또는 도지사가 투기억제를 위하여 기본계획수립 후 정비구역 지정·고시 전에 따로 정하는 날을 말한다.

- 안양시

제2조(정의) 10. "권리산정기준일"은 법 제4조제5항에 따른 고시가 있은 날 또는 영 제52조제1항제3호 및 제24조제3항에 따라 시장이 투기억제를 위하여 기본계획수립 후 정비구역 지정·고시 전에 따로 정하는 날을 말한다.

- 수원시

제2조(정의) 10. "권리산정기준일"은 법 제50조의2에 따라 정비사업으로 인하여 주택 등 건축물을 공급하는 경우 법 제4조제5항에 따른 고시가 있은 날 또는 시장이 투기억제를 위하여 기본계획수립 후 정비구역 지정·고시 전에 따로 정하는 날을 말한다.

- 부천시

제2조(정의) 9. "권리산정기준일"은 법 제50조의2에 따라 정비사업으로 인하여 주택 등 건축물을 공급하는 경우 법 제4조제5항에 따른 고시가 있은 날 또는 시장이 투기억제를 위하여 기본계획수립 후 정비구역 지정·고시 전에 따로 정하는 날을 말한다.

- 안산시

관련 조문이 없다.

○ **부산시, 대구시, 대전시, 광주시, 인천시, 울산시**

관련 조문이 없다.

▢ 관련 조문

○ **도시정비조례**

제27조(재개발사업의 분양대상 등) ② 제1항에도 불구하고 다음 각 호의 어느 하나에 해당하는 경우에는 수인의 분양신청자를 1인의 분양대상자로 본다. 〈개정 2009.7.30, 2010.7.15〉

1. 단독주택 또는 다가구주택을 권리산정기준일 후 다세대주택으로 전환한 경우 〈개정 2009.7.30, 2010.7.15〉
2. 법 제19조제1항제2호에 따라 수인의 분양신청자가 1세대에 속하는 때 〈개정 2009.7.30, 2010.7.15〉
3. 1주택 또는 1필지의 토지를 수인이 소유하고 있는 경우. 다만, 권리산정기준일 이전부터 공유로 소유한 토지의 지분면적이 90㎡ 이상인 자는 그러하지 아니하다. 〈개정 2009.7.30, 2010.7.15〉
4. 1필지의 토지를 권리산정기준일 후 수개의 필지로 분할한 경우 〈개정 2009.7.30, 2010.7.15〉
5. 하나의 대지범위 안에 속하는 동일인 소유의 토지와 주택을 건축물 준공 이후 토지와 건축물로 각각 분리하여 소유하는 경우. 다만, 권리산정기준일 이전부터 소유한 토지의 면적이 90㎡ 이상인 자는 그러하지 아니한다. 〈개정 2009.7.30, 2010.7.15〉
6. 권리산정기준일 후 나대지에 건축물을 새로이 건축하거나 기존 건축물을 철거하고 다세대주택, 그 밖에 공동주택을 건축하여 토지등소유자가 증가되는 경우 〈개정 2008.7.30, 2009.7.30, 2010.7.15〉

③ 제1항제2호의 종전 토지의 총면적 및 제1항제3호의 권리가액을 산정함에 있어 다음 각 호의 어느 하나에 해당하는 토지는 포함하지 아니한다. 〈개정 2009.7.30〉

1. 「건축법」 제2조제1항제1호에 따른 하나의 대지범위 안에 속하는 토지가 여러 필지인 경우 권리산정기준일 후에 그 토지의 일부를 취득하였거나 공유

지분으로 취득한 토지 〈개정 2009.7.30, 2010.7.15〉

2. 하나의 건축물이 하나의 대지범위 안에 속하는 토지를 점유하고 있는 경우로서 권리산정기준일 후 그 건축물과 분리하여 취득한 토지 〈개정 2009.7.30, 2010.7.15〉

3. 1필지의 토지를 권리산정기준일 후 분할하여 취득하거나 공유로 취득한 토지 〈개정 2009.7.30, 2010.7.15〉

④ 제1항부터 제3항까지 규정에 불구하고 사업시행방식전환의 경우에는 환지면적의 크기, 공동환지 여부에 관계없이 환지를 지정받은 자 전부를 각각 분양대상자로 할 수 있다. 〈개정 2009.7.30〉

제28조(단독재건축사업의 분양대상 등) ② 제1항에도 불구하고 다음 각 호의 어느 하나에 해당하는 경우에는 수인의 분양신청자를 1인의 분양대상자로 본다. 〈개정 2009.7.30, 2010.7.15〉

1. 단독주택 또는 다가구주택을 권리산정기준일 후 다세대주택으로 전환한 경우 〈개정 2009.7.30, 2010.7.15〉
2. 법 제19조제1항제2호에 따라 수인의 분양신청자가 1세대에 속하는 때 〈개정 2009.7.30, 2010.7.15〉
3. 1주택과 그 부속토지를 수인이 소유하고 있는 경우 〈개정 2009.7.30, 2010.7.15〉
4. 권리산정기준일 후 나대지에 건축물을 새로이 건축하거나 기존 건축물을 철거하고 다세대주택, 그 밖에 공동주택을 건축하여 토지등소유자가 증가되는 경우 〈개정 2009.7.30, 2010.7.15〉

부 칙 〈제4167호, 2003.12.30〉

제1조 (시행일) 이 조례는 공포한 날부터 시행한다.

제5조 (분양대상기준의 경과조치) 제24조제2항제1호의 규정에 불구하고 이 조례 시행전에 단독 또는 다가구주택을 다세대주택으로 전환하여 구분등기를 완료한 주택에 대하여는 전용면적 60㎡ 이하의 주택을 공급하거나 정비구역안의 임대주택을 공급할 수 있으며, 다세대주택의 주거전용총면적이 60㎡를 초과하는 경우에는 종전 관련조례의 규정에 의한다. 단, 하나의 다세대전환주택을 공유지분으로 소유하고 있는 경우에는 주거전용 총면적에 포함시키지 아니하며 전용면적 85㎡ 이하 주택

을 분양신청 조합원에게 배정하고 잔여분이 있는 경우, 전용면적 60㎡ 이하 주택 배정조합원의 상향요청이 있을 시에는 권리가액 다액 순으로 추가 배정할 수 있다.

부 칙 〈제5007호, 2010.7.15〉

제1조(시행일) 이 조례는 2010.7.16부터 시행한다. 다만, 제48조제2항의 개정규정은 2010.10.1부터 시행한다.

제3조(권리산정기준일에 관한 적용례 및 경과조치) ① 제27조 및 제28조 개정규정은 최초로 기본계획(정비예정구역에 신규로 편입지역 포함)을 수립하는 분부터 적용한다.

② 이 조례 시행 전에 기본계획이 수립되어 있는 지역 및 지구단위계획이 결정·고시된 지역은 종전규정(제27조 및 제28조)에 따른다.

○ 도시정비법

제50조의2(주택등 건축물의 분양 받을 권리산정 기준일) ① 정비사업으로 인하여 주택 등 건축물을 공급하는 경우 제4조제5항에 따른 고시가 있은 날 또는 시·도지사가 투기억제를 위하여 기본계획수립 후 정비구역 지정·고시 전에 따로 정하는 날(이하 이 조에서 "기준일"이라 한다.)의 다음 날부터 다음 각 호의 어느 하나에 해당하는 경우에는 해당 토지 또는 주택 등 건축물의 분양받을 권리는 기준일을 기준으로 산정한다. 〈개정 2012.2.1〉

1. 1필지의 토지가 수개의 필지로 분할되는 경우
2. 단독 또는 다가구주택이 다세대주택으로 전환되는 경우
3. 하나의 대지범위 안에 속하는 동일인 소유의 토지와 주택 등 건축물을 토지와 주택 등 건축물로 각각 분리하여 소유하는 경우
4. 나대지에 건축물을 새로이 건축하거나 기존 건축물을 철거하고 다세대주택, 그 밖의 공동주택을 건축하여 토지등소유자가 증가되는 경우

② 시·도지사는 제1항에 따라 기준일을 따로 정하는 경우에는 기준일·지정사유·건축물의 분양받을 권리의 산정 기준 등을 해당 지방자치단체의 공보에 고시하여야 한다.

[본조신설 2009.2.6]

부 칙 〈법률 제9444호, 2009.2.6〉

제1조(시행일) 이 법은 공포한 날부터 시행한다. 다만, 제4조제3항·제11항, 제5조제7항, 제8조제4항 각 호외의 부분, 제11조제3항, 제12조, 제13조, 제14조제2항·제3항, 제19조제1항, 제26조, 제28조, 제40조제1항의 개정규정은 공포 후 6개월이 경과한 날부터 시행한다.

➡ 정비구역 지정·고시 이전이라도 일정한 시점을 정하여 행위를 제한하고 신축 주택의 분양권을 제한함으로써 부동산 투기세력의 유입을 근본적으로 차단하면서 부동산 가격을 안정시키고자 하였다.

○ **재정비특별법**

제33조(토지등 분할거래) ① 재정비촉진사업별로 해당 사업에 관하여 정하고 있는 관계 법률에 따라 주택 등 건축물을 공급하는 경우, 제5조제5항에 따른 고시가 있은 날 또는 시·도지사나 대도시 시장이 투기 억제 등을 위하여 따로 정하는 날(이하 이 조에서 "기준일"이라 한다.) 이후에 다음 각 호의 어느 하나에 해당하는 경우에는 해당 토지 또는 주택 등 건축물을 분양받을 권리는 기준일을 기준으로 산정한다.

1. 한 필지의 토지가 여러 개의 필지로 분할되는 경우
2. 단독주택 또는 다가구주택이 다세대주택으로 전환되는 경우
3. 주택 등 건축물이 분할되거나 공유자의 수가 증가되는 경우
4. 하나의 대지 범위에 속하는 동일인 소유의 토지와 주택 등 건축물을 토지와 주택 등 건축물로 각각 분리하여 소유하는 경우
5. 나대지(裸垈地)에 건축물을 새로 건축하거나 기존 건축물을 철거하고 다세대주택이나 그 밖의 공동주택을 건축하여 토지등소유자가 증가하는 경우

② 시·도지사 또는 대도시 시장은 제1항에 따라 기준일을 따로 정하는 경우 기준일, 지정 사유, 건축물을 분양받을 권리의 산정 기준 등을 해당 지방자치단체의 공보에 고시하여야 한다.

[전문개정 2011.5.30]

조례 제2조제12호(공동이용시설)

법 제2조제5호, 영 제4조제3호

공동이용시설

2012.2.1 법 개정에 따라 주거환경관리사업이 정비사업으로 추가됨에 따라, 도시정비조례에서도 공동이용시설 설치비용에 대한 서울시장의 보조를 위해 규정하였다.

□ 개정 연혁

▸ 도시정비조례[서울시조례 제5417호, 2012.12.31, 일부개정]

제2조(정의) 이 조례에서 사용하는 용어의 뜻은 다음과 같다. 〈신설 2012.12.31〉

12. 「도시정비법 시행령」 제4조제3호에 따른 공동이용시설은 다음 각 목의 시설을 말한다.
    가. 관리사무소, 경비실, 보안·방범시설 등 마을의 안전 및 공동이용관리를 위해 필요한 시설
    나. 주민운동시설, 도서관 등 주민공동체 활동을 위한 복리시설
    다. 쓰레기수거 및 처리시설 등 마을의 환경개선을 위해 필요한 시설

부 칙 〈제5417호, 2012.12.31〉

제1조(시행일) 이 조례는 공포한 날부터 시행한다.

➡ 주거환경관리사업에 적용되는 공동이용시설의 범위를 보안 및 방범시설, 주민운동시설, 쓰레기 수거 및 처리시설 등으로 확대하여 정하였다.

▢ 조례 제2조제12호(공동이용시설)

도시정비법 시행령 제4조제3호에 따른 공동이용시설은 다음 각 목의 시설을 말한다(동조 제12호).

가. 관리사무소, 경비실, 보안·방범시설 등 마을의 안전 및 공동이용관리를 위해 필요한 시설

나. 주민운동시설, 도서관 등 주민공동체 활동을 위한 복리시설

다. 쓰레기수거 및 처리시설 등 마을의 환경개선을 위해 필요한 시설

주민이 공동으로 사용하는 놀이터·마을회관·공동작업장 및 공동으로 사용하는 구판장·세탁장·화장실, 수도, 탁아소·어린이집·경로당 등 노유자시설 및 주거환경개선사업을 위하여 지정·고시된 정비구역안에 설치하는 법 제2조제5호에 의한 공동이용시설로서 사업시행계획서에 당해 시장·군수 또는 자치구의 구청장이 관리하는 것으로 포함된 것을 말한다.

그 외에도 이와 유사한 용도의 시설로서 시도별 도시정비조례로 정하는 시설까지 공동이용시설에 포함된다.

- 서울시 공동이용시설

도시정비조례 제2조제12호에서 관리사무소, 경비실, 보안·방범시설 등 마을의 안전 및 공동이용관리를 위해 필요한 시설, 주민운동시설, 도서관 등 주민공동체 활동을 위한 복리시설, 쓰레기수거 및 처리시설 등 마을의 환경개선을 위해 필요한 시설도 공동이용시설로 포함시키고 있다. 이렇게 공동이용시설을 조례로 포함시킨 이유로는 향후 주거환경관리사업의 시행에 따른 공동이용시설 설치비용의 전부 또는 일부를 사업시행자에게 지원하려는 데 있다(조례 제38조제4항).

반면 서울시는 제외한 다른 시도에서는 별다른 규정이 없는 실정이다.

▢ 시도별 조례

○ 경기도

관련 조문이 없다.

- 고양시, 안양시, 안산시, 수원시

관련 조문이 없다.

- 부천시

제2조(정의) 11. 도시정비법 시행령 제4조제3호에 따른 공동이용시설은 다음 각 목의 시설을 말한다.
가. 주민이 공동으로 이용하는 운동시설, 작은 도서관 등 이와 유사한 시설
나. 생활폐기물 처리시설 등 환경개선을 위한 시설
다. 관리사무소, 경비실, 보안·방범시설 등 안전 및 공동이용 관리를 위한 시설
라. 입주자의 커뮤니티 활성화를 위한 공간

○ 부산시, 대구시, 광주시, 대전시, 인천시, 울산시

관련 조문이 없다.

▢ 관련 조문

○ 도시정비조례

제38조(정비기반시설 설치비용의 지원 등) ④ 시장은 주거환경관리사업으로 시행하는 공동이용시설 설치비용의 전부 또는 일부를 사업시행자에게 지원할 수 있다. 〈신설 2012.12.31〉

○ 도시정비법령

법 제2조(정의) 2, 마. 주거환경관리사업 : 단독주택 및 다세대주택 등이 밀집한 지

역에서 정비기반시설과 공동이용시설의 확충을 통하여 주거환경을 보전·정비·개량하기 위하여 시행하는 사업

5. "공동이용시설"이란 주민이 공동으로 사용하는 놀이터·마을회관·공동작업장 그 밖에 대통령령이 정하는 시설을 말한다.

법 제3조(도시·주거환경정비기본계획의 수립) ①

1. 정비사업의 기본방향
2. 정비사업의 계획기간
3. 인구·건축물·토지이용·정비기반시설·지형 및 환경 등의 현황
4. 주거지 관리계획
5. 토지이용계획·정비기반시설계획·공동이용시설설치계획 및 교통계획

(이하 생략)

법 제4조(정비계획의 수립 및 정비구역의 지정) ①

1. 정비사업의 명칭
2. 정비구역 및 그 면적
3. 국토계획법 제2조제7호에 따른 도시·군계획시설의 설치에 관한 계획
4. 공동이용시설 설치계획

(이하 생략)

법 제6조(정비사업의 시행방법) ⑤ 주거환경관리사업은 제8조제6항에 따른 주거환경관리사업의 사업시행자가 정비구역에서 정비기반시설 및 공동이용시설을 새로 설치하거나 확대하고 토지등소유자가 스스로 주택을 보전·정비하거나 개량하는 방법으로 한다. 〈신설 2012.2.1〉

법 제30조(사업시행계획서의 작성) 사업시행자는 제4조제5항에 따라 고시된 정비계획에 따라 다음 각 호의 사항을 포함하여 사업시행계획서를 작성하여야 한다. 〈개정 2005.3.18, 2007.12.21, 2009.2.6, 2009.4.22, 2009.5.27, 2012.2.1〉

1. 토지이용계획(건축물배치계획을 포함한다.)
2. 정비기반시설 및 공동이용시설의 설치계획

(이하 생략)

법 제60조(비용부담의 원칙) ② 시장·군수는 시장·군수가 아닌 사업시행자가 시행

하는 정비사업의 정비계획에 따라 설치되는 도시·군계획시설 중 대통령령으로 정하는 주요 정비기반시설, 공동이용시설 및 제36조에 의한 임시수용시설에 대하여는 그 건설에 소요되는 비용의 전부 또는 일부를 부담할 수 있다. 〈개정 2005.3.18, 2011.4.14, 2012.2.1〉

법 제63조(보조 및 융자) ② 시장·군수는 사업시행자가 주택공사등인 주거환경개선사업·주거환경관리사업 및 가로주택정비사업과 관련하여 제1항에 따른 정비기반시설 및 임시수용시설(주거환경관리사업의 경우 공동이용시설을 포함한다.)을 건설하는 경우 건설에 소요되는 비용의 전부 또는 일부를 주택공사등에게 보조하여야 한다. 〈개정 2005.3.18, 2012.2.1〉

영 제3조(정비기반시설) 법 제2조제4호에서 "대통령령이 정하는 시설"이란 다음 각호의 시설을 말한다.

1. 녹지
2. 하천
3. 공공공지
4. 광장
5. 소방용수시설
6. 비상대피시설
7. 가스공급시설
8. 주거환경개선사업을 위하여 지정·고시된 정비구역안에 설치하는 법 제2조제5호에 의한 공동이용시설로서 법 제30조에 의한 사업시행계획서에 당해 시장·군수 또는 자치구의 구청장이 관리하는 것으로 포함된 것

영 제4조(공동이용시설) 법 제2조제5호에서 "대통령령이 정하는 시설"이란 다음 각호의 시설을 말한다. 〈개정 2012.7.31〉

1. 공동으로 사용하는 구판장·세탁장·화장실 및 수도
2. 탁아소·어린이집·경로당 등 노유자시설
3. 그 밖에 제1호 및 제2호의 시설과 유사한 용도의 시설로서 시도 조례로 정하는 시설

「부정형, 세장형」

도시재개발사업조례에서 과소필지, 부정형·세장형이란 용어가 없었으나, 도시정비조례가 시행되면서 도입되어 재개발·주거환경개선구역 지정요건으로 활용되었다. 그 후 과소토지의 개념에 흡수되면서 구역지정 요건에서 제외되었다.

□ 개정 연혁

▸ 도시정비조례[서울시조례 제4167호, 2003.12.30, 제정]

제4조(정비계획 수립대상 정비구역 지정 요건) 영 제10조제1항 관련 [별표1] 제5호에 의한 정비계획 수립대상 구역의 지정요건은 다음 각 호와 같다.

1. 주거환경개선구역은 호수밀도가 80 이상인 지역으로서 다음 각 목의 1에 해당하는 지역
   가. 노후·불량건축물의 수가 대상구역안의 건축물 총수의 2/3 이상인 지역
   나. 주택접도율(정비구역안의 너비 4m 이상의 도로에 접한 건축물의 총수를 정비구역안의 건축물 총수로 나눈 비율을 말한다. 이하 이조에서 같다.) 20% 이하인 지역
   다. 건축대지로서 효용을 다할 수 없는 과소필지(서울시 건축조례 제25조제1호에 의한 규모 이하의 토지를 말한다.), <u>부정형 또는 세장형 필지 수</u>가 50% 이상인 지역
   라. 상습침수지역·재해위험지역 등 재해발생이 우려되는 지역으로서 신속히 사업시행이 필요한 지역
2. 재개발구역은 호수밀도가 70 이상이고, 면적이 10,000㎡ 이상으로서 다음 각 목의 1에 해당하는 지역. 다만, 「서울시 지역균형발전지원에 관한 조례」 제2조제4호에 의한 뉴타운사업지구 안에서는 호수밀도를 60 이상으로 할 수 있다.

가. 제1호 가목·다목 또는 라목에 해당하는 지역

나. 주택접도율이 30% 이하인 지역

부 칙 〈제4167호, 2003.12.30〉

이 조례는 공포한 날부터 시행한다(효력발생시기는 2003.12.30).

➡ 부정형, 세장형의 개념은 제2조(정의)가 아닌 제4조 주거환경개선구역이나 정비구역 지정 요건에 규정되었다.

▸ [서울시조례 제4657호, 2008.7.30, 일부개정]

제2조(정의) 9. "부정형·세장형 필지"란 1필지의 토지가 「서울시 건축조례」 제25조에서 정한 규모 이상이나 그 형상이 지나치게 부정형하거나 좁고 긴 형태로서 사실상 건축대지로서 부적합하다고 시장이 인정하는 토지를 말한다. 〈신설 2008.7.30〉

제4조(정비계획 수립대상 정비구역 지정 요건) ① 영 제10조제1항 관련 [별표1] 제5호에 의한 정비계획 수립대상 구역의 지정요건은 다음 각 호와 같다. 〈개정 2008.7.30〉

1. 주거환경개선구역은 호수밀도가 80 이상인 지역으로서 다음 각 목의 1에 해당하는 지역

가. 노후·불량건축물의 수가 대상구역안의 건축물 총수의 60% 이상인 지역 〈개정 2006.1.1〉

나. 주택접도율(정비구역안의 너비 4m 이상의 도로에 접한 건축물의 총수를 정비구역안의 건축물 총수로 나눈 비율을 말한다. 다만, 연장 35m 이상의 막다른 도로의 경우에는 너비 6m로 한다. 이하 이 조례에서 같다.) 20% 이하인 지역 〈개정 2008.7.30〉

다. 건축대지로서 효용을 다할 수 없는 과소필지(「서울시 건축조례」 제25조에 의한 규모 미만의 토지를 말한다. 이하 같다.), 부정형 또는 세장형 필지 수가 50% 이상인 지역 〈개정 2008.7.30〉

라. 상습침수지역·재해위험지역 등 재해발생이 우려되는 지역으로서 신속

히 사업시행이 필요한 지역

2. 재개발구역은 면적이 1만㎡(법 제4조제2항에 의하여 서울시 건축위원회가 공동으로 심의하여 인정하는 경우에는 5천㎡) 이상으로서 다음 각 목에서 정하고 있는 기준 중 2 이상에 해당하는 지역 〈개정 2005.9.30, 2006.1.1, 2006.7.19, 2007.12.26〉

   가. 제1호 가목·다목 또는 라목에 해당하는 지역

   나. 주택접도율이 30% 이하인 지역(단, 도시정비법 제3조제6항에 의하여 이 조례 시행 전에 고시된 2010 정비기본계획상 재개발예정구역인 경우에는 50% 이하인 지역으로 한다.) 〈개정 2008.7.30〉

   다. 호수밀도가 60 이상인 지역 〈신설 2006.7.19〉

➡ 용어의 정의에 부정형·세장형 필지를 그 형상이 지나치게 부정형하거나 좁고 긴 형태로서 사실상 건축대지로서 부적합한 토지로 정의하면서 주거환경개선구역 외에도 재개발구역 요건에 추가로 삽입하였다.

▸ **[서울시조례 제5237호, 2012.1.5, 일부개정]**

제2조(정의) ~~9. "부정형·세장형 필지"란 1필지의 토지가 「서울시 건축조례」 제25조에서 정한 규모 이상이나 그 형상이 지나치게 부정형하거나 좁고 긴 형태로서 사실상 건축대지로서 부적합하다고 시장이 인정하는 토지를 말한다. 〈신설 2008.7.30〉~~

9. "과소필지"란 토지면적이 90㎡ 미만인 토지를 말한다.〈개정 2012.1.5〉

제4조(정비계획 수립대상 정비구역 지정 요건) ① 영 제10조제1항 관련 [별표1] 제5호에 따른 정비계획 수립대상 구역의 지정요건은 다음 각 호와 같다. 〈개정 2008.7.30, 2008.9.30, 2009.7.30〉

1. 주거환경개선구역은 호수밀도가 80 이상인 지역으로서 다음 각 목의 어느 하나에 해당하는 지역 〈개정 2006.1.1, 2008.7.30, 2008.9.30, 2009.7.30, 2012.1.5〉

   가. 노후·불량건축물의 수가 대상구역안의 건축물 총수의 60% 이상인 지역

나. 주택접도율 20% 이하인 지역

~~다. 건축대지로서 효용을 다할 수 없는 과소필지(「서울시 건축조례」 제25조에 의한 규모 미만의 토지를 말한다. 이하 같다.), 부정형 또는 세장형 필지 수가 50% 이상인 지역~~

다. 구역의 전체 필지 중 과소필지가 50% 이상인 지역

라. 〈삭제 2010.7.15〉

~~라. 상습침수지역·재해위험지역 등 재해발생이 우려되는 지역으로서 신속히 사업시행이 필요한 지역~~

2. 재개발구역은 노후·불량건축물이 해당 지역 안에 있는 건축물 수의 60% 이상이고, 면적이 1만㎡(법 제4조제4항에 따라 서울시 도시계획위원회가 심의하여 인정하는 경우에는 5천㎡) 이상으로서 다음 각 목의 어느 하나에 해당하는 지역 〈개정 2009.7.30, 2010.7.15, 2012.1.5〉

가. 구역의 전체 필지 중 과소필지가 40% 이상인 지역

나. 주택접도율이 40% 이하인 지역(단, 법 제3조제6항에 따라 이 조례 시행 전에 고시된 2010 정비기본계획상 재개발예정구역인 경우에는 50% 이하인 지역으로 한다.)

다. 호수밀도가 60 이상인 지역

부 칙 〈제5237호, 2012.1.5〉

제1조(시행일) 이 조례는 공포한 날부터 시행한다.

제2조(재개발사업 정비예정구역의 과소필지 정의에 관한 적용특례) 이 조례 시행 당시 2010 서울시 재개발사업부문 도시·주거환경정비기본계획의 정비예정구역 안의 토지에 대해서는 제2조제9호의 규정에 불구하고 서울시 건축조례 제29조에 따른 규모 미만의 토지로 한다.

➡ 정비사업의 여건변화에 대응하고 주택경기 침체에 따른 주민편의를 도모하기 위한다는 명목으로 제2조의 "부정형, 세장형 필지"를 없애면서 "과소필지"로 대체되었다.
조례 제4조인 재개발·주거환경개선사업의 정비구역 지정 요건인 부정형 또는 세장형 필지 요건이 삭제되었다.

▢ 부정형·세장형 필지

"부정형·세장형 필지"란 1필지의 토지가 서울시 건축조례 제25조에서의 90㎡ 이상 즉 과소필지가 아니라도 그 형상이 지나치게 부정형이거나 좁고 긴 형태로서 사실상 건축대지로서 부적합하다고 시장이 인정하는 토지로 정의된 바 있다.

그러나 이럴 경우 분양대상조합원으로서의 자격이 있으나 구역지정 요건에서 제외되는 양면성을 지닐 수 있어, 형태나 형상의 의미 없이도 분양대상 기준인 90㎡ 충족여부만으로 구별할 수 있게 과소필지 개념을 정리함에 따라 "부정형·세장형 필지"란 개념이 없어졌다.

▢ 시도별 조례

서울시는 2012.1.5 조례 개정 시 제2조제9호인 부정형, 세장형 필지의 개념이 삭제되었다.[2)]

이와 달리 일부 시도나 대도시에서는 종전과 같이 부정형, 세장형을 구역지정 요건으로 사용하고 있다.

○ 경기도

정비계획 수립대상 정비구역 지정요건에서 부정형, 세장형을 활용하고 있다.

※ 안양시, 고양시, 부천시, 안산시, 수원시는 세장형을 "대지 폭 3m 미만"으로 규정하고 있다.

– 안양시, 고양시, 부천시, 안산시, 수원시

경기도와 같다.

○ 인천시, 부산시, 대구시, 광주시, 대전시, 울산시

경기도와 같다.

2) 서울시 도시정비조례[서울시조례 제4824호, 2009.7.30, 일부개정]
제2조제9호 "부정형·세장형 필지"란 1필지의 토지가 「서울시 건축조례」 제25조에서 정한 규모 이상이나 그 형상이 지나치게 부정형하거나 좁고 긴 형태로서 사실상 건축대지로서 부적합하다고 시장이 인정하는 토지를 말한다. 〈신설 2008.7.30, 개정 2008.9.30, 2009.7.30〉

▢ 유권해석

과소필지, 부정형 또는 세장형 필지의 기준

Q 도시정비조례 제4조에서 정한 정비구역 지정요건 중 "과소필지, 부정형·세장형 필지의 적용기준"은 어떠한지?

A 도시정비조례 제4조제1호 다목에 의하면 "건축대지로서 효용을 다할 수 없는 과소필지(건축조례 제25조제1호에 의한 규모 이하의 토지를 말함), 부정형 또는 세장형 필지 수가 50% 이상인 지역"으로 정하고 있는바, 이 경우 과소필지란 지적공부상 필지를 기준으로 서울시 건축조례 제25조제1호에서 정한 규모(90㎡) 이하의 필지를 말하며, 부정형 또는 세장형 필지는 토지의 형상이 부정형 또는 세장형으로 인하여 사실상 건축대지로 사용이 부적합하여 정비계획 수립권자인 관할구청장이 인정한 필지를 말하며, 그 면적은 별도 정하고 있지 않음(서울시 주거정비과 2006.8.25).

※ 2007.2.13부터 시(市) 방침으로 세장형 필지는 1필지 토지의 폭이 5m 미만인 경우에 대하여, 부정형 필지는 지적 상 토지 내 최대의 정방형, 장방형 면적이 60㎡ 미만 필지(장방형은 한 변의 길이가 5m 이상인 경우에 한함.)로 정하고 있음.

※ 서울시 도시정비조례(2008.7.30 조례 제4657호, 개정)
제2조(정의)제9호 : "부정형·세장형 필지"란 1필지의 토지가 「서울시 건축조례」 제25조에서 정한 규모 이상이나 그 형상이 지나치게 부정형하거나 좁고 긴 형태로서 사실상 건축대지로서 부적합하다고 시장이 인정하는 토지를 말한다. 〈신설 2008.7.30〉

조례 제3조(노후불량건축물)

법 제2조제3호 나목, 영 제2조

노후불량건축물

"노후·불량건축물"은 폐지된 「도시저소득주민의 주거환경개선을 위한 임시조치법」상 주거환경개선사업이나 주택건설촉진법상 재건축사업에서 사용된 바 있다. 그 후 도시정비법으로 통합으로 정비사업의 구역 지정 요건으로 그 역할이 부각되어, 자신들의 도시에 맞도록 시도 조례로 위임되었다.

□ 개정 연혁

구 도시재개발사업조례에는 노후불량건축물의 조문이 없었다. 도시정비법령상 노후불량건축물의 개정 연혁은 도시정비법 조문해설을 참고하기 바란다.

▸ 도시정비조례[서울시조례 제4167호, 2003.12.30, 제정]

제3조(노후·불량건축물) ① 영 제2조제2항제1호에 의하여 노후·불량건축물로 보는 기준은 다음과 같다.

1. 공동주택의 경우 다음 각 목의 1에 해당하는 기간이 경과한 건축물
   가. 1992.1.1 이후 준공된 5층 이상의 건축물은 40년, 4층 이하의 건축물은 30년
   나. 1982.1.1부터 1991년 12월 31일까지 준공된 5층 이상 건축물은 22+(준공연도－1982)×2년, 4층 이하의 건축물은 21+(준공연도－1982)년
   다. 1981.12.31 이전에 준공된 건축물은 20년
2. 공동주택 및 기존무허가건축물 이외의 건축물 중 다음 각 목에서 정하는 내구연한의 2/3 이상이 경과된 건축물
   가. 철근·철골콘크리트 또는 강구조 건축물 : 60년

나. "가"목 이외의 건축물 : 30년

② 영 제2조제2항제3호에 해당하는 노후·불량건축물은 다음 각 호와 같다.

1. 기존무허가건축물
2. 부엌·화장실·세면장 중 한 가지 이상을 갖추지 못한 주택
3. 급수·배수·오수설비가 노후화되어 수선이 불가능한 건축물
4. 그 밖에 규칙이 정하는 건축물

부 칙 〈제4167호, 2003.12.30〉

이 조례는 공포한 날부터 시행한다(효력발생시기는 2003.12.30).

➡ 도시정비법의 시행으로 시행령을 근거로 하여 노후·불량건축물이 주거환경개선사업·재개발사업의 구역요건으로 등장하였다. 제1항제1호와 관련, 공동주택의 노후·불량건축물 기준연한인 별표는 이 당시 없었다. 제1항제1호는 공동주택 재건축사업의 안전진단 신청기준으로 활용되었다.

▸ [서울시조례 제4359호, 2006.1.1, 일부개정]

제3조(노후·불량건축물) ① 영 제2조제2항제1호에 의하여 노후·불량건축물로 보는 기준은 다음과 같다.

1. 공동주택 : 별표 〈개정 2006.1.1〉

   가~다 : 앞과 같음

2. 공동주택 및 기존무허가건축물 이외의 건축물 중 다음 각 목에서 정하는 내구연한의 2/3 이상이 경과된 건축물

   가. 철근·철골콘크리트 또는 강구조 건축물 : 60년(건축법 시행령 [별표1] 제1호에 의한 단독주택을 제외한다.) 〈개정 2006.1.1〉

   나. "가"목 이외의 건축물 : 30년

② : 앞과 같음

부 칙 〈2006.1.1〉

① (시행일) 이 조례는 공포한 날부터 시행한다.

➡ 제1항1호와 관련, 공동주택의 노후·불량건축물 기준인 별표가 최초 작성되었다.

▸ **[서울시조례 제4657호, 2008.7.30, 일부개정]**

제3조(노후·불량건축물) ①~ ② : 앞과 같음

③ 미사용승인건축물의 용도별 분류 및 구조는 건축허가내용에 의하며, 준공년도는 재산세 및 수도요금·전기요금 등 부과 개시년도로 한다. 〈신설 2008. 7.30〉

부 칙 〈2008.7.30〉

제1조(시행일) 이 조례는 공포한 날부터 시행한다.

➡ 2008.7.30 제2조제8호인 "미사용승인건축물"이란 관계 법령에 따라 건축허가 등을 받았으나, '사용승인·준공인가 등을 받지 못한 건축물로서 사실상 준공된 건축물을 말한다.'는 규정이 노후불량건축물에 신설되었다.
미사용승인건축물은 노후·불량건축물 중 특정무허가건축물에 포함시켜 조례 제26조제4호에 사용되도록 하였다.

▸ **[서울시조례 제5080호, 2011.3.17, 일부개정]**

제3조(노후·불량건축물) ①~ ② : 전과 같음

③ 영 제2조제1항제1호 전단의 규정에 따른 노후·불량건축물은 건축대지로서 효용을 다할 수 없는 과소필지(90㎡ 미만의 토지를 말한다.)안의 건축물로서 2009.8.11 전에 건축된 건축물을 말한다. 〈신설 2011.3.17〉

④ : 앞의 제3항과 같음.

부 칙 〈제5080호, 2011.3.17〉

제1조(시행일) 이 조례는 공포한 날부터 시행한다(효력발생시기는 2011.3.17).

➡ 2009.8.11은 도시정비법 시행령이 개정된 날짜이다.

과소필지안의 노후·불량건축물 기준이 조례로 위임됨에 따라 경과조치를 두어 운영되다가, 종전 규정에 따라 노후·불량건축물을 산정하여 사업 추진 구역의 적용상 혼란이 있어 이를 삭제하였다.

※ 조례 부칙 〈제5007호, 2010.7.15〉
제2조제2항인 "영 제2조제1항의 개정규정(대통령령 제21679호)에 불구하고 개정 당시 종전규정에 따라 노후·불량건축물을 산정하여 이 조례 시행일 당시 영 제11조제1항에 따라 주민공람을 한 구역은 종전규정에 따른다."는 규정을 삭제하였다.

▸ [서울시조례 제5237호, 2012.1.5, 일부개정]

제3조(노후·불량건축물) ① 영 제2조제2항제1호에 따라 노후·불량건축물로 보는 기준은 다음과 같다. 〈개정 2012.1.5, 2012.12.31〉

1. 공동주택
   가. 철근콘크리트·철골콘크리트·철골철근콘크리트 및 강구조인 공동주택은 [별표1]에 따른다.
   나. 가목 이외의 공동주택은 20년
2. 공동주택 이외의 건축물
   가. 철근콘크리트·철골콘크리트·철골철근콘크리트 및 강구조 건축물은 40년(「건축법 시행령」 [별표1] 제1호에 따른 단독주택을 제외한다.)
   나. 가목 이외의 건축물은 20년

② 영 제2조제2항제3호에 해당하는 노후·불량건축물은 다음 각 호와 같다.〈개정 2008.9.30, 2009.7.30〉

1. 특정무허가건축물
2. ~~부엌·화장실·세면장 중 한 가지 이상을 갖추지 못한 주택~~ 〈삭제 2012.1.5〉
3. 급수·배수 또는 오수설비가 노후화되어 수선이 불가능한 건축물 〈개정 2009.7.30〉
4. 그 밖에 규칙이 정하는 건축물 〈개정 2009.7.30〉

③ 영 제2조제1항제1호 전단의 규정에 따른 노후·불량건축물은 건축대지로서 효용을 다할 수 없는 과소필지안의 건축물로서 2009.8.11 전에 건축된 건축물

을 말한다.〈신설 2011.3.17, 개정 2012.1.5〉

④ 미사용승인건축물의 용도별 분류 및 구조는 건축허가 내용에 따르며, 준공년도는 재산세 및 수도요금·전기요금 등 부과 개시년도로 한다. 〈신설 2008.7.30, 개정 2008.9.30, 2009.7.30, 2011.3.17〉

부 칙 〈제5237호, 2012.1.5〉

제1조(시행일) 이 조례는 공포한 날부터 시행한다(효력발생시기는 2012.1.5).

➡ 기존무허가건축물이 특정무허가건축물로는 2011.5.26 바뀌었으며, 제2항제2호인 "부엌·화장실·세면장 중 한 가지 이상을 갖추지 못한 주택" 규정은 삭제되었다.

※ 특정무허가건축물의 정의 및 재개발사업의 분양대상 관련 규정(2011.5.26 조례 개정 이유 : 서울시 의회) : 재개발구역지정 취소소송 관련 대법원 판결(대법원 2010.5.13 선고 2010두2715 판결)

서울시(조례 제3호)는 도시정비법 시행령 제2조제2항제1호, 제2조제2항제3호, 제2조제1항제1호 전단에 따른 노후불량건축물을 규정하고 있다. 또한 미사용승인건축물도 노후불량건축물에 포함시키고 있다.

▢ 조례 제3조제1항

영 제2조제2항제1호에 따라 노후·불량건축물로 보는 기준은 다음과 같다(동조 제1항).

1. 공동주택
   가. 철근콘크리트·철골콘크리트·철골철근콘크리트 및 강구조인 공동주택은 [별표1]에 따른다.
   나. 가목 이외의 공동주택은 20년
2. 공동주택 이외의 건축물
   가. 철근콘크리트·철골콘크리트·철골철근콘크리트 및 강구조 건축물은 40년(「건축법 시행령」 [별표1] 제1호에 따른 단독주택을 제외한다.)
   나. 가목 이외의 건축물은 20년

도시미관의 저해, 건축물의 기능적 결함, 부실시공 또는 노후화로 인하여 구조적 결함이 있는 건축물로서, 준공된 후 20년 이상의 범위에서 다음과 같이 정하는 기간이 지난 건축물(조례 제3조제1항).

– 공동주택

- 공동주택으로서 철근콘크리트·철골콘크리트·철골철근콘크리트 및 강구조인 공동주택은 [별표1]에 따른다.

[별표1] 철근콘크리트·철골콘크리트·철골철근콘크리트 및 강구조 공동주택의 노후·불량 건축물 기준(제3조제1항제1호 관련)

구 분 / 준공년도	5층 이상 건축물	4층 이하 건축물	비 고
1981.12.31 이전	20년 이상	20년 이상	
1982	22년 이상	21년 이상	
1983	24년 이상	22년 이상	
1984	26년 이상	23년 이상	
1985	28년 이상	24년 이상	
1986	30년 이상	25년 이상	
1987	32년 이상	26년 이상	
1988	34년 이상	27년 이상	
1989	36년 이상	28년 이상	
1990	38년 이상	29년 이상	
1991	40년 이상	30년 이상	
1992.1.1 이후	40년 이상	30년 이상	

※ 산출기준 : 1982.1.1부터 1991.12.31까지 준공된 5층 이상 건축물은 22+(준공연도－1982)×2년, 4층 이하의 건축물은 21+(준공연도－1982)년

- 그 이외의 공동주택은 20년

- 공동주택 이외의 건축물

- 철근콘크리트·철골콘크리트·철골철근콘크리트 및 강구조 건축물은 40년(「건축법 시행령」 [별표1] 제1호에 따른 단독주택을 제외한다.)
- 그 이외의 건축물은 20년

□ 조례 제3조제2항

영 제2조제2항제3호에 해당하는 노후·불량건축물은 다음 각 호와 같다(동조 제2항).

1. 특정무허가건축물
2. 〈삭제 2012.1.5〉

~~2. 부엌·화장실·세면장 중 한 가지 이상을 갖추지 못한 주택 〈개정 2009.7. 30.〉~~

3. 급수·배수 또는 오수설비가 노후화되어 수선이 불가능한 건축물
4. 그 밖에 규칙이 정하는 건축물

- 서울시 조례 시행규칙 제3조

위 제3조제2항제4호에서 "그 밖에 규칙이 정하는 건축물"이란 다음 각 호와 같다.

1. 수도 또는 우물이 옥외에 있거나 공동 사용하는 주택
2. 정화조가 설치되지 않아 오수를 공공하수도로 직접 배출하는 주택
3. 화장실이 옥내에 없는 주택

□ 조례 제3조제3항

영 제2조제1항제1호 전단의 규정에 따른 노후·불량건축물은 건축대지로서 효용을 다할 수 없는 과소필지안의 건축물로서 2009.8.11 전에 건축된 건축물을 말한다(동조 제3항).

건축대지로서 효용을 다할 수 없는 과소필지(90㎡ 이하)안의 건축물로서 2009. 8.11 전에 건축된 건축물(조례 제3조제3항)은 노후불량 건축물의 양태 중 하나이다. 2009.8.11은 도시정비법 시행령 제2조가 개정된 날이다.

※ 도시정비법 시행령[시행 2009.8.11] [대통령령 제21679호, 2009.8.11, 일부개정]

제2조(노후·불량건축물의 범위) ① 도시정비법 제2조제3호 나목에 따라 특별시·광역시 또는 도의 조례(이하 "시도 조례"라 한다.)로 정할 수 있는 건축물은 다음 각 호의 어느 하나에 해당하는 건축물을 말한다. 〈개정 2005.5.18, 2008.10.29, 2009.8.11〉

1. 건축법 제57조제1항에 따라 당해 지방자치단체의 조례가 정하는 면적에 미달되거나 국토계획 법 제2조제7호에 의한 도시계획시설 등의 설치로 인하여 효용을 다할 수 없게 된 대지에 있는 건축물
2. 공장의 매연·소음 등으로 인하여 위해를 초래할 우려가 있는 지역안에 있는 건축물
3. 당해 건축물을 준공일 기준으로 40년까지 사용하기 위하여 보수·보강하는데 드는 비용이 철거 후 새로운 건축물을 건설하는 데 드는 비용보다 클 것으로 예상되는 건축물

② 법 제2조제3호 다목에 따라 시도 조례로 정할 수 있는 건축물은 다음 각 호의 어느 하나에 해당하는 건축물을 말한다. 〈개정 2005.5.18, 2009.8.11〉

1. 준공된 후 20년 이상의 범위에서 조례로 정하는 기간이 지난 건축물
2. 국토계획법 제19조제1항제8호에 의한 도시기본계획상의 경관에 관한 사항에 저촉되는 건축물
3. 건축물의 급수·배수·오수설비 등이 노후화되어 수선만으로는 그 기능을 회복할 수 없게 된 건축물

▢ 조례 제3조제4항

미사용승인건축물의 용도별 분류 및 구조는 건축허가 내용에 따르며, 준공년도는 재산세 및 수도요금·전기요금 등 부과 개시년도로 한다(동조 제4항).

미사용승인건축물은 관계 법령에 따라 건축허가 등을 받았으나, 사용승인·준공인가 등을 받지 못한 건축물로서 사실상 준공된 건축물로서 무조건 노후불량건축물에 해당되지는 않는다. 즉 건축물 총 수에 포함되지만, 조례 제3조에 따라 경과연수에 해당되는 경우에만 노후불량건축물이다.

미사용승인건축물에 대한 시도별 조례는 다음과 같다.

○ 경기도(수원·안양·고양·안산시 포함)

영 제2조제1항, 영 제2조제2항제1호, 영 제2조제2항제2호, 제2조제2항제3호에 따른 노후불량건축물을 규정하였다. 미사용승인건축물은 노후불량건축물로 규정

하지 않고 별도의 조문을 두고 있다.

○ 인천시

법 제2조제3호 나목 및 다목에 따른 노후불량건축물을 규정하였다. 미사용승인건축물에 대한 규정이 없다.

○ 부산시

영 제2조제1항, 영 제2조제2항제1호, 영 제2조제2항에 따른 노후불량건축물을 규정하였다. 미사용승인건축물에 대한 규정이 없다.

▢ 시도별 조례

시도 또는 대도시 조례에서 노후불량건축물의 규정이 있으나, 그 내용이 다르다. 특히 제2항은 재건축 안전진단 신청과 밀접한 관계가 있다.

○ 경기도

제3조(노후·불량건축물) ① 도시정비법 시행령 제2조제2항에 따른 노후·불량건축물은 다음 각 호의 어느 하나에 해당하는 건축물을 말한다. 〈개정 2011.10.20, 2014.1.10〉

1. 「건축법」 제57조제1항에 따른 해당 시·군 조례가 정하는 면적에 미달되거나 「국토계획법」 제2조제7호에 의한 도시·군계획시설 등의 설치로 인하여 효용을 다할 수 없게 된 대지에 있는 건축물 〈개정 2014.1.10〉
2. 공장의 매연·소음 등으로 인하여 위해를 초래할 우려가 있는 지역안에 있는 건축물
3. 해당 건축물을 준공일 기준으로 40년까지 사용하기 위하여 보수·보강하는데 드는 비용이 철거 후 새로운 건축물을 건설하는 데 드는 비용보다 클 것으로 예상되는 건축물 〈개정 2013.12.2〉

② 영 제2조제3항제1호에 따라서 시도 조례가 정하는 연수는 준공일을 기준으

로 다음 각 호의 어느 하나에 해당하는 기간을 경과한 건축물을 말한다. 〈단서 삭제 2010.4.19, 2014.1.10〉

1. 철근콘크리트 공동주택의 경우에는 다음 각 목의 어느 하나에 해당하는 건축물
   가. 1983년 이전 준공된 건축물은 20년
   나. 1984년부터 1992년까지 준공된 5층 이상의 건축물은 20+[(준공년도-1983년)×2], 4층 이하의 건축물 20+(준공년도- 1983년)
   다. 1993년 이후 준공된 5층 이상 건축물은 40년, 4층 이하 건축물은 30년
2. 제1호 이외의 건축물의 경우에는 다음 각 목의 어느 하나에 해당하는 건축물
   가. 철근·철골콘크리트 또는 강구조 건축물은 40년
   나. 4층 이하 철근콘크리트 구조의 건축물은 30년
   다. 단독주택 및 "가", "나"목 이외의 건축물(기존무허가 건축물 포함)은 20년 〈개정 2010.4.19〉

③ 영 제2조제3항제2호에 따른 노후·불량건축물은「국토계획법」제19조제1항제8호에 의한 도시·군기본계획의 경관에 관한 사항에 저촉되는 건축물을 말한다. 〈신설 2010.4.19〉〈개정 2014.1.10〉

④ 〈삭제 2014.1.10〉

제3조의2(미사용승인건축물에 대한 특례) 제3조제2항에 따라 미사용승인건축물의 준공일을 결정하는 경우 용도별 분류와 구조는 건축허가 내용에 따르며, 준공일은 재산세 및 수도요금·전기요금 등의 부과 개시일로 한다.
[본조신설 2012.5.11]

- 남양주시, 부천시, 수원시, 안산시, 안양시, 고양시, 화성시

제3조(노후·불량건축물) ① 도시정비법 시행령 제2조제1항에 따른 노후·불량건축물은 다음 각 호의 어느 하나에 해당하는 건축물을 말한다.

1. 「건축법」제57조제1항에 따른「남양주시 건축 조례」제26조에서 정한 면적에 미달되거나「국토계획법」제2조제7호에 따른 도시계획시설 등의 설치로 인하여 효용을 다할 수 없게 된 대지에 있는 건축물
2. 공장의 매연·소음 등으로 인하여 위해(危害)를 초래할 우려가 있는 지역 안

에 있는 건축물

3. 해당 건축물을 준공일 기준으로 40년까지 사용하기 위하여 보수·보강하는데 드는 비용이 철거 후 새로운 건축물을 건설하는데 드는 비용보다 클 것으로 예상되는 건축물

② 영 제2조제2항제1호에 따른 "조례로 정하는 기간이 지난 건축물"이란 준공일을 기준으로 다음 각 호의 어느 하나에 해당하는 기간이 경과한 건축물을 말한다.

1. 철근콘크리트 공동주택의 경우에는 다음 각 목의 어느 하나에 해당하는 건축물
   가. 1983년 이전 준공된 건축물은 20년
   나. 1984년부터 1992년까지 준공된 5층 이상의 건축물은 20+[(준공년도-1983년)×2], 4층 이하의 건축물 20+(준공년도-1983년)
   다. 1993년 이후 준공된 5층 이상 건축물은 40년, 4층 이하 건축물은 30년
2. 제1호 이외의 건축물의 경우에는 다음 각 목의 어느 하나에 해당하는 건축물
   가. 철근·철골콘크리트 또는 강구조 건축물은 40년
   나. 4층 이하 철근콘크리트 구조의 건축물은 30년
   다. 단독주택, 가목 및 나목 이외의 건축물(기존무허가건축물은 포함한다.)은 20년

③ 영 제2조제2항제2호에 따른 노후·불량건축물은 「국토계획법」 제19조제1항제8호에 따른 도시기본계획상의 경관에 관한 사항에 저촉되는 건축물을 말한다.

④ 영 제2조제2항제3호에 따른 노후·불량건축물은 급수·배수·오수설비가 노후화되어 수선만으로는 그 기능을 회복할 수 없게 된 건축물을 말한다.

제4조(미사용승인건축물에 대한 특례) 제3조제2항에 따라 미사용승인건축물의 준공일을 결정하는 경우 용도별 분류와 구조는 건축허가 내용에 따르며, 준공일은 재산세 및 수도요금·전기요금 등의 부과 개시일로 한다.

○ 인천시

제3조(노후·불량건축물) ① 법 제2조제3호 나목에서 "대통령령이 정하는 바에 따라 시도 조례로 정하는 건축물"이란 다음 각 호의 어느 하나에 해당하는 건축물을 말한다.

1. 분할제한면적에 미달하거나 「국토계획법」 제2조제7호에 따른 도시계획시설 등의 설치로 인하여 그 효용을 다할 수 없게 된 대지 안의 건축물
2. 공장의 매연·소음 등으로 인하여 위해를 초래할 우려가 있는 지역 안에 건축된 것으로서 다음 각 목의 어느 하나에 해당하는 건축물
   가. 주요구조부의 균열·파손 또는 변형 등에 따라 손괴의 우려가 있는 건축물
   나. 노후 정도가 심하여 거주자의 안전에 위험을 초래할 우려가 큰 건축물
   다. 벽·기둥 등 주요구조부의 보존상태가 불량하여 내열·방습 등의 기능을 다할 수 없게 된 건축물
   라. 목조·조적조 등 화재에 취약한 구조로 축조된 건축물로서 층수가 2층 이하인 것
3. 해당 건축물을 40년간 사용하기 위하여 보수·보강하는데 드는 비용이 철거 후 새로운 건축물을 건설하는데 드는 비용보다 클 것으로 예상되는 건축물

② 법 제2조제3호 다목에서 "대통령령이 정하는 바에 따라 시도 조례로 정하는 건축물"이란 다음 각 호의 어느 하나에 해당하는 건축물을 말한다. 〈개정 2013. 4.8〉

1. 준공된 후 다음 각 목에 따른 경과연수가 지난 건축물
   가. 1994.1.1 이후에 준공된 공동주택은 40년(4층 이하는 30년)
   나. 1984.1.1 이후부터 1993년 12월 31일 이전에 준공된 공동주택은 22년+(준공연도-1984)×2년[4층 이하는 21+(준공연도-1984)년]. 다만, 공업지역이나 항만, 폐기물 처리시설 등의 도시계획시설에 인접하여 소음, 진동, 악취, 분진, 안전문제 등이 법적기준을 초과하거나 군수·구청장(이하 "구청장 등"이라 한다.)이 주거환경이 극히 열악하다고 인정하는 상업지역의 건축물은 20년
   다. 1983.12.31 이전에 준공된 공동주택은 20년
   라. 철골조, 철골·철근 콘크리트조, 철근 콘크리트조 또는 강구조로 건축된 건축물(공동주택을 제외한다.)은 40년
   마. 가목부터 라목에 해당되지 아니하는 건축물은 30년
2. 「국토계획법」 제19조제1항제8호에 따른 도시기본계획상의 경관에 관한 사항에 저촉되는 건축물

3. 건축물의 급수·배수·오수설비 등이 노후화되어 수선만으로는 그 기능을 회복할 수 없게 된 것으로서 다음 각 목의 어느 하나에 해당하는 건축물
   가. 침실·부엌·화장실 또는 세면장 중 한 가지 이상을 갖추지 못한 건축물
   나. 난방시설이 없거나 수선만으로는 정상적인 작동이 불가능한 상태의 건축물
   다. 급수·배수 및 오수설비 등 건축물의 위생설비가 노후화되어 그 기능적 결함의 회복이 사실상 불가능한 건축물

○ 부산시

제3조(노후·불량건축물) ① 도시정비법 시행령 제2조제1항에서 "시도 조례로 정할 수 있는 건축물"이란 다음 각 호의 건축물을 말한다. 〈개정 2010.3.3〉

1. 「건축법」 제57조제1항에 따라 건축조례가 정하는 면적에 미달되거나 「국토계획법」 제2조제7호에 따른 도시계획시설 등의 설치로 인하여 효용을 다할 수 없게 된 대지에 있는 건축물
2. 공장의 매연·소음 등으로 인하여 위해를 초래할 우려가 있는 지역안에 있는 건축물
3. 해당 건축물을 준공일 기준으로 40년까지 사용하기 위하여 보수·보강하는데 드는 비용이 철거 후 새로운 건축물을 건설하는 데 드는 비용보다 클 것으로 예상되는 건축물

② 영 제2조제2항제1호에서 "준공된 후 20년 이상의 범위에서 조례로 정하는 기간이 지난 건축물"이란 다음 각 호와 같다. 〈신설 2010.3.3〉

1. 철근·철골 콘크리트조 또는 강구조 공동주택
   가. 1996.1.1 이후 준공된 5층 이상의 건축물은 40년, 4층 이하의 건축물은 30년
   나. 1986.1.1부터 1995.12.31까지 준공된 5층 이상의 건축물은 21년+[(준공연도-1986)×2년], 4층 이하의 건축물은 21년+(준공연도-1986)
   다. 1985.12.31 이전에 준공된 건축물은 20년
2. 제1호 외의 건축물의 경우에는 다음 각 목에서 정하는 기간이 경과된 건축물
   가. 철근·철골 콘크리트조 또는 강구조 건축물 35년

나. 가목 외의 건축물 25년

③ 영 제2조제2항 각 호 외의 부분에서 "조례로 정할 수 있는 건축물"이란 다음 각 호의 건축물을 말한다. 〈개정 2010.3.3〉

1. 「국토계획법」 제19조제1항제8호에 따른 도시기본계획상의 경관에 관한 사항에 저촉되는 건축물
2. 건축물의 급수·배수·오수설비 등이 노후화되어 수선만으로는 그 기능을 회복할 수 없게 된 건축물

○ 대구시

제3조(노후·불량건축물) ① 영 제2조제1항에서 "시도 조례로 정할 수 있는 건축물"이란 다음 각 호의 건축물을 말한다.

1. 「대구시 건축 조례」 제25조에 따른 건축물이 있는 대지의 분할 제한 면적에 미달되거나 「국토계획법」 제2조제7호에 따른 도시계획시설 등의 설치로 인하여 효용을 다할 수 없게 된 대지에 있는 건축물
2. 해당 건축물을 준공일 기준으로 40년까지 사용하기 위하여 보수·보강하는데 드는 비용이 철거 후 새로운 건축물을 건설하는 데 드는 비용보다 클 것으로 예상되는 건축물

② 영 제2조제2항 각 호 외의 부분에서 "시도 조례로 정할 수 있는 건축물"이란 다음 각 호의 건축물을 말한다.

1. 준공된 후 20년 이상의 범위에서 조례로 정하는 기간이 지난 건축물
2. 건축물의 급수·배수·오수설비 등이 노후화되어 수선만으로는 그 기능을 회복할 수 없게 된 건축물

③ 제2항제1호에서 "준공된 후 20년 이상의 범위에서 조례로 정하는 기간이 지난 건축물"이란 다음 각 호와 같다.

1. 공동주택의 경우

   가. 1994.1.1 이후 준공된 건축물은 30년

   나. 1985.1.1부터 1993.12.31까지 준공된 건축물은 21년+(준공연도-1985)

   다. 1984.12.31 이전에 준공된 건축물은 20년

2. 제1호 이외의 건축물인 경우

가. 철근콘크리트, 철골콘크리트 또는 강구조 건축물 : 30년
나. 그 외의 구조로 된 건축물 : 20년
[전문개정 2010.6.30 조례 제4170호]

□ 판 례

- 구 재정비특별법에 따라 재정비촉진지구 안에서 도시정비법에 의한 도시환경정비사업을 시행하기 위하여 재정비촉진구역을 지정하는 경우, 도시정비법 제2조제3호에서 정한 노후·불량건축물의 개념이나 범위에 따라 지정요건의 충족 여부를 판단해야 하는지(적극)

구 '재정비특별법'(2011.5.30 법률 제10761호로 개정되기 전의 것)은 시장·군수·구청장으로 하여금 재정비촉진지구 안에서 도시정비법에 의한 도시환경정비사업 등 개별법에 의하여 시행 가능한 재정비촉진사업의 종류 등 재정비촉진구역 지정에 관한 사항을 포함한 재정비촉진계획을 수립하여 시·도지사에게 결정을 신청하도록 하고(제9조제1항), 시·도지사가 그에 따라 재정비촉진계획을 결정·고시하면 도시정비법 제4조에 의한 정비구역의 지정 등이 있은 것으로 정하고 있다(제12조, 제13조). 따라서 구 재정비특별법에 따라 재정비촉진지구 안에서 도시정비법에 의한 도시환경정비사업을 시행하기 위하여 재정비촉진구역을 지정할 때에도 도시정비법 제2조, 제3호에서 정한 노후·불량건축물의 개념이나 범위에 따라 그 지정요건의 충족 여부를 판단하여야 한다(대법원 2012.11.29 선고 2012두16077 판결, 창신·숭인재정비촉진지구재정비촉진계획결정처분취소).

- 준공된 후 20년 등 일정기간이 경과하기만 하면 그로써 곧 도시정비법 제2조제3호 다목에서 정한 '노후화로 인하여 철거가 불가피한 건축물'에 해당하게 되는지(소극)

도시정비법 제2조제3호 다목은 '노후·불량건축물'의 하나로 '도시미관의 저해, 건축물의 기능적 결함, 부실시공 또는 노후화로 인한 구조적 결함 등으로 인하여 철거가 불가피한 건축물로서 대통령령으로 정하는 바에 따라 시도 조례로 정하는 건축물'을 들고 있고, 구 도시정비법 시행령 제2조제2항은 "법 제2조제3호 다목에서 '대통령령이 정하는 건축물'이란 다음 각 호의 1에 해당하는 건축물을 말한다."

고 규정하면서, 제1호에서 '준공된 후 20년(시도 조례가 그 이상의 연수로 정하는 경우에는 그 연수로 한다.)이 지난 건축물'을 들고 있다.

이와 같이 도시정비법과 그 시행령이 준공된 후 20년(시도 조례가 그 이상의 연수로 정하는 경우에는 그 연수, 이하 '준공된 후 20년 등'이라 한다.)이 지난 건축물을 '노후화로 인한 구조적 결함 등으로 인하여 철거가 불가피한 건축물'의 하나로 규정하고 있는 취지는 준공된 후 일정한 기간이 경과하면 그에 비례하여 건축물이 노후화하고 그에 따라 구조적 결함 등이 발생할 가능성도 크다는 데 있다고 할 것이므로, 구 도시정비법 시행령 제2조제2항제1호가 정하는 '준공된 후 20년 등'과 같은 일정기간의 경과는 도시정비법 제2조제3호 다목이 정한 철거가 불가피한 노후·불량건축물에 해당하는지 여부를 판단함에 있어 노후·불량화의 징표가 되는 여러 기준의 하나로서 제시된 것으로 보아야 하고, 준공된 후 20년 등의 기간이 경과하기만 하면 그로써 곧 도시정비법과 그 시행령이 정한 '노후화로 인한 구조적 결함 등으로 인하여 철거가 불가피한 건축물'에 해당하게 되는 것은 아니라고 할 것이다.

결국 도시정비법 제2조제3호 다목과 그 시행령 제2조제2항제1호가 규정한 '건축물의 노후화로 인한 구조적 결함 등으로 인하여 철거가 불가피한 건축물로서 대통령령으로 정하는 바에 따라 시도 조례로 정하는 건축물'이란 준공된 후 20년 등이 지난 건축물로서 그로 인하여 건축물이 노후화되고 구조적 결함 등이 발생하여 철거가 불가피한 건축물을 말한다고 할 것이다(대법원 2012.6.18 선고 2010두16592 전원합의체 판결 참조). (대법원 2012.10.25 선고 2011두10355 판결, 재개발정비구역 지정처분취소)

▢ 유권해석

Q 다세대주택의 경우 준공된 후 도시정비조례 제3조제1호에서 정한 경과연수를 지나고 안전진단까지 통과하여야만 노후·불량건축물로 보는지?

A 다세대주택을 노후·불량건축물로 보는 기준은 도시정비조례 제3조제1호에 따른 공동주택으로 적용하게 되며, 도시정비법 시행령 [별표1] 제3호 나목(2)에 의한 노

후·불량건축물 수에 관한 기준을 충족한 경우 잔여 건축물에 대해서는 도시정비법 시행령 제20조제1항제3호에 따라 안전진단 대상에서 제외됨(서울시 FAQ).

복합건축물의 노후·불량 건축물의 적용 기준

Q 단독주택이 주용도(연면적의 50% 초과)인 철근콘크리트구조의 점포주택은 도시정비조례 제3조에서 어느 기준을 적용하여야 하는지?

A 도시정비조례 제3조제1항제2호 가목 괄호 규정에 따라 철근·철골콘크리트 또는 강구조 건축물임에도 불구하고 단독주택에 한하여 내구연한을 20년으로 정한 사유는 주거환경이 불량한 지역을 정비하기 위한 법 취지에 부합하여 완화한 조치로서 다가구주택 규모 이하의 복합건축물에 대하여는 주용도(연면적의 50% 초과)가 주택인 경우에는 단독주택으로 간주함이 타당한 것으로 사료됨(서울시 주거정비과 2006.5.23).

※ 서울시 도시정비조례 제3조(노후·불량건축물) ① 영 제2조제2항제1호에 따라 노후·불량건축물로 보는 기준은 다음과 같다. 〈개정 2012.1.5, 2012.12.31〉

1. 공동주택
   가. 철근콘크리트·철골콘크리트·철골철근콘크리트 및 강구조인 공동주택은 [별표1]에 따른다.
   나. 가목 이외의 공동주택은 20년
2. 공동주택 이외의 건축물
   가. 철근콘크리트·철골콘크리트·철골철근콘크리트 및 강구조 건축물은 40년(「건축법 시행령」 [별표1] 제1호에 따른 단독주택을 제외한다.)
   나. 가목 이외의 건축물은 20년

노후·불량건축물 적용을 위한 철근·철골콘크리트 또는 강구조 건축물에 대한 정의

Q 도시정비조례 제3조제2호 가목에서 노후·불량건축물 적용을 위한 건축구조의 분류 중 "철근·철골콘크리트 또는 강구조건축물"이란 어떤 구조를 포함하는지?

A 동 조례 제3조제2호 가목의 "철근·철골콘크리트 또는 강구조건축물"이란 철근콘크리트구조, 철골콘크리트구조, 철골철근콘크리트구조 또는 철골구조의 건축물을 말함(서울시 주거정비과 2006.11.13).

주택과 점포로 구성된 복합건축물의 노후·불량건축물 산정 기준

Q 1974.12. 준공된 건축물이 공부상 주택 66.28㎡, 점포 66.28㎡, 지하실 6.64㎡로 되어 있는 경우 주 용도를 주택으로 보고 도시정비조례 제3조제1항제2호 나목에 의한 노후·불량건축물로 볼 수 있는지?

A 도시정비조례 제3조제1항제2호를 적용함에 있어 건축물대장상 복합건축물의 용도가 주택과 점포의 비율이 같은 경우에는 구청장이 건축물의 이용 현황 등을 감안하여 판단하여야 할 사항임(서울시 주거정비과 2006.8.24).

Q 노후·불량건물에 대한 평가의뢰는 어떻게 해야 하는지?

A 정비구역의 지정을 위한 노후·불량건축물의 범위는 정비계획 수립권자인 관할 구청장이 기초조사를 거쳐 도시정비법령 및 지방자치단체의 조례에 정한 바에 따라 판단할 사안임. 따라서 시행령 제2조제1항제3호에 의하면 '당해 건축물의 준공일 기준으로 40년까지 사용하기 위해 보수·보강하는데 드는 비용이 철거 후 새로운 건축물을 건설하는데 드는 비용보다 클 것으로 예상되는 건축물'로 정하고 있는바, 본 규정을 적용하고자 하는 경우에는 당해 건축물의 보수·보강에 드는 비용과 신축건물에 드는 비용을 산정해야 할 것이며 또한 동 조례 제3조제2항제3호에 의하면 '급수·배수·오수설비가 노후화되어 수선이 불가능한 건축물'로 정하고 있는바, 본 규정을 적용하기 위해 당해 건축물이 기술적으로 수선이 불가능한 건축물임이 입증돼야 할 것이므로, 관할구청장이 직접 기초조사를 하여 판단하거나, 객관적이고 신뢰할 수 있는 전문가 또는 전문기관으로 하여금 과학적인 방법에 따라 검증절차를 거쳐 판단할 수 있음(서울시 FAQ).

Q 노후도 산정 시 기존 무허가건축물의 동수 및 경과연수는 무엇을 기준으로 하는지?

A 기존 무허가건축물의 경우에는 도시정비조례 제2조제1호를 적용함(서울시 묻고 답하기).

Q 노후도 산정 시 사업구역 내 주택이 단 한 채라도 있으면 노후도 기준을 적용하는지?

A 사업구역 내 주택이 있는 경우 반드시 노후도 요건을 충족하여야 함(서울시 묻고 답하기).

Q 노후도 산정 시 연립주택이나 아파트의 경과연수는 어떻게 산정하는지?

A 공동주택 중 20세대 이상 연립주택 및 아파트의 경과연수는 도시정비조례 제3조제1항제1호에 정하는 기준을 적용하고 있음(서울시 묻고 답하기).

Q 노후도 산정 시 현황과 건축물대장이 다르면 어느 쪽을 따라야 하는지?

A 노후도 산정기준은 원칙적으로 건축물대장을 원칙으로 함(서울시 묻고 답하기).

Q 노후도를 적용하지 않는 경우는 어느 때인지?

A 계획부지 내 주택(공동주택 중 기숙사를 제외한다.)이 없는 경우와 이미 지구단위계획이 결정된 구역 중 공동주택 건축을 목적으로 도시정비법 시행령 제48조제4호에 의해 특별계획구역으로 지정된 구역은 건축물 노후도를 적용하지 않고 있음(서울시 묻고 답하기).

Q 도시정비조례 제4조제1항 가목의 건축물의 총수에 주택이 아닌 건축물도 포함되는 것인지, 서울시 건축조례 제25조제1호에 미달되는 필지 상 구조가 연와조(벽돌로 쌓은 건축물)이고 준공연도가 20년이 안된 건축물의 경우 노후·불량건축물에 해당하는지?

A 주택이 아닌 건축물도 건축물의 총수에 포함되며, 도시정비법 제2조제3호, 시행령 제2조제2항제1호 및 동 조례 제3조제1항제2호 요건에 충족되어야 함(서울시 FAQ).

제 2 장

정비구역의 지정

조례 제4조(정비계획 수립대상 정비구역 지정 요건)

법 제4조제1항, 영 제10조제1항(관련 [별표1] 제6호)

정비계획 수립대상 정비구역 지정 요건

도시정비법 시행령 [별표1] 가로주택 정비계획을 제외한 5개 정비계획 수립대상구역(영 제10조제1항 관련)에 대한 "무허가건축물의 수, 노후·불량건축물의 수, 호수밀도, 토지의 형상 또는 주민의 소득수준 등" 정비계획 수립대상구역요건은 시도 조례로 따로 정할 수 있다.

□ 개정 연혁

▸ 도시정비조례[서울시조례 제4167호, 2003.12.30, 제정]

제4조(정비계획 수립대상 정비구역 지정 요건) 영 제10조제1항 관련 [별표1] 제5호에 의한 정비계획 수립대상 구역의 지정요건은 다음 각 호와 같다.

1. 주거환경개선구역은 호수밀도가 80 이상인 지역으로서 다음 각 목의 1에 해당하는 지역
   가. 노후·불량건축물의 수가 대상구역안의 건축물 총수의 <u>2/3 이상</u>인 지역
   나. 주택접도율(정비구역안의 너비 4m 이상의 도로에 접한 건축물의 총수를 정비구역안의 건축물 총수로 나눈 비율을 말한다. 이하 이조에서 같다.) 20% 이하인 지역
   다. 건축대지로서 효용을 다할 수 없는 과소필지(서울시건축조례 제25조제1호에 의한 규모 이하의 토지를 말한다. 이하 같다.), 부정형 또는 세장형 필지 수가 50% 이상인 지역
   라. 상습침수지역·재해위험지역 등 재해발생이 우려되는 지역으로서 신속히 사업시행이 필요한 지역
2. 재개발구역은 호수밀도가 70 이상이고, 면적이 10,000㎡ 이상으로서 다음

각 목의 1에 해당하는 지역. 다만, 「서울시 지역균형발전지원에 관한 조례」 제2조제4호에 의한 뉴타운사업지구(이하 "뉴타운지구"라 한다.)안에서는 호수밀도를 60 이상으로 할 수 있다.

가. 제1호 가목·다목 또는 라목에 해당하는 지역

나. 주택접도율이 30% 이하인 지역

부 칙 〈제4167호, 2003.12.30〉

이 조례는 공포한 날부터 시행한다(효력발생시기는 2003.12.30).

➡ 주거환경개선구역 및 재개발구역 지정요건을 구체화하였다.

▸ [서울시조례 제4359호, 2006.1.1, 일부개정]

제4조(정비계획 수립대상 정비구역 지정 요건) 영 제10조제1항 관련 [별표1] 제5호에 의한 정비계획 수립대상 구역의 지정요건은 다음 각 호와 같다.

1. 주거환경개선구역은 호수밀도가 80 이상인 지역으로서 다음 각 목의 1에 해당하는 지역

   가. 노후·불량건축물의 수가 대상구역안의 건축물 총수의 60% 이상인 지역 〈개정 2006.1.1〉

   나. 주택접도율(정비구역안의 너비 4m 이상의 도로에 접한 건축물의 총수를 정비구역안의 건축물 총수로 나눈 비율을 말한다. 이하 이조에서 같다.) 20% 이하인 지역

   다. 건축대지로서 효용을 다할 수 없는 과소필지(「서울시 건축조례」 제25조제1호에 의한 규모 이하의 토지를 말한다. 이하 같다.), 부정형 또는 세장형 필지 수가 50% 이상인 지역

   라. 상습침수지역·재해위험지역 등 재해발생이 우려되는 지역으로서 신속히 사업시행이 필요한 지역

2. 재개발구역은 호수밀도가 60 이상이고, 면적이 1만㎡(도시정비법 제4조제2항에 의하여 서울시 도시계획위원회와 서울시 건축위원회가 공동으로 심의하여 인정하는 경우에는 5천㎡) 이상으로서 다음 각 목의 1에 해당하는 지

역 〈개정 2005.9.30, 2006.1.1〉

가. 제1호 가목·다목 또는 라목에 해당하는 지역

나. 주택접도율이 30% 이하인 지역

부 칙 〈2006.1.1〉

① (시행일) 이 조례는 공포한 날부터 시행한다(효력발생시기는 2006.1.1).

➡ 주거환경개선구역 및 재개발구역의 지정요건인 "노후·불량건축물 수"의 판정기준을 건축물 총수의 2/3 이상에서 60% 이상으로 완화하였다(제4조제1호 및 제2호).

► **[서울시조례 제4426호, 2006.7.19, 일부개정]**

제4조(정비계획 수립대상 정비구역 지정 요건) 영 제10조제1항 관련 [별표1] 제5호의 규정에 의한 정비계획 수립대상 구역의 지정요건은 다음 각 호와 같다.

1. 주거환경개선구역은 호수밀도가 80 이상인 지역으로서 다음 각 목의 1에 해당하는 지역

가. 노후·불량건축물의 수가 대상구역안의 건축물 총수의 60% 이상인 지역 〈개정 2006.1.1〉

나. 주택접도율(정비구역안의 너비 4m 이상의 도로에 접한 건축물의 총수를 정비구역안의 건축물 총수로 나눈 비율을 말한다. 이하 이조에서 같다.) 20% 이하인 지역

다. 건축대지로서 효용을 다할 수 없는 과소필지(서울시 건축조례 제25조제1호에 의한 규모 이하의 토지를 말한다. 이하 같다.), 부정형 또는 세장형 필지 수가 50% 이상인 지역

라. 상습침수지역·재해위험지역 등 재해발생이 우려되는 지역으로서 신속히 사업시행이 필요한 지역

2. 재개발구역은 면적이 1만㎡(도시정비법 제4조제2항에 의하여 서울시 건축위원회가 공동으로 심의하여 인정하는 경우에는 5천㎡) 이상으로서 다음 각 목에서 정하고 있는 기준 중 2 이상에 해당하는 지역 〈개정 2005.9.30, 2006.1.1, 2006.7.19〉

가. 제1호 가목·다목 또는 라목에 해당하는 지역

나. 주택접도율이 30% 이하인 지역

다. 호수밀도가 60 이상인 지역 〈신설 2006.7.19〉

부 칙 〈2006.7.19〉

이 조례는 공포일부터 시행한다(효력발생시기는 2006.7.19).

➡ 정비계획수립 대상 재개발구역 지정요건 중 호수밀도 60호/ha를 다른 규정과 같이 선택 규정으로 전환하여 5가지 정비구역 지정요건 중 2 이상을 만족하는 경우 정비구역 지정이 가능하도록 하였다(제4조제2호 다목 신설).

▸ [서울시조례 제4657호, 2008.7.30, 일부개정]

제4조(정비계획 수립대상 정비구역 지정 요건) ① 영 제10조제1항 관련 [별표1] 제5호에 의한 정비계획 수립대상 구역의 지정요건은 다음 각 호와 같다. 〈개정 2008.7.30〉

1. 주거환경개선구역은 호수밀도가 80 이상인 지역으로서 다음 각 목의 1에 해당하는 지역

   가. 노후·불량건축물의 수가 대상구역안의 건축물 총수의 60% 이상인 지역 〈개정 2006.1.1〉

   나. 주택접도율(정비구역안의 너비 4m 이상의 도로에 접한 건축물의 총수를 정비구역안의 건축물 총수로 나눈 비율을 말한다. 다만, 연장 35m 이상의 막다른 도로의 경우에는 너비 6m로 한다. 이하 이 조례에서 같다.) 20% 이하인 지역 〈개정 2008.7.30〉

   다. 건축대지로서 효용을 다할 수 없는 과소필지(건축조례 제25조에 의한 규모 미만의 토지를 말한다. 이하 같다.), 부정형 또는 세장형 필지 수가 50% 이상인 지역 〈개정 2008.7.30〉

   라. 상습침수지역·재해위험지역 등 재해발생이 우려되는 지역으로서 신속히 사업시행이 필요한 지역

2. 재개발구역은 면적이 1만㎡(법 제4조제2항에 의하여 서울시 건축위원회가

공동으로 심의하여 인정하는 경우에는 5천㎡) 이상으로서 다음 각 목에서 정하고 있는 기준 중 2 이상에 해당하는 지역 〈개정 2005.9.30, 2006.1.1, 2006.7.19, 2007.12.26〉

가. 제1호 가목·다목 또는 라목에 해당하는 지역

나. 주택접도율이 30% 이하인 지역(단, 도시정비법 제3조제6항에 의하여 이 조례 시행 전에 고시된 2010 도시·주거환경정비기본계획상 재개발예정구역인 경우에는 50% 이하인 지역으로 한다.) 〈개정 2008.7.30〉

다. 호수밀도가 60 이상인 지역 〈신설 2006.7.19〉

② 제1항에 불구하고, 기존의 단독주택을 재건축하는 경우를 포함하여 도시·건축공동위원회에서 심의하여 영 제12조제1호에서 정한 범위 안에서 추가로 포함하도록 한 지역은 구역지정 요건 산정에서 제외할 수 있다. 〈신설 2008.7.30〉

부 칙 〈2008.7.30〉

제1조(시행일) 이 조례는 공포한 날부터 시행한다(효력발생시기는 2008.7.30).

➡ 제4조제1항 나목에 단서를 추가하였으며, 재개발구역 지정요건을 강화하였다.

▸ [서울시조례 제4824호, 2009.7.30, 일부개정]

제4조(정비계획 수립대상 정비구역 지정 요건) ①: 앞과 같음

② 제1항에 불구하고, 기존의 단독주택을 재건축하는 경우를 포함하여 서울시 도시계획위원회에서 심의하여 영 제12조제1호에서 정한 범위 안에서 추가로 포함하도록 한 지역은 구역지정 요건 산정에서 제외할 수 있다. 〈개정 2009.7.30〉

③ 영 제10조제1항 관련 [별표1] 제3호 나목 단서에 따라 "시도 조례로 따로 정하는 지역"이란 단독재건축 정비사업을 위하여 광역단위로 기본계획 또는 지구단위계획이 수립되어 가구단위(6m 이상 도로로 구획)로 중·저층 규모의 사업을 시행하는 지역으로서 노후·불량 건축물이 해당 지역 안에 있는 건축물 수의 60% 이상이거나, 노후·불량 건축물이 해당 지역 안에 있는 건축물 수의 50%

이상인 지역으로서 준공 후 15년 이상 경과한 다세대 주택 및 다가구 주택이 30% 이상을 말한다. 〈신설 2009.7.30〉

부 칙 〈2009.7.30〉

제1조(시행일) 이 조례는 공포한 날부터 시행한다(효력발생시기는 2009.7.30).

➡ 제3항을 신설하였다.

▸ **[서울시조례 제4949호, 2010.3.2, 일부개정]**

제4조(정비계획 수립대상 정비구역 지정 요건) ① : 앞과 같음

② 제1항에 불구하고, 영 제10조제1항 관련 [별표1] 제5호 후단에 따라 서울시 도시계획위원회의 심의를 통해 부지의 정형화, 효율적인 기반시설의 확보 등을 위하여 필요하다고 인정되는 경우 정비구역 면적의 110/100 이하의 범위까지 정비구역을 확장하여 지정할 수 있다. 〈개정 2009.7.30, 2010.3.2〉

③ 영 제10조제1항 관련 [별표1] 제3호 나목 단서에 따라 "시도 조례로 따로 정하는 지역"이란 단독재건축사업을 위하여 광역단위로 기본계획 또는 지구단위계획이 수립되어 가구단위(6m 이상 도로로 구획)로 중·저층(7층 이하) 규모의 사업을 시행하는 지역으로서 노후·불량 건축물이 해당 지역 안에 있는 건축물 수의 60% 이상이거나, 노후·불량 건축물이 해당 지역 안에 있는 건축물 수의 50% 이상인 지역으로서 준공 후 15년 이상 경과한 다세대 주택 및 다가구 주택이 30% 이상을 말한다. 〈신설 2009.7.30, 개정 2010.3.2〉

부 칙 〈제4949호, 2010.3.2〉

이 조례는 공포한 날부터 시행한다(효력발생시기는 2010.3.2).

➡ 정비구역 요건의 완화하였다. 부지의 정형화, 효율적인 기반시설의 확보를 위하여 도시계획위원회 심의를 거쳐 정비구역 면적의 110/100 범위 내에서 정비구역을 확장할 수 있도록 하였다.

▸ [서울시조례 제5007호, 2010.7.15, 일부개정]

제4조(정비계획 수립대상 정비구역 지정 요건) ①. 가, 나 : 앞과 같음

다. 건축대지로서 효용을 다할 수 없는 과소필지(90㎡ 미만의 토지를 말한다. 이하 같다.), 부정형 또는 세장형 필지 수가 50% 이상인 지역 〈개정 2008.7.30, 2008.9.30, 2009.7.30, 2010.7.15〉

~~라. 상습침수지역·재해위험지역 등 재해발생이 우려되는 지역으로서 신속히 사업시행이 필요한 지역~~ 〈삭제 2010.7.15〉

2. 재개발구역은 노후·불량건축물이 해당 지역 안에 있는 건축물 수의 60% 이상이고, 면적이 1만㎡(법 제4조제4항에 따라 서울시 도시계획위원회가 심의하여 인정하는 경우에는 5천㎡) 이상으로서 다음 각 목의 어느 하나에 해당하는 지역 〈개정 2009.7.30, 2010.7.15〉

가. 건축대지로서 효용을 다할 수 없는 과소필지, 부정형 또는 세장형 필지 수가 50% 이상인 지역 〈개정 2009.7.30, 2010.7.15〉

나. 주택접도율이 40% 이하인 지역(단, 법 제3조제6항에 따라 이 조례 시행 전에 고시된 2010 도시·주거환경정비기본계획상 재개발예정구역인 경우에는 50% 이하인 지역으로 한다.) 〈개정 2009.7.30〉

다. 호수밀도가 60 이상인 지역 〈개정 2009.7.30〉

②~ ③ : 앞과 같음

부 칙 〈제5007호, 2010.7.15〉

제1조(시행일) 이 조례는 2010.7.16부터 시행한다.

제2조(구역지정 및 노후·불량건축물에 관한 경과조치) ① 제4조제1항의 개정규정은 이 조례 시행 후 최초로 영 제11조제1항에 따라 주민공람을 하는 분부터 적용한다. ~~② 영 제2조제1항의 개정규정(대통령령 제21679호)에 불구하고 개정 당시 종전규정에 따라 노후·불량건축물을 산정하여 이 조례 시행일 당시 영 제11조제1항에 따라 주민공람을 한 구역은 종전규정에 따른다.~~ 〈삭제 2011.3.17〉

➡ 재개발사업은 노후·불량건축물이 밀집한 지역을 정비하는 사업이므로 노후·불량건축물 비율을 구역 지정의 필수요건으로 하였다.

▸ [서울시조례 제5417호, 2012.12.31, 일부개정]

제4조(정비계획 수립대상 정비구역 지정 요건) ① 영 제10조제1항 관련 [별표1] 제6호에서 위임된 정비계획 수립대상에 대한 정비구역 지정 요건은 다음 각 호와 같다. 〈개정 2008.7.30, 2008.9.30, 2009.7.30, 2012.12.31〉

1. 주거환경개선구역은 호수밀도가 80 이상인 지역으로서 다음 각 목의 어느 하나에 해당하는 지역 〈개정 2006.1.1, 2008.7.30, 2008.9.30, 2009.7.30, 2012.1.5〉

   가. 노후·불량건축물의 수가 대상구역안의 건축물 총수의 60% 이상인 지역

   나. 주택접도율 20% 이하인 지역

   다. 구역의 전체 필지 중 과소필지가 50% 이상인 지역

   라. 〈삭제 2010.7.15〉

2. 재개발구역은 면적이 1만㎡(법 제4조제4항에 따라 서울시 도시계획위원회가 심의하여 인정하는 경우에는 5천㎡) 이상으로서 다음 각 목의 어느 하나에 해당하는 지역

   가. 구역의 전체 필지 중 과소필지가 40% 이상인 지역

   나. 주택접도율이 40% 이하인 지역(단, 법 제3조제6항에 따라 이 조례 시행 전에 고시된 2010 도시·주거환경정비기본계획상 재개발예정구역인 경우에는 50% 이하인 지역으로 한다.)

   다. 호수밀도가 60 이상인 지역

② 제1항에 불구하고, 영 제10조제1항 관련 [별표1] 제6호 후단에 따라 서울시 도시계획위원회의 심의를 통해 부지의 정형화, 효율적인 기반시설의 확보 등을 위하여 필요하다고 인정되는 경우 정비구역 면적의 110/100 이하의 범위까지 정비구역을 확장하여 지정할 수 있다. 〈개정 2009.7.30, 2010.3.2, 2012.12.31〉

③ 영 제10조제1항 관련 [별표1] 제3호 나목 단서에 따라 "시도 조례로 따로 정하는 지역"이란 단독주택 재건축 정비사업을 위하여 광역단위로 기본계획 또는 지구단위계획이 수립되어 가구단위(6m 이상 도로로 구획)로 중·저층(7층 이하) 규모의 사업을 시행하는 지역으로서 노후·불량 건축물이 해당 지역 안에 있는 건축물 수의 60% 이상이거나, 노후·불량 건축물이 해당 지역 안에 있는

건축물 수의 50% 이상인 지역으로서 준공 후 15년 이상 경과한 다세대 주택 및 다가구 주택이 30% 이상을 말한다. 〈신설 2009.7.30, 개정 2010.3.2〉
④ 영 제10조제1항 관련 [별표1] 제3호 가목(4)에서 "시도 조례로 정하는 면적"이란 1만㎡ 이상을 말한다. 다만, 기존의 개별 주택단지가 1만㎡ 이상인 경우에는 서울시 도시계획위원회 심의를 거쳐 부지의 정형화, 효율적인 기반시설 확보 등을 위하여 필요하다고 인정하는 경우에 한한다. 〈신설 2012.7.30〉

부 칙 〈제5417호, 2012.12.31〉
제1조(시행일) 이 조례는 공포한 날부터 시행한다(효력발생시기는 2012.12.31).

➡ 2012.7.31 개정 도시정비법 시행령 [별표1] 제6호(개정 전은 제5호)에서 시도 조례로 위임. 재개발구역의 지정 요건을 정함에 있어 노후불량건축물의 수를 당초 시도 조례(서울시 60%)로 정한 사항을 시행령에서 정한 2/3 이상(시도 조례로 10% 이상 증감할 수 있도록 함)으로 하였다.

도시정비법상 정비계획 수립 및 정비구역 지정을 위해서 시장·군수는 정비기본계획의 적합한 범위 내에서 정비계획을 수립하며(법 제4조제1항), 경우에 따라서는 토지등소유자의 제안에 의해 이루어지기도 한다.

법 제2조에서 정비구역에 따라 정비기반시설과 노후불량건축물의 밀집 정도를 정하였지만, 그 지정요건은 시행령 제10조 [별표1]에서 주거환경개선사업, 재개발 재건축사업, 도시환경정비사업 및 주거환경관리사업 등 5개 정비사업에 따라 정비계획 수립 요건을 정하였다([별표1] 제1호 내지 제5호).

▢ 조례 제4조제1항(주거환경개선구역, 재개발구역의 정비계획 수립대상 정비구역 지정 요건)

영 제10조제1항 관련 [별표1] 제6호에서 위임된 정비계획 수립대상에 대한 정비구역 지정 요건은 다음 각 호와 같다(동조 제1항).

1. 주거환경개선구역은 호수밀도가 80 이상인 지역으로서 다음 각 목의 어느 하나에 해당하는 지역

가. 노후·불량건축물의 수가 대상구역안의 건축물 총수의 60% 이상인 지역
나. 주택접도율 20% 이하인 지역
다. 구역의 전체 필지 중 과소필지가 50% 이상인 지역
~~라. 상습침수지역·재해위험지역 등 재해발생이 우려되는 지역으로서 신속히 사업시행이 필요한 지역 〈개정 2009.7.30〉~~ 〈삭제 2010.7.15〉

➡ 주거환경개선구역으로 정비계획을 수립하려면 호수밀도 80호/1ha 이상을 충족해야 하며, 가, 나, 다, 라 중 어느 하나에 해당하여야 한다. 즉 호수밀도가 80호 이상이면서 "노후·불량건축물의 수가 대상구역안의 건축물 총수의 60% 이상인 지역이거나, 주택접도율 20% 이하인 지역 또는 구역의 전체 필지 중 과소필지가 50% 이상인 지역" 어느 하나에 해당하면 정비계획 수립이 가능하다.

2. 재개발구역은 면적이 1만㎡(법 제4조제4항에 따라 서울시 도시계획위원회가 심의하여 인정하는 경우에는 5천㎡) 이상으로서 다음 각 목의 어느 하나에 해당하는 지역(동조 제2호)
가. 구역의 전체 필지 중 과소필지가 40% 이상인 지역
나. 주택접도율이 40% 이하인 지역(단, 법 제3조제6항에 따라 이 조례 시행 전에 고시된 2010 정비기본계획상 재개발예정구역인 경우에는 50% 이하인 지역으로 한다.)
다. 호수밀도가 60 이상인 지역

➡ 재개발구역은 우선 정비구역 면적이 1만㎡ 이상이어야 하며, "구역의 전체 필지 중 과소필지가 40% 이상인 지역, 주택접도율이 40% 이하인 지역 또는 호수밀도가 60 이상인 지역" 중 어느 하나에 해당하면 된다.

정비사업의 정비계획 수립요건을 정하는 데 있어 시도 또는 대도시별 생성과정이나 그 발전 속도가 달라, "무허가건축물의 수, 노후·불량건축물의 수, 호수밀도, 토지의 형상 또는 주민의 소득수준 등"을 구별하여 정하도록 도시정비조례에 위임하였다.

이에 따라 서울시는 도시정비조례 제4조(정비계획 수립대상 정비구역 지정요건)를 만들었다.

서울시(정비계획 수립대상 정비구역 지정요건)는 시행령 [별표1]에서 5개 정비사업 중 주거환경개선사업과 재개발사업의 정비구역 지정요건인 노후불량건축물 수, 주택접도율, 과소필지에 대해 구체적으로 정하였다.

경기도나 기타 시도에서는 서울시와 달리 정하고 있으며, 최근 인구 50만 이상의 대도시에서도 도시정비조례를 통하여 정하고 있음에 유의하기 바란다.

– 정비구역 지정 신청

구청장은 법 제4조제1항에 따라 서울시장에게 정비구역의 지정 또는 변경지정을 신청하는 때에는 다음 각 호의 서류를 작성하여 제출하여야 한다(조례 시행규칙 제4조).

1. 별지 제1호서식에 따른 정비구역 지정(변경)신청서
2. 정비구역 지정(변경)과 관련한 다음 각 목의 서류 각 1부
   가. 주민공람·공고문 사본 및 별지 제2호서식에 따른 이해관계인 제출의견 심사내역서
   나. 별지 제3호서식에 따른 구의회 의견청취 결과
   다. 별지 제4호서식에 따른 토지 및 건축물 조서
   라. 별지 제5호서식에 따른 기초조사결과 정리내역서
3. 서울시 도시계획위원회 심의 및 관련 부서와의 협의에 필요한 서류(전자문서 포함)
   가. 도시관리계획 현황 및 토지이용계획
   나. 정비구역 및 주변의 교통처리계획도서
   다. 개략적인 건축계획 및 건축시설의 배치도
   라. 정비기반시설 및 도시계획시설의 설치·정비계획도서

– 경기도 도시정비조례

독자 여러분은 자신이 속해있는 시도 도시정비조례를 확인하여 서울시와 비교해 보기 바란다. 경기도의 경우(인구 50만 미만의 시에서만 적용)도 서울과 같이 주거환경개선사업과 재개발사업 구역지정 요건만 정하고 있다.

▢ 조례 제4조제2항(정비구역 요건에 맞지 않아도 정비계획 수립)

제1항에 불구하고, 영 제10조제1항 관련 [별표1] 제6호 후단에 따라 서울시 도시계획위원회의 심의를 통해 부지의 정형화, 효율적인 기반시설의 확보 등을 위하여 필요하다고 인정되는 경우 정비구역 면적의 110/100 이하의 범위까지 정비구역을 확장하여 지정할 수 있다(동조 제2항).

도시정비법 시행령 [별표1] 제6호 후단을 살펴보면, 부지의 정형화, 효율적인 기반시설의 확보 등을 위하여 필요하다고 인정되는 경우에는 법 제4조제4항에 따른 도시계획위원회의 심의를 거쳐 제1호부터 제5호까지의 규정에 해당하는 정비구역 수립대상구역 면적의 110/100 이하의 범위에서 시도 조례로 정하는 바에 따라 제1호부터 제5호까지의 규정에 해당하지 아니하는 지역을 포함하여 정비계획을 수립할 수 있다.

- 서울시

구역지정 요건에 맞는 곳에 대해서만 정비계획을 수립하게 되면 정비구역 부지가 정형화(定型化)되지 않거나 비효율적인 땅 모양세로 될 수 있어, 서울시 도시계획위원회의 심의를 거치면 정비구역부지의 10% 이하의 범위 내에서 정비구역 지정요건에 맞지 않아도 정비계획에 포함시킬 수 있도록 하겠다는 예외 조항이다.

따라서 정비구역 전체 면적의 10% 정도는 그 요건에 맞지 않아도 정비계획을 수립할 수 있다.

▢ 조례 제4조제3항(단독주택 재건축사업의 5천㎡ 이상 1만㎡ 미만 지역의 정비계획 수립)

영 제10조제1항 관련 [별표1] 제3호 나목 단서에 따라 "시도 조례로 따로 정하는 지역"이란 단독재건축사업을 위하여 광역단위로 기본계획 또는 지구단위계획이 수립되어 가구단위(6m 이상 도로로 구획)로 중·저층(7층 이하) 규모의 사업을 시행하는 지역으로서 노후·불량 건축물이 해당 지역 안에 있는 건축물 수의 60% 이상이거나, 노후·불량 건축물이 해당 지역 안에 있는 건축물 수의 50% 이상인 지역으로서 준공 후 15년 이상 경과한 다세대 주택 및 다가구 주택이 30% 이상을 말한다(동조 제3항).

- **시행령 [별표1] 제3호 나목 단서(단독주택 재건축사업의 5천㎡ 이상 1만㎡ 미만 지역의 정비계획 수립)**

나. 기존의 단독주택(나대지 및 단독주택이 아닌 건축물을 일부 포함할 수 있다.)을 재건축하고자 하는 경우에는 단독주택 200호 이상 또는 그 부지면적이 1만㎡ 이상인 지역으로서 다음에 해당하는 지역. 다만, 부지면적이 5천㎡ 이상인 지역으로서 시도 조례로 따로 정하는 지역은 다음에 해당하지 아니하더라도 정비계획을 수립할 수 있다.

(1) 당해 지역의 주변에 도로 등 정비기반시설이 충분히 갖추어져 있어 당해 지역을 개발하더라도 인근지역에 정비기반시설을 추가로 설치할 필요가 없을 것. 다만, 추가로 설치할 필요가 있는 정비기반시설을 정비사업시행자가 부담하여 설치하는 경우에는 그러하지 아니하다.

(2) 노후·불량건축물이 당해 지역 안에 있는 건축물 수의 2/3 이상이거나, 노후·불량건축물이 당해 지역 안에 있는 건축물의 1/2 이상으로서 준공 후 15년 이상이 경과한 다세대 주택 및 다가구 주택이 당해 지역 안에 있는 건축물 수의 3/10 이상일 것

- **제4조제3항에 따른 서울시 단독주택 재건축 정비계획**

서울시는 부지면적이 1만㎡ 미만인 지역으로 5천㎡ 이상인 지역의 단독주택 재건축사업(즉 소규모 재건축사업)을 위해서 예외규정으로 제4조제3항을 두었다.

"정비기본계획 또는 지구단위계획이 수립되어 가구단위(6m 이상 도로로 구획)로 중·저층(7층 이하) 규모의 사업을 시행하는 지역으로서 노후·불량건축물이 해당 지역 안에 있는 건축물 수의 60% 이상이거나, 노후·불량건축물이 해당 지역 안에 있는 건축물 수의 50% 이상인 지역으로서 준공 후 15년 이상 경과한 다세대 주택 및 다가구 주택이 30% 이상"은 영 [별표1] 제3호 나목의 (1)이나 (2)에 해당하지 않아도 단독주택 재건축사업이 가능하다는 예외 규정을 두었다.

➡ 이 단독주택 재건축사업은 2014.8.3부터는 폐지되므로 이 조항 역시 삭제될 것이다.

※ 부 칙 〈대통령령 제24007호, 2012.7.31〉

제1조(시행일) 이 도시정비법 시행령은 2012.8.2일부터 시행한다. 다만, 제27조의2의 개정규정은 2013.2.2부터 시행하고, 제52조제2항제1호 및 [별표1] 제3호의 개정규정은 2014.8.3부터 시행한다.

제6조(단독재건축사업에 관한 경과조치) ① 이 영 시행 당시 정비기본계획이 수립된 경우 정비계획의 수립에 대해서는 제52조제2항제1호 및 [별표1] 제3호의 개정규정에도 불구하고 종전의 규정에 따른다.

② 이 영 시행 당시 「재정비특별법」 제5조에 따라 지정된 재정비촉진지구에 대해서는 제52조제2항제1호 및 [별표1] 제3호의 개정규정에도 불구하고 종전의 규정에 따른다.

▢ 안전진단 생략되는 공동주택 재건축사업의 최소 면적

– 시행령 [별표1] 제3호 가목 단서(공동주택 재건축사업 관련)

3. 재건축사업을 위한 정비계획은 제1호·제2호 및 제4호에 해당하지 아니하는 지역으로서 다음 각 목의 어느 하나에 해당하는 지역에 대하여 수립한다.
   가. 기존의 공동주택을 재건축하고자 하는 경우에는 다음의 1에 해당하는 지역
      (1) 건축물의 일부가 멸실되어 붕괴 그 밖의 안전사고의 우려가 있는 지역
      (2) 재해 등이 발생할 경우 위해의 우려가 있어 신속히 정비사업을 추진할 필요가 있는 지역
      (3) 노후·불량건축물로서 기존 세대수 또는 재건축사업후의 예정세대수가 300세대 이상이거나 그 부지면적이 1만㎡ 이상인 지역
      (4) 3 이상의 「건축법 시행령」 [별표1] 제2호 가목에 따른 아파트 또는 같은 호 나목에 따른 연립주택이 밀집되어 있는 지역으로서 제20조에 따른 안전진단 실시결과 2/3 이상의 주택 및 주택단지가 재건축 판정을 받은 지역으로서 시도 조례로 정하는 면적 이상인 지역

서울시의 “시도 조례로 정하는 면적”이란 1만㎡ 이상을 말한다. 다만, 기존의 개별 주택단지가 1만㎡ 이상인 경우에는 서울시 도시계획위원회 심의를 거쳐 부지의 정형화, 효율적인 기반시설 확보 등을 위하여 필요하다고 인정하는 경우에 한한다(조례 제4조제5항).

공동주택의 정비계획 수립을 위해 안전진단을 먼저 거쳐야 하는데, 주택단지가 3 이상의 경우 안전진단 판정을 받은 지역이 전체의 2/3 이상이면 나머지 1/3은 이를 받지 않아도 정비계획 수립이 가능하다.

서초구 신반포 아파트의 경우 같은 단지로서의 생활을 하고 있으나, 실제로는 별도의 사업계획승인을 순차적으로 받아 이루어진 단지가 이에 해당한다. 이러한 경우 2/3 이상 재건축판정을 받았다면 나머지 1/3은 이를 생략할 수 있는데, 서울시는 2012.7.30 조례를 개정하여 나머지 1/3이 1만㎡ 이상의 단지이면 도시계획위원회 심의에서 인정해야 한다고 제한하였다.

▢ 단독주택 재건축사업의 경우 안전진단 받아야 하는지 여부

- 시행령 [별표1] 제3호 나목(2)

나. 기존의 단독주택(나대지 및 단독주택이 아닌 건축물을 일부 포함할 수 있다.)을 재건축하고자 하는 경우에는 단독주택 200호 이상 또는 그 부지면적이 1만㎡ 이상인 지역으로서 다음에 해당하는 지역. 다만, 부지 면적이 5천㎡ 이상인 지역으로서 시도 조례로 따로 정하는 지역은 다음에 해당하지 아니하더라도 정비계획을 수립할 수 있다.

(1) 당해 지역의 주변에 도로 등 정비기반시설이 충분히 갖추어져 있어 당해 지역을 개발하더라도 인근지역에 정비기반시설을 추가로 설치할 필요가 없을 것. 다만, 추가로 설치할 필요가 있는 정비기반시설을 정비사업시행자가 부담하여 설치하는 경우에는 그러하지 아니하다.

(2) 노후·불량건축물이 당해 지역 안에 있는 건축물 수의 2/3 이상이거나, 노후·불량건축물이 당해 지역 안에 있는 건축물의 1/2 이상으로서 준공 후 15년 이상이 경과한 다세대 주택 및 다가구 주택이 당해 지역 안에 있는 건축물 수의 3/10 이상일 것

공동주택 재건축사업과 달리 먼저 안전진단을 거치지 않아도 정비계획을 수립할 수 있다. 다만 단독주택 200호 이상 또는 그 부지면적이 1만㎡ 이상인 지역 또는 5천㎡ 이상인 지역으로서 시도 조례로 따로 정하는 지역은 정비계획을 수립

할 수 있다.

그러나 서울시 도시정비조례 제3조에서의 노후불량건축물의 수가 ① 총 건축물 수의 2/3 이상이거나, ② 총 건축물의 1/2 이상으로서 준공 후 15년 이상이 경과한 다세대주택 및 다가구주택이 당해 지역 안에 있는 건축물 수의 3/10 이상이면 정비계획을 수립할 수 있다. 또한 이 경우 안전진단을 거칠 필요가 없는 것이다.

□ 시도별 조문

○ 경기도

제4조(정비계획 수립대상 정비구역 지정요건) ① 영 제10조제1항 관련 [별표1] 제3호 가목(4)에서 "조례로 정하는 면적"은 1만㎡ 이상을 말한다. 〈신설 2010.4.19〉

② 영 [별표1] 제6호에 따라 조례로 정하는 주거환경개선사업을 위한 정비계획 수립대상 구역의 요건은 다음 각 호의 어느 하나에 해당하는 경우를 말한다. 〈개정 2010.4.19, 2012.12.28〉

1. 영 [별표1] 제1호 가목에서 말하는 "밀집"의 정도는 1985.6.30 이전에 건축된 법률 제3719호 「특정건축물정리에 관한 특별조치법」 제2조에 따른 무허가 또는 위법시공 건축물과 노후·불량건축물이 대상구역의 건축물 총 수의 60% 이상인 지역을 말한다. 〈개정 2012.5.11〉
2. 영 [별표1] 제1호 라목에서 말하는 "인구가 과도하게 밀집"되어 있다는 것은 '호수밀도가 헥타르 당 80호 이상인 경우'를 말하며, "기반시설의 정비가 불량"하다는 것은 '도로, 주차장 또는 상·하수도 등 기반시설에 정비가 필요하다고 해당 시장·군수가 인정한 경우'를 말한다.
3. 영 [별표1] 제1호 마목에서 말하는 "정비기반시설이 현저히 부족"하다는 것은 '주택접도율이 20% 이하인 경우'를 말한다.
4. 영 [별표1] 제1호 바목에서 말하는 "과소필지 등이 과도하게 분포된 지역"이라는 것은 '「건축법」 제57조에 따른 분할제한면적 이하인 과소필지, 부정형 또는 세장형(대지 폭 3m 미만을 말한다. 이하 같다.)의 필지수가 50% 이상인 지역'을 말한다.

③ 영 [별표1] 제6호에 따라 조례로 정하는 재개발사업을 위한 정비계획 수립

대상 구역의 요건은 면적이 1만㎡ 이상으로 노후·불량건축물의 수가 전체 건축물 수의 60% 이상인 지역으로서 다음 각 호의 어느 하나에 해당 하는 경우를 말한다. 〈신설 2010.4.19〉〈개정 2012.5.11, 2012.12.28〉

1. 영 [별표1] 제2호 가목에서 말하는 "토지가 대지로서의 효용을 다할 수 없게 된다"는 것은 '「건축법」 제57조에 따른 분할제한면적 이하인 과소필지, 부정형 또는 세장형의 필지수가 40% 이상인 경우'를 말한다.
2. 영 [별표1] 제2호 나목에서 말하는 "건축물이 과도하게 밀집되었다."는 것은 '호수밀도가 헥타르 당 70호 이상인 경우'를 말한다. 〈개정 2012.5.11〉
3. 영 [별표1] 제1호 마목에서 말하는 "정비기반시설이 현저히 부족"하다는 것은 '주택접도율이 30% 이하인 경우'를 말한다.
4. 영 [별표1] 제2호 나목의 "시도 조례로 비율의 10% 범위에서 증감할 수 있다."에 따라 조례로 정하는 기준은 '노후·불량건축물의 연면적의 합계가 전체 건축물의 연면적의 합계의 60% 이상'을 말한다.

[전문개정 2012.12.28]

④ 영 [별표1] 제6호에 따라 법 제4조제4항에 따른 도시계획위원회의 심의를 거쳐 부지의 정형화, 효율적인 기반시설의 확보 등을 위하여 필요하다고 인정되는 경우 정비구역 수립대상 면적의 110/100 이하의 범위에서 정비구역을 포함하여 지정할 수 있다. 〈신설 2011.10.20〉〈개정 2012.12.28〉

- 남양주시

제4조(정비계획 수립대상 정비구역 지정요건) ①~②, ④ : 경기도와 같음.

③ 1. 영 [별표1] 제2호 가목에서 말하는 "토지가 대지로서의 효용을 다할 수 없게 된다"는 것은 '「건축법」 제57조에 따른 분할제한면적 이하인 과소필지, 부정형 또는 세장형의 필지수가 40% 이상인 경우'를 말한다.

2. 영 [별표1] 제2호 나목에서 말하는 조례로 정하는 기준은 '노후·불량건축물의 연면적의 합계가 전체 건축물의 연면적의 합계의 60% 이상인 경우'를 말한다.
3. 영 [별표1] 제2호 나목에서 말하는 "건축물이 과도하게 밀집되었다"는 것은 '호수밀도가 헥타르 당 70호 이상인 경우'를 말한다.

4. 영 [별표1] 제2호 다목에서 말하는 제1호 마목의 "정비기반시설이 현저히 부족"하다는 것은 '주택접도율이 30% 이하인 경우'를 말한다.

- 부천시

제4조(정비계획 수립대상 정비구역 지정요건) ①~②, ④ : 경기도와 같음.

③ 영 [별표1] 제6호에 따라 조례로 정하는 재개발사업을 위한 정비계획 수립대상 구역의 요건은 면적이 1만㎡ 이상으로 노후·불량건축물에 해당하는 건축물의 수가 대상구역의 건축물 총 수의 2/3 이상인 지역 중 다음 각 호의 어느 하나에 해당 하는 경우를 말한다.

1. 영 [별표1] 제2호 가목에서 말하는 "토지가 대지로서의 효용을 다할 수 없게 된다"는 것은 '「부천시 건축조례」 제27조에 따른 분할제한면적 이하인 과소필지, 부정형 또는 세장형의 필지수가 40% 이상인 경우'를 말한다.
2. 영 [별표1] 제2호 나목에서 말하는 "건축물이 과도하게 밀집되어 있다"는 것은 '호수밀도가 1만㎡ 당 70호 이상인 경우'를 말한다.
3. 영 [별표1] 제1호 마목에서 말하는 "정비기반시설이 현저히 부족"하다는 것은 '주택접도율이 30% 이하인 경우'를 말한다.
4. 영 [별표1] 제2호 나목에서 "건축물이 과도하게 밀집되어 있어 그 구역안의 토지의 합리적인 이용과 가치의 증진을 도모하기 곤란한 지역"이란 '노후·불량건축물에 해당하는 건축물의 연면적(지하층을 포함한다.)의 합계가 대상구역의 건축물 총 연면적 합계의 2/3 이상인 경우'를 말한다.

- 수원시

제4조(정비계획 수립대상 정비구역 지정요건) ①~②, ④ : 경기도와 같음

③ 1~3 : 경기도와 같음

4. 영 [별표1] 제2호 나목에서 "노후·불량하여 그 기능을 다할 수 없는 건축물"이란 '노후·불량건축물에 해당하는 건축물의 연면적(지하층을 포함한다.)의 합계가 대상구역의 건축물 총 연면적 합계의 <u>50%</u> 이상인 경우'를 말한다.

○ **인천시**

제4조(정비계획수립 대상구역) ① 영 제10조제1항 관련 [별표1](이하 "영 [별표1]"이라 한다.) 제6호에 따른 정비계획수립 대상구역의 요건은 다음 각 호와 같다. 〈개정 2013.4.8〉

1. 주거환경개선사업을 위한 정비계획은 다음 각 목의 어느 하나에 해당하는 지역으로서 해당지역 안에 있는 노후·불량건축물 및 1985.6.30 이전에 건축된 법률 제3719호 「특정건축물정리에 관한 특별조치법」 제2조에 따른 무허가건축물의 수가 전체 건축물 수 및 건축연면적의 70% 이상인 경우에 수립한다.
   가. 접도율이 30% 이하인 지역
   나. 대지로서의 효용을 다할 수 없는 과소필지·부정형 또는 세장형 필지 등의 면적이 대상구역 전체면적의 50% 이상인 지역
   다. 호수밀도가 70 이상인 지역
2. 재개발사업을 위한 정비계획은 다음 각 목의 어느 하나에 해당하는 지역으로서 노후·불량건축물의 수가 해당지역 안에 있는 전체 건축물 수 및 건축연면적의 70% 이상인 경우에 수립한다.
   가. 접도율이 40% 이하인 지역
   나. 대지로서의 효용을 다할 수 없는 과소필지 및 부정형 또는 세장형 필지 등의 면적이 구역전체면적의 40% 이상인 지역
   다. 호수밀도가 70 이상인 지역

② 영 [별표1] 제3호 가목(4)에 따라 3 이상의 아파트 또는 연립주택이 밀집되어 있는 지역의 면적이 1만㎡ 이상인 경우에는 해당지역 안에 있는 2/3 이상의 주택 및 주택단지가 재건축 판정을 받은 경우에 한정하여 재건축사업을 위한 정비계획을 수립할 수 있다.

③ 〈삭제 2013.4.8〉

○ **부산시**

제4조(정비계획수립 대상구역) 영 제10조제1항 관련 [별표1] 제6호에 따른 정비계획수립 대상구역별 요건은 다음 각 호와 같다. 〈개정 2005.2.16, 2008.12.31, 2010.

3.3, 2012.12.26〉

1. 주거환경개선사업구역의 경우에는 다음 각 목의 어느 하나에 해당하는 지역을 말한다.〈개정 2005.2.16, 2008.12.31, 2010.3.3〉
   가. 무허가건축물의 수가 대상구역안의 건축물 총수의 30/100 이상인 지역
   나. 노후·불량건축물의 수가 대상구역안의 건축물 총수의 50/100 이상인 지역
   다. 호수밀도가 70 이상인 지역
   라. 대상구역 안에 폭 4m 미만 도로의 길이가 총 도로길이의 40/100 이상이거나 주택접도율이 30/100 이하인 지역
   마. 건축대지로서 효용을 다할 수 없는 과소필지(「건축법」 제57조제1항에 따른 분할제한면적 이하인 것을 말한다. 이하 같다.), 부정형(不定形) 또는 세장형(細長形)(대지폭 3m 미만을 말한다. 이하 같다.) 필지의 수가 50/100 이상인 지역
   바. 상습침수지역·재해관리구역 등 재해발생이 우려되는 곳으로 긴급한 사업시행이 필요한 지역
   사. 과소필지 등으로 현행 건축기준 등에 적합한 증축·개축 등의 건축행위가 제한됨으로써 주거환경이 열악하게 된 곳
   아. 대상구역 안에 국·공유지 비율이 높아 거주주민의 재정착에 실질적인 도움이 되는 지역
   자. 정비기반시설이 극히 열악하여 국가나 지방자치단체의 재정이 투입되어야 사업시행이 가능한 지역
2. 재개발사업구역의 경우에는 노후·불량건축물의 수가 전체 건축물의 수의 2/3 이상인 지역으로서 다음 각 목의 어느 하나에 해당하는 지역을 말한다.〈개정 2010.3.3, 2012.12.26〉
   가. 노후·불량건축물의 연면적의 합계가 전체 건축물의 연면적의 합계의 2/3 이상인 지역〈개정 2012.12.26〉
   나. 호수밀도가 50 이상인 지역
   다. 대상구역안에 폭 4m 미만 도로의 길이가 총 도로길이의 30/100 이상이거나 주택접도율이 40/100 이하인 지역

라. 건축대지로서 효용을 다할 수 없는 과소필지, 부정형 또는 세장형 필지의 수가 40/100 이상인 지역

마. 법 제35조제2항에 따른 순환용주택을 건설하기 위하여 필요한 지역

바. 제1호 바목부터 아목까지의 규정에 해당하는 지역

▢ 판 례

- 구 서울시 도시정비조례 제4조제1항제2호가 수권 규정인 구 도시정비법 시행령 제10조제1항 [별표1] 제5호의 위임 한계를 일탈하였는지(소극)

구 도시정비법 시행령(2008.7.29 대통령령 제20947호로 개정되기 전의 것) 제10조제1항 [별표1](이하 '시행령 [별표1]'이라 한다.) 제2호는 재개발사업을 위한 정비계획 수립 대상구역 지정요건을 규정하면서 '대지로서의 효용 상실', '건축물의 과도 밀집', '기반시설의 정비 불량과 현저한 부족 등'과 같은 추상적 개념을 사용하고 있어 정비계획을 수립하는 관할 행정청이 그 요건을 심사하기 위해서는 구체적 판단기준이 마련될 필요가 있는 점, 이에 시행령 [별표1] 제5호의 위임에 따라 구 서울시 도시정비조례(2008.9.30 서울시조례 제4686호로 개정되기 전의 것) 제4조제1항제2호가 시행령 [별표1] 제2호의 요건에 관한 판단 기준을 과소필지 등의 비율, 호수밀도 등의 객관적 수치로 구체화하여 규정하고 있는 점, 특히 이 사건 도시정비조례 제4조제1항제2호의 지정요건과 시행령 [별표1] 제2호의 지정요건의 관계를 보면 대체로 전자의 과소필지 등의 비율은 후자의 '도시의 환경이 현저히 불량하게 될 우려가 있는 지역'에 대한 판단 기준으로, 전자의 호수밀도는 후자의 '건축물이 과도하게 밀집되어 있어 그 구역 안의 토지의 합리적인 이용과 가치의 증진을 도모하기 곤란한 지역'에 대한 판단 기준으로 볼 수 있는 점 등 관계 법령이나 이 사건 도시정비조례 제4조제1항제2호의 각 문언과 내용, 입법 취지 등을 종합적으로 고려하여 보면, 이 사건 정비조례 제4조제1항제2호는 시행령 [별표1] 제2호의 범위 안에서 정비구역 지정요건을 구체화한 것이므로, 수권 규정의 위임 한계를 일탈하였다거나 그 지정요건을 완화한 것이라 보기 어렵다(대법원 2012.10.25 선고 2010두25077 판결, 재정비촉진계획결정취소).

▢ 유권해석

Q 도시정비조례 제4조제1항 가목 건축물의 총수에 주택이 아닌 건축물도 포함되는 것인지, 서울시 건축조례 제25조제1호에 미달되는 필지 상 구조가 연와조(벽돌로 쌓은 건축물)이고 준공연도가 20년이 안 된 건축물은 노후·불량건축물에 해당하는지?

A 주택이 아닌 건축물도 건축물의 총수에 포함되며, 도시정비법 제2조제3호, 동법 시행령 제2조제2항제1호 및 동 조례 제3조제1항제2호 요건에 충족되어야 함(서울시 FAQ).

Q 단독주택지에서 재건축하고자 하는 경우 노후도 불량 산정기준이 어떻게 되는지?

A 이 경우에 해당하는 요건으로서 당해 지역 안에 총 건축물 수 대비 노후·불량건축물의 수가 2/3 이상이거나, 노후·불량건축물이 1/2 이상으로서 준공 후 15년 이상이 경과한 다세대 및 다가구주택이 당해 지역 안에 총 건축물 수의 3/10 이상인 지역에 대하여 재건축사업을 위한 정비계획 수립대상구역에 해당함(도시정비법 제2조제2호 나목과 다목에 의하면, 재개발사업은 정비기반시설이 열악하고 노후·불량건축물이 밀집한 지역에서 주거환경을 개선하기 위하여 시행하는 사업이며, 재건축사업은 정비기반시설은 양호하나 노후·불량건축물이 밀집한 지역에서 주거환경을 개선하기 위하여 시행하는 사업으로서 동법 시행령 [별표1] 제3호 나목에 의함)(서울시 FAQ).

부속건축물의 경우 노후·불량건축물 산정에 포함하여야 하는지 여부

Q 도시정비법에 의하여 정비계획을 수립해야 하는 재건축예정구역으로서 건축물대장 표제부에 부속건축물인 경우 건축물 동수 산정 및 노후도 산정에 포함하여야 하는지?

A 부속건축물의 경우는 주된 건축물 기능에 필수적인 건축물이기 때문에 노후도 산정은 건축물대장 표제부의 주된 건축물을 기준으로 판단하는 것임(서울시 주거정비과-13780, 2006.11.23)

안전진단전문기관에 의한 노후·불량건축물의 판단 기준

Q 서울시 도시정비조례 제4조에서 정하고 있는 정비구역의 지정 요건 중 노후·불량건축물의 여부를 판단함에 있어 건설교통부장관이 인정한 안전진단 전문기관의 진단결과에 따라 해당 건축물의 경과연수 등에 관계없이 노후·불량건축물로 볼 수 있는지?

A 도시정비법 시행령 제20조제1항에 의하면 "재건축사업을 위한 안전진단은 공동주택을 대상으로 한다."로 정하고 있는바, 안전진단은 공동주택 재건축사업을 위한 정비구역 지정 요건에 해당되며, 서울시 도시정비조례 제4조에서 정한 정비구역 지정 요건 중 노후·불량건축물의 판단 기준은 건축물의 경과년수를 적용하여야 함(서울시 주거정비과-7248, 2006.7.18).

※ 2007.2.21부터는 시 방침으로 안전진단에 의할 경우 '한국시설안전기술공단' 및 '한국건설기술연구원'에서 직접 안전진단을 실시하거나, 기타 전문기관의 판단 결과는 두 기관의 검증이 된 경우에 한하여 노후불량건축물에 산정할 수 있음.

단독주택을 다세대·다가구주택으로 용도변경 시 노후·불량건축물 산정 기준

Q 기존의 단독주택을 다세대주택 및 다가구주택으로 용도를 변경하는 경우 용도변경 시점과 상관없이 도시정비법 시행령 [별표1] 제3호 나목(2)의 규정을 적용할 수 있는지?

A 다세대주택은 1988년, 다가구주택은 1990년경부터 도입된 제도로서 그 이전에 건축된 다세대주택 및 다가구주택 형태의 건축물은 단독주택으로 관리되었으므로 현재 단독주택으로 관리되고 있어도 건축법 등 관련규정에 적합하게 용도를 변경할 경우 용도변경 시점과 관계없이 도시정비법 시행령 [별표1] 제3호 나목(2)을 적용할 수 있을 것임(건설교통부 주거환경팀-4456, 2006.8.11).

노후·불량건축물 산정 시 주택 아닌 건축물도 포함되는 지 여부 및 20년이 안 된 연와조 건축물이 해당되는지 여부

Q 도시정비조례 제4조제1항 가목의 건축물의 총수에 주택이 아닌 건축물도 포함되는 것인지, 서울시 건축조례 제25조제1호에 미달되는 필지 상 구조가 연와조이고 준공연도가 20년이 안된 건축물의 경우 노후·불량건축물에 해당하는지?

A 주택이 아닌 건축물도 건축물의 총수에 포함되며, 도시정비법 제2조제3호, 동법 시행령 제2조제2항제1호 및 동 조례 제3조제1항제2호 규정 요건에 충족되어야 함(서울시 주거정비과 2004.8.20).

Q 도시정비조례 제4조제1호 다목에서 규정하고 있는 건축대지의 범위는?

A 건축대지란 건축법 제2조제1항제1호에 의거 지적법에 의하여 각 필지로 구획된 토지를 말함(서울시 주거정비과 2005.10.28).

Q ① 재개발사업에 정비구역으로 지정된 후 인근지역 10% 미만을 포함하여 정비구역 면적을 변경하는 경우, 주민의 동의 없이 당해 지자체장이 직권으로 정비구역면적을 변경할 수 있는지?

② 정비구역면적 10% 미만을 추가로 편입하여 정비구역을 변경하고자 하는 경우 기존 정비구역안의 조합원 총회로 의결할 수 있는지 아니면 편입동의서만 받으면 되는지?

③ ①과 관련하여 추가 편입에 대하여 기존 정비구역안의 주민의 반대에도 불구하고 시장·군수가 사업시행인가를 하면서 정비구역외의 지역을 기본계획에 적합하게 추가 편입하여 관리처분계획에 수립하도록 조건부 인가를 하는 것은 적법한지?

A ① 도시정비법 제4조에 의하여 정비구역을 변경하는 경우에는 주민에게 공람하고 지방의회의 의견을 들은 후 이를 첨부하여 시·도지사에게 정비구역의 변경을 신청하여야 하며, 동법 시행령 제10조제2항에 의하여 정비계획을 변경하는 경우 정비사업의 시행계획 및 시행방법 등에 대한 주민의 의견을 조사·확인하여야 함.

② 도시정비법 제20조에 의하여 정비사업 예정구역의 위치 및 면적은 정관에 정하도록 규정되어 있으며, 정관의 변경에는 조합원 2/3 이상의 동의를 얻어 시장·군수의 인가를 받아야 하며, 인근 지역의 편입여부는 당해 지자체에서 종합적으로 판단하여 결정하여야 할 것임.

③ 도시정비법 제28조 및 제30조에 의하여 사업시행계획서는 정비계획에 따라 작성하여야 하여, 정관 및 사업시행계획서 등 서류를 첨부하여 시장·군수에게 제출하여 사업시행인가를 받아야 하는바, 조건부 사업시행인가가 적법한지 여부는 부여된 조건의 내용 등에 따라 판단하여야 할 것임(건교부 주환 2005.3.22).

정비계획과 다르게 리모델링에 대비한 특례 규정을 적용하여 용적률 등을 완화하여 사업시행계획서 작성 시 정비계획 변경지정 대상인지

Q 사업시행인가를 준비 중에 있는 정비구역으로서 정비계획에서 정한 용적률, 건폐율, 최고높이 및 최고층수의 범위 안에서 건축법 시행령 제6조의3(리모델링이 용이한 구조 등) 규정에 해당하는 시설을 계획하여 동법 제5조의4(리모델링에 대비한 특례 등) 규정에 따라 용적률 등의 완화를 받고자 하는 경우에 도시정비법 제4조에 의거 정비계획을 변경하여야 하는지?

A 도시정비법 제30조에 의하면 "사업시행자는 제4조제3항에 의하여 고시된 정비계획에 따라 사업시행계획서를 작성하여야 한다."고 정하고 있는바, 정비계획의 내용과 다르게 사업시행계획서를 작성하고자 하는 경우에는 동법 제4조에서 정한 바에 따라 정비계획의 변경 지정이 선행되어야 함(서울시 주거정비과 2006.9.7).

Q ① 도시정비법 시행령 제12조(정비계획의 경미한 변경)제7호에 따르면 건축물의 건폐율, 용적률, 연면적, 최고높이 또는 최고층수를 축소하거나 3% 미만의 범위 안에서 확대하는 경우로 되어 있는 3%의 범위는?

② 도시정비법 제4조제3항에 의거 정비계획수립 및 정비구역 지정·고시를 받은 구역에서 정비구역의 변경 없이 동법 시행령 제13조의2에 해당하는 경미한 사항의 정비계획 변경만을 하고자 할 경우 도시정비법 제4조제3항에 따라 시·도지사가 지자체 공보에 고시하고 주민설명회를 거친 후 건교부장관에게 변경지정 내용을 보고 하는 등 일련의 절차를 모두 이행하여야 하는지?

A ① 도시정비법 시행령 제12조제7호에 의하면 건축물의 건폐율·용적률·연면적·최고높이 또는 최고층수를 축소하거나 3% 미만의 범위 안에서 확대하는 경우라고 정의하고 있으며 이 경우 3%는 당초(변경 전) 수립된 정비계획에서 정한 건폐율·용적률·연면적·최고높이 또는 최고층수를 기준으로 산정하는 것임.

② 동법 제4조제3항에 의하면 시·도지사는 정비구역을 지정 또는 변경 지정한 경우에는 당해 정비계획을 포함한 지정 또는 변경지정 내용을 당해 지방자치단체의 공보에 고시하고 건교부장관에게 그 지정내용 또는 변경지정내용을 보고하여야 하는 것이므로 정비구역 지정·고시에는 정비계획이 포함되는 것이며 정비

계획이 변경된 경우에는 정비구역 변경·고시 등의 절차에 따라야 함(건교부 고객만족센터 2007.10.23).

Q **2005.4. 정비계획의 수립 및 정비구역의 지정을 완료한 후에 건축물의 배치 및 평면을 변경한 경우 건폐율, 용적률, 연면적, 최고높이, 최고층수 등은 정비계획의 경미한 변경에 속하나, 건축물의 위치 단지 내 도로, 조경선형 등의 배치를 많이 변경한 때에 정비계획의 경미한 변경에 해당하는지?**

A 도시정비법 시행령 제12조 각 호 중 어느 하나에 해당된다고 하여 반드시 정비계획의 경미한 변경으로 볼 수는 없는 것이며, 각 호간의 연관성 등을 종합적으로 검토하여 판단하여야 할 것임. 따라서 건축계획을 변경하는 경우에는 정비계획의 경미한 변경에 해당되지 아니할 것으로 판단됨(건교부 주거환경팀 2005.11.22).

조례 제4조의2(정보제공 및 의견청취)

법 제16조의2제2항

정보제공 및 의견청취

2012.2.1 출구전략의 일환으로 신설된 법 제16조의2 등 주민들에게 정보제공에 관한 포괄적인 규정으로, 조례 제15조의2, 3과 함께 2012.7.30 신설된 조문이다.

▢ 개정 연혁

▸ 도시정비조례[서울시조례 제5348호, 2012.7.30, 일부개정]

제4조의2(정보제공 및 의견청취) 서울시장(이하 "시장"이라 한다.) 및 구청장은 필요한 경우에는 토지등소유자에게 의사결정에 필요한 정보를 제공하고 의견을 청취할 수 있다. 〈신설 2012.7.30〉

부 칙 〈제5348호, 2012.7.30〉

제1조(시행일) 이 조례는 공포한 날부터 시행한다(효력발생시기는 2012.7.30).

▢ 조례 제4조의2(정보제공 및 의견청취)

서울시장 및 구청장은 필요한 경우에는 토지등소유자에게 의사결정에 필요한 정보를 제공하고 의견을 청취할 수 있다(본조).

토지등소유자의 10/100 이상 25/100 이하의 범위에서 시도 조례로 정하는 비율 이상의 요청이 있는 경우, 시장·군수는 토지등소유자의 의사결정에 필요한 정보를 제공하기 위하여 개략적인 정비사업비 및 추정 분담금 등을 조사하여 토지등소유자에게 제공할 수 있다(법 제16조의2제2항).

2012.2.1 출구전략의 일환으로 만들어진 법 제16조의2, 제77조의4 등 주민들에게 정비사업에 관한 정보제공 등을 목적으로 한 포괄적인 조문으로 조례 제15조의2, 3과 함께 2012.7.30 신설되었다.

2013.5.13 부천시는 서울시와 같은 조문을 두고 있다.[3)]

3) 부천시 도시정비조례 제14조의2(정보제공 및 의견청취) 시장은 법 제16조의2제2항 규정에 따라 추정 분담금 등을 조사하거나, 정비사업의 추진과 관련하여 필요한 경우 토지등소유자에게 의사결정에 필요한 정보를 서면 등으로 제공하고 의견을 청취할 수 있다.
[본조신설 2013.5.13]

조례 제5조(정비계획 수립 시 조사 내용)

법 제4조제1항, 영 제10조제2항제7호

정비계획 수립 시 조사 내용

2009.2.6 법 개정에서 시장·군수·구청장의 정비계획 수립의무가 강조되었다.
시장·군수·구청장은 정비계획 수립을 위하여 노후·불량건축물 등 시행령 [별표1]에 해당하는지 다음 각 호의 사항이 포함된 정비계획을 수립하여야 하며, 조합으로 하여금 조사를 하게 할 수 있다.

▢ 개정 연혁

▸ 도시재개발사업조례[서울시조례]

제4조(재개발구역지정 시 기타 조사사항) 영 제9조제3호에서 "기타 당해 시도 조례로 정하는 사항"이란 다음 각 호의 사항을 말한다.

1. 거주가구 및 세입자 현황
2. 도시관리계획 상 토지이용계획 현황 〈개정 2003.7.25〉
3. 토지의 용도·소유·규모별 현황
4. 건축물의 허가유무 및 노후불량 현황
5. 건축물의 용도·구조·규모 및 건축경과 연도별 현황
6. 토지등소유자 의 구역지정에 관한 동의 여부 〈신설 1998.3.10〉

▸ 도시정비조례[서울시조례 제4167호, 2003.12.30, 제정]

제5조(정비계획 수립 시 조사 내용) 영 제10조제2항제7호에서 "그 밖에 시도 조례가 정하는 사항"이란 다음 각 호의 사항을 말한다.

1. 거주가구 및 세입자 현황
2. 도시관리계획 상 토지이용계획 현황

3. 토지의 용도 소유자·규모별 현황
4. 건축물의 허가유무 및 노후·불량 현황
5. 건축물의 용도 구조 규모 및 건축경과(준공) 연도별 현황
6. 정비구역안의 유·무형의 문화유적, 보호수목 현황 및 지역유래
7. 토지등소유자의 정비구역 지정에 관한 동의현황(도시환경정비구역 제외)
8. 기존 수목의 현황

부 칙 〈제4167호, 2003.12.30〉

제1조 (시행일) 이 조례는 공포한 날부터 시행한다(효력발생시기는 2003.12.30).

▸ [서울시조례 제4824호, 2009.7.30, 일부개정]

제5조(정비계획 수립 시 조사 내용) 영 제10조제2항제7호에서 “그 밖에 시도 조례가 정하는 사항”이란 다음 각 호의 사항을 말한다. 〈개정 2009.7.30〉
1. 거주가구 및 세입자 현황 〈개정 2009.7.30〉
2. 도시관리계획 상 토지이용계획 현황 〈개정 2009.7.30〉
3. 토지의 용도 소유자·규모별 현황 〈개정 2009.7.30〉
4. 건축물의 허가유무 및 노후·불량 현황 〈개정 2009.7.30〉
5. 건축물의 용도 구조 규모 및 건축경과(준공) 연도별 현황 〈개정 2009.7.30〉
6. 정비구역안의 유·무형의 문화유적, 보호수목 현황 및 지역유래 〈개정 2009.7.30〉
7. 법 제2조제9호에 따른 토지등소유자의 정비구역 지정에 관한 동의현황 〈개정 2009.7.30〉
8. 기존 수목의 현황 〈개정 2009.7.30〉

부 칙 〈2009.7.30〉

제1조(시행일) 이 조례는 공포한 날부터 시행한다(효력발생시기는 2009.7.30).

➡ 모든 정비사업의 토지등소유자에 대한 정비구역 지정관련 동의현황을 추가하였다.

▸ **[서울시조례 제4949호, 2010.3.2, 일부개정]**

제5조(정비계획 수립 시 조사 내용) 영 제10조제2항제7호에서 "그 밖에 시도 조례가 정하는 사항"이란 다음 각 호의 사항을 말한다. 〈개정 2009.7.30〉

1. 거주가구 및 세입자 현황 〈개정 2009.7.30〉
2. 도시관리계획 상 토지이용계획 현황 〈개정 2009.7.30〉
3. 토지의 용도 소유자·규모별 현황 〈개정 2009.7.30〉
4. 건축물의 허가유무 및 노후·불량 현황 〈개정 2009.7.30〉
5. 건축물의 용도 구조 규모 및 건축경과(준공) 연도별 현황 〈개정 2009.7.30〉
6. 정비구역안의 유·무형의 문화유적, 보호수목 현황 및 지역유래 〈개정 2009.7.30〉
7. 법 제2조제9호에 따른 토지등소유자의 정비구역 지정에 관한 동의현황(주민제안의 경우에만 해당한다.) 〈개정 2009.7.30, 2010.3.2〉
8. 기존 수목의 현황 〈개정 2009.7.30〉

부 칙 〈제4949호, 2010.3.2〉

이 조례는 공포한 날부터 시행한다(효력발생시기는 2010.3.2).

▸ **[서울시조례 제5348호, 2012.7.30, 일부개정]**

제5조(정비계획 수립 시 조사 내용) 영 제10조제2항제7호에서 "그 밖에 시도 조례가 정하는 사항"이란 다음 각 호의 사항을 말한다. 〈개정 2009.7.30〉

1. 거주가구 및 세입자 현황 〈개정 2009.7.30〉
2. 도시관리계획 상 토지이용계획 현황 〈개정 2009.7.30〉
3. 토지의 용도 소유자·규모별 현황 〈개정 2009.7.30〉
4. 건축물의 허가유무 및 노후·불량 현황 〈개정 2009.7.30〉
5. 건축물의 용도 구조 규모 및 건축경과(준공) 연도별 현황 〈개정 2009.7.30〉
6. 정비구역안의 유·무형의 문화유적, 보호수목 현황 및 지역유래 〈개정 2009.7.30〉
7. 법 제2조제9호에 따른 토지등소유자의 정비구역 지정에 관한 동의현황(주민제안의 경우에만 해당한다.) 〈개정 2009.7.30, 2010.3.2〉

8. 기존 수목의 현황 〈개정 2009.7.30〉
9. 구역 지정에 대한 주민(토지등소유자 및 세입자)의 의견 〈신설 2012.7.30〉
10. 토지등소유자의 분양희망 주택규모 및 자금부담 의사 〈신설 2012.7.30〉
11. 세입자의 임대주택 입주 여부와 입주희망 임대주택 규모 〈신설 2012.7.30〉

부 칙 〈제5348호, 2012.7.30〉

제1조(시행일) 이 조례는 공포한 날부터 시행한다(효력발생시기는 2012.7.30).

➡ 정비계획 수립 시 조사 항목을 9, 10. 11호 추가하였다.

▸ [서울시조례 제5417호, 2012.12.31, 일부개정]

제5조(정비계획 수립 시 조사 내용) 영 제10조제2항제7호에서 "그 밖에 시도 조례가 정하는 사항"이란 다음 각 호의 사항을 말한다. 〈개정 2009.7.30, 2012.12.31〉

1. 거주가구 및 세입자 현황 〈개정 2009.7.30〉
2. 도시관리계획 상 토지이용계획 현황 〈개정 2009.7.30〉
3. 토지의 용도 소유자·규모별 현황 〈개정 2009.7.30〉
4. 건축물의 허가유무 및 노후·불량 현황 〈개정 2009.7.30〉
5. 건축물의 용도 구조 규모 및 건축경과(준공) 연도별 현황 〈개정 2009.7.30〉
6. 정비구역안의 유·무형의 문화유적, 보호수목 현황 및 지역유래 〈개정 2009.7.30〉
7. 법 제2조제9호에 따른 토지등소유자(이하 "토지등소유자"라 한다.)의 정비구역 지정에 관한 동의현황(주민제안의 경우에만 해당한다.) 〈개정 2009.7.30, 2010.3.2〉
8. 기존 수목의 현황 〈개정 2009.7.30〉
9. 구역 지정에 대한 주민(토지등소유자 및 세입자)의 의견 〈신설 2012.7.30〉
10. 토지등소유자의 분양희망 주택규모 및 자금부담 의사 〈신설 2012.7.30〉
11. 세입자의 임대주택 입주 여부와 입주희망 임대주택 규모 〈신설 2012.7.30〉
12. 제50조의3제1항에 따른 토지등소유자의 추진위원회 구성 단계 생략에 대한 의견

부 칙 〈제5417호, 2012.12.31〉

제1조(시행일) 이 조례는 공포한 날부터 시행한다(효력발생시기는 2012.12.31). 다만, 제50조의3 개정규정은 공포한 날부터 6개월 후 시행한다(효력발생시기는 2013.7.1).

제2조(공공관리에 의한 조합설립 방법 등에 관한 적용례) 제5조제12호 및 제50조의3의 개정규정은 구청장이 영 제10조제2항에 따라 최초로 정비계획 수립을 위해 조사하는 정비구역부터 적용한다.

➡ 구청장은 정비계획 수립 시 토지등소유자의 과반수가 원하는 경우 추진위원회 구성을 생략할 수 있다. 이에 따라 구청장이 정비계획 수립 시 토지등소유자의 의견을 듣도록 하였다.

▢ 정비계획 수립(변경) 시 조사 확인 의무

정비계획의 원칙적인 수립권자는 시장·군수·구청장으로, 조사확인 사항에 대하여 도시정비법 제4조제1항, 동법 시행령 제10조제2항 및 도시정비조례 제5조에서 규정하고 있다.

이를 살펴보면 다음과 같다.

시장·군수·구청장은 정비기본계획에 적합한 범위에서 노후·불량건축물이 밀집하는 등 요건에 해당하는 구역에 대하여 다음 각 호의 사항이 포함된 정비계획을 수립하여 이를 주민에게 서면으로 통보한 후 주민설명회를 하고 30일 이상 주민에게 공람하며 지방의회의 의견을 들은 후(지방의회는 시장·군수가 정비계획을 통지한 날부터 60일 이내에 의견을 제시하여야 한다. 의견제시 없이 60일이 지난 경우 이의가 없는 것으로 본다.) 이를 첨부하여 시·도지사에게 정비구역 지정을 신청하여야 하고, 정비계획의 내용을 변경할 필요가 있을 때에는 같은 절차를 거쳐 변경지정을 신청하여야 한다(법 제4조제1항).

시장·군수가 정비계획을 수립하는 경우 다음 각 호의 사항을 조사하여 [별표1]의 요건에 적합한지 여부를 확인하여야 하며, 정비계획을 변경하고자 하는 경우에는 변경내용에 해당하는 사항을 조사·확인하여야 한다(영 제10조제2항).

1. 주민 또는 산업의 현황
2. 토지 및 건축물의 이용과 소유현황
3. 도시·군계획시설 및 법 제2조제4호에 의한 정비기반시설의 설치현황
4. 정비구역 및 주변지역의 교통상황
5. 토지 및 건축물의 가격과 임대차 현황
6. 정비사업의 시행계획 및 시행방법 등에 대한 주민의 의견
7. 그 밖에 시도 조례로 정하는 사항

▢ 조례 제5조(서울시 정비계획 수립 시 조사내용)

영 제10조제2항제7호에서 위임된 정비계획 수립 시 조사내용은 다음과 같다(본조).

- 거주가구 및 세입자 현황
- 도시관리계획 상 토지이용계획 현황
- 토지의 용도 소유자·규모별 현황
- 건축물의 허가유무 및 노후·불량 현황
- 건축물의 용도 구조 규모 및 건축경과(준공) 연도별 현황
- 정비구역안의 유·무형의 문화유적, 보호수목 현황 및 지역유래
- 법 제2조제9호에 따른 토지등소유자의 정비구역 지정에 관한 동의현황(주민제안의 경우에만 해당)
- 기존 수목의 현황
- 구역 지정에 대한 주민(토지등소유자 및 세입자)의 의견
- 토지등소유자의 분양희망 주택규모 및 자금부담 의사
- 세입자의 임대주택 입주 여부와 입주희망 임대주택 규모
- 조례 제50조의3제1항에 따른 토지등소유자의 추진위원회 구성 단계 생략에 대한 의견

공공관리에 의한 조합설립 방법 등에 관한 적용례에 따라 “토지등소유자의 추진위원회 구성 단계 생략에 대한 의견” 및 조례 제50조의3의 개정규정인 “공공관리에 의한 조합설립 방법 및 절차 등”은 구청장이 영 제10조제2항에 따라 최초로 정비계획 수립을 위해 조사하는 정비구역부터 적용하도록 부칙(제5417호, 2012.

12.31) 제2조에서 규정하고 있다.

정비계획 수립 시 '구역 지정에 대한 주민(토지등소유자 및 세입자)의 의견'을 듣겠다고 서울시는 대대적인 홍보와 함께 2012.7.30 정비계획 수립 시 조사내용으로 추가했다.

2003.11.에는 정비사업 추진 시 정보통신망을 통해 주민동의를 받도록 하는 도시정비법 개정안이 발의됐다.

- 정비계획 수립을 위한 주민동의(인천시)

서울시에서도 인천시와 같이 정비계획 수립 시 조사내용으로 구역 지정에 대한 주민(토지등소유자 및 세입자)의 의견을 듣도록 하고 있지만, 그 방법이나 절차에 대한 규정이 없는 실정이다.

반면 인천시는 구청장 등이 법 제4조제1항에 따른 정비계획을 수립하거나 정비구역 지정신청 시에는 해당지역주민들의 분쟁을 최소화하기 위하여 미리 정비예정구역(주거환경관리사업구역은 제외한다.)의 토지등소유자 과반수의 동의와 토지면적 과반수 소유자의 동의를 얻도록 하였다(국유지·공유지는 제외한다.)(인천시 도시정비조례 제4조의2제1항).

위 제1항에 따른 동의방법은 법 제17조 및 영 제28조를 준용하고, 동의서는 다음 각 호에 따라 발송하고 회수한다(동조 제3항).

1. 우편발송은 등기우편으로 발송하고 수신자 부담용 우편으로 회수(토지등소유자가 군·구에 직접 방문하여 동의서를 제출하는 경우를 포함한다.)한다.
2. 우편발송 시기는 정비계획수립 전을 원칙으로 하며 부득이한 경우에는 정비구역신청 전까지 할 수 있다.
3. 우편발송 횟수는 1회로 하며, 회답이 없는 자에 대하여는 등기우편 발송으로 1회 더하고 그 다음에는 일반우편발송으로 1회 한다.
4. 회수기간은 도달일을 기준으로 회수용 우편을 14일 이내에 발송한 동의서로 한다.

구청장등은 정비계획을 수립하는 과정에서 추진위원회와 토지등소유자간의 분쟁이 있는 경우에는 법 제4조제1항에 따른 정비구역 지정신청을 하기 전에 법 제77조의2, 법 제77조의3 및 제4장에 따라 분쟁조정절차를 거쳐야 한다(동조 제4항).

〈도시개발신문 2013. 11. 26〉

함진규 의원 등 10인 '도시정비법 개정안' 발의…사업기간·비용 단축

정비사업 관련 정보통신망 통해 토지등소유자가 동의 여부 표시

재개발·재건축 등 정비사업을 비롯해 재정비촉진사업 추진 시 토지등소유자의 동의를 받는 방법에 전자서명 시스템을 허용하는 방안이 추진된다.

국회 국토교통위 소속 함진규 의원 등 10인은 최근 이 같은 내용은 담은 '도시정비법 개정안'을 국회에 발의했다.

개정안은 현재 뉴타운을 비롯 재개발·재건축 등 정비사업을 추진 또는 해제할 때 토지등소유자의 동의를 받는 방법으로 기존의 지장날인과 자필서명, 신분증사본 첨부하는 방법 이외에 전자서명 시스템(온라인)을 허용하는 방안을 담고 있다.(안 제17조제1항)

현행 도시정비법에는 재개발 등 정비사업의 추진위 승인이나 조합인가, 정비구역 해제 등을 위해서는 주민 동의를 얻어야 한다. 동의는 토지등소유자의 지장날인, 자필서명, 신분증사본을 제출해야 했다.

그러나 이 방법은 대부분의 토지등소유자가 출근이나 부재 등으로 인해 동의를 받기가 쉽지 않고, 이 때문에 정비구역에서 이런 동의를 받는 OS용역이 행해에 따른 비용 발생과 동의과정상에 비리 또는 위·변조 등의 의혹이 제기됨에 따라 주민 간 갈등이 발생하기도 했다.

함 의원측 관계자는 "현행 도시정비법은 추진위원회나 조합설립 등 정비사업 상 중요한 절차를 진행하기 위해 토지등소유자가 동의 의사를 표시하는 경우 서면동의 방법으로만 하도록 하고 있어 그 동의를 구하는 데 불필요한 비용과 시간이 소모되고 있는 실정"이라며 "이에 현재 시도에서 운영하고 있는 정비사업 관련 정보통신망을 통해 토지등소유자가 동의 여부를 표시할 수 있도록 함으로써 사업기간을 단축하고 사업비용을 절감하도록 하려는 것"이라고 설명했다.

관계자는 "장소나 시간에 제한받지 않는 공인인증서 방식의 동의방법도 허용해 정비사업의 주민 추진의지에 대한 정보를 제공받을 수 있으면 시간과 비용 모두 절약할 수 있을 것"고 말했다.

이에 대해 정비업계 한 관계자는 "정비사업을 찬성하는 주민 입장에서는 직장 출근 및 가택 방문 시 부재로, 반대하는 주민 입장에서는 재정비사업에 대한 정보 부족과 결집력 부족으로 동의서 작성에 어려움이 있었다"며 "찬반에 대한 신속한 의사결정과 정비사업에 관한 정보제공으로 주민 간 갈등이 해소될 것이고 의사결정기간도 단축돼 추진위원회 해산

비용을 줄이는 데 큰 도움이 될 것으로 보인다"고 말했다.
다른 관계자도 "아울러 시공자 선정총회 등 주민·조합원 총회에서도 전자서명방식을 확대할 경우 투·개표 과정에서 발생할 수 있는 조작의혹도 해소할 수 있고 빠른 시간에 개표결과를 알 수 있게 될 것"이라고 전했다.

▢ 시도별 조례

○ 경기도

제5조(정비계획 수립 시 조사내용) 영 제10조제2항제7호에서 "그 밖에 시도 조례가 정하는 사항"이란 다음 각 호의 사항을 말한다.
1. 거주가구 및 세입자 현황
2. 도시관리계획 상 토지이용계획 현황
3. 토지의 용도·소유자·지적 현황
4. 건축물의 허가유무 및 노후·불량 현황
5. 건축물의 용도·구조·규모 및 건축경과(준공) 연도별 현황
6. 정비구역안의 유·무형의 문화유적, 보호수목 현황 및 지역유래
7. 토지등소유자의 정비구역 지정에 관한 동의 현황
8. 기존 수목의 현황

- 남양주시, 수원시, 안산시, 안양시, 고양시, 화성시

경기도와 같으나, 남양주시는 "지역 지명의 유래 현황"을 추가하도록 규정하고 있으며, 안양시는 "세입자의 임대주택 입주 여부와 입주희망 임대주택 규모"를 확인하도록 하였다.

- 부천시

제5조(정비계획 수립 시 조사 내용) 영 제10조제2항제7호에서 "조례로 정하는 사항"이란 다음 각 호의 사항을 말한다.
1. 거주가구 및 세입자 현황
2. 도시관리계획 상 토지이용계획 현황

3. 토지의 용도·소유자·규모별 현황
4. 건축물의 허가 유무 및 노후·불량 현황
5. 건축물의 용도·구조·규모 및 건축경과(준공) 연도별 현황
6. 정비구역안의 유·무형의 문화유적, 보호수목 현황 및 지역유래
7. 법 제2조제9호에 따른 토지등소유자(이하 "토지등소유자"라 한다.)의 정비구역 지정에 관한 동의 현황(주민제안의 경우에만 해당한다.)
8. 구역 지정에 대한 주민(토지등소유자 및 세입자)의 의견
9. 토지등소유자의 분양희망 주택규모 및 자금부담 의사
10. 세입자의 임대주택 입주여부와 입주희망 임대주택 규모
11. 기존 수목의 현황

○ 인천시

제5조(정비계획수립 시 조사할 사항) 영 제10조제2항제7호에서 "그 밖에 시도 조례가 정하는 사항"이란 다음 각 호의 사항을 말한다. 〈개정 2013.4.8〉

1. 거주가구 및 세입자 현황
2. 도시관리계획에 따른 토지이용계획
3. 토지의 용도·규모별 현황
4. 건축물의 허가유무, 준공연도, 용도·구조·규모 등 일반현황 및 노후·불량 건축물 현황
5. 유·무형 문화유적 및 지역의 유래
6. 보호수를 포함한 기존 수목의 현황
7. 법 제2조제9호에 따른 토지등소유자의 정비구역 지정에 관한 동의현황(토지등소유자가 정비계획의 입안을 제안한 경우에만 적용한다.)
8. 토지등소유자의 분양을 희망하는 주택규모 및 자금부담 의사
9. 「국민기초생활 보장법」 제2조제2호에 따른 수급자의 현황
10. 「국민기초생활 보장법」 제2조제2호에 따른 수급자의 임대주택 입주희망 여부 및 희망 임대주택 규모
11. 세입자의 임대주택 입주희망 여부 및 희망 임대주택 규모
12. 노후·불량건축물의 구조적 결함에 대한 현장 확인 평가

13. 사업성 예측자료
14. 그 밖에 정비계획수립에 필요한 사항

○ 부산시

제5조(정비계획 수립 시 조사내용) 영 제10조제2항제7호에서 "그 밖에 시도 조례로 정하는 사항"이란 다음 각 호의 사항을 말한다. 〈개정 2010.3.3〉

1. 거주가구 및 세입자 현황
2. 도시관리계획상 토지이용계획 현황
3. 토지의 용도·규모별 현황
4. 건축물의 허가유무 및 노후불량 현황
5. 건축물의 용도·구조·규모 및 준공연도별 현황
6. 유·무형의 문화유적, 보호수목 현황
7. 토지등소유자의 정비구역 지정에 관한 동의 현황(도시환경정비구역은 제외)
8. 그 밖에 지역유래 등 정비계획수립에 필요한 사항 〈개정 2010.3.3〉

○ 대구시

제5조(정비계획 수립 시 조사 내용) ① 영 제10조제2항제7호에서 "그 밖에 시도 조례로 정하는 사항"이란 다음 각 호의 사항을 말한다. 〈개정 2010.6.30 조례 제4170호〉

1. 거주가구 및 세입자 현황
2. 도시관리계획상 토지이용계획 현황
3. 토지의 용도 규모별 현황
4. 건축물의 허가유무 및 노후·불량 현황
5. 건축물의 용도 구조 규모 및 준공연도별 현황
6. 정비구역 내 유·무형의 문화유적, 보호 수목현황 및 지역유래
7. 토지등소유자의 정비구역 지정에 관한 동의현황(주민제안에 의하여 정비구역 지정을 입안하는 경우에 한한다.)

② 〈삭제 2010.6.30 조례 제4170호〉

③ 〈삭제 2010.6.30 조례 제4170호〉

조례 제6조(정비구역 지정의 입안을 위한 주민제안)

법 제4조3항, 영 제13조의2

정비구역 지정의 입안을 위한 주민제안

2009.2.6 법 개정 이전까지는 시장·군수·구청장이 수립권자였지만 토지등소유자가 입안제안으로 정비계획 및 정비구역이 진행돼 왔다. 그러나 토지등소유자들의 제안방식은 과열로 치달으면서 2009.2.6 법 개정되면서 예외적인 경우에 입안제안이 가능하게 되었다. 2012.2.1 법 개정으로 정비예정구역 등이 해제되면서 주거환경관리사업으로 전환이 가능해지자, 2014.5.15 조례 개정을 통하여 주거환경관리사업에 대해서도 주민제안이 가능하게 되었다.

□ 개정 연혁

▸ 도시정비조례[서울시조례 제4167호, 2003.12.30, 제정]

제6조(정비구역 지정 입안에 관한 주민동의) ① 구청장이 주민요구에 의하여 정비구역의 지정을 입안하고자 하는 경우 제5조제7호에 의한 동의는 토지등소유자의 2/3 이상의 동의를 얻어야 한다.

② 제1항의 규정에 의한 동의자 수의 산정방법 및 절차 등에 관하여는 영 제28조의 규정을 준용한다.

부 칙 〈2003.12.30〉

제1조(시행일) 이 조례는 공포한 날부터 시행한다(효력발생시기는 2003.12.30).

➡ 도시정비법 시행 초기에는 시장·군수의 정비계획 수립(변경)이 아닌 토지등소유자의 정비계획 입안 제안에 의해 정비구역 지정·고시 작업이 이루어져 이 조문이 중요한 규정이었다.

▸ **[서울시조례 제4949호, 2010.3.2, 일부개정]**

제6조(정비구역 지정의 입안을 위한 주민제안) ① 영 제13조의2에 따라 구청장에게 정비계획의 입안을 제안하려는 때에는 해당 지역 토지등소유자의 2/3 이상 및 토지면적의 1/2 이상 소유자의 동의를 얻어야 하며, 국공유지는 동의자 수 및 동의면적 산정에서 제외한다. 〈개정 2009.7.30, 2010.3.2〉

② 토지등소유자가 입안을 제안하는 경우 제안내용에는 제5조 각 호의 사항이 포함되도록 하고, 제안서식은 규칙으로 정한다. 〈신설 2010.3.2〉

③ 제1항에 따른 동의자 수의 산정방법 및 절차 등에 관하여는 영 제28조를 준용한다. 〈개정 2009.7.30, 2010.3.2〉

부 칙 〈제4949호, 2010.3.2〉

이 조례는 공포한 날부터 시행한다(효력발생시기는 2010.3.2).

➡ 2009.2.6 도시정비법의 개정으로 정비계획 수립의 원칙은 시장·군수가 하여야 하며 예외적으로 입안 제안이 가능하게 됐다. 이 영향으로 조례도 정비구역 지정의 입안을 주민이 제안하는 경우 토지등소유자 2/3 이상 및 토지면적 1/2 이상의 소유자 동의를 얻도록 강화하였다.

▸ **[서울시조례 제5237호, 2012.1.5, 일부개정]**

제6조(정비구역 지정의 입안을 위한 주민제안) ① 영 제13조의2에 따라 구청장에게 정비계획의 입안을 제안하려는 때에는 해당 지역 토지등소유자의 2/3 이상 및 토지면적의 1/2 이상 소유자의 동의를 얻어야 한다. 〈개정 2012.1.5〉

② 토지등소유자가 입안을 제안하는 경우 제안내용에는 제5조 각 호의 사항이 포함되도록 하고, 제안서식은 규칙으로 정한다. 〈신설 2010.3.2〉

③ 제1항에 따른 동의자의 산정방법 등은 영 제28조의 규정을 준용한다. 다만, 국·공유지는 동의자 수 및 동의면적 산정에서 제외한다. 〈개정 2012.1.5〉

부 칙 〈제5237호, 2012.1.5〉

제1조(시행일) 이 조례는 공포한 날부터 시행한다(효력발생시기는 2012.1.5).

➡ 제1항 단서인 "국공유지는 동의자 수 및 동의면적 산정에서 제외한다."는 규정은 제3항으로 분리하고, 제안서식을 조례 시행규칙으로 정하도록 했다.

► **[서울시조례 제5701호, 2014.5.14, 일부개정]**

제6조(정비구역 지정의 입안을 위한 주민제안) ① 영 제13조의2에 따라 구청장에게 정비계획의 입안을 제안하려는 때에는 해당 지역 토지등소유자의 2/3(단, 주거환경관리사업의 경우 토지등소유자의 과반수) 이상 및 토지면적의 1/2 이상 소유자의 동의를 얻어야 한다. 〈개정 2012.1.5, 2014.5.14〉

② 토지등소유자가 입안을 제안하는 경우 제안내용에는 제5조 각 호의 사항이 포함되도록 하고, 제안서식은 규칙으로 정한다. 〈신설 2010.3.2〉

③ 제1항에 따른 동의자의 산정방법 등은 영 제28조의 규정을 준용한다. 다만, 국·공유지는 동의자 수 및 동의면적 산정에서 제외한다. 〈개정 2012.1.5〉

부 칙 〈제5701호, 2014.5.14〉

제1조(시행일) 이 조례는 공포한 날부터 시행한다(효력발생시기는 2014.5.14).

➡ 2012.2.1 법 개정으로 정비예정구역 등이 해제되면서 주거환경관리사업으로 전환이 가능해지자, 2014.5.15 조례 개정을 통하여 주거환경관리사업도 토지등소유자 과반수 및 토지면적 1/2 이상 소유자의 동의로 정비계획의 입안을 제안할 수 있도록 하였다.

□ 토지등소유자의 정비계획 입안 제안

정비사업을 위한 원칙적인 정비계획 수립(입안)권자는 시장·군수·구청장(이하 "시장·군수"라 한다.)이다. 그러나 다음의 경우 예외를 인정하여 토지등소유자가 정비계획의 입안제안을 할 수 있다.

토지등소유자는 다음 각 호의 어느 하나에 해당하는 경우에 시장·군수에게 정비계획의 입안을 제안할 수 있으며, 이 경우 정비계획의 제안을 위한 토지등소유자의 동의, 제안서의 처리 등에 관하여 필요한 사항은 대통령령으로 정한다(법 제4조제3항).

1. 단계별 정비사업 추진계획 상 정비계획의 수립시기가 1년(시도 조례로 그 이상의 연수로 정하는 경우에는 그 연수로 한다.) 이상 경과하였음에도 불구하고 정비계획이 수립되지 아니한 경우
2. 토지등소유자가 법 제8조제4항에 따라 정비조합이 아닌 주택공사등을 사업시행자로 요청하고자 하는 경우
3. 대도시가 아닌 시 또는 군으로서 시도 조례로 정하는 경우

법 제4조제3항에 따라 시장·군수에게 정비계획 입안 시에는 시도 조례로 정하는 바에 따라 토지등소유자의 동의를 받은 후 제안서에 정비계획도서, 계획설명서, 그 밖의 필요한 서류를 첨부하여 시장·군수에게 제출하여야 한다(영 제13조의2 제1항). 즉 제안만으로는 부족하며 조례상 동의율을 충족하고 부속서류 및 도서도 제출하여야 한다.

시장·군수는 제안을 받으면 그 제안 일부터 60일 이내에 정비계획에의 반영여부를 제안자에게 통보하여야 하며, 부득이한 사정이 있는 경우에는 한 차례만 30일을 연장할 수 있다. 정비계획 입안의 제안을 위하여 필요한 사항은 시도 조례로 정할 수 있다. 이 위임을 근거로 조례 제6조가 만들어 졌다.

▢ 조례 제6조제1항(정비구역 지정의 입안을 위한 주민제안)

영 제13조의2에 따라 구청장에게 정비계획의 입안을 제안하려는 때에는 해당지역 토지등소유자의 2/3(단, 주거환경관리사업의 경우 토지등소유자의 과반수) 이상 및 토지면적의 1/2 이상 소유자의 동의를 얻어야 한다(동조 제1항).

여기에서의 토지등소유자란 도시정비법 제2조제9호인 정비사업별 토지등소유자를 말하는데, 예를 들어 재개발·주거환경관리사업인 경우 토지소유자, 건축물 소유자, 지상권자까지 합한 총수의 2/3 이상 동의를 받아야 한다.

2014.5.14 새롭게 추가된 주거환경관리사업의 경우, 입안제안을 위한 동의율은 토지등소유자의 2/3 이상 외에도 토지면적의 1/2 이상 동의도 충족되어야 한다.

▢ 조례 제6조제2항

토지등소유자가 입안을 제안하는 경우 제안내용에는 조례 제5조 각 호의 사항인 정비계획 수립 시 조사내용이 포함되도록 하고, 제안 서식은 규칙으로 정한다(동조 제2항).

제안서식은 토지등소유자가 정비구역 지정의 입안제안 시에는 조례 시행규칙 별지 제6호서식의 동의서, 별지 제7호서식의 동의 총괄표 및 별지 제1호서식의 정비구역 지정 신청서를 제출하여야 한다(규칙 제5조). 첨부(별지 제1, 6, 7호서식)를 확인하기 바란다.

[별지 제1호서식] 〈개정 2013.2.21〉

정비구역 지정(변경)신청서

1. 정비구역 지정도서

가. 정비구역 지정(변경)조서

구 분	정비사업 명 칭	위 치	면 적(㎡)			비 고
			기 정	변 경	변경후	
(신규 또는 기정·변경 으로 구분)						

나. 지정 사유

(법령 및 조례 규정에 근거한 지정요건 및 범위 결정사유 기재)

다. 신청도면

1) 위치도

(구역 주변의 지형지물이 표시된 축척 1/50,000 이상의 도면)

2) 정비구역 결정도

(지정하고자 하는 정비구역의 범위와 도시관리계획사항 및 지형·지물이 표시된 축척 1/500부터 1/1,500까지에 해당하는 도면 〈도시계획현황도〉에 작성하되, 도면 작성일자 및 작성자 직·성명 명기)

2. 정비구역 지정요건 도서

가. 구역 일반현황 총괄표

도시관리 계획사항	용도지역	용도지구	도시계획시설		기 타	
			종 류	규 모	종 류	규 모

토지현황	구 분	계	사유지	국·공유지(관리청별)					비 고
				소계					
	면 적 (㎡)								
	필지수								

건축물 현황	구분	계	허가유무		용도별 허가유무별						비 고
					주 거 용			비 주 거 용			
			유 허가	무 허가	소계	유 허가	무 허가	소계	유 허가	무 허가	
	동수										
	호수										호수는 공동주택이 포함된 경우 작성

거주자 및 권리자 현황	거 주 가 구			거 주 인 구			권 리 자(토지등소유자)				
	계	가옥주	세입자	계	가옥주	세입자	계	토지·건축물 소유자	토 지 소유자	건축물 소유자	지 상 권 자

나. 구역지정 요건을 증명하는 내역서

(다음의 내역서 중 「도시정비법 시행령」 제10조제1항 [별표1] 및 조례 제4조 각 호를 적용함에 있어 해당되는 내역을 작성한다.)

1) 호수밀도 현황

호수밀도 (호수/ha)	구역면적 (㎡)	건축물 호수				비 고
		계	단독주택(동)	공동주택(호)	기타건축물(동)	

2) 주택접도율 현황

주택접도율 (%)	정비구역 내 건축물 총수	폭 4m 이상 도로에 길이 4m 이상 접한 토지상의 건축물 총수	비 고

3) 과소필지 현황

구 분	구역안의 대상 총토지		과소필지(90㎡ 미만)		과소필지 비율 (%)
	필지수	면적(㎡)	필지수	면적(㎡)	
합 계					
일반토지					

4) 재해(상습침수·재해위험)발생이 우려되는 지역으로서 사업시행 필요 여부

5) 건축물의 노후·불량 등의 현황

<table>
<tr><th colspan="2" rowspan="2">구 분</th><th rowspan="2">노후·불량 비율
(노후·불량 동수 / 총 동수)</th><th colspan="4">노후·불량 등의 유형〈안전진단에 의한 경우〉</th></tr>
<tr><th>계</th><th>구 조 상
불량동수</th><th>건축설비상
불량동수</th><th>기 타</th></tr>
<tr><td rowspan="2">구
조
별</td><td>합 계</td><td></td><td></td><td></td><td></td><td></td></tr>
<tr><td>철근·철골·철골철근
콘크리트 및 강구조

기타구조
(연와, 석조, 목조 등)</td><td></td><td></td><td></td><td></td><td></td></tr>
<tr><td rowspan="2">존
치
기
간
별</td><td>합 계</td><td></td><td></td><td></td><td></td><td></td></tr>
<tr><td>10년 미만
10~19년
20~29년
30~39년
40년 이상

'85.6.30 이전
(주거환경개선사업)

개발제한구역
으로 지정이전
(주거환경개선사업)</td><td></td><td></td><td></td><td></td><td></td></tr>
<tr><td rowspan="2">허
가
별</td><td>합 계</td><td></td><td></td><td></td><td></td><td></td></tr>
<tr><td>유 허 가
무 허 가</td><td></td><td></td><td></td><td></td><td></td></tr>
</table>

다. 구역지정 요건 관련 종합의견서

라. 현황전경사진

마. 관계도면

(지적·지형지물 등이 표시된 축척 1/5,000 이상의 지형도에 "나"항의 각 내역서별 구역지정 요건을 판단할 수 있도록 작성한다.)

3. 정비계획(「도시정비법」 제4조제1항 관련)

가. 토지이용계획

<table>
<tr><th rowspan="2">구 분</th><th rowspan="2">명 칭</th><th colspan="3">면 적(㎡)</th><th rowspan="2">비 율</th><th rowspan="2">비 고</th></tr>
<tr><th>기 정</th><th>변 경</th><th>변경후</th></tr>
<tr><td colspan="2">합 계</td><td></td><td></td><td></td><td></td><td></td></tr>
<tr><td rowspan="7">정비기반
시설 등</td><td>소 계</td><td></td><td></td><td></td><td></td><td></td></tr>
<tr><td>도 로</td><td></td><td></td><td></td><td></td><td></td></tr>
<tr><td>공 원</td><td></td><td></td><td></td><td></td><td></td></tr>
<tr><td>녹 지</td><td></td><td></td><td></td><td></td><td></td></tr>
<tr><td></td><td></td><td></td><td></td><td></td><td></td></tr>
<tr><td></td><td></td><td></td><td></td><td></td><td></td></tr>
<tr><td></td><td></td><td></td><td></td><td></td><td></td></tr>
<tr><td rowspan="8">획 지</td><td>소 계</td><td></td><td></td><td></td><td></td><td></td></tr>
<tr><td>획 지 1</td><td></td><td></td><td></td><td></td><td></td></tr>
<tr><td>획 지 2</td><td></td><td></td><td></td><td></td><td></td></tr>
<tr><td>획 지 3</td><td></td><td></td><td></td><td></td><td></td></tr>
<tr><td></td><td></td><td></td><td></td><td></td><td></td></tr>
<tr><td></td><td></td><td></td><td></td><td></td><td></td></tr>
<tr><td></td><td></td><td></td><td></td><td></td><td></td></tr>
<tr><td></td><td></td><td></td><td></td><td></td><td></td></tr>
</table>

나. 용도지역 결정(변경) 조서

<table>
<tr><th colspan="2" rowspan="2">구 분</th><th colspan="3">면 적(㎡)</th><th rowspan="2">비 율</th><th rowspan="2">비 고</th></tr>
<tr><th>기 정</th><th>변 경</th><th>변경후</th></tr>
<tr><td colspan="2">합 계</td><td></td><td></td><td></td><td></td><td></td></tr>
<tr><td rowspan="6">주거지역</td><td>소 계</td><td></td><td></td><td></td><td></td><td></td></tr>
<tr><td></td><td></td><td></td><td></td><td></td><td></td></tr>
<tr><td></td><td></td><td></td><td></td><td></td><td></td></tr>
<tr><td></td><td></td><td></td><td></td><td></td><td></td></tr>
<tr><td></td><td></td><td></td><td></td><td></td><td></td></tr>
<tr><td></td><td></td><td></td><td></td><td></td><td></td></tr>
<tr><td rowspan="5">○○지역</td><td>소 계</td><td></td><td></td><td></td><td></td><td></td></tr>
<tr><td></td><td></td><td></td><td></td><td></td><td></td></tr>
<tr><td></td><td></td><td></td><td></td><td></td><td></td></tr>
<tr><td></td><td></td><td></td><td></td><td></td><td></td></tr>
<tr><td></td><td></td><td></td><td></td><td></td><td></td></tr>
<tr><td rowspan="5">○○지역</td><td></td><td></td><td></td><td></td><td></td><td></td></tr>
<tr><td></td><td></td><td></td><td></td><td></td><td></td></tr>
<tr><td></td><td></td><td></td><td></td><td></td><td></td></tr>
<tr><td></td><td></td><td></td><td></td><td></td><td></td></tr>
<tr><td></td><td></td><td></td><td></td><td></td><td></td></tr>
</table>

다. 도시계획시설 결정(변경) 조서(「국토계획법」 제2조제7호 관련)

1) 도로

<table>
<tr><th rowspan="2">구분</th><th colspan="4">규 모</th><th rowspan="2">기능</th><th rowspan="2">연장
(m)</th><th rowspan="2">기점</th><th rowspan="2">종점</th><th rowspan="2">사용
형태</th><th rowspan="2">주 요
경과지</th><th rowspan="2">최 초
결정일</th><th rowspan="2">비고</th></tr>
<tr><th>등급</th><th>류별</th><th>번호</th><th>폭원
(m)</th></tr>
<tr><td></td><td></td><td></td><td></td><td></td><td></td><td></td><td></td><td></td><td></td><td></td><td></td><td></td></tr>
</table>

2) 공원·녹지 등

구 분	시설명	시설의 세 분	위 치	면 적 (㎡)			최 초 결정일	비 고
				기 정	변 경	변경후		

라. 공동이용시설 설치계획

구 분	시설의 종류	위 치	면 적(㎡)			비 고
			기 정	변 경	변경후	

마. 건축물의 정비·개량 및 건축시설계획

1) 기존건축물의 정비·개량계획

구분	구역구분		가구 또는 획지 구분		위치	정비개량계획(동)					비고
	명칭	면적 (㎡)	명칭	면적 (㎡)		계	존치	개수	철거후 신 축	철 거 이 주	
계											

2) 건축시설계획

구분	구 역 구 분		가구 또는 획지 구분		위 치	주 된 용 도	건폐율 (%)	용적률 (%)	높이(m) 최고층수	비 고 (연면적)
	명칭	면적 (㎡)	명칭	면적 (㎡)						
주택의 규모 및 규모별 건설비율			○ 건립규모 및 비율 : 국토교통부 고시 내용에 의함 – 주택규모별 건립세대수 기재 (임대주택 포함)							
심의완화 사항										
건축물의 건축선에 관한 계획										

바. 도시경관과 환경보전 및 재난방지에 관한 계획

구 분	계 획 내 용	비 고
환경보전		
재난방지		

사. 정비사업 시행계획

시행방법	시행예정시기	사업시행예정자	정비사업 시행으로 증가예상 세대수	비고

아. 정비구역 주변의 교육환경 보호에 관한 계획

자. 정비구역의 분할 또는 결합에 관한 계획(필요시)

차. 정비구역 및 주변지역의 주택수급에 관한사항

1) 정비구역의 주택멸실 현황

가) 건축물 동수

구역 내 건축물 동수			구역 내 건축물 동수		
계	주거용 건축물	비주거용 건축물	계	유허가	무허가

나) 거주현황

<table>
<tr><th colspan="2" rowspan="2">유형별 주택 호수</th><th colspan="3">거주 가구 수</th><th colspan="3">구역 내 거주 인구 수</th><th rowspan="2">비고</th></tr>
<tr><th>소계</th><th>가옥주</th><th>세입자</th><th>소계</th><th>가옥주</th><th>세입자</th></tr>
<tr><td>계</td><td></td><td></td><td></td><td></td><td></td><td></td><td></td><td></td></tr>
<tr><td>단독주택</td><td></td><td></td><td></td><td></td><td></td><td></td><td></td><td></td></tr>
<tr><td>공동주택</td><td></td><td></td><td></td><td></td><td></td><td></td><td></td><td></td></tr>
</table>

※ 주택호수 : 공동주택은 1세대를 1호로 산정하고, 다가구주택은 가구 수별 1호로 산정하며, 단독주택의 경우 실제 거주현황을 기준으로 작성

※ 구역 내 거주 가구 수 및 인구 수 : 주민등록상 세대수 기준으로 작성하되, 건축물대장상 공동주택과 다가구주택 1세대에 여러 세대가 거주하는 경우 1개 가구로 작성하며, 단독주택의 경우 실제 거주현황 기준으로 작성

다.) 규모별, 유형별 거주현황

<table>
<tr><th colspan="2" rowspan="2">구 분</th><th rowspan="2">계</th><th colspan="4">단독주택</th><th colspan="5">공동주택</th></tr>
<tr><th>소계</th><th>단독</th><th>다가구</th><th>기타</th><th>소계</th><th>아파트</th><th>연립</th><th>다세대</th><th>기타</th></tr>
<tr><td colspan="2">합 계</td><td></td><td></td><td></td><td></td><td></td><td></td><td></td><td></td><td></td><td></td></tr>
<tr><td rowspan="4">60㎡ 이하</td><td>소계</td><td></td><td></td><td></td><td></td><td></td><td></td><td></td><td></td><td></td><td></td></tr>
<tr><td>30㎡ 이하</td><td></td><td></td><td></td><td></td><td></td><td></td><td></td><td></td><td></td><td></td></tr>
<tr><td>30㎡ 초과 ~ 50㎡ 이하</td><td></td><td></td><td></td><td></td><td></td><td></td><td></td><td></td><td></td><td></td></tr>
<tr><td>50㎡ 초과 ~ 60㎡ 이하</td><td></td><td></td><td></td><td></td><td></td><td></td><td></td><td></td><td></td><td></td></tr>
<tr><td colspan="2">60㎡ 초과 ~85㎡ 이하</td><td></td><td></td><td></td><td></td><td></td><td></td><td></td><td></td><td></td><td></td></tr>
<tr><td rowspan="3">85㎡ 초과</td><td>소계</td><td></td><td></td><td></td><td></td><td></td><td></td><td></td><td></td><td></td><td></td></tr>
<tr><td>85㎡ 초과 ~ 135㎡ 이하</td><td></td><td></td><td></td><td></td><td></td><td></td><td></td><td></td><td></td><td></td></tr>
<tr><td>135㎡ 초과</td><td></td><td></td><td></td><td></td><td></td><td></td><td></td><td></td><td></td><td></td></tr>
</table>

※ 주택(건축물)의 규모는 건축물대장 또는 부동산등기부를 기준으로 작성하되, 공동주택의 경우 전용면적 기준으로, 단독주택 등은 파악 가능한 자료로 작성

※ 단독주택 중 다중주택, 공관 및 근생시설 내 주거 등과 공동주택 중 분류되지 않는 것은 기타로 포함

2) 정비사업으로 인해 새로 건축되는 주택 현황

<table>
<tr><th colspan="2">구 분</th><th>계</th><th>조합원분양</th><th>일반분양</th><th>임대주택</th><th>비 고</th></tr>
<tr><td colspan="2">합 계</td><td></td><td></td><td></td><td></td><td></td></tr>
<tr><td rowspan="4">60㎡ 이하</td><td>소 계</td><td></td><td></td><td></td><td></td><td></td></tr>
<tr><td>30㎡ 이하</td><td></td><td></td><td></td><td></td><td></td></tr>
<tr><td>30㎡ 초과 ~50㎡ 이하</td><td></td><td></td><td></td><td></td><td></td></tr>
<tr><td>50㎡ 초과 ~60㎡ 이하</td><td></td><td></td><td></td><td></td><td></td></tr>
<tr><td colspan="2">60㎡ 초과 ~85㎡ 이하</td><td></td><td></td><td></td><td></td><td></td></tr>
<tr><td rowspan="3">85㎡ 초과</td><td>소 계</td><td></td><td></td><td></td><td></td><td></td></tr>
<tr><td>85㎡ 초과 ~135㎡ 이하</td><td></td><td></td><td></td><td></td><td></td></tr>
<tr><td>135㎡ 초과</td><td></td><td></td><td></td><td></td><td></td></tr>
</table>

카. 가구 및 획지에 관한 계획

<table>
<tr><th rowspan="2">구 분</th><th rowspan="2">가 구</th><th rowspan="2">면 적</th><th colspan="2">획 지</th><th rowspan="2">비 고</th></tr>
<tr><th>위 치</th><th>면 적</th></tr>
<tr><td></td><td></td><td></td><td></td><td></td><td rowspan="2">대지의 분할 또는 합병표시</td></tr>
<tr><td></td><td></td><td></td><td></td><td></td></tr>
</table>

타. 임대주택 및 소형주택의 건설에 관한 계획

건립위치	부지면적 (㎡)	동 수	세대수	세대규모 (전용)	비 고 (연면적)

※ 도시환경정비사업은 공동주택을 건설하는 경우에 한함.

파. 주민의 소득원 개발에 관한 사항(주거환경개선사업에 한한다.)

하. 환경성 검토결과

거. 기존수목의 현황 및 활용계획

연번	수종	직경	본수	활 용 계 획	비 고

너. 정비계획 결정(변경)도

(축척 1/5,000의 지형도상에 지적 및 건축물이 명시된 도면 사용, 구역의 범위, 시행지구 및 건축부지계획, 정비기반시설 및 도시계획시설 등을 명기하고 토지용도별 시설별 명칭 기재, 도면작성 일자와 작성자의 직·성명 기재)

더. 용도지역 변경 전·후 도면

[별지 제6호서식] 〈개정 2013.2.21〉

정비구역 지정의 입안제안에 관한 동의서

동의자	성 명		생년월일	
	주 소	(전화)		
권 리 내 역	토 지	소 재 지 (공유여부)		면 적(㎡)
		(계 필지)		
		( )		
		( )		
		( )		
	건축물	소 재 지 (허가유무)		동 수
		( )		
		( )		
		( )		

본인은 상기권리에 대하여 「서울시 도시정비조례」 제6조제1항에 따른 정비구역 지정에 동의합니다.

년 월 일

동의자 (서명) 지장날인

붙임 : 동의자 신분증명서 사본 1통

( ) 구 청 장 귀하

[별지 제7호서식] 〈개정 2010.3.11〉

(　　　　　　　)동 의 총 괄 표

1. 동의총괄내역(정비사업 명칭 :　　　　　　　)

가. 토지면적

구 분	동의율 (%)	동의대상 총면적(㎡)			동 의 면 적(㎡)		
		계	지상권 비설정토지	지상권 설정토지	계	지상권 비설정토지	지상권 설정토지
계							
사 유 지							
국공유지							
기　　타							

나. 토지등소유자

구 분 권리유형	전체 토지등소유자	토지 및 건축물소유자	토지소유자수				건축물 소유자수
			계	사유지	국공유지	기 타	
총소유자수							
동의자수							
동의율(%)							

2. 동의자 명부

연 번	조합원 번　호	동의대상자		권리내역별 동의여부							비 고
		성 명	주 소	권리의 소재지	토 지				건축물		
					지상권 미설정		지상권 설정		동 의	미동의	
					토지소유자		토지소유자 및 지상권자				
					동의	미동의	동의	미동의			

※ 동의 총괄표는 안전진단 요청에 위한 주민동의, 정비구역 지정의 입안제안에 관한 동의, 정비추진위원회 설립동의, 정비사업 조합설립동의 등 동의서 징구 시 첨부하고, 총괄표 작성은 해당하는 사항만 작성

▢ 조례 제6조제3항(동의자 산정방법과 국공유지 제외)

제1항에 따른 동의자의 산정방법 등은 영 제28조의 규정을 준용한다. 다만, 국·공유지는 동의자 수 및 동의면적 산정에서 제외한다(동조 제3항).

동의자의 산정방법 등은 영 제28조를 준용한다(법 조문해설 제17조를 참조하기 바람).

반면, 시행령 제28조제1항제5호인 "국·공유지는 그 재산관리청을 토지등소유자로 산정할 것"이란 조문은 준용하지 않고 토지등소유자가 입안 제안 시에는 국·공유지는 동의자 수 및 동의면적 산정에서 제외하도록 별도 규정하였다.

입안 제안의 경우 국공유지를 제외한 이유는 국공유지를 제외한 나머지 부분의 동의를 더 요구하여, 무분별한 토지등소유자의 정비계획 입안제안을 규제하려는 의도다.

▢ 시도별 조례

정비계획 입안 제안을 위한 토지등소유자의 동의율이 시도별 여건에 따라 다르다.

○ 경기도

제7조(정비계획의 입안 제안) ① 법 제4조제3항제3호에 따라 대도시가 아닌 시·군으로서 영 제10조제1항 [별표1]에 해당하는 정비계획 수립 대상구역의 토지등소유자(법 제2조제9호 각 목의 자를 말한다. 이하 같다.)는 시장·군수에게 정비계획의 입안을 제안할 수 있다. 〈개정 2012.5.11〉

② 영 제13조의2제1항에 따라 정비계획의 입안을 제안하는 토지등소유자는 해당 지역 토지등소유자 총수의 70% 이상 및 토지면적의 1/2 이상의 토지소유자의 동의를 얻어야 한다.

③ 토지등소유자의 동의자 수 산정방법 및 절차 등은 영 제28조를 준용한다.

서울시와 달리 동의율이 다르며, "국·공유지는 동의자수 및 동의면적 산정에서 제외한다."는 단서 규정도 없다. 경기도 도시정비조례는 대도시가 아닌 인구 50만 미만의 경우로서 토지등소유자의 정비계획 입안제안에 따라 정비계획이 수립된다.

- 남양주시(제9조), 부천시(제8조), 화성시(제7조)

경기도와 같다.

- 수원시, 안양시

제7조(정비구역 지정의 입안을 위한 주민제안) ① 영 제13조의2에 따라 시장에게 정비계획의 입안을 제안하려는 때에는 해당 지역 토지등소유자의 2/3 이상 및 토지면적의 1/2 이상 소유자의 동의를 얻어야 한다.

② 토지등소유자가 입안을 제안하는 경우 제안내용에는 제5조 각 호의 사항이 포함되도록 한다.

③ 토지등소유자의 동의자 수 산정방법 및 절차 등은 영 제28조를 준용한다. 다만, 국·공유지는 동의자 및 동의면적에서 제외한다.

- 안산시, 고양시

제7조(정비구역 지정의 입안을 위한 주민제안) ① 영 제13조의2에 따라 정비계획의 입안을 제안하려는 경우에는 해당 지역 토지등소유자 총수의 70% 이상 및 토지면적의 1/2 이상의 토지소유자의 동의를 얻어야 한다.

② 제1항에 따른 제안서에는 정비계획도서, 정비계획 설명서 및 제5조 각 호의 사항이 포함되어야 한다.

③ 토지등소유자의 동의자 수 산정방법 및 절차 등은 영 제28조에 따른다. 다만, 국·공유지는 동의자 수 및 동의 면적에서 제외한다.

○ 인천시

제6조(정비계획 입안의 제안) ① 영 제13조의2제1항에 따라 구청장 등에게 정비계획의 입안을 제안하고자 하는 경우에는 토지등소유자의 2/3 이상 및 토지면적의 1/2 이상에 속하는 토지소유자의 동의를 얻어야 한다.

② 제1항에 따른 동의자수 산정방법 및 그 절차 등에 관하여는 영 제28조를 준용하되, 국·공유지는 동의자수 및 동의면적 산정에서 제외한다.

○ **부산시, 대구시, 대전시, 광주시**

제5조의2(정비구역 지정 입안에 관한 주민 제안) ① 영 제13조의2제1항에 따라 토지등소유자가 정비계획의 수립에 대한 입안을 제안할 경우에는 정비예정구역의 토지등소유자의 2/3 이상의 동의를 받아야 한다. 〈개정 2010.3.3〉

② 〈삭제 2010.3.3〉

③ 제1항에 의한 동의방법 등에 관해서는 법 제17조 및 영 제28조를 준용한다.〈개정 2010.3.3, 2012.12.26〉

➡ 서울시와 달리 "국·공유지는 동의자수 및 동의면적 산정에서 제외한다."는 단서 규정이 없으며, 토지면적에 대한 동의 규정이 없다.
광주시는 제6조에서 규정하고 있다.

☐ 유권해석

Q 7.30 개정된 서울시 도시정비조례 제6조(정비구역 지정의 입안을 위한 주민제안) ① 항의 "도시정비법 제13조에 의하여 승인받은 추진위원회는 관할 구청장에게 정비구역 지정에 대한 입안을 제안할 수 있다."는 근거에 의해서 추진위원회는 관할구청에 정비구역 지정신청을 위한 주민제안서를 제출함(따라서 도시정비법 시행령 등에 따른 별도의 동의서 징구행위는 없었음).

추진위원회 설립승인 2007.12.26
추진위원회 정비구역 지정신청 주민제안 2008.12.12
추진위원회 설립승인취소 ○○구청 2010.4.8
4차 주민공람공고 2010.4.29 ~ 5.13

추진위원회는 추진위원회 설립 동의서의 변조가 검찰조사에서 확정되었고, 또한 도시정비법 제13조제2항을 위반하여 설립된 추진위원회가 법원에서 추진위원회 설립이 무효라고 재판 판결 결정되어 추진위원회 설립승인이 관할구청에 의해 취소되었음.
이러한 경우에 취소된 추진위원회가 취소 전 주민제안방식으로 신청한 정비구역 지정이 고시된다면 효력이 있는 것인지?

A 추진위원회가 정비구역 지정신청 주민제안을 할 당시인 2008.12.12 당시 시행되던 서울시 도시정비조례(조례 제4686호, 2008.9.30, 일부개정)는 다음과 같이 규정하고 있음.

> 제6조(정비구역 지정의 입안을 위한 주민제안) 〈본조개정 2006.1.1〉 ① 법 제3조제1항제9호에 따른 단계별 정비사업 추진계획 상 정비계획의 수립시기가 1년 이상 경과하였음에도 불구하고 정비계획이 수립되지 아니한 경우에는 토지등소유자가 정비계획의 수립에 대한 입안을 제안할 수 있다. 이 경우 당해 지역 토지등소유자의 2/3 이상의 동의를 얻어야 한다. 〈개정 2007.12.26〉
> ② 제1항에 따른 동의자 수의 산정방법 및 절차 등에 관하여는 영 제28조 규정을 준용한다. 〈개정 2007.12.26, 2008.9.30)"

우선, 도시정비법 시행령 등에 따른 별도의 동의서 징구행위는 없었다고 하셨는데, 위 조례 제6조제1항 단서에서 규정한 당해 지역 토지등소유자의 2/3 이상의 동의를 얻지 않았다는 의미라면 그 자체로 제안행위의 효력이 문제가 될 것임.

다음으로, 법원에서 추진위원회 설립이 무효라고 판결이나 추진위원회 설립승인이 관할구청에 의해 취소되었다고 하셨는데, 이 경우 추진위원회가 취소 전 주민제안 방식으로 신청한 정비구역 지정이 고시되는 것이 무효인지 유효인지 여부는 위 취소가 소급효가 있는지에 따라 달라질 것임.

관할구청의 취소는 행정법상 소급효를 가지는 직권취소의 성격을 가지는 것이 있고, 장래에 한하여 효력을 가지는 철회의 성격을 가지는 것이 있음. 후자에 해당한다면 정비구역 지정의 전제인 제안행위의 효력에 영향을 미치지 못하므로 지정 자체는 유효할 것임. 전자에 해당한다면 제안 행위의 효력에 영향을 미치겠지만, 그에 따른 정비구역 지정이 필수적으로 관련되어 무효인지 여부는 불분명함(서울시 사이버상담실 2010.6.3).

도시정비법의 구역지정 제안시기

현재 도시정비법의 구역지정 제안 시기는 노후도가 충족이 되어야 제안을 할 수 있는 걸로 알고 있음. 거대한 서울시 재건축·재개발을 위한 계획은 중장기적인 기준으로 준비해야 되는바, 현재 그러한 계획을 위하여 미리 노후도가 1, 2년 남은 지역의 노후도 변화 추이를 각 구청으로 하여금 조사하여 난개발이나 소위

집장사(투기꾼)들의 이익만 추구하는 건축행위 자체를 막아 서울시의 잘 정비된 도시계획을 지향해야 될 것으로 생각함.

현재 법의 구역지정 제안 시기나 지정 시기는 투기꾼들의 배만 불리는 형국으로, 단독주택을 사 개인이 신축하여 높은 가격에 분양하는 행위, 단독주택 소유주에게 신축하면 돈을 벌수 있다고 하여 구 건물을 철거하고 신축하여 해당 지역의 노후도를 떨어뜨려 사실상 재건축을 불가능하게 하여 재건축이 가능하다고 생각됨. 높은 가격에 신축 분을 매수하여 해당 지역으로 집값을 올리는 행위는 절대적 투기행위로써 이러한 행위 자체는 용적률이 높게 지어졌던 1990년대의 다세대·다가구의 주거환경을 계속유지하게 함으로써 도시 슬럼화를 진행시키는 주범이 아닌가 생각됨.

Q 구역지정 시기의 제안을 1년이나 2년 앞당겨 일단 제안서를 받고 해당 지역의 상태를 분석, 신축을 막아 재건축되었을 때 자원손실과 지역 주민들의 주거환경개선을 기대할 수 있도록 해 주는 것이 타당한 것 아닌지?

A 도시정비법 제3조에 따라 정비예정구역을 포함하는 정비기본계획을 10년 단위로 수립하도록 정하고 있으며, 정비구역의 지정은 관계법령 등에서 정하고 있는 구역지정 요건에 적합한 경우에 가능한 것임. 다만, 관계법령에 근거가 없음을 이유로 정비예정구역에서 무분별한 지분 분할 및 건축행위로 인하여 선량한 다수 시민의 재산권 행사에 막대한 지장을 초래하는 사례가 있어 건축법 제12조에 근거하여 2006.9부터 기본계획 수립을 위한 정비예정구역 신청지에 대해서도 필요하다고 인정되는 지역은 건축허가 및 착공제한 지역으로 지정할 수 있도록 지침을 마련하여 시행중에 있음(서울시 2007.7.25).

Q 2003.5 토지등소유자 80% 이상의 동의를 얻어 지구단위계획을 수립 중에 있는 재건축사업으로서, 서울시 도시정비조례 제6조에 의한 정비구역 지정을 요청할 경우 별도의 동의서를 다시 징구하여야 하는지?

A 재건축추진을 위해 수립한 지구단위계획은 도시정비법 제5조제3항에 의하여 동법 제4조에 의한 정비계획으로 보도록 하고 있으며, 국민의 편의를 위하여 현재 수립

중인 지구단위계획이라도 정비계획으로 보도록 운영하고 있음. 따라서 지구단위계획이 재건축추진을 위한 계획이라면 현재까지 추진된 사항은 모두 인정될 수 있는 것임(건교부 주환 2005.1.11).

정비구역 지정 신청 시 국·공유지 관리청의 동의율 산정 여부 등

Q **정비구역 지정 신청 시 구역 내 국·공유지의 관리청, 건축물관리대장에는 등재되어 있으나 부동산등기부에는 등재되지 않은 건축물 또는 그 반대인 경우의 건축물의 소유자, 그리고 기존무허가 관리대장에 등재되어 있으나 실제로는 건축물이 존재하지 아니한 경우 등에 대한 동의자 수 산정방법은?**

A 도시정비법에서는 정비구역 지정 시 토지등소유자의 동의율을 별도 정하고 있지 아니 하며, 다만, 도시정비조례 제6조제2항에 의거 토지등소유자가 관할구청장에게 정비구역 지정에 대한 입안을 제안하는 경우 당해 지역 토지등소유자의 2/3 동의를 얻도록 정하고 있는바, 이는 정비구역 지정 이후 장기간 미 시행으로 인한 시민들의 사유재산권 침해가 최소화되도록 관할구청장이 정비구역 지정 입안 전에 주민들의 사업추진에 대한 의지를 확인하기 위한 조치로서 특별한 사유가 없는 한 국·공유지의 관리청은 동의자 수 산정에서 제외하는 것이 타당하며, 건축물에 대한 동의자 수 산정기준은 부동산등기부 또는 건축물관리대장에 등재된 소유자 모두가 포함되고 실제로 건축물이 존재하지 아니한 기존무허가건물은 관계공무원이 현장조사를 거쳐 사실 여부를 확인하고 사실로 판명될 경우 관계대장을 정리한 후 동의자 수 산정에서 제외하여야 함(서울시 주거정비과 2006.8.7).

동의율 산정 시 나대지 소유자와 기존무허가건물 소유자를 각각의 1인의 소유자로 볼 수 있는지 여부

Q **정비구역 지정 입안에 따른 주민 동의율 산정 시 나대지 소유자와 기존무허가건물 소유자를 각각의 1인의 소유자로 볼 수 있는지?**

A 동의자 수 산정방법 및 절차 등은 도시정비조례 제6조제2항에서 도시정비법 시행령 제28조를 준용토록 하고 있는바, 같은 조 제1항제1호 다목에 따라 나대지 소유자와 기존무허가건물 소유자가 동일인이라면 1인의 소유자로 산정하여야 함(서울시 주거정비과 2004.8.10).

주민 제안에 의한 정비구역 지정 입안 시 토지등소유자의 동의서 철회 가능 시점

Q 정비구역 지정 입안에 동의했던 토지등소유자가 정비구역 지정 입안 제안서를 구청장에게 제출한 이후 동의 철회를 하는 경우 도시정비법 제28조제1항제5호를 준용하여 "추진위원회의 승인 신청 전"을 "정비구역 지정 신청 전"으로 보아 인정하지 않는 것이 타당한지?

A 서울시 도시정비조례 제6조제3항에 의하면 "동의자 수의 산정방법 및 절차 등에 관하여는 영 제28조의 규정을 준용"하도록 정하고 있는바, 토지등소유자가 관할구청장에게 정비구역 지정에 대한 입안을 제안한 이후에는 동의서 철회가 있다 하더라도 동의자 수 산정에서 제외되는 것은 아니며 다만, 정비구역의 지정 입안을 할 것인지 여부에 대하여는 정비계획 수립권자인 관할 구청장이 제반 여건 등을 종합적으로 고려하여 판단할 사항임(서울시 주거정비과 2006.2.16).

Q 주민제안에 의한 정비지구 신청 시 도시정비조례 시행규칙 제6조에는 주민제안에 대한 규정이 있는데 주민이 직접 서울시장에게 서류를 제출해도 되는지?

A 도시정비조례 제6조는 정비계획 입안권자인 관할구청장이 주민제안에 의해 수립하는 경우에 주민 동의율에 대해 정한 사항으로서 정비계획의 입안 신청은 관할구청장에게 제출해야 할 것이며, 정비구역입안을 위한 주민 제안 시 동의율은 도시정비법 시행령 제28조를 준용하도록 하고 있는바, 인감증명을 첨부한 서면동의로 해야 하며, 구청장이 승인한 추진위원회가 정비계획 입안을 제안하는 경우에는 별도의 인감증명이 필요하지 않을 것으로 사료됨. 정비계획에 대한 이의가 있는 경우에는 주민공람 기간 중 해당구청장에게 의견을 제출할 수 있음(서울시 묻고 답하기).

※ 도시정비조례 제6조(정비구역 지정의 입안을 위한 주민제안) 〈본조개정 2006.1.1〉

① 법 제3조제1항제9호에 따른 단계별 정비사업 추진계획 상 정비계획의 수립시기가 1년 이상 경과하였음에도 불구하고 정비계획이 수립되지 아니한 경우에는 토지등소유자가 정비계획의 수립에 대한 입안을 제안할 수 있다. 이 경우 당해 지역 토지등소유자의 2/3 이상의 동의를 얻어야 한다. 〈개정 2007.12.26〉

② 제1항에 의한 동의자 수의 산정방법 및 절차 등에 관하여는 영 제28조를 준용한다. 〈개정 2007.12.26〉

Q 2006.3 수립된 서울시 '2010 서울시 정비기본계획(재건축사업 부문)'에 광진구 구의동 236-40(구역번호 3) 일대 지역이 정비예정구역으로 지정되어 있는데, 이러한 지역의 계획은 어떻게 추진되는지?

A 재건축정비기본계획상 정비예정구역은 향후 도시정비법 시행령 제10조제1항 [별표1] 제3호 나목에 따른 정비계획 수립 대상에 해당될 경우 동법 제4조에 따라 관할구청장이 정비계획을 수립하거나, 도시정비조례 제6조에 따라 주민이 관할구청장에게 정비구역 지정의 입안을 제안해 정비계획 수립을 추진할 수 있음(서울시 FAQ).

Q 주민제안에 의한 정비지구 신청 시 도시정비조례 제6조에는 주민제안에 대한 규정이 있는데 주민이 직접 서울시장에게 서류를 제출하여도 되는지?

A 도시정비조례 제6조는 정비계획입안권자인 관할구청장이 주민제안에 의하여 수립하는 경우에 주민 동의율에 대하여 정한 사항으로서 정비계획의 입안 신청은 관할구청장에게 제출하여야 할 것이며, 정비구역의 입안을 위한 주민 제안 시 동의율은 도시정비법 시행령 제28조를 준용하도록 하고 있는바, 인감증명을 첨부한 서면동의로 하여야 하며, 구청장이 승인한 추진위원회가 정비계획 입안을 제안하는 경우에는 별도의 인감증명이 필요하지 않을 것으로 사료됨. 정비계획에 대한 이의가 있는 경우에는 주민공람 기간 중 해당 구청장에게 의견을 제출할 수 있음(서울시 FAQ).

Q 구역지정 신청일 이후 신청구역 내 토지 또는 건축물의 지분을 구분 소유해 동의서를 제출할 경우 증가된 토지등소유자 수를 구역지정 신청 동의자로 인정해야 하는지?

A 서울시 도시재개발사업조례 시행규칙 제3조제2항에 토지등소유자의 요청에 의해 구역지정을 입안하는 경우 동의자 수는 도시재개발법 제12조제2항(현행 도시정비법 제17조)을 적용하도록 되어 있는바, 도시정비법 시행령 제28조에 따라 재개발사업의 경우 1필지의 토지 또는 하나의 건축물이 수인의 공유에 속하는 때에는 그 수인을 대표하는 1인을 토지등소유자로 산정해야 함(서울시 묻고 답하기).

조례 제7조(정비계획의 경미한 변경)

법 제4조제1항 단서, 영 제12조제12호

정비계획의 경미한 변경

정비계획의 변경은 수립과 같은 절차에 의한다. 경미한 변경의 경우에는 정비계획의 수립절차인 "주민에 대한 서면통보, 주민설명회, 주민공람 및 지방의회의 의견청취" 절차를 거치지 아니할 수 있다.

□ 개정 연혁

▸ 도시재개발사업조례[서울시조례]

제5조(경미한 재개발구역의 변경) 영 제10조제2항제7호의 "기타 시도 조례로 정하는 경미한 사항의 변경"이란 다음 각 호의 사항을 말한다.

1. 재개발사업 명칭의 변경
2. 영 제10조제2항제2호 및 제3호의 범위 안에서 도시계획시설의 변경
3. 「도시계획시설의 결정·구조 및 설치기준에 관한 규칙」 제14조에 의하여 도로모퉁이를 잘라내기 위한 구역결정사항의 변경 〈개정 2003.7.25〉
4. 영 제11조제1항제1호의 기존건축물의 정비·개량에 관한 계획의 변경
5. 재개발사업을 시행하는 구역에서 다음 각 목의 변경
   가. 구역이 접하여 있는 경우 상호경계조정을 위한 구역범위의 변경
   나. 구역의 결정내용 중 구역 또는 지구범위의 변경이 없는 단순한 면적의 정정 및 자구의 정정을 위한 변경
   다. 건축시설계획의 변경을 수반하지 아니하는 사업시행지구 분할계획 또는 건축부지계획의 변경
   라. 건축시설계획 중 제7조제3항제5호 규정의 범위 안에서 주택의 규모별 비율의 변경

마. 구역지정·고시가 있는 날로부터 4년 이내의 범위 안에서 사업시행 예정시기의 변경

6. 〈삭제 1999.3.20〉

▸ 도시정비조례[서울시조례 제4167호, 2003.12.30, 제정]

第7조(정비계획의 경미한 변경) 영 제12조제10호에서 "시도 조례가 정하는 사항의 변경"이란 다음 각 호의 경우를 말한다.

1. 정비구역 명칭의 변경
2. 「도시계획시설의 결정·구조 및 설치기준에 관한 규칙」 제14조에 의하여 도로모퉁이를 잘라내기 위한 정비구역 결정사항의 변경
3. 영 제13조제1항제3호에 의한 기존건축물의 정비 개량에 관한 계획의 변경
4. 정비구역(동일 정비구역안에서 시행지구를 분할하여 시행하는 경우의 지구를 포함한다.)이 접하여 있는 경우 상호경계조정을 위한 정비구역 또는 지구 범위의 변경
5. 정비구역 또는 지구범위의 변경이 없는 단순한 착오에 의한 면적 등의 정정을 위한 변경
6. 법 제4조제1항제5호에 의한 건축물의 주용도·건폐율·용적률·높이·층수 및 연면적에 관한 계획(이하 "건축계획"이라 한다.)의 변경을 수반하지 아니하는 사업시행지구 분할계획 또는 건축부지계획의 변경
7. 정비계획에서 정한 건축계획 중 영 [별표2] 제3호 및 조례 제9조제2호 나목·제5호 다목(2)에서 정한 범위 안에서 주택의 규모별 비율의 변경
8. 단순한 건축배치계획의 변경
9. 정비계획에서 정한 건축계획의 범위 안에서 주택건립 세대수를 10% 이내로 증감하는 변경

부 칙 〈제4167호, 2003.12.30〉

第1조(시행일) 이 조례는 공포한 날부터 시행한다.

▶ [서울시조례 제4824호, 2009.7.30, 일부개정]

제7조(정비계획의 경미한 변경) 영 제12조제12호에서 "시도 조례가 정하는 사항의 변경"이란 다음 각 호의 경우를 말한다. 〈개정 2009.7.30〉

1. 정비구역 명칭의 변경 〈개정 2009.7.30〉
2. 「도시계획시설의 결정·구조 및 설치기준에 관한 규칙」 제14조에 따라 도로모퉁이를 잘라내기 위한 정비구역 결정사항의 변경 〈개정 2009.7.30〉
3. 영 제13조제1항제3호에 따른 기존건축물의 정비·개량에 관한 계획의 변경 〈개정 2009.7.30〉
4. 정비구역(동일 정비구역안에서 시행지구를 분할하여 시행하는 경우의 지구를 포함한다.)이 접하여 있는 경우 상호경계조정을 위한 정비구역 또는 지구 범위의 변경 〈개정 2009.7.30〉
5. 정비구역 또는 지구범위의 변경이 없는 단순한 착오에 따른 면적 등의 정정을 위한 변경 〈개정 2009.7.30〉
6. 법 제4조제1항제5호에 따른 건축물의 주용도·건폐율·용적률·높이·층수 및 연면적에 관한 계획(이하 "건축계획"이라 한다.)의 변경을 수반하지 아니하는 사업시행지구 분할계획 또는 건축부지계획의 변경 〈개정 2009.7.30〉
7. <u>법 제4조의2에 따라 국토부장관이 고시하는 범위 안에서의 임대주택 및 주택규모별 건설비율의 변경</u> 〈개정 2009.7.30〉
8. <u>정비계획에서 정한 건축계획의 범위 안에서 주택건립 세대수를 10% 이내로 증감하는 변경</u> 〈개정 2009.7.30〉
9. <u>「건축법」 등 관계법령의 개정으로 인하여 정비계획 변경이 불가피한 경우</u> 〈개정 2009.7.30〉

부 칙 〈제4824호, 2009.7.30〉

제1조(시행일) 이 조례는 공포한 날부터 시행한다.

▶ [서울시조례 제5563호, 2013.8.1, 일부개정]

제7조(정비계획의 경미한 변경) ① 영 제12조제12호에서 "시도 조례가 정하는 사항의 변경"이란 다음 각 호의 경우를 말한다. 〈개정 2009.7.30, 2012.1.5〉

1. 정비구역 명칭의 변경
2. 「도시계획시설의 결정·구조 및 설치기준에 관한 규칙」 제14조에 따라 도로 모퉁이를 잘라내기 위한 정비구역 결정사항의 변경
3. 영 제13조제1항제3호에 따른 기존건축물의 정비·개량에 관한 계획의 변경
4. 정비구역(동일 정비구역안에서 시행지구를 분할하여 시행하는 경우의 지구를 포함한다.)이 접하여 있는 경우 상호경계조정을 위한 정비구역 또는 지구 범위의 변경
5. 정비구역 또는 지구범위의 변경이 없는 단순한 착오에 따른 면적 등의 정정을 위한 변경
6. 법 제4조제1항제5호에 따른 건축물의 주용도·건폐율·용적률 및 높이에 관한 계획의 변경을 수반하지 아니하는 사업시행지구 분할계획 또는 획지의 변경
7. 법 제4조의2에 따라 국토부장관이 고시하는 범위 안에서의 임대주택 및 주택규모별 건설비율의 변경
8. 정비계획에서 정한 건축계획의 범위 안에서 주택건립 세대수를 30% 이내로 증가하는 변경 또는 10% 이내로 축소하는 변경
9. 「건축법」 등 관계법령의 개정으로 인하여 정비계획 변경이 불가피한 경우와 같은 법 제4조에 따라 구성된 건축위원회 심의결과에 따른 건축계획의 변경인 경우

② 구청장이 처리할 수 있는 정비계획의 경미한 변경사항은 다음 각 호와 같다. 〈신설 2010.3.2, 개정 2013.8.1〉

1. 영 제12조제1호의 정비구역 면적 5% 미만의 변경
2. 영 제12조제2호의 정비기반시설 규모 5% 미만의 변경
3. 영 제12조제3호부터 제6호까지 제8호 및 제11호의 사항
4. 영 제12조제7호에 따라 건축물의 건폐율 또는 용적률을 축소하거나 5% 미만의 범위 안에서 확대하는 변경
5. 영 제12조제7의2에 따라 건축물의 최고 높이를 낮게 변경하는 경우
6. 제1항 각 호에 해당하는 사항

부 칙 〈제5563호, 2013.8.1〉

이 조례는 공포한 날부터 시행한다.

➡ 정비계획의 경미한 변경 사항 중 자치구청장이 처리할 수 있는 범위를 확대하여 정비계획을 신속하게 변경처리 할 수 있도록 함으로써 사업시행기간을 단축하고 사업비 부담을 완화하였다.

▢ 정비계획 수립절차

주민에게 서면으로 통보한 후 주민설명회를 하고 30일 이상 주민에게 공람하며 지방의회의 의견을 들은 후(이 경우 지방의회는 시장·군수가 정비계획을 통지한 날부터 60일 이내에 의견을 제시하여야 하며, 의견제시 없이 60일이 지난 경우 이의가 없는 것으로 본다.) 이를 첨부하여 시·도지사에게 정비구역 지정을 신청하여야 하고, 정비계획의 내용을 변경할 필요가 있을 때에는 같은 절차를 거쳐 변경지정을 신청하여야 한다(법 제4조제1항).

○ 정비계획의 경미한 변경

경미한 사항을 변경하는 경우, 위 법 제4조제1항의 절차 중 "주민에 대한 서면통보, 주민설명회, 주민공람 및 지방의회의 의견청취" 절차를 거치지 아니할 수 있다(동조동항 단서).

법 제4조제1항 각 호 외의 부분 단서에서 "대통령령이 정하는 경미한 사항을 변경하는 경우"란 다음 각 호의 어느 하나에 해당하는 경우를 말한다(영 제12조).

1. 정비구역면적의 10% 미만의 변경인 경우
2. 정비기반시설의 위치를 변경하는 경우와 정비기반시설 규모의 10% 미만의 변경인 경우
3. 공동이용시설 설치계획의 변경인 경우
4. 재난방지에 관한 계획의 변경인 경우
5. 정비사업 시행예정시기를 1년의 범위 안에서 조정하는 경우

6. 「건축법 시행령」 [별표1] 각 호의 1의 용도범위 안에서의 건축물의 주용도(당해 건축물중 가장 넓은 바닥면적을 차지하는 용도를 말한다. 이하 같다.)의 변경인 경우
7. 건축물의 건폐율 또는 용적률을 축소하거나 10% 미만의 범위 안에서 확대하는 경우

7의2. 건축물의 최고 높이를 변경하는 경우

7의3. 법 제40조의2에 따라 용적률을 완화하여 변경하는 경우

8. 국토계획법 제2조제3호 및 동조 제4호에 의한 도시·군기본계획, 도시·군관리계획 또는 기본계획의 변경에 따른 변경인 경우
9. 정비구역이 통합 또는 분할되는 변경인 경우
10. 〈삭제 2009.8.11〉
11. 「도시교통정비 촉진법」에 따른 교통영향분석·개선대책 등 관계법령에 의한 심의결과에 따른 건축계획의 변경인 경우
12. 그 밖에 제1호부터 제7호까지, 제7호의2, 제8호, 제9호 및 제11호와 유사한 사항으로서 시도 조례로 정하는 사항의 변경인 경우

☐ 조례 제7조(정비계획의 경미한 변경)

영 제12조제12호에서 "시도 조례가 정하는 사항의 변경"이란 다음 각 호의 경우를 말한다(동조 제1항).

1. 정비구역 명칭의 변경
2. 「도시계획시설의 결정·구조 및 설치기준에 관한 규칙」 제14조에 따라 도로 모퉁이를 잘라내기 위한 정비구역 결정사항의 변경
3. 영 제13조제1항제3호에 따른 기존건축물의 정비·개량에 관한 계획의 변경
4. 정비구역(동일 정비구역안에서 시행지구를 분할하여 시행하는 경우의 지구를 포함한다.)이 접하여 있는 경우 상호경계조정을 위한 정비구역 또는 지구범위의 변경
5. 정비구역 또는 지구범위의 변경이 없는 단순한 착오에 따른 면적 등의 정정을 위한 변경

6. 법 제4조제1항제5호에 따른 건축물의 주용도·건폐율·용적률 및 높이에 관한 계획의 변경을 수반하지 아니하는 사업시행지구 분할계획 또는 획지의 변경
7. 법 제4조의2에 따라 국토부장관이 고시하는 범위 안에서의 임대주택 및 주택규모별 건설비율의 변경
8. 정비계획에서 정한 건축계획의 범위 안에서 주택건립 세대수를 30% 이내로 증가하는 변경 또는 10% 이내로 축소하는 변경
9. 「건축법」 등 관계법령의 개정으로 인하여 정비계획 변경이 불가피한 경우와 같은 법 제4조에 따라 구성된 건축위원회 심의결과에 따른 건축계획의 변경인 경우

구청장이 처리할 수 있는 정비계획의 경미한 변경사항은 조례 제7조제1항과 별도로 다음 각 호와 같이 규정하고 있다(동조 제2항).

1. 영 제12조제1호의 정비구역 면적 5% 미만의 변경
2. 영 제12조제2호의 정비기반시설 규모 5% 미만의 변경
3. 영 제12조제3호부터 제6호까지 제8호 및 제11호의 사항
4. 영 제12조제7호에 따라 건축물의 건폐율 또는 용적률을 축소하거나 5% 미만의 범위 안에서 확대하는 변경
5. 영 제12조제7의2에 따라 건축물의 최고 높이를 낮게 변경하는 경우
6. 제1항 각 호에 해당하는 사항

2013.8.1 정비계획의 경미한 변경 사항 중 자치구청장이 처리할 수 있는 범위를 확대하여 정비계획을 신속하게 변경처리 할 수 있도록 하여 사업시행기간을 단축하고 사업비 부담을 완화하고자 하였다.

따라서 구청장이 처리할 수 있는 정비계획의 경미한 변경사항 중 정비구역 면적과 정비기반시설의 규모인 "영 제12조제1호의 정비구역 면적 3% 미만의 변경을 5%로, 영 제12조제2호의 정비기반시설 규모 3% 미만의 변경을 5%"로 확대하였다.

▢ 시도별 조례

○ 경기도

제6조(정비계획의 경미한 변경) 영 제12조제12호에서 "시도 조례가 정하는 사항의 변경"이란 다음 각 호의 사항을 말한다.

1. 정비사업 명칭의 변경
2. 「도시계획시설의 결정·구조 및 설치기준에 관한 규칙」 제14조에 따라서 도로모퉁이를 잘라내기 위한 구역결정사항의 변경
3. 영 제13조제1항제3호의 규정의 기존건축물의 정비·개량에 관한 계획의 변경
4. 정비구역이 접하여 있는 경우 상호경계조정을 위한 구역범위의 변경
5. 정비구역 또는 지구범위의 변경이 없는 단순한 면적의 정정 및 자구의 정정을 위한 변경
6. 법 제4조제1항제5호에 따른 건축물의 주용도·건폐율·용적률 및 높이에 관한 계획의 변경을 수반하지 않은 정비구역의 분할계획 또는 단순한 부지계획의 변경 〈개정 2012.5.11〉
7. 〈삭제 2009.12.31〉
8. 법 제4조의2제1항에 따라 국토교통부장관이 고시하는 범위에서 임대주택 및 주택규모별 건설비율의 변경 〈신설 2012.5.11〉〈개정 2013.10.31〉
9. 「건축법」 등 관계 법령의 개정으로 인하여 정비계획의 변경이 불가피한 경우와 같은 법 제4조에 따라 구성된 건축위원회 심의결과에 따른 건축계획의 변경 〈신설 2012.5.11〉

- 남양주시

제7조(정비계획의 경미한 변경) 영 제12조제12호에서 "시도 조례로 정하는 사항의 변경"이란 다음 각 호의 사항을 말한다.

1. 정비사업 명칭의 변경
2. 「도시계획시설의 결정·구조 및 설치기준에 관한 규칙」 제14조에 따른 도로모퉁이를 잘라내기 위한 구역결정사항의 변경
3. 영 제13조제1항제3호에 따른 기존건축물의 정비·개량에 관한 계획의 변경

4. 정비구역이 접하여 있는 경우 상호경계조정을 위한 구역범위의 변경
5. 정비구역 또는 지구범위의 변경이 없는 단순한 면적의 정정 및 자구의 정정을 위한 변경
6. 법 제4조제1항제5호에 따른 건축물의 주용도·건폐율·용적률 및 높이에 관한 계획의 변경을 수반하지 아니하는 정비구역의 분할계획 또는 단순한 부지계획의 변경
7. 법 제4조의2제1항에 따라 국토교통부장관이 고시하는 범위에서 임대주택 및 주택규모별 건설비율의 변경
8. 「건축법」 등 관계 법령의 개정으로 인한 정비계획의 불가피한 변경
9. 「건축법」 제4조에 따라 구성된 건축위원회 심의결과에 따른 건축계획의 변경
10. 정비계획에서 정한 건축계획의 범위에서 주택건립 세대수를 10% 이내로 증가 또는 축소하는 변경

– 부천시, 수원시, 안양시, 고양시

제6조(정비계획의 경미한 변경) 영 제12조제12호에서 "조례로 정하는 사항의 변경"이란 다음 각 호의 사항을 말한다.

1. 정비사업 명칭의 변경
2. 「도시계획시설의 결정·구조 및 설치기준에 관한 규칙」 제14조에 따라서 도로모퉁이를 잘라내기 위한 구역결정사항의 변경
3. 영 제13조제1항제3호에 따른 기존건축물의 정비·개량에 관한 계획의 변경
4. 정비구역이 접하여 있는 경우 상호경계조정을 위한 구역범위의 변경
5. 정비구역 또는 지구범위의 변경이 없는 단순한 착오에 따른 면적 등의 정정을 위한 변경
6. 법 제4조제1항제5호에 따른 건축물의 주용도·건폐율·용적률·높이에 관한 계획의 변경을 수반하지 않은 정비구역의 분할계획 또는 단순한 부지계획의 변경
7. 법 제4조의2제1항에 따라 국토교통부장관이 고시하는 범위에서 임대주택 및 주택규모별 건설비율의 변경
8. 「건축법」 등 관계 법령의 개정으로 정비계획의 변경이 불가피한 경우와 같은 법 제4조에 따라 구성된 건축위원회 심의결과에 따른 건축계획의 변경

○ 인천시

제7조(정비계획의 경미한 변경) 영 제12조제12호에서 "그 밖에 시도 조례가 정하는 사항의 변경"이란 다음 각 호의 어느 하나에 해당하는 변경을 말한다. 〈개정 2013.4.8〉

1. 정비사업 명칭의 변경
2. 「도시·군계획시설의 결정·구조 및 설치기준에 관한 규칙」 제14조에 따른 도로모퉁이를 잘라내기 위한 구역결정사항의 변경
3. 영 제13조제1항제3호에 따른 기존건축물의 정비·개량에 관한 계획의 변경
4. 정비구역(2 이상의 지구로 분할하여 시행하는 지구를 포함한다. 이하 제5호에서 같다.)이 상호 접하여 지정된 경우로서 해당 구역 또는 지구 상호간의 경계조정을 위한 구역 또는 지구의 범위변경
5. 정비구역의 지정범위 변경이 없는 면적이나 자구 등의 정정을 위한 변경
6. 임대주택 연면적이 감소하지 않는 범위 안에서 임대주택의 건립 세대 및 규모별 건립비율의 변경(2009.2.6 이전에 수립된 정비계획으로 한정한다.) 〈신설 2012.4.9〉
7. 정비계획으로 정한 연면적 범위 안에서 주택건립 세대수의 변경(2009.2.6 이전에 수립된 정비계획으로 한정한다.) 〈신설 2012.4.9〉
8. 「건축법」 등 관계법령의 개정에 따라 정비계획 변경이 불가피한 경우와 같은 법 제4조에 따라 구성된 건축위원회 심의결과에 따른 변경 〈제6호에서 이동 2012.4.9〉
9. 세입자의 주거 및 이주대책 수립에 관한 변경
10. 도시·주거환경정비기본계획의 인센티브 항목의 변경
    가. 공공시설부지의 경우에는 영 제12조 및 조례 제7조에 따른 경미한 변경 범위에서의 변경
    나. 공공이용시설 부지의 경우에는 영 제12조 및 조례 제7조에 따른 경미한 변경 범위에서 10% 미만의 변경

○ 부산시

제6조(정비계획의 경미한 변경) 영 제12조제12호에서 "시도 조례로 정하는 사항의

변경"이란 다음 각 호의 경우를 말한다. 〈개정 2005.2.16, 2005.9.21, 2010.3.3, 2012.12.26〉

1. 정비사업 명칭의 변경
2. 「도시·군계획시설의 결정·구조 및 설치기준에 관한 규칙」 제14조에 따라 도로모퉁이를 잘라내기 위한 정비구역결정사항의 변경 〈개정 2005.2.16, 2010.3.3, 2012.12.26〉
3. 기존건축물의 정비·개량에 관한 계획의 변경
4. 정비구역이 접하여 있는 경우 상호경계조정을 위한 정비구역범위의 변경
5. 정비구역의 결정내용 중 구역 또는 지구범위의 변경이 없는 단순한 면적의 정정 및 자구의 정정을 위한 변경
6. 법 제4조제1항제5호에 따른 건축물의 주용도·건폐율·용적률 및 높이에 관한 계획(이하 "건축계획"이라 한다.)의 변경을 수반하지 아니하는 사업시행구역 분할계획 또는 건축부지계획의 변경 〈개정 2010.3.3〉
7. 건축계획중 제32조제2항제1호의 규정의 범위 안에서 주택의 규모별 비율의 변경 〈개정 2005.9.21〉
8. 〈삭제 2010.3.3〉
9. 법 제4조의2에 따른 주거환경개선사업 및 재개발사업의 임대주택공급에 따른 건축계획의 변경인 경우 〈신설 2005.9.21〉 〈개정 2010.3.3〉
10. 「건축법」 등 관계 법령의 개정 또는 「건축법」 제4조에 따른 부산광역시건축위원회 심의결과에 따라 정비계획이 변경되는 경우 〈신설 2012.12.26〉

○ 대구시

제6조(정비계획의 경미한 변경) 영 제12조제12호에서 "시도 조례로 정하는 사항의 변경"이란 다음 각 호에 해당하는 경우를 말한다. 〈개정 2006.3.10 조례 제3761호〉 〈개정 2010.6.30 조례 제4170호〉

1. 정비사업 명칭의 변경
2. 「도시계획시설의 결정·구조 및 설치기준에 관한 규칙」 제14조에 따라 도로모퉁이를 잘라내기 위한 구역결정사항의 변경 〈개정 2010.6.30 조례 제4170호〉

3. 영 제13조제1항제3호의 규정의 기존건축물의 정비 개량에 관한 계획의 변경
4. 정비구역이 접하여 있는 경우 상호 경계조정을 위한 구역범위의 변경
5. 정비구역의 결정내용 중 구역 또는 지구범위의 변경이 없는 단순한 면적의 정정 및 자구의 정정을 위한 변경
6. 건축물에 대한 건축계획(이하 "건축계획"이라 한다.)의 변경을 수반하지 아니하는 사업시행구역 분할계획 또는 건축부지계획의 변경
7. 건축계획 중 법 제4조의2에 따라 국토교통부장관이 고시한 범위 안에서 임대주택 공급에 따른 건축계획의 변경인 경우 〈개정 2006.3.10 조례 제3761호〉〈개정 2010.6.30 조례 제4170호〉〈개정 2013.7. 10 조례 제4501호〉
8. 〈삭제 2010.6.30 조례 제4170호〉
9. 〈삭제 2013.3.11 조례 제4479호〉

□ 유권해석

단순한 건축배치계획의 변경의 범위

Q ○○ 정비구역 지정 시 수립된 정비계획의 범위 내에서 건축물의 형태(탑상형 → 판상형), 동별 층수, 배치의 변경과 세대수를 감소하는 경우 서울시 도시정비조례 제7조제8호에서 정하고 있는 단순한 건축배치계획의 변경으로 볼 수 있는지?

A 위 조례에서 정하고 있는 '단순한 건축배치계획의 변경'이란 정비구역 지정 시 정비계획에서 정한 정비기반시설의 위치와 규모의 변경을 수반하지 않고 건축계획의 범위 내에서 건축물의 배치계획을 변경하는 경우에 해당되며, 또한 주택건립 세대수의 감소는 동 조례 동조 제9호에서 정한 범위 내에 해당될 경우 경미한 변경사항으로 볼 수 있음. 다만, 본 구역의 경우 구역지정 시 시각통로 확보를 위하여 건축물 배치계획에 아파트 형태를 탑상형으로 결정된 것임을 감안 특별한 사유가 없는 한 사업시행계획서 작성 시 아파트의 형태는 탑상형으로 반영하여야 할 것임(서울시 주거정비과 2006.6.20).

정비계획의 경미한 변경 범위

Q ○○정비구역에 대하여 구역경계 조정에 따른 정비구역의 면적감소(0.5%), 아파트 건립 가구 수 축소(12세대 : 3%), 건축배치계획의 변경, 자동차 주출입구의 위치 변경을 수반하는 경우 경미한 정비계획 변경의 범위에 해당되는지?

A 정비계획의 경미한 변경 사무는 서울시 도시정비조례 제42조에 의거 관할구청장에게 권한 위임되었기 도시정비법 시행령 제13조의2에 정한 경미한 사항의 범위에 해당 여부는 관할구청장이 판단할 사안이나, 정비구역면적 3% 미만의 변경과 건교부장관이 고시한 범위 안에서 주택규모별 건설비율의 변경, 단수한 건축배치계획의 변경 등은 경미한 사항의 범위에 해당된다.
다만, ○○구역의 주출·입구는 당초 정비구역 지정 시 단지 내 진출·입 교통과 구역 외 통과교통과의 상충을 방지하기 위하여 정비계획에 반영된 사항이므로 특별한 사유가 없는 한 유지하는 것이 원칙이며, 부득이 주(主)출입구의 위치 변경이 필요한 경우에는 사전에 교통영향평가심의를 거쳐 그 결과에 따라 처리되어야 할 사항임(서울시 주거정비과 2006.6.2).

조례 제8조(정비계획의 내용 및 세부기준)

법 제4조제1항제8호, 영 제13조제1항제9호

정비계획의 내용 및 세부기준

도시정비법 시행으로 서울시는 조례(제9조)에서 정비계획세부기준을 운용하였으나, 2009. 2.6 법이 개정되면서 정비계획의 작성기준 및 작성방법을 국토부장관이 정하게 되었다(국토부 훈령으로 도시·주거환경정비계획수립 지침).
이에 따라 전국이 정비계획의 내용 및 세부기준에 대해 통일적 기준을 갖게 되었고, 서울시도 조례 제8조와 제9조를 합쳐 현행 제8조 정비계획의 내용 및 세부기준으로 규정하였다.

▢ 개정 연혁

▸ 도시재개발사업조례[서울시조례]

제7조(재개발구역결정사항의 세부기준) ① 법 제4조제3항제2호의 재개발사업구역(이하 "구역"이라 한다.)은 재개발기본계획으로 결정된 기본계획지역의 범위 안에서 다음 각 호의 기준에 의한다. 이 경우 서울시장은 법 제3조에 의한 재개발기본계획의 범위 내에서 구청장으로 하여금 자치구 단위로 구역 지정계획 또는 변경계획을 수립하게 할 수 있다. 〈개정 1998.11.20〉

1. 구역의 범위는 행정구역, 지형, 이미 결정된 도시계획사항, 건축시설의 배치 및 규모, 효율적인 사업시행규모 및 주민의 의견과 부담능력 등을 종합적으로 고려하여 주변에 설치된 도시계획시설과의 연계성을 갖도록 정한다.
2. 구역의 형태는 재개발사업 시행 시 합리적이고 효율적인 토지이용이 될 수 있도록 정한다.
3. 구역에는 원칙적으로 공원·녹지(국토계획법 제36조에 의한 녹지지역을 포함한다.) 또는 건축물이 없는 토지등을 포함하여서는 아니 된다. 다만, 순환재개발방식으로 시행하기 위하여 필요한 경우 또는 공원·녹지 기능을 회복하거나 그 지상의 불량건축물을 철거정비하기 위하여 필요한 경우와 지

형여건, 건축시설의 배치, 토지이용의 증진을 위하여 특히 필요한 경우에는 이를 포함하여 계획할 수 있다. 〈개정 2003.7.25〉

4. 〈삭제 1997.7.25〉

② 법 제4조제3항제3호의 공공시설과 도시관리계획시설의 설치·정비에 관한 계획은 도로·공원 등 공공시설과 도시관리계획시설이 당해 구역에 적정한 배치 및 규모가 되도록 계획하고 구역주변에 이미 결정된 도시관리계획이 있을 때에는 그 내용에 연관되게 계획한다. 이 경우 학교에 대하여는 입안 전에 관계기관과 협의를 거쳐 당해 시설용지의 확보여부를 결정하여야 하고, 주택건설기준 등에 관한 규정에 의한 진입도로가 확보되었거나 재개발사업으로 확보할 수 있는 경우에 한하여 당해 재개발구역을 지정할 수 있다. 〈개정 2003.7.25〉

③ 법 제4조제3항제4호 중 재개발사업의 건축시설에 관한 계획은 다음 각 호의 기준에 의한다.

1. 영 제11조제1항제1호의 기존건축물의 정비·개량에 관한 계획은 건축물의 건축경과 년도, 용도, 구조, 규모, 입지, 허가유무 및 노후불량 정도를 고려하여 존치, 개수, 철거 후 신축, 철거이주 등으로 구분 계획한다.
2. 건축시설계획은 주택을 주 용도로 하되(상업지역은 그러하지 아니한다.) 공동주택을 계획하는 경우에는 토지등의 소유자에게 공급하기 위한 분양주택과 함께 구역 안에 거주하는 세입자에게 공급하기 위한 재개발임대주택(이하 “임대주택”이라 한다.)의 건설을 계획하여야 한다. 다만, 임대주택 입주대상 세입자가 적거나 건축계획상 임대주택의 건설이 곤란한 경우 또는 다른 구역의 임대주택을 공급할 수 있는 경우에는 그러하지 아니하다.
3. 〈삭제 1999.7.31〉
4. 공동주택의 1세대 당 규모는 분양주택의 경우 전용면적기준 115㎡ 이하로 하되, 종전의 주택규모(다가구 주택으로서 가구별 분양대상인 경우에는 가구별 주택 지분면적을 말한다.)가 115㎡를 초과하는 때에는 초과하는 주택 수만큼 전용면적기준 165㎡ 범위 안에서 종전 주택의 규모 이하로 건설할 수 있으며, 임대주택은 전용면적기준 30㎡ 이상 45㎡ 이하(법 제9조제1항에 의한 공사가 시행자인 경우에는 법 제23조제2항의 시행규정과 사업시행계획이 정하는 바에 의한다.)로 한다. 〈개정 2000.11.30〉

5. 공동주택의 규모별 건설비율은 총건설 세대수의 80% 이상을 주택의 전용면적이 85㎡ 이하인 주택(이하 "국민주택규모"라 한다.) 규모로 건설하고 총건설 세대수의 40% 이상을 주택의 전용면적이 60㎡ 이하인 주택규모로 건설하여야 한다. 다만, 지역적 여건에 따라 법 제4조제3항에 의한 심의를 거쳐 총 건설세대수의 10% 범위 내에서 건설비율을 조정할 수 있다. 〈개정 1998.11.20〉
6. 〈삭제 2000.7.15〉
7. 제4항에 이한 건축부지 정비계획이 있는 경우에는 가구 또는 획지별로 건축물의 정비 및 건축시설계획을 정하되 5층 이하의 공동주택을 건설하는 경우에는 제4호 및 제5호의 규정을 적용하지 아니할 수 있다. 다만, 주택의 규모는 1가구당 최대 165㎡ 이하로 한다. 〈개정 1998.4.30〉

④ 제6조의 건축부지의 정비에 관한 계획은 다음 각 호의 기준에 따라 건축시설계획의 합리적이고 효율적인 이용형태에 적합하고 적정한 가구가 형성되도록 계획한다.

1. 〈삭제 1999.7.31〉
2. 〈삭제 1999.7.31〉
3. 공동주택건설을 계획하는 구역의 임대주택부지, 종교부지 및 분양대상 복리시설 등은 향후 시설의 효율적인 유지·관리를 위하여 필요한 경우 획지로 분할하고 지정한 진입로가 확보되도록 정하여야 한다.

⑤ 〈삭제 1999.7.31〉

⑥ 서울시 도시계획위원회에서 재개발구역 지정 또는 변경 안건 심의 시 재개발구역 지정 또는 변경이 효율적으로 이루어지도록 하기 위한 심의기준은 규칙으로 정한다. 〈개정 1998.11.20〉

⑦ 재개발사업의 사업시행예정시기는 시행자별 사업시행인가신청 준비기간을 고려하여 재개발구역지정·고시가 있은 날부터 4년 이내의 범위 안에서 정한다.

▸ 도시정비조례[서울시조례 제4167호, 2003.12.30 제정]

제9조(정비계획의 세부기준) 영 제13조제2항에 의한 정비계획의 세부적인 작성기준 및 작성방법은 다음 각 호와 같다.

1. 공통사항
   가. 정비구역에는 원칙적으로 기존 공원이나 녹지를 포함하지 않도록 한다. 다만, 공원 또는 녹지의 기능을 회복하거나 그 안의 건축물을 정비하기 위하여 필요한 경우와 토지이용의 증진을 위하여 필요한 경우에는 그러하지 아니하다.
   나. 공동주택을 건립하는 정비구역에는 주택건설기준 등에 관한 규정에 의한 부대시설·복리시설 등의 설치기준에 적합한 계획을 수립하여야 한다.
   다. 영 제13조제1항제3호에 의한 기존건축물의 정비·개량에 관한 계획은 건축물의 경과연수, 용도, 구조, 규모, 입지, 허가유무 및 노후·불량 정도를 고려하여 존치, 개수, 철거 후 신축, 철거이주 등으로 구분하여 계획하도록 한다.
   라. 종교부지, 분양대상 복리시설 부지 및 정비구역안에 건립하는 임대주택 부지는 필요한 경우 획지로 분할하고 적정한 진입로를 확보하도록 하여야 한다.
   마. 법 제4조제1항제7호에 의한 정비사업시행 예정시기는 사업시행자별 사업시행인가신청 준비기간을 고려하여 정비구역 지정·고시가 있은 날부터 4년 이내의 범위 안에서 정하여야 한다.
2. 재개발사업으로 분양되는 공동주택의 건설계획
   가. 건립규모는 세대 당 전용면적 115㎡ 이하로 한다. 다만 종전의 주택규모가 세대 당 전용면적 115㎡를 초과하는 때에는 초과하는 주택 수만큼 세대 당 전용면적 165㎡ 범위 안에서 종전주택의 규모 이하로 할 수 있다.
   나. 공동주택의 규모별 건설비율(제3호에 의한 임대주택을 포함한다.)은 다음 각 목의 범위로 한다. 다만, 지역여건에 따라 서울시 도시계획위원회 심의를 거쳐 총 건설세대수의 10% 범위 안에서 규모별 건설비율을 조정할 수 있다.
      (1) 세대 당 전용면적 85㎡ 이하 : 80% 이상
      (2) 세대 당 전용면적 60㎡ 이하 : 40% 이상

다. 획지·건축부지 정비계획이 있는 경우에는 가구 또는 획지별로 건축계획을 정하되 5층 이하의 공동주택을 건설하는 경우에는 나목(1)·(2) 및 제3호 가목은 적용하지 아니할 수 있다. 이 경우 주택의 규모는 세대 당 전용면적 165㎡ 이하로 하여야 한다.

3. 재개발사업으로 건립하는 임대주택 건설계획

가. 정비구역안에 건립하는 임대주택은 입주희망세대수 이상을 건립하되, 총 건립세대수의 17%와 세입자 총 가구 수의 35% 중 많은 세대수 이상을 건립하여야 한다.

나. 임대주택의 건립부지는 가목에 의한 세대 당 25㎡ 이상의 면적을 확보하여야 한다. 다만 집단 이주 정착지등 규칙으로 정하는 경우에는 세대 당 20㎡ 이상으로 할 수 있다.

다. 임대주택의 규모는 세대 당 전용면적 30㎡ 이상 45㎡ 이하로 하여야 한다.

라. 가목 및 나목에 불구하고 정비구역안에 학교용지를 확보하는 경우에는 임대주택 부지면적을 차감하여 조정할 수 있다.

4. 재건축사업의 공동주택 건립규모는 세대 당 전용면적 297㎡ 이하로 한다.

5. 도시환경정비사업을 위한 정비계획

가. 건축계획은 정비구역의 특성과 도심부 기능회복을 위하여 복합용도건축계획을 원칙으로 하며, 다음의 사항이 포함되도록 하여야 한다.

(1) 각 지구별 건축계획선에 의한 건축물 배치계획, 공개공지계획, 조경계획, 지구별 건축물의 주·부 출입구 위치와 이에 따른 보행동선계획, 지구별 건축물의 차량 진·출입구 위치와 이에 따른 차량동선계획

(2) 주변의 건축물을 감안한 당해 정비구역에 대한 스카이라인 계획

(3) 주변에 문화재나 자연 지형물이 있는 경우에는 주변경관에 미치는 영향을 최소화할 수 있는 경관계획

나. 도시환경정비구역안에서의 건축물 최고높이는 법 제3조에 의한 기본계획에서 정하는 기준에 의한다.

다. 일반주거지역에 공동주택을 건설하는 경우에는 다음의 기준에 의한다.

(1) 공동주택의 세대 당 건립규모는 제2호 가목에 의한다.
(2) 공동주택의 규모별 건설비율은 총 건설세대수의 80% 이상을 세대 당 전용면적 85㎡ 이하로 건설하여야 한다. 다만, 서울시 도시계획위원회 심의를 거친 경우에는 총 건설세대수의 10% 범위 안에서 건설비율을 조정할 수 있다.
(3) 제2호 다목 및 제3호 다목은 도시환경정비구역의 정비계획 수립 시 이를 준용한다.

부 칙 〈제4167호, 2003.12.30〉

제1조 (시행일) 이 조례는 공포한 날부터 시행한다(효력발생시기는 2003.12.30).

➡ 정비계획의 세부기준 외에도 재개발, 도시환경정비사업을 위한 정비계획 기준 및 재건축 사업의 건설비율까지 규정하였다.

▸ [서울시조례 제4824호, 2009.7.30 일부개정]

제9조(정비계획의 세부기준) 영 제13조제2항에 따른 정비계획의 세부적인 작성기준 및 작성방법은 다음 각 호와 같다. 〈개정 2009.7.30〉

1. 공통사항 〈개정 2009.7.30〉

가. 정비구역에는 원칙적으로 기존 공원이나 녹지를 포함하지 않도록 한다. 다만, 공원 또는 녹지의 기능을 회복하거나 그 안의 건축물을 정비하기 위하여 필요한 경우와 토지이용의 증진을 위하여 필요한 경우에는 그러하지 아니하다. 〈개정 2009.7.30〉

나. 공동주택을 건립하는 정비구역에는 「주택건설기준 등에 관한 규정」에 따른 부대시설·복리시설 등의 설치기준에 적합한 계획을 수립하여야 한다. 〈개정 2009.7.30〉

다. 영 제13조제1항제3호에 따른 기존건축물의 정비·개량에 관한 계획은 건축물의 경과연수, 용도, 구조, 규모, 입지, 허가유무 및 노후·불량 정도를 고려하여 존치, 개수, 철거 후 신축, 철거이주 등으로 구분하여 계획하도록 한다. 〈개정 2009.7.30〉

라. 종교부지, 분양대상 복리시설 부지 및 정비구역안에 건립하는 임대주택 부지는 필요한 경우 획지로 분할하고 적정한 진입로를 확보하도록 하여야 한다. 〈개정 2009.7.30〉

마. 법 제4조제1항제7호에 따른 정비사업시행 예정시기는 사업시행자별 사업시행인가신청 준비기간을 고려하여 정비구역 지정·고시가 있은 날부터 4년 이내의 범위 안에서 정하여야 한다. 〈개정 2009.7.30〉

2. 도시환경정비사업을 위한 정비계획 〈개정 2009.7.30〉

가. 건축계획은 정비구역의 특성과 도심부 기능회복을 위하여 복합용도건축계획을 원칙으로 하며, 다음의 사항이 포함되도록 하여야 한다. 〈개정 2009.7.30〉

(1) 각 지구별 건축계획선에 따른 건축물 배치계획, 공개공지계획, 조경계획, 지구별 건축물의 주·부 출입구 위치와 이에 따른 보행동선계획, 지구별 건축물의 차량 진·출입구 위치와 이에 따른 차량동선계획 〈개정 2009.7.30〉

(2) 주변의 건축물을 감안한 해당 정비구역에 대한 스카이라인 계획 〈개정 2009.7.30〉

(3) 주변에 문화재나 자연 지형물이 있는 경우에는 주변경관에 미치는 영향을 최소화할 수 있는 경관계획 〈개정 2009.7.30〉

나. 도시환경정비구역안에서의 건축물 최고높이는 법 제3조에 따른 기본계획에서 정하는 기준에 따른다. 〈개정 2009.7.30〉

다. 일반주거지역에 200세대 이상의 공동주택을 건설하는 경우의 임대주택의 건설규모 및 건설비율은 국토부장관이 고시한 재개발사업의 임대주택의 건설규모 및 건설비율을 준용한다. 〈개정 2009.7.30〉

라. 준주거지역 또는 상업지역에 200세대 이상의 공동주택을 건설하는 경우의 임대주택의 건설규모는 전용면적 40㎡ 이상으로 하되, 건설비율은 (해당 구역에 건설하는 주택 전체 세대수의 17% 또는 주거용 건축물연면적의 10%)×(해당 구역에 건설하는 전체 건축물연면적에 대한 주거용 건축물연면적 비율)로 산정된 비율 이상으로 한다. 〈개정 2009.7.30〉

마. 공동주택을 건설하는 경우 국민주택규모의 주택을 전체세대수의 60% 이상 건설하되, 주택 전체연면적의 50% 이상 건설하여야 한다. 〈신설 2009.7.30〉

부 칙 〈2009.7.30〉

제1조(시행일) 이 조례는 공포한 날부터 시행한다(효력발생시기는 2009.7.30).

제2조(공동주택의 건설기준에 관한 적용례) 제9조제2호의 개정 규정은 이 조례 시행 이후 최초로 정비구역이 지정되는 분부터 적용한다. 다만, 종전의 규정에 따라 정비계획을 수립하기 위하여 영 제11조에 따라 주민공람을 한 경우에는 종전의 규정에 따른다.

➡ 기존의 "제3호인 재개발사업으로 건립하는 임대주택 건설계획과 4호인 재건축사업의 공동주택 건립규모는 세대 당 전용면적 297㎡ 이하로 한다."는 규정이 삭제되고 도시환경정비사업에서의 임대주택과 건설비율 등에 관한 규정 등이 신설되었다.

▸ [서울시조례 제4949호, 2010.3.2 일부개정]

제8조(정비계획의 내용 및 세부기준) ① 영 제13조제1항제9호에서 "그 밖에 정비사업의 원활한 추진을 위하여 시도 조례가 정하는 사항"이란 정비계획의 내용과 정비계획의 세부기준을 말한다. 〈개정 2009.7.30, 2010.3.2〉

② 정비계획의 내용은 다음 각 호의 사항을 말한다. 〈신설 2010.3.2〉

1. 가구 또는 획지에 관한 계획
2. 임대주택의 건설에 관한 계획(도시환경정비사업은 일반주거지역과 주택이 있는 준주거지역·상업지역 및 준공업지역에 공동주택을 건설하는 경우만 해당한다.)
3. 주민의 소득원 개발에 관한 사항(주거환경개선사업에 한한다.)
4. 환경성 검토결과(「국토계획법」 제27조제2항을 준용한다.)
5. 기존 수목의 현황 및 활용계획

③ 정비계획의 세부기준은 다음의 각 호의 사항을 말한다. 〈신설 2010.3.2〉

1. 공통사항

가. 정비구역에는 원칙적으로 기존 공원이나 녹지를 포함하지 않도록 한다. 다만, 공원 또는 녹지의 기능을 회복하거나 그 안의 건축물을 정비하기 위하여 필요한 경우와 토지이용의 증진을 위하여 필요한 경우에는 그러하지 아니하다.

나. 공동주택을 건립하는 정비구역에는 「주택건설기준 등에 관한 규정」에 따른 부대시설·복리시설 등의 설치기준에 적합한 계획을 수립하여야 한다.

다. 영 제13조제1항제3호에 따른 기존건축물의 정비·개량에 관한 계획은 건축물의 경과연수, 용도, 구조, 규모, 입지, 허가유무 및 노후·불량 정도를 고려하여 존치, 개수, 철거 후 신축, 철거이주 등으로 구분하여 계획하도록 한다.

라. 종교부지, 분양대상 복리시설 부지 및 정비구역안에 건립하는 임대주택부지는 필요한 경우 획지로 분할하고 적정한 진입로를 확보하도록 하여야 한다.

마. 법 제4조제1항제7호에 따른 정비사업시행 예정시기는 사업시행자별 사업시행인가신청 준비기간을 고려하여 정비구역 지정·고시가 있은 날부터 4년 이내의 범위 안에서 정하여야 한다.

2. 도시환경정비사업을 위한 정비계획

가. 건축계획은 정비구역의 특성과 도심부 기능회복을 위하여 복합용도 건축계획을 원칙으로 하며, 다음의 사항이 포함되도록 하여야 한다.

(1) 각 지구별 건축계획선에 따른 건축물 배치계획, 공개공지계획, 조경계획, 지구별 건축물의 주·부 출입구 위치와 이에 따른 보행동선계획, 지구별 건축물의 차량 진·출입구 위치와 이에 따른 차량동선계획

(2) 주변의 건축물을 감안한 해당 정비구역에 대한 스카이라인 계획

(3) 주변에 문화재나 자연 지형물이 있는 경우에는 주변경관에 미치는 영향을 최소화할 수 있는 경관계획

(4) 장기전세주택을 건설하는 경우에는 우수디자인 계획, 커뮤니티 지원시설 계획, 공공시설물 설치계획, 사회혼합계획

나. 도시환경정비구역안에서의 건축물 최고높이는 법 제3조에 따른 기본계획에서 정하는 기준에 따른다.

다. 일반주거지역에 200세대 이상의 공동주택을 건설하는 경우의 임대주택의 건설규모 및 건설비율은 국토부장관이 고시한 재개발사업의 임대주택의 건설규모 및 건설비율을 준용한다.

라. 준주거지역 또는 상업지역에 200세대 이상의 공동주택을 건설하는 경우의 임대주택의 건설규모는 전용면적 40㎡ 이상으로 하되, 건설비율은 (해당 구역에 건설하는 주택 전체 세대수의 17% 또는 주거용 건축물연면적의 10%)×(해당 구역에 건설하는 전체 건축물연면적에 대한 주거용 건축물연면적 비율)로 산정된 비율 이상으로 한다.

마. 공동주택을 건설하는 경우 국민주택규모의 주택을 전체세대수의 60% 이상 건설하되, 주택전체연면적의 50% 이상 건설하여야 한다.

바. 장기전세주택 건립에 따라 용적률을 완화 받는 경우에는 완화된 용적률의 50% 이상을 장기전세주택으로 공급하여야 한다.

부 칙 〈제4949호, 2010.3.2〉

이 조례는 공포한 날부터 시행한다(효력발생시기는 2010.3.2).

➡ 조례 제8조와 제9조가 합쳐지면서 조례제명이 "정비계획의 세부기준"에서 "정비계획의 내용 및 세부기준"으로 바뀌었다. 또한 도시환경정비사업에서 장기전세주택 공급방안을 만들어 도시환경정비사업에서 장기전세주택 건립에 따라 용적률을 완화받은 경우 임대주택의 건설규모 및 건설비율을 정하였다.

▸ [서울시조례 제5007호, 2010.7.15, 일부개정]

제8조(정비계획의 내용 및 세부기준) ① 영 제13조제1항제9호에서 "그 밖에 정비사업의 원활한 추진을 위하여 시도 조례가 정하는 사항"이란 정비계획의 내용과 정비계획의 세부기준을 말한다. 〈개정 2009.7.30, 2010.3.2〉

② 정비계획의 내용은 다음 각 호의 사항을 말한다. 〈신설 2010.3.2〉

1. 가구 또는 획지에 관한 계획

2. 임대주택의 건설에 관한 계획(도시환경정비사업은 일반주거지역과 주택이 있는 준주거지역·상업지역 및 준공업지역에 공동주택을 건설하는 경우만 해당한다.)
3. 주민의 소득원 개발에 관한 사항(주거환경개선사업에 한한다.)
4. 환경성 검토결과(국토계획법 제27조제2항을 준용한다.)
5. 기존 수목의 현황 및 활용계획

③ 정비계획의 세부기준은 다음의 각 호의 사항을 말한다. 〈신설 2010.3.2〉

1. 공동사항
   가. 정비구역에는 원칙적으로 기존 공원이나 녹지를 포함하지 않도록 한다. 다만, 공원 또는 녹지의 기능을 회복하거나 그 안의 건축물을 정비하기 위하여 필요한 경우와 토지이용의 증진을 위하여 필요한 경우에는 그러하지 아니하다.
   나. 공동주택을 건립하는 정비구역에는 「주택건설기준 등에 관한 규정」에 따른 부대시설·복리시설 등의 설치기준에 적합한 계획을 수립하여야 한다.
   다. 영 제13조제1항제3호에 따른 기존건축물의 정비·개량에 관한 계획은 건축물의 경과연수, 용도, 구조, 규모, 입지, 허가유무 및 노후·불량 정도를 고려하여 존치, 개수, 철거 후 신축, 철거이주 등으로 구분하여 계획하도록 한다.
   라. 종교부지, 분양대상 복리시설 부지 및 정비구역안에 건립하는 임대주택 부지는 필요한 경우 획지로 분할하고 적정한 진입로를 확보하도록 하여야 한다.
   마. 법 제4조제1항제7호에 따른 정비사업시행 예정시기는 사업시행자별 사업시행인가신청 준비기간을 고려하여 정비구역 지정·고시가 있은 날부터 4년 이내의 범위 안에서 정하여야 한다.
2. 도시환경정비사업을 위한 정비계획
   가. 건축계획은 정비구역의 특성과 도심부 기능회복을 위하여 복합용도건축계획을 원칙으로 하며, 다음의 사항이 포함되도록 하여야 한다.
      (1) 각 지구별 건축계획선에 따른 건축물 배치계획, 공개공지계획, 조

경계획, 지구별 건축물의 주·부 출입구 위치와 이에 따른 보행동선 계획, 지구별 건축물의 차량 진·출입구 위치와 이에 따른 차량동선 계획

(2) 주변의 건축물을 감안한 해당 정비구역에 대한 스카이라인 계획

(3) 주변에 문화재나 자연 지형물이 있는 경우에는 주변경관에 미치는 영향을 최소화할 수 있는 경관계획

(4) 장기전세주택을 건설하는 경우에는 우수디자인 계획, 커뮤니티 지원시설 계획, 공공시설물 설치계획, 사회혼합계획

나. 도시환경정비구역안에서의 건축물 최고높이는 법 제3조에 따른 기본계획에서 정하는 기준에 따른다.

다. 일반주거지역에 200세대 이상의 공동주택을 건설하는 경우의 임대주택의 건설규모 및 건설비율은 국토부장관이 고시한 재개발사업의 임대주택의 건설규모 및 건설비율을 준용한다.

라. 준주거지역·준공업지역 및 상업지역에 200세대 이상의 공동주택을 건설하는 경우의 임대주택의 건설규모는 전용면적 40㎡ 이상으로 하되, 건설비율은 (해당 구역에 건설하는 주택 전체 세대수의 17% 또는 주거용 건축물연면적의 10%)×(해당 구역에 건설하는 전체 건축물연면적에 대한 주거용 건축물연면적 비율)로 산정된 비율 이상으로 한다. 〈개정 2010.7.15〉

마. 공동주택을 건설하는 경우 국민주택규모의 주택을 전체세대수의 60% 이상 건설하되, 주택전체연면적의 50% 이상 건설하여야 한다.

바. 장기전세주택 건립에 따라 용적률을 완화 받는 경우에는 완화된 용적률의 50% 이상을 장기전세주택으로 공급하여야 한다.

부 칙 〈제5007호, 2010.7.15〉

제1조(시행일) 이 조례는 2010.7.16부터 시행한다.

➡ 도시환경정비사업 중 준공업지역에 적용되는 임대주택의 건설규모 및 건설비율을 준주거지역 및 상업지역에 적용되는 기준을 적용함

▸ **[서울시조례 제5237호, 2012.1.5 일부개정]**

제8조(정비계획의 내용 및 세부기준) ① 영 제13조제1항제9호에서 "그 밖에 정비사업의 원활한 추진을 위하여 시도 조례가 정하는 사항"이란 정비계획의 내용과 정비계획의 세부기준을 말한다. 〈개정 2009.7.30, 2010.3.2〉

② 정비계획의 내용은 다음 각 호의 사항을 말한다. 〈신설 2010.3.2〉〈개정 2012.1.5〉

1. 가구 또는 획지에 관한 계획
2. 임대주택의 건설에 관한 계획(도시환경정비사업은 일반주거지역과 주택이 있는 준주거지역·상업지역 및 준공업지역에 공동주택을 건설하는 경우만 해당하며, 구청장은 대학 주변지역의 정비구역에 대해서는 대학생에게 공급할 수 있는 임대주택 건설계획을 수립할 수 있다.)
3. 주민의 소득원 개발에 관한 사항(주거환경개선사업에 한한다.)
4. 환경성 검토결과(「국토계획법」 제27조제2항을 준용한다.)
5. 기존 수목의 현황 및 활용계획
6. 인구 및 주택의 수용계획

③ 정비계획의 세부기준은 다음의 각 호의 사항을 말한다. 〈신설 2010.3.2〉

1. 공통사항
   가. 정비구역에는 원칙적으로 기존 공원이나 녹지를 포함하지 않도록 한다. 다만, 공원 또는 녹지의 기능을 회복하거나 그 안의 건축물을 정비하기 위하여 필요한 경우와 토지이용의 증진을 위하여 필요한 경우에는 그러하지 아니하다.
   나. 공동주택을 건립하는 정비구역에는 「주택건설기준 등에 관한 규정」에 따른 부대시설·복리시설 등의 설치기준에 적합한 계획을 수립하여야 한다.
   다. 영 제13조제1항제3호에 따른 기존건축물의 정비·개량에 관한 계획은 건축물의 경과연수, 용도, 구조, 규모, 입지, 허가유무 및 노후·불량 정도를 고려하여 존치, 개수, 철거 후 신축, 철거이주 등으로 구분하여 계획하도록 한다.
   라. 종교부지, 분양대상 복리시설 부지 및 정비구역안에 건립하는 임대주택 부지는 필요한 경우 획지로 분할하고 적정한 진입로를 확보하도록 하

여야 한다.

마. 법 제4조제1항제7호에 따른 정비사업시행 예정시기는 사업시행자별 사업시행인가신청 준비기간을 고려하여 정비구역 지정·고시가 있은 날부터 4년 이내의 범위 안에서 정하여야 한다.

2. 도시환경정비사업을 위한 정비계획

가. 건축계획은 정비구역의 특성과 도심부 기능회복을 위하여 복합용도건축계획을 원칙으로 하며, 다음의 사항이 포함되도록 하여야 한다.

(1) 각 지구별 건축계획선에 따른 건축물 배치계획, 공개공지계획, 조경계획, 지구별 건축물의 주·부 출입구 위치와 이에 따른 보행동선계획, 지구별 건축물의 차량 진·출입구 위치와 이에 따른 차량동선계획

(2) 주변의 건축물을 감안한 해당 정비구역에 대한 스카이라인 계획

(3) 주변에 문화재나 자연 지형물이 있는 경우에는 주변경관에 미치는 영향을 최소화할 수 있는 경관계획

(4) 장기전세주택을 건설하는 경우에는 우수디자인 계획, 커뮤니티 지원시설 계획, 공공시설물 설치계획, 사회혼합계획

나. 도시환경정비구역안에서의 건축물 최고높이는 법 제3조에 따른 기본계획에서 정하는 기준에 따른다.

다. 일반주거지역에 200세대 이상의 공동주택을 건설하는 경우의 임대주택의 건설규모 및 건설비율은 국토부장관이 고시한 재개발사업의 임대주택의 건설규모 및 건설비율을 준용한다.

라. 준주거지역·준공업지역 및 상업지역에 200세대 이상의 공동주택을 건설하는 경우의 임대주택의 건설규모는 전용면적 40㎡ 이상으로 하되, 건설비율은 (해당 구역에 건설하는 주택 전체 세대수의 17% 또는 주거용 건축물연면적의 10%)×(해당 구역에 건설하는 전체 건축물연면적에 대한 주거용 건축물연면적 비율)로 산정된 비율 이상으로 한다. 〈개정 2010.7.15〉

마. 공동주택을 건설하는 경우 국민주택규모의 주택을 전체세대수의 60% 이상 건설하되, 주택전체연면적의 50% 이상 건설하여야 한다.

바. 장기전세주택 건립에 따라 용적률을 완화 받는 경우에는 완화된 용적률의 50% 이상을 장기전세주택으로 공급하여야 한다.

부 칙 〈제5237호, 2012.1.5〉

제1조(시행일) 이 조례는 공포한 날부터 시행한다(효력발생시기는 2012.1.5).

➡ 대학 주변지역 정비사업으로 대학생 밀집 거주공간의 대량 멸실이 우려되는 경우에 저소득가구 대학생을 위한 임대주택을 공급하였다(제8조 및 제35조).

▸ [서울시조례 제5417호, 2012.12.31, 일부개정]

제8조(정비계획의 내용 및 세부기준) ① : 앞과 같음

② 정비계획의 내용은 다음 각 호의 사항을 말한다. 〈신설 2010.3.2〉〈개정 2012.1.5, 2012.12.31〉

1~6 : 앞과 같음.

7. 주거환경관리를 위한 주민공동체 활성화 방안(주거환경관리사업에 한한다.)

③ : 앞과 같음

부 칙 〈제5417호, 2012.12.31〉

제1조(시행일) 이 조례는 공포한 날부터 시행한다(효력발생시기는 2012.12.31).

➡ 주거환경관리사업을 위한 정비계획에 주거환경관리를 위한 주민공동체 활성화 방안을 추가하였다.

▸ [서울시조례 제5701호, 2014.5.14, 일부개정]

제8조(정비계획의 내용 및 세부기준) ① : 앞과 같음

② 정비계획의 내용은 다음 각 호의 사항을 말한다. 〈신설 2010.3.2, 2012.1.5, 2012.12.31, 2014.5.14〉

1~7 : 앞과 같음.

8. 구역 내 옛길, 옛물길 등 역사·문화자원의 보전 및 활용계획

③ : 앞과 같음.

부 칙 〈제5701호, 2014.5.14〉

제1조(시행일) 이 조례는 공포한 날부터 시행한다(효력발생시기는 2014.5.14).

➡ 정비계획 수립 시 구역 내 물길, 보호수목 등 역사·문화자원의 보전 및 활용계획을 수립하도록 하였다.

□ 조례 제8조(정비계획의 내용 및 세부기준)

영 제13조제1항제9호에서 "그 밖에 정비사업의 원활한 추진을 위하여 시도 조례가 정하는 사항"이란 정비계획의 내용과 정비계획의 세부기준을 말한다(동조 제1항).

위 "그 밖에 정비사업의 원활한 추진을 위하여 시도 조례가 정하는 사항"으로 서울시는 조례 제8조제1항의 정비계획의 내용과 동조 제2항인 정비계획의 세부기준이라고 규정하고 있다.

정비계획의 세부기준에 정비사업의 공통적인 정비계획 수립기준을 규정하고 있으며, 도시환경정비사업의 경우 별도의 정비계획 수립기준을 정하고 있다.

□ 제8조제2항(정비계획의 내용)

정비계획의 내용은 다음과 같이 도시정비법, 같은 법 시행령, 도시정비조례에서 정하고 있다(동조 제2항).

1. 가구 또는 획지에 관한 계획
2. 임대주택의 건설에 관한 계획(도시환경정비사업은 일반주거지역과 주택이 있는 준주거지역·상업지역 및 준공업지역에 공동주택을 건설하는 경우만 해당하며, 구청장은 대학 주변지역의 정비구역에 대해서는 대학생에게 공급할 수 있는 임대주택 건설계획을 수립할 수 있다.)
3. 주민의 소득원 개발에 관한 사항(주거환경개선사업에 한한다.)
4. 환경성 검토결과(「국토계획법」 제27조제2항을 준용한다.)
5. 기존 수목의 현황 및 활용계획

6. 인구 및 주택의 수용계획
7. 주거환경관리를 위한 주민공동체 활성화 방안(주거환경관리사업에 한한다.)
8. 구역 내 옛길, 옛물길 등 역사·문화자원의 보전 및 활용계획

제8호 "구역 내 옛길, 옛물길 등 역사·문화자원의 보전 및 활용계획"은 2014. 5.14 정비계획의 내용으로 추가되었다.

정비계획의 내용은 아래와 같이 도시정비법 제4조제1항, 시행령 제13조 및 도시정비조례 제8조제2항에서 규정하고 있다.

시장·군수는 정비기본계획에 적합한 범위에서 노후·불량건축물이 밀집하는 등 시행령 제10조 [별표1] 정비구역 지정 요건에 해당하는 구역에는 다음 각 호의 사항이 포함된 정비계획을 수립해야 한다(법 제4조제1항).

- 정비사업의 명칭
- 정비구역 및 그 면적
- 「국토계획법」 제2조제7호에 따른 도시·군계획시설의 설치에 관한 계획
- 공동이용시설 설치계획
- 건축물의 주용도·건폐율·용적률·높이에 관한 계획
- 환경보전 및 재난방지에 관한 계획
- 정비구역 주변의 교육환경 보호에 관한 계획
- 세입자 주거대책
- 정비사업시행 예정시기
- 「국토계획법」 제52조제1항 각 호의 사항에 관한 계획(필요한 경우에 한함)
- 그 밖에 정비사업의 시행을 위하여 필요한 사항으로서 대통령령이 정하는 사항

○ 시행령 제13조(정비계획 내용)

- 정비사업의 시행방법
- 법 제6조제1항제2호에 의한 방법으로 시행하는 주거환경개선사업의 경우 법 제7조에 의한 사업시행자로 예정된 자
- 기존 건축물의 정비·개량에 관한 계획
- 정비기반시설의 설치계획
- 법 제34조에 따라 정비구역을 둘 이상의 구역으로 분할하거나 서로 떨어진

둘 이상의 구역 또는 정비구역을 하나의 구역으로 결합하여 정비사업을 시행하는 경우 그 분할 또는 결합에 관한 계획

- 건축물의 건축선에 관한 계획
- 홍수 등 재해에 대한 취약요인에 관한 검토결과
- 정비구역 및 주변지역의 주택수급에 관한 사항
- 안전 및 범죄예방에 관한 사항
- 그 밖에 정비사업의 원활한 추진을 위하여 시도 조례가 정하는 사항

☐ 제8조제3항(정비계획의 세부기준)

정비계획의 세부기준은 다음의 각 호의 사항을 말한다(동조 제3항).

정비계획의 세부기준을 알기 위해서는 서울시보에 게재된 정비구역 지정·고시문을 살펴보는 것이 좋다.

○ 제8조제3항제1호(공통사항)

정비사업의 공통적 정비계획 세부기준은 다음과 같다.

- 정비구역에는 원칙적으로 기존 공원이나 녹지를 포함하지 않도록 한다. 다만, 공원 또는 녹지의 기능을 회복하거나 그 안의 건축물을 정비하기 위하여 필요한 경우와 토지이용의 증진을 위하여 필요한 경우에는 그러하지 아니하다.

➡ 송파구 거여 재정비촉진구역과 같이 기존 개천이나 구거의 기능을 회복시키기 위해 촉진계획(재개발사업)을 수립하였으나, 일부 지역의 촉진지구지정 취소소송에 대해 대법원에서 피고인 서울시는 패소한 바 있다.

- 공동주택을 건립하는 정비구역에는 「주택건설기준 등에 관한 규정」에 따른 부대시설·복리시설 등의 설치기준에 적합한 계획을 수립하여야 한다.
- 영 제13조제1항제3호에 따른 기존건축물의 정비·개량에 관한 계획은 건축물의 경과연수, 용도, 구조, 규모, 입지, 허가유무 및 노후·불량 정도를 고려하여 존치, 개수, 철거 후 신축, 철거이주 등으로 구분하여 계획하도록 한다.

- 종교부지, 분양대상 복리시설 부지 및 정비구역안에 건립하는 임대주택 부지는 필요한 경우 획지로 분할하고 적정한 진입로를 확보하도록 하여야 한다.

※ 2013.7.11 서울시보에 게재된 문래동 1-4가 도시환경정비구역 지정 및 지형도면 고시문 참조 : 문래동4가 도시환경정비구역에 공동주택, 산업시설, 종교시설, 공공청사에 대한 획지 및 건축계획을 수립하였다.

- 법 제4조제1항제7호에 따른 정비사업시행 예정시기는 사업시행자별 사업시행인가 신청 준비기간을 고려하여 정비구역 지정·고시가 있은 날부터 4년 이내의 범위 안에서 정하여야 한다.

○ **제8조제3항제2호(도시환경정비사업만 해당)**

- 건축계획은 정비구역의 특성과 도심부 기능회복을 위하여 복합용도건축계획을 원칙으로 하며, 다음의 사항이 포함되도록 하여야 한다.
  (1) 각 지구별 건축계획선에 따른 건축물 배치계획, 공개공지계획, 조경계획, 지구별 건축물의 주·부 출입구 위치와 이에 따른 보행동선계획, 지구별 건축물의 차량 진·출입구 위치와 이에 따른 차량동선계획
  (2) 주변의 건축물을 감안한 해당 정비구역에 대한 스카이라인 계획
  (3) 주변에 문화재나 자연 지형물이 있는 경우에는 주변경관에 미치는 영향을 최소화할 수 있는 경관계획
  (4) 장기전세주택을 건설하는 경우에는 우수디자인 계획, 커뮤니티 지원시설 계획, 공공시설물 설치계획, 사회혼합계획
- 도시환경정비구역안에서의 건축물 최고높이는 법 제3조에 따른 정비기본계획에서 정하는 기준에 따른다.
- 일반주거지역에 200세대 이상의 공동주택을 건설하는 경우의 임대주택의 건설규모 및 건설비율은 국토부장관이 고시한 재개발사업의 임대주택의 건설규모 및 건설비율을 준용한다.
- 준주거지역·준공업지역 및 상업지역에 200세대 이상의 공동주택을 건설하는 경우의 임대주택의 건설규모는 전용면적 40㎡ 이상으로 하되, 건설비율은 (해당 구역에 건설하는 주택 전체 세대수의 17% 또는 주거용 건축물연면적

의 10%)×(해당 구역에 건설하는 전체 건축물연면적에 대한 주거용 건축물연면적 비율)로 산정된 비율 이상으로 한다.

- 공동주택을 건설하는 경우 국민주택규모의 주택을 전체세대수의 60% 이상 건설하되, 주택전체연면적의 50% 이상 건설하여야 한다.

※ 2013.7.11 서울시보에 게재된 문래동 1-4가 도시환경정비구역 지정 및 지형도면 고시문에서 주택의 규모 및 규모별 건설비율 : 국민주택규모(85㎡ 이하)의 주택을 전체 세대수의 60% 이상, 주택 전체연면적의 50% 이상

- 장기전세주택 건립에 따라 용적률을 완화 받는 경우에는 완화된 용적률의 50% 이상을 장기전세주택으로 공급하여야 한다.

▢ 시도별 조례

경기도·인천시의 경우 조례 제8조에서 정비계획의 내용을 규정하고 있으나, 서울시와 달리 정비계획의 세부기준에 대해서는 별도의 규정이 없다.

○ 경기도

제8조(정비계획의 내용) 영 제13조제1항제9호에서 "그 밖에 정비사업의 원활한 추진을 위하여 시도 조례가 정하는 사항"이란 다음 각 호의 사항을 말한다.

1. 가구 또는 획지에 관한 계획
2. 임대주택의 건설에 관한 계획(재개발 및 주거환경개선사업, 도시환경정비사업은 주거지역에 공동주택을 건설하는 경우에 한한다.)
3. 주민의 소득원 개발에 관한 사항 (주거환경개선사업에 한한다.)
4. 정비구역 내 기존 공원이나 녹지를 제외한 계획(단, 기존 공원이나 녹지의 기능을 회복하거나 그 안의 건축물을 정비하기 위하여 필요한 경우와 토지이용의 증진을 위하여 필요한 경우는 포함 가능) 〈신설 2009.12.31〉
5. 기존 건축물에 대한 처리계획(건축물의 경과연수, 용도, 구조, 규모, 입지, 허가유무 및 노후·불량 정도를 고려하여 존치, 개수, 철거 후 신축, 철거이주 등으로 구분) 〈신설 2009.12.31〉

6. 종교부지, 분양대상 복리시설 부지 및 정비구역안에 건립하는 임대주택 부지는 필요한 경우 획지로 분할하고 적정한 진입로를 확보하는 계획 〈신설 2009.12.31〉
7. 정비사업시행 예정기간(법 제4조제1항제7호의 정비사업시행 예정시기를 사업시행자별 사업시행인가신청 준비기간을 고려하여 정비구역 지정·고시가 있는 날부터 4년 이내의 범위에서 정함) 〈신설 2009.12.31〉

- 남양주시, 수원시, 고양시

경기도와 같다.

- 부천시, 안양시

경기도와 같으나, "기존의 수목 현황 및 활용계획"이 추가되어 있다.

○ 인천시

제8조(정비계획의 내용) 영 제13조제1항제9호에서 "그 밖에 정비사업의 원활한 추진을 위하여 시도 조례가 정하는 사항"이란 다음 각 호의 사항을 말한다. 〈개정 2014.3.10〉

1. 가구 또는 획지에 관한 계획
2. 임대주택의 건설에 관한 계획(재건축사업을 제외하며 도시환경정비사업은 기존건축물에 주택이 포함되어 있는 경우에만 적용한다.)
3. 주민의 소득원 개발에 관한 사항(주거환경개선사업에만 적용한다.)
4. 무상 양여된 국·공유지의 사용·처분에 관한 사항(주거환경개선사업에만 적용한다.)
5. 기존 수목의 보전·이식 등을 위하여 「인천시 녹지보전 및 녹화추진에 관한 조례」 제12조에 따라 수립한 나무은행 운영계획
6. 환지계획(사업시행자가 법 제43조제2항에 따라 환지로 공급하는 방식의 사업에만 적용한다.)
7. 지역특성, 골목길 등 지역자원 발굴 및 관계성 회복을 위한 주민공동체 활성화 방안(주거환경관리사업에 한한다.)

○ 부산시, 대구시

서울시와 유사하게 정비계획의 내용, 정비계획의 세부기준 및 건축계획 조문을 두고 있다.

부산시 도시정비조례 제7조(정비계획의 내용) ① 영 제13조제1항제9호에서 "그 밖에 정비사업의 원활한 추진을 위하여 시도 조례가 정하는 사항"이란 정비계획의 내용과 정비계획의 세부기준을 말한다.

② 정비계획의 내용은 다음 각 호의 사항을 말한다.

1. 가구 또는 획지에 관한 계획
2. 세입자 주거대책 또는 임대주택의 건설에 관한 계획(재건축사업은 제외하며 도시환경정비사업은 일반주거지역에 공동주택을 건립하는 경우에 한정한다.)

③ 정비계획의 세부기준은 다음 각 호의 사항을 말한다.

1. 정비구역의 범위는 행정구역, 지형, 이미 결정된 도시계획, 건축물의 배치·규모, 효율적인 사업시행규모 및 주민의 의견 등을 종합적으로 고려하고 주변에 설치된 도시계획시설과의 연계성을 갖도록 정한다.
2. 정비구역의 경계는 도시계획·행정구역·지형·도로·지적경계선을 기준으로 하되, 지적경계선을 기준으로 하는 경우에는 가급적 직선의 형태로서 굴곡이 심하지 않도록 하고 불가피하게 건축물이 저촉되는 경우를 제외하고는 건축물이 포함되지 아니하도록 계획한다. 이 경우 정비구역경계선으로 인하여 분할되는 토지 중 구역밖에 있는 부분에는 「건축법」상 건축이 가능하도록 한다.
3. 정비구역의 면적은 사업시행 후 주변지역의 기능회복 및 전환을 고려하여 적정한 규모로 하고, 정비구역의 형태는 정비사업 시행 시 합리적이고 효율적인 토지이용이 될 수 있도록 하여야 한다.
4. 정비구역에는 원칙적으로 공원·녹지(「국토계획법」 제36조에 따른 녹지지역을 포함한다.) 또는 나대지 등은 포함되지 않도록 한다. 다만, 다음 각 목의 어느 하나에 해당하는 경우에는 그러하지 아니하다.
   가. 순환정비방식으로 정비사업을 시행하기 위하여 필요한 경우
   나. 공원·녹지기능을 회복하거나 그 지상의 불량건축물을 철거·정비하기 위하여 필요한 경우
   다. 지형여건, 건축물의 배치 또는 토지이용의 증진을 위하여 필요한 경우

5. 법 제4조제1항제3호의 도시계획시설의 설치에 관한 계획과 영 제13조제1항 제4호의 정비기반시설 설치계획은 도시계획시설과 도로·공원 등 정비기반시설이 적정한 배치 및 규모가 되도록 계획하고 정비구역 인근에 이미 설치 또는 결정된 도시계획시설과 연계하여 계획한다. 이 경우 학교시설에 대하여는 입안 전에 관계기관과 협의를 하여야 하고, 「주택건설기준 등에 관한 규정」에 따른 진입도로가 확보되었거나 정비사업으로 확보할 수 있어야 하며, 도시환경정비사업의 경우에는 지하시설의 유기적인 연결을 위하여 지하공간개발계획을 포함할 수 있다.
6. 법 제4조제1항제4호에 따른 공동이용시설 설치계획은 정비구역안 또는 정비구역 인근에 설치되어 있는 공동이용시설의 가용성을 참작하여 적정한 규모 및 배치가 되도록 수립한다.
7. 법 제4조제1항제7호에 따른 정비사업시행 예정시기는 사업시행인가신청 준비기간 등을 고려하여 정비구역 지정·고시가 있은 날부터 4년 이내의 범위에서 정한다.
8. 영 제13조제1항제5호에 따라 정비구역을 분할하여 정비사업을 시행하는 계획은 지형여건, 정비기반시설·도시계획시설의 설치계획, 분할된 구역 상호간의 사업성 등을 고려하여 사업추진의 효율성과 사업효과를 높일 수 있도록 정하되, 지나치게 광대하거나 협소하게 분할하여 수립하지 아니한다. 이 경우 주거환경정비구역의 분할시행에 관한 계획은 동일 정비구역안에서 현지개량사업 또는 환지방식사업이 공동주택건설사업과 함께 시행되거나 정비구역 여건상 분할시행이 필요한 경우에 한정한다.
9. 공동주택건설을 계획하는 구역의 임대주택부지, 종교부지 및 분양대상 복리시설 등은 향후 시설의 효율적인 유지·관리를 위하여 필요한 경우 획지로 분할하고 진입로가 확보되도록 하여야 한다.
10. 공동주택건설을 계획하는 경우에는 토지등소유자에게 공급하기 위한 분양주택 외에 정비구역안에 거주하는 세입자에게 공급하기 위한 임대주택의 건설을 계획하거나 토지보상법 시행규칙 제54조에 따른 주거대책비를 지급하는 등 세입자대책을 세우게 할 수 있다.

[전문개정 2010.3.3]

제9조(건축계획) 법 제4조제1항제5호에 따른 정비사업별 건축계획은 다음 각 호의 기준에 따른다. 〈개정 2005.2.16, 2005.9.21, 2010.3.3〉

1. 주거환경개선사업, 재개발사업 및 재건축사업 〈개정 2005.9.21, 2010.3.3〉
   가. 영 제13조제1항제3호의 기존건축물의 정비·개량에 관한 계획은 건축물의 경과연도·용도·구조·규모·입지·허가유무 및 노후불량정도를 고려하여 존치·개수·철거 등으로 구분 계획한다.
   나. 〈삭제 2005.9.21〉
   다. 가구 또는 획지별로 정비사업계획을 수립하는 경우에는 가구 또는 획지별로 건축계획을 정한다.
   라. 〈삭제 2010.3.3〉
2. 도시환경정비사업 〈개정 2005.2.16, 2010.3.3〉
   가. 정비구역의 특성과 도시기능회복을 위하여 복합용도의 건축계획을 원칙으로 한다.
   나. 주거공간을 확보할 필요가 있는 경우에는 주택용도를 포함한 복합용도의 건축계획을 우선 검토하여야 한다.
   다. 정비구역을 구분하여 높이 및 층수를 정할 수 있으며, 그 범위는 도시·주거환경정비기본계획(이하 "기본계획"이라 한다.)에 적합하여야 한다.
   라. 건축물의 최고높이 및 층수가 정하여지지 않은 지역은 「건축법」 제60조에 따른 건축물의 높이제한기준을 따른다.
3. 건축계획의 내용에는 다음 사항이 포함되어야 한다. 〈개정 2010.3.3〉
   가. 〈삭제 2010.3.3〉
   나. 기본계획의 내용 및 해당 용도지역·용도지구에 적합한 건폐율·용적률 및 높이, 건축물의 용도계획
   다. 대상구역 주변 건축물현황(건축선, 층수 및 높이)을 감안한 해당 구역의 스카이라인계획
   라. 대상구역 주변에 문화재나 자연 지형지물이 있는 경우에는 주변 경관에 미치는 영향을 최소화 할 수 있는 경관계획

▢ 유권해석

재개발단지의 임대주택부지 획정선 문제

정비구역 내에서의 획지로 분할하는 내용임. 현재 서울시 재개발사업의 경우 전체건립가구 수의 17%나 거주세입자 총 가구 수의 35% 이상을 임대주택으로 건립하게 되어 있으며, 또한 서울시 조례 제9조제1항 라목에 보면 '종교부지, 분양대상 복리시설 부지 및 정비구역안에 건립하는 임대주택 부지는 필요한 경우 획지로 분할하고 적정한 진입로를 확보하도록 하여야 한다.'고 되어 있음.

〈의견〉

○ 갑설 : 토지가 분할되므로 분할 경계선을 인접대지 경계선으로 보고 일조권제한 및 높이제한 등 모든 법적 제약 사항(사업승인 기준, 인동거리, 주차장, 도로에 접할 것, 인접대지 사선제한, 건폐율, 용적률, 용도, 조경 등)을 적용하여야 한다.

○ 을설 : '획지'로 분할한다는 것은 단지 사업계획 상 하나의 단지 내에서 단순히 관리와 소유 주체가 다르므로 이에 대한 구분을 하기 위한 것이므로 하나의 단지(하나의 주택사업) 내에서 필지 분할만하게 되는 상가나 유치원부지, 종교 부지 등과 같은 개념으로 해석하여 건물 간 인동거리(채광창) 등 주거환경에 필수 요소만 적용하여야 함.

〈질의 취지〉

Q 만약 별도의 '획지'로 분할 한다는 것을 별도의 대지로 나눈다는 것으로 해석한다면 기존의 아파트 단지 등이(단지 획지로 분할하여 구분소유권만 주었으므로) 모두 법적 문제를 안고 있다는 것이 되고, 법적으로 별도의 단지로 보고 사업승인을 받으라는 의미가 되는 것으로 해석하라는 의미인지가 불분명하며(종교부지 등과 같은 위계로 조례로 정하였음은 어떤 의미인지?) 현재 사회문제가 되고 있는 임대주택과 분양주택 입주자간의 소외와 쟁의를 용인하는 것은 아닌지, 재건축의 경우 임대주택을 별도로 동별조차 소규모 단지의 경우 임대주택 부지를 확보함으로서 전체 단지의 배치와 용적이 오히려 악화되는, 자신들의 재산으로 자신들이 제약받는 아이러니가 발생할 수 있다는 것.

※ 참고로 주택공사의 경우 임대주택을 많이 짓고 있어서 문의한 결과 기한 임대 후 분양하는 것은 하나의 단지로 계획을 하고 영구임대나 국민임대의 경우는 사후 관리적 차원에서 별도의 필지조건(별도 사업승인을 받는 단지가 아니라)에 적합하게 대응하고 있다 함. 따라서 법적으로 별도 단지로 계획하는 것이 아니라 단순히 관리처분상의 필지로

구획하되, 인동간격 등 주거환경에 필수적인 사항 등은 지키고 분할 시 관리주체 등의 어려움을 최소로 하도록 하는 것이 타당한 것이 아닌지?

A 도시정비조례 제9조제1호 라목과 관련한 질의사항에 대하여 아래와 같이 답변함. 조례 제9조제1호 라목 '종교부지, 분양대상 복리시설 부지 및 정비구역안에 건립하는 임대주택 부지는 필요한 경우 획지로 분할하고 적정한 진입로를 확보하도록 하여야 한다.'의 입법취지는 정비구역 내 건립 임대주택의 경우 관리와 소유주체가 다르기 때문에 이를 명확히 함은 물론 세입자 주거환경의 질을 높이고자 하는 데 있음.

참고로, 조례 제9조제3호 가목에 의하여 재개발사업 시 정비구역의 규모에 관계없이 임대주택 건설을 의무화함으로써 야기되는 기반시설 확보 및 관리상의 어려움, 사업성 악화 등의 부작용이 있어 이를 완화시키기 위해 조례 제9조제3호 가목에 총 건립 세대수가 200세대 미만(임대주택 제외)인 정비구역은 임대주택을 건립하지 아니할 수 있으며, 총 건립 세대수가 500세대 미만인 정비구역은 임대주택 부지를 획지로 분할하지 아니하고 건립할 수 있도록 하는 내용을 주로 하는 단서를 신설, 조례를 개정 중에 있음(서울시 2004.10.21).

※ 관련 조문(도시정비조례, 2008.3.12 조례 제4609호 개정)
제9조(정비계획의 세부기준)

Q 도시정비조례 제9조제3항의 단서에 "재개발·재건축사업은 총 건립세대수가 200세대 미만일 경우 임대주택을 건립하지 아니할 수 있다"고 개정하면 도시정비법에 위배되는지?

A 도시정비법 제30조의2에 의하여 수도권정비계획법 제6조제1항제1호에 의한 과밀억제권역에서 재건축사업을 시행하는 경우 사업시행자는 동법 제30조제4호에 의하여 당해 재건축사업으로 증가되는 용적률 중 25/100에 해당하는 면적을 임대주택으로 공급하여야 하며, 기존 세대수가 50세대 미만인 경우에는 임대주택을 공급하지 않을 수 있으니, 동 규정에 적합하게 임대주택을 건설하여야 하는 것임(건교부 주환 2005.7.28).

정비구역 내에서의 획지 분할

현재 서울시 재개발사업의 경우 전체 건립가구 수의 17%나 거주세입자 총 가구 수의 35% 이상을 임대주택으로 건립하게 되어 있음. 또한 서울시 도시정비조례 제9조제1항 라목에 보면 '종교부지, 분양대상 복리시설 부지 및 정비구역안에 건립하는 임대주택 부지는 필요한 경우 획지로 분할하고 적정한 진입로를 확보하도록 하여야 한다.'고 되어 있음.

〈의견〉

○ 갑설 : 토지가 분할되므로 분할 경계선을 인접대지경계선으로 보고 일조권제한 및 높이제한 등 모든 법적 제약 사항 (사업승인 기준, 인동거리, 주차장, 도로에 접할 것, 인접대지 사선제한, 건폐율, 용적률, 용도, 조경 등)을 적용하여야 함.

○ 을설 : 획지로 분할 한다는 것은 단지 사업계획 상 하나의 단지 내에서 단순히 관리와 소유 주체가 다르므로 이에 대한 구분을 하기 위한 것이므로 하나의 단지(하나의 주택사업) 내에서 필지 분할만하게 되는 상가나 유치원부지, 종교 부지 등과 같은 개념으로 해석하여 건물 간 인동거리(채광창) 등 주거환경에 필수 요소만 적용하여야 함.

〈질의 취지〉

Q ① 만약 별도의 획지로 분할 한다는 것을 별도의 대지로 나눈다는 것으로 해석한다면 기존의 아파트 단지 등이(단지 획지로 분할하여 구분소유권만 주었으므로) 모두 법적 문제를 안고 있다는 것이 되고

② 법적으로 별도의 단지로 보고 사업승인을 받으라는 의미가 되는 것으로 해석하라는 의미인지가 불분명하며(종교부지 등과 같은 위계로 조례로 정하였음은 어떤 의미인지?)

③ 현재 사회문제가 되고 있는 임대주택과 분양주택 입주자간의 소외와 쟁의를 용인하는 것은 아닌지, 재건축의 경우 임대주택을 별도로 동별로 조차 구분하지 않고 전체에 골고루 어울리게 하겠다는 취지와도 다른 방향인 것으로 보이며

④ 소규모 단지의 경우 임대주택부지를 확보함으로서 전체 단지의 배치와 용적이 오히려 악화되는 자신들의 재산으로 자신들이 제약을 받게 되는 아이러니가 발생할 수 있음.

※ 참고로 주택공사의 경우 임대주택을 많이 짓고 있어서 문의 한 결과 기한 임대 후 분양하는 것은 하나의 단지로 계획을 하고 영구임대나 국민임대의 경우는 사후 관리적 차원에서 별도의 필지조건(별도 사업승인을 받는 단지가 아니라)에 적합하게 대응하고 있음. 따라서 법적으로 별도의 단지로 계획하는 것이 아니라 단순히 관리처분상의 필지로 구

획하되, 인동간격 등 주거환경에 필수적인 사항 등은 지키고 분할 시 관리주체 등의 어려움을 최소로 하도록 하는 것이 타당하다고 생각됨.

A 도시정비조례 제9조제1호 라목과 관련한 질의사항에 대하여 아래와 같이 답변함. 조례 제9조제1호 라목 '종교부지, 분양대상 복리시설 부지 및 정비구역안에 건립하는 임대주택 부지는 필요한 경우 획지로 분할하고 적정한 진입로를 확보하도록 하여야 한다.'의 입법취지는 정비구역 내 건립 임대주택의 경우 관리와 소유주체가 다르기 때문에 이를 명확히 함은 물론 세입자 주거환경의 질을 높이고자 하는 데 있음. 참고사항으로 조례 제9조제3호 가목에 의하여 재개발사업 시 정비구역의 규모에 관계없이 임대주택 건설을 의무화함으로써 야기되는 기반시설 확보 및 관리상의 어려움, 사업성 악화 등의 부작용이 있어 이를 완화시키기 위해 조례 제9조제3호 가목에 총 건립 세대수가 200세대 미만(임대주택 제외)인 정비구역은 임대주택을 건립하지 아니할 수 있으며, 총 건립 세대수가 500세대 미만인 정비구역은 임대주택 부지를 획지로 분할하지 아니하고 건립할 수 있도록 하는 내용을 주로 하는 단서를 신설, 조례를 개정 중에 있음(서울시 FAQ).

조례 제9조(안전진단 절차 및 비용 등)

법 제12조제1항, 영 제20조제5항

안전점검 및 정밀안전진단 대가(비용산정)기준(국토부고시, 건설안전과)(별첨)

안전진단 절차 및 비용 등

2009.2.6 법 개정에 따라 정비계획을 수립하기 전에 수립권자인 시장·군수는 사전에 자신의 비용으로 안전진단을 실시하도록 바뀌었다.
그러나 이 경우는 재건축사업의 정비예정구역별 정비계획의 수립시기가 도래한 때에 정하도록 하면서, 그 이외의 경우에는 신청자들의 부담에 의하도록 하면서 조례에서도 이에 맞춰 제9조가 신설되었다.

□ 개정 연혁

▸ 도시정비조례 [서울시조례 제4949호, 2010.3.2, 일부개정]

제9조(안전진단 절차 및 비용 등) ① 영 제20조제5항에 따른 "안전진단의 요청절차 및 그 처리에 관하여 필요한 사항"은 다음 각 호와 같다. 〈신설 2010.3.2〉

1. 구청장은 주변지역의 주택수급 조절 등을 위하여 필요한 경우 안전진단 실시를 조정할 수 있다. 〈신설 2010.3.2〉
2. 안전진단 요청 등에 관하여 필요한 사항은 규칙으로 정한다.

② 영 제21조제2항에 따라 다음 각 호에 해당하는 자가 안전진단을 요청하는 경우 그 비용의 전부를 요청하는 자가 부담한다. 〈신설 2010.3.2〉

1. 법 제12조제1항제2호 및 제3호에 따라 안전진단을 요청하는 자
2. 법률 제9444호 도시정비법 일부개정법률 부칙 제9조에 따라 안전진단을 요청하는 자

③ 제2항에 따른 비용 산정에 관하여는 「시설물의 안전관리에 관한 특별법 시행령」 제8조에 따른 안전점검 및 정밀안전진단의 대가를 준용한다. 〈신설 2010.3.2〉

부 칙 〈제4949호, 2010.3.2〉

이 조례는 공포한 날부터 시행한다.

➡ 재건축사업의 안전진단 절차 및 비용을 규정함. 주변지역의 주택 수급조절을 위하여 필요한 경우 안전진단 실시를 제한할 수 있도록 하고, 안전진단 비용의 전부를 요청한 자의 부담으로 하였다.

▢ 재건축사업의 안전진단 신청자에게 부담

정비계획 수립권자인 시장·군수는 정비계획을 수립하기 전에 자신의 비용으로 안전진단을 시행하여야 하는 것이 원칙이다.

그러나 시장·군수는 정비계획의 수립 또는 재건축사업의 시행여부를 결정하기 위하여 다음 각 호의 어느 하나에 해당하는 경우 안전진단을 실시하여야 하되, 다음의 경우 시장·군수는 안전진단에 소요되는 비용을 해당 안전진단 실시를 요청하는 자에게 부담하게 할 수 있도록 예외 규정을 두었다(법 제12조제1항).

- 정비계획의 입안을 제안하고자 하는 자가 입안을 제안하기 전에 해당 정비예정구역 안에 소재한 건축물 및 그 부속토지의 소유자 1/10 이상의 동의를 얻어 안전진단 실시를 요청하는 때
- 정비구역 밖에서의 재건축사업을 시행하고자 하는 자가 추진위원회의 구성승인을 신청하기 전에 해당 사업예정구역 안에 소재한 건축물 및 그 부속토지의 소유자 1/10 이상의 동의를 얻어 안전진단 실시를 요청하는 때
- 정비예정구역을 지정하지 아니한 지역에서 재건축사업을 하려는 자가 사업예정구역에 있는 건축물 및 그 부속토지의 소유자 1/10 이상의 동의를 받아 안전진단을 요청하는 경우
- 내진성능이 확보되지 아니한 건축물 중 중대한 기능적 결함 또는 부실 설계·시공으로 인한 구조적 결함 등이 있는 건축물의 소유자로서 재건축사업을 시행하고자 하는 자가 해당 사업예정구역에 소재한 건축물 및 그 부속토지의 소유자 1/10 이상의 동의를 받아 안전진단 실시를 요청하는 때

▢ 안전진단 절차 및 비용 등

○ 조례 제9조제1항

영 제20조제5항에 따른 "안전진단의 요청절차 및 그 처리에 관하여 필요한 사항"은 다음 각 호와 같다(동조 제1항).

1. 구청장은 주변지역의 주택수급 조절 등을 위하여 필요한 경우 안전진단 실시를 조정할 수 있다.
2. 안전진단 요청 등에 관하여 필요한 사항은 규칙으로 정한다.
   - 안전진단 동의 등

조례 제9조제1항제2호에서 "안전진단 요청 등에 관하여 필요한 사항"이란 다음 각 호의 사항을 말한다(조례 시행규칙 제6조).

1. 별지 제36호서식에 따른 안전진단 요청을 위한 동의서
2. 별지 제7호서식에 따른 동의 총괄표

○ 조례 제9조제2항(안전진단 비용부담)

영 제21조제2항에 따라 다음 각 호에 해당하는 자가 안전진단을 요청하는 경우 그 비용의 전부를 요청하는 자가 부담한다(동조 제2항).

1. 법 제12조제1항제2호 및 제3호에 따라 안전진단을 요청하는 자
2. 법률 제9444호 도시정비법 일부개정법률 부칙 제9조에 따라 안전진단을 요청하는 자

- 2009.2.6 도시정비법 제12조의 개정

개정 전에는 정비구역 지정 이후의 안전진단 신청이 가능했으나, 2009.2.6 법 개정에 따라 시장·군수는 정비계획의 수립 또는 재건축사업의 시행여부를 결정을 위해 다음 각 호의 어느 하나에 해당하면 그 이전에 안전진단을 실시하도록 바뀌었다. 그러나 아래 제2호부터 제4호까지의 경우 시장·군수는 안전진단에 소요되는 비용을 해당 안전진단 실시를 청하는 자에게 부담하게 할 수 있다(법 제12조제1항).

1. 재건축사업의 정비예정구역별 정비계획의 수립시기가 도래한 때

[별지 제36호서식] 〈개정 2013.2.21〉

안전진단 요청을 위한 동의서

<table>
<tr><td rowspan="2">동 의 자</td><td>성 명</td><td colspan="2"></td><td>생년월일</td><td></td></tr>
<tr><td>주 소</td><td colspan="4">(전화)</td></tr>
<tr><td rowspan="4">안전진단
요청대상
건 축 물
내 역</td><td>소재지</td><td colspan="4"></td></tr>
<tr><td>소유건축물 및
부속토지 현황</td><td colspan="4">건축연면적 : ㎡ / 부속토지 : ㎡</td></tr>
<tr><td>용 도</td><td>구 조</td><td>층 수</td><td>준공년도</td><td>비 고</td></tr>
<tr><td></td><td></td><td></td><td></td><td></td></tr>
</table>

본인은 상기권리에 대하여 「서울시 도시정비조례 시행규칙」 제6조제1항에 따른 안전진단 요청에 동의합니다.

년 월 일

동의자 (서명) 지장날인

붙임 : 동의자 신분증명서 사본 1통

( )구 청 장 귀하

2. 정비계획의 입안을 제안하고자 하는 자가 입안을 제안하기 전에 해당 정비예정구역 안에 소재한 건축물 및 그 부속토지의 소유자 1/10 이상의 동의를 얻어 안전진단 실시를 청하는 때
3. 정비구역이 아닌 구역에서의 재건축사업을 시행하고자 하는 자가 추진위원회의 구성승인을 신청하기 전에 해당 사업예정구역 안에 소재한 건축물 및 그 부속토지의 소유자 1/10 이상의 동의를 얻어 안전진단 실시를 요청하는 때
4. 정비예정구역을 지정하지 아니한 지역에서 재건축사업을 하려는 자가 사업예정구역에 있는 건축물 및 그 부속토지의 소유자 1/10 이상의 동의를 받아 안전진단을 요청하는 경우

2009.2.6 이전인 이 법 시행 당시 추진위원회 구성 승인을 받았다면 법 제12조제1항의 개정규정에도 불구하고 추진위원회가 안전진단 실시를 요청하는 경우 시장·군수는 안전진단을 실시할 수 있다(2009.2.6 법 부칙 제9조 참조).

즉 정비구역 지정 이전이라도 2009.2.6 이전에 추진위원회가 승인받은 경우라면 전과 같이 시장·군수가 안전진단을 실시한다. 그러나 시행령 제21조에서 이 경우 안전진단비용은 시장·군수가 아닌 신청자에게 내라는 것이다.

– 시행령 제21조(안전진단의 비용 등)

법 제12조에 따른 안전진단에 드는 비용은 시장·군수가 부담한다(영 제21조제1항).

그러나 법 제12조제1항제2호·제3호 또는 법률 제9444호 도시정비법 일부개정법률(2009.2.6) 부칙 제9조에 따라 안전진단의 실시가 요청된 경우 시장·군수는 시도 조례로 정하는 방법과 절차에 따라 안전진단에 드는 비용의 전부 또는 일부를 안전진단의 실시를 요청하는 자에게 부담하게 할 수 있다(동조 제2항).

○ 조례 제9조제3항(안전진단 비용산정)

제2항에 따른 비용 산정에 관하여는「시설물의 안전관리에 관한 특별법 시행령」제8조에 따른 안전점검 및 정밀안전진단의 대가를 준용한다(동조 제3항).

※ 시설물의 안전관리에 관한 특별법 시행령
제8조(안전점검 및 정밀안전진단의 대가) ① 법 제6조제3항과 제7조제3항에 따른 안전점검 및 정밀안전진단의 대가는 법 제25조에 따라 설립된 한국시설안전공단(이하 “공단”이라 한

다.)이 국토교통부장관의 승인을 받아 정한다. 〈개정 2011.11.16, 2013.3.23〉
② 국토교통부장관은 제1항에 따라 안전점검 및 정밀안전진단의 대가를 승인하려는 경우에는 기획재정부장관과 협의하여야 하며, 이를 승인한 때에는 그 내용을 고시하여야 한다. 〈개정 2013.3.23〉

제2항과 관련하여 국토부 건설안전과는 안전점검 및 정밀안전진단 대가(비용산정)기준(국토부고시 제2012-535호, 2012.8.20)을 제정하였다.

□ 시도별 조례

○ 경기도

제9조의3(안전진단의 비용) 영 제21조제2항에 따라 조례로 정하는 방법과 절차는 다음 각 호와 같다.

1. 법 제12조제3항에 따라 안전진단의 실시가 결정된 때에는 안전진단에 필요한 비용을 시장·군수에게 예치하여야 한다.
2. 비용의 산정은 「시설물의 안전관리에 관한 특별법 시행령」 제8조에 따른 안전점검 및 정밀안전진단의 대가를 준용한다.
3. 시장·군수는 법 제12조제4항에 따라 안전진단결과보고서를 제출받으면 제1호에 따라 예치된 금액에서 안전진단을 실시한 기관에 안전진단의 수수료를 직접 지불하고, 나머지 금액이 있는 경우에는 안전진단을 요청한 자에게 즉시 반환하여야 한다.

[본조신설 2009.12.31]

- 남양주시, 부천시, 수원시, 안양시

경기도와 같다.

○ 인천시

제10조(안전진단 절차 및 비용 등) ① 구청장 등은 현지조사 등을 통하여 법 제12조제1항에 따른 안전진단 대상건축물의 구조안전성, 건축마감, 설비노후도 및 주거환경 적합성 등을 심사(이하 "예비안전진단"이라 한다.)하고 안전진단 실시

여부에 관한 의견을 듣기 위하여 군·구에 예비안전진단의 시행 및 안전진단실시 여부의 자문에 필요한 기구(이하 "자문기구"라 한다.)를 설치할 수 있다.

② 구청장 등은 자문기구가 설치되지 아니한 경우 또는 자문기구가 설치되어 있더라도 법 제12조제1항제2호 및 제3호에 따른 안전진단 신청자가 희망하거나 그 밖에 부득이하다고 인정되는 경우에는 다음 각 호의 전문기관에 예비안전진단을 의뢰할 수 있다.

1. 「시설물 안전관리에 관한 특별법」 제25조에 따른 한국시설안전공단
2. 「과학기술분야 정부출연연구기관 등의 설립·운영 및 육성에 관한 법률」 제8조에 따른 한국건설기술연구원

③ 자문기구는 안전진단에 관한 학식과 경험이 풍부한 교수, 기술사, 건축사, 관계공무원 그 밖에 구청장 등이 인정하는 전문가 중에서 구청장 등이 임명 또는 위촉하는 7명 이내의 인원으로 구성하고 그 의장은 관계공무원이 된다.

④ 자문기구의 명칭, 구성·운영 및 심사방법 그 밖에 필요한 사항은 구청장 등이 정한다.

⑤ 구청장 등이 법 제12조제3항 후단에 따른 안전진단을 의뢰하기 위하여 영 제20조제4항 각 호의 어느 하나에 해당하는 기관을 선정하고자 하는 경우에는 「지방자치단체를 당사자로 하는 계약에 관한 법률」이 정하는 바에 따르되 부득이한 경우를 제외하고는 일반경쟁에 부쳐야 한다.

⑥ 법 제12조제1항제2호·제3호 및 법률 제9444호 「도시정비법 일부개정법률」 부칙 제9조에 따라 안전진단의 실시를 요청한 토지등소유자는 해당 안전진단의 실시가 결정된 후 안전진단에 필요한 비용을 구청장 등에게 세입세출 외 현금으로 예치하여야 한다. 이 경우 비용의 산정에 관하여는 「시설물의 안전관리에 관한 특별법 시행령」 제8조에 따른 안전점검 및 정밀안전진단의 대가를 준용한다.

⑦ 구청장 등은 법 제12조제4항에 따라 안전진단(법 제12조제1항제1호에 따른 안전진단을 제외한다.)결과보고서를 제출받은 때에는 제6항에 따른 예치금으로 안전진단을 실시한 기관에 안전진단 비용을 직접 지불하고 나머지 금액은 안전진단을 요청한 자에게 즉시 반환하여야 한다.

○ **부산시**

제10조의2(안전진단의 비용 등) 영 제21조제2항에 따라 안전진단에 소요되는 비용은 다음 각 호의 방법과 절차에 따라 안전진단의 실시를 요청하는 자가 부담한다.

1. 안전진단 실시를 요청한 자는 법 제12조제3항에 따라 안전진단의 실시가 필요하다고 결정된 때에는 안전진단에 필요한 비용을 구청장에게 예치하여야 한다.
2. 제1호에 따른 비용의 산정에 관해서는 「시설물의 안전관리에 관한 특별법 시행령」 제8조에 따른 안전점검 및 정밀안전진단의 대가를 준용한다.

[본조신설 2012.12.26]

○ **대구시**

제10조의2(재건축사업의 안전진단) 영 제21조제2항에 따른 시도 조례로 정하는 방법과 절차는 다음 각 호와 같다.

1. 법 제12조제1항에 따라 안전진단 실시 요청이 있을 때에는 구청장은 현지조사 실시 후 시행여부를 결정하고 그 결과를 안전진단 요청자에게 통보하여야 한다.
2. 제1호에 따라 안전진단 실시를 통보받은 안전진단 요청자는 지정된 금고에 안전진단비용을 지정기간 내에 현금으로 예치하여야 한다.
3. 구청장은 제2호에 따른 예치금을 법 제12조제4항 및 영 제21조제3항에 따른 안전진단을 실시한 후 비용으로 지출하고 재건축 시행결정 여부와 예치금 정산처리 내역을 안전진단 요청자에게 통보하여야 한다.

[전문신설 2010.6.30 조례 제4170호]

○ **대전시**

제10조의2(재건축사업의 안전진단 비용) 영 제21조제2항에 따른 조례로 정하는 방법과 절차는 다음 각 호의 기준에 따른다.

1. 법 제12조제1항에 따라 안전진단 요청이 있는 경우 구청장은 「도시정비법 시행규칙」 제5조제1항에 따른 안전진단 요청 서류의 검토 및 현지조사를

실시하여 안전진단이 필요하다고 결정한 경우에는 안전진단을 요청한 자에게 비용을 예치하게 할 수 있다.

2. 제1호에 따라 통보받은 자는 지정된 금고에 안전진단 비용을 현금으로 예치하여야 한다.
3. 구청장은 제2호에 따른 비용이 예치된 경우에는 법 제12조 및 영 제21조에 따라 안전진단을 실시한 후 비용을 지출하고, 재건축사업의 시행여부 결정 및 예치금에 대한 정산내역을 안전진단을 요청한 자에게 통보하여야 한다. [본조신설 2010.8.13]

□ 유권해석

Q 다세대주택의 경우 준공된 후 도시정비조례 제3조제1호에서 정한 경과연수를 지나고 안전진단까지 통과하여야만 노후·불량건축물로 보는지?

A 다세대 주택을 노후·불량건축물로 보는 기준은 도시정비조례 제3조제1호에 따른 공동주택으로 적용하게 되며, 도시정비법 시행령 [별표1] 제3호 나목(2)에 의한 노후·불량건축물 수에 관한 기준을 충족한 경우, 잔여 건축물에 대해서는 도시정비법 시행령 제20조제1항제3호에 따라 안전진단 대상에서 제외됨(서울시 FAQ).

소규모 재건축부지(아파트 100세대 이하)활성화 대책에 관한 제안

Q 현재 소규모 재건축부지(아파트 100세대 이하)의 재건축이 도시계획조례에 노후도 기준이 20년 이상으로 규정되어 있으나 노후도가 심하여 재건축 시 현행법상 재건축이 불가한 상태임. 2006.5.9 개정 건축법(대지안의 공지규정)시행으로 사실상 재건축이 불가 상태가 되는데 구제할 수 있는 대안이 시급히 마련될 필요가 있음. 정비구역으로 지정되지 못하는 소규모 재건축택지는 앞으로 어떻게 재건축이 추진될 수 있는지, 소규모 택지에서 대지경계선 6m씩 이격하면 어떠한지?

A 도시정비법 시행령 제6조에서 정한 정비구역 대상이 아닌 소규모 구역에서의 재건축사업 추진은 공동주택(아파트 포함)의 경우 도시정비조례 제3조제1항제1호 [별

표]에 정한 공동주택의 노후·불량건축물 기준(노후도)을 충족하여야 하고, 또한 도시정비법 제12조에 따른 안전진단 절차를 거쳐 최종 재건축사업의 시행여부를 결정하는 것이므로, 재건축사업은 이러한 관련 절차 이행 및 지역 여건 등을 종합적으로 고려하여 결정할 사항임(서울시 2006.4.10).

Q **다세대주택의 경우 준공된 후 서울시 도시정비조례 제3조제1호에서 정한 경과연수를 지나고 안전진단까지 통과하여야만 노후·불량건축물로 보는지?**

A 다세대주택을 노후·불량건축물로 보는 기준은 도시정비조례 제3조제1호에 따른 공동주택으로 적용하게 되며, 도시정비법 시행령 [별표1] 제3호 나목(2)에 의한 노후·불량건축물 수에 관한 기준을 충족한 경우 잔여 건축물에 대해서는 도시정비법 시행령 제20조제1항제3호에 따라 안전진단 대상에서 제외됨(서울시 FAQ).

○ **단독재건축 시 공동주택의 안전진단 여부**

Q **단독재건축을 위한 정비구역 내에 노후불량건축물이 도시정비법 시행령 [별표1] 제3호 나목(2)의 기준을 충족한 경우로서 노후불량건축물에 공동주택이 포함된 경우 당해 공동주택이 안전진단의 대상이 되는지?**

A 단독재건축을 위한 정비구역 내에 노후불량건축물이 위 기준을 충족한 경우, 공동주택이 노후·불량건축물에 포함되는지 여부와 상관없이 안전진단대상에서 제외할 수 있음(서울시 주거정비과 2007.3.15).

안전점검 및 정밀안전진단 대가(비용산정)기준

[시행 2012.8.20] [국토해양부고시 제2012-535호, 2012.8.20, 타법개정]

국토교통부(건설안전과)

제1조(목적) 이 기준은 「시설물의 안전관리에 관한 특별법」(이하 "특별법"이라 한다.) 제6조에 따른 안전점검(이하 "점검"이라 한다.) 및 같은 법 제7조에 따른 정밀안전진단(이하 "진단"이라 한다.)을 실시함에 있어 이에 대한 대가를 산출하는 기준을 정함을 목적으로 한다.

제2조(적용) 이 기준은 특별법 제2조의 규정에 의한 시설물에 대하여 관리주체가 특별법 제4조의 규정에 의한 시설물의 안전 및 유지관리계획을 수립하여 점검 및 진단에 필요한 비용을 확보하거나 같은 법 제9조, 제18조 및 제25조에 따라 안전진단전문기관 및 유지관리업체에게 점검 및 진단을 위탁할 경우에 적용한다. 다만, 다른 법령 등에 점검 및 진단에 대한 비용산정기준이 따로 있는 경우와 고도의 기술력이 필요하거나 점검·진단의 과업내용이 시설물의 안전점검 및 정밀안전진단 지침(이하 "지침"이라 한다.)의 기본과업 내용에 현저히 미치지 못하는 등 이 기준의 적용이 적합하지 아니하는 경우에는 그러하지 아니하다.

제3조(용어의 정의) 이 기준에서 사용하는 용어의 정의는 다음과 같다.

1. "대가"라 함은 지침에서 규정된 업무를 수행하는데 필요한 직접인건비, 제경비, 기술료, 직접경비 및 선택과업비용의 합계액을 말한다.
2. "정액적산방식"이라 함은 점검 및 진단의 실시에 소요되는 기준 인원수를 기초로 하여 대가를 산출하는 방식을 말한다.
3. "일급방식"이라 함은 선택과업비용에 계상되는 전문가 자문 및 추가업무 등 특별업무에 대하여 직접인건비에 직접경비, 제경비, 기술료를 가산하여 일당으로 지급하는 것을 말한다.
4. "기술자"라 함은 건설기술관리법 제2조제8호에 의한 건설기술자를 말한다.
5. 시설물 형태에 따른 인원수 산정을 위한 시설물 형태별 정의는 다음과 같다.
   가. "기본시설물"이라 함은 주요 점검 및 진단 대상시설물을 말한다.
   나. "인접시설물"이라 함은 기본시설물과 동일명의 시설물이나, 동일한 노선축으로 인접되어 있어 도보로 이동 가능한 시설물을 말하며, 주로 교량 및 터널의 경우에 한한다.

다. "군집시설물"이라 함은 아파트단지 또는 수리시설물(정수장, 공공하수처리시설 등) 내의 건축물 등과 같이 해당구역 내에 위치하고, 도보로 이동 가능한 2개동 이상의 건축물을 말한다.

제4조(대가산출의 원칙) ① 대가는 정액적산방식에 따라 산출함을 원칙으로 한다. 선택과업비용은 대상 시설물에 대하여 사전조사후 관리주체와 협의하여 제9조의 선택과업항목을 결정하고 실비로 계상한다.

② 초기점검의 경우에는 지침 항3.2.2에 따라 시설물의 구조적 특성에 따른 초기치를 측정할 수 있는 선택과업비용을 계상하여야 한다.

제5조(직접인건비) ① 직접인건비라 함은 점검 및 진단업무에 직접 종사하는 인원 등의 급료, 제수당, 상여금, 퇴직적립금, 산재보험금 등을 포함한 것으로서 [별표1]의 기준시설물에 대한 [별표2]의 기준인원수(고급기술자 수준으로 환산)에 대하여 [별표4]의 조정비를 적용하여 산출한다.

② 고급기술자에 대한 노임단가는 한국엔지니어링진흥협회가 통계법에 따라 조사·공표한 건설 및 기타 부분의 노임단가기준을 따른다.

③ 관리주체의 사정으로 인하여 야간 및 휴일 등의 작업이 불가피한 경우에는 근로기준법에 따라 통상임금의 일정비율을 가산한다.

④ [별표1]에 명시되지 않은 시설물에 대한 인원수는 기준시설물에 대한 인원수를 보간법(내삽 및 외삽법 포함)에 의하여 산출한다.

인원수 보간 시 가장 인접한 두 기준구조물의 인원수(원점 제외)를 이용하며, 소수 둘째 자리에서 반올림하여 소수 첫째 자리를 포함한 인원수를 산정하여 대가를 계상한다. ([별표5] 참조)

⑤ [별표4]에 명시되지 않은 시설물에 대한 조정비는 기준시설물에 대한 조정비를 보간법(내삽 및 외삽법 포함)에 의하여 산출한다. 조정비 보간시 가장 인접한 두 기준시설물의 조정비(원점 제외)를 이용하며, 소수 넷째자리에서 반올림하여 소수 셋째 자리를 포함한 조정비를 산정하여 인원수를 조정한다. ([별표5] 참조)

⑥ 1개 시설물(교량, 터널, 건축물, 관로 등)이 다양한 구조형식, 용도, 관경 등으로 구성되어 있는 경우에는 다음과 같이 평균조정비를 계산하여 전체 연장(또는 면적)에 적용한다.

$$\text{평균조정비} = \frac{\text{평균조}\,\Sigma\{\text{해당조정비} \times \text{해당연장(또는 면적)}\}}{\text{총연장(또는 총면적)}}$$

제6조(제경비) 제경비라 함은 직접비(직접인건비 및 직접경비)에 포함되지 아니하는 간접비

를 말하며 임원, 서무, 경리직원 등의 급여, 사무실비, 광열수도비, 사무용소모품비, 비품비, 통신운반비, 회의비, 공과금, 영업활동비 등을 포함한 것으로서 직접인건비의 110~120%로 계상한다.

제7조(기술료) 기술료라 함은 안전진단전문기관 등이 개발, 보유한 기술의 사용 및 기술 축적을 위한 비용으로서 조사연구비, 기술개발비, 기술훈련비 및 이윤 등을 포함하며, 직접인건비와 제경비를 합한 금액의 20~40%로 계상한다.

제8조(직접경비) 직접경비라 함은 당해 점검 및 진단업무의 수행에 필요한 점검 및 진단요원 등의 현지여비 및 체재비, 현지운영 등에 필요한 다음 비용을 포함하며 계상기준은 [별표3]에 따라 실비로 계상한다.

1. 여비 및 현장체재비
2. 차량운행비
3. 현지보조인부의 노임
4. 위험수당
5. 기계·기구의 손료
6. 보고서 등 인쇄비

제9조(선택과업비용) 다음 각 호의 업무는 [별표7]을 참조하여 정할 수 있으며 이에 소요되는 직접인건비, 제경비 및 기술료 등은 제5조 내지 제8조의 규정을 준용한다.

1. 설계도서 및 준공도서가 없는 경우 실측도면 작성비용
2. 지질조사 : 시추, 시굴, 코아채취, 공내시험, 암반강도시험 등
3. 지반조사 및 탐사 : 시추 또는 오거보링, 공내시험, 시료채취, 토질시험, G.P.R 탐사, 지하공동, 지층분석 등
4. 콘크리트 제체 시추조사 : 시추, 공내시험, 시편채취, 강도시험, 물성시험 등
5. 수중조사 : 조사선에 의한 교대·교각기초, 댐·항만 등의 수중조사 등
6. 콘크리트 재료시험 : 코아채취, 강도, 성분, 공기량, 염분함량시험 등
7. 시설물의 조사에 필요한 가설재의 설치 및 해체 등
8. 교량 및 터널점검차 : 교량의 들보 하부조사 및 터널 내부조사 등을 위한 차량 및 조종원(운전수, 조수)
9. 비파괴재하시험 : 정적 또는 동적 재하시험
10. 구조·지반·수리해석
11. 구조안전성 평가 등 전문기술을 요하는 경우의 전문가 자문
12. 표면 청소 : 육안점검을 위한 구조물 면의 심한 녹이나 그을음 등의 제거 청소

13. 마감재의 해체 및 복구 : 시설물의 육안점검과 접근통로를 위한 기둥, 벽의 미장재, 천정의 부분해체 및 복구
14. 기계·전기설비 및 계측시설의 성능검사 또는 시험계측(건축물 제외), 다만, 원유부이 식계류시설과 갑문에 대한 기계·전기설비 조사·시험의 기준인원수는 기본대가에 포함되어 있음.
15. 내진성 평가 및 내진보강 방안제시를 위한 필요비용
16. 기타 지침 항3.8의 안전점검 및 정밀안전진단 과업내용 중 선택과업의 수행에 필요한 비용

제10조(시설물 형태에 따른 대가기준의 적용) 제3조 제5호에 정의된 시설물들이 동일용역의 과업대상시설물에 포함되는 경우에는 다음 각 호와 같이 전체 기준인원수를 산정하여 대가를 결정한다.

1. 기본시설물만 있는 경우
   전체인원수=기본시설물의 기준인원수
2. 인접시설물이 있는 경우
   전체인원수=기본시설물의 기준인원수+Σ(인접시설물 기준인원수×0.7)
3. 군집시설물이 있는 경우
   가. 군집시설물에 해당하는 건축물 중에서 그 연면적이 1,000㎡ 미만인 시설물들의 면적을 합산하여 합산된 연면적을 갖는 1개 건축물(이하 "환산건축물")로 간주한다. 합산된 면적이 1,000㎡보다 작은 경우에도 1개 환산건축물로 간주한다.
   나. 군집시설물에 포함된 건축물(환산건축물 포함)들의 동당 연면적별 기준인원수를 산정한다.
   다. 군집시설물의 건축물(환산건축물 포함)이 2개 이상인 경우에는 최대 기준인원수를 갖는 건축물을 기본시설물로 하고, 나머지 건축물은 인접시설물로 간주하여, 인접시설물이 있는 경우의 인원수 산정방법에 의거해 전체 기준인원수를 산정한다. ([별표6] 참조)

제11조(대가의 조정) 제5조 내지 제9조에서 산출한 대가는 시설물의 구조적인 복잡도 및 시설물의 경과년수와 전차보고서 제공여부에 따라 다음 각 호와 같이 조정할 수 있다.

1. 시설물의 구조적인 구성이 매우 복잡(예 : 강교중 연속교 및 강상판형교, 프리스트레스트 콘크리트 상형교, 게르버교, 환기덕트가 있는 터널 등)한 경우에는 (+)15% 범위 내에서, 단순(예 : 콘크리트슬래브교, 콘크리트 T-빔교 등)한 경우에는 (-)15% 범위 내에서 조정

2. 시설물의 경과년수에 따라 보정

경과년수	보 정 비
15년 이내 15년 초과 25년 이내 25년 초과 35년 이내 35년 초과 45년 이내 55년 초과	1.00 1.05 1.10 1.15 1.20

3. 전차보고서 제공 여부에 따라 조정

구　　분	보 정 비
전차용역보고서 미제공시 전차용역보고서 또는 야장 CAD파일 1개만 제공시 전차용역보고서 및 야장 CAD파일 동시 제공시	1.00 0.97 0.95

제12조(재검토기한) 「훈령·예규 등의 발령 및 관리에 관한 규정」(대통령훈령 제248호)에 따라 이 고시 발령 후의 법령이나 현실 여건의 변화 등을 검토하여 이 고시의 폐지, 개정 등의 조치를 하여야 하는 기한은 2015.8.19까지로 한다.

부 칙 〈제2012-535호, 2012.8.20〉

(영구임대주택의 표준임대보증금 및 표준임대료 등 40개 국토해양부 고시 일부개정)

제1조(시행일) 이 고시는 발령한 날부터 시행한다.

[별표1] 기준시설물(제5조제1항 관련)

[별표2] 시설물별 직접인건비 기준인원수(제5조제1항 관련)

[별표3] 직접경비 대가기준(제8조 관련)

[별표4] 시설물별 조정비(제5조제1항 관련)

[별표5] 기준인원수(또는 조정비) 보간(제5조제4,5항 관련)

[별표6] 군집시설물의 기준인원수 산정방법(제10조제3호 관련)

[별표7] 선택과업비용 기준(제9조 관련)

조례 제10조(재건축사업의 주택규모 및 건설비율)

법 제4조의2, 영 제13조의3제2항

정비사업의 임대주택 및 주택규모별 건설비율(국토부고시 별첨)

재건축사업의 주택규모 및 건설비율

기존 도시재개발사업조례는 재개발사업(도심재개발, 재개발사업)을 위한 것으로, 도시정비조례가 시행되면서 재건축사업의 주택규모 및 건설비율이 만들어졌다.

▢ 개정 연혁

▸ 도시정비조례[서울시조례 제4167호, 2003.12.30, 제정]

제9조(정비계획의 세부기준)

4. 재건축사업의 공동주택 건립규모는 세대 당 전용면적 297㎡ 이하로 한다.

부 칙 〈2003.12.30〉

제1조 (시행일) 이 조례는 공포한 날부터 시행한다(효력발생시기는 2003.12.30).

➡ 도시정비조례 시행 초기에는 건설비율은 정하지 않고, 제9조(정비계획의 세부기준)내에서 재건축사업에 한정하여 최대 규모만 297㎡ 이하로 제한하였다.

▸ [서울시조례 제4824호, 2009.7.30, 일부개정]

제10조(재건축사업의 주택규모 및 건설비율) 영 제13조의3제2항에 따라 주거전용면적 60㎡ 이하 규모의 주택을 건설하는 전체 세대수의 20% 이상 건설하여야 한다. 〈신설 2009.7.30〉

부 칙 〈2009.7.30〉

제1조(시행일) 이 조례는 공포한 날부터 시행한다(효력발생시기는 2009.7.30).

➡ 2009.7.30 신설이라고 하지만, 사실상 2003.12.30 제9조에서 재건축사업의 공동주택 건립규모에 관한 규정이 있었다.

▶ **[서울시조례 제4949호, 2010.3.2, 일부개정]**

제10조(재건축사업의 주택규모 및 건설비율) 영 제13조의3제2항에 따라 주거전용면적 60㎡ 이하 규모의 주택을 건설하는 전체 세대수의 20% 이상 건설하여야 한다. 다만, 제4조제3항의 가구단위로 중저층 규모의 사업을 시행하는 경우에는 이를 적용하지 아니할 수 있다. 〈신설 2009.7.30〉〈개정 2010.3.2〉

부 칙 〈제4949호, 2010.3.2〉

이 조례는 공포한 날부터 시행한다(효력발생시기는 2010.3.2).

➡ 소규모 블럭형 정비사업의 원활한 추진을 위하여 소형평형 건설 의무비율을 20% 이상 완화하고 기반시설 설치비용을 보조할 수 있도록 하였다.

▢ 재건축사업의 주택규모 및 건설비율

– 시행령 제13조의3제3호

- 85㎡ 이하 : 주택 전체 세대수의 60/100 이하, 단 전체 연면적에서 차지하는 비율이 50/100 이하

85㎡ 이하를 주택전체 세대수의 60% 이하로 하되, 총 면적에서도 50% 이하로 동시에 규제하고 있다.

– 정비사업의 임대주택 및 주택규모별 건설비율(국토부고시 제2013-264호)

4-1. 건설하는 주택 전체 세대수가 20세대 이상 300세대 미만인 경우에는 85㎡ 이하 규모의 주택을 60% 이상 건설하되, 85㎡ 이하 규모의 주택이 전체 연면적에서 차지하는 비율이 50% 이상이어야 한다.

4-2. 건설하는 주택 전체 세대수가 300세대 이상인 경우에는 (4-1)의 기준을 적용하되, (4-1)의 기준의 범위 안에서 시도 조례로 주택의 규모 및 건설비율에 관하여 따로 정하는 경우에는 그 규모 및 건설비율에 따른다.

4-3. 재건축조합원에게 분양하는 주택을 기존 주택(재건축하기 전의 주택을 말한다.)의 주거전용면적을 축소하거나 30%의 범위에서 확대하여 건설하고, 조합원 이외의 자에게 분양하는 주택을 모두 85㎡ 이하 규모로 건설하는 때에는 (4-1) 또는 (4-2)의 기준을 적용하지 아니한다.

4-4. (4-1) 내지 (4-3)의 기준은 수도권정비계획법 제6조제1항제1호의 규정에 의한 과밀억제권역에 한하여 적용한다.

▢ 조례 제10조(재건축사업의 주택규모 및 건설비율)

영 제13조의3제2항에 따라 주거전용면적 60㎡ 이하 규모의 주택을 건설하는 전체 세대수의 20% 이상 건설하여야 한다. 다만, 제4조제3항의 가구단위로 중·저층 규모의 사업을 시행하는 경우에는 이를 적용하지 아니할 수 있다(본조).

정비사업의 임대주택 및 주택규모별 건설비율 4-1은 시행령 제13조의3제3호의 내용이지만, 과밀억제권역(서울, 경기, 인천)에서 300세대 이상인 경우에는 이 범위 내에서 시도 조례로 따로 정하면 그에 따르도록 위임한 4-2에 의해 2010.3.2 조례를 개정하였다.

서울시는 이 조항을 근거로 구청장들의 정비계획 수립(입안) 시 소형주택 비율을 이에 맞추라고 함에 따라, 강남의 재건축 추진위, 조합으로부터 많은 비난을 받은 바 있다.

즉 85㎡ 이하인 국민주택규모의 주택 60/100 이하를 "주거전용면적 60㎡ 이하 전체 세대수의 20/100"으로 규정함에 따라, 85㎡ 이하인 국민주택규모가 40/100 이하로 줄어드는 결과 때문이었다.

- 조례 제10조 단서에서의 제4조제3항의 가구단위 중저층 규모

조례 제4조(정비계획 수립대상 정비구역 지정 요건) ③ 영 제10조제1항 관련 [별표 1] 제3호 나목 단서에 따라 "시도 조례로 따로 정하는 지역"이란 단독재건축사업을 위하여 광역단위로 기본계획 또는 지구단위계획이 수립되어 가구단위(6m 이상 도로로 구획)로 중·저층(7층 이하) 규모의 사업을 시행하는 지역으로서 노후·불량 건축물이 해당 지역 안에 있는 건축물 수의 60% 이상이거나, 노후·불량 건축물이 해당 지역 안에 있는 건축물 수의 50% 이상인 지역으로서 준공 후 15년 이상 경과한 다세대 주택 및 다가구 주택이 30% 이상을 말한다.

조례 제10조의 규제를 받지 않으려면 제4조제3항 규모의 사업을 시행하는 경우로 정하였다. 그러나 이는 단독주택 재건축사업의 경우를 말하는 것으로, 이 단독주택 재건축사업은 2014.8.3부터는 폐지가 예고된 바 있다(영 제10조 [별표1] 관련 부칙 2012.7.31 참조). 따라서 공동주택 재건축사업의 경우에는 제10조를 피할 수 없으며, 이 조문으로 소형아파트의 공급이 늘어나게 되었다.

▢ 시도별 조문

○ 경기도 도시정비조례

제9조의2(재건축사업의 주택규모 및 건설비율) 영 제13조의3제2항에 따라 주거전용면적 60㎡ 이하 규모의 주택은 전체 세대수의 20% 이상 건설하여야 한다. [본조신설 2009.8.13]

➡ 서울시와 같으나, 단서조항이 빠져 있다.

- 남양주, 부천시, 수원시, 고양시, 안양시

경기도와 같다.

○ 인천시 도시정비조례

관련 조문이 없다.

○ **부산시, 대구시, 대전시, 광주시**

재건축사업의 주택규모 및 건설비율에 대한 조문이 없다.

정비사업의 임대주택 및 주택규모별 건설비율

국토부고시 제2013-264호 〈개정 2013.5.29〉

1. 목적 및 적용방법

1-1. 이 기준은 도시정비법 제4조의2의 규정에 의하여 국토교통부장관이 고시하도록 한 정비사업 시행 시 주택규모별 건설비율과 임대주택의 건설비율 및 규모를 정함을 목적으로 한다.

1-2. 이 기준에서 사용하는 용어의 정의는 다음과 같다.

가. 이 기준에서 사용하는 주택면적은 주거전용면적을 말하며, 그 면적은 일반건축물 대장 또는 집합건축물 대장을 기준으로 산정하되, 전용면적을 정확히 산정하기 곤란한 경우에는 실측하여 산정한다.

나. "시도"란 "특별시·광역시·특별자치도 또는 대도시"를 말한다.

다. "시·도지사"란 "특별시장·광역시장·도지사·특별자치도지사 또는 대도시 시장"을 말한다.

2. 주거환경개선사업

2-1. 건설하는 주택 전체 세대수("임대주택"을 포함한다.)의 10% 이하의 범위 안에서 85㎡를 초과하는 주택을 건설할 수 있다.

2-2. 건설하는 주택 전체 세대수의 20% 이상을 임대주택으로 건설하여야 한다.

2-3. (2-2)의 규정에 의한 임대주택의 40% 이상 또는 전체 건설 세대수의 8% 이상을 40㎡ 이하 규모의 임대주택으로 건설하여야 한다.

2-4. 수도권을 제외한 기타 시도의 경우, 시·도지사는 필요한 경우 (2-3)의 기준을 50% 범위 안에서 완화하여 적용할 수 있다.

2-5. (2-2) 내지 (2-4)의 기준을 적용함에 있어 다른 주거환경개선구역과 연계하여 전체 구역에 대한 공급비율을 기준으로 사업구역 별 차등 적용할 수 있으며, 주택건설을 위한 대지면적이 10,000㎡ 이하의 소규모 사업구역은 임대주택건설의무를 적용하지 아니할 수 있다.

3. 재개발사업

3-1. 건설하는 주택 전체 세대수의 80% 이상을 85㎡ 이하로 건설하여야 하며, 시·도지

사는 필요한 경우 그 이하 규모의 건설비율을 별도로 정하여 공보에 고시할 수 있다. 다만, 주택단지 전체를 평균 5층 이하로 건설하는 경우에는 그러하지 아니하다.

3-2. 임대주택은 다음 어느 하나에 해당하는 범위에서 건설하여야 한다.

3-2-1. 건설하는 주택 전체 세대수 〔「도시정비법」(이하 "법"이라 한다.) 제30조의3제1항에 따라 정비계획으로 정한 용적률을 초과하여 건축함으로써 증가된 세대수는 제외한다.〕의 17%(법 제30조의3제3항에 따라 공급되는 임대주택은 제외한다.)를 임대주택으로 건설하며, 전체 임대주택 세대수(법 제30조의3제3항에 따라 공급되는 임대주택은 제외한다.)의 30% 이상 또는 건설하는 주택 전체 세대수의 5% 이상을 주거전용면적이 40㎡ 이하 규모의 임대주택(법 제30조의3제3항에 따라 공급되는 임대주택은 제외한다.)을 건설하여야 한다.

3-2-2. 임대주택(주거전용면적 60㎡ 이하로 한정한다.)의 주거전용면적 합계가 건설하는 주택의 연면적 합계(법 제30조의3제1항에 따라 정비계획으로 정한 용적률을 초과하여 건축함으로써 증가된 연면적은 제외한다.)의 12%(법 제30조의3제3항에 따라 공급되는 임대주택은 제외한다.)를 임대주택으로 건설하며, 전체 임대주택 세대수(법 제30조의3제3항에 따라 공급되는 임대주택은 제외한다.)의 30% 이상 또는 건설하는 주택 전체 세대수의 5% 이상을 주거전용면적이 40㎡ 이하 규모의 임대주택(법 제30조의3제3항에 따라 공급되는 임대주택은 제외한다.)으로 건설하여야 한다.

3-2-3. 다음의 "가" 부터 "마"까지 중 어느 하나에 해당하는 경우에는 3-2-1 및 3-2-2의 규정에 불구하고 임대주택을 건립하지 아니할 수 있다.

가. 건설하는 주택 전체 세대수가 200세대 미만인 경우

나. 도시관리계획 상 자연경관지구 및 최고고도지구 내에서 7층 이하의 층수제한을 받게 되는 경우

다. 일반주거지역 안에서 자연경관·역사문화경관 보호 및 한옥 보존 등을 위하여 7층 이하로 개발계획을 수립한 경우

라. 「항공법」 및 「군사기지 및 군사시설 보호법」의 고도제한에 따라 7층 이하의 층수제한을 받게 되는 경우

마. 제1종 일반주거지역에서 용도지역을 변경하지 않고 개발계획을 수립하는 경우

3-3. (3-2-1) 및 (3-2-2)의 규정에 불구하고 정비구역 내에 학교용지를 확보하여야 하는 경우에는 시·도지사가 정하는 바에 따라 임대주택 세대수를 50% 범위 내에서 차감하여 조정할 수 있다. 이 경우 시·도지사는 차감하여 조정한 임대주택 세대수 이상을 인근 정비구역에서 확보하여야 한다.

3-4. (3-1)의 기준을 적용함에 있어 수도권을 제외한 기타 시도의 경우 시·도지사가 그 기준을 50% 범위 안에서 완화하여 공보에 고시한 경우에는 고시된 기준에 따르며, (3-2-1) 및 (3-2-2)의 규정에 불구하고 시·도지사가 임대주택 건설비율을 다음 범위 안에서 공보에 고시한 경우에는 고시된 기준에 따른다.

가. 「수도권정비계획법」 제6조제1항에 따른 수도권의 과밀억제권역 : 건설하는 주택 전체 세대수의 17% 이상 20% 이하 또는 건설하는 주택 연면적의 12% 이상 15% 이하

나.「수도권정비계획법」 제6조제1항에 따른 수도권의 과밀억제권역 외의 지역 : 건설하는 주택 전체 세대수의 8.5% 이상 17% 이하 또는 건설하는 주택 연면적의 6% 이상 12% 이하

다. "가"목 및 "나"목 외의 지역 : 건설하는 주택 전체 세대수의 5% 이상 17% 이하 또는 건설하는 주택 연면적의 3% 이상 12% 이하

4. 재건축사업

4-1. 건설하는 주택 전체 세대수가 20세대 이상 300세대 미만인 경우에는 85㎡ 이하 규모의 주택을 60% 이상 건설하되, 85㎡ 이하 규모의 주택이 전체 연면적에서 차지하는 비율이 50% 이상이어야 한다.

4-2. 건설하는 주택 전체 세대수가 300세대 이상인 경우에는 (4-1)의 기준을 적용하되, (4-1)의 기준의 범위 안에서 시도 조례로 주택의 규모 및 건설비율에 관하여 따로 정하는 경우에는 그 규모 및 건설비율에 따른다.

4-3. 재건축조합의 조합원에게 분양하는 주택을 기존 주택(재건축하기 전의 주택을 말한다.)의 주거전용면적을 축소하거나 30%의 범위에서 확대하여 건설하고, 조합원 이외의 자에게 분양하는 주택을 모두 85㎡ 이하 규모로 건설하는 때에는 (4-1) 또는 (4-2)의 기준을 적용하지 아니한다.

4-4. (4-1) 내지 (4-3)의 기준은 수도권정비계획법 제6조제1항제1호의 규정에 의한 과밀억제권역에 한하여 적용한다.

5. 행정사항

5-1. 「훈령·예규 등의 발령 및 관리에 관한 규정」(대통령 훈령 제248호)에 따라 이 고시를 발령한 후의 법령이나 현실 여건의 변화 등을 검토하여 개정 등의 조치를 하여야 하는 기한은 2015.8.13까지로 한다.

부 칙 〈제528호, 2005.5.19〉

① 이 기준은 2005.5.19부터 시행한다.

② "2.주거환경개선사업" 기준은 이 기준 시행 후 최초로 법 제4조제1항의 규정에 의하여 주민공람을 하는 주거환경개선사업부터 적용한다.

③ "3.재개발사업" 및 "4.재건축사업" 기준은 이 기준 시행 후 최초로 사업시행인가를 신청하는 재개발사업 및 재건축사업부터 적용한다.

④ (다른 지침의 폐지) "재건축사업의 국민주택규모 건설비율에 관한 기준"은 이를 폐지한다.

부 칙 〈제273호, 2006.7.20〉

이 기준은 고시한 날부터 시행한다.

부 칙 〈제152호, 2008.5.16〉

이 기준은 고시한 날부터 시행한다.

부 칙 〈제44호, 2009.2.2〉

이 기준은 고시한 날부터 시행한다.

부 칙 〈제393호, 2009.6.24〉

이 기준은 고시한 날부터 시행한다.

부 칙 〈제551호, 2009.8.13〉

이 기준은 고시한 날부터 시행한다.

부 칙 〈제959호, 2012.1.4〉

① 이 규정은 고시한 날부터 시행한다.

② (임대주택 건설비율에 관한 적용례) 제 2011-959의 개정규정은 이 고시 시행 후 최초로 법 제4조에 따라 정비계획 수립(변경수립을 포함한다.)을 위하여 주민에게 서면으로 통보하는 것부터 적용한다.

부 칙 〈제461호, 2012.8.2〉

이 기준은 고시한 날부터 시행한다.

부 칙 〈제264호, 2013.5.29〉

이 기준은 고시한 날부터 시행한다.

제 3 장

정비구역의 시행

조례 제11조(조합설립인가 신청서류)

법 제16조, 시행규칙 제7조

조합설립인가 신청서류

도시재개발법상 재개발사업조례가 시행된 서울시는 재개발조합 정관준칙이 있었지만, 도시정비법 시대로 들어오면서 이 정관준칙은 폐지되고 국토부의 재개발, 재건축조합 표준정관이 만들어졌다.

▢ 개정 연혁

▸ 도시정비조례[서울시조례 제4167호, 2003.12.30, 제정]

제11조(조합설립인가 신청서류) 시행규칙 제7조제1항제10호에서 "그 밖에 특별시·광역시 또는 도의 조례가 정하는 서류"라 함은 다음 각 호의 서류를 말한다.

1. 정비구역의 위치도 및 현황사진
2. 정비구역안의 토지 및 건축물의 지형이 표시된 지적현황도
3. 매도청구대상자명부 및 매도청구계획서(재건축사업에 한한다.)

부 칙 〈2003.12.30〉

제1조(시행일) 이 조례는 공포한 날부터 시행한다.

▸ [서울시조례 제4824호, 2009.7.30 일부개정]

제11조(조합설립인가 신청서류) 도시정비법 시행규칙 제7조제1항제10호에서 "그 밖에 특별시·광역시 또는 도 조례가 정하는 서류"란 다음 각 호의 서류를 말한다. 〈개정 2009.7.30〉

1. 정비구역의 위치도 및 현황사진 〈개정 2009.7.30〉
2. 정비구역안의 토지 및 건축물의 지형이 표시된 지적현황도 〈개정 2009.

7.30〉

3. 매도청구대상자명부 및 매도청구계획서(재건축사업에 한한다.) 〈개정 2009. 7.30〉

부 칙 〈2009.7.30〉

제1조(시행일) 이 조례는 공포한 날부터 시행한다.

➡ 2009.7.30 개정은 내용은 바뀌지 않았으며, 문맥을 다듬은 정도다.

▢ 조례 제11조(조합설립인가와 신청서류)

법 제16조, 시행규칙 제7조에서 말하는 시도 조례가 정하는 서류란 다음 각 호를 말한다(본조).

1. 정비구역의 위치도 및 현황사진
2. 정비구역안의 토지 및 건축물의 지형이 표시된 지적현황도
3. 매도청구대상자명부 및 매도청구계획서(재건축사업에 한한다.)

조합설립인가 신청서류는 법 제16조 및 시행규칙 제7조에서 규정하고 있다. 본조는 시행규칙 제7조에서 위임한 것을 규정하고 있다.

재건축·가로주택정비사업의 경우, 미동의자에 대해서 매도청구소송을 규정하고 있는데(법 제39조), 이와 관계된 매도청구계획서를 조합설립인가 신청 서류에 포함시키고 있다. 제3호 괄호 재건축사업에 한한다고 되어 있는 부분은 "가로주택정비사업"도 포함시키는 것이 옳다.

'정비구역안의 토지 및 건축물의 지형이 표시된 지적현황도'는 전체 대지의 현황과 토지등소유자를 파악하는 데 중요한 자료가 된다.

- 법 제16조

재건축·재개발·도시환경정비사업의 추진위원회(가로주택 정비사업 또는 공공관리 적용에 따라 추진위원회를 구성하지 아니하는 경우에는 토지등소유자를 말함)가 조합을

설립하려면 해당 정비사업별 동의를 얻어 다음 각 호의 사항을 첨부하여 시장·군수의 인가를 받아야 하며, 인가받은 사항을 변경하고자 하는 때에도 또한 같다.

1. 정관
2. 공사비 등 정비사업에 드는 비용인 정비사업비와 관련된 자료 등 국토부령으로 정하는 서류
3. 그 밖에 시도 조례로 정하는 서류

- 시행규칙 제7조

위 제2호에서 말하는 국토부령으로 정하는 서류란 다음과 같다(동조 제1항).

정비사업의 추진위원회(가로주택 정비사업 또는 공공관리 적용에 따라 추진위원회를 구성하지 아니하는 경우에는 토지등소유자를 말함)는 법 제16조에 따라 조합설립인가를 받으려면 별지 제3호서식의 재개발사업·도시환경정비조합설립(변경)인가신청서 또는 별지 제4호서식의 재건축사업·가로주택정비조합 설립(변경)인가신청서에 다음 각 호의 서류를 첨부하여 시장·군수에게 제출(전자문서로 제출하는 것을 포함한다.)하여야 한다.

1. 조합정관
2. 조합원 명부(조합원자격을 증명하는 서류 첨부)
3. 토지등소유자의 조합설립동의서 및 동의사항을 증명하는 서류
4. 창립총회 회의록(총회참석자 연명부 포함)
5. 〈삭제 2008.12.17〉
6. 토지·건축물 또는 지상권이 수인의 공유에 속하는 경우에는 그 대표자의 선임 동의서
7. 창립총회에서 임원·대의원을 선임한 때에는 선임된 자의 자격을 증명하는 서류
8. 주택건설예정세대수, 주택건설예정지의 지번·지목 및 등기명의자, 도시·군관리계획상의 용도지역, 대지 및 주변현황을 기재한 사업계획서(재개발사업 및 재건축사업의 경우에 한한다.)

8의2. 주택건설예정 호수 및 세대수, 가로구역 및 가로주택정비사업 시행 구역의 범위·지번·지목 및 등기명의자, 도시·군관리계획의 용도지역, 대지 및 주

변현황을 적은 사업계획서(가로주택정비사업의 경우로 한정한다.)

9. 건축계획, 건축예정지의 지번·지목 및 등기명의자, 도시·군관리계획상의 용도지역, 대지 및 주변현황을 기재한 사업계획서(도시환경정비사업의 경우에 한한다.)
10. 그 밖에 특별시·광역시 또는 도의 조례가 정하는 서류

▢ 시도별 조례

괄호안의 "재건축사업에 한한다."는 "재건축사업·가로주택 정비사업"으로 하는 것이 좋다.

○ 경기도

제10조(조합의 설립인가 신청서류 등의 작성방법) ① 도시정비법 시행규칙 제7조제1항제10호에서 "그 밖에 특별시·광역시 또는 도의 조례가 정하는 서류"란 다음 각 호의 서류를 말한다.

1. 정비구역의 위치도 및 현황사진
2. 정비구역의 토지 및 건축물의 지형이 표시된 지적현황도
3. 법 제13조에 따라서 설립된 추진위원회에 대하여 회계감사를 실시한 경우 회계감사결과
4. 매도청구대상자명부 및 매도청구계획서(재건축사업에 한한다.)

➡ 서울시와 달리 '추진위원회에 대하여 회계감사를 실시한 경우 회계감사결과'도 추가하고 있다.

- 남양주시, 부천시, 수원시, 안산시

경기도와 같다.

- 고양시

관련 조문이 없다.

○ **인천시**

제11조(조합설립인가 신청서류) 「도시정비법 시행규칙」 제7조제1항제10호에서 "그 밖에 시도 조례가 정하는 서류"란 다음 각 호의 서류를 말한다.

1. 정비구역 위치도 및 현황사진
2. 토지 및 건축물의 지형이 표시된 지적현황도
3. 회계감사를 실시한 경우 회계감사결과 개요
4. 매도청구대상자 명부 및 매도청구계획서(재건축사업에만 적용한다.)

➡ 인천시도 제11조에서 경기도와 같이 '추진위원회에 대하여 회계감사를 실시한 경우 회계감사결과'도 규정하고 있다.

○ **부산시, 광주시**

서울시와 같다.

○ **대구시**

제11조(조합의 설립인가 신청서류) 법 제16조제1항제3호에서 "그 밖에 특별시·광역시·도 또는 특별자치도 조례로 정하는 서류"란 다음 각 호의 서류를 말한다.

1. 회계감사를 실시한 경우 회계감사결과 개요
2. 매도청구대상자 명부 및 매도청구계획서(재건축사업에 한한다.)

○ **대전시**

제11조(조합의 설립인가 신청서류) 도시정비법 시행규칙 제7조제1항제10호에서 "그 밖에 조례가 정하는 서류"란 다음 각 호의 서류를 말한다.

1. 정비구역 위치도 및 현황사진
2. 토지 및 건축물의 지형이 표시된 지적현황도
3. 회계감사를 실시한 경우 회계감사결과 개요
4. 매도청구대상자 명부 및 매도청구계획서(재건축사업에 한한다.)
5. 동의자명부

6. 임원 및 대의원명부

▢ 유권해석

추진위원 선정을 위하여 주민총회가 반드시 필요한지 여부

Q 추진위원회 승인 신청 시 도시정비법 시행규칙 제6조의 추진위원의 선정을 증명하는 서류로 도시정비조례 제14조제2항에서 토지등소유자의 대표자 추천서 또는 주민총회 회의록을 제출토록 하고 있는데, 추진위원 선정을 위한 주민 총회가 반드시 필요한지?

A 추진위원회는 도시정비법 제13조제2항에 의하면 건교부령이 정하는 방법 및 절차에 따라 구청장의 승인을 얻어야 하며, 도시정비조례 제14조제2항에서 동조 제1항의 조합설립인가 신청서류 작성방법을 준용토록 하고 있으나 추진위원회 승인을 얻기 위한 절차로서 반드시 주민총회가 필요한 것은 아님. 다만, 사안 및 정비구역별 여건에 따라 주민총회 개최 여부를 판단하여야 할 것임(서울시 주거정비과 2004.8.7).

조례 제12조(조합설립인가내용의 경미한 변경)

법 제16조, 영 제27조

조합설립인가내용의 경미한 변경

조합설립인가내용의 경미한 변경을 하려면 법 제16조에 의한 조합설립동의를 받지 않고 시장·군수에게 신고하는 것으로 족하다.

□ 개정 연혁

▸ 도시재개발사업조례[서울시조례]

제12조(조합설립의 경미한 변경사항) 법 제12조제1항 단서규정에 의하여 신고로서 조합설립변경인가를 갈음하는 경미한 사항의 변경이란 다음 각 호를 말한다.

1. 영 제21조제1항에 의하여 조합정관에 정한 사항 중 법 제18조제1항제1호에 따라 총회의 결의를 거친 다음 각 목의 변경사항
   가. 법 제4조에 의한 구역의 변경지정에 따른 재개발사업의 명칭변경 및 조합의 명칭변경
   나. 영 제21조제1항제3호 및 제11호의 주된 사무소의 소재지 및 공고방법의 변경
   다. 법령 및 조례에서 구체적으로 그 기준이 규정된 경우 그 범위 안에서의 변경사항
   라. 기타 법령 및 조례 규정의 범위 안에서 자구의 정정 또는 조문의 단순한 정리에 따른 변경사항
2. 법 제12조제1항에 의한 조합설립인가 내용 중 다음 각 목의 변경사항
   가. 법 제4조에 의하여 구역의 변경지정에 따른 사업시행구역의 명칭 및 면적의 변경
   나. 정관의 변경에 따른 조합의 명칭변경 및 주된 사무소 소재지의 변경

다. 조합원의 변경 (개정 1999.7.31)

라. 제11조제2항제6호의 범위 안에서 사업시행인가 신청예정시기의 변경

➡ 구 도시재개발법에서 조합설립인가내용의 경미한 변경을 시도 조례로 위임하여, 서울시 도시재개발사업조례에서는 그 내용을 규정하게 되었다.

▸ 도시정비조례[서울시조례 제4167호, 2003.12.30, 제정]

제11조(조합설립인가내용의 경미한 변경) 영 제27조제4호에서 "그 밖에 시도 조례가 정하는 사항"이라 함은 다음 각 호의 사항을 말한다.

1. 착오임이 명백한 사항
2. 법령 또는 조례 등의 개정에 따라 단순한 정리를 요하는 사항
3. 사업시행인가의 변경에 따라 변경되어야 하는 사항
4. 관리처분계획의 변경인가에 따라 변경되어야 하는 사항
5. 매도청구대상자가 추가로 조합에 가입함에 따라 변경되어야 하는 사항
6. 그 밖에 규칙이 정하는 사항

부 칙 〈2003.12.30〉

제1조 (시행일) 이 조례는 공포한 날부터 시행한다.

▸ [서울시조례 제4824호, 2009.7.30, 일부개정]

제12조(조합설립인가내용의 경미한 변경) 영 제27조제4호에서 "그 밖에 시도 조례가 정하는 사항"이란 다음 각 호의 사항을 말한다. 〈개정 2009.7.30〉

1. 착오임이 명백한 사항 〈개정 2009.7.30〉
2. 법령 또는 조례 등의 개정에 따라 단순한 정리를 요하는 사항 〈개정 2009.7.30〉
3. 사업시행인가의 변경에 따라 변경되어야 하는 사항 〈개정 2009.7.30〉
4. 관리처분계획의 변경인가에 따라 변경되어야 하는 사항 〈개정 2009.7.30〉
5. 매도청구대상자가 추가로 조합에 가입함에 따라 변경되어야 하는 사항 〈개정 2009.7.30〉

6. 그 밖에 규칙이 정하는 사항 〈개정 2009.7.30〉

부 칙 〈2009.7.30〉

제1조(시행일) 이 조례는 공포한 날부터 시행한다.

▢ 조합설립인가

재개발·재건축사업 및 도시환경정비사업의 추진위원회(가로주택 정비사업 또는 공공관리제도의 적용을 받아 추진위원회를 구성하지 않는 경우 토지등소유자를 말함.)가 조합을 설립하려면 해당 정비사업별 토지등소유자의 동의를 얻어 정관 및 관계서류를 첨부하여 시장·군수의 인가를 받아야 하며, 인가받은 사항의 변경 시에도 역시 인가를 받아야 한다(법 제16조).

- 시행령 제27조 조합설립인가내용의 경미한 변경

다만, 대통령령으로 정하는 경미한 사항을 변경 시에는 위 법 제16조상 조합원의 동의를 얻지 않고 인가받을 필요 없이 시장·군수에게 신고만으로 변경할 수 있다(법 제16조제1항 단서). 이에 해당하는 것으로 다음의 각 호가 있다.

1. 조합의 명칭 및 주된 사무소의 소재지와 조합장의 주소 및 성명
2. 토지 또는 건축물의 매매 등으로 인하여 조합원의 권리가 이전된 경우의 조합원의 교체 또는 신규가입

2의2. 조합임원 또는 대의원의 변경(조합장은 법 제24조에 따라 총회의 의결을 거쳐 변경인가를 받아야 한다.)

2의3. 건설되는 건축물의 설계 개요의 변경

2의4. 정비사업비의 변경

2의5. 현금청산으로 인하여 정관에서 정하는 바에 따라 조합원이 변경되는 경우

3. 법 제4조에 따른 정비구역 또는 정비계획의 변경에 따라 변경되어야 하는 사항. 다만, 정비구역 면적이 10% 이상 변경되는 경우는 제외한다.
4. 그 밖에 시도 조례로 정하는 사항

▢ 조례 제12조(조합설립인가내용의 경미한 변경)

영 제27조제4호에서 "그 밖에 시도 조례가 정하는 사항"이란 다음 각 호의 사항을 말한다(본조).

1. 착오임이 명백한 사항
2. 법령 또는 조례 등의 개정에 따라 단순한 정리를 요하는 사항
3. 사업시행인가의 변경에 따라 변경되어야 하는 사항
4. 관리처분계획의 변경인가에 따라 변경되어야 하는 사항
5. 매도청구대상자가 추가로 조합에 가입함에 따라 변경되어야 하는 사항
6. 그 밖에 규칙이 정하는 사항

위 제4호 '그 밖에 시도 조례로 정하는 사항'에 대해 서울시는 조합설립인가내용의 경미한 변경에 대해 다음과 같이 정하고 있다. 즉 조합원(조합 설립된 이후의 변경이므로)의 동의 없이 신고만으로 족하다.

조례 제12조제6호에서 "그 밖에 규칙이 정하는 사항"에 대해 사업시행인가 신청예정시기의 변경으로 정하였다(조례 시행규칙 제10조).

참고로 구 도시재개발법에서는 조합설립인가내용의 경미한 변경을 시행령에서 정하지 않고 시도 조례로 위임하여, 서울시 도시재개발사업조례에서는 직접 그 내용을 적시하였다.

※ 도시재개발법[법률 제6656호, 2002.2.4, 타법개정]

제12조(조합의 설립인가) ① 조합을 설립하고자 할 때에는 대통령령이 정하는 바에 의하여 토지등의 소유자 5인 이상이 정관을 작성하여 조합설립에 대한 시장·군수 또는 구청장의 인가를 받아야 한다. 인가받은 사항을 변경하는 때에도 시장·군수 또는 구청장의 인가를 받아야 한다. 다만, 특별시·광역시 또는 도(이하 "시도"라 한다.)의 조례가 정하는 경미한 사항을 변경하는 때에는 신고로서 인가를 갈음한다.

② 제1항에 의하여 조합설립인가를 신청하고자 할 때에는 미리 재개발구역(재개발사업을 사업시행지구별로 분할시행하는 경우에는 사업시행지구를 말한다. 이하 같다.)안의 토지소유자 총수 및 건축물소유자 총수의 각 2/3 이상에 해당하는 자의 동의를 얻어야 한다.

③ 제2항에 의한 동의의 산정방법, 동의절차 등에 관하여 필요한 사항은 대통령령으로 정한다.

▢ 시도별 조례

대부분 서울시와 그 내용이 유사하다.

○ 경기도

제11조(조합설립인가 내용의 경미한 변경사항) 영 제27조제4호에서 "그 밖에 시도 조례가 정하는 사항"이란 다음 각 호의 사항을 말한다.

1. 착오가 명백한 사항
2. 법령 또는 조례 등의 개정에 따라 단순한 정리가 필요한 사항
3. 사업시행인가의 변경에 따라 변경되어야 하는 사항
4. 관리처분계획의 변경인가에 따라 변경되어야 하는 사항
5. 매도청구대상자가 추가로 조합 가입에 따라 변경되어야 하는 사항

- 남양주시, 부천시, 안산시, 화성시, 고양시

경기도와 같다.

- 수원시

제13조(조합설립인가 내용의 경미한 변경사항) 영 제27조제4호에서 "그 밖에 시도 조례가 정하는 사항"이란 다음 각 호의 사항을 말한다.

1. 착오가 명백한 사항
2. 법령 또는 조례 등의 개정에 따라 단순한 정리가 필요한 사항
3. 사업시행인가의 변경에 따라 변경되어야 하는 사항
4. 관리처분계획의 변경인가에 따라 변경되어야 하는 사항
5. 매도청구대상자가 추가로 조합 가입에 따라 변경되어야 하는 사항
6. 사업시행인가 신청예정시기의 변경
7. 법 제47조에 따라 분양신청을 하지 아니한 자 등에 대한 조합원 변경

경기도와 달리 "6. 사업시행인가 신청예정시기의 변경, 7. 법 제47조에 따라 분양신청을 하지 아니한 자 등에 대한 조합원 변경"이 추가되어 있다.

수원시, 고양시는 "6. 사업시행인가 신청예정시기의 변경"이 추가되어 있다.

○ **인천시, 대구시**

제12조(조합설립인가내용의 경미한 변경) 영 제27조제4호에서 "그 밖에 시도 조례가 정하는 사항"이란 다음 각 호의 사항을 말한다.

1. 자구의 정정
2. 법령 또는 조례 등의 개정에 따라 단순한 정리를 요하는 사항
3. 사업시행인가의 변경에 따라 변경이 수반되는 사항
4. 관리처분계획의 변경인가에 따라 변경이 수반되는 사항
5. 매도청구대상자가 추가로 조합에 가입함에 따라 매도청구대상자의 명부 및 매도청구계획서의 변경이 필요한 사항
6. 법·영·규칙 및 조례에서 구체적으로 그 기준이 정해진 경우 그 기준의 범위 안에서의 변경

광주시도 위와 같으나 제6호가 빠져 있다.

○ **부산시**

제13조(조합설립인가내용의 경미한 변경) 영 제27조제4호에서 "그 밖에 시도 조례로 정하는 사항"이란 다음 각 호의 사항을 말한다. 〈개정 2010.3.3, 2012.12.26〉

1. 착오 또는 오기가 명백한 단순한 자구의 정정
2. 법령 또는 조례등의 개정에 따라 단순한 정리를 요하는 사항
3. 사업시행인가의 변경인가에 따라 변경이 필요한 사항
4. 관리처분계획의 변경인가에 따라 변경이 필요한 사항
5. 매도청구대상자가 추가로 조합에 가입함에 따라 매도청구대상자의 명부 및 매도청구계획서의 변경이 필요한 사항
6. 제2조제1호에 따른 기존무허가건축물 소유자가 해당 조합의 정관으로 정하는 바에 따라 조합원으로 인정되는 경우 〈신설 2012.12.26〉

○ **대전시**

제12조(조합설립인가내용의 경미한 변경) 영 제27조제4호에서 "그 밖에 조례가 정하는 사항"이란 다음 각 호의 사항을 말한다.

1. 자구의 정정
2. 법령 또는 조례 등의 개정에 따라 단순한 정리를 요하는 사항
3. 사업시행인가의 변경인가에 따라 변경이 필요한 사항
4. 관리처분계획의 변경인가에 따라 변경이 필요한 사항
5. 매도청구대상자가 추가로 조합에 가입함에 따라 매도청구대상자의 명부 및 매도청구계획서의 변경이 필요한 사항
6. 조합원 자격 상실에 따른 조합원 명부의 변경 〈신설 2012.6.15 조례 제4076호〉

조례 제13조(조합정관에 정할 사항)

조례 제14조(정관의 경미한 변경사항)

법 제20조, 영 제31조·제32조

조합정관에 정할 사항, 정관의 경미한 변경사항

조합정관에 정할 사항은 법 제16조에 의한 토지등소유자의 동의율을 충족하여 조합설립인가를 받아야 효력이 발생한다. 정관의 경미한 변경사항은 시장·군수에게 신고하는 것으로 족하다. 서울시는 2014.7.24 「서울시 정비조합 등 표준 행정업무규정」(서울시고시 제2014－274호)을 제정, 고시하여 투명한 추진위원회, 조합의 행정업무 처리에 관한 규정을 정하였다.

□ 개정 연혁

〈조합정관에 정할 사항〉

▸ 도시재개발사업조례[서울시조례]

제10조(조합정관에 정할 사항) 영 제21조제1항제18호의 "기타 시도 조례로 정하는 사항"이라 함은 다음 각 호를 말한다.

1. 조합원의 자격과 권리의무에 관한 사항. 이 경우 기존무허가건축물의 소유자는 법 제14조의 조합원으로 보며, 법 제14조 후단에 의하여 수인을 1인의 조합원으로 보는 경우 그 수인은 대표자 1인을 지정하여 조합에 신고하여야 하며 조합과의 모든 법률행위는 그가 대표한다.
2. 〈삭제 1999.7.31〉
3. 〈삭제 1999.7.31〉
4. 임대주택의 건설 및 처분에 관한 사항(재개발사업에 한한다.)
5. 설계자 및 시공자 등의 선정에 관한 사항 〈개정 1998.11.20〉

6. 기타 법령 및 조례에서 정관으로 정하도록 규정한 사항

➡ 도시재개발법 시행령 제21조에서 조합정관에 정할 사항등을 규정하였으며, 별도로 도시재개발사업조례에 위임하였다. 조례에는 기존무허가건축물소유자를 조합원으로 간주하는 조문등이 있었으나, 정관의 경미한 변경사항에 대해서는 규정이 없었다.

▸ 도시정비조례 [서울시조례 제4167호, 2003.12.30, 제정]

제12조(조합정관에 정할 사항) 영 제31조제17호에서 "그 밖에 시도 조례가 정하는 사항"이라 함은 다음 각 호의 사항을 말한다.

1. 이사회의 설치 및 소집, 사무, 의결방법 등 이사회 운영에 관한 사항
2. 도시환경정비사업의 임대주택의 건설 및 처분에 관한 사항
3. 기존무허가건축물소유자의 조합원 자격에 관한 사항
4. 공유지분 소유권자의 대표자 선정에 관한 사항
5. 단독 또는 다가구주택을 건축물 준공이후 다세대주택으로 전환된 주택을 취득한 자에 대한 분양권 부여에 관한 사항
6. 뉴타운지구의 도시계획사업으로 철거되는 주택을 소유한 자 중 구청장이 선정한 자에 대한 주택의 특별공급에 관한 사항

제13조(정관의 경미한 변경사항) 영 제32조제3호에서 "그 밖에 시도 조례가 정하는 사항"이라 함은 제12조제1호의 사항으로서 예산의 집행 또는 조합원의 부담이 되는 사항 이외의 사항을 말한다.

부 칙 〈2003.12.30〉

제1조(시행일) 이 조례는 공포한 날부터 시행한다.

➡ 기존무허가건축물소유자를 조합원 자격을 줄 것인지 여부를 정관에 정하도록 하고 있지만, 구 도시재개발법과 달리 간주규정을 두지 않고 법 제16조제1항에 의한 동의율을 충족해야 조합원으로 분양대상자격이 부여된다. 그 후 2009.7.30 조례 제10조가 신설됨에 따라 기존의 제12조가 제13조로 이동되었다.

▸ [서울시조례 제5102호, 2011.5.26, 일부개정]

第13조(조합정관에 정할 사항) 영 제31조제17호에서 “그 밖에 시도 조례가 정하는 사항”이란 다음 각 호의 사항을 말한다. 〈개정 2009.7.30〉

1. 이사회의 설치 및 소집, 사무, 의결방법 등 이사회 운영에 관한 사항
2. 도시환경정비사업의 임대주택의 건설 및 처분에 관한 사항
3. 특정무허가건축물 소유자의 조합원 자격에 관한 사항 〈개정 2011.5.26〉
4. 공유지분 소유권자의 대표자 선정에 관한 사항
5. 단독 또는 다가구주택을 건축물 준공이후 다세대주택으로 전환된 주택을 취득한 자에 대한 분양권 부여에 관한 사항
6. 뉴타운지구의 도시계획사업으로 철거되는 주택을 소유한 자 중 구청장이 선정한 자에 대한 주택의 특별공급에 관한 사항
7. 법 제28조제5항에 따라 사업시행인가 신청 시 토지등소유자의 동의에 관한 사항

부 칙 〈제5102호, 2011.5.26〉

제1조 (시행일) 이 조례는 공포한 날부터 시행한다.

제2조(특정무허가건축물의 정의 및 재개발사업의 분양대상 등에 관한 적용례) 제2조제1호 및 제27조제1항제1호의 개정규정은 이 조례 시행 후 최초로 영 제11조제1항에 따라 주민공람을 하는 분부터 적용한다.

➡ “기존무허가건축물”을 “특정무허가건축물”로 용어를 변경하고, “특정무허가건축물”을 건설교통부령 제344호 토지보상법 시행규칙 부칙 제5조에 따른 1989.1.24 당시의 무허가건축물등으로 규정함에 따라 특정무허가건축물 소유자의 조합원 자격과 재개발사업의 분양자격은 조합정관 등으로 정하게 되었다.

〈정관의 경미한 변경사항〉

▸ 도시정비조례[서울시조례 제4167호, 2003.12.30., 제정]

第13조(정관의 경미한 변경사항) 영 제32조제3호에서 "그 밖에 시도 조례가 정하는 사항"이라 함은 제12조제1호의 사항으로서 예산의 집행 또는 조합원의 부담이 되는 사항 이외의 사항을 말한다.

부 칙 〈2003.12.30〉

제1조(시행일) 이 조례는 공포한 날부터 시행한다.

▸ **도시정비조례[서울시조례 제4167호, 2003.12.30., 제정]**

제14조(정관의 경미한 변경사항) 영 제32조제3호에서 "그 밖에 시도 조례가 정하는 사항"이란 제13조제1호의 사항으로서 예산의 집행 또는 조합원의 부담이 되는 사항 이외의 사항을 말한다. 〈개정 2009.7.30.〉

부 칙 〈2009.07.30〉

제1조(시행일) 이 조례는 공포한 날부터 시행한다.

➡ 2009.7.30 제10조가 신설되면서 제13조는 내용은 변하지 않고 현재의 제14조로 이동하였다.

▢ 조례 제13조(조합정관에서 정할 사항)

영 제31조제17호에서 "그 밖에 시도 조례가 정하는 사항"이란 다음 각 호의 사항을 말한다(본조).

1. 이사회의 설치 및 소집, 사무, 의결방법 등 이사회 운영에 관한 사항
2. 도시환경정비사업의 임대주택의 건설 및 처분에 관한 사항
3. 특정무허가건축물 소유자의 조합원 자격에 관한 사항
4. 공유지분 소유권자의 대표자 선정에 관한 사항
5. 단독 또는 다가구주택을 건축물 준공이후 다세대주택으로 전환된 주택을 취득한 자에 대한 분양권 부여에 관한 사항
6. 뉴타운지구의 도시계획사업으로 철거되는 주택을 소유한 자 중 구청장이 선정한 자에 대한 주택의 특별공급에 관한 사항
7. 법 제28조제5항에 따라 사업시행인가 신청 시 토지등소유자의 동의에 관한 사항
8. 융자금액 상환에 관한 사항
9. 융자 신청 당시 담보 등을 제공한 조합장 등이 변경될 경우 채무 승계에 관한 사항

조합정관으로 정할 사항은 법 제20조제1항, 시행령 제31조 및 조례 제13조에서 규정하고 있다.

서울시는 도시정비법령에서 정하지 못한 사항에 대해 도시정비조례(제13조)에서 기재토록 요구하고 있다. 그러나 이 역시 법 제16조에 의한 조합설립인가 동의율이 충족되어야 조합원으로 인정받을 수 있다.

- 특정무허가건축물 소유자의 조합원 자격에 관한 사항

무허가건축물 소유자의 조합원 자격과 재개발사업의 분양자격을 정함에 있어, 최근 대법원의 판결(상도11구역 정비구역 취소소송)에서 서울시가 패소함에 따라 무허가건축물에 대한 정의 및 이와 관련한 규정을 합리적으로 조정함으로써 정비사업 시행과 관련한 혼란을 방지하는 등 조례운영상 나타난 일부 미비점을 개선·보완하였다(이 부분은 제2조 특정무허가건축물 부분을 참고하기 바람).

➡ 특정무허가건축물에 대해 재개발·도시환경정비사업에서는 법 제16조제1항에 의한 동의율을 얻는 경우에는 조합원의 자격을 부여하고 분양대상자에 포함되도록 하였다.

- 단독 또는 다가구주택을 건축물 준공이후 다세대주택으로 전환된 주택을 취득한 자에 대한 분양권 부여에 관한 사항

법 제50조의2에 따른 권리산정기준일 이후 다세대주택 전환된 주택을 취득한 자에게 분양권을 주지 않는다는 내용이 정관에 들어가야 된다.

- 뉴타운지구의 도시계획사업으로 철거되는 주택을 소유한 자 중 구청장이 선정한 자에 대한 주택의 특별공급에 관한 사항

재정비특별법상 재정비촉진구역 내 도시계획시설사업의 경우, 보상금+이자를 반환하면 구청장의 선정 등 절차가 필요 없이 당연히 해당 구역 또는 인접 구역의 토지등소유자로 간주된다. 그러나 「서울시 지역균형발전지원에 관한 조례」에 의한 뉴타운지구의 경우, 구청장이 선정한 자에 한해서 법 제16조제1항에 의한 동의율이 충족되어야 토지등소유자로 간주될 수 있다는 점이 다르다. 독자들은 이 점에 유의하여야 한다.

※ 재정비특별법 제11조(기반시설 설치비용의 분담 등) ④ 시·도지사 또는 시장·군수·구청장이 재정비촉진계획에 따라 기반시설을 설치하게 되는 경우에 시·도지사 또는 시장·군수·구청장으로부터 토지 또는 건축물 등에 관한 보상을 받은 자가 그 보상금액에 국토교통부령으로 정하는 이자를 더한 금액을 시·도지사 또는 시장·군수·구청장에게 반환하는 경우에는 해당 재정비촉진구역 또는 인접한 재정비촉진구역의 토지등소유자로 보며, 이 경우 해당 재정비촉진구역 사업시행자가 기반시설의 설치에 필요한 부지를 제공한 것으로 본다. 또한 토지 또는 건축물 등에 관한 보상을 받은 자가 보상금액을 반환하지 아니한 경우에는 해당 재정비촉진구역 또는 인접한 재정비촉진구역에서 매각되는 토지 또는 건축물에 대하여 우선 매수를 청구할 수 있다. 〈개정 2013.3.23〉

– 법 제28조제5항에 따라 사업시행인가 신청 시 토지등소유자의 동의에 관한 사항

이는 종전 법에서 사업시행인가에 대한 동의를 '정관에 의한 동의'로 규정했을 때의 것으로, 현재는 사업시행인가를 위한 총의를 개최하려면 직접참석 등 별도의 동의율이 필요함으로 불필요한 조문이다.

※ 도시정비법[법률 제7392호, 2005.3.18, 일부개정]
제28조(사업시행인가) ④ 사업시행자(시장·군수 또는 주택공사등을 제외한다.)는 사업시행인가를 신청(인가받은 내용을 변경하거나 정비사업을 중지 또는 폐지하고자 하는 경우를 포함한다.)하기 전에 미리 정관등이 정하는 바에 따라 토지등소유자(재건축사업인 경우에는 조합원을 말하며, 이하 이 항에서 같다.)의 동의를 얻어야 한다. 다만, 사업시행자가 지정개발자인 경우에는 정비구역안의 토지면적 50% 이상 토지소유자의 동의와 토지등소유자 과반수의 동의를 각각 얻어야 한다. 〈개정 2005.3.18〉

[법률 제11293호, 2012.2.1, 일부개정]
제28조(사업시행인가) ⑤ 사업시행자(시장·군수 또는 주택공사등을 제외한다.)는 사업시행인가를 신청(인가받은 내용을 변경하거나 정비사업을 중지 또는 폐지하고자 하는 경우를 포함한다.)하기 전에 미리 총회를 개최하여 조합원 동의를 얻어야 한다. 다만, 사업시행자가 지정개발자인 경우에는 정비구역안의 토지면적 50% 이상 토지소유자의 동의와 토지등소유자 과반수의 동의를 각각 얻어야 하며, 제1항 단서에 따른 경미한 변경인 경우에는 총회 의결을 필요로 하지 아니한다. 〈개정 2005.3.18, 2007.12.21, 2009.2.6, 2012.2.1〉

제24조(총회개최 및 의결사항) ⑤ 총회의 소집절차·시기 및 의결방법 등에 관하여는 정관으로 정한다. 다만, 총회에서 의결을 하는 경우에는 조합원의 10/100(창립총회, 사업시행계획서와 관리처분계획의 수립 및 변경을 의결하는 총회 등 대통령령으로 정하는 총회의 경우에는 조합원의 20/100을 말한다.) 이상이 직접 출석하여야 한다. 〈개정 2009.5.27, 2012.2.1〉
⑥ 제3항제9호의2(사업시행계획서의 수립 및 변경) 및 제10호의 경우에는 조합원 과반수의

동의를 받아야 한다. 다만, 정비사업비가 10/100(생산자물가상승률분은 제외한다.) 이상 늘어나는 경우에는 조합원 2/3 이상의 동의를 받아야 한다. 〈신설 2012.2.1〉

○ 법 제20조제1항

조합은 다음 각 호의 사항이 포함된 정관을 작성하여야 한다(법 제20조제1항).

1. 조합의 명칭 및 주소
2. 조합원의 자격에 관한 사항
3. 조합원의 제명·탈퇴 및 교체에 관한 사항
4. 정비사업 예정구역의 위치 및 면적
5. 조합의 임원의 수 및 업무의 범위
6. 조합임원의 권리·의무·보수·선임방법·변경 및 해임에 관한 사항
7. 대의원의 수, 의결방법, 선임방법 및 선임절차
8. 조합의 비용부담 및 조합의 회계
9. 정비사업의 시행연도 및 시행방법
10. 총회의 소집절차·시기 및 의결방법
11. 총회의 개최 및 조합원의 총회소집요구에 관한 사항

11의2. 제47조제2항에 따른 이자 지급에 관한 사항

12. 정비사업비의 부담시기 및 절차
13. 정비사업이 종결된 때의 청산절차
14. 청산금의 징수·지급의 방법 및 절차
15. 시공자·설계자의 선정 및 계약서에 포함될 내용
16. 정관의 변경절차
17. 그 밖에 정비사업의 추진 및 조합의 운영을 위하여 필요한 사항으로서 대통령령이 정하는 사항

○ 시행령 제31조

법 제20조제1항제17호에서 "대통령령이 정하는 사항"이란 다음 각 호의 사항을 말한다(영 제31조).

1. 정비사업의 종류 및 명칭

2. 임원의 임기, 업무의 분담 및 대행 등에 관한 사항
3. 대의원회의 구성, 개회와 기능, 의결권의 행사방법 그 밖에 회의의 운영에 관한 사항
4. 법 제8조제1항 내지 제3항에 의한 정비사업의 공동시행에 관한 사항
5. 정비사업전문관리업자에 관한 사항
6. 정비사업의 시행에 따른 회계 및 계약에 관한 사항
7. 정비기반시설 및 공동이용시설의 부담에 관한 개략적인 사항
8. 공고·공람 및 통지의 방법
9. 토지 및 건축물 등에 관한 권리의 평가방법에 관한 사항
10. 관리처분계획 및 청산(분할징수 또는 납입에 관한 사항을 포함한다.)에 관한 사항
11. 사업시행계획서의 변경에 관한 사항
12. 조합의 합병 또는 해산에 관한 사항
13. 임대주택의 건설 및 처분에 관한 사항
14. 총회의 의결을 거쳐야 할 사항의 범위
15. 조합원의 권리·의무에 관한 사항
16. 조합직원의 채용 및 임원중 상근임원의 지정에 관한 사항과 직원 및 상근임원의 보수에 관한 사항
17. 그 밖에 시도 조례로 정하는 사항

○ 정관 변경

조합정관의 기재사항을 법령에서 적시하여 기재토록 하고 있으며, 국토부에서 재개발재건축 표준정관까지 보급하여 이에 따르도록 하고 있다(법 제20조제2항).

이에 따르지 않는 경우 특히 공공관리제도 하에서 조합정관을 검토하고 있어, 관할 관청에서 조합설립인가를 받기 어렵다.

– 총회에서 조합정관에 대한 동의 필요

법령(도시정비조례에서의 기재사항도 포함)에서 기재한 사항을 포함한 조합정관을

만들어 재개발·도시환경정비사업의 경우에는 토지등소유자 수의 3/4 및 토지면적의 1/2 이상의 동의(가로주택정비사업은 토지등소유자 9/10 및 토지면적의 2/3 이상)가 받아야 조합설립인가를 받을 수 있다(법 제16조제1항). 재건축사업은 주택단지 안의 공동주택의 각 동(복리시설의 경우에는 주택단지 안의 복리시설 전체를 하나의 동으로 간주)별 구분소유자의 2/3 이상 및 토지면적의 1/2 이상의 토지소유자의 동의(공동주택의 각 동별 구분소유자가 5 이하인 경우는 제외)와 주택단지 안의 전체 구분소유자의 3/4 이상 및 토지면적의 3/4 이상의 토지소유자의 동의를 얻어 시장·군수의 인가를 받아야 한다(동조 제2항).

이렇게 조합설립인가를 받아야 정관으로서의 효력이 발생하게 된다.

- 조합정관 변경 동의율

인가를 받은 조합이 정관 변경 시에는 법 제16조의 절차를 재차 밟지 않고, 총회를 개최하여 조합원 과반수 또는 2/3 이상(해당 사항은 도시정비법 조문 해설 법 제20조 참조 바람) 동의를 얻어 시장·군수의 인가를 받으면 된다. 도시정비조례 제13조의 사항도 이와 같다.

이는 이미 조합설립인가를 받은 이후에 정관을 변경하는 것이므로, 인가 전 도중에 변경하려면 법 제16조에 의한 동의를 다시 받아야 함에 유의하여야 한다.

▢ 조례 제14조(정관의 경미한 변경사항)

영 제32조제3호에서 "그 밖에 시도 조례가 정하는 사항"이란 제13조제1호의 사항으로서 예산의 집행 또는 조합원의 부담이 되는 사항 이외의 사항을 말한다(본조).

- 정관의 경미한 변경 사항

시행령(제32조) 및 조례 제14조에서 정한 경미한 사항 변경 시에는 이 법 또는 정관으로 정하는 방법에 따라 변경하고 시장·군수에게 신고함으로 족하다(법 제20 제3항 단서).

법 제20조제3항 단서에서 "대통령령이 정하는 경미한 사항"이란 다음 각 호의 사항이다(영 제32조).

1. 법 제20조제1항제1호·제5호·제6호 및 제10호의 사항
2. 제31조제2호·제3호·제5호·제8호·제13호·제14호 및 제16호의 사항
3. 그 밖에 시도 조례로 정하는 사항

서울시는 도시정비조례 제14조(정관의 경미한 변경사항)의 경우에 대해, 영 제32조제3호에서 "그 밖에 시도 조례가 정하는 사항"이란 제13조제1호의 사항으로서 "예산의 집행 또는 조합원의 부담이 되는 사항 이외의 사항"이라 규정하고 있다.

▢ 시도별 조례

○ 경기도

제12조(조합정관에 정할 사항) 영 제31조제17호에서 "시도 조례가 정하는 사항"이란 다음 각 호의 사항을 말한다. 〈개정 2012.5.11〉

1. 이사회의 설치 및 소집, 사무, 의결방법 등 이사회 운영에 관한 사항
2. 도시환경정비사업의 임대주택의 건설 및 처분에 관한 사항
3. 기존무허가건축물소유자 및 미사용승인건축물소유자의 조합원 자격에 관한 사항 〈개정 2012.5.11〉
4. 공유지분 소유권자의 대표자 선정에 관한 사항
5. 단독 또는 다가구주택 등의 건축물 준공이후 다세대주택으로 전환된 주택을 취득한 자에 대한 분양권 부여에 관한 사항
6. 법 제28조제5항에 따라 사업시행인가 신청 시 토지등소유자 의 동의에 관한 사항 〈개정 2009.12.31〉

- 남양주시

조합정관에 정할 사항은 경기도와 같다.

제19조(조합정관 경미한 변경사항) ② 영 제32조제3호에서 "그 밖에 시도 조례로 정하는 사항"이란 다음 각 호의 사항을 말한다.

1. 제1항제1호의 사항. 다만, 예산의 집행 또는 조합원의 부담이 되는 사항은 제외한다.

2. 제1항제4호의 사항

- **부천시**

조합정관에 정할 사항은 경기도와 같다.

제18조(정관의 경미한 변경사항) 영 제32조제3호에서 "조례로 정하는 사항"이란 제17조제1호의 사항으로서 예산의 집행 또는 조합원의 부담이 되는 사항 이외의 사항을 말한다.

- **수원시, 안양시, 고양시, 안산시**

'조합정관에 정할 사항'은 경기도와 같다. '정관의 경미한 변경사항' 관련 조문이 없다.

○ **인천시**

제13조(조합정관의 내용 및 경미한 변경사항) ① 영 제31조제17호에서 "그 밖에 시도 조례가 정하는 사항"이란 다음 각 호의 사항을 말한다.

1. 이사회의 설치 및 소집, 사무, 의결방법 등 이사회 운영에 관한 사항
2. 기존 무허가건축물의 소유권, 면적 등의 사실관계 확인에 관하여 필요한 사항
3. 영 제28조제1항제1호 가목에 따른 대표자 선정에 관하여 필요한 사항
4. 허가 또는 신고내용과 다르게 건축하여 사용승인을 받지 못한 건축물의 소유권과 그 권리면적 및 추산액 산정 등에 관하여 필요한 사항
5. 그 밖에 정비사업의 추진 및 조합의 운영 등을 위하여 필요한 사항

② 영 제32조제3호에서 "그 밖에 시도 조례로 정하는 사항"이란 제1항 각 호의 사항을 말한다.

○ **부산시**

제14조(조합정관에 정할 사항) 영 제31조제17호에서 "그 밖에 시도 조례로 정하는 사항"이란 다음 각 호의 사항을 말한다. 〈개정 2010.3.3〉

1. 이사회의 설치 및 소집, 사무, 의결방법 등 이사회의 운영에 관한 사항
2. 기존무허가건축물 소유자의 조합원 자격에 관한 사항

3. 공유지분 소유권자의 대표자 선정에 관한 사항
[전문개정 2005.9.21]

정관의 경미한 변경사항 조문이 없다.

○ 대구시

제13조(조합정관에 정할 사항) 영 제31조제17호의 규정에 의한 "그 밖에 시도 조례가 정하는 사항"이라 함은 이사회의 설치 및 소집, 사무, 의결 방법 등 이사회 운영에 관한 사항을 말한다.

정관의 경미한 변경사항 조문이 없다.

○ 대전시

제13조(조합정관에 정할 사항) 영 제31조제17호에서 "그 밖에 조례가 정하는 사항"이라 함은 다음 각 호의 사항을 말한다.

1. 이사회의 설치 및 소집, 사무, 의결방법 등 이사회 운영에 관한 사항
2. 조합원의 권익과 관련된 사항의 공지 또는 통지의 방법
3. 도시환경정비사업의 임대주택의 건설 및 처분에 관한 사항

정관의 경미한 변경사항 조문이 없다.

○ 광주시

제14조(조합정관에 정할 사항) 영 제31조제17호에서 그밖에 시도 조례로 정하는 사항이란은 다음 각 호의 사항을 말한다. 〈개정 2012.5.15〉

1. 이사회의 설치 및 소집, 사무, 의결방법 등 이사회 운영에 관한 사항
2. 조합원의 권익과 관련된 사항의 공지 또는 통지의 방법
3. 도시환경정비사업의 임대주택의 건설 및 처분에 관한 사항

제15조(정관의 경미한 변경사항) 영 제32조제3호에서 그밖에 시도 조례로 정하는 사항이란 제14조제1호의 사항으로서 예산의 집행 또는 조합원의 부담이 되는 사항 이외의 사항을 말한다. 〈개정 2012.5.15〉

☐ 유권해석

재건축사업지 내 기존무허가건축물의 토지등소유자 인정

Q 도시정비법 제2조제9호 나목에 의거 재건축사업의 토지등소유자는 "정비구역안에 소재한 건축물 및 그 부속토지의 소유자"로 규정한바, 도시정비조례 제2조제1호의 기존무허가건축물도 토지등소유자의 요건을 갖출 경우 조합원으로 인정할 수 있는지?

A 기존무허가건축물 소유자의 조합원 자격에 관한 사항은 동법 제2조제9호 나목의 "토지등소유자"의 요건을 갖추었다면 동 조례 제12조(조합정관에 정할사항)에 의거 조합정관에서 정할 사항임. 다만, 상기 내용의 기존무허가건축물이란 동 조례 제2조1호에 해당하는 기존무허가건축물을 말함(서울시 주거정비과-1837, 2007.2.6).

도시정비조례상 분양권 부여 여부

도시정비조례 제12조(조합정관에 정할 사항) 제5항을 보면 "단독주택 또는 다가구주택을 건축물 준공 이후 다세대주택으로 전환된 주택을 취득한 자에 대한 분양권 부여에 관한 사항"을 조합정관에서 정함. 그러나 제24조제2항제1호는 "단독주택 또는 다가구주택이 건축물 준공 이후 다세대 주택으로 전환된 경우 수인의 분양신청자를 1인의 분양대상자로 본다."고 되어 있음. 부칙 제5조에는 이 조례 시행 전에 다세대주택으로 전환된 경우에 대해 언급이 되어 있음.

Q ① 그렇다면, 이 조례 시행 후에 1인으로 되어 있던 다가구주택이 5인의 다세대 주택이 되었다고 했을 경우 이 5인의 다세대주택 소유자에게 각각 분양권을 주어야 하는지, 그것을 조합에게 자체적으로 맡길 수 있는지?

② 무조건 5인 모두에게 주어야 한다면 제24조 내용은 수정되어야 할 것이고 1인에게만 분양권이 주어져야 한다면 제12조 내용에 문제가 생기는 것이 됨. 조례가 정관내용 보다 우선일 텐데 제12조처럼 왜 정관에서 분양권부여에 관한 사항을 정하는 것인지?

A 도시정비조례 제24조, 부칙 제5조는 재개발사업의 분양대상 등에 대하여 그 기준을 정한 사항으로서 단독주택 또는 다가구주택이 건축물 준공 이후 다세대주택으로 전환된 경우 수인의 분양신청자를 1인의 분양대상자로 보며 다만 조례 시행 전

에 전환하여 구분등기를 완료한 주택에 대하여는 전용면적 60㎡ 이하의 주택을 공급하거나 정비구역안의 임대주택을 공급할 수 있도록 정하고 있음. 조례 제12조의 조합정관에 정할 사항은 조례에 적합한 범위 내에서 별도로 분양대상 등에 대하여 정할 수 있도록 규정한 사항임. 따라서 조례 시행 후에 다가구주택이 다세대주택으로 전환되었다면 각각 분양대상이 될 수 없음(서울시 주거정비과 2005.3.31).

※ 관련 조문(도시정비조례)

제12조(조합정관에 정할 사항) 영 제31조제17호에서 "그 밖에 시도 조례가 정하는 사항"이란 다음 각 호의 사항을 말한다.

5. 단독 또는 다가구주택을 건축물 준공이후 다세대주택으로 전환된 주택을 취득한 자에 대한 분양권 부여에 관한 사항

Q 성북구 하월곡동에 사는 시민으로 저희 동이 이번에 재개발구역으로 지정되어서 내년이면 철거에 들어가고 재개발을 시작할 예정임. 하지만 분양권을 받지 않고 보상받으려 하는데 그에 따른 보상법이 어떤지, 분양권을 받지 않은 사람들은 어떻게 토지에 대한 보상을 받으며 차후 대책을 어떻게 되는지?

A 분양신청을 하지 아니한 자가 소유하고 있는 재개발구역 내 토지 또는 건축물은 도시재개발법 제31조 및 제32조에 따라 토지수용법에 의한 수용이 가능함. 따라서 사업시행자(조합)는 토지수용법 제25조에 따라 사업시행인가가 있은 후에 그 토지에 관하여 권리를 취득하기 위하여 소유자와 협의하여야 하며, 협의가 성립되지 아니할 때에는 사업시행인가가 있은 날로부터 1년 이내에 관할 토지수용위원회에 재결을 신청할 수 있음. 또한, 사업시행자가 재결신청을 하지 아니할 때, 토지등소유자는 토지수용법 제25조의3에 따라 서면으로 사업시행자에게 재결신청을 조속히 할 것을 청구할 수 있으며 사업시행자는 그 청구가 있은 날로부터 2월 이내에 관할 토지수용위원회에 재결을 신청하여야 함.

문의하신 재개발조합정관은 재개발구역 내 토지등소유자가 「서울시 재개발조합 정관작성에 관한 준칙」을 기준으로 당해 재개발조합정관을 작성하여 조합설립인가서에 첨부하여 관할 구청장의 인가를 받으면 정관으로서의 효력이 발생함(서울시 주거정비과 2002.8.13).

조례 제15조(조합설립인가 신청서류 등의 작성 방법)

법 제20조제2항, 시행규칙 제7조

조합설립인가 신청서류 등의 작성 방법

조합설립인가 신청서 및 첨부서류의 작성방법, 그리고 이 중에서 일부 조항은 추진위원회 운영규정을 준용한다.

□ 개정 연혁

▸ 도시재개발사업조례[서울시조례]

제11조(조합설립에 관한 지침) ① 법 제12조에 의하여 조합설립인가를 받고자 하는 토지등의 소유자는 다음 각 호의 내용을 기재한 조합설립인가 신청서에 정관, 토지등의 소유자 동의서, 조합원 명부, 개략적인 사업계획서 및 신청인 대표자를 선정한 증빙서류를 첨부하여 구청장에게 제출하여야 한다.

1. 조합의 명칭
2. 신청인 대표자의 주소 성명
3. 주된 사무소의 소재지
4. 사업시행구역의 명칭 및 면적
5. 조합원 수
6. 사업시행인가신청 예정시기

② 제1항에 의한 조합설립인가 신청서 및 첨부서류의 작성은 다음 각 호의 기준에 의한다.

1. 조합의 명칭은 사업시행구역 명칭의 뒤에 재개발조합이라는 명칭을 사용한다.
2. 신청인 대표자는 신청서에 연명으로 기재된 5인 이상의 토지등의 소유자 중에서 토지등의 소유자의 추천 또는 주민총회에서 선정된 자를 말한다.
3. 주된 사무소의 소재지는 사업시행구역 이 소재하는 구의 관할지역에 두는

것을 원칙으로 한다.
4. 사업시행구역의 명칭 및 면적은 법 제4조제3항에 의하여 결정된 내용으로 한다.
5. 조합원수는 신청서에 첨부된 조합원 명부를 기준으로 작성한다.
6. 사업시행인가신청 예정시기는 법 제4조제3항제5호에 의하여 결정된 사업시행예정시기가 경과되기 전 1년의 범위 안에서 정한다(재개발사업에 한한다).
7. 정관의 작성은 영 제21조제2항에 의하여 정한 「서울시 재개발조합정관 작성에 관한 준칙」을 기준으로 하여야 한다. 〈개정 1998.11.20〉
8. 토지등의 소유자의 동의서에는 법 제12조제1항에 의한 조합의 설립과 정관의 내용에 동의한다는 사항을 포함하고 동의자의 권리내역을 명기하여야 하며 신청인은 제9호의 조합원명부에 기재된 조합원 번호, 동의자의 주소, 성명 및 권리내역이 기재된 동의자 명부와 동의율을 확인할 수 있는 동의 총괄표를 작성 제출하여야 한다.
9. 조합원 명부는 법 제14조에 의한 권리자를 대상으로 주소, 성명 및 권리내역을 명기한다.
10. 개략적인 사업계획서는 사업시행구역의 위치도, 토지 및 건축시설의 배치도, 공공시설의 설치계획 및 사업방법 등을 내용으로 한다. 〈단서 삭제 1999.3.20〉
11. 신청인 대표자를 선정한 증빙서류는 토지등의 소유자의 대표자 추천서 또는 주민총회 회의록을 말한다.

③ 재개발사업의 경우 구청장은 필요하다고 인정하는 때에는 조합설립인가 신청인대표자 선정을 위한 주민총회를 개최할 수 있으며, 선정된 신청인 대표자에게 정관준칙. 조합원 명부. 개략적인 사업계획서를 제공할 수 있다. 〈신설 1998.11.20〉

④ 조합은 법 제12조제1항에 따라 조합의 설립인가를 받은 때에는 정관이 정하는 바에 따라 조합원에게 그 내용을 통지하고 이해관계인에게 공람시켜야 한다.

⑤ 조합은 총회에서 임원 및 대의원의 선임 및 선출 또는 법 제8조제2항에 의한 공동시행자를 선정한 때에는 임원, 대의원 또는 선정된 자의 자격을 증

빙하는 자료를 첨부하여 관할구청장에게 제출하여야 한다.

⑥ 법 제12조제1항에 의한 조합의 설립인가가 있는 경우에 조합원의 권리변동에 따른 권리의무의 승계 등에 관하여는 법 제6조의 규정을 준용한다. 〈개정 1999.7.31〉

➡ 구 도시재개발법에서는 「서울시 재개발조합정관 작성에 관한 준칙」이 있어 이를 기준으로 작성하였다.

▸ 도시정비조례[서울시조례 제4167호, 2003.12.30, 제정]

제14조(조합설립인가 신청서류 등의 작성 방법) ① 시행규칙 제7조에 의한 조합설립인가 신청서 및 첨부서류의 작성방법은 다음과 같다.

1. 정관은 법 제20조제2항에 의한 표준정관을 준용하여 작성함을 원칙으로 한다.
2. 주된 사무소의 소재지는 사업시행구역이 소재하는 구의 관할구역 안에 두는 것을 원칙으로 한다.
3. 사업시행구역의 명칭 및 면적은 법 제4조제1항에 의한 정비계획과 동일하게 한다.
4. 조합원수는 신청서에 첨부된 조합원 명부의 인원을 기준으로 한다.
5. 토지등소유자의 동의서는 법 제15조제2항에 의한 정비사업추진위원회 운영규정의 동의서식으로 한다.
6. 조합원명부에는 조합원 번호, 동의자의 주소, 성명 및 권리내역을 기재하여야 하며 동의율을 확인할 수 있는 동의 총괄표를 첨부한다.
7. 임원선출에 관한 증빙서류로 토지등소유자의 대표자 추천서 또는 주민총회 회의록 등을 제출하여야 한다.

② 제1항제2호 내지 제7호의 규정은 시행규칙 제6조에 의한 추진위원회 승인신청서 작성에 관하여 이를 준용한다. 이 경우 제7호의 "임원"은 "위원"으로 본다.

부 칙 〈제4167호, 2003.12.30〉

제1조(시행일) 이 조례는 공포한 날부터 시행한다.

➡ 도시정비법으로 들어오면서 당시 건교부가 정한 표준정관이 있어 「서울시 재개발조합정관 작성에 관한 준칙」을 더 이상 사용하지 않게 되었다.

► **[서울시조례 제4824호, 2009.7.30, 일부개정]**

제15조(조합설립인가 신청서류 등의 작성 방법) ① 시행규칙 제7조에 따른 조합설립인가 신청서 및 첨부서류의 작성방법은 다음 각 호와 같다. 〈개정 2009.7.30〉

1. 정관은 법 제20조제2항에 따른 표준정관을 준용하여 작성함을 원칙으로 한다. 〈개정 2009.7.30〉
2. 주된 사무소의 소재지는 사업시행구역이 소재하는 구의 관할구역 안에 두는 것을 원칙으로 한다. 〈개정 2009.7.30〉
3. 사업시행구역의 명칭 및 면적은 법 제4조제1항에 따른 정비계획과 동일하게 한다. 〈개정 2009.7.30〉
4. 조합원수는 신청서에 첨부된 조합원 명부의 인원을 기준으로 한다. 〈개정 2009.7.30〉
5. 토지등소유자의 동의서는 시행규칙 제7조제3항에서 정하는 동의서식으로 한다. 〈개정 2009.7.30〉
6. 조합원명부에는 조합원 번호, 동의자의 주소, 성명 및 권리내역을 기재하여야 하며 동의율을 확인할 수 있는 동의 총괄표를 첨부한다. 〈개정 2009.7.30〉
7. 임원선출에 관한 증빙서류로 토지등소유자의 대표자 추천서 또는 주민총회 회의록 등을 제출하여야 한다. 〈개정 2009.7.30〉

② 제1항제2호부터 제4호까지와 제6호 및 제7호는 시행규칙 제6조에 따른 추진위원회 승인신청서 작성에 관하여 이를 준용한다. 이 경우 제7호의 "임원"은 "위원"으로 본다. 〈개정 2009.7.30〉

부 칙 〈2009.7.30〉

제1조(시행일) 이 조례는 공포한 날부터 시행한다.

도시정비법 제20조(정관의 작성 및 변경)에서 정관의 필요적 기재사항을 정하고 있으며, 동조 제2항에서 국토부장관은 법 제20조제1항에서의 필요적 기재사항이 포함된 표준정관을 작성하여 보급할 수 있다.

국토부는 도시정비법 시행 직전인 2003.6 재개발·재건축표준정관을 보급하였으며, 2006년도에는 재건축표준정관이 한 차례 개정되었다.

조례 제15조제1항 각 호의 내용은 다음과 같으며, 이와 관련 표준정관과 실제 조문을 살펴보기로 한다.

▢ 조례 제15조(조합설립인가 신청서류 등의 작성 방법)

도시정비법 시행규칙 제7조에 따른 조합설립인가 신청서 및 첨부서류의 작성방법은 다음 각 호와 같다(동조 제1항).

1. 정관은 법 제20조제2항에 따른 표준정관을 준용하여 작성함을 원칙으로 한다.
2. 주된 사무소의 소재지는 사업시행구역이 소재하는 구의 관할구역 안에 두는 것을 원칙으로 한다.

표준정관 제4조(사무소) ① 조합의 주된 사무소는 ○○ (시·도) ○○ (시·군·구) ○○ (읍·면) ○○ (리·동) ○○ 번지 ○○호에 둔다.

➡ 공동주택 재건축사업의 추진위원회나 창립총회를 거친 조합의 경우에는 보통 아파트 단지 내에 위치하지만, 관리처분계획인가를 받고 이주를 하면 조합사무실이 아파트 공사장 부근으로 이전하게 된다. 향후 이전을 예상한 일부 조합에서는 대의원회의 의결을 피하고 호수를 제외한 "○○번지에 둔다."는 규정을 두기도 한다.

그러나 조합사무소의 번지와 호수를 기재하지 않으면 관할 구청에서 조합설립인가를 받기 쉽지 않다.

3. 사업시행구역의 명칭 및 면적은 법 제4조제1항에 따른 정비계획과 동일하게 한다.

   표준정관 제3조(사업시행구역) 사업시행구역은 서울시 ○○(구) ○○(동) ○○번지 외 ○○필지(○○아파트 단지)로서 토지의 총면적은 ○○㎡으로 한다. 다만, 사업시행 상 불가피하다고 인정되어 관계법령 및 이 정관이 정하는 바에 따라 총회 또는 대의원회 의결로 추가로 편입 또는 제척되는 토지등이 있을 경우에는 사업시행구역과 토지의 총면적이 변경된 것으로 본다.

➡ 근거 규정은 법 제20조제1항으로 사업시행구역은 정비구역 지정·고시문에서의 정비구역 면적과 일치하여야 한다. 또한 단서 조항의 법적 근거는 법 제6조제3항으로 정비계획 변경 및 정비구역 변경 결정·고시에 따르면 된다.

---

4. 조합원수는 신청서에 첨부된 조합원 명부의 인원을 기준으로 한다.
5. 토지등소유자의 동의서는 도시정비법 시행규칙 제7조제3항에서 정하는 동의서식으로 한다.
6. 조합원명부에는 조합원 번호, 동의자의 주소, 성명 및 권리내역을 기재하여야 하며 동의율을 확인할 수 있는 동의 총괄표를 첨부한다.

   조합원명부는 별지 제9호서식에 따르고, 동의율을 확인할 수 있는 동의 총괄표는 별지 제7호서식에 따른다(조례 시행규칙 제8조).
7. 임원선출에 관한 증빙서류로 토지등소유자의 대표자 추천서 또는 주민총회 회의록 등을 제출하여야 한다.

   토지등소유자의 동의서는 시행규칙 제7조제3항에서 정하는 동의서식으로 한다(동조 제2항).

   개정 전에는 추진위원회 운영규정에 의한 동의서식을 사용했으나, 2009.2.6 법 개정에 따라 도시정비법 시행규칙 제7조제3항의 동의서식에 의해야 한다. 이 서식은 재개발·도시환경정비사업과 재건축·가로주택정비사업으로 구분하여 있다.

[별지 제9호서식] 〈개정 2014.1.23〉

조 합 원 명 부

(정비사업 명칭 :   )

<table>
<tr><th rowspan="3">연번</th><th rowspan="3">조합원번호</th><th colspan="4">조 합 원</th><th colspan="8">권 리 내 역</th><th rowspan="3">세대주성명</th><th rowspan="3">비고</th></tr>
<tr><th rowspan="2">성명</th><th rowspan="2">생년월일</th><th rowspan="2">주소</th><th rowspan="2">전화번호</th><th rowspan="2">소재지</th><th colspan="3">토 지</th><th colspan="3">건 축 물</th><th rowspan="2">지상권</th></tr>
<tr><th>소유면적(㎡)</th><th>편입면적(㎡)</th><th>공유여부</th><th>동수</th><th>허가유무</th><th>공유여부</th></tr>
<tr><td></td><td></td><td></td><td></td><td></td><td></td><td></td><td></td><td></td><td></td><td></td><td></td><td></td><td></td><td></td><td></td></tr>
</table>

※ 공동주택의 경우 소재지에 호수를 기재

※ 첨부서류

1. 조합원별 권리내역 증빙서류(지적공부, 부동산등기부, 건축물대장, 무허가건축물확인원 등) 각 1부
2. 주민등록표 등본(신청인과 동일한 세대별 주민등록표상에 등재되어 있지 아니하는 신청인 배우자의 주민등록표 등본 포함) 1부
3. 가족관계 등록부(주민등록표상 배우자 유무를 판단할 수 없을 경우에 한함) 1부.

▢ 시도별 조례

대체로 서울시와 그 내용이 유사하다.

○ 경기도

제10조(조합의 설립인가 신청서류 등의 작성방법) ② 조합설립인가 신청서 및 첨부서류의 작성방법은 다음과 같다.

1. 정관은 법 제20조제2항에 따른 표준정관을 준용하여 작성함을 원칙으로 한다.
2. 주된 사무소의 소재지는 사업시행구역이 소재하는 시·군의 관할구역에 두는 것을 원칙으로 한다.
3. 사업시행구역의 명칭 및 면적은 법 제4조제1항에 따른 정비계획과 동일하게 한다.
4. 조합원수는 신청서에 첨부된 조합원명부의 인원을 기준으로 한다.
5. 조합원명부에는 조합원번호, 동의자의 주소, 성명 및 권리내역을 기재하여야 하며 동의율을 확인할 수 있는 동의 총괄표를 첨부한다.
6. 임원선출에 관한 증빙서류로 주민총회 회의록 등의 객관적 자료를 제출하여야 한다.

③ 제2항제2호부터 제6호까지의 규정은 시행규칙 제6조에 따른 추진위원회 승인신청서 작성에 관하여 이를 준용한다. 이 경우 제6호의 “임원”은 “위원”으로 본다. 〈개정 2009.8.13, 2011.10.20〉

➡ 조합설립동의서를 받는 동의서식에 대한 규정이 누락되어 있어 분쟁이 발생할 여지가 높다.

- 남양주시, 부천시, 부천시, 수원시, 안산시, 안양시, 화성시, 고양시

경기도와 같다.

○ 인천시

제14조(조합설립인가신청서 등의 작성기준) ① 규칙 제7조에 따른 조합설립인가 신청서 및 첨부서류는 다음 각 호의 기준에 따라 작성한다.

1. 조합의 명칭은 사업시행구역의 명칭 뒤에 "정비사업(주거환경개선사업, 재개발사업, 재건축사업 및 도시환경정비사업 중 어느 하나를 말한다.)조합"으로 표기한다.
2. 정관은 법 제20조제2항에 따라 국토부장관이 작성하여 보급한 표준정관을 기준으로 작성하여야 한다.
3. 주된 사무소의 소재지는 사업시행구역을 관할하는 군·구의 행정구역 안에 두는 것을 원칙으로 한다.
4. 사업시행구역의 명칭 및 면적은 법 제4조제1항에 따라 지정된 내용으로 한다.
5. 조합원수는 신청서에 첨부된 조합원 명부를 기준으로 산정한다.
6. 제5호의 조합원 명부에는 조합원 번호, 동의자 주소, 성명 및 권리내역 등을 기재하고 동의율을 확인할 수 있는 동의 총괄표를 작성하여 맨 위에 이를 첨부하여야 한다.
7. 임원·대의원으로 선임된 자의 자격은 토지등소유자의 대표자추천서 또는 주민총회 회의록 등으로 증명한다.

② 제1항 각 호(제2호를 제외한다.)의 기준은 법 제13조에 따른 추진위원회 승인신청서 등의 작성에 관하여 이를 준용한다.

➡ 조합설립동의서를 받는 동의서식에 대한 규정이 적시되지 않아 경기도와 같이 분쟁이 발생할 여지가 있다.

○ 부산시, 대구시, 대전시

제12조(조합설립인가 신청서류 등의 작성방법) ① 시행규칙 제7조에 따른 조합설립인가 신청서 및 첨부서류의 작성방법은 다음과 같다. 〈개정 2005.2.16, 2008.5.7, 2010.3.3〉

1. 정관의 작성은 법 제20조제2항에 따른 표준정관을 기준으로 작성함을 원칙으로 한다. 〈개정 2010.3.3〉
2. 조합의 명칭은 사업시행구역 명칭의 뒤에 "정비사업조합"이라는 문자를 사용하여야 한다.
3. 주된 사무소의 소재지는 사업시행구역이 소재하는 구·군의 관할지역 안에

두는 것을 원칙으로 한다.

4. 사업시행구역의 명칭 및 면적은 법 제4조제1항에 따른 정비계획과 동일하게 한다. 〈개정 2010.3.3〉
5. 조합원수는 신청서에 첨부된 조합원 명부의 인원을 기준으로 한다.
6. 토지등소유자의 조합설립동의서는 국토부고시 「추진위원회 운영규정」의 동의서식으로 하고, 조합원명부에는 조합원 번호, 동의자의 주소, 성명 및 권리내역을 기재하고 동의율을 확인할 수 있는 동의 총괄표를 작성 첨부한다. 〈개정 2005.2.16, 2008.5.7〉
7. 임원선정 증빙서류로 토지등소유자의 대표자추천서 또는 주민총회회의록 등을 제출한다.

② 제1항의 규정(제1호를 제외한다.)은 시행규칙 제6조에 따른 추진위원회 승인신청서 작성에 관하여 이를 준용한다. 〈개정 2010.3.3〉

➡ 부산시, 대구시, 대전시의 경우 조합설립동의서 양식을 아직도 추진위원회 운영규정에 의한 동의서식으로 그대로 두고 있는데, 바로 잡아야 한다.

조례 제15조의2(조합설립인가등의 취소)

법 제16조의2제1항제1호·제2호

조합설립인가등의 취소

도시정비법 시행 초기에는 없었으나, 정비사업 및 촉진사업의 출구전략으로 2012.2.1 도시정비법을 개정함에 따라 2012.7.30 만들어진 조문으로 조례 제16조 등과 함께 신설되었다.

▢ 개정 연혁

▸ 도시정비조례[서울시조례 제5348호, 2012.7.30, 일부개정]

제15조의2(조합설립인가등의 취소) ① 법 제16조의2제1항제1호 및 제2호에서 "시도조례로 정하는 비율"이란 과반수를 말한다. 〈신설 2012.7.30〉

② 추진위원회 해산을 신청하려는 자는 별지 제1호서식의 추진위원회 해산신청서에 다음 각 호의 서류를 첨부하여 구청장에게 제출하여야 한다. 〈신설 2012.7.30〉

1. 추진위원회 구성에 동의한 토지등소유자의 명부(추진위원회 구성에 동의한 토지등소유자 과반수가 해산 신청하는 경우에 한정한다.)
2. 추진위원회 해산에 동의한 토지등소유자의 명부
3. 별지 제2호서식에 따른 해산 동의서

③ 조합 해산을 신청하려는 자는 별지 제3호서식의 조합 해산 신청서에 다음 각 호의 서류를 첨부하여 구청장에게 제출하여야 한다. 〈신설 2012.7.30〉

1. 조합 설립에 동의한 조합원 명부(조합 설립에 동의한 조합원 과반수가 해산 신청하는 경우에 한정한다.)
2. 조합 해산에 동의한 토지등소유자의 명부
3. 별지 제4호서식에 따른 해산 동의서

④ 구청장은 제2항 및 제3항에 따른 해산 신청이 있는 경우에는 추진위원회 위원장 및 조합장의 의견을 청취하여야 한다. 〈신설 2012.7.30〉

부 칙 〈제5348호, 2012.7.30〉

제1조(시행일) 이 조례는 공포한 날부터 시행한다.

제3조(해산 동의서 경과조치) 이 조례 시행 이전에 국토부에서 제공한 동의서 서식에 따라 받은 해산 동의서는 이 조례의 규정에 따른 해산 동의서로 본다.

➡ 조합설립인가등의 취소 규정을 신설하였다.

- 추진위원회 및 조합의 설립 동의자 과반수 동의로 해산 신청
- 해산을 신청하려는 자는 신청서에 해산에 동의한 토지등소유자 및 조합원의 명부, 해산 동의서를 구비하여 구청장에게 제출

▢ 조합설립인가등의 취소

시장·군수는 다음 각 호의 어느 하나에 해당하면 추진위원회 승인 또는 조합설립인가(이하 "조합설립인가등"이라 함.)를 취소하여야 한다(법 제16조의2제1항).

1. 추진위원회 구성에 동의한 토지등소유자의 1/2 이상 2/3 이하의 범위에서 시도 조례로 정하는 비율 이상의 동의 또는 토지등소유자 과반수의 동의로 추진위원회의 해산을 신청하는 경우
2. 조합 설립에 동의한 조합원의 1/2 이상 2/3 이하의 범위에서 시도 조례로 정하는 비율 이상의 동의 또는 토지등소유자 과반수의 동의로 조합의 해산을 신청하는 경우
3. 법 제4조의3에 따라 정비예정구역 또는 정비구역의 지정이 해제되는 경우

※ 법 제4조의3(정비구역등 해제) ① 시장·군수는 **정비예정구역 또는 정비구역**(이하 이 조에서 "정비구역등"이라 한다.)이 다음 각 호의 어느 하나에 해당하는 경우 시·도지사 또는 대도시의 시장에게 정비구역등의 해제를 요청하여야 한다.

1. 정비예정구역에 대하여 기본계획에서 정한 정비구역 지정 예정일부터 3년이 되는 날까지 시장·군수가 정비구역 지정을 신청하지 아니하는 경우

2. 재개발사업·재건축사업(조합이 시행하는 경우로 한정한다)이 다음 각 목의 어느 하나에 해당하는 경우
   가. 토지등소유자가 정비구역으로 지정·고시된 날부터 2년이 되는 날까지 추진위원회의 승인을 신청하지 아니하는 경우
   나. 토지등소유자가 정비구역으로 지정·고시된 날부터 3년이 되는 날까지 조합설립인가를 신청하지 아니하는 경우(법 제13조제6항에 따라 추진위원회를 구성하지 아니하는 경우로 한정한다.)
   다. 추진위원회가 추진위원회 승인일부터 2년이 되는 날까지 조합설립인가를 신청하지 아니하는 경우
   라. 조합이 조합설립인가를 받은 날부터 3년이 되는 날까지 사업시행인가를 신청하지 아니하는 경우
3. 도시환경정비사업을 토지등소유자가 시행하는 경우로서 토지등소유자가 정비구역으로 지정·고시된 날부터 5년이 되는 날까지 사업시행인가를 신청하지 아니하는 경우
4. 법 제6조제1항제1호에 따른 방법으로 시행하고 있는 주거환경개선사업은 정비구역이 지정·고시된 날부터 15년 이상 경과하고 토지등소유자의 2/3 이상이 정비구역의 해제에 동의하는 경우
5. 법 제16조의2에 따라 추진위원회의 승인 또는 조합설립인가가 취소되는 경우

▢ 조례 제15조의2제1항(조합설립인가등의 취소)

법 제16조의2제1항제1호 및 제2호에서 "시도 조례로 정하는 비율"이란 과반수를 말한다(동조 제1항).

이 수치는 추진위원회 구성에 동의하거나 조합설립에 동의한 토지등소유자의 수로서 과반수(1/2+1)를 말한다.

즉 추진위원회 구성에 동의한 토지등소유자의 과반수 또는 조합설립에 동의한 조합원 과반수 이상의 동의로 추진위원회나 조합설립인가를 취소신청을 하면 시장·군수는 취소하여야 한다.

그러므로 동의하지 않은 토지등소유자 과반수의 동의로 추진위원회의 해산을 신청하는 경우이거나, 조합의 해산을 신청하는 경우 시도 조례는 이를 조례로 바꿀 수 없으며, 이 경우 시장·군수는 취소하여야 한다.

▢ 조례 제15조의2제2항(추진위원회 해산 신청)

추진위원회 해산을 신청하려는 자는 별지 제1호서식의 추진위원회 해산신청서에 다음 각 호의 서류를 첨부하여 구청장에게 제출하여야 한다(동조 제3항).

1. 추진위원회 구성에 동의한 토지등소유자의 명부(추진위원회 구성에 동의한 토지등소유자 과반수가 해산 신청하는 경우에 한정한다.)
2. 추진위원회 해산에 동의한 토지등소유자의 명부
3. 별지 제2호서식에 따른 해산 동의서

▢ 조례 제15조의2제3항(조합 해산 신청)

조합 해산을 신청하려는 자는 별지 제3호서식의 조합 해산 신청서에 다음 각 호의 서류를 첨부하여 구청장에게 제출하여야 한다(동조 제3항).

1. 조합 설립에 동의한 조합원 명부(조합 설립에 동의한 조합원 과반수가 해산 신청하는 경우에 한정한다.)
2. 조합 해산에 동의한 토지등소유자의 명부
3. 별지 제4호서식에 따른 해산 동의서

추진위원회 구성 또는 조합설립에 동의한 토지등소유자 수와 동의율 산정은 다음과 같다.

토지등소유자수 계산 : 다음의 수를 합산한 것이 총 토지등소유자의 수가 된다.

(토지소유자 : 명)

(건축물소유자 : 명)

(지상권자 : 명)

(주택 및 토지소유자 : 명)

(부대·복리시설 및 토지소유자 : 명)

※ 재개발·도시환경정비사업의 경우와 달리, 재건축사업에서는 토지소유자와 건축물 소유자가 아닌 "주택 및 부속토지 소유자"이어야 한다.

동의율 산정=(동의한 토지등소유자 수/추진위원회 구성 또는 조합설립에 동의한 토지등소유자 수)%

[별지 제1호서식] 〈신설 2012.12.31〉

<table>
<tr><td colspan="6">( ) 추진위원회 해산 신청서</td><td>처리기한
60일</td></tr>
<tr><td colspan="3">사 업 구 분</td><td colspan="4">□ 재건축사업 □ 도시환경정비사업
□ 재개발사업</td></tr>
<tr><td rowspan="3">신청인</td><td colspan="2">추진위원회의 명칭</td><td colspan="4">추진위원회</td></tr>
<tr><td colspan="2">성 명</td><td colspan="2"></td><td>생년월일</td><td></td></tr>
<tr><td colspan="2">주 소</td><td colspan="4">(전화 :)</td></tr>
<tr><td rowspan="4">추 진
위원회
내 역</td><td colspan="2">사무소의 소재지</td><td colspan="4">(전화 :)</td></tr>
<tr><td rowspan="2">사 업
시행구역</td><td>위 치</td><td colspan="2"></td><td>구역면적</td><td>(㎡)</td></tr>
<tr><td>토지등
소유자수</td><td>( )명</td><td colspan="2">추진위원 구성에
동의한 토지등소유자
수 및 동의율</td><td>( )명
( )%</td></tr>
<tr><td colspan="2">승인연월일</td><td colspan="4"></td></tr>
<tr><td rowspan="2">해 산
동 의
사 항</td><td colspan="2">①
토지등
소유자</td><td colspan="2">명
(토지소유자 : 명)
(건축물소유자 : 명)
(지상권자 : 명)
(주택 및 토지소유자 : 명)
(부대·복리시설 및 토지소유자 : 명)</td><td>동의율</td><td>%
(동의자 수/
토지등소유자수)</td></tr>
<tr><td colspan="2">②
추진위원회
구성에 동의한
토지등소유자</td><td colspan="2">명
(토지소유자 : 명)
(건축물소유자 : 명)
(지상권자 : 명)
(주택 및 토지소유자 : 명)
(부대·복리시설 및 토지소유자 : 명)</td><td>동의율</td><td>%
(동의자 수/
추진위원회
구성에 동의한
토지등소유자수)</td></tr>
<tr><td colspan="7">「도시정비법」 제16조의2제1항제1호에 따라 위와 같이 추진위원회 해산을 신청합니다.
년 월 일
신청인 (서명 또는 인)
구청장 귀하</td></tr>
<tr><td>구 비
서 류</td><td colspan="6">1. 추진위원회 구성에 동의한 토지등소유자의 명부(추진위원회 구성에 동의한 토지등소유자 과반수가 해산 신청하는 경우에 한정한다.)
2. 추진위원회 해산에 동의한 토지등소유자의 명부
3. 별지 제2호서식에 따른 해산동의서</td></tr>
</table>

[별지 제2호서식] 〈신설 2012.12.31, 정정 2013.9.2〉 (제1쪽)

( ) 추진위원회 해산 동의서

1. 동의자 인적사항

성 명		생년월일	
주민등록상 현주소		전화번호	( ) -

2. 동의자 구분 : 추진위원회 구성에 동의 여부(□ 동의자, □ 부동의자)

3. 동의자 소유권 현황

권리내역		소 재 지(공유여부)	면적(㎡)
	토 지	(계 필지)	
		( )	
		( )	
	건축물	소 재 지	동 수
		( )	
		( )	
	지상권 (건축물외의 수목 또는 공작물의 소유목적)	설 정 토 지	지상권의 내용

※ 재건축사업인 경우

소유권 위치	번지 동 호, 상가 아파트 동 호		
등기상 건축물지분(면적)	㎡	등기상 대지지분(면적)	㎡

4. 동의내용 : 「도시정비법」 제16조의2제1항제1호에 따른 ( ) 추진위원회 해산에 동의합니다.

년 월 일

동의자 (서명 또는 인)

구청장 귀하

첨 부	주민등록증, 여권 등 신분증명서의 사본

[별지 제3호서식] 〈신설 2012.12.31〉

<table>
<tr><td colspan="6">(　　　　) 정비사업조합 해산 신청서</td><td colspan="2">처리기한
60일</td></tr>
<tr><td colspan="3">사 업 구 분</td><td colspan="5">□ 재건축사업　　□ 도시환경정비사업
□ 재개발사업</td></tr>
<tr><td rowspan="3">신청인</td><td colspan="2">조합의 명칭</td><td colspan="5">조합</td></tr>
<tr><td colspan="2">성 명</td><td colspan="2"></td><td>생년월일</td><td colspan="2"></td></tr>
<tr><td colspan="2">주 소</td><td colspan="5">(전화 :　　　　)</td></tr>
<tr><td rowspan="4">조 합
내 역</td><td colspan="2">주된 사무소의 소재지</td><td colspan="5">(전화 :　　　　)</td></tr>
<tr><td rowspan="2">사 업
시행구역</td><td>위 치</td><td colspan="2"></td><td>구역면적</td><td colspan="2">(㎡)</td></tr>
<tr><td>토지등
소유자수</td><td>(　　)명</td><td colspan="2">조합 설립에 동의한
토지등소유자 수
및 동의율</td><td colspan="2">(　　)명
(　　)%</td></tr>
<tr><td colspan="2">설립인가일</td><td colspan="5"></td></tr>
<tr><td rowspan="2">해 산
동 의
사 항</td><td colspan="2">①
토지등
소유자</td><td colspan="2">명
(토지소유자 :　　명)
(건축물소유자 :　　명)
(지상권자 :　　명)
(주택 및 토지소유자 :　　명)
(부대·복리시설 및 토지소유자 :　　명)</td><td>동의율</td><td colspan="2">%
(동의자 수/
토지등소유자수)</td></tr>
<tr><td colspan="2">②
조합 설립에
동의한
토지등소유자</td><td colspan="2">명
(토지소유자 :　　명)
(건축물소유자 :　　명)
(지상권자 :　　명)
(주택 및 토지소유자 :　　명)
(부대·복리시설 및 토지소유자 :　　명)</td><td>동의율</td><td colspan="2">%
(동의자 수/
조합 설립에
동의한
토지등소유자수)</td></tr>
<tr><td colspan="8">「도시 및 주거환경정비법」 제16조의2제1항제2호에 따라 위와 같이 조합 해산을
신청합니다.

년　　월　　일

신청인　　　　(서명 또는 인)

구청장 귀하</td></tr>
<tr><td>구 비
서 류</td><td colspan="7">1. 조합 설립에 동의한 조합원의 명부(조합설립에 동의한 조합원 과반수가 해산 신청하는 경우에 한정한다.)
2. 조합 해산에 동의한 토지등소유자의 명부
3. 별지 제4호서식에 따른 해산동의서</td></tr>
</table>

[별지 제4호서식] 〈신설 2012.12.31〉 (제1쪽)

(　　　　　　) 정비사업조합 해산 동의서

1. 동의자 인적사항

성　명		생년월일	
주민등록상 현주소		전화번호	(　　)　－

2. 동의자 구분 : 조합설립 동의자 여부(□ 동의자, □ 부동의자)

3. 동의자 소유권 현황

권리내역			
	토 지	소 재 지(공유여부)	면적(㎡)
		(계　　필지)	
		(　　　　)	
		(　　　　)	
	건축물	소 재 지	동 수
		(　　　　)	
		(　　　　)	
	지상권 (건축물외의 수목 또는 공작물의 소유목적)	설 정 토 지	지상권의 내용

※ 재건축사업인 경우

소유권 위치	동　　호, 번지 상가 아파트　동　　호		
등기상 건축물지분(면적)	㎡	등기상 대지지분(면적)	㎡

4. 동의내용 : 「도시 및 주거환경정비법」 제16조의2제1항제2호에 따른 (　　) 정비사업조합추진위원회 해산에 동의합니다.

년　　월　　일

동의자　　　　　(서명 또는 인)

구청장 귀하

첨 부	주민등록증, 여권 등 신분증명서의 사본

▢ 조례 제15조의2제4항(추진위원장 조합장의 의견청취)

구청장은 제2항 및 제3항에 따른 해산 신청이 있는 경우에는 추진위원회 위원장 및 조합장의 의견을 청취하여야 한다(동조 제4항).

▢ 시도별 조례

○ 경기도

제11조의2(조합설립인가등의 취소) ① 법 제16조의2제1항제1호 및 제2호에서 "시도 조례로 정하는 비율"이란 다음 각 호를 말한다.

1. 추진위원회 구성에 동의한 토지등소유자의 1/2
2. 조합 설립에 동의한 조합원의 2/3

② 법 제16조의2제2항에서 "시도 조례로 정하는 비율"이란 10/100을 말한다.

③ 법 제16조의2제3항에 따라 조례로 정하는 절차, 방법, 조사기간 등은 다음 각 호와 같다.

1. 법 제16조의2제1항의 경우 : 조합설립인가등의 취소를 위하여 토지등소유자의 동의서를 제출한 경우에 시장·군수는 사실여부를 확인하고 특별한 사유가 없는 한 취소 등의 조치를 한다.
2. 법 제16조의2제2항의 경우 : 토지등소유자의 동의방법 및 절차에 관해서는 법 제17조를 준용한다. 이 경우 시장·군수는 법 제16조의2제2항에 따른 정보제공 요청이 있는 때에는 신청일부터 7일 이내에 정보제공 여부를 신청인에게 통지하여야 하며, 정보제공을 결정한 경우에는 그 통지일부터 90일 이내에 개략적인 정비사업비 및 추정 분담금 등을 조사하여 그 결과를 제공하여야 한다.

[본조신설 2012.5.11]

– 남양주시

경기도와 유사하며, 제3항제3호가 추가되었다.

제16조(조합설립인가등의 취소) ① 법 제16조의2제1항제1호 및 제2호에서 "시도 조

례로 정하는 비율"이란 다음 각 호를 말한다.

1. 추진위원회 구성에 동의한 토지등소유자의 1/2
2. 조합 설립에 동의한 조합원의 2/3

② 법 제16조의2제2항에서 "시도 조례로 정하는 비율"이란 10/100을 말한다.

③ 법 제16조의2제3항에 따라 조례로 정하는 절차, 방법, 조사 기간 등은 다음 각 호와 같다.

1. 법 제16조의2제1항에 따라 조합설립인가등의 취소를 위하여 토지등소유자의 동의서를 제출한 경우에 시장은 사실여부를 확인하고 특별한 사유가 없는 한 취소 등의 조치를 하여야 한다.
2. 법 제16조의2제1항부터 제2항까지에 따른 토지등소유자의 동의방법 및 절차에 관해서는 법 제17조를 준용하며, 동의서 서식은 별지 제2호서식에 따른 정비사업추진위원회(조합) 해산 동의서 및 별지 제3호서식에 따른 개략적인 정비사업비 및 추정분담금 정보 제공 요청서를 사용한다.
3. 법 제16조의2제2항에 따라 정보 제공 요청이 있는 경우 신청일부터 7일 이내에 정보 제공 여부를 신청인에게 통지하여야 하며, 정보를 제공하기로 결정한 경우에는 그 통지일부터 90일 이내에 개략적인 정비사업비 및 추정분담금 등을 조사하여 그 결과를 제공하여야 한다. 다만, 조사에 필요한 예산이 없거나 예산을 확보하는데 기간이 오래 걸리는 경우, 대규모 정비구역 등과 같이 정보를 제공하기 위한 자료를 90일 이내에 작성하는 것이 불가능하다고 인정할 때에는 기간을 한 차례만 연장할 수 있다.

- 부천시

경기도와 유사하며, 제4항이 추가되었다.

제14조(조합설립인가등의 취소) ① 법 제16조의2제1항제1호 및 제2호에서 "조례로 정하는 비율"이란 다음 각 호를 말한다.

1. 추진위원회 구성에 동의한 토지등소유자의 1/2
2. 조합 설립에 동의한 조합원의 1/2

② 법 제16조의2제2항에서 "조례로 정하는 비율"이란 10/100을 말한다.

③ 법 제16조의2제3항에 따라 조례로 정하는 절차, 방법, 조사기간 등은 다음

각 호와 같다.

1. 법 제16조2제1항의 경우 : 토지등소유자의 동의방법 및 절차는 법 제17조를 따른다. 조합설립인가등의 취소를 위하여 토지등소유자가 동의서를 제출한 경우, 시장은 사실여부를 확인하고 특별한 사유가 없는 한 조합설립인가등을 취소하여야 한다.
2. 법 제16조의2제2항의 경우 : 토지등소유자의 동의방법 및 절차는 법 제17조를 준용한다. 이 경우 시장은 개략적인 정비사업비 및 추정 분담금에 대한 토지등소유자의 정보제공 요청이 있는 경우 신청일부터 7일 이내에 정보제공 여부를 신청인에게 통지하여야 하며, 정보제공을 결정한 경우에는 그 통지일부터 90일 이내에 그 결과를 신청인에게 제공하여야 한다. 다만, 예산확보 또는 기초자료작성 등의 사유로 60일 이내로 기한을 연장할 수 있다.

④ 추진위원회의 해산 신청, 조합의 해산 신청, 개략적인 정비사업비 및 추정 분담금 등의 조사 신청에 따른 구비서류 등은 규칙으로 정한다.[4)]

- 수원시

제14조(조합설립인가등의 취소) ① 법 제16조의2제1항제1호 및 제2호에서 "시도 조례로 정하는 비율"이란 다음 각 호를 말한다.

1. 추진위원회 구성에 동의한 토지등소유자의 1/2
2. 조합 설립에 동의한 조합원의 60%

---

4) 부천시 도시정비조례 제2조(추진위원회 해산 신청서류) 도시정비법(이하 "법"이라 한다.) 제16조의2제1항제1호 및 「부천시 도시정비조례」(이하 "조례"라 한다.) 제14조제4항에 따라 추진위원회 해산을 신청하는 경우에는 별지 제1호서식의 정비사업추진위원회 해산신청서에 다음 각 호의 서류를 "부천시장(이하 "시장"이라 한다.)"에게 제출하여야 한다.

1. 추진위원회 해산에 동의한 토지등소유자 명부
2. 추진위원회 해산 동의서(별지 제4호서식)
3. 추진위원회 구성에 동의한 토지등소유자 명부(추진위원회 구성에 동의한 토지등소유자의 1/2 이상이 해산 신청하는 경우에 한정한다.)

제3조(조합 해산 신청서류) 법 제16조의2제1항제2호에 따라 조합 해산을 신청하는 경우에는 별지 제2호서식의 조합 해산신청서에 다음 각 호의 서류를 시장에게 제출하여야 한다.

1. 조합 해산에 동의한 토지등소유자 명부
2. 조합 해산 동의서(별지 제4호서식)
3. 조합 설립에 동의한 조합원 명부(조합 설립에 동의한 조합원의 1/2 이상이 해산 신청하는 경우에 한정한다.)

② 추진위원회 해산을 신청하려는 자는 별지 제1호서식의 추진위원회 해산 신청서에 다음 각 호의 서류를 첨부하여 시장에게 제출하여야 한다.

1. 토지등소유자 명부
2. 추진위원회 구성에 동의한 토지등소유자의 명부(추진위원회 구성에 동의한 토지등소유자 1/2 이상이 해산 신청하는 경우에 한정한다.)
3. 추진위원회 해산에 동의한 토지등소유자의 명부
4. 별지 제2호서식에 따른 해산 동의서

③ 조합 해산을 신청하려는 자는 별지 제3호서식의 조합 해산 신청서에 다음 각 호의 서류를 첨부하여 시장에게 제출하여야 한다.

1. 토지등소유자 명부
2. 조합 설립에 동의한 조합원 명부(조합 설립에 동의한 조합원 60% 이상이 해산 신청하는 경우에 한정한다.)
3. 조합 해산에 동의한 토지등소유자의 명부
4. 별지 제4호서식에 따른 해산 동의서

④ 시장은 제2항 및 제3항에 따른 해산 신청이 있는 경우에는 추진위원회 위원 및 조합 임원 등 이해관계자의 의견을 청취하여야 한다.

- 안양시

제15조(조합설립인가등의 취소) ① 법 제16조의2제1항제1호 및 제2호에서 “시도 조례로 정하는 비율”이란 다음 각 호를 말한다.

1. 추진위원회 구성에 동의한 토지등소유자의 과반수
2. 조합 설립에 동의한 조합원의 60%

② 추진위원회 해산을 신청하려는 자는 별지 제1호서식의 추진위원회 해산 신청서에 다음 각 호의 서류를 첨부하여 시장에게 제출하여야 한다.

1. 추진위원회 해산에 동의한 토지등소유자의 명부
2. 별지 제2호서식에 따른 해산 동의서

③ 조합 해산을 신청하려는 자는 별지 제3호서식의 조합 해산 신청서에 다음 각 호의 서류를 첨부하여 시장에게 제출하여야 한다.

1. 조합 해산에 동의한 토지등소유자의 명부

2. 별지 제4호서식에 따른 해산 동의서

④ 법 제16조의2제1항제1호 및 제2호에 따른 동의는 해산신청 전에 동의를 철회하거나 반대의사를 표시할 수 있으며, 철회 등의 방법은 영 제28조제5항 및 제6항을 준용한다.

○ 인천시

제12조의2(조합설립인가등의 취소) ① 법 제16조의2제1항제1호 및 제2호에서 조례로 정하는 비율은 다음 각 호를 말한다.

1. 추진위원회 구성에 동의한 토지등소유자의 과반수
2. 조합 설립에 동의한 조합원의 과반수

② 법 제16조의2제2항에서 조례로 정하는 비율은 15/100로 한다. 〈개정 2013. 04.8〉

③ 법 제16조의2제3항에 따라 시행에 필요한 절차, 방법, 조사 기간 등은 다음 각 호와 같다.

1. 조합설립인가등의 취소를 위해 토지등소유자가 동의서를 제출한 경우 구청장 등은 사실여부를 확인하고 특별한 결격사유가 없는 한 취소 등의 조치를 하여야 한다.
2. 법 제16조의2제2항에 따른 토지등소유자의 동의방법 및 절차에 관하여는 법 제17조를 준용한다.
3. 구청장 등은 법 제16조의2제2항에 따른 정보제공 요청이 있을 경우에는 신청일부터 7일 이내에 정보제공 여부를 신청인에게 통지하여야 하며, 정보제공을 결정한 경우에는 통지일부터 90일 이내에 개략적인 정비사업비 및 추정 분담금 등을 조사하여 그 결과를 제공할 수 있다.

[본조신설 2012.4.9]

○ 대전시

제12조의2(조합설립인가등의 취소) ① 법 제16조의2제1항제1호 및 제2호에서 "조례로 정하는 비율"이란 다음 각 호를 말한다.

1. 추진위원회의 해산을 신청하는 경우 : 추진위원회 구성에 동의한 토지등소유자의 과반수
2. 조합의 해산을 신청하는 경우 : 조합 설립에 동의한 조합원의 과반수

② 법 제16조의2제2항에서 "조례로 정하는 비율"이란 25/100를 말한다.

[본조신설 2012.6.15 조례 제4076호]

○ 부산시

제13조의2(조합설립인가등의 취소) ④ 구청장은 법 제16조의2제2항에 따른 요청일부터 30일 이내에 정보제공 여부를 정보 제공을 요청하는 자에게 통보하여야 하며, 정보를 제공하는 경우에는 개략적인 정비사업비 및 추정 분담금 등을 조사하여 그 결과를 정보 제공을 요청한 자 및 추진위원회 또는 조합에 통보하여야 한다.

⑤ 구청장은 제4항에도 불구하고 다음 각 호의 어느 하나에 해당하는 경우에는 조사를 하지 아니하고 각 호의 정보를 활용하여 정보를 제공할 수 있다.

1. 정비사업 추진을 위하여 추진위원회 또는 조합에서 개략적인 정비사업비 및 추정 분담금 등이 조사되어 있는 경우
2. 해당 정비예정구역 또는 정비구역에 개략적인 정비사업비 및 추정 분담금 등이 조사되어 있어 별도의 조사가 필요 없다고 구청장이 인정하는 경우

⑥ 제5항제1호에 따라 개략적인 정비사업비 및 추정 분담금이 조사되어 있는 추진위원회 또는 조합은 그 내용을 구청장에게 제출하여야 하며, 구청장은 제출받은 자료를 정보제공 자료로 활용하기 위해 관리하여야 한다.

⑦ 법 제16조의2제1항 및 제2항의 신청방법 등은 규칙으로 정한다.

[본조신설 2012.12.26]

➡ 서울시와 같이 "개략적인 정비사업비 및 추정 분담금" 등의 조사 조문을 두고 있지만, 제13조의2(조합설립인가등의 취소)에서 규정하고 있다.

○ 대구시

제12조의2(조합설립인가등의 취소) 〈신설 2013.3.11 조례 4479호〉 ① 법 제16조의 2제1항제1호 및 제2호에서 "조례로 정하는 비율"이란 다음 각 호를 말한다.

1. 추진위원회의 해산을 신청하는 경우에는 추진위원회 구성에 동의한 토지등 소유자의 과반수
2. 조합의 해산을 신청하는 경우에는 조합 설립에 동의한 조합원의 과반수

② 추진위원회 해산을 신청하려는 자는 별지 제1호서식의 추진위원회 해산신청서에 다음 각 호의 서류를 첨부하여 구청장에게 제출하여야 한다.

1. 추진위원회 구성에 동의한 토지등소유자의 명부(추진위원회 구성에 동의한 토지등소유자 과반수가 해산 신청하는 경우에 한정한다.)
2. 추진위원회 해산에 동의한 토지등소유자의 명부
3. 별지 제2호서식에 따른 해산 동의서

③ 조합 해산을 신청하려는 자는 별지 제3호서식의 조합 해산 신청서에 다음 각 호의 서류를 첨부하여 구청장에게 제출하여야 한다.

1. 조합 설립에 동의한 조합원 명부(조합 설립에 동의한 조합원 과반수가 해산 신청하는 경우에 한정한다.)
2. 조합 해산에 동의한 토지등소유자의 명부
3. 별지 제4호서식에 따른 해산 동의서

④ 구청장은 제1항에 따른 해산 신청이 있는 경우에는 추진위원회 위원장 및 조합장의 의견을 청취하여야 한다.

○ 광주시

제13조의2(조합설립인가등의 취소) ① 법 제16조의2제1항제1호 및 제2호에서 “조례로 정하는 비율”이란 다음 각 호를 말한다.

1. 추진위원회의 해산을 신청하는 경우에는 추진위원회 구성에 동의한 토지등 소유자의 과반수
2. 조합의 해산을 신청하는 경우에는 조합 설립에 동의한 조합원의 과반수

② 추진위원회 해산을 신청하려는 자는 별지 제1호서식의 추진위원회 해산신청서에 다음 각 호의 서류를 첨부하여 구청장에게 제출하여야 한다.

1. 추진위원회 구성에 동의한 토지등소유자의 명부(추진위원회 구성에 동의한 토지등소유자 과반수가 해산 신청하는 경우에 한정한다.)
2. 추진위원회 해산에 동의한 토지등소유자의 명부

3. 별지 제2호서식에 따른 해산 동의서

③ 조합 해산을 신청하려는 자는 별지 제3호서식의 조합 해산 신청서에 다음 각 호의 서류를 첨부하여 구청장에게 제출하여야 한다.

1. 조합 설립에 동의한 조합원 명부(조합 설립에 동의한 조합원 과반수가 해산 신청하는 경우에 한정한다.)
2. 조합 해산에 동의한 토지등소유자의 명부
3. 별지 제4호서식에 따른 해산 동의서

[본조신설 2013.2.15]

조례 제15조의3(개략적인 정비사업비 및 추정분담금 등의 조사)

법 제16조의2제2항

개략적인 정비사업비 및 추정분담금 등의 조사

정비사업 및 촉진사업의 출구전략을 위해 2012.2.1 도시정비법이 개정됨에 따라 2012.7.30 만들어진 조문이다. 조례 제15조의2 등과 함께 신설되었다. 이 조문으로 서울시는 실태조사의 근거 규정으로 활용하고 있다.

▢ 개정 연혁

▸ 도시정비조례[서울시조례 제5348호, 2012.7.30, 일부개정]

제15조의3(개략적인 정비사업비 및 추정분담금 등의 조사) ① 법 제16조의2제2항에서 "시도 조례로 정하는 비율"이란 10/100을 말한다. 〈신설 2012.7.30〉

② 개략적인 정비사업비 및 추정 분담금 등의 조사를 신청하려는 자는 별지 제5호서식의 개략적인 정비사업비 및 추정분담금 등의 조사 신청서에 다음의 서류를 첨부하여 구청장에게 제출하여야 한다. 〈신설 2012.7.30〉

1. 개략적인 정비사업비 및 추정분담금 등의 조사를 요청한 토지등소유자의 명부
2. 별지 제6호서식에 따른 조사 동의서

③ 구청장은 제2항에 따라 신청이 있는 경우에도 다음 어느 하나에 해당하는 경우에는 정보를 제공하지 아니할 수 있다. 〈신설 2012.7.30〉

1. 시장 또는 구청장이 개략적인 정비사업비 및 추정분담금 등에 대한 정보를 이미 제공한 구역
2. 관리처분계획인가 신청 이후에 조사를 신청한 구역
3. 구청장이 구역의 여건상 조사가 필요 없다고 인정하는 경우

④ 구청장은 제2항에 따른 신청일로부터 30일 이내에 정보제공 여부를 신청인에게 통보하여야 하며, 개략적인 정비사업비 및 추정분담금 등을 조사하여

그 결과를 신청인 및 추진위원회 또는 조합에 통보하여야 한다. 〈신설 2012.7.30〉

⑤ 구청장은 제4항에 따라 조사를 하는 경우에는 시장에게 조사에 소요되는 비용의 지원을 요청할 수 있다. 이 경우 시장은 조사비용의 일부 또는 전부를 지원할 수 있다. 〈신설 2012.7.30〉

부 칙 〈제5348호, 2012.7.30〉

제1조(시행일) 이 조례는 공포한 날부터 시행한다(효력발생시기는 2012.7.30).

➡ 개략적인 정비사업비 및 추정분담금 등 정보제공 조문을 신설함.

- 토지등소유자 10/100 이상의 동의로 구청장에게 신청
- 시장 또는 구청장이 개략적인 정비사업비 및 추정분담금 등에 대한 정보를 이미 제공한 구역, 관리처분계획인가 신청 이후에 조사를 신청한 구역 등은 제외

► [조례 제5417호, 2012.12.31, 일부개정]

제15조의3(개략적인 정비사업비 및 추정분담금 등의 조사) ① 법 제16조의2제2항에서 "시도 조례로 정하는 비율"이란 10/100을 말하며, 이 경우 토지등소유자의 산정방법은 영 제28조를 준용한다. 〈신설 2012.7.30〉〈개정 2012.12.31〉

② 개략적인 정비사업비 및 추정 분담금 등의 조사를 신청하려는 자는 별지 제5호서식의 개략적인 정비사업비 및 추정분담금 등의 조사 신청서에 다음의 서류를 첨부하여 구청장에게 제출하여야 한다. 〈신설 2012.7.30〉

1. 개략적인 정비사업비 및 추정분담금 등의 조사를 요청한 토지등소유자의 명부
2. 별지 제6호서식에 따른 조사 동의서

③ 구청장은 제2항에 따라 신청이 있는 경우에도 다음 어느 하나에 해당하는 경우에는 정보를 제공하지 아니할 수 있다. 〈신설 2012.7.30〉

1. 시장 또는 구청장이 개략적인 정비사업비 및 추정분담금 등에 대한 정보를 이미 제공한 구역
2. 관리처분계획인가 신청 이후에 조사를 신청한 구역

3. 구청장이 구역의 여건상 조사가 필요 없다고 인정하는 경우

④ 구청장은 제2항에 따른 신청일로부터 30일 이내에 정보제공 여부를 신청인과 추진위원회 또는 조합에게 통보하여야 하며, 개략적인 정비사업비 및 추정분담금 등을 조사하여 그 결과를 신청인·토지등소유자 및 추진위원회 또는 조합에 통보하여야 한다. 〈신설 2012.7.30〉〈개정 2012.12.31〉

⑤ 구청장은 제4항에 따라 조사를 하는 경우에는 시장에게 조사에 소요되는 비용의 지원을 요청할 수 있다. 이 경우 시장은 조사비용의 일부 또는 전부를 지원할 수 있다. 〈신설 2012.7.30〉

부 칙 〈제5417호, 2012.12.31〉

제1조(시행일) 이 조례는 공포한 날부터 시행한다.

➡ 개략적인 정비사업비 및 추정분담금 등의 조사 신청 시 토지등소유자 중 공유자의 동의율 산정방법은 도시정비법 시행령 제28조를 준용하도록 하고 정보제공 여부 및 조사 결과를 신청인 등에게 통보하도록 함.

▢ 개략적인 정비사업비 및 추정 분담금 등을 조사(실태조사)

- 근거규정

법 제16조의2(조합설립인가등의 취소) ① 시장·군수는 다음 각 호의 어느 하나에 해당하는 경우에는 추진위원회 승인 또는 조합설립인가(이하 이 조에서 "조합설립인가등"이라 한다.)를 취소하여야 한다.

1. 추진위원회 구성에 동의한 토지등소유자의 1/2 이상 2/3 이하의 범위에서 시도 조례로 정하는 비율 이상의 동의 또는 토지등소유자 과반수의 동의로 추진위원회의 해산을 신청하는 경우
2. 조합 설립에 동의한 조합원의 1/2 이상 2/3 이하의 범위에서 시도 조례로 정하는 비율 이상의 동의 또는 토지등소유자 과반수의 동의로 조합의 해산을 신청하는 경우
3. 제4조의3에 따라 정비예정구역 또는 정비구역의 지정이 해제되는 경우

② 토지등소유자의 10/100 이상 25/100 이하의 범위에서 시도 조례로 정하는 비율 이상의 요청이 있는 경우, 시장·군수는 토지등소유자의 의사결정에 필요한 정보를 제공하기 위하여 개략적인 정비사업비 및 추정 분담금 등을 조사하여 토지등소유자에게 제공할 수 있다. 이 경우 시·도지사는 조사비용의 전부 또는 일부를 지원할 수 있다.

③ 제1항 및 제2항의 시행에 필요한 절차, 방법, 조사 기간 등은 시도 조례로 정할 수 있다.

④ 제1항제1호에 따라 추진위원회 승인이 취소된 경우 시·도지사 또는 시장·군수는 해당 추진위원회가 사용한 비용의 일부를 대통령령으로 정하는 범위에서 시도 조례로 정하는 바에 따라 보조할 수 있다.

⑤ 제1항에 따라 조합설립인가등이 취소되는 경우에는 시장·군수는 지체 없이 그 내용을 해당 지방자치단체의 공보에 고시하여야 한다.

[본조신설 2012.2.1]

※ 법률 제11293호(2012.2.1) 부칙 제2조에 의하여 제16조의2제1항제1호·제2호, 제2항 및 제3항은 2014.1.31까지 유효하고, 제4항은 2014.8.1까지 유효

▢ 조례 제15조의3제1항(개략적인 정비사업비 및 추정분담금 등의 조사)

법 제16조의2제2항에서 "시도 조례로 정하는 비율"이란 10/100을 말하며, 이 경우 토지등소유자의 산정방법은 영 제28조를 준용한다(동조 제1항).

토지등소유자의 10/100 이상 25/100 이하의 범위에서 시도 조례로 정하는 비율 이상의 요청이 있으면, 시장·군수는 토지등소유자의 의사결정에 필요한 정보를 제공하기 위하여 개략적인 정비사업비 및 추정 분담금 등을 조사하여 토지등소유자에게 제공할 수 있다. 이 경우 시·도지사는 조사비용의 전부 또는 일부를 지원할 수 있다(법 제16조의2제2항).

서울시는 이를 실태조사의 근거 규정으로 하고, 법에서의 범위 최저치인 토지등소유자의 10/100 이상이 요청하면 "실태조사"를 착수할 수 있다.

이 경우를 추진주체가 있는 실태조사라 하며, 추진위원회 또는 조합인 사업주

체가 있는 경우를 말한다.

실태조사 절차는 이렇다.

실태조사 요청(토지등소유자 10/100 이상) → 실태조사 실시여부 결정(구청장) → 실태조사 시행(구청장) → 사업계획 또는 해제 결정(토지등소유자) → 실태조사 결과 통보(구청장)

아래 기사는 실태조사 요청을 하여 해당 구청장이 실시여부를 결정하기 위해 주민의견을 청취하였으나, 정비예정구역을 해지하지 않고 계속 사업을 진행하기로 한 사례이다.

〈도시개발신문 2013.8.8〉

보라매1구역·난곡1구역 정비사업 '계속 추진'

서울시 관악구 봉천동 685번지 일원(가칭 보라매1구역)과 신림동(난곡동) 646번지 일대(가칭 난곡1구역) 재건축정비예정구역에 대한 주민의견청취결과가 나왔다. 관악구에 따르면 보라매1구역과 난곡1구역에 대한 주민의견청취결과 정비(예정)구역 해제 동의율인 토지등소유자 30% 이상의 요청률에 미치지 않아 계속 재건축사업이 추진된다.

지난 5.23부터 60일간 진행된 이들 정비(예정)구역에 대한 주민의견청취결과를 살펴보면 보라매1구역은 총 토지등소유자 1139명 중 349명이 참여했으며 이 중 70명(6.15%) 만이 해제를 요구한 것으로 나타났다. 난곡1구역은 총 토지등소유자 1191명 중 486명이 주민의견청취에 참여했으며 이 중 149명이 해제를, 227명이 사업추진을 원해 해제기준인 30% 이상의 동의율에 못 미쳐 계속 사업이 추진될 예정이다.

– 추진주체가 없는 경우의 실태조사

법 제4조의3(정비구역등 해제) ④ 시·도지사 또는 대도시의 시장은 다음 각 호의 경우 지방도시계획위원회의 심의를 거쳐 정비구역등의 지정을 해제할 수 있다.

1. 정비사업의 시행에 따른 토지등소유자의 과도한 부담이 예상되는 경우
2. 정비예정구역 또는 정비구역의 추진 상황으로 보아 지정 목적을 달성할 수 없다고 인정하는 경우
3. 토지등소유자의 30/100 이상이 정비구역등(추진위원회가 구성되지 아니한

구역에 한함)의 해제를 요청하는 경우

법 제4조의3제4항제3호에 해당하는 추진주체가 없는 정비구역에 대해 토지등 소유자의 30% 이상이 정비구역 해제요청을 하면 서울시장(구청장이 아님)이 정비예정구역, 정비구역을 해제하게 된다. 이 경우도 실태조사라 한다.

〈도시개발신문 2013. 1. 5 전연규칼럼〉

추진위·조합취소와 서울시 실태조사

실태조사는 추진위·조합을 취소하는 리트머스 시험지인가

작년 12월 서울시 관할구청에 주민들이 실태조사 신청을 한 관련 추진위원회, 조합이 47개소다. 이들 대부분이 재정비촉진구역 내 재개발조합까지 인가를 받은 곳이며, 일부는 재건축조합, 재개발추진위원회, 도시환경정비조합이 들어 있다. 이들 조합들은 "정비기본계획→정비계획·정비구역→추진위원회→정비조합"의 험난한 여정을 거쳐, 사업시행인가까지 진행된 곳도 있다.

조합설립인가를 받으려면 토지나 건축물의 소유자 전체 수의 최소 3/4 이상의 동의와 구역 내 토지면적 1/2 이상의 동의를 받아야 한다. 재건축사업의 경우에는 더하다. 단지 내 동(棟)별, 상가동 별도로 동의를 받고(소유자 수 2/3 이상 및 토지면적의 1/2 이상), 여기에 추가해서 주택단지 전체 소유자 수의 3/4 이상 및 그들의 토지지분 3/4 이상도 필요하다. 이 동의를 받기 위해 십 년 이상이 걸린 곳도 많다.

이러한 과정을 거쳤어도 주민의 10%만이 실태조사를 요청하여 반대자가 과반수가 되면 해당 구청장은 추진위원회는 물론이고 사업시행인가를 받은 조합을 취소하여야 한다.

○ 실태조사가 조합취소를 위한 지표인가

조합설립인가등의 취소 규정인 도시정비법(법 제16조의2제2항)상 "개략적인 정비사업비 및 추정 분담금 등을 조사"를 서울시는 "실태조사"라 부른다(조례 제15조의3). 이 조항을 잣대로 하여 전체의 10%만 요청하면 리트머스 시험지의 역할을 하게 되는데, 구청장은 이 시험지 색깔이 과반수 바뀌면 추진위원회나 조합인가를 취소해야 한다. 여기에서 중요한 핵심이 "추정 분담금"으로, 이는 각자가 기존의 주택 대신 새로운 아파트에 입주하게 되면 지불해야 할 비용이다.

이 추정분담금을 알리는 것은 이에 앞서 그 이전 추진위원회에서 조합설립인가를 받으려면 필수적으로 거쳐야 하는 절차이다. 이것이 법 제16조제6항으로, 주민에게 각자 분담금 추산액과 산출근거 등까지 제출하도록 강제하고 있다(법 제16조제6항). 추진위원회에서 각 소유자들에게 제공한 추정분담금(이것도 사실은 구청에서 공공관리란 측면에서 조정하고 있다.)은 젖혀 놓고, 그 이후 언제든지 주민의 10%만 반대하면 실태조사가 가능해 결국 조합해산을 해야 한다면, 누구도 이런 법 제도를 신뢰하기란 쉽지 않다.

여러분들도 한번 도시정비법 제16조제6항과 제16조의2제2항을 비교해 보시라.

재정비촉진사업(뉴타운사업)과 주민 등의

위에서와 같이 서울시가 추진하고 있는 실태조사 대상은 재정비특별법상 촉진구역 내 재개발조합들이 대부분이다. 촉진구역 내 재개발사업지인 촉진구역 지정에서부터 사업계획을 수립하는 촉진계획 결정 시까지 단 한 번도 주민의 동의를 구하는 절차가 없는 것이 특징이다. 이 때문에 이 법이 시행되기 이전부터 행정관청의 작위적인 지정행위를 우려하는 목소리가 높았다. 그렇지만 이 법은 발의할 당시의 중앙정부(구조개선특별법)나 서울시(뉴타운특별법)에서는 이에 귀 기울이지 않았다. 지금이라도 그 법안들을 살펴보라. 어떤지...

재정비촉진지구를 지정하거나 촉진계획을 결정하는 경우에도 주민의 동의 절차가 전혀 없으면서, 출구전략 시에 주민의 동의를 요구하는 것조차 어떻게 보면 화가 날 일이다.

○ 매몰비용의 책임소재

앞서 말한 바와 같이 이 법을 만들면서 단 한 차례도 주민의 동의 없이 재정비촉진지구를 지정토록 한 중앙정부나 서울시인 지방정부 모두에게 있다.

지금 실태조사 대상 지역 외에도 서울시가 처음부터 정비기본계획을 잘못 수립해서 엉망이 되어버린 도시환경정비조합도 있다. 애초 중공업지역으로 도시환경정비예정구역을 재개발예정구역으로 하여 이를 믿고 시작한 영등포구 양평동 일대의 모(某) 도시환경정비조합들이 그렇다. 재개발사업으로 사업을 진행하고 시공자까지 선정하였지만 그 지역이 도시환경정비구역으로 바뀜에 따라 타이밍을 놓쳐 지금은 관리처분 단계에서 멈춰버렸다. 막 조합과 시공자간의 싸움이 벌어질 일촉즉발이다.

이 경우 매몰비용은 누가 책임져야 할까?

앞서 재정비촉진구역 내의 재개발사업장, 영등포구 도시환경정비사업장의 경우 매몰비용을 누가 책임져야 할 것인가를 묻기 전에, 그 책임소재를 먼저 따져보는 것이 순서일 것이다.

▢ 조례 제15조의3제2항

개략적인 정비사업비 및 추정 분담금 등의 조사를 신청하려는 자는 별지 제5호 서식의 개략적인 정비사업비 및 추정분담금 등의 조사 신청서에 다음의 서류를 첨부하여 구청장에게 제출하여야 한다(동조 제2항).

1. 개략적인 정비사업비 및 추정분담금 등의 조사를 요청한 토지등소유자의 명부
2. 별지 제6호서식에 따른 조사 동의서

추진위원회에서 작성하는 "토지등소유자의 명부"는 2014.1.23 도시정비조례 시행규칙(제7조제1항 별지 제9호의2)이 개정되면서 새로운 양식이 만들어졌다.

▢ 조례 제15조의3제3항(실태조사 예외규정)

구청장은 실태조사 신청이 있는 경우에도 다음 어느 하나에 해당하는 경우에는 정보를 제공하지 아니할 수 있다(동조 제3항).

1. 시장 또는 구청장이 개략적인 정비사업비 및 추정분담금 등에 대한 정보를 이미 제공한 구역
2. 관리처분계획인가 신청 이후에 조사를 신청한 구역
3. 구청장이 구역의 여건상 조사가 필요 없다고 인정하는 경우

▢ 조례 제15의3제4항 및 제5항

개략적 정비사업비 및 추정분담금의 조사신청서 처리기간은 30일이며, 개략적인 정비사업비 및 추정분담금 등을 조사하여 그 결과를 신청인 및 추진위원회 또는 조합에 통보하여야 한다.

구청장은 이에 따라 조사를 하는 경우에는 시장에게 조사에 소요되는 비용의 지원을 요청할 수 있다. 이 경우 시장은 조사비용의 일부 또는 전부를 지원할 수 있다(동조 제4항 및 제5항).

[별지 제5호서식] 〈신설 2012.12.31〉

<table>
<tr><td colspan="5">개략적인 정비사업비 및 추정분담금 등의 조사 신청서</td><td>처리기한
30일</td></tr>
<tr><td rowspan="2">신청인</td><td colspan="2">성 명</td><td></td><td>생년월일</td><td></td></tr>
<tr><td colspan="2">주 소</td><td colspan="3">(전화 :)</td></tr>
<tr><td rowspan="9">사 업
시 행
구 역</td><td colspan="2">추진위원회
또는 조합의 명칭</td><td colspan="3"></td></tr>
<tr><td colspan="2">사무소의 소재지</td><td colspan="3">(전화 :)</td></tr>
<tr><td colspan="2">위 치</td><td></td><td>구역면적</td><td>(㎡)</td></tr>
<tr><td colspan="2">토 지 등
소유자수</td><td>( )명</td><td>조사에 동의한
토지등소유자 수
및 동의율</td><td>( )명
( )%</td></tr>
<tr><td rowspan="4">추 진
단 계</td><td>구 역
지 정 일</td><td colspan="3"></td></tr>
<tr><td>추진위원회
승 인 일</td><td colspan="3"></td></tr>
<tr><td>조 합
설립인가일</td><td colspan="3"></td></tr>
<tr><td>사 업
시행인가일</td><td colspan="3"></td></tr>
<tr><td colspan="6">「서울시 도시정비조례」 제15조의3제2항에 따라 개략적인 정비사업비 및 추정분담금 등의 조사를 요청합니다.
년 월 일
신청인 (서명 또는 인)
구청장 귀하</td></tr>
<tr><td>구 비
서 류</td><td colspan="5">1. 개략적인 정비사업비 및 추정분담금 등의 조사를 요청한 토지등소유자의 명부
2. 별지 제6호서식에 따른 조사 동의서</td></tr>
</table>

[별지 제6호서식] 〈신설 2012.12.31〉

개략적인 정비사업비 및 추정분담금 등의 조사 동의서

1. 소유자 인적사항

성 명		생년월일	
주민등록상 현주소		전화번호	( ) -

2. 소유권 현황

※ 재개발/도시환경정비사업인 경우

권리내역		소 재 지(공유여부)	면적(㎡)
	토 지	(계 필지)	
		( )	
		( )	
	건축물	소 재 지	동 수
		( )	
		( )	
	지상권 (건축물외의 수목 또는 공작물의 소유목적)	설 정 토 지	지상권의 내용

※ 재건축사업인 경우

소유권 위치	동 호, 번지 상가 아파트 동 호		
등기상 건축물지분(면적)	㎡	등기상 대지지분(면적)	㎡

본인은 「서울시 도시정비조례」 제15조제1항에 따른 개략적인 정비사업비 및 추정분담금 등 조사에 동의합니다.

년 월 일

동의자 (서명 또는 인)

구청장 귀하

첨 부	주민등록증, 여권 등 신분증명서의 사본

□ 시도별 조례

○ 경기도

제10조의2(추정 분담금 전산화 및 정보의 제공 등) ① 영 제27조의2제2호에서 "그 밖에 추정 분담금의 산출 등과 관련하여 시도 조례로 정하는 정보"란 다음 각 호의 사항을 말한다.

1. 토지등소유자별 종전자산 추정가액
2. 정비계획에서 정한 사업개요
3. 건축물 분양수입 추정가액
4. 정비사업에 필요한 비용의 추정가액

② 도지사는 토지등소유자가 인터넷을 통해 추정분담금 등에 대한 정보를 확인할 수 있도록 전산 시스템을 개발·보급할 수 있다.

③ 추진위원회가 제2항에 따른 전산시스템을 활용하여 토지등소유자에게 제1항 각 호의 추정분담금 등에 대한 정보를 제공하려는 경우에 시장·군수는 그 정보가 적정한지 여부를 확인하여야 한다.

④ 시장·군수는 토지등소유자의 의사결정에 필요한 경우 제3항에 따른 추정분담금에 대한 정보를 서면 등으로 제공하고 의견을 청취할 수 있다.

[본조신설 2013.10.31.]

- 남양주시

제14조(추정 분담금 등 정보의 제공 및 전산화 등) ① 영 제27조의2제2호에서 "그 밖에 추정 분담금의 산출 등과 관련하여 시도 조례로 정하는 정보"란 다음 각 호의 사항을 말한다.

1. 토지등소유자별 종전자산 추정가액
2. 정비계획에서 정한 사업개요
3. 건축물 분양수입 추정가액
4. 정비사업에 필요한 비용의 추정가액

② 시장은 토지등소유자가 추정분담금 등에 대한 정보를 확인하고자 할 경우 경기도지사(이하 "도지사"라 한다.)가 개발·보급하는 전산 시스템을 통하여 이

를 확인하게 할 수 있다.

제16조(조합설립인가등의 취소) ③ 법 제16조의2제3항에 따라 조례로 정하는 절차, 방법, 조사 기간 등은 다음 각 호와 같다.

1. 법 제16조의2제1항에 따라 조합설립인가등의 취소를 위하여 토지등소유자의 동의서를 제출한 경우에 시장은 사실여부를 확인하고 특별한 사유가 없는 한 취소 등의 조치를 하여야 한다.
2. 법 제16조의2제1항부터 제2항까지에 따른 토지등소유자의 동의방법 및 절차에 관해서는 법 제17조를 준용하며, 동의서 서식은 별지 제2호서식에 따른 추진위원회(조합) 해산 동의서 및 별지 제3호서식에 따른 개략적인 정비사업비 및 추정분담금 정보 제공 요청서를 사용한다.
3. 법 제16조의2제2항에 따라 정보 제공 요청이 있는 경우 신청일부터 7일 이내에 정보 제공 여부를 신청인에게 통지하여야 하며, 정보를 제공하기로 결정한 경우에는 그 통지일부터 90일 이내에 개략적인 정비사업비 및 추정분담금 등을 조사하여 그 결과를 제공하여야 한다. 다만, 조사에 필요한 예산이 없거나 예산을 확보하는데 기간이 오래 걸리는 경우, 대규모 정비구역 등과 같이 정보를 제공하기 위한 자료를 90일 이내에 작성하는 것이 불가능하다고 인정할 때에는 기간을 한 차례만 연장할 수 있다.

- 부천시

경기도와 유사하다.

- 수원시

제16조(개략적인 정비사업비 및 추정분담금 등의 조사) ① 법 제16조의2제2항에서 “시도 조례로 정하는 비율”이란 10/100을 말한다.

② 개략적인 정비사업비 및 추정 분담금 등의 조사를 신청하려는 자는 별지 제5호서식의 개략적인 정비사업비 및 추정분담금 등의 조사 신청서에 다음의 서류를 첨부하여 시장에게 제출하여야 한다.

1. 토지등소유자 명부
2. 개략적인 정비사업비 및 추정분담금 등의 조사를 요청한 토지등소유자의 명부

3. 별지 제6호서식에 따른 조사 동의서

③ 시장은 제2항에 따라 신청이 있는 경우에도 다음 어느 하나에 해당하는 경우에는 정보를 제공하지 아니할 수 있다.

1. 시장이 개략적인 정비사업비 및 추정분담금 등에 대한 정보를 이미 제공한 구역
2. 시장이 개략적인 사업비 등을 산출할 수 있는 프로그램을 제공한 경우
3. 시장이 구역의 여건상 조사가 필요 없다고 인정하는 경우

④ 시장은 제2항에 따른 신청날부터 30일 이내에 정보제공 여부를 신청인에게 통보하여야 하며, 개략적인 정비사업비 및 추정분담금 등을 조사하여 그 결과를 신청인 및 추진위원회 또는 조합에 통보하여야 한다.

⑤ 시장은 제3항에 따라 조사를 하는 경우 도지사에게 조사에 필요한 비용의 지원을 요청할 수 있다.

– 안양시

제16조(개략적인 정비사업비 및 추정분담금 등의 조사) ① 법 제16조의2제2항에서 "시도 조례로 정하는 비율"이란 10/100을 말한다.

② 개략적인 정비사업비 및 추정 분담금 등의 조사를 신청하려는 자는 별지 제5호서식의 개략적인 정비사업비 및 추정분담금 등의 조사 신청서에 다음의 서류를 첨부하여 시장에게 제출하여야 하며 토지소유자등의 동의방법 및 절차 등은 법 제17조를 준용한다.

1. 개략적인 정비사업비 및 추정분담금 등의 조사를 요청한 토지등소유자의 명부
2. 별지 제6호서식에 따른 조사 동의서

③ 시장은 제2항에 따라 신청이 있는 경우에도 다음 어느 하나에 해당하는 경우에는 정보를 제공하지 아니할 수 있다.

1. 시장이 개략적인 정비사업비 및 추정분담금 등에 대한 정보를 이미 제공한 구역
2. 관리처분계획인가 신청 이후에 조사를 신청한 구역
3. 시장이 구역의 여건상 조사가 필요 없다고 인정하는 경우

④ 시장은 제2항에 따른 개략적인 정비사업비 및 추정 분담금에 대한 토지등소유자의 정보제공 요청이 있는 경우 신청일부터 15일 이내에 정보제공 여부를 신청인에게 통지하여야 하며, 정보제공을 결정한 경우에는 그 통지일부터 90일 이내에 그 결과를 신청인에게 제공하되 불가피한 경우 30일의 범위에서 연장할 수 있다.

⑤ 시장은 법 제16조의2제2항에 따라 조사를 하는 경우 도지사에게 조사에 필요한 비용의 지원을 요청할 수 있다.

⑥ 시장은 제4항에 따른 정보제공을 하기 위하여 경기도 추정분담금시스템 등을 통하여 제공하되 추진위원회 위원장 또는 조합장에게 자료입력을 하게할 수 있다.

○ **인천시**

조례 제명이 "추정 분담금 전산화 및 정보의 제공 등"이 아닌 "조합설립인가등의 취소"에서 규정하고 있다.

제12조의2(조합설립인가등의 취소) ② 법 제16조의2제2항에서 조례로 정하는 비율은 15/100로 한다. 〈개정 2013.4.8〉

③ 법 제16조의2제3항에 따라 시행에 필요한 절차, 방법, 조사 기간 등은 다음 각 호와 같다.

1. 조합설립인가등의 취소를 위해 토지등소유자가 동의서를 제출한 경우 구청장 등은 사실여부를 확인하고 특별한 결격사유가 없는 한 취소 등의 조치를 하여야 한다.
2. 법 제16조의2제2항에 따른 토지등소유자의 동의방법 및 절차에 관하여는 법 제17조를 준용한다.
3. 구청장 등은 법 제16조의2제2항에 따른 정보제공 요청이 있을 경우에는 신청일부터 7일 이내에 정보제공 여부를 신청인에게 통지하여야 하며, 정보제공을 결정한 경우에는 통지일부터 90일 이내에 개략적인 정비사업비 및 추정 분담금 등을 조사하여 그 결과를 제공할 수 있다.

[본조신설 2012.4.9]

○ 부산시

조례 제명이 "추정 분담금 전산화 및 정보의 제공 등"이 아닌 "조합설립인가등의 취소"에서 규정하고 있다.

제13조의2(조합설립인가등의 취소) ③ 법 제16조의2제2항에서 "시도 조례로 정하는 비율 이상"이란 토지등소유자의 25/100 이상을 말한다.

④ 구청장은 법 제16조의2제2항에 따른 요청일부터 30일 이내에 정보제공 여부를 정보 제공을 요청하는 자에게 통보하여야 하며, 정보를 제공하는 경우에는 개략적인 정비사업비 및 추정 분담금 등을 조사하여 그 결과를 정보 제공을 요청한 자 및 추진위원회 또는 조합에 통보하여야 한다.

⑤ 구청장은 제4항에도 불구하고 다음 각 호의 어느 하나에 해당하는 경우에는 조사를 하지 아니하고 각 호의 정보를 활용하여 정보를 제공할 수 있다.

1. 정비사업 추진을 위하여 추진위원회 또는 조합에서 개략적인 정비사업비 및 추정 분담금 등이 조사되어 있는 경우
2. 해당 정비예정구역 또는 정비구역에 개략적인 정비사업비 및 추정 분담금 등이 조사되어 있어 별도의 조사가 필요 없다고 구청장이 인정하는 경우

⑥ 제5항제1호에 따라 개략적인 정비사업비 및 추정 분담금이 조사되어 있는 추진위원회 또는 조합은 그 내용을 구청장에게 제출하여야 하며, 구청장은 제출받은 자료를 정보제공 자료로 활용하기 위해 관리하여야 한다.

⑦ 법 제16조의2제1항 및 제2항의 신청방법 등은 규칙으로 정한다.

[본조신설 2012.12.26]

○ 대구시

제11조의2(조합설립에 필요한 추정분담금 등 정보의 제공) 영 제27조의2제2호에서 "조례로 정하는 정보"란 개략적인 정비사업비 및 추정 분담금을 말한다. 〈개정 2013.3.11 조례 제4479호〉

제12조의3(개략적인 정비사업비 및 추정 분담금 등의 조사) 〈신설 2013.3.11 조례 제4479호〉 ① 법 제16조의2제2항에서 "조례로 정하는 비율"이란 20/100을 말한다.

② 개략적인 정비사업비 및 추정 분담금 등의 조사를 신청하려는 자는 별지 제5호서식의 개략적인 정비사업비 및 추정 분담금 등의 조사 신청서에 다음의

서류를 첨부하여 구청장에게 제출하여야 한다.

1. 개략적인 정비사업비 및 추정 분담금 등의 조사를 요청한 토지등소유자의 명부
2. 별지 제6호서식에 따른 조사 동의서

③ 법 제16조의2제3항에 따라 조례로 정하는 절차, 방법, 조사기간 등은 다음 각 호와 같다.

1. 법 제16조의2제2항에 따른 토지등소유자의 동의방법 및 절차에 대해서는 법 제17조를 준용한다.
2. 구청장은 법 제16조의2제2항에 따른 정보제공 요청이 있을 경우에는 신청일부터 30일 이내에 정보제공 여부를 신청인에게 통지하여야 하며, 정보제공을 결정한 경우에는 개략적인 정비사업비 및 추정 분담금 등을 조사하여 그 결과를 신청인·토지등소유자 및 추진위원회 또는 조합에 제공할 수 있다.

○ 대전시

관련 조문이 없다.

○ 광주시

제13조의3(개력적인 정비사업비 및 추정분담금 등의 조사) ① 법 제16조의2제2항에서 "조례로 정하는 비율"이란 20/100을 말한다.

② 개략적인 정비사업비 및 추정 분담금 등의 조사를 신청하려는 자는 별지 제5호서식의 개략적인 정비사업비 및 추정분담금 등의 조사 신청서에 다음의 서류를 첨부하여 구청장에게 제출하여야 한다.

1. 개략적인 정비사업비 및 추정분담금 등의 조사를 요청한 토지등소유자의 명부
2. 별지 제6호서식에 따른 조사 동의서

③ 법 제16조의2제3항에 따라 조례로 정하는 절차, 방법, 조사기간 등은 다음 각 호와 같다.

1. 법 제16조의2제2항에 따른 토지등소유자의 동의방법 및 절차에 대해서는 법 제17조를 준용한다.
2. 구청장은 법 제16조의2제2항에 따른 정보제공 요청이 있을 경우에는 신청일부터 30일 이내에 정보제공 여부를 신청인에게 통지하여야 하며, 정보제

공을 결정한 경우에는 개략적인 정비사업비 및 추정 분담금 등을 조사하여 그 결과를 신청인, 추진위원회 또는 조합에 제공할 수 있다.
[본조신설 2013.2.15]

□ 유권해석

재개발촉진구역 해체에 관한 매몰비용부담자(서울시 사이버상담실 2014-07-02)

Q 서울시의 재정비촉진구역이 해체될 경우 여태껏 사업시행에 쓴 비용 즉 '매몰비용'은 누구에게 청구되는지에 대한 질문임. 서울시 재정비촉진구역 내에 부동산을 소유하고 있는 사람으로, 재정비촉진지구 지정 후 조합이 설립되고 정비사업이 진행 중임.
하지만 최근 부동산경기 악화로 많은 조합원들이 구역지정의 해제를 바라던 와중에 최근 개별추정 분담금이 발표되었음. 몇 개월 후 조합원들의 투표에 따라 조합의 해산과 정비구역 지정의 해제가 결정되는데, 만약 해제가 되는 경우 매몰비용은 누구에게 청구되는지?
조합장 측에서는 인천부개2구역의 지방법원판결의 예를 들면서 매몰비용은 모든 조합원이 분할하여 책임지게 된다는 편지를 보내왔음.
하지만 결과적으로는 연대보증을 선 임원들만 매몰비용을 책임지게 될 것이라는 이야기도 나오고 있음. 구청 측에서는 조합해산에 따른 사용비용보조는 법적인 근거가 없다며 매몰비용에 대한 책임을 회피하고 있는 실정임.
만약 조합이 해체된 경우 누가 매몰비용을 물게 되는지?

A 매몰비용에 관한 법정분쟁은 인천부개2구역 사건이 신호탄의 역할을 하고 있음.
이 사건의 경우 재개발 사업을 계약한 시공사는 전 조합 임원 6명을 상대로 19억여 원의 매몰비용 청구소송을 제기해 승소했고, 전 조합 임원들은 조합원 80여명을 상대로 자신들에게 넘어온 매몰비용에 대한 구상금 청구소송을 진행하고 있음.
신청자님에게 중요한 것은 조합임원들의 조합원들에 대한 구상금청구소송인데 위 소송의 향방이 신청자님의 사건에도 영향을 줄 것임.
서울시의 경우 사업이 추진위 단계라면 비용의 70%까지 시에서 보존을 해주고 조합의 상태라면 아직 이렇다 할 매몰비용에 대한 지원책이 없으며, 추진위 단계로 인정받으시면 매몰비용 중 30%만 시공사와 조합이 책임을 지면되므로 설령 조합원에게 책임이 전가되더라도 금액이 경감될 것임.

조례 제15조의4(추진위원회 비용의 보조비율 및 보조방법 등)

법 제16조의2제4항, 영 제27조의3제1항제3호

추진위원회 비용의 보조비율 및 보조방법 등

추진위원회 취소된 경우, 추진위원회가 사용한 비용의 일부인 매몰비용을 시·도지사 또는 시장·군수가 부담하는 규정으로 2012.12.31 조례로 신설되었다.

▢ 개정 연혁

▸ 도시정비조례[서울시조례 제5417호, 2012.12.31, 일부개정]

제15조의4(추진위원회 비용의 보조비율 및 보조방법 등) ① 영 제27조의3제1항제3호에서 "시도 조례로 정하는 비용"이란 추진위원회 승인 이후 다음 각 호의 업무를 수행하기 위하여 사용한 비용으로서 주민총회의 의결을 거쳐 결정한 예산의 범위 이내에서 추진위원회가 사용한 비용을 말한다.

1. 법 제14조제1항에서 규정한 업무
2. 영 제22조에서 규정한 업무

② 보조금은 다음 각 호의 산정기준에 따라 제15조의5에 따른 추진위원회사용비용검증위원회(이하 이 조에서 "검증위원회"라 한다.)에서 검증을 거쳐 결정한다. 〈신설 2012.12.31〉

1. 인건비는 제43조제4호에 따라 클린업시스템에 입력된 비용의 평균값 이하의 금액
2. 정비사업전문관리·정비계획 및 건축설계 용역비는 공공관리 도입(2010.7.16 기준) 이후 공공관리를 적용받아 계약한 비용의 평균값 이하의 금액
3. 그 밖에 추진위원회 업무항목별 사용비용(별지 제8호서식). 다만, 업무항목별 사용비용 중 과다한 비용에 대해서는 검증을 거쳐 조정

③ 구청장은 검증위원회 및 제6항 단서에 해당하는 경우 제15조의6에 따른 추

진위원회 사용비용 재검증위원회의 검증을 거쳐 결정한 금액의 70% 이내에서 보조할 수 있다.

④ 보조금 신청은 승인 취소된 추진위원회의 위원 중 대표로 선정된 자(이하 "대표자"라 한다.)가 신청하며, 대표자는 법 제16조의2제5항에 따라 추진위원회 승인 취소 고시가 있는 날부터 6개월 이내에 별지 제7호서식의 추진위원회 사용비용 보조금 신청서에 다음 각 호의 서류를 첨부하여 구청장에게 신청하여야 한다.

1. 추진위원회 사용비용 업무항목별 세부내역서와 증빙자료
2. 추진위원회 사용비용 이해관계자(채권자의 성명과 연락처 등은 반드시 포함) 현황과 증빙자료
3. 추진위원회 사용비용 보조금 지원신청 관련 의결 및 의사록(대표자, 지급통장계좌번호, 채권자 현황 등)

⑤ 구청장은 제4항에 따른 신청이 있는 경우 신청 내용(제4항제1호 및 제2호)을 2 이상의 일간신문과 해당 자치구의 인터넷 홈페이지 및 공보에 공고하고, 추진위원회 사용비용 이해관계자(이하 "이해관계자"라 한다.)에게 서면으로 통보하여야 한다.

⑥ 구청장은 제5항에 따른 공고 및 서면통보를 완료한 후 검증위원회의 검증을 거쳐 보조금을 결정하고, 대표자, 해산된 추진위원회 위원 및 이해관계자에게 서면으로 통보하여야 한다. 다만, 대표자는 보조금결정을 통보받은 날부터 20일 이내에 이의신청을 할 수 있고, 구청장은 정당한 사유가 있는 경우에는 제15조의6에 따른 추진위원회 사용비용재검증위원회의 검증을 거쳐 그 결과를 통보하여야 한다.

⑦ 대표자는 제6항에 따라 보조금 결정을 통보받은 날부터 20일 이내에 제4항제3호의 통장사본을 첨부하여 보조금 지급을 신청하여야 한다. 이 경우 구청장은 보조금 신청 사실을 시장에게 보고하여야 한다.

⑧ 구청장은 제7항에 따라 보조금 지급 신청이 있는 경우에는 지급일자 등 지급계획을 해당 자치구의 인터넷 홈페이지 및 공보에 공고하고, 공고 완료일로부터 10일 이후에 신청된 통장계좌번호로 입금한다.

⑨ 구청장이 추진위원회 사용비용을 보조하는 경우에는 시장은 「서울시 보조

금 관리조례」 제9조에도 불구하고 구청장에게 보조금의 일부 또는 전부를 지원할 수 있다.

[본조신설 2012.12.31]

부 칙 〈제5417호, 2012.12.31〉

제1조(시행일) 이 조례는 공포한 날부터 시행한다(원칙적 효력발생시기는 2012.12.31). 다만, 제50조의3 개정규정은 공포한 날부터 6개월 후 시행한다(효력발생시기는 2013.7.1).

제3조(보조대상 적용례 및 신청 기산일에 관한 경과조치) ① 사용비용 보조대상은 법 제16조의2제1항제1호에 따라 승인이 취소된 추진위원회로 한다.

② 이 조례 시행 당시 법 제16조의2제5항에 따라 추진위원회 승인 취소·고시된 경우에는 이 조례 시행일을 승인 취소·고시일로 본다.

➡ 추진위원회가 취소될 경우 추진위원회 사용비용 보조범위 및 보조방법을 정한 조문을 신설하였다.

- 사용비용 보조대상은 추진위원회 승인 이후 도시정비법령 등에 규정된 추진위원회업무를 위해 사용한 비용(운영비 및 인건비 등)
- 사용비용 산정은 추진위원회 사용비용 검증위원회의 검증을 거쳐 결정하고, 사용비용에 대한 보조는 검증위원회에서 검증한 금액의 70% 이내로 한다.
- 보조금 신청은 취소된 추진위원회의 위원 중 대표로 선임된 자가 신청하고, 승인 취소 후 6월 이내 신청
- 대표자는 보조금 결정을 통보 받은 날부터 20일 이내에 이의신청을 할 수 있고, 구청장은 정당한 사유가 있는 경우에는 추진위원회 사용비용 재검증위원회의 검증을 거쳐 그 결과를 통보하여야 한다.
- 대표자는 보조금 결정을 통보 받은 날부터 20일 이내에 통장사본을 첨부하여 신청

▢ 조례 제15조의4제1항(추진위원회 비용의 보조비율 및 보조방법 등)

영 제27조의3제1항제3호에서 "시도 조례로 정하는 비용"이란 추진위원회 승인 이후 다음 각 호의 업무를 수행하기 위하여 사용한 비용으로서 주민총회의 의결을 거쳐 결정한 예산의 범위 이내에서 추진위원회가 사용한 비용을 말한다(동조 제1항).

1. 법 제14조제1항에서 규정한 업무
2. 영 제22조에서 규정한 업무

정비사업의 출구전략에 의해 추진위원회 승인이 취소된 경우, 시·도지사 또는 시장·군수는 해당 추진위원회가 사용한 비용의 일부를 시행령에서 정하는 범위에서 시도 조례로 정하는 바에 따라 보조할 수 있다(법 제16조의2제4항).

시행령에서 비용 보조를 하는 범위를 정비사전문관리 용역비, 설계용역비는 당연히 포함되며, 그 밖에 해당 추진위원회가 법 제14조에 따른 업무를 수행하기 위하여 사용한 비용에 대해 시도 조례로 정하는 비용을 위임하였다(영 제27조의3 제1항).

서울시는 이에 대해 추진위원회 승인 이후 다음 각 호의 업무를 수행하기 위하여 사용한 비용으로서 주민총회의 의결을 거쳐 결정한 예산의 범위 이내에서 추진위원회가 사용한 비용이라고 정하였다(조례 제15조의4제1항).

1. 법 제14조제1항에서 규정한 업무

➡ 정비사업전문관리업자의 선정, 설계자의 선정 및 변경, 개략적인 정비사업 시행계획서의 작성, 조합의 설립인가를 받기 위한 준비업무

2. 영 제22조에서 규정한 업무

➡ 법 제13조제2항에 따른 추진위원회 운영규정의 작성, 토지등소유자의 동의서 징구, 조합의 설립을 위한 창립총회의 개최, 조합정관의 초안 작성, 그 밖에 추진위원회 운영규정이 정하는 사항

▢ 조례 제15조의4제2항

보조금은 다음 각 호의 산정기준에 따라 추진위원회 사용비용 검증위원회(이하 "검증위원회"라 한다.)에서 검증을 거쳐 결정한다(동조 제2항).

1. 인건비는 클린업시스템에 입력된 비용의 평균값 이하의 금액
2. 정비사업전문관리·정비계획 및 건축설계 용역비는 공공관리 도입(2010.7.16 기준) 이후 공공관리를 적용받아 계약한 비용의 평균값 이하의 금액
3. 그 밖에 추진위원회 업무항목별 사용비용(별지 제8호서식). 다만, 업무항목별 사용비용 중 과다한 비용에 대해서는 검증을 거쳐 조정

※ [별지 제8호서식] 추진위원회 사용비용 업무항목별 세부내역서

- 외주용역비 : 감정평가수수료, 정비사업전문관리, 정비계획(정비계획 수립을 위한 도시계획용역회사에 지급한 용역비), 건축설계, 세무·회계용역비, 안전진단비(재건축사업), 기타 외주용역비(기타 용역비)
- 기타 사업비 : 민원처리비, 기타 사업비
- 회의비 : 주민총회, 추진위원회
- 인건비 : 추진위원장·상근위원의 급여, 직원 퇴직금 및 예치비, 기타 인건비, 복리후생비
- 운영비 : 통신비, 여비교통비, 보험료, 도서인쇄비, 사무용품비, 소모품비, 업무추진비, 판공비, 수도광열비, 수선비, 임차료 및 임차보증금, 광고선전비, 지급수수료, 기타 비용

▢ 조례 제15조의4제3항

구청장은 검증위원회 및 제6항 단서에 해당하는 경우 제15조의6에 따른 추진위원회사용비용재검증위원회의 검증을 거쳐 결정한 금액의 70% 이내에서 보조할 수 있다(동조 제3항).

구청장은 검증위원회 및 추진위원회의 위원 중 대표로 선정된 자가 보조금결정을 통보받은 날부터 20일 이내에 이의신청을 하여 구청장이 정당한 사유가 있는 경우에 해당하는 경우 추진위원회 사용비용 재검증위원회의 검증을 거쳐 결정한 금액의 70% 이내에서 보조할 수 있다.

[별지 제8호서식] 추진위원회 사용비용 업무항목별 세부내역서

표준항목		세부항목	사용비용금액	비고	신청안내
외주용역비	감정평가수수료				종전 감정평가비 등
	정비사업 전문관리				정비사업전문관리 용역비
	정비계획				정비계획 수립을 위한 도시계획용역회사에 지급한 용역비
	건축설계				건축설계 위한 설계용역회사에 지급한 용역비
	세무·회계 용역비				외부회계감사비, 기장료, 결산료, 세무조정비 등
	안전진단비				재건축사업의 안전진단비용
	기타외주용역비				상기 이외의 용역비
	계				
기타사업비	민원처리비				정비사업 진행시 각종 민원에 소요된 사업비
	기타사업비				위에 열거된 사업비 이외 소액이며 과목 구분이 불필요한 사업비
	계				
회의비	주민총회				총회의 소요비용
	추진위원회				추진위원회 회의비용
	계				
인건비	급여 – 추진 위원장				추진위원장 급여
	급여 – 상근 위원				추진위원회 임원 급여
	급여 – 직원				사무실 경리직원 등 급여
	퇴직금 및 예치금				퇴직자 퇴직금 지급액 또는 예산에 따라 매월 예치하는 퇴직예치금
	기타인건비				일용직, 아르바이트 등 잡급
	복리후생비				상근직 식대 등
	계				

표준항목		세부항목	사용비용금액	비고	신청안내
운영비	통 신 비				소식지등 우편료, 전화, 팩스, 인터넷, 휴대폰 등 통신비
	여비교통비				재건축 유관기관 방문 교통비, 주유비, 주차비등
	보 험 료				
	도서인쇄비				각종 인쇄비 및 신문 잡비 등 도서구입비
	사무용품비				사무실 각종 사무용품 구입비
	소모품비				식수, 차, 음료, 휴지, 컵, 복사용지 등,사무실 각종 소모품구입비
	업무추진비				위원장 등 업무추진비
	판 공 비				업무상 판공비 등
	수도광열비				수도요금, 전기료, 가스료 등
	수 선 비				사무기기 유지 보수비 등 각종 수리 및 수선비
	임차료 및 임차보증금				사무실 임대(임차)료 및 임차보증금
	광고선전비				업체선정공고, 분양공고 등
	지급수수료				송금수수료, 공부발급 수수료, 운반비 등
	기타 비용				상기 이외의 운영비
	계				
합 계					

▢ 조례 제15조의4제4항

보조금 신청은 승인 취소된 추진위원회의 위원 중 대표로 선정된 자(이하 "대표자"라 한다.)가 신청하며, 대표자는 추진위원회 승인 취소고시가 있는 날부터 6개월 이내에 별지 제7호서식의 추진위원회 사용비용 보조금 신청서에 다음 각 호의 서류를 첨부하여 구청장에게 신청하여야 한다(동조 제4항).

1. 추진위원회 사용비용 업무항목별 세부내역서(별지 제8호서식)와 증빙자료
2. 추진위원회 사용비용 이해관계자(채권자의 성명과 연락처 등은 반드시 포함) 현황과 증빙자료
3. 추진위원회 사용비용 보조금 지원신청 관련 의결 및 의사록(대표자, 지급통장 계좌번호, 채권자 현황 등)

처리기한은 60일이다.

▢ 조례 제15조의4제5항~제9항

구청장은 보조금 신청이 있는 경우 신청 내용[추진위원회 사용비용 업무항목별 세부내역서와 증빙자료, 추진위원회 사용비용 이해관계자(채권자의 성명과 연락처 등은 반드시 포함) 현황과 증빙자료]을 2 이상의 일간신문과 해당 자치구의 인터넷 홈페이지 및 공보에 공고하고, 추진위원회 사용비용 이해관계자(이하 "이해관계자")에게 서면으로 통보하여야 한다(동조 제5항).

또한 구청장은 공고 및 서면통보를 완료한 후 검증위원회의 검증을 거쳐 보조금을 결정하고, 대표자, 해산된 추진위원회 위원 및 이해관계자에게 서면으로 통보하여야 한다. 다만, 대표자는 보조금결정을 통보받은 날부터 20일 이내에 이의신청을 할 수 있고, 구청장은 정당한 사유가 있으면 추진위원회 사용비용재검증위원회의 검증을 거쳐 그 결과를 통보하여야 한다(동조 제6항).

대표자는 보조금 결정을 통보받은 날부터 20일 이내에 지급통장계좌의 통장사본을 첨부하여 보조금 지급을 신청하여야 하며, 이 경우 구청장은 보조금 신청 사실을 시장에게 보고하여야 한다(동조 제7항).

구청장은 보조금 지급 신청이 있는 경우에는 지급일자 등 지급계획을 해당 자

치구의 인터넷 홈페이지 및 공보에 공고하고, 공고 완료일로부터 10일 이후에 신청된 통장계좌번호로 입금하며, 추진위원회 사용비용을 보조하는 경우에는 시장은 「서울시 보조금 관리조례」 제9조[5]에 의한 차등보조율의 적용 규정을 적용하지 않고 구청장에게 보조금의 일부 또는 전부를 지원할 수 있다(동조 제8항, 제9항).

▢ 시도별 조례

○ 경기도

제11조의4(추진위원회 비용의 보조비율 및 보조방법 등) ① 영 제27조의3제1항제3호에서 "조례로 정하는 비용"이란 추진위원회 승인 이후 다음 각 호의 업무를 수행하기 위하여 사용한 비용으로서 주민총회의 의결을 거쳐 예산의 범위에서 결정한 추진위원회가 사용한 비용을 말한다.

1. 법 제14조제1항에서 규정한 업무
2. 영 제22조에서 규정한 업무

② 추진위원회 사용비용은 영 제24조제2항에 따른 지출내역서 및 객관적인 증빙자료에 기초하여, 제11조의3에 따른 산정위원회의 검증을 거쳐 결정한다.

③ 시장·군수는 산정위원회에서 검증한 금액의 70% 이내에서 보조할 수 있다.

④ 보조금 신청은 승인 취소된 추진위원회의 위원 중 대표로 선정된 자(이하 "대표자")가 신청하며, 대표자는 법 제16조의2제5항에 따라 추진위원회 승인 취소 고시가 있는 날부터 6개월 이내에 별표 제1호서식의 추진위원회 사용비용 보조금 신청서에 다음 각 호의 서류를 첨부하여 시장·군수에게 신청하여야 한다.

1. 추진위원회 사용비용 업무항목별 세부내역서(별표 제2호서식)와 증빙자료
2. 추진위원회 사용비용 이해관계자(채권자의 성명과 연락처 등은 반드시 포함) 현황과 증빙자료

---

5) 서울시 보조금 관리조례[조례 제5150호, 2011.7.28, 일부개정]
제9조(차등보조율의 적용) ① 시장은 필요하다고 인정되는 보조사업에 대해서는 해당 자치구의 재정사정 등을 감안하여 차등보조율을 적용할 수 있다.
② 제1항의 차등보조율과 적용대상이 되는 자치구의 범위 및 적용기준 등에 관한 사항은 규칙으로 정한다.
[전문개정 2011.7.28]

3. 추진위원회 사용비용 보조금 지원신청 관련 의결 및 의사록(대표자, 지급통장계좌번호, 채권자 현황 등)

⑤ 시장·군수는 제4항에 따른 신청이 있는 경우 신청 내용(제4항제1호 및 제2호)을 2 이상의 일간신문과 해당 시·군의 인터넷 홈페이지 및 공보에 공고하고, 그 밖의 이해관계자에게 서면으로 통보하여야 한다.

⑥ 시장·군수는 제5항에 따른 공고 및 서면통보를 완료한 후 산정위원회의 검증을 거쳐 보조금을 결정하고, 대표자, 해산된 추진위원회 위원 및 이해관계자에게 서면으로 통보하여야 한다. 다만, 이의 신청이 있는 경우로서 정당한 사유가 있는 경우에는 재검증하여 그 결과를 통보할 수 있다.

⑦ 대표자는 제6항에 따라 보조금 결정을 통보받은 날로부터 20일 이내에 제4항제3호의 통장사본을 첨부하여 보조금 지급을 신청하여야 한다. 이 경우 시장·군수는 보조금 신청 사실을 도지사에게 보고하여야 한다.

⑧ 시장·군수는 제7항에 따라 보조금 지급 신청이 있는 경우에는 지급일자 등 지급계획을 해당 시·군의 인터넷 홈페이지 및 공보에 공고하고, 공고 완료일로부터 10일 이후에 신청된 통장계좌번호로 입금한다.

⑨ 시장·군수가 추진위원회 사용비용을 보조하는 경우에 도지사는 「경기도 보조금의 예산 및 관리에 관한 조례」 제9조에도 불구하고 시장·군수에게 보조금의 일부 또는 전부를 지원할 수 있다. 다만, 인구 50만 이상의 대도시에서 자체 조례에 따라 결정한 금액은 제11조의3에 따른 산정위원회 검증 방법을 준용한 경우에 한한다.

[본조신설 2012.12.28]

- 남양주시, 부천시

제18조(추진위원회 비용의 보조비율 및 보조방법 등) ① 영 제27조의3제1항제3호에서 "조례로 정하는 비용"이란 추진위원회의 승인 이후 다음 각 호의 업무를 수행하기 위하여 사용한 비용으로서 주민총회의 의결을 거쳐 예산의 범위에서 결정하여 추진위원회가 사용한 비용을 말한다.

1. 법 제14조제1항에 따른 업무
2. 영 제22조에 따른 업무

② 추진위원회의 사용비용은 영 제24조제2항에 따른 지출내역서 및 객관적인 증명자료에 기초하여, 제17조에 따른 산정위원회의 검증을 거쳐 결정한다.
③ 시장은 산정위원회에서 검증한 금액의 70% 이내에서 보조할 수 있으며, 예산이 부족할 경우 신청일을 기준으로 다음 연도까지 예산을 확보하여 지원할 수 있다.
④ 보조금은 승인 취소된 추진위원회의 위원 중 대표로 선정된 자(이하 "대표자"라 한다.)가 신청하며, 대표자는 법 제16조의2제5항에 따라 추진위원회 승인 취소 고시가 있는 날부터 6개월 이내에 별지 제4호서식의 추진위원회 사용비용 보조금 신청서에 다음 각 호의 서류를 붙여서 시장에게 신청하여야 한다.
1. 별지 제5호서식의 추진위원회 사용비용 업무항목별 세부내역서 및 증명자료
2. 추진위원회 사용비용 이해관계자 현황(채권자의 성명과 연락처 등은 반드시 포함되어야 한다.) 및 증명자료
3. 추진위원회 사용비용 보조금 지원신청 관련 의결 및 의사록(의사록에 대표자, 지급통장계좌번호, 채권자 현황 등이 포함되어야 한다.)

⑤ 시장은 제4항에 따른 신청이 있는 경우, 신청 내용과 제4항제1호에 따른 세부내역서 및 제4항제2호에 따른 이해관계자 현황을 일간신문, 시의 인터넷 홈페이지, 시보 중 2개 이상의 매체를 통하여 공고하고, 또한 이해관계자에게 서면으로 통보하여야 한다.
⑥ 시장은 제5항에 따른 공고 및 서면통보를 완료한 후 산정위원회의 검증을 거쳐 보조금을 결정하고, 대표자, 해산된 추진위원회의 위원 및 이해관계자에게 서면으로 통보하여야 한다. 다만, 이의 신청이 있는 경우로서 정당한 사유가 있는 경우에는 재검증하여 그 결과를 통보할 수 있다.
⑦ 대표자는 제6항에 따라 보조금 결정을 통보받은 날부터 20일 이내에 제4항제3호의 통장사본을 붙여서 보조금 지급을 신청하여야 한다. 이 경우, 시장은 보조금 신청 사실을 도지사에게 보고하여야 한다.
⑧ 시장은 제7항에 따라 보조금 지급 신청이 있는 경우에는 지급일자 등 지급계획을 시의 인터넷 홈페이지 및 공보에 공고하고, 공고된 지급일자까지 신청된 통장계좌번호로 입금하여야 한다.

– 고양시

제16조(추진위원회 승인취소에 따른 비용 보조) ① 영 제27조의3제1항제3호에서 "조례로 정하는 비용"이란 추진위원회 승인 이후 법 제14조에 따른 업무를 수행하기 위하여 사용한 비용으로서 검증위원회의 검증을 통해 시장이 필요하다고 인정하는 비용을 말한다.

② 법 제16조의2제4항에 따라 해당 추진위원회에서 사용한 비용에 대하여 보조 신청을 할 경우 시장은 제15조에 의한 검증위원회에서 검증 절차를 거친 비용의 일부를 보조할 수 있다.

③ 보조금 신청은 승인 취소된 추진위원회의 위원 중 대표로 선정된 자(이하 "대표선정자"라 한다.)가 신청하며, 대표선정자는 법 제16조의2제5항에 따라 추진위원회 승인 취소 고시가 있는 날부터 6개월 이내에 별지 제7호서식의 추진위원회 사용비용 보조금 신청서에 다음 각 호의 서류를 첨부하여 시장에게 신청하여야 한다.

1. 추진위원회 사용비용 업무항목별 세부내역서(별지 제8호서식)와 증빙자료
2. 사용비용 관련 이해관계자(채권자, 주소, 연락처 포함)와 증빙자료
3. 추진위원회 사용비용 보조금 관련 의결 및 의사록(대표선정자, 지급계좌번호, 채권자 현황 등)

④ 시장은 제3항에 따른 신청이 있는 경우 신청 내용(제3항제1호 및 제2호)을 고양시(이하 "시"라 한다.) 인터넷 홈페이지 및 공보에 14일 이상 공고하고, 이해관계자에게 공고내용을 통지하여야 한다.

⑤ 시장은 제4항에 따른 공고 및 통지를 완료한 후 제2항에 따라 검증위원회의 검증을 거쳐 보조금을 결정하고, 대표선정자, 해산된 추진위원회 위원 및 이해관계자에게 서면으로 통보하여야 한다. 다만, 이의 신청이 있는 경우로서 정당한 사유가 있는 경우에는 재검증하여 그 결과를 통보할 수 있다.

⑥ 대표선정자는 제5항에 따라 보조금 결정을 통보받은 날로부터 20일 이내에 제3항제3호의 통장사본을 첨부하여 보조금 지급을 신청하여야 하며 시장은 보조금 지급신청이 있는 경우에는 지급일자 등 지급계획을 시 인터넷 홈페이지 및 공보에 공고하고, 공고 완료일부터 10일 이후에 신청된 계좌번호로 입금한다.

- 수원시

第17조(추진위원회 등 비용 보조) ① 영 제27조의3에서 "그 밖에 시도 조례로 정하는 비용"이란 다음 각 호의 사항을 말한다.

1. 조합의 설립인가를 받기 위한 준비업무에 소요되는 비용
2. 토지등소유자의 동의서 징구에 소요되는 비용
3. 조합의 설립을 위한 창립총회의 준비 및 개최에 소요되는 비용
4. 그 밖에 검증위원회의 검증을 통해 시장이 필요하다고 인정하는 비용

- 안양시

第18조(추진위원회 승인취소에 따른 비용 보조) ① 영 제27조의3에서 "그 밖에 시도 조례로 정하는 비용"이란 다음 각 호의 사항을 말한다.

1. 정비사업전문관리 용역비
2. 설계 용역비
3. 그 밖에 검증위원회의 검증을 통해 시장이 필요하다고 인정되는 비용

② 법 제16조의2제4항에 따라 해당 추진위원회에서 사용한 비용에 대하여 보조 신청을 할 경우 시장은 시에서 정한 기준에 따라 제17조에 따른 검증위원회에서 검증 절차를 거친 비용의 일부를 보조할 수 있다.

○ 인천시, 부산시, 대전시, 광주시, 대구시

관련 조문이 없다.

□ 유권해석

승인이 취소된 추진위원회가 비용 보조를 받을 수 있는 유효기간 의미(도시정비법 제16조의2제4항 등 관련)[법제처 2014.4.2, 경기도 부천시]

Q 「도시정비법」 제16조의2제4항에 따르면 같은 조 제1항제1호에 따라 추진위원회 승인이 취소된 경우, 시·도지사, 시장·군수 또는 구청장은 해당 추진위원회가 사용한 비용의 일부를 대통령령으로 정하는 범위에서 시도 조례로 정하는 바에 따라 보조할 수 있고, 법

률 제11293호 도시정비법 일부개정법률 부칙 제2조제3항에서는 같은 법 제16조의2제4항이 2015.8.1까지 효력을 가지도록 유효기간을 규정하고 있는바,
위 부칙 제2조제3항의 "유효기간"은 관할 관청이 「도시정비법」 제16조의2제1항제1호에 따라 승인이 취소된 추진위원회에 대하여 2015.8.1까지 비용보조를 할 수 있다는 것을 의미하는지, 아니면 같은 법 제16조의2제1항제1호에 따라 승인이 취소된 추진위원회가 같은 조 제4항에 따라 2015.8.1까지 비용 보조를 신청(해당 조례에서 추진위원회의 "신청"을 규정하고 있는 경우를 전제함)하면 비용 보조를 받을 수 있는 있다는 것을 의미하는지?

A A. 법률 제11293호 도시정비법 일부개정법률 부칙 제2조제3항의 "유효기간"은 관할 관청이 「도시정비법」 제16조의2제1항에 따라 승인이 취소된 추진위원회에 대하여 2015.8.1까지 비용보조를 할 수 있다는 것을 의미한다고 할 것임.

[이 유]
도시정비법 제16조의2제1항에 따르면 시장·군수는 추진위원회 구성에 동의한 토지등소유자의 1/2 이상 2/3 이하의 범위에서 시도 조례로 정하는 비율 이상의 동의 또는 토지등소유자 과반수의 동의로 추진위원회의 해산을 신청하는 경우(제1호), 조합설립에 동의한 조합원의 1/2 이상 2/3 이하의 범위에서 시도 조례로 정하는 비율 이상의 동의 또는 토지등소유자 과반수의 동의로 조합해산을 신청하는 경우(제2호), 제4조의3에 따라 정비예정구역 또는 정비구역의 지정이 해제되는 경우(제3호) 중 어느 하나에 해당하는 경우에는 추진위원회 승인 또는 조합설립인가를 취소하여야 한다고 규정하고 있음.
그런데, 도시정비법 제16조의2제4항에 따르면 추진위원회 승인이 취소된 경우 시·도지사, 시장·군수 또는 구청장은 해당 추진위원회가 사용한 비용의 일부를 대통령령으로 정하는 범위에서 시도 조례로 정하는 바에 따라 보조할 수 있다고 규정하고 있고, 법률 제11293호 도시정비법 일부개정법률 부칙 제2조제3항에 따르면 법 제16조의2제4항은 2015.8.1까지 유효하다고 규정하고 있는바, 도시정비법 부칙 제2조제3항의 "유효기간"은 관할 관청이 도시정비법 제16조의2제1항에 따라 승인이 취소된 추진위원회에 대하여 2015.8.1까지 비용을 보조할 수 있다는 것을 의미하는지, 아니면 같은 법 제16조의2제1항제1호에 따라 승인이 취소된 추진위원회가 같은 조 제4항에 따라 2015.8.1까지 비용의 보조금을 신청(해당 조례에서

추진위원회의 "신청"을 규정하고 있는 경우를 전제함)하면 보조금을 받을 수 있다는 것을 의미하는지가 문제될 수 있음.

먼저, 도시정비법 제16조의2제1항에서는 시장·군수는 다음 각 호의 어느 하나에 해당하는 경우에는 추진위원회 승인 또는 조합설립인가를 취소하여야 한다고 규정하면서, 유효기간에 관한 도시정비법 부칙 제2조제1항에서 제16조의2제1항제1호에 따른 추진위원회의 해산 "신청" 및 제2호에 따른 조합의 해산 "신청"은 2015.1.31까지 효력을 가진다고 규정하여 그 유효기간이 추진위원회나 조합의 해산 "신청"을 기준으로 하고 있음을 분명히 하고 있는 반면,

같은 법 제16조의2제4항에서는 추진위원회 승인이 취소된 경우 "시·도지사, 시장·군수 또는 구청장은" 해당 추진위원회가 사용한 비용의 일부를 보조할 수 있다고 규정하면서, 유효기간에 관한 도시정비법 부칙 제2조제3항에서 제16조의2제4항, 즉 시·도지사, 시장·군수 또는 구청장의 보조는 2015.8.1까지 효력을 가진다고 규정하여 그 유효기간이 보조할 수 있는 기간임이 문언 상 명백하다고 할 것임.

다음으로, 2014.1.14 도시정비법이 법률 제12249호로 개정되면서 그 개정이유서에서 토지등소유자의 동의로 추진위원회 및 조합의 해산을 "신청하는 유효기간"을 2014.1.31에서 2015.1.31까지 연장하고, 이에 따라 추진위원회 승인 취소 시 매몰비용을 "보조할 수 있는 유효기간"을 2014.8.1에서 2015.8.1까지 연장한다는 내용을 명시하고 있고[도시정비법(2014.1.14 법률 제12249호로 개정·시행된 것) 개정이유서 참조], 도시정비법 제16조의2가 신설된 취지는 사업추진이 어려운 지역의 경우 주민의사에 따라 추진위원회의 승인을 취소할 수 있는 근거를 마련하는 것뿐만 아니라, 추진위원회의 해산에 따라 그 사용비용의 일부를 지원하는 등 한시적인 기간 내에 보다 신속하고 용이하게 해산할 수 있도록 함으로써 정비사업의 효율성을 높이기 위한 것인 점(법제처 2013.11.13. 회신 13-0474 해석례 참조)에 비추어 볼 때,

이 사안에서와 같이 추진위원회의 승인이 취소되어 그 추진위원회가 사용한 비용을 보조할 수 있는 유효기간은 2015.8.1까지만 한시적으로 인정된다고 보는 것이 개정 법률의 입법 취지에 부합하는 합리적인 해석이라고 할 것임.

그렇다면, 도시정비법 제16조의2제4항은 한시적인 규정으로서 법문언상 그 효력이 2015.8.1까지 유효한 것이 명백하고, 위 규정의 위임에 따라 규정된 조례의 효력도 법령과 동일하게 2015.8.1까지만 유효하다고 할 것이므로 2015.8.1이 지난 후에는 시·도지사, 시장·군수 또는 구청장이 해산된 추진위원회가 사용한 비용을

보조할 수 있는 법적근거가 없다고 할 것임.

한편, 도시정비법 제16조의2제1항 및 제4항의 입법취지는 재개발사업 등 정비사업이 부동산 경기침체, 사업성 저하 및 주민 갈등으로 지연·중단 되는 지역에 대하여 조합설립인가등을 취소할 수 있도록 하고 인가취소 된 추진위원회가 사용한 비용의 일부를 보조함으로써 공공의 역할을 확대하기 위한 것[도시정비법(2012.2.1 법률 제11293호로 개정·시행된 것) 개정이유서 참조]으로서 수혜적인 규정인 점을 고려하여 도시정비법 제16조의2제4항의 유효기간을 엄격하게 해석하는 것보다 완화하여 해석하는 것이 도시정비법 제16조의2제1항 및 제4항의 입법취지에 부합하는 해석이라는 주장이 있을 수 있으나, 현행 법령의 명시적 규정과 다르게 해석할 수 없으며, 나아가 조례는 법령에 위반되지 않는 범위에서 제정할 수 있는바, 조례에서 2015년 8월 1일까지 보조금을 신청할 수 있도록 규정되어 있다면 그 신청 즉시 지급할 수 있는 것이 아닌 한 이러한 조례의 규정은 재고될 필요가 있다고 할 것임.

따라서 도시정비법 부칙 제2조제3항의 "유효기간"은 관할 관청이 도시정비법 제16조의2제1항에 따라 승인이 취소된 추진위원회에 대하여 2015.8.1까지 비용을 보조할 수 있다는 것을 의미함.

조례 제15조의5(추진위원회사용비용검증위원회 구성 및 운영 등)

조례 제15조의6(추진위원회사용비용재검증위원회 구성 및 운영 등)

추진위원회사용비용검증위원회 및 추진위원회사용비용재검증위원회 구성 및 운영 등

추진위원회 취소된 경우, 사용한 비용의 일부인 매몰비용을 시·도지사 또는 시장·군수가 부담비용의 구체적 검증 규정으로 제15조의4(추진위원회 비용의 보조비율 및 보조방법 등)와 함께 2012.12.31 조례로 신설되었다.

검증위원회와 재검증위원회는 구청 내 설치한다.

□ 개정 연혁

▸ 도시정비조례[서울시조례 제5417호, 2012.12.31, 일부개정]

제15조의5(추진위원회사용비용검증위원회 구성 및 운영 등) ① 구청장은 추진위원회 사용비용을 검증하기 위해 추진위원회사용비용검증위원회(이하 "검증위원회"라 한다.)를 구성·운영할 수 있다.

② 검증위원회의 구성은 부구청장을 위원장으로 한 15명 이내의 위원으로 구성하며, 위원은 다음 각 호의 어느 하나에 해당하는 자 중에서 구청장이 임명 또는 위촉한다. 다만, 제1호에 해당하는 자는 전체 위원의 2/3 이상으로 한다.

1. 변호사, 도시계획기술사, 건축사, 감정평가사, 공인회계사, 세무사 등 정비사업에 관한 학식과 경험이 풍부한 전문가
2. 정비사업 관련 업무에 종사하는 5급 이상 공무원

③ 위원장은 효율적이고 공정한 검증을 위해 사용비용 보조를 받고자 하는 자와 그 밖의 이해관계자로 하여금 검증위원회에 출석하여 해당 추진위원회 운영 실태와 자금 조달 및 지출 등에 대하여 설명하거나 관련 자료를 제출하도록 하여야 하며, 위원으로 하여금 현장조사를 하게 하거나 검증위원회에서 관련 전문가의 의견을 들을 수 있다.

④ 검증위원회에 제출하는 증빙자료는 계약서, 국세청에서 인정하는 영수증과 해당 업체에서 국세청에 소득 신고한 자료 등으로 한다.

⑤ 구청장은 시장에게 제15조의4제2항과 관련된 자료를 요청할 수 있다. 이 경우 시장은 해당 자료를 제공할 수 있다.

⑥ 검증위원회 위원에 대해서는 예산의 범위에서 수당과 여비 등을 지급하되, 조사 및 현황 확인을 위한 출장비용 등은 실비로 지급할 수 있다.

[본조신설 2012.12.31]

제15조의6(추진위원회사용비용재검증위원회 구성 및 운영 등) ① 구청장은 제15조의4제6항 단서에 따라 이의신청이 있는 경우 이를 재검증하기 위해 추진위원회사용비용재검증위원회(이하 "재검증위원회")를 구성·운영할 수 있다.

② 재검증위원회의 구성은 부구청장을 위원장으로 한 10명 이내의 위원으로 구성하며, 위원은 제15조의5에 따른 검증위원회 위원이 아닌 자(공무원은 제외한다.)로서 다음 각 호의 어느 하나에 해당하는 자 중에서 구청장이 임명 또는 위촉한다. 다만, 제1호에 해당하는 자는 전체 위원의 2/3 이상으로 한다.

1. 변호사, 도시계획기술사, 건축사, 감정평가사, 공인회계사, 세무사 등 정비사업에 관한 학식과 경험이 풍부한 전문가
2. 정비사업 관련 업무에 종사하는 5급 이상 공무원

③ 그 밖에 재검증위원회 운영에 관한 사항은 제15조의5 검증위원회 운영 규정을 준용한다.

[본조신설 2012.12.31]

부 칙 〈제5417호, 2012.12.31〉

제1조(시행일) 이 조례는 공포한 날부터 시행한다.

➡ 추진위원회사용비용검증위원회 및 재검증위원회 구성 및 운영 등 규정을 신설하였다.
- 부구청장을 위원장으로 검증위원회는 15명 이내, 재검증위원회는 10명 이내의 위원으로 구성하고 위원은 변호사 등 정비사업에 관한 학식과 경험이 풍부한 전문가 2/3 이상과 정비사업 관련 업무에 종사하는 5급 이상 공무원으로 구성
- 검증위원회 및 재검증위원회의 위원장은 현장조사와 의견청취, 국세청 소득 신고자료 등을 통해 검증실시(영수증, 계약서 등)

▢ 검증위원회 역할과 보조금 지급 절차

① 승인 취소된 추진위원회 : 추진위원회에서 보조금 관련 의결
② 추진위원 중 대표자 → 구청장 : 사용비종 보조금 지원 신청(승인취소 후 6개월 이내에 지원 신청 : 조례 제15조의4제4항)
③ 구청장 : 자치구의 인터넷 홈페이지 및 공고에 공고(동조 제5항)
④ 구청장 → 검증위원회 : 검증위원회에서 사용비용 검증
⑤ 구청장 → 대표자 등 : 구청장이 대표자 해산된 추진위원회 위원 및 이해관계자에게 사용비용 결정 통보
⑥ 대표자 → 구청장 → 시장에게 보고 : 사용비용 지급신청(20일 이내 : 동조 제7항)
⑦ 구청장 : 14일 이상 공고
⑧ 구청장 → 대표자 : 10일 이후 사용비용 지급(공고 완료일로부터 10일 이내 지급 : 동조 제8항)

▢ 조례 제15조의5제1항(추진위원회 사용비용 검증위원회 : 이하 검증위원회)

구청장은 추진위원회 사용비용을 검증하기 위해 검증위원회를 구성·운영할 수 있다(동조 제1항).

○ 조례 제15조의5제2항(검증위원회 구성)

부구청장을 위원장으로 한 15명 이내의 위원으로 구성하며, 위원은 다음 각 호의 어느 하나에 해당하는 자 중에서 구청장이 임명 또는 위촉한다. 다만, 제1호에 해당하는 자는 전체 위원의 2/3 이상으로 한다(동조 제2항).

1. 변호사, 도시계획기술사, 건축사, 감정평가사, 공인회계사, 세무사 등 정비사업에 관한 학식과 경험이 풍부한 전문가
2. 정비사업 관련 업무에 종사하는 5급 이상 공무원

○ 조례 제15조의5제3항~제6항

위원장은 효율적이고 공정한 검증을 위해 사용비용 보조를 받고자 하는 자와

그 밖의 이해관계자로 하여금 검증위원회에 출석하여 해당 추진위원회 운영 실태와 자금 조달 및 지출 등에 대하여 설명하거나 관련 자료를 제출하도록 하여야 하며, 위원으로 하여금 현장조사를 하게 하거나 검증위원회에서 관련 전문가의 의견을 들을 수 있다(동조 제3항).

검증위원회에 제출하는 증빙자료는 계약서, 국세청에서 인정하는 영수증과 해당 업체에서 국세청에 소득 신고한 자료 등으로 한다(동조 제4항).

구청장은 시장에게 보조금 산정기준 관련된 자료를 요청할 수 있다. 이 경우 시장은 해당 자료를 제공할 수 있다(동조 제5항).

검증위원회 위원에는 예산의 범위에서 수당과 여비 등을 지급하되, 조사 및 현황 확인을 위한 출장비용 등은 실비로 지급할 수 있다(동조 제6항).

▢ 조례 제15조의6제1항(추진위원회 사용비용 재검증위원회 : 이하 재검증위원회)

구청장은 제15조의4제6항 단서에 따라 이의신청이 있는 경우 이를 재검증하기 위해 재검증위원회를 구성·운영할 수 있다(동조 제1항).

구청장은 공고 및 서면통보를 완료한 후 검증위원회의 검증을 거쳐 보조금을 결정하고, 대표자, 해산된 추진위원회 위원 및 이해관계자에게 서면으로 통보하여야 한다.

그러나 대표자가 보조금결정을 통보받은 날부터 20일 이내에 이의신청하여 구청장이 정당한 사유가 있는 경우, 추진위원회 사용비용재검증위원회를 구성하여 검증을 거치게 된다.

이렇듯 검증위원회와 재검증위원회는 전혀 다른 구성원으로 구성, 운영된다(단, 공무원은 제외).

○ 조례 제15조의6제2항, 제3항

재검증위원회의 구성은 부구청장을 위원장으로 한 10명 이내의 위원으로 구성하며, 위원은 검증위원회 위원이 아닌 자(공무원은 제외)로서 다음 각 호의 어느 하나에 해당하는 자 중에서 구청장이 임명 또는 위촉한다. 다만, 제1호에 해당하는 자는 전체 위원의 2/3 이상으로 한다(동조 제2항).

1. 변호사, 도시계획기술사, 건축사, 감정평가사, 공인회계사, 세무사 등 정비사업에 관한 학식과 경험이 풍부한 전문가
2. 정비사업 관련 업무에 종사하는 5급 이상 공무원

그 밖에 재검증위원회 운영에 관한 사항은 검증위원회 운영 규정을 준용한다(동조 제3항).

▢ 시도별 조례

○ 경기도

제11조의3(추진위원회사용비용산정위원회 구성 및 운영 등) ① 시장·군수는 추진위원회 사용비용을 검증하기 위해 추진위원회사용비용산정위원회(이하 "산정위원회")를 구성·운영할 수 있다.

② 산정위원회의 구성은 부시장 또는 부군수를 위원장으로 15명 이내의 위원으로 구성하며, 위원은 다음 각 호의 어느 하나에 해당하는 사람 중에서 시장·군수가 임명 또는 위촉한다.

1. 변호사, 도시계획기술사, 건축사, 감정평가사, 공인회계사, 세무사 등 정비사업에 관한 학식과 경험이 풍부한 전문가 10명 이상
2. 정비사업 관련 업무에 종사하는 5급 이상 공무원

③ 위원장은 효율적이고 공정한 검증을 위해 필요한 경우에는 다음의 각 호의 조치를 할 수 있다.

1. 사용비용 보조를 받고자 하는 자와 추진위원회 사용비용 이해관계자(이하 "이해관계자")로 하여금 산정위원회에 출석하여 해당 추진위원회의 운영 실태와 자금 조달 및 지출 등에 대해 설명하거나 관련 자료를 제출하도록 요구할 수 있다.
2. 위원으로 하여금 현장조사를 하게 하거나 산정위원회에서 관련 전문가의 의견을 들을 수 있다.

④ 산정위원회에 제출하는 증빙자료는 계약서, 국세청에서 인정하는 영수증과

해당 업체가 국세청에 소득 신고한 자료 등으로 한다.
⑤ 산정위원회 위원에 대해서는 예산의 범위에서 수당과 여비 등을 지급하되, 조사 및 현황 확인을 위한 출장비용 등은 실비로 지급할 수 있다.
⑥ 당연직 위원의 임기는 그 직위에 재직하는 기간으로 하며, 위촉직 위원의 임기는 2년으로 하고 1회에 한하여 연임할 수 있다. 다만, 보궐위원의 임기는 전임위원의 남은 임기로 한다.
⑦ 위원회의 회의는 재적위원 과반수의 출석으로 개의하고, 출석위원 과반수의 찬성으로 의결한다.
⑧ 간사는 정비사업 업무담당 5급이 하며, 심의안건 및 회의록 작성·보관, 회의결과 정리·보고 등 위원회 운영과 관련하여 필요한 조치를 하여야 한다.
[본조신설 2012.12.28]

추진위원회 사용비용 재검증위원회에 대한 규정이 없다.

– 남양주시

제17조(추진위원회 사용비용 산정위원회의 구성 및 운영 등) ① 시장은 추진위원회 사용비용을 검증하기 위하여 추진위원회 사용비용 산정위원회(이하 "산정위원회"라 한다.)를 구성·운영할 수 있다.
② 산정위원회는 위원장을 포함하여 15명 이내의 위원으로 구성한다.
③ 위원장은 부시장이 되며, 위원은 다음 각 호의 어느 하나에 해당하는 사람 중에서 시장이 임명 또는 위촉한다. 위촉직 위원의 경우, 어느 한 쪽의 성(性)이 60%를 넘지 아니하도록 노력하여야 한다.
1. 변호사, 도시계획기술사, 건축사, 감정평가사, 공인회계사, 세무사 등 정비사업에 관한 학식과 경험이 풍부한 전문가 6명 이상
2. 정비사업 관련 업무에 종사하는 5급 이상 공무원
④ 당연직 위원의 임기는 그 직위에 재직하는 기간으로 하며, 위촉직 위원의 임기는 2년으로 하고, 한 차례만 연임할 수 있다. 다만, 보궐위원의 임기는 전임위원의 남은 임기로 한다.
⑤ 위원의 제척·기피·회피에 관한 사항 및 해촉에 관한 사항은 제35조 및 제36조를 따른다.

⑥ 산정위원회의 회의는 재적위원 과반수의 출석으로 개의하고, 출석위원 과반수의 찬성으로 의결한다.

⑦ 위원장은 효율적이고 공정한 검증을 위하여 필요한 경우에는 다음 각 호의 조치를 할 수 있다.

1. 사용비용 보조를 받고자 하는 자와 추진위원회 사용비용 이해관계자(이하 "이해관계자"라 한다.)로 하여금 산정위원회에 출석하여 해당 추진위원회의 운영 실태와 자금 조달 및 지출 등에 대하여 설명하거나, 관련 자료를 제출하도록 요구할 수 있다.
2. 위원으로 하여금 현장조사를 하게 하거나 산정위원회에서 관련 전문가의 의견을 들을 수 있다.

⑧ 산정위원회에 제출하는 증명자료는 계약서, 국세청에서 인정하는 영수증, 해당 업체가 국세청에 소득 신고한 자료 등으로 한다.

⑨ 간사는 정비사업 업무담당 팀장이 하며, 심의안건 및 회의록 작성·보관, 회의결과 정리·보고 등 산정위원회 운영과 관련하여 필요한 조치를 하여야 한다.

⑩ 산정위원회의 위원에 대해서는 예산의 범위에서「남양주시 각종위원회 실비변상 조례」가 정하는 바에 따라 수당과 여비 등을 지급하되, 조사 및 현황 확인을 위한 출장비용 등은 실비로 지급할 수 있다.

– 고양시

제15조(추진위원회사용비용검증위원회 구성 및 운영 등) ① 시장은 추진위원회 사용비용을 검증하기 위해 추진위원회사용비용검증위원회(이하 "검증위원회"라 한다.)를 구성·운영할 수 있다.

② 검증위원회의 구성은 부시장을 위원장으로 한 15인 이내의 위원으로 구성하며, 위원은 다음 각 호의 어느 하나에 해당하는 사람 중에서 시장이 임명 또는 위촉한다.

1. 변호사, 도시계획기술사, 건축사, 감정평가사, 공인회계사, 세무사 등 정비사업에 관한 학식과 경험이 풍부한 전문가 6인 이상
2. 정비사업 관련 업무에 종사하는 5급 이상 공무원

③ 위원장은 효율적이고 공정한 검증을 위해 필요한 경우에는 다음의 각 호의

조치를 할 수 있다.

1. 사용비용 보조를 받고자 하는 자와 추진위원회 사용비용 이해관계자(이하 "이해관계자"라 한다.)로 하여금 검증위원회에 출석하여 해당 추진위원회 운영 실태와 자금 조달 및 지출 등에 대해 설명하거나 관련 자료를 제출하도록 요구할 수 있다.
2. 위원으로 하여금 현장조사를 하게 하거나 외부 전문가를 검증위원회의 회의에 출석하게 하여 의견을 들을 수 있다.

④ 검증위원회에 제출하는 증빙자료는 계약서, 국세청에서 인정하는 영수증과 해당 업체에서 국세청에 소득 신고한 자료 등으로 한다.

⑤ 검증위원회 위원에 대하여는 예산의 범위에서 수당과 여비 등을 지급하되, 조사 및 현황 확인을 위한 출장비용 등은 실비로 지급할 수 있다.

추진위원회 사용비용 재검증위원회에 대한 규정이 없다.

- 부천시

第16조(검증위원회 구성·운영) ① 시장은 추진위원회 및 조합 사용비용을 검증하기 위한 검증위원회를 구성·운영할 수 있으며, 검증위원회는 위원장과 부위원장을 포함한 15명 이내의 위원으로 구성한다.

② 위원장은 부시장이 되고, 부위원장은 위원 중에서 호선하며, 위원은 다음 각 호의 어느 하나에 해당하는 사람 중에서 시장이 임명 또는 위촉한다.

1. 변호사, 공인회계사, 감정평가사, 건축사, 도시계획기술사, 세무사 등 정비사업에 관한 학식과 경험이 풍부한 전문가 10명 이상
2. 정비사업 관련 업무에 종사하는 5급 이상 공무원

③ 위원장은 효율적이고 공정한 검증을 위해 필요한 경우에는 다음의 각 호의 조치를 할 수 있다.

1. 사용비용 보조를 받고자 하는 자 등 이해관계자로 하여금 검증위원회에 출석하여 해당 추진위원회 및 조합 운영 실태와 자금 조달 및 지출 등에 대해 설명하거나 관련 자료를 제출하도록 요구
2. 위원으로 하여금 현장조사를 하게 하거나 외부 전문가를 검증위원회의 회의에 출석하게 하여 의견청취

④ 검증위원회에 제출하는 증빙자료는 계약서, 국세청에서 인정하는 영수증 및 해당 추진위원회 및 조합에서 국세청에 소득 신고한 자료 등으로 한다.

⑤ 검증위원회 회의는 비공개 회의를 원칙으로 하며, 심의·의결의 공정성을 침해할 우려가 있다고 인정되는 개인정보 등은 회의에 공개하지 아니할 수 있다.

⑥ 위원회에 출석한 위원에게는 「부천시 위원회 실비 변상 조례」에 따라 예산의 범위에서 수당과 여비 등을 지급할 수 있다.

⑦ 당연직 위원의 임기는 그 직위에 재직하는 기간으로 하며, 위촉직 위원의 임기는 2년으로 하고 한 차례에 한정하여 연임할 수 있다. 다만, 보궐위원의 임기는 전임위원의 남은 임기로 한다.

⑧ 회의는 위원장이 필요하다고 인정하는 경우 소집한다.

⑨ 위원회의 회의는 재적위원 과반수의 출석으로 개의하고, 출석위원 과반수의 찬성으로 의결한다.

⑩ 간사는 업무 담당팀장이 하며, 심의안건 및 회의록 작성·보관, 회의결과 정리·보고 등 위원회 운영과 관련하여 필요한 조치를 하여야 한다.

제16조의2(위원의 위촉 해제·제척·기피·회피 등) ① 시장은 위원회의 위원이 다음 각 호의 어느 하나에 해당하는 경우에는 위촉 해제할 수 있다.

1. 위원의 임무를 성실히 수행하지 아니한 경우
2. 품위를 손상시켜 위원으로서 적합하지 않다고 인정되는 경우
3. 그 밖의 사정으로 위원의 임무를 수행할 수 없다고 판단되는 경우

② 위원이 다음 각 호의 어느 하나에 해당하는 경우에는 심의·의결에서 제척된다.

1. 위원 또는 배우자가 당사자이거나 공동권리자 또는 공동의무자의 관계에 있는 경우
2. 위원이 당사자와 친족관계에 있는 경우
3. 위원 또는 위원이 속한 법인이 당사자의 대리인으로 관여하거나 관여하였던 경우
4. 위원이 해당 사항에 관하여 용역을 수행하거나 그 밖의 방법으로 직접 관여한 경우
5. 그 밖에 당사자와 직접적인 이해관계가 있다고 인정되는 경우

③ 위원이 제2항의 사유에 해당하는 경우에는 스스로 그 사항의 심의·의결에서 회피할 수 있다.

④ 시장은 위원이 제척·기피·회피의 사유가 있음에도 불구하고 심의에 참여하여 심의의 공정성을 해친 경우에는 위촉 해제할 수 있다.

– 안양시

제17조(추진위원회사용비용검증위원회 구성 및 운영 등) ① 시장은 추진위원회 사용비용을 검증하기 위해 안양시 추진위원회사용비용검증위원회(이하 "검증위원회"라 한다.)를 구성·운영할 수 있다.

② 검증위원회는 위원장 1명을 포함한 15명 이내의 위원으로 구성하고, 위원장은 부시장이 되며, 위원은 다음 각 호의 어느 하나에 해당하는 사람 중에서 시장이 임명 또는 위촉한다.

1. 변호사, 도시계획기술사, 건축사, 감정평가사, 공인회계사, 세무사 등 정비사업에 관한 학식과 경험이 풍부한 전문가 10명 이상
2. 정비사업 관련 업무에 종사하는 5급 이상 공무원

③ 시장은 제2항에 따라 위원 위촉 시에는 여성과 남성의 균형 있는 참여를 고려하여 선정하도록 한다.

④ 위원회 회의에 참석한 위원에게는 예산의 범위에서 수당과 여비 등을 지급하되, 조사 및 현황 확인을 위한 출장비용 등은 실비로 지급할 수 있다.

○ **인천시, 부산시, 대구시, 광주시, 대전시**

관련 조문이 없다.

조례 제16조(사업시행인가의 경미한 변경사항)

법 제28조제1항 후단, 영 제38조제12호

사업시행인가의 경미한 변경사항

도시재개발법 제22조제1항 단서조항에서 시도 조례로 직접 사업시행인가의 경미한 변경사항을 규정하였지만, 도시정비법에서는 시행령 제38조제12호에서 시도 조례에 위임하고 있다.

▢ 개정 연혁

▸ 도시재개발사업조례[서울시조례]

제18조(시행인가의 경미한 변경사항) ① 법 제22조제1항 및 제4항 단서(법 제23조제3항 및 법 제24조제3항에서 준용하는 경우를 포함한다.)에 의하여 신고로서 인가에 갈음하고, 고시를 생략하며, 법 제25조제1항 단서에 의하여 공람과 의견청취를 생략할 수 있는 경미한 사항의 변경이라 함은 다음 각 호를 말한다.

1. 영 제27조제1항(영 제34조에서 준용하는 경우를 포함한다.)에 의하여 규약에 정한 사항 중 다음 각 목의 변경 사항

   가. 시행자 외에 토지등의 소유자가 없거나 규약의 변경을 총회의 결의를 거치도록 정한 경우 제12조제1호 각 목의 변경사항

   나. 법 제4조에 의하여 재개발 구역의 변경지정에 따른 재개발사업의 명칭 변경

   다. 영 제27조제1항제2호의 주된 사무소의 소재지 변경

   라. 제12조제1호 라목에 의한 변경

2. 영 제31조제1항(영 제33조에서 준용하는 경우를 포함한다.)에 의하여 시행규정에 정한 사항 중 다음 각 목의 변경사항

   가. 영 제31조제2항에 의하여 지방자치단체의 조례로 정한 시행규정의 경

우 조례의 개정에 따른 변경사항

나. 법 제9조제1항에 의하여 공사가 시행자인 경우에는 제1호 나목 및 라목에 의한 변경사항

3. 영 제28조제1항(영 제32조, 영 제33조 및 영 제34조에서 준용하는 경우를 포함한다.)에 대하여 작성한 사업시행계획의 내용 중 다음 각 목의 변경사항

가. 법 제4조에 의한 구역의 변경에 따른 재개발사업의 명칭변경, 시행자의 명칭변경 및 면적의 변경

나. 시행자의 대표자 변경

다. 권리·의무의 승계에 의한 영 제28조제1항제9호의 토지 또는 건축물에 관한 권리자별 권리명세의 변경 〈개정 1999.7.31〉

② 법 제25조제1항 단서에 의하여 관계서류의 공람과 의견청취를 생략할 수 있는 경미한 사항의 변경이라 함은 다음 각 호를 말한다.

1. 법 제4조제2항 단서에 의한 경미한 재개발구역의 변경지정에 따른 사업시행계획의 변경
2. 토지등의 소유자 전원의 동의 또는 법 제18조제1항제2호에 의한 사업시행계획의 변경
3. 법 제26조에 의하여 인·허가 등이 의제되는 다른 법률의 규정에 따라 경미한 변경사항에 해당하는 사업시행계획의 변경

➡ 도시재개발법상 사업시행인가의 경미한 변경사항은 법 제22조제1항 단서조항에서 시행령에 위임하지 않고 시도 조례에 위임하였다.
이에 따라 서울시는 도시재개발사업조례 제18조에서 사업시행인가의 경미한 변경사항을 규정하였던 것이다.

▸ 도시재개발법[법률 제6656호, 2002.2.4]

제22조(토지등의 소유자 또는 조합의 시행인가) ① 토지등의 소유자 또는 조합은 재개발사업을 시행하고자 할 때에는 대통령령이 정하는 바에 의하여 규약(토지등의 소유자에 한한다.) 및 사업시행계획을 작성하여 시장·군수 또는 구청장의 인가를 받아야 한다. 규약 또는 사업시행계획을 변경하거나 재개발사업을 중지

또는 폐지하고자 할 때에도 또한 같다. 다만, 시도 조례가 정하는 경미한 사항을 변경하는 때에는 신고로서 인가를 갈음한다.

➡ 도시재개발법에서는 시행령을 통해 시도 조례에 위임하는 형식이 아닌 법률에서 직접 시도 조례로 위임하였다.

▸ 도시정비조례 [서울시조례 제4167호, 2003.12.30, 제정]

第15조(사업시행인가의 경미한 변경사항) ① 영 제38조제12호에서 "그 밖에 시도 조례가 정하는 사항"이란 다음 각 호의 변경을 말한다.

1. 법 제30조제8호에 의한 시행규정 중 제11조제1호·제2호 또는 제4호에 해당하는 사항
2. 영 제41조제2항제3호에 의한 사업시행자의 대표자
3. 영 제41조제1항제8호에 의한 토지 또는 건축물에 관한 권리자별 권리명세
4. 영 제41조제2항제13호에 의한 규약의 내용 중 다음 각 목의 사항
   가. 사업시행자 이외에 토지등의 소유자가 없거나 총회의 의결로 규약을 변경하도록 정한 사항 중에서 제11조제1호·제2호 및 제4호에 해당하는 사항
   나. 주된 사무소의 소재지
   다. 토지등소유자
5. 법 제32조에 의하여 의제되는 다른 법률의 인허가 등으로서 해당 법률에서 인·허가의 경미한 변경사항으로 규정된 사항

부 칙 〈2003.12.30〉

第1조(시행일) 이 조례는 공포한 날부터 시행한다.

▸ 도시정비법 시행령[대통령령 제18044호, 2003.6.30, 제정]

第38조 (사업시행인가의 경미한 변경) 법 제28조제1항 단서에서 "대통령령이 정하는 경미한 사항을 변경하고자 하는 때"란 다음 각 호의 1에 해당하는 때를 말한다.

1. 정비사업비를 10%의 범위 안에서 변경하는 때. 다만, 주택건설촉진법 제3조제1호의 규정에 의한 국민주택을 건설하는 사업인 경우에는 국민주택기

금의 지원 금액이 증가되지 아니하는 경우에 한한다.

2. 건축물이 아닌 부대·복리시설의 설치규모를 확대하는 때(위치가 변경되는 경우를 제외한다.)
3. 대지면적을 10%의 범위 안에서 변경하는 때
4. 세대수 또는 세대 당 단위규모(공용면적을 제외한다.)를 변경하지 아니하는 범위 안에서 내부구조의 위치 또는 면적을 변경하는 때
5. 내장재료 또는 외장 재료를 변경하는 때
6. 사업시행인가의 조건으로 부과된 사항의 이행에 따라 변경하는 때
7. 건축물의 설계와 용도별 위치를 변경하지 아니하는 범위 안에서 건축물의 배치 및 주택단지안의 도로선형을 변경하는 때
8. 건축법시행령 제12조제3항 각 호의 1에 해당하는 사항을 변경하는 때
9. 조합의 명칭 또는 사무소 소재지를 변경하는 때
10. 정비구역 또는 정비계획의 변경에 따라 사업시행계획서를 변경하는 때
11. 법 제16조의 규정에 의한 조합변경의 인가에 따라 사업시행계획서를 변경하는 때
12. 그 밖에 시도 조례가 정하는 사항을 변경하는 때

➡ 법률이 아닌 시행령에서 시도 조례로 위임하였다.

► [서울시조례 제4824호, 2009.7.30, 일부개정]

제16조(사업시행인가의 경미한 변경사항) 영 제38조제12호에서 "그 밖에 시도 조례가 정하는 사항"이란 다음 각 호의 변경을 말한다. 〈개정 2009.7.30〉

1. 법 제30조제8호에 따른 시행규정 중 제12조제1호·제2호 또는 제4호에 해당하는 사항 〈개정 2009.7.30〉
2. 영 제41조제2항제3호에 따른 사업시행자의 대표자 〈개정 2009.7.30〉
3. 영 제41조제2항제8호에 따른 토지 또는 건축물에 관한 권리자별 권리명세 〈개정 2009.7.30〉
4. 영 제41조제2항제13호에 따른 규약의 내용 중 다음 각 목의 사항 〈개정 2009.7.30〉

가. 사업시행자 이외에 토지등의 소유자가 없거나 총회의 의결로 규약을 변경하도록 정한 사항 중에서 제12조제1호·제2호 및 제4호에 해당하는 사항 〈개정 2009.7.30〉

나. 주된 사무소의 소재지 〈개정 2009.7.30〉

다. 토지등소유자 〈개정 2009.7.30〉

5. 법 제32조에 따라 의제되는 다른 법률의 인허가 등으로서 해당 법률에서 인·허가의 경미한 변경사항으로 규정된 사항 〈개정 2009.7.30〉

부 칙 〈2009.7.30〉

제1조(시행일) 이 조례는 공포한 날부터 시행한다.

▢ 사업시행인가 절차

사업시행계획서 작성하여 토지등소유자 동의를 받아 사업시행인가를 위한 총회 ⇨ 인가신청(조합인 사업시행자 → 시장·군수) ⇨ 공람 및 의견청취(시장·군수) ⇨ 건축심의(정비구역밖의 재건축사업만 해당) 및 관계행정기관협의(시장·군수) ⇨ 사업시행인가(시장·군수) ⇨ 고시(지자체 공보, 시장·군수) ⇨ 인가서 교부(시장·군수 → 사업시행자)

▢ 조례 제16조(사업시행인가의 경미한 변경사항)

영 제38조제12호에서 "그 밖에 시도 조례가 정하는 사항"이란 다음 각 호의 변경을 말한다(본조).

1. 법 제30조제8호에 따른 시행규정 중 제12조제1호·제2호 또는 제4호에 해당하는 사항
2. 영 제41조제2항제3호에 따른 사업시행자의 대표자
3. 영 제41조제2항제8호에 따른 토지 또는 건축물에 관한 권리자별 권리명세
4. 영 제41조제2항제13호에 따른 규약의 내용 중 다음 각 목의 사항

가. 사업시행자 이외에 토지등의 소유자가 없거나 총회의 의결로 규약을 변경하도록 정한 사항 중에서 제12조제1호·제2호 및 제4호에 해당하는 사항

나. 주된 사무소의 소재지

다. 토지등소유자

5. 법 제32조에 따라 의제되는 다른 법률의 인허가 등으로서 해당 법률에서 인·허가의 경미한 변경사항으로 규정된 사항

사업시행인가의 경미한 변경은 법 제28조제1항 단서, 시행령 제38조 및 도시정비조례 제16조에서 규정하고 있다. 조례 제16조의 경우는 시행령 제38조와 마찬가지로 사업시행인가권자인 구청장에게 신고만으로 사업시행변경인가를 받을 수 있다.

사업시행자(공동시행의 경우를 포함하되, 사업시행자가 주택공사등만 포함)는 정비사업을 시행하고자 하는 경우에는 사업시행계획서에 정관등과 그 밖에 국토부령이 정하는 서류를 첨부하여 시장·군수에게 제출하고 사업시행인가를 받아야 한다. 인가받은 내용을 변경하거나 정비사업을 중지 또는 폐지하고자 하는 경우에도 또한 같다(법 제28조제1항).

- 시행령 상 사업시행인가의 경미한 변경사항

법 제28조제1항 후단 단서에서 "대통령령이 정하는 경미한 사항을 변경하려는 때"란 다음 각 호의 어느 하나에 해당하는 때를 말한다(영 제38조).

이 경우에는 위의 절차를 밟지 않고 시장·군수에게 신고만으로 사업시행변경인가가 가능하다.

1. 정비사업비를 10%의 범위에서 변경하거나 관리처분계획의 인가에 따라 변경하는 때. 다만, 「주택법」 제2조제3호에 따른 국민주택을 건설하는 사업인 경우에는 국민주택기금의 지원 금액이 증가되지 아니하는 경우만 해당한다.
2. 건축물이 아닌 부대·복리시설의 설치규모를 확대하는 때(위치가 변경되는 경우를 제외한다.)
3. 대지면적을 10%의 범위 안에서 변경하는 때
4. 세대수 또는 세대 당 주택공급면적(바닥 면적에 산입되는 면적으로서 사업시행자가 공급하는 주택의 면적을 말한다.)을 변경하지 아니하고 사업시행인가를 받은 면적의 10%의 범위에서 내부구조의 위치 또는 면적을 변경하는 때
5. 내장재료 또는 외장 재료를 변경하는 때

6. 사업시행인가의 조건으로 부과된 사항의 이행에 따라 변경하는 때
7. 건축물의 설계와 용도별 위치를 변경하지 아니하는 범위 안에서 건축물의 배치 및 주택단지안의 도로선형을 변경하는 때
8. 「건축법 시행령」 제12조제3항 각 호의 1에 해당하는 사항을 변경하는 때
9. 사업시행자의 명칭 또는 사무소 소재지를 변경하는 때
10. 정비구역 또는 정비계획의 변경에 따라 사업시행계획서를 변경하는 때
11. 법 제16조에 의한 조합변경의 인가에 따라 사업시행계획서를 변경하는 때
12. 그 밖에 시도 조례로 정하는 사항을 변경하는 때

▢ 시도별 조례

서울시와 대체로 그 내용이 유사하다.

○ 경기도

제13조(사업시행인가의 경미한 변경사항) 영 제38조제12호에서 "조례로 정하는 사항"이란 다음 각 호의 변경사항을 말한다. 〈개정 2009.12.31〉

1. 법 제30조제8호에 따른 시행규정 중 조례 제11조제1호·제2호 또는 제4호에 해당하는 사항
2. 영 제41조제2항제3호에 따른 사업시행자의 대표자
3. 영 제41조제2항제8호에 따른 토지 또는 건축물에 관한 권리자별 권리명세 〈개정 2009.12.31〉
4. 영 제41조제2항제13호에 따른 규약의 내용 중 다음 각 목의 사항
   가. 사업시행자 이외에 토지등의 소유자가 없거나 총회의 의결로 규약을 변경하도록 정한 사항 중에서 조례 제11조제1호·제2호 및 제4호의 규정에 해당하는 사항
   나. 주된 사무소의 소재지
   다. 토지등소유자
5. 법 제32조에 따라서 의제되는 다른 법률의 인·허가 등으로서 해당 법률에서 인·허가의 경미한 변경사항으로 규정된 사항

– 남양주시, 부천시, 수원시, 고양시, 안양시, 화성시, 안산시

경기도와 내용이 같다.

○ 인천시

제15조(사업시행인가의 경미한 변경) 영 제38조제12호에서 “그 밖에 시도 조례로 정하는 사항을 변경하는 때”란 다음 각 호의 어느 하나에 해당하는 때를 말한다. 〈개정 2013.4.8〉

1. 영 제41조제1항에 따라 시행규정에 정한 사항 중 제12조제1호·제2호 및 제4호의 사항을 변경하는 때
2. 영 제41조제2항에 따라 작성한 사업시행계획서의 내용 중 다음 각 목의 사항을 변경하는 때
   가. 사업시행자의 성명 및 주소
   나. 권리·의무의 승계에 따른 영 제41조제2항제8호의 토지 또는 건축물에 관한 권리자별 권리의 명세
3. 영 제41조제4항 및 제5항에 따라 규약에 정한 사항 중 다음 각 목의 사항을 변경하는 때
   가. 사업시행자 외에 토지등의 소유자가 없거나 총회의 의결로 규약을 변경하도록 정한 경우 제13조제1항제1호·제2호 및 제4호의 사항
   나. 주된 사무소의 소재지
   다. 토지등소유자
4. 법 제32조에 따라 인·허가 등이 의제되는 관계 법률에서 해당 인·허가의 경미한 변경사항으로 규정한 사항을 변경하는 때
5. 임대주택 연면적이 감소하지 않는 범위 안에서 임대주택의 건립세대 및 규모별 건립비율의 변경
6. 건축계획으로 정한 연면적 범위 안에서 주택건립 세대수의 변경
7. 정비기본계획의 인센티브 항목(공개공지, 지하주차장 확보 및 탑상형 주택)이 영 제12조 및 조례 제7조에 따른 경미한 변경 범위에서 변경하는 때

○ 부산시, 대구시, 대전시

제15조(사업시행인가의 경미한 변경사항) 영 제38조제12호에서 "그 밖에 시도 조례로 정하는 사항"이란 다음 각 호의 사항을 말한다.

1. 법 제30조제8호의 시행규정에 정한 사항중 제13조제1호·제2호 및 제4호의 변경에 해당하는 사항
2. 영 제41조제2항에 따른 사업시행계획의 내용 중 다음 각 목의 변경에 해당하는 사항
   가. 사업시행자의 대표자
   나. 권리·의무의 승계에 따른 토지 또는 건축물에 관한 권리자별 권리명세
3. 영 제41조제4항에 따라 규약에 정한 사항 중 다음 각 목의 변경에 해당하는 사항
   가. 사업시행자 외에 토지등소유자가 없거나 총회의 의결로 규약을 변경하도록 정한 사항 중에서 제13조제1호·제2호 및 제4호의 사항
   나. 주된 사무소의 소재지
   다. 토지등소유자의 변경
4. 법 제32조에 따라 인·허가 등이 의제되는 다른 법률에서 해당 인·허가의 경미한 변경사항으로 규정한 것

광주시는 같은 내용으로 제17조에서 규정하고 있다.

조례 제17조(지정개발자의 정비사업비 예치 등)

법 제29조제1항

지정개발자의 정비사업비 예치 등

시장·군수는 도시환경정비사업의 사업시행인가 시 해당 정비사업의 지정개발자에게 정비사업비의 20/100의 범위 이내에서 시도 조례로 정하는 금액을 예치하게 할 수 있다.

▢ 개정 연혁

▸ 도시정비조례[서울시조례 제4167호, 2003.12.30, 제정]

제16조(지정개발자의 정비사업비 예치 등) ① 법 제29조제1항에 의하여 도시환경정비사업의 지정개발자가 예치하여야 할 금액은 사업시행인가서의 정비사업비 10/100으로 한다.

② 구청장은 제1항에 의한 예치금의 납부를 지정개발자에게 통지하여야 한다.

③ 제2항에 의한 예치금의 납부통지를 받은 지정개발자는 예치금을 당해 자치구의 금고에 현금으로 예치하거나 다음 각 호의 보증서 등으로 제출할 수 있다.

1. 보험업법에 의한 보험사업자가 발행한 보증보험증권
2. 국가 또는 지방자치단체가 발행한 국채 또는 지방채
3. 주택건설촉진법 제47조의6에 의한 대한주택보증주식회사가 발행한 보증서
4. 건설산업기본법에 의한 건설공제조합이 발행한 보증서

부 칙 〈2003.12.30〉

제1조(시행일) 이 조례는 공포한 날부터 시행한다.

▸ [서울시조례 제4824호, 2009.7.30, 일부개정]

제17조(지정개발자의 정비사업비 예치 등) ① 법 제29조제1항에 따라 도시환경정비사

업의 지정개발자가 예치하여야 할 금액은 사업시행인가서의 정비사업비 10/100으로 한다. 〈개정 2009.7.30〉

② 구청장은 제1항에 따른 예치금의 납부를 지정개발자에게 통지하여야 한다. 〈개정 2009.7.30〉

③ 제2항에 따른 예치금의 납부통지를 받은 지정개발자는 예치금을 해당 자치구의 금고에 현금으로 예치하거나 다음 각 호의 보증서 등으로 제출할 수 있다. 〈개정 2009.7.30〉

1. 「보험업법」에 따른 보험사업자가 발행한 보증보험증권 〈개정 2009.7.30〉
2. 국가 또는 지방자치단체가 발행한 국채 또는 지방채 〈개정 2009.7.30〉
3. 「주택법」 제76조에 따른 대한주택보증주식회사가 발행한 보증서 〈개정 2009.7.30〉
4. 「건설산업기본법」에 따른 건설공제조합이 발행한 보증서 〈개정 2009.7.30〉

부 칙 〈2009.7.30〉

제1조(시행일) 이 조례는 공포한 날부터 시행한다.

➡ 타법 개정으로 인한 법률 조항의 변동이 있으나, 그 내용은 개정되지 않았다.

▢ 정비사업시행자

정비사업시행자는 공공시행자인 시장·군수, 주택공사등과 정비조합, 토지등소유자(도시환경정비사업), 공동사업시행자, 사업대행자 및 지정개발자가 있다.

○ 지정개발자

시장·군수는 정비사업이 다음 중 어느 하나에 해당하는 때에는 직접 정비사업(주거환경사업을 제외)을 시행하거나, 시장·군수가 토지등소유자·민관합동법인·신탁업자(다음의 경우에 한함 : 이를 지정개발자라 함.) 또는 토지주택공사등을 사업시행자로 지정하여 정비사업을 시행하게 할 수 있다(법 제8조제4항)

- 천재·지변 그 밖의 불가피한 사유로 인하여 긴급히 정비사업을 시행할 필요가 있다고 인정되는 때
- 정비계획에서 정한 정비사업시행 예정일부터 2년 이내에 사업시행인가(법 제28조)를 신청하지 아니하거나 사업시행인가를 신청한 내용이 위법 또는 부당하다고 인정되는 때(재건축사업의 경우를 제외)

○ 지정개발자의 요건

지정개발자는 다음 중 어느 하나에 해당한 자로 한다(영 제14조제2항).

- 정비구역(정비구역이 아닌 구역 안에서 재건축사업이 시행되는 경우에는 그 구역을 말함)안의 토지면적의 50% 이상을 소유한 자로서 토지등소유자(법 제69조에 의하여 사업시행방식이 전환된 경우로서 당해 정비구역안에 환지예정지를 지정받은 자가 있는 경우에는 환지예정지 지정을 받은 자를 포함하고 당해 환지예정지의 소유자를 제외함)의 50% 이상의 추천을 받은 자
- 「사회기반시설에 대한 민간투자법」 제2조제12호에 의한 민관합동법인(민간투자사업의 부대사업으로 시행하는 경우에 한함)으로서 토지등소유자의 50% 이상의 추천을 받은 자
- 정비구역안의 토지면적의 1/3 이상의 토지를 신탁 받은 「자본시장과 금융투자업에 관한 법률」 제8조제7항에 따른 신탁업자

□ 지정개발자의 정비사업비 예치 및 반환

○ 조례 제17조제1항(예치)

법 제29조제1항에 따라 도시환경정비사업의 지정개발자가 예치하여야 할 금액은 사업시행인가서의 정비사업비 10/100으로 한다(동조 제1항).

지정개발자의 정비사업비 예치는 시행령 위임이 없이 시도 도시정비조례로 위임되었다.

시장·군수는 도시환경정비사업의 사업시행인가를 하고자 하는 경우 해당 정비사업의 사업시행자가 지정개발자인 때에는 정비사업비의 20/100의 범위 이내에

서 시도 조례로 정하는 금액을 예치하게 할 수 있다. 이 예치금은 청산금의 지급이 완료된 때에 이를 반환하는데, 예치 및 반환 등에 관하여 필요한 사항은 시도 조례로 정한다(법 제29조).

또한 구청장은 법 제64조제1항에 따라 사업시행자가 설치하여야 하는 정비기반시설의 설치부지가 일부만 확보되어 사업시행자가 정비기반시설을 설치하여도 해당 시설이 제(諸)기능을 발휘할 수 없거나 시설이용의 효율성이 미흡할 것으로 판단되는 경우에 사업시행자에게 해당 정비기반시설의 설치비용을 해당 구금고에 예치하게 할 수 있다(조례 제38조제3항).

○ 조례 제17조제2항 및 제3항

구청장은 이 예치금의 납부를 지정개발자에게 통지하여야 한다(동조 제2항).

예치금의 납부통지를 받은 지정개발자는 예치금을 해당 자치구의 금고에 현금으로 예치하거나 다음 각 호의 보증서 등으로 제출할 수 있다(동조 제3항).

1. 「보험업법」에 따른 보험사업자가 발행한 보증보험증권
2. 국가 또는 지방자치단체가 발행한 국채 또는 지방채
3. 「주택법」 제76조에 따른 대한주택보증주식회사가 발행한 보증서
4. 「건설산업기본법」에 따른 건설공제조합이 발행한 보증서

▢ 시도별 조례

서울시와 그 내용이 유사하다.

○ 경기도

제14조(지정개발자의 정비사업비 예치 등) ① 법 제29조제1항에 따라서 도시환경정비사업의 지정개발자가 예치하여야 할 금액은 사업 시행인가서의 정비사업비 10/100으로 한다.

② 시장·군수는 제1항에 따른 예치금의 납부를 지정개발자에게 통지하여야 한다.

③ 제2항에 따른 예치금의 납부통지를 받은 지정개발자는 예치금을 해당 시·군

의 금고에 현금으로 예치하거나 다음 각 호의 보증서 등으로 제출할 수 있다.

1. 「보험업법」에 따른 보험사업자가 발행한 보증보험증권
2. 국가 또는 지방자치단체가 발행한 국채 또는 지방채
3. 「주택법」 제76조에 따른 대한주택보증주식회사가 발행한 보증서
4. 「건설산업기본법」에 따라서 건설공제조합이 발행한 보증서

- 남양주시, 수원시, 고양시, 화성시, 안양시, 부천시, 안산시

경기도와 같다.

○ 인천시

제16조(지정개발자의 정비사업비 예치 등) ① 법 제29조제1항에 따라 지정개발자가 도시환경정비사업의 사업시행인가를 받기 전에 예치하여야 할 금액(이하 "예치금"이라 한다.)은 정비사업비의 20/100에 해당하는 금액으로 한다.

② 구청장 등은 지정개발자가 사업시행인가를 받기 전에 예치금을 납부할 수 있도록 제1항에 따른 예치금의 납부금액, 납부기한 및 예치방법 등 그 예치에 관하여 필요한 사항을 미리 알리고 반환 시기 및 절차 등을 안내하여야 한다.

③ 제1항에 따른 예치금은 현금 또는 이에 상당하는 다음 각 호의 증권, 채권 및 보증서 등으로 예치할 수 있다.

1. 보증보험증권
2. 국가 또는 지방자치단체가 발행한 국채 또는 지방채
3. 「주택법」 제76조에 따른 대한주택보증주식회사가 발행한 보증서
4. 「건설산업기본법」에 따른 건설공제조합이 발행한 보증서

○ 부산시, 대구시, 광주시

제16조(지정개발자의 정비사업비 예치 등) ① 법 제29조제1항에 따라 지정개발자가 예치하여야 할 금액은 사업시행인가서의 정비사업비의 10/100으로 하고, 구청장은 지정개발자에게 예치에 관한 사항을 통지하여야 한다.

② 제1항에 따라 예치금의 통지를 받은 지정개발자는 지체 없이 해당 정비구역을 관할하는 구·군의 금고에 제1항에 따른 금액을 현금으로 예치하거나 이

에 상당하는 보증보험증권, 국가 또는 지방자치단체가 발행한 국채 또는 지방채, 「주택법」 제76조에 따른 대한주택보증주식회사가 발행한 보증서 또는 「건설산업기본법」 제54조에 따른 공제조합이 발행한 보증서를 제출하여야 한다.

③ 구청장은 지정개발자의 사업시행이 부실하게 될 우려가 없어졌다고 인정될 때에는 제2항에 따른 예치금을 반환할 수 있다.

○ **대전시**

제16조(지정개발자의 정비사업비 예치 등) ① 법 제29조제1항에 의하여 지정개발자가 예치하여야 할 금액은 사업시행인가 시 산정한 정비사업비의 20/100으로 하고, 구청장은 지정개발자에게 예치에 관한 사항을 통지하여야 한다.

② 제1항에 의하여 예치금의 예치통지를 받은 지정개발자는 지체 없이 당해 정비구역을 관할하는 자치구의 금고에 제1항에 의한 금액을 현금으로 예치하거나 다음 각 호의 보증서 등으로 제출할 수 있다.

1. 「보험업법」에 의한 보험사업자가 발행하는 보증보험증권
2. 국가 또는 지방자치단체가 발행하는 국채 또는 지방채
3. 「주택법」 제76조에 의한 대한주택보증주식회사가 발행하는 보증서
4. 「건설산업기본법」 제54조에 의한 공제조합이 발행하는 보증서

③ 구청장은 지정개발자의 사업시행이 부실하게 될 우려가 없어졌다고 인정될 때에는 제2항에 의한 예치금을 반환할 수 있다.

조례 제18조(시행규정에 정할 사항)

법 제30조제8호, 영 제41조제1항

토지등소유자 방식의 도시환경정비사업 운영규약(별첨)

시행규정에 정할 사항

정비사업의 시행자가 조합이 아닌 시장·군수 또는 주택공사등이 단독시행자로서의 정비사업으로, 정관과 같은 역할을 하는 것이 시행규정이다.
이 시행규정에 정할 사항으로는 법 제30조제8호, 영 제41조제1항 외에도 조례 제17조에서 규정하고 있다.

▢ 개정 연혁

▸ 도시정비조례[서울시조례 제4167호, 2003.12.30, 제정]

제17조(시행규정에 정할 사항) 영 제41조제1항제11호에서 "그 밖에 시도 조례가 정하는 사항"이라 함은 다음 각 호의 사항 중 당해 정비사업에 필요한 사항을 말한다.

1. 건축물의 철거에 관한 사항
2. 주민이주에 관한 사항
3. 토지 및 건축물의 보상에 관한 사항
4. 주택의 공급에 관한 사항

부 칙 〈2003.12.30〉

제1조 (시행일) 이 조례는 공포한 날부터 시행한다.

▸ [서울시조례 제4824호, 2009.7.30, 일부개정]

제18조(시행규정에 정할 사항) 영 제41조제1항제11호에서 "그 밖에 시도 조례가 정하는 사항"이란 다음 각 호의 사항 중 해당 정비사업에 필요한 사항을 말한다.

〈개정 2009.7.30〉

1. 건축물의 철거에 관한 사항 〈개정 2009.7.30〉
2. 주민 이주에 관한 사항 〈개정 2009.7.30〉
3. 토지 및 건축물의 보상에 관한 사항 〈개정 2009.7.30〉
4. 주택의 공급에 관한 사항 〈개정 2009.7.30〉

부 칙 〈2009.7.30〉

제1조(시행일) 이 조례는 공포한 날부터 시행한다.

➡ 내용은 개정된 것이 없이 용어만 정리되었다.

▢ 정비사업의 단독시행자

정비사업의 단독시행자는 원칙적으로 정비조합이지만, 예외적으로는 시장·군수 또는 주택공사등이 단독시행자의 역할을 하기도 한다. 단독시행자인 정비조합과 건설업자·등록업자 등과 공동시행자도 존재한다.

○ 시장·군수 또는 주택공사등이 단독시행자인 경우

- 시장·군수

시장·군수는 법령에서 정하는 바에 따라 정비사업 유형별로 토지등소유자 및 세입자의 동의를 얻어 정비사업을 직접 시행할 수 있다.

- 주택공사등

주거환경개선사업의 경우 토지등소유자 및 세입자의 동의를 얻어 시장·군수의 지정에 의해 시행할 수 있음(법 제7조제1항).

재개발·재건축사업, 도시환경정비사업의 경우 천재·지변 등 긴급한 정비사업과 순환정비방식 등을 시행할 필요가 있다고 인정되는 때에는 시장·군수의 지정에 의해 주택공사등이 사업시행자로 지정되기도 한다(법 제8조제4항).

단독시행자는 재개발·도시환경정비사업에서 그 예를 찾아볼 수 있는데, 이 경우 정비조합이 존재하지 않고 주민대표회의가 구성된다(안양 덕천지구 재개발사업장의 주민대표회의와 시행규정).

▸ **공동 사업시행자**

○ **재개발, 도시환경정비사업의 경우**

조합(도시환경정비사업은 토지등소유자 포함)이 조합원 과반수의 동의를 얻어 시장·군수, 주택공사등, 건설업자, 등록사업자 또는 대통령령이 정하는 요건을 갖춘 자와 공동으로 시행할 수 있다(법 제8조제1항, 영 제14조제1항).

○ **재건축사업의 경우**

조합이 조합원 과반수의 동의를 얻어 시장·군수, 주택공사등만 공동으로 시행할 수 있다(법 제8조제2항).

▢ 조례 제18조(시행규정에 정할 사항)

영 제41조제1항제11호에서 "그 밖에 시도 조례가 정하는 사항"이란 다음 각 호의 사항 중 해당 정비사업에 필요한 사항을 말한다(본조).

- 건축물의 철거에 관한 사항
- 주민 이주에 관한 사항
- 토지 및 건축물의 보상에 관한 사항
- 주택의 공급에 관한 사항

시행규정에서 정할 사항으로는 법 제30조제8호, 시행령 제41조 및 조례 제18조에서 규정하고 있다.

– 작성 시기

정관은 조합설립을 위한 창립총회 과정에서 토지등소유자들로부터 법 제16조에 의한 동의를 얻어야 그 효력이 발생한다. 이 정관의 내용에는 사업을 위한 착수,

시행, 관리처분 등의 준칙이 기재되고 조합집행부인 조합장, 이사, 감사 및 대의원 등 조직 구성을 위한 조항도 존재하게 된다. 정관의 내용은 법 제20조에 규정되어 있으며, 이러한 내용은 조합설립인가를 위한 과정에서 나타나게 된다.

그러나 시장·군수 또는 주택공사등이 단독시행자인 경우에는 앞서 설명한 바와 같이 조합을 구성하지 않으며, 토지등소유자의 의견을 제시하는 주민대표회의가 구성된다.

토지등소유자와 주민대표회의 등의 행동 준칙이라 할 수 있는 시행규정(도시정비법에서는 "정관등"으로 표현하고 있음.)을 작성하게 되는데, 사업시행자인 주택공사등이 사업시행계획서와 함께 시행규정이 만드는 것이 보통이다(사실 이는 시행자지정 단계에서 만들어지는 것이 옳다).

– 법 제30조(사업시행계획서의 작성)제8호

사업시행자는 정비계획에 따라 시행규정(시장·군수 또는 주택공사등이 단독으로 시행하는 정비사업에 한한다.)을 포함하여 사업시행계획서를 작성하여야 한다.

– 시행령 제41조 시행규정의 내용

- 정비사업의 종류 및 명칭
- 정비사업의 시행연도 및 시행방법
- 비용부담 및 회계에 관한 사항
- 토지등소유자의 권리·의무에 관한 사항
- 정비기반시설 및 공동이용시설의 부담에 관한 사항
- 공고·공람 및 통지의 방법
- 토지 및 건축물에 관한 권리의 평가방법에 관한 사항
- 관리처분계획 및 청산(분할징수 또는 납입에 관한 사항을 포함한다.)에 관한 사항(수용의 방법으로 시행하는 경우에는 제외한다.)
- 시행규정의 변경에 관한 사항
- 사업시행계획서의 변경에 관한 사항
- 그 밖에 시도 조례로 정하는 사항

○ **안양시 덕천지구 재개발사업(주택공사가 사업시행자인 경우)에서의 시행규정**

제1장 총 칙

제1조 목 적
제2조 용어의 정의
제3조 사업 명칭 및 시행구역
제4조 시행방법
제5조 사업기간
제6조 공고 및 통지의 방법

제2장 주민대표회의

제7조 주민대표회의의 구성
제8조 임원의 임무
제9조 주민대표회의 위원의 권리와 의무
제10조 업무협의
제11조 주민대표회의 운영비용
제12조 기타 주민대표회의 운영에 관한 사항

제3장 사업시행

제13조 토지등소유자의 권리 및 의무 등
제14조 이주대책
제15조 세입자 및 영업자에 대한 이주대책 등
제16조 이사비, 주거이전비 등 지급기준
제17조 지장물의 철거
제18조 손실보상
제19조 토지등의 수용 또는 사용
제20조 지상권 등 계약의 해지
제21조 소유자의 확인이 곤란한 건축물 등에 대한 처분

제4장 관리처분계획

제22조 종전토지등의 면적 및 소유권 기준
제23조 분양신청 등
제24조 분양신청을 하지 아니한 자 등에 대한 조치
제25조 관리처분인가
제26조 관리처분계획의 공람 및 인가절차 등
제27조 분양대상자
제28조 분양주택 등 공급기준
제29조 임대주택
제30조 토지 및 건축물에 관한 권리의 평가방법

안양 덕천지구 재개발사업의 시행규정 전문은 「도시 및 주거환경정비법 조문해설」 법 제26조(주민대표회의)에 게재되어 있다.

▢ 시도별 조례

서울시와 같다.

○ 경기도

제14조(지정개발자의 정비사업비 예치 등) ① 법 제29조제1항에 따라서 도시환경정비사업의 지정개발자가 예치하여야 할 금액은 사업 시행인가서의 정비사업비 10/100으로 한다.

② 시장·군수는 제1항에 따른 예치금의 납부를 지정개발자에게 통지하여야 한다.

③ 제2항에 따른 예치금의 납부통지를 받은 지정개발자는 예치금을 해당시·군

의 금고에 현금으로 예치하거나 다음 각 호의 보증서 등으로 제출할 수 있다.

1. 「보험업법」에 따른 보험사업자가 발행한 보증보험증권
2. 국가 또는 지방자치단체가 발행한 국채 또는 지방채
3. 「주택법」 제76조에 따른 대한주택보증주식회사가 발행한 보증서
4. 「건설산업기본법」에 따라서 건설공제조합이 발행한 보증서

- 남양주시, 부천시, 수원시, 안산시, 안양시, 화성시, 고양시

경기도와 같다.

- 인천시

제17조(시행규정에 정할 사항) ① 영 제41조제1항제11호에서 "그 밖에 시도 조례로 정하는 사항"이란 다음 각 호의 사항을 말한다.

1. 건축물의 철거에 관한 사항
2. 주민이주에 관한 사항
3. 토지 및 건축물의 보상에 관한 사항
4. 주택의 공급에 관한 사항

② 법 제30조제9호에서 "그 밖에 사업시행을 위하여 필요한 사항으로서 대통령령으로 정하는 바에 따라 시도 조례가 정하는 사항"이란 영 제41조제2항 각 호의 사항 중 해당 정비사업에 필요한 사항을 말한다.

○ 부산시, 대구시, 광주시, 대전시

제17조(시행규정에 정할 사항) 영 제41조제1항제11호에서 "그 밖에 시도 조례로 정하는 사항"이란 다음 각 호의 사항 중 해당 정비사업에 필요한 사항을 말한다. 〈개정 2010.3.3〉

1. 건축물의 철거에 관한 사항
2. 주민이주에 관한 사항
3. 토지 및 건축물의 보상에 관한 사항
4. 주택의 공급에 관한 사항

토지등소유자 방식의 도시환경정비사업 운영규약(예시)

제1조(명칭) 이 사업의 명칭은 ○○구역 도시환경정비사업(이하 "사업"이라 한다)이라 한다.

제2조(목적) 이 사업은 도시정비법(이하 "법"이라 한다.)과 이 규약이 정하는 바에 따라 제3조의 사업시행구역(이하 "사업시행구역"이라 한다.)안의 건축물을 철거하고 그 대지 위에 새로운 건축물을 건설하여 도시의 환경을 개선하는데 그 목적이 있다.

제3조(사업시행구역) 이 사업의 사업시행구역은 서울시 종로구 ○○통 ○○번지 외 ○○필지로서 대지의 총면적은 9,000㎡으로 한다. 다만, 사업시행상 불가피하다고 인정되어 관계법령 및 이 규약이 정하는 바에 따라 추가로 편입되는 토지등이 있을 경우에는 사업시행구역과 대지의 총면적이 변경된 것으로 본다.

제4조(사무소) 이 사업의 주된 사무소는 서울시 ○○구 ○○동 ○○○-○번지 ○○빌딩 5층에 둔다.

제5조(사업의 내용) 도시환경정비사업의 내용은 제2조의 목적에 따라 도시정비법 등 관계법령 및 이 규약 이정하는 바에 따라 업무시설을 주용도로 하는 건물과 그 부대시설 및 필요한 공동시설을 설치하는 것이다.

제6조(사업기간) 이 사업의 사업기간은 사업시행인가일로부터 청산업무가 종료되는 날까지로 한다.

제7조(공고방법) 이 사업의 사업시행에 관하여 시행자가 고지 · 공고하여야 할 사항은 토지등소유자에게 등기우편으로 개별 고지하여야 하며, 등기우편이 주소불명, 수취거절 등의 사유로 반송되는 경우에는 1회에 한하여 일반우편으로 추가 발송한다. 다만, 공고방법에 관하여 자치구로부터 별도지시가 있을 때에는 그에 따른다.

제8조(규약의 변경) ① 규약을 변경하고자 할 때에는 토지등소유자 1/3 이상 또는 시행자의 발의가 있어야 한다.

② 규약의 변경에는 토지등소유자 2/3 이상의 동의를 얻어 시장 · 군수 · 구청장의 인가를 받아야 한다. 다만, 도시정비법 시행령(이하 "영"이라 한다.) 제32조의 경미한 변경에 해당하는 경우에는 위 동의에 갈음하여 개최된 총회에서 토지등소유자 과반수 출석과 출석 토지등소유자 과반수 찬성으로 변경한다.

③ 시행자가 다수의 필지의 토지 또는 다수의 건축물을 소유하고 있는 경우라 할지라도 시행자가 정비구역 지정 후에 정비사업을 목적으로 취득한 토지 또는 건축물에 대하여는 정비구역 지정일 기준 소유자를 토지등소유자의 수에 포함하여 산정하되, 이 경우 동

의 여부는 시행자에 의한다.

④ 법령의 변경이나 행정처분이 변경되어 규약의 내용을 변경해야 히는 경우에는 변경절차를 거치지 아나하고도 효력이 있는 것으로 한다.

제9조(토지등소유자의 권리 의무) ① 토지등소유지는 다음 각 호의 권리와 의무를 갖는다.

1. 건축물의 분양청구권
2. 총회의 출석권 · 발언권 및 의결권
3. 손실보상청구권
4. 정비사업비, 청산금, 부과금과 이에 대한 연체료 및 지연손실금(이주지연, 계약지연, 토지등소유자 분쟁으로 인한 지연 등을 포함함)등의 비용납부의무
5. 사업시행계획에 의한 철거 및 이주 의무
6. 그 밖에 관계법령 및 이 정관, 총회 등의 의결사항 준수의무

② 토지등소유자의 권한은 평등하며 권한의 대리행사는 원칙적으로 인정하지 아니하되, 다음 각 호에 해당하는 경우에는 권한을 대리할 수 있다. 이 경우 소유자의 자격은 변동되지 아니한다.

1. 토지등소유자가 권한을 행사할 수 없어 배우자·직계존비속·형제자매 중에서 성년자를 대리인으로 정하여 위임장을 제출하는 경우
2. 해외거주자가 대리인을 지정한 경우

③ 토지등소유자가 그 권리를 양도하거나 주소 또는 인감을 변경하였을 경우에는 그 양수자 또는 변경 당사자는 그 행위의 종료일부터 14일 이내에 시행자에게 그 변경내용을 신고하여야 한다. 이 경우 신고하지 아니하여 발생되는 불이익 등에 대하여 해당 토지등소유지는 시행자에게 이의를 제기할 수 없다. 또한 권리변동이 있을 때에는 종전의 권리자가 행하거나 또는 종전의 권리자에 대하여 행한 처분, 절차, 기타의 행위는 새로 이 권리자로 된 자에 대하여 행한 것으로 본다.

④ 토지등소유지는 시행자가 사업시행에 필요한 서류를 요구하는 경우 이를 제출할 의무가 있으며 시행자의 승낙이 없는 한 이를 회수할 수 없다. 이 경우 시행자는 요구서류에 대한 용도와 수량을 명확히 하여야 하며 시행자의 승낙이 없는 한 회수할 수 없다는 것을 미리 고지하여야 한다.

제10조(업무를 대표할 자) 이 사업에 관한 제반업무는 ㅇㅇ구역 도시환경정비사업의 시행자인 ㅇㅇ주식회사 대표이사 ㅇㅇㅇ으로 한다.

제11조(비용부담에 관한 사항) ① 사업의 시행에 필요한 비용은 다음 각 호로 한다.

1. 사업시행 전 종전 토지 및 건축물에 대한 평가액

2. 사업의 조사, 측량, 설계 및 감리에 소요된 비용
3. 대지조성 공사비 및 건축시설공사비와 그 부대시설 공사비
4. 사업의 관리에 소요된 비용(등기비용, 인건비, 통신비, 여비교통비, 사무용품비, 기타 필요한 일체의 경비를 말한다)
5. 각종 보상비(감정평가비를 포함한다)
6. 융자금이 있는 경우에는 그 이자에 해당하는 금액
7. 공공시설 설치 부담비용

② 전항 제 2호 내지 제 7호에 규정된 비용은 시행자가 총금액의 1/2을 부담하고 잔여 1/2은 토지등소유자가 종전토지 및 건축물가격 평가액 비율에 의거 부담할 수 있다. 이때 시행자는 토지등소유자의 자격으로 잔여 1/2에 대하여도 가격 평가비율에 의하여 추가 부담할 수 있다.

③ 토지등소유자는 전항 제 2호 내지 7호에 규정된 비용을 부담하고자 할 때에는 분양신청시 종전의 토지 및 건축물에 대한 개략적인 평가액의 50%에 해당하는 금액을 시행자에게 납부하여야 하며 동 금액을 납부치 않을 경우 부담의 의사가 없는 것으로 보고 시행자가 부담한다.

④ 사업에 필요한 비용을 시행자가 선부담하는 경우 청산 시 토지등소유자에게 청산금을 부과하며, 필요한 경우 관리처분계획상의 부담금(가청산금)으로 미리 부과할 수 있다. 부담금(가청산금)의 구체적인 내용은 인가받은 관리처분 내용에 따른다.

⑤ 시행자는 제2항의 비용을 토지소유자에게 부담시키고자 할 경우에는 10일 전에 통지하여야 하며 토지소유자는 시행자의 통고일로부터 20일 이내에 납부하여야 한다. 만약에 위 기일 내에 납부치 않을 경우에는 동 금액을 시행자가 납부하며 추후 관리처분계획에 반영하여 분양권리를 조정한다.

제12조(총회의 설치) ① 이 사업에는 토지등소유자 전원으로 구성하는 총회를 두며, 총회는 정기총회 · 임시총회로 구분하며 시행자가 소집한다. 다만, 토지등소유자 과반수 이상 이 총회의 목적사항을 제시하여 청구하는 때에는 시행자는 해당일로부터 2월 이내에 총회를 개최하여야 한다.

② 제1호의 규정에 의한 청구 또는 요구가 있는 경우로서 시행자가 2월 이내에 정당한 이유 없이 총회를 소집하지 아니하는 때에는 제1호의 규정에 의하여 소집을 청구한 자의 대표가 시장·군수·구청장의 승인을 얻어 이를 소집한다.

제13조(회의에 관한 사항) ① 총회는 토지등소유자 과반수 출석과 출석소유자 과반수 찬성으로 의결한다.

② 총회의 출석 및 의결에 있어서 토지등소유자 수의 산정방법은 도시정비법 시행령 제28조의 규정을 준용한다. 시행자가 정비구역 지정 후에 취득한 토지 또는 건축물에 대하여는 종전소유자를 토지등소유자의 수에 포함하여 산정하되, 그 의결권은 시행자가 행사한다.

③ 토지등소유지는 서면을 통하여 의결권을 행사할 수 있다. 이 경우 서면에 의한 의결권행사는 제1항의 규정에 의한 출석으로 본다.

④ 제9조제2항에도 불구하고 토지등소유지는 대리인을 통하여 제1항의 의결권을 행사할 수 있다. 이 경우 토지등소유지는 인감 또는 시행자에 등록한 사용인감으로 대리인계를 작성하여 시행자에 제출하여야 한다.

제14조(회계사항) 이 사업의 회계에 관하여는 시행자의 독립회계에 의하고 시행자가 선정한 공인회계사의 감시를 거쳐 토지등소유자에 통보한다.

제15조(공공시설 부담) 도시환경정비사업에 수반하는 공공시설 설치에 소요되는 비용은 제7조의 규정에 정히는 바에 따라 공평하게 부담한다.

제16조(토지등에 관한 권리의 가액평가) 토지등에 관한 종전권리의 가액은 도시환경정비사업의 사업시행인가고시가 있은 날을 기준으로 하여 「부동산가격공시 및 감정평가에 관한 법률」에 의한 감정평가업자 2인 이상이 평가한 금액을 산술평균하여 산정한다.

제17조(분양신청 등) ① 대지 또는 건축시설에 대한 분양을 받고자 하는 토지등의 소유자는 시행자가 분양신청기간을 30일 이상 60일 이내로 정하여 통지한 날부터 그 정한 기간 내에 소유 토지등에 대한 등기부등본 등 그 권리를 입증할 수 있는 서류 및 신청자격을 증빙하는 서류를 첨부한 분양신청서를 시행자에게 제출하여야 한다.

② 제1항의 규정에 의한 분양신청을 우편으로 하고자 할 때에는 그 신청서가 분양신청기간 내에 발송된 것임을 증명할 수 있는 우편으로 하여야 한다.

제18조(관리처분계획의 수립 등) ① 시행자는 제17조제1항의 규정에 의한 기간이 경과한 때에는 법령·조례·규칙이 정하는 바에 의하여 대지 및 건축시설에 관한 관리처분계획을 정하여 재개발사업 구역 내 기존 건축물 등의 철거 전에 도시 및 주거환경정비법의 관계규정에 따라 관리처분계획을 정하여 관할구청장의 인기를 받고 그 내용에 따라 대지 및 건축시설을 관리 처분한다.

② 대지 및 건축시설의 분양에 관하여 필요한 사항은 관리처분계획에서 정한다.

③ 도시정비법 제46조의 규정에 의한 분양신청을 하지 아니하거나 분양을 희망하지 아니하는 소유자가 있을 때에는 동법 제47조에 의거 청산토록 하는 것을 원칙으로 한다. 다만 청산을 거부하거나 종전건물 등 지장물의 철거를 자진하여 행하지 아니하거나 사

업의 시행을 고의적으로 방해할 경우는 동법 제38조 규정을 적용하여 수행한다. 또한, 수용을 한 토지등에 대하여는 관리처분계획에서 정한 청산규정을 적용하지 아니한다.

④ 토지등소유지는 도시정비법 제49조제6항에 의거하여 관리처분인가 고시 후 시행자가 정하는 철거계획기간 내에 자진하여 토지 및 건축물을 시행자에게 명도하여야 한다.

제19조(지적 및 건축시설 바닥면적의 결정방법) 지적 및 건축시설 바닥면적은 사업시행구역의 사업시행인가 내용에 따라 건축법, 지적법 등 관련법령이 정하는 기준에 의한다.

제20조(통지에 관한 사항) ① 시행자 및 소유자가 본 사업시행에 관하여 상호간에 통지 및 신고하고자 할 때에는 반드시 서면으로 하여야 한다.

② 시행자는 규약에 정한 주된 사무소의 소재지가 변경되는 경우에 즉시 그 새로운 소재지를 소유자들에게 통지하여야 한다.

③ 소유자는 시행자가 통지할 수 있는 주소를 분양신청 기일 내에 시행자에게 신고하여야 하며 그 주소가 변경되는 경우에는 그 새로운 주소를 시행자에게 신고하여야 한다.

제21조(다른 법령 등의 준용) 이 규약에 정한 것 이외에 도시환경정비사업에 필요한 사항은 도시정비법, 토지보상법, 기타 관계법령을 준용하며 관계법령에도 규정되지 아니한 사항은 주무 관청의 방침에 따라 시행자가 정하는 바에 의한다.

제22조(소송관할 등) 본 사업에 관한 분쟁을 관할하는 법원은 주된 사무소의 소재지 관할 법원으로 한다.

제23조(시행) 이 규약은 도시환경정비사업 사업시행인가·고시일부터 시행한다.

조례 제18조의2(사업시행계획서의 작성)

법 제30조제9호, 영 제41조제2항

사업시행계획서의 작성

도시정비법 시행으로 영 제41조제2항제15호는 "재건축사업의 경우 기존주택의 철거계획서(석면을 함유한 건축자재가 사용된 경우에는 그 현황과 동 자재의 철거 및 처리계획을 포함한다.)"이었다.
2009.8.11 시행령 개정으로 "기존주택의 철거계획서(석면을 함유한 건축자재가 사용된 경우에는 그 현황과 동 자재의 철거 및 처리계획을 포함한다.)"로 바뀜에 따라 조례로 개정되었다.

□ 개정 연혁

► 도시재개발사업조례 시행규칙(서울시규칙)

제13조(사업시행계획서의 작성) ① 제12조제1항제2호의 규정에 의한 사업시행계획서에는 영 제28조제1항 각 호의 사항과 별지 제17호서식에 의한 재개발임대주택 건설 및 공급계획이 포함되어야 한다. 〈개정 1999.3.5〉

② 영 제28조제1항제4호 규정의 시행설계도서는 시행항목별로 해당 법령에서 규정한 작성기준에 의한다.

③ 영 제28조제1항제5호 규정의 자금계획은 별지 제20호서식에 의한다.

④ 〈삭제 1999.3.5〉

⑤ 영 제28조제1항제8호의 규정에 의한 재개발사업의 시행에 지장이 있다고 인정되는 재개발구역안의 건축물 또는 지장물 등의 명세서는 별지 제22호서식에 의한다. 〈개정 1999.10.5〉

⑥ 영 제28조제1항제9호 규정의 토지 또는 건축물에 관한 권리자별 권리명세는 별지 제23호서식에 의한다.

⑦ 영 제28조제1항제10호 규정의 임시수용계획은 별지 제24호서식에 의한다.

⑧ 영 제28조제1항제12호 규정의 재개발 사업시행 전 공공시설내역서 및 재개발사업의 시행으로 새로이 설치할 공공시설내역서는 별지 제25호 및 제26호서식에 의한다.

⑨ 영 제28조제1항제13호 규정의 용도폐지되는 공공시설내역서 및 새로이 설치할 공공시설내역서는 별지 제27호 및 제26호서식에 의한다.

➡ 도시재개발사업조례에서는 사업시행계획서의 작성에 대한 규정이 없이 조례 시행규칙에서 정하고 있다.

▸ **도시정비조례[서울시조례 제5237호, 2012.1.5 일부개정]**

제18조의2(사업시행계획서의 작성) ① 영 제41조제2항에 따라 법 제30조제9호에서 "대통령령으로 정하는 바에 따라 시도 조례가 정하는 사항"이란 영 제41조제2항 각 호의 사항을 말한다. 기존주택의 철거계획서에는 주택 및 상가 등 빈집관리에 관한 사항을 포함하여 작성하여야 한다.

② 제1항의 작성과 관련하여 필요한 서식 등은 규칙으로 정할 수 있다.

[본조신설 2012.1.5]

부 칙

제1조(시행일) 이 조례는 공포한 날부터 시행한다.

➡ 조례 시행규칙 제12조에서 사업시행계획서의 작성에 대한 서식을 정하고 있다.

☐ 조례 제18조의2(사업시행계획서의 작성)

기존주택의 철거계획서에는 주택 및 상가 등 빈집관리에 관한 사항을 포함하여 작성하여야 한다(동조 제1항).

제1항의 작성과 관련하여 필요한 서식 등은 규칙으로 정할 수 있다(동조 제2항).

2009.8.11 시행령 개정으로 "기존주택의 철거계획서(석면을 함유한 건축자재가 사용된 경우에는 그 현황과 동 자재의 철거 및 처리계획을 포함한다.)"로 바뀜에 따라 조례로 개정되었다.

- 법 제30조

사업시행자(대표적 예로 정비조합)는 고시된 정비계획에 따라 다음 각 호의 사항을 포함하여 사업시행계획서를 작성하여야 한다(법 제30조).

1. 토지이용계획(건축물배치계획을 포함한다.)
2. 정비기반시설 및 공동이용시설의 설치계획
3. 임시수용시설을 포함한 주민이주대책
4. 세입자의 주거 및 이주 대책

4의2. 사업시행기간 동안의 정비구역 내 가로등 설치, 폐쇄회로 텔레비전 설치 등 범죄예방대책

5. 임대주택의 건설계획(재건축사업의 경우 소형주택의 건설계획을 말한다.)
6. 건축물의 높이 및 용적률 등에 관한 건축계획
7. 정비사업의 시행과정에서 발생하는 폐기물의 처리계획

7의2. 교육시설의 교육환경 보호에 관한 계획(정비구역으로부터 200m 이내에 교육시설이 설치되어 있는 경우에 한한다.)

8. 시행규정(시장·군수 또는 주택공사등이 단독으로 시행하는 정비사업에 한한다.)

8의2. 정비사업비

9. 그 밖에 사업시행을 위하여 필요한 사항으로서 대통령령으로 정하는 바에 따라 시도 조례로 정하는 사항

- 시행령 제41조제2항

법 제30조제9호에서 "대통령령으로 정하는 바에 따라 시도 조례가 정하는 사항"이란 다음 각 호의 사항 중 해당 정비사업에 필요한 사항을 말한다.

1. 정비사업의 종류·명칭 및 시행기간
2. 정비구역의 위치 및 면적
3. 사업시행자의 성명 및 주소

4. 설계도서
5. 자금계획
6. 철거할 필요는 없으나 개보수할 필요가 있다고 인정되는 건축물의 명세 및 개보수계획
7. 정비사업의 시행에 지장이 있다고 인정되는 정비구역안의 건축물 또는 공작물등의 명세
8. 토지 또는 건축물 등에 관한 권리자 및 그 권리의 명세
9. 공동구의 설치에 관한 사항
10. 법 제65조제1항에 의하여 용도가 폐지되는 정비기반시설의 조서 및 도면과 정비사업에 의하여 새로이 설치되는 정비기반시설의 조서 및 도면(주택공사등이 사업시행자인 경우에 한한다.)
11. 정비사업의 시행으로 법 제65조제2항에 의하여 용도폐지되는 정비기반 시설의 조서·도면 및 그 정비기반시설에 대한 2 이상의 감정평가업자의 감정평가서와 새로이 설치할 정비기반시설의 조서·도면 및 그 설치비용 계산서
12. 사업시행자에게 무상으로 양여되는 국·공유지의 조서
13. 토지등소유자가 자치적으로 정하여 운영하는 규약[6)]
14. 빗물처리계획
15. 기존주택의 철거계획서(석면을 함유한 건축자재가 사용된 경우에는 그 현황과 동 자재의 철거 및 처리계획을 포함한다.)
16. 정비사업 완료 후 상가세입자에 대한 우선 분양 등에 관한 사항

---

6) 규약은 토지등소유자가 사업시행자인 도시환경정비사업의 경우에 정관 대신 작성하는 것으로, 작성 시기나 내용은 시행규정과 유사하다.

□ 조례 시행규칙 제12조(사업시행계획서의 작성)

조례 시행규칙 제12조에 시행령 제41조제2항 각 호의 내용 중 “자금계획, 정비구역안의 건축물 또는 공작물 등의 명세서, 토지 또는 건축물 등에 관한 권리자 및 그 권리의 명세서, 정비사업의 시행으로 용도폐지되는 정비기반시설의 조서와 사업시행자에게 무상으로 양여되는 국·공유지의 조서, 새로이 설치할 정비기반시설의 조서, 기존주택의 철거계획서”에 대한 서식을 정하고 있다.

① 법 제30조제3호에 따른 임시수용시설을 포함한 주민이주대책은 별지 제14호서식에 따른다.

② 도시정비법 시행령(이하 “영”) 제41조제2항제5호에 따른 자금계획은 별지 제15호서식에 따른다.

③ 영 제41조제2항제7호에 따른 정비사업의 시행에 지장이 있다고 인정되는 정비구역안의 건축물 또는 공작물 등의 명세서는 별지 제16호서식에 따른다.

④ 영 제41조제2항제8호에 따른 토지 또는 건축물 등에 관한 권리자 및 그 권리의 명세서는 별지 제17호서식에 따른다.

⑤ 영 제41조제2항제11호 및 제12호에 따른 정비사업의 시행으로 용도폐지되는 정비기반시설의 조서 와 사업시행자에게 무상으로 양여되는 국·공유지의 조서는 별지 제18호서식에 따르고 새로이 설치할 정비기반시설의 조서는 별지 제19호서식에 따른다.

⑥ 영 제41조제2항제15호 및 조례 제18조의2제2항에 따른 기존주택의 철거계획서는 별지 제16호의2서식에 따른다.

[별지 제14호서식] 〈개정 2013.2.21〉

주 민 이 주 대 책

<table>
<tr><td colspan="2" rowspan="2">이 주
계 획</td><td colspan="2">방 법</td><td colspan="3">전체 이주대상</td><td colspan="3">임시수용시설
수용</td><td colspan="2">융자알선 이주</td><td colspan="3">기타 이주방법</td></tr>
<tr><td colspan="2">세대수</td><td colspan="3"></td><td colspan="3"></td><td colspan="2"></td><td colspan="3"></td></tr>
<tr><td rowspan="3">이
주
시
기</td><td rowspan="3">관리
처분
계획
인가
이후</td><td colspan="13">관리처분계획인가 예정일 : 년 월 일</td></tr>
<tr><td colspan="2">총 이주
가구 수</td><td colspan="2">인가 후 3월
이내 이주가구</td><td colspan="2">인가 후 6월
이내 이주가구</td><td colspan="2">인가 후 9월
이내 이주가구</td><td colspan="3">인가 후 1년
이내 이주가구</td><td colspan="2">기 타</td></tr>
<tr><td colspan="2"></td><td colspan="2"></td><td colspan="2"></td><td colspan="2"></td><td colspan="3"></td><td colspan="2"></td></tr>
<tr><td rowspan="7">방
법
별
내
역</td><td rowspan="3">임시
수용
시설
이주</td><td rowspan="2">위치</td><td rowspan="2">부지
면적</td><td colspan="2">설치 세대수</td><td rowspan="2">구조</td><td rowspan="2">부대
시설
종류
및
규모</td><td colspan="3">시행구역 외
설치의 경우</td><td colspan="3">순환용주택
활용의 경우</td></tr>
<tr><td>세대
당
규모</td><td>세대
수</td><td>토지
소유자</td><td>토지
용도</td><td>토지
사용
방법</td><td>위치</td><td>주택
의
형태</td><td>주택
규모별
세대수</td></tr>
<tr><td></td><td></td><td></td><td></td><td></td><td></td><td></td><td></td><td></td><td></td><td></td><td></td></tr>
<tr><td rowspan="2">융자
알선
이주</td><td colspan="7">융 자 규 모</td><td colspan="6">융 자 조 건</td></tr>
<tr><td colspan="7"></td><td colspan="6"></td></tr>
<tr><td rowspan="2">기타
이주
방법</td><td colspan="7">유 형</td><td colspan="6">방 법</td></tr>
<tr><td colspan="7"></td><td colspan="6"></td></tr>
<tr><td colspan="2">세 입 자
임시이주
계 획</td><td colspan="12"></td></tr>
</table>

[별지 제15호서식] 〈개정 2010.3.11〉

자 금 계 획 (추 정 액)

<table>
<tr><th>구분</th><th colspan="2">항 목</th><th>금 액</th><th>산 출 근 거</th></tr>
<tr><td rowspan="17">소요비용추산액</td><td colspan="2">계</td><td></td><td></td></tr>
<tr><td colspan="2">조사측량비</td><td></td><td></td></tr>
<tr><td colspan="2">설 계 비</td><td></td><td></td></tr>
<tr><td colspan="2">감 리 비</td><td></td><td></td></tr>
<tr><td colspan="2">정비사업전문관리업비</td><td></td><td></td></tr>
<tr><td rowspan="6">공사비</td><td>소 계</td><td></td><td></td></tr>
<tr><td>대지조성공사비</td><td></td><td></td></tr>
<tr><td>건축시설공사비</td><td></td><td></td></tr>
<tr><td>부대·복리시설공사비</td><td></td><td></td></tr>
<tr><td>정비기반시설공사비</td><td></td><td></td></tr>
<tr><td>기타 공사비</td><td></td><td></td></tr>
<tr><td rowspan="4">보상비</td><td>소 계</td><td></td><td></td></tr>
<tr><td>손실보상비</td><td></td><td></td></tr>
<tr><td>이 주 비</td><td></td><td></td></tr>
<tr><td>기 타</td><td></td><td></td></tr>
<tr><td colspan="2">관 리 비</td><td></td><td></td></tr>
<tr><td colspan="2">기 타 경 비</td><td></td><td></td></tr>
<tr><td rowspan="7">자금조달계획</td><td colspan="2">계</td><td></td><td></td></tr>
<tr><td colspan="2">시행자 자금</td><td></td><td></td></tr>
<tr><td colspan="2">국민주택자금</td><td></td><td></td></tr>
<tr><td colspan="2">금융기관자금</td><td></td><td></td></tr>
<tr><td colspan="2">시공자대여금</td><td></td><td></td></tr>
<tr><td colspan="2">토지등의소유자 부과금</td><td></td><td></td></tr>
<tr><td colspan="2">기 타 자 금</td><td></td><td></td></tr>
</table>

※ 자금계획은 사업시행인가 시 산정한 추산액이며, 관리처분계획인가시 변경될 수 있음.

정비사업의 시행에 지장이 있다고 인정되는 정비구역안의 건축물 또는 공작물 등의 명세서(서식 16)

(도시정비법 시행령 제41조제2항제7호 관련)

연번	구분(철거·이전·존치 등)	소재지	건축물							기타			소유자 또는 관리자		이전·존치의 경우 위치 및 내용	비고
			용도	구조	층수	건축/준공년도	허가유무	건축면적	건축연면적	종류	용도	규모	성명	주소		

※ 첨부서류

1. 위치도(1/600~1/12,00 지적현황도) 1부
   (주) 위치도에 건축물 또는 공작물 명세서상의 연번 기재

[별지 제16호2서식] 〈신설 2013.2.21〉

기 존 주 택 의 철 거 계 획 서

1. 철거 개요
   가. 사 업 명 :
   나. 시 행 자 :
   다. 사업위치 :

라. 철거기간 :

마. 철거 건물현황

(단위 : 동, ㎡)

구 분	계	단독주택				공동주택				
		소 계	단독	다가구	기 타	소 계	아파트	연 립	다세대	기 타
동										
연면적										

※ 주택(건축물)의 규모는 건축물대장 또는 부동산등기부를 기준으로 작성하되, 공동주택의 경우 전용면적 기준으로, 단독주택 등은 파악 가능한 자료로 작성

※ 단독주택 중 다중주택, 공관 및 근생시설 내 주거등과 공동주택 중 분류되지 않는 것은 기타에 포함

2. 비산먼지 방지대책

가. 공사용 임시 가설울타리 설치계획

- 높 이 :
- 길 이 :

※ 설치계획서 첨부 : 가설울타리 디자인 해당 자치구와 사전협의

나. 세륜기 설치계획

- 설치위치 :
- 설치규격 :

다. 살수기 설치계획

라. 도로 청소계획

마. 동별 비산먼지 저감시설 설치계획

3. 소음 및 진동 방지대책

가. 작업시간

나. 철거장비 및 시설설치 기준

다. 소음·진동 측정계획

4. 석면 조사, 해체 및 제거계획

가. 석면함유건축물 조사결과

연 번	건축물 개요				석면함유현황				비 고
	위 치	층 수	연면적 (㎡)	용 도	자재명	함유량 (%)	부 위	면 적 (㎡)	

나. 해체·제거계획

※ 노동부의 석면 해체·제거 작업지침서에 의하여 작성제출하고, 석면해체 및 제거 전에 「석면안전관리법」 제30조제1항에 따라 감리인을 지정

5. 빈집관리 계획

가. 빈집현황

(단위 : 동, 세대수)

구 분	계	단독주택				공동주택				
		소 계	단독	다가구	기 타	소 계	아파트	연 립	다세대	기 타
동										
연면적										

나. 세부내역

연번	소재지 및 건물명	건물 용도	건물규모		소유자 또는 관리자	
			층수(지/상), 동호수	연면적	성명	주 소

다. 관리계획 : 순찰, 범죄 예방시설의 설치 및 관리, 주민 안전관리계획

[별지 제17호서식] 〈개정 2008.4.17, 2010.3.11〉

토지 또는 건축물 등에 관한 권리자 및 그 권리의 명세서

(「도시정비법 시행령」 제41조제2항제8호)

조합원 번호(조합원인 경우에 한한다)	권리자			권리의 소재지	도시계획시설저촉사항	토지소유권					건축물소유권							국공유토지 점유권			지상권		소유권 이외의 물권		기타의 권리		비고
							면적(㎡)				유허가			무허가													
	성명	생년월일	주소			지목	공부상(1필지)	구역편입	소유	이용상황	용도 및 형태	1동(또는 1세대)의 연면적	소유면적	건물번호(또는 판독근거)	용도	1동의 연면적	소유면적	관리청	1필지의 공부상면적	점유면적	목적	내용	종류	내용	종류	내용	

※ 첨부서류 : 권리별 내용을 증명하는 서류 1부(권리자 명기순으로 편철하되, 다른 구비서류에 제출된 경우에는 그 사본 첨부)

※ 작성방법

1. 토지소유권 및 국, 공유토지 점유권은 필지별로, 건축물소유권은 동별(공동주택인 경우에는 세대별)로 작성하되, 1인의 권리자가 수필지의 토지 또는 수동의 건축물을 소유한 경우에는 "계"란을 두어 집계.
2. 소유권 또는 점유권 이외의 권리는 그 권리가 설정된 토지 또는 건축물의 내용(토지·건축물 구분, 소재지 소유자 및 조합원 번호)을 비고란 명기.

[별지 제18호서식] 〈개정 2008.4.17, 2010.3.11〉

용도폐지되는 정비기반시설의 조서

(「도시정비법 시행령」 제41조제2항제11호 및 제12호 관련)

1. 정비기반시설 및 관련 토지 내역

<table>
<tr><th rowspan="2">종 류</th><th rowspan="2">명 칭</th><th rowspan="2">위 치
(도로의 경우 시·종점)</th><th rowspan="2">규 모
(면적 또는 폭원 및 연장)</th><th colspan="3">저촉 국·공유토지</th><th colspan="3">무상양여 국·공유토지</th><th rowspan="2">비 고</th></tr>
<tr><th>필지수</th><th>면 적
(㎡)</th><th>감 정
평가액</th><th>필지수</th><th>면 적
(㎡)</th><th>감 정
평가액</th></tr>
<tr><td></td><td></td><td></td><td></td><td></td><td></td><td></td><td></td><td></td><td></td><td></td></tr>
</table>

※ 첨부서류
1. 정비기반시설별 도면 1부.
2. 측량성과도서 1부.
3. 감정평가서 1부.

㊟ 측량성과도서는 인접 지형지물의 점유현황과 실제 정비기반시설로 이용되고 있는 지적 현황 명시.

2. 정비기반시설별 관리청별 저촉 국·공유토지 명세서

<table>
<tr><th rowspan="3">시설별</th><th rowspan="3">관리
청별</th><th colspan="8">저촉 국·공유토지</th><th colspan="3">무상양여
국·공유지</th><th rowspan="3">비고</th></tr>
<tr><th rowspan="2">소재지</th><th rowspan="2">지목</th><th colspan="3">면 적(㎡)</th><th rowspan="2">실제
이용</th><th rowspan="2">평가액</th><th rowspan="2">도면
번호</th><th rowspan="2">면적
(㎡)</th><th rowspan="2">평가액</th><th rowspan="2">도면
번호</th></tr>
<tr><th>1필지
공부상</th><th>구역
편입</th><th>정비기반
시설편입</th></tr>
<tr><td></td><td></td><td></td><td></td><td></td><td></td><td></td><td></td><td></td><td></td><td></td><td></td><td></td><td></td></tr>
</table>

㊟ 도면번호는 정비기반시설별 도면(또는 측량성과 도면)의 토지에 표시된 해당 연번 명기.

[별지 제19호서식] 〈개정 2008.4.17, 2010.3.11〉

(앞 쪽)

새로이 설치할 정비기반시설의 조서

(「도시정비법 시행령」 제41조제2항제11호 관련)

1. 설치할 정비기반시설내역

종류	명칭	위치 (도로의 경우 시·종점)	규모 (면적 또는 폭원 및 연장)	시행내용의 범위	저촉토지등의 내역					설치 비용				비용부담			비고
					토지		건축물		기타	계	보상비	공사비	기타	부담자	부담내용	부담액	
					필지수	면적	동수	연면적									

※ 첨부서류

1. 정비기반시설별 도면 1부(「도시정비법 시행령」 제41조제2항제11호 관련)
2. 설치비용계산서 1부(「도시정비법 시행령」 제41조제2항제11호 관련)

(뒤 쪽)

2. 정비기반시설별 저축토지등의 명세

<table>
<tr><th rowspan="3">종류</th><th rowspan="3">시설별</th><th rowspan="3">토지·건축물 소재지</th><th colspan="7">토 지 내 역</th><th colspan="5">건축물 내역</th><th rowspan="3">총평가액</th><th rowspan="3">처분방법 (수용, 환지 또는 분양, 협의보상, 무상 등으로 명기)</th><th rowspan="3">비고</th></tr>
<tr><th rowspan="2">지목</th><th rowspan="2">이용상황</th><th colspan="2">면적(㎡)</th><th colspan="2">소유자</th><th rowspan="2">평가액</th><th rowspan="2">용도</th><th rowspan="2">연면적</th><th colspan="2">소유자</th><th rowspan="2">평가액</th></tr>
<tr><th>공부상</th><th>편입</th><th>성명</th><th>주소</th><th>성명</th><th>주소</th></tr>
<tr><td></td><td></td><td></td><td></td><td></td><td></td><td></td><td></td><td></td><td></td><td></td><td></td><td></td><td></td><td></td><td></td><td></td><td></td></tr>
</table>

▢ 시도별 조례

서울시, 대구시는 조례 및 조례 시행규칙에서 사업시행계획서의 작성에 대한 조문을 규정하고 있다.

○ 경기도, 부산시

제15조(사업시행계획서의 작성) 〈개정 2011.10.20〉 ① 영 제41조제1항제11호에서 "그 밖에 시도 조례가 정하는 사항"이란 다음 각 호의 사항 중 해당 정비사업에

필요한 사항을 말한다.

1. 건축물의 철거에 관한 사항
2. 토지 및 건축물의 보상에 관한 사항
3. 주택의 공급에 관한 사항

② 법 제30조제9호에서 "조례로 정하는 사항"이란 다음 각 호의 사항을 말한다. 〈신설 2011.10.20〉

1. 정비사업의 종류·명칭 및 시행기간
2. 정비구역의 위치 및 면적
3. 사업시행자의 성명 및 주소
4. 설계도서
5. 자금계획
6. 철거할 필요는 없으나 개보수할 필요가 있다고 인정되는 건축물의 명세 및 개보수계획
7. 정비사업의 시행에 지장이 있다고 인정되는 정비구역안의 건축물 또는 공작물 등의 명세
8. 토지 또는 건축물 등에 관한 권리자 및 그 권리의 명세
9. 공동구의 설치에 관한 사항
10. 법 제65조제1항에 따라 용도가 폐지되는 정비기반시설의 조서 및 도면과 정비사업에 의하여 새로이 설치되는 정비기반시설의 조서 및 도면(주택공사등이 사업시행자인 경우에 한한다.)
11. 정비사업의 시행으로 법 제65조제2항에 따라 용도폐지되는 정비기반 시설의 조서·도면 및 그 정비기반시설에 대한 두 곳 이상의 감정평가업자의 감정평가서와 새로이 설치할 정비기반시설의 조서·도면 및 그 설치비용 계산서
12. 사업시행자에게 무상으로 양여되는 국·공유지의 조서
13. 토지등소유자가 자치적으로 정하여 운영하는 규약
14. 빗물처리계획
15. 기존주택의 철거계획서(석면을 함유한 건축자재가 사용된 경우에는 그 현황과 동 자재의 철거 및 처리계획을 포함한다.)
16. 정비사업 완료 후 상가세입자에 대한 우선 분양 등에 관한 사항

– 남양주시, 부천시, 수원시, 안산시, 안양시, 화성시, 고양시

경기도와 같다.

○ 인천시 도시정비조례 시행규칙

제7조(사업시행계획서의 작성) ① 법 제30조제3호의 규정에 의한 임시수용시설을 포함한 주민이주대책의 수립은 별지 제11호서식에 의한다.

② 조례 제19조제1항제2호의 규정에 의한 임대주택 공급대상자 명부는 별지 제12호서식에 의한다.

③ 도시정비법 시행령 제41조제2항제5호의 규정에 의한 자금계획은 별지 제13호서식에 의한다.

④ 영 제41조제2항제7호의 규정에 의한 정비사업의 시행에 지장이 있다고 인정되는 정비구역안의 건축물 또는 공작물 등의 명세서는 별지 제14호서식에 의한다.

⑤ 영 제41조제2항제8호의 규정에 의한 토지 또는 건축물 등에 관한 권리자 및 그 권리의 명세서는 별지 제15호서식에 의한다.

⑥ 영 제41조제2항제10호부터 제12호까지의 규정에 따른 정비사업의 시행으로 용도가 폐지되는 정비기반시설의 조서와 법 제2조제8호의 규정에 의한 사업시행자에게 무상으로 양여 되는 국·공유지의 조서는 별지 제16호서식에 의하고, 새로이 설치할 정비 기반시설의 조서는 별지 제17호서식에 의한다.

○ 대전시 도시정비조례 시행규칙

제6조(사업시행계획서의 작성) ① 법 제30조제3호의 규정에 의한 임시수용시설을 포함한 주민이주대책은 별지 제10호서식에 의한다.

② 법 제2조제2호에 의한 정비사업 시행으로 이주하게 되는 세입자 중 법 제30조제5호의 임대주택 입주희망자에 대한 임대주택공급대상자명부는 별지 제11호서식에 따른다. 〈개정 2011.6.17〉

③ 도시정비법 시행령 제41조제2항제5호의 규정에 의한 자금계획은 별지 제12호서식에 의한다.

④ 영 제41조제2항제7호의 규정에 의한 정비사업의 시행에 지장이 있다고 인정되는 정비구역안의 건축물 또는 공작물등의 명세는 별지 제13호서식에 의한다.
⑤ 영 제41조제2항제8호의 규정에 의한 토지 또는 건축물 등에 관한 권리자 및 그 권리의 명세는 별지 제14호서식에 의한다.
⑥ 영 제41조제2항제10호 및 제11호의 규정에 의한 정비사업의 시행으로 용도가 폐지되는 정비기반시설의 조서 및 새로이 설치되는 정비기반시설의 조서는 각각 별지 제15호서식 및 별지 제16호서식에 의한다.
⑦ 영 제41조제2항제12호의 규정에 의한 사업시행자에게 무상으로 양여되는 국·공유지의 조서는 별지 제17호서식에 의한다.

○ **광주시**

관련 조문이 없다.

조례 제19조(정비구역 분할 및 결합 시행방법 등)

법 제34조제2항, 영 제12조제9호
서울시 결합개발제도 운영기준(도시계획국 2008.10)

정비구역 분할 및 결합 시행방법 등

2006.7.1 재정비특별법 제9조제4항, 동법 시행령 제12조제3항의 결합개발제도 시행에 영향을 받아, 2009.2.6 도시정비법 제34조에 정비구역의 결합제도가 도입되었다. 2009.7.30 서울시는 도시재정비촉진조례가 아닌 도시정비조례 제19조에 결합개발제도를 변형시켜 신설함으로 정비사업에 결합개발제도가 시작되었다.

▢ 개정 연혁

▸ 도시재개발법

제5조(재개발사업의 분할시행) 시행자는 재개발사업을 효율적으로 추진하기 위하여 필요하다고 인정할 때에는 제4조제4항 및 제6항의 규정에 의한 고시내용에 따라 재개발구역을 2 이상의 사업시행지구로 분할하여 재개발사업을 시행할 수 있다.

➡ 도시재개발법에서 재개발사업의 분할(결합에 대한 조문은 없었음.)에 대한 규정이 있었으나, 이에 대해 하부 규정에 위임하지는 않았다. 따라서 도시재개발사업조례에서는 분할이나 결합개발에 대한 조문이 없었다.

▸ 도시정비조례[서울시조례 제4824호, 2009.7.30, 일부개정]

제19조(정비구역 분할 및 결합 시행방법 등) ① 법 제34조제2항에 따라 구청장은 정비사업의 효율적인 추진 또는 도시의 경관보호 등을 위하여 필요한 경우 구역을 분할하거나 결합을 추진할 수 있으며, 분할하는 경우는 영 제12조제9호에 따라 정

비구역을 변경하고, 서로 떨어진 지역을 하나의 정비구역으로 결합하는 경우에는 법 제4조제1항에 따라 정비구역을 변경하여야 한다. 〈신설 2009.7.30〉

② 법 제34조제2항에 따라 서로 떨어진 지역을 하나의 정비구역(이하 "결합정비구역"이라 한다.)으로 결합하여 시행하는 정비사업(이하 "결합정비사업"이라 한다.)은 다음 각 호의 기본방향에 적합하여야 한다. 〈신설 2009.7.30〉

1. 도시경관 또는 문화재 등의 보호가 필요한 낙후한 지역을 토지의 고도이용이 가능한 역세권 지역과 결합하여 정비사업을 시행할 수 있다. 〈신설 2009.7.30〉
2. 결합정비사업은 도시경관 또는 문화재 등을 보호하기 위하여 토지의 이용이 제한된 지역(이하 "저밀관리구역"이라 한다.)의 용적률을 토지의 고도이용이 가능한 역세권 지역(이하 "고밀개발구역"이라 한다.)에 이전하여 개발하는 것을 말한다. 〈신설 2009.7.30〉
3. 토지이용계획, 건축물의 밀도 및 높이 계획, 정비기반시설계획 등 정비계획은 지역 특성을 고려하여 수립하여야 한다. 〈신설 2009.7.30〉

③ 결합정비구역으로 지정하여 결합정비사업을 시행하고자 하는 경우 [별표2]에서 정한 시행방법과 절차에 따라야 한다. 〈신설 2009.7.30〉

④ 「재정비특별법」에 따른 재정비촉진사업에 대하여도 제1항부터 제3항까지를 준용한다. 〈신설 2009.7.30〉

부 칙 〈2009.7.30〉

제1조(시행일) 이 조례는 공포한 날부터 시행한다.

➡ 2009.2.6 도시정비법 제34조에서 정비구역의 결합제도가 신설되면서, 서울시는 이를 기화로 재정비촉진구역상 결합개발제도를 정비사업에 접목시켜 도시정비조례에서 시행하게 되었다.

▢ 정비구역의 결합개발제도

이 제도는 재정비특별법 제9조제5항과 동법 시행령 제12조에 의해 도시정비법 제

34조로 전파되었다. 이에 따라 서울시는 결합개발제도 시행을 위해 도시정비조례 제19조에서 이를 구체적으로 규정하게 되었던 것이다. 그러나 출구전략의 일환으로 2012.2.1 법 제9조제5항이 삭제되고 동법 시행령 제12조도 2012.8.3 삭제되었지만, 도시정비법 제34조와 도시정비조례 제19조로 살아남아 독자적 길을 걷게 되었다.

※ 재정비특별법[법률 제10761호, 2011.5.30, 일부개정]
제9조(재정비촉진계획의 수립) ⑤ 도시정비법 제4조제1항에 따른 정비구역의 지정 요건에도 불구하고 광역적인 재정비 촉진을 위하여 필요한 경우에는 해당 지정 요건을 충족하지 아니하는 지역을 대통령령으로 정하는 범위에서 해당 법령에 따른 정비사업이 시행되는 재정비촉진구역으로 지정할 수 있다.

➡ 2006.7.1 시행초기에는 법 제9조제4항이었으나, 법 개정에 따라 폐지되기 전까지는 법 제9조제5항으로 이동된 바 있다.

※ 재정비특별법 시행령[대통령령 제23329호, 2011.11.30, 일부개정]
제12조(재정비촉진구역 지정 요건의 완화) ② 법 제9조제5항에 따라 연접한 2 이상의 지역이 서로 다른 요건에 따라 각각 도시정비법에 따른 주거환경개선사업 또는 재개발사업을 시행하는 재정비촉진구역의 지정 요건에 해당되는 경우에는 재정비촉진사업 방식이 같은 2 이상의 지역을 통합하여 하나의 재정비촉진구역으로 지정할 수 있다. 〈개정 2011. 11.30〉
③ 법 제9조제5항에 따라 도시 경관의 보호 및 원활한 재정비촉진사업의 추진을 위하여 필요한 경우 재정비촉진지구 안에서 서로 떨어진 2 이상의 지역을 도시정비법에 따른 주거환경개선사업·재개발사업 또는 도시환경정비사업을 시행하는 하나의 재정비촉진구역으로 지정할 수 있다. 〈개정 2011.11.30〉

○ 결합개발 사례

1) 성북2구역, 신월곡1구역결합정비(결합개발)사업

서울시에 의하면 성북2구역은 서울성곽 등 역사문화 보존해야하는 지역으로 한옥마을로 저층개발하기로 하였으며, 집창촌이 있었던 신월곡 1구역은 고밀개발을 통해 역세권 주거 복합단지로 탈바꿈시키기로 하였다고 한다.

- 성북2구역과 신월곡1구역은 지난해 11월 결합개발 (가)협약을 체결.
- 서울시 및 성북구는 성북2구역을 지난 해 8월 결합개발을 전제로 구역을 지정했으며, 이후 고밀개발구역 선정을 위해 몇 개소의 구역과 협의 및 검토를 거쳐 신월곡1구역과 결합개발을 추진

2) 최초 결합개발 한강로 도시환경정비사업 추진

- 전쟁기념관전면 지역과 삼각지 역세권을 연계하는 최초의 결합개발 추진
- 결합개발로 남산 조망을 위한 전쟁기념관 주변 공원 조성
- 공원을 확보하는 대신 삼각지 역세권 지역 용적률 인센티브 부여
- 노후·불량 건물 밀집지역 개발에 대한 주민의 오랜 숙원 사업 해결

3) 성남시 신흥주고재건축추진위와 통보8차재건축조합의 결합개발방식의 재건축사업 조인식

□ 조례 제19조제1항

법 제34조제2항에 따라 구청장은 정비사업의 효율적인 추진 또는 도시의 경관보호 등을 위하여 필요한 경우 구역을 분할하거나 결합을 추진할 수 있으며, 분할하는 경우는 영 제12조제9호에 따라 정비구역을 변경하고, 서로 떨어진 지역을 하나의 정비구역으로 결합하는 경우에는 법 제4조제1항에 따라 정비구역을 변경하여야 한다(동조 제1항).

○ 정비구역의 분할

구청장은 정비사업의 효율적인 추진 또는 도시의 경관보호 등을 위하여 필요한 경우 구역 분할을 추진할 수 있으며, 분할하는 경우는 도시정비법 시행령 제12조제9호에 따라 정비구역을 변경하도록 규정하고 있다. 이는 정비계획의 경미한 변경으로 보아 "주민에 대한 서면통보, 주민설명회, 주민공람 및 지방의회의 의견청취절차를 생략"하는 등의 방법으로 정비계획을 변경할 수 있다는 의미다.

- 제1항 후단의 결합개발 방식

"서로 떨어진 지역을 하나의 정비구역으로 결합하는 경우에는 법 제4조제1항에 따라 정비구역을 변경하여야 한다."는 것은, 분할과 달리 경미한 변경이 아닌 법 제4조제1항의 정식 절차를 밟아 정비계획을 변경하라는 뜻이다.

▢ 조례 제19조제2항

법 제34조제2항에 따라 서로 떨어진 지역을 하나의 정비구역(이하 "결합정비구역"이라 한다.)으로 결합하여 시행하는 정비사업(이하 "결합정비사업"이라 한다.)은 다음 각 호의 기본방향에 적합하여야 한다(동조 제2항).

1. 도시경관 또는 문화재 등의 보호가 필요한 낙후한 지역을 토지의 고도이용이 가능한 역세권 지역과 결합하여 정비사업을 시행할 수 있다.
2. 결합정비사업은 도시경관 또는 문화재 등을 보호하기 위하여 토지의 이용이 제한된 지역(이하 "저밀관리구역"이라 한다.)의 용적률을 토지의 고도이용이 가능한 역세권 지역(이하 "고밀개발구역"이라 한다.)에 이전하여 개발하는 것을 말한다.
3. 토지이용계획, 건축물의 밀도 및 높이 계획, 정비기반시설계획 등 정비계획은 지역 특성을 고려하여 수립하여야 한다.

결합개발방식에서의 결합정비구역 간에는 연접이 아닌, 상대적으로 거리가 있는 "서로 떨어진" 구역들을 하나로 묶어 진행하는 정비사업이다.

이렇게 서로 떨어진 지역을 하나의 정비구역(이하 "결합정비구역")으로 결합하여 시행하는 정비사업(이하 "결합정비사업")은 다음 각 호의 기본방향에 적합하여야 한다.

1. 도시경관 또는 문화재 등의 보호가 필요한 낙후한 지역을 토지의 고도이용이 가능한 역세권 지역과 결합하여 정비사업을 시행할 수 있다.
2. 결합정비사업은 도시경관 또는 문화재 등을 보호하기 위하여 토지의 이용이 제한된 지역(이하 "저밀관리구역"이라 한다.)의 용적률을 토지의 고도이용이 가능한 역세권 지역(이하 "고밀개발구역"이라 한다.)에 이전하여 개발하는 것을 말한다.
3. 토지이용계획, 건축물의 밀도 및 높이 계획, 정비기반시설계획 등 정비계획은 지역 특성을 고려하여 수립하여야 한다.

▢ 조례 제19조제3항

결합정비구역으로 지정하여 결합정비사업을 시행하고자 하는 경우, 아래의 도시정비조례 **[별표2]**에서 정한 시행방법과 절차에 따라야 한다(동조 제3항).

결합정비구역의 저밀관리구역과 고밀개발구역은 다음 각 목에 적합하여야 한다.

가. 저밀관리구역은 다음의 어느 하나에 해당하여야 한다.

(1) 자연경관지구 또는 최고고도지구로 지정되어 있는 낙후한 지역

(2) 문화재보호구역 주변

(3) 제1종일반주거지역

(4) 제2종일반주거지역으로서 7층 이하인 지역

(5) 한옥밀집지역

(6) (1)부터 (5)까지와 유사하거나 도시경관 또는 문화재 등을 보호하기 위하여 도시계획위원회 자문을 거쳐 시장이 인정하는 지역

나. 고밀개발구역은 다음의 어느 하나에 해당하여야 한다.

(1) 지하철, 국철 및 경전철역의 중심(승강장 중심점)으로부터 반경 500m 이내의 역세권

(2) 제2종일반주거지역, 제3종일반주거지역, 준주거지역, 상업지역으로서 폭 20m 이상의 도로에 인접하여 토지의 고도이용이 가능한 지역

(3) (1), (2)와 유사하거나 기반시설, 주변여건 등을 고려하여 토지의 고밀개발이 가능하다고 도시계획위원회 자문을 거쳐 시장이 인정하는 지역

○ 결합정비구역의 추진위원회 및 조합 설립 절차 등

가. 하나의 추진위원회 및 조합을 구성하여야 한다. 다만, 저밀관리구역과 고밀개발구역으로 분할시행이 필요한 경우 저밀관리구역 및 고밀개발구역별로 추진위원회·조합으로 구성할 수 있으며, 다수의 정비구역으로 구성된 경우에는 구역별로 추진위원회·조합을 설립할 수 있다.

나. 추진위원회 운영규정에 따라 운영하되, 결합정비구역의 추진위원회는 다음의 사항에 따라 추진할 수 있다.

(1) 구역별 토지등소유자의 과반수의 동의를 얻어 조합설립을 위한 하나의 추진위원회를 구성하며, 국토부령으로 정하는 방법과 절차에 따라 구청장의 승인을 얻어야 한다.

(2) 저밀관리구역과 고밀개발구역을 대표하는 위원장을 선임하고, 위원장이 선임되지 않은 구역에서 부위원장을 선임한다.

(3) 저밀관리구역과 고밀개발구역의 토지등소유자 수에 비례하여 추진위원회 위원을 선임하며, 각 구역에 같은 수의 감사를 선임한다.

다. 재개발 및 재건축사업 표준정관에 지역여건을 고려한 정관을 작성 및 운영하되, 결합정비구역의 조합은 다음 사항을 따라 추진할 수 있다.

(1) 조합을 설립하고자 하는 경우에는 구역별로 토지등소유자의 3/4 이상 및 토지면적의 1/2 이상 소유자의 동의를 얻어 정관 및 국토해양부령이 정하는 서류를 첨부하여 구청장의 인가를 받아야 한다.

(2) 저밀관리구역과 고밀개발구역을 대표하는 조합장을 선임하고, 조합장이 선임되지 않은 구역에서 부조합장을 선임한다.

(3) 저밀관리구역과 고밀개발구역의 조합원수에 비례하여 조합 이사를 선임하며, 각 구역에 같은 수의 감사를 선임한다.

라. 가목 단서에 따라 저밀관리구역과 고밀개발구역으로 분할시행이 필요하여 저밀관리구역 및 고밀개발구역별로 각각 추진위원회·조합으로 구성하는 경우는 다음 사항을 따라 추진할 수 있다.

(1) 추진위원회는 각 정비구역별 추진위원회 운영규정에 따라 운영한다.

(2) 조합은 각 정비구역별 조합정관을 작성하여 운영하되, 결합개발정비사업 시행에 필요한 연면적의 분배, 비용분담 등을 포함한다.

○ 결합정비사업 시행 및 관리처분 등

가. 저밀관리구역의 조합원은 저밀관리구역에 건립되는 건축물에 대하여 우선분양신청을 하거나 고밀개발구역에 건립되는 건축물의 분양을 신청할 수 있다. 고밀개발구역의 조합원도 또한 같다.

나. 관리처분계획은 해당 사업에 따른 개발이익을 저밀관리구역의 조합원과 고밀개발구역의 조합원 간에 공정하고 합리적으로 배분할 수 있도록 수립되어야 한다.

다. 관리처분계획인가 후 저밀관리구역과 고밀개발구역을 분리하여 각각 착공할 수 있다.

라. 제4호 라목에 따라 저밀관리구역과 고밀개발구역으로 분할 시행하는 경우 구역별로 관리처분계획을 수립할 수 있다.

▢ 조례 제19조제4항

「재정비특별법」에 따른 재정비촉진사업에 대하여도 제1항부터 제3항까지를 준용한다(동조 제4항).

이 조문은 2009.7.30 신설되었다.

재정비특별법에 따른 재정비촉진사업에 대하여도 제1항부터 제3항까지를 준용한다고 규정되어 있으나, 재정비특별법상 촉진사업에 대한 결합개발제도는 앞서 설명한 바와 같이 폐지되었다.

▢ 시도별 조례

○ 경기도

제15조의2(정비구역 분할 및 결합시행) 법 제34조제2항에 따라 조례로 정하는 시행방법과 절차에 관한 세부사항은 다음 각 호와 같다.

1. 정비구역의 결합은 도시경관·문화재 등의 보호와 비행안전을 위하여 토지이용이 제한된 지역과 역세권 등 고도이용이 가능한 지역 간에 시행할 수 있다.
2. 구역을 분할하는 경우는 영 제12조제9호에 따라 정비구역을 변경하고, 서로 떨어진 지역을 하나의 정비구역으로 결합하여야 하는 경우에는 법 제4조제1항에 따라 정비구역을 변경하여야 한다.

[본조신설 2009.12.31]

– 남양주시, 부천시, 수원시, 안양시, 안산시, 고양시

경기도와 같다.

○ 인천시

관련 조문이 없다.

○ 부산시

제18조의3(정비구역의 분할 및 결합) ① 법 제34조제2항에 따라 구청장은 정비기본계획의 정비예정구역을 대상으로 저밀관리구역과 고밀개발구역을 결합하여 법 제4조에 따른 정비구역의 지정을 신청할 수 있다.

② 결합정비구역의 저밀관리구역과 고밀개발구역은 다음 각 호에 적합하여야 한다.

1. 저밀관리구역은 다음 각 목의 어느 하나에 해당하여야 한다.
   가. 자연경관지구 또는 최고고도지구로 지정되어 있는 낙후된 지역
   나. 주거환경이 낙후된 고지대 지역으로 구·군 도시계획위원회의 자문을 거쳐 구청장이 인정한 지역
   다. 가목 및 나목과 유사한 지역이거나 기반시설, 주변여건 등이 낙후된 지역으로 부산시 도시계획위원회의 자문을 거쳐 시장이 인정하는 지역
2. 고밀개발구역은 다음 각 목의 어느 하나에 해당하여야 한다.
   가. 지하철, 국철 및 경전철역의 중심으로부터 반경 500m 이내의 역세권
   나. 제2종·제3종 일반주거지역 또는 준주거지역으로서 폭 20m 이상의 도로에 인접하여 토지의 고도이용이 가능한 지역
   다. 가목 및 나목과 유사하거나 기반시설, 주변여건 등을 고려하여 토지의 고밀개발이 가능한 지역으로서 부산시 도시계획위원회의 자문을 거쳐 시장이 인정하는 지역

③ 결합정비구역의 추진위원회 및 조합 설립 절차 등은 다음 각 호에 따른다.

1. 「추진위원회 운영규정」에 따라 운영하되, 결합정비구역의 추진위원회는 다음의 사항에 따라 추진할 수 있다.
   가. 구역별 토지등소유자의 과반수의 동의를 받아 조합설립을 위한 하나의 추진위원회를 구성하며, 국토부령으로 정하는 방법과 절차에 따라 구청장의 승인을 받아야 한다.
   나. 저밀관리구역과 고밀개발구역을 대표하는 대표위원을 선임하고, 대표

위원 중에서 위원장 및 부위원장을 선임한다.

다. 저밀관리구역과 고밀개발구역의 토지등소유자 수에 비례하여 추진위원회 위원을 선임하며, 각 구역에 같은 수의 감사를 선임한다.

2. 재개발 및 재건축사업 표준정관에 지역여건을 고려한 정관을 작성 및 운영하되, 결합정비구역의 조합은 다음 사항을 따라 추진할 수 있다.

가. 조합을 설립하려면 구역별 토지등소유자의 3/4 이상과 토지면적의 1/2 이상의 토지등소유자의 동의를 받아 정관 및 국토부령이 정하는 서류를 첨부하여 구청장의 인가를 받아야 한다.

나. 저밀관리구역과 고밀개발구역을 대표하는 이사를 선임하고, 대표이사 중에서 조합장을 선임한다.

다. 저밀관리구역과 고밀개발구역의 조합원수에 비례하여 조합 이사를 선임하며, 각 구역에 같은 수의 감사를 선임한다.

④ 결합정비사업 시행 및 관리처분 등은 다음 각 호에 따른다.

1. 저밀관리구역의 조합원은 저밀관리구역에 건립되는 건축물에 대하여 우선분양신청을 하거나 고밀개발구역에 건립되는 건축물의 분양을 신청할 수 있다. 고밀개발구역의 조합원도 또한 같다.
2. 관리처분계획은 해당 사업에 따른 개발이익을 저밀관리구역의 조합원과 고밀개발구역의 조합원 간에 공정하고 합리적으로 배분할 수 있도록 수립되어야 한다.
3. 관리처분계획인가 후 저밀관리구역과 고밀개발구역을 분리하여 각각 착공할 수 있다.

[본조신설 2010.3.3]

○ 대구시

제18조의2(정비구역 분할 및 결합 시행방법 등) 법 제34조제2항에 따라 구청장은 정비사업의 효율적인 추진 또는 도시의 경관보호 등을 위하여 필요한 경우 구역을 분할하거나 결합을 추진할 수 있으며, 분할 및 서로 떨어진 지역을 하나의 정비구역으로 결합하는 경우에는 법 제4조제1항에 따라 정비구역을 변경하여야 한다.
[전문신설 2010.6.30 조례 제4170호]

○ **대전시, 광주시**

제4조의2(정비구역의 분할 및 결합) 법 제34조제2항에 따라 구청장은 정비구역을 분할하거나 결합을 추진할 수 있으며, 분할하는 경우는 영 제12조제9호에 따라 정비구역을 변경하고, 서로 떨어진 지역을 하나의 정비구역으로 결합하는 경우에는 법 제4조제1항에 따라 정비구역을 변경 지정하여야 한다.

[본조신설 2010.8.13]

서울시 결합개발제도 운영기준(도시계획국 2008.10)

1. 총 칙

1-1. 목 적

본 운영기준은 「도시재정비 촉진을 위한 특별법」 제9조제4항과 동법 시행령 제12조제3항 규정에 의한 도시경관의 보호 및 원활한 정비사업의 추진을 위하여 필요한 경우 재정비촉진지구 안에서 서로 떨어진 2 이상의 지역을 하나의 재정비촉진구역으로 지정하여 사업을 시행할 수 있는 제도에 대하여 국토해양부 "재정비촉진계획 수립지침"에 따라 촉진계획수립을 위한 운영기준을 정하는데 그 목적이 있다.

1-2. 결합개발제도의 의의

1-2-1. 제도의 도입취지 및 배경

강북의 시가화가능지 중 31.3% 가량이 구릉지 지형으로 대부분 제1종일반주거지역이나 자연경관지구 또는 고도지구 등 규제로 사업이 원활하게 이루어지지 않아 소규모 불량주택지로 슬럼화가 가속되고 있을 뿐 아니라 사업성 제고를 위하여 도시계획의 해제 또는 완화를 요구하는 민원이 상존하는 등 구조적 문제가 발생하고 있는 실정이다.

따라서, 구릉지 지역과 비교적 개발이 용이한 역세권 지역을 하나의 단지개념으로 결합하여 재정비촉진사업을 시행하여 구릉지는 저층·저밀의 친환경주거지로 조성하고, 역세권은 토지이용을 고도화함으로써 도시경관 보호와 도시재정비를 촉진하고자, 제도를 도입하게 되었다.

1-2-2. 개발권양도제와의 차별성

미국 등지에서 활용되는 개발권양도제(TDR ; Transfer Development Right)는 개

발권에 대한 정의와 이에 따른 등기제도의 도입이 필요하며, 개발권의 산정이 미이용용적률을 기준으로 적용하게 되므로 구릉지와 같이 엄격한 규제가 적용되고 있는 지역의 개발권은 그렇지 않은 지역에 비해 저평가될 뿐만 아니라, 개별필지 단위의 보전에는 실효성이 있으나 대규모 개발이나 정비사업에는 적용하기가 어려워 현실적으로 우리나라에 활용되지 못하는 제도인 반면,

결합개발제도(CRP ; Conjoint Renewal Program)는 정비사업을 계기로 관리처분계획을 통하여 권리를 변환함으로써 대규모 정비사업과 개발사업에 적용이 가능하고, 개발권에 대한 정의나 등기가 불필요하며, 엄격한 규제가 적용되고 있는 지역을 정비하는 사업에 유리하다는 장점이 있는 등 현실 적용이 가능한 제도이다.

1-2-3. 결합개발의 기대효과

사업성 악화 → 정비사업 지연 → 불량주택 슬럼화 → 규제완화에 대한 민원증가 → 난개발로 인한 경관훼손 → 규제강화로 이어지는 악순환의 고리를 끊고, 구릉지의 도시경관 보호와 주거환경 개선이라는 두 가지 목표를 동시에 달성할 수 있을 것으로 전망된다.

1-2-4. 결합개발의 의의와 한계

결합개발제도는 구릉지에 대한 새로운 개발모델을 정립하여 이들 지역에 대한 사회적 인식을 바꿀 수 있을 것이며, 시범사업은 제도의 정착과 발전에 크게 기여하게 될 것이고, 향후 다양한 개발에 확대 적용될 수 있을 것으로 기대되는 제도이다.

그러나, 결합개발은 모든 문제를 일괄적으로 해결할 수 있는 수단이기보다는 구릉지(고지대)가 갖고 있는 문제를 해결할 수 있는 대안 중의 하나라고 할 수 있다.

1-3. 용어의 정의

이 기준에서 사용하는 용어의 정의는 다음과 같다. 다만, 이 기준에서 정의되지 않은 용어는 관계법령 등 관련기준에 따른다.

1-3-1. "결합개발"이라 함은 「도시재정비 촉진을 위한 특별법」(이하 "법"이라 한다.) 제9조제4항과 동법시행령(이하 "영"이라 한다.) 제12조제3항 규정에 따라 도시경관의 보호 및 원활한 재정비촉진사업의 추진을 위하여 재정비촉진지구 안에서 서로 떨어진 2 이상의 지역을 하나의 재정비촉진구역으로 지정하여 사업을 시행하는 방식으로써 도시경관 보호 등 공익기여를 인정하여 인센티브를 제공함으로써 도시재정비를 촉진하는 제도를 말한다.

1-3-2. "결합개발구역"이라 함은 결합개발로 계획된 재정비촉진구역으로 토지의 고

도이용이 곤란한 “구릉지구역”과 토지의 고도이용이 가능한 “역세권구역”으로 구성된다.

1-3-3. “구릉지구역”이라 함은 고지대, 산동네, 언덕배기 및 문화재 주변 등에 위치하는 주거환경 정비의 필요성이 인정되는 지역으로 도시경관의 보호 등을 위해 토지의 고도이용이 곤란한 지역을 말한다.

1-3-4. “역세권구역”이라 함은 간선도로 또는 지하철역 주변 등 평지 지역으로 기반시설이 양호하여 토지의 고도이용이 가능한 지역을 말한다.

1-3-5. “최소정비용적률”이라 함은 구릉지구역을 결합개발이 아닌 단독의 정비사업으로 정비(이하 “단독개발”이라 함) 하는데 필요하다고 인정되는 최소한의 용적률로서, 정비기반시설 등을 제공하기 전 구역면적을 기준으로 정한다.

1-3-6. “관리목표용적률”이라 함은 결합개발을 통한 도시경관 보호를 위하여 적합하다고 판단되는 구릉지구역의 용적률 상한으로서 구릉지구역의 입지특성을 고려하여 정한다. 관리목표용적률은 정비기반시설 등을 제공한 후 구역면적을 기준으로 산정한다.

1-3-7. “인센티브용적률”이라 함은 결합개발을 통한 도시경관 보호 등의 공익기여를 인정하여 제공하는 결합개발구역의 용적률 완화량으로서, 역세권구역을 기준으로 변환용적률과 보너스용적률의 합으로 산정한다.

1-3-8. “변환용적률”이라 함은 구릉지 최소정비용적률과 관리목표용적률의 차에 해당하는 건축연면적을 역세권구역에서 확보하기 위하여 역세권구역에 완화하는 용적률을 말한다.

1-3-9. “보너스용적률”이라 함은 결합개발을 촉진하기 위하여 변환용적률에 추가하여 제공하는 용적률 완화량을 말한다.

1-3-10. “보너스기준용적률”이라 함은 보너스용적률 산정을 위한 기준용적률로서, 역세권구역의 정비기반시설 제공 전 구역면적을 기준으로 5%를 기본으로 하며 도시재정비위원회 등의 자문을 거쳐 정한다.

1-4. 본 운영기준의 적용범위

본 운영기준은 주거지형의 재정비촉진지구 안에서 재정비촉진사업 중 재개발사업간 결합개발에 한하여 적용한다.

1-5. 적용기준

1-5-1. 결합개발구역은 구릉지구역과 역세권구역을 각각의 지형적 특성에 맞게 정

비하기 위한 정비방식으로서 조합설립, 관리처분 등 사업시행은 하나로 통합하여 시행하고, 건축물 밀도 및 층수 등 건축계획, 공공용지비율 산정 등 계획적 규제와 사업이후 주택관리는 구릉지와 역세권의 특성에 따라 각각 관리할 수 있도록 계획한다.

1-5-2. 결합개발구역의 재정비촉진사업은 구릉지구역과 역세권구역이 서로 만족할 수 있도록 관계법령에 따라 토지등소유자의 의사가 적절히 반영되도록 시행하여야 한다.

1-5-3 관리처분계획은 결합개발에 따른 개발이익을 구릉지구역과 역세권구역 토지등소유자 간에 공정하고 합리적으로 배분할 수 있도록 수립되어야 한다.

2. 결합개발구역의 지정

2-1. 결합개발구역의 지정시기 및 방법

2-1-1. 결합개발구역의 지정은 재정비촉진계획수립단계에서 재정비촉진계획에 반영하거나, 사업추진과정에서 토지등소유자의 요청에 의하여 재정비촉진계획 수립권자(이하 "수립권자"라고 한다.)가 필요하다고 판단하는 경우 재정비촉진계획 변경을 통하여 지정을 신청할 수 있다.

2-2. 결합개발구역의 지정요건

2-2-1. 결합개발구역은 법 제9조제4항, 영 제12조제3항, 재정비촉진계획 수립지침(이하 "지침"이라 한다.) 5-1-1. 내지 5-1-6.의 촉진구역지정계획 기준에 적합하게 지정하여야 한다.

2-2-2. 결합개발구역은 영 제12조제6항의 규정에 의거, 주민공람 이전에 시 도시계획위원회, 도시·건축공동위원회 또는 도시재정비위원회(이하 도시재정비위원회 등)의 자문을 거쳐 지정 한다.

2-2-3. 결합개발구역 중 구릉지구역은 다음 각 목의 요건에 해당되는 지역으로 한다.

가. 도시경관 보호 등을 위하여 자연경관지구 또는 최고고도지구(5층 20m 이하)로 지정되어 있는 노후불량주택지역

나. 다음의 요건에 해당하는 지역으로 도시경관보호와 원활한 재정비촉진사업의 추진을 위하여 도시재정비위원회에서 필요하다고 인정하는 지역

(1) 문화재보호법 상 문화재보호구역 주변

(2) 용도지역 상 제1종일반주거지역

(3) 대상지 일부가 "가"목의 요건에 해당하는 지역 등

2-2-4. 결합개발구역 중 역세권구역은 다음 각 목의 요건에 해당하는 지역으로 한다.

가. 제2종 일반주거지역, 제3종 일반주거지역, 또는 준주거지역으로 지정된 평지로서 폭 20m 이상의 도로에 인접하거나 지하철역 주변지역으로 토지의 고도이용이 가능한 지역

나. 다음의 요건에 해당하는 지역으로 도시재정비위원회에서 필요하다고 인정하는 지역

(1) 대상지 일부가 "가"목의 요건에 해당하는 지역

(2) 수립권자가 고밀개발에 따른 기반시설 부담이 적어 토지의 고도이용이 가능하다고 판단하는 지역

2-2-5. 구릉지구역과 역세권구역의 결합요건은 다음 각 목으로 정한다.

가. 역세권구역의 용적률은 과밀화방지를 위해 국토계획법 시행령 제85조에 의한 당해 용도지역 안에서의 용적률 범위 안에서 관리될 수 있도록 결합개발 대상구역을 선정한다.

나. 구릉지구역과 역세권구역은 주택법 제2조제4호 및 같은 법 시행령 제4조 규정에 의하여 별개의 주택단지로 볼 수 있어야 한다.

3. 결합개발구역의 건축계획 및 지원 등

3-1. 결합개발구역 관리원칙

3-1-1. 구릉지구역 관리원칙

가. 도시경관 보호 등 공익을 위하여 용도지구 등 도시관리계획의 유지를 원칙으로 한다.

나. 관리목표용적률은 90% 이하를 원칙으로 하고, 수립권자가 지역특성을 고려하여 필요하다고 인정하는 경우에는 120%까지 적용할 수 있다.

다. 구릉지구역은 지역특성과 관리목표용적률에 따라 합리적으로 관리될 수 있도록 적절한 용도지역·지구로 변경하여 지정할 수 있다.

3-1-2. 역세권구역 관리원칙

가. 도시의 과밀화 방지 및 합리적 도시관리를 위하여 역세권구역의 용적률은 국토계획법 시행령 제85조의 당해 용도지역의 용적률 범위 내에서 관리하는 것을 원칙으로 한다.

나. 역세권구역의 최종용적률은 당해 정비구역의 단독개발 시 용적률에 인센티브 용적률을 더하여 산정한다.

다. 역세권구역의 최종용적률은 인센티브 용적률 범위 내에서 단독개발 시 정해지는 재정비촉진계획 상 상한용적률을 초과하여 결정될 수 있다.

3-2. 건축규제완화 등 건축계획

3-2-1. 일반원칙

가. 구릉지구역과 역세권구역의 관리원칙 범위 내에서 개별구역의 여건에 부합하도록 건축계획을 수립한다.

나. 지침 5-5-2에서 정한 용적률, 높이의 완화기준은 결합개발구역에 대하여는 3-2-2 내지 3-2-6과 같이 적용한다.

3-2-2. 구릉지구역의 최소정비용적률

가. 구릉지구역의 최소정비용적률은 150%를 기준으로 하되, 용도지역·지구 및 현장여건 등을 고려하여 도시재정비위원회의 자문을 거쳐 정한다.

3-2-3. 구릉지구역의 관리목표용적률

가. 입지특성을 감안하여 다음 〈표1〉를 기준으로 도시재정비위원회 등의 자문을 거쳐 정한다.

〈표1〉 입지특성을 감안한 구릉지구역 관리목표용적률

입지특성 구분	관리목표용적률
전용주거지역에 준하는 밀도관리가 필요한 지역으로서 자연경관 보호의 필요성이 높은 지역	30% 이하
전용주거지역에 준하는 밀도관리가 필요한 지역	60% 이하
자연경관지구에 준하는 밀도관리가 필요한 지역	90% 이하

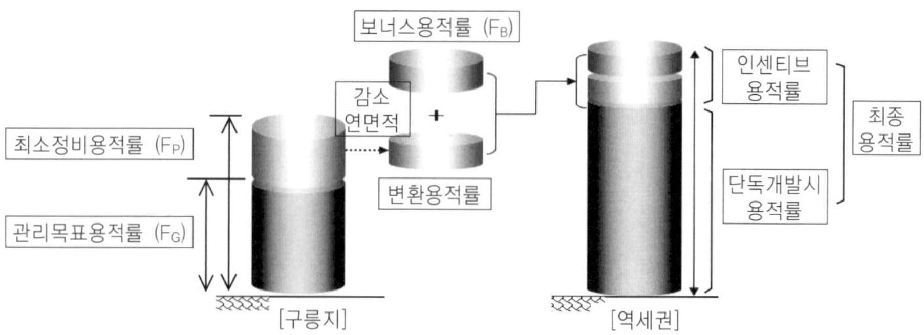

〈개념도〉

3-2-4. 역세권구역의 최종용적률

가. 역세권구역의 최종용적률은 당해 정비구역의 '단독개발 시 용적률'에 '인센티브 용적률'을 더하여 산정한다.

역세권구역의 최종용적률 = 역세권구역의 단독개발 시 용적률 + 인센티브용적률

나. 인센티브용적률은 변환용적률과 보너스용적률을 더하여 산정한다.

인센티브용적률 = 변환용적률 + 보너스용적률

다. 변환용적률은 구릉지구역에서 경관을 보호하기 위하여 감소한 연면적(구릉지구역의 감소 연면적)을 역세권구역의 택지면적으로 나누어 산정한 용적률을 말하며, 이때 역세권구역에 대한 구릉지구역의 평균공시지가의 비율을 곱하여 산정한다.

$$\text{변환용적률} = \frac{\text{구릉지구역의 감소 연면적}}{\text{역세권구역의 택지면적}} \times \frac{\text{구릉지구역의 평균공시지가}}{\text{역세권구역의 평균공시지가}}$$

라. 구릉지구역의 감소 연면적은 최소정비용적률과 관리목표용적률의 차에 구릉지구역의 택지면적을 곱하여 산정한다.

구릉지구역의 감소 연면적 = (최소정비용적률 − 관리목표용적률) × 택지면적

마. 구릉지구역과 역세권구역에서 각각 기반시설을 기부채납할 경우 최소정비용적률 및 보너스용적률을 산정함에 있어 조례 제8조제1항제1호에 규정에 의한 기반시설 제공에 따른 용적률 완화 규정을 준용한다.

바. '가'목 내지 '마'목의 산정식과 세부 기준은 다음과 같다.

[산정식]

$$\text{인센티브 용적률} = F_P - F_G \times \frac{A_{L(NET)}}{A_{H(NET)}} \times \frac{P_L}{P_H} + F_B$$

F_P : 구릉지구역 최소정비용적률 F_G : 구릉지구역 관리목표용적률

$A_{L(NET)}$: 구릉지구역의 계획 택지 면적 $A_{H(NET)}$: 역세권구역의 계획 택지 면적

P_L : 구릉지 평균공시지가 P_H : 역세권구역 평균공시지가

F_B : 보너스용적률

[세부 기준]

① 구릉지구역 또는 역세권구역에서 '기반시설을 기부채납'할 경우 F_P, F_B는 각각 다음 값을 적용한다. f_B는 '보너스기준용적률', f_P는 기부채납 이전 '최소정비용적률'을 말한다.

가. 구릉지구역 기반시설 순부담률이 'β_L'인 경우 : $F_P = (1+1.3\times\beta_L)\times f_P$

나. 역세권구역 기반시설 순부담률이 'β_H'인 경우: $F_B = (1+1.3\times\beta_H)\times f_B$

② 기반시설 순부담률은 기반시설 부지로 제공하는 면적(국·공유지 제외)에 대한 기반시설 부지로 제공한 후의 대지면적 비율을 말한다.

③ 평균공시지가비는 국·공유지를 제외한 구릉지구역과 역세권구역의 평균공시지가의 비율이며, 평균공시지가비가 1.25를 넘지 않는 경우 1로 간주할 수 있다.

④ 평균공시지가는 구역 내 국·공유지를 제외한 모든 토지의 개별공시지가의 면적 가중평균으로 산정하되, 개별공시지가가 공표되지 않은 토지는 산입하지 아니한다.

⑤ 개별공시지가는 최초 결합개발구역 결정 시점을 기준으로 가장 가까운 개별공시지가 공표시점을 기준으로 한다.

⑥ 계획 택지 면적이란, 재정비촉진계획으로 정한 기반시설등을 제외한 구역면적으로서 주택과 부대시설을 건축하기 위한 대지를 의미한다.

사. 구릉지구역 전체를 공원등 기반시설로 제공하는 경우에 인센티브용적률은 '가'목 내지 '바'목을 적용하지 않고 다음의 산정식으로 산출한다.

[산정식]

$$\text{인센티브 용적률} = 1.3\times F_G\times\frac{A_L}{A_{H(NET)}}\times\frac{P_L}{P_H}+(1+1.3\times\beta_H)\times f_B$$

f_P : 구릉지구역 최소정비용적률

A_L : 구릉지구역의 면적(국·공유지 면적제외)

$A_{H(NET)}$: 역세권구역의 택지 면적

P_L : 구릉지구역 평균공시지가

P_H : 역세권구역 평균공시지가

β_H : 역세권구역 기반시설 순부담률

f_B : 보너스기준용적률

3-2-5. 인센티브 용적률의 배분

가. 인센티브 용적률 중 변환용적률은 구릉지구역에 배분한다.

나. 인센티브 용적률 중 보너스용적률은 구릉지구역과 역세권구역의 평균공시지가비에 따라 다음 각 호와 같이 배분함을 기준으로 한다.

(1) 평균공시지가비가 1.25를 넘지 않을 경우, 구역면적에 비례하여 배분한다.

(2) 평균공시지가비가 1.25를 넘는 경우, 총토지가액에 비례하여 배분한다.

① 구역면적 및 총토지가액은 각 구역의 국·공유지를 제외한 사업구역 면적을 기준으로 산정한다.

다. 보너스 용적률의 배분은 '나'목의 기준에 의하되, 결합개발구역의 여건과 토지가격 변화 등을 고려하여 구릉지구역과 역세권구역의 토지소유자등이 합의하여 조정할 수 있다.

3-2-6. 건축물 높이

가. 구릉지구역은 당해 구역에 지정된 용도지구 등 도시관리계획의 건축제한 규정을 준수하는 것을 원칙으로 한다.

나. 역세권구역이 제2종일반주거지역인 경우에는 영 제20조제2항제2호에 따라 「국토계획법 시행령」 [별표5] 제1호 및 제2호에 따른 층수 제한 규정을 적용하지 아니할 수 있다.

다. 역세권구역의 건축물 높이는 영 제14조제1항제2호에 따라 도시재정비위원회 등의 자문의 거쳐 완화할 수 있다

3-3. 임대주택 건설비율 완화 등 지원

3-3-1. 임대주택 건설비율 완화

가. 영 제34조제1항제3호, 지침 5-1-5, 6-2-6에서 정한 임대주택 건설비율은 「도시재정비촉진을 위한 조례」(이하 "조례"라 한다.) 제21조제4항에 따라 다음과 같이 적용한다.

(1) 이전주민비율 10% 이상인 경우 : 조례 제21조제1항 내지 제3항의 규정에 의하여 산출된 비율의 1/3 이상

(2) 이전주민비율 10% 미만인 경우 : 다음 산식에 의하여 산출된 비율 이상

임대주택의 건립비율 = 조례 제21조제1항 내지 제3항의 규정에 의하여 산출된 비율 × [1 − (이전주민비율 ÷ 15%)]

나. 위 식에서 '이전주민비율'은 구릉지구역의 감소세대수가 구릉지구역의 전체 세대수에서 차지하는 비율로 한다.

다. 나목의 감소세대수 산정이 어려운 경우, 지침 4-3-1 내지 4-3-2에 근거하여 수립되는 계획인구수를 참조하여 산정할 수 있다.

라. 재정비촉진계획 수립권자는 필요한 경우 구릉지구역과 역세권구역에 각각 공급해야 할 임대주택의 비율을 할당 할 수 있다.

3-3-2. 기반시설 설치비용의 지원

가. 지침 6-1-1 내지 6-1-10의 기반시설 지원 우선순위를 정함에 있어 결합개발구역을 다른 재정비촉진구역에 우선하여 지원한다.

4. 결합개발구역의 촉진사업 시행

4-1. 추진위원회 구성 및 조합설립

4-1-1. 결합개발구역에서 재정비촉진사업시행에 따른 조합설립 및 추진위원회의 구성은 구릉지구역과 역세권구역을 하나로 구성하여 운영한다.

4-1-2. 추진위원회 구성과 조합설립 등 주요 의사결정은 관계법령에 따라 구릉지구역과 역세권구역의 토지등소유자가 서로 합의하여 결정한 추진위원회 운영기준 및 조합정관 등에 따른다.

4-1-3. 관할 구청은 결합개발이 원만히 시행될 수 있도록 다음 각 호에 해당하는 사항을 추진위원회 운영기준 및 조합정관에 반영하도록 지도한다.

가. 구릉지구역과 역세권구역 각각의 토지등소유자 비율대로 추진위원회 위원 및 대의원(이하 위원) 수를 할당한다. 위원 수 산정에 있어 소수점 이하는 버림으로 계산하고, 정원에 대한 부족분은 구릉지구역과 역세권구역의 협의에 의해 정한다. 협의가 원만히 이루어지지 않으면 토지등소유자 수가 적은 구역에 배정함을 원칙으로 한다.

> ㉬ 구릉지구역 토지등소유자 100인, 역세권구역 토지등소유자 600인인 결합개발구역에서 10인으로 구성된 추진위원회를 구성하는 경우
> - 구릉지구역 조합설립추진위원 수 : 10인×100/(100+600) = 1.43인 = 1인
> - 역세권구역 조합설립추진위원 수 : 10인×600/(100+600) = 8.57인 = 8인
>
> 정원 부족분 : 10인 − (1인 + 8인) = 1인 ⇒ 구릉지구역에 배정

나. 구릉지구역과 역세권구역을 각각 대표하는 부 위원장 또는 부 조합장을 두도

록 한다.

다. 각종 동의 및 의결기준은 도시정비법의 요건을 만족하되, 구릉지 및 역세권 구역별로 다음의 '결합개발 구비요건'을 만족한다.

<table>
<tr><th>도시 및 주거환경 정비법에서 정한 요건</th><th>각 구역별 결합개발 구비요건</th><th>해당 사항</th></tr>
<tr><td rowspan="4">과반수</td><td rowspan="4">각 구역별 1/3 이상</td><td>추진위 운영규정 작성</td></tr>
<tr><td>정비사업 시행범위의 확대 또는 축소</td></tr>
<tr><td>정비사업전문관리업자 선정</td></tr>
<tr><td>개략적인 사업시행계획서 작성 등</td></tr>
<tr><td rowspan="2">2/3 이상</td><td rowspan="2">각 구역별 1/2 이상</td><td>추진위 운영규정 작성</td></tr>
<tr><td>정비사업 시행범위의 확대 또는 축소 등</td></tr>
<tr><td>3/4 이상</td><td>각 구역별 2/3 이상</td><td>조합설립인가 등</td></tr>
<tr><td>4/5 이상</td><td>각 구역별 3/4 이상</td><td>사업방식의 전환을 위한 관리처분계획 변경 등</td></tr>
</table>

라. 구릉지구역 조합원의 수나 대의원의 수가 총회나 대의원회 소집을 청구하기 위한 최소 요구인원보다 적은 경우, 다음 각 호와 같은 총회나 대의원회 소집을 청구하는 규정을 둔다.

(1) 구릉지구역의 토지등소유자 수가 전체 조합원 수의 1/5 미만인 경우, 구릉지구역 토지등소유자 4/5 이상의 요구로 총회를 소집할 수 있다.

(2) 구릉지구역 대의원 수가 전체 대의원 수의 1/3에 이르지 못하는 경우, 구릉지구역 대의원의 2/3 이상이 회의의 목적사항을 제시하여 청구하는 때 대의원회를 소집할 수 있다.

4-2. 사업시행인가등의 처리

4-2-1. 결합개발구역에 대한 사업시행인가, 관리처분계획인가, 준공인가 등은 구릉지구역과 역세권구역의 개별 요건을 검토한 후 하나로 통합하여 처리한다.

4-3. 관리처분계획 수립

4-3-1. 청산 이후에 구릉지구역과 역세권구역이 각각 독립적으로 부동산 관리가 가능하도록 관리처분계획을 수립한다.

4-3-2. 분양신청에 따라 구릉지구역 토지등소유자가 역세권구역에 분양을 받거나

역세권구역 토지등소유자가 구릉지구역에 분양을 받을 수 있는 교차관리처분계획을 수립할 수 있다.

5. 제도의 운영절차

6. 행정사항

6-1. 이 운영기준은 2008.10부터 시행한다.

6-2. 본 운영기준의 필요한 사항은 당해 사업의 조합정관에 포함하여 운영할 수 있도록 한다.

6-3. 서울시 재정비촉진계획 수립을 위한 별도의 지침이나 규칙제정 또는 조례 및 법령 개정 필요시 본 운영기준의 내용을 포함하도록 한다.

6-4. 본 운영기준은 시범사업을 시행하기 전이나 시행과정에서 재정비촉진사업의 정책 변화 또는 여건변화 등을 감안하여 제도의 취지가 훼손되지 않는 범위 안에서 균형발전추진본부장이 도시재정비위원회 의견을 들어 수정·보완할 수 있다.

6-5. 본 운영기준은 주거지형의 재정비촉진지구 내 재개발사업의 추진을 위하여 작성되었으므로 시범사업 시행과정에서 나타나는 문제점 등을 분석하여 중심지형과 도시환경정비사업 또는 도시환경정비사업 등과 일반정비구역에 확대 적용방안을 강구한다.

6-6. 기존 운영기준을 적용하여 재정비촉진계획이 결정된 사업에 대해서도 변경된 운영기준을 적용할 수 있다.

조례 제20조(소형주택 건설비율 및 용도)

법 제30조의3제2항제1호 및 제2호

소형주택 건설비율 및 용도

수도권 과밀억제권역 안에서 시행하는 재건축사업은 당해 재건축사업으로 증가된 용적률 중 25/100 이하의 범위 안에서 임대주택을 공급하도록 한 법 제30조의2(재건축사업의 임대주택 건설의무 등)가 2009.4.22 삭제되고, 법 제30조의3(재건축임대주택의 비율 및 공급방법 등)으로 대체되었다.
이에 따라 2009.8.11 시행령 제41조의2도 '소형주택 공급방법등'으로 바뀌었다.

▢ 개정 연혁

▸ 도시정비조례[서울시조례 제4824호, 2009.7.30, 일부개정]

제20조(재건축소형주택 건설비율 및 용도) ① 법 제30조의3제2항에 따라 "시도 조례로 정하는 비율"이란 법적상한용적률에서 정비계획에서 정해진 용적률을 뺀 용적률의 50/100을 말한다. 〈신설 2009.7.30〉

② 법 제30조의3제6항에 따라 "시도 조례로 정하는 용도"란 임대주택 및 장기전세주택의 용도로 활용하는 것을 말한다. 〈신설 2009.7.30〉

부 칙 〈2009.7.30〉

제1조(시행일) 이 조례는 공포한 날부터 시행한다.

▸ [서울시조례 제5348호, 2012.7.30, 일부개정]

제20조(소형주택 건설비율 및 용도) ① 법 제30조의3제2항제1호 및 제2호에 따른 시도 조례로 정하는 비율은 법적상한용적률에서 정비계획으로 정하여진 용적률을 뺀 용적률의 50/100을 말한다. 〈신설 2009.7.30, 개정 2012.7.30〉

② 법 제30조의3제6항에 따라 인수된 소형주택의 용도는 임대주택 또는 장기전세주택으로 활용한다. 〈신설 2009.7.30, 개정 2012.7.30〉

③ 제2항에 따른 장기전세주택의 임차인 자격은 서울시에 거주하는 무주택세대주로 하며, 입주자 선정에 관한 사항은 「서울시 장기전세주택 공급 및 관리규칙」에서 정할 수 있다. 〈신설 2012.1.5, 개정 2012.7.30〉

부 칙 〈제5348호, 2012.7.30〉

제1조(시행일) 이 조례는 공포한 날부터 시행한다.

➡ 소형주택 건설비율 및 용도에 대한 규정을 신설하였다(재건축 소형주택이란 용어는 없어짐).
- 법적상한용적률에서 정비계획으로 정하여진 용적률을 뺀 용적률의 50%에 해당하는 면적을 소형주택으로 건설
- 소형주택의 용도는 임대주택 또는 장기전세주택으로 활용

▢ 소형주택 건설 등

사업시행자는 법적상한용적률에서 정비계획으로 정하여진 용적률을 뺀 용적률의 다음 각 호에 따른 비율에 해당하는 면적에 주거전용면적 60㎡ 이하의 소형주택을 건설하여야 한다(법 제30조의3제2항).

1. 과밀억제권역에서 시행하는 재건축사업의 경우 30/100 이상 50/100 이하로서 시도 조례로 정하는 비율
2. 과밀억제권역에서 시행하는 재개발사업의 경우 50/100 이상 75/100 이하로서 시도 조례로 정하는 비율
3. 과밀억제권역 외의 지역에서 시행하는 재건축사업의 경우 50/100 이하로서 시도 조례로 정하는 비율
4. 과밀억제권역 외의 지역에서 시행하는 재개발사업의 경우 75/100 이하로서 시도 조례로 정하는 비율

재건축·재개발사업에서 과밀억제권역 내외를 구분하여 소형주택 비율을 달리 정할 수 있도록 했다. 따라서 이에 해당하는 시도 또는 대도시의 경우 도시정비조

례에서 이를 규정하고 있는지 여부를 확인해 보아야 한다.

또한 재건축·재개발사업의 구분 없이 임대주택이란 용어가 사라지고 소형주택을 사용한다.

▢ 조례 제20조제1항(소형주택 건설비율)

법 제30조의3제2항제1호 및 제2호에 따른 시도 조례로 정하는 비율은 법적상한용적률에서 정비계획으로 정하여진 용적률을 뺀 용적률의 50/100을 말한다(동조 제1항).

서울시의 소형주택 건설비율은 50/100이다.

소형주택 건설비율에 대한 아래 기사가 시사하는 바가 크다.

〈도시개발신문 2014.4.7〉

서초한양·삼호1차 등 20여 곳 재건축조합장·추진위원장들 도시정비법 개정 청원 준비

늦어도 내주 중으로 이를 국토부와 국회, 서울시, 서울시의회 등에 '청원서' 제출

최근 국토부가 재건축 등 정비사업 활성화를 위해 규제완화를 추진하고 있는 가운데 서울시내 재건축조합장 및 추진위원장들이 도시정비법 개정을 요구하는 청원서를 준비하고 있어 귀추가 주목된다.

정비업계에 따르면 서울시 서초한양아파트·서초삼호1차·자양7구역(단독재건축)·신반포5차 등 20여개 재건축조합장 및 추진위원장들이 최근 재건축사업 등의 용적률 완화 및 소형주택 건설 등을 규정하고 있는 도시정비법 제30조의3 개정을 골자로 한 '도시정비법 개정 청원서'(이하 청원서)를 마련 중인 것으로 나타났다.

청원서의 주요 골자는 도시정비법 제30조의3제2항에서 '사업시행자는 법적상한용적률에서 정비계획으로 정해진 용적률을 뺀 용적률의 소형주택 건설비율을 30/100~50/100의 범위 내에서 시도 조례로 위임'하고 있는 것을 시도 조례로 위임하지 말고 일률적으로 재건축사업의 경우 '30/100', 재개발의 경우 '50/100'로 확정하는 것이다.

서초한양아파트 안기성 조합장은 "현행 제도상에서 재건축을 추진하는 일 중 가장 큰 어려움은 조합원들에게 과도한 분담금을 요구하는 일"이라며 "대부분의 재건축단지들은 건설된 지 30년 이상 지난 아파트로, 거주민들은 평균연령이 55~65세 가량으로 한 평생 일해 장만한 전 재산인 이 아파트를 재건축하려는 데 과도한 분담금은 너무나 큰 짐이 되고 있다."고 지적했다.

안 조합장은 "다행히 소형주택이나 임대주택의 건립의무 등의 조건 없이 법적상한용적률을 적용할 수 있게 지난 1.14 자로 도시정비법이 개정되면서 조합원들에게 희망이 생겼다"며 "도시정비법 제30조의2 규정은 시도 조례로 법적상한용적률에서 정비계획상 용적률을 뺀 용적률의 일정비율을 소형주택으로 건설토록 하고, 시도 조례로 정한 비율만큼의 소형주택을 기부채납토록 하고 있는데 이는 조합원들에게 상당한 부담으로 작용하고 있다."고 주장했다.

서울시 제3종일반주거지역의 경우 정비계획상 용적률은 230%정도이며 법적상한용적률 300%를 적용하면 그 차이는 70%이다. 과밀억제권의 경우 이 증가된 용적률 70%에서 시도 조례에 따라 30~50%에 해당하는 용적률만큼 소형주택을 지어 인수자(국토부장관, 시·도지사, 시장·군수·구청장 또는 주택공사등)에게 도시정비법 제30조의3제3항에 따라 표준건축비만 받고 공급하고 해당 토지는 기부채납해야 한다.

도시정비법에서 정한 소형주택 비율은 30~50%이지만 서울시의 경우 조례로 최고비율인 50%를 적용해 소형주택을 기부채납토록 규정하고 있다.

정비업계 한 전문가는 "전용면적 60㎡의 토지 및 건축비의 원가는 약 4~5억원이 소요되나 인수자는 표준건축비 약 1억 원 정도만 지불하게 돼 조합측은 60㎡ 1채당 약 3~4억원 정도의 손해를 보고 있는 셈"이라고 말했다.

안 조합장은 "같은 과밀억제권이 인천시의 경우 그 비율을 30%까지만 적용해 주고 있다."며 "이런 도시정비법 규정과 서울시의 조례는 재건축조합원의 재산권을 과도하게 침해하고 있으며 이런 규제는 수익성 과다로 인한 과다 분담금으로 이어지면서 재건축사업 추진에 걸림돌로 작용하고 있다."고 말했다.

이들 재건축조합 및 추진위원장들은 청원서에서 "지난 1월 법적상한용적률 확대 적용을 위해 개정된 도시정비법 규정은 비록 강행규정은 아니지만 의무적으로 소형주택을 건립하지 않아도 서울시 등 행정청이 정비사업시행자에게 법적상한용적률을 적용할 수 있게 됐다."며 "그러나 도시정비법 제30조의3제2항에서 소형주택 건설비율을 규정하고 그 비율을 시도 조례로 위임하는 것은 또 다른 규제로 작용하고 있어 이러한 부분을 개선해 달라."고 요청했다.

한편, 서초한양아파트 재건축조합 등은 이번 주 중으로 청원서 작업에 마무리를 하고 늦어도 내주 중으로 이를 국토부와 국회, 서울시, 서울시의회 등에 청원서를 제출할 예정이다.

▢ 조례 제20조제2항(소형주택의 용도)

법 제30조의3제6항에 따라 인수된 소형주택의 용도는 임대주택 또는 장기전세주택으로 활용한다(동조 제2항).

소형주택의 인수를 위한 절차와 방법에 관하여 필요한 사항은 대통령령으로 별도로 정할 수 있으며, 인수된 소형주택은 시도 조례로 정하는 바에 따라 임대주택 또는 전세주택으로 활용하여야 한다(법 제30조의3제6항).

법 제30조의3제6항에 따라 인수된 소형주택의 용도는 임대주택 또는 장기전세주택으로 활용한다고 서울시는 규정하고 있다.

▢ 조례 제20조제3항(소형주택의 임차인 자격)

제2항에 따른 장기전세주택의 임차인 자격은 서울시에 거주하는 무주택세대주로 하며, 입주자 선정에 관한 사항은 「서울시 장기전세주택 공급 및 관리규칙」에서 정할 수 있다(동조 제3항).

-「서울시 장기전세주택 공급 및 관리규칙」

제4조(장기전세주택의 종류) 장기전세주택으로 공급하는 임대주택의 종류는 다음 각 호와 같다.

1. 장기전세주택으로 공급할 목적으로 SH공사가 건설하는 임대주택
2. 도시정비법 제30조의3제3항에 따라 시장이 인수하는 재건축소형주택
3. 「주택법」 제38조의6제2항에 따라 시장이 인수하는 임대주택
4. 그 밖에 장기전세주택으로 공급할 목적으로 시장 또는 SH공사가 매입하는 주택

제5조(공급대상) 장기전세주택의 공급대상은 「주택공급에 관한 규칙」 제4조에 따른 무주택세대주로서 제6조 및 제6조의2에 해당하는 자로 한다.

제6조(입주자 자격 및 입주자선정 기준) ① 관리주체는 제4조에 따른 장기전세주택을 공급하는 경우에는 다음 각 호에 따른 소득기준을 적용하여 입주자를 선정하

여야 한다. 단, 제4조제1호 중 국가재정과 국민주택기금의 자금을 지원받아 건설·공급되는 주택(국민임대주택 전환분)의 경우에는 「주택공급에 관한 규칙」 제32조의 소득기준에 따른다.

1. 전용면적 60㎡ 이하 주택 : 전년도 도시근로자 가구당 월평균소득의 100% 이하(단, 제4조제1호의 규정에 해당하는 주택의 경우에는 전년도 도시근로자 가구당 월평균소득의 70% 이하인 자에게 우선적으로 공급)
2. 전용면적 60㎡ 초과 85㎡ 이하 주택 : 전년도 도시근로자 가구당 월평균소득의 120% 이하
3. 전용면적 85㎡ 초과 주택 : 전년도 도시근로자 가구당 월평균소득의 150% 이하

② 제4조제2호부터 제4호까지의 규정에 따른 장기전세주택의 입주자 자격 및 선정기준은 [별표1]과 같다.

③ 관리주체는 제4조의 장기전세주택을 공급함에 있어, 같은 순위 안에서 경쟁이 있는 경우에는 [별표2]와 같이 입주자를 선정한다. 단, 「주택공급에 관한 규칙」 제32조제1항 및 제2항에 따른 주택을 장기전세주택으로 공급하는 경우에는 같은 조 제12항에 따라 입주자를 선정한다.

④ 관리주체는 「주택공급에 관한 규칙」 제32조의2제3항에 따라 장기전세주택 공급량의 10% 범위에서 다음 각 호와 같이 추가로 우선공급 할 수 있다. 다만, 제2호의 입주자 자격 및 선정기준은 [별표3]과 같다.

1. 「민법」상 미성년자 3명 이상의 자녀를 둔 무주택세대주 : 전용면적 60㎡ 초과 85㎡ 이하 주택
2. 「민법」상 미성년자 4명 이상의 자녀를 둔 무주택세대주 : 전용면적 85㎡ 초과 주택

제6조의2(입주자 보유 부동산 및 자동차 기준) 제4조에 따른 장기전세주택의 입주자 보유 부동산 및 자동차 기준은 「주택공급에 관한 규칙」 제32조의2제6항에 따라 국토부장관이 고시한 기준(이하 이 조에서 "기준")을 적용한다. 이 경우 전용면적 60㎡ 이하는 기준 제2조제2항의 국민임대주택과 같이 하고, 전용면적 60㎡를 초과하는 주택은 기준 제2조제1항제1호의 부동산 가액만 적용한다.

▢ 시도별 조례

제명이 시도 조례에 따라 '재건축사업 등의 소형주택 건설비율 및 용도' 또는 '재개발사업의 소형주택 건설비율 및 용도' 등으로 다르게 표기되어 있다. 법률제명과 같이 '재건축사업 등의 소형주택 건설비율 및 용도'로 바로 잡는 것이 좋다.

이 조문은 용적률 상향과 밀접한 관계가 있으므로 독자들은 주의를 요한다.

○ 경기도

제14조의2(재건축사업 등의 소형주택 건설비율 및 용도) ① 법 제30조의3제1항제2호에서 "시도 조례로 정하는 지역"이란 「수도권정비계획법」 제6조제1항제1호에 따른 성장관리권역을 말한다.

➡ 경기도는 법적상한용적률의 적용을 받을 수 있는 재개발사업에 대해 과밀억제권역 외에도 성장관리권역을 포함하였다(단 자연보전권역은 제외시킴).

② 법 제30조의3제2항 각 호의 구분에서 "시도 조례로 정하는 비율"이란 법적상한용적률에서 정비계획으로 정해진 용적률을 뺀 용적률로서 다음 각 호의 비율을 말한다.

1. 재건축사업 : 50/100
2. 과밀억제권역에서 시행하는 재개발사업 : 50/100
3. 과밀억제권역 외의 지역에서 시행하는 재개발사업 : 50/100

③ 법 제30조의3제6항에서 "조례로 정하는 용도"란 임대 또는 전세주택의 용도로 활용하는 것을 말한다.

[전문개정 2012.5.11]

– 안양시

제21조(재건축사업 등의 소형주택 건설비율 및 용도 등) ① 법 제30조의3제2항 각 호의 구분에서 "시도 조례로 정하는 비율"이란 법적상한용적률에서 정비계획으로 정해진 용적률을 뺀 용적률로서 다음 각 호의 비율을 말한다.

1. 재건축사업 : 40/100

2. 재개발사업 : 50/100

② 법 제30조의3제6항의 "시도 조례로 정하는 용도"란 임대 또는 전세주택의 용도로 활용하는 것을 말한다.

- 고양시, 부천시

제20조(재건축사업 등의 소형주택 건설비율 및 용도) ① 법 제30조의3제2항 각 호의 구분에서 "조례로 정하는 비율"이란 법적상한용적률에서 정비계획으로 정해진 용적률을 뺀 용적률로서 다음 각 호의 구분에 따른 비율을 말한다.

1. 재건축사업 : 50/100
2. 재개발사업 : 50/100

② 법 제30조의3제6항의 "시도 조례로 정하는 용도"란 임대 또는 전세주택의 용도로 활용하는 것을 말한다.

- 수원시

제20조(재건축사업 등의 소형주택 건설비율 및 용도 등) ① 법 제30조의3제2항 각 호의 구분에서 "시도 조례로 정하는 비율"이란 법적상한용적률에서 정비계획으로 정해진 용적률을 뺀 용적률로서 다음 각 호의 구분에 따른 비율을 말한다.

1. 재건축사업 : 50/100
2. 재개발사업 : 50/100

② 법 제30조의3제6항의 조례로 정하는 용도란 임대 또는 전세주택의 용도로 활용하는 것을 말한다.

③ 문화재보호구역 및 비행안전구역 등으로 높이제한을 받는 정비구역 중에서 다음 각 호의 기준에 따라 주택을 건설하는 경우에는 「수원시 주택조례」 및 「수원시 제1종지구단위계획수립지침」에 따른 주차장계획에도 불구하고 건축위원회 심의를 거쳐 지상에 주차장을 설치할 수 있다.

1. 전체세대수의 80% 이상을 전용면적 85㎡ 이하로 건설하는 경우 : 5% 이내
2. 전체세대수의 80% 이상을 전용면적 85㎡ 이하로 건설하고 이 중에서 50% 이상을 전용면적 60㎡ 이하로 건설하는 경우 : 15% 이내

- 안산시

제18조(재건축사업 등의 소형주택 건설비율 및 용도) ① 법 제30조의3제1항제2호에서"조례로 정하는 지역"이란 「수도권정비계획법」 제6조제1항제1호에 따른 성장관리권역을 말한다.

② 법 제30조의3제2항제3호에서"조례로 정하는 비율"이란 법적상한용적률에서 정비계획으로 정해진 용적률을 뺀 용적률로서 50/100을 말한다.

③ 법 제30조의3제6항에서 "조례로 정하는 용도"란 임대 또는 전세주택으로 활용하는 것을 말한다.

○ 인천시

제19조(재건축사업 등의 소형주택 건설비율 등) ① 법 제30조의3제1항제2호에서 조례로 정하는 지역이란 「수도권정비계획법」 제6조제1항제1호에 따른 성장관리권역을 말한다.

② 법 제30조의3제2항 각 호에 따라 법적상한용적률에서 정비계획으로 정하여진 용적률을 뺀 용적률의 다음 각 호의 비율에 해당하는 면적에 주거전용면적 60㎡ 이하의 소형주택을 건설하여야 한다.

1. 재건축사업은 30/100
2. 과밀억제권역에서 시행하는 재개발사업은 50/100
3. 과밀억제권역 외의 지역에서 시행하는 재개발사업은 50/100

③ 법 제30조의3제6항에 따라 인수된 소형주택은 임대주택 또는 전세주택으로 활용하여야 한다.

○ 부산시

제18조의2(소형주택 건설비율 등) ① 법 제30조의3제1항제2호에서 "시도 조례로 정하는 지역"이란 「부산시 도시계획 조례」 제49조제5항에 따른 도시계획시설 이적지를 말한다.

② 법 제30조의3제2항제3호에서 "시도 조례로 정하는 비율"이란 법적상한용적률에서 정비계획으로 정하여진 용적률을 뺀 용적률의 50/100을 말한다.

③ 법 제30조의3제6항에 따라 인수된 소형주택은 임대주택으로 활용하여야 한다.

○ **대구시**

제16조의2(재개발사업의 소형주택 건설비율 및 용도) ① 법 제30조의3제1항제2호에서 "조례로 정하는 지역"이란 정비기본계획에서 정한 재개발예정구역을 말한다.

② 법 제30조의3제2항제3호에서 "조례로 정하는 비율"이란 법적상한용적률에서 정비계획으로 정해진 용적률을 뺀 용적률의 50/100을 말한다.

③ 법 제30조의3제6항의 조례로 정하는 용도란 임대주택 또는 전세주택의 용도로 활용하는 것을 말한다.

광주시, 대전시의 경우 조례로 정하는 비율은 대구시와 달리 30/100이다.

▢ 유권해석

Q 역세권 장기전세주택 도시환경정비사업 제안서 신청(2012.8.8)과 관련하여, 도시계획조례 시행규칙 부칙에 의한 경과규정 적용이 가능한지?

A 대상지는 서울시 중심지 위계상 지역중심에 해당하나, 2009. 6월 천호지구 지구단위계획특별계획구역 지침에 의거 "장기전세주택 도입 시 서울시 역세권 장기전세주택 건립관련 지구단위계획 수립 및 운영기준 적용"토록 계획된 지역으로 역세권 장기전세주택 건립에 따른 용적률 완화 경과 규정을 받을 수 있는 지역이며 또한 조례 시행규칙 시행 당시(2012.8.9) 관련규정에 적합하게 정비구역 지정 신청서가 접수되었다면 경과규정을 적용 받아 역세권 장기전세주택 건립에 따른 용적률 완화대상에 포함되어 도시환경정비사업 추진이 가능할 것으로 판단됨(서울시 도시계획과-13772호, 2012.9.25)

※ 역세권 장기전세주택 건립관련 사회혼합(Social mix) 적용기준(2011.1.28 서울시 주택본부 주택공급과)

- 「역세권 장기전세주택 건립관련 지구단위계획 수립 및 운영기준」(2010.11.5)
  ⇒ 주관부서 : 주택본부 주택공급과(협조부서 : 도시개발과-도시환경정비사업)
- 「재정비촉진지구 역세권 건축물 밀도계획 조정기준」(2008.12.30)
  ⇒ 주관부서 : 주택본부 재정비1·2과
- 「준공업지역내 지구단위계획 수립 기준」(2009.12.22)
  ⇒ 주관부서 : 도시계획국 도시계획과

Q 역세권 장기전세주택 건립 관련 경과조치가 적용되는지?

A 보행접근 및 대중교통 이용이 편리한 역세권을 중심으로 반경 500m 일단의 지역에 한하여 역세권 장기전세주택 건립을 추진하고 있으며, 무분별한 역세권 난개발 방지를 위해 도시기본계획의 중심지체계 상 지역중심 이상의 역세권은 용적률 완화적용 대상에서 제외하였으나, 기존 역세권 장기전세주택 사업 신청지역에 대해서는 부칙 조항을 마련하여 경과규정을 적용 받을 수 있도록 「서울시 도시계획조례 시행규칙」을 개정하고 2012.8.9 공포, 시행하였음.

대상지는 도시기본계획 상 영등포 부도심에 해당하는 지역이나, 조례 시행규칙 시행 이전인 2012.7.24 관련규정에 적합하게 "신길역세권 장기전세주택 건립 관련 도시환경정비계획 주민 제안"이 접수된 지역이라면 경과조치에 의하여 역세권 장기전세주택 건립에 따른 용적률 완화 경과규정을 적용 받을 수 있음(서울시 도시계획과-12341호, 2012.08.30)

※ 서울시 도시계획조례 시행규칙

제16조의2(장기전세주택 건립에 따른 용적률 완화 기준) ① 조례 제55조제16항에서 "규칙으로 정하는 지역"이란 철도역 중심(각각의 승강장의 중심점)으로부터 반경 500m 이내의 역세권 지역 중 법 제2조제2호에 따른 도시기본계획의 중심지체계상 지구중심 이하에 해당하는 지역을 말한다. 〈신설 2012.8.9〉

② 제1항에도 불구하고 다음 각 호의 어느 하나에 해당하는 지역은 제외한다. 다만, 시도시계획위원회 또는 도시·건축공동위원회의 심의를 거쳐 부득이하다고 인정하는 경우에는 그러하지 아니하다. 〈신설 2012.8.9〉

1. 전용주거지역·도시자연공원·근린공원·자연경관지구 및 최고고도지구(김포공항주변 최고고도지구는 제외한다)와 접한 지역
2. 「경관법」 제6조에 따른 경관계획상 경관중점관리구역, 구릉지 및 한강축 경관형성기준 적용구역

부 칙(제3871호 2012.8.9)

제1조(시행일) 이 규칙은 공포한 날부터 시행한다.

제2조(장기전세주택 건립에 따른 용적률 완화 기준 적용 등에 관한 경과조치) 이 규칙 시행 당시 관련 규정에 적합하게 지구단위계획 수립 주민제안, 사전자문 또는 정비구역 지정 신청서를 접수하여 그 절차가 진행 중이거나, 기 결정·고시된 지역은 제16조의2 규정에도 불구하고 "규칙으로 정하는 지역"으로 본다.

조례 제21조(임대주택의 건설계획)

법 제30조제5호, 영 제47조제1항제11호

임대주택의 건설계획

본조는 사업시행자가 정비계획에 따라 작성하는 사업시행계획서의 내용 중 재개발·도시환경정비사업에서의 임대주택과 법 제30조의3제2항에 따른 재건축사업에서의 소형주택 건설계획을 말한다. 제22조인 임대주택의 건설과는 성격이 다른 조문이다.

▢ 개정 연혁

▸ 도시재개발사업조례[서울시조례]

제20조(임대주택의 건설) ① 재개발사업의 시행자는 재개발사업의 시행으로 이주하게 되는 세입자 중 임대주택 입주를 희망하는 세입자가 있는 경우, 서면으로 공급신청을 받아 시행규칙에서 정한 입주자격이 있는 세입자를 대상으로 제7조제3항제2호에 의한 임대주택건설계획을 수립하여 시행하여야 한다.

② 재개발사업시행자는 제1항의 임대주택 건설계획수립 시 필요한 경우 임대주택 건설부지를 구획하여 확보하여야 한다. 〈개정 1998.11.20〉

③ 시장은 제2항에 의거 확보된 임대주택 부지를 구역 내 국·공유지 중 점유연고권자에게 우선 매각하고 남은 면적으로 충당한다. 다만 임대주택 부지면적이 구역 내 국·공유지중 점유 연고권자에게 우선 매각하고 남은 면적을 초과하는 경우에는 초과면적을 제26조제6호에 의한 부지가격으로 시행자로부터 매수한다. 〈신설 1998.11.20〉

④ 재개발사업시행자는 제2항에 의한 임대주택부지의 확보 및 임대주택 대지조성계획을 사업시행계획에 포함하고 임대주택 공급대상자명부를 첨부하여 법 제22조에 의한 인가를 신청하여야 한다. 〈신설 1998.11.20〉

⑤ 구청장은 제4항에 의하여 제출된 임대주택부지의 확보 및 임대주택 대지조

성계획에 대하여 시장과 협의하여 대지조성비 및 제3항의 초과면적 매입시기·방법 등을 법 제22조에 의한 사업시행인가내용에 포함하여야 한다. 〈신설 1998.11.20〉

▸ 도시재개발사업조례 시행규칙[서울시규칙]

제21조(임대주택의 매입 등) ① 조례 제27조제4항에 의하여 시장에게 처분되는 임대주택의 매입(분양)계약 및 대금의 지급방법은 다음 각 호와 같다.

1. 임대주택(대지 및 부대·복리시설을 포함한다. 이하 같다.) 매입계약은 서울시장이 당해 재개발사업시행자 대표와 체결하되, 당해 재개발구역을 관할하는 구청장이 시장을 대리하여 계약을 체결한다(별지 제45호서식). 이 경우 구청장은 계약내용에 대하여 사전에 시장의 승인을 받아야 한다.
2. 임대주택 매입계약(이하 이 조에서 "매입계약")은 당해 재개발구역 관리처분계획인가 고시일 이후로서, 임대주택의 건축공정이 20% 이상인 때(전체층수의 1/2 이상에 해당하는 층수의 골조공사가 완성된 때)에 체결한다.
3. 임대주택 매입(분양)가격은 조례 제26조제4호에 의하여 당해 재개발 구역의 최초 관리처분계획인가시 결정된 가격으로 한다.
4. 임대주택 매입(분양)대금은 계약금·중도금 및 잔금으로 구분하여 다음 각 목과 같이 지급한다.
   가. 계약금은 제2호에 의한 매입(분양)계약체결 시에 매입가격 총액(이하 이 조에서 "총액")의 20%를 지급한다.
   나. 중도금은 총액의 60%로 하되 건축공정에 따라 4회 분할 지급하며, 분할지급은 건축공정의 35%, 50%, 65%, 80% 이상인 때에 각각 총액의 15%를 지급한다. 〈개정 1999.3.5〉
   다. 잔금은 임대주택의 사용승인 또는 임시사용승인을 얻어 입주가 시작된 이후에 총액의 15%를 지급하고 나머지는 법 제38조제4항에 의한 분양처분고시 후에 지급한다.

② 구청장은 임대주택의 매입(분양)계약의 체결, 계약금·중도금 및 잔금의 지급, 임대주택의 사용승인(임시사용승인을 포함한다.), 공사의 완료공고, 분양처분고시, 등기에 관한 조치 및 처분을 하거나 보고를 받은 때에는 지체 없이

시장 및 공사 사장에게 이를 보고 또는 통보하여야 한다.

제21조의1(임대주택의 건설등) 〈본조신설 1999.3.5〉 조례 제27조제4항에 의한 임대주택의 건설은 서울시도시개발공사가 시행한다.

➡ 도시재개발사업조례, 조례 시행규칙에서는 법적상한용적률의 개념이 도입되기 이전이므로, 재개발사업에서의 임대주택에 대해서만 규정하고 있었다.

▸ 도시정비조례[서울시조례 제4167호, 2003.12.30, 제정]

제18조(임대주택의 건설계획) ① 사업시행자는 법 제30조제5호에 의한 임대주택 건설계획에 임대주택의 부지확보 및 대지조성계획을 포함하고, 임대주택 공급대상자 명부를 첨부하여 사업시행인가를 신청하여야 한다.

② 도시환경정비사업의 시행을 위하여 필요한 경우 세입자대책은 다음의 기준에 의한다.

1. 당해 정비사업으로 신축되는 건축물의 상가 또는 공동주택의 분양을 원하는 세입자가 있는 정비구역 또는 지구에 대하여 구청장이 사업시행인가를 하는 때에는 제27조에 따른 보류지를 제3자에 우선하여 제32조제1항제1호에 해당하는 세입자(이하 "적격세입자")에게 분양하도록 권장할 수 있다. 〈개정 2008.9.30〉

2. 제1호에 의한 우선 분양대상 세입자가 있는 경우 세입자의 자격요건은 제32조의 규정을 준용한다.

3. 사업시행자는 사업시행인가내용에 제27조에 의한 보류지를 제3자에 우선하여 세입자에게 분양처분하도록 한 경우에는 영 제47조제1항에 의한 분양신청공고 내용에 이를 포함하여야 한다.

부 칙 〈2003.12.30〉

제1조(시행일) 이 조례는 공포한 날부터 시행한다.

➡ 도시재개발사업조례와 달리 재건축사업에서의 법적상한 용적률 적용에 따라 소형주택에 대한 건설계획이 추가되어 있다.

► [서울시조례 제4686호, 2008.9.30, 일부개정]

제18조(임대주택의 건설계획) ① 사업시행자는 법 제30조제5호에 따른 임대주택 건설계획에 임대주택의 부지확보 및 대지조성계획을 포함하고, 임대주택 공급대상자 명부를 첨부하여 사업시행인가를 신청하여야 한다. 〈개정 2008.9.30〉

② 도시환경정비사업의 시행을 위하여 필요한 경우 세입자대책은 다음의 기준에 따른다. 〈개정 2008.9.30〉

1. 해당 정비사업으로 신축되는 건축물의 상가 또는 공동주택의 분양을 원하는 세입자가 있는 정비구역 또는 지구에 대하여 구청장이 사업시행인가를 하는 때에는 제27조에 따른 보류지를 제3자에 우선하여 제32조제1항제1호에 해당하는 세입자(이하 "적격세입자"라 한다.)에게 분양하도록 권장할 수 있다. 〈개정 2008.9.30〉
2. 제1호에 따른 우선 분양대상 세입자가 있는 경우 세입자의 자격요건은 제32조의 규정을 준용한다. 〈개정 2008.9.30〉
3. 사업시행자는 사업시행인가내용에 제27조에 따른 보류지를 제3자에 우선하여 세입자에게 분양처분하도록 한 경우에는 영 제47조제1항에 따른 분양신청공고 내용에 이를 포함하여야 한다. 〈개정 2008.9.30〉

부 칙 〈2008.9.30〉

이 조례는 공포한 날부터 시행한다. 다만, 제41조제2항의 개정 규정은 2009.1.1부터 시행한다.

► [서울시조례 제4824호, 2009.7.30, 일부개정]

제21조(임대주택의 건설계획) ① 사업시행자는 법 제30조제5호에 따른 임대주택 건설계획에 임대주택의 부지확보 및 대지조성계획을 포함하고, 임대주택 공급대상자 명부를 첨부하여 사업시행인가를 신청하여야 한다. 〈개정 2009.7.30〉

② 도시환경정비사업의 시행을 위하여 필요한 경우 세입자대책은 다음 각 호의 기준에 따른다. 〈개정 2009.7.30〉

1. 해당 정비사업으로 신축되는 건축물의 상가 또는 공동주택의 분양을 원하는 세입자가 있는 정비구역 또는 지구에 대하여 구청장이 사업시행인가를 하

는 때에는 제31조에 따른 보류지를 제3자에 우선하여 제35조제1항제1호에 해당하는 세입자(이하 "적격세입자"라 한다.)에게 분양하도록 권장할 수 있다. 〈개정 2009.7.30〉

2. 제1호에 따른 우선 분양대상 세입자가 있는 경우 세입자의 자격요건은 제35조를 준용한다. 〈개정 2009.7.30〉
3. 사업시행자는 사업시행인가내용에 제31조에 따른 보류지를 제3자에 우선하여 세입자에게 분양처분하도록 한 경우에는 영 제47조제1항에 따른 분양신청공고 내용에 이를 포함하여야 한다. 〈개정 2009.7.30〉

부 칙 〈2009.7.30〉

제1조(시행일) 이 조례는 공포한 날부터 시행한다.

➡ 조례 개정에 따른 조문 이동으로 인한 변동이 있었으나 내용이 바뀐 것은 없다.

▢ 조례 제21조(임대주택의 건설계획)

○ 조례 제21조제1항

사업시행자는 법 제30조제5호에 따른 임대주택 건설계획에 임대주택의 부지확보 및 대지조성계획을 포함하고, 임대주택 공급대상자 명부를 첨부하여 사업시행인가를 신청하여야 한다(동조 제1항).

사업시행자인 정비조합은 고시된 정비계획에 따라 사업시행계획서를 작성해야 한다. 이 중에서도 임대주택의 건설계획(재건축사업의 경우에는 법적상한용적률 적용에 따른 소형주택 건설계획을 말함)과 '세입자 주거 및 이주대책'이 포함되어 있다. 이 임대주택 건설계획에 '임대주택의 부지확보 및 대지조성계획을 포함하고, 임대주택 공급대상자 명부'를 첨부하여 사업시행인가를 신청하여야 한다.

- 사업시행인가의 신청(조례 규칙 제11조)

위 제1항에 따른 임대주택 공급대상자 명부는 별지 제11호서식에 따른다. 토지등소유자의 동의서와 수용 또는 사용할 토지 또는 건축물의 명세 및 소유권외의 권리의 명세서는 별지 제12호서식 및 별지 제13호서식에 따른다.

또한 사업시행자가 국토계획법 제56조제1항에 따른 개발행위의 허가 및 법 제130조제2항에 따른 타인 토지의 출입허가를 사업시행인가와 함께 받고자 하는 때에는 시행규칙 제9조제1항에 따른 사업시행인가신청서에 이를 명기하고 관계 법령에 의한 구비서류를 첨부하여 구청장에게 제출하여야 한다.

[별지 제11호서식] 〈개정 2013.2.21〉

임대주택 공급대상자 명부

1. 세입자대책 현황

(단위 : 가구 수)

세입자 총 가구 수	임대주택 공급신청 가구 수	대책별 현황							비 고
		대 책			비대책(유형별)				
		계	임대주택 공급 및 주거이전비 지급	주거이전비 지급	계				

2. 임대주택 공급대상자 명부

(기준일 : 년 월 일)

연번	공급대상 세대주			거주주택의 가옥주 성명 및 조합원 번호	주민등록표상 구역 내 전입일자	가족구성		기타 자격요건 확인필 여부(○표기)			
	성명	생년월일	주소			세대주와의 관계	세대원수	철거대상 주거용 건축물 (특정무허가) 여부	사실거주 및 사업시행으로 이주여부	세대주 및 세대원 전원 무주택 여부	비대상

※ 첨부서류

1. 임대주택 공급신청서 및 구비서류(명부의 연번순으로 편철) 각 1부.
2. 주택소유여부 전산검색내역서 1부.
3. 재심사자의 경우 소명자료 사본 1부.

○ 조례 제21조제2항

도시환경정비사업의 시행을 위하여 필요한 경우 세입자대책은 다음 각 호의 기준에 따른다(동조 제2항).

1. 해당 정비사업으로 신축되는 건축물의 상가 또는 공동주택의 분양을 원하는 세입자가 있는 정비구역 또는 지구에 대하여 구청장이 사업시행인가를 하는 때에는 보류지를 제3자에 우선하여 조례 제35조제1항제1호에 해당하는 세입자(이하 "적격세입자")에게 분양하도록 권장할 수 있다.

➡ 적격세입자 : 해당 정비구역안에 거주하는 세입자로서 세대별 주민등록표에 등재된 날을 기준으로 정비구역의 지정을 위한 공람·공고일(사업시행방식전환의 경우 전환을 위한 공람·공고일) 3월전(「국민기초생활 보장법」 제2조제2호에 따른 수급자는 사업시행인가 신청일 전)부터 사업시행인가로 인하여 이주하는 날(법 제48조의2제2항에 따라 건축물을 철거하는 경우 구청장의 허가를 받아 이주)까지 계속하여 거주하고 있는 무주택세대주. 다만, 신발생무허가건축물에 거주하는 세입자는 제외한다.

2. 제1호에 따른 우선 분양대상 세입자가 있는 경우 세입자의 자격요건은 조례 제35조를 준용한다.
3. 사업시행자는 사업시행인가내용에 보류지를 제3자에 우선하여 세입자에게 분양처분하도록 한 경우에는 영 제47조제1항에 따른 분양신청공고 내용에 이를 포함하여야 한다.

   ※ 영 제47조제1항제11호

- 임대주택 관련 사업시행인가 신청서류(조례 시행규칙 제14조)

구청장은 사업시행자가 인가를 신청한 사업시행계획에 법 제60조제2항에 따른 주요정비기반시설 설치비용의 부담에 관한 사항과 조례 제21조 및 제22조에 따라 시장에게 처분할 임대주택의 건설계획이 포함되어 있는 경우에 법 제31조에 따른 관계서류의 공람 전에 다음 각 호의 서류를 첨부하여 시장에게 제출하고 그 의견을 들어야 한다.

1. 비용부담대상 주요정비기반시설의 종류 및 규모, 설치비용 및 연차별 소요예산
2. 해당 정비구역의 임대주택 건설 및 공급계획과 연차별 소요예산

3. 자치구 관내에 건설되었거나 건설 중인 임대주택 현황 및 입주현황

시장은 구청장이 서류를 제출하는 경우에 연차별 가용예산의 범위 안에서 주요 정비기반시설의 설치 또는 임대주택의 매입에 필요한 비용부담의 규모 및 시기 등에 관한 의견을 통보 하여야 한다.

▢ 시도별 조례

서울시는 제21조를 '임대주택의 건설계획'으로, 다른 시도에서는 '세입자 주거대책'으로 표기하고 있다.

○ 경기도

관련 조문이 없다.

- 남양주시, 부천시, 수원시, 안양시, 고양시, 안산시, 화성시

관련 조문이 없다.

○ 인천시

제18조(세입자 주거대책 등) ① 법 제30조제4호 및 제5호에 따라 정비사업의 시행을 위한 세입자의 주거대책과 임대주택(재건축사업의 경우 제19조제1항에 따른 재건축소형주택을 말한다. 이하 이조에서 같다.)의 건설계획을 수립하는 경우에는 다음 각 호에 정하는 바에 따른다.

1. 사업시행자가 임대주택을 건설할 경우에는 임대주택 건설계획을 사업시행계획에 포함하여 법 제28조에 따른 사업시행인가를 신청하여야 한다.
2. 재개발사업의 시행으로 이주하게 되는 세입자 중 임대주택 입주를 희망하는 자가 있는 경우 서면으로 공급신청을 받아 입주자격이 있는 세입자를 선정하고 임대주택공급대상자 명부를 작성하여 법 제28조에 따른 사업시행인가 신청 시 이를 첨부하여야 한다.
3. 토지등소유자 또는 조합이 건설하는 임대주택은 구청장 등의 요청이 있을

때 구청장 등에게 처분하여야 하며, 처분가격·절차 및 임대주택 관리 등에 관하여는 임대주택법령이 정하는 범위 안에서 상호 협의하여 정한다.

② 도시환경정비사업의 시행에 따른 세입자 이주 등의 대책이 필요한 경우에는 다음 각 호에 정하는 바에 따른다. 〈개정 2013.4.8〉

1. 도시환경정비사업으로 신축되는 건축물의 상가 또는 주택의 우선분양을 원하는 세입자가 있는 경우에는 해당 상가 또는 주택 중 보류지에 해당하는 부분을 이주대상 세입자에게 우선 분양한다.
2. 제1호에 따른 세입자 우선 분양은 법 제4조제1항에 따른 공람·공고일(이하 "공람·공고일"이라 한다.) 당시부터 거주한 자를 우선하여 거주기간이 긴 세입자 순으로 한다.
3. 사업시행자는 제1호 및 제2호에 따른 세입자 이주 등의 대책을 수립한 경우에는 법 제28조에 따른 사업시행인가 및 법 제46조제1항에 따른 분양공고의 내용에 이를 포함하여야 한다.

○ **부산시**

제18조(세입자의 주거대책 등) ① 법 제30조제4호와 제5호에 따라 정비사업시행을 위한 세입자주거대책 및 임대주택건설계획은 다음 각 호에 따른다. 〈개정 2010. 3.3〉

1. 사업시행자가 임대주택을 건설할 경우에는 임대주택건설계획을 사업시행계획에 포함하여 법 제28조에 따른 사업시행인가를 신청하여야 한다. 〈개정 2010.3.3〉
2. 재개발사업의 시행으로 이주하게 되는 세입자중 임대주택 입주를 희망하는 세입자가 있는 경우에는 서면으로 공급신청을 받아 입주자격이 있는 세입자를 대상으로 임대주택공급대상자 명부를 작성하여 법 제28조에 따른 사업시행인가 신청 시 이를 첨부하여야 한다. 〈개정 2010.3.3〉
3. 토지등소유자 또는 조합이 건설하는 임대주택은 부산광역시장(이하 "시장"이라 한다.)의 요청이 있을 때 시장에게 처분하여야 하며, 처분가격·방법 및 절차와 임대주택관리 등에 필요한 사항은 규칙으로 정한다. 〈개정 2010.3.3〉

② 도시환경정비사업 시행을 위하여 필요한 경우 세입자주거대책은 다음 각

호에 따른다. 〈개정 2010.3.3〉

1. 도시환경정비사업으로 신축되는 건축물의 상가 또는 주택의 우선 분양을 원하는 세입자가 있는 경우 구청장이 사업시행인가를 할 때에는 도시환경정비사업으로 신축되는 건축물의 상가 또는 주택 중 보류지 등의 처분을 제3자에 우선하여 이주대책대상 세입자에게 분양하도록 권장할 수 있다.
2. 제1호에 따른 우선 분양대상 세입자가 있는 경우 세입자의 자격요건은 제32조를 준용한다. 〈개정 2010.3.3〉
3. 사업시행자는 사업시행인가내용에 도시환경정비사업으로 신축되는 건축물의 상가 또는 주택 중 보류지를 제3자에 우선하여 세입자에게 분양처분하도록 하는 내용이 포함되었을 경우에는 영 제47조제1항에 따른 분양신청공고 내용에 이를 포함하여야 한다. 〈개정 2010.3.3〉

대구시는 제18조, 광주시는 제20조에서 규정하고 있다.

○ 대전시

제18조(세입자의 주거대책 등) ① 〈삭제 2010.8.13〉

② 도시환경정비사업 시행을 위하여 필요한 경우 세입자 주거대책은 다음 각 호에 의한다.

1. 도시환경정비사업으로 신축되는 건축물의 상가 또는 주택의 우선 분양을 원하는 세입자가 있는 경우 구청장이 사업시행인가를 할 때에는 도시환경정비사업으로 신축되는 건축물의 상가 또는 주택 중 보류지 등의 처분을 제3자에 우선하여 이주대책대상 세입자에게 분양하도록 권장할 수 있다.
2. 제1호의 규정에 의한 우선 분양대상 세입자가 있는 경우 세입자의 자격요건은 제32조의 규정을 준용한다.
3. 사업시행자는 사업시행인가 내용에 도시환경정비사업으로 신축되는 건축물의 상가 또는 주택 중 보류지를 제3자에 우선하여 세입자에게 분양처분하도록 하는 내용이 포함되었을 경우에는 영 제47조제1항의 규정에 의한 분양신청공고 내용에 이를 포함하여야 한다.

조례 제22조(임대주택의 건설등)

조례 제23조(임대주택 등의 매입)

임대주택의 건설, 매입 관련

구 도시재개발법에 의한 서울시 도시재개발사업조례 및 조례 시행규칙에서도 있었던 조문이다.

▢ 개정 연혁

▸ 도시재개발사업조례[서울시조례]

第20조(임대주택의 건설) ① 재개발사업의 시행자는 재개발사업의 시행으로 이주하게 되는 세입자 중 임대주택 입주를 희망하는 세입자가 있는 경우, 서면으로 공급신청을 받아 시행규칙에서 정한 입주자격이 있는 세입자를 대상으로 제7조제3항제2호에 의한 임대주택건설계획을 수립하여 시행하여야 한다.

② 재개발사업시행자는 제1항의 임대주택 건설계획수립 시 필요한 경우 임대주택 건설부지를 구획하여 확보하여야 한다. 〈개정 1998.11.20〉

③ 시장은 제2항에 의거 확보된 임대주택 부지를 구역 내 국·공유지 중 점유연고권자에게 우선 매각하고 남은 면적으로 충당한다. 다만 임대주택 부지면적이 구역 내 국·공유지중 점유 연고권자에게 우선 매각하고 남은 면적을 초과하는 경우에는 초과면적을 제26조제6호에 의한 부지가격으로 시행자로부터 매수한다. 〈신설 1998.11.20〉

④ 재개발사업시행자는 제2항에 의한 임대주택부지의 확보 및 임대주택 대지조성계획을 사업시행계획에 포함하고 임대주택 공급대상자명부를 첨부하여 법 제22조에 의한 인가를 신청하여야 한다. 〈신설 1998.11.20〉

⑤ 구청장은 제4항에 의하여 제출된 임대주택부지의 확보 및 임대주택 대지조성계획에 대하여 시장과 협의하여 대지조성비 및 제3항의 초과면적 매입시기·

방법 등을 법 제22조에 의한 사업시행인가내용에 포함하여야 한다. 〈신설 1998. 11.20〉

▸ 도시재개발사업조례 시행규칙[서울시규칙]

제21조(임대주택의 매입 등) ① 조례 제27조제4항에 의하여 시장에게 처분되는 임대주택의 매입(분양)계약 및 대금의 지급방법은 다음 각 호와 같다.

1. 임대주택(대지 및 부대·복리시설을 포함한다. 이하 같다.) 매입계약은 서울시장이 당해 재개발사업시행자 대표와 체결하되, 당해 재개발구역을 관할하는 구청장이 시장을 대리하여 계약을 체결한다(별지 제45호서식). 이 경우 구청장은 계약내용에 대하여 사전에 시장의 승인을 받아야 한다.
2. 임대주택 매입계약(이하 이 조에서 "매입계약")은 당해 재개발구역 관리처분계획인가 고시일 이후로서, 임대주택의 건축공정이 20% 이상인 때(전체 층수의 1/2 이상에 해당하는 층수의 골조공사가 완성된 때)에 체결한다.
3. 임대주택 매입(분양)가격은 조례 제26조제4호에 의하여 당해 재개발 구역의 최초 관리처분계획인가시 결정된 가격으로 한다.
4. 임대주택 매입(분양)대금은 계약금·중도금 및 잔금으로 구분하여 다음 각 목과 같이 지급한다.
   가. 계약금은 제2호에 의한 매입(분양)계약체결 시에 매입가격 총액(이하 이 조에서 "총액")의 20%를 지급한다.
   나. 중도금은 총액의 60%로 하되 건축공정에 따라 4회 분할 지급하며, 분할지급은 건축공정의 35%, 50%, 65%, 80% 이상인 때에 각각 총액의 15%를 지급한다. 〈개정 1999.3.5〉
   다. 잔금은 임대주택의 사용승인 또는 임시사용승인을 얻어 입주가 시작된 이후에 총액의 15%를 지급하고 나머지는 법 제38조제4항에 의한 분양처분고시 후에 지급한다.

② 구청장은 임대주택의 매입(분양)계약의 체결, 계약금·중도금 및 잔금의 지급, 임대주택의 사용승인(임시사용승인을 포함한다.), 공사의 완료공고, 분양처분고시, 등기에 관한 조치 및 처분을 하거나 보고를 받은 때에는 지체 없이 시장 및 공사 사장에게 이를 보고 또는 통보하여야 한다.

제21조의1(임대주택의 건설등) 〈본조신설 1999.3.5〉 조례 제27조제4항에 의한 임대주택의 건설은 서울시도시개발공사가 시행한다.

➡ 도시재개발사업조례, 조례 시행규칙에서는 법적상한용적률의 개념이 도입되기 이전이므로, 재개발사업에서의 임대주택에 대해서만 규정하고 있었다.

▸ 도시정비조례[서울시조례 제4167호, 2003.12.30, 제정]

제19조(임대주택의 건설등) ① 사업시행자는 임대주택을 건설하여 서울시장(이하 "시장"이라 한다.)에게 처분하거나 서울시 도시개발공사(이하 "공사"라 한다.)를 시행자로 지정하여 건설할 수 있다.

② 구청장은 제1항에 의하여 사업시행자가 건설하는 임대주택 건설계획에 관하여 다음 각 호의 사항을 공사와 협의하여야 한다.

1. 정비구역안에 건설되는 임대주택 건축계획
2. 임대주택 입주 대상자 명부
3. 임대주택 건립비용 및 편입된 토지 조서

③ 제1항에 의하여 공사가 임대주택을 건설하는 경우에는 다음 각 호의 사항을 시장에게 보고하여야 한다.

1. 정비구역안의 임대주택 건립규모 및 건축계획
2. 임대주택 건립비용 및 편입된 토지 조서
3. 주변지역의 임대주택 입주 현황

제20조(임대주택 등의 매입) ① 제19조제1항에 의하여 사업시행자가 건설하는 임대주택의 매매계약 및 대금의 지급방법은 다음 각 호와 같다.

1. 임대주택(대지 및 부대·복리시설을 포함한다. 이하 같다.) 매매계약(이하 "매매계약")은 시장과 당해 사업시행자가 체결한다.
2. 매매계약은 임대주택의 건축공정이 20% 이상인 때에 체결한다. 이 경우 건축공정은 전체층수의 1/2 이상에 해당하는 층수의 골조공사가 완성된 때를 20%로 본다.
3. 매매가격은 당해 정비사업의 법 제48조제1항에 의한 관리처분계획인가시 결정된 금액으로 한다.

4. 매매대금은 계약금·중도금 및 잔금으로 구분하여 다음과 같이 지급한다.
   가. 계약금은 매매계약을 체결하는 때에 총액의 20%를 지급
   나. 중도금은 건축공정에 따라 4회에 걸쳐 분할 지급하되, 건축공정의 35%, 50%, 65%, 80% 이상인 때에 각각 총액의 15%를 지급
   다. 잔금은 법 제52조에 의한 준공인가 이후에 총액의 15%를 지급하고, 나머지는 법 제54조에 의한 이전고시일 이후에 지급

② 제19조제1항에 의하여 공사를 사업시행자로 지정하여 건설하고자 하는 임대주택부지의 매매계약 및 대금의 지급방법은 다음과 같다.

1. 임대주택부지의 매매계약은 정비구역안의 대지조성을 완료한 후에 당해 사업시행자와 시장이 체결한다.
2. 매매가격은 제25조제1항에 의한 산정가격으로 한다.
3. 매매대금은 계약금·중도금 및 잔금으로 구분하여 다음과 같이 지급한다.
   가. 계약금은 부지의 매매계약을 체결하는 때에 총액의 20%를 지급
   나. 중도금은 총액의 75%로 하되, 사업시행자가 임대부지의 현황측량을 하여 인계·인수한 이후에 지급
   다. 잔금은 법 제54조에 의한 이전고시일 이후에 지급

부 칙 〈2003.12.30〉

제1조(시행일) 이 조례는 공포한 날부터 시행한다.

➡ 임대주택의 경우 사업시행자의 불만을 해소하기 위하여 사업시행자가 건설하는 것을 원칙으로 하되, 서울시 도시개발공사를 사업시행자로 지정할 수 있도록 하였다(제19조).

▸ [서울시조례 제4686호, 2008.9.30, 일부개정]

제19조(임대주택의 건설등) ① 사업시행자는 임대주택을 건설하여 서울시장(이하 "시장"이라 한다.)에게 처분하거나 에스에이치(SH)공사(이하 "공사"라 한다.)를 시행자로 지정하여 건설할 수 있다. 〈개정 2008.9.30〉

② 구청장은 제1항에 따라 사업시행자가 건설하는 임대주택 건설계획에 관하여 다음 각 호의 사항을 공사와 협의하여야 한다. 〈개정 2008.9.30〉

1. 정비구역안에 건설되는 임대주택 건축계획 〈개정 2008.9.30〉
2. 임대주택 입주 대상자 명부
3. 임대주택 건립비용 및 편입된 토지 조서

③ 제1항에 따라 공사가 임대주택을 건설하는 경우에는 다음 각 호의 사항을 시장에게 보고하여야 한다. 〈개정 2008.9.30〉

1. 정비구역안의 임대주택 건립규모 및 건축계획 〈개정 2008.9.30〉
2. 임대주택 건립비용 및 편입된 토지 조서
3. 주변지역의 임대주택 입주 현황

제20조(임대주택 등의 매입) ① 제19조제1항에 따라 사업시행자가 건설하는 임대주택의 매매계약 및 대금의 지급방법은 다음 각 호와 같다. 〈개정 2008.9.30〉

1. 임대주택(대지 및 부대·복리시설을 포함한다. 이하 같다.) 매매계약(이하 "매매계약"이라 한다.)은 시장과 해당 사업시행자가 체결한다. 〈개정 2008.9.30〉
2. 매매계약은 임대주택의 건축공정이 20% 이상인 때에 체결한다. 이 경우 건축공정은 전체층수의 1/2 이상에 해당하는 층수의 골조공사가 완성된 때를 20%로 본다.
3. 매매가격은 당해 정비사업의 법 제48조제1항에 따른 관리처분계획인가시 결정된 금액으로 한다. 〈개정 2008.9.30〉
4. 매매대금은 계약금·중도금 및 잔금으로 구분하여 다음과 같이 지급한다.
   가. 계약금은 매매계약을 체결하는 때에 총액의 20%를 지급
   나. 중도금은 건축공정에 따라 4회에 걸쳐 분할지급하되, 건축공정의 35%, 50%, 65%, 80% 이상인 때에 각각 총액의 15%를 지급
   다. 잔금은 법 제52조에 따른 준공인가 이후에 총액의 15%를 지급하고, 나머지는 법 제54조에 따른 이전고시일 이후에 지급 〈개정 2008.9.30〉

② 제19조제1항에 따라 공사를 사업시행자로 지정하여 건설하고자 하는 임대주택부지의 매매계약 및 대금의 지급방법은 다음과 같다. 〈개정 2008.9.30〉

1. 임대주택부지의 매매계약은 정비구역안의 대지조성을 완료한 후에 해당 사업시행자와 시장이 체결한다. 〈개정 2008.9.30〉
2. 매매가격은 제25조제1항에 따른 산정가격으로 한다. 〈개정 2008.9.30〉

3. 매매대금은 계약금·중도금 및 잔금으로 구분하여 다음과 같이 지급한다.
   가. 계약금은 부지의 매매계약을 체결하는 때에 총액의 20%를 지급
   나. 중도금은 총액의 75%로 하되, 사업시행자가 임대부지의 현황측량을 하여 인계·인수한 이후에 지급
   다. 잔금은 법 제54조에 따른 이전고시일 이후에 지급 〈개정 2008.9.30〉

부 칙 〈2008.9.30〉

이 조례는 공포한 날부터 시행한다. 다만, 제41조제2항의 개정 규정은 2009.1.1부터 시행한다.

➡ 서울시 도시개발공사는 SH공사로 명칭이 바뀌었다.

▸ [서울시조례 제4824호, 2009.7.30, 일부개정]

제22조(임대주택의 건설 등) ① 사업시행자는 임대주택을 건설하여 서울시장(이하 "시장"이라 한다.)에게 처분하거나 SH공사(이하 "공사"라 한다.)를 시행자로 지정하여 건설할 수 있다. 〈개정 2009.7.30〉

② 구청장은 제1항에 따라 사업시행자가 건설하는 임대주택 건설계획에 관하여 다음 각 호의 사항을 공사와 협의하여야 한다. 〈개정 2009.7.30〉

1. 정비구역안에 건설되는 임대주택 건축계획 〈개정 2009.7.30〉
2. 임대주택 입주 대상자 명부 〈개정 2009.7.30〉
3. 임대주택 건립비용 및 편입된 토지 조서 〈개정 2009.7.30〉

③ 제1항에 따라 공사가 임대주택을 건설하는 경우에는 다음 각 호의 사항을 시장에게 보고하여야 한다. 〈개정 2009.7.30〉

1. 정비구역안의 임대주택 건립규모 및 건축계획 〈개정 2009.7.30〉
2. 임대주택 건립비용 및 편입된 토지 조서 〈개정 2009.7.30〉
3. 주변지역의 임대주택 입주 현황 〈개정 2009.7.30〉

제23조(임대주택 등의 매입) ① 제22조제1항에 따라 사업시행자가 건설하는 임대주택의 매매계약 및 대금의 지급방법은 다음 각 호와 같다. 〈개정 2009.7.30〉

1. 임대주택(대지 및 부대·복리시설을 포함한다. 이하 같다.) 매매계약(이하

"매매계약")은 시장과 해당 사업시행자가 체결한다. 〈개정 2009.7.30〉

2. 매매계약은 임대주택의 건축공정이 20% 이상인 때에 체결한다. 이 경우 건축공정은 전체층수의 1/2 이상에 해당하는 층수의 골조공사가 완성된 때를 20%로 본다. 〈개정 2009.7.30〉
3. 매매가격은 해당 정비사업의 법 제48조1항에 따른 관리처분계획인가시 결정된 금액으로 한다. 〈개정 2009.7.30〉
4. 매매대금은 계약금·중도금 및 잔금으로 구분하여 다음 각 목과 같이 지급한다. 〈개정 2009.7.30〉
   가. 계약금은 매매계약을 체결하는 때에 총액의 20%를 지급 〈개정 2009.7.30〉
   나. 중도금은 건축공정에 따라 4회에 걸쳐 분할 지급하되, 건축공정의 35%, 50%, 65%, 80% 이상인 때에 각각 총액의 15%를 지급 〈개정 2009.7.30〉
   다. 잔금은 법 제52조에 따른 준공인가 이후에 총액의 15%를 지급하고, 나머지는 법 제54조에 따른 이전고시일 이후에 지급 〈개정 2009.7.30〉
5. 제2호에 불구하고 시장은 정비사업 활성화 등 필요 시 예산범위 안에서 계약시점을 조정할 수 있다. 〈개정 2009.7.30〉

② 제22조제1항에 따라 공사를 사업시행자로 지정하여 건설하고자 하는 임대주택부지의 매매계약 및 대금의 지급방법은 다음 각 호와 같다. 〈개정 2009.7.30〉

1. 임대주택부지의 매매계약은 정비구역안의 대지조성을 완료한 후에 해당 사업시행자와 시장이 체결한다. 〈개정 2009.7.30〉
2. 매매가격은 제29조제1항에 따른 산정가격으로 한다. 〈개정 2009.7.30〉
3. 매매대금은 계약금·중도금 및 잔금으로 구분하여 다음과 같이 지급한다. 〈개정 2009.7.30〉
   가. 계약금은 부지의 매매계약을 체결하는 때에 총액의 20%를 지급 〈개정 2009.7.30〉

나. 중도금은 총액의 75%로 하되, 사업시행자가 임대부지의 현황측량을 하여 인계·인수한 이후에 지급 〈개정 2009.7.30〉

다. 잔금은 법 제54조에 따른 이전고시일 이후에 지급 〈개정 2009.7.30〉

부 칙 〈2009.7.30〉

제1조(시행일) 이 조례는 공포한 날부터 시행한다.

➡ 조례 개정에 따른 조문 이동으로 인한 변동이 있었으나 내용이 바뀐 것은 없다.

▢ 조례 제22조(임대주택의 건설 등)

사업시행자는 임대주택을 건설하여 서울시장에게 처분하거나, 에스에이치(SH)공사를 시행자로 지정하여 건설할 수 있다(동조 제1항).

구청장은 제1항에 따라 사업시행자가 건설하는 임대주택 건설계획에 관하여 다음 각 호의 사항을 공사와 협의하여야 한다(동조 제2항).

1. 정비구역안에 건설되는 임대주택 건축계획
2. 임대주택 입주 대상자 명부
3. 임대주택 건립비용 및 편입된 토지 조서

제1항에 따라 공사가 임대주택을 건설하는 경우에는 다음 각 호의 사항을 시장에게 보고하여야 한다(동조 제3항).

1. 정비구역안의 임대주택 건립규모 및 건축계획
2. 임대주택 건립비용 및 편입된 토지 조서
3. 주변지역의 임대주택 입주 현황

▢ 조례 제23조(임대주택 등의 매입)

사업시행자가 건설하는 임대주택의 매매계약 및 대금의 지급방법은 다음 각 호와 같다(동조 제1항).

1. 임대주택(대지 및 부대·복리시설을 포함)매매계약(이하 "매매계약")은 서울시장과 해당 사업시행자가 체결한다.
2. 매매계약은 임대주택의 건축공정이 20% 이상인 때에 체결한다. 이 경우 건

축공정은 전체 층수의 1/2 이상에 해당하는 층수의 골조공사가 완성된 때를 20%로 본다.

3. 매매가격은 해당 정비사업의 관리처분계획인가 시 결정된 금액으로 한다.
4. 매매대금은 계약금·중도금 및 잔금으로 구분하여 다음 각 목과 같이 지급한다.
   가. 계약금은 매매계약을 체결하는 때에 총액의 20%를 지급
   나. 중도금은 건축공정에 따라 4회에 걸쳐 분할 지급하되, 건축공정의 35%, 50%, 65%, 80% 이상인 때에 각각 총액의 15%를 지급
   다. 잔금은 법 제52조에 따른 준공인가 이후에 총액의 15%를 지급하고, 나머지는 법 제54조에 따른 이전고시일 이후에 지급
5. 제2호에 불구하고 시장은 정비사업 활성화 등 필요시 예산범위 안에서 계약 시점을 조정할 수 있다.

SH공사를 사업시행자로 지정하여 건설하고자 하는 임대주택부지의 매매계약 및 대금의 지급방법은 다음 각 호와 같다(동조 제2항).

1. 임대주택부지의 매매계약은 정비구역안의 대지조성을 완료한 후에 해당 사업시행자와 시장이 체결한다.
2. 매매가격은 조례 제29조제1항에 따른 산정가격으로 한다.[7)]
3. 매매대금은 계약금·중도금 및 잔금으로 구분하여 다음과 같이 지급한다.
   가. 계약금은 부지의 매매계약을 체결하는 때에 총액의 20%를 지급
   나. 중도금은 총액의 75%로 하되, 사업시행자가 임대부지의 현황측량을 하여 인계·인수한 이후에 지급

---

7) 서울시 도시정비조례 제29조(분양예정 대지 또는 건축물 추산액의 산정) ① 법 제48조제5항제1호에 따른 재개발사업의 분양예정인 대지 또는 건축물의 추산액 산정방법은 감정평가업자 2인 이상이 평가한 금액을 산술평균한 금액으로 한다. 다만, 공동주택(대지지분을 포함)의 경우에는 다음 기준에 따른다.

1. 재개발임대주택의 인수가격 중 영 제54조의2제2항에 따른 건축비와 부속토지의 가격에 가산할 항목은 「공동주택 분양가격의 산정 등에 관한 규칙」 및 「임대주택법 시행규칙」 [별표1]에 따라 협의하여 정한다. 다만, 사업시행자가 장기전세주택 등 임대주택의 건립을 선택하여 용적률을 완화 받은 경우에는 인수자에게 부속토지를 무상으로 제공하여야 한다.
2. 제1호 이외의 공동주택은 사업시행자가 제시한 원가(대지비·건축비 및 그 밖에 사업시행에 소요된 제반 비용을 말한다.) 산출근거에 따라 2인 이상의 감정평가업자가 평가한 감정평가액을 산술평균한 금액으로 산정한다. 이 경우 구청장이 추천한 2인 이상의 감정평가업자의 의견을 참작하여야 한다.

다. 잔금은 법 제54조에 따른 이전고시일 이후에 지급

- 임대주택의 관리 등(조례 시행규칙 제18조)

시장은 임대주택 및 입주자 관리에 관한 사무를 공사사장에게 위탁할 수 있다(동조 제1항).

공사사장은 구청장으로부터 임대주택의 처분명세서와 임대주택 공급대상 세입자명부를 통보받은 때에는 주택소유 여부에 관한 전산검색을 실시하여, 조례 제35조에 따른 임대주택 입주대상 자격 여부를 심사한 후, 동·호의 추첨 등 입주에 필요한 절차를 이행한 후 그 결과를 시장 및 관할구청장에게 통보하여야 한다(동조 제2항).

임대주택의 임대차계약의 체결, 임대보증금의 결정·수납, 임대주택의 동·호 결정 등 임대주택의 입주자관리에 관하여는 법·영·조례 및 이 규칙에서 특별히 정한 것을 제외하고는 에스에이치(SH)공사의 「임대주택의 공급 및 관리에 관한 규정」을 준용한다(동조 제3항).

구청장은 시장과 사업시행자가 임대주택 매매계약을 체결하는 때와 임대주택사용 승인(또는 임시사용승인)을 하는 때에는 공사사장으로 하여금 해당 임대주택을 확인·점검토록 조치하여야 한다(동조 제4항).

공사사장은 임대주택을 공급한 후 잔여주택이 있거나 입주포기·이주 등으로 공가가 발생된 경우에는 다음 각 호의 방법에 따라 조치하여야 한다(동조 제5항).

1. 공사사장은 잔여주택에 대한 우선배정 계획을 수립하여 각 구청장에게 통보하여야 한다.
2. 구청장은 공사사장으로부터 우선배정 계획을 통보받은 때에는 이를 관할구청 재개발사업 시행자에게 통보하고, 구청 홈페이지 및 게시판에 10일 이상 공고하여 대상 세입자로부터 우선배정 신청을 받아 그 명단을 공사사장에게 통보하여야 한다.
3. 공사사장은 우선배정 신청자가 조례 제35조에 따른 임대주택 공급대상자에 해당하는지 여부를 심사한 후, 적합한 세입자를 대상으로 공급하되, 사업시행인가일이 오래 경과한 정비구역 순으로 우선 배정한다.

4. 우선배정의 순위는 제3호에 따라 공사사장이 결정하되, 공급 물량이 부족한 경우 동일한 조건인 때에는 추첨에 의하여 결정할 수 있으며, 공사사장은 우선배정을 결정하는 때에는 지체 없이 해당 구청장에게 그 결과를 통보하여야 한다.
5. 잔여주택을 우선배정한 후에도 잔여주택이 있는 경우 그 처분방법은 시장이 정하되, 중앙부처에서 특별공급요청이 있는 경우 「주택공급에 관한 규칙」 제19조에서 정한 대상자에게 특별 공급할 수 있다.

공사사장은 불법 전대행위가 발생되지 아니하도록 정기적인 확인을 실시하여야 하며, 종합적인 입주 및 퇴거관리로 공가가 발생되지 아니하도록 조치하여야 한다(동조 제6항).

▢ 시도별 조례

○ 경기도, 인천시, 광주시

관련 조문이 없다.

○ 부산시 도시정비조례 시행규칙

제10조(임대주택의 매입) ① 조례 제18조제1항제3호에 따라 시장이 매입하는 임대주택에 관한 사항은 다음 각 호와 같다. 〈개정 2010.3.3, 2012.12.26〉

1. 임대주택(대지 및 부대·복리시설을 포함한다. 이하 같다.)매매계약은 시장과 해당 사업시행자가 체결한다. 이 경우 시장은 공사사장에게 매매계약에 관한 사무를 대행하게 할 수 있다. 〈개정 2010.3.3〉
2. 계약체결은 대지 및 건축시설의 총 규모로 한꺼번에 계약하며, 별지 제24호서식의 표준계약서를 참고하여 작성한다. 〈개정 2010.3.3〉
3. 계약체결 시기는 해당 구역 관리처분계획인가·고시 후 임대주택의 건축공정이 전체 층수의 1/2 이상에 해당하는 층수의 골조공사가 완성된 후에 한다. 다만, 임대주택 매입비용에 대한 국비지원과 연계하여 필요한 경우 착공신고 후 계약 당사자 간 협의하여 계약을 체결할 수 있다. 〈개정 2010.

3.3, 2012.12.26〉

4. 계약금액은 조례 제23조제1항에 따라 해당 구역의 최초 관리처분계획인가 시 결정된 금액을 기준으로 하여 정부 재정지원 규모와 예산의 범위에서 계약 당사자 간 협의 결정한다. 〈개정 2010.3.3〉

5. 매매대금은 다음 각 목에 따라 계약금·중도금 및 잔금으로 구분하여 지급한다. 이 경우 지급 규모가 정부재정지원 및 예산의 범위를 초과할 경우 그 시기 등을 조정할 수 있으며, 시장은 지급일 1개월 전까지 그 내용을 계약 당사자에게 통보하여야 한다. 〈개정 2010.3.3, 2012.12.26〉

가. 계약금은 매매계약을 체결할 때에 총액의 20/100을 지급

나. 중도금은 건축공정에 따라 2회 분할 지급하되, 1차 중도금은 임대주택의 골조공사가 완공된 때, 2차 중도금은 건축공정이 내부·외부 마감공사가 완료된 때에 각각 30/100을 지급한다. 잔금은 임대주택의 사용검사일(임시사용승인을 받아 입주를 시작한 날을 포함한다.) 후 10/100을 지급하고, 나머지는 법 제54조제2항에 따른 이전고시 후에 지급

다. 〈삭제 2010.3.3〉

6. 〈삭제 2010.3.3〉

② 공사사장은 임대주택의 매매계약 체결, 계약금·중도금 및 잔금을 지급할 때에는 매매계약 체결 및 매매대금을 지급한 날부터 15일 이내에 시장에게 보고하여야 하며, 구청장은 임대주택의 사용승인, 공사의 완료·고시와 이전고시, 등기에 관한 조치 및 처분을 하거나 보고를 받은 때에는 지체 없이 시장 및 공사사장에게 이를 각각 보고 또는 통지하여야 한다. 〈신설 2010.3.3〉

제12조(임대주택의 관리 등) ① 시장은 임대주택 관리와 입주대상자 및 입주자 관리에 관한 사무를 공사에 위탁할 수 있다. 〈개정 2010.3.3〉

② 공사사장은 제9조제1항에 따라 구청장으로부터 임대주택처분명세서와 임대주택공급대상자명부를 통지받은 때에는 조례 제32조에 따른 임차인의 자격 여부를 심사한 후 임대주택공급대상자에게 임대주택의 입주신청, 임대차계약, 임대보증금 수납, 동·호수 배정의 추첨 등 임대주택의 입주에 필요한 사항을 서면으로 통지하고, 시장 및 관할 구청장에게 동·호수 배정의 추첨 등 입주에 필요한 절차를 이행한 후 그 결과를 통지하여야 한다. 〈개정 2010.3.3〉

③ 사업시행자 및 구청장은 공사사장이 추진하는 임대주택의 매입 및 입주자 관리에 필요한 모든 절차이행 등에 필요한 관계자료 요청에 적극 협조하여야 한다. 〈개정 2010.3.3〉

④ 공사사장은 제2항에 따라 임대주택을 공급한 후 잔여주택이 있거나 입주포기·이주 등으로 공가가 발생된 경우에는 다음 각 호의 방법에 따라 조치하여야 한다. 〈개정 2010.3.3, 2012.12.26〉

1. 공사사장은 잔여주택에 대한 우선배정계획을 수립하여 시장 및 구청장에게 통지하여야 한다. 〈개정 2010.3.3〉
2. 구청장은 공사사장으로부터 우선배정계획을 통지받은 때에는 이를 관할 구·군 정비사업시행자에게 통지하고, 구·군 인터넷 홈페이지 및 게시판에 10일 이상 공고하여야 하며, 대상 세입자는 우선배정 신청을 공사사장에게 하여야 한다. 〈개정 2010.3.3, 2012.12.26〉
3. 공사사장은 우선배정 신청자가 조례 제32조에 따른 임대주택공급대상자에 해당하는 지 여부를 심사한 후 그 자격 기준에 적합한 세입자를 대상으로 공급한다. 이 경우 사업시행인가일이 오래 경과한 정비구역 순으로 우선 배정한다. 〈개정 2010.3.3〉
4. 잔여주택을 우선배정한 후에도 잔여주택이 있는 경우 그 처분방법은 「주택공급에 관한 규칙」 제19조에서 정한 대상자에게 특별공급할 수 있다. 〈개정 2010.3.3〉

⑤ 임대주택 부지의 분양대상 부대·복리시설은 사업시행자의 체비지 등으로 관리처분하여 사업시행자가 분양한다. 다만, 시장의 분양신청에 따라 시장에게 처분된 때에는 해당 건축시설의 임대공급대상자 결정은 시장과 협의하여 공사사장이 한다. 〈개정 2010.3.3〉

⑥ 공사사장은 불법전대행위가 발생되지 아니하도록 정기적인 확인을 실시하여야 하며, 종합적인 입주 및 퇴거 관리로 공가가 발생되지 아니하도록 조치하여야 한다. 〈개정 2010.3.3〉

○ 대전시 도시정비조례 시행규칙

제11조(임대주택의 매입) 법 제50조제3항에 따라 시장이 매입하는 임대주택의 매매

계약에 관한 사항은 다음 각 호와 같다. 〈개정 2011.6.17〉

1. 임대주택(대지 및 부대·복리시설을 포함한다. 이하 같다.)매매계약은 시장과 당해 사업시행자가 체결하되, 시장은 공사사장에게 매매계약에 관한 사무를 대행하게 할 수 있다.
2. 계약체결은 대지 및 건축시설의 총 규모로 일괄계약하며, 별지 제27호서식의 표준계약서를 참고로 작성한다.
3. 계약체결 시기는 당해구역 관리처분계획인가·고시 후 임대주택의 건축공정이 전체층수의 1/2 이상에 해당하는 층수의 골조공사가 완성된 후에 한다.
4. 계약금액은 조례 제23조제1항의 규정에 의하여 당해구역의 최초 관리처분계획인가 시 결정된 금액을 기준으로 하여 정부재정지원 규모와 예산의 범위 안에서 계약 당사자 간 협의하여 결정한다.
5. 매매대금은 다음 각 목에 따라 계약금·중도금 및 잔금으로 구분하여 지급한다.
   가. 계약금은 매매계약을 체결하는 때에 총액의 20/100을 지급
   나. 중도금은 건축공정에 따라 2회 분할 지급하되, 1차 중도금은 임대주택의 골조공사가 완공된 때, 2차 중도금은 건축공정이 내·외부 마감공사가 완료된 때에 각각 30/100을 지급
   다. 잔금은 임대주택의 사용검사일(임시사용승인을 얻어 입주를 시작한 날을 포함한다.) 후 10/100을 지급하고, 나머지는 법 제54조제2항의 규정에 의한 이전고시 후에 지급
6. 구청장은 공사사장이 사업시행자와 매매계약을 체결하는 때와 임대주택 사용승인을 하는 때에는 공사사장으로 하여금 임대주택시설이 적정한지 여부를 확인·점검하도록 하여야 한다.

제13조(임대주택의 관리 등) ① 시장은 임대주택 관리 및 입주대상자와 입주자 관리에 관한 사무를 대전도시공사에 위탁할 수 있다. 〈개정 2011.6.17〉

② 공사사장이 임대주택의 매매계약을 체결하거나, 계약금·중도금 및 잔금을 지급하는 때에는 매매계약 체결 또는 매매대금을 지급한 날부터 15일 이내에 시장에게 보고하여야 하며, 구청장은 임대주택의 사용승인, 공사의 완료·고시와 이전고시, 등기에 관한 조치 및 처분을 하거나 보고를 받은 때에는 지체 없

이 시장 및 공사사장에게 이를 각각 보고 또는 통보하여야 한다.

③ 공사사장은 제10조제1항의 규정에 의하여 구청장으로부터 임대주택처분명세서와 임대주택공급대상자명부를 통보받은 때에는 조례 제32조에 의한 임차인의 자격 여부를 심사한 후 임대주택공급대상자에게 임대주택의 입주신청, 임대차계약, 임대보증금 수납, 동·호의 추첨 등 임대주택의 공급에 필요한 사항을 서면으로 통지하고, 시장 및 관할 구청장에게 동·호의 추첨 등 입주에 필요한 절차를 이행한 후 그 결과를 통보하여야 한다.

④ 사업시행자 및 구청장은 공사사장이 추진하는 임대주택의 매입 및 입주자관리에 필요한 모든 절차이행 등에 필요한 관계자료 요청에 적극 협조하여야 한다.

⑤ 공사사장은 임대주택을 공급한 후 잔여주택이 있거나 입주포기·이주 등으로 공가가 발생된 경우에는 다음 각 호의 방법에 따라 조치하여야 한다.

1. 공사사장은 잔여주택에 대한 우선배정계획을 수립하여 시장 및 구청장에게 통보하여야 한다.
2. 구청장은 공사사장으로부터 우선배정계획을 통보받은 때에는 이를 정비사업시행자에게 통보하고, 구 인터넷 홈페이지 및 게시판에 10일 이상 공고하여 대상 세입자로부터 우선배정 신청을 받아 그 명단을 공사사장에게 통보하여야 한다.
3. 공사사장은 우선배정 신청자가 조례 제32조의 규정에 의한 임대주택 공급대상자에 해당하는 지 여부를 심사한 후 그 자격 기준에 적합한 세입자를 대상으로 공급한다. 이 경우 사업시행인가일이 오래 경과한 정비구역 순으로 우선 배정한다.
4. 잔여주택을 우선 배정한 후에도 잔여주택이 있는 경우 그 처분방법은 「주택공급에 관한 규칙」 제19조에서 정한 대상자에게 특별공급할 수 있다.

⑥ 임대주택 부지안의 분양대상 부대·복리시설은 사업시행자의 체비지 등으로 관리처분하여 사업시행자가 분양한다. 다만, 시장의 분양신청에 의하여 시장에게 처분된 때에는 당해 건축시설의 임대공급대상자 결정은 시장과 협의하여 공사사장이 한다.

⑦ 공사사장은 불법전대행위가 발생되지 아니하도록 정기적인 확인을 실시하

여야 하며, 종합적인 입주 및 퇴거관리로 공가가 발생되지 아니하도록 조치하여야 한다.

⑧ 그 밖에 임대주택의 공급, 관리 등에 대하여 법, 영, 조례 및 이 규칙에서 정한 것을 제외하고는 「대전시 임대주택관리규정」을 준용한다. 〈신설 2011. 6.17〉

- 대구시 도시정비조례 시행규칙

제17조(임대주택의 처분 관리 및 분양 등) ① 사업시행자는 제12조의 규정에 의한 임대주택 공급대상 세입자에 대하여 주택소유 여부의 전산검색 등 임대주택 공급대상자격여부를 심사한 후 입주대상 세입자에게 임대주택의 입주신청, 임대차계약, 임대보증금 수납, 동·호수의 추첨 등 임대주택의 공급에 필요한 사항을 서면으로 통지하고, 임대주택에 대한 사용승인(임시사용승인을 포함한다.) 전까지 동·호수의 추첨 등 입주에 필요한 절차를 이행한 후 그 결과를 구청장에게 보고하여야 한다.

② 사업시행자는 임대주택의 분양계약의 체결, 계약금, 중도금, 잔금의 지급, 분양처분, 등기에 관한 조치 및 처분을 한 경우 지체 없이 구청장에게 이를 보고하여야 한다.

③ 사업시행자가 임대주택을 건설하여 구청장에게 처분하는 경우 구청장은 임대주택 및 입주자관리에 관한 사무를 대구도시공사(이하 "공사"라 한다.)에 위탁할 수 있다. 이 경우 임대주택의 임대차계약의 체결, 임대보증금의 결정·수납, 임대주택의 동·호수 결정 등 임대주택의 입주자관리에 관하여는 이 법·영·조례 및 이 규칙에서 정하는 것을 제외하고는 공사의 「임대주택의 공급 및 관리에 관한 규정」을 준용한다. 〈개정 2013.8.12 규칙 제2719호〉

조례 제24조(분양신청의 절차 등)

법 제46조제2항, 영 제47조제1항제11호

분양신청의 절차 등

사업시행인가 → 분양신청통지 → 일간신문 공고 → 분양신청 접수 → 미신청, 철회자 현금청산 → 종전 및 분양예정 토지, 건축물 가격평가 → 관리처분계획 수립 및 총회의결

□ 개정 연혁

▸ 도시재개발사업조례[서울시조례]

제21조(분양신청기간의 통지 및 공고의 내용) ① 시행자가 법 제33조제1항에 의하여 토지등의 소유자에게 분양신청기간을 통지할 때에는 다음 각 호의 서류를 첨부하여 통지하여야 한다.

1. 분양신청서
2. 규약, 정관 또는 시행규정
3. 사업시행인가서 사본 또는 사업시행인가 요지
4. 기타 분양신청에 필요한 안내문

② 시행자가 제1항에 의하여 분양신청기간을 통지한 때에는 다음 각 호의 사항을 일간신문에 공고하여야 한다.

1. 재개발사업명칭
2. 시행구역의 위치
3. 주된 사무소의 소재지
4. 분양신청기간 및 장소
5. 분양대상 대지 또는 건축시설의 내역
6. 분양신청 자격
7. 분양신청 방법

8. 토지등의 소유자 외의 권리자의 권리신고 방법

제22조(분양신청 등) ① 법 제33조제2항에 의하여 분양신청을 하는 자는 분양신청서에 소유권의 내역을 명기하고, 그 권리를 증명할 수 있는 서류를 첨부하여야 하며 조례, 규약, 정관 또는 시행규정 등에 분양신청자격을 특별히 정한 경우에는 그 자격을 증명할 수 있는 서류를 첨부하여 제출하여야 한다.

② 제1항의 경우 분양신청자는 관리처분계획기준의 범위 안에서 분양대상 대지 또는 건축시설 중 희망하는 대상, 규모에 관한 의견을 제출할 수 있다.

③ 〈삭제 1999.7.31〉

▸ 도시정비조례 [서울시조례 제4167호, 2003.12.30 제정]

제21조(분양신청의 절차 등) ① 영 제47조제1항제11호에서 "그 밖에 시도 조례가 정하는 사항"이라 함은 다음 각 호의 사항을 말한다.

1. 분양신청 안내문
2. 철거 및 이주 예정일

② 법 제46조제2항에 의하여 분양신청을 하고자 하는 자는 영 제47조제1항제3호에 의한 분양신청서에 다음 각 호의 서류를 첨부하여야 한다.

1. 종전의 토지 또는 건축물에 관한 소유권의 내역
2. 분양신청권리를 증명할 수 있는 서류
3. 이 조례 또는 법 제2조제11호에 의한 정관등에서 분양신청자격을 특별히 정한 경우 그 자격을 증명할 수 있는 서류
4. 분양예정 대지 또는 건축물 중 관리처분계획기준의 범위 안에서 희망하는 대상·규모에 관한 의견서

부 칙 〈제4167호, 2003.12.30〉

제1조(시행일) 이 조례는 공포한 날부터 시행한다.

▸ [서울시조례 제4824호, 2009.7.30, 일부개정]

제24조(분양신청의 절차 등) ① 영 제47조제1항제11호에서 "그 밖에 시도 조례가

정하는 사항"이란 다음 각 호의 사항을 말한다. 〈개정 2009.7.30〉

1. 분양신청 안내문 〈개정 2009.7.30〉
2. 철거 및 이주 예정일 〈개정 2009.7.30〉

② 법 제46조제2항에 따라 분양신청을 하고자 하는 자는 영 제47조제1항제3호에 따른 분양신청서에 다음 각 호의 서류를 첨부하여야 한다. 〈개정 2009.7.30〉

1. 종전의 토지 또는 건축물에 관한 소유권의 내역 〈개정 2009.7.30〉
2. 분양신청권리를 증명할 수 있는 서류 〈개정 2009.7.30〉
3. 이 조례 또는 법 제2조제11호에 따른 정관 등에서 분양신청자격을 특별히 정한 경우 그 자격을 증명할 수 있는 서류 〈개정 2009.7.30〉
4. 분양예정 대지 또는 건축물 중 관리처분계획기준의 범위 안에서 희망하는 대상·규모에 관한 의견서 〈개정 2009.7.30〉

부 칙 〈2009.7.30〉

제1조(시행일) 이 조례는 공포한 날부터 시행한다.

➡ 일부 자구 수정이 되었지만, 내용은 개정된 바 없다.

▢ 분양신청

분양신청 절차는 다음과 같다.

사업시행인가 → 분양신청통지 → 일간신문 공고 → 분양신청 접수 → 미신청, 철회자 현금청산 → 종전 및 분양예정 토지, 건축물 가격평가 → 관리처분계획 수립 및 총회의결

- 분양공고 및 분양신청기간

사업시행자는 사업시행인가·고시가 있은 날(사업시행인가 이후 시공자를 선정한 경우 시에는 시공자와 계약을 체결한 날)부터 60일 이내에 개략적인 부담금내역 및 분양신청기간 등을 토지등소유자에게 통지하고 분양의 대상이 되는 대지 또는 건축

물의 내역 등 사항을 해당 지역에서 발간되는 일간신문에 공고하여야 한다. 이 경우 분양신청기간은 그 통지한 날부터 30일 이상 60일 이내로 하여야 한다.

다만, 사업시행자는 관리처분계획의 수립에 지장이 없다고 판단하는 경우에는 분양신청기간을 20일의 범위 이내에서 연장할 수 있다(법 제46조제1항). 대지 또는 건축물에 대한 분양을 받으려는 토지등소유자는 분양신청기간 이내에 사업시행자에게 대지 또는 건축물에 대한 분양신청을 하여야 한다(동조 제2항).

- 분양신청 관련 토지등소유자에게 통지 및 신문 공고(영 제47조제1항)

1. 사업시행인가의 내용
2. 정비사업의 종류·명칭 및 정비구역의 위치·면적
3. 분양신청서
4. 분양신청기간 및 장소
5. 분양대상 대지 또는 건축물의 내역
6. 개략적인 부담금 내역
7. 분양신청자격
8. 분양신청방법
9. 토지등소유자외의 권리자의 권리신고방법
10. 분양을 신청하지 아니한 자에 대한 조치
11. 그 밖에 시도 조례가 정하는 사항

▢ 조례 제24조제1항(분양신청의 절차 등)

영 제47조제1항제11호에서 "그 밖에 시도 조례가 정하는 사항"이란 다음 각 호의 사항을 말한다(동조 제1항).

1. 분양신청 안내문
2. 철거 및 이주 예정일

▢ 조례 제24조제2항

법 제46조제2항에 따라 분양신청을 하고자 하는 자는 영 제47조제1항제3호에 따른 분양신청서에 다음 각 호의 서류를 첨부하여야 한다(동조 제2항).

1. 종전의 토지 또는 건축물에 관한 소유권의 내역
2. 분양신청권리를 증명할 수 있는 서류
3. 이 조례 또는 법 제2조제11호에 따른 정관 등에서 분양신청자격을 특별히 정한 경우 그 자격을 증명할 수 있는 서류
4. 분양예정 대지 또는 건축물 중 관리처분계획기준의 범위 안에서 희망하는 대상·규모에 관한 의견서

Q 제3호인 "이 조례 또는 법 제2조제11호에 의한 정관 등에서 분양신청자격을 특별히 정한 경우 그 자격을 증명할 수 있는 서류"의 경우 사업시행구역 내 토지등소유자가 아닌 자라 할지라도 정관 등에서 분양신청자격을 특별히 정하면 누구나 분양신청을 할 수 있는지?

A 도시정비법 제19조제1항에 재개발조합원은 '토지등소유자'로 정하고, 토지등소유자는 정비구역안에 소재한 토지 또는 건축물의 소유자 또는 그 지상권자이며, 법 제46조(분양공고 및 분양신청) 제2항에 '대지 또는 건축물에 대한 분양을 받고자 하는 토지등소유자는 분양신청기간 이내에 동법 시행령 제47조(분양신청의 절차 등)에 정하는 방법 및 절차에 의하여 사업시행자(조합)에게 대지 또는 건축물에 대한 분양신청을 하도록 규정하고 있음.

따라서 조례 제21조제2항제3호에서 '정관 등에서 분양신청자격을 특별히 정한 경우'는 '토지등소유자'에 대해 정관 등에서 분양신청자격을 특별히 정한 경우임(서울시 주거정비과-10013, 2007.6.26).

– 분양신청서

영 제47조제1항제3호에 따른 분양신청서는 별지 제22호서식에 따른다(조례 시행규칙 제15조).

[별지 제22호서식] 〈개정 2013.2.21〉

(제1쪽)

분 양 신 청 서	접수번호	※ 시행자가 기재

신청인				
	성 명		생년월일	
	주 소	(전화)	조합원번호	
	수인이 1인의 분양대상자로 신청하는 경우 함께 신청하는 자의 성명		(총 인)	

권리내역 — 토지 — 소유토지

소 재 지	지 목	면 적(㎡) 공부상	면 적(㎡) 편입	면 적(㎡) 소유	공 유 여 부	이 용 상 황	취 득 일 자	시행구역 외 주택소유 여부
(계 필지)								

권리내역 — 토지 — 점유국공유지

소 재 지	지 목	면 적(㎡) 공부상	면 적(㎡) 점유인정	관리청	점 유 상 황	비 고 〈불하희망여부〉
(계 필지)						

권리내역 — 건축물

소 재 지	연면적 (㎡)	용 도	취득일	공 유 여 부	허 가 유 무	무 허 가 건물번호
(계 동)						

분양희망의견	주택규모		상가용도 등 및 규모	

「도시정비법」 제46조제2항, 같은 법 시행령 제47조 및 「서울시 도시정비조례」 제24조에 따라 위와 같이 분양을 신청합니다.

년 월 일

신청인 (서명 또는 날인)

구역 정비사업 시행자 귀하

※ 첨부서류

1. 토지 및 건축물에 관한 등기부등본 또는 환지예정지증명원 각 1부.
2. 토지대장 및 건축물대장 각 1부.
3. 무허가 건축물인 경우에는 무허가건물확인원 및 소유를 입증하는 서류 1부.
4. 주민등록표 등본(신청인과 동일한 세대별주민등록표상에 등재되어 있지 아니하는 신청인 배우자의 주민등록표 등본 포함) 1부.
5. 수인이 1인의 분양대상자로 신청하는 경우에는 함께 신청하는 자의 분양신청서 각 1부.
6. 사업자등록증 기타 자격요건을 증빙하는 서류 1부.

※ 분양신청 안내

1. 시행자가 통지하고 신문에 공고한 분양신청기간 내에 분양신청을 하여야 합니다.
2. 분양신청을 우편으로 하고자 하는 때에는 분양신청서가 분양신청기간 내에 발송된 것임을 증명할 수 있는 우편으로 하여야 합니다.
3. 분양신청을 하지 아니한 자, 분양신청기간 종료 이전에 분양신청을 철회한 자 또 는 관리처분계획기준에 따라 분양대상에서 제외된 자는 금전으로 정산하게 됩니다.
4. 종전권리의 인정면적과 소유권의 기준, 종전재산의 평가방법, 대지 및 건축시설의 분양대상자 기준, 수인의 분양신청자를 1인의 분양대상자로 보는 경우, 권리취득일 기준, 분양대상자에게 분양하는 방법 등에 관하여 규정된 「서울시 도시정비조례」 관련 규정을 다음과 같이 소개하오니 분양신청 시 참고하시기 바랍니다.

「서울시 도시정비조례」

- 조례 제26조(재개발 및 도시환경정비사업의 관리처분기준), 조례 제27조(재개발사업의 분양대상 등), 조례 제28조(단독재건축사업의 분양대상 등), 조례 제29조(분양예정대지 또는 건축물 추산액의 산정), 조례 제30조(주택공급 기준 등)

  ※ 관련조례 내용은 서울시 인터넷 홈페이지(자치법규란)에서 열람이 가능합니다.
- 제2조(정의)제3호 "관리처분계획기준일"이란 법 제46조제1항의 규정에 의한 분양신청기간이 만료되는 날을 말한다.

▢ 시도별 조례

대체로 서울시와 그 내용이 유사하다.

○ 경기도

제16조(분양신청의 절차 등) ① 영 제47조제1항제11호에서 "조례로 정하는 사항"이란 다음 각 호의 사항을 말한다. 〈개정 2009.12.31〉

1. 분양신청 안내문
2. 철거 및 이주 예정일

② 법 제46조제2항에 따른 분양신청을 하고자 하는 자는 영 제47조제1항제3호에 따른 분양신청서에 다음 각 호의 서류를 첨부하여야 한다. 〈신설 2009.12.31〉

1. 종전의 토지 또는 건축물에 관한 소유권의 내역
2. 분양신청권리를 증명할 수 있는 서류

3. 이 조례 또는 법 제2조제11호에 따른 정관 등에서 분양신청자격을 특별히 정한 경우 그 자격을 증명할 수 있는 서류
4. 분양예정 대지 또는 건축물 중 관리처분계획기준의 범위 안에서 희망하는 대상·규모에 관한 의견서

- 남양주시, 부천시, 수원시, 안양시, 안산시, 고양시, 화성시

경기도와 같다.

○ 인천시

제21조(분양신청의 절차 등) 영 제47조제1항제11호에서 “그 밖에 시도 조례가 정하는 사항”이란 다음 각 호의 사항을 말한다. 〈개정 2013.4.8〉

1. 분양신청 안내문
2. 철거 및 이주예정시기
3. 분양신청자격을 증명할 필요가 있는 경우 그 증명서류에 관한 사항
4. 분양예정인 토지 또는 건축물 중 분양신청자가 희망하는 대상 물건이나 규모 등을 확인하기 위한 의견수렴 절차 및 방법
5. 토지등소유자의 종전자산 감정평가 결과

○ 부산시, 대구시, 광주시

제20조(분양신청의 절차 등) ① 영 제47조제1항제11호에서 “그 밖에 시도 조례가 정하는 사항”이란 다음 각 호를 말한다. 〈개정 2010.3.3〉

1. 분양신청 안내문
2. 철거 및 이주 예정일

② 법 제46조제2항에 따라 분양신청을 하는 자는 영 제47조제1항에 따른 분양신청서에 소유권의 내역을 명기하고, 그 권리를 증명할 수 있는 서류를 첨부하여야 하며, 조례 또는 정관 등에 분양신청자격을 특별히 정한 경우에는 그 자격을 증명할 수 있는 서류를 첨부하여 제출하여야 한다. 이 경우 분양신청자는 관리처분계획기준의 범위에서 분양예정인 토지 또는 건축물중 희망하는 대상·규모에 관한 의견을 제출할 수 있다. 〈개정 2010.3.3〉

○ 대전시

第20조(분양신청의 절차 등) ① 영 제47조제1항제11호에서 "그 밖에 조례가 정하는 사항"이란 다음 각 호를 말한다.

1. 분양신청 안내문
2. 철거 및 이주 예정일

② 법 제46조제2항의 규정에 의하여 분양신청을 하는 자는 영 제47조제1항제3호의 규정에 의한 분양신청서에 다음 각 호의 서류를 첨부하여야 한다.

1. 종전의 토지 및 건축물에 관한 소유권의 내역
2. 분양신청권리를 증명할 수 있는 서류
3. 이 조례 또는 법 제2조제11호의 규정에 의한 정관등에서 분양신청 자격을 특별히 정한 경우에는 그 자격을 증명할 수 있는 서류
4. 분양예정인 토지 또는 건축물 중 관리처분계획기준의 범위 안에서 희망하는 대상·규모에 관한 의견서

조례 제25조(관리처분계획의 인가신청서 등 작성방법)

법 제48조제1항제1호, 제24조제3항제10호, 제46조제1항

관리처분계획의 인가신청서 등 작성방법

분양설계, 관리처분계획의 총회의결서 사본 및 분양신청서(권리신고사항 포함) 작성방법 등을 기술하고 있다.

□ 개정 연혁

▸ 도시재개발사업조례 시행규칙[서울시규칙]

제18조(관리처분계획서의 작성) ① 조례 제23조제1항제1호의 분양설계기준은 관계법규 및 규약·정관 또는 시행규정에서 정한 기준의 범위 안에서 당해 관리처분계획의 수립에 필요한 항목별 세부 설계기준을 포함하여 정한다.

② 조례 제23조제1항제2호의 사업에 소요되는 비용의 추산액을 포함한 자금운용계획서는 별지 제33호서식에 의한다.

③ 조례 제23조제1항제3호의 관리처분계획대상 물건내역서는 별지 제34호서식에 의한다.

④ 조례 제23조제1항제4호의 분양대상자별 종전의 토지·건축물의 명세 및 가격과 분양예정대지 또는 건축시설의 규모 및 추산액은 별지 제35호서식에 의한다.

⑤ 조례 제23조제1항제5호의 분양대상자의 종전의 토지 또는 건축물에 관한 소유권 이외의 권리명세는 별지 제36호서식에 의한다.

⑥ 조례 제23조제1항제6호 및 제7호의 보류지의 명세와 추산가액 및 처분방법과 일반에게 분양할 대지 또는 건축시설의 명세와 추산가액 및 처분방법은 별지 제37호서식에 의한다.

⑦ 조례 제23조제1항제8호의 임대주택의 명세와 추산가액 및 처분방법은 별지

제38호서식에 의한다.

⑧ 조례 제23조제1항제9호의 임대주택공급대상세입자명부는 임대주택공급대상으로 확정된 세입자를 대상으로 별지 제39호서식에 의하되, 주거대책비 지급대상세입자와 구분하여 작성한다. 〈개정 1999.3.5〉

⑨ 조례 제23조제1항제10호의 청산 대상 토지등의 명세와 청산방법은 별지 제40호서식에 의한다.

⑩ 조례 제23조제1항제11호의 재개발사업 시행으로 인하여 새로이 설치되는 공공시설의 명세는 별지 제26호서식, 용도가 폐지되는 공공시설의 명세는 별지 제27호서식에 의한다. 〈개정 1999.3.5〉

⑪ 조례 제23조제1항제12호의 분양설계도면에는 사업시행 전 건축물의 위치도, 건축시설의 배치도 및 건축시설의 토지등의 소유자분양·일반분양·보류시설·임대주택 등 관리처분계획내역서의 내용을 확인할 수 있는 내용이 명기된 도면을 포함한다.

⑫ 조례 제23조제1항제13호의 환지예정지 지정도면은 종전지적의 축척(임야인 경우에는 인접토지의 축척을 말한다.)을 기준으로 작성한 도면에 시행구역의 범위와 대지 및 시설부지별 부호를 명기하고, 지적법령에서 정한 지적도의 재질에 준한 원도를 함께 제출하여야 한다.

⑬ 조례 제23조제1항제14호의 종전토지의 지적 또는 임야도면은 도면사본과 편집도를 작성하여 사업시행구역의 범위 및 관리처분계획내역서의 내용을 확인할 수 있는 내용이 명기된 도면을 포함한다.

➡ 조례 제17조제1항의 관리처분계획인가(변경, 중지, 폐지)신청서 양식인 별지 제32조서식은 도시정비법 시행규칙 제11조 별지 양식에 의한다.

▸ 도시정비조례[서울시조례 제4167호, 2003.12.30, 제정]

제22조(관리처분계획의 인가신청서 등 작성방법) 사업시행자가 법 제48조제1항에 의한 관리처분계획인가 신청서의 작성방법은 다음과 같다.

1. 법 제48조제1항제1호의 분양설계에는 다음 각 목의 사항을 포함한다.

   가. 관리처분계획 대상물건 조서 및 도면

나. 임대주택의 부지명세와 부지가액·처분방법 및 임대주택 공급대상세입자 명부(임대주택을 건설하는 정비구역에 한한다.)

다. 환지예정지 도면

라. 종전토지의 지적 또는 임야도면

2. 법 제24조제3항제10호에 의한 관리처분계획의 총회의결서 사본 및 법 제46조제1항에 의한 분양신청서(권리신고사항 포함) 사본을 첨부하여야 한다.

3. 기타 관리처분계획 내용을 증빙하는 서류가 첨부하여야 한다.

부 칙 〈2003.12.30〉

제1조(시행일) 이 조례는 공포한 날부터 시행한다.

► [서울시조례 제4824호, 2009.7.30, 일부개정]

제25조(관리처분계획의 인가신청서 등 작성방법) 사업시행자가 법 제48조제1항에 따른 관리처분계획인가 신청서의 작성방법은 다음 각 호와 같다. 〈개정 2009.7.30〉

1. 법 제48조제1항제1호의 분양설계에는 다음 각 목의 사항을 포함한다. 〈개정 2009.7.30〉

가. 관리처분계획 대상물건 조서 및 도면 〈개정 2009.7.30〉

나. 임대주택의 부지명세와 부지가액·처분방법 및 임대주택 공급대상세입자 명부(임대주택을 건설하는 정비구역에 한한다.) 〈개정 2009.7.30〉

다. 환지예정지 도면 〈개정 2009.7.30〉

라. 종전 토지의 지적 또는 임야도면 〈개정 2009.7.30〉

2. 법 제24조제3항제10호에 따른 관리처분계획의 총회의결서 사본 및 법 제46조제1항에 따른 분양신청서(권리신고사항 포함) 사본을 첨부하여야 한다. 〈개정 2009.7.30〉

3. 그 밖의 관리처분계획 내용을 증빙하는 서류를 첨부하여야 한다. 〈개정 2009.7.30〉

부 칙 〈2009.7.30〉

제1조(시행일) 이 조례는 공포한 날부터 시행한다.

➡ 일부 조항이 추가됨에 따라 제22조가 제25조로 이동되었으며, 일부 조문 명칭이 바뀌었으나, 그 내용은 변경되지 않았다.

▢ 관리처분계획의 인가신청서 등 작성방법

도시정비법 제48조제1항, 영 제50조 및 조례 제25조 관리처분계획서 작성에 대한 작성방법에 대해 조례 제25조와 조례 시행규칙 제16조에서 규정하고 있다.

도시정비조례 제25조에서는 법 제48조제1항제1호(분양설계), 조례 시행규칙 제16조에서는 법 제48조제1항제3호·제4호, 제5호·제6호, 영 제50조제1호·제2호·제3호, 조례 제25조제1호 가목에 따른 관리처분계획 대상물건조서 및 동조동호 나목에 따른 임대주택의 부지명세와 부지가액·처분방법 및 임대주택 공급대상 세입자명부 작성방법을 설명하고 있다. 독자들은 조례 시행규칙 별지 양식을 살펴보고 그 내용을 이해하여야 한다.

▢ 조례 제25조(관리처분계획인가 신청서 등 작성방법)

사업시행자가 법 제48조제1항에 따른 관리처분계획인가 신청서의 작성방법은 다음 각 호와 같다(본조).

1. 법 제48조제1항제1호의 분양설계에는 다음 각 목의 사항을 포함한다.

➡ 분양설계란 분양대상자별로 분양예정 위치를 정하고 적정 분양가격을 산정하는 설계로, 도시정비법령 및 정관등에서 정한 기준의 범위 내에서 관리처분계획 수립에 필요한 항목별 세부 설계기준에 의해야 한다.

가. 관리처분계획대상물건 조서 및 도면

➡ 토지소유권의 변환(시행 전, 시행 후), 토지지목의 변환 및 토지용도의 변환(시행 전, 시행 후), 시행 전 건축물(허가유무, 용도별, 시행별, 국공유지 점유건축물), 시행 후 건축시설(부지별계획, 공급계획), 권리자별 관리처분(단위 : 인), 소유권이외의 권리, 세입자 대책(임대주택공급, 주거이전비지급), 평가액 및 추산액(건축시설의 단위규모별, 기타 대지 및 시설)

나. 임대주택의 부지명세와 부지가액·처분방법 및 임대주택 공급대상 세입자 명부(임대주택을 건설하는 정비구역에 한한다.)

➡ 임대주택의 부지명세와 부기가액, 처분방법(대지, 주택, 부대·복리시설, 기타시설, 총괄조서)/임대주택 공급대상 세입자명부
임대주택공급대상으로 확정된 세입자를 대상으로 별지 제30호서식에 의하되, 주거대책비 지급대상세입자와 구분하여 작성한다.

다. 환지예정지 도면

➡ 종전지적의 축척(임야인 경우에는 인접토지의 축척을 말한다.)을 기준으로 작성한 도면에 시행구역의 범위와 대지 및 시설부지별 부호를 명기하고, 지적법령에서 정한 지적도의 재질에 준한 원도를 함께 제출하여야 한다.

라. 종전 토지의 지적 또는 임야도면

➡ 종전토지의 지적 또는 임야도면은 도면사본과 편집도를 작성하여 사업시행구역의 범위 및 관리처분계획내역서의 내용을 확인할 수 있는 내용이 명기된 도면을 포함한다.

2. 법 제24조제3항제10호에 따른 관리처분계획의 총회의결서 사본 및 법 제46조제1항에 따른 분양신청서(권리신고사항 포함) 사본을 첨부하여야 한다.

➡ 관리처분계획의 총회의결서(관리처분계획의 수립 및 변경을 의결하는 총회의 경우 조합원의 20/100의 직접참석 및 조합원 과반수의 동의(단 정비사업비가 20/100 증가 시는 조합원의 2/3 이상 동의)
분양신청서(신청인, 권리내역, 분양희망의견)

3. 그 밖의 관리처분계획 내용을 증빙하는 서류를 첨부하여야 한다.

▢ 관리처분계획서의 작성(서울시 조례 시행규칙 제16조)

① 법 제48조제1항제3호 및 제4호에 따른 "분양대상자별 분양예정인 대지 또는 건축물의 추산액"과 "분양 대상자별 종전의 토지 또는 건축물의 명세 및 사업시행인가·고시가 있는 날을 기준으로 한 가격"은 별지 제23호서식에 따른다.

➡ – 분양대상자별 분양예정인 대지 또는 건축물의 추산액과 분양 대상자별 종전의 토지 또는 건축물의 명세 : 분양대상자(성명, 주소, 조합원/분양설계서 번호), 종전의 토지·건축물의 명세 및 가격(사업시행인가·고시일 기준), 분양예정대지·건축시설의 규모 및 추산액

– 분양신청자(개인·수인)별 분양설계서

– 국·공유지 점유자별 점유 인정면적 내역서

– 분양대상자별 청산액 추산내역서(도시정비법 제57조제1항 관련)

② 법 제48조제1항제5호에 따른 정비사업비의 추산액 및 그에 따른 조합원 부담규모 및 부담시기는 별지 제24호서식에 따른다.

➡ 정비사업비의 추산액 및 그에 따른 조합원 부담규모 및 부담시기에는 다음과 같은 내용이 포함된다.

○ 소요경비추산액 : 조사측량비, 설계비, 감리비, 정비사업전문관리업비, 공사비(대지조성공사비, 건축시설공사비, 부대시설공사비, 정비기반시설공사비, 지장물 정비, 기타 공사비), 보상비(시행자매수분 국공유지불하), 손실보상비, 이주비, 관리비), 부대경비(감평수수료, 채권매입, 교통영향평가, 광고 선전 등)

○ 자금조달계획 : 시행자 자금, 국민주택 자금, 보조 및 융자(행정청), 금융기관 자금, 조합원(또는 토지등소유자) 부과금, 단계별 일반분양 수입금, 시공자 대여금, 기타

○ 수입추산액 : 주택분양수입, 부대·복리시설, 대지분양, 유상귀속 공공시설, 기타

○ 추정비례율 = (총수입–공통부담 소요비용)/분양대상토지등소유자 종전총평가액

※ 「재건축 초과이익 환수에 관한 법률」에 따른 재건축부담금 사항(법 제48조제1항제5호)
제3조의2(재건축부담금 면제를 위한 임시 특례) 제3조에도 불구하고 제5조에 따른 재건축부담금 부과대상사업으로서 2014.12.31까지 도시정비법 제48조제1항에 따른 관리처분계획의 인가를 신청한 재건축사업에 대하여는 재건축부담금을 면제한다.
[본조신설 2012.12.18]

[별지 제23호서식] 〈개정 2013.2.21〉

(제1쪽)

분양대상자별 분양예정 추산액과 종전가액

1. 분양대상자별 분양예정인 대지 또는 건축물의 추산액과 분양 대상자별 종전의 토지 또는 건축물의 명세

연번	분양대상자			종전의 토지·건축물의 명세 및 가격 (사업시행인가·고시일 기준)											분양예정대지·건축시설의 규모 및 추산액								비고
	성명	주소	조합원(권리자) / 분양 설계서 번호	소재지	토지					건축물				총평가액	소재지(또는 부호)	대지		건축시설			총추산액	1주택 1상가 의수인 공유분 양시 지분율	
					지목	면적(㎡)			평가액	용도	연면적(㎡)	허가유무	평가액			분양면적(㎡)	추산액	용도	분양 면적 (전용 면적)	추산액			
						계	소유	점유 또는 배분															
			/																( )				
			/																( )				
			/																( )				

(제2쪽)

2. 별지첨부서류
   가. 국·공유지 매매계약서 사본 1부
   나. 건축물 면적을 재산세과세대장 또는 측량에 의한 경우 각 증빙자료 사본 1부
   다. 토지·건축물 및 대지·건축시설에 관한 평가자료 1부.
   라. 건축시설의 용도·규모별 분양면적 및 분양액 산출조서 1부.
   마. 건축시설의 공유지분 대지면적 산출조서 1부.
   바. 국민주택 규모를 권리가액 다액 순으로 분양하거나 국민주택 규모를 초과하는 주택은 해당 주택의 총 건설 가구 수의 50% 이하가 분양대상자에게 분양될 경우 규모별 50%까지 분양대상자의 권리가액 다액 순 (당해 권리자의 주택규모 배정내용 포함)내역서 1부
   사. 상가 분양대상자의 순위별 내역서

(제3쪽)

3. 분양신청자(개인·수인)별 분양설계서

설계연번	

분양신청인	성명	생년월일	조합원(권리자) 번호	주소	시행고시~기준일 사이 권리변동자 조서번호

분양신청 내용	접수번호		신청일		희망의견	

시행구역 일반현황	구역지정 고시일		구역변경(추가)고시일		변경지역 포함여부	
	관리처분 계획기준일		분양신청기간			

분양대상여부

소유토지(점유포함)	소유자 성명	소재지	지목	면적(㎡) 공부상 1필지	면적(㎡) 구역편입	면적(㎡) 소유 또는 점유	면적(㎡) 배분토지	국공유지의 경우 권리청	토지이용상황	취득일자(사유토지)	현재 소유권 최초 분리일자	1필지 또는 하나의 대지내 일부 여부	토지건물 분리여부	평가액(원)	분양설계대상여부 대상	분양설계대상여부 제외
	계															

소유건축물(동별 또는 세대별 작성)	소유자 성명	소재지	용도	면적(㎡) 1동(또는 1세대) 연면적	면적(㎡) 소유면적	무허가건물번호(판독번호)	사업자등록여부	취득일자	현재 소유권 최초분리일자	하나의 대지내 수동 중 일부 여부	토지건물 분리여부	평가액(원)	분양설계대상여부 대상	분양설계대상여부 제외
	계													

분양대상결정(해당란에 "✔" 표시)

구분	대상					
주택	조례 제27조제1항제3호 대상( ) / 조례 제28조제1항제2호 대상( )	종전가액	제외가액	권리가액	최초분양주택 1세대추산액	구역 내 신청인 외 세대원유무
주택	조례 제27조제1항제2호 대상( )	종전토지 총면적	제외면적	잔여소유 면적	토지면적	구역 내 신청인 외 세대원유무
					90㎡	
주택	조례 제27조제1항제2호 단서대상( )	해당토지의 소재지	1필지 분할일자		전세대원 무주택여부	구역 내 신청인 외 세대원유무
주택	조례 제27조제1항제1호 대상( ) / 조례 제28조제1항제1호 대상( )	해당주택의 소재지			1주택의 수인 소유여부	구역 내 신청인 외 세대원유무

상가	대상	종전건축물 용도	사업자 등록내용	종전가액	주택분양시 분양액	잔여가액	상가 최소 단위추산액
	조례 제26조제2항 대상( ) / 시행령 제52조제2항제2호 대상( )						

분양규모

주택	대지위치	지분대지 면적	평형	분양면적	전용면적	분양액		평형배정근거	신청인별 대지주택지분율
상가	대지위치	지분대지 면적	용도	분양면적	최소단위 칸수	분양액	순위	분양규모근거	신청인별 대지주택지분율

(제4쪽)

4. 국·공유지 점유자별 점유 인정면적 내역서

연번	점 유 자				점 유 국 · 공 유 지								비고
	조합원(권리자)번호	성명	생년월일	주소	소재지	지목	관리청	면 적 (㎡)				점유유형	
								1필지 공부상	구역편입	점유	점유인정		

※ 첨부서류

1. 측량성과도 1부
2. 기타 점유증빙자료(현황전경사진, 현황도면 등) 1부

(제5쪽)

5. 분양대상자별 청산액 추산내역서(「도시 및 주거환경정비법」 제57조제1항 관련)

연번	분양 대상자		① 종전토지 등의 평가액			②기준 가액 ①×비례율 ( )	권리자별 부담 또는 상환액							⑥ 분양가액			청산 추산액		비고
	성명	주소	계	토지	건축물		③차인 계 ⑤—④	④ 부담액			⑤ 상환액			계	대지	건축시설	징수	지급	
								소계			소계								
																			년 월 일 현재 추산액이며, 도시및주거환경정비법 제54조제2항 규정의 이전고시 후 조정확정됩니다

※ 비례율 : 구역 내 분양대상 대지 및 건축물 등 총추산액에서 총사업비를 뺀 금액을 종전토지 및 건축물 총가액으로 나눈 값을 말함.

※ 이 서식은 정비사업 구역별 여건 및 필요에 따라 일부항목을 추가하거나 삭제하여 작성할 수 있음.

부 칙 〈법률 제11589호, 2012.12.18〉

제1조(시행일) 이 법은 공포한 날부터 시행한다.

제2조(재건축부담금 면제를 위한 임시 특례에 관한 적용례) 제3조의2의 개정규정은 이 법 시행 전에 관리처분계획의 인가를 신청한 사업으로서 이 법 시행 당시 재건축부담금 부과종료시점부터 4개월이 지나지 아니하고 재건축부담금이 부과되지 아니한 사업에 대하여도 적용한다.

[별지 제24호서식] 〈개정 2010.3.11〉

(앞 쪽)

정비사업비의 추산액 및 그에 따른 조합원 부담규모 및 부담시기

<table>
<tr><th>구분</th><th colspan="3">항 목</th><th>금 액</th><th>산 출 근 거</th></tr>
<tr><td rowspan="29">소요비용추산액</td><td colspan="3">계</td><td></td><td></td></tr>
<tr><td colspan="3">조사측량비</td><td></td><td></td></tr>
<tr><td colspan="3">설 계 비</td><td></td><td></td></tr>
<tr><td colspan="3">감 리 비</td><td></td><td></td></tr>
<tr><td colspan="3">정비사업전문관리업비</td><td></td><td></td></tr>
<tr><td rowspan="11">공사비</td><td colspan="2">대지조성공사비</td><td></td><td></td></tr>
<tr><td colspan="2">건축시설공사비</td><td></td><td></td></tr>
<tr><td rowspan="3">부대시설 공 사 비</td><td></td><td></td><td></td></tr>
<tr><td></td><td></td><td></td></tr>
<tr><td></td><td></td><td></td></tr>
<tr><td colspan="2">정비기반시설공사비</td><td></td><td></td></tr>
<tr><td rowspan="2">지장물 정 비</td><td>건축물철거비</td><td></td><td></td></tr>
<tr><td>이 설 비</td><td></td><td></td></tr>
<tr><td rowspan="3">기 타 공사비</td><td>임시수용시설 공사비</td><td></td><td></td></tr>
<tr><td></td><td></td><td></td></tr>
<tr><td></td><td></td><td></td></tr>
<tr><td rowspan="6">보상비</td><td colspan="2">국공유지 불하 (시행자매수분)</td><td></td><td></td></tr>
<tr><td rowspan="3">손 실 보상비</td><td>건 축 물</td><td></td><td></td></tr>
<tr><td>토 지</td><td></td><td></td></tr>
<tr><td>기타손실보상</td><td></td><td></td></tr>
<tr><td rowspan="2">이주비</td><td>주거대책비</td><td></td><td></td></tr>
<tr><td>기타 이주보상비</td><td></td><td></td></tr>
<tr><td rowspan="7">관리비</td><td colspan="2">인 건 비</td><td></td><td></td></tr>
<tr><td colspan="2">등 기 비</td><td></td><td></td></tr>
<tr><td colspan="2">사무용품비</td><td></td><td></td></tr>
<tr><td colspan="2">통 신 비</td><td></td><td></td></tr>
<tr><td colspan="2">회 의 비</td><td></td><td></td></tr>
<tr><td colspan="2">제세공과금</td><td></td><td></td></tr>
<tr><td colspan="2">기 타</td><td></td><td></td></tr>
</table>

(뒤 쪽)

<table>
<tr><th>구분</th><th colspan="3">항 목</th><th>금 액</th><th colspan="3">산 출 근 거</th></tr>
<tr><td rowspan="7">소요비용추산액</td><td rowspan="7">부대경비</td><td colspan="2">감정평가수수료</td><td></td><td colspan="3"></td></tr>
<tr><td colspan="2">채권매입</td><td></td><td colspan="3"></td></tr>
<tr><td rowspan="2">외 주
용역비</td><td></td><td></td><td colspan="3"></td></tr>
<tr><td></td><td></td><td colspan="3"></td></tr>
<tr><td rowspan="3">기 타
경 비</td><td>교통영향평가</td><td></td><td colspan="3"></td></tr>
<tr><td>광고선전</td><td></td><td colspan="3"></td></tr>
<tr><td></td><td></td><td colspan="3"></td></tr>
<tr><td rowspan="11">자금조달계획</td><td colspan="3">계</td><td></td><td colspan="3"></td></tr>
<tr><td colspan="3">시행자 자금</td><td></td><td colspan="3"></td></tr>
<tr><td colspan="3">국민주택 자금</td><td></td><td colspan="3"></td></tr>
<tr><td colspan="3">보조 및 융자(행정청)</td><td></td><td colspan="3"></td></tr>
<tr><td colspan="3">금융기관 자금</td><td></td><td colspan="3"></td></tr>
<tr><td colspan="3">조합원(또는 토지등의 소유자) 부과금</td><td></td><td colspan="3"></td></tr>
<tr><td colspan="2" rowspan="2">단계별 일반분양
수입금</td><td></td><td></td><td colspan="3"></td></tr>
<tr><td></td><td></td><td colspan="3"></td></tr>
<tr><td colspan="3">시공자 대여금</td><td></td><td colspan="3"></td></tr>
<tr><td colspan="2" rowspan="2">기 타</td><td></td><td></td><td colspan="3"></td></tr>
<tr><td></td><td></td><td colspan="3"></td></tr>
<tr><td rowspan="9">수입추산액</td><td colspan="3">계</td><td></td><td colspan="3"></td></tr>
<tr><td colspan="2" rowspan="4">주택분양 수입
(지분대지포함)</td><td>조합원</td><td></td><td colspan="3"></td></tr>
<tr><td>임 대</td><td></td><td colspan="3"></td></tr>
<tr><td>일 반</td><td></td><td colspan="3"></td></tr>
<tr><td>보 류</td><td></td><td colspan="3"></td></tr>
<tr><td colspan="3">부대·복리시설</td><td></td><td colspan="3"></td></tr>
<tr><td colspan="3">대지 분양</td><td></td><td colspan="3"></td></tr>
<tr><td colspan="3">유상귀속 공공시설</td><td></td><td colspan="3"></td></tr>
<tr><td colspan="3">기 타</td><td></td><td colspan="3"></td></tr>
<tr><td rowspan="2">추정비례율</td><td colspan="3" rowspan="2">$\frac{\text{총수입} - \text{공통부담소요비용}}{\text{분양대상토지등의소유자 종전총평가액}} = (\quad)$</td><td>공통부담
소요비용</td><td></td><td>분양대상토지
등의 총평가액</td><td></td></tr>
<tr><td>징수청산
총 액</td><td></td><td>지급청산총액</td><td></td></tr>
</table>

※ 이 서식은 사업시행구역별 여건에 따라 일부 항목을 추가 또는 삭제하거나 별지(조합원 부담규모와 시기)에 작성할 수 있음.

③ 법 제48조제1항제6호에 따른 분양대상자의 종전의 토지 또는 건축물에 관한 소유권 외의 권리명세서는 별지 제25호서식에 따른다.

➡ 조합원(권리자)번호·성명·주소, 종전의 토지·건축물, 소유권 이외의 권리, 분양예정대지 건축시설, 소유권외의 권리 외 분양예정대지 또는 건축시설에 대한 설정여부 또는 처분내용(분양대상자), 소유권외 권리 외 관리처분계획 또는 해지여부 및 내용(분양제외자)

[별지 제25호서식] 〈개정 2010.3.11〉

분양대상자의 종전의 토지 또는 건축물에 관한 소유권 외의 권리명세서

(법 제48조제1항제6호 관련)

<table>
<tr><th rowspan="3">연번</th><th rowspan="3">조합원(권리자)번호</th><th rowspan="3">성명</th><th rowspan="3">주소</th><th colspan="5">종전의 토지·건축물</th><th colspan="7">소유권 이외의 권리</th><th colspan="4">분양예정대지 건축시설</th><th rowspan="3">소유권외의 권리외 분양예정 대지 또는 건축시설에 대한 설정 여부 또는 처분내용 (분양대상자)</th><th rowspan="3">소유권외 권리외 관리처분 계획 또는 해지여부 및 내용 (분양 제외자)</th></tr>
<tr><th rowspan="2">소재지</th><th colspan="2">토 지</th><th colspan="2">건축물</th><th rowspan="2">권리의 종류</th><th colspan="2">권리의 설정대상</th><th rowspan="2">권리의 내용</th><th colspan="3">권리자</th><th rowspan="2">소재지(또는 부호)</th><th rowspan="2">대지분양면적</th><th colspan="2">건축 시설</th></tr>
<tr><th>지목</th><th>면적</th><th>용도</th><th>연면적</th><th>토지</th><th>건축물</th><th>성명</th><th>생년월일</th><th>주소</th><th>용도</th><th>분양면적</th></tr>
<tr><td></td><td></td><td></td><td></td><td></td><td></td><td></td><td></td><td></td><td></td><td></td><td></td><td></td><td></td><td></td><td></td><td></td><td></td><td></td><td></td><td></td><td></td></tr>
</table>

④ 영 제50조제1호에 따른 현금으로 청산하여야 하는 토지등 소유자별 기존의 토지·건축물 또는 그 밖의 권리의 명세와 이에 대한 청산방법은 별지 제26호서식에 따른다.

➡ 권리자, 권리내용, 권리금액, 협의매수(수용)일자, 청산사유 및 법적근거

[별지 제26호서식] 〈개정 2010.3.11〉

토지등소유자별 현금청산 명세 및 방법

구분	연번	권리자			권리내역								권리금액	협의매수(수용)일자	청산사유 및 법적근거	비고
		조합원(권리자)번호	성명	주소	소재지	토지		건축물		기타						
						면적	평가액	연면적	평가액	종류	규모	평가액				
	계															
	계															
	계															

※ 구분란에는 수용, 협의매수, 기타 청산대상 권리자의 유형을 기재

⑤ 영 제50조제2호에 따른 정비사업의 시행으로 인하여 용도가 폐지되는 정비기반시설의 명세와 새로이 설치되는 정비기반시설의 명세는 별지 제18호서식 및 별지 제19호서식에 따른다.

[별지 제18호서식] 〈개정 2008.4.17, 2010.3.11〉

용도폐지되는 정비기반시설의 조서

(「도시정비법 시행령」 제41조제2항제11호 및 제12호 관련)

1. 정비기반시설 및 관련 토지 내역

종 류	명 칭	위 치 (도로의 경우 시·종점)	규 모 (면적 또는 폭원 및 연장)	저촉 국·공유토지			무상양여 국·공유토지			비 고
				필지수	면 적 (㎡)	감 정 평가액	필지수	면 적 (㎡)	감 정 평가액	

※ 첨부서류

1. 정비기반시설별 도면 1부.
2. 측량성과도서 1부.
3. 감정평가서 1부.

㊟ 측량성과도서는 인접 지형지물의 점유현황과 실제 정비기반시설로 이용되고 있는 지적 현황 명시.

2. 정비기반시설별 관리청별 저촉 국·공유토지 명세서

시설별	관리청별	저촉 국·공유토지								무상양여 국·공유지			비 고
		소재지	지 목	면 적(㎡)			실제 이용	평가액	도면 번호	면 적 (㎡)	평가액	도면 번호	
				1필지 공부상	구역 편입	정비기반 시설편입							

㊟ 도면번호는 정비기반시설별 도면(또는 측량성과 도면)의 토지에 표시된 해당 연번 명기.

[별지 제19호서식] 〈개정 2008.4.17, 2010.3.11〉

(앞 쪽)

새로이 설치할 정비기반시설의 조서

(「도시정비법 시행령」 제41조제2항제11호 관련)

1. 설치할 정비기반시설내역

<table>
<tr><th rowspan="3">종류</th><th rowspan="3">명칭</th><th rowspan="3">위치
(도로의 경우 시·종점)</th><th rowspan="3">규모
(면적 또는 폭원 및 연장)</th><th rowspan="3">시행 내용의 범위</th><th colspan="5">저촉토지등의 내역</th><th colspan="4">설치비용</th><th colspan="3">비용부담</th><th rowspan="3">비고</th></tr>
<tr><th colspan="2">토지</th><th colspan="2">건축물</th><th rowspan="2">기타</th><th rowspan="2">계</th><th rowspan="2">보상비</th><th rowspan="2">공사비</th><th rowspan="2">기타</th><th rowspan="2">부담자</th><th rowspan="2">부담내용</th><th rowspan="2">부담액</th></tr>
<tr><th>필지수</th><th>면적</th><th>동수</th><th>연면적</th></tr>
<tr><td></td><td></td><td></td><td></td><td></td><td></td><td></td><td></td><td></td><td></td><td></td><td></td><td></td><td></td><td></td><td></td><td></td><td></td></tr>
</table>

※ 첨부서류

1. 정비기반시설별 도면 1부(도시정비법 시행령 제41조제2항제11호 관련)
2. 설치비용계산서 1부(도시정비법 시행령 제41조제2항제11호 관련)

(뒤 쪽)

2. 정비기반시설별 저촉토지등의 명세

종류	시설별	토지·건축물 소재지	토지 내역							건축물 내역					총평가액	처분방법 (수용, 환지 또는 분양, 협의보상, 무상 등으로 명기)	비고
			지목	이용상황	면적(㎡)		소유자		평가액	용도	연면적	소유자		평가액			
					공부상	편입	성명	주소				성명	주소				

※ 첨부서류

1. 정비기반시설별 도면 1부(도시정비법 시행령 제41조제2항제11호 관련)
2. 설치비용계산서 1부(도시정비법 시행령 제41조제2항제11호 관련)

⑥ 영 제50조제3호에 따른 보류지 등의 명세와 추산가액 및 처분방법은 별지 제27호서식에 따른다.

➡ ○ 대지 : 소재지(또는 부호), 지목, 용도, 면적(㎡), 추산가액, 처분방법

○ 주택 : 소재지, 동·층·호, 세대수, 추산가액, 지분대지, 지분대지포함 추산가액, 처분방법

○ 기타 건축시설 : 소재지(또는 부호), 동·층·호, 면적, 추산가액, 지분대지, 지분대지 포함, 추산가액

⑦ 조례 제25조제1호 가목에 따른 관리처분계획대상물건조서는 별지 제28호서식에 따른다.

[별지 제27호서식] 〈개정 2010.3.11〉

보류지(대지, 건축시설) 등의 명세와 추산가액 및 처분방법

대지	소재지(또는 부호)	지목	용도	면적(㎡)		추산가액	처분방법		비고
				공유의 경우 1필지 전체면적	일반분양(보류면적)		대상	방법	
	계								

주택	규모별		소재지	동·층·호	세대수	추산가액		지분대지				지분대지포함 추산가액		처분방법	
								면 적		추산가액					
	계	전용/공용				세대당	총가액	세대당	총면적	세대당	총가액	세대당	총가액	대상	방법
	총계														
		/	계												
		/	계												
		/	계												

기타건축시설	용도별	소재지(또는 부호)	동·층·호	면 적		추산가액		지분대지		지분대지포함 추산가액		처분방법	
				전체	일반분양(보 류)	단위시설	총가액	면적	추산가액	단위시설	총가액	대상	방법

※ 첨부서류 : 대지·건축시설별 위치도면 1부.

[별지 제28호서식] 〈개정 2013.3.21〉

(제1쪽)

관리처분계획대상물건조서

구분									
토지소유권의 변환	시행전	계	사유지	관리청별 국공유지				기 타	
				소 계					
		㎡							
		필지							
	시행후	계 ①+②+③+④	① 환지대상	② 현금청산	③ 수용	④ 협의매수	국공유지 불하		
							소 계 ⑤+⑥	⑤ 시행자	⑥ 점유자
		㎡							
		국공유지 무상양여	존치 국공유지의 관리청별(환지대상)				기 타	시행자보유토지	
		⑦시행자	소 계					②+③+④+⑤+⑦	배분면적

구분									
토지 지목의 변환	지 목		계						
	시행전	면 적							
		필지수							
	시행후	면 적							
		필지수							

구분												
토지 용도의 변환	시행전 토 지	용 도	계								기타	
		면적(㎡)										
	시행후 대 지	용 도	계	대 지				정 비 기 반 시 설				기타
				소계	분양주택	임대주택		소계	도로	공원		
		면적(㎡)										

구분							
시행전 건축물	허가유무	계	유허가	무 허 가			
				소 계	특 정		신발생
		동					
	용도별	계					
		동					
	시행별	계	철 거	존 치	개 수		기 타
		동					
	국공유지 점유건축물	계	정 비 기 반 시 설 점 유				일반대지 점유
			소 계	도 로	공 원		
		동					

(제2쪽)

시행후 건축시설	부지별계획			주택						기타 건축시설		
	부지명칭	대지면적(㎡)	용도	형태	분양임대 구분	동수	층수	세대수	건축연면적	동수	층수	건축연면적
	계											

시행후 건축시설	공급계획	주택								기타 건축시설			
	공급대상	규모별 세대수(전용면적기준)						건축연면적	대지면적	대지면적	건축연면적	대지면적	건축연면적
		계											
	계												
	토지등의 소유자												
	세입자												
	보류시설												
	일반공급												

권리자별관리처분 (단위 : 인)	유형	대상	분양					청산 또는 손실보상				수인을 1인 분양자로 한 지분분양자수
			소계	주택	상가	주택및 상가		소계	청산	협의보상	수용	
	계											
	토지 및 건축물											
	토지											
	건축물											

소유권 이외의 권리	권리의 종류	권리자수	이전	소멸	기타
	계				

세입자 대책	대책구분		세입자 세대수
	계		
	대책	임대주택공급	
	대책		
	대책	주거이전비 지급	
	비대책		

(제3쪽)

<table>
<tr><td rowspan="3">평가액 및 추산액</td><td rowspan="3">토 지</td><td rowspan="2">총평가액</td><td colspan="3">㎡ 당</td><td rowspan="3">건축물</td><td rowspan="2">총평가액</td><td colspan="3">동 당</td></tr>
<tr><td>평균</td><td>최대</td><td>최소</td><td>평균</td><td>최대</td><td>최소</td></tr>
<tr><td></td><td></td><td></td><td></td><td></td><td></td><td></td><td></td></tr>
</table>

<table>
<tr><td rowspan="4">대 지</td><td rowspan="3">총평가액</td><td colspan="3">㎡ 당</td><td rowspan="4">건축시설</td><td>구 분</td><td>건 축 연면적</td><td>총 평가액</td></tr>
<tr><td rowspan="2">전 체 평 균</td><td rowspan="2">분양대지 평 균</td><td rowspan="2">임대부지 평 균</td><td>계</td><td></td><td></td></tr>
<tr><td>주 택</td><td></td><td></td></tr>
<tr><td></td><td></td><td></td><td></td><td>부대·복리시설</td><td></td><td></td></tr>
</table>

<table>
<tr><td rowspan="14">건축시설의 단위규모별</td><td rowspan="8">주 택</td><td colspan="5">세대당 분양면적(㎡)</td><td colspan="4">세대당 분양가격(원)</td></tr>
<tr><td colspan="4">주 택 면 적</td><td rowspan="2">지분대지 면 적</td><td rowspan="2">계</td><td rowspan="2">건축비</td><td rowspan="2">택지비</td><td rowspan="2">기 타</td></tr>
<tr><td>계</td><td>전 용</td><td>공 용</td><td>기 타</td></tr>
<tr><td></td><td></td><td></td><td></td><td></td><td></td><td></td><td></td><td></td></tr>
<tr><td></td><td></td><td></td><td></td><td></td><td></td><td></td><td></td><td></td></tr>
<tr><td></td><td></td><td></td><td></td><td></td><td></td><td></td><td></td><td></td></tr>
<tr><td></td><td></td><td></td><td></td><td></td><td></td><td></td><td></td><td></td></tr>
<tr><td></td><td></td><td></td><td></td><td></td><td></td><td></td><td></td><td></td></tr>
<tr><td rowspan="6">부대복리시설</td><td rowspan="3">종류</td><td rowspan="3">건 축 연면적</td><td rowspan="3">지분대지 면 적</td><td colspan="3">총 평 가 액</td><td colspan="4">분양단위 규모별</td></tr>
<tr><td rowspan="2">계</td><td rowspan="2">건축비</td><td rowspan="2">대지비</td><td rowspan="2">최소단위 규모(㎡)</td><td colspan="3">평 가 액</td></tr>
<tr><td>평 균</td><td>최 대</td><td>최 소</td></tr>
<tr><td></td><td></td><td></td><td></td><td></td><td></td><td></td><td></td><td></td><td></td></tr>
<tr><td></td><td></td><td></td><td></td><td></td><td></td><td></td><td></td><td></td><td></td></tr>
<tr><td></td><td></td><td></td><td></td><td></td><td></td><td></td><td></td><td></td><td></td></tr>
</table>

<table>
<tr><td rowspan="3">기타대지 및 시설</td><td>종 류</td><td></td><td></td><td></td><td></td></tr>
<tr><td>면적(㎡)</td><td></td><td></td><td></td><td></td></tr>
<tr><td>평가액</td><td></td><td></td><td></td><td></td></tr>
</table>

⑧ 조례 제25조제1호 나목에 따른 임대주택의 부지명세와 부지가액·처분방법 및 임대주택 공급대상 세입자명부는 별지 제29호서식 및 별지 제30호서식에 따른다.

[별지 제29호서식] 〈개정 2010.3.11〉

임대주택의 부지명세와 부지가액·처분방법

구분	소재지 (또는 부호)	지목	용도	면 적(㎡)		주택규모별 세대 당 지분면적			임대부지 총추산가액	처분 방법
				공유의 경우 1필지전체면적	임대부지면적					
대지	계									

구분	주택규모별(㎡)				소재지 (또는 부호)	동층호	세대수	처분가액		지분대지포함 처분가액		처분 방법
	계	전용	공용	기 타				세대 당	총가액	세대 당	총가액	
주택					계							
					소 계							
					소 계							
					소 계							

구분		종 류	명 칭	소 재 지 (또는 부호)	시 설		대 지		대지포함
					면 적	총 가액	면 적	총 가액	총 가액
부대 복리 시설	분 양 대 상								
	분 양 제 외	종 류	규 모						

구분	종 류	명 칭	소 재 지 (또는 부호)	시 설		대 지		대지포함	분양대상
				면 적	추산가액	면 적	추산가액	추산가액	여 부
기타 시설									

구분	처 분 대상자	대 지		주 택		부대·복리시설		기 타		총
		면적	추산가액	세대수	추산가액	면적	추산가액	면적	추산가액	추산가액
총괄 조서										

※ 첨부서류 : 대지·건축시설별 위치도면 1부.

[별지 제30호서식] 〈개정 2013.2.21〉

임대주택 공급대상 세입자명부

연번	대 상 자			거주주택의 가옥주명 (조합원번호)	주민등록상 전입일자	이주 (예정) 일자	가족수	거 주 건축물 용 도	임대주택 희망여부	비고
	성명	생년월일	주소							
계										

▢ 시도별 조례

○ 경기도

관련 조문이 없다.

- 남양주시, 부천시, 안양시, 수원시, 고양시, 안산시, 화성시

관련 조문이 없다.

○ 인천시 도시정비조례 시행규칙

제10조(관리처분계획서의 작성) ① 법 제48조제1항제3호 및 제4호의 규정에 의한 분양대상자별 분양예정인 대지 또는 건축물의 추산액과 분양 대상자별 종전의 토지 또는 건축물의 명세 및 사업시행인가의 고시가 있는 날을 기준으로 한 토지 또는 건축물의 가격은 별지 제20호서식에 의한다.

② 법 제48조제1항제5호의 규정에 따른 정비사업비의 추산액 및 그에 따른 조

합원 부담규모 및 부담시기는 별지 제21호서식에 의한다.

③ 법 제48조제1항제6호의 규정에 따른 분양대상자의 종전의 토지 또는 건축물에 관한 소유권 외의 권리명세서는 별지 제22호서식에 의한다.

④ 영 제50조제1호의 규정에 따라 현금으로 청산하여야 하는 토지등소유자 별 기존의 토지·건축물 또는 그 밖의 권리의 명세와 이에 대한 청산방법은 별지 제23호서식에 의한다.

⑤ 영 제50조제2호의 규정에 따른 정비사업의 시행으로 인하여 용도가 폐지되는 정비기반시설 명세와 새로이 설치되는 정비기반시설명세는 별지 제16호서식 및 별지 제17호서식에 의한다.

⑥ 영 제50조제3호의 전단의 규정에 따른 보류지 등의 명세와 추산가액 및 처분방법은 별지 제24호서식에 의한다.

⑦ 조례 제22조제1호 규정에 의한 관리처분계획 대상물건 조서는 별지 제25호서식에 의한다.

⑧ 조례 제22조제2호 규정에 의한 임대주택의 부지명세와 부지가액·처분방법 및 임대주택 공급대상 세입자명부는 각각 별지 제26호 및 별지 제27호서식에 의한다.

제11조(관리처분계획의 인가 등) ① 구청장등이 법 제49조제2항의 규정에 의하여 관리처분계획을 인가하는 때에는 별지 제28호서식의 관리처분계획인가서를 교부하여야 하며, 영 제41조의2제5항의 임대주택을 인수하기로 결정된 자에게 별지 제29호서식에 의한 정비구역 내 임대주택의 처분명세서 및 별지 제27호서식에 의한 임대주택 공급대상 세입자명부를 통보하여야 한다.

② 사업시행자가 법 제49조제4항의 규정에 의하여 분양신청자에게 관리처분계획의 인가내용을 통지하는 때에는 법 제50조제3항의 규정에 의거 임대주택 공급대상자로 확정된 자에게도 별지 제30호서식에 따라 임대주택 공급안내서를 통지하여야 한다.

○ 부산시 도시정비조례 시행규칙

제8조(관리처분계획서의 작성) ① 법 제48조제1항제3호 및 제4호에 따른 분양대상자별 분양예정인 대지 또는 건축물의 추산액과 분양대상자별 종전의 토지 또는

건축물의 명세 및 사업시행인가·고시가 있은 날을 기준으로 한 가격은 별지 제16호서식에 따른다. 〈개정 2010.3.3〉

② 법 제48조제1항제5호에 따른 정비사업비의 추산액과 그에 따른 조합원 부담규모 및 부담시기에 관한 사항은 별지 제17호서식에 따른다. 〈개정 2010.3.3〉

③ 법 제48조제1항제6호에 따른 분양대상자의 종전의 토지 또는 건축물에 관한 소유권 외의 권리명세는 별지 제18호서식에 따른다. 〈개정 2010.3.3〉

④ 영 제50조제1호에 따른 현금으로 청산하여야 하는 토지등소유자별 기존의 토지·건축물 또는 그 밖의 권리의 명세와 이에 대한 청산방법은 별지 제19호서식에 따른다. 〈개정 2010.3.3〉

⑤ 영 제50조제2호에 따른 정비사업의 시행으로 인하여 용도가 폐지되는 정비기반시설의 명세와 새로 설치되는 정비기반시설의 명세는 각각 별지 제13호서식 및 별지 제14호서식에 따른다. 〈개정 2010.3.3〉

⑥ 영 제50조제3호에 따른 보류지 등의 명세와 추산가액 및 처분방법은 별지 제20호서식에 따른다. 〈개정 2010.3.3〉

제9조(관리처분계획의 인가 등) ① 구청장이 법 제49조제2항에 따라 관리처분계획을 인가할 때에는 공사사장에게 별지 제21호서식의 정비구역의 임대주택처분명세서 및 별지 제22호서식의 임대주택공급대상자명부를 통지하여야 한다. 〈개정 2010.3.3〉

② 사업시행자가 법 제49조제4항에 따라 분양신청을 한 자에게 관리처분계획의 인가내용을 통지하여야 한다. 〈개정 2010.3.3〉

○ 대구시 도시정비조례 시행규칙

제15조(관리처분계획서의 작성) ① 법 제48조제1항제3호 및 제4호의 규정에 의한 분양대상자별 분양예정인 대지 또는 건축물의 추산액과 분양대상자별 종전의 토지 또는 건축물의 명세 및 사업시행인가의 고시가 있는 날을 기준으로 한 가격은 별지 제23호서식에 의한다.

② 법 제48조제1항제5호의 규정에 의한 정비사업비의 추산액 및 그에 따른 조합원 부담규모 및 부담시기는 별지 제24호서식에 의한다.

③ 법 제48조제1항제6호의 규정에 의한 분양대상자의 종전의 토지 또는 건축

물에 관한 소유권 외의 권리명세서는 별지 제25호서식에 의한다.

④ 영 제50조제1호의 규정에 의한 현금으로 청산하여야 하는 토지등 소유자별 기존의 토지·건축물 또는 그 밖의 권리의 명세와 이에 대한 청산방법은 별지 제26호서식에 의한다.

⑤ 영 제50조제2호의 규정에 의한 정비사업의 시행으로 인하여 용도가 폐지되는 정비기반시설의 명세와 새로이 설치되는 정비기반시설의 명세는 각각 별지 제18호서식, 별지 제19호서식에 의한다.

⑥ 영 제50조제3호의 규정에 의한 보류지 등의 명세와 추산가액 및 처분방법은 별지 제27호서식에 의한다.

제16조(관리처분계획의 인가 등) ① 구청장이 법 제49조제2항의 규정에 의하여 관리처분계획을 인가하는 때에는 사업시행자에게 별지 제28호서식의 관리처분계획인가서를 교부하여야 한다.

② 사업시행자가 법 제49조제4항의 규정에 의하여 분양신청자에게 관리처분계획의 인가내용을 통지하는 때에는 제12조제4항의 규정에 의하여 임대주택 공급대상자로 확정된 자에게도 별지 제29호서식의 주택재개발임대주택 공급안내서를 통지하여야 한다.

○ 울산시

제21조 (관리처분계획의 인가신청방법) 사업시행자가 법 제48조제1항에 따른 관리처분계획인가 신청의 방법은 다음과 같다. 〈개정 2007.5.10, 2010.12.31〉

1. 법 제48조제1항제1호의 분양설계에는 다음 각 목의 모든 사항을 포함한다.
   가. 관리처분계획대상물건 조서 및 도면
   나. 임대주택의 부지명세와 부지가액·처분방법 및 임대주택공급대상세입자 명부(임대주택을 건설하는 정비구역에 한한다.)
   다. 환지예정지 도면
   라. 종전 토지의 지적 또는 임야도면
2. 법 제24조제3항제10호에 따른 관리처분계획의 총회의결서 사본 및 법 제46조제1항에 따른 분양신청서(권리신고사항 포함) 사본을 첨부하여야 한다.
3. 그 밖에 관리처분계획 내용을 증빙하는 서류를 첨부하여야 한다.

조례 제26조(재개발 및 도시환경정비사업의 관리처분기준 등)

법 제48조제1항, 영 제52조

재개발 및 도시환경정비사업의 관리처분 기준 등

구 도시재개발법상 도시재개발사업조례에서의 "분양설계의 기준"이 지금의 "재개발 및 도시환경정비사업의 관리처분 기준 등"로 바뀌었다. 분양신청한 자에 대한 권리배분의 계획 기준을 말한다.

▢ 개정 연혁

▸ 도시재개발사업조례[서울시조례]

제26조(분양설계의 기준) 법 제33조제2항에 의하여 분양신청한 토지등의 소유자에 대한 분양설계는 다음 각 호의 기준에 의한다.

1. 종전토지의 소유면적은 관리처분계획기준일 현재 지적법 제2조제1호에 의한 소유토지별 지적공부에 의하며, 1필지 토지를 수인이 공유로 소유하고 있는 경우에는 부동산등기부의 지분비율을 기준으로 한다. 다만, 재개발사업구역의 국공유지 점유자는 관계법령과 규약, 정관 또는 시행규정이 정하는 바에 따라 점유연고권이 인정되어 그 경계를 기준으로 실시한 지적측량성과를 기준으로 한다.
2. 종전건축물의 소유면적은 관리처분계획기준일 현재 소유 건축물별 건축물대장을 기준으로 한다. 다만, 규약, 정관 또는 시행규정이 정하는 바에 따라 재산세과세대장 또는 측량성과를 기준으로 할 수 있다. 이 경우 위법하게 건축된 부분의 면적(무허가건축물의 경우에는 기존무허가 건축물에 추가된 면적을 말한다.)은 제외한다.
3. 종전토지등의 소유권은 관리처분계획기준일 현재 부동산등기부에 의하며, 무허가건축물인 경우에는 관할동장이 발행한 무허가건물확인원 또는 소유

자임을 입증하는 자료를 기준으로 하고, 국공유지는 제1호 단서규정에 따라 인정된 점유연고권자를 기준으로 한다.

4. 법 제34조제4항제3호 및 영 제40조제2항에 의한 분양예정의 대지 또는 건축시설의 추산액은 「지가공시 및 토지등의 평가에 관한 법률」에 의한 감정평가업자 2인 이상이 평가한 금액을 산술평균하여 산정하며, 공동주택의 경우에는 다음 각 목의 방법에 의하여 추산액을 산정한다. 〈개정 1998.11.20〉
   가. 국민주택기금을 지원 받는 공동주택 : 국민주택기금운용및관리규정 적용 〈개정 1999.7.31〉
   나. 가목 이외의 공동주택 : 「지가공시 및 토지등의 평가에 관한 법률」에 의한 감정평가업자 2인 이상에게 원가(대지비 및 건축비와 사업시행에 소요된 제비용 등) 산출근거를 제시하여 평가 의뢰하여 제출받은 감정평가액을 산술평균한 금액
5. 〈삭제 1999.3.20〉
6. 제4호에 의한 추산액 중 임대주택부지가격 산정은 다음 각 목의 기준에 의한다. 〈신설 1998.11.20〉
   가. 구역 내 국·공유지중 점유 연고권자에게 우선 매각하고 남은 면적으로 충당된 면적에 대한 대지조성비 : 제4호 가목에 의한 택지조성비
   나. 임대주택 부지면적이 가목으로 부족한 경우 점유 연고권자에게 우선 매각한 국·공유지 면적 : 당해 시행구역 안의 국·공유지 매각단가의 산술평균치(가목의 택지조성비가 가산된 금액을 말한다.)
   다. 임대주택 부지면적이 가목과 나목으로 부족한 경우 나머지 면적 : 구역 내 사유토지의 종전 토지가격의 산술평균치와 가목의 택지조성비를 합산한 금액

▸ 도시정비조례[서울시조례 제4167호, 2003.12.30, 제정]

제23조(재개발 및 도시환경정비사업의 관리처분 기준 등) 법 제48조제1항에 의한 재개발사업 및 도시환경정비사업의 관리처분계획은 다음 각 호의 기준에 적합하게 수립하여야 한다.

1. 종전 토지의 소유면적은 관리처분계획기준일 현재 지적법 제2조제1호에 의

한 소유토지별 지적공부(사업시행방식전환의 경우에는 환지예정지증명원)에 의한다. 다만, 1필지의 토지를 수인이 공유로 소유하고 있는 경우에는 부동산등기부(사업시행방식전환의 경우에는 환지예정증명원)의 지분비율을 기준으로 한다.

2. 국·공유지의 점유연고권은 그 경계를 기준으로 실시한 지적측량성과에 의하여 관계법령과 정관등이 정하는 바에 따라 인정한다.
3. 종전 건축물의 소유면적은 관리처분계획기준일 현재 소유건축물별 건축물대장을 기준으로 하되, 법령에 위반하여 건축된 부분의 면적은 제외한다. 다만, 정관등이 따로 정하는 경우에는 재산세과세대장 또는 측량성과를 기준으로 할 수 있다.
4. 종전 토지등의 소유권은 관리처분계획기준일 현재 부동산 등기부(사업시행방식전환의 경우에는 환지예정증명원)에 의한다. 다만, 기존 무허가건축물인 경우에는 구청장 또는 동장이 발행한 기존무허가건축물확인원이나 그 밖에 소유자임을 입증하는 자료를 기준으로 한다.
5. 국·공유지의 점유연고권자는 제2호에 의하여 인정된 점유연고권을 기준으로 한다.

부 칙 〈2003.12.30〉

제1조(시행일) 이 조례는 공포한 날부터 시행한다.

► [서울시조례 제4824호, 2009.7.30, 일부개정]

제26조(재개발 및 도시환경정비사업의 관리처분 기준 등) 법 제48조제1항에 따른 재개발사업 및 도시환경정비사업의 관리처분계획은 다음 각 호의 기준에 적합하게 수립하여야 한다. 〈개정 2009.7.30〉

1. 종전 토지의 소유면적은 관리처분계획기준일 현재 「지적법」 제2조제1호에 따른 소유토지별 지적공부(사업시행방식전환의 경우에는 환지예정지증명원)에 따른다. 다만, 1필지의 토지를 수인이 공유로 소유하고 있는 경우에는 부동산등기부(사업시행방식전환의 경우에는 환지예정지증명원)의 지분비율을 기준으로 한다. 〈개정 2009.7.30〉

2. 국·공유지의 점유연고권은 그 경계를 기준으로 실시한 지적측량성과에 따라 관계법령과 정관 등이 정하는 바에 따라 인정한다. 〈개정 2009.7.30〉
3. 종전 건축물의 소유면적은 관리처분계획기준일 현재 소유건축물별 건축물 대장을 기준으로 하되, 법령에 위반하여 건축된 부분의 면적은 제외한다. 다만, 정관 등이 따로 정하는 경우에는 재산세과세대장 또는 측량성과를 기준으로 할 수 있다. 〈개정 2008.9.30, 2009.7.30〉
4. 종전 토지등의 소유권은 관리처분계획기준일 현재 부동산등기부(사업시행방식전환의 경우에는 환지예정지증명원)에 따르며, 소유권 취득일은 부동산등기부상의 접수일자를 기준으로 한다. 다만, 기존무허가건축물(미사용승인 건축물을 포함한다.)인 경우에는 구청장 또는 동장이 발행한 기존무허가건축물확인원이나 그 밖에 소유자임을 입증하는 자료를 기준으로 한다. 〈개정 2009.7.30〉
5. 국·공유지의 점유연고권자는 제2호에 따라 인정된 점유연고권을 기준으로 한다. 〈개정 2008.9.30, 2009.7.30〉
6. 「건축법」 제2조제1항제1호에 따른 대지부분 중 국·공유재산을 법 제48조제5항 및 제6항에 따라 구청장이 감정평가업자를 추천하거나 「부동산가격공시 및 감정평가에 관한 법률」에 따른 감정평가업자가 감정평가를 할 경우에는 법 제32조·제48조제1항제4호 및 제66조제5항에 따라 평가하여야 한다. 〈개정 2009.7.30〉

부 칙 〈2009.7.30〉

제1조(시행일) 이 조례는 공포한 날부터 시행한다.

▸ **[서울시조례 제5237호, 2012.1.5, 일부개정]**

제26조(재개발 및 도시환경정비사업의 관리처분 기준 등) 법 제48조제1항에 따른 재개발사업 및 도시환경정비사업의 관리처분계획은 다음 각 호의 기준에 적합하게 수립하여야 한다. 〈개정 2009.7.30, 2012.1.5〉

1. 종전 토지의 소유면적은 관리처분계획기준일 현재 「측량·수로조사 및 지적에 관한 법률」 제2조제19호에 따른 소유토지별 지적공부(사업시행방식전환

의 경우에는 환지예정지증명원)에 따른다. 다만, 1필지의 토지를 수인이 공유로 소유하고 있는 경우에는 부동산등기부(사업시행방식전환의 경우에는 환지예정지증명원)의 지분비율을 기준으로 한다.

2. 국·공유지의 점유연고권은 그 경계를 기준으로 실시한 지적측량성과에 따라 관계법령과 정관 등이 정하는 바에 따라 인정한다.
3. 종전 건축물의 소유면적은 관리처분계획기준일 현재 소유건축물별 건축물대장을 기준으로 하되, 법령에 위반하여 건축된 부분의 면적은 제외한다. 다만, 정관 등이 따로 정하는 경우에는 재산세과세대장 또는 측량성과를 기준으로 할 수 있다.
4. 종전 토지등의 소유권은 관리처분계획기준일 현재 부동산등기부(사업시행방식전환의 경우에는 환지예정지증명원)에 따르며, 소유권 취득일은 부동산등기부상의 접수일자를 기준으로 한다. 다만, 특정무허가건축물(미사용승인건축물을 포함한다.)인 경우에는 구청장 또는 동장이 발행한 기존무허가건축물확인원이나 그 밖에 소유자임을 입증하는 자료를 기준으로 한다.
5. 국·공유지의 점유연고권자는 제2호에 따라 인정된 점유연고권을 기준으로 한다.
6. 「건축법」 제2조제1항제1호에 따른 대지부분 중 국·공유재산을 법 제48조제5항 및 제6항에 따라 구청장이 감정평가업자를 추천하거나 「부동산가격공시 및 감정평가에 관한 법률」에 따른 감정평가업자가 감정평가를 할 경우에는 법 제32조·제48조제1항제4호 및 제66조제5항에 따라 평가하여야 한다.

부 칙 〈제5237호, 2012.1.5〉

제1조(시행일) 이 조례는 공포한 날부터 시행한다.

➡ 기존무허가건축물이 특정무허가건축물로 바뀌었으며, 지적법 제2조제1호도 「측량·수로조사 및 지적에 관한 법률」 제2조제19호로 바뀌었다.

▢ 조례 제26조(재개발·도시환경정비사업의 관리처분 기준)

재개발·도시환경정비사업에서 분양신청을 한 토지등소유자에 대해 종전 및 분양예정 토지, 건축물 가격평가를 하여 관리처분계획 수립을 위한 계획을 수립하게 된다. 이를 '분양설계 기준'이라고도 하며, 이 관리처분 기준(분양설계 기준)은 다음 각 호의 기준에 적합하게 수립하여야 한다(본조).

그러나 아래의 경우 재건축사업에는 해당되지 않는다. 재개발·도시환경정비사업에서의 토지등소유자의 개념이 달라, 건축물이나 토지만을 소유해서는 조합원의 자격이 인정되지 않기 때문이다.

1. 종전 토지의 소유면적은 관리처분계획기준일 현재 「측량·수로조사 및 지적에 관한 법률」 제2조제19호에 따른 소유토지별 지적공부(사업시행방식전환의 경우에는 환지예정지증명원)에 따른다. 다만, 1필지의 토지를 수인이 공유로 소유하고 있는 경우에는 부동산등기부(사업시행방식전환의 경우에는 환지예정지증명원)의 지분비율을 기준으로 한다.

➡ 종전토지의 소유면적 산정은 분양신청기간이 만료된 날을 기준(관리처분계획기준일)으로 하여 소유토지별 지적공부 ["지적공부"란 토지대장, 임야대장, 공유지 연명부, 대지권 등록부, 지적도, 임야도 및 경계점좌표등록부 등 지적측량 등을 통하여 조사된 토지의 표시와 해당 토지의 소유자 등을 기록한 대장 및 도면(정보처리시스템을 통하여 기록·저장된 것을 포함한다.)을 말한다.]에 따른다. 사업시행방식전환의 경우인 주택개량재개발사업을 전면철거방식의 재개발사업으로 전환한 경우에는 관리처분을 통해 환지예정지증명원에 의한 토지면적을 인정한다.
토지를 여러 사람이 공유한 경우에는 부동산등기부상 공유지분비율로 기준하여 산정한다.

2. 국·공유지의 점유연고권은 그 경계를 기준으로 실시한 지적측량성과에 따라 관계법령과 정관 등이 정하는 바에 따라 인정한다.

➡ 점유연고권은 무허가 건물의 점유권을 인정하는 것으로, 담장 등으로 경계가 구분되어있는 실제 면적으로 하며 경계 구분이 불분명하면 처마끝 수직선을 경계로 한다. 서울시는 매각 최대면적으로 200㎡(약60.5평)까지이다. 재개발도시환경정비사업의 경우 관리처분인가 신청을 하는 때까지 해당 관리청과 매매계약을 체결하면 인정받게 된다.

이 점유연고권은 조례 제29조제2항과 밀접한 관계가 있으며, 분양예정 대지 또는 건축물 추산액의 산정에 필요한 조문이다. 이런 경우는 보통 무허가건축물로서 토지는 국유지나 공유지로, 무허가건축물소유자가 점유연고권을 인정받아 토지를 매입하고 건축물과 토지(200㎡ 이하)의 평가액을 합산하여 비례율을 곱하여 권리가액이 나오면, 신축아파트의 분양을 받을 수 있게 된다. 국·공유지의 점유연고이므로 사유지는 당연히 해당되지 않는다. 또한 무허가건축물이라도 특정무허가건축물이 아닌 '신발생무허가건축물'은 여기서의 무허가건축물에 해당되지 않는다(신발생무허가, 특정무허가건축물의 의미는 앞의 설명을 참고하기 바란다).

일부 단독주택 재건축사업의 경우 이를 원용하여 기존무허가건축물소유자를 조합원으로 인정한 사례가 있는데, 이는 잘못된 것이다.

3. 종전 건축물의 소유면적은 관리처분계획기준일 현재 소유건축물별 건축물 대장을 기준으로 하되, 법령에 위반하여 건축된 부분의 면적은 제외한다. 다만, 정관 등이 따로 정하는 경우에는 재산세과세대장 또는 측량성과를 기준으로 할 수 있다.

➡ 건축허가를 받아 준공 받은 합법적인 건축물을 말하며, 건축물의 위반 면적은 제외된다. 그러나 조합정관에서 특정무허가건축물 소유자를 조합원으로 인정받기 위해 법 제16조에 의한 동의율이 충족된 경우에는 면적에 합산할 수 있다.

4. 종전토지등의 소유권은 관리처분계획기준일 현재 부동산등기부(사업시행방식 전환의 경우에는 환지예정지증명원)에 따르며, 소유권 취득일은 부동산등기부상의 접수일자를 기준으로 한다. 다만, 특정무허가건축물(미사용승인건축물을 포함한다.)인 경우에는 구청장 또는 동장이 발행한 기존무허가건축물확인원이나 그 밖에 소유자임을 입증하는 자료를 기준으로 한다.
5. 국·공유지의 점유연고권자는 제2호에 따라 인정된 점유연고권을 기준으로 한다.
6. 「건축법」 제2조제1항제1호에 따른 대지부분 중 국·공유재산을 법 제48조제5항 및 제6항에 따라 구청장이 감정평가업자를 추천하거나 「부동산가격공시 및 감정평가에 관한 법률」에 따른 감정평가업자가 감정평가를 할 경우에는 법 제32조·제48조제1항제4호 및 제66조제5항에 따라 평가하여야 한다.

➡ 국·공유재산을 감정평가업자가 평가하는 경우 감정평가업자 중 시장·군수가 선정·계약한 감정평가업자 2인 이상이 평가한 금액을 산술평균하여 산정한다. 다만, 관리처분계획을 변경·중지 또는 폐지하고자 하는 경우에는 분양예정 대상인 대지 또는 건축물의 추산액과 종전의 토지 또는 건축물의 가격은 사업시행자 및 토지등소유자 전원이 합의하여 이를 산정할 수 있다(법 제48조제5항).

또한 정비구역안의 국유·공유 재산은 「국유재산법」 제9조 또는 「공유재산 및 물품 관리법」 제10조에 따른 국유재산관리계획 또는 공유재산관리계획과 「국유재산법」 제43조 및 「공유재산 및 물품 관리법」 제29조에 따른 계약의 방법에도 불구하고 사업시행자 또는 점유자 및 사용자에게 다른 사람에 우선하여 수의계약으로 매각 또는 임대할 수 있다. 다른 사람에 우선하여 매각 또는 임대할 수 있는 국유·공유 재산은 「국유재산법」, 「공유재산 및 물품 관리법」 및 그 밖에 국유지·공유지의 관리와 처분에 관하여 규정한 관계 법령에도 불구하고 사업시행인가·고시가 있은 날부터 종전의 용도가 폐지된 것으로 본다(법 제66조제4항, 제5항).

□ 시도별 조례

○ 경기도

제18조(주택공급 기준 등) ① 영 제52조제1항제8호에 따른 재개발사업의 주택공급에 관한 기준은 다음 각 호와 같다. 〈개정 2012.5.11〉

1. 권리가액에 가장 인접한 분양주택가액의 주택을 분양한다. 이 경우 인접한 분양주택가액이 둘 이상인 때에는 분양대상자의 신청에 따른다. 〈개정 2012.5.11〉
2. 제1호의 규정에 불구하고 정관 등으로 정하는 경우, 국민주택규모의 주택은 분양대상자의 권리가액이 많은 순으로 분양할 수 있으며, 국민주택규모를 초과하는 주택은 해당 주택의 총 건설 가구 수의 50% 이하가 분양대상자에게 분양될 경우 규모별 50%까지 분양대상자에게 권리가액이 많은 순으로 분양할 수 있다.
3. 동일규모의 주택분양에 경합이 있는 경우 권리가액이 많은 순으로 분양하고, 권리가액이 동일한 경우에는 공개추첨에 의하며, 주택의 동·층 및 호의

결정은 주택규모별 공개추첨에 의한다.

- 남양주시, 부천시, 수원시, 안양시, 고양시, 안산시

경기도와 같다.

남양주시는 제27조제1항, 부천시는 제26조제1항, 수원시는 제24조제1항, 안양시는 제25조제1항, 고양시는 제24조제1항, 안산시는 제23조제1항에서 규정하고 있다.

○ 인천시

제22조(관리처분계획수립에 따른 사실관계의 적용 등) 법 제48조제1항 및 영 제50조에 따라 재개발사업 및 도시환경정비사업의 관리처분계획을 수립하는 경우 토지 및 건축물에 관한 사실관계의 적용은 다음 각 호의 기준에 따른다.

1. 소유 토지의 면적·지목 등 그 표시에 관한 사항은 「지적법」 제2조제1호에 따른 지적공부의 해당 등재내용을 적용한다. 다만, 1필지를 여러 사람이 공유하는 경우에는 부동산등기부에 표시된 개인별 지분비율에 따라 산정한 면적을 적용한다.
2. 건축물의 소유 면적·용도 그 밖의 표시에 관한 사항은 「건축법」 제38조에 따른 건축물대장의 해당 등재내용을 적용한다.
3. 토지 및 건축물의 소유권 및 취득시기 등에 관한 사항은 부동산등기부의 해당 등기내용을 적용한다.
4. 제1호부터 제3호에 불구하고 법 제80조제1항에 따라 재개발사업의 시행방식이 전환된 경우에는 환지예정지증명원에 따른 토지 및 건축물의 사실관계에 관한 사항을 적용한다.
5. 관계법령 및 정관 등이 정하는 바에 따라 국·공유지의 연고점유권이 인정된 경우에는 그 경계를 기준으로 실시한 지적측량결과를 적용한다.
6. 기존 무허가건축물의 소유권·면적 등에 관한 사항은 항공사진측량 판독결과, 재산세과세대장 그 밖에 관계법령 또는 정관 등이 정하는 입증자료에 따라 적용한다.
7. 건축허가를 받았거나 건축신고를 하고 건축하였으나 사용승인을 받지 아니

한 건축물 중 허가 또는 신고 된 내용과 일치되게 건축된 부분의 사실관계는 「건축법」에 따른 건축허가 또는 신고대장의 해당사항을 적용한다.

○ **부산시**

제21조(재개발 및 도시환경정비사업의 관리처분계획 기준 등) 법 제48조제2항에 따라 사업시행자가 수립하는 재개발사업 및 도시환경정비사업의 관리처분계획은 다음 각 호의 기준에 따른다. 〈개정 2005.2.16, 2005.9.21, 2010.3.3〉

1. 종전 토지의 소유면적은 관리처분계획기준일 현재 「측량·수로조사 및 지적에 관한 법률」 제2조제19호에 따른 소유토지별 지적공부에 따른다. 다만, 국·공유지 점유자는 점유연고권이 인정되어 그 경계를 기준으로 실시한 지적측량성과에 따라 관계법령과 정관등이 정하는 바에 따른다. 〈개정 2005.2.16, 2010.3.3〉
2. 종전 건축물의 소유면적은 관리처분계획기준일 현재 소유 건축물별 건축물대장을 기준으로 하며, 법령에 위반하여 건축된 부분의 면적(무허가건축물의 경우에는 기존무허가건축물에 추가된 면적을 말한다.)은 제외한다. 다만, 정관 등이 정하는 바에 따라 재산세과세대장·측량성과 및 물건조서 기준으로 할 수 있다. 〈개정 2005.9.21, 2010.3.3〉
3. 종전 토지 또는 건축물의 소유권은 관리처분계획기준일 현재 부동산등기부에 따르고, 기존무허가건축물인 경우에는 항공촬영판독결과와 재산세과세대장 등 소유자임을 입증하는 자료를 기준으로 하며, 국·공유지는 제1호 단서규정에 따라 인정된 점유연고권자를 기준으로 한다. 〈개정 2005.9.21, 2010.3.3〉

○ **대구시, 대전시, 광주시**

제21조(재개발 및 도시환경정비사업의 관리처분계획기준 등) 법 제48조에 의하여 사업시행자가 수립하는 재개발사업 및 도시환경정비사업의 관리처분계획의 기준은 다음 각 호의 기준에 적합하여야 한다.

1. 종전 토지의 소유면적은 관리처분계획기준일 현재 「측량·수로조사 및 지적

에 관한 법률」 제2조제19호에 따른 소유토지별 지적공부(사업방식이 전환되는 경우에는 환지예정지증명원)에 의할 것. 다만, 재개발구역의 국·공유지 점유자는 관계법령과 정관등이 정하는 바에 따라 점유연고권이 인정되어 그 경계를 기준으로 실시한 지적측량성과를 기준으로 하며, 도시환경정비구역의 국·공유지 점유연고권 인정 기준은 관계법령과 정관 등이 정하는 바에 의한다. 〈개정 2013.3.11 조례 제4479호〉

2. 종전 건축물의 소유면적은 관리처분계획기준일 현재 소유 건축물별 건축물대장을 기준으로 할 것. 다만, 정관등이 정하는 바에 따라 재산세 과세대장 또는 측량성과를 기준으로 할 수 있다. 이 경우 위법하게 건축된 부분의 면적(무허가건축물의 경우에는 기존무허가건축물에 추가된 면적을 말한다.)은 제외한다.
3. 종전 토지 또는 건축물의 소유권은 관리처분계획기준일 현재 부동산 등기부(사업방식이 전환되는 경우에는 환지예정지증명원)에 의하며, 무허가건축물인 경우에는 구청장 또는 관할 읍·면·동장이 발행한 무허가건물확인원 또는 소유자임을 입증하는 자료를 기준으로 하고, 국·공유지는 제1호 단서 규정에 따라 인정된 점유연고권자를 기준으로 한다.

□ 유권해석

주택이 아닌 건축물 소유자에 대한 공동주택 분양대상 여부 및 위법건축물에 대한 종전 건축물 소유면적 산정 시 인정 여부

Q 주택이 아닌 근린생활시설의 경우에는 공동주택 분양받을 수 없는지 여부와 위법하게 증축한 면적도 인정이 되는지?

A 도시정비조례 제24조제1항제3호에 의하면 "분양신청자가 소유하고 있는 권리가액이 분양용 최소 규모 공동주택1가구의 추산액 이상인 자"는 공동주택의 분양대상자로 한다고 정하고 있는바, 이 규정에 해당될 경우에는 공동주택 분양대상이 될 수 있으며, 또한 위법하게 증축된 면적은 동 조례 제23조제3호에 의거 인정할 수 없음(서울시 주거정비과 2006.5.11).

Q 상속의 경우 취득일은 등기원인일인지 아니면 등기접수일인지?

A 상속에 의한 소유권의 취득일은 도시정비조례 제23조제4호에 따라 종전 토지등의 소유권은 부동산등기부에 의하도록 정하고 있으므로 부동산 등기부 등재일(등기접수일)로 보는 것이 타당함(서울시 주거정비과 2006.12.22).

관리처분계획인가 이후 조합원 명의 변경 시 증빙서류의 범위

Q 재개발사업이 완료되어 이전고시를 위해 당초 인가된 관리처분계획에서 명의 변경된 조합원으로 관리처분계획을 변경하고자 하는 경우 명의변경의 증빙서류를 매도자의 인감도장 및 인감증명서를 대신하여 매수자의 취득세 고지서 및 납부영수증, 등기권리증 사본, 분양계약서로 가능한지?

A 재개발사업의 관리처분계획은 종전 토지등의 권리를 새로이 조성된 토지 및 건축시설로 변환시켜 주는 계획으로 도시정비조례 제23조에 규정된 관리처분계획기준 중 종전 토지등의 소유권은 부동산등기부에 의해 분양설계토록 정하고 있는바, 매매 등으로 권리가 변동되는 조합원의 명의변경도 동 규정을 따라야 할 것임(서울시 주거정비과 2004.7.5).

Q 다가구주택을 2003.1.10 다세대주택으로 전환하고, 각 세대 당 대지권등기는 조례시행일 이후에 했을 경우 감정가에 토지 부분이 더해지는지?

A 관리처분계획은 도시정비법 제4조에 의거 정비구역으로 지정되고 동법 제28조에 의한 사업시행인가 이후 구역별로 인가받은 조합정관에 따라 사업시행자가 수립하여 관할 구청장의 인가를 받도록 정하고 있으며, 도시정비조례 제23조에 의거 종전 토지의 소유면적은 관리처분계획기준일 현재 지적공부에 의하며, 1필지의 토지를 수인이 공유지분으로 소유하고 있는 경우에는 부동산등기부의 지분 비율을 기준으로 하도록 규정하고 있음(서울시 주거정비과 2004.6.22).

기존구역과 추가구역의 종전 가액 평가 시점

Q **기존 구역과 추가된 구역이 혼재된 경우 종전 토지 및 건축물의 권리가액 평가시점은?**

A 재개발사업을 위한 분양대상자별 종전 토지 및 건축물의 가격은 도시정비법 제48조제1항제4호에 따라 사업시행인가·고시가 있는 날을 기준으로 한 가격으로 관리처분계획을 수립하도록 정하고 있으므로 추가 편입된 구역과 기존 구역의 감정평가 시점이 동일 구역 안이 다를 경우, 조합원간의 형평성 문제가 제기될 수 있으므로 기존의 구역과 동일한 시점으로 평가하는 것이 바람직함(서울시 주거정비과 2005.8.8).

Q **관리처분계획인가 후 조합원의 권리 변동 등이 발생한 경우에 조합원의 총회 참석 및 의결권 인정이 가능한지?**

A 조합원의 자격에 관한 사항은 인가된 해당 조합정관에서 정한 바에 따라 판단할 안이나 도시정비법 시행령 제30조의 규정에 의하면 조합설립인가 후 양도·증여·판결 등으로 인하여 권리가 이전된 때에는 조합원의 권리를 취득한 자를 조합원으로 본다고 정하고 있는바, 관리처분계획인가 후 조합원의 권리를 취득한 자도 총회의 참석 및 의결권이 인정되는 것임(서울시 주거정비과 2004.10.6).

2필지 상 걸쳐 있는 공동소유 무허가건물의 분양대상

Q **재개발구역 내에서 2인이 공동소유인 기존 무허가건물이 2필지(1인 소유 사유지 및 국유지)상에 걸쳐 있을 경우 각각 분양대상이 되는지?**

A 하나의 주택 또는 한 필지의 토지를 수인이 소유하고 있는 경우에는 수인의 분양신청자를 1인의 분양대상자로 보도록 규정하고 있으나, 토지 또는 건축물별 소유형태 등 구체적인 내용을 파악하여 관리처분계획인가 시 구청장이 판단하여 처리할 사안임(서울시 주거정비과 2004.9.7).

Q 도시정비조례 제24조제2항제5호에 의하면 "하나의 대지범위 안에 속하는 동일인 소유의 토지와 주택을 건축물 준공이후 토지와 주택으로 각각 분리해 소유한 경우에 1인의 분양대상자로 본다."에서 주택이 무허가일 경우에는 준공일이 없는바, 조례시행일 전에 분리하였을 경우 2인의 분양신청자 자격이 되는지?

A 무허가건축물의 경우 준공일이 따로 정해져 있지는 않으나 조례 제2조에 의하면 1981.12.31 현재 무허가건축물대장에 등재된 무허가건축물을 기존 무허가건축물로 정하고 있으므로 1981.12.31을 준공일로 보아야 한다고 판단됨(서울시 주거정비과 2007.5.27).

Q 재개발조합에서 조합원 동·호수 추첨 시 조합원 가운데 소유 물건 매매계약을 체결했을 때 등기이전이 안된 상태에서 매수인의 동·호수 추첨이 가능한지?

A 도시정비조례 제23조에 따라 토지등소유권은 관리처분계획기준일 현재 부동산등기부에 의한다고 정하고 있는바, 부동산등기부에 소유자로서 등재되지 않은 자는 조합원 또는 분양자격을 논할 수가 없음(서울시 FAQ).

재개발에서 가구별 각각 1인을 분양 대상자로 하는지 여부

Q 일반건축물 대장상 허가일자가 1989.1.25, 사용승인 일자가 1989.7.7, 주 용도는 주택으로, 소유자 3인이 지분등기로 되어있으며, 사실상의 다가구주택일 경우, 가구별 각각 1인을 분양 대상자로 하는지?

A 재개발사업의 공동주택 분양대상자(사실상의 다가구주택)와 관련하여 도시정비조례의 기준(다가구주택의 분양기준에 관한 경과조치)에 의하면 1990.4.21 다가구주택 제도 도입이전에 단독주택으로 건축허가를 받아 지분 또는 구분등기를 필한 사실상의 다구구주택은 건축허가 받은 가구 수에 한하여 가구별 각각 1인을 분양대상자로 하나, 재개발사업의 공동주택 분양대상자의 최종적인 결정은 해당 조합정관에 의한 관리처분계획인가에 따라 결정되므로 사실상의 다가구주택 여부, 등기 필한 시점 등 분양대상자 여부에 대한 내용은 조합정관 및 관리처분 인가권자인 해당구청장의 안내를 받아야 함(서울시 주거정비과 2007.12.7).

Q 도시정비법에 의한 재개발조합에 있어 1개의 건물 및 토지를 3명의 조합원이 공유로 가지고 있는 상태에서 2명은 분양신청을 하였으나, 1명은 부득이한 사유로 분양신청을 하지 않았을 때, 분양신청을 한 2명에게 분양권(1개)을 주어야 하는지, 3명 모두 청산대상인지?

A 재개발조합 표준정관 제9조제4항에 '토지 또는 건축물의 소유권과 지상권이 수인의 공유에 속하는 때에는 그 수인을 대표하는 1인을 조합원으로 본다.'고 하였고, 이 경우 그 수인은 대표자 1인을 대표조합원으로 지정하고 '대표조합원 선임동의서'를 작성하여 조합에 신고하여야 하며, 조합원으로서의 법률행위는 대표조합원이 행한다고 정함. 따라서 질의 내용의 3인의 공유자는 우선 대표자 1인을 대표조합원으로 지정하고 '대표조합원 선임동의서'를 작성하여 조합에 신고하여야 하며, 아울러 대표조합원이 아닌 3인의 공유자 중 2인의 공유자가 조합원으로서의 분양신청 등의 법률행위는 행할 수 없는 것임(서울시 주거정비과 2007.5.18).

조례 제27조(재개발사업의 분양대상 등)

법 제48조제7항, 영 제52조제1항제3호

재개발사업의 분양대상 등

재개발·도시환경정비사업으로 건립되는 공동주택의 분양대상자는 관리처분계획기준일 현재를 기준으로 하는 본조에 해당하는 토지등소유자이다. 이에 해당하지 않는 토지등소유자는 현금청산조합원으로 구별된다.

▢ 개정 연혁

▸ 도시재개발사업조례[서울시조례]

제27조(재개발사업의 분양대상) ① 대지 및 건축시설 중 공동주택의 분양대상자는 법 제33조제2항에 의한 분양신청자 중 관리처분계획기준일 현재 다음 각 호의 1에 해당하는 자이어야 한다.

1. 분양신청자가 소유하고 있는 종전의 토지 및 건축물의 총가액(영 제40조제1항에 의한 가격을 말하며, 이하 "종전가액") 중 다음 각 목에 해당하는 가액을 제외한 가액(이하 "권리가액")이 당해 사업시행구역의 분양예정대지 및 건축시설 중 분양용 최소규모 공동주택 1세대의 추산액(제26조제4호에 의한 지분대지 가격을 포함한 공동주택가격을 말한다.) 이상인 자. 이 경우 점유연고권이 인정되어 당해 점유자에게 불하되었거나 불하예정인 국공유지 면적에 해당하는 가격은 권리가액에 포함한다.

가. 건축법 제2조제1호에 의한 하나의 대지범위에 속하는 토지가 수필지이거나 그 대지 범위 안에 수개의 건축물이 있는 경우로서 구역지정·고시일(당해 토지등에 대하여 법 제4조제3항제2호 내용을 최초로 결정·고시한 날을 말한다.) 후에 그 토지의 일부를 취득(수필지 중 1필지 이상을 필지단위로 취득하였거나 필지의 일부를 공유지분으로 취득한 것을

모두 포함한다.)하였거나, 그 건축물의 일부를 취득(수동의 건축물중 1동 이상을 취득 하였거나 1동의 건축물 일부를 공유지분으로 취득한 것을 모두 포함한다.)한 경우 그 해당 가액

나. 하나의 건축물이 하나의 대지범위에 속하는 토지를 점유하고 있는 경우로서 구역지정·고시일 후에 그 건축물과 토지를 분리하여 취득하거나, 그 건축물 또는 토지의 일부를 취득한 경우 그 해당가액

다. 지적법 제2조제3호에 의한 1필지의 토지를 구역지정·고시일 후에 분할 취득 또는 공유지분으로 취득한 경우 그 해당가액

라. 신발생무허가건축물의 경우 그 해당가액

2. 분양신청자가 소유하고 있는 종전토지의 총면적(제1호 본문후단에 의한 국공유지 면적을 포함한다.) 중 제1호 가목 내지 다목의 경우로 취득한 토지 면적을 제외한 잔여소유 토지면적이 서울시 건축조례 제25조제1호의 규모 이상인 자. 다만, 구역지정·고시일 이전에 분할된 1필지 토지로서 그 면적이 20㎡ 이상 토지(다만, 지목이 도로이며 도로로 이용되고 있는 경우는 제외한다.)의 소유자는 사업시행고시일 후부터 법 제38조제2항에 의한 공사완료·공고일 기간 동안 분양신청자를 포함한 세대원(세대주 및 세대주와 동일한 세대별 주민등록표상에 등재되어 있지 아니한 세대주의 배우자 및 배우자와 동일한 세대를 이루고 있는 세대원을 포함한다.) 전원이 주택을 소유하고 있지 아니한 경우에 한하여 분양대상자로 한다. 이 경우 주택소유 여부에 관하여 필요한 사항은 「주택공급에 관한 규칙」 제6조제3항을 준용하며, 분양 받을 권리를 양도받은 자의 경우에는 권리양수일(제27조제3항의 부동산 등기부상 접수일자)부터 공사완료·공고일 기간 동안 양도받은 자를 포함한 세대원 전원이 주택을 소유하고 있지 아니하여야 한다. 〈개정 2000.9.25〉

3. 종전의 건축물 중 주택(사실상 주거용으로 사용되고 있는 건축물을 포함한다.)을 소유한 자. 다만, 그 주택이 제1호 가목, 나목 또는 라목에 해당하는 경우에는 그러하지 아니하다.

② 다음 각 목의 1에 해당하는 경우에는 수인의 분양신청자를 1인의 분양대상자로 본다.

가. 수인의 분양신청자가 하나의 세대(세대주와 동일한 세대별 주민등록표상에 등재되어 있지 아니한 세대주의 배우자 및 배우자와 동일한 세대를 이루고 있는 세대원을 포함한다.)인 경우

나. 제1항제3호에 의한 하나의 주택을 수인이 소유하고 있는 경우

다. 제1항 각 호에 의한 분양대상기준에 합당하게 수인의 토지등의 소유자가 함께 분양신청한 경우

라. 제1항제1호 각 목(제1항제2호 및 제3호에서 준용되는 경우를 포함한다.)에 따라 분양대상에서 제외된 자로서 구역지정·고시일 이전의 권리유형 및 규모를 기준으로 함으로써 그 권리가 제1항 각 호의 분양대상에 합당하여 당해 토지등의 소유자 수인이 함께 분양신청한 경우

③ 제1항제1호 가목 내지 다목의 규정 중 취득의 범위는 구역지정·고시일 이전에 이미 일부취득된 소유권을 규모나 유형의 변동 없이 단순이전 되는 경우를 제외하며, 토지 또는 건축물의 취득일은 부동산등기부상의 접수일자를 기준으로 한다. 〈개정 2000.5.20〉

④ 제20조에 의하여 확보된 임대주택부지(법 제8조에 의한 시행자가 시행하는 경우에 한한다.)에 건설하는 임대주택에 대한 건설, 입주대상, 임대 및 관리에 관하여는 규칙이 정하는 바에 의한다. 〈개정 1998.11.20〉

⑤ 상가 부대·복리시설 : 생략

▸ 도시정비조례[서울시조례 제4167호, 2003.12.30, 제정]

제24조(재개발사업의 분양대상 등) ① 영 제52조제1항제3호에 의하여 재개발사업으로 건립되는 공동주택의 분양대상자는 관리처분계획기준일 현재 다음 각 호의 1에 해당하는 토지등소유자로 한다.

1. 종전의 건축물 중 주택(기존무허가건축물 및 사실상 주거용으로 사용되고 있는 건축물을 포함한다.)을 소유한 자
2. 분양신청자가 소유하고 있는 종전토지의 총면적이 서울시 건축조례(이하 "건축조례"라 한다.) 제25조제1호의 규모 이상인 자. 다만, 이 조례 시행일 전에 분할된 1필지의 토지로서 그 면적이 30㎡ 이상인 토지(지목이 도로이며 도로로 이용되고 있는 토지를 제외한다.)의 소유자는 법 제28조에 의한

사업시행인가·고시일 이후부터 법 제52조제3항에 의한 공사완료·고시일까지 분양신청자를 포함한 세대원(세대주 및 세대주와 동일한 세대별 주민등록표상에 등재되어 있지 아니한 세대주의 배우자 및 배우자와 동일한 세대를 이루고 있는 세대원을 포함한다.) 전원이 주택을 소유하고 있지 아니한 경우에 한하여 분양대상자로 한다.

3. 분양신청자가 소유하고 있는 권리가액이 분양용 최소규모 공동주택 1가구의 추산액 이상인 자
4. 사업시행방식전환의 경우에는 전환되기 전의 사업방식에 의하여 환지를 지정받은 자. 이 경우 제1호 내지 제3호의 규정은 적용하지 아니할 수 있다.

② 다음 각 호의 1에 해당하는 경우에는 수인의 분양신청자를 1인의 분양대상자로 본다.

1. 단독주택 또는 다가구주택이 건축물준공 이후 다세대주택으로 전환된 경우
2. 관리처분계획기준일 현재 수인의 분양신청자가 하나의 세대인 경우. 이 경우 세대주와 동일한 세대별 주민등록표상에 등재되어 있지 아니한 세대주의 배우자 및 배우자와 동일한 세대를 이루고 있는 세대원을 포함한다.
3. 하나의 주택 또는 한 필지의 토지를 수인이 소유하고 있는 경우.
4. 이 조례 시행일 이후 한 필지의 토지를 수개의 필지로 분할한 경우
5. 하나의 대지범위 안에 속하는 동일인 소유의 토지와 주택을 건축물 준공이후 토지와 주택으로 각각 분리하여 소유한 경우. 다만 이 조례 시행일 전부터 공유지분으로 소유한 토지의 지분면적이 건축조례 제25조제1호에 의한 규모 이상인 자는 그러하지 아니하다.

③ 제1항제2호의 종전토지의 총면적 및 제1항제3호의 권리가액을 산정함에 있어 다음 각 호의 1에 해당 하는 토지는 포함하지 아니한다.

1. 건축법 제2조제1호에 의한 하나의 대지범위 안에 속하는 토지가 여러 필지인 경우 이 조례 시행일 이후에 그 토지의 일부를 취득하였거나 공유지분으로 취득한 토지
2. 하나의 건축물이 하나의 대지범위 안에 속하는 토지를 점유하고 있는 경우로서 이 조례 시행일 이후 그 건축물과 분리하여 취득한 토지
3. 1필지의 토지를 이 조례 시행일 이후 분할 취득하거나 공유지분으로 취득한

토지

④ 제1항 내지 제3항에 불구하고 사업시행방식전환의 경우에는 환지면적의 크기, 공동환지 여부에 관계없이 환지를 지정받은 자 전부를 각각 분양대상자로 할 수 있다.

부 칙 〈제4167호, 2003.12.30〉

제1조(시행일) 이 조례는 공포한 날부터 시행한다.

제5조(분양대상기준의 경과조치) 제24조제2항제1호에 불구하고 이 조례 시행 전에 단독 또는 다가구주택을 다세대주택으로 전환하여 구분등기를 완료한 주택에 대하여는 전용면적 60㎡ 이하의 주택을 공급하거나 정비구역안의 임대주택을 공급할 수 있으며, 다세대주택의 주거전용총면적이 60㎡를 초과하는 경우에는 종전 관련조례의 규정에 의한다. 단, 하나의 다세대전환주택을 공유지분으로 소유하고 있는 경우에는 주거전용 총면적에 포함시키지 아니하며 전용면적 85㎡ 이하 주택을 분양신청 조합원에게 배정하고 잔여분이 있는 경우, 전용면적 60㎡ 이하 주택 배정조합원의 상향요청이 있을 시에는 권리가액 다액 순으로 추가 배정할 수 있다.

제8조(재개발사업 분양대상 기준에 관한 경과 조치) 이 조례 시행 당시 종전 도시재개발법 제4조에 의하여 재개발구역으로 지정된 정비구역(정비계획이 수립되지 않은 정비구역은 제외한다.)의 경우 제24조에 불구하고 구역지정·고시일을 이 조례 시행일로 보며 제24조제1항제2호 단서 규정의 30㎡를 20㎡로 한다.

➡ 재개발·도시환경정비사업의 공동주택 분양대상자의 자격을 정하였다.

- 종전의 건축물 중 주택을 소유한 자
- 토지면적 90㎡ 이상의 소유자
- 분양용 최소규모 공동주택 1가구의 추산액 이상인 자

▸ [서울시조례 제4359호, 2006.1.1, 일부개정]

"이 조례 시행일" 대신에 조례가 공포, 시행된 구체적인 날짜인 "2003.12.30"로 대체하였다.

부 칙 〈2006.1.1〉

① (시행일) 이 조례는 공포한 날부터 시행한다.

▶ **[서울시조례 제4657호, 2008.7.30, 일부개정]**

제24조(재개발사업의 분양대상 등) ① 영 제52조제1항제3호에 의하여 재개발사업으로 건립되는 공동주택의 분양대상자는 관리처분계획기준일 현재 다음 각 호의 1에 해당하는 토지등소유자로 한다.

1. 종전의 건축물 중 주택(기존무허가건축물로서 사실상 주거용으로 사용되고 있는 건축물을 포함한다.)을 소유한 자 〈개정 2008.7.30〉
2. 분양신청자가 소유하고 있는 종전토지의 총면적이 서울시 건축조례 제25조제1호의 규모 이상인 자. 다만, 2003.12.30 전에 분할된 1필지의 토지로서 그 면적이 30㎡ 이상인 토지(지목이 도로이며 도로로 이용되고 있는 토지를 제외한다.)의 소유자는 법 제28조에 의한 사업시행인가·고시일 이후부터 법 제52조제3항에 의한 공사완료·고시일까지 분양신청자를 포함한 세대원(세대주 및 세대주와 동일한 세대별 주민등록표상에 등재되어 있지 아니한 세대주의 배우자 및 배우자와 동일한 세대를 이루고 있는 세대원을 포함한다.) 전원이 주택을 소유하고 있지 아니한 경우에 한하여 분양대상자로 한다. 〈개정 2006.1.1〉
3. 분양신청자가 소유하고 있는 권리가액이 분양용 최소규모 공동주택 1가구의 추산액 이상인 자
4. 사업시행방식전환의 경우에는 전환되기 전의 사업방식에 의하여 환지를 지정받은 자. 이 경우 제1호 내지 제3호의 규정은 적용하지 아니할 수 있다.
5. 「재정비특별법」 제11조제4항에 따라 재정비촉진계획에 의하여 기반시설을 설치하게 되는 경우로서 종전의 주택(사실상 주거용으로 사용되고 있는 건축물을 포함한다.)에 관한 보상을 받은 자 〈신설 2008.7.30〉

② 다음 각 호의 1에 해당하는 경우에는 수인의 분양신청자를 1인의 분양대상자로 본다.

1. 단독주택 또는 다가구주택이 건축물준공 이후 다세대주택으로 전환된 경우

2. 관리처분계획기준일 현재 수인의 분양신청자가 하나의 세대인 경우. 이 경우 세대주와 동일한 세대별 주민등록표상에 등재되어 있지 아니한 세대주의 배우자 및 배우자와 동일한 세대를 이루고 있는 세대원을 포함한다.
3. 하나의 주택 또는 한 필지의 토지를 수인이 소유하고 있는 경우. 다만 2003.12.30 전부터 공유지분으로 소유한 토지의 지분면적이 건축조례 제25조제1호에 의한 규모 이상인 자는 그러하지 아니하다. 〈개정 2006.1.1〉
4. 2003.12.30 이후 한 필지의 토지를 수개의 필지로 분할한 경우 〈개정 2006.1.1〉
5. 하나의 대지범위 안에 속하는 동일인 소유의 토지와 주택을 건축물 준공이후 토지와 주택으로 각각 분리하여 소유한 경우. 다만, 2003.12.30 전에 토지와 주택으로 각각 분리하여 소유한 경우로서 토지의 규모가 건축조례 제25조제1호의 규정에 의한 규모 이상인 경우에는 그러하지 아니하다. 〈개정 2006.1.1〉
6. 단독주택 또는 비주거용건축물을 공동주택으로 신축한 경우(기존의 공동주택을 세대수를 늘려 신축한 경우를 포함한다). 다만, 해당 공동주택의 주거전용면적이 당해 정비사업으로 건립되는 분양용 공동주택의 최소 주거전용면적 이상인 경우에는 그러하지 아니하다. 〈개정 2008.7.30〉

③ 제1항제2호 종전토지의 총면적 및 제1항제3호의 권리가액을 산정함에 있어 다음 각 호의 1에 해당하는 토지는 포함하지 아니한다. 〈개정 2005.3.17〉

1. 건축법 제2조제1항제1호에 의한 하나의 대지범위 안에 속하는 토지가 여러 필지인 경우 200312.30 이후에 그 토지의 일부를 취득하였거나 공유지분으로 취득한 토지 〈개정 2006.1.1〉
2. 하나의 건축물이 하나의 대지범위 안에 속하는 토지를 점유하고 있는 경우로서 2003.12.30 이후 그 건축물과 분리하여 취득한 토지 〈개정 2006.1.1〉
3. 1필지의 토지를 2003.12.30 이후 분할 취득하거나 공유지분으로 취득한 토지 〈개정 2006.1.1〉

④ 제1항 내지 제3항에 불구하고 사업시행방식전환의 경우에는 환지면적의 크기, 공동환지 여부에 관계없이 환지를 지정받은 자 전부를 각각 분양대상자로 할 수 있다.

부 칙 〈2008.7.30〉

제1조(시행일) 이 조례는 공포한 날부터 시행한다.

제2조(사실상 주거용으로 사용되고 있는 건축물에 관한 경과조치) 이 조례 개정 전 종전의 제24조제1항제1호에 따른 "사실상 주거용으로 사용되고 있는 건축물"로서 이 조례 시행 전에 법 제4조제1항에 따른 정비계획을 주민에게 공람한 지역의 분양신청자와 이 외 지역에서 법 제4조제3항에 의한 정비구역 지정·고시일부터 법 제46조제1항에 의한 분양신청기간이 만료되는 날까지 세대원 전원이 주택을 소유하고 있지 아니한 분양신청자는 종전의 규정에 의한다.

제3조(분양대상 등에 관한 경과조치) 제24조제2항제6호의 개정규정은 이 조례 시행 후 최초로 건축허가를 신청하는 분부터 적용한다.

➡ 재개발사업의 분양권 제한 및 사실상 주거용도로 사용되고 있는 건축물에 대한 경과조치를 두었다.

- 종전 규정에 따른 "사실상 주거용으로 사용되고 있는 건축물"로서 이 조례 시행 전에 정비계획을 주민에게 공람한 지역의 분양신청자와 그 외의 지역 중 정비구역 지정·고시일부터 분양신청기간이 만료되는 날까지 세대원 전원이 주택을 소유하고 있지 아니한 분양신청자는 종전 규정에 의하도록 하였다.

▸ [서울시조례 제4824호, 2009.7.30, 일부개정]

제27조(재개발사업의 분양대상 등) ① 영 제52조제1항제3호에 따라 재개발사업으로 건립되는 공동주택의 분양대상자는 관리처분계획기준일 현재 다음 각 호의 어느 하나에 해당하는 토지등소유자로 한다. 〈개정 2009.7.30〉

1. 종전의 건축물 중 주택(기존무허가건축물로서 사실상 주거용으로 사용되고 있는 건축물을 포함한다.)을 소유한 자 〈개정 2009.7.30〉
2. 분양신청자가 소유하고 있는 종전토지의 총면적이 건축조례 제25조제1호의 규모 이상인 자. 다만, 2003.12.30 전에 분할된 1필지의 토지로서 그 면적이 30㎡ 이상인 토지(지목이 도로이며 도로로 이용되고 있는 토지를 제외한다.)의 소유자는 법 제28조에 따른 사업시행인가·고시일 이후부터 법 제52조제3항에 따른 공사완료·고시일까지 분양신청자를 포함한 세대원(이 경

우 동일한 세대별 주민등록표 상에 등재되어 있지 아니한 배우자 및 미혼인 20세 미만의 직계비속은 1세대로 보며, 1세대로 구성된 수인의 토지등 소유자가 조합설립인가 후 세대를 분리하여 동일한 세대에 속하지 아니하는 때에도 이혼 및 20세 이상 자녀의 분가를 제외하고는 1세대로 본다.) 전원이 주택을 소유하고 있지 아니한 경우에 한하여 분양대상자로 한다. 〈개정 2009.7.30〉

3. 분양신청자가 소유하고 있는 권리가액이 분양용 최소규모 공동주택 1가구의 추산액 이상인 자 〈개정 2009.7.30〉
4. 사업시행방식전환의 경우에는 전환되기 전의 사업방식에 따라 환지를 지정받은 자. 이 경우 제1호부터 제3호까지 규정은 적용하지 아니할 수 있다. 〈개정 2009.7.30〉
5. 「재정비특별법」 제11조제4항에 따라 재정비촉진계획에 따라 기반시설을 설치하게 되는 경우로서 종전의 주택(사실상 주거용으로 사용되고 있는 건축물을 포함한다.)에 관한 보상을 받은 자 〈개정 2009.7.30〉

② 제1항에 불구하고 다음 각 호의 어느 하나에 해당하는 경우에는 수인의 분양신청자를 1인의 분양대상자로 본다. 〈개정 2009.7.30〉

1. 단독주택 또는 다가구주택이 건축물준공 이후 다세대주택으로 전환된 경우 〈개정 2009.7.30〉
2. 관리처분계획기준일 현재 수인의 분양신청자가 하나의 세대인 경우. 이 경우 동일한 세대별 주민등록표 상에 등재되어 있지 아니한 배우자 및 미혼인 20세 미만의 직계비속은 1세대로 보며, 1세대로 구성된 수인의 토지등 소유자가 조합설립인가 후 세대를 분리하여 동일한 세대에 속하지 아니하는 때에도 이혼 및 20세 이상 자녀의 분가를 제외하고는 1세대로 보고, 권리가액은 세대원 전원의 가액을 합산하여 산정한다. 〈개정 2009.7.30〉
3. 하나의 주택 또는 한 필지의 토지를 수인이 소유하고 있는 경우. 다만, 2003.12.30 전부터 공유지분으로 소유한 토지의 지분면적이 건축조례 제25조제1호에 따른 규모 이상인 자는 그러하지 아니하다. 〈개정 2009.7.30〉
4. 2003.12.30 이후 한 필지의 토지를 수개의 필지로 분할한 경우 〈개정 2009.7.30〉

5. 하나의 대지범위 안에 속하는 동일인 소유의 토지와 주택을 건축물 준공이후 토지와 주택으로 각각 분리하여 소유한 경우. 다만, 2003.12.30 전에 토지와 주택으로 각각 분리하여 소유한 경우로서 토지의 규모가 건축조례 제25조제1호에 따른 규모 이상인 경우에는 그러하지 아니하다. 〈개정 2009.7.30〉
6. 단독주택 또는 비주거용건축물을 공동주택으로 신축한 경우(기존의 공동주택을 세대수를 늘려 신축한 경우를 포함한다). 다만, 신축한 공동주택의 주거전용면적이 해당 정비사업으로 건립되는 분양용 공동주택의 최소 주거전용면적 이상인 경우에는 그러하지 아니하다. 〈개정 2008.7.30, 2009.7.30〉

③ 제1항제2호의 종전 토지의 총면적 및 제1항제3호의 권리가액을 산정함에 있어 다음 각 호의 어느 하나에 해당하는 토지는 포함하지 아니한다. 〈개정 2009.7.30〉

1. 「건축법」 제2조제1항제1호에 따른 하나의 대지범위 안에 속하는 토지가 여러 필지인 경우 2003.12.30 이후에 그 토지의 일부를 취득하였거나 공유지분으로 취득한 토지 〈개정 2009.7.30〉
2. 하나의 건축물이 하나의 대지범위 안에 속하는 토지를 점유하고 있는 경우로서 2003.12.30 이후 그 건축물과 분리하여 취득한 토지 〈개정 2009.7.30〉
3. 1필지의 토지를 2003.12.30 이후 분할 취득하거나 공유지분으로 취득한 토지 〈개정 2009.7.30〉

④ 제1항부터 제3항까지 규정에 불구하고 사업시행방식전환의 경우에는 환지면적의 크기, 공동환지 여부에 관계없이 환지를 지정받은 자 전부를 각각 분양대상자로 할 수 있다. 〈개정 2009.7.30〉

부 칙 〈2009.7.30〉

제1조(시행일) 이 조례는 공포한 날부터 시행한다.

제3조(다세대주택으로 전환된 주택의 분양기준에 관한 경과조치 등) ① 제27조제2항제1호 및 제28조제2항제1호에 불구하고 1997.1.15 전에 가구별로 지분 또는 구분소유등기를 필한 다가구주택이 건축허가 받은 가구 수의 증가 없이 다세대주택으로 전환된 경우에는 가구별 각각 1인을 분양대상자로 한다.

② 제1항의 개정규정은 이 조례 시행 당시 최초로 사업시행인가를 신청하는 분부터 적용한다.

제4조(세대의 기준변경에 따른 경과조치) ① 제27조제1항 및 제2항에 따라 개정된 세대의 기준은 2009.8.7 이후 최초로 조합설립인가를 얻은 분부터 적용한다.

② 이 조례 시행 당시 종전의 규정에 따른 조합설립인가 신청 분은 제27조제1항 및 제2항 개정규정에도 불구하고 종전의 규정에 따른다.

➡ 2009.7.30 제10조(재건축사업의 주택규모 및 건설비율), 제19조(정비구역 분할 및 결합 시행방법 등), 제20조(재건축소형주택 건설비율 및 용도)가 신설됨에 따라 기존의 제24조가 제27조로 바뀌었다.

▸ [서울시조례 제5007호, 2010.7.15, 일부개정]

제27조(재개발사업의 분양대상 등) ① 영 제52조제1항제3호에 따라 재개발사업으로 건립되는 공동주택의 분양대상자는 관리처분계획기준일 현재 다음 각 호의 어느 하나에 해당하는 토지등소유자로 한다. 〈개정 2009.7.30〉

1. 종전의 건축물 중 주택(기존무허가건축물로서 사실상 주거용으로 사용되고 있는 건축물을 포함한다.)을 소유한 자 〈개정 2009.7.30〉
2. 분양신청자가 소유하고 있는 종전토지의 총면적이 90㎡ 이상인 자. ~~다만, 2003.12.30 전에 분할된 1필지의 토지로서 그 면적이 30㎡ 이상인 토지(지목이 도로이며 도로로 이용되고 있는 토지를 제외한다.)의 소유자는 법 제28조에 따른 사업시행인가·고시일 이후부터 법 제52조제3항에 따른 공사완료·고시일까지 분양신청자를 포함한 세대원(이 경우 동일한 세대별 주민등록표 상에 등재되어 있지 아니한 배우자 및 미혼인 20세 미만의 직계비속은 1세대로 보며, 1세대로 구성된 수인의 토지등소유자가 조합설립인가 후 세대를 분리하여 동일한 세대에 속하지 아니하는 때에도 이혼 및 20세 이상 자녀의 분가를 제외하고는 1세대로 본다.) 전원이 주택을 소유하고 있지 아니한 경우에 한하여 분양대상자로 한다.~~ 〈개정 2009.7.30, 2010. 3.2, 2010.7.15〉
3. 분양신청자가 소유하고 있는 권리가액이 분양용 최소규모 공동주택 1가구의

추산액 이상인 자. 다만, 분양신청자가 동일한 세대인 경우의 권리가액은 세대원 전원의 가액을 합산하여 산정할 수 있다. 〈개정 2009.7.30〉〈단서신설 2010.7.15〉

4. 사업시행방식전환의 경우에는 전환되기 전의 사업방식에 따라 환지를 지정받은 자. 이 경우 제1호부터 제3호까지 규정은 적용하지 아니할 수 있다. 〈개정 2009.7.30〉

5. 「재정비특별법」 제11조제4항에 따라 재정비촉진계획에 따라 기반시설을 설치하게 되는 경우로서 종전의 주택(사실상 주거용으로 사용되고 있는 건축물을 포함한다.)에 관한 보상을 받은 자 〈개정 2009.7.30〉

② 제1항에도 불구하고 다음 각 호의 어느 하나에 해당하는 경우에는 수인의 분양신청자를 1인의 분양대상자로 본다. 〈개정 2009.7.30, 2010.7.15〉

1. 단독주택 또는 다가구주택을 권리산정기준일 후 다세대주택으로 전환한 경우 〈개정 2009.7.30, 2010.7.15〉
2. 법 제19조제1항제2호에 따라 수인의 분양신청자가 1세대에 속하는 때 〈개정 2009.7.30, 2010.7.15〉

~~관리처분계획기준일 현재 수인의 분양신청자가 하나의 세대인 경우. 이 경우 동일한 세대별 주민등록표 상에 등재되어 있지 아니한 배우자 및 미혼인 20세 미만의 직계비속은 1세대로 보며, 1세대로 구성된 수인의 토지등소유자가 조합설립인가 후 세대를 분리하여 동일한 세대에 속하지 아니하는 때에도 이혼 및 20세 이상 자녀의 분가를 제외하고는 1세대로 보고, 권리가액은 세대원 전원의 가액을 합산하여 산정한다. 〈개정 2009.7.30〉~~

3. 1주택 또는 1필지의 토지를 수인이 소유하고 있는 경우. 다만, 권리산정기준일 이전부터 공유로 소유한 토지의 지분면적이 90㎡ 이상인 자는 그러하지 아니하다. 〈개정 2009.7.30, 2010.7.15〉
4. 1필지의 토지를 권리산정기준일 후 수개의 필지로 분할한 경우 〈개정 2009.7.30, 2010.7.15〉
5. 하나의 대지범위 안에 속하는 동일인 소유의 토지와 주택을 건축물 준공 이후 토지와 건축물로 각각 분리하여 소유하는 경우. 다만, 권리산정기준일 이전부터 소유한 토지의 면적이 90㎡ 이상인 자는 그러하지 아니한다. 〈개

정 2009.7.30, 2010.7.15〉

6. 권리산정기준일 후 나대지에 건축물을 새로이 건축하거나 기존 건축물을 철거하고 다세대주택, 그 밖에 공동주택을 건축하여 토지등소유자가 증가되는 경우 〈개정 2008.7.30, 2009.7.30, 2010.7.15〉

③ 제1항제2호의 종전 토지의 총면적 및 제1항제3호의 권리가액을 산정함에 있어 다음 각 호의 어느 하나에 해당하는 토지는 포함하지 아니한다. 〈개정 2009.7.30〉

1. 「건축법」 제2조제1항제1호에 따른 하나의 대지범위 안에 속하는 토지가 여러 필지인 경우 권리산정기준일 후에 그 토지의 일부를 취득하였거나 공유지분으로 취득한 토지 〈개정 2009.7.30, 2010.7.15〉
2. 하나의 건축물이 하나의 대지범위 안에 속하는 토지를 점유하고 있는 경우로서 권리산정기준일 후 그 건축물과 분리하여 취득한 토지 〈개정 2009.7.30, 2010.7.15〉
3. 1필지의 토지를 권리산정기준일 후 분할하여 취득하거나 공유로 취득한 토지 〈개정 2009.7.30, 2010.7.15〉

④ 제1항부터 제3항까지 규정에 불구하고 사업시행방식전환의 경우에는 환지면적의 크기, 공동환지 여부에 관계없이 환지를 지정받은 자 전부를 각각 분양대상자로 할 수 있다. 〈개정 2009.7.30〉

부 칙 〈제5007호, 2010.7.15〉

제1조(시행일) 이 조례는 2010.7.16부터 시행한다.

제3조(권리산정기준일에 관한 적용례 및 경과조치) ① 제27조 및 제28조 개정규정은 최초로 기본계획(정비예정구역에 신규로 편입지역 포함)을 수립하는 분부터 적용한다.

② 이 조례 시행 전에 기본계획이 수립되어 있는 지역 및 지구단위계획이 결정·고시된 지역은 종전규정(제27조 및 제28조)에 따른다.

➡ 정비기본계획상 정비예정구역 등에 관계없이 특정한 날을 주택 등 건축물의 분양받을 권리산정기준일로 정하고 있어 이를 기본계획수립 후 정비구역 지정 전 시장이 따로 정하는 날로 정하였다.

또한 권리산정기준일 규정인 신설됨에 따라(법 제50조의2, 2009.2.6 개정으로 신설), 제2항 조문 중 일부가 권리산정기준일로 변경되었다.

▶ **[서울시조례 제5102호, 2011.5.26, 일부개정]**

제27조(재개발사업의 분양대상 등) ① 영 제52조제1항제3호에 따라 재개발사업으로 건립되는 공동주택의 분양대상자는 관리처분계획기준일 현재 다음 각 호의 어느 하나에 해당하는 토지등소유자로 한다. 〈개정 2009.7.30〉

1. 종전의 건축물 중 주택(주거용으로 사용하고 있는 특정무허가건축물 중 조합정관 등에서 정한 건축물을 포함한다.)을 소유한 자 〈개정 2009.7.30, 2011.5.26〉
2. 분양신청자가 소유하고 있는 종전토지의 총면적이 90㎡ 이상인 자 〈개정 2009.7.30, 2010.3.2, 2010.7.15〉
3. 분양신청자가 소유하고 있는 권리가액이 분양용 최소규모 공동주택 1가구의 추산액 이상인 자. 다만, 분양신청자가 동일한 세대인 경우의 권리가액은 세대원 전원의 가액을 합산하여 산정할 수 있다. 〈개정 2009.7.30〉〈단서신설 2010.7.15〉
4. 사업시행방식전환의 경우에는 전환되기 전의 사업방식에 따라 환지를 지정받은 자. 이 경우 제1호부터 제3호까지 규정은 적용하지 아니할 수 있다. 〈개정 2009.7.30〉
5. 「재정비특별법」 제11조제4항에 따라 재정비촉진계획에 따라 기반시설을 설치하게 되는 경우로서 종전의 주택(사실상 주거용으로 사용되고 있는 건축물을 포함한다.)에 관한 보상을 받은 자 〈개정 2009.7.30〉

② 제1항에도 불구하고 다음 각 호의 어느 하나에 해당하는 경우에는 수인의 분양신청자를 1인의 분양대상자로 본다. 〈개정 2009.7.30, 2010.7.15〉

1. 단독주택 또는 다가구주택을 권리산정기준일 후 다세대주택으로 전환한 경우 〈개정 2009.7.30, 2010.7.15〉
2. 법 제19조제1항제2호에 따라 수인의 분양신청자가 1세대에 속하는 때 〈개정 2009.7.30, 2010.7.15〉

3. 1주택 또는 1필지의 토지를 수인이 소유하고 있는 경우. 다만, 권리산정기준일 이전부터 공유로 소유한 토지의 지분면적이 90㎡ 이상인 자는 그러하지 아니하다. 〈개정 2009.7.30, 2010.7.15〉
4. 1필지의 토지를 권리산정기준일 후 수개의 필지로 분할한 경우 〈개정 2009.7.30, 2010.7.15〉
5. 하나의 대지범위 안에 속하는 동일인 소유의 토지와 주택을 건축물 준공 이후 토지와 건축물로 각각 분리하여 소유하는 경우. 다만, 권리산정기준일 이전부터 소유한 토지의 면적이 90㎡ 이상인 자는 그러하지 아니한다. 〈개정 2009.7.30, 2010.7.15〉
6. 권리산정기준일 후 나대지에 건축물을 새로이 건축하거나 기존 건축물을 철거하고 다세대주택, 그 밖에 공동주택을 건축하여 토지등소유자가 증가되는 경우 〈개정 2008.7.30, 2009.7.30, 2010.7.15〉

③ 제1항제2호의 종전 토지의 총면적 및 제1항제3호의 권리가액을 산정함에 있어 다음 각 호의 어느 하나에 해당하는 토지는 포함하지 아니한다. 〈개정 2009.7.30〉

1. 「건축법」 제2조제1항제1호에 따른 하나의 대지범위 안에 속하는 토지가 여러 필지인 경우 권리산정기준일 후에 그 토지의 일부를 취득하였거나 공유지분으로 취득한 토지 〈개정 2009.7.30, 2010.7.15〉
2. 하나의 건축물이 하나의 대지범위 안에 속하는 토지를 점유하고 있는 경우로서 권리산정기준일 후 그 건축물과 분리하여 취득한 토지 〈개정 2009.7.30, 2010.7.15〉
3. 1필지의 토지를 권리산정기준일 후 분할하여 취득하거나 공유로 취득한 토지 〈개정 2009.7.30, 2010.7.15〉

④ 제1항부터 제3항까지 규정에 불구하고 사업시행방식전환의 경우에는 환지면적의 크기, 공동환지 여부에 관계없이 환지를 지정받은 자 전부를 각각 분양대상자로 할 수 있다. 〈개정 2009.7.30〉

부 칙 〈제5102호, 2011.5.26〉

제1조 (시행일) 이 조례는 공포한 날부터 시행한다.

제2조(특정무허가건축물의 정의 및 재개발사업의 분양대상 등에 관한 적용례) 제2조제1호 및 제27조제1항제1호의 개정규정은 이 조례 시행 후 최초로 영 제11조제1항에 따라 주민공람을 하는 분부터 적용한다.

➡ 특정무허가건축물 소유자의 조합원 자격과 재개발사업의 분양자격은 조합정관 등으로 정하도록 하였다.

▸ [서울시조례 제5007호, 2010.7.15, 일부개정]

제27조(재개발사업의 분양대상 등) ① 영 제52조제1항제3호에 따라 재개발사업으로 건립되는 공동주택의 분양대상자는 관리처분계획기준일 현재 다음 각 호의 어느 하나에 해당하는 토지등소유자로 한다. 〈개정 2009.7.30〉

1. 종전의 건축물 중 주택(기존무허가건축물로서 사실상 주거용으로 사용되고 있는 건축물을 포함한다.)을 소유한 자 〈개정 2009.7.30〉
2. 분양신청자가 소유하고 있는 종전토지의 총면적이 90㎡ 이상인 자. ~~다만, 2003.12.30 전에 분할된 1필지의 토지로서 그 면적이 30㎡ 이상인 토지(지목이 도로이며 도로로 이용되고 있는 토지를 제외한다.)의 소유자는 법 제28조에 따른 사업시행인가·고시일 이후부터 법 제52조제3항에 따른 공사완료·고시일까지 분양신청자를 포함한 세대원(이 경우 동일한 세대별 주민등록표 상에 등재되어 있지 아니한 배우자 및 미혼인 20세 미만의 직계비속은 1세대로 보며, 1세대로 구성된 수인의 토지등소유자가 조합설립인가 후 세대를 분리하여 동일한 세대에 속하지 아니하는 때에도 이혼 및 20세 이상 자녀의 분가를 제외하고는 1세대로 본다.) 전원이 주택을 소유하고 있지 아니한 경우에 한하여 분양대상자로 한다.~~ 〈개정 2009.7.30, 2010. 3.2, 2010.7.15〉
3. 분양신청자가 소유하고 있는 권리가액이 분양용 최소규모 공동주택 1가구의 추산액 이상인 자. 다만, 분양신청자가 동일한 세대인 경우의 권리가액은 세대원 전원의 가액을 합산하여 산정할 수 있다. 〈개정 2009.7.30〉〈단서신설 2010.7.15〉
4. 사업시행방식전환의 경우에는 전환되기 전의 사업방식에 따라 환지를 지정

받은 자. 이 경우 제1호부터 제3호까지 규정은 적용하지 아니할 수 있다. 〈개정 2009.7.30〉

5. 「재정비특별법」 제11조제4항에 따라 재정비촉진계획에 따라 기반시설을 설치하게 되는 경우로서 종전의 주택(사실상 주거용으로 사용되고 있는 건축물을 포함한다.)에 관한 보상을 받은 자 〈개정 2009.7.30〉

② 제1항에도 불구하고 다음 각 호의 어느 하나에 해당하는 경우에는 수인의 분양신청자를 1인의 분양대상자로 본다. 〈개정 2009.7.30, 2010.7.15〉

1. 단독주택 또는 다가구주택을 권리산정기준일 후 다세대주택으로 전환한 경우 〈개정 2009.7.30, 2010.7.15〉
2. 법 제19조제1항제2호에 따라 수인의 분양신청자가 1세대에 속하는 때 〈개정 2009.7.30, 2010.7.15〉

   ~~관리처분계획기준일 현재 수인의 분양신청자가 하나의 세대인 경우. 이 경우 동일한 세대별 주민등록표 상에 등재되어 있지 아니한 배우자 및 미혼인 20세 미만의 직계비속은 1세대로 보며, 1세대로 구성된 수인의 토지등 소유자가 조합설립인가 후 세대를 분리하여 동일한 세대에 속하지 아니하는 때에도 이혼 및 20세 이상 자녀의 분가를 제외하고는 1세대로 보고, 권리가액은 세대원 전원의 가액을 합산하여 산정한다. 〈개정 2009.7.30〉~~
3. 1주택 또는 1필지의 토지를 수인이 소유하고 있는 경우. 다만, 권리산정기준일 이전부터 공유로 소유한 토지의 지분면적이 90㎡ 이상인 자는 그러하지 아니하다. 〈개정 2009.7.30, 2010.7.15〉
4. 1필지의 토지를 권리산정기준일 후 수개의 필지로 분할한 경우 〈개정 2009.7.30, 2010.7.15〉
5. 하나의 대지범위 안에 속하는 동일인 소유의 토지와 주택을 건축물 준공 이후 토지와 건축물로 각각 분리하여 소유하는 경우. 다만, 권리산정기준일 이전부터 소유한 토지의 면적이 90㎡ 이상인 자는 그러하지 아니한다. 〈개정 2009.7.30, 2010.7.15〉
6. 권리산정기준일 후 나대지에 건축물을 새로이 건축하거나 기존 건축물을 철거하고 다세대주택, 그 밖에 공동주택을 건축하여 토지등소유자가 증가되는 경우 〈개정 2008.7.30, 2009.7.30, 2010.7.15〉

③ 제1항제2호의 종전 토지의 총면적 및 제1항제3호의 권리가액을 산정함에 있어 다음 각 호의 어느 하나에 해당하는 토지는 포함하지 아니한다. 〈개정 2009.7.30〉

1. 「건축법」 제2조제1항제1호에 따른 하나의 대지범위 안에 속하는 토지가 여러 필지인 경우 권리산정기준일 후에 그 토지의 일부를 취득하였거나 공유지분으로 취득한 토지 〈개정 2009.7.30, 2010.7.15〉
2. 하나의 건축물이 하나의 대지범위 안에 속하는 토지를 점유하고 있는 경우로서 권리산정기준일 후 그 건축물과 분리하여 취득한 토지 〈개정 2009.7.30, 2010.7.15〉
3. 1필지의 토지를 권리산정기준일 후 분할하여 취득하거나 공유로 취득한 토지 〈개정 2009.7.30, 2010.7.15〉

④ 제1항부터 제3항까지 규정에 불구하고 사업시행방식전환의 경우에는 환지면적의 크기, 공동환지 여부에 관계없이 환지를 지정받은 자 전부를 각각 분양대상자로 할 수 있다. 〈개정 2009.7.30〉

부 칙 〈제5007호, 2010.7.15〉

제1조(시행일) 이 조례는 2010.7.16부터 시행한다.

제3조(권리산정기준일에 관한 적용례 및 경과조치) ① 제27조 및 제28조 개정규정은 최초로 기본계획(정비예정구역에 신규로 편입지역 포함)을 수립하는 분부터 적용한다.

② 이 조례 시행 전에 기본계획이 수립되어 있는 지역 및 지구단위계획이 결정·고시된 지역은 종전규정(제27조 및 제28조)에 따른다.

➡ 정비기본계획상 정비예정구역 등에 관계없이 특정한 날을 주택 등 건축물의 분양받을 권리산정기준일로 정하고 있어 이를 기본계획수립 후 정비구역 지정 전 시장에 따로 정하는 날로 정함. 또한 권리산정기준일 규정인 신설됨에 따라(법 제50조의2, 2009.2.6 개정으로 신설), 제2항 조문 중 일부가 권리산정기준일로 변경됨.

▶ **[서울시조례 제5102호, 2011.5.26, 일부개정]**

제27조(재개발사업의 분양대상 등) ① 영 제52조제1항제3호에 따라 재개발사업으로 건립되는 공동주택의 분양대상자는 관리처분계획기준일 현재 다음 각 호의 어느 하나에 해당하는 토지등소유자로 한다. 〈개정 2009.7.30〉

1. 종전의 건축물 중 주택(주거용으로 사용하고 있는 특정무허가건축물 중 조합정관 등에서 정한 건축물을 포함한다.)을 소유한 자 〈개정 2009.7.30, 2011.5.26〉
2. 분양신청자가 소유하고 있는 종전토지의 총면적이 90㎡ 이상인 자 〈개정 2009.7.30, 2010.3.2, 2010.7.15〉
3. 분양신청자가 소유하고 있는 권리가액이 분양용 최소규모 공동주택 1가구의 추산액 이상인 자. 다만, 분양신청자가 동일한 세대인 경우의 권리가액은 세대원 전원의 가액을 합산하여 산정할 수 있다. 〈개정 2009.7.30〉〈단서신설 2010.7.15〉
4. 사업시행방식전환의 경우에는 전환되기 전의 사업방식에 따라 환지를 지정받은 자. 이 경우 제1호부터 제3호까지 규정은 적용하지 아니할 수 있다. 〈개정 2009.7.30〉
5. 「재정비특별법」 제11조제4항에 따라 재정비촉진계획에 따라 기반시설을 설치하게 되는 경우로서 종전의 주택(사실상 주거용으로 사용되고 있는 건축물을 포함한다.)에 관한 보상을 받은 자 〈개정 2009.7.30〉

② 제1항에도 불구하고 다음 각 호의 어느 하나에 해당하는 경우에는 수인의 분양신청자를 1인의 분양대상자로 본다. 〈개정 2009.7.30, 2010.7.15〉

1. 단독주택 또는 다가구주택을 권리산정기준일 후 다세대주택으로 전환한 경우 〈개정 2009.7.30, 2010.7.15〉
2. 법 제19조제1항제2호에 따라 수인의 분양신청자가 1세대에 속하는 때 〈개정 2009.7.30, 2010.7.15〉
3. 1주택 또는 1필지의 토지를 수인이 소유하고 있는 경우. 다만, 권리산정기준일 이전부터 공유로 소유한 토지의 지분면적이 90㎡ 이상인 자는 그러하지 아니하다. 〈개정 2009.7.30, 2010.7.15〉
4. 1필지의 토지를 권리산정기준일 후 수개의 필지로 분할한 경우 〈개정

2009.7.30, 2010.7.15〉

5. 하나의 대지범위 안에 속하는 동일인 소유의 토지와 주택을 건축물 준공 이후 토지와 건축물로 각각 분리하여 소유하는 경우. 다만, 권리산정기준일 이전부터 소유한 토지의 면적이 90㎡ 이상인 자는 그러하지 아니한다. 〈개정 2009.7.30, 2010.7.15〉
6. 권리산정기준일 후 나대지에 건축물을 새로이 건축하거나 기존 건축물을 철거하고 다세대주택, 그 밖에 공동주택을 건축하여 토지등소유자가 증가되는 경우 〈개정 2008.7.30, 2009.7.30, 2010.7.15〉

③ 제1항제2호의 종전 토지의 총면적 및 제1항제3호의 권리가액을 산정함에 있어 다음 각 호의 어느 하나에 해당하는 토지는 포함하지 아니한다. 〈개정 2009.7.30〉

1. 「건축법」 제2조제1항제1호에 따른 하나의 대지범위 안에 속하는 토지가 여러 필지인 경우 권리산정기준일 후에 그 토지의 일부를 취득하였거나 공유지분으로 취득한 토지 〈개정 2009.7.30, 2010.7.15〉
2. 하나의 건축물이 하나의 대지범위 안에 속하는 토지를 점유하고 있는 경우로서 권리산정기준일 후 그 건축물과 분리하여 취득한 토지 〈개정 2009.7.30, 2010.7.15〉
3. 1필지의 토지를 권리산정기준일 후 분할하여 취득하거나 공유로 취득한 토지 〈개정 2009.7.30, 2010.7.15〉

④ 제1항부터 제3항까지 규정에 불구하고 사업시행방식전환의 경우에는 환지면적의 크기, 공동환지 여부에 관계없이 환지를 지정받은 자 전부를 각각 분양대상자로 할 수 있다. 〈개정 2009.7.30〉

부 칙 〈제5102호, 2011.5.26〉

제1조 (시행일) 이 조례는 공포한 날부터 시행한다.

제2조(특정무허가건축물의 정의 및 재개발사업의 분양대상 등에 관한 적용례) 제2조제1호 및 제27조제1항제1호의 개정규정은 이 조례 시행 후 최초로 영 제11조제1항에 따라 주민공람을 하는 분부터 적용한다.

➡ 특정무허가건축물 소유자의 조합원 자격과 재개발사업의 분양자격은 조합정관 등으로 정하도록 하였다.

▢ 재개발사업의 분양대상

조례 제27조인 “재개발사업의 분양대상”은 도시정비법 제48조제7항 및 시행령 제52조제1항제3호에서의 위임규정에 그 근거를 두고 있다. 재개발사업 외에 토지등소유자의 개념이 같은 주거환경개선사업, 도시환경정비사업 및 가로주택정비사업도 이에 포함된다.

서울시는 재개발사업에 대해 규정하고 있지만 도시환경정비사업에도 이를 준용하도록 했다(조례 제36조 참조). 토지등소유자의 요건이 같은 주거환경관리사업의 분양대상자도 준용한다는 조문을 두는 것이 옳다.

※ 법 제48조(관리처분계획의 인가 등) ⑦ 제1항에 의한 관리처분계획의 내용, 관리처분의 방법·기준 등에 관하여 필요한 사항은 대통령령으로 정한다.

영 제52조(관리처분의 기준 등) ① 법 제6조제1항제4호의 방법으로 시행하는 주거환경개선사업, 재개발사업, 도시환경정비사업 및 가로주택정비사업의 경우 법 제48조제7항에 따른 관리처분은 다음 각 호의 방법 및 기준에 의한다. 〈개정 2009.8.11, 2012.7.31〉

3. 정비구역 또는 가로구역의 토지등소유자(지상권자를 제외한다.)에게 분양할 것. 다만, 공동주택을 분양하는 경우 시도 조례로 정하는 금액·규모·취득 시기 또는 유형에 대한 기준에 부합하지 아니하는 토지등소유자는 시도 조례로 정하는 바에 의하여 분양대상에서 제외할 수 있다.

[제27조제1항제1호]

영 제52조제1항제3호[8]에 따라 재개발사업으로 건립되는 공동주택의 분양대상자는 관리처분계획기준일 현재 다음 각 호의 어느 하나에 해당하는 토지등소유자로 한다(동조 제1항). 〈개정 2009.7.30〉

1. 종전의 건축물 중 주택(주거용으로 사용하고 있는 특정무허가건축물 중 조합정관 등에서 정한 건축물을 포함한다.)을 소유한 자 〈개정 2009.7.30, 2011. 5.26〉

조례 제정 초기인 2003.12.30 제24조제1항제1호인 "종전의 건축물 중 주택(기존무허가건축물 및 사실상 주거용으로 사용되고 있는 건축물을 포함한다.)"로 출발하였다.

근린생활시설을 주거용으로 지분 쪼개기가 성행하면서 이를 막기 위하여(분양권을 제한하겠다는 의미임.), 2008.7.30 기존의 주택개념을 "주택(기존무허가건축물로서 사실상 주거용으로 사용되고 있는 건축물을 포함한다.)"으로 바뀌고, 2009.7.30 제24조에서 "제27조"로 이동되었다.

○ 2008.7.30 이전의 주택(기존무허가건축물 및 사실상 주거용으로 사용되고 있는 건축물을 포함한다.) 소유자에 대한 분양대상자 해당 여부

종전의 "기존무허가건축물 및 사실상 주거용으로 사용되고 있는 건축물"이 "기존무허가건축물로서 사실상 주거용으로 사용되고 있는 건축물"로 바뀌었다.

"사실상 주거용으로 사용되고 있는 건축물"이므로 그 사용주체가 누구냐에 불문하고(소유자 또는 임차인인지 여부), 이 규정의 적용을 받아 신축주택을 공급받으려면 먼저 주민등록의 전입이 2008.7.30 전에 완료되어야 한다.

---

8) 도시정비법 시행령 제52조(관리처분의 기준 등) ① 법 제6조제1항제4호의 방법으로 시행하는 주거환경개선사업, 재개발사업, 도시환경정비사업 및 가로주택정비사업의 경우 법 제48조제7항에 따른 관리처분은 다음 각 호의 방법 및 기준에 의한다. 〈개정 2009.8.11, 2012.7.31〉

3. 정비구역 또는 가로구역의 토지등소유자(지상권자를 제외한다.)에게 분양할 것. 다만, 공동주택을 분양하는 경우 시도 조례로 정하는 금액·규모·취득 시기 또는 유형에 대한 기준에 부합하지 아니하는 토지등소유자는 시도 조례로 정하는 바에 의하여 분양대상에서 제외할 수 있다.

– 개정 전 '기존무허가건축물 및 사실상 주거용으로 사용되고 있는 건축물'

개정 전 서울시 도시정비조례 제24조제1항제1호 "기존무허가건축물 및 사실상 주거용으로 사용되고 있는 건축물"에서 "및"의 범위에 대한 혼란이 있었다.

기존무허가와 사실상 주거용으로 사용되고 있는 건축물 모두를 포함하는 개념으로서 "and"냐 "or"냐는 것이었다. 현장에서는 기존무허가건축물도 포함되지만 사실상 주거용으로 사용되는 근린생활시설도 포함하여 재개발·도시환경정비사업의 경우 신축주택 분양대상자격을 주어 왔다. 즉 "or"의 개념으로 이해했던 것이다.

2003.12.30 전에 주택의 지분 쪼개기에 대해 원천봉쇄를 의도하였지만, 기존 준공된 주택이 아닌 근린생활시설을 신축하여 지분 쪼개기 방법이 용산 일대에서 번지게 되자, 이를 규제하기 위한 부칙 제2조가 만들어졌다. 2008.7.30 이후에 건축허가를 신청한 근린생활시설·상가·오피스텔 등 건축물은 사실상 주거용으로 사용해도 더 이상 공동주택을 주지 않겠다는 것이다.

이런 근린생활시설 등(근린생활시설 외의 다른 물건도 이에 해당함.)의 권리가액이 분양용 최소규모(대부분 공동주택 60㎡)의 조합원 분양가를 초과하면 분양대상자가 될 수는 있다는 단점이 있으나(조례 제27조제1항제3호 참조), 실제로 이에 적합한 사례가 발생한 것은 거의 없다. 사업의 수익을 위해 최소면적으로 지분쪼개기를 해 왔기 때문이다.

– 서울시 도시정비조례(2008.7.30 개정 전의 것) 제24조제1항제1호 의미

구 서울시 도시정비조례(2008.7.30 조례 제4675호로 개정되기 전의 것) 제24조제1항제1호는 "종전의 건축물 중 주택(기존 무허가건축물 및 사실상 주거용으로 사용되고 있는 건축물)을 소유한 자"를 공동주택의 분양대상자로 규정하고 있었던 점, 개정된 현행 정비조례 제24조제1항제1호는 "종전의 건축물 중 주택(기존 무허가건축물로서 사실상 주거용으로 사용되고 있는 건축물)을 소유한 자"로 규정하여 '사실상 주거용으로 사용되고 있는 기존 무허가건축물'만을 건축법 제2조제1항의 주택과 별도로 보호대상으로 하고 있는 점, 정비사업의 목적이 조합원의 주거안정 및 주거생활의 질적 향상에 있는 점 등에 비추어 보면,

구 도시정비조례상 '사실상 주거용으로 사용되고 있는 건축물'이란 공부상의 용도와 관계없이 사실상 주거용으로 사용되고 있는 건축물을 의미한다고 보아야 할

것이다.

다만, 건축물의 일부가 공부 상 용도(근린생활시설)로 사용되면서 나머지 일부는 사실상 주거용으로 사용되는 경우, 각 용도로 사용되고 있는 면적의 다과에 관계없이, 건축물의 주된 용도가 주거용이 아닐 때에는 건축물의 원래 용도로서의 기능을 상실하지 않고 있으므로, 사실상 주거용으로 사용되고 있는 건축물에 해당한다고 볼 수 없다. 이러한 경우엔 공동주택의 분양자격을 인정하지 않는다(서울행정법원 2008.11.6 선고 2008구합26718 판결 관리처분계획 일부취소).

○ 조례 부칙(2008.7.30) 제2조의 의미

부 칙 〈제4657호, 2008.7.30〉

제1조(시행일) 이 조례는 공포한 날부터 시행한다.

제2조(사실상 주거용으로 사용되고 있는 건축물에 관한 경과조치) 이 조례 개정 전 종전의 제24조제1항제1호에 따른 "사실상 주거용으로 사용되고 있는 건축물"로서 이 조례 시행 전에 법 제4조제1항에 따른 정비계획을 주민에게 공람한 지역의 분양신청자와 이 외 지역에서 법 제4조제3항에 의한 정비구역 지정·고시일부터 법 제46조제1항에 의한 분양신청기간이 만료되는 날까지 세대원 전원이 주택을 소유하고 있지 아니한 분양신청자는 종전의 규정에 의한다.

2008.7.29까지 기준으로 이미 사실상 주거용으로 사용하는 경우에 정비계획을 주민공람한 자인 분양신청자는 유·무주택자 여부와 관계없이 분양대상자이며, 그 이외의 지역은 정비구역 지정·고시일부터 관리처분계획기준일까지 세대원 전원이 무주택자인 경우에 2008.7.29까지의 분양신청자는 종전의 규정에 따라 신축주택의 분양대상자이다. 따라서 2008.7.30 이후 구역지정·고시된 지역은 사실상 주거용으로 사용하여야 하며 무주택요건이 추가되었다.

Q 사실상 주거용으로 사용되고 있는 건축물 소유자의 공동주택 분양권이 있는지?

A 종전 사실상 주거용으로 사용되고 있는 건축물에 대하여 주택으로 보아 아파트 분양권을 인정함에 따라 건축법상 위법행위의 조장과 이를 악용한 신종 지분쪼개기

의 형태가 일어나고 있어 2008.7.30 관련 조례를 개정하여 폐지함. 다만 2008.7.30 전부터 관리처분계획기준일까지 계속 사실상 주거용으로 되고 있는 건축물에 한하여 2008.7.30 전 정비계획이 공람된 지역은 해당 분양대상자를 포함한 세대원의 주택소유 여부와 관계없이, 그 외 지역은 정비구역 지정을 위한 공람·공고일부터 관리처분기준일까지 세대원 전원이 무주택자인 경우 주택으로 보아 공동주택의 분양권을 인정할 수 있음(서울시 주거정비과-337, 2009.8.11).

- 2008.7.30 이후의 복리시설(상가)의 소유자

이 경우의 근린생활시설 소유자는 복리시설(상가)의 분양대상자이다.

재개발·도시환경정비사업으로 조성되는 상가 등 부대·복리시설의 분양대상자는 관리처분계획기준일 현재 제1순위로 "종전 건축물의 용도가 분양건축물 용도와 동일하거나 유사한 시설이며 사업자등록(인가·허가 또는 신고 등을 포함한다.)을 필한 건축물의 소유자로서 권리가액(공동주택을 분양받은 경우에는 그 분양가격을 제외한 가액을 말한다.)이 분양건축물의 최소분양단위규모 추산액 이상인 자"이다(서울시 조례 제30조제2항).
2008.7.30 이후 공동주택을 분양받기 위해 소형 근린생활시설을 매입하였으나, 사실상 주거의 입증이 어려운 경우 사업시행인가까지 사업자등록을 완료하여 3순위를 갖춰 상가로 분양 신청할 수도 있을 것이다.

○ 권리가액과 분양대상자(제1항제3호와의 관계)

1호 "종전의 건축물 중 주택(기존무허가건축물로서 사실상 주거용으로 사용되고 있는 건축물을 포함한다.)"과 2호 "종전토지의 총면적이 90㎡ 이상"에 해당되면 신축주택의 분양대상자이다.

또한, 1호가 2호(토지면적 90㎡)에 해당되지 않더라도 3호인 "분양신청자가 소유하고 있는 권리가액이 분양용 최소규모 공동주택 1가구의 추산액 이상"에 해당하면 분양대상자가 된다.

권리가액 산정 시 분양신청자가 동일한 세대인 경우의 권리가액은 세대원 전원의 가액을 합산하여 산정이 가능하므로 동일 세대원으로 합산될 가능성과 조례

제27조제3항의 토지에 대한 권리가액 합산 가능여부를 판단하여야 한다. 이 경우 조례 제27조제3항의 제한을 받게 된다.

▢ 시도별 조례

정비구역 또는 가로구역의 토지등소유자(지상권자를 제외한다.)에게 분양하도록 하되, 공동주택을 분양하는 경우 시도 조례로 정하는 금액·규모·취득 시기 또는 유형에 대한 기준에 부합하지 아니하는 토지등소유자는 시도 조례로 정하는 바에 의하여 분양대상에서 제외할 수 있다.

○ 경기도

재개발·도시환경정비사업에 있어서 기존무허가건축물이나 신발생무허가건축물 소유자는 법 제16조에 의한 동의를 얻어도 분양대상조합원이 될 수 없다.

- 남양주시, 부천시, 수원시, 안산시, 안양시, 화성시, 고양시, 화성시

경기도와 같다.

○ 인천시

제23조(관리처분의 기준 등) ② 영 제52조제1항제3호에 따른 공동주택의 분양대상자는 관리처분기준일 현재 다음 각 호의 기준에 적합하여야 한다.

1. 사업시행인가일을 기준으로 산정한 토지 및 건축물(기존 무허가건축물을 포함한다.) 가액의 합(부족한 금액을 해당 토지등소유자가 부담하는 경우 그 부담하는 금액을 포함한다.)이 공동주택의 단위세대별 추산액 중 최저가액 이상일 것.

○ 부산시

제22조(재개발사업의 분양대상 등) ① 영 제52조제1항제3호 단서에 따라 재개발사업으로 조성되는 대지 및 건축시설 중 공동주택의 분양대상자는 관리처분계획기

준일 현재 다음 각 호의 어느 하나에 해당하는 자로 한다. 〈개정 2005.2.16, 2010.3.3, 2012.12.26〉

1. 종전 건축물중 주택(기존무허가건축물 및 사실상 주거용으로 사용되고 있는 건축물을 포함한다.)을 소유한 자

○ 광주시

제25조(재개발사업의 분양대상 등) ① 영 제52조제1항제3호에 따라 재개발사업으로 건립되는 공동주택의 분양대상자는 관리처분계획기준일 현재 다음 각 호의 어느 하나에 해당하는 토지등소유자로 한다. 〈개정 2012.5.15〉

1. 종전의 건축물 중 주택(기존무허가건축물 및 사실상 주거용으로 사용되고 있는 건축물을 포함한다.)을 소유한 자

부 칙 〈2012.5.15〉

제1조(시행일) 이 조례는 공포 후 30일이 경과한 날부터 시행한다. 다만 제25조 규정은 2009.2.6(법 제50조의2 시행일)부터 시행하며, 제42조로부터 제52조의 규정은 공포 후 6개월이 경과한 날부터 시행한다.

○ 대구시

제22조(현금청산 대상) ② 제1항에 불구하고 다음 각 호의 1에 해당하는 경우 현금으로 청산하지 아니하고 주택을 공급할 수 있다.

2. 구역지정 공람·공고일 이전에 주택(사실상 주거용으로 사용되고 있는 건축물을 포함한다.)을 소유한 자. 다만, 제1항제5호에 해당하는 경우에는 그러하지 아니하다.

○ 대전시

제22조(재개발사업의 분양대상 등) ① 영 제52조제1항제3호에 의하여 재개발사업으로 건립되는 공동주택의 분양대상자는 관리처분계획기준일 현재 다음 각 호의 어느 하나에 해당하는 자로 한다. 〈개정 2007.2.23 조례 제3480호〉

1. 종전의 건축물 중 주택(기존 무허가건축물로서 사실상 주거용으로 사용되고 있는 건축물을 포함한다.)을 소유한 자 〈개정 2009.6.5 조례 제3747호〉

☐ 유권해석

토지와 건물을 분리하여 매각한 경우 각각 분양대상 여부

Q 사유지상 무허가건물과 토지에 대하여 건물과 토지를 동일인이 1991년 이전에 모두 매입하여 소유하다가 각각 다른 사람에게 건물과 토지를 분리하여 매각한 경우 현재 무허가건물소유자는 분양대상자가 되는지?

A 도시정비조례 제24조에 의하면 공동주택의 분양대상자는 관리처분계획기준일 현재 종전의 건축물 중 주택(기존 무허가건축물 및 사실상 주거용으로 사용되고 있는 건축물)을 소유한 자, 분양신청자가 소유하고 있는 종전 토지의 총면적이 건축조례 제25조제1호의 규모 이상인 자 등으로 규정하고 있는바 구체적인 분양대상자는 건축물의 용도, 소유 형태 등을 종합적으로 검토하여 관리처분계획인가권자가 판단해야 할 사항임(서울시 주거정비과 2005.11.29).

분양자격 중 사실상 주거용의 의미

Q 도시정비조례 제24조제1항제1호 규정에서 사실상 주거용의 의미는?

A 사실상 주거용의 의미는 사람이 실제 거주하면서 주거 용도로 사용되고 있는 건축물을 의미함(서울시 주거정비과 2004.7.21).

Q 사유지상 무허가건물과 토지에 대해 건물과 토지를 동일인이 1991년 이전에 모두 매입해 소유하다가 각각 다른 사람에게 건물과 토지를 분리해 매각한 경우 현재 무허가건물소유자는 분양대상자가 되는지?

A 도시정비조례 제24조에 의하면 공동주택의 분양대상자는 관리처분계획기준일 현재 종전의 건축물 중 주택(기존 무허가건축물 및 사실상 주거용으로 사용되고 있

는 건축물)을 소유한 자, 분양신청자가 소유하고 있는 종전 토지의 총면적이 건축조례 제25조제1호의 규모 이상인 자 등으로 규정하고 있는바 구체적인 분양대상자는 건축물의 용도, 소유 형태 등을 종합적으로 검토해 관리처분계획인가권자가 판단해야할 사항임(서울시 FAQ).

기존 무허가 건물을 공동소유하고 있는 경우 분양자격

Q 무허가 건물 확인원에 3명이 공동소유로 등재되어 있고, 그중 1명은 2003.12.30 이전 분할된 1필지의 토지 30㎡를 소유하고 있는 경우 각각 분양자격이 되는지?

A 도시정비조례 제24조에 의거 2003.12.30 전에 분할된 1필지의 토지로서 그 면적이 30㎡ 이상(지목 및 현황 상 도로는 제외)인 토지의 소유자는 사업시행인가·고시일부터 공사완료·고시일까지 분양신청자를 포함한 세대원 전원이 주택을 소유하고 있지 아니한 경우에 한하여 분양대상이 되며, 동 조례 제2조에 의한 기존무허가건물일 경우 공동소유자 3인을 1인의 분양대상자로 정하고 있음(서울시 주거정비과 2005.8.17).

현황 상 도로를 소유하고 있는 자의 분양자격

Q 현황 상 도로이고, 지목이 대지(32㎡)인 토지를 소유하고 있는 무주택자의 경우에 분양대상이 되는지?

A 도시정비조례 제24조에 의하면 관리처분계획기준일 현재, 2003.12.30 전에 분할된 1필지의 토지로서 그 면적이 30㎡ 이상인 토지를 소유하고 있는 자는 사업시행인가·고시일 이후부터 공사완료·고시일까지 분양신청자를 포함한 세대원 전원이 주택을 소유하고 있지 아니한 경우에 한하여 분양대상자로 정하고 있음(서울시 주거정비과 2005.7.29).

[제27조제1항제2호]

재개발사업으로 건립되는 공동주택의 분양대상자는 관리처분계획기준일 현재 다음에 해당하는 토지등소유자로 한다(제27조제1항). 〈개정 2009.7.30〉

2. 분양신청자가 소유하고 있는 종전토지의 총면적이 90㎡ 이상인 자 〈개정 2009.7.30, 2010.3.2, 2010.7.15〉

~~다만, 이 조례 시행일 전에 분할된 1필지의 토지로서 그 면적이 30㎡ 이상인 토지(지목이 도로이며 도로로 이용되고 있는 토지를 제외한다.)의 소유자는 법 제28조에 의한 사업시행인가·고시일 이후부터 법 제52조제3항에 의한 공사완료·고시일까지 분양신청자를 포함한 세대원(세대주 및 세대주와 동일한 세대별 주민등록표상에 등재되어 있지 아니한 세대주의 배우자 및 배우자와 동일한 세대를 이루고 있는 세대원을 포함한다.) 전원이 주택을 소유하고 있지 아니한 경우에 한하여 분양대상자로 한다.~~

2003.12.30 90㎡의 토지소유자 외에도 30㎡ 이상인 토지소유자에 대한 단서 규정이 있었으며, 2009.7.30 세대 개념이 구체화되었다.

2호인 단서 규정은 2003.7.1 조례 제정 시부터 있었으나 2010.7.15 삭제되었다.[9] "종전토지의 총면적이 건축조례 제25조제1호"가 "90㎡ 이상"으로 구체화되었는데, 이 90㎡는 서울시 건축조례 제29조제1호에서의 "주거지역의 건축물이 있는 대지의 분할제한"의 최소한도 규모이다.

구청장은 사업시행자가 인가를 신청한 관리처분계획에 임대주택 공급대상자가 있거나 조례(제5007호,2010.7.15) 부칙 제3조제2항에 따르는 경우의 조례(제4949호, 2010.3.2) 제27조제1항제2호 단서에 해당하는 분양 대상자가 있는 경우에 법 제49조제1항에 따른 관계서류의 공람 전에 주택소유 여부에 관한 전산검색을 실시하여야 한다(조례 시행규칙 제17조제1항).

---

9) 조례 부칙 〈제5007호, 2010.7.15〉
제1조(시행일) 이 조례는 2010.7.16부터 시행한다. 다만, 제48조제2항의 개정규정은 2010.10.1부터 시행한다.
제3조(권리산정기준일에 관한 적용례 및 경과조치) ① 제27조 및 제28조 개정규정은 최초로 기본계획(정비예정구역에 신규로 편입지역 포함)을 수립하는 분부터 적용한다.
② 이 조례 시행 전에 기본계획이 수립되어 있는 지역 및 지구단위계획이 결정·고시된 지역은 종전규정(제27조 및 제28조)에 따른다.

○ **2010.7.15 이후 '90㎡ 이상인 토지소유자'만 분양대상자**

개정 전인 2010.7.15 이전에는 30㎡~90㎡ 미만의 토지(지목과 현황이 모두 도로인 것은 제외)의 경우, 사업시행인가 이후~공사완료·고시일까지 소유자 및 배우자 세대원 전체가 무주택자일 경우 분양자격을 주었다. 그러나 2010.7.15 개정 후 단서 규정이 삭제됨에 따라 90㎡ 이상인 자만 분양대상자가 되었다.

예를 들어, 건물 없이 85㎡의 토지를 소유한 경우, 2010.7.15 이후의 조례에 의하면 90㎡ 미만이므로 분양자격이 없다. 그러나 토지면적이 30㎡~90㎡ 미만이라도 건물(2~3평)이 있으면 그 규모에 관계없이 분양대상자이다. 또한 분양신청자가 소유하고 있는 종전토지의 총면적이 90㎡ 이상인 자는 단서 조항이 없으므로 유주택자도 분양대상자가 된다.

○ **제27조제1항제2호, 2010.7.15 이전인 단서의 의미**

부 칙 〈2003.12.30〉

제1조(시행일) 이 조례는 공포한 날부터 시행한다.

제8조(재개발사업 분양대상 기준에 관한 경과 조치) 이 조례 시행 당시 종전 도시재개발법 제4조에 의하여 재개발구역으로 지정된 정비구역(정비계획이 수립되지 않은 정비구역은 제외한다.)의 경우 제24조에 불구하고 구역지정·고시일을 이 조례 시행일로 보며 제24조제1항제2호 단서 규정의 30㎡를 20㎡로 한다.

- 종전 단서의 해설

2003.12.30 이전에 분할된 1필지의 토지(독립된 1필지의 토지이며, 수개의 필지를 합할 수 없으며, 2003.12.30 이후에 분할된 토지는 제외)에서 30㎡ 이상 ~90㎡ 미만의 토지소유자는 아래 3가지 요건 모두를 충족하면 재개발·도시환경정비사업에서 공동주택 분양대상자이었다. 그러나 2010.7.16 이후이 단서 규정이 삭제되어, 90㎡ 이상 소유한 자만이 분양대상자이다.

① 30㎡ 이상~90㎡ 미만의 토지소유자 : 30㎡ 미만은 분양대상자에 해당되지 않는다. 예외로, 2003.12.30 이전의 도시재개발법상 재개발구역 지정·고시된 경우라면 30㎡를 20㎡로 완화할 수 있다(부칙 2003.12.30 제8조 참조).

② 지목이 도로이며 실제로 도로로 이용되고 있는 토지는 제외 : 90㎡ 이상이면

지목에 관계없이 분양대상이지만, 그 미만이면 해당 안 된다.

③ 사업시행인가·고시일 이후부터 공사완료·고시일까지 분양신청자를 포함한 세대원 전원이 무주택자일 것 : 사업시행인가·고시일 이후부터 공사완료·고시일까지 세대원 전원이 무주택자인 분양신청자(A)로부터 매수한 무주택자(B)만 분양대상자이며, 매매로 승계될 경우 이 무주택요건은 계속 유지되어야 한다.

– "단서 삭제"의 의미와 효력

단서가 삭제되었어도 2003.12.30 이전에 분할된 1필지로 30㎡ 이상~90㎡ 미만 또는 90㎡ 이상이면 분양대상자이지만, 2010.7.15 이후 독립된 1필지로서 수개의 필지를 합산하여 종전토지의 총면적이 90㎡ 이상이어야 분양대상자가 된다. 그러나 2010.7.15 조례(제27조제3항)에서 종전토지의 총면적은 "대지범위 안에 속하는 토지가 여러 필지인 경우 권리산정기준일 후에 그 토지의 일부를 취득하였거나 공유지분으로 취득한 토지, 하나의 건축물이 하나의 대지범위 안에 속하는 토지를 점유하고 있는 경우로서 권리산정기준일 후 그 건축물과 분리하여 취득한 토지, 1필지의 토지를 권리산정기준일 후 분할하여 취득하거나 공유로 취득한 토지"는 합산되지 못한다.

즉, 조례 제27조제3항에 해당하는 권리산정기준일 이후 취득된 토지는 총면적과 권리가액 산정에서 제외되므로, 기존 90㎡ 이상의 토지를 소유한 자만이 분양대상자가 될 수 있다.

▢ 시도별 조례

○ 경기도

관련 조문이 없다.

○ 남양주시, 부천시, 수원시, 안산시, 안양시, 화성시, 고양시

관련 조문이 없다.

○ **인천시**

제23조(관리처분의 기준 등) ① 법 제48조제2항제6호 단서에 따라 같은 세대에 속하지 아니하는 2명 이상이 공람·공고일 이전에 하나의 토지를 공유한 경우에는 각 공유지분의 규모에 따라 다음 각 호와 같이 주택을 공급한다.

1. 주거지역에 적용되는 분할제한면적 이상의 공유지분을 소유한 자에게는 각 1주택을 공급한다.
2. 주거지역에 적용되는 분할제한면적 미만의 공유지분을 소유한 자가 2명 이상인 경우에는 해당 공유지분의 합이 주거지역에 적용되는 분할제한면적 이상인 경우에 한정하여 그 대표자에게 1주택을 공급한다.

➡ 1필지 토지 90㎡ 이상의 공유지분을 소유한 자에 대하여는 각 1주택을 공급한다. 그러나 90㎡ 미만의 공유지분을 소유한 자가 2명 이상이면 해당 공유지분의 합이 주거지역에 적용되는 분할제한면적 이상인 경우에는 그 대표자를 정하도록 하여 그에게 1주택을 공급하도록 하였다. 대표자를 정하지 못하는 경우에는 주택을 공급하지 못한다.

※ 인천시 건축조례 제28조(대지의 분할 제한) ① 법 제57조제1항 및 영 제80조에 따라 건축물이 있는 대지의 분할은 다음 각 호의 어느 하나에 해당하는 규모 이하로 분할할 수 없다. 〈개정 2007.7.30〉〈개정 2009.10.5〉

1. 주거지역 : 90㎡
2. 상업지역 : 150㎡
3. 공업지역 : 150㎡
4. 녹지지역 : 200㎡
5. 제1호 내지 제4호에 해당하지 아니하는 지역 : 60㎡

② : 생략

○ **부산시**

제22조(재개발사업의 분양대상 등) ① 영 제52조제1항제3호 단서에 따라 재개발사업으로 조성되는 대지 및 건축시설 중 공동주택의 분양대상자는 관리처분계획기준일 현재 다음 각 호의 어느 하나에 해당하는 자로 한다. 〈개정 2005.2.16, 2010.3.3, 2012.12.26〉

2. 분양신청자가 소유하고 있는 종전 토지의 총면적이 부산시 건축조례 제39조의 규모 이상인 자. 다만, 법 제50조의2에 따른 권리산정 기준일 이전에 분할된 1필지 토지로서 그 면적이 20㎡ 이상인 토지(지목이 도로이며, 도로

로 이용되고 있는 경우를 제외한다.)의 소유자는 사업시행인가·고시일 이후부터 법 제52조제3항에 따른 공사완료·고시일까지 분양신청자를 포함한 세대원(세대주 및 세대주와 동일한 세대별 주민등록표상에 등재되어 있지 아니한 세대주의 배우자 및 배우자와 동일한 세대를 이루고 있는 세대원을 포함한다.) 전원이 주택을 소유하고 있지 아니한 경우에 한정하여 분양대상자로 한다. 〈개정 2005.2.16, 2010.3.3, 2012.12.26〉

○ 대구시

제22조(현금청산 대상) ② 제1항에 불구하고 다음 각 호의 1에 해당하는 경우 현금으로 청산하지 아니하고 주택을 공급할 수 있다.

1. 구역지정 공람·공고일 이전에 분할된 1필지의 토지로서 그 면적이 20㎡ 이상인 토지(다만, 지목이 도로이며 도로로 이용되고 있는 경우는 제외한다.)의 소유자는 사업시행인가·고시일 이후부터 법 제52조에 의한 준공인가일까지 분양신청자를 포함한 세대원(세대주 및 세대주와 동일한 세대별 주민등록표상에 등재되어 있지 아니한 세대주의 배우자 및 배우자와 동일한 세대를 이루고 있는 세대원을 포함한다.) 전원이 주택을 소유하고 있지 아니한 경우에 한하여 분양대상자로 한다.

   이 경우 주택소유여부에 관하여 필요한 사항은 「주택공급에 관한 규칙」 제6조제3항을 준용하며, 분양 받을 권리를 양도받은 자의 경우에는 권리양수일(제4항의 부동산 등기부상 접수일자)부터 공사완료·공고일 기간 동안 양도받은 자를 포함한 세대원 전원이 주택을 소유하고 있지 아니하여야 한다.

○ 대전시

제22조(재개발사업의 분양대상 등) ① 영 제52조제1항제3호에 의하여 재개발사업으로 건립되는 공동주택의 분양대상자는 관리처분계획기준일 현재 다음 각 호의 어느 하나에 해당하는 자로 한다. 〈개정 2007.2.23 조례 제3480호〉

2. 분양신청자가 소유하고 있는 종전 토지의 총면적이 「대전시 건축조례」 제30조의 규모 이상인 자. 다만, 구역지정 공람·공고일 이전에 분할된 1필지

토지로서 그 면적이 30㎡ 이상인 토지(지목이 도로이며 도로로 이용되고 있는 토지를 제외한다.)의 소유자는 사업시행인가·고시일 이후부터 법 제52조제3항에 의한 공사완료·고시일까지 분양신청자를 포함한 세대원(세대주 및 세대주와 동일한 세대별 주민등록표상에 등재되어 있지 아니한 세대주의 배우자 및 배우자와 동일한 세대를 이루고 있는 세대원을 포함한다.) 전원이 주택을 소유하고 있지 아니한 경우에 한하여 분양대상자로 한다. 〈개정 2006.5.12 조례 제3421호〉〈개정 2012.6.15 조례 제4076호〉

○ **광주시**

제25조(재개발사업의 분양대상 등) ① 영 제52조제1항제3호에 따라 재개발사업으로 건립되는 공동주택의 분양대상자는 관리처분계획기준일 현재 다음 각 호의 어느 하나에 해당하는 토지등소유자로 한다. 〈개정 2012.5.15〉

2. 분양신청자가 소유하고 있는 종전토지의 총면적이 건축조례 제31조제1호의 규모 이상인 자. 다만, 구역지정 공람·공고일 전에 분할된 1필지의 토지로서 그 면적이 30㎡ 이상인 토지(지목이 도로이며 도로로 이용되고 있는 토지를 제외한다.)의 소유자는 법 제28조에 따른 사업시행인가·고시일 이후부터 법 제52조제3항에 따른 공사완료·고시일까지 분양신청자를 포함한 세대원(세대주 및 세대주와 동일한 세대별 주민등록표상에 등재되어 있지 아니한 세대주의 배우자 및 배우자와 동일한 세대를 이루고 있는 세대원을 포함한다.) 전원이 주택을 소유하고 있지 아니한 경우에 한하여 분양대상자로 한다. 〈개정 2010.1.1, 2012.5.15〉

☐ 유권해석

Q 재개발구역 안에서 각각 다른 위치에 있는 도로부지 3필지(20, 30, 50㎡)의 합계 100㎡를 소유한 경우, 조례 제27조에서 말하는 재개발사업에서의 공동주택 분양대상자에 해당하는지?

A 재개발사업으로 건립되는 공동주택의 분양대상 여부는 인가된 정관에서 정한 바에 따라 판단할 사항임. 다만, 조례 제27조에 재개발사업으로 건립되는 공동주택 분양대상자는 관리처분계획기준일 현재 분양신청자가 소유하고 있는 종전토지의 총면적이 90㎡ 이상인 자는 재개발사업의 분양대상자로 정하고 있으며, 종전토지 총면적을 산정함에 있어 조례 제27조제3항에 해당하는 토지는 포함하지 않음(서울시 주거정비과 2033-2009.9.8).

※ 단서 조항이 삭제된 조례 개정일인 2010.7.16부터는 예를 든 도로의 합산이 되지 않으므로 분양대상에서 제외된다.

뉴타운지구 내에서 분양신청기간 중 무주택자가 1필지(56㎡)를 취득한 경우 분양대상 여부

Q 해당 뉴타운지구의 사업시행인가·고시일 이전부터 무주택인 자가 분양신청 기간 중에 면적이 56㎡인 1필지의 나대지를 취득한 경우 분양대상이 되는지?

A 조례 제24조제1항제2호 단서에 의하면 "2003.12.30 전에 분할된 1필지의 토지로서 그 면적이 30㎡ 이상인 토지(지목이 도로이며 도로로 이용되고 있는 토지를 제외)의 소유자는 법 제28조에 의한 사업시행인가·고시일 이후부터 공사완료·고시일까지 분양신청자를 포함한 세대원(세대주 및 세대주와 동일한 세대별 주민등록표상에 등재되어 있지 아니한 세대주의 배우자 및 배우자와 동일한 세대를 이루고 있는 세대원을 포함)전원이 주택을 소유하고 있지 않은 경우에 한하여 분양대상자로 한다."고 정하고 있는바, 재개발사업방식으로 결정된 뉴타운지구는 이 규정을 적용할 수 있을 것임(서울시 주거정비과-1667, 2006.2.21).

※ 이전 소유자가 무주택자임을 확인하여 그 요건을 그대로 승계하여야 한다. 분양신청기간이란 이미 사업시행인가가 완료·고시된 이후에 일정 기간을 두고 분양신청을 하게 되므로 이미 무주택요건은 그 이전 소유자가 갖추어야 하기 때문이다.

공유지분 토지소유자에 대한 분양대상 여부

Q 역지정 전 3인이 소유하던 토지를 구역지정 후 1인이 소유하다가 사업시행인가(2003. 10.)전 다시 2인으로 분리하여 150㎡씩 소유하고 있는 경우 각각 분양대상이 되는지?

A 조례 제24조제1항제2호에 의하면 관리처분계획기준일(분양신청기간만료일) 현재

분양신청자가 소유하고 있는 종전토지의 총면적이 90㎡ 이상인 자로 규정하고 있는바, 이 기준에 부합되는 경우 분양대상이 될 것이며, 다만 조례 제24조제3항에 따라 2003.12.30 이후 하나의 대지범위 안에 속하는 토지가 여러 필지인 경우 그 토지의 일부를 취득하였거나 공유지분으로 취득한 토지와 1필지의 토지를 분할 취득하거나 공유지분으로 취득한 토지는 종전 권리가액 및 토지의 총면적에서 제외하도록 규정하고 있음(서울시 주거정비과-5971, 2004.6.22).

[제27조제1항제3호]

재개발사업으로 건립되는 공동주택의 분양대상자는 관리처분계획기준일 현재 다음에 해당하는 토지등소유자로 한다. 〈개정 2009.7.30〉

3. 분양신청자가 소유하고 있는 권리가액이 분양용 최소규모 공동주택 1가구의 추산액 이상인 자. 다만, 분양신청자가 동일한 세대인 경우의 권리가액은 세대원 전원의 가액을 합산하여 산정할 수 있다. 〈개정 2009.7.30〉〈단서신설 2010.7.15〉

2009.7.30 신설된 3개 조항 때문에 기존의 제24조가 제27조로 이동하였다.

2010.7.15에는 "다만, 분양신청자가 동일한 세대인 경우의 권리가액은 세대원 전원의 가액을 합산하여 산정할 수 있다."는 단서가 신설되었다. 이는 단독주택 재건축사업도 같이 적용된다(조례 제28조제1항제2호).

세대의 합산여부를 따지는 실익은 토지의 총면적과 권리가액 합산에 있다. 재개발의 경우엔 분양신청마감일 전까지 합산으로 갈 것인지 분리하여 별도의 분양대상으로 갈 것인지를, 단독주택 재건축사업에서는 조합설립인가 전까지 결정하여야 한다.

○ 권리가액

권리가액은 관리처분계획기준일을 기준으로 조례 제27조제3항에 따라 산정된 종전토지등의 총가액을 말한다(조례 제2조제3호).

○ 권리가액 = (종전 소유 토지 및 건축물 가액) × 비례율
○ 비 례 율 = (구역 내 사업완료 후의 대지 및 건축시설의 총 추산액 − 총 사업비) ÷ (구역 내 종전토지 및 건축물의 총가액) × 100

권리가액의 합산 산정의 자세한 설명은 추후 조례 제27조제3항에서 따로 설명하기로 한다.

권리가액은 분양대상 자격이 없는 30㎡ 이상~90㎡ 미만의 토지소유자나 근린생활시설 소유자 등에 대해 분양대상자 가능여부를 판가름하는 기능이 있다. 재개발사업에서의 종전토지의 총면적 90㎡ 미만의 자 또는 종전의 건축물 중 주택(기존무허가건축물로서 사실상 주거용으로 사용되고 있는 건축물을 포함한다.)을 소유한 자를 분양대상자로 구제해 줄 수 있는 규정이다.

재개발사업장에서 발생할 확률이 거의 없고, 도시환경정비사업의 경우 가끔 발생하기도 한다. 왜냐하면 권리가액이 90㎡이거나 근린생활시설로 적은 지분을 가진 소유주가 분양용 최소규모 1가구의 추산액 이상이 나오기가 어렵기 때문이다. 상업지역이나 준주거 등의 도시환경정비사업에서 가능한 경우가 있다.

예를 들어, 분양용 최소규모 공동주택 면적이 60㎡이고 조합원 분양가가 4억 원인 경우, 30㎡~90㎡의 토지권리가액이 4억 원 이상 또는 근린생활시설의 권리가액이 4억 원 이상인 소유자는 공동주택의 분양대상자가 될 수 있다.

○ 2009.8.7 이후 최초 조합설립인가 신청 분부터 적용

부 칙 〈2009.7.30〉

제4조(세대의 기준변경에 따른 경과조치) ① 제27조제1항 및 제2항에 따라 개정된 세대의 기준은 2009.8.7 이후 최초로 조합설립인가를 얻은 분부터 적용한다.
② 이 조례 시행 당시 종전의 규정에 따른 조합설립인가 신청 분은 제27조제1항 및 제2항 개정규정에도 불구하고 종전의 규정에 따른다.

2009.2.6 법 개정되면서 법 제19조제1항은 공포 후 6개월이 경과한 날부터 효력이 발생함에 따라, 권리가액을 합산하게 되는 세대원은 그 효력이 발생하는 2009.8.7 이후 최초 조합설립인가 분부터 적용된다. 단독주택 재건축사업의 경우

도 권리가액을 합산하게 되는 세대원은 2009.8.7 이후 최초 조합설립인가 분부터 적용된다.

○ **권리가액과 분양대상자(제27조제3항과의 관계)**

1호인 "분양신청자가 소유하고 있는 권리가액"이란 종전자산의 권리가액이 주택, 근린생활시설 또는 토지의 종류에 불문하고 재개발사업으로 건립되는 공동주택 1가구의 추산액 이상이면 분양대상자가 된다. 이 권리가액 산정 시 분양신청자가 동일한 세대인 경우의 권리가액은 세대원 전원의 가액을 합산하여 산정할 수 있다.

- 재개발·도시환경정비사업에서의 "세대"

2003.12.30부터 2009.7.30 전까지 세대는 "세대주와 동일한 세대별 주민등록표상에 등재되지 않은 세대주의 배우자 및 배우자와 동일한 세대를 이루고 있는 세대원을 포함한다."는 의미였다.

그 후 2009.7.30 조례(제27조제2항제2호)에서 재개발·도시환경정비사업과 관련하여 이 조항의 단서 규정을 "이 경우 동일한 세대별 주민등록표 상에 등재되지 않은 배우자 및 미혼인 20세 미만의 직계비속은 1세대로 보며, 1세대로 구성된 수인의 토지등소유자가 조합설립인가 후 세대를 분리하여 동일한 세대에 속하지 아니하는 때에도 이혼 및 20세 이상 자녀의 분가를 제외하고는 1세대로 보고, 권리가액은 세대원 전원의 가액을 합산하여 산정한다."고 바뀌었으나, 2010.7.15 이 단서 규정이 삭제되었다.

2009.8.7 이후 조합설립인가를 득한 재개발·도시환경정비사업의 "세대기준"은 부칙(2009.7.30) 제4조의 적용을 받아, 2009.7.30 조례(제27조제2항제2호) 단서에 따라야 한다. 부칙에서 설명하듯이, 조례 제27조제1항과 제2항에서의 "세대 기준" 범위는 같다.

2009.8.7 이전의 세대 기준은 조례(제24조제2항제2호)에 따라야 한다. 이 세대의 범위는 "세대주와 동일한 세대별 주민등록표상에 등재되지 않은 세대주의 배우자 및 배우자와 동일한 세대를 이루고 있는 세대원을 포함한다."는 것이다.

▢ 시도별 조례

○ 경기도

해당 조문이 없다.

○ 부천시, 남양주시, 안양시, 남양주시, 수원시, 화성시, 안성시

해당 조문이 없다.

○ 인천시

제24조(주택의 공급순위) 재개발사업과 도시환경정비사업의 관리처분계획을 수립할 때에 영 제52조제1항제8호에 따른 주택의 공급순위는 다음 각 호의 기준에 따른다.

1. 분양대상자가 소유한 기존의 토지 또는 건축물의 권리가액에 가장 근접한 가격의 분양대상주택을 해당 분양대상자에게 공급한다. 이 경우 권리가액에 근접한 가격의 분양대상주택이 2 이상인 때에는 분양신청내용에 따른다.
2. 제1호에 불구하고 조합의 정관 등이 정하는 경우에는 다음 각 목에 따른 주택의 규모별 공급물량을 권리가액이 많은 순으로 공급할 수 있다.
   가. 국민주택규모(전용면적이 85㎡ 이하인 주택의 규모를 말한다. 이하 같다.)의 주택은 공급물량의 전부
   나. 국민주택규모를 초과하는 주택은 그 분양대상주택의 각 평형별 공급물량의 50% 까지(분양 신청된 주택의 물량이 분양대상주택의 50% 이하인 경우에만 적용한다.)와 가목에 따른 주택의 공급물량이 분양 신청된 주택의 물량보다 부족한 경우의 그 부족분
3. 동일한 규모의 주택에 대한 분양신청자가 분양대상주택의 물량보다 많은 경우에는 권리가액이 많은 순으로 공급하고 권리가액이 동일한 경우와 주택의 동·호수 결정 등은 공개 추첨에 따른다.

➡ 서울시와 달리 '분양신청자가 동일한 세대인 경우의 권리가액은 세대원 전원의 가액을 합산하여 산정할 수 있다.'는 단서 규정이 없다.

○ **부산시**

제22조(재개발사업의 분양대상 등) ① 영 제52조제1항제3호 단서에 따라 재개발사업으로 조성되는 대지 및 건축시설 중 공동주택의 분양대상자는 관리처분계획기준일 현재 다음 각 호의 어느 하나에 해당하는 자로 한다. 〈개정 2005.2.16, 2010.3.3, 2012.12.26〉

3. 분양신청자가 소유하고 있는 종전 토지 및 건축물의 가액이 분양용 최소규모 공동주택 1가구의 추산액 이상인 자

○ **대구시**

제22조(현금청산 대상) ① 재개발사업의 경우 법 제48조제2항제3호 및 영 제52조제1항제3호의 단서에 의하여 현금으로 청산할 수 있는 토지 또는 건축물은 다음 각 호의1에 해당하는 경우를 말한다.

1. 분양신청자가 소유하고 있는 종전의 토지 및 건축물의 가액이 당해 사업시행구역의 분양예정 토지 및 건축물중 분양예정 최소 규모 공동주택 1세대의 추산액(제23조제1항제1호 및 제2호에 의한 지분 대지가격을 포함한 공동주택가격을 말한다.) 이하인 경우.
   이 경우 종전의 토지 및 건축물의 가액은 사업시행인가일을 기준으로 산정하며, 구체적인 산정기준을 규칙에서 정하는 경우 이에 따라 산정한다.

○ **대전시**

제22조(재개발사업의 분양대상 등) ① 영 제52조제1항제3호에 의하여 재개발사업으로 건립되는 공동주택의 분양대상자는 관리처분계획기준일 현재 다음 각 호의 어느 하나에 해당하는 자로 한다. 〈개정 2007.2.23 조례 제3480호〉

3. 분양신청자가 소유하고 있는 종전의 토지 및 건축물의 가액(이하 "권리가액")이 분양용 최소규모 공동주택 1가구의 추산액 이상인 자

○ **광주시**

제25조(재개발사업의 분양대상 등) ① 영 제52조제1항제3호에 따라 재개발사업으

로 건립되는 공동주택의 분양대상자는 관리처분계획기준일 현재 다음 각 호의 어느 하나에 해당하는 토지등소유자로 한다. 〈개정 2012.5.15〉

3. 분양신청자가 소유하고 있는 권리가액이 분양용 최소규모 공동주택 1가구의 추산액 이상인 자

▢ 유권해석

분양용 최소 규모 공동주택 1세대 추산액 이상인 자의 의미

Q 종전 도시재개발사업조례 제27조(현행 도시정비조례 제24조)의 공동주택 분양대상자 규정 중 "당해 사업시행구역의 분양예정대지 및 건축시설 중 분양용 최소규모 공동주택1세대의 추산액 이상인 자"의 의미는?

A "당해 사업시행구역의 분양예정대지 및 건축시설 중 분양용 최소규모 공동주택 1세대의 추산액 이상인 자"란 분양예정대지 및 건축시설의 면적이나 규모에 불구하고 분양금액이 가장 낮은 공동주택 1세대의 추산액을 의미함(서울시 주정58531-3389, 2003.12.29).

※ 분양신청자가 소유하고 있는 부동산의 권리가액이 분양용 최소규모 공동주택 1가구의 추산액 이상이면 상가를 소유한 사람이라도 분양대상자가 되는데, 정비기본계획 공람 전에는 이 금액이 전용 18평(분양평수 25평형) 분양가 이상이 될 것이다(대체로 25평형부터 분양).

그러나 일부 전략정비구역에서는 전용 9평짜리도 분양 예정이므로 이 금액은 9평의 분양가가 될 수 있다. 즉, 상가를 갖고 있는 사람 대다수도 아파트 분양 대상자가 될 수 있겠다. 일부 사람들은 소형평형이 늘어 불만스러울 수 있지만, 아파트를 받고 싶은 상가분양대상자들이 이익을 보게 될 수 있다.

사무실이나 근린생활시설을 소유한 경우 공동주택 분양대상 여부

Q 사무실이나 근린생활시설을 소유하는 조합원의 공동주택 분양대상이 되는지?

A 도시정비조례 제24조제1항제3호에 따라 관리처분계획기준일 현재 분양신청자가 소유하고 있는 권리가액이 분양용 최소규모 공동주택 1가구의 추산액 이상인 경우

분양대상이 될 것이나 구체적인 사항은 조합정관에 따라 판단하여야 함(서울시 주거정비과-12434, 2004.12.13).

1필지 토지상 동일인 명의로 주택과 점포를 소유한 경우 아파트와 상가 모두 분양대상인지 여부와 주택 2동 중 1동을 사업시행인가 후, 타인에게 매도한 경우 각각 분양대상인지 여부

Q 1필지 토지상 주택1동과 점포 1동의 건축물이 동일인 명의로 1개 건축물대장 및 1개 등기부등본 상 등재되어 주거와 영업을 계속하였을 경우 아파트와 상가 분양권이 각각 주어지는지 여부와 동일인 명의로 주택 2동을 소유하다 사업시행인가 후 1동은 다른 사람에게 매도한 경우에 분양권이 인정되는지?

A 공동주택을 분양받고 그 분양가격을 제외한 종전 권리가액이 상가의 최소 분양 추산액 이상인 경우에는 정관에서 정한 순위에 따라 상가를 분양받을 수 있으며, 재개발사업으로 공급하는 주택등의 분양대상은 관리처분계획기준일 현재 부동산등기부에 의하여 판단하므로 질의의 주택을 분양신청 마감일 전에 매각하였다면 각각 분양대상이 될 수 있음(서울시 주거정비과-9150, 2004.9.15).

서울시 도시정비조례 제24조에 대하여

Q 도시정비법 시행령 제52조제1항제3호에 의하여 서울시의 경우, 재개발사업으로 건립되는 공동주택의 분양대상자는 관리처분계획기준일 현재 도시정비조례 제24조제1항제1호인 '종전의 건축물 중 주택(기존무허가건축물 및 사실상 주거용으로 사용되고 있는 건축물을 포함한다.)을 소유한 자'에 해당하는 토지등소유자로 한다.

① 신축 근린생활시설 신축분양 지분의 구입 할 경우 분양권이 나오는지?

② 아니면 현금청산 대상이 되는지?

③ 근린생활시설 신축을 본인이 직접 사실상 거주용으로 사용할 경우에는 공동주택 분양대상자로 판정이 되는지?

A 재개발사업으로 건립되는 공동주택의 분양대상자는 서울시 도시정비조례 제24조제1항에 따라 '주택을 소유한 자, 당해 재개발구역 내 종전 토지의 총면적이 90㎡ 이상인 자, 분양신청자가 소유하고 있는 권리가액이 분양용 최소규모 공동주택 1가구의 추산액 이상인 자'로 정하고 있음. 따라서 주택이 아닌 다른 용도의 건축물

을 소유하고 있는 자는 동 조례 제24조제1항제3호에 따라 감정평가에 의하여 산정된 당해 건축물의 권리가액이 조합원에게 분양되는 주택 중 최소분양가 이상인 경우에 분양대상이 될 수 있음(서울시 주거정비과, 2008.1.14).

종전 법률에 의하여 사업시행인가된 구역에서 동일인 소유의 건물 1동을 매각한 경우 분양자격

Q 2000.3 구역지정 되고, 2001.7 사업시행인가된 재개발구역에서 사유지상 주택 1동과 인접한 지번이 다른 국·공유지상 주택 1동을 1인이 소유하고 있다가 2000.5 국·공유지상 주택 1동을 타인에게 소유권이전등기를 했을 때 각각 분양대상자로 볼 수 있는지?

A 도시재개발사업조례 제27조제1항제3호에 의하면 종전의 건축물 중 주택을 소유한 자는 공동주택의 분양대상자로 하되, 하나의 대지범위 안에 수개의 건축물이 있는 경우로서 구역지정·고시일 이후 그 건축물을 취득한 경우에는 수인의 분양신청자를 하나의 분양대상자로 보도록 규정하고 있으므로 질의의 분양대상 여부는 그 주택이 하나의 대지범위에 속하는 지 여부가 먼저 판단되어야 할 것임(서울시 주거정비과 2003.11.5).

[제27조제1항제4호]

제27조(재개발사업의 분양대상 등) ① 영 제52조제1항제3호에 따라 재개발사업으로 건립되는 공동주택의 분양대상자는 관리처분계획기준일 현재 다음 각 호의 어느 하나에 해당하는 토지등소유자로 한다.

4. 사업시행방식전환[10]의 경우에는 전환되기 전의 사업방식에 따라 환지를 지

10) 도시정비법 제80조(재개발사업의 시행방식의 전환) ① 시장·군수는 제9조제1항에 의하여 사업대행자를 지정하거나, 토지등소유자의 4/5 이상의 요구가 있어 제6조제2항에 의한 재개발사업의 시행방식의 전환이 필요하다고 인정하는 경우에는 정비사업이 완료되기 전이라도 대통령령이 정하는 범위 안에서 정비구역의 전부 또는 일부에 대하여 시행방식의 전환을 승인할 수 있다.
② 사업시행자는 시행방식을 전환하기 위하여 관리처분계획을 변경하고자 하는 경우 토지면적의 2/3 이상의 동의와 토지등소유자의 4/5 이상의 동의를 얻어야 하며 변경절차에 관하여는 제48조제1항의 관리처분계획 변경에 관한 규정을 준용한다.

정받은 자. 이 경우 제1호부터 제3호까지 규정은 적용하지 아니할 수 있다.

○ 사업시행방식 전환(자력재개발사업→합동재개발사업)

사업시행방식 전환은 재개발사업에 한해 적용된다.

구 도시재개발법에 의한 자력재개발을 추진하던 재개발사업을 도시정비법상 합동재개발로 사업시행방식을 바꾸는 것을 말한다. 마포구 아현1-3, 상계2구역, 봉천4-1구역 재개발사업 등이 대표적인 사례이다. 주로 고지대 또는 주거환경이 열악한 지역으로서 주거환경개선사업과 재개발사업의 중간 영역에 있는 재개발사업장이 이에 해당한다.

추진위원회의 승인을 받았거나, 사업시행인가를 받은 경우, 사업시행방식의 전환이 이루어지려면 관리처분계획인가를 받고 '환지를 지정받은 자'이어야 한다. 주로 자력재개발사업으로 중·저층의 다세대나 연립주택 등을 건설하려 하였으나, 여건 변화로 인해 고층아파트로의 건설을 위한 합동재개발로 전환하는 것이 대부분이다.

○ 환지를 지정받은 자 VS 분양대상자

자력재개발에 의해 환지를 지정받은 자는 조례 제27조(재개발사업의 분양대상 등) 제1항제1호 내지 제3호 및 제2항의 적용을 받지 않으며, 환지면적의 크기, 공동환지 여부에 관계없이 환지를 지정받은 자 전부를 분양대상자로 할 수 있다(조례 제27조제4항).

▢ 시도별 조례

○ 경기도

관련 조문이 없다.

○ 부천시, 남양주시, 안양시, 남양주시, 수원시, 화성시, 안성시

관련 조문이 없다.

○ **인천시**

제23조(관리처분의 기준 등) ③ 제2항에 불구하고 다음 각 호의 어느 하나에 해당하는 토지등소유자에게는 공동주택을 공급할 수 있다.

2. 법 제80조제1항에 따라 재개발사업의 시행방식이 전환된 경우로서 종전의 사업시행방식에 따라 환지를 지정받은 토지등소유자

○ **부산시**

제22조(재개발사업의 분양대상 등) ① 영 제52조제1항제3호 단서에 따라 재개발사업으로 조성되는 대지 및 건축시설중 공동주택의 분양대상자는 관리처분계획기준일 현재 다음 각 호의 어느 하나에 해당하는 자로 한다. 〈개정 2005.2.16, 2010.3.3, 2012.12.26〉

4. 사업시행방식이 전환되는 경우 전환되기 전의 사업방식에 의하여 환지를 지정받은 자. 이 경우 제1호부터 제3호까지의 규정은 적용하지 아니할 수 있다. 〈개정 2010.3.3〉

○ **대구시**

제21조(재개발 및 도시환경정비사업의 관리처분계획기준 등) 법 제48조의 규정에 의하여 사업시행자가 수립하는 재개발사업 및 도시환경정비사업의 관리처분계획의 기준은 다음 각 호의 기준에 적합하여야 한다.

1. 종전 토지의 소유면적은 관리처분계획기준일 현재 「측량·수로조사 및 지적에 관한 법률」 제2조제19호에 따른 소유토지별 지적공부(사업방식이 전환되는 경우에는 환지예정지증명원)에 의할 것. 다만, 재개발구역의 국·공유지 점유자는 관계법령과 정관등이 정하는 바에 따라 점유연고권이 인정되어 그 경계를 기준으로 실시한 지적측량성과를 기준으로 하며, 도시환경정비구역의 국·공유지 점유연고권 인정 기준은 관계법령과 정관 등이 정하는 바에 의한다. 〈개정 2013.3.11 조례 제4479호〉
2. 종전 건축물의 소유면적은 관리처분계획기준일 현재 소유 건축물별 건축물대장을 기준으로 할 것. 다만, 정관등이 정하는 바에 따라 재산세 과세대장

또는 측량성과를 기준으로 할 수 있다. 이 경우 위법하게 건축된 부분의 면적(무허가건축물의 경우에는 기존무허가건축물에 추가된 면적을 말한다.)은 제외한다.

3. 종전 토지 또는 건축물의 소유권은 관리처분계획기준일 현재 부동산 등기부(사업방식이 전환되는 경우에는 환지예정지증명원)에 의하며, 무허가건축물인 경우에는 구청장 또는 관할 읍·면·동장이 발행한 무허가건물확인원 또는 소유자임을 입증하는 자료를 기준으로 하고, 국·공유지는 제1호 단서 규정에 따라 인정된 점유연고권자를 기준으로 한다.

○ **대전시**

관련 조문이 없다.

○ **광주시**

제25조(재개발사업의 분양대상 등) ① 영 제52조제1항제3호에 따라 재개발사업으로 건립되는 공동주택의 분양대상자는 관리처분계획기준일 현재 다음 각 호의 어느 하나에 해당하는 토지등소유자로 한다. 〈개정 2012.5.15〉

1. 종전의 건축물 중 주택(기존무허가건축물 및 사실상 주거용으로 사용되고 있는 건축물을 포함한다.)을 소유한 자
2. 분양신청자가 소유하고 있는 종전 토지의 총면적이 건축조례 제31조제1호의 규모 이상인 자. 다만, 구역지정 공람·공고일 전에 분할된 1필지의 토지로서 그 면적이 30㎡ 이상인 토지(지목이 도로이며 도로로 이용되고 있는 토지를 제외한다.)의 소유자는 법 제28조에 따른 사업시행인가·고시일 이후부터 법 제52조제3항에 따른 공사완료·고시일까지 분양신청자를 포함한 세대원(세대주 및 세대주와 동일한 세대별 주민등록표상에 등재되어 있지 아니한 세대주의 배우자 및 배우자와 동일한 세대를 이루고 있는 세대원을 포함한다.) 전원이 주택을 소유하고 있지 아니한 경우에 한하여 분양대상자로 한다. 〈개정 2010.1.1, 2012.5.15〉
3. 분양신청자가 소유하고 있는 권리가액이 분양용 최소규모 공동주택 1가구의 추산액 이상인 자

4. 사업시행방식전환의 경우에는 전환되기 전의 사업방식에 의하여 환지를 지정받은 자. 이 경우 제1호 내지 제3호의 규정은 적용하지 아니할 수 있다.

□ 유권해석

Q 재개발사업 시행방식전환 시 동의기준을 산정할 때 사업시행방식이 변경되는 부분만의 토지등소유자의 동의가 필요한지, 아니면 구역 전부의 토지등소유자 동의가 필요한지?

A 당초 재개발구역안의 토지등소유자 중 준공된 부분을 제외한 나머지 부분의 토지등소유자의 동의를 얻어야 함(국토부 주택건설공급과 2009.12.22).

Q 주거환경개선사업의 경우, 현지개량방식으로 기반시설 설치가 완료된 지구를 도시정비법에 의한 공동주택방식 또는 재개발사업으로 변경시행이 가능한지?

A 사업시행이 완료된 주거환경개선지구를 사업방식 변경 또는 다른 사업으로 변경 시행하는 것은 바람직하지 않지만, 정비계획 수립대상구역 지정요건 및 기 투입 예산, 주택개량 현황 지역주민 의견 등을 종합적으로 검토하여 당해 정비기본계획 및 정비계획 수립권자인 해당 지자체장이 사업 시행여부를 판단하여야 할 것임(국토해양부).

환지공급에서 관리처분계획에 의한 방식으로 변경한 구역에서의 분양대상

Q 환지받은 4명으로부터 제3자가 토지사용승낙을 받아 주택을 건립하고, 주택을 건립한 자가 단독으로 건축물 등기를 했을 경우 환지받은 자 4명과 토지사용승낙을 받아 주택을 등기한 자를 포함한 5인이 분양대상자가 되는지?

A 도시정비조례 제24조제1항제4호에 의하면 사업시행방식 전환의 경우에는 전환되기 전의 사업방식에 의하여 환지를 지정받은 자로 정하고 있으며, 이 조례 제24조제4항에 의하면 사업시행방식 전환의 경우에는 환지면적의 크기, 공동환지 여부에 관계없이 환지를 지정받은 자 전부를 각각 분양대상자로 할 수 있다고 정하고 있

는바, 당초 환지공급방식에서 관리처분계획에 의한 방식으로 사업시행방식을 전환하는 경우 환지 지정 내용에 따라 분양대상자로 할 수 있도록 정하고 있음(서울시 주거정비과 2005.6.30).

※ 조례 제24조는 개정 전의 것으로, 현재는 조례 제27조이다.

사업시행방식을 전환한 구역의 분양대상

Q 사업시행방식이 전환되는 재개발구역에서 A와 B 두 사람이 각각 구분되어 있는 2개의 필지(환지)에 하나의 주택을 지었을 경우(대지는 각자 소유, 주택은 공유) A와 B 모두 분양대상이 되는지?

A 도시정비조례 제24조에 의하면 사업시행방식 전환의 경우에는 전환되기 전의 사업방식에 의하여 환지를 지정받은 자는 분양대상자로 정하고 있음(서울시 주거정비과 2005.7.15).

[제27조제1항제5호]

재개발사업으로 건립되는 공동주택의 분양대상자는 관리처분계획기준일 현재 다음에 해당하는 토지등소유자로 한다. 〈개정 2009.7.30〉

5. 재정비특별법 제11조제4항에 따라 재정비촉진계획에 따라 기반시설을 설치하게 되는 경우로서 종전의 주택(사실상 주거용으로 사용되고 있는 건축물을 포함한다.)에 관한 보상을 받은 자 〈개정 2009.7.30〉

재정비특별법이 제정(2006.7.1)된 이후 2008.7.30에서야 서울시는 도시정비조례 제24조제1항제5호를 신설하였으며, 2009.7.30 조항만 제27조제1항제5호로 바뀌었다. 그러나 경기도, 인천시, 부산시 등에서는 이와 관련된 규정이 없다.

재정비촉진계획에 의하여 기반시설을 설치하게 되는 경우 시장·군수·구청장으로부터 토지 또는 건축물 등에 관한 보상을 받은 자가 그 보상금액에 국토부령이 정하는 이자를 더한 금액을 반환하는 경우에는 당해 또는 인접한 재정비촉진구역의 토지등소유자로 본다는 규정에 따라 이들에게는 조합원으로서 분양대상자가 된다. 그러나 촉진지구가 아닌 뉴타운지구에서는 구청장이 선정한 자에 대하여는 도시정비법 제16조에 의한 동의를 받아야 분양대상자가 된다는 의미다.

- 근거 규정

재정비특별법 제11조(기반시설 설치비용의 분담 등) ④ 시장·군수·구청장이 재정비촉진계획에 의하여 기반시설을 설치하게 되는 경우 시장·군수·구청장으로부터 토지 또는 건축물 등에 관한 보상을 받은 자가 그 보상금액에 국토부령이 정하는 이자를 더한 금액을 시장·군수·구청장에게 반환하는 경우에는 당해 또는 인접한 재정비촉진구역의 토지등소유자로 보며, 이 경우 해당 재정비촉진구역 사업시행자가 기반시설의 설치에 필요한 부지를 제공한 것으로 본다. 또한 토지 또는 건축물 등에 관한 보상을 받은 자가 보상금액을 반환하지 아니한 때에는 당해 또는 인접한 재정비촉진구역에서 매각되는 토지 또는 건축물에 대하여 우선 매수를 청구할 수 있다.

서울시 도시정비조례 제13조(조합정관에 정할 사항) 영 제31조제17호에서 "그 밖에 시도 조례가 정하는 사항"이란 다음 각 호의 사항을 말한다. 〈개정 2009.7.30, 2011.5.26〉

1. 이사회의 설치 및 소집, 사무, 의결방법 등 이사회 운영에 관한 사항
2. 도시환경정비사업의 임대주택의 건설 및 처분에 관한 사항
3. 특정무허가건축물 소유자의 조합원 자격에 관한 사항
4. 공유지분 소유권자의 대표자 선정에 관한 사항
5. 단독 또는 다가구주택을 건축물 준공이후 다세대주택으로 전환된 주택을 취득한 자에 대한 분양권 부여에 관한 사항
6. 뉴타운지구의 도시계획사업으로 철거되는 주택을 소유한 자 중 구청장이 선정한 자에 대한 주택의 특별공급에 관한 사항
7. 법 제28조제5항에 따라 사업시행인가 신청시 토지등소유자의 동의에 관한 사항
8. 융자금액 상환에 관한 사항
9. 융자 신청 당시 담보 등을 제공한 조합장 등이 변경될 경우 채무 승계에 관한 사항

○ **종전의 주택(사실상 주거용으로 사용되고 있는 건축물 포함)에 관한 보상을 받은 자**

- 도시정비법과 재정비특별법상 분양대상자

도시정비법상 재개발사업으로 건립되는 공동주택의 분양대상자는 관리처분계획 기준일 현재 "종전의 건축물 중 주택(기존무허가건축물로서 사실상 주거용으로 사용되고 있는 건축물을 포함한다.)을 소유한 자"에 해당하는 토지등소유자가 분양대상자이다(조례 제27조제1항제1호). 이는 재개발·도시환경정비사업의 경우 공동주택의 분양대상자라는 의미(도시환경정비사업은 이 규정을 준용)로 규정하고 있지만, 재건축사업에 대해서는 이러한 규정이 없다.

반면 재정비촉진사업(재개발·도시환경정비사업 외에도 재건축사업도 포함)에서는 구청장이 재정비촉진계획에 의하여 기반시설을 설치하게 되는 경우 토지 또는 건축물 등에 관한 보상을 받은 자가 그 보상금액에 이자를 더한 금액을 반환하면 당해 또는 인접한 재정비촉진구역의 토지등소유자로 간주한다. "토지등소유자로 간주한다."고 규정하여 이들이 공동주택의 분양대상자가 될 수 있다고 규정하고 있다.

- 종전의 주택(사실상 주거용으로 사용되고 있는 건축물 포함)

재정비특별법상 종전의 주택에는 "사실상 주거용으로 사용되고 있는 건축물을 포함한다."고 하여, 서울시 도시정비조례(제27조제1항제1호)에서의 "주택(특정무허가건축물로서 사실상 주거용으로 사용되고 있는 건축물을 포함한다.)"과 차이를 보이고 있다. '특정무허가건축물'이란 단어가 제외되어, 이에 대한 해석이 분분하기 때문이다. 또한, '특정무허가건축물'의 범위를 시도 도시정비조례에서 다르게 규정하고 있어, 이에 대한 적용범위도 살펴보아야 한다.

재정비특별법상 '사실상 주거용으로 사용되고 있는 건축물에 관한 경과조치'는 조례 부칙(2008.7.30)을 적용해야 할 것이다.

○ **뉴타운사업과 「서울시 철거민 등에 대한 국민주택 특별공급규칙」(서울시규칙 제3616호, 2008.4.10, 일부개정)**

- 뉴타운사업·재정비촉진사업의 구별

서울시 뉴타운사업은 재정비촉진사업과 그 성격이 다르다. 이는 「서울시 지역균형발전지원에 관한 조례」에 의한 '뉴타운·균형발전촉진지구사업'을 통칭한 것으로, 재개발·도시환경정비사업을 말한다. 뉴타운사업은 시범, 1차, 2차, 3차 사업으로, 균형발전촉진지구사업의 경우는 시범, 1차, 2차 사업으로 나뉜다.

이 중에서 2차 뉴타운사업을 제외하고 재정비촉진사업으로 의제되었으며, 일부는 뉴타운사업으로 진행되어왔다. 반면, 경기도 뉴타운사업은 서울시와는 달리, 모두 재정비특별법에 의한 재정비촉진사업이므로 유의하여야 한다.

재정비촉진사업으로 의제되거나, 새로 지정된 경우에는 5호에 적용되지만, 뉴타운·균형발전촉진지구사업에서는 이에 적용되지 않는다.

「서울시 철거민 등에 대한 국민주택 특별공급규칙」에서 뉴타운·균형발전촉진지구사업에서 철거민에 대한 주택공급규정이 없고 임대주택을 공급하고 있기 때문이다.

- 뉴타운사업과 서울시 도시정비조례 제13조의 조합정관

재정비촉진사업과는 달리, 뉴타운·균형발전촉진지구사업의 경우 「서울시 철거민 등에 대한 국민주택 특별공급규칙」에서 철거민에 대한 주택공급이 아닌 임대주택을 공급하고 있다. 즉 재정비촉진사업에서는 당연히 공동주택의 분양대상자이다.

서울시 도시정비조례(제13조)에서 "뉴타운지구의 도시계획사업으로 철거되는 주택을 소유한 자 중 구청장이 선정한 자에 대한 주택의 특별공급에 관한 사항"을 조합정관에서 정하도록 하였다. 이 규정이 없으면, 뉴타운사업에서 도시계획시설사업(도로, 공원 등 설치)이 사실상 불가능하기 때문이다.

이들이 공동주택 분양대상자가 되려면, 도시정비법(제16조)에 의한 동의를 받아야 하는데, 재개발·도시환경정비조합은 토지등소유자의 3/4 이상, 토지면적의 1/2 이상의 동의를 받아야 한다.

▢ 시도별 조례

재정비특별법의 이해도가 낮아서 그런지, 다른 시도의 경우 서울시와 같은 조문이 없다.

[제27조제2항제1호]

재개발사업으로 건립되는 공동주택의 분양대상자는 관리처분계획기준일 현재 다음에 해당하면 수인의 분양신청자를 1인의 분양대상자로 본다. 〈개정 2009.7.30, 2010.7.15〉

1. 단독주택 또는 다가구주택을 권리산정기준일 후 다세대주택으로 전환한 경우 〈개정 2009.7.30, 2010.7.15〉

2009.2.6 도시정비법의 개정으로 법 제50조의2인 권리산정기준일이 신설되었다.

개정법과 달리 서울시는 기존 권리산정기준일이라 주장하던 2003.12.30을 그대로 두면서, 2010.7.15 조례를 개정하여 종전의 '건축물 준공 이후'를 '권리산정기준일 후'로 바뀌었다. 2010.7.16부터는 구역지정·고시일 이후의 건축행위를 금지하면서 이 날을 권리산정기준일로 삼았던 것이다.

그러나 앞서 설명한 바와 같이 2010.7.16 전에 정비기본계획이나 지구단위계획이 수립된 지역에서는 종전의 조례에 의하게 되므로, 2003.12.30 및 2010.7.15 조례 부칙의 이해가 필요하다.

조례 부칙 〈제5007호, 2010.7.15〉

제1조(시행일) 이 조례는 2010.7.16부터 시행한다.

제3조(권리산정기준일에 관한 적용례 및 경과조치) ① 제27조 및 제28조 개정규정은 최초로 기본계획(정비예정구역에 신규로 편입지역 포함)을 수립하는 분부터 적용한다.

② 이 조례 시행 전에 기본계획이 수립되어 있는 지역 및 지구단위계획이 결정·고시된 지역은 종전규정(제27조 및 제28조)에 따른다.

부칙 제3조제2항의의 "종전 규정에 따른다."의 경우, 조례 시행 전(2010.7.15)에 정비기본계획이 수립되어 있는 지역이나 지구단위계획이 결정·고시된 지역은 종전 조례 제27조 및 제28조에 따르게 되므로, 새로운 권리산정기준일을 적용받지 못한다.

위 '종전 조례'란 2003.12.30 시행된 조례 부칙 제5조와 제7조를 말하는 것으로, 재개발·도시환경정비사업(조례 제27조제2항제3항) 및 단독주택 재건축사업(제28조제2항)에 적용된다.

○ 조례 부칙 〈제4167호, 2003.12.30〉

제1조(시행일) 이 조례는 공포한 날부터 시행한다.

제5조(분양대상기준의 경과조치) 제24조제2항제1호에 불구하고 이 조례 시행 전에 단독 또는 다가구주택을 다세대주택으로 전환하여 구분등기를 완료한 주택에 대하여는 전용면적 60㎡ 이하의 주택을 공급하거나 정비구역안의 임대주택을 공급할 수 있으며, 다세대주택의 주거전용총면적이 60㎡를 초과하는 경우에는 종전 관련조례에 의한다. 단, 하나의 다세대전환주택을 공유지분으로 소유하고 있는 경우에는 주거전용 총면적에 포함시키지 아니하며 전용면적 85㎡ 이하 주택을 분양신청 조합원에게 배정하고 잔여분이 있는 경우, 전용면적 60㎡ 이하 주택 배정조합원의 상향요청이 있을 시에는 권리가액 다액 순으로 추가 배정할 수 있다.

제7조(다가구주택의 분양기준에 관한 경과조치) 1997.1.15 이전에 가구별로 지분 또는 구분소유등기를 필한 다가구 주택(1990.4.21 다가구주택제도 도입이전에 단독주택으로 건축허가를 받아 지분 또는 구분등기를 필한 사실상의 다가구주택을 포함한다.)은 제24조제2항제3호에 불구하고 다가구 주택으로 건축허가 받은 가구 수에 한하여 가구별 각각 1인을 분양대상자로 한다. 〈개정 2005.11.10〉

부칙 제5조가 만들어진 배경은 지분 쪼개기와 지분합치기를 방지하기 위해 탄생되었다.

지분 쪼개기는 단독이나 다가구주택을 다세대주택으로 전환해 구분등기 하거나 또는 그 수를 늘리는 것을 말한다. 이는 재개발·도시환경정비사업에서 입주권을 늘려서, 조합원 수가 늘어나 결정적으로 사업성을 떨어뜨리는 장애 요인이었다. 서울시는 이러한 지분쪼개기를 금지시키기 위해 부칙 제5조를 만들게 된 것이다.

규제가 강화되면서 지분쪼개기 방법을 통해 다세대주택으로 만들어진 주택을 다시 단독 또는 다가구주택으로 전환하거나 조합원이 구역 내 지분을 추가로 매입하는 행위가 나타났다. 이를 일명 "지분합치기"라 한다. 이는 일부 조합원들이 지분을 합쳐 중대형아파트를 배정 받을 수 있을 것이란 기대와 부칙 제5조에 의해 나타난 현상이다.

– "전환"의 의미(조례 부칙 제5조와 제7조의 비교)

서울시 도시정비조례 중 다가구주택이 다세대주택으로 전환된 경우인 제24조제2항제1호 및 부칙 제5조 "전환"은 조례(2005.11.10 조례 제4330호로 개정되기 전의 것) 제24조제2항제1호, 제3호, 부칙 제5조·제7조의 입법 취지, 연혁 및 위 각 규정의 체계적 구조 등과 비교하면 서로 다르다.

조례 제24조제2항제3호, 부칙 제7조는 다가구주택에 관한 내용으로 지분등기 또는 구분소유등기가 경료된 경우에 관한 규정이고, 제24조제2항제1호, 부칙 제5조는 다가구주택이 다세대주택으로 전환된 경우에 관한 규정으로서의 '전환'이란 「건축물대장의 기재 및 관리 등에 관한 규칙」(2007.1.16 건교부령 제547호로 전부 개정되기 전의 것) 제6조제1항에 의한 '건축물대장의 전환'의 의미라고 대법원은 판시하였다.

즉, 「건축물대장의 기재 및 관리 등에 관한 규칙」 제6조제1항에 의한 '건축물대장의 전환'과 함께 부칙 제5조에 의해 2003.12.30까지 단독 또는 다가구주택을 다세대주택으로 전환하여 구분등기를 완료하여야 한다. 따라서 건축물대장의 전환과 구분등기의 완료가 필요충분조건으로 함께 이루어져야 한다. 이에 대해 최근 판례를 통해 더욱 강화되는 추세이므로 확인이 필요하다.

Q ① 서울시 도시정비조례 중 다가구주택이 다세대주택으로 전환된 경우에 관한 규정인 제24조제2항제1호, 부칙 제5조에서의 '전환'의 의미는?

② 다가구주택인 건물에 관하여 2002.10 지분등기를, 2003.7.31 구분소유등기를 각 마쳤을 뿐, 2003.12.30까지 다세대주택으로 건축물대장의 전환을 하지 않은 채 분양신청을 한 경우, 서울시 도시정비조례 부칙 제7조의 요건인 1997.1.15 이전에 가구별로 지분등기 또는 구분소유등기를 경료할 것'을 갖추지 못한 경우, 공동분양대상이 되는지?

A ① 서울시 도시정비조례(2005.11.10 조례 제4330호로 개정되기 전의 것) 제24조제2항제1호, 제3호, 부칙 제5조, 제7조의 입법 취지, 연혁 및 위 각 규정의 체

계적 구조 등에 비추어 보면, 위 조례 제24조제2항제3호, 부칙 제7조는 다가구주택에 관하여 지분등기 또는 구분소유등기만이 경료된 경우에 관한 규정임에 대하여, 제24조제2항제1호, 부칙 제5조는 다가구주택이 다세대주택으로 전환된 경우에 관한 규정으로서 이때의 '전환'이란 「구 건축물대장의 기재 및 관리 등에 관한 규칙」(2007.1.16 건교부령 제547호로 전부 개정되기 전의 것) 제6조제1항에 의한 '건축물대장의 전환'을 의미한다고 봄이 상당하다.

② 다가구주택에 관하여 2002.10 지분등기를, 2003.7.31 구분소유등기를 각 마쳤을 뿐, 2003.12.30까지 다세대주택으로 건축물대장의전환을 하지 않은 채 분양신청을 한 경우, 구 서울시 도시정비조례(2005.11.10 조례 제4330호로 개정되기 전의 것) 제24조제2항제3호에서 정한 '하나의 주택을 수인이 소유하고 있는 경우'에 해당하는데, 경과규정인 위 조례 부칙 제7조의 요건인 1997. 1.15 이전에 가구별로 지분등기 또는 구분소유등기를 경료할 것'이란 요건을 갖추지 못했으므로 공동분양대상이 된다(대법원 2009.9.10 선고 2009두10628 판결 관리처분계획취소).

1) 부칙 제5조, 분양대상기준의 경과조치(조례 부칙, 2003.12.30)

① 2003.12.30 전에 단독 또는 다가구주택을 다세대주택으로 전환하여 구분등기를 완료한 주택

①의 경우 전용면적 60㎡ 이하의 주택을 공급하거나, 정비구역안의 임대주택의 공급이 가능하다. 다세대주택의 주거전용 총면적(주거전용 총면적은 수개의 전환다세대주택의 전용면적을 합한 면적)이 60㎡를 초과하면 종전 조례에 의한다(60㎡ 초과 주택을 분양신청 조합원에게 배정함). 2004.1.1 이후의 다세대전환주택은 분양자격이 없다.

단, 하나의 다세대 전환주택을 공유지분으로 소유하고 있으면 주거전용 총면적에 포함시키지 않는다. 전용면적 85㎡ 이하 주택을 분양신청 조합원에게 배정하고 잔여분이 있는 경우, 전용면적 60㎡ 이하 주택 배정조합원의 상향요청이 있을 시에는 권리가액 다액 순으로 추가 배정할 수 있다.

다세대 전환주택(일명 전환다세대, 분리다세대, 지분쪼개기)이란 건축 준공 시에는 다가구(소유권자 1인)이었으나, 분양자격을 수개로 나눠 다세대(소유권자 수인으로 변경)로 구분등기한 다세대 주택을 말한다. 등기부등본 비고란에 “구분으로 인하여 또는 분할하여” 등의 표기를 통하여 알 수 있다. 이를 알기 위하여 등기부등본의 최초 소유권자와 현재의 소유권자를 비교해 이를 확인할 수 있다.

“전용면적 85㎡ 이하 주택을 분양신청 조합원에게 배정하고 잔여분이 있는 경우”란 당해 조합의 건립세대 중 전용면적 85㎡ 이하 주택을 분양신청 조합원에게 배정하고 다른 조합원에게 배정할 수 있는 잔여분이 남아 있는 경우이다.

그러나 60㎡ 이하의 다세대 전환주택 2개 이상 합쳐서 다세대주택의 주거전용면적 총면적이 60㎡ 이상이 되면, 85㎡ 이하의 공동주택(30평대 아파트)을 배정할 수 있다.

Q **2003.4.1 지정된 구역에서 같은 해 11월 단독 또는 다가구주택을 다세대 주택으로 전환하여 분리 매도한 경우, 각각 분양대상이 되는지?**

A 조례 부칙 제5조에 의하면 2003.12.30 이전 단독 또는 다가구주택을 다세대주택으로 전환하여 구분등기를 완료한 주택에 대하여는 전용면적 60㎡ 이하의 주택을 공급하거나 정비구역안의 임대주택을 공급할 수 있으며, 다세대주택의 주거전용면적이 60㎡를 초과하는 경우에는 종전 조례에 의함(서울시 주거정비과-4488, 2004.5.15).

분양대상기준의 경과조치 적용

해당 구역이 이미 정비기본계획에 포함되어 있든지 지구단위계획의 결정·고시가 있었다면 종전 조례 부칙(2003.12.30) 제5조를 적용해야 한다.

Q **2003.12.30 이후부터 재정비촉진지구 지정(인정)일까지 다가구주택의 다세대전환 등 재정비특별법 제33조에서 정한 행위에 대하여 분양권을 인정할 수 있는지?**

A 재정비특별법에 의한 촉진지구 지구지정·고시일 이전의 단독 또는 다가구주택이 다세대주택으로 전환되는 등의 경우 분양권 산정을 위한 구체적 기준은 서울시 도시정비조례 제24조(현행 조례 제27조를 말함) 각 호에서 결정되므로 동 조례 각 호의 해당여부를 판단할 사항이며, 또한 조례 제12조에 의하면 단독 또는 다가구

주택을 건축물 준공이후 다세대주택으로 전환된 주택을 취득한 자에 대한 분양권 부여에 관한 사항은 조합정관에서 정하는 사항인바, 조합이 인가된 지구의 경우 구체적 자료(건축물 관리대장, 등기부등본)를 구비하여 조합에 문의하기 바람(서울시 균형발전본부).

② "하나의 다세대 전환주택을 공유지분으로 소유 시, 주거전용 총면적에 포함시키지 않는다."의 의미

부칙(2003.12.30)에서 주거전용총면적 산정 시 구분대지권에 의한 구분소유를 하지 않은 다세대 전환주택을 공유지분으로 소유한 경우, 이 지분면적을 총면적에 포함시키지 않는다. 이 의미는 분양권이 없는 공유지분만을 싼 값에 매입해도 분양자격을 준다면, 분양대상자가 늘어나게 되는 병폐를 차단하기 위한 것이다.

그러나 지분쪼개기로 사업성이 떨어진 재개발구역을 구제하기 위해, 공유지분 형태가 아닌 것을 전제로 하여 지분을 합치는 경우 전용면적이 적은 다세대전환주택을 보유한 조합원이 큰 평형을 분양받도록 유도하였다. 여기에 전용면적 60㎡ 이하 다세대전환주택을 소유한 조합원이라도 조합원에게 배정되고 남는 큰 평형이 있으면 권리가액 다액 순으로 배정받을 수 있도록 했다.

즉, 지분합치기의 형태로 다세대전환주택의 공유지분으로 건물을 소유한 경우에는 전용면적을 합산할 수 없다.

2003.12.30 이전 다세대로 전환하였으나, 그 이후 등기된 경우의 분양자격

Q 2002.12.31 다세대주택으로 전환(7세대)하여 2004.4.22 구분소유 등기를 필한 경우 분양자격이 있는지?

A 조례 제24조제2항제1호에 따라 단독 또는 다가구주택을 건축물 준공 이후 다세대주택으로 전환한 경우에는 수인의 분양신청자를 1인의 분양대상자로 보아야 하나, 부칙 제5조에 따라 2003.12.30 이전 다세대주택으로 전환하여 구분소유 등기를 필한 세대에 한하여 정관에 정한 경우 각각 분양대상자로 볼 수 있도록 정하고 있는바, 질의의 경우 구분소유등기의 시점이 2003.12.30 이후로써 단독으로 분양자격이 없음(서울시 주거정비과-2073, 2008.2.12).

미사용승인건축물을 다세대로 설계 변경하여 사용 승인된 경우 분양자격

Q 당초 다가구로 건축허가(1996.9.10)를 받았다가 허가 내용과 다르게 건축되어 사용승인을 받지 못하던 중 2006.9.25 다세대주택으로 설계변경 허가를 얻어 건물 대수선 및 2007.2.28 사용승인을 득한 경우, 서울시 도시정비조례 제24조제2항제1호(개정 전이므로, 현행 제27조제2항제1호를 말함)의 규정을 적용할 수 있는지?

A 조례 제24조제2항제1호에 의하면 "단독주택 또는 다가구주택이 건축물준공 이후 다세대주택으로 전환된 경우 수인의 분양신청자를 1인의 분양대상자로 본다." 고 정하고 있는바, 준공이전 당초 다가구에서 다세대로 설계변경을 하여 사용승인을 득하였으므로, 집합건물법에 정한 규정에 적합하게 구분소유권을 가진 자는 각각 조합원 자격 및 주택을 소유한 자로서 분양자격이 있을 것임(서울시 주거정비과-7804, 2007.5.7).

※ 이 경우 최초 다가구로 건축허가를 득한 가구 수와 다세대로 변경 시 가구 수의 증가가 없어서 유효하다.

2) 다세대주택으로 건축물대장의 전환을 하지 않은, 다가구주택의 분양기준에 관한 경과조치(조례 부칙 제3조, 2009.7.30)

부칙(2003.12.30) 제7조가 2005.11.10 개정되었다. 이는 1997.1.15 이전에 가구별로 지분 또는 구분소유등기를 필한 다가구주택(1990.4.21 다가구주택제도 도입 이전에 단독주택으로 건축허가를 받아 지분 또는 구분등기를 필한 사실상의 다가구주택을 포함한다.)은 제24조제2항제3호(현행 조례 제27조제2항제3호)에 불구하고 다가구 주택으로 건축허가 받은 가구 수에 한하여 가구별 각각 1인을 분양대상자로 보았다.

1997.1.15 전까지 구분소유등기를 하고 건축물대장 상 다가구주택으로 남아 있는 경우, 2003.12.30 이후 다세대 전환주택으로 변경하였더라도 2003.12.30 부칙 제5조의 전환과 구별하여 달리 건축허가 받은 가구 수 증가가 없이 다세대로 전환하였다면 각자가 분양대상자가 될 수 있다.

다가구주택인 경우에 해당 구역이 이미 정비기본계획에 포함되어 있든지, 지구단위계획의 결정·고시가 있었다면 종전 조례(2003.12.30)의 제7조(다가구주택의 분양기준에 관한 경과조치)의 규정을 적용해야 한다.

1997.1.15 건축허가를 받은 다가구주택을 공유지분이나 구분소유 등기하였더라도 가구 수의 증가가 없이 다세대로 전환하였다면 가구별 각 1인이 분양대상자가 된다. 이는 2009.7.30 이후 최초로 사업시행인가를 신청하는 분부터 적용되며, 재개발·도시환경정비사업과 함께 단독주택 재건축사업도 같은 적용을 받는다.

Q 조례 부칙 제5조의 단독 또는 다가구주택을 다세대주택으로 전환하여 구분등기를 완료한 주택은 60㎡ 이하의 주택을 공급하도록 되어 있는데, 이 조례 시행 이전에 사업시행인가되고 관리처분계획에 대한 총회를 마친 경우에 종전 규정에 따라 희망 평형을 배정할 수 있는지?

A 도시정비법 부칙(제7조제1항)에서 종전 법률에 의하여 사업시행인가를 받아 시행중인 재개발사업은 종전 도시재개발법을 적용하여야 하며, 시행령 부칙(제8조)에는 종전법령에 의하여 인가된 정관·시행규정은 각각 이 시행령에 의한 정관 및 시행규정으로 보도록 함. 따라서 이 법 시행 전에 사업시행인가를 받아 시행하는 재개발사업의 경우에는 종전 조례 및 정관 등에 저촉되지 않는 범위 안에서 관리처분계획(희망평형 배정 등)을 수립하여야 할 것임. 또한, 다세대주택으로 전환되지는 않았지만 1997.1.15 이전에 가구별로 지분등기를 완료하였거나 구분소유등기를 완료한 다가구주택은 다가구로 건축허가 받은 가구 수에 한하여 가구별 각각 1인을 분양대상자로 봄(서울시 주정58531-152. 2004.1.17).

– 서울시 도시정비조례 등이 재개발사업에서 사실상 다가구주택의 각 가구가 각각 분양대상자로 인정되기 위한 요건으로 규정한 '각 가구별로 지분이전등기 또는 구분등기가 마쳐져야 한다'는 의미

각 가구별로 지분이전등기 또는 구분등기가 마쳐져야 한다는 의미는 서울시 조례 부칙 제7조의 입법취지가 법률상 구분소유의 객체가 될 수 없는 '사실상의 다가구주택'의 가구가 사실상 다세대주택과 동일하게 구분소유되어 거래되는 거래현실을 반영하고자 설계 및 건축 단계에서부터 실제로 독립된 구조를 가지고 있고 그에 상응한 지분등기 또는 구분등기를 통하여 독립적으로 거래되고 있는 '사실상의 다가구주택'에 해당하는 가구에 한하여 예외적으로 다세대주택과 같이 그 권리를

인정하여 추가로 분양하겠다는 취지이고,

이러한 예외 규정은 엄격하게 해석하여야 하는 것이 원칙임을 고려하면, 사실상 구분소유되고 있는 '당해 가구'에 관하여 당해 가구가 그 건물에서 차지하는 면적에 상응하는 비율로 지분등기가 되었을 경우만을 의미하고, 구분소유되고 있는 사실상의 다가구주택에 관하여 당해 가구가 아닌 다른 가구에 관하여 지분등기 또는 구분등기가 되었거나 당해 가구가 그 건물에서 차지하는 면적에 상응하지 않은 비율로 지분등기가 경료되어 사회통념상 당해 가구가 다른 가구와 독립적으로 거래되고 있지 않다고 여겨지는 경우를 포함하지 않는다(서울행정법원 2008.9.10 선고 2007구합44115 판결 수분양권확인).

3) 다세대 전환주택과 협동주택·다가구주택의 비교

다세대전환주택과 구별하여야 할 내용으로는 협동주택과 다가구주택에 관한 경과조치가 있다.

- 협동주택의 분양기준에 관한 경과조치 등

협동주택은 다구구주택의 용어가 등장하기 전 건축물로 그전까지는 재개발·도시환경정비사업에서는 이와 관련된 규정이 없었으나, 2009.4.22 처음으로 단독주택 재건축사업을 위해 신설되었다. 이는 2009.4.22 부칙 제3조에 의해 1988.5.7 이후 다세대주택으로 전환한 분부터 시행한다(2009.4.22 이후의 다세대 전환주택에 대해서는 1인을 분양대상자로 함).

재개발·도시환경정비사업의 경우 협동주택의 분양기준에 대한 경과조치에서는 1988.5.7 전에 지분 또는 구분소유등기를 필한 세대는 사실상 구분된 가구 수에 한하여 각각 분양대상자로 한다. 이 개정규정은 이 조례 시행 당시 최초로 조합설립인가를 신청하는 분(2009.4.22)부터 적용한다.

※ 조례 부칙(2009.4.22) 제3조(협동주택의 분양기준에 관한 경과조치 등)

① 제24조제2항제3호에 불구하고 종전 「서울시 주택개량재개발사업시행조례」 제4조제2항에 따라 건축된 협동주택으로서 1988.5.7 전에 지분 또는 구분소유등기를 필한 세대는 사실상 구분된 가구 수에 한하여 각각 1인을 분양대상자로 한다.

② 제1항의 개정규정은 이 조례 시행 당시 최초로 조합설립인가를 신청하는 분부터 적용한다.

Q 1981.11.5 협동주택으로 사용승인을 득하여 건물은 구분소유, 토지는 지분등기를 한 경우에 2005.11.10 개정 조례 부칙 제7조에 의한 분양대상이 되는지?

A 협동주택은 1990.4.21 다가구주택제도 도입 이전 단독주택으로 건축허가를 받아 지분 또는 구분등기를 필한 사실상의 다가구주택에 포함될 수 있으므로 개정된 조례 부칙 제7조를 적용하여 건축허가 받은 가구 수에 한하여 가구별 각각 1인을 분양대상자로 인정할 수 있을 것임(서울시 주거정비과-13916, 2005.12.7).

– 다가구주택의 분양기준에 관한 경과조치

1997.1.15 이전에 가구별로 지분 또는 구분소유등기를 필한 다가구주택(1990.4.21 다가구주택제도 도입 이전에 단독주택으로 건축허가를 받아 지분 또는 구분등기를 필한 사실상의 다가구주택을 포함한다.)은 다가구주택으로 건축허가 받은 가구 수에 한하여 가구별 각각 1인을 분양대상자로 한다(부칙 제7조 2003.12.30). 〈개정 2005.11.10〉

2009.4.22 단독주택 재건축사업의 다가구주택의 경과조치도 같다.

Q 1991.4.26자로 다가구주택(3가구)으로 허가를 받아 1993.5.4자로 을에게, 1997.4.23자로 병에게 각각 1가구에 해당하는 지분의 건물·토지를 매도한 경우, 병은 분양대상자인지?

A 도시재개발사업조례 부칙 제6조(현행 도시정비조례 부칙 제7조) 다가구주택의 분양기준에 관한 경과조치에 의하면 1997.1.15 전에 가구별로 지분 또는 구분소유등기를 필한 경우 허가받은 가구 수에 한하여 가구별 각각 1인의 분양대상자로 규정하고 있는바, 병은 분양대상이 아님(서울시 주정58531-3429, 2003.12.31).

Q 1993년에 8가구의 다가구용 단독주택으로 준공을 득하여 준공 당시부터 2인이 소유하고 있는 경우 조례 부칙 제7조에 의거 2인은 각각 분양대상이 되는지?

A 재개발구역 내 공급하는 주택 등의 분양대상은 인가된 해당 재개발조합정관에 따라 인가권자인 구청장이 판단할 사항이나, 조례 부칙 제7조에 의하면 1997.1.15 이전

에 가구별로 지분 또는 구분소유 등기를 필한 다가구주택은 건축허가 받은 가구 수에 한하여 가구별로 각각 1인을 분양대상자로 정하고 있는바, 본건의 경우 1997.1.15 이전부터 다가구주택을 2인이 지분 또는 구분등기를 필하고 소유하였다면 2인 각각에 대하여 분양대상자가 될 수 있음(서울시 주거정비과-14076, 2005.12.9).

▢ 시도별 조례

도시정비법 제50조의2에 의한 권리산정기준일을 두고 있지만, 서울시와 달리 경기도 ·인천시 등 도시정비조례에서 권리산정기준일 조문이 없는 실정이다.

아래 경기도·인천시, 광주시 조례에서 "건축물 준공 이후"로 기재되어 있는데, 도시정비법, 재정비특별법의 개정 취지에 따라 이를 "권리산정기준일 이후"로 개정되는 것이 옳다.

○ 경기도

제18조(주택공급 기준 등) ③ 영 제52조제1항제3호에 따라서 다음 각 호의 어느 하나에 해당하는 경우에는 분양대상자를 1명으로 본다.

1. 단독주택 또는 다가구주택 등의 <u>건축물 준공</u> 이후 다세대주택으로 전환된 경우

➡ 2007.4.9 전의 다세대 전환주택에 대해 "가구별 1인을 분양대상자로 할 수 있다."고 규정되어 있어, 조합정관으로 정하되 전용면적 60㎡ 초과 주택을 공급받을 수도 있다.[11]

- 남양주시, 부천시, 수원시, 안양시, 안산시, 고양시

경기도와 내용이 같으나, 남양주시, 부천시, 안산시, 고양시, 화성시는 부칙이 없다.

11) 경기도 도시정비조례 부칙 〈2009.12.31〉
제3조(분양대상 기준의 경과조치) ① 제18조제3항제1호부터 제4호까지의 개정규정은 2007.4.9 전에 지분 또는 구분소유 등기를 완료한 경우에는 가구별 또는 토지별 각각 1인을 분양대상자로 할 수 있다.

수원시 도시정비조례 부칙

제5조(권리산정기준일에 관한 적용례 및 경과조치) ① 제24조제3항은 이 조례 시행 후 최초로 기본계획(2020년 수원시 도시·주거환경정비기본계획 포함)을 수립하는 분부터 적용한다.

② 이 조례 시행 전에 2010년 수원시 도시·주거환경정비기본계획에 포함된 재개발사업 지역은 종전 경기도 도시정비조례(제4238호) 제18조제3항에 따른다.

안양시 도시정비조례 부칙

제5조(권리산정기준일에 관한 적용례 및 경과조치) ① 제25조제3항은 이 조례 시행 후 최초로 기본계획을 수립하는 분부터 적용한다.

② 이 조례 시행 전에 안양시 도시·주거환경정비기본계획(2010년, 2020년)에 포함된 지역(정비구역 또는 정비예정구역에 신규로 편입되는 지역 포함)은 종전 경기도 도시정비조례 제18조에 따른다.

– 화성시

제23조(주택공급 기준 등) ③ 영 제52조제1항제3호에 따라 다음 각 호의 어느 하나에 해당하는 경우에는 분양대상자를 1명으로 본다.

1. 단독주택 또는 다가구주택 등의 권리산정기준일 후 다세대주택으로 전환된 경우

다른 시와 달리 '준공일 이후'가 아닌 '권리산정기준일'을 사용하고 있다.

○ **인천시**

"단독주택 또는 다가구주택을 건축물 준공 이후 다세대주택으로 전환된 경우"에 해당하면 수인의 분양신청자를 1인의 분양대상자로 간주하는 기존의 조례 제24조제3항제3호[12]는 2011.2.21 조례 전면 개정 시 삭제되어 현재 관련 규정이 없다.

---

12) 개정 전 인천시 도시정비조례(2011.2.14 조례 제 4896호)
제24조(현금청산 대상) ③ 제1항 및 제2항을 적용함에 있어 다음 각 호의 어느 하나에 해당하는 경우에는 수인의 분양신청자를 1인의 분양대상자로 본다. 〈개정 2007.5.14〉
1. 수인의 분양신청자가 하나의 세대(세대주와 동일한 세대별 주민등록표상에 등재되어 있지 아니한 세대주의 배우자 및 배우자와 동일한 세대를 이루고 있는 세대원을 포함한다.)인 경우
2. 하나의 주택 또는 한필의 토지를 수인이 소유하고 있는 경우. 다만, 2004.7.19 전부터 공유지

○ **부산시**

제22조(재개발사업의 분양대상 등) ② 제1항에 따른 공동주택분양대상자 중 다음 각 호의 어느 하나에 해당하는 경우에는 여러 명의 분양신청자를 1명의 분양대상자로 본다. 〈개정 2005.2.16, 2010.3.3, 2012.12.26〉

1. 단독주택 또는 다가구주택이 법 제50조의2에 따른 권리산정기준일 이후 다세대 주택으로 전환된 경우 〈개정 2012.12.26〉

조례 부칙

제6조(재개발사업 분양대상 등에 관한 경과조치) 이 조례 시행 전에 단독 또는 다가구주택을 다세대주택으로 전환하여 구분등기를 완료한 주택은 제22조제2항의 규정에 불구하고 전용면적 60㎡ 이하의 주택을 공급하거나 정비구역 내 임대주택을 공급할 수 있으며, 다세대주택의 주거전용면적이 60㎡를 초과하는 경우에는 종전 관련조례의 규정을 적용한다.

○ **대전시**

제22조(재개발사업의 분양대상 등) ② 다음 각 호의 어느 하나에 해당하는 경우에는 여러 명의 분양신청자를 1인의 분양대상자로 본다. 〈개정 2007.2.23 조례 제3480호〉

1. 단독 또는 다가구주택이 다세대주택으로 전환되는 경우 〈개정 2009.6.5 조례 제3747호〉

부칙을 두지 않았다.

분으로 소유한 토지의 지분면적이 건축조례 제28조에 의한 규모 이상인 자는 그러하지 아니하다. 〈개정 2007.5.14〉

3. <u>단독주택 또는 다가구주택을 건축물 준공이후 다세대주택으로 전환된 경우</u>
4. 구역지정 공람·공고일 이후 한 필지의 토지를 수개의 필지로 분할한 경우
5. 하나의 대지범위에 속하는 동일인 소유의 토지와 주택을 건축물 준공이후 주택과 토지를 각각 분리하여 소유한 경우. 다만, 구역지정 공람·공고일 이전 공유지분으로 소유한 토지의 지분면적이 건축조례 제28조 규정에 의한 규모 이상인 자는 그러하지 아니하다.
6. "인천시 도시·주거환경정비 기본계획"의 결정·고시일 이후에 기준 건축물을 철거하고 공동주택을 건축하는 경우(건축물이 없는 토지에 신축하는 경우를 포함한다). 다만, 해당 공동주택의 주거전용면적이 40㎡ 이상인 자에 대하여는 그러하지 아니한다. 〈신설 2008.10.20〉

○ **대구시**

관련 조문이 없다.

○ **광주시**

제25조(재개발사업의 분양대상 등) ② 다음 각 호의 어느 하나에 해당하는 경우에는 수인의 분양신청자를 1인의 분양대상자로 본다. 〈개정 2012.5.15〉

1. 단독주택 또는 다가구주택이 건축물준공 이후 다세대주택으로 전환된 경우

부 칙 〈2012.5.15〉

제1조(시행일) 이 조례는 공포 후 30일이 경과한 날부터 시행한다. 다만 제25조 규정은 2009.2.6(법 제50조의2 시행일)부터 시행하며, 제42조로부터 제52조의 규정은 공포 후 6개월이 경과한 날부터 시행한다.

[제27조제2항제2호]

재개발사업으로 건립되는 공동주택의 분양대상자는 관리처분계획기준일 현재 다음 에 해당하면 수인의 분양신청자를 1인의 분양대상자로 본다. 〈개정 2009.7.30, 2010.7.15〉

2. 법 제19조제1항제2호에 따라 수인의 분양신청자가 1세대에 속하는 때 〈개정 2009.7.30, 2010.7.15, 2014.5.14〉

~~이 경우 동일한 세대별 주민등록표 상에 등재되어 있지 아니한 배우자 및 미혼인 20세 미만의 직계비속은 1세대로 보며, 1세대로 구성된 수인의 토지등소유자가 조합설립인가 후 세대를 분리하여 동일한 세대에 속하지 아니하는 때에도 이혼 및 20세 이상 자녀의 분가를 제외하고는 1세대로 보고, 권리가액은 세대원 전원의 가액을 합산하여 산정한다.~~

2003.12.30부터 2009.7.30 이전까지 위 규정이 존속되어 오다가, 2009.7.30

재개발·도시환경정비사업에서 "세대기준" 내용이 변경되었다. 단독주택 재건축사업에서는 2009.4.22에 세대 기준이 바뀌었다.

그 후 2010.7.15 조례에서 '관리처분계획기준일'이 '법 제19조제1항제2호'로 바뀌고, 제27조 및 제28조에서 단서조항이 삭제되었다.

조례 부칙 〈제5007호, 2010.7.15〉

제1조(시행일) 이 조례는 2010.7.16부터 시행한다.

제3조(권리산정기준일에 관한 적용례 및 경과조치) ① 제27조 및 제28조 개정규정은 최초로 기본계획(정비예정구역에 신규로 편입지역 포함)을 수립하는 분부터 적용한다.

② 이 조례 시행 전에 기본계획이 수립되어 있는 지역 및 지구단위계획이 결정·고시된 지역은 종전규정(제27조 및 제28조)에 따른다.

※ 개정 전 서울시 도시정비조례 제27조(재개발사업의 분양대상 등) ② 제1항에 불구하고 다음 각 호의 어느 하나에 해당하는 경우에는 수인의 분양신청자를 1인의 분양대상자로 본다. 〈개정 2009.7.30〉

2. 관리처분계획기준일 현재 수인의 분양신청자가 하나의 세대인 경우

이 경우 동일한 세대별 주민등록표 상에 등재되어 있지 아니한 배우자 및 미혼인 20세 미만의 직계비속은 1세대로 보며, 1세대로 구성된 수인의 토지등소유자가 조합설립인가 후 세대를 분리하여 동일한 세대에 속하지 아니하는 때에도 이혼 및 20세 이상 자녀의 분가를 제외하고는 1세대로 보고, 권리가액은 세대원 전원의 가액을 합산하여 산정한다. 〈개정 2009. 7.30〉

2010.7.15 개정된 권리산정기준일(재개발·도시환경정비사업)의 적용은 최초 정비기본계획(정비예정구역에 신규로 편입지역 포함)을 수립하는 분부터 적용하지만, 이 조례 시행(2010.7.16) 전에 정비기본계획이 수립되어 있는 지역 및 지구단위계획이 결정·고시된 지역은 종전규정(조례 제27조 및 제28조)에 따른다.

그러므로 2010.7.16 이후 정비구역 지정·고시일 또는 시·도지사가 고시한 기준일 이후의 정비기본계획의 변경 또는 지구단위계획의 결정·고시된 사실(주로 재건축사업이 이에 해당함.) 여부를 수시로 확인해 보아야 한다.

○ 2009.8.7 이후 최초로 조합설립인가를 얻은 것부터 적용

서울시 도시정비조례 부칙(2009.7.30)

제4조(세대의 기준변경에 따른 경과조치) ① 제27조제1항 및 제2항에 따라 개정된 세대의 기준은 2009.8.7 이후 최초로 조합설립인가를 얻은 분부터 적용한다.
② 이 조례 시행 당시 종전의 규정에 따른 조합설립인가 신청 분은 제27조제1항 및 제2항 개정규정에도 불구하고 종전 규정에 따른다.

2009.2.6 도시정비법 제19조제1항이 개정되어, 그 효력이 공포 후 6개월이 경과한 날(2009.8.7)부터 발생하였다. 이에 따라 조례 제27조제1항 및 제2항에 따라 개정된 "세대의 기준"도 도시정비법(제19조제1항제2호)의 효력이 발생하는 2009.8.7 이후 최초로 조합설립인가를 얻은 분부터 적용한다.

이 조례 시행(2009.7.30) 당시 종전 규정에 따른 조합설립인가 신청 분은 제27조제1항 및 제2항 개정규정에도 불구하고 종전 규정에 따른다.

※ 도시정비법 제19조제1항(조합원 자격)

법 제19조(조합원의 자격 등) 〈개정 2003.12.31〉 ①정비사업(시장·군수 또는 주택공사등이 시행하는 정비사업을 제외한다.)의 조합원은 토지등소유자(재건축사업의 경우에는 재건축사업에 동의한 자에 한한다.)로 하되, 다음 각 호의 어느 하나에 해당하는 때에는 그 수인을 대표하는 1인을 조합원으로 본다. 〈개정 2005.3.18, 2009.2.6〉

1. 토지 또는 건축물의 소유권과 지상권이 수인의 공유에 속하는 때
2. 수인의 토지등소유자가 1세대에 속하는 때(이 경우 동일한 세대별 주민등록표 상에 등재되어 있지 아니한 배우자 및 미혼인 20세 미만의 직계비속은 1세대로 보며, 1세대로 구성된 수인의 토지등소유자가 조합설립인가 후 세대를 분리하여 동일한 세대에 속하지 아니하는 때에도 이혼 및 20세 이상 자녀의 분가를 제외하고는 1세대로 본다.)
3. 조합설립인가 후 1인의 토지등소유자로부터 토지 또는 건축물의 소유권이나 지상권을 양수하여 수인이 소유하게 된 때

법 부칙(법률 제9444호, 2009.2.6)

제1조(시행일) 이 법은 공포한 날부터 시행한다. 다만, 제19조제1항의 개정규정은 공포 후 6개월이 경과한 날부터 시행한다(효력발생시기는 2009.8.7).

○ “종전의 규정에 따른다.”는 의미

– 재개발·도시환경정비사업에서 세대의 기준변경(2009.7.30 조례)

원래 2003.12.30부터 2009.7.30 전까지 세대 기준은 “세대주와 동일한 세대별 주민등록표상에 등재되어 않은 세대주의 배우자 및 배우자와 동일한 세대를 이루고 있는 세대원을 포함한다.”는 범위였다.

2009.7.30 조례(제27조제2항제2호)에서 재개발·도시환경정비사업과 관련하여 이 조항의 단서 규정을 “이 경우 동일한 세대별 주민등록표 상에 등재되어 있지 아니한 배우자 및 미혼인 20세 미만의 직계비속은 1세대로 보며, 1세대로 구성된 수인의 토지등소유자가 조합설립인가 후 세대를 분리하여 동일한 세대에 속하지 아니하는 때에도 이혼 및 20세 이상 자녀의 분가를 제외하고는 1세대로 보고, 권리가액은 세대원 전원의 가액을 합산하여 산정한다.”고 바뀌었고, 2010.7.15 개정 시 단서 규정이 삭제되었다.

2009.8.7 이후 조합설립인가를 득한 재개발·도시환경정비사업의 “세대기준”은 부칙(2009.7.30) 제4조의 적용을 받아, 2009.7.30 조례(제27조제2항제2호) 단서에 따라야 한다. 부칙에서와 같이, 조례 제27조제1항과 제2항에서의 “세대 기준” 범위는 같다.

2009.8.7 이전의 세대 기준은 조례(제24조제2항제2호)에 따라야 한다. 이 세대는 “세대주와 동일한 세대별 주민등록표상에 등재되어 있지 아니한 세대주의 배우자 및 배우자와 동일한 세대를 이루고 있는 세대원을 포함한다.”는 뜻이다.

※ 조례 제27조(재개발사업의 분양대상 등) ② 제1항에 불구하고 다음 각 호의 어느 하나에 해당하는 경우에는 수인의 분양신청자를 1인의 분양대상자로 본다. 〈개정 2009.7.30〉

2. 관리처분계획기준일 현재 수인의 분양신청자가 하나의 세대인 경우. 이 경우 동일한 세대별 주민등록표 상에 등재되어 있지 아니한 배우자 및 미혼인 20세 미만의 직계비속은 1세대로 보며, 1세대로 구성된 수인의 토지등소유자가 조합설립인가 후 세대를 분리하여 동일한 세대에 속하지 아니하는 때에도 이혼 및 20세 이상 자녀의 분가를 제외하고는 1세대로 보고, 권리가액은 세대원 전원의 가액을 합산하여 산정한다. 〈개정 2009.7.30〉

부 칙 〈2009.7.30〉

제4조(세대의 기준변경에 따른 경과조치) ① 제27조제1항 및 제2항에 따라 개정된 세대의 기준은 2009.8.7 이후 최초로 조합설립인가를 얻은 분부터 적용한다.

② 이 조례 시행 당시 종전의 규정에 따른 조합설립인가 신청 분은 제27조제1항 및 제2항 개정규정에도 불구하고 종전의 규정에 따른다.

조례 부칙 〈2009.4.22〉

제2조(단독주택 재건축사업의 분양대상 등에 관한 적용례) ② 제24조의2제2항제2호에 따른 세대의 기준은 2009.8.7 이후 최초 조합설립인가를 얻은 분부터 적용한다.

- 재건축사업의 경우, 조합설립인가 전 세대 분리

재개발·도시환경정비사업에서 조합원 자격이 바로 주택공급 대상을 의미하지는 않지만(별도 분양대상 조문이 있기 때문), 재건축조합원은 주택공급 대상자를 말한다. 또한, 재개발·도시환경정비사업에서 관리처분계획기준일을 기준으로 그 이전에 세대분리가 되었다면 각각 분양대상자가 된다.

재건축사업에서는 조합설립인가 전에 세대분리가 되어야 각각 분양대상자가 된다. 조합설립인가 후 세대분리되면 각자를 분양대상자로 보지 않지만, 이혼 및 20세 이상 자녀의 분가의 경우는 예외로 한다. 또한, 투기과열지구의 재건축사업에서는 조합설립인가 이후 일정한 경우를 제외하고는 조합원 명의변경이 원칙적으로 불가능하다(현재는 투기과열지구가 없음).

○ 법 제19조제1항제3호와 주택공급

2009.2.6 도시정비법(제19조제1항) 개정에 따라 2010.7.15 조례(제27조 및 제28조)도 개정되어, 재개발·도시환경정비사업 및 재건축사업에서 수인의 분양신청자 중 1인을 분양대상자로 보고 있다.

그러나 법 제19조제1항3호인 "조합설립인가 후 1인의 토지등소유자로부터 토지 또는 건축물의 소유권이나 지상권을 양수하여 수인이 소유하게 된 때"에 대해서는 도시정비법에서 직접 규정하고 있어 서울시 조례에는 규정이 없다.
도시정비법 제19조와 경과조치에 따라야 할 것이다(이 부분은 도시정비법 조문해설을 참고하기 바람).

▢ 시도별 조례

○ 경기도

제18조(주택공급 기준 등) ③ 영 제52조제1항제3호에 따라서 다음 각 호의 어느 하나에 해당하는 경우에는 분양대상자를 1명으로 본다.

2. 관리처분계획기준일 현재 수명의 분양신청자가 하나의 세대인 경우. 이 경우 세대주와 동일한 세대별 주민등록표상에 등재되어 있지 않은 세대주의 배우자 및 배우자와 동일한 세대를 이루고 있는 세대원을 포함한다.

부 칙 〈2009.12.31〉

제3조(분양대상 기준의 경과조치) ① 제18조제3항제1호부터 제4호까지의 개정규정은 2007.4.9 전에 지분 또는 구분소유 등기를 완료한 경우에는 가구별 또는 토지별 각각 1인을 분양대상자로 할 수 있다.

- 남양주, 부천시, 수원시, 안산시, 안양시, 고양시, 화성시

경기도와 내용이 같으나, 남양주시, 부천시, 안산시, 고양시, 화성시는 부칙이 없다.

수원시 도시정비조례 부칙

제5조(권리산정기준일에 관한 적용례 및 경과조치) ① 제24조제3항은 이 조례 시행 후 최초로 기본계획(2020년 수원시 도시·주거환경정비기본계획 포함)을 수립하는 분부터 적용한다.

② 이 조례 시행 전에 2010년 수원시 도시·주거환경정비기본계획에 포함된 재개발사업 지역은 종전 경기도 도시정비조례(제4238호) 제18조제3항에 따른다.

안양시 도시정비조례 부칙

제5조(권리산정기준일에 관한 적용례 및 경과조치) ① 제25조제3항은 이 조례 시행 후 최초로 기본계획을 수립하는 분부터 적용한다.

② 이 조례 시행 전에 안양시 도시·주거환경정비기본계획(2010년,2020년)에 포함된 지역(정비구역 또는 정비예정구역에 신규로 편입되는 지역 포함)은 종전 경기도 도시 및 주거환경정비 조례 제18조에 따른다.

○ 인천시

제23조(관리처분의 기준 등) ③ 제2항에 불구하고 다음 각 호의 어느 하나에 해당하는 토지등소유자에게는 공동주택을 공급할 수 있다.

1. 공람·공고일 이전에 분할된 필지의 면적이 30㎡ 이상인 토지를 소유한 자로서 다음 각 목의 모든 요건에 저촉되지 아니하는 토지등소유자
   가. 소유하고 있는 토지의 지목이 도로인 경우에는 해당 토지가 사실상의 도로가 아닐 것
   나. 공람공고 일부터 세대원(세대주, 세대주와 동일한 세대별 주민등록표에 등재되어 있지 아니한 배우자 및 배우자와 동일한 세대를 이루고 있는 세대원을 포함한다.) 전원이 무주택자일 것

"단독주택 또는 다가구주택을 건축물 준공 이후 다세대주택으로 전환된 경우"에 해당하면 수인의 분양신청자를 1인의 분양대상자로 간주한 조례 제24조제3항제3호는 2011.2.21 조례 전면 개정 시 삭제되었다(이는 제27조제2항제1호 관련 인천시 도시정비조례 설명을 참고하기 바람).

○ 부산시

제22조(재개발사업의 분양대상 등) ② 제1항에 따른 공동주택분양대상자 중 다음 각 호의 어느 하나에 해당하는 경우에는 여러 명의 분양신청자를 1명의 분양대상자로 본다. 〈개정 2005.2.16, 2010.3.3, 2012.12.26〉

2. 여러 명의 분양신청자가 하나의 세대인 경우. 이 경우 세대주와 동일한 세대별 주민등록표상에 등재되어 있지 아니한 세대주의 배우자 및 배우자와 동일한 세대를 이루고 있는 세대원을 포함한다. 〈개정 2010.3.3〉

○ 대구시

제22조(현금청산 대상) ③ 제1항 및 제2항을 적용함에 있어 다음 각 호의 1에 해당하는 경우에는 다수인의 분양신청자를 1인의 분양대상자로 본다.

1. 다수인의 분양신청자가 하나의 세대(세대주와 동일한 세대별 주민등록표상에 등재되어 있지 아니한 세대주의 배우자 및 배우자와 동일한 세대를 이

루고 있는 세대원을 포함한다.)인 경우

○ **대전시**

第22조(재개발사업의 분양대상 등) ② 다음 각 호의 어느 하나에 해당하는 경우에는 여러 명의 분양신청자를 1인의 분양대상자로 본다. 〈개정 2007.2.23 조례 제3480호〉

2. 여러 명의 분양신청자가 하나의 세대인 경우. 이 경우 세대주와 동일한 세대별 주민등록표상에 등재되어 있지 아니한 세대주의 배우자 및 배우자와 동일한 세대를 이루고 있는 세대원을 포함한다.

○ **광주시**

第25조(재개발사업의 분양대상 등) ② 다음 각 호의 어느 하나에 해당하는 경우에는 수인의 분양신청자를 1인의 분양대상자로 본다. 〈개정 2012.5.15〉

2. 관리처분계획기준일 현재 수인의 분양신청자가 하나의 세대인 경우. 이 경우 세대주와 동일한 세대별 주민등록표상에 등재되어 있지 아니한 세대주의 배우자 및 배우자와 동일한 세대를 이루고 있는 세대원을 포함한다.

[제27조제2항제3호]

재개발사업으로 건립되는 공동주택의 분양대상자는 관리처분계획기준일 현재 다음 에 해당하면 수인의 분양신청자를 1인의 분양대상자로 본다(제27조제2항). 〈개정 2009.7.30, 2010.7.15, 2014.5.14〉

3. 1주택 또는 1필지의 토지를 수인이 소유하고 있는 경우. 다만, 권리산정기준일 이전부터 공유로 소유한 토지의 지분이 제1항제2호 또는 권리가액이 제1항제3호에 해당하는 경우에는 그러하지 아니하다.

~~다만, 권리산정기준일 이전부터 공유로 소유한 토지의 지분면적이 90㎡ 이상인 자는 그러하지 아니하다. 〈개정 2009.7.30, 2010.7.15〉~~

2003.12.30 조례에서는 "1주택 또는 1필지의 토지를 수인이 소유하고 있는 경우"로 단서 조항이 없었다가, 2006.1.1 단서 조항이 신설되었다.

2010.7.15에는 "토지의 지분면적이 건축조례 제25조제1호에 따른 규모 이상인 자"이었던 것을 "공유지분으로 소유한 토지의 지분면적이 90㎡ 이상인 자"로 변경됐다. 이는 같은 항 4호의 필지분할과는 달리 공유취득을 의미하는 것으로, 2003.12.30 이전부터 토지 공유지분의 총 면적이 90㎡ 이상인 자는 주택 소유여부와 관계없이 공동주택의 분양대상자이다.

1주택을 수인이 소유한 경우라 하더라도 권리산정기준일 전에 그 토지 면적이 90㎡ 이상을 소유하였다면, 건물이 없이 토지가 있는 경우에도 90㎡ 이상인 경우에는 수인이라 하더라도 각각을 분양대상자로 인정한다는 취지이다.

2014.5.14 개정에 따라 또다시 권리산정일 이전부터 토지를 공유로 소유한 자의 경우 권리가액이 충분한 공유자들이 공동주택을 분양 받도록 하였다.

– 제27조제2항제5호와의 비교

하나의 대지범위 안에 속하는 동일인 소유의 토지와 주택을 건축물 준공 이후 토지와 건축물로 각각 분리하여 소유하는 경우. 다만, 권리산정기준일 이전부터 소유한 토지의 면적이 90㎡ 이상인 자는 그러하지 아니한다.

5호는 동일인 소유의 토지와 주택을 건축물준공 이후 토지와 건축물로 각각 분리하여 소유하는 경우로, 권리산정기준일 이전에 공유지분을 취득하였더라도 토지 면적이 90㎡ 이상인 자에게만 각각을 분양대상자로 보고 있다.

※ 서울시 도시정비조례 제27조제2항

5. 하나의 대지범위 안에 속하는 동일인 소유의 토지와 주택을 건축물 준공 이후 토지와 건축물로 각각 분리하여 소유하는 경우. 다만, 권리산정기준일 이전부터 소유한 토지의 면적이 90㎡ 이상인 자는 예외로 한다. 〈개정 2008.7.30, 2009.7.30, 2010.7.15〉

Q 토지에 대한 지분면적이 각각 90㎡ 이상인 공유자들은 각자 분양대상자로서의 자격이 있는지?

A 관리처분계획이 '하나의 주택 또는 한 필지의 토지를 수인이 소유하고 있는 경우'

에 수인의 분양신청자를 1인의 분양대상자로 본다고 규정하면서, 다만 "2003.12.30 전부터 공유지분으로 소유한 토지의 지분면적이 건축조례 제25조제1호에 의한 규모 이상인 자는 그러하지 아니하다."고 규정하고 있는데, 원고들은 2004.6.17 이 사건 토지에 관하여 협의분할에 의한 상속등기를 마쳐 상속이 개시된 1985.12.10에 소급하여 위 협의분할과 같은 내용으로 이 사건 토지의 지분을 상속한 것으로 간주되고, 이 사건 토지의 각 지분면적이 모두 90㎡ 이상이므로 원고들은 모두 "2003.12.30 전부터 공유지분으로 소유한 토지 지분면적이 서울시 건축조례 제25조제1호에 의한 규모 이상인 자"들로서 이 사건 관리처분계획안 제9조에 의하여 각자 분양대상자로서의 자격이 있음(서울행정법원 2008.12.12 선고 2008구합29281 판결).

○ 2010.7.15 개정된 권리산정기준일(재개발·도시환경정비사업)의 적용

권리산정기준일은 최초 정비기본계획(정비예정구역에 신규로 편입지역 포함)을 수립하는 분부터 적용하지만, 이 조례 시행 전(2010.7.15)에 정비기본계획이 수립되어 있는 지역 및 지구단위계획이 결정·고시된 지역은 종전 규정(조례 제27조 및 제28조)의 경과조치인 2003.12.30 조례 규정을 따라야 한다. "권리산정기준일 이전"이란 의미는 조례 최초 시행일인 2003.12.30 이전부터 2010.7.15까지를 말한다.

그러므로 2010.7.16 이후의 정비구역 지정·고시일 또는 시·도지사가 고시한 기준일 이후의 정비기본계획의 변경 또는 지구단위계획의 결정·고시된 사실(주로 재건축사업이 이에 해당함.)을 수시로 확인해 보아야 한다.

○ "종전 규정(제27조)에 따른다."는 의미

권리산정기준일(도시정비법 제50조의2)의 적용받지 못하면, 결국 종전 조례의 적용을 받게 된다. 종전 조례란 서울시가 별도로 정한 기준일인 2003.12.30을 말하는데, 2003.12.30 이전에 1필지를 수개의 필지로 분할해야 각 1인이 분양대상자가 된다.

▢ 시도별 조례

○ 경기도

第18조(주택공급 기준 등) ③ 영 제52조제1항제3호에 따라서 다음 각 호의 어느 하나에 해당하는 경우에는 분양대상자를 1명으로 본다.

5. 하나의 주택 또는 한필지의 토지를 수인이 소유하고 있는 경우. 다만, 2008. 7.25 이전부터 공유지분으로 소유한 토지의 지분면적이 건축법 제57조제1항에 따른 해당 시군 조례로 정하는 면적 이상인 자는 그러하지 아니하다. 〈개정 2009.12.31〉

④ 제3항제5호 본문에도 불구하고 법 제48조제2항제7호 가목에 따라 2명 이상이 1토지를 공유한 경우로서 '도 조례로 정하여 주택을 공급할 수 있는 경우'란 「건축법」 제정(1962.1.20) 이전에 가구별로 독립된 주거의 형태로 건축물이 건축되어 있고 가구별로 지분등기가 되어 있는 토지로서 법 제2조제11호에 따른 정관 등에서 가구별 지분등기된 토지에 대하여 주택 공급을 정한 경우를 말한다. 〈신설 2010.7.14〉〈개정 2012.5.11〉

부 칙 〈2009.12.31〉

제3조(분양대상 기준의 경과조치) ① 제18조제3항제1호부터 제4호까지의 개정규정은 2007.4.9 전에 지분 또는 구분소유 등기를 완료한 경우에는 가구별 또는 토지별 각각 1인을 분양대상자로 할 수 있다.

- 남양주, 부천시, 수원시, 안산시, 안양시, 고양시, 화성시

경기도와 내용이 같으나, 남양주시, 부천시, 안산시, 고양시, 화성시는 부칙이 없다.

수원시 도시정비조례 부칙

제5조(권리산정기준일에 관한 적용례 및 경과조치) ① 제24조제3항은 이 조례 시행 후 최초로 기본계획(2020년 수원시 도시·주거환경정비기본계획 포함)을 수립하는 분부터 적용한다.

② 이 조례 시행 전에 2010년 수원시 도시·주거환경정비기본계획에 포함된 재개발사업 지역은 종전 경기도 도시정비조례(제4238호) 제18조제3항에 따른다.

안양시 도시정비조례 부칙

제5조(권리산정기준일에 관한 적용례 및 경과조치) ① 제25조제3항은 이 조례 시행 후 최초로 기본계획을 수립하는 분부터 적용한다.

② 이 조례 시행 전에 안양시 도시·주거환경정비기본계획(2010년,2020년)에 포함된 지역(정비구역 또는 정비예정구역에 신규로 편입되는 지역 포함)은 종전 경기도 도시 및 주거환경정비 조례 제18조에 따른다.

○ 인천시

조례 제24조제3항제2호는 2011.2.21 조례 전면 개정 시 삭제되었다(이는 앞선 제27조제2항제1호 관련 인천시 도시정비조례 설명을 참고 바람). 이에 따라 재개발사업 및 도시환경정비사업에 대한 공동주택의 공급기준이 일부 완화되었다.

제24조(현금청산 대상) ③ 제1항 및 제2항의 규정을 적용함에 있어 다음 각 호의 1에 해당하는 경우에는 수인의 분양신청자를 1인의 분양대상자로 본다.

2. 하나의 주택 또는 한필의 토지를 수인이 소유하고 있는 경우. 다만, 조례 시행일 전부터 공유지분으로 소유한 토지의 지분면적이 건축조례 제28조에 의한 규모 이상인 자는 그러하지 아니하다.

부 칙 〈조례 제3771호, 2004.7.19〉

제8조(다가구주택의 분양기준에 관한 경과조치) 이 조례 시행일 이전에 가구별로 지분 또는 구분소유 등기를 필한 다가구주택은 제24조제3항제2호에 불구하고 다가구로 건축허가 받은 가구 수에 한하여 가구별 각각 1인의 분양대상자로 한다.

○ 부산시

제22조(재개발사업의 분양대상 등) ② 제1항에 따른 공동주택분양대상자 중 다음 각 호의 어느 하나에 해당하는 경우에는 여러 명의 분양신청자를 1명의 분양대

상자로 본다. 〈개정 2005.2.16, 2010.3.3, 2012.12.26〉

3. 1주택 또는 1필지의 토지를 여러 명이 소유하고 있는 경우. 다만, 법 제50조의2에 따른 권리산정 기준일 이전에 공유지분으로 소유한 토지의 지분면적이 「부산시 건축조례」 제39조에 따른 규모 이상인 자는 그러하지 아니하다. 〈개정 2005.2.16, 2010.3.3, 2012.12.26〉

○ 대구시

제22조(현금청산 대상) ③ 제1항 및 제2항을 적용함에 있어 다음 각 호의 1에 해당하는 경우에는 다수인의 분양신청자를 1인의 분양대상자로 본다.

2. 하나의 토지 또는 주택을 다수인이 소유하고 있는 경우

○ 대전시

제22조(재개발사업의 분양대상 등) ② 다음 각 호의 어느 하나에 해당하는 경우에는 여러 명의 분양신청자를 1인의 분양대상자로 본다. 〈개정 2007.2.23 조례 제3480호〉

3. 하나의 주택 또는 1 필지의 토지를 여러 명이 소유하고 있는 경우. 다만 구역지정 공람·공고일 이전에 공유지분으로 소유한 토지의 지분면적이 대전시 건축조례 제30조에 따른 규모 이상인자는 그러하지 아니하다. 〈개정 2006.5.12 조례 제3421호〉〈개정 2012.6.15 조례 제4076호〉

○ 광주시

제25조(재개발사업의 분양대상 등) ② 다음 각 호의 어느 하나에 해당하는 경우에는 수인의 분양신청자를 1인의 분양대상자로 본다. 〈개정 2012.5.15〉

3. 하나의 주택 또는 한 필지의 토지를 수인이 소유하고 있는 경우. 다만 구역지정 공람·공고일 전부터 공유지분으로 소유한 토지의 지분면적이 「광주시 건축조례」 제31조제1호에 따른 규모 이상인 자는 그러하지 아니하다. 〈개정 2010.1.1, 2011.7.1, 2012.5.15〉

▢ 유권해석

Q **조례 제24조제2항제3호에서 "다만, 2003.12.30 전부터 공유지분으로 소유한 토지 지분면적이 건축조례 제25조제1호에 의한 규모 이상인 자는 그러하지 아니하다."는 의미는?**

A 2003.12.30 전부터 공유지분으로 소유한 토지 지분면적이 건축조례 제25조제1호에 의한 규모(90㎡) 이상인 경우로 1필지의 토지를 수인이 소유한 경우는 그 수인을 각각 분양대상자로 봄(서울시 주거정비과-11697, 2007.7.24).

OO동 재개발 추진 중인 지역에 토지를 증여받아 보유하고 있는 사람이다. 자연녹지지역에 전(田) 500㎡를 3명이 각 1/3의(165㎡) 공유면적으로 증여를 받아 보유하고 있으며 주택 및 무허가 건물은 없다. 그리고 공유자 3명중 A, B 2사람은 주택이 있고 C한명은 세대원 전원이 무주택자이다.

Q **분양신청자가 소유하고 있는 종전토지의 총면적이 90㎡ 이상이라는 것은 일반주거지역에 한해 적용되는지, 아니면 자연녹지지역도 같은 면적의 적용을 받는지 여부와 분양자격이 있는지?**

A 조례 제24조제1항에 재개발사업으로 건립되는 공동주택의 분양대상자는 관리처분계획기준일 현재 토지등소유자로 "분양신청자가 소유하고 있는 종전토지의 총면적이 서울시 건축조례 제25조제1호의 규모 이상인 자(주거지역 90㎡)로 정하고, 다만, 2003.12.30 전에 분할된 1필지의 토지로서 그 면적이 30㎡ 이상인 토지의 소유자는 사업시행인가·고시일 이후부터 공사완료·고시일까지 분양신청자를 포함한 세대원 전원이 주택을 소유하고 있지 아니한 경우에 한하여 분양대상자로 한다."고 정하고 있음.

따라서 조례 제24조제1항제2호의 '분양신청자가 소유하고 있는 종전토지의 총면적'은 일반주거지역과 자연녹지지역에 구분 없이 90㎡ 이상 소유하고 있는 경우를 의미하며, 2003.12.30 전에 분할된 1필지의 토지로서 그 면적이 30㎡ 이상인 토지소유자는 사업시행인가·고시일 이후부터 공사완료·고시일까지 분양신청자를 포함한 세대원 전원이 주택을 소유하고 있지 않은 경우에 한하여 분양대상자가 될 수 있음(서울시 주거정비과-9360, 2007.6.14).

토지 90㎡ 미만인 공유지분 소유자의 공동분양 신청 가능 여부

Q 2003.6.30 사업시행인가된 재개발구역 내 무주택자로서 하나의 대지를 수인이 공유하고 있으며, 각각 그 대지 면적이 90㎡ 미만인 경우 공동으로 분양신청하여 공동으로 분양권을 부여받을 수 있는지?

A 종전의 도시재개발사업조례 제27조제1항제2호(현행 조례 제24조제1항제2호)에 의하면 종전 토지면적 90㎡ 이상을 소유한 자를 분양대상으로 규정하고 있는바, 공유지분으로 소유하고 있는 면적이 90㎡ 미만인 경우에는 분양대상이 되지 않으며, 같은 조례 제27조제2항(현행 조례 제24조제2항)에 의하여 분양대상 기준에 합당하게 수인의 토지등소유자가 함께 분양신청한 경우에는 수인의 분양신청자를 1인의 분양대상자로 보도록 규정하고 있어 질의와 같이 토지면적 90㎡ 이상을 공유지분으로 소유한 자가 공동으로 분양신청을 할 경우에는 하나의 분양권을 받을 수 있을 것임(서울시 주정58531-142, 2004.1.17).

Q 원토지의 공유자별 지분면적이 90㎡ 이상이지만, 이 토지의 일부만이 재개발구역에 편입(전체면적 1,417㎡, 구역편입면적 318㎡)되어 공유지분 소유자별 지분율에 따라 재개발구역에 편입된 토지에 대한 지분면적이 90㎡ 미만이 된 경우 분양대상자에 해당하는지?

A 조례 제24조제2항제3호에 따라 1필지의 토지를 수인이 소유하고 있는 경우 수인의 분양신청자를 1인의 분양대상자로 보며, 단 2003.12.30 전부터 공유지분으로 소유한 토지의 지분면적이 90㎡ 이상인 자는 그러하지 아니하다고 정하고 있는바, 본건의 경우 해당 필지의 공유지분 소유자 전체를 1인의 분양대상자로 보아야 함((서울시 주거정비과-16076, 2007.10.11).

※ 권리산정기준일의 적용을 받는 경우에는 정비구역 지정·고시일이 그 기준일이 된다.

Q ① 2003.12.30 이전부터 공유지분으로 소유하고 있던 자의 소유권을 2005.5.20 전부 이전받아 90㎡ 이상이 되는 경우, 분양대상이 되는지?

② 4인의 지분면적 합이 90㎡에 미달되나 권리가액이 합산하여 공동주택 최소규모 1가구 추산액 이상인 경우에도 수인의 분양신청자를 1인의 분양대상자로 보아야 하는지?

A ① 조례 제24조제2항제3호에 따라야 하지만, 2003.12.30 전부터 공유지분으로 소유한 토지의 지분면적이 90㎡ 이상인 자는 예외로 한다고 정하고 있는바, 2003. 12.30 전부터 공유지분으로 소유한 토지에 대하여 소유형태와 규모 등의 변경 없이 전부 이전받은 경우에는 그 시점이 2003.12.30 이후라도 사업시행자 등의 권리·의무 승계원칙에 따라 종전토지의 총면적을 산정함에 있어 포함할 수 있으므로 분양자격이 있음.

② 토지 면적이 90㎡ 미만인 1필지의 토지를 수인이 소유하고 있는 경우에는 권리가액이 분양용 최소규모 추산액 이상인 공유지분자만이 분양자격이 있음(서울시 주거정비과-10176, 2007.7.6).

하나의 주택 또는 한 필지의 토지를 수인이 소유한 경우 각각 분양대상 여부

Q 재개발구역 내 토지를 수인이 공유지분으로 소유하고, 주택은 개별등기되거나 공유지분으로 소유한 경우 분양대상이 되는지?

A 조례 제24조제2항제3호와 제5호에 의하면 하나의 주택 또는 한 필지의 토지를 수인이 소유하고 있는 경우와 하나의 대지범위 안에 속하는 동일인 소유의 토지와 주택을 건축물 준공이후 토지와 주택으로 각각 분리하여 소유한 경우에는 수인의 분양신청자를 1인의 분양대상자로 봄(서울시 주거정비과-9617, 2004.9.24).

공유토지상 미준공된 다세대주택의 분양대상 등

Q 토지는 3~8평의 형태로 등기상 수인이 공유로 소유하고 있으며, 건물은 1983년 이후 다세대 형태로 미준공된 경우 도시정비조례 제24조에 의한 공동주택의 분양대상 또는 임대주택 입주 대상이 되는지?

A 도시정비조례 제24조제2항제3호에 의하면 하나의 주택 또는 한 필지의 토지를 수인이 소유하고 있는 경우 그 수인의 분양신청자를 1인의 분양대상자로 하며, 동 조례 제32조제1항제2호에 따라 당해 정비구역 내 주택을 분양받을 자격을 가진 토지등소유자로서 분양신청을 포기한 경우에 임대주택 입주대상자가 될 수 있음(서울시 주거정비과 2004.6.17).

Q 재개발사업에서 공동소유인 토지의 경우 분양권은 누가 받는지?

A 도시정비조례 제24조제2항제3호에 의하면 '하나의 주택 또는 한 필지의 토지를 수인이 소유하고 있는 경우 수인의 분양신청자를 1인의 분양대상자로 본다.(단, 2003.12.30 전부터 공유지분으로 소유한 토지의 지분면적이 90㎡ 이상인 경우에는 그러하지 아니하다.)'로 정하고 있는바, 본 건의 경우 한 필지의 토지를 5명이 2006년 공유지분으로 취득하여 소유하고 있으므로 공유자 수인을 1인의 분양대상자로 볼 수 있음. 1인의 분양대상자는 대상토지의 공유자 중 1인을 선정할 수 있으며, 현 토지와 같이 공동소유로 등기할 수 있음. 또한 분양자격에 대한 사항은 조합설립인가권자인 관할구청장의 승인을 득한 조합정관에 따라 달라질 수 있겠으나, 조합정관은 법에서 규정하지 않은 부분에 대한 세부사항을 정할 수는 있어도 법의 범위를 뛰어넘을 수는 없음(서울시 FAQ).

[제27조제2항제4호]

재개발사업으로 건립되는 공동주택의 분양대상자는 관리처분계획기준일 현재 다음에 해당하면 수인의 분양신청자를 1인의 분양대상자로 본다. 〈개정 2009.7.30, 2010.7.15〉

4. 1필지의 토지를 권리산정기준일 후 수개의 필지로 분할한 경우 〈개정 2009.7.30, 2010.7.15〉

2003.12.30 조례에서 "이 조례 시행일 이후 한 필지의 토지를 수개의 필지로 분할한 경우"로 규정된 바 있다.

2009.7.30 "이 조례 시행일 이후"는 "2003.12.30 이후"로 바뀌었으며 공유취득과 관계있는 같은 항 제3호와 구별하여야 한다.

– 2010.7.15 개정된 권리산정기준일(재개발·도시환경정비사업)의 적용

최초 정비기본계획(정비예정구역에 신규로 편입지역 포함)을 수립하는 분부터 적용하지만, 이 조례 시행 전(2010.7.15)에 정비기본계획이 수립되어 있는 지역 및 지구단위계획이 결정·고시된 지역은 종전규정(조례 제27조 및 제28조)에 따른다.
따라서 2010.7.16 이후 정비구역 지정·고시일 또는 시·도지사가 고시한 기준일 이후의 정비기본계획의 변경 또는 지구단위계획의 결정·고시된 사실(주로 재건축사업이 이에 해당함.)을 확인해 보아야 한다.

○ "종전 규정에 따른다"는 의미

도시정비법 제50조의2에 의한 권리산정기준일의 적용받지 못하면, 결국 종전 조례의 적용을 받아 서울시 종전 기준일인 도시정비조례 시행일(2003.12.30) 이전에 1필지를 수개의 필지로 분할해야 각각 분양대상자가 된다.

필지분할이 권리산정기준일 이전에 이루어졌다면, 분할된 토지 면적이 30~90㎡ 미만, 90㎡ 이상인 경우를 구분하여 각각 충족요건을 갖추어야 한다(조례 제24조제1항제2호).

▢ 시도별 조례

서울시, 부산시 등은 권리산정기준일을 사용하고 있다.

○ 경기도

제18조(주택공급 기준 등) ③ 영 제52조제1항제3호에 따라서 다음 각 호의 어느 하나에 해당하는 경우에는 분양대상자를 1명으로 본다.

4. 한 필지의 토지를 수개의 필지로 분할한 경우

부 칙 〈2009.12.31〉

제3조(분양대상 기준의 경과조치) ① 제18조제3항제1호부터 제4호까지 개정규정은 2007.4.9 전에 지분 또는 구분소유 등기를 완료한 경우에는 가구별 또는 토지별 각각 1인을 분양대상자로 할 수 있다.

– 남양주, 부천시, 수원시, 안산시, 안양시, 고양시, 화성시

경기도와 내용이 같으나, 남양주시, 부천시, 안산시, 고양시, 화성시는 부칙이 없다.

수원시 도시정비조례 부칙

제5조(권리산정기준일에 관한 적용례 및 경과조치) ① 제24조제3항은 이 조례 시행 후 최초로 기본계획(2020년 수원시 도시·주거환경정비기본계획 포함)을 수립하는 분부터 적용한다.

② 이 조례 시행 전에 2010년 수원시 도시·주거환경정비기본계획에 포함된 재개발사업 지역은 종전 경기도 도시정비조례(제4238호) 제18조제3항에 따른다.

안양시 도시정비조례 부칙

제5조(권리산정기준일에 관한 적용례 및 경과조치) ① 제25조제3항은 이 조례 시행 후 최초로 기본계획을 수립하는 분부터 적용한다.

② 이 조례 시행 전에 안양시 도시·주거환경정비기본계획(2010년,2020년)에 포함된 지역(정비구역 또는 정비예정구역에 신규로 편입되는 지역 포함)은 종전 경기도 도시 및 주거환경정비 조례 제18조에 따른다.

○ 인천시

제23조(관리처분의 기준 등) ③ 제2항에 불구하고 다음 각 호의 어느 하나에 해당하는 토지등소유자에게는 공동주택을 공급할 수 있다.

1. 공람·공고일 이전에 분할된 필지의 면적이 30㎡ 이상인 토지를 소유한 자로서 다음 각 목의 모든 요건에 저촉되지 아니하는 토지등소유자
   가. 소유하고 있는 토지의 지목이 도로인 경우에는 해당 토지가 사실상의 도로가 아닐 것
   나. 공람공고 일부터 세대원(세대주, 세대주와 동일한 세대별 주민등록표에 등재되어 있지 아니한 배우자 및 배우자와 동일한 세대를 이루고 있는 세대원을 포함한다.) 전원이 무주택자일 것

○ **부산시**

第22조(재개발사업의 분양대상 등) ③ 제1항제2호에 따른 토지면적 및 같은 항 제3호에 따른 종전토지등의 가액을 산정함에 있어 다음 각 호의 어느 하나에 해당하는 토지는 포함하지 아니한다. 〈개정 2005.2.16, 2010.3.3, 2012.12.26〉

3. 1필지의 토지를 법 제50조의2에 따른 권리산정 기준일 이후 분할 취득하거나 공유지분으로 취득한 경우 〈개정 2012.12.26〉

○ **대구시**

第22조(현금청산 대상) ③ 제1항 및 제2항의 규정을 적용함에 있어 다음 각 호의 1에 해당하는 경우에는 다수인의 분양신청자를 1인의 분양대상자로 본다.

2. 하나의 토지 또는 주택을 다수인이 소유하고 있는 경우

○ **대전시**

第22조(재개발사업의 분양대상 등) ② 다음 각 호의 어느 하나에 해당하는 경우에는 여러 명의 분양신청자를 1인의 분양대상자로 본다. 〈개정 2007.2.23 조례 제3480호〉

3. 하나의 주택 또는 1 필지의 토지를 여러 명이 소유하고 있는 경우. 다만 구역지정 공람·공고일 이전에 공유지분으로 소유한 토지의 지분면적이 대전시 건축조례 제30조에 따른 규모 이상인 자는 그러하지 아니하다. 〈개정 2006.5.12 조례 제3421호〉〈개정 2012.6.15 조례 제4076호〉
4. 구역지정 공람·공고일 이후에 1 필지의 토지를 여러 개의 필지로 분할한 경우

○ **광주시**

第25조(재개발사업의 분양대상 등) ③ 제1항제2호의 종전토지의 총면적 및 제1항제3호의 권리가액을 산정함에 있어 다음 각 호의 어느 하나 에 해당 하는 토지는 포함하지 아니한다. 〈개정 2012.5.15〉

1. 「건축법」 제2조제1항제1호에 따른 하나의 대지범위 안에 속하는 토지가 여러 필지인 경우 구역지정 공람·공고일 이후에 그 토지의 일부를 취득하였

거나 공유지분으로 취득한 토지 〈개정 2006.1.1, 2010.1.1, 2012.5.15〉

2. 하나의 건축물이 하나의 대지범위 안에 속하는 토지를 점유하고 있는 경우로서 구역지정 공람·공고일 이후 그 건축물과 분리하여 취득한 토지 〈개정 2012.5.15〉

3. 1필지의 토지를 구역지정 공람·공고일 이후 분할 취득하거나 공유지분으로 취득한 토지 〈개정 2012.5.15〉

□ 유권해석

필지 분할 후 다세대주택 분양 시 분양자격 여부

Q 하나의 필지 상에 근린상가 및 주택으로 구성된 주택 1동과 창고건물 1동 등이 각각 가동·나동으로 분리되어 있는 경우, 2동을 분할하여 그 중 1동을 다세대로 신축하여 분양(분할되는 토지는 200㎡ 이상, 각 세대의 주거전용면적이 정비사업으로 건립되는 분양용 공동주택의 최소 주거전용면적 이상인 경우)하려면 분양받은 각각의 구분소유권자가 분양대상자에 해당되는지?

A 서울시 조례 제24조제2항에 따라 2003.12.30 이후 한 필지의 토지를 수개의 필지로 분할한 경우에는 수인의 분양신청자를 1인의 분양대상자로 보도록 정하고 있으므로 토지를 분할하여 다세대로 신축하는 경우에는 수인의 분양신청자를 1인의 분양대상자에 해당됨(서울시 주정 2010.8.13).

1필지 토지를 조례시행일 이후 수인이 소유한 경우 각각 분양대상 여부

Q 도시정비조례 시행 이후 한 필지의 토지 100평을 3인이 지분 분할한 경우 분양대상이 되는지?

A 위 조례 시행일(2003.12.30) 이후 한 필지의 토지를 수개의 필지로 분할한 경우와 한 필지의 토지를 수인이 소유하고 있는 경우에는 수인의 분양신청자를 1인의 분양대상자로 함(서울시 주거정비과-9733, 2004.10.1).

지목이 도로인 토지를 소유한 경우 분양대상 여부

Q 재개발예정구역 내에 지목이 도로인 토지(2필지, 면적 합계 111㎡)를 소유한 경우, 공동주택 분양대상이 되는지?

A 재개발구역 내 2003.12.30 이전부터 각각 분할되어 있던 토지이고, 면적의 합계가 90㎡ 이상인 경우에는 지목에 관계없이 공동주택의 분양대상자가 될 수 있음(서울시 주거정비과-10651, 2004.10.27).

1필지 토지의 일부를 분할하여 매입한 경우 분양대상 여부

Q ① 재개발구역지정을 추진하는 구역 내에서 1필지의 토지를 수개의 필지로 분할하여 매매하거나 1인 소유에 속하는 1필지의 토지를 매매를 통하여 수인의 공동소유로 하는 경우 토지매입자 모두 분양대상자가 되는지?

② 지구단위계획구역으로 결정된 구역에서 토지의 분할이 가능한지?

A ① 재개발사업의 분양대상을 규정하고 있는 서울시 도시재개발사업조례 제27조에 의하면 공동주택의 분양대상자는 분양신청자 중 관리처분계획기준일 현재

- 분양신청자가 소유하고 있는 종전의 토지 및 건축물의 총가액이 분양예정대지 및 건축시설 중 분양용 최소규모 공동주택 1세대의 추산액 이상인 자
- 분양신청자가 소유하고 있는 종전 토지의 총 면적이 90㎡ 이상인 자
- 종전의 건축물 중 주택을 소유한 자

등으로 규정하고 있으나 이런 경우에도 토지 또는 건축물소유의 유형, 취득시기 등에 따라 분양대상 자격이 달라지므로 분양대상 자격 여부는 개별토지 또는 건축물별 소유형태를 구체적으로 분석한 후 판단이 가능함.

② 지구단위계획구역에서 토지의 분할은 지구단위계획결정 내용에 부합되는지 여부와 지적법이 정하는 바에 따라 결정되어야 할 것임(서울시 재개58531-2841, 2002.12.13).

[제27조제2항제5호]

재개발사업으로 건립되는 공동주택의 분양대상자는 관리처분계획기준일 현재 다음에 해당하면 수인의 분양신청자를 1인의 분양대상자로 본다. 〈개정 2009.7.30, 2010.7.15〉

5. 하나의 대지범위 안에 속하는 동일인 소유의 토지와 주택을 건축물준공 이후 토지와 건축물로 각각 분리하여 소유하는 경우. 다만, 권리산정기준일 이전부터 소유한 토지의 면적이 90㎡ 이상인 자는 그러하지 아니한다. 〈개정 2009.7.30, 2010.7.15〉

2010.7.15에 '2003.12.30 이전'을 '권리산정기준일'로 바뀌고, '건축조례 제25조제1호의 규모'를 '90㎡ 이상'으로 명확히 하였다. 이를 소유한 자가 분양대상자이다.

○ 제27조제2항제3호와의 비교

제27조제2항제3호는 동일인이 아닌 수인이 소유하고 있는 경우로 권리산정기준일 이전부터 소유한 토지의 면적이 90㎡ 이상인 자이지만, 제5호는 동일인이 소유하던 토지와 건물을 준공 이후 토지와 건축물(주택)로 각각 분리한 사례를 말한다.

1주택 또는 1필지의 토지를 수인이 소유하고 있는 경우. 다만, 권리산정기준일 이전부터 "공유로 소유한" 토지의 지분면적이 90㎡ 이상인 자는 공유자 각 1인을 분양대상자로 한다(조례 제27조제2항제3호).

제5호는 제3호와 달리, 공유의 개념이 아니다. 제3호 내지 제5호의 경우는 토지에 관한 것으로, 토지등소유자의 개념이 다른 단독주택 재건축사업에는 관계가 없는 조항이다.

1필지 상 동일인 소유 수개의 건물을 각각 타인에게 매도한 경우 각각 분양대상인지 여부

Q 하나의 필지에 독립된 3동의 건물을 소유하고 있는 자가 대지는 공유지분으로, 건물은 각각 타인에게 매도하는 경우 매입자가 분양대상이 되는지?

A 도시정비조례 제24조제2항제5호에 의하면 "하나의 대지범위에 속하는 동일인 소유의 토지와 주택을 건축물 준공 이후 토지와 주택으로 분리하여 소유한 경우 수인의 분양신청자를 1인의 분양대상자로 본다."로 정하고 있는바, 질의내용만으로는 건축허가 당시 하나의 대지범위가 분명하지 않아 정확히 판단할 수 없으나, 만약 건축허가 당시 3동의 건물을 각각 대지의 범위로 정하여 건축허가를 받고 건축물과 토지의 소유권을 분리하지 않은 경우 각 건물별로 분양대상자로 인정될 수 있을 것이나, 건축허가 당시 3동의 건물을 하나의 대지범위로 건축허가를 받고 준공 이후 건물과 토지의 소유권을 분리한 경우에는 분양신청자를 1인의 분양대상자로 보아야 할 것임(서울시 주거정비과-2549, 2006.3.14).

○ 2010.7.15 개정된 권리산정기준일(재개발·도시환경정비사업)의 적용

부 칙 〈제5007호, 2010.7.15〉

제1조(시행일) 이 조례는 2010.7.16부터 시행한다.

제3조(권리산정기준일에 관한 적용례 및 경과조치) ① 제27조 및 제28조 개정규정은 최초로 기본계획(정비예정구역에 신규로 편입지역 포함)을 수립하는 분부터 적용한다.

② 이 조례 시행 전에 기본계획이 수립되어 있는 지역 및 지구단위계획이 결정·고시된 지역은 종전규정(제27조 및 제28조)에 따른다.

최초 정비기본계획(정비예정구역에 신규로 편입지역 포함)을 수립하는 분부터 적용하지만, 이 조례 시행 전(2010.7.15)에 정비기본계획이 수립되어 있는 지역 및 지구단위계획이 결정·고시된 지역은 종전규정(조례 제27조 및 제28조)에 따른다.

2010.7.16 이후 정비구역 지정·고시일 또는 시·도지사가 고시한 기준일 이후의 정비기본계획의 변경 또는 지구단위계획의 결정·고시된 사실(주로 재건축사업이 이에 해당함.)을 확인해 보아야 한다.

도시정비법 제50조의2에 의한 권리산정기준일에 충족되지 못하면, 종전 조례(2003.12.30)의 적용을 받게 된다.

▢ 시도별 조례

○ 경기도

第18조(주택공급 기준 등) ③ 영 제52조제1항제3호에 따라서 다음 각 호의 어느 하나에 해당하는 경우에는 분양대상자를 1명으로 본다.

3. 하나의 대지 범위 안에 속하는 동일인 소유의 토지와 주택을 건축물 준공이후 토지와 주택으로 각각 분리하여 소유한 경우

부 칙 〈2009.12.31〉

제3조(분양대상 기준의 경과조치) ① 제18조제3항제1호부터 제4호까지의 개정규정은 2007.4.9 전에 지분 또는 구분소유 등기를 완료한 경우에는 가구별 또는 토지별 각각 1인을 분양대상자로 할 수 있다.

- 남양주, 부천시, 수원시, 안산시, 안양시, 고양시, 화성시

경기도와 내용이 같으나, 남양주시, 부천시, 안산시, 고양시, 화성시는 부칙이 없다.

수원시 도시정비조례 부칙

제5조(권리산정기준일에 관한 적용례 및 경과조치) ① 제24조제3항은 이 조례 시행 후 최초로 기본계획(2020년 수원시 도시·주거환경정비기본계획 포함)을 수립하는 분부터 적용한다.

② 이 조례 시행 전에 2010년 수원시 도시·주거환경정비기본계획에 포함된 재개발사업 지역은 종전 경기도 도시정비조례(제4238호) 제18조제3항에 따른다.

안양시 도시정비조례 부칙

제5조(권리산정기준일에 관한 적용례 및 경과조치) ① 제25조제3항은 이 조례 시행 후 최초로 기본계획을 수립하는 분부터 적용한다.

② 이 조례 시행 전에 안양시 도시·주거환경정비기본계획(2010년, 2020년)에 포함된 지역(정비구역 또는 정비예정구역에 신규로 편입되는 지역 포함)은 종

전 경기도 도시 및 주거환경정비 조례 제18조에 따른다.

○ 인천시

인천시의 경우에는 2011.2.21 전면 개정 시 아래와 같이 바뀌었다.

제23조(관리처분의 기준 등) ① 법 제48조제2항제6호 단서에 따라 같은 세대에 속하지 아니하는 2명 이상이 공람·공고일 이전에 하나의 토지를 공유한 경우에는 각 공유지분의 규모에 따라 다음 각 호와 같이 주택을 공급한다.

1. 주거지역에 적용되는 분할제한면적 이상의 공유지분을 소유한 자에게는 각 1주택을 공급한다.
2. 주거지역에 적용되는 분할제한면적 미만의 공유지분을 소유한 자가 2명 이상인 경우에는 해당 공유지분의 합이 주거지역에 적용되는 분할제한면적 이상인 경우에 한정하여 그 대표자에게 1주택을 공급한다.

② 영 제52조제1항제3호에 따른 공동주택의 분양대상자는 관리처분기준일 현재 다음 각 호의 기준에 적합하여야 한다.

1. 사업시행인가일을 기준으로 산정한 토지 및 건축물(기존 무허가건축물을 포함한다.) 가액의 합(부족한 금액을 해당 토지등소유자가 부담하는 경우 그 부담하는 금액을 포함한다.)이 공동주택의 단위세대별 추산액 중 최저가액 이상일 것
2. 토지만을 소유하고 있는 경우에는 해당 토지면적의 합(국·공유지를 불하받은 경우 그 면적을 포함한다.)이 주거지역에 적용되는 분할제한면적 이상일 것
3. 2 이상의 필지를 하나의 대지로 구획한 토지의 일부를 필지단위로 취득한 경우 취득시기(부동산등기부상의 접수일자를 기준으로 한다.)가 공람·공고일 이전일 것

○ 부산시

제22조(재개발사업의 분양대상 등) ② 제1항에 따른 공동주택분양대상자 중 다음 각 호의 어느 하나에 해당하는 경우에는 여러 명의 분양신청자를 1명의 분양대

상자로 본다. 〈개정 2005.2.16, 2010.3.3, 2012.12.26〉

5. 하나의 대지 범위에 속하는 동일인 소유의 토지와 주택을 법 제50조의2에 따른 권리산정 기준일 이후 토지와 주택으로 각각 분리하여 소유한 경우 〈개정 2010.3.3, 2012.12.26〉

○ 대구시

제22조(현금청산 대상) ① 재개발사업의 경우 법 제48조제2항제3호 및 영 제52조제1항제3호의 단서 규정에 의하여 현금으로 청산할 수 있는 토지 또는 건축물은 다음 각 호의 1에 해당하는 경우를 말한다.

3. 하나의 건축물이 하나의 대지에 속하는 토지를 점유하고 있는 경우로서 구역지정 공람·공고일 이후에 그 건축물과 토지를 분리하여 취득하거나, 그 건축물 또는 토지의 일부를 취득한 경우

○ 대전시

제22조(재개발사업의 분양대상 등) ② 다음 각 호의 어느 하나에 해당하는 경우에는 여러 명의 분양신청자를 1인의 분양대상자로 본다. 〈개정 2007.2.23 조례 제3480호〉

5. 하나의 대지범위 안에 속하는 동일인 소유의 토지와 주택 등 건축물을 토지와 주택 등 건축물로 각각 분리하여 소유한 경우 〈개정 2009.6.5 조례 제3747호〉

○ 광주시

제25조(재개발사업의 분양대상 등) ② 다음 각 호의 어느 하나에 해당하는 경우에는 수인의 분양신청자를 1인의 분양대상자로 본다. 〈개정 2012.5.15〉

5. 하나의 대지범위 안에 속하는 동일인 소유의 토지와 주택을 건축물 준공이후 토지와 주택으로 각각 분리하여 소유한 경우. 다만 구역지정 공람·공고일 전부터 공유지분으로 소유한 토지의 지분면적이 건축조례 제31조제1호에 따른 규모 이상인 자는 그러하지 아니하다. 〈개정 2010.1.1, 2012.5.15〉

▢ 유권해석

대지권 등기가 안 된 다세대전환주택의 경우 각각 분양대상 여부

Q 구분등기의 개념과 2003.12.30 전에 단독 또는 다가구를 다세대로 전환한 주택의 건물 부분만 구분등기하고, 대지권등기는 하지 않는 경우 분양대상이 되는지?

A 재개발사업으로 건립되는 공동주택 등의 분양자격에 대하여는 인가된 조합정관에 따라 조합설립인가권자인 관할구청장이 판단할 사항임. 다만, 단독 또는 다가구주택을 다세대로 전환된 경우에는 "집합건물의 소유 및 관리에 관한 법률"에 정한 바에 따라 주택의 건물구분등기와 함께 대지 공유지분으로 등기를 하는 것이 원칙이므로, 본건 질의 경우 도시정비조례 제24조제2항제5호에 따라 건축물 준공 이후 토지와 주택으로 각각 분리하여 취득한 경우 수인의 분양신청자를 1인의 분양대상자로 볼 수 있도록 한 규정에 해당됨(서울시 주거정비과 2006.10.30).

건축허가 당시부터 토지와 건물의 소유자가 다른 경우 각각 분양대상 여부

Q 건축허가 시 토지와 건물의 소유자가 다른 경우에 건물의 소유권이 토지소유자의 혼인한 자녀에게 이전되었을 때 각각 분양대상이 되는지?

A 도시정비조례 제24조제2항제5호에 의하면 "하나의 대지범위 안에 속하는 동일인 소유의 토지와 주택을 각각 분리하여 소유한 경우 수인의 분양신청자를 1인의 분양대상자로 한다."고 정하고 있는바, 질의의 경우 건축허가를 받고 건축물과 토지의 소유권을 분리한 것이 아니므로 토지소유자와 건물소유자 각각 분양대상이 될 것으로 사료됨(서울시 주거정비과 2006.3.21).

하나의 대지범위 안에 있는 1필지의 토지를 무주택자가 매입한 경우 분양대상 여부

Q 동일인이 소유하고 있는 3필지 중 2필지에는 주택이 있고, 나머지 지목이 대지로서 이 주택의 진입로로 이용되고 있는 1필지(면적 43㎡)를 무주택소유자가 매입하는 경우에 분양대상이 되는지?

A 도시정비조례 제24조제2항제5호에 의하면 "하나의 대지범위 안에 속하는 동일인 소유의 토지와 주택을 건축물 준공 이후 토지와 주택으로 각각 분리하여 소유한 경우 수인의 분양신청자를 1인의 분양대상자로 본다."고 정하고 있는바, 진입로로 이용되고 있는 1필지 대지가 건축허가 당시 하나의 대지범위에 해당되는지 여부에 따라 판단되어야 할 사안임(서울시 주거정비과 2006.4.20).

건물 준공 이후 토지와 건물을 분리하여 소유하고 등기한 경우 분양대상 여부

Q 1필지의 대지위에 있는 건축물을 토지와 분리하여 소유권을 달리 등기 하였을 경우(2002.6) 재개발사업 시행 시 토지분(66㎡)과 건물분(85.96㎡)의 분양권을 각각 받을 수 있는지?

A 도시정비조례 제24조제2항제5호에 의하면 하나의 대지범위 안에 속하는 동일인 소유의 토지와 주택을 건축물 준공 이후 토지와 주택으로 각각 분리하여 소유한 경우 수인의 분양신청자를 1인의 분양대상자로 봄(서울시 주거정비과-8076, 2004.8.17).

국유지 점유자가 사업시행인가 후 매입하고 무주택자가 잔금 지급 후 국가로부터 소유권 이전등기를 필한 경우 분양대상 인정 여부

Q 면적 21㎡인 국유지 점유자(유주택자)가 사업시행인가 후에 매입하여 매수자(무주택자)가 잔금을 지급하고 국가로부터 소유권 이전등기를 필한 경우 매수자가 20㎡ 이상의 소유자로서 재개발아파트의 분양대상자가 될 수 있는지?

A 조례 제24조제1항제2호 단서 규정은 건축물이 없는 토지만을 소유한 경우 그 토지규모가 30㎡ 이상인(종전 도시재개발법에 의하여 구역지정된 경우에는 20㎡ 이상) 토지소유자는 사업시행인가·고시일 이후부터 공사완료·고시일까지 분양신청자를 포함한 세대원 전원이 주택을 소유하고 있지 아니한 경우에 한하여 분양대상자로 보도록 한 것이나, 질의의 경우 당초 점유자로부터 매입하여 건물과 토지를 분리한 경우에 해당하므로 위 조례 제24조제2항제5호에 의하여 수인의 분양신청자를 1인의 분양대상자로 보아야 함(서울시 주거정비과-3925, 2004.5.4).

수인이 수 필지의 토지를 공유지분으로 소유하고 그 지상의 기존무허가건축물을 타인이 소유한 경우 각각 분양대상자 인정 여부

Q 갑이 100-1번지 공유지분 토지 60㎡, 을은 100-1번지 공유지분 20㎡와 100-2번지 70㎡, 병이 양 지번 상 기존무허가건축물을 각각 소유한 경우 3인 모두 분양대상이 되는지?

A 당초부터 2필지에 걸쳐 기존무허가건물이 있었다면 도시정비조례 제24조에 의거 주택을 소유한 자와 종전토지의 총면적이 90㎡ 이상인 자는 분양대상자로 볼 수 있으나, 동일인 소유의 1필지 상 기존무허가건물이 완공된 후 필지를 분할하여 토지와 주택으로 각각 분리하여 소유한 경우에는 수인의 분양신청자를 1인의 분양대상자로 보아야 함(서울시 주거정비과-3075, 2004.4.10).

토지와 주택을 건축물 준공 이후 분리하여 소유한 경우, 각각 분양대상자 인정 여부

Q 하나의 대지범위 안의 토지와 주택을 건축물준공 이후 1999.1 분리하여 토지는 원소유자가 소유하고, 주택을 타인에게 매도한 경우 각각 분양대상이 되는지?

A 도시정비조례 제24조제2항제5호에 의하면 하나의 대지범위 안에 속하는 동일인 소유의 토지와 주택을 건축물준공 이후 토지와 주택을 각각 분리하여 소유한 경우 수인의 분양신청자를 1인의 분양대상자로 봄(서울시 주거정비과-2681, 2004.3.30).

1필지 상 수개의 건물 중 일부 건물을 매입한 경우 분양자격 인정 여부

Q 1필지(150㎡) 위에 건축물대장이 각각 발급되는 3개 동의 건물 중 일부를 매수한 경우 분양대상이 되는지?

A 도시정비조례 제24조제2항제5호에 의하면 하나의 대지범위 안에 속하는 동일인 소유의 토지와 주택을 건축물준공 이후 토지와 주택으로 각각 분리하여 소유한 경우 수인의 분양신청자를 1인의 분양대상자로 봄(서울시 주거정비과-3073, 2004.4.10).

토지 일부와 건물 전체를 매입한 경우에 분양대상

Q 도시환경정비예정구역으로서 2004.5 토지를 공유지분으로 160㎡ 중 65㎡와 위 지상 건물을 전체 매입한 경우에 정비사업 시 분양대상이 될 수 있는지?

A 정비사업으로 공급하는 주택등의 분양대상은 인가된 조합정관에 따라 인가권자인 구청장이 판단할 사항이나, 도시환경정비사업에 의한 주택 등의 공급에 관하여는 재개발사업의 분양대상 규정을 준용하도록 정하고 있으므로 현행 도시정비조례 제24조제2항제5호에 의하면 하나의 대지범위 안에 속하는 동일인 소유의 토지와 주택을 건축물준공 이후 토지와 주택으로 각각 분리하여 소유한 경우 수인의 분양신청자를 1인의 분양대상자로 한다고 규정함(서울시 주거정비과-14361, 2005.12.16).

건축물 준공 이후 토지와 건물을 분리하여 소유한 경우 각각 분양대상 여부

Q 재개발사업 시행 시 건축 당시에는 토지와 주택이 동일인 소유였으나 건축물 준공 이후 토지(99㎡)만 매입하여 소유하였을 경우, 공동주택 분양대상자가 될 수 있는지?

A 재개발구역 내 분양대상자는 도시정비법에 의거 인가된 조합정관에 정한 바에 따라 판단할 사안이나, 현행 도시정비조례 제24조제2항제5호에 의하면 하나의 대지범위 안에 속하는 동일인 소유의 토지와 주택을 건축물준공 이후 토지와 주택으로 각각 분리하여 소유한 경우 수인의 분양신청자를 1인의 분양대상자로 간주함(서울시 주거정비과-9155, 2004.9.15).

지목이 도로인 토지를 공유지분으로 소유한 경우 각각 분양대상 여부

Q 지목이 도로인 토지 400㎡를 2인이 공유한 경우 각각 분양대상이 되는지?

A 도시정비조례 제24조제2항에 의하면 하나의 주택 또는 한 필지의 토지를 수인이 소유한 경우 수인의 분양신청자로 보나 2003.12.30 이전부터 공유지분으로 소유한 토지의 지분면적이 서울시 건축조례 제25조제1호에 의한 규모 이상(일반주거지역-90㎡)인 자는 예외로 하고 있는데, 이 규정에 해당될 경우 각각 분양대상자가 될 것임(서울시 주거정비과-7337, 2005.6.28).

준공 이후 토지와 주택을 분리하여 취득한 경우 각각 분양대상 여부

Q 2003.12.30 이전 90㎡ 이상의 하나의 필지에 지어진 주택을 준공 이후 토지와 주택을 분리하여 주택을 취득한 경우와 하나의 대지범위 안에 속하는 토지가 여러 필지인 토지와 주택을 분리하여 취득하였을 때 각각 분양대상이 되는지?

A 서울시 도시정비조례 제24조제2항제5호에 의하면 "하나의 대지범위 안에 속하는 동일인 소유의 토지와 주택을 건축물 준공 이후 토지와 주택으로 각각 분리하여 소유한 경우 수인의 분양신청자를 1인의 분양대상자로 보며, 다만, 2003.12. 30 전에 토지와 주택으로 각각 분리하여 소유한 경우로서 토지의 규모가 건축조례 제25조제1호에 의한 규모 이상인 경우에는 그러하지 아니하다."고 정하고 있는바, 이 규정에 해당될 경우 각각 분양대상으로 간주함(서울시 주거정비과-3418, 2006.4.5).

[제27조제2항제6호]

재개발사업으로 건립되는 공동주택의 분양대상자는 관리처분계획기준일 현재 다음 에 해당하면 수인의 분양신청자를 1인의 분양대상자로 본다. 〈개정 2009.7.30, 2010.7.15〉

6. 권리산정기준일 후 나대지에 건축물을 새로이 건축하거나 기존 건축물을 철거하고 다세대주택, 그 밖에 공동주택을 건축하여 토지등소유자가 증가되는 경우 〈개정 2008.7.30, 2009.7.30, 2010.7.15〉

2003.12.30부터 2008.5.29까지 제6호가 없었으나, 2008.7.30 조례 개정 시 재개발·도시환경정비사업에서 분양대상자에 대한 규정이 신설되었으며 단독주택 재건축사업에서도 같은 내용으로 2009.4.22 신설되었다.

제6호는 2010.7.15 개정으로 바뀌었다(2009.8.30 및 2009.7.30 제6호와 2010.7.15의 제6호는 그 내용이 다름).[13]

13) 도시정비조례 [서울시조례 제4824호, 2009.7.30, 일부개정]
제27조(재개발사업의 분양대상 등) ② 제1항에 불구하고 다음 각 호의 어느 하나에 해당하는 경우에는 수인의 분양신청자를 1인의 분양대상자로 본다. 〈개정 2009.7.30〉

○ 2010.7.16 권리산정기준일(재개발·도시환경정비사업)의 적용

부 칙 〈제5007호, 2010.7.15〉

제1조(시행일) 이 조례는 2010.7.16부터 시행한다.

제3조(권리산정기준일에 관한 적용례 및 경과조치) ① 제27조 및 제28조 개정규정은 최초로 기본계획(정비예정구역에 신규로 편입지역 포함)을 수립하는 분부터 적용한다.

② 이 조례 시행 전에 기본계획이 수립되어 있는 지역 및 지구단위계획이 결정·고시된 지역은 종전규정(제27조 및 제28조)에 따른다.

최초 정비기본계획(정비예정구역에 신규로 편입지역 포함)을 수립하는 분부터 적용하지만, 이 조례 시행 전(2010.7.15)에 정비기본계획이 수립되어 있는 지역 및 지구단위계획이 결정·고시된 지역은 종전규정(조례 제27조 및 제28조)에 따른다.

2010.7.16 이후 정비구역 지정·고시일 또는 시·도지사가 고시한 기준일 이후의 정비기본계획의 변경 또는 지구단위계획의 결정·고시된 사실(주로 재건축사업이 이에 해당함.)여부를 확인해 보아야 한다.

○ "종전 규정에 따른다"는 의미

권리산정기준일 이후 건축하여 토지등소유자가 증가된 경우 수인의 분양신청자 중 1인이 분양대상자이다.

권리산정기준일(도시정비법 제50조의2) 이전에 신축 행위를 하여도 해당 구역이 정비기본계획에 포함되어 있으면, 종전 조례의 적용을 받아 재개발·도시환경정비사업의 경우에는 부칙(2008.7.30) 제3조(분양대상 등에 관한 경과조치)에 따라, 2008.7.30 후 최초로 건축허가를 신청하는 분부터 적용한다. 단독주택 재건축사업에서는 부칙(2009.4.22) 제2조(단독주택 재건축사업의 분양대상 등에 관한 적용례) 제4항의 적용을 받아, 2009.4.22 후 최초로 건축허가를 신청하는 분부터 적용한다.

---

6. 단독주택 또는 비주거용건축물을 공동주택으로 신축한 경우(기존의 공동주택을 세대수를 늘려 신축한 경우를 포함한다). 다만, 신축한 공동주택의 주거전용면적이 해당 정비사업으로 건립되는 분양용 공동주택의 최소 주거전용면적 이상인 경우에는 그러하지 아니하다. 〈개정 2008.7.30, 2009.7.30〉

종전 조례의 적용을 받게 되면 2008.7.30까지 60㎡ 미만으로 건축허가를 받아도 분양자격이 인정되지만(단독주택 재건축의 경우엔 2009.4.22), 그 이후 60㎡ 이상으로 건축허가를 신청하는 것만 분양대상으로 인정된다.

□ 시도별 조례

○ 경기도

서울시와는 달리 "공동주택을 건축하여 토지등소유자가 증가되는 경우"를 예시하지 않고 단서 조항인 "해당 공동주택의 주거전용면적이 해당 정비사업으로 건립되는 분양용 공동주택의 최소 주거전용면적 이상인 자에 대하여는 그렇지 않다."는 규정을 두었다.

제18조(주택공급 기준 등) ③ 영 제52조제1항제3호에 따라서 다음 각 호의 어느 하나에 해당하는 경우에는 분양대상자를 1명으로 본다.

6. 기존 건축물을 철거하고 공동주택을 건축하는 경우(건축물이 없는 토지에 신축하는 경우를 포함한다.), 다만 해당 공동주택의 주거전용면적이 해당 정비사업으로 건립되는 분양용 공동주택의 최소 주거전용면적 이상인 자에 대하여는 그렇지 않다.

부 칙 〈2009.12.31〉

제3조(분양대상 기준의 경과조치) ② 제18조제3항제6호의 개정규정은 2008.7.25 이후 최초로 건축허가 신청서 접수 분부터 적용한다.

- 남양주, 부천시, 수원시, 안산시, 안양시, 고양시, 화성시

경기도와 내용이 같으나, 남양주시, 부천시, 안산시, 고양시, 화성시는 부칙이 없다.

수원시 도시정비조례 부칙

제5조(권리산정기준일에 관한 적용례 및 경과조치) ① 제24조제3항은 이 조례 시행

후 최초로 기본계획(2020년 수원시 도시·주거환경정비기본계획 포함)을 수립하는 분부터 적용한다.

② 이 조례 시행 전에 2010년 수원시 도시·주거환경정비기본계획에 포함된 재개발사업 지역은 종전 경기도 도시정비조례(제4238호) 제18조제3항에 따른다.

안양시 도시정비조례 부칙

제5조(권리산정기준일에 관한 적용례 및 경과조치) ① 제25조제3항은 이 조례 시행 후 최초로 기본계획을 수립하는 분부터 적용한다.

② 이 조례 시행 전에 안양시 도시·주거환경정비기본계획(2010년,2020년)에 포함된 지역(정비구역 또는 정비예정구역에 신규로 편입되는 지역 포함)은 종전 경기도 도시 및 주거환경정비 조례 제18조에 따른다.

○ 인천시

2008.10.20 신설된 종전 조례 제24조제3항제6호를 2011.2.21 전면 개정 시 삭제되었다.

다음에 해당하는 경우에는 수인의 분양신청자를 1인의 분양대상자로 본다(조례 제24조제3항). 〈개정 2007.5.14〉

6. "인천시 도시·주거환경정비기본계획"의 결정·고시일 이후에 기존 건축물을 철거하고 공동주택을 건축하는 경우(건축물이 없는 토지에 신축하는 경우를 포함한다). 다만, 해당 공동주택의 주거전용면적이 40㎡ 이상인 자에 대하여는 그러하지 아니한다. 〈신설 2008.10.20〉

부 칙 〈2008.10.20 조례 제4219호〉

제2조(분양대상자 등에 관한 경과조치) 본 조례 시행일 이전에 건축허가를 신청한 자는 종전 조례에 의한다.

○ 부산시, 대구시, 대전시, 광주시

관련 조문이 없다.

▢ 유권해석

재정비촉진지구 내 구역 지정·고시 이후 신규 건축물에 대하여 분양받을 권리

Q 인천 남구 주안뉴타운은 재정비촉진계획 결정·고시를 앞두고 있음. 재정비특별법 제33조에서 토지등분할거래에서 분양받을 권리는 지구지정·고시가 있는 날을 기준일이라고 되어 있음. 지구지정·고시 이후 건축행위 제한 등 토지거래 허가구역으로 지정된바, 지정 이후 단독주택을 허물고 다세대 주택으로 전환된 경우 분양받을 권리가 있는지?

A 재정비촉진사업별 토지 또는 주택 등 건축물의 분양받을 권리는 재정비특별법 제33조제1항제1호부터 제5호까지 어느 하나에 해당하면 기준일을 기준으로 산정하게 되어 있고, 기준일은 같은 법 제5조제4항에 따른 고시(재정비촉진 지구·지정일)가 있는 날로 정하고 있으므로 기준일 이후 건축물을 새로 건축하거나 기존 건축물을 청거하고 다세대주택이나 그 밖의 공동주택을 건축하여 토지등소유자가 증가한 경우는 분양받을 권리가 없을 것임(국토해양부 도시재생과 2010.4.27).

[제27조제3항, "권리산정기준일에 따른 종전토지의 총면적 및 권리가액의 산정"]

제1항제2호의 종전 토지의 총면적 및 제1항제3호의 권리가액을 산정함에 있어 다음 각 호의 어느 하나에 해당하는 토지는 포함하지 아니한다(제27조제3항). 〈개정 2009.7.30〉

1. 건축법 제2조제1항제1호에 따른 하나의 대지범위 안에 속하는 토지가 여러 필지인 경우 권리산정기준일 후에 그 토지의 일부를 취득하였거나 공유지분으로 취득한 토지 〈개정 2009.7.30, 2010.7.15〉
2. 하나의 건축물이 하나의 대지범위 안에 속하는 토지를 점유하고 있는 경우로서 권리산정기준일 후 그 건축물과 분리하여 취득한 토지 〈개정 2009.7.30, 2010.7.15〉
3. 1필지의 토지를 권리산정기준일 후 분할하여 취득하거나 공유로 취득한 토지 〈개정 2009.7.30, 2010.7.15〉

부 칙 〈제5007호, 2010.7.15〉

제1조(시행일) 이 조례는 2010.7.16부터 시행한다.

제3조(권리산정기준일에 관한 적용례 및 경과조치) ① 제27조 및 제28조 개정규정은 최초로 기본계획(정비예정구역에 신규로 편입지역 포함)을 수립하는 분부터 적용한다.

② 이 조례 시행 전에 기본계획이 수립되어 있는 지역 및 지구단위계획이 결정·고시된 지역은 종전규정(제27조 및 제28조)에 따른다.

종전토지의 총면적 및 권리가액의 산정기준인 권리산정기준일이 개정 전에는 "이 조례 시행일 이후"이었다가 2006.1.1에는 "2003.12.30"로, 2010.7.15에는 "권리산정기준일"로 바뀌었다.

종전토지의 총면적과 권리가액은 위 1호 내지 제3호 어느 하나에 해당하면 합산되지 못한다. 제1호~제3호에 해당하면, 종전토지에 대해 현금으로 청산하며 분양대상자에서 제외된다는 뜻이다. 또한 2010.7.15 조례 부칙에 의해 권리산정기준일의 적용을 받지 못하여 종전의 규정에 의하는 경우 각 해당조문의 경과조치를 확인해야 한다.

○ 종전토지의 총면적과 권리가액

분양신청자가 소유하고 있는 종전토지의 총면적이 90㎡ 이상인 자(제27조제1항제2호)는 분양대상자이므로, 본 조항에 포함되는 제1호 내지 제3호의 토지는 포함되지 않으므로 유의하여야 한다. 또한 권리가액의 합산(같은 항 제3호)의 경우에도 공동주택 1가구의 추산액을 높이기 위해 토지를 합산하는 경우에도 같다.

서울시 조례에서 "권리가액"이란 관리처분계획기준일 현재 제27조제3항에 따라 산정된 종전 토지등의 총가액을 말한다. 유의할 점은 제27조제3항은 종전 토지에 대한 총면적과 관리처분계획기준일 현재 산정된 종전 토지등의 총가액에 대한 것으로, 건물이나 주택은 포함되지 않는다는 점이다.

권리가액(조합원의 재산가액)은 감정평가액에 비례율을 곱해서 결정된다.
권리가액 = 감정평가액 × 비례율
비례율 = (분양수입-사업비)/조합원의 총감정평가액×100%

○ 제27조제3항의 해설

재개발·도시환경정비사업에 한해 적용되는 규정으로 제1호에서 제3호까지 해당하는 사항이 2010.7.16 이전에 이미 정비기본계획에 포함되었다면, 종전 조례(제24조제3항)에 따른다.

1. 건축법 제2조제1항제1호에 따른 하나의 대지범위 안에 속하는 토지가 여러 필지인 경우 권리산정기준일 후에 그 토지의 일부를 취득하였거나 공유지분으로 취득한 토지

재개발사업에 포함된 제1호인 토지의 경우, 2010.7.16 이전에 이미 정비기본계획에 포함되었다면, 권리산정기준일은 구역지정·고시된 날이 아닌 2003.12.30이다. 즉, 토지 일부를 취득한 날 또는 공유지분 등기가 완료된 날이 2003.12.30 이전이어야 하며, 그 이후에 이루어진 경우에는 총면적에 합산되지 않고, 권리가액에도 포함되지 않는다.

※ 건축법 제2조(정의) ① 이 법에서 사용하는 용어의 뜻은 다음과 같다.
  1. "대지(垈地)"란 「측량·수로조사 및 지적에 관한 법률」에 따라 각 필지(筆地)로 나눈 토지를 말한다. 다만, 대통령령으로 정하는 토지는 둘 이상의 필지를 하나의 대지로 하거나 하나 이상의 필지의 일부를 하나의 대지로 할 수 있다.
  2. "건축물"이란 토지에 정착(定着)하는 공작물 중 지붕과 기둥 또는 벽이 있는 것과 이에 딸린 시설물, 지하나 고가(高架)의 공작물에 설치하는 사무소·공연장·점포·차고·창고, 그 밖에 대통령령으로 정하는 것을 말한다.

② 하나의 건축물이 하나의 대지범위 안에 속하는 토지를 점유하고 있는 경우로서 권리산정기준일 후 그 건축물과 분리하여 취득한 토지

위 제1호와 달리 제2호는 건축물과 토지를 분리하여 취득한 것으로, 하나의 대지범위 안에 속한 토지를 자신이 점유하고 있다가 이 토지를 2003.12.30 이후에 양수한 경우에도 종전토지 총면적과 권리가액을 합산되지 않는다.

※ 점유(占有, possession) : 법률상 토지나 동산 등 유체물에 대한 상당한 정도의 물리적 통제력이나 또는 신용과 같은 무체재산을 통제할 법적 권리를 명확한 소유의 의사로 획득하는 것.

3. 1필지의 토지를 권리산정기준일 후 분할하여 취득하거나, 공유로 취득한 토지

1필지(독립된 필지)의 토지를 2003.12.30 이후에 분할 또는 공유로 취득한 경우 총면적 합산에 포함되지 않는다. 따라서 토지의 총면적이나 권리가액을 따져 권리산정기준일 전(종전 규정을 따를 경우 2003.12.30 전까지를 말한다.)에 취득한 도로·전·답 등 지목과 관계없이 90㎡ 이상이거나 권리가액 이상이면 분양대상자이다.

권리산정기준일 후 필지를 분할하여 취득하거나, 1인의 소유 또는 수인의 소유였던 토지의 일부를 매입하는 공유 취득은 총면적이나 권리가액 합산에서 제외된다.

▢ 시도별 조례

○ 경기도

제18조(주택공급 기준 등) ③ 영 제52조제1항제3호에 따라서 다음 각 호의 어느 하나에 해당하는 경우에는 분양대상자를 1명으로 본다.

3. 하나의 대지 범위 안에 속하는 동일인 소유의 토지와 주택을 건축물 준공이후 토지와 주택으로 각각 분리하여 소유한 경우
4. 한 필지의 토지를 수개의 필지로 분할한 경우
5. 하나의 주택 또는 한필지의 토지를 수인이 소유하고 있는 경우. 다만, 2008.7.25 이전부터 공유지분으로 소유한 토지의 지분면적이 「건축법」 제57조제1항에 따른 해당 시·군 조례로 정하는 면적 이상인 자는 그러하지 아니하다. 〈개정 2009.12.31〉

④ 제3항제5호 본문에도 불구하고 법 제48조제2항제7호 가목[14]에 따라 2명 이상이 1토지를 공유한 경우로서 '도 조례로 정하여 주택을 공급할 수 있는 경

14) 도시정비법 제48조(관리처분계획의 인가 등) ② 제1항에 따른 관리처분계획의 내용은 다음 각 호의 기준에 따른다. 〈개정 2005.3.18, 2009.2.6, 2009.5.27, 2012.2.1, 2013.12.24〉
7. 제6호에도 불구하고 다음 각 목의 경우에는 각 목의 방법에 따라 주택을 공급할 수 있다.
가. 2인 이상이 1토지를 공유한 경우로서 시도 조례로 주택공급에 관하여 따로 정하고 있는 경우에는 시도 조례로 정하는 바에 따라 주택을 공급할 수 있다.
(이하 생략)

우'란 「건축법」 제정(1962.1.20) 이전에 가구별로 독립된 주거의 형태로 건축물이 건축되어 있고 가구별로 지분등기가 되어 있는 토지로서 법 제2조제11호에 따른 정관 등에서 가구별 지분등기된 토지에 대하여 주택 공급을 정한 경우를 말한다. 〈신설 2010.7.14〉〈개정 2012.5.11〉

- 남양주시, 수원시, 수원시, 안산시, 안양시, 화성시

경기도와 같으나, 남양주시, 안산시, 고양시, 화성시는 부칙이 없다.

수원시 도시정비조례 부칙

제5조(권리산정기준일에 관한 적용례 및 경과조치) ① 제24조제3항은 이 조례 시행 후 최초로 기본계획(2020년 수원시 도시·주거환경정비기본계획 포함)을 수립하는 분부터 적용한다.

② 이 조례 시행 전에 2010년 수원시 도시·주거환경정비기본계획에 포함된 재개발사업 지역은 종전 경기도 도시정비조례(제4238호) 제18조제3항에 따른다.

안양시 도시정비조례 부칙

제5조(권리산정기준일에 관한 적용례 및 경과조치) ① 제25조제3항은 이 조례 시행 후 최초로 기본계획을 수립하는 분부터 적용한다.

② 이 조례 시행 전에 안양시 도시·주거환경정비기본계획(2010년, 2020년)에 포함된 지역(정비구역 또는 정비예정구역에 신규로 편입되는 지역 포함)은 종전 경기도 도시 및 주거환경정비 조례 제18조에 따른다.

- 부천시

제26조(주택공급 기준 등) ③ 영 제52조제1항제3호에 따라서 다음 각 호의 어느 하나에 해당하는 경우에는 분양대상자를 1명으로 본다.

3. 하나의 대지 범위 안에 속하는 동일인 소유의 토지와 주택을 건축물 준공 이후 토지와 주택으로 각각 분리하여 소유한 경우
4. 한 필지의 토지를 여러 개의 필지로 분할한 경우
5. 하나의 주택 또는 한 필지의 토지를 여러 명이 소유하고 있는 경우. 다만, 2008.7.25 이전부터 공유지분으로 소유한 토지의 지분면적이 「부천시 건축

조례」 제27조로 정하는 면적 이상인 자는 그러하지 아니하다.

④ 제3항제5호의 본문에도 불구하고 법 제48조제2항제7호 가목에 따라 2인 이상이 1토지를 공유한 경우로서 "조례로 정하여 주택을 공급할 수 있는 경우"란 「건축법」 제정(1962.1.20) 이전에 가구별로 독립된 주거의 형태로 건축물이 건축되어 있고 가구별로 지분등기가 되어 있는 토지로서 법 제2조제11호에 따른 정관 등에서 가구별 지분등기된 토지에 대하여 주택 공급을 정한 경우를 말한다.

⑤ 제3항에도 불구하고 제3항제1호, 제3호 및 제4호에 해당하는 경우 중 2007.4.9 전에 지분 또는 구분소유 등기를 완료한 경우에는 가구별 또는 토지별 각각 1명을 분양대상자로 할 수 있다.

남양주시, 수원시, 수원시, 안산시, 안양시, 화성시와 달리 제5항이 추가되어 있으며, 부칙을 두지 않았다.

○ 인천시

다음과 같은 규정이 있었으나, 2011.2.21 전면 개정 시 삭제되었다.

제24조제4항 종전의 토지면적 및 종전의 토지등의 총가액(권리가액)을 산정함에 있어 다음 각 호의 어느 하나에 해당하는 토지는 포함하지 않는다). 〈개정 2007.5.14〉

1. 건축법 제2조제1호에 의한 하나의 대지범위에 속하는 토지가 수필지인 경우로서 구역지정 공람·공고일 이후에 그 토지의 일부를 취득하였거나 공유지분으로 취득한 경우
2. 하나의 건축물이 하나의 대지범위에 속하는 토지를 점유하고 있는 경우로서 구역지정 공람·공고일 이후에 그 건축물과 토지를 분리하여 취득한 경우
3. 1필지의 토지를 구역지정 공람·공고일 이후 분할 취득하거나 공유지분으로 취득한 경우

○ 부산시

제22조(재개발사업의 분양대상 등) ③ 제1항제2호에 따른 토지면적 및 같은 항 제3호에 따른 종전토지등의 가액을 산정함에 있어 다음 각 호의 어느 하나에 해당

하는 토지는 포함하지 아니한다. 〈개정 2005.2.16, 2010.3.3, 2012.12.26〉

1. 건축법 제2조제1호에 따른 하나의 대지 범위에 속하는 토지가 여러 필지인 경우로서 법 제50조의2에 따른 권리산정 기준일 이후에 그 토지의 일부를 취득하였거나 공유지분으로 취득한 경우 〈개정 2005.2.16, 2010.3.3, 2012.12.26〉
2. 하나의 건축물이 하나의 대지 범위에 속하는 토지를 점유하고 있는 경우로서 법 제50조의2에 따른 권리산정 기준일 이후에 그 건축물과 토지를 분리하여 취득한 경우 〈개정 2012.12.26〉
3. 1필지의 토지를 법 제50조의2에 따른 권리산정 기준일 이후 분할 취득하거나 공유지분으로 취득한 경우 〈개정 2012.12.26〉

○ 대구시

관련 조문이 없다.

○ 대전시

第22조(재개발사업의 분양대상 등) ③ 제1항제2호에 의한 토지면적 및 제1항제3호에 의한 권리가액을 산정함에 있어 다음 각 호의 어느 하나에 해당하는 토지는 포함하지 아니한다. 〈개정 2007.2.23 조례 제3480호〉

1. 건축법 제2조제1항제1호의 단서에 의한 하나의 대지 범위 안에 속하는 토지가 여러 필지인 경우로서 구역지정 공람·공고일 이후에 그 토지의 일부를 취득하였거나 공유지분으로 취득한 토지 〈개정 2006.5.12 조례 제3421호〉
2. 하나의 건축물이 하나의 대지 범위 안에 속하는 토지를 점유하고 있는 경우로서 구역지정 공람·공고일 이후 그 건축물과 분리하여 취득한 토지
3. 1필지의 토지를 구역지정 공람·공고일 이후 분할 취득하거나 공유지분으로 취득한 토지

○ 광주시

제25조(재개발사업의 분양대상 등) ③ 제1항제2호 규정의 종전토지의 총면적 및 제

1항제3호 규정의 권리가액을 산정함에 있어 다음 각 호의 어느 하나에 해당 하는 토지는 포함하지 아니한다. 〈개정 2012.5.15〉

1. 「건축법」 제2조제1항제1호에 따른 하나의 대지범위 안에 속하는 토지가 여러 필지인 경우 구역지정 공람·공고일 이후에 그 토지의 일부를 취득하였거나 공유지분으로 취득한 토지 〈개정 2006.1.1, 2010.1.1, 2012.5.15〉
2. 하나의 건축물이 하나의 대지범위 안에 속하는 토지를 점유하고 있는 경우로서 구역지정 공람·공고일 이후 그 건축물과 분리하여 취득한 토지 〈개정 2012.5.15〉
3. 1필지의 토지를 구역지정 공람·공고일 이후 분할 취득하거나 공유지분으로 취득한 토지 〈개정 2012.5.15〉

▢ 유권해석

Q ① 등기부등본 상 소유권이 아래와 같을 경우 A와 B가 각각 공동주택 분양대상이 되는지?

- ○○지상 건축물(1/2층 연면적 214.23㎡, 다가구주택(5가구)) : 1994.12 소유권보존 소유자 A
- ○○지상 토지(132㎡)
  - 1976.5.1 소유권이전(재산상속) : 공유자 A(1/7), B(3/7), C(1/7), D(1/7), E(1/7)
  - 2008.4.25.: A지분 전부 소유권이전(증여) ⇒ B
  - 2008.4.25.: C, D, E지분 전부 소유권이전(매매)⇒ B

② 조례 제24조제3항 관련하여 B의 경우 권리가액 산정 시 132㎡로 해야 되는지, 아니면 권리가액에서 제외되는 면적이 있는지?

A ① A의 경우 주택을 소유한 자로 분양대상임.

② B의 경우 현재는 ○○토지의 전부를 소유하였으나, 당초 B, C, D, E의 지분은 조례 제24조제2항제5호 단서 규정의 2003.12.30 전에 토지와 주택으로 각각 분리하여 소유하고 있던 지분을 B가 단독 확보한 것이고, B, C, D, E 지분의 합계면적(6/7)은 90㎡ 이상이므로 B는 분양대상이 될 수 있음. 다만, A의 토지

지분은 조례 제24조제3항제2호에 해당하여 조례 제24조제3항의 종전토지의 총면적 및 권리가액을 산정에서 제외됨(서울시 주거정비과-556호, 2009.1.13).

Q 재개발조합원으로, 본인은 아파트 분양을 받고 면적이 큰 평형배정을 받기 위해 관리처분기준일(2004.6) 이후 구역 내에 있는 나대지 A필지를 2007.1 추가로 취득하였음. 이 경우 조례 제24조제3항에 의해 아파트 평형산정을 위한 권리가액 산정 시 추가로 취득한 A필지를 포함하여 산정할 수 있는지?

A 조례 제24조제1항에 "재개발사업으로 건립되는 공동주택의 분양대상자는 관리처분계획기준일 현재 토지등소유자로 한다."고 정함. 따라서 당해 재개발사업의 관리처분계획기준일(2004.6) 이후인 2007.1에 A필지를 취득하였다면, 동 조례 제1항제3호 규정의 권리가액을 산정함에 있어 포함되지 않는 것임(서울시 주거정비과-16296, 2007.10.15).

기존구역과 추가구역의 종전 가액 평가 시점

Q 기존구역과 추가된 구역이 혼재된 경우 종전 토지 및 건축물의 권리가액 평가시점은?

A 재개발사업을 위한 분양대상자별 종전 토지 및 건축물의 가격은 도시정비법 제48조제1항제4호에 따라 사업시행인가·고시가 있는 날을 기준으로 한 가격으로 관리처분계획을 수립하도록 정하고 있으므로 추가 편입된 구역과 기존 구역의 감정평가 시점이 동일 구역 안에 다를 경우 조합원간의 형평성 문제가 제기될 수 있으므로 기존의 구역과 동일한 시점으로 평가하는 것이 바람직함(서울시 주거정비과-9017, 2005.8.8).

조례시행일 이전부터 공유지분인 토지를 매입한 경우 종전 토지의 총면적에서 제외되는지

Q 토지 70평과 건물 80평(근린생활시설)을 8인이 30년간 공유로 되어 있는 것을 증여의 방법으로 2인 공유로 할 경우 2인이 취득하는 공유지분은 총면적 및 권리가액 산정 시 제외되는지?

A 조례 제24조제3항에서 규정하고 있는 종전 토지의 권리가액 등 산정기준은 건축법 제2조제1호에 의한 하나의 대지범위 안에 속하는 1필지의 토지를 이 조례 시행일(2003.12.30) 이후 필지를 분할하거나 공유지분으로 취득한 토지는 포함하지 아니하도록 한 것으로서 조례 시행일 전부터 공유지분으로 되어 있는 것을 취득하는 경우라면 권리가액 산정 시 포함되어야 할 것이며, 동 조례 제24조제1항제2호에 따라 분양신청자가 소유하고 있는 종전 토지의 총면적이 90㎡ 이상이라면 각각 분양대상자가 될 수 있을 것임(서울시 주거정비과-5896, 2004.6.21).

종전 토지등의 권리가액 산정 기준

Q **관리처분계획기준일 이후 권리가액 산정 및 보류지 분양대상과 기존무허가건물대장에 등재되어 않은 물건의 평가방법은?**

A 도시정비법 제48조제5항제3호에 의하면 관리처분계획을 변경·중지 또는 폐지하고자 하는 경우 종전 토지 또는 건축물의 가격은 사업시행자 및 토지등소유자 전원이 합의하여 산정할 수 있도록 되어 있으며, 보류지 분양대상자는 조례 제27조제3호에 의거 사업시행자가 총회의 의결을 거쳐 결정하여야 하며, 기존 무허가 건축물은 조례 제2조제1호에 의한 건축물로서 조례 제23조제4호 단서에 따라 구청장 또는 동장이 발행한 기존 무허가 건축물 확인원이나 그 밖에 소유자임을 입증하는 자료를 기준으로 판단하여야 할 것임(서울시 주거정비과-1191, 2004. 2.19).

관리처분계획기준일 이후 취득한 토지등의 권리가액 산정

Q **조합원이 분양주택의 규모를 늘릴 목적으로 관리처분계획기준일 이후 구역 내 토지등을 취득한 경우 권리가액에 포함되는지?**

A 도시정비조례 제24조제3항에 의하면 이 조례 시행일(2003.12.30) 이후에 하나의 대지범위 안에 속하는 여러 필지 중 그 토지의 일부 또는 공유지분으로 취득하였거나 건축물과 분리하여 취득한 토지와 1필지의 토지를 조례 시행일 이후 분할 또는 공유지분으로 취득한 토지는 종전 토지의 총면적 및 권리가액을 산정함에 있어 포함하지 않도록 규정함(서울시 주거정비과-13829, 2005.12.5).

하나의 대지에 2동의 건물을 사업시행인가 후 분리매각 하는 경우, 분양대상 여부

Q 재개발구역 내 하나의 대지인 사유지에 독립된(담장으로 구분되어 별도의 출입구)유허가 건물 2동에 대해, 사업시행인가일 후 분양신청일 이전에 국·공유지 일부를 점유한 건물 1동을 매입한 경우의 권리가액은?

A 도시재개발사업조례 제27조제1항제1호 가목에 의거 당해 구역지정·고시일 후에 하나의 대지위에 수개의 건축물 중 일부(1동 이상 및 공유지분 포함)를 취득한 경우 분양대상 권리가액에서 제외됨(서울시 주재 1998.5.15).

[제27조제4항(사업시행방식의 전환)]

사업시행방식이 전환되는 경우에는 환지면적의 크기, 공동환지 여부에 관계없이 환지를 지정 받은 자 전부를 각각 분양대상자로 할 수 있다(제27조제4항).

재개발사업에서의 분양대상자에게는 여러 가지 조건이 달려 있다. 그러나 사업시행방식의 전환은 재개발사업에 있어서의 분양대상자에 대한 예외적인 조문으로 여기에 해당하는 자는 모두가 분양대상자에 해당한다.

서울시의 경우, 상계·거여동 재정비촉진구역 내 재개발사업에서에서 환지방식의 전환에 의한 사업이 진행되고 있다.

사업시행방식의 전환에 대해서는 조례 제2조제6호 및 도시정비법 조문해설 제80조 해설을 참고하기 바란다.

▢ 시도별 조례

○ 경기도

관련 조문이 없으며, 다만 사업시행방식의 전환과 관련해서 재개발사업의 임대주택 공급대상자에 대한 조문만 있다.

제21조(재개발사업의 임대주택 공급대상자 등) ① 영 제54조제2항 관련 [별표3] 제2호 가목(4)에서 "시도 조례가 정하는 자"란 다음 각 호의 어느 하나에 해당하는 자를 말한다.

1. 해당 정비구역안에 거주하는 세입자로서 세대별 주민등록표에 등재된 날을 기준으로 영 제11조에 따른 정비구역의 지정을 위한 공람·공고일(사업시행방식전환의 경우에는 전환을 위한 공람·공고일을 말한다.) 3월 이전부터 사업시행인가로 인하여 이주하는 날까지 계속하여 거주하고 있는 무주택세대주. 다만, 신발생무허가건축물에 거주하는 세입자는 제외한다.

- 남양주시, 부천시, 수원시, 안산시, 안양시, 화성시, 고양시

경기도와 같다.

○ 인천시

제23조(관리처분의 기준 등) ③ 제2항에 불구하고 다음 각 호의 어느 하나에 해당하는 토지등소유자에게는 공동주택을 공급할 수 있다.

1. 공람·공고일 이전에 분할된 필지의 면적이 30㎡ 이상인 토지를 소유한 자로서 다음 각 목의 모든 요건에 저촉되지 아니하는 토지등소유자
   가. 소유하고 있는 토지의 지목이 도로인 경우에는 해당 토지가 사실상의 도로가 아닐 것
   나. 공람공고 일부터 세대원(세대주, 세대주와 동일한 세대별 주민등록표에 등재되어 있지 아니한 배우자 및 배우자와 동일한 세대를 이루고 있는 세대원을 포함한다.) 전원이 무주택자일 것
2. 법 제80조제1항에 따라 재개발사업의 시행방식이 전환된 경우로서 종전의 사업시행방식에 따라 환지를 지정받은 토지등소유자

④ 제1항부터 제3항에 따른 관리처분의 기준을 적용함에 있어서는 토지등소유자 1명에게 1주택만 공급한다.

재개발사업의 시행방식이 전환된 경우로서 종전의 사업시행방식에 따라 환지를 지정받은 토지등소유자는 모두 분양대상자로 하였으며, 부칙을 두지 않았다.

○ **부산시**

제22조(재개발사업의 분양대상 등) ④ 제1항부터 제3항까지의 규정에도 불구하고 사업시행방식이 전환되는 경우에는 환지면적의 크기, 공동환지 여부에 관계없이 환지를 지정받은 자 전부를 각각 분양대상자로 할 수 있다. 〈개정 2010.3.3〉

○ **대구시**

관련 조문이 없다.

○ **대전시**

제22조(재개발사업의 분양대상 등) ④ 제1항 내지 제3항의 규정에도 불구하고 사업시행방식이 전환되는 경우에는 환지면적의 크기, 공동환지 여부에 관계없이 환지를 지정받은 자 전부를 각각 분양대상자로 할 수 있다.

○ **광주시**

제25조(재개발사업의 분양대상 등) ④ 제1항 내지 제3항의 규정에 불구하고 사업시행방식전환의 경우에는 환지면적의 크기, 공동환지 여부에 관계없이 환지를 지정받은 자 전부를 각각 분양대상자로 할 수 있다.

조례 제28조(단독재건축사업의 분양대상 등)

법 제48조제7항, 영 제52조제2항제1호

단독주택 재건축사업의 분양대상 등

단독주택 재건축사업의 분양대상은 재개발·도시환경정비사업과는 그 내용이 다르다. 2009.2.6 도시정비법에서 권리산정기준일에 대한 규정이 신설되면서 서울시는 같은 해 4.22 단독주택 재건축사업의 분양대상 규정을 신설하였다. 그러나 2012.7.31 도시정비법 시행령의 개정으로 2014.8.3부터는 단독주택 재건축사업이 폐지됨에 따라 서울시 도시정비조례 제28조도 2014.8.3에는 폐지될 예정이다.

☐ 개정 연혁

▸ 도시정비조례[서울시조례 제4768호, 2009.4.22, 일부개정]

제24조의2(단독재건축사업의 분양대상 등) 〈신설 2009.4.22〉 ① 영 제52조제2항제1호의 단서규정에 따라 단독재건축사업으로 건립되는 공동주택의 분양대상자는 관리처분계획기준일 현재 다음 각 호의 어느 하나에 해당하는 토지등소유자로 한다. 〈신설 2009.4.22〉

1. 종전의 건축물 중 주택 및 그 부속토지를 소유한 자 〈신설 2009.4.22〉
2. 분양신청자가 소유하고 있는 권리가액이 분양용 최소규모 공동주택 1가구의 추산액 이상인 자 〈신설 2009.4.22〉

② 제1항에 불구하고 다음 각 호의 어느 하나에 해당하는 경우에는 수인의 분양신청자를 1인의 분양대상자로 본다. 〈신설 2009.4.22〉

1. 단독주택 또는 다가구주택이 건축물준공 이후 다세대주택으로 전환된 경우 〈신설 2009.4.22〉
2. 관리처분계획기준일 현재 수인의 분양신청자가 하나의 세대인 경우. 이 경우 동일한 세대별 주민등록표 상에 등재되어 있지 아니한 배우자 및 미혼인 20세 미만의 직계비속은 1세대로 보며, 1세대로 구성된 수인의 토지등

소유자가 조합설립인가 후 세대를 분리하여 동일한 세대에 속하지 아니하는 때에는 이혼 및 20세 이상 자녀의 분가를 제외하고는 1세대로 보고, 권리가액은 세대원 전원의 가액을 합산하여 산정한다. 〈신설 2009.4.22〉

3. 하나의 주택과 그 부속토지를 수인이 소유하고 있는 경우 〈신설 2009.4.22〉
4. 단독주택 또는 비주거용건축물을 공동주택으로 신축한 경우(기존의 공동주택을 세대수를 늘려 신축한 경우를 포함한다). 다만, 해당 공동주택의 주거전용면적이 당해 정비사업으로 건립되는 분양용 공동주택의 최소 주거전용면적 이상인 경우에는 그러하지 아니하다. 〈신설 2009.4.22〉

부 칙 〈신설 2009.4.22〉

제1조(시행일) 이 조례는 공포한 날부터 시행한다.

제2조(단독재건축사업의 분양대상 등에 관한 적용례) ① 제24조의2제2항제1호의 개정규정은 이 조례 시행 후 다세대주택으로 전환한 분부터 적용한다.

② 제24조의2제2항제2호에 따른 세대의 기준은 2009.8.7 이후 최초 조합설립인가를 얻은 분부터 적용한다.

③ 제24조의2제2항제4호의 개정규정은 이 조례 시행 후 최초로 건축허가를 신청하는 분부터 적용한다.

제3조(협동주택의 분양기준에 관한 경과조치 등) ① 제24조제2항제3호와 제24조의2제2항제3호에 불구하고 종전 「서울시 주택개량재개발사업시행조례」 제4조제2항에 따라 건축된 협동주택으로서 1988.5.7 전에 지분 또는 구분소유등기를 필한 세대는 사실상 구분된 가구 수에 한하여 각각 1인을 분양대상자로 한다.

② 제1항의 개정규정은 이 조례 시행 당시 최초로 조합설립인가를 신청하는 분부터 적용한다.

제4조(다가구주택의 분양기준에 관한 경과조치 등) ① 1997.1.15 전에 가구별로 지분 또는 구분소유등기를 필한 다가구 주택(1990.4.21 다가구주택제도 도입이전에 단독주택으로 건축허가를 받아 지분 또는 구분등기를 필한 사실상의 다가구주택을 포함한다.)은 제24조의2제2항제3호에 불구하고 다가구 주택으로 건축허가 받은 가구 수에 한하여 가구별 각각 1인을 분양대상자로 한다.

② 제1항의 개정규정은 이 조례 시행 당시 최초로 사업시행인가를 신청하는 분

부터 적용하며, 사업시행인가를 얻은 조합으로서 제1항에 따라 사업시행인가를 변경하고자 하는 경우에는 토지등소유자 전원의 동의를 얻어야 한다.

➡ 단독재건축사업으로 건립되는 공동주택의 분양대상자와 지분쪼개기 방지를 위한 사항을 신설하였다.

- 단독재건축 분양대상 기준에도 불구하고, 단독주택 또는 다가구주택이 건축물 준공이후 다세대주택으로 전환된 경우는 이 조례 시행 후 다세대주택으로 전환한 분부터 적용하고, 단독주택 또는 비주거용 건축물을 공동주택으로 신축한 경우 이 조례 시행 후 최초로 건축허가를 신청하는 분부터 적용하였다.

► [서울시조례 제4824호, 2009.7.30, 일부개정]

제28조(단독재건축사업의 분양대상 등) ① 영 제52조제2항제1호의 단서에 따라 단독재건축사업으로 건립되는 공동주택의 분양대상자는 관리처분계획기준일 현재 다음 각 호의 어느 하나에 해당하는 토지등소유자로 한다. 〈개정 2009.7.30〉

1. 종전의 건축물 중 주택 및 그 부속토지를 소유한 자 〈개정 2009.7.30〉
2. 분양신청자가 소유하고 있는 권리가액이 분양용 최소규모 공동주택 1가구의 추산액 이상인 자 〈개정 2009.7.30〉

② 제1항에 불구하고 다음 각 호의 어느 하나에 해당하는 경우에는 수인의 분양신청자를 1인의 분양대상자로 본다. 〈개정 2009.7.30〉

1. 단독주택 또는 다가구주택이 건축물 준공 이후 다세대주택으로 전환된 경우 〈개정 2009.7.30〉
2. 관리처분계획기준일 현재 수인의 분양신청자가 하나의 세대인 경우. 이 경우 동일한 세대별 주민등록표 상에 등재되어 있지 아니한 배우자 및 미혼인 20세 미만의 직계비속은 1세대로 보며, 1세대로 구성된 수인의 토지등소유자가 조합설립인가 후 세대를 분리하여 동일한 세대에 속하지 아니하는 때에는 이혼 및 20세 이상 자녀의 분가를 제외하고는 1세대로 보고, 권리가액은 세대원 전원의 가액을 합산하여 산정한다. 〈개정 2009.7.30〉
3. 하나의 주택과 그 부속토지를 수인이 소유하고 있는 경우 〈개정 2009.7.30〉
4. 단독주택 또는 비주거용건축물을 공동주택으로 신축한 경우(기존의 공동주

택을 세대수를 늘려 신축한 경우를 포함한다). 다만, 신축한 공동주택의 주거전용면적이 해당 정비사업으로 건립되는 분양용 공동주택의 최소 주거전용면적 이상인 경우에는 그러하지 아니하다. 〈개정 2009.7.30〉

부 칙 〈제4824호, 2009.7.30〉

제1조(시행일) 이 조례는 공포한 날부터 시행한다.

제3조(다세대주택으로 전환된 주택의 분양기준에 관한 경과조치 등) ① 제27조제2항제1호 및 제28조제2항제1호의 규정에 불구하고 1997.1.15 전에 가구별로 지분 또는 구분소유등기를 필한 다가구주택이 건축허가 받은 가구 수의 증가 없이 다세대주택으로 전환된 경우에는 가구별 각각 1인을 분양대상자로 한다.

② 제1항의 개정규정은 이 조례 시행 당시 최초로 사업시행인가를 신청하는 분부터 적용한다.

➡ 내용은 바뀌지 않았으나 종전의 제24조의2가 제28조로 이동하였다.

▸ **[서울시조례 제5007호, 2010.7.15, 일부개정]**

제28조(단독재건축사업의 분양대상 등) ① 영 제52조제2항제1호의 단서에 따라 단독재건축사업으로 건립되는 공동주택의 분양대상자는 관리처분계획기준일 현재 다음 각 호의 어느 하나에 해당하는 토지등소유자로 한다. 〈개정 2009.7.30〉

1. 종전의 건축물 중 주택 및 그 부속토지를 소유한 자 〈개정 2009.7.30〉
2. 분양신청자가 소유하고 있는 권리가액이 분양용 최소규모 공동주택 1가구의 추산액 이상인 자. 다만, 분양신청자가 동일한 세대인 경우의 권리가액은 세대원 전원의 가액을 합산하여 산정할 수 있다. 〈개정 2009.7.30〉〈단서신설 2010.7.15〉

② 제1항에도 불구하고 다음 각 호의 어느 하나에 해당하는 경우에는 수인의 분양신청자를 1인의 분양대상자로 본다. 〈개정 2009.7.30, 2010.7.15〉

1. 단독주택 또는 다가구주택을 권리산정기준일 후 다세대주택으로 전환한 경우 〈개정 2009.7.30, 2010.7.15〉
2. 법 제19조제1항제2호에 따라 수인의 분양신청자가 1세대에 속하는 때 〈개

정 2009.7.30, 2010.7.15〉

3. 1주택과 그 부속토지를 수인이 소유하고 있는 경우 〈개정 2009.7.30, 2010.7.15〉
4. 권리산정기준일 후 나대지에 건축물을 새로이 건축하거나 기존 건축물을 철거하고 다세대주택, 그 밖에 공동주택을 건축하여 토지등소유자가 증가되는 경우 〈개정 2009.7.30, 2010.7.15〉

부 칙 〈제5007호, 2010.7.15〉

제1조(시행일) 이 조례는 2010.7.16부터 시행한다. 다만, 제48조제2항의 개정규정은 2010.10.1부터 시행한다.

제3조(권리산정기준일에 관한 적용례 및 경과조치) ① 제27조 및 제28조 개정규정은 최초로 기본계획(정비예정구역에 신규로 편입지역 포함)을 수립하는 분부터 적용한다.

② 이 조례 시행 전에 기본계획이 수립되어 있는 지역 및 지구단위계획이 결정·고시된 지역은 종전규정(제27조 및 제28조)에 따른다.

➡ 정비기본계획상 정비예정구역 등에 관계없이 특정한 날을 주택 등 건축물의 분양받을 권리산정기준일로 정하고 있어 이를 기본계획수립 후 정비구역 지정 전 시장에 따로 정하는 날로 합리적으로 조정하였다.

[제28조제1항제1호]

단독주택 재건축사업으로 건립되는 공동주택의 분양대상자는 관리처분계획기준일 현재 다음에 해당하는 토지등소유자로 한다(제28조제1항). 〈개정 2009.7.30〉

1. 종전의 건축물 중 주택 및 그 부속토지를 소유한 자 〈개정 2009.7.30〉

부 칙 〈제4824호, 2009.7.30〉

제1조(시행일) 이 조례는 공포한 날부터 시행한다.

제4조(세대의 기준변경에 따른 경과조치) ① 제27조제1항 및 제2항에 따라 개정된 세대의 기준은 2009.8.7 이후 최초로 조합설립인가를 얻은 분부터 적용한다.
② 이 조례 시행 당시 종전의 규정에 따른 조합설립인가 신청 분은 제27조제1항 및 제2항 개정규정에도 불구하고 종전의 규정에 따른다.

(도시정비법 시행령 제10조제1항 관련) 정비계획 수립대상구역 [별표1] 〈개정 2012.7.31〉

3. 기존의 **공동주택**을 재건축하기 위한 재건축사업 정비계획은 제1호, 제2호 및 제4호에 해당하지 아니하는 지역으로서 다음 각 목의 어느 하나에 해당하는 지역에 대하여 수립한다.
   가. 건축물의 일부가 멸실되어 붕괴나 그 밖의 안전사고의 우려가 있는 지역
   나. 재해 등이 발생할 경우 위해의 우려가 있어 신속히 정비사업을 추진할 필요가 있는 지역
   다. 노후·불량건축물로서 기존 세대수 또는 재건축사업 후의 예정세대수가 300세대 이상이거나 그 부지면적이 1만㎡ 이상인 지역
   라. 3 이상의 「건축법 시행령」 [별표1] 제2호 가목에 따른 아파트 또는 같은 호 나목에 따른 연립주택이 밀집되어 있는 지역으로서 제20조에 따른 안전진단 실시 결과 전체 주택의 2/3 이상이 재건축이 필요하다는 판정을 받은 지역으로서 시도 조례로 정하는 면적 이상인 지역

~~나. 기존의 **단독주택**(나대지 및 단독주택이 아닌 건축물을 일부 포함할 수 있다.)을 재건축하고자 하는 경우에는 단독주택 200호 이상 또는 그 부지면적이 1만㎡ 이상인 지역으로서 다음에 해당하는 지역. 다만, 부지면적이 5천 ㎡ 이상인 지역으로서 시도 조례로 따로 정하는 지역은 다음에 해당하지 아니하더라도 정비계획을 수립할 수 있다.~~

~~(1) 당해 지역의 주변에 도로 등 정비기반시설이 충분히 갖추어져 있어 당해 지역을 개발하더라도 인근지역에 정비기반시설을 추가로 설치할 필요가 없을 것. 다만, 추가로 설치할 필요가 있는 정비기반시설을 정비사업시행자가 부담하여 설치하는 경우에는 그러하지 아니하다.~~

~~(2) 노후·불량건축물이 당해 지역안에 있는 건축물 수의 2/3 이상이거나, 노후·불량건축물이 당해 지역 안에 있는 건축물의 1/2 이상으로~~

~~서 준공 후 15년 이상이 경과한 다세대 주택 및 다가구 주택이 당해 지역 안에 있는 건축물 수의 3/10 이상일 것~~

부 칙 〈대통령령 제24007호, 2012.7.31〉

제1조(시행일) 이 영은 2012.8.2부터 시행한다. 다만, [별표1] 제3호의 개정규정은 2014.8.3부터 시행한다.

제6조(단독주택 재건축사업에 관한 경과조치) ① 이 영 시행 당시 정비기본계획이 수립된 경우 정비계획의 수립에 대해서는 제52조제2항제1호 및 [별표1] 제3호의 개정규정에도 불구하고 종전의 규정에 따른다.

② 이 영 시행 당시 「재정비특별법」 제5조에 따라 지정된 재정비촉진지구에 대해서는 제52조제2항제1호 및 [별표1] 제3호의 개정규정에도 불구하고 종전의 규정에 따른다.

도시정비법 시행령 제52조의 개정으로 재건축사업의 관리처분은 재개발사업에 준하여 적용될 수 있으며, 조례에서 금액·규모·취득 시기 또는 유형에 대한 기준에 부합하지 않는 토지등소유자를 분양대상에서 제외할 수 있도록 바뀌었다.

이에 따라, 서울시는 2009.4.22 단독주택 재건축사업의 분양대상(조례 제24조의2)규정을 신설하였다. 이 조항(제24조의2제1항제1호)이 2009.7.30 개정되면서 조항(제28조제1항제1호)만 바뀌었다.

또다시 2012.7.31 도시정비법 시행령 [별표1]이 개정되면서 "단독주택 재건축사업이 2014.8.3부터 폐지"되므로, 2014.8.3 서울시 도시정비조례 제28조도 폐지될 것으로 보인다.

Q 조례 제28조제1항제1호(종전의 건축물 중 주택 및 그 부속토지를 소유한 자)는 주택과 그 부속토지를 동시에 소유한 자를 뜻하는지, 대지권이 없는 집합건물(다세대) 소유자는 분양 대상이 될 수 없는지?

A 대지권 등기가 되어 있지 않다면 분양대상이 될 수 없음(서울시 주거정비과 2009.4.30).

○ **단독주택 재건축사업에서의 경과조치(2009.4.22 부칙)**

제24조의2(단독재건축사업의 분양대상 등) 〈신설 2009.4.22〉 ① 영 제52조제2항제1호의 단서에 따라 단독재건축사업으로 건립되는 공동주택의 분양대상자는 관리처분계획기준일 현재 다음 각 호의 어느 하나에 해당하는 토지등소유자로 한다. 〈신설 2009.4.22〉

1. 종전의 건축물 중 주택 및 그 부속 토지를 소유한 자 〈신설 2009.4.22〉
2. 분양신청자가 소유하고 있는 권리가액이 분양용 최소규모 공동주택 1가구의 추산액 이상인 자 〈신설 2009.4.22〉

② 제1항에 불구하고 다음 각 호의 어느 하나에 해당하는 경우에는 수인의 분양신청자를 1인의 분양대상자로 본다. 〈신설 2009.4.22〉

1. 단독주택 또는 다가구주택이 건축물 준공 이후 다세대주택으로 전환된 경우 〈신설 2009.4.22〉
2. 관리처분계획기준일 현재 수인의 분양신청자가 하나의 세대인 경우. 이 경우 동일한 세대별 주민등록표 상에 등재되어 있지 아니한 배우자 및 미혼인 20세 미만의 직계비속은 1세대로 보며, 1세대로 구성된 수인의 토지등소유자가 조합설립인가 후 세대를 분리하여 동일한 세대에 속하지 아니하는 때에는 이혼 및 20세 이상 자녀의 분가를 제외하고는 1세대로 보고, 권리가액은 세대원 전원의 가액을 합산하여 산정한다. 〈신설 2009.4.22〉
3. 하나의 주택과 그 부속 토지를 수인이 소유하고 있는 경우 〈신설 2009.4.22〉
4. 단독주택 또는 비주거용건축물을 공동주택으로 신축한 경우(기존의 공동주택을 세대수를 늘려 신축한 경우를 포함한다). 다만, 해당 공동주택의 주거전용면적이 당해 정비사업으로 건립되는 분양용 공동주택의 최소 주거전용면적 이상인 경우에는 그러하지 아니하다. 〈신설 2009.4.22〉

부 칙 〈제4768호, 2009.4.22〉

제1조(시행일) 이 조례는 공포한 날부터 시행한다.

제2조(단독재건축사업의 분양대상 등에 관한 적용례) ① 제24조의2제2항제1호의 개정규정은 이 조례 시행후 다세대주택으로 전환한 분부터 적용한다.

② 제24조의2제2항제2호에 따른 세대의 기준은 2009.8.7 이후 최초 조합설립

인가를 얻은 분부터 적용한다.

③ 제24조의2제2항제4호의 개정규정은 이 조례 시행후 최초로 건축허가를 신청하는 분부터 적용한다.

제3조(**협동주택**의 분양기준에 관한 경과조치 등) ① 제24조제2항제3호와 제24조의2제2항제3호에 불구하고 종전「서울시주택개량재개발사업시행조례」제4조제2항에 따라 건축된 협동주택으로서 1988.5.7 전에 지분 또는 구분소유등기를 필한 세대는 사실상 구분된 가구 수에 한하여 각각 1인을 분양대상자로 한다.

② 제1항의 개정규정은 이 조례 시행 당시 최초로 조합설립인가를 신청하는 분부터 적용한다.

제4조(다가구주택의 분양기준에 관한 경과조치 등) ① 1997.1.15 전에 가구별로 지분 또는 구분소유등기를 필한 다가구 주택(1990.4.21 다가구주택제도 도입 이전에 단독주택으로 건축허가를 받아 지분 또는 구분등기를 필한 사실상의 다가구주택을 포함한다.)은 제24조의2제2항제3호에 불구하고 다가구 주택으로 건축허가 받은 가구 수에 한하여 가구별 각각 1인을 분양대상자로 한다.

② 제1항의 개정규정은 이 조례 시행 당시 최초로 사업시행인가를 신청하는 분부터 적용하며, 사업시행인가를 얻은 조합으로서 제1항에 따라 사업시행인가를 변경하고자 하는 경우에는 토지등소유자 전원의 동의를 얻어야 한다.

조례 제24조의2는 2009.4.22 신설된 조문이며, 2009.7.30 개정에 따라 제28조로 바뀌었다. 다가구 주택에 대한 분양대상을 이해하려면 2009,4.22 신설 당시의 경과조치를 알아야 한다.

- 다가구주택(부칙 제4조)

다가구주택은 수인이 소유하더라도 1인이 분양대상자이다.

그러나 서울시는 1997.1.15 이전에 가구별로 지분 또는 구분소유등기를 필한 다가구주택(1990.4.21 다가구주택제도 도입 이전에 단독주택으로 건축허가를 받아 지분 또는 구분등기를 필한 사실상의 다가구주택을 포함)은 다가구주택으로 건축허가 받은 가구 수에 한하여 가구별 각각 1인이 분양대상자로 하였다. 이는 재개발·도시환경정비사업에서의 경과조치와 그 내용이 같다. 다만, 2009.4.22 이후 최초로 사업시행인가를 신청하는 분부터 적용된다.

만약 사업시행인가를 이미 얻은 조합이 이에 따라 분양자격을 변경을 위해 사업시행인가를 변경하려면 조합원 전원의 동의를 얻어야 한다.

Q 서울시 도시정비조례 부칙 제7조에 의한 1990.4.21 다가구주택제도 도입 이전에 단독주택으로 건축허가를 받아 지분 또는 구분등기를 필한 사실상의 다가구주택이란?

A 조례 부칙 제7조 다가구주택의 분양기준에 관한 경과조치에 이란 1990.4.21 이전에 단독주택으로 허가를 받고 1997.1.15 이전에 가구별로 지분 도는 구분소유등기를 필한 주택을 말함(서울시 주정-11812, 2007.7.26).

- 협동주택의 분양기준에 관한 경과조치(부칙 제3조)

단독주택 재건축사업에서 2009.4.22 부칙이 신설되었다. 종전 '서울시 주택개량재개발사업시행조례' 제4조2항에 따라 건축된 협동주택으로서 1988.5.7 전에 지분 또는 구분등기를 필한 세대는 사실상 구분된 가구 수에 한하여 각각 분양자격이 주어진다. 다만 이 규정은 2009.4.22 이후 최초로 조합설립인가를 신청하는 분부터 적용한다.

「서울시 주택개량재개발사업시행조례」 제4조제2항에 따라 건축된 협동주택인 경우 1988.5.7 전에 지분 또는 구분소유등기를 필한 세대는 사실상 구분된 가구 수에 한하여 각각 분양대상자이다.

※ 서울시 주택개량재개발사업시행조례(조례 제1166호, 1977.5.13 전부개정)
제4조(사업방법) ① 사업은 구역 내 불량건축물을 전면 철거 후 주택을 건립하는 방법과 재개발계획에 따른 공공시설과 이를 위하여 지장물만을 정리하고 현존주택을 개량 또는 개축(이하 "개량"이라 한다.)하게 하는 방법으로 병행 시 할 수 있다.
② 주택을 건축하는 경우에는 구획 및 건축계획에 적합한 4가구 이상 입체화된 협동주택으로 건축함을 원칙으로 한다. 이 경우 협동주택은 단독주택에 준하여 관계법규를 적용한다.

- 다세대주택으로 전환(부칙 제2조제1항)

다세대전환주택에 대해 분양자격을 제한한 재개발사업과는 달리, 재건축사업에서는 분양자격이 제한되지 않았지만 2009.4.22 이후 규제되었다. 재개발사업에서 종전 규정에 따르는 2003.12.30이 다세대전환의 기준일이다.

– "단독주택 또는 비주거용건축물을 공동주택으로 신축한 경우"

2009.4.22 조례에서 "단독주택 또는 비주거용건축물을 공동주택으로 신축한 경우(기존의 공동주택을 세대수를 늘려 신축한 경우를 포함한다). 다만, 해당 공동주택의 주거전용면적이 당해 정비사업으로 건립되는 분양용 공동주택의 최소 주거전용면적 이상인 경우에는 그러하지 아니하다."는 경우 수인의 분양신청자를 1인의 분양대상자로 간주하는 규정이 신설되었고, 2009.7.30에는 조항(제28조제2항제4호)만 바뀌었다.

그 후 2010.7.15 "권리산정기준일 후 나대지에 건축물을 새로이 건축하거나 기존 건축물을 철거하고 다세대주택, 그 밖에 공동주택을 건축하여 토지등소유자가 증가되는 경우"로 그 내용 자체가 바뀌었다.

권리산정기준일 이전에 "나대지에 건축물을 새로이 건축하거나 기존 건축물을 철거하고 다세대주택, 그 밖에 공동주택을 건축하여 토지등소유자가 증가되는 경우"로의 행위가 이루어졌다면 각자가 분양신청자이다. 단, 해당 구역이 이미 정비기본계획에 포함되어 있든지 지구단위계획의 결정·고시가 있었다면, 종전 조례(2009.4.22)의 규정을 적용해야 한다.

종전 조례 적용 시 재개발사업에서와 마찬가지로 2009.4.22 전에 신축된 것은 60㎡ 미만이어도 상관없지만, 이날 이후 건축허가 신청분부터는 60㎡ 이상이어야 분양대상자이다.

※ 조례 부칙 〈2009.4.22〉

제2조(단독주택 재건축사업의 분양대상 등에 관한 적용례) ③ 제24조의2제2항제4호의 개정 규정은 이 조례 시행(2009.4.22) 후 최초로 건축허가를 신청하는 분부터 적용한다.

– 사실상 주거용으로 사용하는 건축물(근린생활시설)

재개발·도시환경정비사업에서는 종전 규정에 의해 분양대상자로 인정하였지만, 단독주택 재건축에서는 공동주택 분양자격이 없다. 다만, 권리가액이 분양용 최소규모 공동주택 1가구의 추산액 이상이면 공동주택을 분양받을 수 있다. 그러나 이 근린생활시설의 경우에도 부속토지를 함께 소유하여야 한다.

○ 재개발·도시환경정비사업과 단독주택 재건축사업에서의 “토지등소유자”의 개념

재개발·도시환경정비사업에서는 재건축사업과 달리 “정비구역안에 소재한 토지 또는 건축물의 소유자 또는 그 지상권자”이지만, 재건축사업에서는 “토지등소유자”란 “정비구역안에 소재한 건축물 및 그 부속토지의 소유자” 또는 “정비구역이 아닌 구역 안에 소재한 대통령령이 정하는 주택 및 그 부속토지의 소유자와 부대·복리시설 및 그 부속토지의 소유자”를 말한다.

또한, 재건축사업은 다른 정비사업과는 달리 조합설립에 동의한 자만 조합원으로서, 이들에게만 공동주택 분양대상자가 된다.

재산세 과세증명 등의 방법으로 미준공건축물 및 그 부속토지의 소유자임을 입증할 경우 재건축사업의 토지등소유자로 볼 수 있는지 여부

Q 재건축구역 안에 건축허가를 받았으나, 미준공된 건축물에 20년 이상 거주한 경우 건축물 등기부등본 없이 재산세 과세 납부증명 등의 방법으로 미준공건축물 및 그 부속토지의 소유자임을 입증할 수 있다면 도시정비법 제2조제9호 나목에 의한 ‘토지등소유자’로 볼 수 있는지 여부와 건축허가를 받았으나, 미준공된 건축물을 도시정비법 시행령 제2조에서 정한 노후·불량건축물 비율 산정 시 건축물 산정대상에 포함되는지?

A 건축물의 준공 여부와 상관없이 민법에 의해 소유권을 취득하였다면, 그 건축물 및 부속 토지의 소유자는 도시정비법에 의한 ‘토지등소유자’로 볼 수 있을 것이며, 당해 건축물을 노후·불량건축물 비율 산정 시 건축물 산정대상에 포함하여야 할 것임(건설교통부 주거환경팀-116, 2007.1.10).

단독주택 재건축사업의 토지등소유자

Q 일단의 토지 및 건축물의 소유권 중 건축물은 단독명의(A)이나 토지가 공유(A, B)로 되어 있는 경우 토지 및 건축물을 소유한 “A”를 토지등소유자로 인정할 수 있는지?

A 도시정비법 제2조에 의한 재건축사업의 토지등소유자는 정비구역안에 소재한 건축물 및 그 부속토지의 소유자로 일단의 토지 및 건축물의 소유권중 건축물은 단독명의(A)이나 토지가 공유(A, B)로 되어 있을 경우 토지 및 건축물을 소유한 “A”

가 부속토지의 공유지분을 매입하여야 토지등소유자로 인정받을 수 있을 것임(국토해양부 2007.1.25).

○ **다세대주택으로 전환된 주택의 분양기준에 관한 경과조치(조례 부칙 2009.7.30)**

조례 제28조제2항제1호에 불구하고 1997.1.15 전에 가구별로 지분 또는 구분소유등기를 필한 다가구주택이 건축허가 받은 가구 수의 증가 없이 다세대주택으로 전환된 경우에는 가구별 각각 1인을 분양대상자로 한다. 이 개정규정은 이 조례 시행(2009.7.30) 당시 최초로 사업시행인가를 신청하는 분부터 적용한다.

□ 시도별 조례

○ **경기도**

단독주택 재건축사업에 대한 조문이 없으며, 일반적인 재건축사업의 관리처분방법 및 기준을 설명하는 조문만 있다.

제19조(재건축사업의 관리처분방법 및 기준) 영 제52조제2항에 따른 재건축사업의 관리처분방법 및 기준은 다음과 같다.

1. 조합원이 출자한 종전의 토지 및 건축물의 가액 또는 면적을 기준으로 새로이 건설되는 주택 등을 분양한다. 이 경우 규모별 배정은 조합원 소유 종전주택 등의 동별·위치·층수 등을 고려하여 관리처분계획이 정하는 바에 따라서 결정한다.
2. 그 밖에 관리처분에 관하여 필요한 사항은 정관 등으로 정한다.

- 남양주시, 부천시, 안양시, 안산시, 화성시, 고양시, 수원시

관련 조문이 없다.

○ **인천시, 부산시, 대구시, 대전시, 광주시**

관련 조문이 없다.

[제28조제1항제2호]

단독주택 재건축사업으로 건립되는 공동주택의 분양대상자는 관리처분계획기준일 현재 다음에 해당하는 토지등소유자로 한다(제28조제1항). 〈개정 2009.7.30〉

2. 분양신청자가 소유하고 있는 권리가액이 분양용 최소규모 공동주택 1가구의 추산액 이상인 자. 다만, 분양신청자가 동일한 세대인 경우의 권리가액은 세대원 전원의 가액을 합산하여 산정할 수 있다. 〈개정 2009.7.30〉〈단서신설 2010.7.15〉

부 칙 〈제5007호, 2010.7.15〉

제1조(시행일) 이 조례는 2010.7.16부터 시행한다.

제3조(권리산정기준일에 관한 적용례 및 경과조치) ① 제27조 및 제28조 개정규정은 최초로 기본계획(정비예정구역에 신규로 편입지역 포함)을 수립하는 분부터 적용한다.

② 이 조례 시행 전에 기본계획이 수립되어 있는 지역 및 지구단위계획이 결정·고시된 지역은 종전규정(제27조 및 제28조)에 따른다.

2009.4.22 단독주택 재건축사업의 분양대상(조례 제24조의2) 규정이 신설되었다. 신설된 제24조의2제1항제2호는 2009.7.30에는 제28조제1항제2호로 조항이 바뀌었고, 2010.7.15 단서(분양신청자가 동일한 세대인 경우의 권리가액은 세대원 전원의 가액을 합산하여 산정할 수 있다.)가 신설되었다.

이 조문은 재개발·도시환경정비사업과 그 내용이 동일하지만(즉 제27조제1항제3호와 같음.), 재건축사업의 분양대상자격인 토지등소유자 범위가 달라 "주택 및 그 부속토지 소유자"만 인정됨에 유의하여야 한다.

○ 분양자격과 권리가액의 관계

단독주택 재건축사업도 재개발·도시환경정비사업과 마찬가지로 자신의 권리가액이 분양용 최소규모 공동주택 1가구의 추산액 이상인 자는 분양대상자가 된다.

이 경우 "주택과 그 부속토지"를 소유하지 못해 분양대상자가 될 수 없어도 권리가액이 분양용 최소규모 공동주택 1가구의 추산액 이상인 자에게 이 조항을 적용할 수 있는지 여부가 문제가 될 수 있다.

도시정비법에서는 "너무 좁은 토지 또는 건축물이나 정비구역 지정 후 분할된 토지를 취득한 자"에게는 현금 청산할 수 있다(법 제48조제2항제3호)고 규정하고 있다. 재건축사업의 경우에는 주택 및 그 부속토지를 소유하고 있지만 상대적으로 권리가액이 낮은 토지등소유자가 그 대상으로, 재개발사업은 토지 또는 건축물 중 하나만 소유해도 가능하므로 재건축사업보다 상대적으로 선택의 폭이 넓다.

권리가액이 분양용 최소규모 공동주택 1가구의 추산액 이상인 경우에는 분양대상이며, 공동주택을 분양받고도 남은 권리가액이 상가 등 분양건축물의 최소분양단위규모 추산액 이상이면 상가도 분양받을 수 있다. 특히, 재건축사업은 재개발·도시환경정비사업과는 달리, 근린생활시설(상가) 소유자에 대해 조합원 전원이 동의하면 공동주택을 받을 수 있도록 하고 있지만 현실적으로 조합원 전원의 동의를 구하기란 거의 불가능하다.

※ 도시정비법 시행령 제52조(관리처분의 기준 등) ②재건축사업의 경우 법 제48조제7항에 따른 관리처분은 다음 각 호의 방법 및 기준에 따른다. 다만, 조합이 조합원 전원의 동의를 받아 그 기준을 따로 정하는 경우에는 그에 따른다. 〈개정 2008.12.17, 2012.7.31〉

1. 제1항제5호 및 제6호를 적용할 것
2. 부대·복리시설(부속토지를 포함한다. 이하 이 호에서 같다.)의 소유자에게는 부대·복리시설을 공급할 것. 다만, 다음 각 목의 1에 해당하는 경우에는 1주택을 공급할 수 있다.
   가. 새로운 부대·복리시설을 건설하지 아니하는 경우로서 기존 부대·복리시설의 가액이 분양주택 중 최소분양단위규모의 추산액에 정관등으로 정하는 비율(정관등으로 정하지 아니하는 경우에는 1로 한다. 이하 나목에서 같다.)을 곱한 가액보다 클 것
   나. 기존 부대·복리시설의 가액에서 새로이 공급받는 부대·복리시설의 추산액을 뺀 금액이 분양주택 중 최소분양단위규모의 추산액에 정관등으로 정하는 비율을 곱한 가액보다 클 것
   다. 새로이 공급받는 부대·복리시설의 추산액이 분양주택 중 최소분양단위규모의 추산액보다 클 것
3. 〈삭제 2005.5.18〉

▢ 시도별 조례

단독주택 재건축사업에서의 분양대상자에 대한 규정이 없는 경우, 서울시와 같이 조합정관으로 규정해야 할 것이다.

○ 경기도

단독주택 재건축사업에 대한 조문이 없으며, 일반적인 재건축사업에서의 관리처분방법 및 기준을 설명하는 조문만 있다.

제19조(재건축사업의 관리처분방법 및 기준) 영 제52조제2항에 따른 재건축사업의 관리처분방법 및 기준은 다음과 같다.

1. 조합원이 출자한 종전의 토지 및 건축물의 가액 또는 면적을 기준으로 새로이 건설되는 주택 등을 분양한다. 이 경우 규모별 배정은 조합원 소유 종전 주택 등의 동별·위치·층수 등을 고려하여 관리처분계획이 정하는 바에 따라서 결정한다.
2. 그 밖에 관리처분에 관하여 필요한 사항은 정관 등으로 정한다.

- 남양주시, 부천시, 안양시, 안산시, 화성시, 고양시, 수원시

관련 조문이 없다.

○ 인천시, 부산시, 대구시, 대전시, 광주시

관련 조문이 없다.

▢ 유권해석

Q 조례 제28조제1항제2호에서 분양신청자가 소유하고 있는 권리가액, 분양용 최소규모 공동주택 1가구의 추산액 이상인 자의 의미는?

A 재건축 시 조합원의 재산을 2명의 감정평가사가 평가하여 평균함. 감정평가 시는

건물과 토지를 각각 평가하되 사업승인일 현재 일자로 하게 되고 이렇게 평가하여 확정된 조합원의 재산가치(건물과 토지가의 합계)를 권리가액이라 함. 이 권리가액과 향후 분양될 최소규모 공동주택의 가액을 비교함(서울시 주거정비과 2009.4.30).

단독재건축사업의 분양대상자

Q 개정된(2009.4.22) 조례 제24조의2제1항제2호에 의해 하나의 주택과 그 부속토지를 수인이 소유하고 있으나 그 수인의 각 권리가액이 분양용 최소규모 공동주택 1가구의 추산액 이상이면 각각 분양대상자가 가능한지?

A 조례 제24조제2항제3호에 의하면 하나의 주택과 그 부속토지를 수인이 소유하고 있는 경우 제1항에 불구하고 수인의 분양신청자를 1인의 분양대상자로 규정하고 있으므로, 하나의 주택과 그 부속토지를 수인이 소유하고 있는 경우 그 수인의 각 권리가액이 분양용 최소규모 공동주택 1가구의 추산액 이상이라도 각각 분양대상자가 될 수 없음(서울시 주거정비과-7966, 2009.5.8).

※ 단독주택 재건축사업으로 건립되는 공동주택의 분양대상자는 관리처분계획기준일 현재 "1주택과 그 부속토지를 수인이 소유하고 있는 경우"에 해당하면 수인의 분양신청자를 1인의 분양대상자로 본다.(조례 제28조제2항제3호).
단독주택 재건축사업은 재개발·도시환경정비사업과 달리 "수인이 소유하고 있으나 그 수인의 각 권리가액이 분양용 최소규모 공동주택 1가구의 추산액 이상"이더라도, 수인이 소유하고 있으면 1인이 분양대상자이다.

[제28조제2항제1호]

단독주택 재건축사업으로 건립되는 공동주택의 분양대상자는 관리처분계획기준일 현재 다음에 해당하면 수인의 분양신청자를 1인의 분양대상자로 본다(제28조제2항). 〈개정 2009.7.30, 2010.7.15〉

1. 단독주택 또는 다가구주택을 권리산정기준일 후 다세대주택으로 전환한 경우 〈개정 2009.7.30, 2010.7.15〉

조례 부칙(2009.4.22)

제2조(단독주택 재건축사업의 분양대상 등에 관한 적용례) 조례 제24조의2제2항제1호(현행 제28조제2항제1호를 말함)의 개정규정은 이 조례 시행(2009.4.22) 후 다세대주택으로 전환한 분부터 적용한다.

조례 부칙(2009.7.30) 제3조(다세대주택으로 전환된 주택의 분양기준에 관한 경과조치 등) 조례 제28조제2항제1호에 불구하고 1997.1.15 전에 가구별로 지분 또는 구분소유등기를 필한 다가구주택이 건축허가 받은 가구 수의 증가 없이 다세대주택으로 전환된 경우에는 가구별 각각 1인을 분양대상자로 한다. 이 개정규정은 이 조례 시행(2009.7.30) 당시 최초로 사업시행인가를 신청하는 분부터 적용한다.

조례 부칙(2010.7.15) 제3조(권리산정기준일에 관한 적용례 및 경과조치) 조례 제28조 개정규정은 최초로 기본계획(정비예정구역에 신규로 편입지역 포함)을 수립하는 분부터 적용한다. 이 조례 시행 전에 기본계획이 수립되어 있는 지역 및 지구단위계획이 결정·고시된 지역은 종전규정(제28조)에 따른다.

제2항제1호는 재개발·도시환경정비사업에서의 조례 제27조제2항제1호와 동일하다. 2008.12.17 도시정비법 시행령(제52조제2항제1호)이 개정되어 단독주택 재건축사업의 경우 재개발사업에 준하여 관리처분계획을 수립할 수 있도록 하였다. 이로 인해 서울시는 2009.4.22 조례 개정을 통하여 제24조의2를 신설하였으며, 2009.7.30 조항(제24조의2 → 제28조)만 이동되었다.

그 후 도시정비법 제50조의2와 재정비특별법 제33조에서 신설되면서, 2010.7.15 조례 개정 시 "건축물준공 이후"를 "권리산정기준일 이후"로 바뀌었다.

※ 도시정비법 시행령 제52조(관리처분의 기준 등) ① 재개발사업 및 도시환경정비사업의 경우 법 제48조제7항에 따른 관리처분은 다음 각 호의 방법 및 기준에 의한다. 〈개정 2009.8.11〉

1. 시도 조례로 분양주택의 규모를 제한하는 경우에는 그 규모 이하로 주택을 공급할 것
2. 1개의 건축물의 대지는 1필지의 토지가 되도록 정할 것. 다만, 주택단지의 경우에는 그러하지 아니하다.
3. 정비구역안의 토지등소유자(지상권자를 제외한다. 이하 이 항에서 같다.)에게 분양할 것. 다만, 공동주택을 분양하는 경우 시도 조례로 정하는 금액·규모·취득 시기 또는 유형에 대한 기준에 부합하지 아니하는 토지등소유자는 시도 조례로 정하는 바에 의하여 분양대상에서 제외할 수 있다.

4. 1필지의 대지 및 그 대지에 건축된 건축물(법 제48조제3항에 의하여 보류지로 정하거나 조합원외의 자에게 분양하는 부분을 제외한다.)을 2인 이상에게 분양하는 때에는 기존의 토지 및 건축물의 가격(제69조에 의하여 사업시행방식이 전환된 경우에는 환지예정지의 권리가액을 말한다. 이하 제8호에서 같다.)과 제41조제1항·제4항·제5항, 제47조제3항 및 제50조제4호에 의하여 토지등소유자가 부담하는 비용(재개발사업의 경우에는 이를 고려하지 아니한다.)의 비율에 따라 분양할 것
5. 분양대상자가 공동으로 취득하게 되는 건축물의 공용부분은 각 권리자의 공유로 하되, 당해 공용부분에 대한 각 권리자의 지분비율은 그가 취득하게 되는 부분의 위치 및 바닥면적 등의 사항을 고려하여 정할 것
6. 1필지의 대지위에 2인 이상에게 분양될 건축물이 설치된 경우에는 건축물의 분양면적의 비율에 의하여 그 대지소유권이 주어지도록 할 것. 이 경우 토지의 소유관계는 공유로 한다.
7. 법 제48조제5항 각 호의 규정은 도시환경정비사업에 대한 법 제48조제1항제3호 및 제4호에 의한 평가에 관하여 이를 준용할 것
8. 주택의 공급순위는 기존의 토지 또는 건축물의 가격을 고려하여 정할 것. 이 경우 그 구체적인 기준은 시도 조례로 정할 수 있다.
9. 〈삭제 2005.5.18〉

② 재건축사업의 경우 법 제48조제7항에 따른 관리처분은 다음 각 호의 방법 및 기준에 따른다. 다만, 조합이 조합원 전원의 동의를 받아 그 기준을 따로 정하는 경우에는 그에 따른다. 〈개정 2008.12.17〉

1. 제1항제5호 및 제6호를 적용할 것. 다만, 단독재건축사업의 경우에는 재개발사업에 준하여 제1항 각 호를 적용할 것(이하 생략)

○ 2010.7.15 개정된 권리산정기준일(재건축사업)의 적용

조례 부칙(2010.7.15) 제3조(권리산정기준일에 관한 적용례 및 경과조치) 조례 제28조 개정규정은 최초로 기본계획(정비예정구역에 신규로 편입지역 포함)을 수립하는 분부터 적용한다. 이 조례 시행 전에 기본계획이 수립되어 있는 지역 및 지구단위계획이 결정·고시된 지역은 종전규정(제28조)에 따른다.

최초 정비기본계획(정비예정구역에 신규로 편입지역 포함)을 수립하는 분부터 적용하지만, 이 조례 시행 전(2010.7.15)에 정비기본계획이 수립되어 있는 지역 및 지구단위계획이 결정·고시된 지역은 종전규정(조례 제27조 및 제28조)에 따른다.

조례 개정 시행일(2010.7.16) 이전에 정비구역 지정·고시되거나, 재정비촉진지구로 지정·고시된 지구 내 재정비촉진사업은 사업시행시기에 관계없이 종전 도시정

비조례(제27조)에 따라 투기행위별로 정해진 날짜를 기준으로 권리를 산정하여야 한다. 이는 재개발·도시환경정비사업이나 재건축사업에 모두 공통된다.

○ 조합정관에 정할 사항(조례 제13조)

서울시 조례(제13조)에서 "단독 또는 다가구주택을 건축물 준공 이후 다세대주택으로 전환된 주택을 취득한 자에 대한 분양권 부여에 관한 사항"을 조합정관에서 정하도록 하였다. 이들이 조합정관에 의해 공동주택 분양대상자로 되려면, 도시정비법(제16조제3항)에 의한 동의를 받아야 한다.

이것은 도시정비법, 재정비특별법 및 도시정비조례의 조문에 벗어나지 않는 범위 내에서 조합정관에 의해 재량권을 부여한 것으로, 필요할 경우엔 조합의 상황에 맞게 조정할 수 있는 기능을 주었다.

현실적으로 정관에 의해 따로 정하는 조합이 드물지만, 조합정관으로 탄력적으로 내용을 정하고 조합설립인가 시점에 동의(법 제16조제3항)를 받도록 하겠다는 것이다. 이 규정은 재건축사업에 적용되지만, 재개발·도시환경정비사업에서도 같다.

조합원이 되기 위한 동의로는 공동주택 재건축조합설립을 위한 동의 규정에 불구하고 주택단지가 아닌 지역이 정비구역에 포함된 때에는 주택단지가 아닌 지역 안의 토지 또는 건축물 소유자의 3/4 이상 및 토지면적의 2/3 이상의 토지소유자의 동의를 얻어야 한다.

▢ 시도별 조례

서울시와 같이 재건축사업에서의 분양대상자에 대한 규정이 없는 경우에는 법령의 범위 내에서 조합정관에서 정할 수 있다.

○ 경기도

단독주택 재건축사업에 대한 조문이 없으며, 일반적인 재건축사업에서의 관리처분방법 및 기준을 설명하는 조문만 있다.

제19조(재건축사업의 관리처분방법 및 기준) 영 제52조제2항에 따른 재건축사업의

관리처분방법 및 기준은 다음과 같다.

1. 조합원이 출자한 종전의 토지 및 건축물의 가액 또는 면적을 기준으로 새로이 건설되는 주택 등을 분양한다. 이 경우 규모별 배정은 조합원 소유 종전 주택 등의 동별·위치·층수 등을 고려하여 관리처분계획이 정하는 바에 따라서 결정한다.
2. 그 밖에 관리처분에 관하여 필요한 사항은 정관 등으로 정한다.

– 남양주시, 부천시, 안양시, 안산시, 화성시, 고양시, 수원시

관련 조문이 없다.

○ 인천시, 부산시, 대구시, 대전시, 광주시

관련 조문이 없다.

□ 유권해석

존치지역의 권리산정기준일

Q 정비기본계획이 수립되지 않았던 지역이 재정비촉진지구로 지정되고 도시정비조례 개정 시행일(2010.7.16) 이전 촉진계획 결정 시 존치지역(존치정비구역, 존치관리구역)으로 결정되어 재정비촉진사업 시행 시 분양대상자 권리산정기준일을 어떻게 적용해야 하는지?

A 당초 권리산정기준일은 정비사업 예상지역에 대한 투기억제를 위해 투기행위 별로 조례에 별도로 정하고 있었으나 도시정비법령 개정에 따라 도시정비조례를 개정하면서 별도로 고시토록 하고 기존 정비예정구역 등에 대해서는 종전 규정을 적용토록 한 것이며, 재정비촉진지구 및 뉴타운지구는 도시의 낙후된 지역에 대하여 생활권 단위의 광역적 정비를 위하여 지정한 것이므로 정비예정구역의 지정과 성격이 유사함. 따라서 도시정비조례 개정 시행일(2010.7.16) 이전에 지구·지정된 지구 내 모든 재정비촉진사업은 사업시행시기에 관계없이 종전 도시정비조례 제27조에 따라 투기행위별로 정해진 날짜를 기준으로 권리를 산정하는 것이 투기억제를 위해 권리산정일 지정취지에 부합된다고 판단됨(서울시 재정비1과-1802, 2010.11.22).

※ 질의는 재정비촉진계획이 결정·고시된 지역에 대한 권리산정기준일이 언제인가를 묻는 것이다. 재정비촉진계획의 결정·고시의 효력은 정비기본계획의 수립으로 의제되므로(재정비특별법 제13조제1항), 도시정비조례 개정 시행일(2010.7.16) 이전에 촉진계획이 결정·고시된 존치정비구역, 존치관리구역의 권리산정기준일은 도시정비조례 부칙(2010.7.16)에 따라 종전 도시정비조례 제27조 및 제28조에 따라 투기행위별로 정해진 날짜를 기준으로 권리를 산정하는 것이 옳다. 그러나 2010.7.16 이후 촉진계획이 결정·고시되었다면 개정된 조례에 따라 산정해야 한다는 의미도 내포하고 있다.

단독주택 재건축사업 시 전환다세대의 분양자격 여부

Q 단독주택 재건축사업과 관련하여 1990.4.21 이전에 단독주택으로 건축허가를 받아 사실상 구분된 가구 수에 한하여 지분 또는 구분등기를 필한 단독주택을 각각 1인의 분양대상자로 인정이 가능한지?

A 조례 부칙(2009.4.22) 제4조에 "1997.1.15 전에 가구별로 지분 또는 구분소유등기를 필한 다가구주택(1990.4.21 다가구주택제도 도입이전에 단독주택으로 건축허가를 받아 지분 또는 구분등기를 필한 사실상의 다가구주택을 포함한다.)은 제24조의2제2항제3호에 불구하고 다가구 주택으로 건축허가 받은 가구 수에 한하여 가구별 각각 1인을 분양대상자로 한다."고 정하고 있음(서울시 주거정비과 2010.8.13).

[제28조제2항제2호]

단독주택 재건축사업으로 건립되는 공동주택의 분양대상자는 관리처분계획기준일 현재 다음에 해당하면 수인의 분양신청자를 1인의 분양대상자로 본다(제28조제2항). 〈개정 2009.7.30, 2010.7.15〉

2. 법 제19조제1항제2호에 따라 수인의 분양신청자가 1세대에 속하는 때 〈개정 2009.7.30, 2010.7.15〉

개정 전

제28조(단독재건축사업의 분양대상 등) ② 제1항에 불구하고 다음 각 호의 어느 하

나에 해당하는 경우에는 수인의 분양신청자를 1인의 분양대상자로 본다. 〈개정 2009.7.30〉

2. 관리처분계획기준일 현재 수인의 분양신청자가 하나의 세대인 경우. 이 경우 동일한 세대별 주민등록표 상에 등재되어 있지 아니한 배우자 및 미혼인 20세 미만의 직계비속은 1세대로 보며, 1세대로 구성된 수인의 토지등소유자가 조합설립인가 후 세대를 분리하여 동일한 세대에 속하지 아니하는 때에는 이혼 및 20세 이상 자녀의 분가를 제외하고는 1세대로 보고, 권리가액은 세대원 전원의 가액을 합산하여 산정한다. 〈개정 2009.7.30〉

부 칙 〈제4768호, 2009.4.22〉

제1조(시행일) 이 조례는 공포한 날부터 시행한다.

제2조(단독재건축사업의 분양대상 등에 관한 적용례) ① 제24조의2제2항제1호의 개정규정은 이 조례 시행후 다세대주택으로 전환한 분부터 적용한다.

② 제24조의2제2항제2호에 따른 세대의 기준은 2009.8.7 이후 최초 조합설립인가를 얻은 분부터 적용한다.

③ 제24조의2제2항제4호의 개정규정은 이 조례 시행후 최초로 건축허가를 신청하는 분부터 적용한다.

부 칙 〈제4824호, 2009.7.30〉

제1조(시행일) 이 조례는 공포한 날부터 시행한다.

제3조(다세대주택으로 전환된 주택의 분양기준에 관한 경과조치 등) ① 제27조제2항제1호 및 제28조제2항제1호에 불구하고 1997.1.15 전에 가구별로 지분 또는 구분소유등기를 필한 다가구주택이 건축허가 받은 가구 수의 증가 없이 다세대주택으로 전환된 경우에는 가구별 각각 1인을 분양대상자로 한다.

② 제1항의 개정규정은 이 조례 시행 당시 최초로 사업시행인가를 신청하는 분부터 적용한다.

제4조(세대의 기준변경에 따른 경과조치) ① 제27조제1항 및 제2항에 따라 개정된 세대의 기준은 2009.8.7 이후 최초로 조합설립인가를 얻은 분부터 적용한다.

② 이 조례 시행 당시 종전의 규정에 따른 조합설립인가 신청 분은 제27조제1

항 및 제2항 개정규정에도 불구하고 종전의 규정에 따른다.

2009.2.6 도시정비법 제19조제1항제1호 내지 제3호가 신설되면서, 서울시도 단독주택 재건축사업의 경우에도 재개발·도시환경정비사업의 분양대상 자격(제27조제2항제2호)과 동일한 내용을 조례에 신설하였다.

그 후 2010.7.15 조례 개정 시 "이 경우 동일한 세대별 주민등록표 상에 등재되어 있지 아니한 배우자 및 미혼인 20세 미만의 직계비속은 1세대로 보며, 1세대로 구성된 수인의 토지등소유자가 조합설립인가 후 세대를 분리하여 동일한 세대에 속하지 아니하는 때에는 이혼 및 20세 이상 자녀의 분가를 제외하고는 1세대로 보고, 권리가액은 세대원 전원의 가액을 합산하여 산정한다."는 단서 조항을 삭제하였다.

이는 재개발·도시환경정비사업에서의 내용과 같다.

조례 부칙 〈제4768호, 2009.4.22〉

제2항제2호에 따른 세대의 기준은 2009.8.7 이후 최초 조합설립인가를 얻은 분부터 적용한다(부칙 제2조제2항).

조례 제28조제2항제2호인 단독주택 재건축사업의 분양대상 규정은 2009.8.7 이후 최초로 조합설립인가를 얻은 분부터 적용하며, 2009.8.6 이전에 1세대가 관리처분계획기준일 현재 세대분리 된 경우에는 각각이 분양대상자가 된다. 세대의 기준은 2009.8.7 이후 최초 조합설립인가를 얻은 분부터 적용한다.

○ 조례 제28조제2항제2호에서의 "세대"의 범위(도시정비법 제19조제1항제2호와 같음)

세대의 범위는 ① 동일한 세대별 주민등록표 상에 등재되어 있지 아니한 배우자 및 미혼인 20세 미만의 직계비속은 1세대로 보며, ② 1세대로 구성된 수인의 토지등소유자가 최초 조합설립인가(2009.8.7) 후 세대를 분리하여 동일한 세대에 속하지 아니하는 때(이혼 및 20세 이상 자녀의 분가를 제외)에 1세대로 보고, 권리가액은 세대원 전원의 가액을 합산하여 산정한다.

조합설립인가(2009.8.7) 전에 세대분리가 됐으면 각각 분양대상자이지만, 1세대로 구성된 수인의 토지등소유자가 조합설립인가 후 세대분리가 된 경우에는 1세대로 보기 때문에 분양대상이 아니다. 단 이혼이나 20세 이상 자녀의 분가인 경우에는 각자가 분양대상자가 된다.

– 법 제19조제1항제2호와 부칙 제1조

도시정비법 제19조(조합원의 자격 등) ① 정비사업(시장·군수 또는 주택공사등이 시행하는 정비사업을 제외한다.)의 조합원은 토지등소유자(재건축사업의 경우에는 재건축사업에 동의한 자에 한한다.)로 하되, 다음 각 호의 어느 하나에 해당하는 때에는 그 수인을 대표하는 1인을 조합원으로 본다. 〈개정 2005.3.18, 2009.2.6〉

2. 수인의 토지등소유자가 1세대에 속하는 때(이 경우 동일한 세대별 주민등록표 상에 등재되어 있지 아니한 배우자 및 미혼인 20세 미만의 직계비속은 1세대로 보며, 1세대로 구성된 수인의 토지등소유자가 조합설립인가 후 세대를 분리하여 동일한 세대에 속하지 아니하는 때에도 이혼 및 20세 이상 자녀의 분가를 제외하고는 1세대로 본다.)

부 칙 〈법률 제9444호, 2009.2.6〉

제1조(시행일) 이 법은 공포한 날부터 시행한다. 다만, 제19조제1항의 개정규정은 공포 후 6개월이 경과한 날부터 시행한다(효력발생시기는 2009.8.7이다).

○ 재건축사업에서 “세대의 기준” 변경(2009.4.22 조례)

재개발·도시환경정비사업의 경우는 원래 2003.12.30부터 2009.7.30 전까지 세대 기준은 “세대주와 동일한 세대별 주민등록표상에 등재되어 있지 아니한 세대주의 배우자 및 배우자와 동일한 세대를 이루고 있는 세대원을 포함한다.”는 의미였다. 2009.7.30 개정된 조례(제27조제2항제2호)에서 재개발·도시환경정비사업은 앞의 설명과 같이 이 조항의 단서 규정을 개정하였다.

그러나 단독주택 재건축사업은 재개발사업과 달리, 같은 단서 조항의 내용임에도 불구하고 2009.4.22 단서 조항을 먼저 신설하였다.

2009.8.7 이후 조합설립인가를 득한 단독주택 재건축사업에서의 “세대 기준”은 부칙(2009.4.22) 제2조제2항의 적용을 받아, 같은 항 제2호 단서인 “관리처분계획

기준일 현재 수인의 분양신청자가 하나의 세대인 경우. 이 경우 동일한 세대별 주민등록표 상에 등재되어 있지 아니한 배우자 및 미혼인 20세 미만의 직계비속은 1세대로 보며, 1세대로 구성된 수인의 토지등소유자가 조합설립인가 후 세대를 분리하여 동일한 세대에 속하지 아니하는 때에는 이혼 및 20세 이상 자녀의 분가를 제외하고는 1세대로 보고, 권리가액은 세대원 전원의 가액을 합산하여 산정한다."는 내용에 따라야 한다.

○ **법 제19조제1항제3호에 따라 조합설립인가 후 1인의 토지등소유자로부터 토지 또는 건축물의 소유권이나 지상권을 양수하여 수인이 소유하게 된 경우**

법 제19조제1항제2호만 조례에서 언급할 뿐, 제3호에 대해서는 재개발·도시환경정비사업이나 재건축사업에서는 아무런 규정이 없다.

▢ 시도 조례

서울시와 같이 재건축사업에서의 분양대상자에 대한 규정이 없는 경우에는 법령의 범위 내에서 조합정관에서 정할 수 있을 것이다.

○ 경기도

단독주택 재건축사업에 대한 조문이 없으며, 일반적인 재건축사업에서의 관리처분방법 및 기준을 설명하는 조문만 있다.

제19조(재건축사업의 관리처분방법 및 기준) 영 제52조제2항에 따른 재건축사업의 관리처분방법 및 기준은 다음과 같다.

1. 조합원이 출자한 종전의 토지 및 건축물의 가액 또는 면적을 기준으로 새로이 건설되는 주택 등을 분양한다. 이 경우 규모별 배정은 조합원 소유 종전 주택 등의 동별·위치·층수 등을 고려하여 관리처분계획이 정하는 바에 따라서 결정한다.
2. 그 밖에 관리처분에 관하여 필요한 사항은 정관 등으로 정한다.

- 남양주시, 부천시, 안양시, 안산시, 화성시, 고양시, 수원시

관련 조문이 없다.

○ 인천시, 부산시, 대구시, 대전시, 광주시

관련 조문이 없다.

□ 유권해석

Q 수인의 토지등소유자가 1세대에 속하는 때에 조합원 자격이 각각 인정되는지?

A 수인의 토지등소유자가 1세대에 속하는 때에는 대표하는 1인만을 조합원으로 인정하게 되며, 동일한 세대별 주민등록표에 등재되지 않은 배우자 및 미혼인 20세 미만의 직계비속은 1세대로 보게 됨. 또한, 1세대로 구성된 수인의 토지등소유자가 조합설립인가 후 세대를 분리하여 동일한 세대에 속하지 아니하는 때에도 이혼 및 20세 이상 자녀의 분가를 제외하고는 1세대로 인정하게 됨(경기뉴타운사업본부).

[제28조제2항제3호]

단독주택 재건축사업으로 건립되는 공동주택의 분양대상자는 관리처분계획기준일 현재 다음에 해당하면 수인의 분양신청자를 1인의 분양대상자로 본다(제28조제2항). 〈개정 2009.7.30, 2010.7.15〉

3. 1주택과 그 부속토지를 수인이 소유하고 있는 경우 〈개정 2009.7.30, 2010.7.15〉

부 칙 〈제4768호, 2009.4.22〉

제1조(시행일) 이 조례는 공포한 날부터 시행한다.

제2조(단독재건축사업의 분양대상 등에 관한 적용례) ① 제24조의2제2항제1호의

개정규정은 이 조례 시행후 다세대주택으로 전환한 분부터 적용한다.

② 제24조의2제2항제2호에 따른 세대의 기준은 2009.8.7 이후 최초 조합설립인가를 얻은 분부터 적용한다.

③ 제24조의2제2항제4호의 개정규정은 이 조례 시행후 최초로 건축허가를 신청하는 분부터 적용한다.

제3조(협동주택의 분양기준에 관한 경과조치 등) ① 제24조제2항제3호와 제24조의2제2항제3호에 불구하고 종전 「서울시주택개량재개발사업시행조례」 제4조제2항에 따라 건축된 협동주택으로서 1988.5.7 전에 지분 또는 구분소유등기를 필한 세대는 사실상 구분된 가구 수에 한하여 각각 1인을 분양대상자로 한다.

② 제1항의 개정규정은 이 조례 시행 당시 최초로 조합설립인가를 신청하는 분부터 적용한다.

제4조(다가구주택의 분양기준에 관한 경과조치 등) ① 1997.1.15 전에 가구별로 지분 또는 구분소유등기를 필한 다가구 주택(1990.4.21 다가구주택제도 도입이전에 단독주택으로 건축허가를 받아 지분 또는 구분등기를 필한 사실상의 다가구주택을 포함한다.)은 제24조의2제2항제3호에 불구하고 다가구 주택으로 건축허가 받은 가구 수에 한하여 가구별 각각 1인을 분양대상자로 한다.

② 제1항의 개정규정은 이 조례 시행 당시 최초로 사업시행인가를 신청하는 분부터 적용하며, 사업시행인가를 얻은 조합으로서 제1항에 따라 사업시행인가를 변경하고자 하는 경우에는 토지등소유자 전원의 동의를 얻어야 한다.

부 칙 〈제4824호, 2009.7.30〉

제1조(시행일) 이 조례는 공포한 날부터 시행한다.

제3조(다세대주택으로 전환된 주택의 분양기준에 관한 경과조치 등) ① 제27조제2항제1호 및 제28조제2항제1호의 규정에 불구하고 1997.1.15 전에 가구별로 지분 또는 구분소유등기를 필한 다가구주택이 건축허가 받은 가구 수의 증가 없이 다세대주택으로 전환된 경우에는 가구별 각각 1인을 분양대상자로 한다.

② 제1항의 개정규정은 이 조례 시행 당시 최초로 사업시행인가를 신청하는 분부터 적용한다.

이 규정은 2009.4.22 조례 제24조의2제3호로 신설되었으며, 2009.7.30 조항(제24조의2제3호 → 제28조제2항제3호)만 이동되었다.

분양대상 등에 관한 경과조치(부칙 제3조, 2009.4.22)로 이 개정규정은 이 조례 시행(2009.4.22) 후 최초로 건축허가를 신청하는 분부터 적용한다.

- 단독주택 재건축사업과 재개발·도시환경정비사업의 구별

단독주택 재건축사업은 재개발·도시환경정비사업과는 달리 토지등소유자의 개념이 달라 "주택과 그 부속토지"를 소유하여야 한다. 이에 반해, 재개발·도시환경정비사업에서는 "주택 또는 토지"를 소유하면 된다.

재개발·도시환경정비사업의 근거 규정인 조례 제27조제2항제3호에서는 "1주택 또는 1필지의 토지를 수인이 소유하고 있는 경우. 다만, 권리산정기준일 이전부터 공유로 소유한 토지의 지분면적이 90㎡ 이상인 자는 그러하지 아니하다."는 규정과 달리, 단독주택 재건축사업에서는 "1주택과 그 부속토지를 수인이 소유하고 있는 경우"에 해당하면 수인의 분양신청자를 1인의 분양대상자로 본다.

- 협동주택과 단독주택 재건축

「서울시 주택개량재개발사업시행조례」(제4조제2항)에서는 주택을 건축하는 경우에는 구획 및 건축계획에 적합한 4가구 이상 입체화된 협동주택으로 건축함을 원칙으로 한다. 이 경우 협동주택은 단독주택에 준하여 관계법규를 적용한다고 규정하고 있다. 협동주택은 동대문·은평·중랑·중구·성동 등 10여 곳 1,400여 동이 있는 것으로 추산되는데, 오히려 단독주택 재건축사업장에서 장애물로 등장하기도 한다.

〈도시개발신문 2008.10.7〉

서울행정법원 제14부 판결 2008구합12917 조합원지위확인

서울행정법원은 재건축사업에서 다가구주택도 실제 독립적으로 구획돼 생활하고 있다면 각 소유자에게 조합원지위를 인정해야 한다고 판결했다. 현행 서울시 조례에 재건축사업에서 다가구주택에 대한 특례는 없다. 따라서 건축법상 다가구주택은 단독주택으로 분류되기 때문에 도시정비법 제19조에 따르면 토지와 건축물을 수인이 공유하는 것으로 그 수인을 대표하는 1인만을 조합원으로 볼 수 있다.

그러나 서울행정법원은 재개발사업에 적용되는 서울시 조례 부칙 제7조를 재건축사업에 유추 적용할 수 있다고 판단했다. 서울시 조례상 재개발사업에서는 일정조건에 부합하는 다가구주택과 단독주택소유자에게도 분양권을 인정하고 있다.

도시정비법에 의해 공공사업으로서 재개발사업과 재건축사업을 단일 법률로 통합됐고, 도시정비법은 재건축사업의 범위를 공동주택에 한정하지 않고 단독주택에까지 확대하고 있기 때문이다. 다만 법령 정비의 미비로 조례 제정 시 재건축사업에 대해 경과조치를 두지 않게 된 것이라고 판단했다.

재건축사업과 재개발사업의 목적과 성질의 유사성, 다가구주택 소유자간의 형평성 등에 비추어 보면, 정비구역 내에 사실상의 다가구주택을 구분소유하고 있는 공유자의 취급에 있어서 재건축사업과 재개발사업을 달리 보아야 할 합리적인 근거가 없다고 그 이유를 설명하고 있다.

지난 2005.8에도 서울행정법원은 다가구주택으로 허가받지 않았으나 실제 다가구주택처럼 사용된 단독주택의 경우에도 각 가구별로 분양권을 공급해야 한다며 판결했고, 이후 2005.11 서울시 조례가 개정됐다.

이번에도 서울행정법원의 판결에 따라 향후 서울시 조례의 개정이 불가피해 보인다. 또한 이를 계기로 단독주택 재건축사업의 불합리한 규제가 개선되고 사업이 활성화될 수 있기를 기대해 본다.

○ 협동주택의 분양기준에 관한 경과조치 및 다가구주택의 분양기준에 관한 경과조치(조례 부칙 제3조 및 제4조)

다가구용 단독은 건물(일반) 또는 집합건물 2가지 유형으로 등기부에 기재되고 협동주택은 집합건물 표시된다. 이런 점 때문에 동의서를 징구할 때 공유로 되어 있는 다가구용 단독이나 협동주택의 경우 대표자를 선임해야 하는 점 때문에 단독주택 재건축에서는 사업을 어렵게 하는 요인으로 작용했다.

그러한 문제점들이 제기되면서 2009.4.22에 이러한 공유로 된 다가구주택이나 협동주택을 별도의 각각 분양대상이나 조합원으로 보는 조례가 개정되었다.

- 협동주택과 단독주택 재건축

「서울시 주택개량재개발사업시행조례」(제4조제2항)에서는 주택을 건축하는 경우에는 구획 및 건축계획에 적합한 4가구 이상 입체화된 협동주택으로 건축함을 원칙으로 한다. 이 경우 협동주택은 단독주택에 준하여 관계법규를 적용한다고 규정하고 있다. 협동주택은 동대문·은평·중랑·중구·성동 등 10여 곳 1,400여 동이 있는 것으로 추산되는데, 오히려 단독주택 재건축사업장에서 장애물로 등장하기도 했었다.

- 협동주택의 분양기준에 관한 경과조치(부칙 제3조, 2009.4.22)

종전 「서울시 주택개량재개발사업시행조례」 제4조제2항에 따라 건축된 협동주택으로서 1988.5.7 전에 지분 또는 구분소유등기를 필한 세대는 사실상 구분된 가구 수에 한하여 각각 1인을 분양대상자로 한다. 이 개정규정은 이 조례 시행 당시 최초로 조합설립인가를 신청하는 분부터 적용한다(부칙 제3조).

이 조례 시행(2009.4.22) 당시 최초로 조합설립인가를 신청하는 분부터 적용하며, 「서울시 주택개량재개발사업시행조례」 제4조제2항에 따라 건축된 협동주택인 경우 1988.5.7 전에 지분 또는 구분소유등기를 필한 세대는 사실상 구분된 가구 수에 한하여 각각 1인이 분양대상자이다.

※ 서울시 도시정비조례 부칙 〈2009.4.22〉

제3조(협동주택의 분양기준에 관한 경과조치 등) ① 제24조제2항제3호와 제24조의2제2항제3호에 불구하고 종전 「서울시 주택개량재개발사업시행조례」 제4조제2항에 따라 건축된 협동주택으로서 1988.5.7 전에 지분 또는 구분소유등기를 필한 세대는 사실상 구분된 가구 수에 한하여 각각 1인을 분양대상자로 한다.

② 제1항의 개정규정은 이 조례 시행 당시 최초로 조합설립인가를 신청하는 분부터 적용한다.

서울시 주택개량재개발사업시행조례(시행 1977.5.13, 조례 제1166호, 1977.5.13, 전부개정)

제4조(사업방법) ① 사업은 구역 내 불량건축물을 전면 철거 후 주택을 건립하는 방법과 재개발계획에 따른 공공시설과 이를 위하여 지장물만을 정리하고 현존주택을 개량 또는 개축(이하 "개량"이라 한다.)하게하는 방법으로 병행 시 할 수 있다.

② 주택을 건축하는 경우에는 구획 및 건축계획에 적합한 4가구 이상 입체화된 협동주택으로 건축함을 원칙으로 한다. 이 경우 협동주택은 단독주택에 준하여 관계법규를 적용한다.

- 다가구주택의 분양기준에 관한 경과조치(부칙 제4조, 2009.4.22)

1997.1.15 전에 가구별로 지분 또는 구분소유등기를 필한 다가구주택(1990.4.21 다가구주택제도 도입이전에 단독주택으로 건축허가를 받아 지분 또는 구분등기를 필한 사실상의 다가구주택을 포함한다.)은 조례 제24조의2제2항제3호에 불구하고 다가구주택으로 건축허가 받은 가구 수에 한하여 가구별 각각 1인을 분양대상자로 한다. 이 개정규정은 이 조례 시행 당시 최초로 사업시행인가를 신청하는 분부터 적용하며, 사업시행인가를 얻은 조합으로서 제1항에 따라 사업시행인가를 변경하려면 토지등소유자 전원의 동의를 얻어야 한다(부칙 제4조).

▢ 시도별 조례

서울시와 같이 재건축사업에서의 분양대상자에 대한 규정이 없는 경우, 법령의 범위 내에서 조합정관에서 규정할 수 있다.

○ 경기도

단독주택 재건축사업에 대한 조문이 없으며, 일반적인 재건축사업의 관리처분방법 및 기준을 설명하는 조문만 있다.

제19조(재건축사업의 관리처분방법 및 기준) 영 제52조제2항에 따른 재건축사업의 관리처분방법 및 기준은 다음과 같다.

1. 조합원이 출자한 종전의 토지 및 건축물의 가액 또는 면적을 기준으로 새로이 건설되는 주택 등을 분양한다. 이 경우 규모별 배정은 조합원 소유 종전 주택 등의 동별·위치·층수 등을 고려하여 관리처분계획이 정하는 바에 따라서 결정한다.
2. 그 밖에 관리처분에 관하여 필요한 사항은 정관 등으로 정한다.

- 남양주시, 부천시, 안양시, 안산시, 화성시, 고양시, 수원시

관련 조문이 없다.

○ 인천시, 부산시, 대구시, 대전시, 광주시

관련 조문이 없다.

□ 판 례

협동주택은 다가구주택제도가 도입되기 이전인 1970년대 중반부터 1980년대 중반까지 사이에 한시적으로 건축된 단독주택의 일종으로서 다가구주택과 동일한 용도로 기능하여 온 점, 이 사건 각 건물은 각 공유자의 가구별 독립한 주거공간으로 구성되어 있고 가구별 주거공간은 거래에 있어서도 독립한 소유권의 객체로 취급되어 온 것으로 보이는 점 등을 종합하여 보면,

이 사건 각 건물은 다가구주택 도입 이전에 단독주택으로 건축허가를 받아 가구별로 지분등기를 필한 다가구주택에 해당한다고 할 것이고 가구별 주거공간은 사실상의 다가구주택 중 각각 1인의 분양대상자가 되는 가구에 해당한다고 봄이 상당하다(서울행정법원 2008.9.11선고 2008구합19666 판결 관리처분계획취소등).

□ 유권해석

협동주택에 대한 분양대상 기준

Q 1981.11.5 협동주택으로 사용승인을 득하여 건물은 구분소유, 토지는 지분등기를 한 경우에 2005.11.10 개정 조례 부칙 제7조에 의한 분양대상이 되는지?

A 협동주택은 1990.4.21 다가구주택제도 도입 이전 단독주택으로 건축허가를 받아 지분 또는 구분등기를 필한 사실상의 다가구주택에 포함될 수 있으므로 개정된 도시정비조례 부칙 제7조를 적용하여 건축허가 받은 가구 수에 한하여 가구별 각각 1인을 분양대상자로 인정할 수 있을 것임(서울시 주거정비과-13916, 2005.12.7).

※ 재개발·도시환경정비사업 및 재건축사업에서도 각 가구별 1인이 분양대상자이다.

Q 단독주택 재건축사업과 관련하여 1990.4.21 이전에 단독주택으로 건축허가를 받아 사실상 구분된 가구 수에 한하여 지분 또는 구분등기를 필한 단독주택을 각각 1인의 분양대상자로 인정이 가능한지?

A 조례 부칙(2009.4.22) 제4조에 "1997.1.15 전에 가구별로 지분 또는 구분소유등기를 필한 다가구주택(1990.4.21 다가구주택제도 도입 이전에 단독주택으로 건축허가를 받아 지분 또는 구분등기를 필한 사실상의 다가구주택을 포함한다.)은 제24조의2제2항제3호의 규정에 불구하고 다가구주택으로 건축허가 받은 가구 수에 한하여 가구별 각각 1인을 분양대상자로 한다."고 정하고 있음(서울시 주거정비과-5682, 2009.11.3).

[제28조제2항제4호]

단독주택 재건축사업으로 건립되는 공동주택의 분양대상자는 관리처분계획기준일 현재 다음에 해당하면 수인의 분양신청자를 1인의 분양대상자로 본다(제28조제2항). 〈개정 2009.7.30, 2010.7.15〉

4. 권리산정기준일 후 나대지에 건축물을 새로이 건축하거나 기존 건축물을 철거하고 다세대주택, 그 밖에 공동주택을 건축하여 토지등소유자가 증가되는 경우 〈개정 2009.7.30, 2010.7.15〉

부 칙 〈제4768호, 2009.4.22〉

제1조(시행일) 이 조례는 공포한 날부터 시행한다.

제2조(단독재건축사업의 분양대상 등에 관한 적용례) ① 제24조의2제2항제1호의 개정규정은 이 조례 시행후 다세대주택으로 전환한 분부터 적용한다.

② 제24조의2제2항제2호에 따른 세대의 기준은 2009.8.7 이후 최초 조합설립인가를 얻은 분부터 적용한다.

③ 제24조의2제2항제4호의 개정규정은 이 조례 시행후 최초로 건축허가를 신

청하는 분부터 적용한다.

제3조(협동주택의 분양기준에 관한 경과조치 등) ① 제24조제2항제3호와 제24조의2제2항제3호에 불구하고 종전「서울시주택개량재개발사업시행조례」제4조제2항에 따라 건축된 협동주택으로서 1988.5.7 전에 지분 또는 구분소유등기를 필한 세대는 사실상 구분된 가구 수에 한하여 각각 1인을 분양대상자로 한다.
② 제1항의 개정규정은 이 조례 시행 당시 최초로 조합설립인가를 신청하는 분부터 적용한다.

제4조(다가구주택의 분양기준에 관한 경과조치 등) ① 1997.1.15 전에 가구별로 지분 또는 구분소유등기를 필한 다가구 주택(1990.4.21 다가구주택제도 도입이전에 단독주택으로 건축허가를 받아 지분 또는 구분등기를 필한 사실상의 다가구주택을 포함한다.)은 제24조의2제2항제3호에 불구하고 다가구 주택으로 건축허가 받은 가구 수에 한하여 가구별 각각 1인을 분양대상자로 한다.
② 제1항의 개정규정은 이 조례 시행 당시 최초로 사업시행인가를 신청하는 분부터 적용하며, 사업시행인가를 얻은 조합으로서 제1항에 따라 사업시행인가를 변경하고자 하는 경우에는 토지등소유자 전원의 동의를 얻어야 한다.

부 칙 〈제4824호, 2009.7.30〉

제1조(시행일) 이 조례는 공포한 날부터 시행한다.

제3조(다세대주택으로 전환된 주택의 분양기준에 관한 경과조치 등) ① 제27조제2항제1호 및 제28조제2항제1호에 불구하고 1997.1.15 전에 가구별로 지분 또는 구분소유등기를 필한 다가구주택이 건축허가 받은 가구 수의 증가 없이 다세대주택으로 전환된 경우에는 가구별 각각 1인을 분양대상자로 한다.
② 제1항의 개정규정은 이 조례 시행 당시 최초로 사업시행인가를 신청하는 분부터 적용한다.

2009.4.22 이 조문은 제24조의2제2항제1호로 신설되었다가, 2009.7.30 조항(제24조의2제2항제1호 → 제28조제2항제4호)만 바뀌었다. 그 후 2010.7.15 개정 조례에서는 재개발·도시환경정비사업에 관련된 조례 제27조제2항제6호와 그 내용이 같다.

권리산정기준일 이후 건축하여 토지등소유자가 증가된 경우 수인의 분양신청자 중 1인이 분양대상자이다.

- 권리산정기준일에 관한 적용례 및 경과조치(부칙 제3조, 2010.7.15)

도시정비법 제50조의2에 의한 권리산정기준일 후 나대지에 건축물을 새로이 건축하거나 기존 건축물을 철거하고 다세대주택, 그 밖에 공동주택을 건축하여 토지등소유자가 증가되는 경우이다.

조례 제28조 개정규정은 최초로 정비기본계획(정비예정구역에 신규로 편입지역 포함)을 수립하는 분부터 적용한다. 이 조례 시행 전에 정비기본계획이 수립되어 있는 지역 및 지구단위계획이 결정·고시된 지역은 종전규정(제28조)에 따른다.

○ "종전 규정(제28조)에 따른다"는 의미

정비기본계획이 수립되어 있는 지역 및 지구단위계획이 결정·고시된 지역에서 정비구역이 지정·고시되었거나 서울시장이 기준일을 정한 이후의 나대지에 건축물 등을 건축하여 토지등소유자가 증가하면, 증가된 토지등소유자는 종전규정(제28조)에 따르게 되어, 다수 분양신청자 중에서 1인만 분양대상자이다.

- 단독주택 재건축사업의 분양대상 등에 관한 적용례(부칙 제2조, 2009.4.22)

단독주택 재건축에서 2009.4.22 이후 건축허가를 받아 단독주택이나 비주거용 건축물을 공동주택으로 신축하였다면(기존의 공동주택을 세대수를 늘려 신축한 경우를 포함한다.), 1개의 분양자격만 해당된다. 다만, 해당 정비사업으로 건립되는 공동주택의 최소 주거전용면적 이상인 경우에는 각각 분양자격이 있다. 2009.5경 준공되었다면 2009.4.22 이전에 건축허가를 받았으므로 분양자격이 있다.

조례(제24조의2제2항제4호)의 개정규정은 이 조례 시행(2009.4.22) 후 최초로 건축허가를 신청하는 분부터 적용한다(부칙 제2조제3항). 조례 시행 후에 건축허가를 신청하는 경우에는 주거전용면적이 분양용 공동주택의 최소주거전용면적(60㎡를 말함.) 이상인 경우에는 분양대상자가 된다. 즉, 단독주택 재건축지역에서 2010.7.16 이전에 정비기본계획이나 지구단위계획이 결정·고시된 지역에서 2009.4.22 이전에 신축된 것은 60㎡ 미만이어도 분양자격을 갖지만, 2009.4.22 이후 건축허가를 신청한 분부터는 60㎡ 이상이어야 분양대상자가 된다.

2010.7.16 이후 정비기본계획 및 지구단위계획이 수립되는 지역은 그 이후부터 권리산정기준일이 되는 날(구역지정·고시일 또는 시·도지사가 따로 정한 날) 사이에 신축되는 것은 다시 60㎡ 미만이어도 분양대상자가 된다.

- 조례 부칙(2008.7.30)과의 구별

도시정비조례 부칙(2008.7.30)

제1조(시행일) 이 조례는 공포한 날부터 시행한다.

제3조(분양대상 등에 관한 경과조치) 제24조제2항제6호(현행 제27조제2항제6호)의 개정규정은 이 조례 시행 후 최초로 건축허가를 신청하는 분(2008.7.30)부터 적용한다.

재개발·도시환경정비사업에서의 조례 제27조제2항제6호와 그 내용이 동일하지만 재건축사업 조문과 구별하여야 한다. 재개발사업의 신축쪼개기는 2008.7.30 전에 건축허가를 신청해야 하고, 단독주택 재건축사업의 경우에는 2009.4.22 건축허가를 신청하는 분부터 적용된다.

▢ 시도별 조례

서울시와 같이 재건축사업에서의 분양대상자에 대한 규정이 없는 경우에는 법령의 범위 내에서 조합정관에서 규정할 수 있다.

○ 경기도

단독주택 재건축사업에 대한 조문이 없으며, 일반적인 재건축사업의 관리처분방법 및 기준을 설명하는 조문만 있다.

제19조(재건축사업의 관리처분방법 및 기준) 영 제52조제2항에 따른 재건축사업의 관리처분방법 및 기준은 다음과 같다.

1. 조합원이 출자한 종전의 토지 및 건축물의 가액 또는 면적을 기준으로 새로

이 건설되는 주택 등을 분양한다. 이 경우 규모별 배정은 조합원 소유 종전 주택 등의 동별·위치·층수 등을 고려하여 관리처분계획이 정하는 바에 따라서 결정한다.

2. 그 밖에 관리처분에 관하여 필요한 사항은 정관 등으로 정한다.

– 남양주시, 부천시, 안양시, 안산시, 화성시, 고양시, 수원시

관련 조문이 없다.

○ 인천시, 부산시, 대구시, 대전시, 광주시

관련 조문이 없다.

□ 유권해석

Q 도시정비법 제50조의2에 따라 분양받을 권리산정기준일은 정비구역 지정·고시가 있은 날 또는 시·도지사가 투기억제를 위하여 기본계획 수립 후 정비구역 지정·고시 전에 따로 정하는 날을 기준으로 산정하도록 정하고 있는바, 분양대상 기준일을 어느 날로 보아야 하는지?

A 서울시 도시정비조례 제24조의 규정은 동법 시행령 제52조제1항제3호의 위임 규정에 따라 적합하게 분양대상에서 제외할 수 있는 범위를 규정하고 있는 것이므로 이 법 시행 당시 정비기본계획이 수립된 지역에서는 동 조례에서 정하고 있는 바에 따라 판단하여야 함(서울시 주거정비과-10234, 2009.6.17).

조례 제29조(분양예정 대지 또는 건축물 추산액의 산정)

영 제54조의2

분양예정 대지 또는 건축물 추산액의 산정

재개발·도시환경정비사업, 도시환경정비사업 및 가로주택정비사업의 "분양대상자별 분양예정인 대지 또는 건축물의 추산액, 분양대상자별 종전의 토지 또는 건축물의 명세, 세입자별 손실보상을 위한 권리명세 및 그 평가액에 따라 재산 또는 권리"를 평가하는 방법을 규정한 조문이다.

□ 개정 연혁

▶ 도시재개발사업조례[서울시조례]

제26조(분양설계의 기준) 법 제33조제2항에 의하여 분양신청한 토지등의 소유자에 대한 분양설계는 다음 각 호의 기준에 의한다.

1~3 : 생략

4. 법 제34조제4항제3호 및 영 제40조제2항에 의한 분양예정의 대지 또는 건축시설의 추산액은 「지가공시 및 토지등의 평가에 관한 법률」에 의한 감정평가업자 2인 이상이 평가한 금액을 산술평균하여 산정하며, 공동주택의 경우에는 다음 각 목의 방법에 의하여 추산액을 산정한다. 〈개정 1998.11.20〉
   가. 국민주택기금을 지원 받는 공동주택 : 「국민주택기금운용 및 관리규정」 적용 〈개정 1999.7.31〉
   나. 가목 이외의 공동주택 : 「지가공시 및 토지등의 평가에 관한 법률」에 의한 감정평가업자 2인 이상에게 원가(대지비 및 건축비와 사업시행에 소요된 제비용 등) 산출근거를 제시하여 평가 의뢰하여 제출받은 감정평가액을 산술평균한 금액

5. 〈삭제 1999.3.20〉

6. 제4호에 의한 추산액 중 임대주택부지가격 산정은 다음 각 목의 기준에 의한다. 〈신설 1998.11.20〉
   가. 구역 내 국·공유지 중 점유 연고권자에게 우선 매각하고 남은 면적으로 충당된 면적에 대한 대지조성비 : 제4호 가목에 의한 택지조성비
   나. 임대주택 부지면적이 가목으로 부족한 경우 점유 연고권자에게 우선 매각한 국·공유지 면적 : 당해 시행구역 안의 국·공유지 매각단가의 산술평균치(가목의 택지조성비가 가산된 금액을 말한다.)
   다. 임대주택 부지면적이 가목과 나목으로 부족한 경우 나머지 면적 : 구역 내 사유토지의 종전 토지가격의 산술평균치와 가목의 택지조성비를 합산한 금액

▸ 도시정비조례 [서울시조례 제4167호, 2003.12.30, 제정]

제25조(분양예정 대지 또는 건축물 추산액의 산정) ① 법 제48조제5항제1호에 의한 재개발사업의 분양예정인 대지 또는 건축물의 추산액 산정방법은 「지가공시 및 토지등의 평가에 관한 법률」에 의한 감정평가업자(이하 "감정평가업자"라 한다.) 2인 이상이 평가한 금액을 산술평균한 금액으로 한다. 다만, 공동주택(대지지분을 포함한다. 이하 같다.)의 경우에는 다음 기준에 의한다.

1. 국민주택기금을 지원 받는 공동주택은 「국민주택기금운용 및 관리규정」(건설교통부훈령 제381호)에 의한다.
2. 제1호 이외의 공동주택은 사업시행자가 제시한 원가(대지비·건축비 및 그 밖에 사업시행에 소요된 제반 비용을 말한다.) 산출근거에 따라 2인 이상의 감정평가업자가 평가한 감정평가액을 산술평균한 금액으로 산정한다. 이 경우 구청장이 추천한 2인 이상의 감정평가업자의 의견을 참작하여야 한다.

② 제1항제1호 및 제2호에 불구하고 임대주택 부지가격의 추산액은 다음 각 호의 기준에 의한다.

1. 정비구역안의 국·공유지를 점유연고권자에게 우선매각하고 남은 면적으로 확보된 임대주택부지의 대지조성비는 제1항제1호에 의한 택지조성비로 한다.
2. 임대주택 부지면적이 제1호에 의하여 확보된 면적으로 부족한 경우 점유연고권자에게 우선 매각한 국·공유지 면적은 당해 정비구역안의 국·공유지

매각가격을 산술평균한 단가를 적용하여 산정한 금액에 제1호의 택지조성비를 합산한 금액으로 한다.

3. 임대주택 부지면적이 제1호 및 제2호에 의하여 확보된 면적으로 부족한 경우 나머지 면적은 정비구역안의 사유토지의 종전 토지가격을 산술평균한 단가를 적용하여 산정한 금액에 제1호의 택지조성비를 합산한 금액으로 한다.

③ 법 제48조제5항제1호에 의한 도시환경정비사업의 분양예정인 대지 또는 건축물의 추산액 산정방법은 감정평가업자 2인 이상이 평가한 금액을 산술평균하여 산정한다. 다만, 건축계획에 대하여는 효용지수(분양예정 건축물의 동별 위치·방향·층 및 용도 등에 의하여 감정평가 시에 고려하는 효용비율로서 이를 지수로 나타낸 것을 말한다.)를 병행할 수 있다.

부 칙 〈제4167호, 2003.12.30〉

제1조(시행일) 이 조례는 공포한 날부터 시행한다.

▶ **[서울시조례 제5007호, 2010.7.15, 일부개정]**

제29조(분양예정 대지 또는 건축물 추산액의 산정) ① 법 제48조제5항제1호에 따른 재개발사업의 분양예정인 대지 또는 건축물의 추산액 산정방법은 「부동산가격공시 및 감정평가에 관한 법률」에 따른 감정평가업자(이하 "감정평가업자"라 한다.) 2인 이상이 평가한 금액을 산술평균한 금액으로 한다. 다만, 공동주택(대지지분을 포함한다. 이하 같다.)의 경우에는 다음 기준에 따른다. 〈개정 2009.7.30〉

1. 재개발임대주택의 인수가격 중 영 제54조의2제2항에 따른 건축비와 부속토지의 가격에 가산할 항목은 「공동주택 분양가격의 산정 등에 관한 규칙」 및 「임대주택법 시행규칙」 [별표1]에 따라 협의하여 정한다. 다만, 장기전세주택 건립 등을 위해 용적률을 완화받아 추가로 건립하는 임대주택의 부속토지는 인수자에게 기부채납한 것으로 본다. 〈개정 2009.7.30, 2010.7.15〉
2. 제1호 이외의 공동주택은 사업시행자가 제시한 원가(대지비·건축비 및 그 밖에 사업시행에 소요된 제반 비용을 말한다.) 산출근거에 따라 2인 이상의 감정평가업자가 평가한 감정평가액을 산술평균한 금액으로 산정한다. 이 경우 구청장이 추천한 2인 이상의 감정평가업자의 의견을 참작하여야 한

다. 〈개정 2009.7.30〉

② 제1항제1호 및 제2호에 불구하고 임대주택 부지가격의 추산액은 다음 각 호의 기준에 따른다. 〈개정 2009.7.3〉

1. 정비구역안의 국·공유지를 점유연고권자에게 우선매각하고 남은 면적으로 확보된 임대주택부지의 대지조성비는 제1항제1호에 따른 택지조성비로 한다. 〈개정 2009.7.30〉
2. 임대주택 부지면적이 제1호에 따라 확보된 면적으로 부족한 경우 점유연고권자에게 우선 매각한 국·공유지 면적은 해당 정비구역안의 국·공유지 매각가격을 산술평균한 단가를 적용하여 산정한 금액에 제1호의 택지조성비를 합산한 금액으로 한다. 〈개정 2009.7.30〉
3. 임대주택 부지면적이 제1호 및 제2호에 따라 확보된 면적으로 부족한 경우 나머지 면적은 정비구역안의 사유토지의 종전 토지가격을 산술평균한 단가를 적용하여 산정한 금액에 제1호의 택지조성비를 합산한 금액으로 한다. 〈개정 2009.7.30〉

③ 법 제48조제5항제1호에 따른 도시환경정비사업의 분양예정인 대지 또는 건축물의 추산액 산정방법은 감정평가업자 2인 이상이 평가한 금액을 산술평균하여 산정한다. 다만, 건축계획에 대하여는 효용지수(분양예정 건축물의 동별 위치·방향·층 및 용도 등에 따라 감정평가시에 고려하는 효용비율로서 이를 지수로 나타낸 것을 말한다.)를 병행할 수 있다. 〈개정 2009.7.30〉

부 칙 〈제5007호, 2010.7.15〉

제1조(시행일) 이 조례는 2010.7.16일부터 시행한다.

➡ 2009.7.30 개정 시에는 「지가공시 및 토지등의 평가에 관한 법률」이 「부동산가격공시 및 감정평가에 관한 법률」로 바뀌었고 내용 개정 없이 자구수정만 되었다. 2010.7.15 개정 시에는 제1항제1호가 바뀌었다.

▸ **[서울시조례 제5348호, 2012.7.30, 일부개정]**

제29조(분양예정 대지 또는 건축물 추산액의 산정) ① 법 제48조제5항제1호에 따른

재개발사업의 분양예정인 대지 또는 건축물의 추산액 산정방법은 「부동산가격공시 및 감정평가에 관한 법률」에 따른 감정평가업자(이하 "감정평가업자"라 한다.) 2인 이상이 평가한 금액을 산술평균한 금액으로 한다. 다만, 공동주택(대지지분을 포함한다. 이하 같다.)의 경우에는 다음 기준에 따른다. 〈개정 2009.7.30〉

1. 재개발임대주택의 인수가격 중 영 제54조의2제2항에 따른 건축비와 부속토지의 가격에 가산할 항목은 「공동주택 분양가격의 산정 등에 관한 규칙」 및 「임대주택법 시행규칙」 [별표1]에 따라 협의하여 정한다. 다만, 사업시행자가 장기전세주택 등 임대주택의 건립을 선택하여 용적률을 완화 받은 경우에는 인수자에게 부속토지를 무상으로 제공하여야 한다. 〈개정 2009.7.30, 2010.7.15, 2012.7.30〉
2. 제1호 이외의 공동주택은 사업시행자가 제시한 원가(대지비·건축비 및 그 밖에 사업시행에 소요된 제반 비용을 말한다.) 산출근거에 따라 2인 이상의 감정평가업자가 평가한 감정평가액을 산술평균한 금액으로 산정한다. 이 경우 구청장이 추천한 2인 이상의 감정평가업자의 의견을 참작하여야 한다. 〈개정 2009.7.30〉

② 제1항제1호 및 제2호에 불구하고 임대주택 부지가격의 추산액은 다음 각 호의 기준에 따른다. 〈개정 2009.7.30〉

1. 정비구역안의 국·공유지를 점유연고권자에게 우선매각하고 남은 면적으로 확보된 임대주택부지의 대지조성비는 제1항제1호에 따른 택지조성비로 한다. 〈개정 2009.7.30〉
2. 임대주택 부지면적이 제1호에 따라 확보된 면적으로 부족한 경우 점유연고권자에게 우선 매각한 국·공유지 면적은 해당 정비구역안의 국·공유지 매각가격을 산술평균한 단가를 적용하여 산정한 금액에 제1호의 택지조성비를 합산한 금액으로 한다. 〈개정 2009.7.30〉
3. 임대주택 부지면적이 제1호 및 제2호에 따라 확보된 면적으로 부족한 경우 나머지 면적은 정비구역안의 사유토지의 종전 토지가격을 산술평균한 단가를 적용하여 산정한 금액에 제1호의 택지조성비를 합산한 금액으로 한다. 〈개정 2009.7.30〉

③ 법 제48조제5항제1호에 따른 도시환경정비사업의 분양예정인 대지 또는 건

축물의 추산액 산정방법은 감정평가업자 2인 이상이 평가한 금액을 산술평균하여 산정한다. 다만, 건축계획에 대하여는 효용지수(분양예정 건축물의 동별 위치·방향·층 및 용도 등에 따라 감정평가 시에 고려하는 효용비율로서 이를 지수로 나타낸 것을 말한다.)를 병행할 수 있다. 〈개정 2009.7.30〉

부 칙 〈제5348호, 2012.7.30〉

제1조(시행일) 이 조례는 공포한 날부터 시행한다.

▢ 재개발·도시환경정비사업, 도시환경정비사업 및 가로주택정비사업의 감정평가

재개발·도시환경정비사업, 도시환경정비사업 및 가로주택정비사업의 "분양대상자별 분양예정인 대지 또는 건축물의 추산액, 분양대상자별 종전의 토지 또는 건축물의 명세, 세입자별 손실보상을 위한 권리명세 및 그 평가액에 따라 재산 또는 권리"를 평가할 때에는 다음 각 호의 방법에 의한다(법 제48조제5항). 〈개정 2005.1.14, 2009.5.27, 2012.2.1, 2014.5.21〉

1. 「부동산가격 공시 및 감정평가에 관한 법률」에 따른 감정평가업자 중 다음 각 목의 구분에 따른 감정평가업자가 평가한 금액을 산술평균하여 산정한다. 다만, 관리처분계획을 변경·중지 또는 폐지하고자 하는 경우에는 분양예정 대상인 대지 또는 건축물의 추산액과 종전의 토지 또는 건축물의 가격은 사업시행자 및 토지등소유자 전원이 합의하여 이를 산정할 수 있다.
   가. 재개발사업 또는 도시환경정비사업 : 시장·군수가 선정·계약한 2인 이상의 감정평가업자
   나. 재건축사업 또는 가로주택정비사업 : 시장·군수가 선정·계약한 1인 이상의 감정평가업자와 조합 총회의 의결로 정하여 선정·계약한 1인 이상의 감정평가업자
2. 시장·군수는 제1호에 따라 감정평가업자를 선정·계약하는 경우 감정평가업자의 업무수행능력, 소속 감정평가사의 수, 감정평가 실적, 법규 준수 여부, 평가계획의 적정성 등을 고려하여 객관적이고 투명한 절차에 따라 선정하여

야 한다. 이 경우 감정평가업자의 선정·절차 및 방법 등에 관하여 필요한 사항은 시도 조례로 정한다.

3. 사업시행자는 제1호에 따라 감정평가를 하고자 하는 경우 시장·군수에게 감정평가업자의 선정·계약을 요청하고 감정평가에 필요한 비용을 미리 예치하여야 한다. 시장·군수는 감정평가가 끝난 경우 예치된 금액에서 감정평가비용을 직접 지불한 후 나머지 비용은 사업시행자와 정산하여야 한다.

2014.5.21 법 개정에 따라 제1호 나목이 신설되어 "재건축사업 또는 가로주택정비사업 : 시장·군수가 선정·계약한 1인 이상의 감정평가업자와 조합 총회의 의결로 정하여 선정·계약한 1인 이상의 감정평가업자"로 바뀌었다.

이 조문은 2014.11.22부터 효력이 발생하므로[15] 향후 바뀔 것으로 보인다.

○ 조례 제29조제1항(재개발·도시환경정비사업에서 분양예정인 대지 또는 건축물의 추산액 산정방법)

법 제48조제5항제1호에 따른 재개발사업의 분양예정인 대지 또는 건축물의 추산액 산정방법은 「부동산가격공시 및 감정평가에 관한 법률」에 따른 감정평가업자(이하 "감정평가업자"라 한다.) 2인 이상이 평가한 금액을 산술평균한 금액으로 한다. 다만, 공동주택(대지지분을 포함한다. 이하 같다.)의 경우에는 다음 기준에 따른다(동조 제1항). 〈개정 2009.7.30, 2010.7.15, 2012.7.30〉

1. 재개발 임대주택의 인수가격 중 영 제54조의2제2항에 따른 건축비와 부속토지의 가격에 가산할 항목은 「공동주택 분양가격의 산정 등에 관한 규칙」 및 「임대주택법 시행규칙」 [별표1]에 따라 협의하여 정한다. 다만, 사업시행자가 장기전세주택 등 임대주택의 건립을 선택하여 용적률을 완화 받은 경우에는 인수자에게 부속토지를 무상으로 제공하여야 한다.

※ 「공동주택 분양가격의 산정 등에 관한 규칙」
제14조(기본형건축비와 기본형건축비에 가산되는 비용 등) ① 법 제38조의2제3항에 따라

---

15) 도시정비법 부칙 〈법률 제12640호, 2014.5.21〉
제1조(시행일) 이 법은 공포한 날부터 시행한다. 다만, 제24조제8항의 개정규정은 공포 후 3개월이 경과한 날부터 시행하고, 제24조제3항제6호, 제48조 및 제67조의2의 개정규정은 공포 후 6개월이 경과한 날부터 시행한다.

건축비를 산정할 때의 기본형건축비는 입주자모집승인 신청일(사업주체가 국가·지방자치단체·한국토지주택공사 또는 지방공사인 경우에는 입주자모집공고일을 말한다.)에 가장 가까운 시점에 고시된 기본형건축비를 말한다. 〈개정 2010.3.4〉

② 법 제38조의2제3항 전단에서 "국토교통부령이 정하는 바에 따라 가산한 금액"이란 기본형건축비에 가산하는 비용으로서 [별표1의3]에 따른 항목별 내용 및 산정방법에 따라 산정된 금액을 말한다.

[별표1의3] 〈개정 2013.6.28〉 건축비 가산비용의 항목별 내용 및 산정방법(제14조제2항 관련)

※ 임대주택법 시행규칙 제9조(분양전환가격의 산정 기준) ① 영 제13조제5항에 따른 공공건설임대주택의 분양전환가격의 산정 기준은 [별표1]과 같다. 다만, 분납임대주택의 경우에는 [별표1의2]와 같다.

② 영 제21조제2항 후단에 따른 공공건설임대주택의 건설원가의 산정 기준은 [별표1]의 제2호 가목에 따른다.

[별표1] 〈개정 2013.3.23〉 공공건설임대주택 분양전환가격의 산정기준(제9조 관련)

2. 제1호 이외의 공동주택은 사업시행자가 제시한 원가(대지비·건축비 및 그 밖에 사업시행에 소요된 제반 비용을 말한다.) 산출근거에 따라 2인 이상의 감정평가업자가 평가한 감정평가액을 산술평균한 금액으로 산정한다. 이 경우 구청장이 추천한 2인 이상의 감정평가업자의 의견을 참작하여야 한다.

○ 조례 제29조제2항(임대주택 부지가격의 추산액)

제1항제1호 및 제2호에 불구하고 임대주택 부지가격의 추산액은 다음 각 호의 기준에 따른다(동조 제2항).

1. 정비구역안의 국·공유지를 점유연고권자에게 우선매각하고 남은 면적으로 확보된 임대주택부지의 대지조성비는 제1항제1호에 따른 택지조성비로 한다.
2. 임대주택 부지면적이 제1호에 따라 확보된 면적으로 부족한 경우 점유연고권자에게 우선 매각한 국·공유지 면적은 해당 정비구역안의 국·공유지 매각가격을 산술평균한 단가를 적용하여 산정한 금액에 제1호의 택지조성비를 합산한 금액으로 한다.
3. 임대주택 부지면적이 제1호 및 제2호에 따라 확보된 면적으로 부족한 경우 나머지 면적은 정비구역안의 사유토지의 종전 토지가격을 산술평균한 단가를 적용하여 산정한 금액에 제1호의 택지조성비를 합산한 금액으로 한다.

○ **조례 제29조제3항(도시환경정비사업의 경우 효용지수 병행 가능)**

법 제48조제5항제1호에 따른 도시환경정비사업의 분양예정인 대지 또는 건축물의 추산액 산정방법은 감정평가업자 2인 이상이 평가한 금액을 산술평균하여 산정한다. 다만, 건축계획에 대하여는 효용지수(분양예정 건축물의 동별 위치·방향·층 및 용도 등에 따라 감정평가 시에 고려하는 효용비율로서 이를 지수로 나타낸 것을 말한다.)를 병행할 수 있다(동조 제3항).

▢ 조례 제29조 관련, 재개발 임대주택 부속토지 매각가격 문제점

1. 2009.5.27 개정 도시정비법과 서울시 조례의 충돌

2009.5.27 개정 전 도시정비법은 분양예정인 대지 또는 건축물의 추산액은 시·도의 조례가 정하는 바에 의하여 산정하되, 시장·군수가 추천하는 2인 이상의 감정평가업자의 감정평가 의견을 참작하도록 규정하고 있었다(종전 도시정비법 제48조제5항제1호).

2009.5.27 이전

도시정비법 [시행 2009.4.22] [법률 제9632호, 2009.4.22, 일부개정]

제48조(관리처분계획의 인가 등) ① 사업시행자(주거환경개선사업은 제외)는 제46조에 따른 분양신청기간이 종료된 때에는 제46조에 따른 분양신청의 현황을 기초로 다음 각 호의 사항이 포함된 관리처분계획을 수립하여 시장·군수의 인가를 받아야 하며, 관리처분계획을 변경·중지 또는 폐지하고자 하는 경우에도 또한 같다. 다만, 대통령령이 정하는 경미한 사항을 변경하고자 하는 때에는 시장·군수에게 신고하여야 한다. 〈개정 2009.2.6〉

1. 분양설계
2. 분양대상자의 주소 및 성명
3. 분양대상자별 분양예정인 대지 또는 건축물의 추산액
4. 분양대상자별 종전의 토지 또는 건축물의 명세 및 사업시행인가의 고시가 있은 날을 기준으로 한 가격(사업시행인가 전에 제48조의2제2항에 따라 철거된 건축물의 경우에는 시장·군수에게 허가 받은 날을 기준으로 한 가격)
5. 정비사업비의 추산액(재건축사업의 경우에는 「재건축 초과이익 환수에 관한 법률」에

따른 재건축부담금에 관한 사항을 포함한다.) 및 그에 따른 조합원 부담규모 및 부담시기

6. 분양대상자의 종전의 토지 또는 건축물에 관한 소유권 외의 권리명세
7. 그 밖에 정비사업과 관련한 권리 등에 대하여 대통령령이 정하는 사항

⑤ 재개발사업에서 제1항제3호 및 제4호에 의한 재산을 평가할 때에는 다음 각 호의 방법에 의한다. 〈개정 2005.1.14〉

1. 제1항제3호의 분양예정인 대지 또는 건축물의 추산액은 **시도 조례가 정하는 바에 의하여 산정하되,** 시장·군수가 추천하는 부동산가격공시및감정평가에관한법률에 의한 2인 이상의 감정평가업자의 감정평가 의견을 참작하여야 한다.
2. 제1항제4호에 규정된 사항 중 종전의 토지 또는 건축물의 가격은 시장·군수가 추천하는 「부동산가격공시 및 감정평가에 관한 법률」에 의한 감정평가업자 2인 이상이 평가한 금액을 산술평균하여 산정한다.
3. 제1호 및 제2호의 규정에 불구하고 관리처분계획을 변경·중지 또는 폐지하고자 하는 경우에는 분양예정인 대지 또는 건축물의 추산액과 종전의 토지 또는 건축물의 가격은 사업시행자 및 토지등의소유자 전원이 합의하여 이를 산정할 수 있다.

2009.5.27 개정 이후

도시정비법[시행 2009.11.28] [법률 제9729호, 2009.5.27, 일부개정]

제48조(관리처분계획의 인가 등) ① 사업시행자(주거환경개선사업은 제외)는 제46조에 따른 분양신청기간이 종료된 때에는 제46조에 따른 분양신청의 현황을 기초로 다음 각 호의 사항이 포함된 관리처분계획을 수립하여 시장·군수의 인가를 받아야 하며, 관리처분계획을 변경·중지 또는 폐지하고자 하는 경우에도 같으며, 이 경우 조합은 제24조제3항제10호의 사항을 의결하기 위한 총회의 개최일부터 1개월 전에 제3호부터 제5호까지에 해당하는 사항을 각 조합원에게 문서로 통지하여야 한다. 다만, 대통령령이 정하는 경미한 사항을 변경하고자 하는 때에는 시장·군수에게 신고하여야 한다. 〈개정 2009. 2.6, 2009.5.27〉

1. 분양설계
2. 분양대상자의 주소 및 성명
3. 분양대상자별 분양예정인 대지 또는 건축물의 추산액
4. 분양대상자별 종전의 토지 또는 건축물의 명세 및 사업시행인가·고시가 있은 날을 기준으로 한 가격(사업시행인가 전에 제48조의2제2항에 따라 철거된 건축물의 경우에는 시장·군수에게 허가받은 날을 기준으로 한 가격)

5. 정비사업비의 추산액(재건축사업의 경우에는 「재건축 초과이익 환수에 관한 법률」에 따른 재건축부담금에 관한 사항을 포함한다.) 및 그에 따른 조합원 부담규모 및 부담시기
6. 분양대상자의 종전의 토지 또는 건축물에 관한 소유권 외의 권리명세
7. 세입자별 손실보상을 위한 권리명세 및 그 평가액
8. 그 밖에 정비사업과 관련한 권리 등에 대하여 대통령령이 정하는 사항

⑤ 재개발사업 또는 도시환경정비사업에서 제1항제3호·제4호 및 제7호에 따라 재산 또는 권리를 평가할 때에는 다음 각 호의 방법에 의한다. 〈개정 2005.1.14, 2009.5.27〉

1. 「부동산가격 공시 및 감정평가에 관한 법률」에 따른 감정평가업자 중 시장·군수가 선정·계약한 감정평가업자 2인 이상이 평가한 금액을 산술평균하여 산정한다. 다만, 관리처분계획을 변경·중지 또는 폐지하고자 하는 경우에는 분양예정 대상인 대지 또는 건축물의 추산액과 종전의 토지 또는 건축물의 가격은 사업시행자 및 토지등소유자 전원이 합의하여 이를 산정할 수 있다.
2. 제1항제4호에 따라 조합원의 종전의 토지 또는 건축물의 가격산정 시 조합원이 둔 세입자로 인하여 손실보상이 필요한 경우 조합의 정관으로 정하는 바에 따라 해당 조합원이 둔 세입자에 대한 손실보상액을 뺀 나머지 가격을 종전의 토지 또는 건축물의 가격으로 산정할 수 있다.
3. 사업시행자는 제1호에 따라 감정평가를 하고자 하는 경우 시장·군수에게 감정평가업자의 선정·계약을 요청하고 감정평가에 필요한 비용을 미리 예치하여야 한다. 시장·군수는 감정평가가 끝난 경우 예치된 금액에서 감정평가 비용을 직접 지불한 후 나머지 비용은 사업시행자와 정산하여야 한다.

이에 따라 서울시 도시정비조례에서는 재개발사업의 분양예정인 대지 또는 건축물의 추산액 산정방법은 감정평가업자 2인 이상이 평가한 금액을 산술평균한 금액으로 하되 공동주택(대지지분을 포함한다.)의 경우에는 (a) 재개발임대주택의 인수가격 중 영 54조의2제2항에 따른 건축비와 부속토지의 가격에 가산할 항목은 「공동주택 분양가격의 산정 등에 관한 규칙」 및 임대주택법 시행규칙 [별표1]에 따라 협의하여 정하되 장기전세주택 건립 등을 위해 용적률을 완화받아 추가로 건립하는 임대주택의 부속 토지는 인수자에게 기부채납한 것으로 보며, (b) 재개발임대주택 이외의 공동주택은 사업시행자가 제시한 원가(대지비·건축비 및 그 밖에 사업시행에 소요된 제반 비용을 말한다.) 산출근거에 따라 2인 이상의 감정평가업자

가 평가한 감정평가액을 산술평균한 금액으로 산정하되 구청장이 추천한 2인 이상의 감정평가업자의 의견을 참작하도록 규정하고 있다(서울시 조례 제29조제1항).

그런데 서울시 도시정비조례는 제29조제1항의 규정에도 불구하고 임대주택 부지가격의 추산액은 ⓐ 정비구역안의 국·공유지를 점유연고권자에게 우선매각하고 남은 면적으로 확보된 임대주택부지의 대지조성비는 도시정비조례 제29조제1항제1호에 따른 택지조성비로 하고, ⓑ 임대주택 부지면적이 ⓐ에 따라 확보된 면적으로 부족한 경우 점유연고권자에게 우선 매각한 국·공유지 면적은 해당 정비구역안의 국·공유지 매각가격을 산술평균한 단가를 적용하여 산정한 금액에 도시정비조례 제29조제1항제1호에 따른 택지조성비를 합산한 금액으로 하며, ⓒ 임대주택부지면적이 ⓐ 및 ⓑ에 따라 확보된 면적으로 부족한 경우 나머지 면적은 정비구역안의 사유토지의 종전 토지가격을 산술평균한 단가를 적용하여 산정한 금액에 도시정비조례 제29조제1항제1호에 따른 택지조성비를 합산한 금액으로 한다고 규정하고 있다(서울시 도시정비조례 제29조제2항).

그러나 현행 도시정비법은 분양예정인 대지 및 건축물의 추산액 산정방법을 시도 조례로 위임하지 않고, 시장·군수가 선정·계약한 감정평가업자 2인 이상이 평가한 금액을 산술평균하여 산정하도록 규정하고 있다.

따라서 현행 서울시 도시정비조례 제29조제1항 및 제2항은 법률상 위임근거를 상실한 것으로 그 효력이 없다고 할 것이다. 특히 서울시 도시정비조례 제29조제2항의 특례규정은 법률의 위임 없이 사업시행자의 재산권을 과도하게 침해하고 있다고 보아야 한다.

2. 소송 발생 가능 재개발구역

서울시 도시정비조례 제29조제2항이 무효라는 주장을 근거로 소송을 제기할 수 있을 것으로 보이나, 정당한 부지가격에서 서울시 도시정비조례 제29조제2항에 의한 가격 간에 차이가 커야 그 실익이 있을 것이므로 도시정비법 제48조제1항제1호의 규정이 개정된 2009.5.27 이후 종후 재산 평가가 이루어지고 임대주택 부속토지 매각계약이 체결된 재개발구역 중 규모가 큰 구역에 대해 시범적으로 부당이득반환소송 등을 제기할 수 있을 것이다.

※ 다만, 서울시 조례 제23조제2항에서는 매매가격은 제29조제1항에 따른 산정가격으로 하도록 규정되어 있어 제29조제2항과도 충돌된다. 제29조제2항에 따라 공급된 재개발구역이 있다면 서울시가 패소할 가능성이 매우 높을 것으로 보인다(법학박사 강신은).

▢ 시도별 조례

○ 경기도

제17조(분양예정 대지 또는 건축물 추산액의 산정) 법 제48조제5항제1호에 따른 재개발사업의 분양예정인 대지 또는 건축물의 추산액 산정방법은「부동산 가격공시 및 감정평가에 관한 법률」에 따른 감정평가업자 2명 이상이 평가한 금액을 산술평균한 금액으로 한다. 다만, 공동주택(대지분을 포함한다.)의 경우에는 다음 기준을 따른다.

1. 국민주택기금을 지원 받는 공동주택은 「국민주택기금운용 및 관리규정」을 따른다.
2. 제1호 이외의 공동주택은 사업시행자가 제시한 원가(대지비·건축비 및 그 밖에 사업시행에 소요된 제반비용을 말한다.) 산출근거에 따라 2명 이상의 감정평가업자가 평가한 감정평가액을 산술평균한 금액으로 산정한다. 이 경우 시장·군수가 추천한 2명 이상의 감정평가업자의 의견을 참작하여야 한다.

임대주택 부지가격 및 도시환경정비사업의 의 분양예정인 대지 또는 건축물의 추산액 산정방법 규정은 두지 않았다.

- 남양주시, 부천시, 안산시

경기도와 같다.

- 수원시, 고양시, 화성시, 안양시

관련 조문이 없다.

○ 인천시

관련 조문이 없다.

○ 부산시

제23조(분양예정 토지 또는 건축물 추산액의 산정) ① 법 제48조제5항제1호에 따른 재개발사업의 분양예정 토지 또는 건축물의 추산액은 「부동산 가격공시 및 감정평가에 관한 법률」에 따른 감정평가업자 2명 이상이 평가한 금액을 산술평균하여 산정하되, 공동주택(지분대지를 포함한다.)의 경우에는 다음 각 호의 방법에 따라 추산액을 산정한다. 〈개정 2005.2.16, 2005.9.21, 2007.8.8, 2010.3.3〉

1. 주택법 제60조에 따른 국민주택기금을 지원받는 공동주택은 국토부훈령 「국민주택기금운용 및 관리규정」을 적용한다. 〈개정 2005.2.16, 2010.3.3〉
2. 제1호 이외의 공동주택은 사업시행자가 제시한 원가(대지비 및 건축비와 사업시행에 소요된 제반비용) 산출근거에 따라 2명 이상의 감정평가업자가 평가한 감정평가액을 산술평균한 금액으로 산정한다. 〈개정 2010.3.3〉
3. 제1호 및 제2호에도 불구하고 임대주택 부지가격의 추산액은 다음 각 목의 기준에 따른다. 〈개정 2007.8.8, 2010.3.3〉
   가. 정비구역 내 국·공유지중 점유연고권자에게 우선매각하고 남은 면적으로 충당하되 해당 면적에 대한 대지조성비는 제2호에 따라 산출한 택지조성비로 한다.
   나. 임대주택 부지면적이 가목에 따른 면적으로 부족할 경우에는 점유연고권자에게 우선매각한 국·공유지 면적으로 충당하되 해당 면적에 대한 가격산정은 해당 시행 정비구역안의 국·공유지 매각단가를 산술평균한 단가를 적용하여 산출한 금액에 가목의 택지조성에 따른 공사비를 합산한 금액으로 한다.
   다. 임대주택 부지면적이 가목 및 나목에 따른 면적으로 부족한 경우 나머지 면적은 정비구역 내 사유토지로 충당하되 해당 면적에 대한 가격산정은 정비구역 내 사유토지의 종전 토지가격의 산술평균한 단가를 적용하여 산출한 금액에 가목의 택지조성비를 합산한 금액으로 한다.

② 제1항 각 호외의 부분 본문의 규정은 도시환경정비사업에 관하여 이를 준용한다. 이 경우 효용지수를 병용할 수 있다.

○ **대구시**

제23조(분양예정 토지 또는 건축물 추산액의 산정) ① 법 제48조제5항제1호의 규정에 의한 재개발사업의 분양예정 토지 또는 건축물의 추산액은 「부동산가격공시 및 감정평가에 관한 법률」에 따른 감정평가업자(이하 "감정평가업자"라 한다.) 2인 이상이 평가한 금액을 산술평균하여 산정하되, 공동주택(지분대지를 포함한다. 이하 같다.)의 경우에는 다음 각 호의 방법에 의하여 추산액을 산정한다. 〈개정 2013.3.11 조례 제4479호〉

1. 국민주택기금을 지원받는 공동주택은 「국민주택기금운용 및 관리규정」을 적용할 것
2. 제1호 이외의 공동주택은 사업시행자가 제시한 원가(대지비 및 건축비와 사업시행에 소요된 제비용 등) 산출근거에 따라 2인 이상의 감정평가 업자가 평가한 감정평가액을 산술평균한 금액으로 산정할 것 〈개정 2007.10.30 조례 제3880호〉
3. 제1호 및 제2호의 규정에 불구하고 임대주택부지가격의 추산액은 다음 각 목의 기준에 의할 것
   가. 정비구역 내 국·공유지중 점유연고권자에게 우선 매각하고 남은 면적으로 확보된 임대주택부지의 대지조성비는 제2호에 따른 택지조성비로 한다. 〈개정 2013.3.11 조례 제4479호〉
   나. 임대주택 부지면적이 가목으로 부족한 경우 점유연고권자에게 우선매각한 국·공유지 면적은 당해 정비구역안의 국·공유지 매각가격을 산술평균한 단가를 적용하여 산정한 금액에 가목의 택지조성비를 합산한 금액으로 한다.
   다. 임대주택 부지면적이 가목과 나목으로 부족한 경우 나머지 면적은 정비구역안의 사유토지의 종전 토지가격의 산술평균한 단가를 적용하여 산정한 금액에 가목의 택지조성비를 합산한 금액으로 한다.

② 제1호 및 제2호 규정은 도시환경정비사업에 관하여 이를 준용한다. 이 경우 효용지수를 병용할 수 있다.

○ 대전시

제23조(분양예정 토지 또는 건축물 추산액의 산정) ① 법 제48조제5항제1호의 규정에 의한 재개발사업의 분양예정 토지 또는 건축물의 추산액 산정방법은 「부동산가격공시 및 감정평가에 관한 법률」 제2조제9호의 규정에 의한 감정평가업자(이하 "감정평가업자"라 한다.) 2인 이상이 평가한 금액을 산술평균하여 산정한다. 다만, 공동주택(지분대지를 포함한다. 이하 같다.)의 경우에는 다음 각 호의 방법에 의하여 추산액을 산정한다. 〈개정 2006.5.12 조례 제3421호〉

1. 국민주택기금을 지원 받는 공동주택은 「국민주택기금운용 및 관리규정」을 적용한다. 〈개정 2006.5.12 조례 제3421호〉
2. 제1호 외의 공동주택은 사업시행자가 제시한 원가(대지비, 건축비 및 사업시행에 소요된 제비용을 말한다.) 산출근거에 따라 2인 이상의 감정평가업자가 평가한 감정평가액을 산술평균한 금액으로 산정한다.
3. 제1호 및 제2호의 규정에도 불구하고 임대주택부지가격의 추산액은 다음 각 목의 기준에 의한다.
   가. 정비구역안의 국·공유지 중 점유 연고권자에게 우선 매각하고 남은 면적으로 확보된 임대주택부지의 대지조성비는 제2호의 규정에 의한 택지조성비로 한다.
   나. 임대주택 부지면적이 가목에 의하여 확보된 면적으로 부족한 경우 점유 연고권자에게 우선매각한 국·공유지 면적은 당해 정비구역안의 국. 공유지 매각단가의 산술평균한 단가를 적용하여 산정한 금액에 가목의 택지조성비를 합산한 금액으로 한다.
   다. 임대주택 부지면적이 가목과 나목에 의하여 확보된 면적으로 부족한 경우 나머지 면적은 정비구역안의 사유토지의 종전 토지가격을 산술평균한 단가를 적용하여 산정한 금액에 가목의 택지조성비를 합산한 금액으로 한다.

② 제1항 각 호 외의 부분 본문의 규정은 도시환경정비사업에 관하여 이를 준용한다. 이 경우 효용지수를 병용할 수 있다.

○ 광주시

제26조(분양예정 토지 또는 건축물 추산액의 산정) ① 법 제48조제5항제1호에 따른 재개발사업의 분양예정의 토지 또는 건축물의 추산액은「부동산 가격공시 및 감정평가에 관한 법률」에 의한 감정평가업자 2인 이상이 평가한 금액을 산술평균하여 산정하되, 공동주택(지분대지를 포함한다.)의 경우에는 다음 각 호의 방법에 의하여 추산액을 산정한다. 〈개정 2006.1.1, 2010.1.1, 2012.5.15〉

1. 국민주택기금을 지원 받는 공동주택은 「국민주택기금운용 및 관리규정」을 적용한다.
2. 제1호 이외의 공동주택은 사업시행자가 제시한 원가(대지비 및 건축비와 사업시행에 소요된 제비용 등) 산출근거에 따라 구청장이 추천한 2인 이상의 감정평가업자가 평가한 감정평가액을 산술평균한 금액으로 한다.

② 제1항제1호 및 제2호에 따른 추산액 중 임대주택 부지가격의 산정은 다음 각 호의 기준에 의한다. 〈개정 2012.5.15〉

1. 정비구역 내 국·공유지 중 점유연고권 자에게 우선매각하고 남은 면적으로 확보된 임대주택부지의 대지조성비는 제1항제1호에 따른 택지조성비로 한다. 〈개정 2012.5.15〉
2. 임대주택 부지면적이 제1호에 의하여 확보된 면적으로 부족한 경우 점유연고권 자에게 우선매각한 국·공유지 면적은 당해 정비구역안의 국·공유지 매각가격을 산술 평균한 단가를 적용하여 산정한 금액에 제1호의 택지조성비를 합산한 금액으로 한다.
3. 임대주택 부지면적이 제1호 및 제2호에 의하여 확보된 면적으로 부족한 경우 나머지 면적은 정비구역안의 사유토지의 종전 토지가격을 산술평균한 단가를 적용하여 산정한 금액에 제1호의 택지조성비를 합산한 금액으로 한다.

③ 법 제48조제5항제1호에 따른 도시환경정비사업의 분양예정인 대지 또는 건축물의 추산액 산정방법은 감정평가업자 2인 이상이 평가한 금액을 산술평균하여 산정한다. 다만, 건축계획에 대하여는 효용지수(분양예정 건축물의 동별 위치·방향·층 및 용도 등에 의하여 감정평가 시에 고려하는 효용비율로서 이를 지수로 나타낸 것을 말한다.)를 병행할 수 있다. 〈개정 2012.5.15〉

▢ 유권해석

관리처분계획의 청산추산액 산정 시 일반분양가 또는 주민분양가를 적용하는지 여부

Q 도시환경정비사업의 관리처분계획의 청산추산액의 산정 시 추가부담금을 일반분양가를 적용하여야 하는지, 아니면 주민분양가를 적용하여야 하는지?

A 청산추산액 산정 시 추가 부담금을 일반분양가 또는 주민분양가를 적용하는지 여부는 도시정비법 등에서 별도로 정하고 있지 않은 사항이며, 도시정비법 제48조에 의거 관리처분계획의 분양대상자별 분양예정인 대지 또는 건축물의 추산액 산정 시 서울시 도시정비조례 제25조제3항에 의거 감정평가업자 2인 이상이 평가한 금액을 산술평균하여 산정하고 건축계획에 대하여는 효용지수(분양예정 건축물의 동별 위치·방향·층 및 용도 등에 의하여 감정평가 시에 고려하는 효용비율로서 이를 지수로 나타낸 것을 말한다.)를 병행할 수 있도록 되어 있으므로,
위와 같이 산정된 추산액과 분양대상자별 종전의 토지 또는 건축물의 명세 및 가격(사업시행인가·고시가 있는 날을 기준으로 한 가격)에 의하여 분담금 등이 정해지며 공사완료에 따른 준공인가 후 도시정비법 제57조에 의거 대지 또는 건축물을 분양받은 자가 종전에 소유하고 있던 토지 또는 건축물의 가격과 분양받은 대지 또는 건축물의 가격사이에 차이가 있는 경우에는 이전고시가 있는 후에 그 차액에 상당하는 금액을 분양받은 자로부터 징수하거나 분양받은 자에게 지급하도록 되어 있음을 참고바람. 보다 구체적인 사항에 대해서는 시행규정과 현지실정을 잘 아는 관리처분인가권자인 관할 자치구청장에게 문의 바람(서울시 도심재정비반-2977 (2007.5.28).

상가시설의 추산액 재평가 및 상가분양 순위에 해당되지 않은 자의 분양 방법

Q 조합원 분양대상인 상가시설의 추산액을 당초 금액에서 물가상승, 시세변동 등의 원인으로 조합 이사회, 대의원회 결의에 의거 재평가하여 산정할 수 있는지와 공동주택을 분양받은 자로서 그 분양가격을 제외한 종전 가액이 상가 분양건축물의 최소 분양단위 규모 추산액 미만이거나 정관에서 정한 상가분양대상 순위에 해당되지 않은 자의 분양 금액 결정과 방법은?

A 도시정비법 제48조제5항에 의하면 관리처분계획인가 시 분양예정인 건축물의 추산액은 시도 조례가 정하는(도시정비조례 제25조제1항) 바에 의하여 산정하되 가격공시법에 의한 감정평가업자 2인 이상의 감정평가 의견을 참작하도록 하고 있으나 인가받은 관리처분계획을 변경하고자 하는 경우에는 분양예정인 건축물의 추산액은 시행자 및 토지등의 소유자 전원이 합의하여 이를 산정할 수 있으며, 조례 및 정관에 의한 상가분양대상자에 대한 분양을 제외한 상가 등의 부대·복리시설은 가격공시법에 의한 감정평가업자 2인 이상이 평가한 금액을 산술평균하여 산정한 가격을 기준으로 「주택공급에 관한 규칙」이 정하는 바에 따라 분양하도록 규정하고 있음(서울시 주거정비과 2004.7.27).

Q 재개발 임대주택에 대한 건축비를 산정함에 있어서는 단위사업별로 공사시점 및 공사기간이 다르므로 단위사업이 총사업비는 준공년도 이전에 고시된 표준건축비를 상한선으로 봄이 타당한지?

A 재개발구역 내 사업시행자(조합)가 건설하는 임대주택에 대한 건축물 추산액(매입비) 산정은 도시정비조례 제25조제1항제1호에 의거 당해 구역 아파트에 대한 입주자 모집공고의 승인을 신청하는 날을 기준으로 「국민주택기금운용 및 관리규정」 제31조제3호에 의거 산출한 가격(임대주택법 시행규칙 제3조의3, [별표1]에 따라 고시되는 표준건축비)으로 산정·매입하고 있으나, 동 조례 제19조제1항에 의거 조합으로부터 임대 부지를 매입, SH공사 등이 사업시행자로서 임대주택을 건설·공급하는 경우에는 임대주택 건설대행 협약서 내용에 따라 연도별 사업계획서를 작성 제출하여야 하며, 또한 사업비의 지급 등은 연도별 집행계획에 따른 사업비 총액을 청구에 의거 지급한 후 단위사업별 실 집행금액을 정산토록 되어 있는바, 공사에서 건설하는 재개발 임대주택 건축비는 공정에 따른 연도별 사업계획 작성 당시 고시된 표준건축비 범위 내에서 산정하는 것이 타당하다고 봄(서울시 FAQ).

Q 청산금 분배의 기준이 어떻게 되는지?

A 청산금에 관련 법률은 도시정비법 제57조, 영 제57조, 동법 제48조, 서울시 도시

정비조례 제25조를 참고하시고, 청산금 연체료에 관한 법률은 도시정비법 제61조를 참고하기 바람. 도시정비법 제57조제1항 대지 또는 건축물을 분양받은 자가 종전에 소유하고 있던 토지 또는 건축물의 가격과 분양받은 대지 또는 건축물의 가격사이에 차이가 있는 경우에는 사업시행자는 이전고시가 있은 후에 그 차액에 상당하는 금액(이하 '청산금'이라 한다.)을 분양받은 자로부터 징수하거나 분양받은 자에게 지급하여야 함.

도시정비법 제48조제5항제2호 종전의 토지 또는 건축물의 가격은 시장·군수가 추천하는 지가공시법에 의한 감정평가업자 2인 이상이 평가한 금액을 산술평균하여 산정함. 도시정비조례 제25조 재개발사업의 분양예정인 공동주택의 추산액은 사업시행자가 제시한 원가(대지비·건축비 및 그 밖에 사업시행에 소요된 제반 비용을 말한다.) 산출근거에 따라 2인 이상의 감정평가업자가 평가한 감정평가액을 산술평균한 금액으로 산정함. 이 경우 구청장이 추천한 2인 이상의 감정평가업자의 의견을 참작하여야 하며, 도시정비법 제61조제1항에서 사업시행자는 토지등소유자로부터 정비사업비와 정비사업의 시행과정에서 발생한 수입의 차액을 부과·징수할 수 있음. 제2항에서는 사업시행자는 토지등소유자가 제1항에 의한 부과금의 납부를 태만히 한 때에는 연체료를 부과·징수할 수 있음. 제3항에서는 위 제1항 및 제2항에 의한 부과금 및 연체료의 부과·징수에 관하여 필요한 사항은 정관 등으로 정함(서울시 FAQ).

조례 제30조(주택공급 기준등)

영 제52조제1항제8호, 제52조제2항제1호

주택공급 기준 등

재개발·도시환경정비사업 외에도 주거환경개선사업 및 가로주택정비사업에 의한 신축주택의 공급순위를 기존의 토지 또는 건축물의 가격을 고려하여 정한 조문이다.

▢ 개정 연혁

▸ 도시재개발사업조례[서울시조례]

제27조(재개발사업의 분양대상) ⑤ 상가 등 분양대상 부대·복리시설의 분양대상자는 분양신청자 중 관리처분계획기준일 현재 다음 각 호의 순위 및 자격을 기준으로 규약, 정관 또는 시행규정이 정하는 바에 의한다.

1. 제1순위 : 종전 건축물의 용도가 분양건축시설 용도와 동일하거나 유사한 시설이며 사업자등록(인·허가 또는 신고 등을 포함한다. 이하 이 항에서 같다.)을 필한 당해 건축물의 소유자로서 종전가액(공동주택을 분양받은 경우에는 그 분양가격을 제외한 가액을 말한다. 이하 이 항에서 같다.) 이 분양건축시설의 최소분양단위규모 추산액 이상인 자
2. 제2순위 : 종전 건축물의 용도가 분양건축시설 용도와 동일하거나 유사한 시설인 당해 건축물의 소유자로서 종전가액이 분양건축시설의 최소분양단위규모 추산액 이상인 자
3. 제3순위 : 종전 건축물의 용도가 분양건축시설 용도와 동일하거나 유사한 시설이며 사업자등록을 필한 당해 건축물의 소유자로서 종전가액이 분양건축시설의 최소분양단위규모 추산액에 미달되나 공동주택을 분양받지 않은 자
4. 제4순위 : 종전 건축물의 용도가 분양건축시설 용도와 동일하거나 유사한 시설인 당해 건축물의 소유자로서 종전가액이 분양건축시설의 최소분양단

위규모 추산액에 미달되나 공동주택을 분양받지 않은 자

5. 제5순위 : 공동주택을 분양받지 않은 자로서 종전가액이 분양건축시설의 최소분양단위규모 추산액 이상인 자
6. 제6순위 : 공동주택을 분양받은 자로서 종전가액이 분양건축시설의 최소분양단위규모 추산액 이상인 자
7. 제7순위 : 기타 분양을 희망하는 토지등의 소유자로서 제28조제2항에 따라 분양이 가능한 자

⑥ 제4항에 의한 해당세입자가 입주를 포기하거나 입주 후 퇴거 등의 사유로 공가가 발생하였을 때는 「주택공급에 관한 규칙」 제19조제1항제4호에 해당하는 자에게 특별공급할 수 있다. 이 경우 특별공급한 임대주택은 서울시도시개발공사가 매입하여 공급한다. 〈신설 1998.4.30〉

제28조(재개발사업의 분양방법) ① 대지 및 건축시설 중 공동주택은 제27조제1항 및 제2항에 의한 분양대상자에게 다음 각 호의 기준으로 분양한다.

1. 분양대상자 1인 1주택의 기준으로 분양한다.
2. 분양대상자에게 분양하는 주택의 규모는 관리처분계획기준일 현재 권리가액을 기준으로 다음 각 목에 의한다.
   가. 권리가액에 인접한 공동주택가액에 해당하는 주택의 규모를 분양한다. 이 경우 인접한 공동주택가액이 2개인 때에는 분양대상자의 신청내용에 의한다.
   나. 가목에 불구하고 규약, 정관 또는 시행규정으로 정하는 경우, 국민주택은 분양대상자의 권리가액 다액 순으로 분양할 수 있으며 국민주택규모를 초과하는 주택은 당해 주택의 총 건설 가구 수의 50% 이하가 분양대상자에게 분양될 경우 규모별 50%까지 분양대상자에게 권리가액 다액 순으로 분양할 수 있다.
   다. 동일규모 주택 분양 시 경합이 있는 경우에는 권리가액 다액 순으로 분양하고, 권리가액이 동일한 경우에는 공개추첨에 의하며, 주택의 동, 층, 호 등의 위치 결정은 주택규모별 공개추첨에 의한다.

② 상가 등 분양대상 부대·복리시설은 제27조제5항 각 호의 순위별 분양대상자에게 관리처분계획기준일 현재 종전가액(공동주택을 분양받는 경우에는 그

분양가격을 제외한 가액을 말한다.)의 범위 안에서 분양하되, 분양시설의 단위규모 구획 상 불가피한 경우에 한하여 종전가액의 130%에 해당하는 가액의 범위 안에서 분양할 수 있으며, 제27조제5항제3호 또는 제4호에 해당하는 자로서 종전가액의 130%에 해당하는 자로서 종전가액의 130%에 해당하는 가액이 분양건축시설의 최소분양단위규모 추산액에 미달할 때에는 당해 건축시설의 최소분양단위규모를 분양한다.

▸ 도시정비조례[서울시조례 제4167호, 2003.12.30, 제정]

제26조(주택공급 기준 등) ① 영 제52조제1항제8호에 의한 재개발사업의 주택공급에 관한 기준은 다음 각 호와 같다.

1. 권리가액에 가장 인접한 분양주택가액의 주택을 분양한다. 이 경우 인접한 분양주택가액이 2 이상인 때에는 분양대상자의 신청에 의한다.
2. 제1호에 불구하고 정관등으로 정하는 경우, 국민주택규모의 주택은 분양대상자의 권리가액이 많은 순으로 분양할 수 있으며, 국민주택규모를 초과하는 주택은 당해 주택의 총 건설 가구 수의 50% 이하가 분양대상자에게 분양될 경우 규모별 50%까지 분양대상자에게 권리가액이 많은 순으로 분양할 수 있다.
3. 동일규모의 주택분양에 경합이 있는 경우에는 권리가액이 많은 순으로 분양하고, 권리가액이 동일한 경우에는 공개추첨에 의하며, 주택의 동·층 및 호의 결정은 주택규모별 공개추첨에 의한다.

② 재개발사업 및 도시환경정비사업으로 조성되는 상가 등 부대·복리시설은 관리처분계획기준일 현재 다음 각 호의 순위를 기준으로 공급한다.

1. 제1순위 : 종전 건축물의 용도가 분양건축물 용도와 동일하거나 유사한 시설이며 사업자등록(인가·허가 또는 신고 등을 포함한다. 이하 이 항에서 같다.)을 필한 건축물의 소유자로서 권리가액(공동주택을 분양받은 경우에는 그 분양가격을 제외한 가액을 말한다. 이하 이 항에서 같다.)이 분양건축물의 최소분양단위규모 추산액 이상인 자
2. 제2순위 : 종전 건축물의 용도가 분양건축물 용도와 동일하거나 유사한 시설인 건축물의 소유자로서 권리가액이 분양건축물의 최소분양단위규모 추

산액 이상인 자

3. 제3순위 : 종전 건축물의 용도가 분양건축물 용도와 동일하거나 유사한 시설이며 사업자등록을 필한 건축물의 소유자로서 권리가액이 분양건축물의 최소분양단위규모 추산액에 미달되나 공동주택을 분양받지 아니한 자
4. 제4순위 : 종전 건축물의 용도가 분양건축물 용도와 동일하거나 유사한 시설인 건축물의 소유자로서 권리가액이 분양건축물의 최소분양단위규모 추산액에 미달되나 공동주택을 분양받지 아니한 자
5. 제5순위 : 공동주택을 분양받지 아니한 자로서 권리가액이 분양건축물의 최소분양단위규모 추산액 이상인 자
6. 제6순위 : 공동주택을 분양받은 자로서 권리가액이 분양건축물의 최소분양단위규모 추산액 이상인 자

부 칙 〈2003.12.30〉

제1조 (시행일) 이 조례는 공포한 날부터 시행한다.

▸ [서울시조례 제4824호, 2009.7.30, 일부개정]

제30조(주택공급 기준 등) ① 영 제52조제1항제8호에 따른 재개발사업의 주택공급에 관한 기준은 다음 각 호와 같다. 〈개정 2009.7.30〉

1. 권리가액에 해당하는 분양주택가액의 주택을 분양한다. 이 경우 권리가액이 2개의 분양주택가액의 사이에 해당하는 경우에는 분양대상자의 신청에 따른다. 〈개정 2009.7.30〉
2. 제1호에 불구하고 정관 등으로 정하는 경우, 다음 각 목의 기준에 따라 주택을 분양할 수 있다. 〈개정 2009.7.30〉
   가. 국민주택규모 주택은 분양대상자의 권리가액이 많은 순으로 분양할 수 있다. 〈개정 2009.7.30〉
   나. 국민주택규모를 초과하는 주택은 해당 주택의 총 건설 가구 수의 50% 이하가 분양대상자에게 분양될 경우 규모별 50%까지 분양대상자에게 권리가액이 많은 순으로 분양할 수 있으며, 제27조에 따른 분양대상자가 분양받을 국민주택규모의 주택이 부족하여 현금청산되어야 하는 경

우에는 그 부족분에 한하여 권리가액이 많은 순으로 추가 공급할 수 있다. 〈개정 2009.7.30〉

3. 동일규모의 주택분양에 경합이 있는 경우에는 권리가액이 많은 순으로 분양하고, 권리가액이 동일한 경우에는 공개추첨에 따르며, 주택의 동·층 및 호의 결정은 주택규모별 공개추첨에 따른다. 〈개정 2009.7.30〉

② 재개발사업 및 도시환경정비사업으로 조성되는 상가 등 부대·복리시설은 관리처분계획기준일 현재 다음 각 호의 순위를 기준으로 공급한다. 〈개정 2009.7.30〉

1. 제1순위 : 종전 건축물의 용도가 분양건축물 용도와 동일하거나 유사한 시설이며 사업자등록(인가·허가 또는 신고 등을 포함한다. 이하 이 항에서 같다.)을 필한 건축물의 소유자로서 권리가액(공동주택을 분양받은 경우에는 그 분양가격을 제외한 가액을 말한다. 이하 이 항에서 같다.)이 분양건축물의 최소분양단위규모 추산액 이상인 자 〈개정 2009.7.30〉
2. 제2순위 : 종전 건축물의 용도가 분양건축물 용도와 동일하거나 유사한 시설인 건축물의 소유자로서 권리가액이 분양건축물의 최소분양단위규모 추산액 이상인 자 〈개정 2009.7.30〉
3. 제3순위 : 종전 건축물의 용도가 분양건축물 용도와 동일하거나 유사한 시설이며 사업자등록을 필한 건축물의 소유자로서 권리가액이 분양건축물의 최소분양단위규모 추산액에 미달되나 공동주택을 분양받지 아니한 자 〈개정 2009.7.30〉
4. 제4순위 : 종전 건축물의 용도가 분양건축물 용도와 동일하거나 유사한 시설인 건축물의 소유자로서 권리가액이 분양건축물의 최소분양단위규모 추산액에 미달되나 공동주택을 분양받지 아니한 자 〈개정 2009.7.30〉
5. 제5순위 : 공동주택을 분양받지 아니한 자로서 권리가액이 분양건축물의 최소분양단위규모 추산액 이상인 자 〈개정 2009.7.30〉
6. 제6순위 : 공동주택을 분양받은 자로서 권리가액이 분양건축물의 최소분양단위규모 추산액 이상인 자 〈개정 2009.7.30〉

부 칙 〈제4824호, 2009.7.30〉

제1조(시행일) 이 조례는 공포한 날부터 시행한다.

▶ **[서울시조례 제5654호, 2014.1.9, 일부개정]**

제30조(주택공급 기준 등) ① 영 제52조제1항제8호와 영 제52조제2항제1호에 따른 재개발사업 및 재건축사업의 주택공급에 관한 기준은 다음 각 호와 같다. 〈개정 2009.7.30, 2014.1.9〉

1. 앞과 같음.
2. 제1호에 불구하고 정관 등으로 정하는 경우, 다음 각 목의 기준에 따라 주택을 분양할 수 있다. 〈개정 2009.7.30, 2014.1.9〉
   가. 앞과 같음.
   나. 국민주택규모를 초과하는 주택은 분양대상자에게 권리가액이 많은 순으로 분양할 수 있으며, 제27조 및 제28조에 따른 분양대상자가 분양받을 국민주택규모의 주택이 부족한 경우에는 그 부족분에 한하여 권리가액이 많은 순으로 추가 공급할 수 있다.
3. 앞과 같음.

② 앞과 같음.

부 칙 〈제5654호, 2014.1.9〉

이 조례는 공포한 날부터 시행한다.

➡ 재건축사업도 재개발사업과 동일하게 주택공급기준을 적용하도록 하여 정비사업이 원활하게 추진될 수 있도록 하고, 국민주택규모를 초과하는 주택은 분양대상자에게 권리가액이 많은 순으로 분양할 수 있도록 하였다.

▢ 재개발·도시환경정비사업 외에도 주거환경개선사업 및 가로주택정비사업의 주택의 공급기준

재개발·도시환경정비사업 외에도 주거환경개선사업 및 가로주택정비사업의 경우 주택의 공급순위는 기존의 토지 또는 건축물의 가격을 고려하여 정하여야 한다. 이 경우 그 구체적인 기준은 영 제52조제1항제8호의 위임에 의해 조례 제50조가 만들어졌다.

○ 조례 제30조제1항(주택공급 기준 등)

영 제52조제1항제8호와 영 제52조제2항제1호[16]에 따른 재개발사업 및 재건축

---

16) 도시정비법 시행령 제52조(관리처분의 기준 등) ① 법 제6조제1항제4호의 방법으로 시행하는 주거환경개선사업, 재개발사업, 도시환경정비사업 및 가로주택정비사업의 경우 법 제48조제7항에 따른 관리처분은 다음 각 호의 방법 및 기준에 의한다. 〈개정 2009.8.11, 2012.7.31〉

1. 시도 조례로 분양주택의 규모를 제한하는 경우에는 그 규모 이하로 주택을 공급할 것
2. 1개의 건축물의 대지는 1필지의 토지가 되도록 정할 것. 다만, 주택단지의 경우에는 그러하지 아니하다.
3. 정비구역 또는 가로구역의 토지등소유자(지상권자를 제외한다. 이하 이 항에서 같다.)에게 분양할 것. 다만, 공동주택을 분양하는 경우 시도 조례로 정하는 금액·규모·취득 시기 또는 유형에 대한 기준에 부합하지 아니하는 토지등소유자는 시도 조례로 정하는 바에 의하여 분양대상에서 제외할 수 있다.
4. 1필지의 대지 및 그 대지에 건축된 건축물(법 제48조제3항에 의하여 보류지로 정하거나 조합원외의 자에게 분양하는 부분을 제외한다.)을 2인 이상에게 분양하는 때에는 기존의 토지 및 건축물의 가격(제69조의 규정에 의하여 사업시행방식이 전환된 경우에는 환지예정지의 권리가액을 말한다. 이하 제8호에서 같다.)과 제41조제1항·제4항·제5항, 제47조제3항 및 제50조제4호의 규정에 의하여 토지등소유자가 부담하는 비용(재개발사업의 경우에는 이를 고려하지 아니한다.)의 비율에 따라 분양할 것
5. 분양대상자가 공동으로 취득하게 되는 건축물의 공용부분은 각 권리자의 공유로 하되, 당해 공용부분에 대한 각 권리자의 지분비율은 그가 취득하게 되는 부분의 위치 및 바닥면적 등의 사항을 고려하여 정할 것
6. 1필지의 대지위에 2인 이상에게 분양될 건축물이 설치된 경우에는 건축물의 분양면적의 비율에 의하여 그 대지소유권이 주어지도록 할 것. 이 경우 토지의 소유관계는 공유로 한다.
7. 법 제48조제5항 각 호의 규정은 도시환경정비사업에 대한 법 제48조제1항제3호 및 제4호의 규정에 의한 평가에 관하여 이를 준용할 것
8. 주택의 공급순위는 기존의 토지 또는 건축물의 가격을 고려하여 정할 것. 이 경우 그 구체적인 기준은 시도 조례로 정할 수 있다.
9. 〈삭제 2005.5.18〉

② 재건축사업의 경우 법 제48조제7항에 따른 관리처분은 다음 각 호의 방법 및 기준에 따른다. 다만, 조합이 조합원 전원의 동의를 받아 그 기준을 따로 정하는 경우에는 그에 따른다. 〈개정 2008.12.17, 2012.7.31〉

1. 제1항제5호 및 제6호를 적용할 것
2. 부대·복리시설(부속토지를 포함한다. 이하 이 호에서 같다.)의 소유자에게는 부대·복리시설을 공급할 것. 다만, 다음 각 목의 1에 해당하는 경우에는 1주택을 공급할 수 있다.
   가. 새로운 부대·복리시설을 건설하지 아니하는 경우로서 기존 부대·복리시설의 가액이 분양주택 중 최소분양단위규모의 추산액에 정관등으로 정하는 비율(정관등으로 정하지 아니하는 경우에는 1로 한다. 이하 나목에서 같다.)을 곱한 가액보다 클 것
   나. 기존 부대·복리시설의 가액에서 새로이 공급받는 부대·복리시설의 추산액을 뺀 금액이 분양주택 중 최소분양단위규모의 추산액에 정관등으로 정하는 비율을 곱한 가액보다 클 것
   다. 새로이 공급받는 부대·복리시설의 추산액이 분양주택 중 최소분양단위규모의 추산액보다 클 것
3. 〈삭제 2005.5.18〉

사업의 주택공급에 관한 기준은 다음 각 호와 같다(동조 제1항). 〈개정 2009.7.30, 2014.1.9〉

1. 권리가액에 해당하는 분양주택가액의 주택을 분양한다. 이 경우 권리가액이 2개의 분양주택가액의 사이에 해당하는 경우에는 분양대상자의 신청에 따른다.

➡ 관리처분계획 기준(분양설계)을 수립하기 전에 분양신청을 받게 되는 이유가 여기에 있다.

2. 제1호에 불구하고 정관등으로 정하는 경우, 다음 각 목의 기준에 따라 주택을 분양할 수 있다.
   가. 국민주택규모 주택은 분양대상자의 권리가액이 많은 순으로 분양할 수 있다.
   나. 국민주택규모를 초과하는 주택은 분양대상자에게 권리가액이 많은 순으로 분양할 수 있으며, 제27조 및 제28조에 따른 분양대상자가 부족한 경우에는 그 부족분에 한하여 권리가액이 많은 순으로 추가 공급할 수 있다.

➡ "정관등"에는 조합정관, 토지등소유자가 자치적으로 정하는 규약, 시행규정 등이 포함된다. "권리가액"이란 관리처분계획기준일 현재 조례 제27조제3항에 따라 산정된 종전 토지등의 총가액을 말한다.
개정 전(2014.1.8)에는 분양대상자의 권리가액 다액 순으로 분양할 수 있으며 국민주택규모를 초과하는 주택은 당해 주택의 총 건설 가구 수의 50% 이하가 분양대상자에게 분양될 경우 규모별 50%까지 분양대상자에게 권리가액 다액 순으로 분양할 수 있었다.
2014.1.9부터 효력이 있는 개정 조례에서는 재개발사업은 물론이고 단독주택 재건축사업(공동주택 재건축사업은 제외)에 대해서도 분양 신청 후 남는 국민주택 초과 주택에 대해 정관등으로 정하는 경우 물량의 제한 없이 분양대상자에게 우선 분양의 기회를 늘리겠다고 의미이다. 이는 조합원의 주택규모 우선 선택권과 조합의 자율권을 보장하고 대형 평형의 미분양을 해소하기 위한 목적이다. 향후 재개발과 재건축조합의 정관도 이에 맞춰 조합원들에게 이러한 혜택이 돌아가도록 개정이 뒤따를 것으로 예상된다.

3. 동일규모의 주택분양에 경합이 있는 경우에는 권리가액이 많은 순으로 분양하고, 권리가액이 동일한 경우에는 공개추첨에 따르며, 주택의 동·층 및 호의 결정은 주택규모별 공개추첨에 따른다.

○ 조례 제30조제2항

재개발·도시환경정비사업으로 조성되는 상가 등 부대·복리시설은 관리처분계획기준일 현재 다음 각 호의 순위를 기준으로 공급한다(동조 제2항).

1. 제1순위 : 종전 건축물의 용도가 분양건축물 용도와 동일하거나 유사한 시설이며 사업자등록(인가·허가 또는 신고 등을 포함한다.)을 필한 건축물의 소유자로서 권리가액(공동주택을 분양받은 경우에는 그 분양가격을 제외한 가액을 말한다.)이 분양건축물의 최소분양단위규모 추산액 이상인 자[17]

---

17) 재개발·도시환경정비사업의 권리가액 산정기준(서울시 주거재생과 2015.5.1)
재개발구역 내 종전 건축물(용도 : 근린생활시설)을 부부 공동소유(남편 90/100지분, 배우지 10/100지분)하고 있고 배우자를 대표자로 선정, 조합원으로 등록되어 있는 상태이며, 배우자가 종전 건축물에서 사업자등록(부동산임대업)을 필하여 영업 중에 있음.

Q1. 서울시 도시정비조례 제30조제2항에는 새로 조성되는 상가 등 부대복리시설의 공급기준 제1순위에서 "권리가액이 분양건축물의 최소분양단위규모 추산액 이상인 자"라고 규정하고 있는데, 공유지분인 남편의 권리가액과 배우자의 권리가액을 합산한 종전 건축물의 권리가액 총액을 의미하는 것인지?
아니면 사업자등록을 필한 배우자의 권리가액 만을 기준으로 하여 "최소분양단위규모 추산액 이상"이 되어야 제1순위에 해당하는지?

2. 종전 건축물(용도 : 근린생활시설) 소유자 본인이 영업을 하지 않고 이를 제3자에게 임대하고, 부동산임대사업자로 사업자 등록(업태 : 부동산/종목 : 임대)을 필한 자도 제1숭위에 해당되는지?

3. 종전 건축물(용도 : 근린생활시설)에서 영업 중인 자가 제1순위를 유지하기 위해서는 관리처분계획기준일 현재까지만 사업자등록을 유지하면 되는지, 아니라면 언제까지 사업자등록을 유지해야 하는지?

A1. 서울시 도시정비조례 제2조제4호의 "권리가액이란 관리처분계획기준일(분양신청기간 만료일) 현재 제27조제3항에 따라 산정된 종전 토지등의 총가액을 말한다"고 되어 있고, 동 조례 제27조제1항제3호 단서에 "분양신청자가 동일한 세대인 경우의 권리가액은 세대원 전원의 가액을 합산할 수 있다."고 되어 있음.

2. 서울시 도시정비조례 제30조제2항에서 상가등 부대복리시설의 공급순위를 정한 취지는 재개발사업 및 도시환경정비사업 구역 내 기존의 상가 등에서 영업행위를 하고 있는 건축물소유자를 보호하기 위해 우선순위를 정한 것으로써, 종전 건축물의 용도가 분양건축물의 용도와 동일하거나, 유사한 시설이며 사업자등록(인허가 또는 신고등을 포함)을 필한 건축물 소유자를 지칭하는 것이라 할 것임. 따라서 제3자등에게 임대하여 임대사업을 위한 사업자등록을 한 것은 영업행태에 대한 것이지 위의 건축물의 용도로 볼 수는 없을 것인바, 해당 사업장내에서 영업행위를 하고 있는 경우가 아니라면 제1순위에 해당되지 않을 것으로 사료됨.

3. 서울시 도시정비조례 제30조제2항에서 공급기준일을 관리처분계획기준일(분양신청기간 만료일) 현재로 규정하고 있을 뿐 별도의 규정은 없는바, 관리처분계획기준일 현재 종전 건축물 용도와 동일하거나 유사한 시설로 해당 사업장내에서 영업행위를 하고 있는 건축물 소유자라면 제1순위에 해당하는 것으로 사료되나, 위 질의들에 대해 구체적 사항에 대해서는 관리처분계획 인가권자인 관할 자치구에 문의바람.

➡ 재개발·도시환경정비사업에 의해 조성되는 상가를 분양받으려면 권리가액이 분양건축물의 최소분양단위규모 추산액 이상인 근린생활시설 소유자로서 사업자 등록을 필한 토지등소유자가 1순위이다.

2. 제2순위 : 종전 건축물의 용도가 분양건축물 용도와 동일하거나 유사한 시설인 건축물의 소유자로서 권리가액이 분양건축물의 최소분양단위규모 추산액 이상인 자
3. 제3순위 : 종전 건축물의 용도가 분양건축물 용도와 동일하거나 유사한 시설이며 사업자등록을 필한 건축물의 소유자로서 권리가액이 분양건축물의 최소분양단위규모 추산액에 미달되나 공동주택을 분양받지 아니한 자
4. 제4순위 : 종전 건축물의 용도가 분양건축물 용도와 동일하거나 유사한 시설인 건축물의 소유자로서 권리가액이 분양건축물의 최소분양단위규모 추산액에 미달되나 공동주택을 분양받지 아니한 자
5. 제5순위 : 공동주택을 분양받지 아니한 자로서 권리가액이 분양건축물의 최소분양단위규모 추산액 이상인 자
6. 제6순위 : 공동주택을 분양받은 자로서 권리가액이 분양건축물의 최소분양단위규모 추산액 이상인 자

제1항이 재개발·도시환경정비사업에 따른 신축주택의 공급기준이다. 반면 제2항은 상가 등 부대·복리시설은 관리처분계획기준일을 기준으로 한 공급기준을 기술한 것이다.

▢ 시도별 조례

○ 경기도

제18조(주택공급 기준 등) ① 영 제52조제1항제8호에 따른 재개발사업의 주택공급에 관한 기준은 다음 각 호와 같다. 〈개정 2012.5.11〉
1. 권리가액에 가장 인접한 분양주택가액의 주택을 분양한다. 이 경우 인접한 분양주택가액이 둘 이상인 때에는 분양대상자의 신청에 따른다. 〈개정 2012.5.11〉

2. 제1호에 불구하고 정관 등으로 정하는 경우, 국민주택규모의 주택은 분양대상자의 권리가액이 많은 순으로 분양할 수 있으며, 국민주택규모를 초과하는 주택은 해당 주택의 총 건설 가구 수의 50% 이하가 분양대상자에게 분양될 경우 규모별 50%까지 분양대상자에게 권리가액이 많은 순으로 분양할 수 있다.
3. 동일규모의 주택분양에 경합이 있는 경우 권리가액이 많은 순으로 분양하고, 권리가액이 동일한 경우에는 공개추첨에 의하며, 주택의 동·층 및 호의 결정은 주택규모별 공개추첨에 의한다.

② 재개발사업 및 도시환경정비사업으로 조성되는 상가 등 부대·복리시설은 관리처분계획기준일 현재 다음 각 호의 순위를 기준으로 공급한다.

1. 제1순위 : 종전 건축물의 용도가 분양건축물 용도와 동일하거나 유사한 시설이며 사업자등록(인가·허가 또는 신고 등을 포함한다. 이하 이 항에서 같다.)을 필한 건축물의 소유자로서 권리가액(공동주택을 분양받은 경우에는 그 분양가격을 제외한 가액을 말한다. 이하 이 항에서 같다.)이 분양건축물의 최소 분양단위규모 추산액 이상인 자
2. 제2순위 : 종전 건축물의 용도가 분양건축물 용도와 동일하거나 유사한 시설인 건축물의 소유자로서 권리가액이 분양건축물의 최소 분양 단위규모 추산액 이상인 자
3. 제3순위 : 종전 건축물의 용도가 분양건축물 용도와 동일하거나 유사한 시설이며 사업자등록을 필한 건축물의 소유자로서 권리가액이 분양건축물의 최소분양단위규모 추산액에 미달되나 공동주택을 분양받지 않은 자
4. 제4순위 : 종전 건축물의 용도가 분양건축물 용도와 동일하거나 유사한 시설인 건축물의 소유자로서 권리가액이 분양건축물의 최소분양단위규모 추산액에 미달되나 공동주택을 분양받지 않은 자
5. 제5순위 : 공동주택을 분양받지 않은 자로서 권리가액이 분양건축물의 최소분양단위규모 추산액 이상인 자
6. 제6순위 : 공동주택을 분양받은 자로서 권리가액이 분양건축물의 최소분양단위규모 추산액 이상인 자

– 남양주시. 부천시, 수원시, 안산시, 고양시, 화성시

경기도와 같다.

남양주시는 제27조, 부천시는 제26조(제5항이 추가되어 있음),[18] 수원시는 제24조, 안산시는 제23조, 화성시는 제23조, 고양시는 제24조에서 규정하고 있다.

– 안양시

제25조(주택공급 기준 등) ① 영 제52조제1항제8호에 따른 재개발사업의 주택공급에 관한 기준은 다음 각 호와 같다.

1. 권리가액에 해당하는 분양주택가액의 주택을 분양한다. 이 경우 인접한 분양주택가액이 둘 이상인 때에는 분양대상자의 신청에 따른다.
2. 제1호에도 불구하고 정관 등으로 정하는 경우, 국민주택규모의 주택은 분양대상자의 권리가액이 많은 순으로 분양할 수 있으며, 국민주택규모를 초과하는 주택은 해당 주택의 총 건설 가구 수의 50% 이하가 분양대상자에게 분양될 경우 규모별 50%까지 분양대상자에게 권리가액이 많은 순으로 분양할 수 있다.
3. 동일규모의 주택분양에 경합이 있는 경우 권리가액이 많은 순으로 분양하고, 권리가액이 동일한 경우에는 공개추첨에 따르며, 주택의 동·층 및 호의 결정은 주택규모별 공개추첨에 따른다.

② 재개발사업 및 도시환경정비사업으로 조성되는 상가 등 부대·복리시설은 관리처분계획기준일 현재 다음 각 호의 순위를 기준으로 공급한다.

1. 제1순위 : 종전 건축물의 용도가 분양건축물 용도와 동일하거나 유사한 시설이며, 사업자등록(인가·허가 또는 신고 등을 포함한다. 이하 이 항에서 같다.)을 마친 건축물의 소유자로서 권리가액(공동주택을 분양받은 경우에는 그 분양가격을 제외한 가액을 말한다. 이하 이 항에서 같다.)이 분양건축물의 최소 분양단위규모 추산액 이상인 자
2. 제2순위 : 종전 건축물의 용도가 분양건축물 용도와 동일하거나 유사한 시

---

18) 부천시 도시정비조례 제26조(주택공급 기준 등) ⑤ 제3항에도 불구하고 제3항제1호, 제3호 및 제4호에 해당하는 경우 중 2007.4.9 전에 지분 또는 구분 소유 등기를 완료한 경우에는 가구별 또는 토지별 각각 1명을 분양대상자로 할 수 있다.

설인 건축물의 소유자로서 권리가액이 분양건축물의 최소 분양 단위규모 추산액 이상인 자

3. 제3순위 : 종전 건축물의 용도가 분양건축물 용도와 동일하거나 유사한 시설이며, 사업자등록을 마친 건축물의 소유자로서 권리가액이 분양건축물의 최소분양단위규모 추산액에 미달되나 공동주택을 분양받지 않은 자
4. 제4순위 : 종전 건축물의 용도가 분양건축물 용도와 동일하거나 유사한 시설인 건축물의 소유자로서 권리가액이 분양건축물의 최소분양단위규모 추산액에 미달되나 공동주택을 분양받지 않은 자
5. 제5순위 : 공동주택을 분양받지 않은 자로서 권리가액이 분양건축물의 최소분양단위규모 추산액 이상인 자
6. 제6순위 : 공동주택을 분양받은 자로서 권리가액이 분양건축물의 최소분양단위규모 추산액 이상인 자

○ **인천시**

제24조(주택의 공급순위) 재개발사업과 도시환경정비사업의 관리처분계획을 수립할 때에 영 제52조제1항제8호에 따른 주택의 공급순위는 다음 각 호의 기준에 따른다.

1. 분양대상자가 소유한 기존의 토지 또는 건축물의 권리가액(이하 "권리가액"이라 한다.)에 가장 근접한 가격의 분양대상주택을 해당 분양대상자에게 공급한다. 이 경우 권리가액에 근접한 가격의 분양대상주택이 2 이상인 때에는 분양신청내용에 따른다.
2. 제1호에 불구하고 조합의 정관 등이 정하는 경우에는 다음 각 목에 따른 주택의 규모별 공급물량을 권리가액이 많은 순으로 공급할 수 있다.
   가. 국민주택규모(전용면적이 85㎡ 이하인 주택의 규모를 말한다. 이하 같다.)의 주택은 공급물량의 전부
   나. 국민주택규모를 초과하는 주택은 그 분양대상주택의 각 평형별 공급물량의 50%까지(분양 신청된 주택의 물량이 분양대상주택의 50% 이하인 경우에만 적용한다.)와 가목에 따른 주택의 공급물량이 분양 신청된 주택의 물량보다 부족한 경우의 그 부족분

3. 동일한 규모의 주택에 대한 분양신청자가 분양대상주택의 물량보다 많은 경우에는 권리가액이 많은 순으로 공급하고 권리가액이 동일한 경우와 주택의 동·호수 결정 등은 공개 추첨에 따른다.

제24조의2(상가 등 부대·복리시설의 분양대상자) ① 법 제48조제1항에 따라 사업시행자가 수립하는 관리처분계획 중 재개발사업, 도시환경정비사업 및 가로주택정비사업의 상가 등 분양대상 부대·복리시설의 분양대상자는 분양신청자 중 관리처분계획기준일 현재 다음 각 호의 순위 및 자격을 기준으로 정관이 정하는 바에 따른다.

1. 제1순위 : 종전 건축물의 용도가 분양건축물 용도와 동일하거나 유사한 시설이며 사업자등록(인·허가 또는 신고 등을 포함한다.)을 얻은 해당 건축물의 소유자로서 종전가액(공동주택을 분양받은 경우에는 그 분양가격을 제외한 가액을 말한다. 이하 이 조에서 같다.)이 분양건축물의 최소분양단위규모 추산액 이상인 자
2. 제2순위 : 종전 건축물의 용도가 분양건축물 용도와 동일하거나 유사한 시설인 해당 건축물의 소유자로서 종전가액이 분양건축물의 최소분양단위규모 추산액 이상인 자
3. 제3순위 : 종전 건축물의 용도가 분양건축물 용도와 동일하거나 유사한 시설이며 사업자등록을 얻은 해당 건축물의 소유자로서 종전가액이 분양건축물의 최소분양단위규모 추산액에 미달되나 공동주택을 분양받지 않은 자
4. 제4순위 : 종전 건축물의 용도가 분양건축물 용도와 동일하거나 유사한 시설인 해당 건축물의 소유자로서 종전가액이 분양건축물의 최소분양단위규모 추산액에 미달되나 공동주택을 분양받지 않은 자
5. 제5순위 : 공동주택을 분양받지 않은 자로서 종전가액이 분양건축물의 최소분양단위규모 추산액 이상인 자
6. 제6순위 : 공동주택을 분양받은 자로서 종전가액이 분양건축물의 최소분양단위규모 추산액 이상인 자
7. 제7순위 : 그 밖에 분양을 희망하는 토지등의 소유자로서 제2항에 따라 분양이 가능한 자

② 상가 등 분양대상 부대·복리시설은 제1항 각 호의 순위별 분양대상자에게

관리처분계획기준일 현재 종전가액의 범위에서 분양하며, 분양시설의 단위규모 구획 상 불가피한 경우에 한정하여 종전가액의 130%에 해당하는 가액의 범위에서 분양할 수 있다.

[본조신설 2013.4.08]

○ 부산시

제24조(상가 등 부대·복리시설의 분양대상자) ① 법 제48조제1항에 따라 사업시행자가 수립하는 관리처분계획 중 재개발사업 및 도시환경정비사업의 상가 등 분양대상 부대·복리시설의 분양대상자는 분양신청자중 관리처분계획기준일 현재 다음 각 호의 순위 및 자격을 기준으로 정관등이 정하는 바에 따른다. 〈개정 2010.3.3, 2012.12.26〉

1. 제1순위 : 종전 건축물의 용도가 분양건축물 용도와 동일하거나 유사한 시설이며 사업자등록(인·허가 또는 신고 등을 포함한다. 이하 이 항에서 같다.)을 마친 해당 건축물의 소유자로서 종전가액(공동주택을 분양받은 경우에는 그 분양가격을 제외한 가액을 말한다. 이하 이 항에서 같다.)이 분양건축물의 최소분양단위규모 추산액 이상인 자 〈개정 2010.3.3〉
2. 제2순위 : 종전 건축물의 용도가 분양건축물 용도와 동일하거나 유사한 시설인 해당 건축물의 소유자로서 종전가액이 분양건축물의 최소분양단위규모 추산액 이상인 자 〈개정 2010.3.3〉
3. 제3순위 : 종전 건축물의 용도가 분양건축물 용도와 동일하거나 유사한 시설이며 사업자등록을 마친 건축물의 소유자로서 종전가액이 분양건축물의 최소분양단위규모 추산액에 미달되나 공동주택을 분양받지 아니한 자 〈개정 2010.3.3〉
4. 제4순위 : 종전 건축물의 용도가 분양건축물 용도와 동일하거나 유사한 시설인 건축물의 소유자로서 종전가액이 분양건축물의 최소분양단위규모 추산액에 미달되나 공동주택을 분양받지 아니한 자
5. 제5순위 : 공동주택을 분양받지 않은 자로서 종전가액이 분양건축물의 최소분양단위규모 추산액 이상인 자
6. 제6순위 : 공동주택을 분양받은 자로서 종전가액이 분양건축물의 최소분양

단위규모 추산액 이상인 자

7. 제7순위 : 그 밖에 분양을 희망하는 토지등소유자로서 제2항의 규정에 따라 분양이 가능한 자

② 상가 등 분양대상 부대·복리시설은 제1항 각 호의 순위별 분양대상자에게 관리처분계획기준일 현재 종전가액(공동주택을 분양받는 경우에는 그 분양가격을 제외한 가액을 말한다.)의 범위에서 분양하되, 분양시설의 단위규모 구획상 불가피한 경우에 한정하여 종전가액의 130/100에 해당하는 가액의 범위에서 분양할 수 있다. 〈개정 2010.3.3〉

제26조(재개발사업 및 도시환경정비사업의 관리처분방법) 영 제52조제1항제8호에 따라 재개발사업 및 도시환경정비사업의 분양주택 공급은 제22조에 따른 분양대상자에게 다음 각 호의 기준에 따라 사업시행인가일을 기준으로 한 종전 토지 또는 건축물의 권리가액을 기준으로 공급한다. 〈개정 2010.3.3〉

1. 권리가액에 가장 근접한 분양주택가액의 주택을 분양한다. 이 경우 근접한 분양주택가액이 2개인 때에는 분양대상자의 신청내용에 따른다. 〈개정 2010.3.3〉
2. 제1호에도 불구하고 정관등으로 정하는 경우에는 국민주택규모의 주택은 분양대상자의 권리가액이 많은 액수 순으로 분양할 수 있으며, 국민주택규모를 초과하는 주택은 해당 주택의 총 건설세대 수의 50/100 이하가 분양대상자에게 분양될 경우에는 규모별 50/100까지 분양대상자에게 권리가액이 많은 액수 순으로 분양할 수 있다. 〈개정 2010.3.3〉
3. 동일규모 주택 분양 시 경합이 있는 경우에는 권리가액이 많은 액수 순으로 분양하고, 권리가액이 동일한 경우에는 공개추첨에 따르며, 주택의 동·층·호 등의 위치 결정은 주택규모별 공개추첨에 따른다. 〈개정 2010.3.3〉

대구시는 제26조(재개발사업 분양주택 공급 순위), 제24조(상가등 부대·복리시설의 분양대상자), 대전시는 제24조(상가등 부대·복리시설의 분양대상자), 제26조(재개발사업 및 도시환경정비사업 분양주택 공급 기준)

○ **광주시**

제27조(상가등 부대·복리시설의 분양대상자) ① 법 제48조제1항에 따라 사업시행자가 수립하는 관리처분계획 중 재개발사업 및 도시환경정비사업의 상가 등 분양대상 부대·복리시설의 분양대상자는 분양신청자 중 관리처분계획기준일 현재 다음 각 호의 순위 및 자격을 기준으로 정관등이 정하는 바에 의한다. 〈개정 2012. 5.15〉

1. 제1순위 : 종전 건축물의 용도가 분양건축물 용도와 동일하거나 유사한 시설이며 사업자등록(인허가 또는 신고 등을 포함한다. 이하 이 항에서 같다.)을 필한 당해 건축물의 소유자로서 종전가액(공동주택을 분양받은 경우에는 그 분양가격을 제외한 가액을 말한다. 이하 이 항에서 같다.)이 분양건축물의 최소분양단위규모 추산액 이상인 자
2. 제2순위 : 종전 건축물의 용도가 분양건축물 용도와 동일하거나 유사한 시설인 당해 건축물의 소유자로서 종전가액이 분양건축물의 최소분양단위규모 추산액 이상인 자
3. 제3순위 : 종전 건축물의 용도가 분양건축물 용도와 동일하거나 유사한 시설이며 사업자등록을 필한 당해 건축물의 소유자로서 종전가액이 분양건축물의 최소분양단위규모 추산액에 미달되나 공동 주택을 분양받지 않은 자
4. 제4순위 : 종전 건축물의 용도가 분양건축물 용도와 동일하거나 유사한 시설인 당해 건축물의 소유자로서 종전가액이 분양 건축물의 최소분양단위규모 추산액에 미달되나 공동주택을 분양받지 않은 자
5. 제5순위 : 공동주택을 분양받지 않은 자로서 종전가액이 분양건축물의 최소분양단위규모 추산액 이상인 자
6. 제6순위 : 공동주택을 분양받은 자로서 종전가액이 분양건축물의 최소분양단위규모 추산액 이상인 자
7. 제7순위 : 그 밖에 분양을 희망하는 토지등의 소유자로서 제2항 및 제3항의 규정에 따라 분양이 가능한 자

② 상가 등 분양대상 부대·복리시설은 제1항 및 각 호의 순위별 분양대상자에게 관리처분계획기준일 현재 종전가액(공동주택을 분양받는 경우에는 그 분양가격을 제외한 가액을 말한다.)의 범위 안에서 분양한다.

③ 대지의 분양은 동일업종의 종전 토지등소유자에게 분양하되 종전 토지등의 소유자에게 분양하고 남은 대지는 일반공개경쟁에 의하여 분양하여야 한다.

제28조(재개발사업의 분양주택 공급 순위) 영 제52조제1항제8호에 따라 재개발사업의 공급은 제24조에 따른 분양대상자에게 다음 각 호의 기준에 따라 사업시행인가일을 기준으로 한 종전의 토지 또는 건축물의 권리가액을 기준으로 공급한다. 〈개정 2012.5.15〉

1. 권리가액에 가장 인접한 분양주택가액의 주택을 분양한다. 이 경우 인접한 분양주택가액이 2개인 때에는 분양대상자의 신청내용에 의한다.
2. 동일규모 주택 분양 시 경합이 있는 경우에는 권리가액 다액 순으로 분양하고, 권리가액이 동일한 경우에는 공개추첨에 의하며, 주택의 동, 층, 호 등의 위치 결정은 주택규모별 공개추첨에 의한다.

▢ 유권해석

Q 조합에서는 도시정비조례 제26조(주택공급기준 등) 제1항제2호에 맞추어 주택공급기준을 적용하고자 함. 그런데 조합정관의 관련조항에는 "주택의 분양대상자와 분양기준은 법 및 시도 조례가 정하는 기준에 적합한 범위 안에서 총회의 의결로 결정 한다"라고 명시되어 있음.

이 경우 조합에서 "동 조례 제26조제1항제2호의 방법으로 주택공급에 관한 기준을 적용"하여 '총회결의'로 주택공급기준을 적용할 수 있다는 의견과 조례에 명시된 대로 조합정관에 제26조제1항제2호의 주택공급기준 내용을 명시하여야 한다는 의견이 있는데 이에 대한 의견은 어떠한지?

A 질도시정비법 시행령 제52조제1항제8호의 규정에 재개발사업 관리처분 주택의 공급순위는 기존의 토지 또는 건축물의 가격을 고려하여 정하도록 하였고 구체적인 기준은 조례로 정할 수 있도록 하였음.

이에 따라 동 조례 제26조제1항제1호 및 제2호의 규정에 재개발사업의 주택공급에 관한 기준으로 권리가액에 가장 인접한 분양주택가액의 주택을 분양하도록 하였고, 정관등으로 정하는 경우 국민주택규모의 주택은 분양대상자의 권리가액이 많은 순으로 분양할 수 있으며, 국민주택규모를 초과하는 주택은 당해 주택의 총 건설 가구 수의 50% 이하가 분양대상자에게 분양될 경우 규모별 50%까지 분양대상자에게 권리가액이 많은 순으로 분양할 수 있도록 정함.

따라서 질의 내용의 동 조례 제26조제1항제2호의 규정의 적용은 '정관등으로 정하는 경우'로 정하고 있으므로 정관 등에 정하는 경우에 적용하는 것임.

※ 조례 제26조는 현재 제30조로 이동하였음.

상가 분양 시 동일 순위자의 경합 발생 시 공급기준

Q 서울시 도시정비조례 제26조제2항에서 정한 상가 등 부대·복리시설의 공급기준에 따라 동일 순위에 해당하는 분양신청자 간 동일 규모의 상가 등 부대·복리시설분양에 경합이 있는 경우 그 처리 기준은?

A 질의 경우 관계 법령 및 조례에서 상가등 부대·복리시설의 공급 기준에 대하여는 명확히 규정하고 있지 않으며, 도시정비법 시행령 제31조제10호에 따라 조합정관이 정한 바에 따라야 할 것이나, 정관에 별도 정하지 않은 경우에는 시행령 제24조제3항제10호에 의하여 총회 의결로써 그 기준을 정하여 분양할 수 있을 것임(서울시 주거정비과-16350, 2007.10.16).

관리처분계획 시 분양주택의 권리가액에 따른 공급 기준

Q ① 조합은 권리가액에 인접하지 아니한 분양주택을 규모별로 나누어 권리가액 순위별로 신청받아 동, 층, 호수가 결정되도록 한 것이 조례 위법사항인지?

② 국민주택규모를 초과하는 총 건설 가구 수의 50% 이하가 분양대상자로 분양될 경우에 한하여 규모별 50%를 분양대상자에게 권리가액이 많은 순으로 분양할 수 있다고 하였으나 전체를 분양대상자에게 권리가액이 많은 순으로 분양한 것이 조례 위법 사항인지?

A ① 서울시 도시정비조례 제26조(주택공급의 기준) 제1항제3호 규정에 의하여 동·층 및 호수의 결정은 주택규모별 공개추첨에 의하도록 되어있으므로 권리가액을 나누어 공개 추첨하는 것은 아님.

② 조례 제26조제1항 의거 권리가액에 가장 인접한 분양주택가액의 주택을 분양하도록 정하고 있으나, 정관등으로 정하는 경우에는 국민주택규모의 주택은 분양대상자의 권리가액이 많은 순으로 분양할 수 있으며 국민주택규모를 초과하는 주택은 당해 주택의 총 건설 가구 수의 50% 이하가 분양대상자에게 분양될 경우 규모별 50%까지 분양대상자에게 권리가액이 많은 순으로 분양할 수 있도록 되어 있음(서울시 도심재정비1과-2007.12.10).

건축물소유자의 배우자가 영업허가를 득한 경우 상가 분양 순위

Q 건축물소유자가 아닌 배우자가 영업허가(사업자등록)를 득하고 영업(휴게음식점)을 하였을 경우 분양 1순위가 될 수 있는지?

A 도시정비조례 제26조(주택의 공급기준 등)제2항에서 재개발사업으로 조성되는 상가등 부대·복리시설은 관리처분계획기준일 현재 종전 건축물의 용도가 분양건축물 용도와 동일하거나 유사한 시설이며, 사업자등록(인·허가 또는 신고 등을 포함한다.)을 필한 건축물의 소유자로서 권리가액이 분양건축물의 최소 분양단위규모 추산액 이상인 자에 해당될 경우 1순위로 규정하고 있는바, 본 규정에 해당되지 않는 것으로 판단됨(서울시 주거정비과 2006.12.22).

세입자가 사업자등록을 필한 건축물소유자도 상가 등 부대·복리시설의 공급 제1순위에 해당 여부

Q 도시정비조례 제26조제2항의 상가 등 부대·복리시설의 공급 순위기준을 적용함에 있어 "세입자가 사업자등록을 필한 건축물의 소유자"도 "사업자 등록을 필한 건축물의 소유자"에 포함되어 제1순위에 해당되는지?

A 도시정비조례 제26조제2항에서 상가 등 부대·복리시설의 공급순위를 정한 취지는 재개발사업 및 도시환경정비사업 구역 내 기존의 상가 등 영업활동을 하고 있는 건축물소유자에 대한 기득권을 보호하기 위하여 우선순위를 정한 것으로써 종전 건축물의 용도가 분양건축물 용도와 동일하거나 유사한 시설이며, 사업자등록을 필한 건축물소유자가 제1순위에 해당됨(서울시 주거정비과 2006.4.27).

동일 규모의 주택을 층수별로 분양주택가액을 따로 정한 경우 주택공급기준 및 주택의 동·층·호의 결정 방법

Q 재개발구역 내 동일 규모의 주택을 층수별로 분양주택가액을 별도로 정한 경우 도시정비조례 제26조제1항제2호에 의거 국민주택규모의 주택은 종전 권리가액의 다액자 순으로 분양할 수 있는지 여부와 동일 규모의 주택이 위치에 따라 추산액이 다른 경우 동·층 및 호의 결정은 권리가액이 많은 순으로 1순위와 2순위로 나누어 공개추첨을 하여도 되는 것인지?

A 도시정비조례 제26조제1항제1호에 의하면 "권리가액에 가장 인접한 분양주택가액의 주택을 분양한다."고 정하고 있는바, 동일 규모의 주택을 층수별로 분양주택가액을 따로 정한 경우에는 권리가액에 가장 인접한 층수별로 분양주택가액에 해당하는 주택을 분양하여야 함. 만약 동 조례 제2호를 적용하고자 하는 경우에는 반드시 해당 조합정관 등에서 따로 정한 경우에 한하며, 동 조례 제3호에 의한 주택의 동·층 및 호의 결정은 주택규모별로 공개 추첨하여야 하므로 권리가액을 나누어 공개 추첨하는 것이 아님(서울시 주거정비과 2006.8.8).

근린생활시설 소유자의 분양대상 여부, 60㎡ 미만의 다세대주택을 2 이상 소유한 경우 종전 조례 규정 적용 가능 여부, 사실상 다가구주택에 대한 가구별 분양대상 여부 및 현금청산조합원에 대한 임대주택공급 가능 여부

Q ① 건축물대장상 근생시설에 실제 거주하면서 영업을 하고 있는 경우 분양자격이 있는지?

② 도시정비조례 부칙 제5조에 의한 다세대전환주택을 2 이상 소유한 경우에 합산하여 60㎡를 초과하는 경우 종전 조례의 규정을 적용할 수 있는지?

③ 1997년 이전 건립된 건축물 중 건축물대장에는 주택으로 명시되어 있으나, 사실상 다가구주택인 경우 지분소유등기를 필하면 가구별 각각 1인의 분양대상자가 되는지?

④ 현금청산조합원이 임대주택을 공급받을 수 있는지?

A ① 재개발사업으로 건립되는 공동주택 등의 분양대상은 인가된 조합정관에 따라 조합설립인가권자인 관할구청장이 판단할 사항임. 다만, 도시정비조례 제26조제2항에 의하면 재개발구역 내 종전 근린생활시설을 소유한 분양신청자에게는 우선순위에 따라 상가 등 부대·복리시설을 공급하는 것이 원칙임.

② 동 조례 부칙 제5조에 의하면 "2003.12.30 전에 단독 또는 다가구주택을 다세대주택으로 전환하여 구분등기를 완료한 주택에 대하여는 전용면적 60㎡ 이하의 주택을 공급하거나 정비구역안의 임대주택을 공급할 수 있으며, 다세대주택의 주거전용면적이 60㎡를 초과하는 경우에는 종전 관련 조례의 규정에 의한다."고 정하고 있는바, 이러한 취지는 재개발구역 안에서 분양권을 취득할 목적으로 단독 또는 다가구주택을 무분별하게 전환함으로써 조합원의 급격한 증가에 따른 사업성 저하로 재개발사업 시행 자체를 어렵게 할 우려가 있어 다세대로 전환된 주택에 대하여 공급기준을 제한한 것이므로 이러한 주택을 2 이상 합산하여 전용면적 60㎡를 초과한다 하더라도 종전 조례의 기준을 적용할 수 있는 것은 아님.

③ 동 조례 부칙 제7조에 의하면 "1997.1.15 이전에 가구별로 지분 또는 구분소유등기를 필한 다가구주택(1990.4.21 다가구주택제도 도입이전에 단독주택으로 건축허가를 받아 지분 또는 구분등기를 필한 사실상의 다가구주택 포함)은 제24조제2항제3호에 불구하고 다가구주택으로 건축허가 받은 가구 수에 한하여 가구별 각각 1인을 분양대상자로 한다."고 정하고 있는바, 본건 질의 경우 분양대상자 여부는 건축허가 받은 내용에 따라 판단하여야 할 사항임.

④ 현금청산대상자는 도시정비법 시행령 제48조에 의거 가격공시법에 의한 감정평가업자 2인 이상이 평가한 금액을 산술 평가하여 산정한 금액을 기준으로 협의하여 지급하게 되므로 재개발구역 내 임대주택의 공급대상자에서 제외됨(서울시 주거정비과 2006.11.17).

상가 등 부대·복리시설의 공급기준에서 제1순위인 "사업자등록을 필한 건축물소유자"의 범위

Q 도시정비조례 제26조제2항제1호에서 정하고 있는 상가 등 부대·복리시설의 공급기준에서 1순위자인 "사업자등록을 필한 건축물의 소유자"의 범위는?

A 위 규정에서 정하고 있는 "사업자등록을 필한 건축물의 소유자" 란 도시정비법 제46조에 의한 분양신청을 한 자 중 관리처분계획기준일 현재 종전 건축물의 용도가 분양건축물 용도와 동일하거나 유사한 시설의 소유자로서 권리가액이 분양건축물의 최소분양단위규모 추산액 이상이며, 사업자등록(인가·허가 또는 신고 등을 포함)을 필한 경우에 해당됨(서울시 주거정비과 2006.12.12).

같은 평형에 대하여 분양가액을 달리 정한 경우 "동일 규모"의 범위

Q 도시정비조례 제26조제1항제3호에 의하면 "동일 규모의 주택분양에 경합이 있는 경우에는 권리가액이 많은 순으로 분양한다."고 정하고 있는데, 동일 평형의 주택을 층수별로 분양가를 달리 정한 경우 "동일 규모"는 동일 분양가액의 주택으로 보아야 하는지?

A 재개발사업의 주택공급 기준에 대하여는 인가된 조합정관에 따라 조합설립인가권자인 관할구청장이 판단할 사항이나, 도시정비조례 제26조제1항제3호에 정한 "동일 규모의 주택"이란 동일 평형의 주택을 말하며, 만약 동일 평형의 주택을 위치나 층수별로 세분하여 분양가 추산액을 다르게 정한 경우에는 세대별 분양가추산액이 같은 주택을 동일 규모의 주택으로 볼 수 있을 것임(서울시 주거정비과 2006.12.22).

국민주택규모를 초과하는 건립가구에 대한 조합원 분양 비율

Q 도시정비조례 제26조제1항제1호 및 제2호에 의한 관리처분계획수립 시 국민주택규모를 초과한 건립가구 수가 100세대일 경우 50%인 50세대까지만 조합원에게 분양하여야 하는지?

A 재개발사업의 주택공급을 위한 관리처분계획수립 시 분양대상조합원에게 분양하는 주택의 규모는 권리가액에 가장 인접한 분양주택가액의 주택을 분양하도록 정하고 있으나, 정관 등으로 정하는 경우에는 국민주택규모의 주택은 분양대상자의 권리가액이 많은 순으로 분양할 수 있으며 국민주택규모를 초과하는 주택은 당해 주택의 총 건설 가구 수의 50% 이하가 분양대상자에게 분양될 경우 규모별 50%까지 분양대상자에게 권리가액이 많은 순으로 분양할 수 있음(서울시 주거정비과 2005.8.31).

1세대 2주택 공급 가능 여부

Q 해당 재개발구역의 분야대상 조합원이 다른 조합원의 분양 권리를 양수한 경우 2개의 공동주택을 공급받을 수 있는지?

A 공동주택 공급은 도시정비법 제50조제5항 및 동법 제48조제2항제6호에 따라 1세대1주택을 공급하여야 함(서울시 주거정비과 2005.3.9).

주택과 점포를 소유한 경우 아파트와 상가를 모두 분양받을 수 있는지 여부

Q 1필지 토지상 주택 1동과 점포 1동의 건축물이 동일인 명의로 1개 건축물대장 및 1개 등기부등본 상 등재되어 주거와 영업을 계속하였을 경우 아파트와 상가 분양권이 각각 주어지는 지와 동일인명의 로 주택 2동을 소유하다 사업시행인가 후 1동은 다른 사람에게 매도한 경우에 분양권이 인정되는지?

A 공동주택을 분양받고 그 분양가격을 제외한 종전 권리가액이 상가의 최소 분양 추산액 이상인 경우에는 정관에서 정한 순위에 따라 상가를 분양받을 수 있으며, 재개발사업으로 공급하는 주택등의 분양대상은 관리처분계획기준일(분양신청기간만료일) 현재 부동산등기부에 의하여 판단하므로 질의의 주택을 분양신청 마감일 전에 매각하였다면 각각 분양대상이 될 수 있으나 종전 건축물의 소유형태에 대하여 구체적인 사실 관계의 확인이 필요한 사안임(서울시 주거정비과 2004.9.15).

Q 재개발구역에 구분등기를 한 18평 이하는 지분에 의한 평가만 하는 지(무조건 청산대상이 된다고 함), 아니면 감정평가에 의해서 평가금액이 높으면 분양을 받을 수 있는지?

A 종전 권리가액은 도시정비법 제48조제5항제2호에 따라 시장·군수가 추천하는 가격공시 법에 의한 감정평가업자 2인 이상이 평가한 금액을 산술평균하여 산정하며, 도시정비조례 제26조제1항에 따라 권리가액에 가장 인접한 분양주택 가액의 주택을 분양하되 경합 시 권리가액 다액 순으로 분양하도록 정하고 있음(서울시 주거정비과 2004.6.22).

Q 장위3동 재정비촉진지구에 포함되는 다세대 1채를 가지고 있으며 전세를 놓고 있는 상태인데 철거가 되면 분양권이 나오는지, 현금 청산되는지?

A 재개발사업의 분양대상은 도시정비조례 제24조를 참고 바람.
재개발사업의 주택공급은 도시정비조례 제26조제1항에 의거 권리가액에 가장 인접한 분양주택가액의 주택을 분양하고, 이 경우 인접한 분양주택가액이 2 이상인 때에는 분양대상자의 신청에 의하며, 동일규모의 주택분양에 경합이 있는 경우에는 권리가액이 많은 순으로 분양하고, 권리가액이 동일한 경우에는 공개추첨에 의하여 정하도록 되어 있음.

참고로, 동 조항 중 "권리가액"이란 동 조례 제2조제4호에 의거 관리처분계획기준일 현재 제24조제3항에 의하여 산정된 종전 토지등의 총가액을 의미함(성북구청 뉴타운사업과 2007.3.20).

상가분양 기준을 조례와 다르게 조합정관으로 별도 정할 수 있는지 여부

Q 서울시 도시재개발사업조례 제27조제5항(상가 등 분양대상)에서 규정한 분양순위 및 자격에 관계없이 조합 총회에서 형편에 맞는 별도의 상가분양 규정을 제정할 수 있는지?

A 도시재개발사업조례 제27조제5항(현행 도시정비조례 제26조제2항)에 의하면 상가 등 분양대상 부대·복리시설의 분양대상자는 분양신청자 중 관리처분계획기준일 현재 조례가 정하는 순위 및 자격을 기준으로 정관에 정하도록 되어 있으므로 조례가 정하는 범위를 벗어나서 조합 형편에 따라 별도의 분양 규정을 정할 수는 없음(서울시 주거정비과 2003.7.24).

Q 동일 평형 중에서도 선호도가 높은 호수에 대하여 분양신청자가 권리가액 다액 순으로 분양하여 줄 것을 요구하는 경우 우선 선택권을 줄 수 있는지?

A 도시재개발사업조례 제28조제1항제2호 다목(현행 도시정비조례 제26조제1항제3호)에 의거 동일 규모의 주택분양 시 경합이 있는 경우에는 권리가액 다액 순으로 분양하되 권리가액이 동일한 경우에는 공개추첨에 의하며, 주택의 동·층·호 등의 위치 결정은 주택규모별 공개추첨에 따라 결정하여야 할 것임(서울시 주거정비과 2003.11.15).

국민주택 규모를 초과하는 주택의 분양

Q 종전 도시재개발사업조례 제28조제1항제2호 나목에 의한 관리처분계획인가 시 국민주택규모를 초과하는 54세대의 주택 중 27세대는 조합원에게 분양되어야 하는데, 5인이 포기한 경우 권리가액 순위 28위에 해당하는 조합원이 31평에서 40평으로 평형 변경을 요구할 경우 가능한지?

A 국민주택규모를 초과하는 주택은 당해 주택의 총 건설 가구 수의 50% 이하가 분양대상자에게 분양될 경우 규모별 50%까지 해당 조합의 정관에 정하는 경우 분양대상자에게 권리가액 다액 순으로 분양할 수 있으나, 이미 관리처분계획인가된 구역의 경우에는 구청장에게 관리처분계획 변경인가를 득한 경우에 평형의 변경 배정이 가능할 것임(서울시 주거정비과 2003.11.4).

종전 주택과 점포를 모두 소유한 자의 분양 범위

Q 재개발구역 내 주택과 점포를 1개씩 소유한 조합원의 경우 공동주택과 상가를 모두 분양받을 수 있는지?

A 상가등 부대·복리시설은 관리처분계획기준일 현재 종전가액의 범위 안에서 분양하도록 규정하고 있으며, 공동주택을 분양받은 경우에는 분양받은 공동주택의 분양가격을 제외한 종전 가액에 해당하는 분양대상 순위 및 자격을 기준으로 상가분양대상 여부를 결정하여야 함(서울시 주거정비과 2003.10.27).

주택개량재개발사업 업무지침(합동재개발)에서 정하고 있는 "상응하는 규모"에 대한 해석

Q 서울시 주택개량재개발사업 업무지침(합동재개발)제58조제2항에서 정하고 있는 "상가등 복리시설은 종전 건축물의 용도가 동일하거나 유사한 시설의 소유자 중 분양신청자에게 권리가액에 상응하는 규모로 분양한다."에서 "상응하는 규모"의 범위는?

A 위 규정에서 정하고 있는 "상응하는 규모"란 재개발구역 내 종전 상가등 복리시설 소유자에게 그 권리가액을 기준으로 이에 대응할 수 있는 상가 등 복리시설을 분양할 수 있는 규모를 말하며, 이에 대한 구체적인 범위는 별도로 정하고 있지 않으므로 관리처분계획인가권자가 구역의 여건을 면밀히 분석하여 종합적으로 판단할 사항임. 다만, 현행 도시정비조례 제26조제2항에 의하면 상가 등 부대·복리시설은 관리처분계획기준일 현재 종전 건축물의 용도, 사업자 등록을 필한 소유자 여부, 그 권리가액 등을 기준으로 우선순위를 정하여 분양할 수 있도록 정하고 있음(서울시 주거정비과 2006.9.11).

조례 제31조(보류지등)

법 제48조제3항, 제64조
영 제50조제3호, 제51조(일반분양신청절차 등)

보류지 등

재개발·도시환경정비사업에서의 보류지는 구 도시재개발법상 서울시 도시재개발사업조례에서부터 시작되어, 도시정비법의 시행에서도 보류지 관련 규정도 그대로 이어받았다. 국토부 재건축(공동주택, 단독주택 불문) 표준정관에서도 같은 보류지 규정을 두고 있다.

▢ 개정 연혁

▸ 도시재개발사업조례 [서울시조례]

제29조(보류지 등) ① 분양대상의 누락, 착오 등의 사유로 인한 관리처분계획의 변경과 소송 등의 사유로 향후 추가분양이 예상되거나, 법 제55조제2항에 의한 우선매수 청구권자가 있는 경우 제27조제1항 및 제2항에 의한 분양대상자에게 분양하는 공동주택 총세대수의 1% 이내의 공동주택과 제27조제5항에 의한 분양대상자에게 분양하는 상가 등 부대·복리시설 총면적의 1% 이내의 상가 등 부대·복리시설을 보류지 및 보류건축시설(이하 "보류시설"이라 한다.)로 정할 수 있다.

② 시행자는 제1항에 의한 보류시설의 규모 1%의 범위를 초과하여 정하고자 하는 때에는 구청장에게 그 사유 및 증빙서류를 제출하여야 하며 구청장은 그 사유가 타당한 경우에 한하여 인가할 수 있다.

③ 보류시설을 처분받을 대상자 중 우선매수 청구권 자와 제27조에 의한 분양대상자의 자격기준에 합당한 자를 제외하고는 총회를 둔 시행자는 총회의 결의를 거쳐 처분받을 대상자를 결정하여야 한다.

④ 보류시설의 분양가격은 제26조제4호의 규정을 준용한다.

⑤ 제1항 내지 제4항에 따라 보류시설을 처분한 후 잔여 보류시설이 있는 경우에는 제30조에 따라 처분하여야 한다.

▸ 도시정비조례 [서울시조례 제4167호, 2003.12.30 제정]

제27조(보류지 등) 사업시행자는 제26조에 의하여 주택 등을 공급하는 경우 분양대상의 누락·착오 및 소송 등에 대비하기 위하여 법 제48조제3항에 의한 보류지를 확보하되, 그 지정 및 처분기준은 다음과 같다.

1. 법 제64조제2항에 의한 우선매수 청구권자가 있는 경우 법 제48조·제50조에 의한 토지등소유자에게 분양하는 공동주택 총 건립세대수의 1% 범위안의 공동주택과 상가 등 부대·복리시설의 일부를 보류지로 정할 수 있다.
2. 사업시행자는 제1호에 의한 1%의 범위를 초과하여 보류지로 정하고자 하는 때에는 구청장에게 그 사유 및 증빙서류를 제출하여 인가를 받아야 한다.
3. 분양신청자가 소유하고 있는 권리가액이 분양용 최소규모 공동주택 1가구의 추산액 이상인 자
4. 보류지를 분양받을 대상자 중 우선매수 청구권자와 법·영 또는 이 조례의 규정에 의한 토지등소유자의 자격기준에 합당한 자를 제외하고는 사업시행자는 총회의 의결을 거쳐 분양받을 대상자를 결정하여야 한다.
5. 보류지의 분양가격은 제25조의 규정을 준용한다.
6. 제1호 내지 제4호에 의하여 보류지를 처분한 후 잔여분이 있는 경우에는 제31조에 의하여 처분하여야 한다.

부 칙 〈제4167호, 2003.12.30〉

제1조(시행일) 이 조례는 공포한 날부터 시행한다.

➡ 재개발사업 및 도시환경정비사업의 보류지 지정기준을 정하였다.(제27조·제33조)
착오· 소송 및 민원 등에 사용되는 보류지는 공동주택 건설세대수의 1% 범위안의 공동주택과 상가 등 부대·복리시설의 일부를 정하도록 하고, 초과하는 경우에는 구청장의 인가를 받도록 하였다.

► **[서울시조례 제5237호, 2012.1.5, 일부개정]**

제31조(보류지 등) ① 사업시행자는 제30조에 따라 주택 등을 공급하는 경우 분양대상자의 누락·착오 및 소송 등에 대비하기 위하여 법 제48조제3항에 따른 보류지를 확보하여야 하며, 확보기준은 다음과 같다.

1. 법 제48조·제50조에 따른 토지등소유자에게 분양하는 공동주택 총 건립세대수의 1% 범위 안의 공동주택과 상가 등 부대·복리시설의 일부를 보류지로 정할 수 있다.
2. 사업시행자가 제1호에 따른 1%의 범위를 초과하여 보류지를 정하려면 구청장에게 그 사유 및 증빙서류를 제출하여 인가를 받아야 한다.

② 제1항에 따른 보류지는 다음의 기준에 따라 처분하여야 한다.

1. 법 제64조제2항에 따른 우선매수 청구권자 또는 분양대상의 누락·착오 및 소송 등에 따른 대상자를 제외하고는 사업시행자는 총회의 의결을 거쳐 분양받을 대상자를 결정하여야 한다.
2. 보류지의 분양가격은 제29조를 준용한다.
3. 보류지를 처분한 후 잔여분이 있는 경우에는 제34조에 따라 처분하여야 한다.

[전문개정 2012.1.5]

부 칙 〈제5237호, 2012.1.5〉

제1조(시행일) 이 조례는 공포한 날부터 시행한다.

➡ 중간에 조례 개정으로 일부 조문이 추가됨에 따라 보류지 관련 규정이 제29조로 이동하였다.

▢ 건교부(현 국토부) 표준정관에서의 보류지 규정

재건축과는 달리 재개발 표준정관에서는 분양대상의 누락, 착오 등의 사유로 인한 관리처분계획의 변경과 소송 등의 사유 외에도 도시정비조례 제31조와 같이 법 제64조제2항에 의한 우선매수청구권자가 있는 경우도 보류지의 사유로 열거하고 있다.

재건축 표준정관

제45조(보류지) 분양대상의 누락, 착오 등의 사유로 인한 관리처분계획의 변경과 소송 등의 사유로 향후 추가분양이 예상되는 경우 분양하는 공동주택 총 건립세대수의 __% 이내와 부대·복리시설의 일부를 보류지로 정할 수 있다.

재개발 표준정관

제50조(보류지) ① 분양대상의 누락, 착오 등의 사유로 인한 관리처분계획의 변경과 소송 등의 사유로 향후 추가분양이 예상되거나 법 제64조제2항에 의한 우선매수청구권자가 있는 경우 공급하는 주택의 총세대수의 __% 이내와 공급하는 부대복리 시설면적의 __% 이내는 보류지(건축물을 포함한다.)로 정할 수 있다.

② 보류지의 분양대상자가 제51조의 우선매수청구권자와 제48조의 분양대상자가 아닌 경우에는 총회의 의결을 거쳐야 한다.

③ 보류지의 분양가격은 제47조제1항의 규정을 준용한다.

④ 제1항 내지 제3항에 따라 보류지를 처분한 후 잔여 보류지가 있는 경우에는 제49조제2항 및 제3항에 따라 처분하여야 한다.

▢ 보류지

사업시행자는 분양신청을 받은 후 잔여분이 있는 경우에는 정관등 또는 사업시행계획이 정하는 목적을 위하여 보류지(건축물을 포함한다.)로 정하거나 조합원 외의 자에게 분양할 수 있는데, 이 잔여분을 조합원 이외의 자에게 분양하는 것이 보류지이다.

관리처분계획의 내용 중 이 보류지의 명세와 추산가액, 처분방법을 정해야 한다(법 제48조제3항). 주택법 제38조의 규정은 법 제48조제3항에 의하여 조합원외의 자에게 분양하는 경우(일반분양)의 공고·신청절차·공급조건·방법 및 절차 등은 주택법 제38조의 규정을 준용한다(영 제51조).

여기에 해당하는 정비사업의 종류에 대해서는 제한이 없는 점에 비추어 볼 때, 주거환경개선사업이나 주거환경관리사업을 제외한 정비사업이 포함된다고 해석된다.

○ **조례 제31조제1항(보류지 등)**

사업시행자는 조례 제30조에 따라 정비사업에 의해 주택 등을 공급하는 경우 분양대상자의 누락·착오 및 소송 등에 대비하기 위하여 법 제48조제3항에 따른 보류지를 확보하여야 하며, 확보기준은 다음과 같다(동조 제1항).

1. 법 제48조·제50조에 따른 토지등소유자에게 분양하는 공동주택 총 건립세대수의 1% 범위 안의 공동주택과 상가 등 부대·복리시설의 일부를 보류지로 정할 수 있다.
2. 사업시행자가 제1호에 따른 1%의 범위를 초과하여 보류지를 정하려면 구청장에게 그 사유 및 증빙서류를 제출하여 인가를 받아야 한다.

○ **조례 제31조제2항**

보류지는 다음의 기준에 따라 처분하여야 한다(동조 제2항).

1. 법 제64조제2항에 따른 우선매수 청구권자 또는 분양대상의 누락·착오 및 소송 등에 따른 대상자를 제외하고는 사업시행자는 총회의 의결을 거쳐 분양받을 대상자를 결정하여야 한다.
2. 보류지의 분양가격은 조례 제29조를 준용한다.
3. 보류지를 처분한 후 잔여분이 있는 경우에는 조례 제34조(일반분양)에 따라 처분하여야 한다.

▢ 시도별 조례

○ **경기도**

관련 조문이 없다.

- 남양주시, 부천시, 수원시, 안산시, 안양시, 화성시, 고양시

경기도와 같다.

○ **인천시**

관련 조문이 없다.

○ 부산시

제28조(보류지 등) 법 제48조제3항에 따른 보류지의 처분 등은 다음 각 호의 기준에 따른다. 〈개정 2010.3.3〉

1. 분양대상의 누락, 착오 등의 사유로 인한 관리처분계획의 변경과 소송 등의 사유로 향후 추가분양이 예상되거나, 법 제64조제2항에 따른 우선매수청구권자가 있는 경우에는 법 제48조와 제50조에 따른 토지등소유자에게 분양하는 공동주택건립세대수의 1/100 이내의 공동주택과 상가 등 부대·복리시설 총면적의 1/100 이내의 상가 등 부대·복리시설을 각각 보류지로 정할 수 있다. 〈개정 2010.3.3〉
2. 사업시행자는 제1호에 따른 1/100의 범위를 초과하여 보류지로 정하고자 하는 때에는 구청장에게 그 사유 및 증빙서류를 제출하고 인가를 받아야 한다. 〈개정 2010.3.3〉
3. 보류지를 분양받을 대상자 중 우선매수청구권자와 법·영 또는 이 조례에 따른 토지등소유자의 자격기준에 합당한 자를 제외하고는 사업시행자는 총회의 의결을 거쳐 분양받을 대상자를 결정한다. 〈개정 2010.3.3〉
4. 보류지의 분양가격은 제23조의 규정을 준용한다.
5. 제1호부터 제4호까지의 규정에 따라 보류지를 처분한 후 잔여분이 있는 경우에는 제31조에 따라 처분한다. 〈개정 2010.3.3〉

대구시, 대전시는 제28조, 광주시는 제30조에서 부산시와 같은 내용으로 규정하고 있다.

□ 유권해석

총회 의결을 거쳐 보류시설을 분양받은 자가 이전고시 전 매각 가능 여부

Q 재개발사업구역에서 도시정비조례 제27조제3호에 따라 총회의 의결을 거쳐 보류시설을 분양받은 자가 이전고시 이전 제3자에게 매각이 가능한지?

A 도시정비조례 제27조제3호에 의하면 “보류지를 분양받은 대상자 중 우선매수 청

구권자와 법령 또는 이 조례의 규정에 의한 토지등소유자의 자격기준에 합당한 자를 제외하고는 사업시행자는 총회의 의결을 거쳐 분양받을 대상자를 결정하여야 한다."고 정하고 있는바, 총회의 의결을 거쳐 보류시설을 분양받을 대상자로 결정된 경우에는 결정된 사유에 따라 권리·의무의 승계가 제한되어야 할 것임(서울시 주거정비과 2006.12.19).

보류지가 없는 경우 분양대상자의 권리 구제

Q 관리처분계획인가 당시에는 조합원 자격이 없었으나 법원 판결로 소유권리가 인정되어 분양대상이 되나 보류지가 모두 처분된 경우 분양대상자의 권리구제 방법은?

A 사업시행자는 분양대상의 누락·착오 및 소송 등에 대비하기 위하여 관리처분계획으로 공동주택 총 건립세대수의 1% 범위안의 보류지를 확보하여야 하고, 법원의 판결로 소유권리가 인정된 분양대상자에게는 보류지를 분양하여야 하며, 확보한 보류지가 이미 처분된 경우라도 사업시행자는 새로운 분양대상자의 권익보호를 위한 합리적인 방안을 강구하여 관리처분계획에 반영하여야 할 것임(서울시 주거정비과 2004.3.26).

종전 토지등의 권리가액 산정 기준

Q 관리처분계획기준일 이후 권리가액 산정 및 보류지 분양대상과 기존 무허가 건물대장에 등재되어 있지 아니한 물건의 평가방법은?

A 도시정비법 제48조제5항제3호에 의하면 관리처분계획을 변경·중지 또는 폐지하고자 하는 경우 종전 토지 또는 건축물의 가격은 사업시행자 및 토지등소유자 전원이 합의하여 산정할 수 있도록 되어 있으며, 보류지 분양대상자는 도시정비조례 제27조제3호에 의거 사업시행자가 총회의 의결을 거쳐 결정하여야 하며, 기존 무허가 건축물은 동 조례 제2조제1호에 의한 건축물로서 동 조례 제23조제4호 단서 규정에 따라 구청장 또는 동장이 발행한 기존 무허가 건축물 확인원이나 그 밖에 소유자임을 입증하는 자료를 기준으로 판단하여야 할 것임(서울시 주거정비과 2004.2.19).

조례 제32조(주거환경개선사업의 주택공급대상에서 제외되는 자)
조례 제33조(주거환경개선사업의 임대보증금·임대료)

영 제54조제1항 및 제2항

• 주거환경개선사업의 주택공급대상에서 제외되는 자 • 주거환경개선사업의 임대보증금·임대료

□ 개정 연혁

▸ 도시정비조례[서울시조례]

제29조(주거환경개선사업의 주택공급대상에서 제외되는 자) 영 제54조제1항 관련 [별표2] 제2호 단서규정에 의하여 주택공급에서 제외하는 자는 건축조례 제25조 제1호에 의한 대지분할 제한면적에 미달하는 토지소유자로 한다. 다만, 제24조 제1항제2호 단서 규정에 해당하는 자는 제외한다.

제30조(주거환경개선사업의 임대보증금·임대료) 영 제54조제2항 관련 [별표3] 제1호 다목(2)에 의한 주거환경개선구역안의 임대주택의 임대보증금 및 임대료에 관하여는 임대주택법령의 관련규정에 의한다.

부 칙 〈2003.12.30〉

제1조(시행일) 이 조례는 공포한 날부터 시행한다.

제2조(다른 조례의 폐지) 서울시 도시재개발사업조례·서울시 도심재개발사업조례 및 서울시 주거환경개선사업시행조례는 이를 각각 폐지한다.

▸ [서울시조례 제4824호, 2009.7.30, 일부개정]

제32조(주거환경개선사업의 주택공급대상에서 제외되는 자) 영 제54조제1항 관련

[별표2] 제2호 단서에 따라 주택공급에서 제외하는 자는 건축조례 제25조제1호에 따른 대지분할 제한면적에 미달하는 토지소유자로 한다. 다만, 제27조제1항 제2호 단서에 해당하는 자는 제외한다. 〈개정 2009.7.30〉

제33조(주거환경개선사업의 임대보증금·임대료) 영 제54조제2항 관련 [별표3] 제1호 다목(2)에 따른 주거환경개선구역 안의 임대주택의 임대보증금 및 임대료에 관하여는 임대주택법령의 관련규정에 따른다. 〈개정 2009.7.30〉

부 칙 〈2009.7.30〉

제1조(시행일) 이 조례는 공포한 날부터 시행한다.

➡ 단독주택 재건축사업의 분양대상 등이 추가됨에 따라 일부 조항이 이동되었으나, 내용이 변경된 것은 없다.

▸ [서울시조례 제5007호, 2010.7.15, 일부개정]

제32조(주거환경개선사업의 주택공급대상에서 제외되는 자) 영 제54조제1항 관련 [별표2] 제2호 단서에 따라 주택공급에서 제외하는 자는 토지면적이 90㎡에 미달하는 토지소유자로 한다. 〈개정 2009.7.30, 2010.7.15〉

제33조(주거환경개선사업의 임대보증금·임대료) 영 제54조제2항 관련 [별표3] 제1호 다목(2)에 따른 주거환경개선구역 안의 임대주택의 임대보증금 및 임대료에 관하여는 임대주택법령의 관련규정에 따른다. 〈개정 2009.7.30〉

부 칙 〈제5007호, 2010.7.15〉

제1조(시행일) 이 조례는 2010.7.16부터 시행한다.

➡ "건축조례 제25조제1호에 따른 대지분할 제한면적에 미달"이 "90㎡"에 미달의 토지로 바뀌었다.

▢ 주거환경개선사업과 주택공급

법 제6조제1항제1호부터 제3호까지의 방법으로 시행하는 주거환경개선사업의 사업시행자가 정비구역안에 주택을 건설하는 경우의 주택의 공급에 관하여는 [별표2]에 규정된 범위 안에서 시장·군수의 승인을 얻어 사업시행자가 이를 따로 정할 수 있다(영 제54조제1항).

관리처분계획방식에 의한 주거환경개선사업은 이에 해당되지 않는다.

관리처분계획방식의 주거환경개선사업을 제외한 주거환경개선사업에서 임대주택을 건설하는 경우의 임차인의 자격·선정방법·임대보증금·임대료 등 임대조건에 관한 기준 및 무주택세대주에게 우선분양전환하도록 하는 기준 등에 관하여는 도시정비법 시행령 [별표3]에 규정된 범위에서 시장·군수의 승인을 받아 사업시행자가 따로 정할 수 있다(동조 제2항).

▢ 조례 제32조

영 제54조제1항 관련 [별표2] 제2호 단서에 따라 주택공급에서 제외하는 자는 토지면적이 90㎡에 미달하는 토지소유자로 한다(본조). 〈개정 2009.7.30, 2010.7.15〉

도시정비법 시행령 제54조제1항 관련 [별표2] 〈개정 2008.10.29〉
주거환경개선사업의 주택공급조건 등(제54조제1항 관련)

1. 주택의 공급기준 : 1세대 1주택을 기준으로 공급한다.
2. 주택의 공급대상 : 다음의 1에 해당하는 자에게 공급한다. 다만, 주거환경개선사업을 위한 정비구역안에 건축법 제57조에 따른 대지분할제한면적 이하의 과소토지등의 토지만을 소유하고 있는 자 등에 대한 주택공급기준은 시도 조례로 따로 정할 수 있다.
   가. 제11조에 의한 공람·공고일 또는 시장·군수가 당해 구역의 특성에 따라 필요하다고 인정하여 시·도지사의 승인을 얻어 따로 정하는 날(이하 "기준일"이라 한다.) 현재 당해 주거환경개선사업을 위한 정비구역 또

는 다른 주거환경개선사업을 위한 정비구역안에 주택이 건설될 토지 또는 철거예정인 건축물을 소유한 자

나. 「국토계획법」 제2조제11호에 의한 도시계획사업으로 인하여 주거지를 상실하여 이주하게 되는 자로서 당해 시장·군수가 인정하는 자

3. 〈삭제 2005.5.18〉

4. 주택의 공급순위

가. 1순위 : 기준일 현재 당해 정비구역안에 주택이 건설될 토지 또는 철거예정인 건축물을 소유하고 있는 자로서 당해 정비구역안에 거주하고 있는 자

나. 2순위 : 기준일 현재 당해 정비구역안에 주택이 건설될 토지 또는 철거예정인 건축물을 소유하고 있는 자(법인인 경우에는 사회복지를 목적으로 하는 법인에 한한다.)로서 당해 정비구역안에 거주하고 있지 아니하는 자

다. 3순위 : 기준일 현재 다른 주거환경개선사업을 위한 정비구역안에 토지 또는 건축물을 소유하고 있는 자로서 당해 정비구역안에 거주하고 있는 자

라. 4순위 : 제2호 나목에 해당하는 자

"주거환경개선사업을 위한 정비구역안에 건축법 제57조에 따른 대지분할 제한면적 이하의 과소토지등의 토지만을 소유하고 있는 자 등에 대한 주택공급기준은 시도 조례로 따로 정할 수 있다."(영 제54조제1항 관련 [별표2] 제2호 단서)에 따라 주택공급에서 제외하는 자에 대하여, 서울시는 토지면적이 90㎡에 미달하는 토지소유자로 정하였다.

☐ 조례 제33조(주거환경개선사업의 임대보증금·임대료)

영 제54조제2항 관련 [별표3] 제1호 다목(2)에 따른 주거환경개선구역 안의 임대주택의 임대보증금 및 임대료에 관하여는 임대주택법령의 관련규정에 따른다(본조). 〈개정 2009.7.30〉

도시정비법 시행령 [별표3] 〈개정 2005.5.18〉

임대주택의 공급조건 등(제54조제2항 관련)

1. 주거환경개선사업

가. 임대주택은 다음의 순위에 따라 입주를 희망하는 자에게 공급한다.

1) 1순위 : 기준일 3월전부터 보상계획 공고 시까지 계속하여 당해 주거환경개선사업을 위한 정비구역 또는 다른 주거환경개선사업을 위한 정비구역안에 거주하는 세입자

2) 2순위 : [별표2] 제4호 가목 및 동호 나목의 순위에 해당하는 자로서 주택분양에 관한 권리를 포기한 자

※ [별표2] 제4호 가목·나목

가. 1순위 : 기준일 현재 당해 정비구역안에 주택이 건설될 토지 또는 철거예정인 건축물을 소유하고 있는 자로서 당해 정비구역안에 거주하고 있는 자

나. 2순위 : 기준일 현재 당해 정비구역안에 주택이 건설될 토지 또는 철거예정인 건축물을 소유하고 있는 자(법인인 경우에는 사회복지를 목적으로 하는 법인에 한한다.)로서 당해 정비구역안에 거주하고 있지 아니하는 자

3) 3순위 : [별표2] 제4호 라목의 순위에 해당하는 자

※「국토계획법」제2조제11호에 의한 도시계획사업으로 인하여 주거지를 상실하여 이주하게 되는 자로서 당해 시장·군수가 인정하는 자

나. 세입자에게 공급하는 주택의 규모별 입주자 선정기준

입주대상자의 세대구성원의 수, 당해 정비구역안에서의 거주기간, 소득수준, 생활보호대상 여부 등을 고려하여 정한다.

다. 공급절차 등

1) 입주자모집공고내용 및 절차, 공급신청 및 계약조건 등 임대주택의 공급에 관하여는 임대주택법령 및 주택건설촉진법령의 관련규정에 의한다.

2) 임대보증금·임대료 등에 관하여는 임대주택법령 및 주택건설촉진법령의 관련규정에 의한다. 다만, 시도 조례가 따로 정하는 경우에는 그에 의한다.

2. 재개발사업 : 생략

도시정비법 시행령 제54조제2항 관련 [별표3] 제1호 다목(2)에 따른 주거환경개선구역 안의 임대주택의 임대보증금 및 임대료에 관하여는 임대주택법령의 관련 규정에 따른다.

○ 임대주택

임대주택법상 임대주택이란 임대 목적에 제공되는 "건설임대주택 및 매입임대주택"을 말한다.

"건설임대주택"에는 임대사업자가 임대를 목적으로 건설하여 임대하는 주택[임대사업자가 토지를 임차하여 건설·임대하는 주택(이하 "토지임대부 임대주택")을 포함한다]이나, 주택법 제9조에 따라 등록한 주택건설사업자가 사업계획승인을 받아 건설한 주택 중 사용검사 때까지 분양되지 아니한 주택으로서 임대사업자 등록을 마치고 국토교통부령으로 정하는 바에 따라 임대하는 주택이 있다.

"매입임대주택"은 임대사업자가 매매 등으로 소유권을 취득하여 임대하는 주택(주택법에 따른 준주택 중 오피스텔을 포함한다.)을 말한다. 그 외에 "장기전세주택"과 준공공임대주택이 있다. "장기전세주택"이란 국가, 지방자치단체, 한국토지주택공사 또는 지방공사가 임대할 목적으로 건설 또는 매입하는 주택으로서 20년의 범위에서 전세계약의 방식으로 공급하는 임대주택을 말한다. "준공공임대주택"이란 매입임대주택으로서 국가, 지방자치단체, 한국토지주택공사 또는 지방공사 외의 임대사업자가 10년 이상 계속하여 임대하는 전용면적 85㎡ 이하의 주택을 말한다.

○ 임대주택의 임차인의 자격, 선정 방법, 임대보증금, 임대료 등 임대 조건

- 근거 규정

임대주택법 제20조(임대주택의 임대 조건 등) ① 임대주택의 임차인의 자격, 선정 방법, 임대보증금, 임대료 등 임대 조건에 관한 기준은 대통령령으로 정한다. 〈개정 2012.1.26〉

③ 국가·지방자치단체·한국토지주택공사·지방공사가 공급하는 임대주택의 임대보증금 및 임대료 등 임대조건을 정하는 경우에는 임차인의 소득수준 및 임대주

택의 규모 등을 고려하여 차등적으로 정할 수 있다. 〈개정 2011.8.4, 2012.1.26〉

②, ④, ⑤, ⑥, ⑦ : 생략

동법 시행령 제19조(임대주택 임차인의 자격 및 선정 방법) ① 법 제20조제1항에 따라 건설임대주택 중 주택법 제16조에 따른 사업계획승인을 받아 건설한 공공건설임대주택 임차인의 자격 및 선정 방법은 국토교통부령으로 정하는 바에 따르며, 그 외의 건설임대주택 임차인의 자격 및 선정 방법은 해당 임대사업자가 정한다. 〈개정 2012.4.26, 2013.3.23〉

② 법 제20조제1항에 따라 매입임대주택 중 국가, 지방자치단체, 한국토지주택공사 또는 지방공사가 공급하는 매입임대주택(이하 "공공매입임대주택"이라 한다.)의 임차인은 무주택 세대주를 대상으로 선정하되, 임차인 선정의 우선순위 및 선정 방법은 국토교통부령으로 정한다. 〈신설 2012.4.26, 2013.3.23〉

③ 공공매입임대주택 외의 매입임대주택 임차인의 자격 및 선정 방법은 해당 임대사업자가 정한다. 〈신설 2012.4.26〉

동법 시행규칙 제12조(공공건설임대주택의 임차인 자격 등) ① 영 제19조제1항에 따른 공공건설임대주택의 임차인의 자격 및 선정방법에 관하여는 「주택공급에 관한 규칙」이 정하는 바에 따른다. 〈개정 2012.4.26〉

② 영 제19조제1항에 따른 공공건설임대주택의 임대사업자는 다음 각 호의 어느 하나에 해당하는 경우에는 미리 「주택공급에 관한 규칙」 제21조의2제1항에 따라 주택소유 여부를 확인하여야 한다. 〈개정 2012.4.26〉

1. 임대차계약을 체결하는 경우. 다만, 해당 임대주택에 최초로 입주하는 경우로서 「주택공급에 관한 규칙」 제10조제6항에 따라 선정된 임차인과 임대차계약을 체결하는 경우는 제외한다.
2. 영 제13조제2항제3호에 따라 임대의무기간 중에 분양전환하는 경우
3. 영 제18조제1항 각 호에 따른 임차권의 양도 또는 임대주택의 전대(轉貸)에 대한 동의
4. 법 제21조제1항 및 제2항에 따라 공공건설임대주택을 우선 분양전환하는 경우

③ 공공건설임대주택의 임대사업자는 매년 1회 이상 「주택공급에 관한 규칙」 제21조의2제1항에 따라 해당 임대주택의 임차인에 대하여 주택소유 여부를 확인하여야 한다.

④~⑤ : 생략

동법 시행규칙 제12조의2(공공매입임대주택의 임차인 자격 등) ① 영 제19조제2항에 따른 공공매입임대주택의 임차인은 다음 각 호의 순위에 따라 선정한다. 〈개정 2013.3.23〉

1. 제1순위에 해당하는 사람 : 다음 각 목의 어느 하나에 해당하는 사람
   가. 「국민기초생활 보장법」 제2조제2호에 따른 수급자
   나. 「한부모가족지원법 시행규칙」 제3조에 따라 여성가족부장관이 정하는 기준에 해당하는 한부모가족
2. 제2순위에 해당하는 사람 : 다음 각 목의 어느 하나에 해당하는 사람. 다만, 토지·건물 및 자동차 등 재산의 가액이 국토교통부장관이 정하여 고시하는 금액을 넘는 사람은 제외한다.
   가. 해당 세대의 월평균소득(세대주와 동일한 세대별 주민등록표상에 기재되어 있지 아니한 세대주의 배우자 및 배우자와 동일한 세대를 이루고 있는 세대원의 소득을 포함한다. 이하 이 호에서 같다.)이 매년 통계청장이 공표하는 전년도 도시근로자 가구당 월평균소득[태아를 포함한 가구원(家口員) 수가 4명 이상인 세대는 가구원수별 가구당 월평균소득으로 한다. 이하 이 호에서 같다.]의 50% 이하인 사람
   나. 「장애인복지법」 제32조제1항에 따라 장애인등록증이 발급된 자로서 해당 세대의 월평균소득이 가목에 따른 전년도 도시근로자 가구당 월평균소득 이하인 사람

② 제1항 각 호의 제1순위 및 제2순위 중 같은 순위 안에서 경쟁이 있는 경우에는 국토교통부장관이 정하여 고시하는 항목별 배점표에 따라 배점을 합산한 순위에 따라 임차인을 선정하되, 합산한 점수가 동일한 경우에는 공공매입임대주택이 소재한 시·군·구(자치구를 말한다. 이하 같다.)로의 전입일이 빠른 순서로 임차인을 선정한다. 〈개정 2013.3.23〉

③ 제1항 및 제2항에서 규정한 사항 외에 공공매입임대주택의 임차인 선정 세부기준 및 절차 등 필요한 사항은 국토교통부장관이 정하여 고시한다. 〈개정 2013.3.23〉

[본조신설 2012.4.26]

▢ 시도별 조례

○ 경기도

第20조(주거환경개선사업의 주택공급대상에서 제외되는 자) 영 제54조제1항 관련 [별표2] 제2호에 따라서 주택공급이 제외되는 과소토지 소유자 등은 다음 각 호와 같다. 다만, 시장·군수가 해당 지역의 실정을 감안하여 토지의 합리적 이용 및 주택공급에 미치는 영향이 크지 않다고 판단하는 경우에는 제1호에 한하여 주택을 공급할 수 있다.

1. 건축법 제57조에 따라서 해당 시군의 조례로 정한 대지분할 제한면적에 미달하는 토지소유자
2. 신발생무허가건축물의 소유자

주거환경개선사업의 임대보증금·임대료에 대한 규정이 없다. 제1호인 해당 시군의 조례에 정한 대지분할 제한면적은 대도시별 건축조례에 의한다.

○ 남양주시, 부천시, 수원시, 안산시, 안양시, 화성시, 고양시

경기도와 같다.

○ 인천시

第25조(주거환경개선사업의 주택공급기준) 영 제54조제1항 관련 [별표2] 제2호에 따라 주거환경개선사업을 위한 정비구역 또는 다른 주거환경개선사업을 위한 정비구역안에 과소필지 등의 토지를 소유한 자 등에게 주택을 공급할 수 있는 경우는 다음 각 호와 같다.

1. 토지면적의 합이 분할제한면적 이상인 2 이상의 과소필지를 소유한 경우
2. 제23조제3항제1호에 해당되는 자
3. 구청장 등이 해당 지역의 실정상 토지의 합리적인 이용 및 주택공급 등에 지장이 없다고 인정하는 경우

第26조(주거환경개선사업의 임대보증금 등) 영 제54조제2항 관련 [별표3] 제1호 다목(2)에 따라 구청장 등은 주거환경개선사업의 시행으로 건설·공급되는 임대주

택의 임대보증금 및 임대료 등에 관하여 임대주택법령 및 주택법령의 관련규정에 저촉되지 아니하는 범위 안에서 이를 따로 정할 수 있다. 이 경우 구청장 등은 사업시행자와 미리 협의하여야 한다.

○ 부산시

제29조(주거환경개선사업의 주택공급대상에서 제외되는 자) 영 제54조제1항 관련 [별표2] 제2호에 의하여 주택공급이 제외되는 과소토지소유자 등은 다음 각 호와 같다. 다만, 구청장이 당해 지역의 실정을 감안하여 토지의 합리적 이용 및 주택공급에 미치는 영향이 크지 않다고 인정하는 경우에는 주택을 공급할 수 있다. 〈개정 2005.2.16〉

1. 부산시 건축조례 제39조에 의한 대지분할 제한면적에 미달하는 토지소유자. 다만, 제22조제1항제2호 단서에 해당하는 자에게는 주택을 공급할 수 있다. 〈개정 2005.2.16〉
2. 신발생무허가건축물의 소유자
3. 영 제54조제1항 관련 [별표2] 제2호 가목에 의한 구역지정 공람·공고일 이후 종전 토지등소유자로부터 토지 또는 건축물을 분리하여 취득하거나 일부를 취득한 자

제30조(임대보증금·임대료) 영 제54조제2항 관련 [별표3] 제1호 다목(2)에 따라 구청장은 법 제4조의2에 따라 국토부장관이 고시하는 주택규모별 면적의 최소면적 이하의 임대주택의 임대보증금 및 임대료의 상한 기준을 임대주택법령에 저촉되지 아니하는 범위에서 따로 정할 수 있다. 이 경우 구청장은 사업시행자와 미리 협의하여야 한다. 〈개정 2005.9.21, 2008.5.7, 2010.3.3〉

○ 대구시

제30조(주거환경개선사업의 주택공급대상에서 제외되는 자) 영 제54조제1항 관련 [별표2] 제2호에 의하여 주택공급이 제외되는 과소토지소유자 등은 다음 각 호와 같다. 다만, 구청장이 당해 지역의 실정을 감안하여 토지의 합리적 이용 및 주택공급에 미치는 영향이 크지 않다고 판단하는 경우에는 주택을 공급할 수 있다.

1. 대구시 건축조례 제25조에 의하여 당해 지역의 대지분할 제한면적에 미달하는 토지소유자
2. 신발생무허가건축물의 소유자

제31조(주거환경개선사업의 임대보증금·임대료) 영 제54조제2항 관련 [별표3] 제1호 다목(2)에 의하여 구청장은 법 제4조의2에 의하여 장관이 고시한 주택규모별 면적의 최소면적 이하의 임대주택의 임대보증금 및 임대료의 상한 기준을 임대주택법령에 저촉되지 아니하는 범위 안에서 따로 정할 수 있다. 이 경우 구청장은 사업시행자와 미리 협의하여야 한다. 〈개정 2006.3.10 조례 제3761호〉

○ 대전시

제29조(주거환경개선사업의 주택공급대상에서 제외되는 자) 영 [별표2] 제2호 단서규정에 의하여 주택공급이 제외되는 과소토지 소유자 등은 다음 각 호와 같다. 다만, 구청장이 당해 지역의 실정을 감안하여 토지의 합리적 이용 및 주택공급에 미치는 영향이 크지 않다고 인정하는 경우에는 주택을 공급할 수 있다.

1. 「대전시 건축조례」 제30조에서 정한 대지분할 제한면적에 미달하는 토지소유자. 다만, 제22조제1항제2호 단서규정에 해당하는 자에게는 주택을 공급할 수 있다. 〈개정 2006.5.12 조례 제3421호〉〈개정 2012.6.15 조례 제4076호〉
2. 신발생무허가건축물의 소유자

제30조(임대보증금·임대료) 영 [별표3] 제1호 다목(2)의 규정에 의하여 구청장은 법 제4조의2의 규정에 따라 국토교통부장관이 고시하는 주택규모별 최소면적 이하의 임대주택의 임대보증금 및 임대료의 상한 기준을 임대주택법령에 저촉되지 아니하는 범위 안에서 따로 정할 수 있다. 이 경우 구청장은 사업시행자와 미리 협의하여야 한다. 〈개정 2006.5.12 조례 제3421호〉〈개정 2008.8.8 조례 제3674호〉〈개정 2013.11.8〉

○ 광주시

제31조(주거환경개선사업의 주택공급대상에서 제외되는 자) 영 제54조제1항 관련

[별표2] 제2호의 단서에 따라 주택공급이 제외되는 자는「광주시 건축조례」제31조제1호에 따른 대지분할 제한면적에 미달하는 토지소유자로 한다. 다만, 제25조제1항제2호 단서규정에 해당하는 자는 제외한다. 〈개정 2010.1.1, 2011.7.1, 2012.5.15〉

제32조(임대보증금·임대료) 영 제54조제2항 관련 [별표3] 제1호 다목(2)에 따라 구청장은 전용면적 30㎡ 이하의 임대주택의 임대보증금 및 임대료의 상한 기준을 임대주택법령에 저촉되지 아니하는 범위 안에서 따로 정할 수 있다. 이 경우 구청장은 사업시행자와 미리 협의하여야 한다. 〈개정 2012.5.15〉

조례 제34조(일반분양)

법 제50조제1항

일반분양

법 제50조제1항에 따라 토지등소유자에게 공급하는 주택과 보류지를 제외한 대지 및 건축물인 체비시설 중 공동주택은 「주택공급에 관한 규칙」이 정하는 바에 따라 일반에게 분양한다.

▢ 개정 연혁

▸ 도시재개발사업조례[서울시조례]

제30조(일반분양) ① 대지 및 건축시설 중 제27조의 분양대상자에 대한 분양과 제29조에 따라 처분된 보류시설을 제외한 대지 및 건축시설은 이를 체비시설로 정하여야 한다.

② 체비시설 중 공동주택은 「주택공급에 관한 규칙」이 정하는 바에 따라 일반에게 분양하여야 하며, 그 공급가격은 제26조제4호에 의하여 산정된 가격을 참작하여 시행자가 따로 정할 수 있다. 〈개정 1998.11.20〉

③ 체비시설 중 분양대상 부대·복리시설은 제26조제4호의 가격을 기준으로 「주택공급에 관한 규칙」이 정하는 바에 따라 일반공개경쟁에 의하여 분양하여야 한다.

▸ 도시정비조례[서울시조례 제4167호, 2003.12.30, 제정]

제31조(일반분양) 관리처분계획을 수립함에 있어서 법 제50조제1항에 의하여 토지등소유자에게 공급하는 주택과 제27조에 의한 처분 보류지를 제외한 대지 및 건축물(이하 "체비시설")의 처분은 다음 각 호의 기준에 의한다.

1. 체비시설 중 공동주택은 「주택공급에 관한 규칙」이 정하는 바에 따라 일반에게 분양한다. 이 경우 공급가격은 영 제57조에 의하여 산정된 가격을 참작하여 시행자가 따로 정할 수 있다.
2. 체비시설 중 분양대상 부대·복리시설은 영 제57조에 의하여 산정된 가격을 기준으로 「주택공급에 관한 규칙」이 정하는 바에 따라 분양한다.
3. 제1호 및 제2호에 불구하고 구청장은 뉴타운지구 안에서 도시계획사업으로 철거되는 주택을 소유한 자(철거되는 주택이외의 다른 주택을 소유하지 않은 자에 한한다.)가 인근 정비구역안의 주택분양을 희망하는 경우에는 「주택공급에 관한 규칙」 제19조제2항에 의하여 특별공급하도록 한다.

부 칙 〈2003.12.30〉

제1조(시행일) 이 조례는 공포한 날부터 시행한다.

▸ [서울시조례 제4824호, 2009.7.30, 일부개정]

제34조(일반분양) 관리처분계획을 수립함에 있어서 법 제50조제1항에 따라 토지등소유자에게 공급하는 주택과 제31조에 따른 처분 보류지를 제외한 대지 및 건축물(이하 "체비시설")의 처분은 다음 각 호의 기준에 따른다. 〈개정 2009.7.30〉

1. 체비시설 중 공동주택은 「주택공급에 관한 규칙」이 정하는 바에 따라 일반에게 분양한다. 이 경우 공급가격은 영 제57조에 따라 산정된 가격을 참작하여 시행자가 따로 정할 수 있다. 〈개정 2009.7.30〉
2. 체비시설 중 분양대상 부대·복리시설은 영 제57조에 따라 산정된 가격을 기준으로 「주택공급에 관한 규칙」이 정하는 바에 따라 분양한다. 다만, 세입자(정비구역의 지정을 위한 공람·공고일 3개월 이전부터 사업시행인가로 인하여 이주하는 날까지 계속하여 영업하고 있는 세입자를 말한다.)가 분양을 희망하는 경우에는 다음 각 목의 순위에 따라 우선 분양한다. 〈단서신설 2009.7.30〉
   가. 제1순위 : 종전 건축물의 용도가 분양건축물 용도와 동일하거나 유사한 시설인 건축물의 세입자로서 사업자등록을 필하고 영업한 자(개정 2009.7.30〉

나. 제2순위 : 종전 건축물의 용도가 분양건축물 용도와 동일하거나 유사한 시설인 건축물의 세입자로서 영업한 자 〈개정 2009.7.30〉

3. 제1호 및 제2호에 불구하고 구청장은 뉴타운지구 안에서 도시계획사업으로 철거되는 주택을 소유한 자(철거되는 주택 이외의 다른 주택을 소유하지 않은 자에 한한다.)가 인근 정비구역안의 주택분양을 희망하는 경우에는 「주택공급에 관한 규칙」 제19조제2항에 따라 특별공급하도록 한다. 〈개정 2009.7.30〉

부 칙 〈2009.7.30〉

제1조(시행일) 이 조례는 공포한 날부터 시행한다.

제5조(상가세입자 우선 분양권에 관한 적용례) 제34조제2호 단서 규정은 이 조례 시행 이후 최초로 정비구역이 지정되는 분부터 적용한다.

➡ 조례 개정에 의해 일부 조항이 추가되었으며, 제2호의 경우 단서조항을 신설하였다.

▢ 체비지와 체비지

정비사업에 따라 취득하는 대지 또는 건축물 중 토지등소유자에게 분양하는 대지 또는 건축물은 도시개발법 제40조에 의하여 행하여진 환지로 보며, 보류지와 일반에게 분양하는 대지 또는 건축물은 도시개발법 제34조에 의한 보류지 또는 체비지로 본다(법 제55조제3항).

※ 도시개발법 제34조(체비지 등) ① 시행자는 도시개발사업에 필요한 경비에 충당하거나 규약·정관·시행규정 또는 실시계획으로 정하는 목적을 위하여 일정한 토지를 환지로 정하지 아니하고 보류지로 정할 수 있으며, 그 중 일부를 체비지로 정하여 도시개발사업에 필요한 경비에 충당할 수 있다.
② 특별자치도지사·시장·군수 또는 구청장은 주택법에 따른 공동주택의 건설을 촉진하기 위하여 필요하다고 인정하면 제1항에 따른 체비지 중 일부를 같은 지역에 집단으로 정하게 할 수 있다.

▢ 조례 제34조(일반분양)

관리처분계획을 수립함에 있어서 법 제50조제1항에 따라 토지등소유자에게 공급하는 주택과 보류지를 제외한 대지 및 건축물(이하 "체비시설")의 처분은 다음 각 호의 기준에 따른다(조례 제35조).

1. 체비시설 중 공동주택은 「주택공급에 관한 규칙」이 정하는 바에 따라 일반에게 분양한다. 이 경우 공급가격은 영 제57조에 따라 산정된 가격을 참작하여 시행자가 따로 정할 수 있다.

➡ 사업시행자인 재개발·재건축조합은 일반분양분의 분양가격을 청산기준가격에 의해 정하여 분양하고 있다. 일반분양을 위해 최근에는 분양가격이 조합원 분양가격보다 저렴하거나 좋은 층을 배정하는 등 새로운 변화가 있다.

2. 체비시설 중 분양대상 부대·복리시설은 영 제57조에 따라 산정된 가격을 기준으로 「주택공급에 관한 규칙」이 정하는 바에 따라 분양한다. 다만, 세입자(정비구역의 지정을 위한 공람·공고일 3개월 이전부터 사업시행인가로 인하여 이주하는 날까지 계속하여 영업하고 있는 세입자를 말한다.)가 분양을 희망하는 경우에는 다음 각 목의 순위에 따라 우선 분양한다.
   가. 제1순위 : 종전 건축물의 용도가 분양건축물 용도와 동일하거나 유사한 시설인 건축물의 세입자로서 사업자등록을 필하고 영업한 자
   나. 제2순위 : 종전 건축물의 용도가 분양건축물 용도와 동일하거나 유사한 시설인 건축물의 세입자로서 영업한 자

➡ 제2호의 단서는 2009.7.30 신설되었다. 정비구역의 지정을 위한 공람·공고일 3개월 이전부터 사업시행인가로 인하여 이주하는 날까지 계속하여 영업하고 있는 세입자가 부대·복리시설 등 상가의 분양을 희망하는 경우에 위의 1, 2순위를 정하여 우선 분양하도록 하였다.

2009.7.30 부칙 제5조 상가세입자 우선 분양권에 관한 적용례인 조례 제34조제2호 단서 규정은 이 조례 시행 이후 최초로 정비구역이 지정되는 분부터 적용한다.

3. 제1호 및 제2호에 불구하고 구청장은 뉴타운지구 안에서 도시계획사업으로 철거되는 주택을 소유한 자(철거되는 주택 이외의 다른 주택을 소유하지 않은 자

에 한한다.)가 인근 정비구역안의 주택분양을 희망하는 경우에는 「주택공급에 관한 규칙」 제19조제2항에 따라 특별공급하도록 한다.

➡ 재정비특별법에 의한 재정비촉진구역 내에서의 도시계획사업으로 철거되는 주택을 소유한 자에 대해서는 이 규정과 관계없이 당해 또는 인근 촉진사업의 신축주택을 공급받을 수 있다.

그러나 「서울시 지역균형발전 지원에 관한 조례」에 의한 재개발·도시환경정비사업을 하는 뉴타운지구안에서 도시계획사업으로 철거되는 주택을 소유한 자(단 그 외 다른 주택을 소유한 자는 제외)에 대해서 구청장은 「주택공급에 관한 규칙」 제19조제2항에 따른 특별공급이 가능하다.

※ 주택공급에 관한 규칙[국토부령 제17호, 2013.6.28, 일부개정]

제19조(주택의 특별공급) ②사업주체는 민영주택을 건설하여 공급하는 경우에는 제4조제1항에도 불구하고 입주자모집공고일 현재 무주택세대주인 자로서 다음 각 호의 어느 하나에 해당하는 자에게 85㎡ 이하의 주택을 관련기관의 장이 정하는 우선순위 기준에 따라 1회(제1호에 해당하는 경우는 제외한다.)에 한정하여 그 건설량의 10%의 범위에서 특별공급할 수 있다. 다만, 시·도지사의 승인을 받은 경우에는 수도권에서는 15%, 그 외의 지역에서는 20% 범위에서 특별공급할 수 있다.

1. 당해 주택을 건설하는 지역에서 철거되는 주택을 관계법령에 의하여 당해 사업시행을 위한 고시등이 있은 날 이전부터 소유 및 거주한 자(대지와 건물의 소유자가 같은 경우에 한하며, 1세대 1주택에 한한다.)
2. 「국가유공자 등 예우 및 지원에 관한 법률」에 의한 국가유공자 또는 그 유족, 「5·18민주유공자 예우에 관한 법률」에 의한 5·18민주유공자 또는 그 유족 및 「특수임무수행자 지원 및 단체설립에 관한 법률」에 따른 특수임무수행자 또는 그 유족

2의2. 「의사상자 등 예우 및 지원에 관한 법률」 제2조제4호 및 제5호에 따른 의사상자 또는 의사자유족

3. 제1항제1호의2, 제1호의3, 제2호, 제2호의2, 제5호, 제7호, 제8호, 제9호, 제11호, 제12호 및 제12호의2에 해당되는 자
4. 해외에서 1년 이상 취업한 근로자중 귀국 일부터 2년 이내인 자로서 청약예금 또는 청약부금에 가입하여 제1순위에 해당하는 자

▢ 시도별 조례

○ 경기도

관련 조문이 없다.

○ 남양주시, 부천시, 수원시, 안산시, 안양시, 화성시, 고양시

경기도와 같다.

○ 인천시

관련 조문이 없다.

○ 부산시

제31조(일반분양) 관리처분계획을 수립함에 있어서 법 제50조제1항에 따라 토지등 소유자에게 공급하는 주택과 제28조에 따른 보류지를 제외한 토지 및 건축물(이하 "체비지"라 한다.)의 처분은 다음 각 호의 기준에 따른다. 〈개정 2005.2.16, 2010.3.3〉

1. 체비지 중 공동주택은 「주택공급에 관한 규칙」이 정하는 바에 따라 일반에게 분양한다. 이 경우 그 공급가격은 영 제57조에 따라 산정된 가격을 참작하여 시행자가 따로 정할 수 있다. 〈개정 2005.2.16, 2010.3.3〉
2. 체비지 중 분양대상 부대·복리시설은 영 제57조에 따라 산정된 가격을 기준으로 「주택공급에 관한 규칙」이 정하는 바에 따라 분양한다. 〈개정 2005.2.16, 2010.3.3〉
3. 주거환경개선사업으로 건설한 주택 중 법 제50조제2항 및 제3항의 대상자에게 공급하고 남는 주택에 대하여는 「주택공급에 관한 규칙」이 정하는 바에 따라 일반에게 분양하여야 한다. 〈개정 2005.2.16〉

대구시, 대전시, 광주시도 같은 내용으로 규정하고 있다.

조례 제35조(재개발사업의 임대주택 공급대상자 등)
조례 제36조(도시환경정비사업의 임대주택 및 주택공급 등)

영 제54조제2항 [별표3]

- 재개발사업의 임대주택 공급대상자 등
- 도시환경정비사업의 임대주택 및 주택공급 등

재개발사업의 임대주택 공급대상자를 규정하면서, 도시환경정비사업에 대한 규정 중 재개발사업 관련 제21조(임대주택의 건설계획), 제22조(임대주택의 건설 등), 제23조(임대주택 등의 매입), 제27조(재개발사업의 분양대상 등), 제29조(분양예정 대지 또는 건축물 추산액의 산정), 제30조(주택공급 기준 등), 제31조(보류지 등), 제34조(일반분양), 제35조(재개발사업의 임대주택 공급대상자 등) 등을 준용한다.

☐ 개정 연혁

▸ 도시재개발사업조례 시행규칙[서울시규칙]

제14조(재개발임대주택의 입주대상기준 등) ① 조례 제20조제1항에 의하여 임대주택에 입주자격이 있는 세입자는 다음 각 호에 모두 해당하는 세대로 한다.

1. 재개발사업의 시행으로 철거되는 주택의 세입자로서 재개발사업의 시행을 원인으로 이주하는 세대. 이 경우 당해 주택이 무허가건축물인 경우에는 조례 제2조제1호에 의한 기존무허가 건축물이어야 한다.
2. 법 제4조제4항에 의한 당해 재개발사업의 최초 구역지정·고시일(구역의 변경지정으로 새로이 추가된 구역안의 세입자는 당해 구역 범위의 추가지정을 위한 최초의 구역변경 지정·고시일)의 3월 전(이하 "기준일"이라 한다. 이하 이 조에서 같다.)부터 사업시행으로 인한 이주 시까지 당해 구역에 계속 거주한 세대. 이 경우 거주시점은 주민등록표에 등재된 내용을 기준으로 한다.
3. 입주대상자의 세대기준은 다음 각 목의 1에 해당하는 세대로 한다.

가. 기준일부터 임대주택 입주 시까지 세대별 주민등록표상에 부부 또는 직계존비속으로 이루어진 세대(이혼모가 직계존비속 이었던 자와 동거하고 있는 세대를 포함)

나. 관할 구청장이 소년소녀가장세대로 책정한 세대로서 가족 2인 이상으로 세대별 주민등록표에 등재된 세대

다. 형제·자매 등으로만 이루어진 세대로서 가족 2인 이상으로 세대별 주민등록표에 등재된 세대. 이 경우, 세대주가 30세 이상 또는 소득세법 제4조에 의한 소득이 있는 자이어야 한다.

라. 기준일부터 임대주택 입주 시까지 세대별 주민등록표상에 배우자 및 직계존·비속인 세대원이 없는 세대. 이 경우, 세대주가 30세 이상 또는 소득세법 제4조에 의한 소득이 있는 자이어야 하며, 동일가옥 거주자로서 주민등록 분리세대는 제외 한다.

4. 기준일부터 임대주택 입주 시까지 세대주를 포함한 세대원(세대주와 동일한 세대별 주민등록표상에 등재되어 있지 아니한 세대주의 배우자 및 배우자와 동일한 세대를 이루고 있는 직계비속을 포함하며 제3호의 이혼모 및 동거 직계존비속을 포함한다.) 전원이 주택을 소유하고 있지 아니한 세대. 이 경우 무주택에 해당하는 지의 여부는 「주택공급에 관한 규칙」 제6조제3항을 준용한다.

5. 「공공용지의 취득 및 손실보상에 관한 특례법 시행규칙」 제30조의2에 의하여 당해 구역의 사업시행으로 주거대책비를 지급받지 아니하는 세대.

② 시행자는 사업시행계획의 수립 전에 사업시행구역 안의 세입자에게 임대주택 건설계획, 임대주택을 공급받을 수 있는 자격요건, 임대주택공급신청서의 서식, 임대주택 공급신청기간 및 장소, 기타 주거대책비 지급기준 등을 내용으로 하는 세입자 이주대책 안내문을 서면으로 통지하여야 한다. 〈개정 1999.3.5〉

③ 제1항에 의한 세입자로서 임대주택의 공급을 희망하는 세입자는 별지 제28호서식에 의한 재개발임대주택 공급신청서를 제2항의 신청기간 내에 시행자에게 제출하여야 한다. 〈개정 1999.3.5〉

④ 시행자는 재개발임대주택 공급신청서가 제출된 때에는 제1항에 의한 공급대상 자격요건을 검토한 후 제1항제4호에 의한 신청인 및 세대원 전원의 주택

소유여부에 관한 전산검색을 구청장에게 의뢰하여야 한다. 〈개정 1999.3.5〉

⑤ 시행자는 제4항에 의한 전산검색 등을 거쳐 임대주택 공급대상세입자를 결정한 때에는 제13조제1항제1호에 의한 재개발임대주택 건설 및 공급계획을 작성하여야 한다. 이 경우 시행자는 임대주택 입주대상 세입자를 결정하기 전에 전산검색으로 주택소유자로 판명되거나 기타 자격요건에 미달하여 임대주택 공급대상에서 제외되는 임대주택 공급신청자에게 미리 소명기회를 부여하여야 한다. 〈개정 1999.3.5〉

⑥ 임대주택의 공급대상은 법 제22조 내지 제24조에 의한 사업시행인가로 확정된다. 이 경우 세입자 이주대책 중 주거 대책비를 지급하는 경우와 임대주택을 공급하는 경우의 상호 변경은 법 제25조제1항에 의한 공람기간 안에 신청인의 의견 제출이 있는 경우에 한하여 이를 변경할 수 있다.

➡ 구 도시재개발법에서는 재개발사업의 임대주택 공급대상자 관련 규정을 조례 시행규칙에서 규정하였다.

재개발사업의 임대주택 공급대상자 등에 대한 개정 연혁은 다음과 같다.

▶ 도시정비조례 [서울시조례 제4167호, 2003.12.30, 제정]

第32조(재개발사업의 임대주택 공급대상자 등) ① 영 제54조제2항 관련 [별표3] 제2호 가목(4)에서 "시도 조례가 정하는 자"란 다음 각 호의 1에 해당하는 자를 말한다.

1. 당해 정비구역안에 거주하는 세입자로서 세대별 주민등록표에 등재된 날을 기준으로 영 제11조에 의한 정비구역의 지정을 위한 공람·공고일(사업시행방식전환의 경우에는 전환을 위한 공람·공고일을 말한다.) 3월 이전부터 사업시행인가로 인하여 이주하는 날까지 계속하여 거주하고 있는 무주택세대주. 다만, 신발생무허가건축물에 거주하는 세입자는 제외한다.
2. 당해 정비구역안의 주택을 공급받을 자격을 가진 분양대상 토지등소유자로서 분양신청을 포기한 자
3. 당해 정비구역 이외의 재개발구역안의 세입자로서 제1호에 해당하는 입주자격을 가진 무주택세대주

4. 당해 정비구역에 인접하여 시행하는 도시계획사업(이 법에 의한 정비사업을 제외한다.)으로 철거되는 주택의 소유자 또는 무주택세대주로서 구청장이 추천하여 시장이 선정한 자
5. 그 밖에 규칙이 정하는 자

② 제1항제1호에 의한 공급대상자 세대의 판단기준은 다음과 같다.

1. 정비구역 지정을 위한 공람·공고일 3월 이전부터 임대주택 입주 시까지 세대별 주민등록표에 부부 또는 직계 존·비속으로 이루어진 세대. 이 경우 이혼모가 직계 존·비속이었던 자와 동거하고 있는 세대를 포함한다.
2. 관할구청장이 소년·소녀 가장세대로 책정한 세대로서 가족 2인 이상이 세대별 주민등록표에 등재된 세대
3. 형제·자매 등으로만 이루어진 세대로서 가족 2인 이상이 세대별 주민등록표에 등재된 세대. 이 경우 세대주가 30세 이상이거나 소득세법 제4조에 의한 소득이 있는 자이어야 한다.
4. 재개발구역 지정을 위한 공람·공고일(1996.6.30 이전 지정된 정비구역은 사업계획결정·고시일을 말하며, 사업시행방식전환의 경우에는 사업시행방식전환을 위한 공람·공고일을 말한다.) 3월 이전부터 이주 시까지 세대별 주민등록표상에 배우자 및 직계 존·비속인 세대원이 없는 세대인 경우에는 세대주가 30세 이상이거나 소득세법 제4조에 의한 소득이 있는 자 이어야 한다. 다만, 동일가옥 거주자로서 주민등록표상 분리세대는 제외한다.

③ 영 제54조제2항 관련 [별표3] 제2호 나목에 의한 재개발사업의 임대주택은 다음 각 호의 순위에 의하여 공급한다.

1. 제1순위 : 제1항제1호에 해당하는 자
2. 제2순위 : 제1항제2호에 해당하는 자
3. 제3순위 : 제1항제3호에 해당하는 자
4. 제4순위 : 제1항제4호에 해당하는 자
5. 제5순위 : 제1항제5호에 해당하는 자

부 칙 〈2003.12.30〉

제1조(시행일) 이 조례는 공포한 날부터 시행한다.

제9조(임대주택 공급대상 기준에 관한 경과 조치) 이 조례 시행 당시 종전 도시재개발법 제4조에 의하여 재개발구역으로 지정된 정비구역의 임대주택 공급대상 기준은 제32조제1항제1호에 불구하고 종전 관련 조례에 의한다. 이 경우 구역지정·고시일을 영 제11조에 의한 정비구역 지정을 위한 공람·공고일로 본다.

► **[서울시조례 제5007호, 2010.7.15, 일부개정]**

제35조(재개발사업의 임대주택 공급대상자 등) ① 영 제54조제2항 관련 [별표3] 제2호 가목(4)에서 "시도 조례가 정하는 자"란 다음 각 호의 어느 하나에 해당하는 자를 말한다. 〈개정 2009.7.30〉

1. 해당 정비구역안에 거주하는 세입자로서 세대별 주민등록표에 등재된 날을 기준으로 영 제11조에 따른 정비구역의 지정을 위한 공람·공고일(사업시행방식전환의 경우에는 전환을 위한 공람·공고일을 말한다.) 3개월 이전부터 사업시행인가로 인하여 이주하는 날(법 제48조의2제2항에 따라 건축물을 철거하는 경우 구청장의 허가를 받아 이주)까지 계속하여 거주하고 있는 무주택세대주. 다만, 신발생무허가건축물에 거주하는 세입자는 제외한다. 〈개정 2009.7.30, 2010.7.15〉
2. 해당 정비구역안의 주택을 공급받을 자격을 가진 분양대상 토지등소유자로서 분양신청을 포기한 자 〈개정 2009.7.30〉
3. 해당 정비구역 이외의 재개발구역 안의 세입자로서 제1호에 해당하는 입주자격을 가진 무주택세대주 〈개정 2009.7.30〉
4. 해당 정비구역에 인접하여 시행하는 도시계획사업(이 법에 따른 정비사업을 제외한다.)으로 철거되는 주택의 소유자 또는 무주택세대주로서 구청장이 추천하여 시장이 선정한 자 〈개정 2009.7.30〉
5. 그 밖에 규칙이 정하는 자 〈개정 2009.7.30〉

② 제1항제1호에 따른 공급대상자 세대의 판단기준은 다음 각 호와 같다. 〈개정 2009.7.30〉

1. 정비구역 지정을 위한 공람·공고일 3개월 이전부터 임대주택 입주 시까지 세대별 주민등록표에 부부 또는 직계 존·비속으로 이루어진 세대. 이 경우 이혼모가 직계 존·비속이었던 자와 동거하고 있는 세대를 포함한다. 〈개정

2009.7.30〉

2. 관할구청장이 소년·소녀 가장세대로 책정한 세대로서 가족 2인 이상이 세대별 주민등록표에 등재된 세대 〈개정 2009.7.30〉
3. 형제·자매 등으로만 이루어진 세대로서 가족 2인 이상이 세대별 주민등록표에 등재된 세대. 이 경우 세대주가 30세 이상이거나 소득세법 제4조에 따른 소득이 있는 자이어야 한다. 〈개정 2009.7.30〉
4. 재개발구역지정을 위한 공람·공고일(1996.6.30 이전 지정된 정비구역은 사업계획결정·고시일을 말하며, 사업시행방식전환의 경우에는 사업시행방식전환을 위한 공람·공고일을 말한다.) 3개월 이전부터 이주 시까지 세대별 주민등록표상에 배우자 및 직계 존·비속인 세대원이 없는 세대인 경우에는 세대주가 30세 이상이거나 소득세법 제4조에 따른 소득이 있는 자 이어야 한다. 다만, 동일가옥 거주자로서 주민등록표상 분리세대는 하나의 임대주택만 공급한다. 다만, 가옥주와 동일가옥 거주자로서 주민등록표상 분리세대는 제외하며, 동일 가옥에 주민등록표상 여러 세대인 경우 하나의 임대주택만 공급한다. 〈개정 2009.7.30, 2010.7.15〉

③ 영 제54조제2항 관련 [별표3] 제2호 나목에 따른 재개발사업의 임대주택은 다음 각 호의 순위에 따라 공급한다. 〈개정 2009.7.30〉

1. 제1순위 : 제1항제1호에 해당하는 자
2. 제2순위 : 제1항제2호에 해당하는 자
3. 제3순위 : 제1항제3호에 해당하는 자
4. 제4순위 : 제1항제4호에 해당하는 자
5. 제5순위 : 제1항제5호에 해당하는 자

부 칙 〈제5007호, 2010.7.15〉

제1조(시행일) 이 조례는 2010.7.16부터 시행한다.

➡ 안전사고의 우려가 있는 경우에는 기존 건축물 소유자의 동의 및 구청장의 허가를 얻어 건축물을 철거하는 경우 철거주택세입자에 대해 임대주택 입주자격을 유지토록 하였다. 2009.7.30 개정이 있었으나, 자구수정을 한 정도이며, 내용은 바뀌지 않았다.

► **[서울시조례 제5237호, 2012.1.5, 일부개정]**

제35조(재개발사업의 임대주택 공급대상자 등) ① 영 제54조제2항 관련 [별표3] 제2호 가목(4)에서 "시도 조례가 정하는 자"란 다음 각 호의 어느 하나에 해당하는 자를 말한다. 〈개정 2009.7.30, 2010.7.15, 2012.1.5〉

1. 해당 정비구역안에 거주하는 세입자로서 세대별 주민등록표에 등재된 날을 기준으로 영 제11조에 따른 정비구역의 지정을 위한 공람·공고일(사업시행방식전환의 경우에는 전환을 위한 공람·공고일을 말한다.) 3개월 이전부터 사업시행인가로 인하여 이주하는 날(법 제48조의2제2항에 따라 건축물을 철거하는 경우 구청장의 허가를 받아 이주)까지 계속하여 거주하고 있는 무주택세대주. 다만, 신발생무허가건축물에 거주하는 세입자는 제외한다.
2. 해당 정비구역안의 주택을 공급받을 자격을 가진 분양대상 토지등소유자로서 분양신청을 포기한 자
3. 소속 대학의 장(총장 또는 학장)의 추천에 따라 선정된 저소득가구의 대학생(제8조제2항제2호에 따라 임대주택을 계획한 해당구역에 한함) 〈신설 2012.1.5〉
4. 해당 정비구역 이외의 재개발구역 안의 세입자로서 제1호에 해당하는 입주자격을 가진 무주택세대주
5. 해당 정비구역에 인접하여 시행하는 도시계획사업(이 법에 따른 정비사업을 제외한다.)으로 철거되는 주택의 소유자 또는 무주택세대주로서 구청장이 추천하여 시장이 선정한 자
6. 그 밖에 규칙이 정하는 자

② 제1항제1호에 따른 공급대상자 세대의 판단기준은 다음 각 호와 같다. 〈개정 2009.7.30〉

1. 정비구역 지정을 위한 공람·공고일 3개월 이전부터 임대주택 입주 시까지 세대별 주민등록표에 부부 또는 직계 존·비속으로 이루어진 세대. 이 경우 이혼모가 직계 존·비속이었던 자와 동거하고 있는 세대를 포함한다. 〈개정 2009.7.30〉
2. 관할구청장이 소년·소녀 가장세대로 책정한 세대로서 가족 2인 이상이 세대별 주민등록표에 등재된 세대 〈개정 2009.7.30〉
3. 형제·자매 등으로만 이루어진 세대로서 가족 2인 이상이 세대별 주민등록

표에 등재된 세대. 이 경우 세대주가 30세 이상이거나 「소득세법」 제4조에 따른 소득이 있는 자이어야 한다. 〈개정 2009.7.30〉

4. 재개발구역지정을 위한 공람·공고일(1996.6.30 이전 지정된 정비구역은 사업계획결정·고시일을 말하며, 사업시행방식전환의 경우에는 사업시행방식 전환을 위한 공람·공고일을 말한다.) 3개월 이전부터 이주 시까지 세대별 주민등록표상에 배우자 및 직계 존·비속인 세대원이 없는 세대인 경우에는 세대주가 30세 이상이거나 소득세법 제4조에 따른 소득이 있는 자 이어야 한다. 다만, 가옥주와 동일가옥 거주자로서 주민등록표상 분리세대는 제외하며, 동일 가옥에 주민등록표상 여러 세대인 경우 하나의 임대주택만 공급한다. 〈개정 2009.7.30, 2010.7.15〉

③ 영 제54조제2항 관련 [별표3] 제2호 나목에 따른 재개발사업의 임대주택은 다음 각 호의 순위에 따라 공급한다. 〈개정 2009.7.30, 2012.1.5〉

1. 제1순위 : 제1항제1호에 해당하는 자
2. 제2순위 : 제1항제2호에 해당하는 자
3. 제3순위 : 제1항제3호에 해당하는 자
4. 제4순위 : 제1항제4호에 해당하는 자
5. 제5순위 : 제1항제5호에 해당하는 자
6. 제6순위 : 제1항제6호에 해당하는 자

④ 제1항제3호 및 제3항제3호에 따른 임대주택은 소속 대학의 장(총장 또는 학장)이 추천하는 학생으로서 다음 각 호의 순위에 따라 재학기간에 한하여 공급한다. 〈신설 2012.1.5〉

1. 제1순위 : 아동복지시설에서 퇴거한 대학생
2. 제2순위 : 기초생활수급자 자녀의 대학생
3. 제3순위 : 차상위계층 자녀의 대학생

부 칙 〈제5237호, 2012.1.5〉

제1조(시행일) 이 조례는 공포한 날부터 시행한다.

➡ 대학 주변지역 정비사업으로 대학생 밀집 거주공간의 대량 멸실이 우려되는 경우에 저소득가구 대학생을 위한 임대주택을 공급하였다.

▸ [서울시조례 제5348호, 2012.7.30, 일부개정]

第35조(재개발사업의 임대주택 공급대상자 등) ① 영 제54조제2항 관련 [별표3] 제2호 가목(4)에서 "시도 조례가 정하는 자"란 다음 각 호의 어느 하나에 해당하는 자를 말한다. 〈개정 2009.7.30, 2010.7.15, 2012.1.5〉

1. 해당 정비구역안에 거주하는 세입자로서 세대별 주민등록표에 등재된 날을 기준으로 영 제11조에 따른 정비구역의 지정을 위한 공람·공고일(사업시행방식전환의 경우에는 전환을 위한 공람·공고일을 말한다.) 3월전(「국민기초생활 보장법」 제2조제2호에 따른 수급자는 사업시행인가 신청일 전)부터 사업시행인가로 인하여 이주하는 날(법 제48조의2제2항에 따라 건축물을 철거하는 경우 구청장의 허가를 받아 이주)까지 계속하여 거주하고 있는 무주택세대주. 다만, 신발생무허가건축물에 거주하는 세입자는 제외한다. 〈개정 2012.7.30〉
2. 해당 정비구역안의 주택을 공급받을 자격을 가진 분양대상 토지등소유자로서 분양신청을 포기한 자
3. 소속 대학의 장(총장 또는 학장)의 추천에 따라 선정된 저소득가구의 대학생(제8조제2항제2호에 따라 임대주택을 계획한 해당구역에 한함) 〈신설 2012.1.5〉
4. 해당 정비구역 이외의 재개발구역 안의 세입자로서 제1호에 해당하는 입주자격을 가진 무주택세대주
5. 해당 정비구역에 인접하여 시행하는 도시계획사업(이 법에 따른 정비사업을 제외한다.)으로 철거되는 주택의 소유자 또는 무주택세대주로서 구청장이 추천하여 시장이 선정한 자
6. 그 밖에 규칙이 정하는 자

② 제1항제1호에 따른 공급대상자 세대의 판단기준은 다음 각 호와 같다. 〈개정 2009.7.30〉

1. 정비구역 지정을 위한 공람·공고일 3개월 이전부터 임대주택 입주 시까지 세대별 주민등록표에 부부 또는 직계 존·비속으로 이루어진 세대. 이 경우 이혼모가 직계 존·비속이었던 자와 동거하고 있는 세대를 포함한다. 〈개정 2009.7.30〉

2. 관할구청장이 소년·소녀 가장세대로 책정한 세대로서 가족 2인 이상이 세대별 주민등록표에 등재된 세대 〈개정 2009.7.30〉
3. 형제 자매 등으로만 이루어진 세대로서 가족 2인 이상이 세대별 주민등록표에 등재된 세대. 이 경우 세대주가 30세 이상이거나 소득세법 제4조에 따른 소득이 있는 자이어야 한다. 〈개정 2009.7.30〉
4. 재개발구역지정을 위한 공람·공고일(1996.6.30 이전 지정된 정비구역은 사업계획결정·고시일을 말하며, 사업시행방식전환의 경우에는 사업시행방식 전환을 위한 공람·공고일을 말한다.) 3개월 이전부터 이주 시까지 세대별 주민등록표상에 배우자 및 직계 존·비속인 세대원이 없는 세대인 경우에는 세대주가 30세 이상이거나 소득세법 제4조에 따른 소득이 있는 자 이어야 한다. 다만, 가옥주와 동일가옥 거주자로서 주민등록표상 분리세대는 제외하며, 동일 가옥에 주민등록표상 여러 세대인 경우 하나의 임대주택만 공급한다. 〈개정 2009.7.30, 2010.7.15〉

③ 영 제54조제2항 관련 [별표3] 제2호 나목에 따른 재개발사업의 임대주택은 다음 각 호의 순위에 따라 공급한다. 〈개정 2009.7.30, 2012.1.5〉

1. 제1순위 : 제1항제1호에 해당하는 자
2. 제2순위 : 제1항제2호에 해당하는 자
3. 제3순위 : 제1항제3호에 해당하는 자
4. 제4순위 : 제1항제4호에 해당하는 자
5. 제5순위 : 제1항제5호에 해당하는 자
6. 제6순위 : 제1항제6호에 해당하는 자

④ 제1항제3호 및 제3항제3호에 따른 임대주택은 소속 대학의 장(총장 또는 학장)이 추천하는 학생으로서 다음 각 호의 순위에 따라 재학기간에 한하여 공급한다. 〈신설 2012.1.5〉

1. 제1순위 : 아동복지시설에서 퇴거한 대학생
2. 제2순위 : 기초생활수급자 자녀의 대학생
3. 제3순위 : 차상위 계층 자녀의 대학생

⑤ 제3항에 따른 같은 순위 안에서 경쟁이 있는 때에는 해당 정비구역안에서 거주한 기간이 오래된 순으로 공급한다. 〈신설 2012.7.30〉

부 칙 〈제5348호, 2012.7.30〉

제1조(시행일) 이 조례는 공포한 날부터 시행한다.

제2조(기초생활수급자 임대주택 적용례) 제35조의 개정규정은 이 조례 시행 후 최초로 사업시행인가를 신청하는 분부터 적용한다.

➡ 기초생활수급자에 대한 임대주택 입주자격 확대(제35조제1항)
- 기초생활수급자는 사업시행인가 신청일 전부터 사업시행으로 이주하는 날까지 계속하여 거주한 자에게 임대주택 공급

도시환경정비사업의 임대주택 및 주택공급 등에 대한 개정 연혁은 다음과 같다.

► **[서울시조례 제4167호, 2003.12.30, 제정]**

제33조(도시환경정비사업의 임대주택 및 주택공급 등) 도시환경정비사업에 의한 임대주택 및 주택의 공급 등에 관하여는 제9조제3호, 제18조제1항, 제19조, 제20조, 제24조, 제25조제1항·제2항, 제26조, 제27조 및 제30조 내지 제32조의 규정을 준용한다.

부 칙 〈2003.12.30〉

제1조(시행일) 이 조례는 공포한 날부터 시행한다.

제9조(임대주택 공급대상 기준에 관한 경과 조치) 이 조례 시행 당시 종전 도시재개발법 제4조에 의하여 재개발구역으로 지정된 정비구역의 임대주택 공급대상기준은 제32조제1항제1호에 불구하고 종전 관련조례의 규정에 의한다. 이 경우 구역지정·고시일을 영 제11조에 의한 정비구역 지정을 위한 공람·공고일로 본다.

► **[서울시조례 제4824호, 2009.7.30, 일부개정]**

제36조(도시환경정비사업의 임대주택 및 주택공급 등) 도시환경정비사업에 따른 임대주택 및 주택의 공급 등에 관하여는 제21조제1항, 제22조, 제23조, 제27조, 제29조제1항·제2항, 제30조, 제31조 및 제33조부터 제35조까지 규정을 준용한

다. 〈개정 2009.7.30〉

부 칙 〈2009.7.30〉

제1조(시행일) 이 조례는 공포한 날부터 시행한다.

제5조(상가세입자 우선 분양권에 관한 적용례) 제34조제2호 단서 규정은 이 조례 시행 이후 최초로 정비구역이 지정되는 분부터 적용한다.

➡ 조례 개정에 따른 추가 조문 신설로 조문이 이동하였다.

▸ [서울시조례 제4949호, 2010.3.2, 일부개정]

제36조(도시환경정비사업의 임대주택 및 주택공급 등) 도시환경정비사업에 따른 임대주택 및 주택의 공급 등에 관하여는 제21조제1항, 제22조, 제23조, 제27조, 제29조제1항·제2항, 제30조, 제31조 및 제33조부터 제35조까지 규정을 준용한다. 다만, 장기전세주택의 임차인 자격에 관하여는 영 제54조제3항의 규정을 준용한다. 〈개정 2009.7.30, 개정 2010.3.2〉

부 칙 〈제4949호, 2010.3.2〉

이 조례는 공포한 날부터 시행한다.

➡ 장기전세주택의 임차인 자격 조문인 단서 조항이 신설되었다.

▸ [서울시조례 제5348호, 2012.7.30, 일부개정]

제36조(도시환경정비사업의 임대주택 및 주택공급 등) 도시환경정비사업에 따른 임대주택 및 주택의 공급 등에 관하여는 제21조제1항, 제22조, 제23조, 제27조, 제29조제1항·제2항, 제30조, 제31조 및 제33조부터 제35조까지 규정을 준용한다. ~~다만, 장기전세주택의 임차인 자격에 관하여는 영 제54조제3항의 규정을 준용한다.~~ 〈개정 2009.7.30, 개정 2010.3.2, 2012.7.30〉

부 칙 〈제5348호, 2012.7.30〉

제1조(시행일) 이 조례는 공포한 날부터 시행한다.

➡ 단서 조항이 삭제되었다.

▢ 재개발사업의 임대주택

도시정비법 시행령 [별표3] 〈개정 2005.5.18〉

임대주택의 공급조건 등(제54조제2항 관련)

1. 주거환경개선사업 : 생략
2. 재개발사업
   가. 임대주택은 다음의 1에 해당하는 자로서 입주를 희망하는 자에게 공급한다.
      (1) 기준일 3월전부터 당해 재개발사업을 위한 정비구역 또는 다른 재개발사업을 위한 정비구역안에 거주하는 세입자
      (2) 기준일 현재 당해 재개발사업을 위한 정비구역안에 주택이 건설될 토지 또는 철거예정인 건축물을 소유한 자로서 주택분양에 관한 권리를 포기한 자
      (3) [별표2] 제4호 라목의 순위에 해당하는 자

      ➡ 「국토계획법」 제2조제11호에 의한 도시계획사업으로 인하여 주거지를 상실하여 이주하게 되는 자로서 당해 시장·군수가 인정하는 자

      (4) 시도 조례가 정하는 자
   나. 주택의 규모 및 규모별 입주자선정방법, 공급절차 등에 관하여는 시도 조례가 정하는 바에 의한다.
   다. 공급절차 등 : 입주자모집공고내용 및 절차, 공급신청·계약조건·임대보증금 및 임대료 등 주택공급에 관하여는 임대주택법령 및 주택건설촉진법령의 관련 규정에 의한다.

➡ 재개발사업의 임대주택 입주자자격과 주택의 규모 및 규모별 입주자선정방법, 공급절차 등에 대해서는 도시정비조례에서 정할 수 있도록 했다.

☐ 조례 제35조제1항(재개발사업의 임대주택 공급대상자 등)

영 제54조제2항 관련 [별표3] 제2호 가목(4)에서 "시도 조례가 정하는 자"란 다음 각 호의 어느 하나에 해당하는 자를 말한다(본조). 〈개정 2009.7.30, 2010. 7.15, 2012.1.5, 2012.7.30, 2014.5.14〉

서울시는 [별표3]에서 임대주택 입주자격인 시도 조례가 정하는 자에 대해 제1항에서, 나목의 임대주택 입주자 선정방법에 대해서는 제3항 내지 제5항에서 규정하고 있다.

○ 재개발 임대주택 입주자격(동조 제1항)

1. 해당 정비구역안에 거주하는 세입자로서 세대별 주민등록표에 등재된 날을 기준으로 정비구역의 지정을 위한 공람·공고일(사업시행방식전환의 경우에는 전환을 위한 공람·공고일을 말한다.) 3월전(「국민기초생활 보장법」 제2조제2호에 따른 수급자는 사업시행인가 신청일 전)부터 사업시행인가로 인하여 이주하는 날(법 제48조의2제2항에 따라 건축물을 철거하는 경우 구청장의 허가를 받아 이주)까지 계속하여 거주하고 있는 무주택세대주. 다만, 신발생무허가건축물에 거주하는 세입자는 제외한다(동조 제1항제1호). 〈개정 2012.7.30〉

➡ 주택개량재개발사업에서 전면철거재개발사업방식으로 전환된 경우에는 전환을 위한 공람·공고일이 기준일이 된다. 단 신발생무허가건축물에 거주하는 세입자는 제외된다. 2010.7.15 조례 개정으로 괄호안의 "법 제48조의2제2항에 따라 건축물을 철거하는 경우 구청장의 허가를 받아 이주"는 2010.7.16부터 적용된다.

2. 해당 정비구역안의 주택을 공급받을 자격을 가진 분양대상 토지등소유자로서 분양신청을 포기한 자(철거되는 주택이외의 다른 주택을 소유하지 않은 자에 한한다.)(제1항제2호).

➡ 2014.5.14 조례 개정으로 괄호안의 "철거되는 주택이외의 다른 주택을 소유하지 않은 자에 한한다."는 내용이 추가되었다.

3. 소속 대학의 장(총장 또는 학장)의 추천에 따라 선정된 저소득가구의 대학생(제8조제2항제2호에 따라 임대주택을 계획한 해당구역에 한함)(제1항제3호). 〈신설 2012.1.5〉

➡ 도시환경정비사업은 일반주거지역과 주택이 있는 준주거지역·상업지역 및 준공업지역에 공동주택을 건설하는 경우만 해당하며, 구청장은 대학 주변지역의 정비구역에 대해서는 대학생에게 공급할 수 있는 임대주택 건설계획을 수립할 수 있다.

4. 해당 정비구역 이외의 재개발구역 안의 세입자로서 제1호 또는 토지등소유자로서 제2호에 해당하는 입주자격을 가진 자(제1항제4호).

➡ 2014.5.14 조례 개정으로 "제1호에 해당하는 입주자격을 가진 무주택세대주"를 "제1호 또는 토지등소유자로서 제2호에 해당하는 입주자격을 가진 자"로 바뀌었다.

5. 해당 정비구역에 인접하여 시행하는 도시계획사업(이 법에 따른 정비사업을 제외한다.)으로 철거되는 주택의 소유자 또는 무주택세대주로서 구청장이 추천하여 시장이 선정한 자(제1항제5호).
6. 그 밖에 규칙이 정하는 자(제1항제6호).

➡ 조례 시행규칙 제13조(재개발사업의 임대주택 공급대상자 등)제1항에서는 "조례(제4167호, 2003.12.30) 부칙 제5조에 따라 임대주택 공급대상자에 해당된 자(철거되는 주택 외의 다른 주택을 소유하지 아니한 자에 한한다.)를 말한다."고 규정하고 있다.

- 임대주택 공급대상자 등

위 임대주택 입주자격 관련 무주택세대주에 해당하는지 여부는 「주택공급에 관한 규칙」 제6조제3항을 준용한다(조례 시행규칙 제13조제2항).

사업시행자는 조례 제21조제1항에 따른 임대주택 공급대상자 명부 작성을 위하여 사업시행구역안의 세입자에게 임대주택공급 신청 및 주거이전비 지급 안내문을 서면으로 통지하여야 하며, 임대주택의 공급을 희망하는 세입자는 별지 제20호서식의 임대주택 공급신청서를 사업시행자의 서면 통지에 따라 사업시행자에게 제출하여야 한다(동조 제3항, 제4항).

사업시행자는 임대주택 공급신청서가 제출된 때에는 조례 제35조제1항제1호에 따른 공급대상 자격요건 및 거주실태를 조사하여 구청장에게 제출하고, 신청인 및 세대원 전원의 주택소유 여부에 관한 전산검색을 구청장에게 의뢰하여야 하며(제5항), 전산검색 등을 거쳐 주택소유자로 판명되거나 그 밖의 자격요건에 미달하여 임대주택 공급대상에서 제외되는 신청자에게 소명기회를 부여하여야 한다(동조 제6항).

임대주택의 공급대상자는 법 제28조에 따른 사업시행인가로 확정된다(동조 제7항).

※ 「주택공급에 관한 규칙」 제6조(세대주 인정기간의 산정 및 주택소유 여부 판정기준)

③ 주택소유 여부를 판단함에 있어서는 주택의 공유지분을 소유하고 있는 것을 주택을 소유하고 있는 것으로 보되, 다음 각 호의 어느 하나에 해당하는 경우에는 주택을 소유하지 아니한 것으로 본다. 다만, 제19조제13항에 따른 특별공급 및 제32조제5항제1호에 따른 우선공급의 경우 무주택세대주에 해당하는지 여부를 판단함에 있어서 제6호의 규정은 이를 적용하지 아니한다.

1. 상속으로 인하여 주택의 공유지분을 취득한 사실이 판명되어 사업주체로부터 제21조의2제3항에 의하여 부적격자로 통보받은 날부터 3월 이내에 그 지분을 처분한 경우
2. 도시지역이 아닌 지역 또는 면의 행정구역(수도권은 제외한다.)에 건축되어 있는 주택으로서 다음 각 목의 1에 해당하는 주택의 소유자가 당해 주택건설지역에 거주(상속으로 주택을 취득한 경우에는 피상속인이 거주한 것을 상속인이 거주한 것으로 본다.)하다가 다른 주택건설지역으로 이주한 경우
   가. 사용승인 후 20년 이상 경과된 단독주택
   나. 85㎡ 이하의 단독주택
   다. 소유자의 「가족관계의 등록 등에 관한 법률」에 따른 최초 등록기준지에 건축되어 있는 주택으로서 직계존속 또는 배우자로부터 상속 등에 의하여 이전받은 단독주택
3. 개인주택사업자가 분양을 목적으로 주택을 건설하여 이를 분양 완료하였거나 사업주체로부터 제21조의2제3항에 의한 부적격자로 통보받은 날부터 3월 이내에 이를 처분한 경우
4. 세무서에 사업자로 등록한 개인사업자가 그 소속근로자의 숙소로 사용하기 위하여 법 제10조제3항에 의하여 주택을 건설하여 소유하고 있거나 사업주체가 정부시책의 일환으로 근로자에게 공급할 목적으로 사업계획승인을 얻어 건설한 주택을 공급받아 소유하고 있는 경우
5. 20㎡ 이하의 주택을 소유하고 있는 경우. 다만, 2호 또는 2세대 이상의 주택을 소유한 자

는 제외한다.

6. 60세 이상의 직계존속(제11조의2 또는 제12조에 따라 입주자를 선정하는 경우에는 배우자의 직계존속을 포함한다.)이 주택을 소유하고 있는 경우
7. 건물등기부 또는 건축물대장등의 공부상 주택으로 등재되어 있으나 주택이 낡아 사람이 살지 아니하는 폐가이거나 주택이 멸실되었거나 주택이 아닌 다른 용도로 사용되고 있는 경우로서 사업주체로부터 제21조의2제3항에 의한 부적격자로 통보받은 날부터 3월 이내에 이를 멸실시키거나 실제 사용하고 있는 용도로 공부를 정리한 경우
8. 무허가건물을 소유하고 있는 경우

○ 조례 제35조제2항

제1항제1호에 따른 공급대상자 세대의 판단기준은 다음 각 호와 같다(동조 제2항).

1. 정비구역 지정을 위한 공람·공고일 3개월 이전부터 임대주택 입주 시까지 세대별 주민등록표에 부부 또는 직계 존·비속으로 이루어진 세대. 이 경우 이혼모가 직계 존·비속이었던 자와 동거하고 있는 세대를 포함한다.
2. 관할구청장이 소년·소녀 가장세대로 책정한 세대로서 가족 2인 이상이 세대별 주민등록표에 등재된 세대
3. 형제·자매 등으로만 이루어진 세대로서 가족 2인 이상이 세대별 주민등록표에 등재된 세대. 이 경우 세대주가 30세 이상이거나 소득세법 제4조에 따른 소득이 있는 자이어야 한다.
4. 재개발구역지정을 위한 공람·공고일(1996.6.30 이전 지정된 정비구역은 사업계획결정·고시일을 말하며, 사업시행방식전환의 경우에는 사업시행방식전환을 위한 공람·공고일을 말한다.) 3개월 이전부터 이주 시까지 세대별 주민등록표상에 배우자 및 직계 존·비속인 세대원이 없는 세대인 경우에는 세대주가 30세 이상이거나 소득세법 제4조에 따른 소득이 있는 자이어야 한다. 다만, 가옥주와 동일가옥 거주자로서 주민등록표상 분리세대는 제외하며, 동일 가옥에 주민등록표상 여러 세대인 경우 하나의 임대주택만 공급한다.

○ 조례 제35조제3항(재개발사업의 임대주택 공급 순위)

도시정비법 시행령 제54조제2항 [별표3] 제2호 나목에서 입주자선정방법에 대해서는 도시정비조례에서 정할 수 있도록 위임함에 따라 제3항에서 공급순위를

정하고 있다(동조 제3항).

같은 순위 안에서 경쟁이 있는 때에는 해당 정비구역안에서 거주한 기간이 오래된 순으로 공급한다(동조 제5항).

1. 제1순위 : 조례 제35조제1항제1호에 해당하는 자
2. 제2순위 : 제1항제2호에 해당하는 자
3. 제3순위 : 제1항제3호에 해당하는 자
4. 제4순위 : 제1항제4호에 해당하는 자
5. 제5순위 : 제1항제5호에 해당하는 자
6. 제6순위 : 제1항제6호에 해당하는 자

○ 조례 제35조제4항

조례 제35조제1항제3호 및 제3항제3호에 따른 임대주택은 소속 대학의 장(총장 또는 학장)이 추천하는 학생으로서 다음 각 호의 순위에 따라 재학기간에 한하여 공급한다(동조 제4항).

1. 제1순위 : 아동복지시설에서 퇴거한 대학생
2. 제2순위 : 기초생활수급자 자녀의 대학생
3. 제3순위 : 차상위계층 자녀의 대학생

○ 조례 제35조제5항

제3항에 따른 같은 순위안에서 경쟁이 있는 때에는 해당 정비구역안에서 거주한 기간이 오래된 순으로 공급한다(동조 제5항).

제5항은 2012.7.30 신설되었다.

□ 시도별 조례

○ 경기도

제21조(재개발사업의 임대주택 공급대상자 등) ① 영 제54조제2항 관련 [별표3] 제2호 가목(4)에서 "시도 조례가 정하는 자"란 다음 각 호의 어느 하나에 해당하는

자를 말한다.

1. 해당 정비구역안에 거주하는 세입자로서 세대별 주민등록표에 등재된 날을 기준으로 영 제11조에 따른 정비구역의 지정을 위한 공람·공고일(사업시행방식전환의 경우에는 전환을 위한 공람·공고일을 말한다.) 3월 이전부터 사업시행인가로 인하여 이주하는 날까지 계속하여 거주하고 있는 무주택세대주. 다만, 신발생무허가건축물에 거주하는 세입자는 제외한다.
2. 해당 정비구역안에 거주하는 토지등소유자로서 최소분양주택가액보다 권리가액이 적은 자 중 해당 정비사업으로 인해 무주택자가 되는 자 〈신설 2010.5.12〉
3. 해당 정비구역안의 주택을 공급받을 자격을 가진 분양대상 토지등소유자로서 분양신청을 포기한 자
4. 해당 시·군에서 시행하는 도시계획사업(이 법에 의한 정비사업을 제외한다.)으로 철거되는 주택, 재해로 철거되는 주택 소유자로서 시장·군수가 선정한 자

② 제1항제1호에 따른 공급대상자 세대의 판단기준은 다음과 같다.

1. 정비구역 지정을 위한 공람·공고일 3월 이전부터 임대주택 입주 시까지 세대별 주민등록표에 부부 또는 직계존·비속으로 이루어진 세대. 이 경우 이혼모가 직계존·비속이었던 자와 동거하고 있는 세대를 포함한다.
2. 시장·군수가 소년·소녀 가장세대로 책정한 세대로서 세대별 주민등록표에 등재된 세대
3. 형제·자매 등으로만 이루어진 세대로서 가족 2명 이상이 세대별 주민등록표에 등재된 세대로서 소득세법 제4조에 따라서 소득이 있는 자이어야 한다.

③ 영 제54조제2항 관련 [별표3] 제2호 나목에 따른 재개발사업의 임대주택은 다음 각 호의 순위에 의하여 공급한다.

1. 제1순위 : 제1항제1호 또는 제1항제2호에 해당하는 자 〈개정 2010.5.12〉
2. 제2순위 : 제1항제3호에 해당하는 자 〈개정 2010.5.12〉
3. 제3순위 : 제1항제4호에 해당하는 자 〈개정 2010.5.12〉

도시환경정비사업의 임대주택 공급대상자 규정을 위해 재개발사업 관련 조문을 준용하는 규정이 없다.

- 남양주시, 부천시, 안양시, 수원시, 화성시, 고양시, 안산시

경기도와 같다.

○ 인천시

제27조(재개발사업의 임대주택 공급기준) 영 제54조제2항 관련 [별표3] 제2호 나목에 따라 재개발사업의 시행으로 건설·공급되는 임대주택의 규모·규모별 입주자 선정방법 및 공급절차 등의 기준은 다음 각 호와 같다. 〈개정 2013.4.8〉

1. 임대주택의 규모 및 건설비율은 법 제4조의2제1항에 따라 국토부장관이 고시하는 기준에 따른다.
2. 규모별 입주자 선정방법 및 공급절차는 임대주택법령 및 주택법령의 관련 규정에 따른다. 다만, 공급우선순위는 다음 각 목에서 정하는 기준에 따른다.
   가. 제1순위 : 공람·공고일 3개월 전부터 계속하여 해당 정비구역안에 거주하는「국민기초생활 보장법」 제2조제2호에 따른 수급자
   나. 제2순위 : 공람·공고일 3개월 전부터 계속하여 해당 정비구역안에 거주하는 세입자와 제23조제2항 및 제3항제1호에 해당되지 않는 자로서 같은 조 제3항제1호 나목에 따른 무주택자
   다. 제3순위 : 해당 정비구역안의 주택공급대상 토지등소유자로서 주택분양에 관한 권리를 포기한 자
   라. 제4순위 : 공람·공고일 3개월 전부터 계속하여 다른 재개발사업을 위한 정비구역안에 거주하는 세입자
   마. 제5순위 : 국토계획법 제2조제11호에 따른 도시계획사업에 따라 주거지를 상실하게 된 무주택자
3. 제2호 단서에 따른 각 목의 순위를 적용할 때에 같은 순위 안에서는 해당 정비구역에서 거주한 기간이 오래된 순으로 공급한다. 다만, 「건강가정기본법」 제3조에 따른 가족으로서「가족관계의 등록 등에 관한 법률」에 따른 가족관계등록부에 기재되어 있는 18세 미만의 자녀(입양자 및 배우자의 자녀·입양자를 포함한다.) 셋 이상을 양육하는 세대와 구청장 등이 책정한 소년소녀가장세대(2 이상의 가족이 세대원으로 등록된 경우에만 적용한다.)를 최우선 순위에 둔다.

○ 부산시, 대구시, 대전시, 광주시

제32조(재개발사업의 임대주택 공급대상자 등) ① 영 제54조제2항 관련 [별표3] 제2호 가목(4)에 따라 "시도 조례가 정하는 자"란 입주자 모집공고일 현재 혼인기간이 5년 이내인 무주택세대주를 말한다. 〈개정 2005.9.21, 2010.3.3〉

② 영 제54조제2항 관련 [별표3] 제2호 나목에 따른 임대주택의 규모 및 규모별 입주자 선정방법, 공급절차의 기준은 다음과 같다. 〈개정 2005.2.16, 2005.9.21, 2007.8.8, 2008.5.7, 2010.3.3, 2012.12.26〉

1. 임대주택의 규모는 법 제4조의2에 따른 국토부장관의 고시에 따른다. 〈개정 2005.9.21, 2008.5.7, 2010.3.3〉
2. 규모별 입주자 선정방법 및 공급절차 등에 대하여는 주택법령의 관련규정에 따른다. 다만, 공급순위는 다음 각 목에 따르되 각 순위 안에서도 2000년 이후 출산으로 자녀가 3명 이상이 된 사람을 우선한다. 〈개정 2007.8.8, 2010.3.3, 2012.12.26〉
   가. 제1순위 : 정비구역 지정 공람·공고일 3개월 전부터 계속하여 해당 정비구역안에 거주하고 있는 세입자와 해당 정비구역안에 주택을 공급받을 자격을 가진 분양대상 토지등소유자로서 분양신청을 포기한 자
   나. 제2순위 : 해당 정비구역 외의 재개발정비구역안의 세입자로서 정비구역 지정 공람·공고일 3개월 전부터 계속하여 해당 정비구역안에 거주하고 있는 자
   다. 제3순위 : 입주자모집공고일 현재 혼인기간이 5년 이내인 무주택세대주 〈신설 2010.3.3〉
   라. 제4순위 : 국토계획법 제2조제11호에 따른 도시계획사업으로 인하여 주거지를 상실하여 이주하게 되는 자로서 해당 구청장이 인정하는 자 〈개정 2012.12.26〉
3. 임대주택 입주대상자의 세대기준은 다음 각 목의 어느 하나에 해당하는 세대로 한다.〈개정 2005.2.16, 2010.3.3〉
   가. 정비구역 지정 공람·공고일 3개월 전부터 임대주택 입주 시까지 세대별 주민등록표상에 부부 또는 직계존비속으로 이루어진 세대(이혼모가 직계존비속이었던 사람과 동거하고 있는 세대를 포함)

나. 관할 구청장이 소년소녀가장세대로 책정한 세대로서 가족 2명 이상으로 세대별 주민등록표에 등재된 세대

다. 형제·자매 등으로만 이루어진 세대로서 가족 2명 이상으로 세대별 주민등록표에 등재된 세대. 이 경우 세대주가 30세 이상 또는 소득세법 제4조에 따른 소득이 있는 사람이어야 한다.

라. 정비구역 지정 공람·공고일부터 임대주택 입주 시까지 세대별 주민등록표상에 배우자 및 직계존비속인 세대원이 없는 세대. 이 경우 세대주가 30세 이상 또는 소득세법 제4조에 따른 소득이 있는 사람이어야 하며, 같은 가옥에 거주하는 사람으로서 주민등록 분리세대는 제외한다.

제33조(도시환경정비사업의 주택공급 등) 도시환경정비사업에 따른 임대주택 및 주택의 공급 등에 관해서는 제22조·제23조·제28조·제31조 및 제32조의 규정을 준용한다. 〈개정 2010.3.3〉

도시환경정비사업에 대하여 서울시와 같이 재개발사업 조문을 준용하는 규정을 두고 있다.

□ 유권해석

이주개시 전 임대기간 만료로 이사한 경우, 재개발임대주택 입주자격 박탈여부(현행 조례 시행규칙 제13조제7항)

Q 서울시 도시재개발사업조례 시행규칙 제14조제6항에 의하면 "임대주택 공급대상은 법 제22조 내지 제24조에 의한 사업시행인가로 확정된다"고 되어 있고 동 규칙 제14조제1항제2호에 임대주택 입주자격 세입자는 "구역지정·고시일 3월전부터 사업시행으로 인한 이주 시까지 당해 구역에 계속 거주한 세대"라고 정하고 있음.
사업시행인가되고 임대주택 입주대상 세입자로 확정된 후 임대기간 만료로 인해 이주개시 전에 이사를 하는 경우 임대주택 입주자격을 박탈하여야 하는지?

A 임대주택 입주대상자는 당해구역의 사업시행인가로 확정되므로 사업시행인가 이후에 임대기간이 만료되어 이주하였다 하더라도 임대주택 입주자격은 박탈할 수 없음(주재58507-132, 2000.4.24).

※ 서울시 도시재개발사업조례 시행규칙 제14조제6항 → 도시정비조례 시행규칙 제13조 제7항
도시정비조례 시행규칙 제13조 ⑦ 임대주택의 공급대상자는 법 제28조에 따른 사업시행인가로 확정된다. 〈개정 2010.3.11〉

세대원이 없는 1인세대의 재개발임대주택 입주자격 여부(조례 제35조제2항제4호 관련)

Q **서울시 도시재개발사업조례 시행규칙 제14조제1항제3호 라목에 "기준일로부터 임대주택 입주 시까지 세대별 주민등록표상에 배우자 및 직계존비속인 세대원이 없는 세대. 이 경우 세대주가 30세 이상 또는 소득세법 제4조에 의한 소득이 있는 자이어야 하며, 동일가옥 거주자로서 주민등록 분리세대는 제외한다"고 되어 있는바, 이는 호적등본과는 무관하게 주민등록상으로만 1인이 등재되어 있는 세대는 재개발임대주택 입주자격이 있는지?**

A 도시재개발사업조례 시행규칙 제14조제1항제3호 라목의 세대원이 없는 세대란 주민등록표상의 내용으로 1인가구를 의미하며, 1998.1.31 이후 관리처분계획인가되는 구역부터 1인가구도 재개발임대주택 입주자격이 있음(주재58531-1022, 2000.4.24).

※ 서울시 도시정비조례 제35조(재개발사업의 임대주택 공급대상자 등) ② 제1항제1호에 따른 공급대상자 세대의 판단기준은 다음 각 호와 같다. 〈개정 2009.7.30〉

1. 정비구역 지정을 위한 공람·공고일 3개월 이전부터 임대주택 입주 시까지 세대별 주민등록표에 부부 또는 직계 존·비속으로 이루어진 세대. 이 경우 이혼모가 직계 존·비속이었던 자와 동거하고 있는 세대를 포함한다. 〈개정 2009.7.30〉
2. 관할 구청장이 소년·소녀 가장세대로 책정한 세대로서 가족 2인 이상이 세대별 주민등록표에 등재된 세대 〈개정 2009.7.30〉
3. 형제·자매 등으로만 이루어진 세대로서 가족 2인 이상이 세대별 주민등록표에 등재된 세대. 이 경우 세대주가 30세 이상이거나 「소득세법」 제4조에 따른 소득이 있는 자이어야 한다. 〈개정 2009.7.30〉
4. 재개발구역지정을 위한 공람·공고일(1996.6.30 이전 지정된 정비구역은 사업계획결정·고시일을 말하며, 사업시행방식전환의 경우에는 사업시행방식전환을 위한 공람·공고일을 말한다.) 3개월 이전부터 이주시까지 세대별 주민등록표상에 배우자 및 직계 존·비속인 세대원이 없는 세대인 경우에는 세대주가 30세 이상이거나 「소득세법」 제4조에 따른 소득이 있는 자 이어야 한다. 다만, 가옥주와 동일가옥 거주자로서 주민

등록표상 분리세대는 제외하며, 동일 가옥에 주민등록표상 여러 세대인 경우 하나의 임대주택만 공급한다. 〈개정 2009.7.30, 2010.7.15〉

Q 재개발 구역이 같을 시 동일 가구는 하나의 입주권 자격이 주어진다고 알고 있음. 단 관리처분계획기준일 이전 세대분리를 한 20세 이상 자녀는 가족구성원이라 할지라도 입주권 자격이 부여된다는데, 예를 들어, 한남 1구역에 아빠와 아들이 각각 입주권 나오는 지분을 산거죠. 그런데 아들은 관리처분계획기준일 이전에 세대분리를 한 상태임. 이럴 경우 입주권 자격은 아빠와 아들을 합쳐 1개 나오는 것이 아니라 아빠와 아들 각각 1개씩 총 2개가 나오는 것 맞는지?

그런데 또 독립세대로 인정받기 위해서는 30세 이상이거나 결혼을 하였거나 소득이 증빙이 가능하면 주민등록을 이전해 별도의 세대로 인정받을 수 있다는 얘기가 있는데, 20세 이상 아들은 소득증빙이 있거나, 결혼을 했거나 이러한 증빙이 없다면 30세 이상이 세대분리를 했을 경우 입주권 자격이 주어진다는 얘기인지?

A 서울시 도시정비조례 제35조(재개발사업의 임대주택 공급대상자 등)제2항은 다음과 같이 규정하고 있음.

제35조(재개발사업의 임대주택 공급대상자 등) ②제1항제1호에 따른 공급대상자 세대의 판단기준은 다음 각 호와 같다. 〈개정 2009.7.30〉

1. 정비구역 지정을 위한 공람·공고일 3개월 이전부터 임대주택 입주 시까지 세대별 주민등록표에 부부 또는 직계 존·비속으로 이루어진 세대. 이 경우 이혼모가 직계 존·비속이었던 자와 동거하고 있는 세대를 포함한다. 〈개정 2009.7.30〉
2. 관할구청장이 소년·소녀 가장세대로 책정한 세대로서 가족 2인 이상이 세대별 주민등록표에 등재된 세대 〈개정 2009.7.30〉
3. 형제·자매 등으로만 이루어진 세대로서 가족 2인 이상이 세대별 주민등록표에 등재된 세대. 이 경우 세대주가 30세 이상이거나 「소득세법」 제4조에 따른 소득이 있는 자이어야 한다. 〈개정 2009.7.30〉
4. 재개발구역지정을 위한 공람·공고일(1996.6.30 이전 지정된 정비구역은 사업계획 결정·고시일을 말하며, 사업시행방식전환의 경우에는 사업시행방식 전환을 위한 공람·공고일을 말한다.) 3개월 이전부터 이주 시까지 세대별 주민등록표상에 배우자 및 직계 존·비속인 세대원이 없는 세대인 경우에는

> 세대주가 30세 이상이거나 「소득세법」 제4조에 따른 소득이 있는 자 이어야 한다. 다만, 동일가옥 거주자로서 주민등록표상 분리세대는 하나의 임대주택만 공급한다. 〈개정 2009.7.30〉

따라서 제4호의 규정상으로는 30세 이상이면서 소득이 있어야 하는 것이 아니라 "30세 이상이거나 소득이 있는 자"이므로 둘 중에 하나만 충족하면 되는 것으로 해석됨. 그리고 구체적으로 임대주택 공급대상자에 해당하는지 여부는 서울시 또는 관할구청에 문의하셔야 정확하게 알 수 있음(서울시 2010.2.12).

Q 재개발 임대주택의 입주자격은?

A 서울시 도시정비조례 제32조 및 같은 조례 시행규칙 제13조에 의거 임대주택 공급대상은 위 규정에 의한 기준일부터 사업시행인가로 인하여 이주하는 날(임대주택 입주 시)까지 세대주를 포함한 세대원(세대주와 동일한 세대별 주민등록표상에 등재 되어 있지 아니한 세대주의 배우자 및 배우자와 동일한 세대를 이루고 있는 세대원을 포함한다.) 전원이 주택을 소유하고 있지 아니한 세대의 세대주이어야 함(서울시 주거정비과-8501, 2006.8.4).

임대주택 공급자 또는 주거이전비 지급대상자간 상호 전환 가능 여부

Q 사업시행인가 후 관리처분계획의 인가 전 임대주택공급대상자와 주거이전비 지급대상자와의 상호 전환이 가능한지?

A 사업시행자는 정비계획 수립 시 세입자의 주거대책과 임대주택의 건설계획을 수립 시행토록 되어있고, 이에 사업시행인가 및 관리처분계획의 인가 시 임대주택 공급대상(주거이전비지급대상 포함) 세입자 명부를 작성 인가토록 되어 있음. 또한, 구청장은 관리처분계획인가가 있은 때에는 SH공사사장에게 임대주택 공급대상 세입자 명부를 통보토록 되어 있음으로 관리처분계획의 인가 전 관련규정에 의한 적격 세입자가 원할 경우 당해구역 임대주택건설 공급 세대수 범위 내에서는 세입자의 여건을 감안 임대주택 입주 희망 또는 주거이전비 지급 희망자의 상호 전환을 통하여 세입자의 의견을 수렴할 수 있을 것임(서울시 주거정비과 2006.6.15).

정비구역의 확대 등으로 공람·공고를 수차례 실시한 경우 임대주택의 공급기준

Q 도시정비조례 제32조제1항제1호에 재개발사업의 임대주택 공급대상은 "정비구역의 지정을 위한 공람·공고일 3월 이전부터 …(생략)"로 규정되어 있으나 구역(사업계획)변경 등에 따라 공람공고를 여러 차례 할 경우 어느 시점의 공람·공고일을 기준으로 하여야 하는지?

A 동 조례 규정에 의한 재개발사업의 임대주택 공급대상은 당해 구역의 최초 구역지정을 위한 공람·공고일 3월 이전부터 거주하다 사업시행인가로 인하여 이주하게 되는 무주택세입자이며, 당해 구역의 면적이 추가되는 등의 사유로 사업계획이 변경되어 다시 공람·공고를 한 경우에는 그 추가되는 면적(주거용 건축물)에 거주하는 세입자에 대하여는 구역변경을 위한 공람·공고일 3월 이전부터 거주하고 있는 무주택세입자에게 공급하여야 할 것임(서울시 주거정비과 2006.8.4).

조례 제37조(공사완료의 고시)

영 제55조제1항, 제2항

공사완료의 고시

시장·군수 또는 주택공사등이 사업시행자(공동시행자인 경우를 포함한다.)가 다른 법률에 의하여 자체적으로 준공인가를 처리한 경우에는 준공인가를 받은 것으로 간주한다. 주택공사 등이 사업시행자가 자체적으로 처리한 준공인가 내용을 통보 받는 때에는 해당 자치구 공보에 고시하여야 한다.

▢ 개정 연혁

▸ 도시재개발사업조례 시행규칙[서울시규칙]

제23조(공사완료보고서의 제출) 법 제38조제1항의 규정에 의한 공사완료보고서는 인가받은 사업시행계획의 사업내용별 해당 법률이 정한 공사완료보고서·준공검사신청서·사용승인신청서 또는 사용승인 신청서의 관련서식 및 구비서류에 의한다.

제24조(공사완료의 공고 등) ① 구청장은 법 제38조제2항의 규정에 의하여 공사의 완료를 공고하고자 하는 때에는 다음 각 호의 사항을 시보에 공고하고 시행자 및 관련기관·부서에 그 내용을 통보하여야 한다.

1. 재개발사업의 명칭
2. 구역의 위치 및 면적
3. 시행자의 주소·성명
4. 준공검사 또는 사용승인 등의 내역

② 시행자가 제1항의 공고내용을 통보받은 때에는 그 사실을 대지 또는 건축시설을 분양받을 자에게 지체 없이 개별 통지하여야 한다.

➡ 구 도시재개발법에서 서울시는 도시재개발사업조례 시행규칙에서 공사완료에 대한 규정을 두었다.

▸ 도시정비조례 [서울시조례 제4167호, 2003.12.30, 제정]

제34조(공사완료의 고시) 구청장은 영 제55조제1항 단서에 의하여 주택공사등인 사업시행자가 자체적으로 처리한 준공인가 내용을 통보 받는 때에는 영 제55조제2항 각 호의 사항을 당해 자치구의 공보에 고시하여야 한다.

부 칙 〈2003.12.30〉

제1조(시행일) 이 조례는 공포한 날부터 시행한다.

▸ [서울시조례 제4824호, 2009.7.30, 일부개정]

제37조(공사완료의 고시) 구청장은 영 제55조제1항 단서에 따라 주택공사 등인 사업시행자가 자체적으로 처리한 준공인가 내용을 통보 받는 때에는 영 제55조제2항 각 호의 사항을 해당 자치구의 공보에 고시하여야 한다. 〈개정 2009.7.30〉

부 칙 〈2009.7.30〉

제1조(시행일) 이 조례는 공포한 날부터 시행한다.

➡ 자구 수정만 되었고, 내용은 개정되지 않았다.

▢ 정비사업의 준공인가

시장·군수가 아닌 사업시행자는 법 제52조제1항에 의하여 준공인가를 받고자 하는 때에는 국토부령이 정하는 준공인가신청서를 시장·군수에게 제출하여야 한다. 다만, 주택공사등인 사업시행자(공동시행자인 경우를 포함한다.)가 다른 법률에 의하여 자체적으로 준공인가를 처리한 경우에는 준공인가를 받은 것으로 보며, 이 경우 주택공사등인 사업시행자는 그 내용을 지체 없이 시장·군수에게 통보하여야 한다(영 제55조제1항).

사업시행자가 주택공사이거나, 조합과 주택공사가 공동시행하는 경우, 한국토지주택공사법 제19조제3항제6호에 따른 준공검사를 주택공사에게 위탁할 수 있다는 규정에 따라 해당 구청의 준공검사를 받지 않고 자체적으로 준공인가 처리가 가능하다.

이 조문을 잘못된 것으로, 해당 관청의 준공인가를 받도록 고쳐야 한다.

※ 한국토지주택공사법 제19조(공사의 국가 또는 지방자치단체 의제 등) ①~② : 생략

③ 국토부장관 또는 지방자치단체의 장은 공사가 행하는 사업에 관한 다음 각 호의 권한을 대통령령으로 정하는 바에 따라 공사에 위탁할 수 있다. 〈개정 2012.12.18, 2013.3.23〉

1. 「주택법」 제29조제1항에 따른 사용검사
2. 「보금자리주택건설 등에 관한 특별법」 제31조제1항에 따른 준공검사
3. 「택지개발촉진법」 제16조제1항에 따른 준공검사
4. 「국토계획법」 제98조제2항에 따른 준공검사
5. 「도시개발법」 제50조제2항에 따른 준공검사
6. 「도시정비법」 제52조제2항에 따른 준공인가
7. 「건축법」 제22조제2항에 따른 사용승인
8. 「토지보상법」 제89조제1항에 따른 대집행

[1] 대한주택공사가 법령에 의하여 대집행권한을 위탁받아 공무인 대집행을 실시하기 위하여 지출한 비용을 행정대집행법 절차에 따라 국세징수법의 예에 의하여 징수할 수 있는지(적극)

대한주택공사가 구 대한주택공사법(2009.5.22 법률 제9706호 한국토지주택공사법 부칙 제2조로 폐지) 및 구 대한주택공사법 시행령(2009.9.21 대통령령 제21744호 「한국토지주택공사법 시행령」 부칙 제2조로 폐지)에 의하여 대집행권한을 위탁받아 공무인 대집행을 실시하기 위하여 지출한 비용은 행정대집행법 절차에 따라 국세징수법의 예에 의하여 징수할 수 있다.

[2] 대한주택공사가 법령에 의하여 대집행권한을 위탁받아 공무인 대집행을 실시하기 위하여 지출한 비용을 행정대집행법 절차에 따라 징수할 수 있음에도 민사소송절차에 의하여 그 비용의 상환을 청구한 사안에서, 위 청구가 부적법한지(적극)

대한주택공사가 「구 대한주택공사법」(2009.5.22. 법률 제9706호 한국토지주택공사법 부칙 제2조로 폐지) 및 「구 대한주택공사법 시행령」(2009.9.21. 대통령령 제21744호 「한국토지주택공사법 시행령」 부칙 제2조로 폐지)에 의하여 대집행권한을 위탁받아 공무인 대집행을 실시하기 위하여 지출한 비용을 행정대집행법 절차에 따라 국세징

수법의 예에 의하여 징수할 수 있음에도 민사소송절차에 의하여 그 비용의 상환을 청구한 사안에서, 행정대집행법이 대집행비용의 징수에 관하여 민사소송절차에 의한 소송이 아닌 간이하고 경제적인 특별구제절차를 마련해 놓고 있으므로, 위 청구는 소의 이익이 없어 부적법하다(대법원 2011.9.8 선고 2010다48240 판결, 손해배상).

- 준공인가증 교부

시장·군수는 준공인가를 한 때에는 국토부령이 정하는 준공인가증에 다음 각 호의 사항을 기재하여 사업시행자에게 교부하여야 한다(영 제55조제2항).

1. 정비사업의 종류 및 명칭
2. 정비사업 시행구역의 위치 및 명칭
3. 사업시행자의 성명 및 주소
4. 준공인가의 내역

사업시행자(대표적으로 주택공사)는 한국토지주택공사법 제19조제3항제6호에 의해 자체적으로 처리한 준공인가결과를 시장·군수에게 통보한 때 또는 준공인가증을 교부받은 때에는 그 사실을 분양대상자에게 지체 없이 통지하여야 한다. 시장·군수는 공사완료의 고시를 하는 때에는 제2항 각 호의 사항을 고시하여야 한다.

▢ 조례 제37조(공사완료의 고시)

구청장은 영 제55조제1항 단서에 따라 주택공사등인 사업시행자가 자체적으로 처리한 준공인가 내용을 통보 받는 때에는 영 제55조제2항 각 호의 사항을 해당 자치구의 공보에 고시하여야 한다. 서울시의 경우 준공인가는 해당 자치구청장의 권한으로 준공인가 시에 자치구보에 고시하고 있다(본조).

▢ 시도별 조례

○ 경기도, 대전시, 광주시

관련 조문이 없다.

서울특별시 종로구 고시 제2013-56호

도렴구역 제24지구 도시환경정비사업 공사완료·고시

건설부고시 제1973-367호(1973.9.6)로 도시환경정비구역으로 지정되고, 서울시고시 제2008-395호(2008.11.6)로 도시환경정비구역변경지정, 종로구고시 제2009-82호(2009.12.24)로 사업시행인가·고시되고, 종로구고시 제2013-43호(2013.6.21)로 사업시행변경인가·고시된 도렴구역 제24지구 도시환경정비사업에 대하여 도시 및 주거환경정비법 제52조 및 동법 시행령 제55조 규정에 의하여 공사완료·고시합니다.

2013년 8월 16일

서울특별시 종로구청장

1. 정비사업의 종류 및 명칭 : 도렴구역 제24지구 도시환경정비사업
2. 정비사업 시행구역의 위치 및 면적
   ○ 위 치 : 도렴동 110-1번지 일대 (확정지번 : 도렴동 65번지 외 8)
   ○ 시행면적 : 3,430.4㎡(대지면적 : 2,537.8㎡, 정비기반시설 : 892.6㎡)
3. 사업시행자의 주소 및 성명
   ○ 서울시 강남구 삼성동 143-9 창조빌딩 6층
   ○ 뉴시티도렴프로젝트금융투자 주식회사 대표이사 ○○○
4. 공사완료 내역
   ○ 건축물 내역
   - 연면적 : 38,946.52㎡
   - 층 수 : 지하7층 / 지상22층
   - 용 도 : 업무시설 / 근린생활시설 / 문화 및 집회시설

   ○ 정비기반시설 설치내역
   - 도 로 : 255.4㎡
   - 녹 지 : 442.2㎡
   - 주차장 : 195㎡

○ 인천시

제40조(공사완료의 고시) 구청장 등은 영 제55조제1항 단서에 따라 한국토지주택공사 등으로부터 자체적으로 처리한 준공인가 사실을 통보받은 때에는 지체 없이 영 제55조제2항 각 호의 사항을 해당 지방자치단체의 공보에 고시하여야 한다.

○ 부산시

제34조(공사완료의 고시) 구청장은 법 제52조에 따라 준공인가를 한 경우 또는 영 제55조제1항 단서에 따라 대한주택공사가 자체적으로 처리한 준공인가를 통보받은 경우에는 영 제55조제2항 각 호의 사항을 구·군의 공보에 고시하여야 한다. 〈개정 2010.3.3〉

○ 대구시

제35조(공사완료의 고시) 구청장은 영 제55조제1항 단서의 규정에 의하여 주택공사등이 자체적으로 처리한 준공인가를 통보한 경우에는 지체 없이 당해 구·군의 공보에 고시하여야 한다. 이 경우 영 제55조제4항을 준용한다.

제4장

비용의 부담 등

조례 제38조(정비기반시설 설치비용의 지원 등)

조례 시행규칙 제29조

법 제60조제2항, 영 제58조

정비기반시설 설치비용의 지원 등

□ 개정 연혁

▸ 도시재개발사업조례[서울시조례]

제31조의2(도로설치비용의 부담 등) 〈신설 1998.3.10〉 ① 영 제47조제2항제1호에 "시도 조례로 정하는 도로"란 도로법 제39조 및 「도로의 구조·시설기준에 관한 규정」 제3조에 의한 자동차전용도로, 주간선도로 및 보조간선도로를 말한다. 〈신설 1998.3.10〉

② 제1항에 의한 도로의 설치방법 및 비용부담 등에 관한 사항은 제19조의 규정을 준용한다.

[본조신설 1998.3.10]

제31조의3(공공시설 설치비용 보조 등) 〈신설 1998.11.20〉 시장은 구청장이 법 제22조에 의거 인가된 재개발사업시행자에게 법 제48조제2항에 의하여 보조한 당해 재개발구역 내의 공공시설 설치비용 중 시장과 사전 협의한 다음 각 호의 시설 설치비용의 일부 또는 전부를 보조할 수 있다. 〈신설 1998.11.20〉

1. 폭 8m 이상의 도시계획도로 〈신설 1998.11.20〉
2. 구역 내 신설 녹지 〈신설 1998.11.20〉

▸ 도시정비조례[서울시조례 제4167호, 2003.12.30, 제정]

제35조(정비기반시설 설치비용의 부담 등) ① 시장은 법 제60조제2항 및 영 제58조에 의하여 다음 각 호의 1에 해당하는 정비기반시설의 설치비용의 전부 또는

일부를 구청장에게 지원할 수 있다.

1. 주거환경개선구역 안에 설치하는 주요 정비기반시설
2. 재개발구역안의 도로법 제54조의3 및 「도로의 구조·시설기준에 관한 규칙」 제3조에 의한 자동차전용도로, 주간선도로, 보조간선도로 및 공원(어린이공원은 제외한다.)

② 법 제63조에 의하여 시장은 다음 각 호의 1에 해당하는 경우의 정비사업으로 인한 정비기반시설의 설치비용의 일부를 사업시행자에게 보조할 수 있다.

1. 주거환경개선구역 안에 설치하는 정비기반시설
2. 재개발구역 안에 설치하는 폭 12m 이상의 도시계획도로 및 어린이공원·녹지
3. 구청장이 시행하는 다음 각 목의 1에 해당하는 사유로 시행하는 도시환경정비사업의 정비기반시설
   가. 천재지변 등의 사유로 긴급히 사업을 시행할 필요가 있는 경우
   나. 시장이 시행하는 도시계획사업과 연계하여 사업을 시행할 필요가 있는 경우
   다. 공공건축물의 건축 및 기타 지역경제 활성화를 위하여 구청장이 시장과 사전 협의하여 사업을 시행하는 경우
   라. 도심 주거공간 확보를 위하여 건축연면적의 30% 이상을 주거용도로 사업을 시행하는 경우
   마. 수복재개발방식(전면철거방식과는 달리 정비구역의 블럭을 구분하여 기존의 도로와 필지 체계에 순응하여 재개발하는 방식을 말한다.)으로 시행하는 도시환경정비사업

③ 구청장은 제64조제1항에 의하여 사업시행자가 설치하여야 하는 정비기반시설의 설치부지가 일부만 확보되어 사업시행자가 정비기반시설을 설치하여도 당해 시설이 제 기능을 발휘할 수 없거나 시설이용의 효율성이 미흡할 것으로 판단되는 경우에 사업시행자로 하여금 당해 정비기반시설의 설치비용을 당해구 금고에 예치하게 할 수 있다.

부 칙 〈2003.12.30〉

제1조(시행일) 이 조례는 공포한 날부터 시행한다.

➡ 사업시행자가 설치하는 정비기반시설 중 시장이 설치비용의 전부 또는 일부를 부담하거나 보조할 수 있는 시설의 종류를 정하였다(제35조).
- 주거환경개선구역 안에 설치하는 정비기반시설
- 재개발구역안의 주간선도로, 보조간선도로 및 공원 등

► **[서울시조례 제4824호, 2009.7.30, 일부개정]**

제38조(정비기반시설 설치비용의 지원 등) ① 시장은 법 제60조제2항 및 영 제58조에 따라 다음 각 호의 어느 하나에 해당하는 정비기반시설의 설치비용의 전부 또는 일부를 구청장에게 지원할 수 있다. 〈개정 2009.7.30〉

1. 주거환경개선구역 안에 설치하는 주요 정비기반시설 〈개정 2009.7.30〉
2. 재개발구역 안의 도로법 제61조에 따른 자동차전용도로, 「도로의 구조·시설기준에 관한 규칙」 제3조에 따른 주간선도로, 보조간선도로 및 「도시공원 및 녹지 등에 관한 법률」 제15조에 따른 공원(소공원·어린이공원은 제외한다.) 〈개정 2009.7.30〉

② 법 제63조에 따라 시장은 다음 각 호의 어느 하나에 해당하는 경우의 정비사업으로 인한 정비기반시설의 설치비용의 일부를 사업시행자에게 보조할 수 있다. 〈개정 2009.7.30〉

1. 주거환경개선구역 안에 설치하는 정비기반시설 〈개정 2009.7.30〉
2. 재개발구역 안에 설치하는 너비 8m 이상의 도시계획도로, 소공원, 어린이공원 및 녹지. 다만, 시장이 인정하는 다음 각 목의 지역에서 지형 등에 어울리는 중저층 등 다양한 주거지조성을 목적으로 재개발사업을 시행할 경우에는 8m 미만의 도시계획도로를 포함한다. 〈개정 2009.7.30〉
   가. 해발 40m 이상의 구릉지로서 정비사업이 추진되는 지역 〈개정 2009.7.30〉
   나. 경관보존이 필요한 지역 〈개정 2009.7.30〉
   다. 최고 7층 이하의 저밀도개발지역 〈개정 2009.7.30〉
3. 구청장이 시행하는 다음 각 목의 어느 하나에 해당하는 사유로 시행하는 도시환경정비사업의 정비기반시설 〈개정 2009.7.30〉

가. 천재지변 등의 사유로 긴급히 사업을 시행할 필요가 있는 경우 〈개정 2009.7.30〉

나. 시장이 시행하는 도시계획사업과 연계하여 사업을 시행할 필요가 있는 경우 〈개정 2009.7.30〉

다. 문화유산 보존을 위하여 문화재 등의 주변지역에 도시환경정비사업을 시행함으로써 건축규모가 제한되는 경우 〈개정 2009.7.30〉

라. 공공건축물의 건축 및 그 밖의 지역경제 활성화를 위하여 구청장이 시장과 사전 협의하여 사업을 시행하는 경우 〈개정 2009.7.30〉

마. 도심 주거 공간 확보를 위하여 건축연면적의 30% 이상을 주거용도로 사업을 시행하는 경우 〈개정 2009.7.30〉

바. 수복재개발방식(전면철거방식과는 달리 정비구역의 블럭을 구분하여 기존의 도로와 필지 체계에 순응하여 재개발하는 방식을 말한다.)으로 시행하는 도시환경정비사업 〈개정 2009.7.30〉

③ 구청장은 법 제64조제1항에 따라 사업시행자가 설치하여야 하는 정비기반시설의 설치부지가 일부만 확보되어 사업시행자가 정비기반시설을 설치하여도 해당 시설이 제 기능을 발휘할 수 없거나 시설이용의 효율성이 미흡할 것으로 판단되는 경우에 사업시행자에게 해당 정비기반시설의 설치비용을 해당 구금고에 예치하게 할 수 있다. 〈개정 2009.7.30〉

④ 시장은 구청장이 정비계획을 수립하는 경우에는 규칙에서 정하는 범위 안에서 필요한 비용을 지원할 수 있다. 〈개정 2009.7.30〉

부 칙 〈2009.7.30〉

제1조(시행일) 이 조례는 공포한 날부터 시행한다.

➡ 법률제명 및 조문 이동이 되었다. 제2항 단서조항과 제4항이 신설되었다.

▸ [서울시조례 제4949호, 2010.3.2, 일부개정]

제38조(정비기반시설 설치비용의 지원 등) ① 시장은 법 제60조제2항 및 영 제58조에 따라 다음 각 호의 어느 하나에 해당하는 정비기반시설의 설치비용의 전부

또는 일부를 구청장에게 지원할 수 있다. 〈개정 2009.7.30〉

1. 주거환경개선구역 안에 설치하는 주요 정비기반시설 〈개정 2009.7.30〉
2. 재개발구역 안의 도로법 제61조에 따른 자동차전용도로, 「도로의 구조·시설기준에 관한 규칙」 제3조에 따른 주간선도로, 보조간선도로 및 「도시공원 및 녹지 등에 관한 법률」 제15조에 따른 공원(소공원·어린이공원은 제외한다.) 〈개정 2009.7.30〉

② 법 제63조에 따라 시장은 다음 각 호의 어느 하나에 해당하는 경우의 정비사업으로 인한 정비기반시설의 설치비용의 일부를 사업시행자에게 보조할 수 있다. 〈개정 2009.7.30〉

1. 주거환경개선구역 안에 설치하는 정비기반시설 〈개정 2009.7.30〉
2. 재개발구역 안에 설치하는 너비 8m 이상의 도시계획시설도로, 소공원, 어린이공원 및 녹지 다만, 시장이 인정하는 다음 각 목의 지역에서 지형 등에 어울리는 중저층 등 다양한 주거지조성을 목적으로 재개발사업을 시행할 경우에는 8m 미만의 도시계획시설도로를 포함한다. 〈개정 2009.7.30〉
   가. 해발 40m 이상의 구릉지로서 정비사업이 추진되는 지역 〈개정 2009.7.30〉
   나. 경관보존이 필요한 지역 〈개정 2009.7.30〉
   다. 최고 7층 이하의 저밀도개발지역 〈개정 2009.7.30〉
3. 제4조제3항의 가구단위로 중저층 규모의 사업을 시행하는 지역에 설치하는 8m 이상의 도시계획시설도로, 소공원, 어린이공원 및 녹지 〈신설 2010.3.2〉
4. 구청장이 시행하는 다음 각 목의 어느 하나에 해당하는 사유로 시행하는 도시환경정비사업의 정비기반시설 〈개정 2009.7.30〉
   가. 천재지변 등의 사유로 긴급히 사업을 시행할 필요가 있는 경우 〈개정 2009.7.30〉
   나. 시장이 시행하는 도시계획사업과 연계하여 사업을 시행할 필요가 있는 경우 〈개정 2009.7.30〉
   다. 문화유산 보존을 위하여 문화재 등의 주변지역에 도시환경정비사업을 시행함으로써 건축규모가 제한되는 경우 〈개정 2009.7.30〉
   라. 공공건축물의 건축 및 그 밖의 지역경제 활성화를 위하여 구청장이 시장과 사전 협의하여 사업을 시행하는 경우 〈개정 2009.7.30〉

마. 도심 주거 공간 확보를 위하여 건축연면적의 30% 이상을 주거용도로 사업을 시행하는 경우 〈개정 2009.7.30〉

바. 수복재개발방식(전면철거방식과는 달리 정비구역의 블럭을 구분하여 기존의 도로와 필지 체계에 순응하여 재개발하는 방식을 말한다.)으로 시행하는 도시환경정비사업 〈개정 2009.7.30〉

③ 구청장은 법 제64조제1항에 따라 사업시행자가 설치하여야 하는 정비기반시설의 설치부지가 일부만 확보되어 사업시행자가 정비기반시설을 설치하여도 해당 시설이 제기능을 발휘할 수 없거나 시설이용의 효율성이 미흡할 것으로 판단되는 경우에 사업시행자에게 해당 정비기반시설의 설치비용을 해당 구금고에 예치하게 할 수 있다. 〈개정 2009.7.30〉

④ 시장은 구청장이 정비계획을 수립하는 경우에는 규칙에서 정하는 범위 안에서 필요한 비용을 지원할 수 있다. 〈개정 2009.7.30〉

부 칙 〈제4949호, 2010.3.2〉

이 조례는 공포한 날부터 시행한다.

➡ 제2항제3호인 "제4조제3항의 가구단위로 중저층 규모의 사업을 시행하는 지역에 설치하는 8m 이상의 도시계획시설도로, 소공원, 어린이공원 및 녹지"를 신설하였다.

► [서울시조례 제5417호, 2012.12.31, 일부개정]

제38조(정비기반시설 설치비용의 지원 등) ① 시장은 법 제60조제2항 및 영 제58조에 따라 다음 각 호의 어느 하나에 해당하는 정비기반시설의 설치비용의 전부 또는 일부를 구청장에게 지원할 수 있다. 〈개정 2009.7.30〉

1. 주거환경개선구역 안에 설치하는 주요 정비기반시설 〈개정 2009.7.30〉
2. 재개발구역 안의 「도로법」 제61조에 따른 자동차전용도로, 「도로의 구조·시설기준에 관한 규칙」 제3조에 따른 주간선도로, 보조간선도로 및 「도시공원 및 녹지 등에 관한 법률」 제15조에 따른 공원(소공원·어린이공원은 제외한다.) 〈개정 2009.7.30〉

② 법 제63조에 따라 시장은 다음 각 호의 어느 하나에 해당하는 경우의 정비

사업으로 인한 정비기반시설의 설치비용의 일부를 사업시행자에게 보조할 수 있다. 〈개정 2009.7.30〉

1. 주거환경개선구역 안에 설치하는 정비기반시설 〈개정 2009.7.30〉
2. 재개발구역 안에 설치하는 너비 8m 이상의 도시계획시설도로, 소공원, 어린이공원 및 녹지 다만, 시장이 인정하는 다음 각 목의 지역에서 지형 등에 어울리는 중저층 등 다양한 주거지조성을 목적으로 재개발사업을 시행할 경우에는 8m 미만의 도시계획시설도로를 포함한다. 〈개정 2009.7.30, 2010.3.2〉
   가. 해발 40m 이상의 구릉지로서 정비사업이 추진되는 지역 〈개정 2009.7.30〉
   나. 경관보존이 필요한 지역 〈개정 2009.7.30〉
   다. 최고 7층 이하의 저밀도개발지역 〈개정 2009.7.30〉
3. 제4조제3항의 가구단위로 중·저층 규모의 사업을 시행하는 지역에 설치하는 8m 이상의 도시계획시설도로, 소공원, 어린이공원 및 녹지 〈신설 2010.3.2〉
4. 구청장이 시행하는 다음 각 목의 어느 하나에 해당하는 사유로 시행하는 도시환경정비사업의 정비기반시설 〈개정 2009.7.30〉
   가. 천재지변 등의 사유로 긴급히 사업을 시행할 필요가 있는 경우 〈개정 2009.7.30〉
   나. 시장이 시행하는 도시계획사업과 연계하여 사업을 시행할 필요가 있는 경우 〈개정 2009.7.30〉
   다. 문화유산 보존을 위하여 문화재 등의 주변지역에 도시환경정비사업을 시행함으로써 건축규모가 제한되는 경우 〈개정 2009.7.30〉
   라. 공공건축물의 건축 및 그 밖의 지역경제 활성화를 위하여 구청장이 시장과 사전 협의하여 사업을 시행하는 경우 〈개정 2009.7.30〉

마. 도심 주거 공간 확보를 위하여 건축연면적의 30% 이상을 주거용도로 사업을 시행하는 경우 〈개정 2009.7.30〉

바. 수복재개발방식(전면철거방식과는 달리 정비구역의 블럭을 구분하여 기존의 도로와 필지 체계에 순응하여 재개발하는 방식을 말한다.)으로 시행하는 도시환경정비사업 〈개정 2009.7.30〉

③ 구청장은 법 제64조제1항에 따라 사업시행자가 설치하여야 하는 정비기반시설의 설치부지가 일부만 확보되어 사업시행자가 정비기반시설을 설치하여도

해당 시설이 제 기능을 발휘할 수 없거나 시설이용의 효율성이 미흡할 것으로 판단되는 경우에 사업시행자에게 해당 정비기반시설의 설치비용을 해당 구금고에 예치하게 할 수 있다. 〈개정 2009.7.30〉

④ 시장은 주거환경관리사업으로 시행하는 공동이용시설 설치비용의 전부 또는 일부를 사업시행자에게 지원할 수 있다. 〈신설 2012.12.31〉

⑤ 시장은 구청장이 정비계획을 수립하는 경우에는 규칙에서 정하는 범위 안에서 필요한 비용을 지원할 수 있다. 〈개정 2009.7.30, 2012.12.31〉

부 칙 〈제5417호, 2012.12.31〉

제1조(시행일) 이 조례는 공포한 날부터 시행한다.

➡ 2012.2.1 법 개정에 따라 주거환경관리사업이 정비사업으로 추가됨에 따라, 제4항인 "시장은 주거환경관리사업으로 시행하는 공동이용시설 설치비용의 전부 또는 일부를 사업시행자에게 지원할 수 있다."는 규정이 신설되었다.

□ 정비사업비

공사비 등 정비사업에 드는 비용이 "정비사업비"이다(법 제16조제1항제2호, 영 제26조제2항제2호).

정비사업비는 '정비사업비의 추산액과 그에 따른 조합원 부담규모 및 부담시기'를 관리처분계획에 명시하여야 하며(법 제48조제1항제5호), 건축물 등을 분양받은 자는 이전고시 후 청산(사업 손익에 따른 배분)하여야 한다(법 제57조).
정비사업비는 도시정비법 또는 다른 법령에 특별한 규정이 있는 경우를 제외하고는 시행자가 부담한다(법 제60조제1항). 여기에서의 특별규정이란 법 제62조의 '정비기반시설 관리자의 비용부담'과 법 제63조제3항에서의 정비사업비에 대한 '보조 및 융자' 규정이 있다.

- 정비사업비 종류

2013.7 서울시는 정비사업비 55개 구성 항목 및 산출근거를 제시한 바 있다.

정비사업비의 조사측량비, 설계감리비, 공사비, 보상비, 관리비, 부대경비로 구분하고, 구성 항목을 55개로 정의하여 그 산출근거를 제시하였다.

– 정비사업비 부담

정비사업비는 이 법 또는 다른 법령에 특별한 규정이 있는 경우를 제외하고는 사업시행자(대표적으로 정비조합)가 부담한다. 시장·군수는 시장·군수가 아닌 사업시행자가 시행하는 정비사업의 정비계획에 따라 설치되는 도시·군계획시설 중 주요 정비기반시설(도로, 상·하수도, 공원, 공용주차장, 공동구, 녹지, 하천, 공공공지, 광장, 임시수용시설), 공동이용시설 및 임시수용시설에 대하여는 그 건설에 소요되는 비용의 전부 또는 일부를 부담할 수 있다(법 제60조, 영 제58조).

– 정비사업비의 보조 및 융자

국가 또는 시도는 시장·군수 또는 주택공사등이 시행하는 정비사업에 관한 기초조사 및 정비사업의 시행에 필요한 시설로서 정비기반시설 및 임시수용시설의 건설에 소요되는 비용의 일부를 보조하거나 융자할 수 있다. 이 경우 국가 또는 시도는 시장·군수 또는 주택공사등이 시행하는 주거환경관리사업(해제된 정비구역 또는 재정비특별법에 따라 촉진지구가 해제된 지역에서 시행하는 주거환경관리사업으로 한정한다.)에 우선 보조하거나 융자할 수 있다.

시장·군수는 사업시행자가 주택공사등인 주거환경개선사업·주거환경관리사업 및 가로주택정비사업과 관련하여 정비기반시설 및 임시수용시설(주거환경관리사업의 경우 공동이용시설을 포함한다.)을 건설하는 경우 건설에 소요되는 비용의 전부 또는 일부를 주택공사등에게 보조하여야 한다.

국가 또는 지방자치단체는 시장·군수가 아닌 사업시행자가 시행하는 정비사업에 소요되는 비용의 일부를 보조 또는 융자하거나 융자를 알선할 수 있다(법 제63조).

▢ 조례 제38조

○ 조례 제38조제1항

시장은 법 제60조제2항 및 영 제58조에 따라 다음 각 호의 어느 하나에 해당하는 정비기반시설의 설치비용의 전부 또는 일부를 구청장에게 지원할 수 있다(동조 제1항).

1. 주거환경개선구역 안에 설치하는 주요 정비기반시설
2. 재개발구역 안의 도로법 제61조에 따른 자동차전용도로, 「도로의 구조·시설 기준에 관한 규칙」 제3조에 따른 주간선도로, 보조간선도로 및 「도시공원 및 녹지 등에 관한 법률」 제15조에 따른 공원(소공원·어린이공원은 제외한다.)

- 도로법에 의한 도로의 종류

1. 고속국도
2. 일반국도
3. 특별시도(特別市道)·광역시도(廣域市道)
4. 지방도
5. 시도(市道)
6. 군도(郡道)
7. 구도(區道)

- 「도로의 구조·시설기준에 관한 규칙」 제3조(도로의 구분)

일반도로(주간선 도로, 보조간선도로, 집산도로, 국지도로), 고속도로

- 「도시공원 및 녹지 등에 관한 법률」 제15조에 따른 공원

도시공원은 그 기능 및 주제에 따라 다음 각 호와 같이 세분한다(제1항).

1. 생활권공원 : 도시생활권의 기반이 되는 공원의 성격으로 설치·관리하는 공원으로서 다음 각 목의 공원
   가. 소공원 : 소규모 토지를 이용하여 도시민의 휴식 및 정서 함양을 도모하기 위하여 설치하는 공원
   나. 어린이공원 : 어린이의 보건 및 정서생활의 향상에 이바지하기 위하여 설치하는 공원
   다. 근린공원 : 근린거주자 또는 근린생활권으로 구성된 지역생활권 거주자의 보건·휴양 및 정서생활의 향상에 이바지하기 위하여 설치하는 공원

2. 주제공원 : 생활권공원 외에 다양한 목적으로 설치하는 다음 각 목의 공원
   가. 역사공원 : 도시의 역사적 장소나 시설물, 유적·유물 등을 활용하여 도시민의 휴식·교육을 목적으로 설치하는 공원
   나. 문화공원 : 도시의 각종 문화적 특징을 활용하여 도시민의 휴식·교육을 목적으로 설치하는 공원
   다. 수변공원 : 도시의 하천가·호숫가 등 수변공간을 활용하여 도시민의 여가·휴식을 목적으로 설치하는 공원
   라. 묘지공원 : 묘지 이용자에게 휴식 등을 제공하기 위하여 일정한 구역에「장사 등에 관한 법률」제2조제7호에 따른 묘지와 공원시설을 혼합하여 설치하는 공원
   마. 체육공원 : 주로 운동경기나 야외활동 등 체육활동을 통하여 건전한 신체와 정신을 배양함을 목적으로 설치하는 공원
   바. 도시농업공원 : 도시민의 정서순화 및 공동체의식 함양을 위하여 도시농업을 주된 목적으로 설치하는 공원
   사. 그 밖에 특별시·광역시·특별자치시·도·특별자치도 또는「지방자치법」제175조에 따른 서울시·광역시 및 특별자치시를 제외한 인구 50만 이상 대도시의 조례로 정하는 공원

○ 조례 제38조제2항

법 제63조에 따라 시장은 다음 각 호의 어느 하나에 해당하는 경우의 정비사업으로 인한 정비기반시설의 설치비용의 일부를 사업시행자에게 보조할 수 있다(동조 제2항).

1. 주거환경개선구역 안에 설치하는 정비기반시설
2. 재개발구역 안에 설치하는 너비 8m 이상의 도시계획시설도로, 소공원, 어린이공원 및 녹지.
   다만, 시장이 인정하는 다음 각 목의 지역에서 지형 등에 어울리는 중저층 등 다양한 주거지조성을 목적으로 재개발사업을 시행할 경우에는 8m 미만의 도시계획시설도로를 포함한다.
   가. 해발 40m 이상의 구릉지로서 정비사업이 추진되는 지역

나. 경관보존이 필요한 지역

다. 최고 7층 이하의 저밀도개발지역

3. 제4조제3항의 가구단위로 중저층 규모의 사업을 시행하는 지역에 설치하는 8m 이상의 도시계획시설도로, 소공원, 어린이공원 및 녹지

4. 구청장이 시행하는 다음 각 목의 어느 하나에 해당하는 사유로 시행하는 도시환경정비사업의 정비기반시설

가. 천재지변 등의 사유로 긴급히 사업을 시행할 필요가 있는 경우

나. 시장이 시행하는 도시계획사업과 연계하여 사업을 시행할 필요가 있는 경우

다. 문화유산 보존을 위하여 문화재 등의 주변지역에 도시환경정비사업을 시행함으로써 건축규모가 제한되는 경우 라. 공공건축물의 건축 및 그 밖의 지역경제 활성화를 위하여 구청장이 시장과 사전 협의하여 사업을 시행하는 경우

마. 도심 주거 공간 확보를 위하여 건축연면적의 30% 이상을 주거용도로 사업을 시행하는 경우

바. 수복재개발방식(전면철거방식과는 달리 정비구역의 블럭을 구분하여 기존의 도로와 필지 체계에 순응하여 재개발하는 방식을 말한다.)으로 시행하는 도시환경정비사업

○ 조례 제38조제3항 내지 제5항

구청장은 법 제64조제1항에 따라 사업시행자가 설치하여야 하는 정비기반시설의 설치부지가 일부만 확보되어 사업시행자가 정비기반시설을 설치하여도 해당 시설이 제 기능을 발휘할 수 없거나 시설이용의 효율성이 미흡할 것으로 판단되는 경우에 사업시행자에게 해당 정비기반시설의 설치비용을 해당 구(區)금고에 예치하게 할 수 있다(동조 제3항).

시장은 주거환경관리사업으로 시행하는 공동이용시설 설치비용의 전부 또는 일부를 사업시행자에게 지원할 수 있으며(동조 제4항), 구청장이 정비계획을 수립하는 경우에는 규칙에서 정하는 범위 안에서 필요한 비용을 지원할 수 있다(동조 제5항).

- 구청장에 대한 정비계획 수립 비용 보조

시장은 조례 제38조제5항에 따라 구청장이 정비계획을 수립하는 경우에는 정비계획 수립을 위한 총 용역비의 50%(주거환경관리사업의 경우에는 100%) 범위 안에서 지원할 수 있다(조례 규칙 제29조).

▢ 시도별 조례

○ 경기도, 인천시, 광주시

관련 조문이 없다.

- 남양주시, 부천시, 수원시, 안양시, 안산시, 안양시, 화성시, 고양시

관련 조문이 없다.

○ 부산시, 대구시, 대전시

정비기반시설의 설치 규정은 있지만, 그 비용부담에 대한 조문이 없다.

제35조(정비기반시설의 설치) ① 법 제60조제2항과 영 제58조에 따라 구청장이 주요 정비기반시설의 설치비용의 일부를 부담하거나 법 제62조제1항과 법 제63조에 따라 시장 또는 구청장이 정비사업비용의 일부를 보조하는 경우에는 그 정비기반시설의 설치와 관련한 사업내용을 지장물의 정리, 토지의 보상, 시설의 설치 등으로 구분할 수 있으며, 설치방법을 구역별로 구분하여 시행할 수 있다. 이 경우 사업시행인가를 신청하는 자는 사업시행계획서에 구분시행하는 사업의 내용을 명확하게 적어야 한다. 〈개정 2010.3.3〉

② 제1항에 따른 정비기반시설은 그 정비기반시설의 기능이 해당 사업시행구역을 포함한 주변지역 주민의 이용 및 공공의 복지증진을 위하여 특히 필요하다고 인정하는 시설이어야 한다. 〈개정 2010.3.3〉

대구시는 제36조, 대전시는 제35조에서 규정하고 있다.

조례 제39조(사업비의 융자 등)

영 제60조제4항제5호

사업비의 융자 등

시장은 도시의 기능회복 등을 위하여 도시환경정비사업을 시행하는 자에게 정비사업에 소요되는 비용의 일부를 융자할 수 있는데, 사업시행자에 따라 융자의 범위가 다르다.

▢ 개정 연혁

▸ 도시정비조례[서울시조례 제4167호, 2003.12.30, 제정]

제36조(사업비의 융자한도) 시장은 도시의 기능회복 등을 위하여 도시환경정비사업을 시행하는 자에게 다음 각 호의 범위 안에서 정비사업에 소요되는 비용의 일부를 융자할 수 있다.

1. 구청장이 시행하는 사업은 건축공사비의 80/100 이내
2. 구청장이외의 자가 시행하는 사업은 건축공사비의 40/100 이내

부 칙 〈2003.12.30〉

제1조(시행일) 이 조례는 공포한 날부터 시행한다.

▸ [서울시조례 제4824호, 2009.7.30, 일부개정]

제39조(사업비의 융자한도) ① 시장은 도시의 기능회복 등을 위하여 도시환경정비사업을 시행하는 자에게 다음 각 호의 범위 안에서 정비사업에 소요되는 비용의 일부를 융자할 수 있다. 〈개정 2009.7.30〉

1. 구청장이 시행하는 사업은 건축공사비의 80% 이내 〈개정 2009.7.30〉
2. 구청장 이외의 자가 시행하는 사업은 건축공사비의 40% 이내 〈개정 2009.7.30〉

② 시장은 도시기능회복 및 주거환경을 개선하기 위하여 재개발, 재건축사업 및 도시환경정비사업을 시행하는 추진위원회(관할구청장으로부터 승인받은 경우에 한한다.)에 초기자금을 영 제60조제4항에서 정하는 범위 안에서 다음 각 호의 기준에 따라 융자할 수 있다. 〈개정 2009.7.30〉

1. 융자금에 대한 대출 이율은 일반은행의 일반자금 대출이율의 범위 안에서 시장이 정한다. 〈개정 2009.7.30〉
2. 융자금의 상환은 시공사 선정 후 30일 이내에 일시 상환한다. 〈개정 2009.7.30〉

③ 제1항 및 제2항에서 정한 것 이외에 융자에 관하여 필요한 사항은 규칙으로 정한다. 〈개정 2009.7.30〉

부 칙 〈2009.7.30〉

제1조(시행일) 이 조례는 공포한 날부터 시행한다.

➡ 제2항 및 제3항이 신설되면서 융자에 관한 필요한 사항이 시행규칙에서 정할 수 있게 되었다.

▸ [서울시조례 제4860호, 2009.9.29, 일부개정]

제39조(사업비의 융자한도) ① 시장은 도시의 기능회복 등을 위하여 도시환경정비사업을 시행하는 자에게 다음 각 호의 범위 안에서 정비사업에 소요되는 비용의 일부를 융자할 수 있다. 〈개정 2009.7.30〉

1. 구청장이 시행하는 사업은 건축공사비의 80% 이내 〈개정 2009.7.30〉
2. 구청장 이외의 자가 시행하는 사업은 건축공사비의 40% 이내 〈개정 2009.7.30〉

② 영 제60조제4항제5호에 따라 "그 밖에 시도 조례로 정하는 사항"이란 추진위원회 및 조합의 운영자금을 말한다. 융자한도는 영 제60조제4항에서 정하는 범위 안에서 다음 각 호의 기준에 따라 융자할 수 있다. 〈개정 2009.7.30, 2009.9.29〉

1. 융자금에 대한 대출 이율은 일반은행의 일반자금 대출이율의 범위 안에서

시장이 정한다. 〈개정 2009.7.30〉

2. 사업시행자는 정비사업의 준공인가 신청 전에 융자금을 상환하여야 한다. 〈개정 2009.7.30, 2009.9.29〉

③ 제1항 및 제2항에서 정한 것 이외에 융자에 관하여 필요한 사항은 규칙으로 정한다. 〈개정 2009.7.30〉

부 칙 〈2009.9.29〉

이 조례는 공포한 날부터 시행한다.

► [서울시조례 제5007호, 2010.7.15, 일부개정]

제39조(사업비의 융자한도) ① 시장은 도시의 기능회복 등을 위하여 도시환경정비사업을 시행하는 자에게 다음 각 호의 범위 안에서 정비사업에 소요되는 비용의 일부를 융자할 수 있다. 〈개정 2009.7.30〉

1. 구청장이 시행하는 사업은 건축공사비의 80% 이내 〈개정 2009.7.30〉
2. 구청장 이외의 자가 시행하는 사업은 건축공사비의 40% 이내 〈개정 2009.7.30〉

② 영 제60조제4항제5호에 따라 "그 밖에 시도 조례로 정하는 사항"이란 추진위원회·조합의 운영자금 및 설계비 등 용역비를 말한다. 융자한도는 영 제60조제4항에서 정하는 범위 안에서 다음 각 호의 기준에 따라 융자할 수 있다. 〈개정 2009.7.30, 2009.9.29, 2010.7.15〉

1. 융자금에 대한 대출 이율은 일반은행의 일반자금 대출이율의 범위 안에서 시장이 정한다. 〈개정 2009.7.30〉
2. 사업시행자는 정비사업의 준공인가 신청 전에 융자금을 상환하여야 한다. 〈개정 2009.7.30, 2009.9.29〉

③ 제1항 및 제2항에서 정한 것 이외에 융자에 관하여 필요한 사항은 규칙으로 정한다. 〈개정 2009.7.30〉

부 칙 〈제5007호, 2010.7.15〉

제1조(시행일) 이 조례는 2010.7.16부터 시행한다.

▸ **[서울시조례 제5237호, 2012.1.5, 일부개정]**

제39조(사업비의 융자 등) ① 시장은 도시의 기능회복 등을 위하여 도시환경정비사업을 시행하는 자에게 다음 각 호의 범위 안에서 정비사업에 소요되는 비용의 일부를 융자할 수 있다. 〈개정 2009.7.30〉

1. 구청장이 시행하는 사업은 건축공사비의 80% 이내 〈개정 2009.7.30〉
2. 구청장 이외의 자가 시행하는 사업은 건축공사비의 40% 이내 〈개정 2009.7.30〉

② 영 제60조제4항제5호에 따라 "그 밖에 시도 조례로 정하는 사항"이란 추진위원회·조합의 운영자금 및 설계비 등 용역비를 말한다. 융자한도는 영 제60조제4항에서 정하는 범위 안에서 다음 각 호의 기준에 따라 융자할 수 있다. 〈개정 2009.7.30, 2009.9.29, 2010.7.15〉

1. 융자금에 대한 대출 이율은 일반은행의 일반자금 대출이율의 범위 안에서 시장이 정한다. 〈개정 2009.7.30〉
2. 사업시행자는 정비사업의 준공인가 신청 전에 융자금을 상환하여야 한다. 〈개정 2009.7.30, 2009.9.29〉

③ 추진위원회 또는 조합은 총회의 의결을 거쳐 시장에게 융자를 신청할 수 있으며, 다음 각 호의 내용이 포함된 운영규정 또는 정관을 제출하여야 한다. 〈개정 2012.1.5〉

1. 융자금액 상환에 관한 사항
2. 융자 신청 당시 담보 등을 제공한 추진위원회 위원장 또는 조합장 등이 변경될 경우 채무 승계에 관한 사항

④ 제1항부터 제3항까지 정한 것 이외에 융자에 관하여 필요한 사항은 규칙으로 정한다. 〈신설 2012.1.5〉

[제목개정 2012.1.5]

부 칙 〈제5237호, 2012.1.5〉

제1조(시행일) 이 조례는 공포한 날부터 시행한다.

➡ 제목 '사업비의 융자한도'가 '사업비의 융자등'으로 바뀌고, 제3항이 신설되면서 기존의 제3항이 제4항으로 이동되었다.

► **[서울시조례 제5417호, 2012.12.31, 일부개정]**

제39조(사업비의 융자 등) ① 시장은 도시의 기능회복 등을 위하여 도시환경정비사업을 시행하는 자에게 다음 각 호의 범위 안에서 정비사업에 소요되는 비용의 일부를 융자할 수 있다. 〈개정 2009.7.30〉

1. 구청장이 시행하는 사업은 건축공사비의 80% 이내 〈개정 2009.7.30〉
2. 구청장 이외의 자가 시행하는 사업은 건축공사비의 40% 이내 〈개정 2009.7.30〉

② 영 제60조제4항제5호에 따라 "그 밖에 시도 조례로 정하는 사항"이란 추진위원회·조합의 운영자금 및 설계비 등 용역비를 말한다. 융자한도는 영 제60조제4항에서 정하는 범위 안에서 다음 각 호의 기준에 따라 융자할 수 있다. 〈개정 2009.7.30, 2009.9.29, 2010.7.15〉

1. 융자금에 대한 대출 이율은 일반은행의 일반자금 대출이율의 범위 안에서 시장이 정한다. 〈개정 2009.7.30〉
2. 사업시행자는 정비사업의 준공인가 신청 전에 융자금을 상환하여야 한다. 〈개정 2009.7.30, 2009.9.29〉

③ 추진위원회 또는 조합은 총회의 의결을 거쳐 시장에게 융자를 신청할 수 있으며, 다음 각 호의 내용이 포함된 운영규정 또는 정관을 제출하여야 한다. 〈개정 2012.1.5〉

1. 융자금액 상환에 관한 사항
2. 융자 신청 당시 담보 등을 제공한 추진위원회 위원장 또는 조합장 등이 변경될 경우 채무 승계에 관한 사항

④ 시장은 주거환경관리사업구역의 주택개량 및 신축비용, 가로주택정비사업의 건축공사비를 다음 각 호의 범위 안에서 융자할 수 있다. 〈신설 2012.12.31〉

1. 주거환경관리사업구역의 주택개량 및 신축 공사비 80% 이내
2. 가로주택정비사업의 건축공사비 40% 이내

⑤ 제1항부터 제4항까지 정한 것 이외에 융자에 관하여 필요한 사항은 규칙으로 정한다. 〈신설 2012.1.5〉〈개정 2012.12.31〉

[제목개정 2012.1.5]

부 칙 〈제5417호, 2012.12.31〉

제1조(시행일) 이 조례는 공포한 날부터 시행한다.

제3조(보조대상 적용례 및 신청 기산일에 관한 경과조치) ① 사용비용 보조대상은 법 제16조의2제1항제1호에 따라 승인이 취소된 추진위원회로 한다.

➡ 주거환경관리사업, 가로주택정비사업이 정비사업으로 추가되면서, 이에 대한 주택개량 및 건축공사비에 대한 융자규정이 신설되었다.

► **[서울시조례 제5466호, 2013.3.28, 일부개정]**

제39조(사업비의 융자 등) ① 시장은 도시의 기능회복 등을 위하여 도시환경정비사업을 시행하는 자에게 다음 각 호의 범위 안에서 정비사업에 소요되는 비용의 일부를 융자할 수 있다. 〈개정 2009.7.30〉

1. 구청장이 시행하는 사업은 건축공사비의 80% 이내 〈개정 2009.7.30〉
2. 구청장 이외의 자가 시행하는 사업은 건축공사비의 40% 이내 〈개정 2009.7.30〉

② 영 제60조제4항제5호에 따라 "그 밖에 시도 조례로 정하는 사항"이란 추진위원회·조합의 운영자금 및 설계비 등 용역비를 말한다. 융자한도는 영 제60조제4항에서 정하는 범위 안에서 다음 각 호의 기준에 따라 융자할 수 있다. 〈개정 2009.7.30, 2009.9.29, 2010.7.15, 2013.3.28〉

1. 융자금에 대한 대출 이율은 한국은행의 기준금리를 고려하여 정책자금으로서의 기능을 유지하는 수준에서 시장이 정하되, 추진위원회·조합의 운영자금 및 용역비 등 융자 비목에 따라 대출이율을 차등 적용할 수 있다.
2. 사업시행자는 정비사업의 준공인가 신청 전에 융자금을 상환하여야 한다.

③ 추진위원회 또는 조합은 총회의 의결을 거쳐 시장에게 융자를 신청할 수 있으며, 다음 각 호의 내용이 포함된 운영규정 또는 정관을 제출하여야 한다. 〈개정 2012.1.5〉

1. 융자금액 상환에 관한 사항
2. 융자 신청 당시 담보 등을 제공한 추진위원회 위원장 또는 조합장 등이 변경될 경우 채무 승계에 관한 사항

④ 시장은 주거환경관리사업구역의 주택개량 및 신축비용, 가로주택정비사업의 건축공사비를 다음 각 호의 범위 안에서 융자할 수 있다. 〈신설 2012.12.31〉

1. 주거환경관리사업구역의 주택개량 및 신축 공사비 80% 이내
2. 가로주택정비사업의 건축공사비 40% 이내

⑤ 제1항부터 제4항까지 정한 것 이외에 융자에 관하여 필요한 사항은 규칙으로 정한다. 〈신설 2012.1.5〉〈개정 2012.12.31〉

[제목개정 2012.1.5]

부 칙 〈제5466호, 2013.3.28〉

이 조례는 공포한 날부터 시행한다.

➡ 금융자금에 대한 대출 이율은 한국은행의 기준금리를 고려하여 정책자금으로서의 기능을 유지하는 수준에서 시장이 정하되, 추진위원회·조합의 운영자금 등 융자 비목에 따라 대출이율을 차등 적용할 수 있도록 하였다(안 제39조제2항제1호).

□ 조례 제39조(사업비의 융자 등)

○ 조례 제39조제1항

시장은 도시의 기능회복 등을 위하여 도시환경정비사업을 시행하는 자에게 다음 각 호의 범위 안에서 정비사업에 소요되는 비용의 일부를 융자할 수 있다. 사업시행자에 따라 융자의 범위가 다르다(동조 제1항).

1. 구청장이 시행하는 사업은 건축공사비의 80% 이내
2. 구청장 이외의 자가 시행하는 사업은 건축공사비의 40% 이내

○ 조례 제39조제2항

영 제60조제4항제5호[19]에 따라 "그 밖에 시도 조례로 정하는 사항"이란 추진위

19) 도시정비법 시행령 제64조제4항
국가 또는 지방자치단체는 다음 각 호의 사항에 필요한 비용의 각 80% 이내에서 융자하거나 융자를 알선할 수 있다.

원회·조합의 운영자금 및 설계비 등 용역비를 말한다. 융자한도는 영 제60조제4항에서 정하는 범위 안에서 다음 각 호의 기준에 따라 융자할 수 있다(동조 제2항).

1. 융자금에 대한 대출 이율은 한국은행의 기준금리를 고려하여 정책자금으로서의 기능을 유지하는 수준에서 시장이 정하되, 추진위원회·조합의 운영자금 및 용역비 등 융자 비목에 따라 대출이율을 차등 적용할 수 있다
2. 사업시행자는 정비사업의 준공인가 신청 전에 융자금을 상환하여야 한다.

○ 조례 제39조제3항

추진위원회 또는 조합은 총회의 의결을 거쳐 시장에게 융자를 신청할 수 있으며, 다음 각 호의 내용이 포함된 운영규정 또는 정관을 제출하여야 한다(동조 제3항).

1. 융자금액 상환에 관한 사항
2. 융자 신청 당시 담보 등을 제공한 추진위원회 위원장 또는 조합장 등이 변경될 경우 채무 승계에 관한 사항

○ 조례 제39조제4항

시장은 주거환경관리사업구역의 주택개량 및 신축비용, 가로주택정비사업의 건축공사비를 다음 각 호의 범위 안에서 융자할 수 있다(동조 제4항).

1. 주거환경관리사업구역의 주택개량 및 신축 공사비 80% 이내
2. 가로주택정비사업의 건축공사비 40% 이내

○ 조례 제39조제5항

위의 제1항부터 제4항까지 정한 것 이외에 융자에 관하여 필요한 사항은 규칙으로 정한다(동조 제5항).

---

1. 기초조사비
2. 정비기반시설 및 임시수용시설의 사업비
3. 세입자 보상비
4. 주민 이주비
5. 그 밖에 시도 조례로 정하는 사항(지방자치단체가 융자하거나 융자를 알선하는 경우만 해당한다.)

- **융자계획수립**

시장은 조례 제39조에 따라 사업시행자(관할구청장으로부터 승인받은 추진위원회 포함)에게 정비사업에 소요되는 비용을 융자하고자 하는 때에는 사업비 융자계획을 매년 수립하여야 하며, 다음 각 호의 사항을 포함하여 시보에 공고하여야 한다(조례 시행규칙 제19조).

1. 융자신청 대상자
2. 우선 융자대상 정비구역
3. 융자금액
4. 상환기간 및 방법
5. 이율
6. 신청기간
7. 신청서류

- **융자신청대상자**

융자신청대상자는 정비사업 융자계획 공고 이전에 지정·고시된 정비구역의 사업시행자(관할구청장으로부터 승인받은 추진위원회 포함)로 한다(동 규칙 제20조).

- **우선융자대상 정비구역**

시장은 공공목적의 조기수행을 위하여 필요한 경우에는 우선융자대상 정비구역을 선정하여 타 정비구역에 우선하여 융자할 수 있다(동 규칙 제21조).

- **융자신청**

조례 제39조에 따라 사업비를 융자받고자 하는 사업시행자는 신청기간 내에 별지 제33호서식의 정비사업융자신청서를 시장에게 제출하여야 한다(동 규칙 제22조).

- **융자대상 및 금액 결정**

시장은 융자대상자를 다음 각 호의 순위에 따라 결정한다(동 규칙 제23조제1항).

1. 제21조에 따른 우선융자대상 정비구역의 사업시행자
2. [별표1]에서 정한 가중치로 점수를 계산하여 점수가 높은 자. 다만, 도시환

경정비사업은 [별표2]에서 정한 가중치 점수가 높은 자로 함.

위의 제1항제1호 및 제2호 단서에 따라 도시환경정비구역의 융자 순위를 결정하는 때에 같은 순위의 신청자가 경합하는 경우에는 다음 각 호의 순위의 시설이 많은 정비구역을 우선순위로 정한다(동조 제2항).

1. 숙박시설
2. 도심환경개선시설(문화예술 공간 및 공공기여시설)
3. 주거용과 비주거용이 복합된 건축물
4. 오피스텔 등 이와 유사한 시설
5. 정비기반시설 부담이 많은 구역

조례 제39조에 따른 융자금액을 산정하기 위한 건축공사비는 해당 도시환경정비구역안의 건축물 등의 철거비와 건축시설공사비 및 그 밖의 부대비(설계비, 감리비 등)로 한다(동조 제3항).

- 융자사무의 위탁

「서울시 주택사업특별회계조례」 제14조제2항에 따라 융자사무를 위탁하는 금융기관의 선정은 위탁수수료율 등을 고려하여 시장이 정한다(동 규칙 제24조제1항). 시장은 선정된 금융기관(이하 "수탁기관"이라 한다.)과 정비사업 융자금운용·위탁에 관한 협약을 체결하여야 한다(동조 제2항).

- 융자대상자 통보

시장은 제23조에 따라 융자대상자 및 금액을 결정하는 때에는 지체 없이 이를 수탁기관 및 융자대상자에게 통보하여야 한다(동 규칙 제25조제1항). 융자대상자는 해당연도 12.20까지 수탁기관에서 대출을 받아야 하며, 위 기간 내에 대출을 받지 않을 경우에는 융자결정이 실효된다. 다만, 부득이한 사유로 시장의 사전승인을 받은 경우에는 그러하지 아니하다.

- 융자의 취소 및 융자신청 제한

시장은 융자대상으로 결정된 자가 다음 각 호의 어느 하나에 해당되는 경우에는 융자결정을 취소할 수 있다(동 규칙 제16조제1항).

1. 거짓 또는 부정한 수단으로 추진위원회 승인, 조합설립인가, 사업시행인가 또는 관리처분계획인가를 받았거나 융자를 받은 때
2. 정비구역·사업시행인가 및 관리처분계획인가가 취소된 때

시장은 융자결정을 취소한 경우에는 이를 수탁기관에 통보하여야 하며, 수탁기관은 이미 융자를 받은 사업시행자에 대하여는 지급한 융자금(이자 포함)을 일시에 회수하여야 한다. 사업시행자는 시장이 융자결정을 취소한 날부터 5년 이내에 융자를 신청할 수 없다. 다만, 추진위원회 또는 조합설립이 취소되어 법령에 따라 새로이 승인 또는 인가를 얻는 구역으로서 시장이 공공의 지원이 필요하다고 인정하는 경우에는 그러하지 아니하다(동조 제2항, 제3항).

- 융자조건

수탁기관의 융자대상자에 대한 대출금리 및 상환조건은 특별회계조례 제7조에 따르되, 사업시행자는 정비사업의 준공인가 신청 전까지 제19조제4호에 따라 시장이 공고한 상환기간 및 방법에 따라 융자금을 상환하여야 한다(동 규칙 제27조).

- 융자금의 대하조건 및 상환

수탁기관에 대한 대하는 별지 제34호서식의 정비사업 융자금 대하 차용증서에 의한다(동 규칙 제28조).

대하원금의 상환은 3년 거치 2년간 연 4회 균등분할상환을 원칙으로 하되, 시장이 대하일로부터 5년의 기간 내에서 상환방식을 융자대상자가 선택할 수 있도록 제19조에 따라 융자계획공고를 하는 때에 따로 정할 수 있으며, 매분기 마지막 달 20일에 상환하여야 하며, 수탁기관은 대하원금을 대출금의 상환여부에 불구하고 해당 대여원리금 상환일(공휴일인 경우 그 다음 영업일)에 상환하여야 한다.

대하이자 계산은 대하 일부터 상환일 전일까지 한편 넣기 방식에 의한 일수별 기간계산에 따르되, 매분기 마지막 달 20일에 불입하고 1년은 365일로 한다. 융자받은 사업시행자가 상환기일 전에 조기상환하는 때에는 제2항에 불구하고 수탁기관은 대출금을 회수한 날부터 14 영업일 이내에 원금과 이자를 상환하여야 한

다. 수탁기관은 대여원리금을 상환하는 때에는 시장이 지정한 계좌에 불입 하여야 한다.

시장은 별지 제35호서식의 정비사업 융자관리카드를 작성하여 융자상환내역을 관리하여야 한다.

▢ 시도별 조례

○ 경기도, 대구시, 대전시, 광주시

관련 조문이 없다.

○ 인천시

제41조(정비사업비 융자 등) 영 제60조제4항제5호에서 "그 밖에 시도 조례로 정하는 사항"이란 지방자치단체(광역자치단체와 기초자치단체를 말한다.)가 융자하거나 알선하는 다음 각 호의 사항을 말한다.

1. 추진위원회 운영경비
2. 주민제안을 위한 정비계획수립 비용
3. 조합운영경비

○ 부산시

제41조(융자금리 등) ① 정비기금의 융자금액은 세대 당 4천만 원 이내로 한다. 〈개정 2007.8.8, 2010.3.3〉

② 도시환경정비사업의 경우에는 40억 원 이내로 사업비를 융자할 수 있다.

③ 제1항과 제2항에 따른 융자 금리는 「지방재정법」 제77조제1항에 따라 지정된 금고의 1년 만기 정기예금 이자율을 기준으로 한다. 〈개정 2007.8.8, 2010.3.3〉

④ 융자금 상환은 5년 이내로 한다. 다만, 다음 각 호의 경우에는 2년의 범위에서 융자기간을 연장할 수 있다. 〈개정 2007.8.8, 2010.3.3〉

1. 시행인가를 받은 자 또는 조합의 귀책사유가 아닌 원인으로 사업시행 기간

이 2년을 경과한 때

2. 천재지변 또는 불가항력적인 사유로 사업시행기간이 2년을 경과한 때

3. 그 밖에 시장이 인정하는 정당한 사유가 있을 때 〈개정 2010.3.3〉

⑤ 시장은 정비기금 융자대상으로 결정한 후 다음 각 호의 어느 하나에 해당되는 경우에는 융자결정을 취소한다. 〈개정 2010.3.3〉

1. 특별한 사유 없이 착공계획일로부터 2개월 이내 사업을 착공하지 아니한 때 〈개정 2010.3.3〉

2. 거짓이나 그 밖에 부정한 방법으로 조합설립인가 또는 사업인가를 받은 것으로 확인되었을 때 〈개정 2010.3.3〉

⑥ 시장은 정비기금을 융자한 후 다음 각 호의 어느 하나에 해당하는 경우에는 융자원리금을 한꺼번에 회수한다. 〈개정 2007.8.8, 2010.3.3〉

1. 제5항에 해당하는 사실이 있는 때 〈개정 2010.3.3〉

2. 사업시행인가가 취소된 때

3. 시행자의 귀책사유로 인가받은 기간 내에 정비사업을 완료하지 못한 때

4. 융자금을 정비사업 이외의 목적에 사용한 때

5. 시장에 신고하지 않고 시행자의 명의가 변경된 때

6. 정비구역의 지정이 취소된 때

7. 추진위원회의 승인이 취소되거나 조합설립인가가 취소된 때

8. 업무대행자와 체결한 업무대행계약이 취소된 때

⑦ 시장은 제6항의 사유가 발생한 때에는 위탁금융기관에 통보하여 융자원리금 회수 등 필요한 조치를 취하여야 한다.

제41조의2(금융기관 대출에 대한 이자 보전) 시장은 은행법에 따라 설립된 금융기관 등과 협약을 통하여 해당 금융기관이 정비사업에 따른 자금을 대출하게 할 수 있다. 이 경우 자금의 대출이자 중 연리 1.5/100 이내에 해당하는 금액을 정비기금으로 보전할 수 있다. 〈개정 2010.3.3〉

[본조신설 2007.8.8]

조례 시행규칙

제14조(정비기금의 융자대상자 등) ① 조례 제39조제4항의 부산시 도시및주거환경

정비기금(이하 "정비기금"이라 한다.)의 융자대상자는 법 제9조에 따라 사업대행자로 지정된 자와 법 제28조에 따른 사업시행인가를 받은 자(구청장이 사업시행자인 경우를 포함한다.)로 한다. 〈개정 2010.3.3〉

② 제1항에 따른 융자대상자가 정비기금의 융자를 신청하려면 별지 제26호서식의 정비기금융자신청서에 다음 각 호의 서류를 첨부하여 시장에게 제출하여야 한다. 〈개정 2010.3.3〉

1. 정관 또는 규약
2. 융자금사용계획내역서
3. 그 밖에 융자신청에 필요한 서류 〈개정 2010.3.3〉

조례 제40조(국·공유지의 점유·사용 연고권 인정기준 등)

법 제66조제4항

조례 제41조(주거환경개선구역 안의 국·공유지의 관리처분)

법 제68조제5항

• 국·공유지의 점유·사용 연고권 인정기준 등
• 주거환경개선구역 안의 국·공유지의 관리처분

정비구역안의 국유·공유 재산은 국유재산법 제9조 또는 「공유재산 및 물품 관리법」 제10조에 따른 국유재산관리계획 또는 공유재산관리계획과 「국유재산법」 제43조 및 「공유재산 및 물품 관리법」 제29조에 따른 계약의 방법에도 불구하고 사업시행자 또는 점유자 및 사용자에게 다른 사람에 우선하여 수의계약으로 매각 또는 임대할 수 있다.

□ 개정 연혁

▸ 도시재개발사업조례 시행규칙[서울시규칙]

제19조(국·공유지 점유연고권 인정기준 등) ① 법 제57조제2항에 의하여 재개발구역 안의 국·공유지는 다음 각 호의 기준에 의하여 국·공유지를 점유하고 있는 건축물소유자<u>(무허가건축물인 경우에는 조례 제2조제1호에 의한 기존 무허가건축물에 한한다.)</u>에게 우선 매각한다. 〈개정 1999.10.5〉

1. 점유건축물(부속건축물을 포함한다. 이하 이 조에서 같다.)이 담장 등(담장 또는 지형지물 등으로 경계의 구분이 어려운 경우에는 처마끝 수직선으로 한다.)으로 경계가 구분되어 실제 사용하고 있는 면적으로 하되, 200㎡를 초과할 수 없다.
2. 제1호의 점유건축물이 건축물소유자의 토지와 인접한 국·공유지를 함께 점유하고 있는 경우에는 그 소유토지와 점유 국·공유지를 합한 면적이 200㎡

를 초과할 수 없다.

② 제1항의 규정의 점유면적 산정은 지적법의 규정에 의한 지적측량성과에 의한다.

③ 〈삭제 1999.10.5〉

④ 제1항에 의하여 매각한 후 잔여 국·공유지는 임대주택부지 등에 충당한다. 〈개정 1999.10.5〉

⑤ 〈삭제 1999.10.5〉

▸ 도시정비조례[서울시조례 제4167호, 2003.12.30, 제정]

제37조(국·공유지의 점유·사용 연고권 인정기준 등) ① 법 제66조제4항에 의하여 정비구역안의 국·공유지를 점유·사용하고 있는 건축물소유자(신발생무허가건축물을 제외한다.)에게 우선 매각하는 기준은 다음과 같다.

1. 점유·사용인정 면적은 건축물이 담장 등으로 경계가 구분되어 실제 사용하고 있는 면적으로 한다. 다만, 200㎡를 초과하여서는 아니 된다.
2. 경계의 구분이 어려운 경우에는 처마 끝 수직선을 경계로 한다.
3. 제1호 및 제2호에 의한 점유·사용 건축물이 사유지와 국·공유지를 함께 점유·사용하고 있는 경우에 사유지를 포함한 국·공유지의 매각면적이 200㎡를 초과하여서는 아니 된다.

② 제1항에 의한 점유·사용 면적의 산정은 지적법에 의한 지적측량성과에 의한다.

③ 국·공유지를 점유·사용하고 있는 자로서 제1항에 의하여 우선 매수하고자 하는 자는 관리처분계획인가 신청을 하는 때까지 당해 국·공유지의 관리청과 매매계약을 체결하여야 한다.

제38조(주거환경개선구역안의 국·공유지의 관리처분) ① 법 제68조제5항에 의하여 사업시행자에게 양여된 주거환경개선구역안의 국·공유지의 관리처분에 관하여는 「서울시 공유재산관리조례」 제22조의2·제23조제6항 및 제28조제1항의 규정을 준용한다.

② 관리청은 양여된 토지를 처분하는 경우 당해 주거환경개선사업이 취소되는 때에는 당해 토지의 처분계약을 해제하는 특약을 등기하여야 한다.

다. 문화유산 보존을 위하여 문화재 등의 주변지역에 도시환경정비사업을 시행함으로써 건축규모가 제한되는 경우 〈개정 2009.7.30〉

부 칙 〈2003.12.30〉

제1조 (시행일) 이 조례는 공포한 날부터 시행한다.

▸ [서울시조례 제4824호, 2009.7.30, 일부개정]

제40조(국·공유지의 점유·사용 연고권 인정기준 등) ① 법 제66조제4항에 따라 정비구역안의 국·공유지를 점유·사용하고 있는 건축물소유자(신발생무허가건축물을 제외한다.)에게 우선 매각하는 기준은 다음 각 호와 같다. 〈개정 2009.7.30〉

1. 점유·사용인정 면적은 건축물이 담장 등으로 경계가 구분되어 실제사용하고 있는 면적으로 한다. 다만, 200㎡를 초과하여서는 아니 된다. 〈개정 2009.7.30〉
2. 경계의 구분이 어려운 경우에는 처마 끝 수직선을 경계로 한다. 〈개정 2009.7.30〉
3. 제1호 및 제2호에 따른 점유·사용 건축물이 사유지와 국·공유지를 함께 점유·사용하고 있는 경우에 사유지를 포함한 국·공유지의 매각면적이 200㎡를 초과하여서는 아니 된다. 〈개정 2009.7.30〉

② 제1항에 따른 점유·사용 면적의 산정은 「지적법」에 따른 지적측량성과에 따른다. 〈개정 2009.7.30〉

③ 국·공유지를 점유·사용하고 있는 자로서 제1항에 따라 우선 매수하고자 하는 자는 관리처분계획인가신청을 하는 때까지 해당 국·공유지의 관리청과 매매계약을 체결하여야 한다. 〈개정 2009.7.30〉

제41조(주거환경개선구역 안의 국·공유지의 관리처분) ① 법 제68조제5항에 따라 사업시행자에게 양여된 주거환경개선구역 안의 국·공유지의 관리처분에 관하여는 「서울시 공유재산 및 물품관리조례」 제22조 및 제26조제3항제3호 및 「공유재산 및 물품관리법 시행령」 제80조를 준용한다. 〈개정 2009.7.30〉

② 관리청은 양여된 토지를 처분하는 경우 해당 주거환경개선사업이 취소되는 때에는 해당 토지의 처분계약을 해제하는 특약을 등기하여야 한다. 〈개정 2009.7.30〉

부 칙 〈2009.7.30〉

제1조(시행일) 이 조례는 공포한 날부터 시행한다.

➡ 국·공유지의 관리처분 관련 「서울시 공유재산관리조례」 제22조의2·제23조제6항 및 제28조제1항은 "「서울시 공유재산 및 물품관리조례」 제22조 및 제26조제3항제3호 및 「공유재산 및 물품관리법 시행령」 제80조"로 바뀌었다. 또한 2009.7.30 조례 개정으로 조 이동되었다.

► **[서울시조례 제5237호, 2012.1.5, 일부개정]**

제40조(국·공유지의 점유·사용 연고권 인정기준 등) ① 법 제66조제4항에 따라 정비구역안의 국·공유지를 점유·사용하고 있는 건축물소유자(신발생무허가건축물을 제외한다.)에게 우선 매각하는 기준은 다음 각 호와 같다. 〈개정 2009.7.30〉

1. 점유·사용인정 면적은 건축물이 담장 등으로 경계가 구분되어 실제사용하고 있는 면적으로 한다. 다만, 200㎡를 초과하여서는 아니 된다. 〈개정 2009.7.30〉
2. 경계의 구분이 어려운 경우에는 처마 끝 수직선을 경계로 한다. 〈개정 2009.7.30〉
3. 제1호 및 제2호에 따른 점유·사용 건축물이 사유지와 국·공유지를 함께 점유·사용하고 있는 경우에 사유지를 포함한 국·공유지의 매각면적이 200㎡를 초과하여서는 아니 된다. 〈개정 2009.7.30〉

② 제1항에 따른 점유·사용 면적의 산정은 「측량·수로조사 및 지적에 관한 법률」에 따른 지적측량성과에 따른다. 〈개정 2009.7.30, 2012.1.5〉

③ 국·공유지를 점유·사용하고 있는 자로서 제1항에 따라 우선 매수하고자 하는 자는 관리처분계획인가신청을 하는 때까지 해당 국·공유지의 관리청과 매매계약을 체결하여야 한다. 〈개정 2009.7.30〉

제41조(주거환경개선구역 안의 국·공유지의 관리처분) ① 법 제68조제5항에 따라 사업시행자에게 양여된 주거환경개선구역 안의 국·공유지의 관리처분에 관하여는 「서울시 공유재산 및 물품관리조례」 제22조 및 제26조제3항과 「공유재산 및 물품관리법 시행령」 제80조를 준용한다. 〈개정 2009.7.30, 2012.1.5〉

② 관리청은 양여된 토지를 처분하는 경우 해당 주거환경개선사업이 취소되는 때에는 해당 토지의 처분계약을 해제하는 특약을 등기하여야 한다. 〈개정 2009. 7.30〉

부 칙 〈제5237호, 2012.1.5〉

제1조(시행일) 이 조례는 공포한 날부터 시행한다.

➡ 지적법이「측량·수로조사 및 지적에 관한 법률」로 바뀌었으나 내용이 바뀌지는 않았다.

► [서울시조례 제5348호, 2012.7.30, 일부개정]

제40조(국·공유지의 점유·사용 연고권 인정기준 등) ① 법 제66조제4항에 따라 정비구역안의 국·공유지를 점유·사용하고 있는 건축물소유자(신발생무허가건축물을 제외한다.)에게 우선 매각하는 기준은 다음 각 호와 같다. 〈개정 2009.7.30〉

1. 점유·사용인정 면적은 건축물이 담장 등으로 경계가 구분되어 실제사용하고 있는 면적으로 한다. 다만, 200㎡를 초과하여서는 아니 된다. 〈개정 2009.7.30〉
2. 경계의 구분이 어려운 경우에는 처마 끝 수직선을 경계로 한다. 〈개정 2009. 7.30〉
3. 제1호 및 제2호에 따른 점유·사용 건축물이 사유지와 국·공유지를 함께 점유·사용하고 있는 경우에 사유지를 포함한 국·공유지의 매각면적이 200㎡를 초과하여서는 아니 된다. 〈개정 2009.7.30〉

② 제1항에 따른 점유·사용 면적의 산정은「측량·수로조사 및 지적에 관한 법률」에 따른 지적측량성과에 따른다. 〈개정 2009.7.30, 2012.1.5〉

③ 국·공유지를 점유·사용하고 있는 자로서 제1항에 따라 우선 매수하고자 하는 자는 관리처분계획인가신청을 하는 때까지 해당 국·공유지의 관리청과 매매계약을 체결하여야 한다. 〈개정 2009.7.30〉

제41조(주거환경개선구역 안의 국·공유지의 관리처분) ① 법 제68조제5항에 따라 사업시행자에게 양여된 주거환경개선구역 안의 국·공유지의 관리처분에 관하여는 「서울시 공유재산 및 물품 관리조례」 제26조제3항 및 제36조와 「공유재산 및 물품관리법 시행령」 제80조를 준용한다. 〈개정 2009.7.30, 2012.1.5, 2012.7.30〉

② 관리청은 양여된 토지를 처분하는 경우 해당 주거환경개선사업이 취소되는 때에는 해당 토지의 처분계약을 해제하는 특약을 등기하여야 한다. 〈개정 2009. 7.30〉

부 칙 〈제5348호, 2012.7.30〉

제1조(시행일) 이 조례는 공포한 날부터 시행한다.

➡ 「서울시 공유재산 및 물품관리조례」 제22조 및 제26조제3항과 「공유재산 및 물품관리법 시행령」 제80조가 「서울시 공유재산 및 물품 관리조례」 제26조제3항 및 제36조와 「공유재산 및 물품관리법 시행령」 제80조로 바뀌었다.

▢ 국·공유지의 점유·사용 연고권 인정기준 등

정비구역안의 국유·공유 재산은 국유재산법 제9조 또는 「공유재산 및 물품 관리법」 제10조에 따른 국유재산관리계획 또는 공유재산관리계획과 「국유재산법」 제43조 및 「공유재산 및 물품 관리법」 제29조에 따른 계약의 방법에도 불구하고 사업시행자 또는 점유자 및 사용자에게 다른 사람에 우선하여 수의계약으로 매각 또는 임대할 수 있다(법 제66조제4항).

○ 조례 제40조제1항

정비구역안의 국·공유지를 점유·사용하고 있는 건축물소유자(신발생무허가건축물을 제외한다.)에게 우선 매각하는 기준은 다음 각 호와 같다(동조 제1항).

1. 점유·사용인정 면적은 건축물이 담장 등으로 경계가 구분되어 실제사용하고 있는 면적으로 한다. 다만, 200㎡를 초과하여서는 아니 된다.
2. 경계의 구분이 어려운 경우에는 처마 끝 수직선을 경계로 한다.
3. 제1호 및 제2호에 따른 점유·사용 건축물이 사유지와 국·공유지를 함께 점유·사용하고 있는 경우에 사유지를 포함한 국·공유지의 매각면적이 200㎡를 초과하여서는 아니 된다.

○ **조례 제40조제2항 및 제3항**

정비구역안의 국·공유지의 점유·사용 면적의 산정은 「측량·수로조사 및 지적에 관한 법률」에 따른 지적측량성과에 따른다(동조 제2항).

국·공유지를 점유·사용하고 있는 자로서 우선 매수하고자 하는 자는 관리처분계획인가 신청을 하는 때까지 해당 국·공유지의 관리청과 매매계약을 체결하여야 한다(동조 제3항).

▢ 주거환경개선구역 안의 국·공유지의 관리처분

다른 정비사업을 제외한 주거환경개선구역 한해 국가 또는 지방자치단체가 소유하는 토지는 제28조제4항에 따른 사업시행인가의 고시가 있은 날부터 종전의 용도가 폐지된 것으로 보며, 「국유재산법」,「공유재산 및 물품 관리법」 및 그 밖에 국유지·공유지의 관리 및 처분에 관하여 규정한 관계 법령에도 불구하고 해당 사업시행자에게 무상으로 양여된다(법 제68조제1항). 다른 정비사업에서의 무상양도와 구별하여야 한다.

이렇게 사업시행자에게 양여된 토지의 관리처분에 관하여 필요한 사항은 국토부장관의 승인을 얻어 당해 시도 조례 또는 주택공사등의 시행규정으로 정한다(동조 제5항).

○ **조례 제41조제1항**

사업시행자에게 양여된 주거환경개선구역 안의 국·공유지의 관리처분에 관하여는 「서울시 공유재산 및 물품 관리조례」 제26조제3항 및 제36조와 「공유재산 및 물품관리법 시행령」 제80조를 준용한다(동조 제1항).

※ 서울시 공유재산 및 물품 관리조례[조례 제5496호, 2013.5.16, 일부개정]

제26조(대부료의 요율) ③ 서울시 소유가 아닌 주거용 건물이 점유하고 있는 토지에 대한 대부료의 요율은 해당 재산평정가격의 20/1,000 이상으로 한다. 다만, 도시정비법 제4조에 따른 재개발사업 구역 내에 있는 점유 토지는 해당 재산평정가격의 15/1,000 이상, 「국민기초생활 보장법」 제2조제2호에 따른 수급자가 점유한 토지의 경우에는 해당 재산평정가격의 10/1,000 이상으로 한다. 〈개정 2011.7.28〉

第36조(매각대금의 분할납부 등) ① 영 제39조제1항에 따라 다음 각 호의 경우에는 일반재산 매각대금을 10년 이내의 기간으로 매각대금의 잔액에 연 4%의 이자를 붙여 분할납부하게 할 수 있다. 〈개정 2009.5.28, 2012.3.15〉

1. 국가 또는 다른 지방자치단체가 직접 공용 또는 공공용으로 사용할 재산을 국가 또는 해당 지방자치단체에 매각할 때
2. 교육청이 직접 학교용지로 사용할 재산을 해당 교육청에 매각할 때
3. 「국민기초생활 보장법」 제2조제2호에 따른 수급자에게 90㎡ 이하의 토지를 매각하는 때
4. 「산업집적활성화 및 공장설립에 관한 법률」 제2조에 따른 지식산업센터, 「산업입지 및 개발에 관한 법률」 제27조에 따른 공업단지 개발사업용지, 「기업활동 규제완화에 관한 특별조치법」 제14조에 따른 중소기업자의 공장용지 및 지방자치단체가 조성한 농공단지, 서울시가 유치한 공장용지에 필요한 토지를 해당 사업시행자에게 매각하는 경우
5. 「장애인복지법」에 따른 장애인복지시설 설치를 목적으로 하는 자에게 재산을 매각하는 때
6. 제38조제1호 또는 제4호에 따라 매각할 때
7. 서울시가 건립한 아파트, 연립주택, 공영주택 및 그 부지를 국가보훈처장이 지정하는 국가유공자에게 매각할 때
8. 도시정비법 제2조제2호 나목의 재개발사업 시행을 위한 정비구역안의 토지(시장이 같은 법에 따라 재개발사업의 시행을 위하여 정하는 기준에 해당하는 사유 건물로 점유·사용되고 있는 토지에 한한다.)를 재개발사업 시행인가 당시의 점유·사용자에게 매각할 때

② 영 제39조제1항에 따라 일반재산의 매각대금을 5년 이내의 기간으로 매각대금의 잔액에 연 4%의 이자를 붙여 분할납부하게 할 수 있는 경우는 다음 각 호와 같다. 〈개정 2009.5.28, 2012.3.15〉

1. 영 제38조제1항 제4호·제6호·제7호·제12호 및 제14호의 규정에 의하여 매각할 때
2. 시장의 필요에 의하여 매각재산을 일정기간 동안 시장이 계속하여 점유·사용할 목적으로 재산 명도일과 매각대금의 납부기간을 계약 시에 따로 정하

는 경우와 계약시에 재산 명도일을 연장할 때

3. 그 밖에 공익사업을 지원하기 위하여 매각하는 재산으로 일시에 전액을 납부하기가 곤란하다고 시장이 인정하는 재산
4. 「사회복지사업법」에 따라 설립된 사회복지법인 또는 「공익법인의 설립·운영에 관한 법률」의 적용을 받는 법인에게 해당 사업목적에 필요한 재산을 매각하는 때
5. 도시정비법 제2조제2호 나목의 재개발사업 시행을 위한 정비구역안의 토지(시장이 같은 법에 따라 재개발사업의 시행을 위하여 정하는 기준에 해당하는 사유건물에 의하여 점유·사용되고 있는 토지에 한한다.)를 재개발사업 시행인가 당시의 점유·사용자로부터 같은 법 제10조에 따라 그 권리·의무를 승계한 자에게 매각하는 때

③ 「외국인투자 촉진법」 제13조제4항에 따른 외국인투자기업 등의 사업목적상 일반재산이 필요한 때에는 매각대금을 20년 이내의 기간으로 매각대금의 잔액에 연4%의 이자를 붙여 분할납부하게 할 수 있다. 〈개정 2009.5.28, 2011.7.28, 2012.3.15〉

⑤ 〈삭제 2007.10.1〉

○ 조례 제41조제2항

관리청은 양여된 토지를 처분하는 경우 해당 주거환경개선사업이 취소되는 때에는 해당 토지의 처분계약을 해제하는 특약을 등기하여야 한다(동조 제2항).

□ 시도별 조례

○ 경기도

국·공유지의 점유·사용 연고권 인정기준 관련 조문이 없다.

제22조(주거환경개선구역안의 국·공유지의 관리처분) ① 법 제68조제5항에 따라서 양여된 토지를 매각하고자 할 때에 그 매각규모는 다음 각 호의 정하는 바와 같다.

1. 주거용 건축물의 대지 : 해당 건축물의 건축면적의 1.5배 이하로서 300㎡

이하

2. 주거용 이외의 건축물의 대지 : 해당 건축물의 건축면적의 2배 이하로서 200㎡ 이하

② 해당 건축물 주변의 토지로서 다음 각 호의 토지에 있을 때에는 제1항에 따른 매각규모의 제한에 불구하고 이를 해당 건축물의 대지에 추가하여 매각할 수 있다.

1. 심한 경사지 등 건축이 불가능한 토지
2. 주거환경개선계획에 따라서 도로가 대지로 전용되는 토지
3. 제1항에 따른 토지의 분할에 따라 발생하는 자투리 토지

③ 양여된 토지를 처분하는 경우 해당 주거환경개선사업이 취소되는 때에는 해당 토지의 처분계약을 해제하는 특약을 등기하여야 한다.

- 남양주시, 부천시, 수원시, 안양시, 화성시, 고양시, 안산시

국·공유지의 점유·사용 연고권 인정기준 관련 조문이 없으며, 주거환경개선구역안의 국·공유지의 관리처분 규정을 두고 있다.

제31조(주거환경개선구역 안의 국·공유지의 관리처분) ① 법 제68조제5항에 따라 양여된 토지를 매각하고자 할 때에 그 매각규모는 다음 각 호에서 정하는 바와 같다.

1. 주거용 건축물의 대지 : 해당 건축물의 건축면적의 1.5배 이하로서 300㎡ 이하
2. 주거용 이외의 건축물의 대지 : 해당 건축물의 건축면적의 2배 이하로서 200㎡ 이하

② 해당 건축물 주변의 토지로서 다음 각 호의 어느 하나의 해당하는 토지에 있을 때에는 제1항에 따른 매각규모의 제한에도 불구하고 이를 해당 건축물의 대지에 추가하여 매각할 수 있다.

1. 심한 경사지 등 건축이 불가능한 토지
2. 주거환경개선계획에 따라 도로가 대지로 전용되는 토지
3. 제1항에 따른 토지의 분할에 따라 발생하는 자투리 토지

③ 양여된 토지를 처분하는 경우 해당 주거환경개선사업이 취소되는 때에는 해당 토지의 처분계약을 해제하는 특약을 등기하여야 한다.

○ 인천시, 부산시, 대구시

관련 조문이 없다.

○ 대전시

제36조(주거환경개선구역 안 국·공유지의 처분 등) ① 법 제68조제1항의 규정에 의하여 사업시행자에게 무상양여된 토지를 현지개량사업용으로 처분하는 경우에는 당해 토지를 점유·사용하고 있는 자에게 우선하여 매각하여야 한다. 〈개정 2007.2.23 조례 제3480호〉

② 제1항의 규정에 의하여 무상양여된 토지를 처분하고자 하는 경우에 그 매각규모는 당해 건축물의 건축면적의 2배 이하로서 200㎡ 이하로 한다. 〈개정 2007.2.23 조례 제3480호〉

③ 당해 건축물 주변에 다음 각 호의 토지가 있을 때에는 제2항의 규정에 의한 매각규모의 제한에 불구하고 이를 당해 건축물의 토지에 추가하여 매각할 수 있다.

1. 심한 경사지역 등 사실상 건축이 불가능한 토지
2. 정비계획에 의하여 도로가 대지로 용도 변경되는 토지
3. 제2항의 규정에 의한 토지의 처분 후 남는 토지로서 「대전광역시 건축조례」 제28조의 규정에 의한 분할제한면적에 미달되어 연고권자에게 초과 매각이 적당하다고 관할 구청장이 인정하여 정비계획에 반영된 토지 〈개정 2006.5.12 조례 제3421호〉

④ 무상양여된 토지를 처분하는 경우 당해 주거환경개선사업이 취소되는 때에는 당해 토지의 처분계약을 해제하도록 하는 특약을 등기하여야 한다. 〈개정 2007.2.23 조례 제3480호〉

⑤ 법 제68조제5항의 규정에 의하여 사업시행자에게 양여된 주거환경개선구역 안의 국·공유지의 관리처분에 관하여 이 조례에서 정한사항 외에는 「국유재산법」·「지방재정법」 및 「대전시 공유재산관리조례」의 해당규정을 준용한다. 〈개정 2006.5.12 조례 제3421호〉

○ **광주시**

제40조(국·공유지 점유사용 연고권 인정기준 등) ① 법 제66조제4항에 따라 정비구역안의 국·공유지는 다음 각 호의 기준에 의하여 국·공유지를 점유·사용하고 있는 건축물소유자(신발생무허가건축물을 제외한다.)에게 우선 매각한다. 〈개정 2012.5.15〉

1. 점유·사용 면적은 건축물이 담장 등으로 경계가 구분되어 실제사용하고 있는 면적으로 하되, 200㎡를 초과할 수 없다.
2. 경계의 구분이 어려운 경우에는 처마 끝 수직선을 경계로 한다.
3. 제1호 및 제2호에 따른 점유·사용 건축물이 사유지와 국·공유지를 함께 점유·사용하고 있는 경우에는 사유토지와 점유·사용 국·공유지를 합한 매각면적이 200㎡를 초과할 수 없다. 〈개정 2012.5.15〉

② 제1항에 따른 점유·사용 면적의 산정은 「측량·수로조사 및 지적에 관한 법률」에 따른 지적측량성과에 의한다. 〈개정 2006.1.1, 2012.5.15〉

③ 제1항에 따른 국·공유지를 점유·사용하고 있는 자는 관리처분계획인가 신청전까지 당해 국·공유지를 매입하여야 하며, 기한 내에 매매계약을 체결하지 않은 점유·사용자는 매입을 포기한 것으로 본다. 〈개정 2012.5.15〉

□ 판 례

재개발구역 내의 시유지를 점유하는 무허가건축물소유자로서 재개발조합의 조합원이 된 자가 구 도시재개발법에 따라 서울시로부터 시유지를 매수하면서 체결한 매매대금 분납약정 등에 따라 준공검사 신청 전까지 분납금을 완납하거나 분납금 납부를 위한 담보를 제공한 후 소유권을 취득하여 준공검사 등 조합의 사업추진에 지장을 초래하지 않도록 하여야 함에도 불구하고 이를 이행하지 않자,

조합이 수차례 독촉한 후 연체 분납금과 기한 미도래 분납금을 전부 대위변제하여 구상권을 행사한 사안에서, 조합원은 담보제공의무의 불이행으로 기한의 이익을 상실하였으므로 기한 미도래 분납금에 관한 기한의 이익을 주장할 수 없다 (대법원 2010.4.15 선고 2009다59541 판결, 분양대금등).

– 정비사업의 목적으로 우선 매각하는 토지의 평가일자를 규정하는 도시정비법 제66조제6항 본문 전단이 그 기준시기의 현황에 의하여 평가하도록 하는 평가방법도 규정한 것인지(소극)

도시정비법 제66조제4항, 제6항의 문언으로 보아 제6항 본문 전단은 제4항에 의하여 수의계약으로 매각하는 토지의 평가 기준일자를 규정하는 것이지 그 평가방법까지 규정하는 것으로 보이지는 아니하고, 위 조문의 순서나 체계, 국·공유재산 처분 특례의 목적 등을 고려하더라도,

위 규정은 정비사업이 비교적 장기간에 걸쳐 시행되는 것임을 고려하여 국·공유재산에 대한 수의계약이 체결되는 구체적인 시기에 따라 매수부담이 달라지는 것을 방지하기 위해 어느 시기에 수의계약이 체결되더라도 그 가액은 사업시행인가의 고시가 있은 날을 기준시기로 이를 평가하도록 규정한 취지라고 보일 뿐, 반드시 그 기준시기의 현황에 의하여 평가하도록 하는 평가방법까지 함께 규정한 것이라고 해석하기는 어렵다(대법원 2010.1.28 선고 2009다69548 판결, 부당이득금반환).

☐ 유권해석

Q 시유지 소유권이전 등기 등에 관한 질의 중, 점유·사용 중인 국·공유지의 매각면적 한도는?

A 도시정비법 제66조제4항에 의하면 정비구역안의 국·공유재산은 국유재산법 및 지방재정법의 국·공유재산 관리계획 또는 계약의 방법에 불구하고 사업시행자 또는 점유·사용자에게 우선하여 수의계약으로 매각할 수 있어 국·공유재산법의 관련 규정의 적용을 배제하고 있으며, 이 규정에 의거 도시정비조례 제37조에서 점유·사용자에게 수의계약으로 매각할 수 있는 국·공유지의 면적 한도를 사유 토지를 포함하여 200㎡로 제한하고 있고, 또한 동법 및 동 조례에 따라 작성한 사업시행계획서에 토지등의 권리자 및 권리의 명세가 기재되어 인가·고시됨으로써 국·공유지의 점유·사용자가 수의계약으로 매수할 수 있는 면적이 확정되는바,

인가된 사업시행계획서상의 기재외의 국·공유지는 비록 점유·사용하고 있더라도 면적 한도를 초과한 국·공유지는 수의계약으로 매수할 수 있는 권리가 없으므로

표기각서 등을 징구할 필요가 없으며, 면적 한도가 초과된 국·공유지는 「국유재산법 시행령」 제44조의2제1항제4호 괄호 규정, 제3항 괄호 규정 및 「지방재정법 시행령」 제100조의3제1항제2호에 의거 공공시설 설치 예정구역 안의 국·공유지를 점유하고 있어 점유연고권을 인정받지 못하는 자에게 수의계약으로 우선 매각하여야 하고, 매각하고 남은 잔여 국·공유지는 재개발임대주택의 부지로 충당하게 됨(서울시 주거정비과 2004.6.16).

재개발구역 내 국·공유지에 대한 점유(사용)권 인정 범위

Q 건축물이 국·공유지 위에 건축되어 있는 경우에만 국·공유지를 점유한 것으로 인정할 수 있는 것인지, 건축물뿐만 아니라 그 건축물이 사용하는 대지가 담장 등으로 사실상 해당 국·공유지를 사용하여 사실적으로 지배하고 있을 경우 국·공유지를 점유하고 있다고 볼 수 있는지?

A 도시정비조례 제37조에 의하면 정비구역안의 국·공유지를 점유·사용할 경우 인정하는 면적은 건축물이 담장 등으로 경계가 구분되어 실제 사용하고 있는 면적으로 하되, 경계의 구분이 어려운 경우에는 처마 끝 수직선을 경계로 하도록 하고 있으며, 면적 산정은 지적법의 규정에 의한 지적측량 성과에 의하도록 하고 있음(서울시 주거정비과 2004.2.2).

1필지의 토지를 국가와 수인이 공유지분으로 소유하고 무허가건축물 등이 점유·사용하고 있는 경우 국·공유지 우선 매각대상자 결정

Q 1필지의 토지를 국가와 수인이 공유지분으로 소유하고 있으며, 그 토지상에 무허가건축물 소유자, 토지지분과 건축물을 소유한 자, 다층 건축물의 일부 층만을 소유한 자 등이 점유·사용하고 있는 경우 국·공유지의 우선 매각대상자는 어떻게 결정해야 하는지?

A 도시정비조례 제37조에 의하면 국·공유지를 점유·사용하고 있는 건축물 소유자에게 우선 매각하는 기준은 건축물이 담장 등으로 경계가 구분되어 실제 사용하는 면적으로 하되 200㎡를 초과하여서는 아니 되며 경계의 구분이 어려운 경우에는 처마끝 수직선의 경계로 하도록 정하고 있는바, 점유면적의 산정은 점유 형태를 객관적으로 조사(현황측량 등)하여 실제 사용면적으로 하고, 우선 매각대상자는 국·공

유지상의 실질적인 점유자를 기준으로 결정하는 것이 원칙임. 또한, 국·공유지 점유에 다른 매매계약만을 체결한 경우에는 매각대금을 완납하고 등기가 완료되어야만 토지등소유자로써 권리를 행사할 수 있음(서울시 주거정비과 2005.10.18).

국·공유지를 구역지정 이후에 불하받은 경우 분양대상 여부

Q ① 재개발구역 내에 다수의 토지등을 물건별로 타인과 공동으로 소유하고 있는 경우 공유지분 소유권기준으로 각자가 분양대상인지?

② 국·공유지상 하나의 건물을 수인이 공유하고 있고, 구역지정 이후에 불하 받은 경우 분양대상 여부와 토지의 분할취득에 해당하는지?

③ 무허가 건물이 점유하고 있는 토지대장상의 면적보다 무허가 건물대장의 건물면적이 큰 경우 소유면적 적용 기준은?

A ① 토지의 규모나 취득시기 및 지상의 건축물 유무 등에 따라 달라질 수 있으므로 구체적인 개별사안에 대하여는 관리처분계획 인가권자인 해당 구청장에게 문의바라며,

② 하나의 주택을 수인이 소유하고 있는 경우에는 1인의 분양대상자로 보며, 점유연고권이 인정되어 불하예정인 국·공유지를 구역지정 후에 공동으로 불하 받은 것은 분할취득에 해당하지 않으며

③ 종전 건축물의 소유면적은 관리처분계획기준일 현재 소유건축물별 건축물대장을 기준으로 함. 다만, 규약·정관 또는 시행규정이 정하는 바에 따라 재산세 과세대장 또는 측량성과를 기준으로 할 수 있음. 이 경우 위법하게 건축된 부분의 면적은 제외하여야 함(서울시 재개58531-2749, 2002.12.3).

Q 재개발지구 내에 있는 국·공유지상의 건물도 도시재개발법 제57조제2항에 따라 시행자 또는 점유자 및 사용자에게 우선하여 매각할 수 있는지?

A 도시재개발법 제57조제2항 및 제4항에 의하면 재개발구역 내 국·공유지는 국유재산법 제12조 또는 지방재정법 제77조에 따른 국유재산관리계획 또는 공유재산관리계획에 불구하고 시행자 또는 점유자 및 사용자에게 타에 우선하여 이를 매각하

거나 임대할 수 있는바, 이는 사업시행자 및 종래부터 재개발구역 내 국·공유지를 점유하여 생활하여 왔거나 임대계약 등을 통하여 사용하여 온 주민에게 재개발사업으로 인한 생활근거지 상실이나 영업상의 손실 등을 막고 재입주할 수 있게 함으로써 민원발생을 억제하고 재개발사업의 원활한 시행을 도모하기 위한 것임.
법 규정의 이러한 취지 및 토지뿐만 아니라 건축물까지 권리변환의 대상으로 하는 도시재개발사업의 특성으로 볼 때 구역 내 국·공유지 외에 지상의 건축물도 사업시행자 또는 점유자 및 사용자에게 우선 매각하는 것이 바람직함(건교부 관리 58047 -97.8.14).

※ 도시재개발법 제57조제2항은 도시정비법 제66조제3항 및 제4항으로, 도시재개발법 제57조제4항은 도시정비법 제66조제6항으로 개정되었음.

제5장

감독 등

조례 제42조(정비사업 추진실적 보고)

조례 시행규칙 제31조(추진실적의 보고)

법 제75조제1항

정비사업 추진실적 보고

구청장은 정비사업의 추진실적을 당해 처분이 있는 날부터 10일 이내에 시장에게 보고하여야 한다.

▢ 개정 연혁

▸ 도시재개발사업조례[서울시조례]

제32조(추진실적의 보고) ① 법 제49조제1항에 의하여 구청장은 다음 각 호의 사항을 지정, 허가, 인가, 승인, 검사, 공고 및 고시한 때에는 처분이 있는 날로부터 10일 이내에 그 내용을 시장에게 보고하여야 한다.

1. 법 제9조1항에 의한 시행자 지정 및 고시
2. 법 제9조4항에 의한 사업대행자 지정 및 고시
3. 법 제10조1항에 의한 제3개발자 지정 및 고시
4. 법 제12조1항에 의한 조합의 설립(변경 또는 신고수리) 인가 및 고시
5. 법 제22조제1항, 법 제23조 및 법 제24조제1항에 의한 사업의 시행(변경, 중지, 폐지 또는 신고수리) 인가 및 고시
6. 〈삭제 1999.7.31〉
7. 법 제34조에 의한 관리처분계획(변경, 신고수리) 인가 및 고시
8. 법 제34조제9항 및 「주택공급에 관한 규칙」 제8조에 의한 일반분양을 위한 입주자 모집승인
9. 법 제38조제2항에 의한 준공검사(임시사용 승인포함) 및 공사완료 공고

② 법 제49조제1항에 의하여 구청장은 다음 각 호의 사항을 매분기의 다음달

7일 이내에 시장에게 보고하여야 한다.

1. 법 제49조제2항에 의한 자료제출의 명령 또는 업무 조사의 내용
2. 법 제49조제4항에 의하여 시행자로부터 보고된 회계감사 결과의 내용
3. 법 제50조제1항 및 제2항에 의한 감독처분 현황
4. 법 제55조제1항 단서에 의한 공공시설의 설치현황

③ 제1항 및 제2항에 의한 추진실적의 보고에 필요한 사항은 규칙으로 정한다.

▸ 도시재개발사업조례 시행규칙[서울시규칙 제3060호, 1999.10.5, 일부개정]

제26조(추진실적의 보고) 조례 제32조제3항의 규정에 의한 추진실적의 보고에 필요한 사항은 다음 각 호와 같다.

1. 조례 제32조제1항 제1호 내지 제3호 규정의 보고는 각 고시문 사본 각 1부
2. 조례 제32조제1항제4호의 보고는 재개발조합설립(변경)인가서 사본(별지 제13호서식)1부
3. 조례 제32조제1항제5호의 보고는 재개발사업시행인가 신청서(별지 제14호서식, 첨부서류 제외)사본, 재개발사업시행인가서(별지 제29호서식, 첨부서류 제외) 사본 및 고시문 사본과 인가서 첨부서류 중 재개발임대주택 건설 및 공급계획(별지 제17호서식, 첨부서류 제외) 사본, 토지 또는 건축물에 관한 권리자별 명세서(별지 제23호서식, 첨부서류 제외) 사본, 임시수용계획(별지 제24호서식) 사본, 사업시행 전 공공시설내역서(별지 제25호서식), 새로이 설치할 공공시설내역서(별지 제26호서식) 각 1부
4. 조례 제32조제1항제7호 규정의 보고는 관리처분계획인가 신청서(별지 제32호서식, 구비서류 제외) 사본, 관리처분계획인가서(별지 제43호서식, 첨부서류 제외) 사본 및 고시문 사본과 인가서 첨부서류 중 자금운용계획서(별지 제33호서식), 관리처분계획 대상물건 내역서(별지 제34호서식, 첨부서류 제외) 사본, 분양대상자별 분양예정내역서(별지 제35호서식, 첨부서류 제외), 재개발임대주택 등의 처분명세서(별지 제38호서식), 임대주택 공급대상세입자명부(별지 제39호서식, 첨부서류 제외) 사본, 새로이 설치되는 공공시설 등의 명세서(별지 제26호서식, 첨부서류 제외) 사본, 용도폐지되는 공공시설의 명세서(별지 제27호서식, 첨부서류 제외) 사본 각 1부 〈개

정 1999.3.5〉

5. 조례 제32조제1항제8호의 보고는 「주택공급에 관한 규칙」 제8조제2항의 규정에 따라 승인한 입주자모집공고안 사본 1부
6. 조례 제32조제1항제9호의 보고는 공사완료공고문 사본 1부

▸ 도시정비조례[서울시조례 제4167호, 2003.12.30, 제정]

제39조(정비사업 추진실적 보고) ① 법 제75조제1항에 의하여 구청장은 다음 각 호의 추진실적을 당해 처분이 있는 날부터 10일 이내에 시장에게 보고하여야 한다.

1. 법 제7조·제8조에 의한 사업시행자 지정 및 고시
2. 법 제9조에 의한 사업대행자 지정 및 고시
3. 법 제16조에 의한 조합의 설립(변경 또는 신고수리) 인가
4. 법 제28조에 의한 사업의 시행(변경·중지·폐지)인가(신고수리) 및 고시
5. 법 제48조·제49조에 의한 관리처분계획(변경)인가(신고수리) 및 고시
6. 법 제48조제3항 및 「주택공급에 관한 규칙」 제8조에 의한 일반분양을 위한 입주자 모집승인
7. 법 제52조에 의한 준공인가(준공인가 전 사용허가 포함) 및 공사완료 공고

② 법 제75조제1항에 의하여 구청장은 다음 각 호의 사항을 매분기말의 다음 달 7일 이내에 시장에게 보고하여야 한다.

1. 법 제75조제2항에 의한 자료제출의 명령 또는 업무 조사의 내용
2. 법 제76조에 의하여 사업시행자로부터 보고된 회계감사 결과의 내용
3. 법 제77조제1항·제2항에 의한 감독처분 현황

부 칙 〈2003.12.30〉

제1조(시행일) 이 조례는 공포한 날부터 시행한다.

▸ 도시정비조례 시행규칙[서울시규칙 제3397호, 2004.6.5, 제정]

제29조(추진실적의 보고) 조례 제39조제1항의 규정에 의한 추진실적 보고에 필요한 사항은 다음 각 호와 같다.

1. 조례 제39조제1항제1호 내지 제2호의 규정에 의한 보고는 각 고시문 사본

각 1부

2. 조례 제39조제1항제3호의 규정에 의한 보고는 조합설립(변경)인가서(별지 제10호서식) 사본 1부
3. 조례 제39조제1항제4호의 규정에 의한 보고는 사업시행인가 신청서(법 시행규칙 별지 제6호서식, 첨부서류 제외)사본, 사업시행인가서(별지 제 21호서식, 첨부서류 제외)사본 및 고시문 사본과 인가서 첨부서류 중 임대주택 공급대상자명부(별지 제11호서식, 첨부서류 제외)사본, 토지 또는 건축물 등에 관한 권리자 및 그 권리의 명세(별지 제17호서식, 첨부서류 제외)사본, 주민이주대책(별지 제14호서식)사본, 새로이 설치할 정비기반시설조서(별지 제19호서식) 각1부
4. 조례 제39조제1항제5호의 규정에 의한 보고는 관리처분계획인가 신청서(법 시행규칙 별지 제7호서식, 구비서류 제외)사본, 관리처분계획인가서 (별지 제31호서식, 첨부서류 제외)사본 및 고시문 사본과 인가서 첨부서류 중 정비사업비 추산액 및 조합원부담규모 및 시기(별지 제24호서식), 관리처분계획 대상물건 조서(별지 제28호서식, 첨부서류 제외)사본, 분양대상자별 분양예정내역서(별지 제23호서식, 첨부서류 제외), 재개발임대주택 등의 처분명세서(별지 제29호서식), 임대주택공급대상 세입자명부(별지 제30호서식, 첨부서류 제외) 사본, 새로이 설치되는 정비기반시설 등의 명세서(별지 제19호서식, 첨부서류 제외)사본, 용도폐지되는 정비기반시설의 내역서(별지 제18호서식, 첨부서류 제외)사본 각 1부
5. 조례 제39조제1항제6호의 규정에 의한 보고는「주택공급에 관한 규칙」제8조제2항의 규정에 의하여 승인한 입주자 모집 공고안 사본 1부
6. 조례 제39조제1항제7호의 규정에 의한 보고는 공사완료·고시문 사본 1부

► [서울시조례 제4824호, 2009.7.30, 일부개정]

제42조(정비사업 추진실적 보고) ① 법 제75조제1항에 따라 구청장은 다음 각 호의 추진실적을 해당 처분이 있는 날부터 10일 이내에 시장에게 보고하여야 한다. 〈개정 2009.7.30〉

1. 법 제7조·제8조에 따른 사업시행자 지정 및 고시 〈개정 2009.7.30〉

2. 법 제9조에 따른 사업대행자 지정 및 고시 〈개정 2009.7.30〉
3. 법 제16조에 따른 조합의 설립(변경 또는 신고수리) 인가 〈개정 2009.7.30〉
4. 법 제28조에 따른 사업의 시행(변경·중지·폐지)인가(신고수리) 및 고시 〈개정 2009.7.30〉
5. 법 제48조·제49조에 따른 관리처분계획(변경)인가(신고수리) 및 고시 〈개정 2009.7.30〉
6. 법 제48조제3항 및「주택공급에 관한 규칙」제8조에 따른 일반분양을 위한 입주자 모집승인 〈개정 2009.7.30〉
7. 법 제52조에 따른 준공인가(준공인가 전 사용허가 포함) 및 공사완료·고시 〈개정 2009.7.30〉
8. 제45조제3호에 따른 정비구역의 변경지정 및 고시 〈개정 2009.7.30〉

② 법 제75조제1항에 따라 구청장은 다음 각 호의 사항을 매분기말의 다음달 7일 이내에 시장에게 보고하여야 한다. 〈개정 2009.7.30〉

1. 법 제75조제2항에 따른 자료제출의 명령 또는 업무 조사의 내용 〈개정 2009.7.30〉
2. 법 제76조에 따라 사업시행자로부터 보고된 회계감사 결과의 내용 〈개정 2009.7.30〉
3. 법 제77조제1항·제2항에 따른 감독처분 현황 〈개정 2009.7.30〉

부 칙 〈2009.7.30〉

제1조(시행일) 이 조례는 공포한 날부터 시행한다.

▸ 도시정비조례 시행규칙[서울시규칙 제3893호, 2013.2.21, 일부개정]

제31조(추진실적의 보고) 조례 제42조제1항에 따른 추진실적 보고에 필요한 사항은 다음 각 호와 같다. 〈개정 2010.3.11〉

1. 조례 제42조제1항제1호 및 제2호에 따른 보고는 각 고시문 사본 각 1부 〈개정 2010.3.11〉
2. 조례 제42조제1항제3호에 따른 보고는 별지 제10호서식의 조합설립(변경) 인가서 사본 1부 〈개정 2010.3.11〉

3. 조례 제42조제1항제4호에 따른 보고는 사업시행인가 신청서(법 시행규칙 별지 제6호서식, 첨부서류 제외)사본, 사업시행인가서(별지 제21호서식 첨부서류 제외)사본 및 고시문 사본과 인가서 첨부서류 중 임대주택 공급대상자 명부(별지 제11호서식, 첨부서류 제외) 사본, 토지 또는 건축물 등에 관한 권리자 및 그 권리의 명세서(별지 제17호서식, 첨부서류 제외)사본, 주민이주대책(별지 제14호서식) 사본, 새로이 설치할 정비기반시설의 조서(별지 제19호서식) 각 1부 〈개정 2010.3.11〉
4. 조례 제42조제1항제5호에 따른 보고는 관리처분계획인가 신청서(법 시행규칙 별지 제7호서식, 구비서류 제외)사본, 관리처분계획인가서(별지 제31호서식, 첨부서류 제외)사본 및 고시문 사본과 인가서 첨부서류 중 정비사업비 추산액 및 그에 따른 조합원 부담규모 및 부담시기(별지 제24호서식), 관리처분계획대상물건조서(별지 제28호서식, 첨부서류 제외)사본, 분양대상자별 분양예정 추산액과 종전가액(별지 제23호서식, 첨부서류 제외), 임대주택의 부지명세와 부지가액·처분방법(별지 제29호서식) 임대주택 공급대상 세입자 명부(별지 제30호서식 첨부서류 제외) 사본, 새로이 설치할 정비기반시설의 조서(별지 제19호서식, 첨부서류 제외)사본, 용도폐지되는 정비기반시설의 조서(별지 제18호서식, 첨부서류 제외)사본 각 1부 〈개정 2010.3.11〉
5. 조례 제42조제1항제6호에 따른 보고는 「주택공급에 관한 규칙」 제8조제2항에 따라 승인한 입주자 모집 공고안 사본 1부 〈개정 2010.3.11〉
6. 조례 제42조제1항제7호에 따른 보고는 공사완료·고시문 사본 1부 〈개정 2010.3.11〉

▢ 정비사업 추진실적 보고

시·도지사는 정비사업 추진실적을 분기별로 국토부장관에게, 시장·군수는 시도조례가 정하는 바에 의하여 정비사업의 추진실적을 시·도지사에게 보고하여야 한다(법 제75조제1항).

시·도지사는 법 제75조제1항에 의하여 정비구역의 지정, 사업시행자의 지정 또는 조합설립인가, 사업시행인가, 관리처분계획인가 및 정비사업 완료의 실적을 매분기의 만료일부터 15일 이내에 국토부장관에게 보고(전자문서에 의한 보고를 포함한다.)하여야 한다(규칙 제20조).

서울시는 법률의 위임에 따라 도시정비조례에 2종류로 구분하여 다음과 같은 규정을 두었다. 아래의 사항은 구청장에게 권한이 위임된 것들이다.

○ 조례 제42조제1항(정비사업 추진실적 보고)

위 법 제75조제1항에 따라 구청장은 다음 각 호의 추진실적을 해당 처분이 있는 날부터 10일 이내에 시장에게 보고하여야 한다(본조).

1. 법 제7조·제8조에 따른 사업시행자 지정 및 고시

➡ 주거환경개선사업, 지정개발자에 대한 사업시행자 지정·고시로 고시문사본을 첨부한다.

2. 법 제9조에 따른 사업대행자 지정 및 고시

➡ 구청장, 지정개발자 또는 주택공사등에 대한 사업대행자 지정·고시, 이 경우에도 대행자 지정·고시문이 첨부되어야 한다.

3. 법 제16조에 따른 조합의 설립(변경 또는 신고수리) 인가

➡ 창립총회를 거친 조합설립인가, 변경인가 등의 경우로 인가서 사본을 첨부한다.

4. 법 제28조에 따른 사업의 시행(변경·중지·폐지)인가(신고수리) 및 고시

➡ 사업시행(변경·중지·폐지)인가(신고수리) 모두를 포함하여 사업시행인가 신청서, 사업시행인가서 및 고시문 (임대주택 공급대상자 명부, 토지 또는 건축물 등에 관한 권리자 및 그 권리의 명세서, 주민이주대책, 새로이 설치할 정비기반시설의 조서 사본)을 첨부한다.

5. 법 제48조·제49조에 따른 관리처분계획(변경)인가(신고수리) 및 고시

➡ 관리처분계획(변경)인가(신고수리) 모두를 포함하여 관리처분계획인가 신청서, 관리처분계획인가서(정비사업비 추산액 및 그에 따른 조합원 부담규모 및 부담시기, 관리처분계획 대상물건조서, 분양대상자별 분양예정 추산액과 종전가액, 임대주택의 부지명세와 부지가

액·처분방법, 임대주택 공급대상 세입자명부, 새로이 설치할 정비기반시설의 조서, 용도폐지되는 정비기반시설의 조서 사본)를 첨부한다.

6. 법 제48조제3항 및 「주택공급에 관한 규칙」 제8조에 따른 일반분양을 위한 입주자 모집승인

➡ 입주자 모집공고안 사본을 첨부한다.

7. 법 제52조에 따른 준공인가(준공인가 전 사용허가 포함) 및 공사완료·고시

➡ 공사완료·고시문 사본

8. 제45조제3호에 따른 정비구역의 변경지정·고시

➡ 조례 시행규칙에 규정이 없지만 변경지정·고시문이 첨부되어야 할 것이다.

- 추진실적 보고에 필요한 사항은 다음 각 호와 같다(조례 시행규칙 제31조).

1. 조례 제42조제1항제1호 및 제2호에 따른 보고는 각 고시문 사본 각 1부
2. 조례 제42조제1항제3호에 따른 보고는 별지 제10호서식의 조합설립(변경)인가서 사본 1부
3. 조례 제42조제1항제4호에 따른 보고는 사업시행인가 신청서(법 시행규칙 별지 제6호서식, 첨부서류 제외)사본, 사업시행인가서(별지 제21호서식 첨부서류 제외)사본 및 고시문 사본과 인가서 첨부서류 중 임대주택 공급대상자 명부(별지 제11호서식, 첨부서류 제외)사본, 토지 또는 건축물 등에 관한 권리자 및 그 권리의 명세서(별지 제17호서식, 첨부서류 제외) 사본, 주민이주대책(별지 제14호서식) 사본, 새로이 설치할 정비기반시설의 조서(별지 제19호서식) 각 1부
4. 조례 제42조제1항제5호에 따른 보고는 관리처분계획인가 신청서(법 시행규칙 별지 제7호서식, 구비서류 제외)사본, 관리처분계획인가서(별지 제31호서식, 첨부서류 제외)사본 및 고시문 사본과 인가서 첨부서류 중 정비사업비 추산액 및 그에 따른 조합원 부담규모 및 부담시기(별지 제24호서식), 관리

처분계획대상물건조서(별지 제28호서식, 첨부서류 제외)사본, 분양대상자별 분양예정 추산액과 종전가액(별지 제23호서식, 첨부서류 제외), 임대주택의 부지명세와 부지가액·처분방법(별지 제29호서식) 임대주택 공급대상 세입자 명부(별지 제30호서식 첨부서류 제외) 사본, 새로이 설치할 정비기반시설의 조서(별지 제19호서식, 첨부서류 제외)사본, 용도폐지되는 정비기반시설의 조서(별지 제18호서식, 첨부서류 제외)사본 각 1부

5. 조례 제42조제1항제6호에 따른 보고는 「주택공급에 관한 규칙」 제8조제2항에 따라 승인한 입주자 모집 공고안 사본 1부
6. 조례 제42조제1항제7호에 따른 보고는 공사완료·고시문 사본 1부

○ 조례 제42조제2항

법 제75조제1항에 따라 구청장은 다음 각 호의 사항을 매분기말의 다음달 7일 이내에 시장에게 보고하여야 한다(동조 제2항).

1. 법 제75조제2항에 따른 자료제출의 명령 또는 업무 조사의 내용

➡ 법 제75조제2항에 따른 보고 또는 자료의 제출을 태만히 한 자에게 500만 원 이하의 과태료를 부과하는 규정이 있으므로 유의하여야 한다(법 제88조제2항제2호).

2. 법 제76조에 따라 사업시행자로부터 보고된 회계감사 결과의 내용

➡ 사업시행자(조합, 또는 토지등소유자)는 법 제76조에 의해 회계감사를 받아야 하며 종료일로부터 15일 이내에 구청장에게 보고한다.

3. 법 제77조제1항·제2항에 따른 감독처분 현황

▢ 시도별 조례

○ 경기도

제54조(정비사업 추진실적 보고) 법 제75조제1항에 따라서 시장·군수는 다음 각 호의 추진실적을 해당 처분이 있는 날부터 10일 이내에 경기도지사에게 보고하여

야 한다. 〈개정 2011.10.20〉

1. 법 제7조 및 제8조에 따른 사업시행자 지정·고시
2. 법 제9조에 따른 사업대행자 지정·고시
3. 법 제16조에 따른 조합의 설립(변경 또는 신고수리) 인가
4. 법 제28조에 따른 사업의 시행(변경·중지·폐지) 인가(신고수리)·고시
5. 법 제48조 및 제49조에 따른 관리처분계획(변경) 인가(신고수리)·고시
6. 법 제52조에 따른 준공인가(준공인가 전 사용허가 포함) 및 공사완료·공고

- 부천시, 수원시, 안산시, 안양시, 화성시, 고양시

경기도와 같다.

- 남양주시

관련 조문이 없다.

○ 인천시

제42조(정비사업 추진실적 보고) 법 제75조제1항에 따라 구청장 등은 다음 각 호의 사항을 그 처분이 있는 날부터 10일 까지 시장에게 보고하여야 한다.

1. 법 제7조 및 제8조에 따른 사업시행자 지정
2. 법 제9조에 따른 사업대행자 지정
3. 법 제16조에 따른 조합설립인가
4. 법 제28조에 따른 사업시행인가
5. 법 제48조 및 제49조에 따른 관리처분계획의 인가
6. 법 제48조제3항에 따른 일반분양(조합원 외의 자에게 분양하는 것을 말한다.)을 위한 입주자 모집공고의 승인
7. 법 제52조에 따른 준공인가(준공인가 전 사용허가를 포함한다.)

○ 부산시, 대구시, 대전시

제37조(정비사업 추진실적 보고) ① 법 제75조제1항에 따라 구청장은 다음 각 호의 사항을 지정·인가·신고수리·승인 및 고시한 때에는 처분이 있은 날, 신고수리한

날 또는 고시한 날부터 10일 이내에 그 내용을 시장에게 보고하여야 한다. 〈개정 2005.2.16, 2010.3.3〉

1. 법 제7조와 제8조에 따른 사업시행자 지정 및 고시 〈개정 2010.3.3〉
2. 법 제9조에 따른 사업대행자 지정 및 고시 〈개정 2010.3.3〉
3. 법 제16조에 따른 조합설립(변경)인가 또는 신고수리 〈개정 2010.3.3〉
4. 법 제28조에 따른 사업시행(변경·중지·폐지)인가고시 또는 신고수리 〈개정 2010.3.3〉
5. 법 제48조와 제49조에 따른 관리처분계획(변경·중지·폐지)인가고시 또는 신고수리 〈개정 2010.3.3〉
6. 법 제48조제3항과 「주택공급에 관한 규칙」 제8조에 따른 일반분양을 위한 입주자모집승인 〈개정 2005.2.16, 2010.3.3〉
7. 법 제52조에 따른 준공인가(준공인가 전 사용허가 포함) 및 공사완료·고시 〈개정 2010.3.3〉

② 법 제75조제1항에 따라 구청장은 다음 각 호의 사항을 매분기의 다음달 7일 이내에 시장에게 보고하여야 한다. 〈개정 2010.3.3〉

1. 법 제75조제2항에 따른 자료제출의 명령 또는 업무조사의 내용 〈개정 2010.3.3〉
2. 법 제76조에 따라 사업시행자로부터 보고된 회계감사결과의 내용 〈개정 2010.3.3〉
3. 법 제77조제1항과 제2항에 따른 감독처분 현황 〈개정 2010.3.3〉

– 대구시, 대전시

부산시와 같다.

○ 광주시

제41조(정비사업 추진실적 보고) ① 법 제75조제1항에 따라 구청장은 다음 각 호의 사항을 지정·인가·승인 및 고시한 때에는 처분이 있는 날로부터 10일 이내에 그 내용을 시장에게 보고하여야 한다. 〈개정 2012.5.15〉

1. 법 제7조 및 제8조에 따른 사업시행자 지정·고시 〈개정 2012.5.15〉

2. 법 제9조에 따른 사업대행자 지정·고시 〈개정 2012.5.15〉
3. 법 제16조에 따른 조합의 설립(변경 또는 신고수리) 인가 〈개정 2012.5.15〉
4. 법 제28조에 따른 사업의 시행(변경, 중지, 폐지 또는 신고수리) 인가·고시 〈개정 2012.5.15〉
5. 법 제48조 및 제49조에 따른 관리처분계획(변경, 신고수리)인가·고시 〈개정 2012.5.15〉
6. 법 제48조제3항 및 「주택공급에 관한 규칙」 제8조에 따른 일반분양을 위한 입주자 모집승인 〈개정 2011.7.1〉
7. 법 제52조에 따른 준공인가(준공인가 전 사용허가 포함) 및 공사완료·공고 〈개정 2012.5.15〉

② 법 제75조제1항에 따라 구청장은 다음 각 호의 사항을 매분기의 다음달 7일 이내에 시장에게 보고하여야 한다. 〈개정 2012.5.15〉

1. 법 제75조제2항에 따른 자료제출의 명령 또는 업무 조사의 내용 〈개정 2012.5.15〉
2. 법 제76조에 따라 사업시행자로부터 보고된 회계감사 결과의 내용 〈개정 2012.5.15〉
3. 법 제77조제1항에 따른 감독처분 현황 〈개정 2010.1.1〉

③ 제1항 및 제2항에 따른 추진실적의 보고에 필요한 사항은 규칙으로 정한다. 〈개정 2012.5.15〉

조례 제42조의2(도시분쟁조정위원회 위원 자격)
조례 제42조의3(도시분쟁조정위원회 구성 및 운영)
조례 제42조의4(조정위원회 조정신청 및 절차)

조례 시행규칙 제30조(도시분쟁조정위원회 운영 등)
법 제77조의2제2항

도시분쟁조정위원회 구성 및 운영

2009.5.27 도시정비법에서 도시분쟁조정위원회 관련 규정이 제정되자, 서울시는 2010. 3.2 도시분쟁조정위원회 구성 및 운영에 대한 조문을 신설하였다.

□ 개정 연혁

▸ 도시정비조례 [서울시조례 제4949호, 2010.3.2, 일부개정]

제42조의2(도시분쟁조정위원회 위원 자격) 법 제77조의2제2항제4호에서 "그 밖에 정비사업에 전문적 지식을 갖춘 자로서 시도 조례로 정하는 자"란 다음 각 호의 어느 하나에 해당하는 자를 말한다. 〈신설 2010.3.2〉

1. 해당 자치구의회 의원
2. 해당 자치구 도시계획위원회 또는 건축위원회 위원

제42조의3(도시분쟁조정위원회 구성 및 운영) ① 도시분쟁조정위원회(이하 "조정위원회"라 한다.)의 위원 중 법 제77조의2제2항제1호에 해당하는 공무원 및 위원장의 임기는 해당직에 재직하는 기간으로 하고, 위촉직 위원의 임기는 2년으로 하되, 연임할 수 있다. 〈신설 2010.3.2〉

② 조정위원회에는 다음 각 호와 같이 분과위원회를 둔다. 〈신설 2010.3.2〉

1. 제1분과위원회 : 조합 또는 추진위원회와 조합원 또는 토지등소유자간의 분

쟁 조정

2. 제2분과위원회 : 제1분과위원회에 해당하지 않는 그 밖에 분쟁에 관한 사항 조정

③ 위원장은 조정위원회의 회의를 소집하여 그 의장이 되며. 위원장의 직무는 다음 각 호와 같다. 다만, 위원장이 부득이한 사유로 직무를 수행할 수 없는 때에는 해당 위원 중 호선된 위원이 그 직무를 대행한다. 〈신설 2010.3.2〉

1. 위원장이 조정위원회의 회의를 소집하고자 하는 때에는 회의개최 5일전까지 회의일시, 장소 및 분쟁조정안건 등을 위원에게 통지한다.
2. 위원장은 조정위원회의 심사에 앞서 분과위원회에서 사전심사를 담당하게 할 수 있다.
3. 위원장은 효율적인 심사, 조정을 위하여 필요하다고 인정하는 경우에는 현장조사를 하거나 조정당사자, 관련전문가 및 관계공무원을 회의에 참석하게 하여 의견을 진술하게 할 수 있다.

④ 조정위원회의 회의는 재적위원 과반수의 출석으로 개회하고, 출석위원 과반수의 찬성으로 의결한다. 다만, 분과위원회는 위원 전원의 찬성으로 의결한다. 〈신설 2010.3.2〉

⑤ 조정위원회의 사무를 처리하기 위하여 간사 1명과 서기 1명을 두되, 간사는 조정위원회를 주관하는 업무담당주사가 되고, 서기는 업무담당자로 한다. 〈신설 2010.3.2〉

⑥ 조정위원회의 위원이 다음 각 호의 어느 하나에 해당하는 경우에는 해당 분쟁조정사건의 심사, 의결에서 제척한다. 〈신설 2010.3.2〉

1. 해당 분쟁조정사건과 관련하여 용역·감정·수용·자문 및 연구 등을 수행하였거나 수행 중에 있는 경우
2. 해당 분쟁조정사건의 당사자와 친족관계에 있거나 있었던 경우
3. 해당 분쟁조정사건과 직접적인 이해관계가 있는 경우

⑦ 당사자는 위원에게 심사, 의결의 공정성을 기대하기 어려운 사정이 있는 경우에는 기피신청을 할 수 있다. 이 경우에 조정위원회의 위원장은 기피신청에 대하여 조정위원회의 의결을 거치지 아니하고 결정한다. 〈신설 2010.3.2〉

⑧ 위원이 제척사유에 해당하는 경우에는 스스로 해당 분쟁조정사건의 심사·

의결에서 회피할 수 있다. 〈신설 2010.3.2〉

⑨ 조정위원회 위원에 대하여는 예산의 범위 안에서 수당과 여비 등을 지급하되, 조사 및 현장 확인을 위한 출장비용 등은 실비로 지급할 수 있다. 〈신설 2010.3.2〉

第42조의4(조정위원회 조정신청 및 절차) ① 조정신청자는 조정신청서 2부를 제출하여야 하며, 조정위원회는 조정상대방에게 1부를 송부한다. 〈신설 2010.3.2〉

② 조정신청서를 송부 받은 자는 20일 이내 답변서를 제출하여야 한다. 다만, 같은 기간 이내에 조정위원회에 출석하여 진술하는 것으로 서면 통보한 경우에는 답변서를 제출하지 않을 수 있다. 〈신설 2010.3.2〉

③ 그 밖에 조정위원회 운영 등에 필요한 사항은 규칙으로 정한다. 〈신설 2010.3.2〉

부 칙 〈제4949호, 2010.3.2〉

이 조례는 공포한 날부터 시행한다.

➡ 2009.5.27 도시정비법에서 도시분쟁조정위원회 관련 규정이 신설됨에 따라 도시분쟁조정위원회 구성 및 운영

- 정비사업의 시행으로 인하여 발생된 분쟁의 조정을 위하여 도시분쟁조정위원회 구성 및 운영에 관한 사항을 정한다.

▢ 도시분쟁조정위원회

정비사업의 시행으로 인하여 발생된 분쟁의 조정을 위하여 정비구역이 지정된 시·군·구(자치구를 말한다.)에 도시분쟁조정위원회(이하 “조정위원회”라 한다.)를 둔다.

조정위원회는 부시장·부구청장 또는 부군수를 위원장으로 한 10인 이내의 위원으로 구성하며, 위원은 다음 각 호의 어느 하나에 해당하는 자 중에서 시장·군수가 임명 또는 위촉한다. 이 경우 제1호 및 제3호의 어느 하나에 해당하는 자가 각 2인 이상이 포함되어야 한다.

1. 해당 시·군·구에서 정비사업 관련 업무에 종사하는 5급 이상 공무원

2. 대학이나 연구기관에서 부교수 이상 또는 이에 상당하는 직에 재직하고 있는 자
3. 변호사, 건축사, 감정평가사, 공인회계사(법 제77조의2제2항)
1. 해당 자치구의회 의원(이하 서울시 도시정비조례 제42조의2)
2. 해당 자치구 도시계획위원회 또는 건축위원회 위원

○ 조례 제42조의3(도시분쟁조정위원회 구성 및 운영)

- 제42조의3제1항(임기)

위원 중 법 제77조의2제2항제1호에 해당하는 공무원 및 위원장의 임기는 해당 직에 재직하는 기간으로 하고(해당 공무원은 별도의 임기가 없이 그 직에 근무하는 기간동안을 말함), 위촉직 위원의 임기는 2년으로 하되, 연임할 수 있다.

- 제42조의3제2항(분과위원회)

조정위원회에는 위원 3인으로 구성된 분과위원회를 두며, 분과위원회에는 제1호 공무원과 제3호인 전문직의 어느 하나에 해당하는 자 각 1인 이상이 포함된 다음 각 호와 같이 분과위원회를 둔다.

1. 제1분과위원회 : 조합 또는 추진위원회와 조합원 또는 토지등소유자간의 분쟁조정
2. 제2분과위원회 : 제1분과위원회에 해당하지 않는 그 밖에 분쟁에 관한 사항조정

- 제42조의3제3항(위원장의 직무 등)

위원장은 조정위원회의 회의를 소집하여 그 의장이 되며. 위원장의 직무는 다음 각 호와 같다. 다만, 위원장이 부득이한 사유로 직무를 수행할 수 없는 때에는 해당 위원 중 호선된 위원이 그 직무를 대행한다.

1. 위원장이 조정위원회의 회의를 소집하고자 하는 때에는 회의개최 5일 전까지 회의일시, 장소 및 분쟁조정안건 등을 위원에게 통지한다.
2. 위원장은 조정위원회의 심사에 앞서 분과위원회에서 사전심사를 담당하게 할

수 있다.

3. 위원장은 효율적인 심사, 조정을 위하여 필요하다고 인정하는 경우에는 현장조사를 하거나 조정당사자, 관련전문가 및 관계공무원을 회의에 참석하게 하여 의견을 진술하게 할 수 있다.

- 제42조의3제4항(위원회의 결의 등)

조정위원회의 회의는 재적위원 과반수의 출석으로 개회하고, 출석위원 과반수의 찬성으로 의결한다. 다만, 분과위원회는 위원 전원의 찬성으로 의결한다.

- 제42조의3제5항, 제9항(위원회의 업무 처리 등)

조정위원회의 사무를 처리하기 위하여 간사 1명과 서기 1명을 두되, 간사는 조정위원회를 주관하는 업무담당주사가 되고, 서기는 업무담당자로 한다(동조 제5항). 조정위원회 위원에 대하여는 예산의 범위 안에서 수당과 여비 등을 지급하되, 조사 및 현장 확인을 위한 출장비용 등은 실비로 지급할 수 있다(동조 제9항).

- 제42조의3제6항 내지 제8항(위원의 제척, 기피, 회피)

조정위원회의 위원이 다음 각 호의 어느 하나에 해당하는 경우에는 해당 분쟁조정사건의 심사, 의결에서 제척한다(동조 제6항).

1. 해당 분쟁조정사건과 관련하여 용역·감정·수용·자문 및 연구 등을 수행하였거나 수행 중에 있는 경우
2. 해당 분쟁조정사건의 당사자와 친족관계에 있거나 있었던 경우
3. 해당 분쟁조정사건과 직접적인 이해관계가 있는 경우

당사자는 위원에게 심사, 의결의 공정성을 기대하기 어려운 사정이 있는 경우에는 기피신청을 할 수 있다(동조 제7항). 이 경우에 조정위원회의 위원장은 기피신청에 대하여 조정위원회의 의결을 거치지 아니하고 결정한다. 위원이 제척사유에 해당하는 경우에는 스스로 해당 분쟁조정사건의 심사·의결에서 회피할 수 있다(동조 제8항).

○ 조례 제42조의4(조정위원회 조정신청 및 절차)

조정신청자는 조정신청서 2부를 제출하여야 하며, 조정위원회는 조정 상대방에게 1부를 송부한다(동조 제1항). 조정신청서를 송부 받은 자는 20일 이내 답변서를 제출하여야 한다. 다만, 같은 기간 이내에 조정위원회에 출석하여 진술하는 것으로 서면 통보한 경우에는 답변서를 제출하지 않을 수 있다(동조 제2항).
그 밖에 조정위원회 운영 등에 필요한 사항은 규칙으로 정한다(동조 제3항).

- 도시분쟁조정위원회 운영 등

조례 제42조의4제3항에서 "그 밖에 조정위원회 운영 등에 필요한 사항"이란 다음 각 호의 사항을 말한다(조례 시행규칙 제30조).

1. 별지 제37호서식에 따른 도시분쟁조정위원회 조정 신청서
2. 별지 제38호서식에 따른 도시분쟁조정위원회 위원기피 신청서
3. 별지 제39호서식에 따른 도시분쟁조정위원회 조정서

다음은 강남구 개나리○차 분쟁조정위원회 조정신청서 사례이다.

"(강남구) 도시분쟁조정위원회 조정 신청서" 작성을 통해 개나리4차 아파트 재건축사업 중단의 조합원간의 갈등 및 분쟁을 해소하고 사업변경 및 집행기구 선임 총회로 사업 정상화를 마련하고자 첨부의 신청서를 작성하여 제출코자 합니다.

관련법령 : 도시정비법 제77조의3제4항 및 서울시 도시정비조례 시행규칙 제30조제1호

O 신청취지

1. 위의 추진경위에서와 같이 개나리○차 재건축조합은 전제 조합원 264명 중 264명 전원의 분양신청에 의거 관리처분인가를 받고 이주비 및 도급계약 (분양조건등 포함)결의와 관리처분 변경 총회(2008.3.8-1차, 2008.7.19-2차)로 이주와 분양계약을 마쳤고 이 결과 94세대의 현금 청산자가 발생되었습니다.
2. 덧붙여 시공사와의 도급계약서 내용과 책임에 대한 조합원간의 권리와 의무이행 및 각종 이해다툼의 소송으로 현재까지 법리적 다툼, 책임소재의 다툼, 경제 환경 변화로 시공사는 사업을 중단하고 일체의 자금지원과 업무추진 협의조차 분쟁으로 해결이 정체된 채 시공사 재선정과 조합원의 사업변경과 관리처분 재수립 절차에 대한 더 이상의 재건

축사업이 추진되지 못하고 있는 실정입니다.

3. 최근에는 이주를 하지 않고 있는 조합원 중 70여 세대의 피신청인 ○○○를 중심으로 관리처분계획수립 무효소송(2심의 1심 번복 판결)의 결과와 조합 집행기구 해임을 통해 조합원의 권리와 의무에 대한 그간의 조합의 사업을 원천적으로 정지하여 사업을 원점으로 돌리고 이주자와 미이주자 그리고 분양계약자와 현금청산자 자체의 권익을 무효화하여 조합의 사업 진행을 파국으로 이끌기 위해 부당하게 조합운영을 지속적으로 방해하고, 2011.12과 2012.2에 전 임원을 해임하겠다는 사유로 불법적인 주민총회를 소집하는 등 무책임한 행동을 일삼고 있으며, 그 행위 결과의 수습도 못하여 이로 인해 조합원 상호간에 불신감과 사업정체가 고착화되는 실정입니다.

4. 또한 이주를 완료한 170여 명의 조합원들은 현 시점에서 이주비 대출기간이 만료되었고, 분양계약금에 포함된 이주비이자 대납도 작년 8월 이후 중단되어 부득이 이주비의 이자도 조합원이 납부하며 분양계약자들의 권리인 아파트 입주도 벌써 1년이 지난 상태이며 또한 중도금 대출의 보증을 섰던 시공사(현대산업개발)가 보증과 사업비 지원이 중단되어 해주지 않아 은행으로부터 부당한 불이익을 받게 되었습니다. 매월 납부하여야 하는 대출이자로 조합원들의 부당 피해와 함께 심지어 경매 조합원도 발생되고 있습니다.

5. 우리 재건축조합에서는 조속한 재건축 추진만이 조합원들의 부담을 줄일 수 있는 길이며, 이를 위하여 수익성을 높이고자 일반분양세대를 늘리는 방향으로 사업계획을 변경하고자 지난 1.27 공청회를 개최하는 등 노력을 기울여 왔을 뿐만 아니라, 용적률을 법적 상한용적률(300%)까지 상향하는 방향으로 서울시 도시계획위원회의 결정을 받기 위해 심의신청(도시정비법 설계 선정자 : ○○○)을 준비하였습니다.

6. 이에 따라 개나리O차 아파트 재건축조합의 264명 조합원들이 힘을 모아 재건축사업을 추진해 나갈 수 있도록 피 신청인(○○○, ○○○)을 중심으로 한 해임총회 관여 주민들과 조합과의 갈등을 해소하고, 이견을 좁혀나갈 수 있도록 하기 위해 임시 주민총회 소집 청구(대 표발의자 김 효일)의 총회 목적, 안건처리를 조속히 총회로 결정하여 조합이 정상화 되도록 도시분쟁조정위를 선정하여 분쟁을 조정해 줄 것을 신청하오니 우리 조합원들의 의견 이 충분히 반영된 조정으로 이끌어 주시기 바랍니다.

[별지 제37호서식] 〈개정 2010.3.11〉

<table>
<tr><td colspan="3">(　　　　) 도시분쟁조정위원회 조정 신청서</td></tr>
<tr><td>사　　건</td><td colspan="2"></td></tr>
<tr><td rowspan="2">신 청 인</td><td>성　명</td><td></td></tr>
<tr><td>주　소</td><td></td></tr>
<tr><td rowspan="2">피신청인</td><td>성　명</td><td></td></tr>
<tr><td>주　소</td><td></td></tr>
<tr><td>신청취지</td><td colspan="2"></td></tr>
<tr><td>신청이유</td><td colspan="2"></td></tr>
<tr><td colspan="3">「도시 및 주거환경정비법」 제77조의3제4항 및 「서울시 도시정비조례. 시행규칙」 제30조제1호에 따라 조정을 신청합니다.

20　　년　　월　　일

신 청 인 :　　　　　(서명 또는 인)

(　　　　) 도시분쟁조정위원회 위원장 귀하</td></tr>
</table>

[별지 제38호서식] 〈개정 2010.3.11〉

<table>
<tr><td colspan="3">(　　　) 도시분쟁조정위원회 위원기피 신청서</td></tr>
<tr><td>사　건</td><td colspan="2"></td></tr>
<tr><td rowspan="2">신 청 인</td><td>성 명</td><td></td></tr>
<tr><td>주 소</td><td></td></tr>
<tr><td>기피위원</td><td>성 명</td><td></td></tr>
<tr><td>신청취지</td><td colspan="2"></td></tr>
<tr><td>신청이유</td><td colspan="2"></td></tr>
<tr><td>소명방법</td><td colspan="2"></td></tr>
<tr><td colspan="3">「서울시 도시정비조례」 제42조의3제6항 및 제7항과 「서울시 도시정비조례 시행규칙」 제30조제2호에 따라 위 위원을 기피 신청합니다.

20　년　월　일

신 청 인:　　　(서명 또는 인)

(　　　) 도시분쟁조정위원회 위원장 귀하</td></tr>
</table>

[별지 제39호서식] 〈신설 2014.1.23〉

<table>
<tr><td colspan="3">(　　　) 도시분쟁조정위원회 조정서</td></tr>
<tr><td>사　　건</td><td colspan="2"></td></tr>
<tr><td rowspan="2">신 청 인</td><td>성　명</td><td></td></tr>
<tr><td>주　소</td><td></td></tr>
<tr><td rowspan="2">피신청인</td><td>성　명</td><td></td></tr>
<tr><td>주　소</td><td></td></tr>
<tr><td>주　　문</td><td colspan="2"></td></tr>
<tr><td>조정취지</td><td colspan="2"></td></tr>
<tr><td colspan="3">「도시 및 주거환경정비법」 제77조의3제4항 및 「서울시 도시정비조례. 시행규칙」 제30조제3호에 따라 조정을 신청합니다.

20　　년　　월　　일

위 원 장 :　　　　　(서명 또는 인)
신 청 인 :　　　　　(서명 또는 인)
피청구인 :　　　　　(서명 또는 인)

(　　　) 도시분쟁조정위원회 위원장 귀하</td></tr>
</table>

▢ 시도별 조례

○ 경기도

第23条(설치) 법 제77조의2에 따라 정비구역이 지정된 시·군에는 도시분쟁조정위원회 (이하 "조정위원회"라 한다.)를 둔다.

[본조신설 2009.12.31]

第24条(구성) ① 조정위원회는 위원장과 부위원장 각 1명을 포함한 10명 이내의 위원으로 구성한다.

② 조정위원회의 위원장은 부시장 또는 부군수가 되고 부위원장은 위원 중에서 서로 뽑는다.

③ 조정위원회의 위원은 다음 각 호의 기준에 의하여 시장·군수가 임명 또는 위촉한다.

1. 위원은 법 제77조의2제2항 각 호에 해당하는 자로 한다.
2. 공무원을 위원으로 임명하는 경우 그 수는 3명 이하로 한다.
3. 공무원이 아닌 위원은 제1호에 해당하는 자 중에서 정비사업 관련 학회 및 협회 등 관련단체나 기관의 추천 또는 공모절차를 거쳐 위촉한다.

④ 위원의 임기는 3년으로 하되, 1회에 한하여 연임할 수 있으며, 보궐위원의 임기는 전임자의 남은 임기로 한다. 다만, 시·군 소속 공무원이 위원인 경우에는 그 직위에 있는 기간으로 한다.

⑤ 조정위원회에는 법 제77조의2제4항에 따라 위원 3명으로 구성된 분과위원회(이하 "분과위원회"라 한다.)를 둔다.

[본조신설 2009.12.31]

第25条(위원의 해촉) 시장·군수는 위원이 다음 각 호의 어느 하나에 해당하는 사유가 발생하였을 때에는 임기만료 전이라도 위원을 해촉할 수 있다.

1. 위원으로서의 임무를 성실히 수행하지 아니한 때
2. 위원회의 업무수행과 관련하여 알게 된 비밀을 누설하거나 심의업무와 관련하여 민원을 야기 한 때
3. 위원 스스로가 해촉을 원할 때
4. 위원이 제27조제1항 각 호의 어느 하나에 해당됨에도 불구하고 회피신청을

하지 아니하여 공정성을 해친 것으로 판단되는 경우

5. 그 밖에 위원으로서 품위 등을 떨어뜨려 위원으로서 부적당하다고 인정될 때

[본조신설 2009.12.31]

第26條(위원장 등의 직무) ① 위원장은 조정위원회를 대표하고, 위원회의 업무를 총괄한다.

② 위원장이 부득이한 사유로 그 직무를 수행할 수 없는 때에는 부위원장이 그 직무를 대행한다.

③ 위원장 및 부위원장이 모두 부득이한 사유로 그 직무를 수행할 수 없는 때에는 위원회에서 뽑은 위원이 그 직무를 대행한다.

[본조신설 2009.12.31]

第27條(위원의 제척 및 회피) ① 위원은 다음 각 호의 어느 하나에 해당하는 경우에는 조정위원회의 회의에서 제척(除斥)된다.

1. 자기나 배우자 또는 배우자이었던 자가 당사자이거나 공동 권리·의무자인 경우
2. 자기가 당사자와 친족관계이거나 자기 또는 자기가 속한 법인이 당사자의 법률·경영 등에 대한 자문·고문 등으로 있는 경우
3. 자기 또는 자기가 속한 법인이 당사자 등의 대리인으로 관여하거나 관여하였던 경우
4. 그 밖에 해당 안건에 자기가 이해관계인으로 관여한 경우

② 위원이 제1항의 어느 하나의 사유에 해당되면 스스로 그 안건의 심의·의결에서 회피할 수 있으며, 회의 개최일 1일 전까지 이를 간사에게 알려야 한다.

[본조신설 2009.12.31]

第28條(간사 및 서기) ① 조정위원회의 사무를 처리하기 위하여 간사와 서기를 두되, 간사는 조정위원회의 운영을 주관하는 업무주관담당이 되며, 서기는 업무담당자로 한다.

② 간사는 다음 각 호의 사무를 처리하며 서기는 이를 보조한다.

1. 조정위원회 및 분과위원회 운영에 관한 사항
2. 심의안건 및 회의록 작성·보관에 관한 사항
3. 조정위원회 및 분과위원회 심의결과의 정리 및 보고에 관한 사항

4. 그 밖의 조정위원회 및 분과위원회 운영에 필요한 사항
[본조신설 2009.12.31]

第29조(조정의 신청 및 회의) ① 회의는 법 제77조의3제1항에 따른 신청이 있는 경우에 위원장이 소집한다.
② 분쟁에 대한 신청인 및 피신청인이 2명 이상인 경우 위원장은 당사자 중에서 대표자의 선정을 요구할 수 있다.
③ 회의를 소집하고자 할 때에는 늦어도 회의개최 5일전까지 회의의 일시·장소 및 안건을 각 위원에게 서면으로 통지하여야 한다. 다만, 긴급을 요하는 경우에는 그러하지 아니하다.
④ 회의는 위원장을 포함하여 재적위원 과반수의 출석으로 회의를 시작하고 출석위원 과반수의 찬성으로 의결한다.
[본조신설 2009.12.31]

第30조(조정 중지) ① 조정위원회는 신청된 사건의 처리 절차가 진행되는 도중에 한쪽 당사자가 소를 제기한 경우에는 조정 등의 처리를 중지하고 이를 당사자에게 알려야 한다.
② 시장·군수는 위해 방지를 위하여 긴급한 상황이거나 그 밖에 특별한 사유가 없으면 조정 등의 신청이 있다는 이유만으로 사업추진 등을 중지하게 하여서는 아니 된다.
[본조신설 2009.12.31]

第31조(자료의 제출요구 등) ① 조정위원회 및 분과위원회는 필요하다고 인정하는 경우에는 관계공무원, 관계전문가, 건축주 및 설계자, 시공자 등을 각 위원회에 출석시켜 발언하게 하거나 관계기관, 단체 등에 대하여 자료의 제출을 요구할 수 있다.
② 조정위원회 및 분과위원회는 업무에 필요한 조사를 위하여 특히 필요하다고 인정하는 경우에는 관계전문가와 합동으로 조사반을 편성할 수 있다.
[본조신설 2009.12.31]

第32조(회의록의 작성 및 비치) ① 조정위원회 및 분과위원회는 회의록 또는 조정의결서를 작성·비치하여야 한다.
② 간사는 다음 각 호의 사항을 회의록으로 작성하여 위원장에게 보고하여야 한다.

1. 회의일시 및 장소
2. 출석위원 및 참석자 명단
3. 토의사항 및 진행사항
4. 위원 및 참석자의 발언요지
5. 의결사항
6. 그 밖의 중요사항

③ 위원회는 회의록을 녹음에 의한 녹취록으로 작성하게 할 수 있다.

[본조신설 2009.12.31]

第33조(비용부담) ① 조정위원회는 분쟁조정 등의 신청사건을 심사하기 위하여 전문기관에 감정·진단 및 시험 등을 의뢰할 수 있으며, 이에 드는 비용은 당사자가 부담하여야 한다.

② 법 제77조의3제5항에 따라 당사자가 부담할 비용의 범위는 다음 각 호와 같다. 다만, 분쟁조정위원회의 위원·직원의 출석 또는 출장에 드는 비용, 우편료 및 전신료는 제외한다.

1. 감정·진단·시험·검사·조사 등에 소요되는 비용
2. 녹음, 속기록, 참고인의 출석 등 그 밖의 조정 등에 드는 비용

[본조신설 2009.12.31]

第34조(수당 등) 조정위원회 및 분과위원회에 출석한 위원 중 공무원이 아닌 위원에게는 해당 시·군의 예산범위에서 수당 및 여비를 지급할 수 있다.

[본조신설 2009.12.31]

第35조(비밀준수) 위원회 위원, 간사 및 서기와 그 밖에 위원회 업무에 관여한 사람은 그 업무수행과 관련하여 알게 된 비밀을 누설하여서는 아니 된다.

[본조신설 2009.12.31]

○ 인천시

第28조(설치 및 기능) 법 제77조의2제1항에 따라 정비사업의 시행으로 발생된 다음 각 호의 분쟁을 심사·조정하기 위하여 군·구에 도시분쟁조정위원회를 둔다. 다만, 주택법, 토지보상법, 건축법 그 밖의 관계 법률에 따라 설치된 분쟁관련 위

원회의 심사대상에 포함되는 분쟁은 조정위원회의 심사대상에서 제외한다.

1. 조합원간의 분쟁(조합과 조합원간의 분쟁을 포함한다.)
2. 조합과 인근주민(조합원이 아닌 토지등소유자를 포함한다. 이하 같다.) 간의 분쟁
3. 조합, 정비사업전문관리업체, 사업시행자 및 인근주민 상호간의 분쟁
4. 정비계획수립 또는 정비구역 지정과 관련하여 주민의 찬성과 반대가 대립하는 등 그 밖에 분쟁의 조정이 필요하다고 위원장이 인정하는 분쟁

第29조(구성 등) ① 조정위원회는 위원장과 부위원장을 포함한 10명 이내의 위원으로 구성하며, 위원은 법 제77조의2제2항 각 호의 어느 하나에 해당하는 사람 중에서 구청장 등이 임명 또는 위촉한다.

② 법 제77조의2제2항제4호에서 “그 밖에 정비사업에 전문적 지식을 갖춘 자로서 시도 조례로 정하는 자”란 다음 각 호의 어느 하나에 해당하는 사람을 말한다.

1. 정비사업의 전문관리 분야에 10년 이상 종사한 자
2. 한국토지주택공사 등에 15년 이상 재직한 정비사업 유경험자
3. 정비사업에 대한 학식과 식견이 풍부한 지방의회 의원

③ 위원장은 부구청장 또는 부군수가 되고 부위원장은 위원 중에서 호선한다.

④ 제1항에 따른 위원(위원장을 제외한다. 이하 이 장에서 같다.)을 임명 또는 위촉하는 때에는 법 제77조의2제2항제1호 및 제3호의 어느 하나에 해당하는 사람이 각 2명 이상 포함되어야 한다.

⑤ 공무원이 아닌 위원의 임기는 2년으로 하되, 연임할 수 있으며, 보궐위원의 임기는 전임자의 남은 임기로 한다.

⑥ 조정위원회에는 법 제77조의2제4항에 따라 위원 3명으로 구성된 분과위원회를 두며, 분과위원회에는 법 제77조의2제2항제1호 및 제3호의 어느 하나에 해당하는 사람이 각 1명 이상 포함되어야 한다.

第30조(위원장의 직무) ① 위원장은 위원회를 대표하고 조정위원회의 업무를 총괄한다.

② 위원장이 부득이한 사유로 그 직무를 수행할 수 없는 때에는 부위원장이 그 직무를 대행한다.

제31조(회의) ① 위원장은 조정위원회의 회의를 소집하고 그 의장이 된다.

② 위원장이 조정위원회의 회의를 소집하고자 하는 때에는 회의의 일시 ·장소 및 안건 등을 회의개최 7일 전까지 위원과 분쟁당사자 및 참고인 등 관계자에게 알려야 한다. 다만, 긴급을 요하는 때에는 그러하지 아니하다.

③ 조정위원회의 회의는 재적위원 과반수의 출석으로 열고 출석위원 과반수의 찬성으로 의결하며 가부동수일 경우에는 위원장이 의결권을 행사한다.

④ 조정위원회의 사무처리를 위하여 간사와 서기를 둔다.

제32조(위원의 제척) 조정위원회는 위원에게 해당 분쟁사건에 대한 공정한 집무를 집행하기 어려운 사정이 있다고 인정하는 경우에는 해당 분쟁사건에서 그 위원의 직무를 제척하여야 한다.

제33조(대리인) 분쟁당사자는 위원장의 허락을 받아 배우자, 직계존·비속 또는 형제·자매 , 당사자가 법인인 경우에는 그 임직원 및 변호사 등을 대리인으로 선임할 수 있다. 이 경우 대리인 권한은 분쟁당사자의 위임을 받아 서면으로 소명하여야 한다.

제34조(분쟁조정의 절차 등) ① 법 제77조의3제1항에 따라 정비사업과 관련된 분쟁의 조정을 받으려는 자는 다음 각 호의 사항을 기재하고 분쟁조정 등에 관한에 증거서류 또는 참고자료를 첨부하여 조정위원회에 제출하여야 한다. 〈개정 2013. 4.8〉

1. 신청인의 성명(법인인 경우에는 명칭) 및 주소
2. 당사자의 성명(법인인 경우에는 명칭) 및 주소
3. 대리인을 선임한 경우에는 대리인의 성명 및 주소
4. 분쟁의 조정을 받고자 하는 사항
5. 분쟁이 발생하게 된 사유와 당사자 간 교섭경과
6. 신청연월일
7. 그 밖에 분쟁조정에 필요한 사항

② 제1항에 따른 분쟁조정의 신청은 해당 사건의 당사자 중 1명 이상이 하며, 분쟁조정신청을 받은 조정위원회는 해당 사건의 모든 당사자에게 분쟁조정신청이 접수된 사실과 개략적인 조정일정 등을 미리 알려야 한다.

③ 조정위원회는 여러 사람이 공동으로 분쟁조정의 당사자가 될 때에는 필요

에 따라 그 중에서 3명 이하의 대표자를 선정하게 할 수 있다.

④ 제3항에 따라 선정된 대표자는 사건의 조정에 관한 모든 행위를 할 수 있다. 다만, 신청을 철회하거나 조정안을 받아들일 경우에는 서면으로 다른 신청인 또는 피신청인의 동의를 받아야 한다.

⑤ 대표자가 선정된 경우에는 다른 신청인 또는 피신청인은 그 대표자를 통해서만 해당 사건에 대한 행위를 할 수 있다.

第35조(조정의 거부 또는 중지 등) ① 조정위원회는 분쟁의 조정이 곤란하거나 부정한 목적으로 조정신청이 되었다고 인정되면 그 조정을 거부할 수 있다. 이 경우 거부사유를 신청인에게 알려야 한다.

② 조정위원회는 신청된 사건의 조정절차가 진행되는 도중에 당사자가 소송을 제기한 경우에는 조정을 중단하고 이를 당사자에게 알려야 한다.

第36조(조사 및 의견청취 등) 조정위원회는 조정에 필요하다고 인정되면 조정위원 또는 관계공무원으로 하여금 관련서류를 열람하게 하거나 관련 사업장에 출입하여 조사하게 할 수 있으며, 당사자나 참고인 등을 조정위원회에 출석하게 하여 의견을 들을 수 있다.

第37조(비용부담 등) ① 분쟁의 조정을 위한 다음 각 호의 감정·진단 및 시험 등에 드는 비용은 당사자간의 합의로 정하는 비율에 따라 당사자가 부담하여야 한다. 이 경우 비용부담 비율에 대한 당사자간의 합의가 되지 아니하면 조정위원회에서 정하는 비율에 따라 부담한다.

1. 감정·진단 및 시험 등에 소요되는 비용
2. 검사·조사에 소요되는 비용
3. 녹음, 속기록 및 참고인 출석 그 밖의 조정에 소요되는 비용. 다만, 조정위원 또는 관계공무원의 출장 또는 회의 출석에 소요되는 비용과 우편료 및 전신료를 제외한다.

② 조정위원회는 당사자에게 제1항에 따른 비용의 추산액을 지정된 금융기관에 미리 예치하게 할 수 있다.

第38조(수당 등) 조정위원회에 출석한 위원 중 공무원이 아닌 위원에게는 예산의 범위 안에서 수당 및 여비를 지급할 수 있다.

第39条(운영세칙) 이 조례에서 규정한 사항 외에 분쟁조정의 절차·방법 및 조정위원회의 운영 등에 관하여 필요한 사항은 조정위원회의 의결을 거쳐 위원장이 정한다.

○ 부산시

관련 조문이 없다.

○ 대구시

第56조의2(도시분쟁조정위원회 구성 및 운영) ① 법 제77조의2에 따른 도시분쟁조정위원회는 위원장을 포함하여 7명 이상 10명 이내의 위원으로 구성한다.

② 법 제77조의2제2항제4호에서 "그 밖에 정비사업에 전문적 지식을 갖춘 자로서 시도 조례로 정하는 자"란 다음 각 호의 어느 하나에 해당하는 자를 말한다.

1. 해당 자치구·군의회 의원
2. 해당 자치구·군 도시계획위원회 또는 건축위원회 위원

③ 위촉위원의 임기는 2년으로 하되, 1회에 한하여 연임할 수 있다. 다만, 결원으로 인하여 새로 위촉되는 위원의 임기는 전임자의 잔여기간으로 한다.

④ 위원장은 조정위원회의 회의를 소집하여 그 의장이 되고, 위원장의 직무는 다음 각 호와 같다. 다만, 위원장이 부득이한 사유로 직무를 수행할 수 없는 때에는 해당 위원 중 호선된 위원이 그 직무를 대행한다.

1. 위원장이 조정위원회의 회의를 소집하고자 하는 때에는 회의개최 5일전까지 회의일시·장소 및 분쟁조정안건 등을 위원에게 통지한다.
2. 위원장은 조정위원회의 심사에 앞서 분과위원회에서 사전심사를 담당하게 할 수 있다.
3. 위원장은 효율적인 심사·조정을 위하여 필요하다고 인정하는 경우에는 현장조사를 하거나 조정당사자, 관련전문가 및 관계공무원을 회의에 참석하게 하여 의견을 진술하게 할 수 있다.

⑤ 조정위원회는 다음 각 호와 같이 분과위원회를 둔다.

1. 제1분과위원회 : 조합 또는 추진위원회와 조합원 또는 토지등소유자간의 분쟁 조정

2. 제2분과위원회 : 제1분과위원회에 해당하지 않는 그 밖에 분쟁에 관한 사항 조정

⑥ 조정위원회의 회의는 재적위원 과반수의 출석으로 개회하고, 출석위원 과반수의 찬성으로 의결한다. 다만, 분과위원회는 소속위원 과반수의 찬성으로 의결한다.

⑦ 조정위원회의 회의는 비공개를 원칙으로 한다. 다만, 관계 법령에서 공개하도록 규정된 경우에는 그러하지 아니하다.

⑧ 조정위원회의 위원이 다음 각 호의 어느 하나에 해당하는 경우에는 해당 분쟁조정사건의 심사·의결에서 제척한다.

1. 해당 분쟁조정사건과 관련하여 용역·감정·수용·자문 및 연구 등을 수행하였거나 수행 중에 있는 경우
2. 해당 분쟁조정사건의 당사자와 친족관계에 있거나 있었던 경우
3. 해당 분쟁조정사건과 직접적인 이해관계가 있는 경우

⑨ 당사자는 위원에게 심사·의결의 공정성을 기대하기 어려운 사정이 있는 경우에는 기피신청을 할 수 있다. 이 경우에 조정위원회의 위원장은 기피신청에 대하여 조정위원회의 의결을 거치지 아니하고 결정한다.

⑩ 위원이 제척사유에 해당하는 경우에는 스스로 해당 분쟁조정사건의 심사·의결에서 회피할 수 있다.

⑪ 조정위원회의 사무를 처리하기 위하여 간사 1명과 서기 1명을 두되, 간사는 조정위원회를 주관하는 업무담당주사가 되고, 서기는 업무담당자로 한다.

⑫ 조정위원회에 출석하는 위원에 대하여는 예산의 범위안에서 「대구광역시 각종 위원회 구성 및 운영 조례」에서 정하는 바에 따라 수당 및 기타 실비를 지급할 수 있다.

[전문신설 2010.6.30 조례 제4170호]

제56조의3(조정위원회 조정신청 및 절차) ① 조정신청자는 조정신청서 2부를 제출하여야 하며, 조정위원회는 조정상대방에게 1부를 송부한다.

② 조정신청서를 송부 받은 자는 20일 이내 답변서를 제출하여야 한다. 다만, 같은 기간 이내에 조정위원회에 출석하여 진술하는 것으로 서면 통보한 경우에는 답변서를 제출하지 않을 수 있다.

③ 그 밖에 조정위원회의 운영 등에 필요한 사항은 조정위원회의 의결을 거쳐 위원장이 정한다.

[전문신설 2010.6.30 조례 제4170호]

○ 대전시

第46조의2(도시분쟁조정위원회의 위원자격) 법 제77조의2제2항제4호에 따라 조례로 정하는 자는 다음 각 호와 같다.

1. 도시정비사업에 대한 전문지식을 갖춘 자로 건축분야 또는 도시계획분야 기술사 사무소를 5년 이상 운영하고 있는 자
2. 건축분야 또는 도시계획분야 박사학위를 취득하고 대학이나 연구기관에서 5년 이상 재직하고 있는 자
3. 그 밖에 도시정비사업에 대한 전문지식을 갖춘 자

[본조신설 2010.8.13]

第46조의3(도시분쟁조정위원회의 구성 등) ① 법 제77조의2제1항에 따른 도시분쟁조정위원회는 최소 7명 이상의 위원으로 구성한다.

② 조정위원회 위원의 임기는 2년으로 하되, 연임할 수 있다.

③ 조정위원회의 위원은 자기와 직접 이해관계가 있는 안건의 조정에는 참여할 수 없다.

④ 조정 신청 이해당사자가 다수인 경우 위원장이 조정을 위하여 필요하다고 인정하는 경우에는 당사자 중에서 대표자 선정을 요구할 수 있다.

⑤ 조정위원회의 사무처리를 위하여 간사를 두되, 간사는 조정위원회를 주관하는 업무담당주사로 한다.

⑥ 그 밖에 조정위원회의 구성·운영에 필요한 사항은 위원회 의결을 거쳐 위원장이 정한다.

[본조신설 2010.8.13]

第46조의4(비용부담) ① 법 제77조의3제5항에 따른 조정의 신청인 또는 당사자가 부담할 비용의 범위는 다음 각 호와 같다.

1. 감정·진단·시험에 소요되는 비용
2. 검사·조사에 소요되는 비용

3. 녹음·속기록·참고인 출석, 그 밖에 조정에 소요되는 비용

② 조정에 소요되는 비용은 당사자 간 합의 또는 조정위원회에서 정하는 비율에 따라 당사자가 부담하여야 한다.

③ 조정위원회는 제2항에 따른 비용을 금융기관에 예치하게 할 수 있다.

④ 조정위원회는 당사자가 비용을 예치하지 않거나 예치된 금액이 미달하는 경우에는 추가로 예치하게 할 수 있으며, 이를 이행하지 않는 경우 그 분쟁에 대한 조정을 보류할 수 있다.

[본조신설 2010.8.13]

○ 광주시

제41조의2(도시분쟁조정위원회 위원 자격) 법 제77조의2제2항제4호에 따라 시도조례로 정하는 자는 다음과 같다. 〈개정 2012.5.15〉

1. 시 또는 구 도시계획위원 및 건축위원으로 위촉된 사람(다만, 위촉당시 각각의 위원회에 소속된 사람)
2. 시의원 또는 해당 자치구 의원
3. 도시계획 또는 건축분야 박사학위를 취득하고 대학이나 연구기관에서 5년 이상 재직하고 있는 사람

[본조신설 2010.1.1]

제41조의3(도시분쟁조정위원회 구성 등) 법 제77조의3제5항에 따라 도시분쟁조정위원회의 구성·운영 및 비용의 부담 등에 대하여는 다음과 같다.

1. 조정위원회는 법 제77조의2제2항에 따라 위원장을 포함한 7명 이상 10명 이내의 위원으로 구성한다.
2. 부위원장은 위원중에서 1인을 호선하며 위원장을 보좌하고 위원장이 직무를 수행할 수 없는 경우 그 직무를 대행한다.
3. 조정위원회 위촉위원의 임기는 2년으로 하되 연임할 수 있다. 다만, 위원 중 당연직위원이 아닌 위원의 사임 등으로 인하여 새로 위촉된 위원의 임기는 전임위원 임기의 남은 기간으로 한다.
4. 조정위원회의 회의는 재적위원 과반수 이상 출석으로 개의하고 재적위원 과반수 이상의 찬성으로 의결한다.

5. 조정위원회의 사무를 처리하기 위하여 간사 및 서기 1명을 두며, 간사는 조정위원회 업무담당 부서의 장이 되고 서기는 조정위원회 업무담당자가 된다.
6. 조정위원회 회의에 참석한 위원에 대하여는 「광주광역시 각종위원회 구성 및 운영등에 관한 조례」에서 정하는 바에 따라 예산의 범위에서 수당과 여비 등을 지급할 수 있다.
7. 그 밖에 조정위원회의 운영에 관하여 필요한 사항은 조정위원회의 의결을 거쳐 위원장이 정한다.

[본조신설 2010.1.1]

제6장

정비사업의 공공관리

조례 제43조(정의)
조례 제44조(공공관리의 대상사업)

법 제77조의4제1항, 제2항
클린업시스템 운영지침(서울시 2013.7.26)(별첨)

• 공공관리 관련 용어 정의
• 공공관리의 대상사업

재개발·재건축사업 진행 시 공공부문의 역할을 강화함으로써 정비사업의 투명성과 효율성을 높이기 위하여 공공관리제도를 도입하였다. 서울시는 2010.7.16부터 효력이 발생하도록 함에 따라 서울시도 그에 맞춰 2010.7.15 조례를 개정하여 그 다음날인 7.16부터 공공관리제도를 의무적으로 시행하였다.

□ 개정 연혁

▸ 도시정비조례[서울시조례 제5007호, 2010.7.15, 일부개정]

第43조(정의) 이 장에서 사용하는 용어의 정의는 다음과 같다. 〈신설 2010.7.15〉

1. "공공관리자"란 법 제77조의4제2항 각 호의 업무를 수행하는 자로서의 구청장을 말한다. 〈신설 2010.7.15〉
2. "위탁관리자"란 법 제77조의4제2항에 따라 공공관리를 위탁받은 자를 말한다. 〈신설 2010.7.15〉
3. "설계도서"란 당해 목적물의 설계서, 물량내역서 등 공사의 입찰에 필요한 서류를 말한다. 〈신설 2010.7.15〉
4. "클린업시스템"이란 시장이 법 제81조제1항에 따른 추진위원회 또는 조합의 인터넷을 통한 정보공개 업무를 지원하고, 관리하기 위하여 구축한 정보공개 통합홈페이지를 말한다. 〈신설 2010.7.15〉

제44조(공공관리의 대상사업) 법 제77조의4제1항에 따라 시도 조례로 정하는 정비사업이란 법 제8조에 따른 조합이 시행하는 정비사업을 말한다. 다만, 다음 각 호의 정비사업은 제외한다. 〈신설 2010.7.15〉

1. 영 제6조에 따른 정비구역이 아닌 구역에서의 재건축사업 〈신설 2010.7.15〉
2. 법 제4조제5항에 따라 정비구역 지정·고시가 있은 날의 토지등소유자의 수가 100명 미만으로서 주거용 건축물의 건설비율이 50% 미만인 도시환경정비사업 〈신설 2010.7.15〉

부 칙 〈제5007호, 2010.7.15〉

제1조(시행일) 이 조례는 2010.7.16부터 시행한다.

제4조(공공관리에 관한 경과조치) ① 이 조례 시행 당시 종전규정에 따라 행하여진 처분·절차 그 밖의 행위는 이 조례에 따라 행하여진 것으로 본다.

② 이 조례 시행 당시 법 부칙(제6852호, 2002.12.30) 제7조제2항에 따라 시공자가 선정된 정비사업의 공공관리 적용범위는 제45조제1항에 불구하고 이 조례 시행일부터 구청장이 사업시행인가를 한 때까지로 한다.

③ 이 조례 시행 당시 정비구역 지정 전에 추진위원회 설립 승인을 받은 정비사업의 공공관리 적용범위는 제45조제1항에 불구하고 이 조례 시행일부터 조합총회에서 시공자를 선정한 때까지로 한다.

④ 이 조례 시행 전에 법 제13조제2항에 따라 구청장에게 추진위원회의 구성승인 신청을 한 정비사업은 법 제77조의4제2항제1호의 개정규정에 불구하고 종전 규정에 따른다.

제5조(공공관리의 적용례) 제6장의 개정규정은 이 조례 시행 당시 법 제24조에 따른 총회에서 시공자 또는 설계자를 선정하지 아니한 정비사업 분부터 적용한다.

➡ 공공관리의 적용대상은 조합이 시행하는 정비사업으로 의무적으로 시행하되, 소규모 재건축사업과 토지등소유자가 100명 미만이고 주거용 건축물의 건설비율이 50% 미만인 도시환경정비사업은 제외하도록 하였다.

▢ 정비사업의 공공관리

기초자치단체장인 시장·군수·구청장은 정비사업의 투명성을 강화하고 효율성을 높이기 위해 도시정비조례로 정하는 정비사업의 시행과정을 지원하도록 하였는데, 이를 공공관리(公共管理)라 한다.

○ 조례 제43조(정의)

1. "공공관리자"란 법 제77조의4제2항 각 호의 업무를 수행하는 자로서의 구청장을 말한다.

➡ 공공관리자인 자치구청장의 업무는 추진위원회 또는 주민대표회의 구성을 위한 업무지원, 정비사업전문관리업자의 선정(위탁관리자는 선정을 위한 지원에 한한다.), 설계자 및 시공자 선정 방법 등에 대한 지원, 세입자의 주거 및 이주 대책 수립에 관한 지원, 관리처분계획 수립에 관한 지원 등을 말한다.

2. "위탁관리자"란 법 제77조의4제2항에 따라 공공관리를 위탁받은 자를 말한다.

➡ 공공관리자인 구청장의 위탁을 받은 자로서 한국토지주택공사, 공기업법에 의한 지방공사, 대한주택보증주식회사, 한국감정원을 말한다.

3. "설계도서"란 당해 목적물의 설계서, 물량내역서 등 공사의 입찰에 필요한 서류를 말한다.
4. "클린업시스템"이란 시장이 법 제81조제1항에 따른 추진위원회 또는 조합의 인터넷을 통한 정보공개 업무를 지원하고, 관리하기 위하여 구축한 정보공개 통합홈페이지를 말한다.

➡ 서울시 클린업시스템을 말함. 여기에는 시스템소개, 공공관리제도, 주거재생지원센터, 정보공개방, 알림마당, 정보센터와 자치구별 정비사업 현황 검색 등이 있다.

○ 조례 제44조(공공관리의 대상사업)

시도 조례로 정하는 정비사업이란 법 제8조에 따른 조합이 시행하는 정비사업을 말한다.

1. 영 제6조에 따른 정비구역이 아닌 구역에서의 재건축사업
2. 법 제4조제5항에 따라 정비구역 지정·고시가 있은 날의 토지등소유자의 수가 100명 미만으로서 주거용 건축물의 건설비율이 50% 미만인 도시환경정비사업

"법 제8조에 따른 조합이 시행하는 정비사업"이란 정비조합이 시행하는 재개발·도시환경정비사업, 재건축사업, 건설업자 등과 공동시행하는 정비사업 외에도 토지등소유자가 시행하는 도시환경정비사업도 이에 포함된다.

구청장이나 주택공사등이 단독시행자인 경우도 포함되며, 명문의 규정은 없으나 조합부터 적용되는 가로주택 정비사업도 포함된다고 해석된다.

그러나 위의 제1호 및 제2호의 정비사업은 제외된다.

〈서울시 보도자료 2010. 4. 22〉

공공관리제도 관련 세부내용

□ 공공관리 시행을 위한 방법·절차 및 지원기준 등

〈공공관리 적용대상 정비사업〉

○ 원칙 : 조합이 시행하는 정비사업에 적용

○ 제외

- 정비구역 지정 대상이 아닌 재건축사업
- 정비구역 지정 당시 토지등소유자 수가 100명 미만이고, 주거용 건설비율이 50% 미만인 도시환경정비사업

▢ 시도별 조례

재개발·재건축사업의 공공부문의 역할을 강화함으로써 정비사업의 투명성과 효율성을 높이기 위하여 도시정비법에서는 2010.7.16 공공관리제도를 도입하였다.

서울시는 이에 맞춰 2010.7.16부터 효력이 발생하도록 하여 조례를 개정하여 공공관리제도를 의무적으로 시행하였다.

반면 경기도의 경우 주민이 원하는 경우토지등소유자의 과반수 동의를 얻어 요청(이 경우 토지등소유자의 동의는 인감도장을 사용한 서면동의의 방법에 의하며, 인감증명서를 첨부하도록 함.)하면 시행하게 된다. 가장 쟁점인 서울시의 시공자 선정시기(공공관리제도하에서 사업시행인가 이후)에 대해서는 규정을 두고 있지 않다. 경기도 관내 대도시의 경우 모두 이를 따르고 있다.

공공관리의 규정이 없던 부산시도, 최근 조례 개정을 통해 공공관리제도의 도입을 앞두고 있다.

○ 경기도

제2조제7호 "공공관리자"란 법 제77조의4제2항 각 호의 업무를 수행하는 자로서의 시장·군수를 말한다. 〈신설 2011.10.20〉

제2조제8호 "위탁관리자"란 법 제77조의4제2항에 따라 공공관리를 위탁받은 자를 말한다. 〈신설 2011.10.20〉

제36조(공공관리 지원의 대상사업) 법 제77조의4제1항에서 "조례가 정하는 정비사업"이란 법 제8조에 따라 조합이 시행하는 정비사업 중 다음 각 호의 어느 하나를 말한다.

1. 법 제13조제2항에 의한 추진위원회 승인을 신청하기 전까지 토지등소유자 과반수의 동의를 얻어 공공관리가 필요하다고 요청하는 정비사업(이 경우 토지등소유자의 동의는 인감도장을 사용한 서면동의의 방법에 의하며, 인감증명서를 첨부하여야 한다.)
2. 추진위원회의 승인 또는 조합이 인가된 경우에는 주민총회 또는 조합총회의 의결을 거쳐 요청하는 정비사업
3. 시장·군수의 요청에 의하여 도지사가 필요하다고 인정하는 정비사업

[본조신설 2011.10.20]

서울시는 의무적으로 공공관리제도를 시행하고 있는데 반해, 경기도는 주민이 원하는 경우토지등소유자의 과반수 동의를 얻어 시행하게 된다.

가장 쟁점이 되고 있는 서울시의 시공자 선정시기(공공관리제도하에서 사업시행인가 이후)에 대해, 경기도의 경우 이에 대한 규정을 두고 있지 않다. 경기도 관내 대도시의 경우 모두 이를 따르고 있다.

- 남양주시, 안산시, 안양시, 고양시

제2조제8호 "공공관리자"란 법 제77조의4제2항 각 호의 업무를 수행하는 자로서의 시장·군수를 말한다. 〈신설 2011.10.20〉

제2조제9호 "위탁관리자"란 법 제77조의4제2항에 따라 공공관리를 위탁받은 자를 말한다. 〈신설 2011.10.20〉

제45조(공공관리 지원의 대상사업) 법 제77조의4제1항에서 "조례로 정하는 정비사업"이란 법 제8조에 따라 조합이 시행하는 정비사업 중 다음 각 호의 어느 하나를 말한다. 다만, 영 제6조에 따라 정비구역이 아닌 구역에서의 주택재건축사업은 제외한다.

1. 법 제13조제2항에 따른 추진위원회의 승인을 신청하기 전 토지등소유자 과반수의 동의를 얻어 공공관리가 필요하다고 요청하는 정비사업. 이 경우 시의 재정여건 등을 고려하여 시장이 인정하는 정비사업에 한정하며, 동의방법 및 절차는 법 제17조를 준용한다.
2. 추진위원회의 승인 또는 조합이 인가된 경우에는 주민총회 또는 조합총회의 의결을 거쳐 공공관리가 필요하다고 요청하는 정비사업

- 부천시

제2조제10호 "공공관리자"란 법 제77조의4제2항 각 호의 업무를 수행하는 자로서의 시장을 말한다.

제46조(공공관리 지원의 대상사업) 법 제77조의4제1항에서 "조례로 정하는 정비사업"이란 법 제8조에 따라 조합이 시행하는 정비사업 중 다음 각 호의 어느 하나

를 말한다.

1. 법 제13조제2항에 따른 추진위원회 승인을 신청하기 전까지 토지등소유자 과반수의 동의를 얻어 공공관리가 필요하다고 요청하는 정비사업(이 경우 토지등소유자의 동의방법 및 절차에 관하여는 법 제17조를 준용한다.)
2. 추진위원회의 승인 또는 조합이 인가된 경우에는 주민총회 또는 조합총회의 의결을 거쳐 요청하는 정비사업
3. 정비사업이 원활히 추진되지 아니한 구역으로서 시장이 필요하다고 인정하는 정비사업

- 수원시

제2조제7호 "공공관리자"란 법 제77조의4제2항 각 호의 업무를 수행하는 자로서의 시장·군수를 말한다. 〈신설 2011.10.20〉

제2조제8호 "위탁관리자"란 법 제77조의4제2항에 따라 공공관리를 위탁받은 자를 말한다. 〈신설 2011.10.20〉

제44조(공공관리의 대상사업 및 주민참여 강화 등) ① 법 제77조의4제1항에서 "시도 조례로 정하는 정비사업"이란 법 제8조에 따라 조합이 시행하는 정비사업을 말한다. 다만, 영 제6조에 따라 정비구역이 아닌 구역에서의 주택재건축사업은 제외한다.

② 제1항의 본문 규정에도 불구하고 추진위원회의 승인 또는 조합이 인가된 경우에는 주민총회 또는 조합총회의 의결을 거쳐 요청하는 경우와 시장이 필요하다고 인정하는 정비사업에 한한다.

③ 제1항 및 제2항에 따라 공공관리 대상사업에 대해서는 주민참여 강화를 위하여 주민 및 전문가, 시민단체 등으로 구성된 협의체를 구성하여 사업을 추진할 수 있다.

제45조(공공관리의 적용범위 및 비용 부담 등) ① 시장은 법 제4조제5항에 따라 정비구역을 지정·고시한 날부터 조합총회에서 관리처분계획을 수립하였을 때까지 공공관리를 하여야 한다.

② 조합은 관리처분계획을 수립한 후 법 제77조의4제2항 각 호 외의 업무를 지원받고자 하는 경우에는 총회의결을 거쳐 시장에게 신청할 수 있다.

③ 시장은 제2항에 따라 조합의 신청이 있는 경우 법 제77조의4제1항의 기관 중에서 지정하여 조합에 통지하여야 하며, 조합은 해당 기관과 지원범위 및 수수료 등에 대한 계약을 체결하고 비용을 부담하여야 한다.

○ 인천시, 부산시, 대구시, 대전시

관련 조문이 없다.

○ 광주시

제42조(정의) 이 장에서 사용하는 용어는 다음과 같다.

1. 공공관리자란 법 제77조의4제2항 각 호의 업무를 수행하는 자로서의 구청장을 말한다.
2. 위탁관리자란 법 제77조의4제2항에 따라 공공관리를 위탁받은 사람을 말한다.
3. 설계도서란 당해 목적물의 설계서, 물량내역서 등 공사의 입찰에 필요한 서류를 말한다.
4. 정비사업 관리 정보망(이하 "정비사업 정보망"이라 한다.)이란 시장이 법 제81조제1항에 따른 추진위원회(조합을 포함한다.) 또는 재건축 공동주택 단지에서 관리하는 인터넷과 시장이 인정한 정보망 등을 통한 정보공개 업무를 지원하고, 관리하기 위하여 구축한 정보공개 통합 홈페이지를 말한다.

[본조신설 2012.5.15]

제43조(공공관리의 대상사업) 법 제77조의4제1항에서 조례로 정하는 정비사업이란 법 제8조에 따라 조합이 시행하는 정비사업 중 다음 각 호의 어느 하나를 말한다.

1. 법 제13조제2항에 의한 추진위원회 승인을 신청하기 전까지 토지등소유자의 2/3 이상 동의를 얻어 공공관리가 필요하다고 요청하는 정비사업(이 경우 토지등소유자의 동의는 인감도장을 사용한 서면동의의 방법에 의하며, 인감증명서를 첨부하여야 한다.)
2. 추진위원회 승인 또는 조합이 인가된 경우에는 주민총회 또는 조합총회의 의결을 거쳐 공공관리를 요청하는 정비사업
3. 구청장의 요청에 의하여 시장이 공공관리가 필요하다고 인정하는 정비사업

[본조신설 2012.5.15]

광주시의 경우 경기도와 같이 토지등소유자의 2/3 이상 동의를 얻어 주민이 요청하는 경우 공공관리제도를 시행하게 된다.

〈도시개발신문 2014. 6. 28〉

부산시 재개발등 정비사업에 공공관리제 도입

부산시가 재개발·재건축 등 정비사업의 투명성과 효율성 강화를 위해 공공관리제 도입을 추진한다.

최근 부산시는 정비사업 공공관리제 도입을 골자로 하는 '도시정비조례 개정안'(이하 개정안)을 입법예고했다. 공공관리제는 재개발이나 재건축 등 정비사업을 담당 지자체가 관리 · 감독하는 제도로 현재 서울시만 의무화해 시행하고, 경기도는 주민이 요청하는 경우에만 공공관리제를 적용하고 있다.

부산시도 서울시와 마찬가지로 의무화할 방침이다. 개정안에 따르면 공공관리 적용 대상은 조례 개정 후 시작하는 신규 사업이나 아직 시공자와 설계자를 선정하지 않은 사업이다. 부산에는 아직 시공자와 설계자를 선정하지 못한 재개발구역은 20개소가 있다.

공공관리제도가 도입되면 해당 구청장이 관리자가 돼 추진위원회 설립부터 관리처분 단계까지 행정·재정적인 지원이 가능해 사업 진척이 원활해진다. 조합 집행부와 시공자의 유착도 차단할 수 있다. 거기에 내년 1월 부산시가 서울시 클린업시스템처럼 정비사업 통합 홈페이지를 구축하면 재개발 등 추진위나 정비조합은 의무적으로 각종 회의와 계약 자료를 공개해야 해 투명성도 강화될 전망이다.

서울시 공공관리제도와 부산시 공공관리제의 차이점은 시공자 선정시기다. 서울의 경우 시공자 선정을 사업 후반부인 사업시행인가 이후에나 가능하다. 조합과 시공자가 책정한 공사비가, 사업시행인가 후에 심하게 증가하는 상황을 막기 위해서다. 이 때문에 재개발조합이 전체 사업의 후반부까지 공공재원에 의존할 수밖에 없는데, 예산이 부족한 지자체가 제때 자금 지원을 못 해 사업 속도가 지체된다는 지적이 있다.

반면 부산시에서 시행될 공공관리제는 서울시와 다르게 조합설립 후 시공자 선정이 되도록 할 예정이다. 대신 조합 임원선거나, 용역업체와 계약 등에 공공관리자가 참여할 수 있어 투명성이 강화될 것으로 보인다.

시 관계자는 "해당 개정 조례안은 특별한 이견이 제출되지 않는다면 법안 심사와 의회 표결을 거쳐 오는 9월께 공포한 뒤 10월 시행할 것"이라고 전했다.

클린업시스템 운영지침

〈시행일 : 2010.6.30〉
〈개정일 : 2011.2.28〉
〈개정일 : 2012.2.7〉
〈개정일 : 2012.10.18〉
〈개정일 : 2013.2.19〉
〈개정일 : 2013.7.26〉

제1조(목적) 이 지침은 서울시의 「클린업시스템」의 원활한 운영을 위하여 클린업시스템의 운영 및 관리 등에 관해 필요한 사항을 규정함을 목적으로 한다.

제2조(정의) 이 지침에서 사용하는 용어의 정의는 다음과 같다.

1. "클린업시스템"이란 재개발, 재건축, 도시환경정비사업 등 정비사업의 추진위원회 또는 조합의 정보공개를 위하여 서울시가 구축한 홈페이지와 이를 관리하기 위한 「시·구 관리자프로그램」(이하 "관리자프로그램"이라 한다.)을 총칭하여 말한다.
2. "서울시 총괄부서장"이란 클린업시스템을 운영·관리하는 서울시 재생지원과장을 말한다.
3. "자치구 운영부서장 및 총괄부서장"이란 자치구에서 클린업시스템을 운영하는 부서장 및 총괄하는 주무부서장을 말한다.
4. "추진위원회 및 조합"이란 정비사업을 시행하기 위하여 관계 법령에 따라 구청장으로부터 승인 등을 얻은 단체 및 법인을 말한다.
5. "추진위원회 및 조합 홈페이지"란 클린업시스템에서 제공하는 개별 추진위원회 및 조합의 홈페이지를 말한다.
6. "관리자프로그램"이란 추진위원회 및 조합 홈페이지의 정보공개 실태 등을 파악하기 위해 서울시 및 자치구에서 이용하는 시스템을 말한다.
7. "클린업시스템 운영주체"란 클린업시스템을 통하여 정보를 공개하고 홈페이지를 관리하는 자로 추진위원장, 조합임원, 자치구 운영부서장을 말한다.
8. "이용자"란 클린업시스템에 접속하여 정보를 열람하거나 게시판에 글을 쓸 수 있는 토지등소유자·조합원 및 세입자를 말한다.

제3조(지침의 적용) 이 지침에서 정하지 아니한 사항은 클린업시스템의 분야별 매뉴얼에 따른다.

제4조(운영 및 관리) ① 서울시 총괄부서장은 클린업시스템이 효율적이고 안정적으로 운영·관리될 수 있도록 시스템의 기능을 지속적으로 개선하며, 이용자의 활용을 촉진하는 계획을 수립하고 실행하여야 한다.

② 자치구 운영부서장은 추진위원회 구성 전 홈페이지 운영 및 추진위원회 또는 조합의 홈페이지가 정상적으로 운영되도록 관리·감독·지원하여야 하며, 추진위원회 및 조합의 정보공개가 미진한 경우 자치구가 보유하고 있는 정보에 대해서 입력을 대행할 수 있다.

③ 추진위원회 위원장과 조합임원은 해당 홈페이지의 운영주체로서 관계 법령과 「서울시 도시정비조례」(이하 "조례"라 한다.) 및 이 지침에서 정한 바에 따라 자료를 공개하여야 하며, 이용자가 홈페이지를 이용할 수 있도록 홍보·권한인증·홈페이지기본정보관리·게재된 의견에 대한 답변 등 홈페이지 운영에 필요한 제반적 업무를 수행하여야 한다.

제5조(홈페이지 개설 등) 자치구 운영부서장은 클린업시스템의 정보공개 홈페이지 개설 등 다음 각 호의 업무를 수행하여야 한다.

1. 정비계획수립 용역업체가 선정된, 추진위원회 구성전의 사업장에 대해서 홈페이지를 개설하고 정보공개 사항 입력
2. 추진위원회 또는 조합이 홈페이지 개설이나 운영자 변경 등을 위하여 클린업시스템 사용(변경)신청서(별첨2)를 제출한 경우 관리자프로그램을 이용하여 홈페이지 개설 또는 운영자 변경 등 조치
3. 사업추진 활동이 없는 등의 사유로 공개할 자료가 발생하지 않는 경우, 해당 홈페이지에 일시중단 사유 및 공지주체(자치구명, 부서명, 담당자명, 연락처)에 관한 공지를 하고 홈페이지 운영을 일시중단 처리
4. 사업이 중단된 경우 홈페이지 운영 중지(사업중단) 처리 전에 해당 홈페이지에 중단 사유 및 공지주체(자치구명, 부서명, 담당자명, 연락처)에 관한 공지를 일정기간동안 하고 홈페이지 운영 중지(사업중단) 처리
5. 정비사업이 정상적으로 종료되어 조합으로부터 법 제81조제4항에 따라 자료를 인계받거나 '도시·주거환경정비기본계획' 또는 '정비계획 및 정비구역 지정'에 대한 해제의 고시가 있는 경우 해당 홈페이지의 폐쇄

제6조(개인정보보호 및 보안관리) 클린업시스템 운영주체는 홈페이지에 자료 등록 시 개인정보가 노출되지 않도록 개인정보보호 지침(별첨3)에 따라야 하며, 보안관리에도 최선을 다하여야 한다.

제7조(시스템 안전대책) 서울시 총괄부서장은 클린업시스템을 보호하기 위하여 안전대책을 강구하여야 하며, 정보의 손상 및 파괴 등 사고에 대비하여 정보통신보안 관련 규정에

따라 전산자료를 관리하며 사고발생시 신속한 복구가 가능하도록 조치하여야 한다.

제8조(비밀번호관리) 클린업시스템 운영주체는 비밀번호가 유출되지 않도록 주기적으로 변경하는 등 비밀번호를 관리하여야 하며, 비밀번호 유출로 인하여 발생한 민·형사상 책임은 비밀번호를 관리하는 해당 운영주체에게 있다.

제9조(운영실태 점검 및 보고) ① 자치구 운영부서장은 추진위원회 구성 전 홈페이지에 대한 정보공개를 비롯한 관할 추진위원회 및 조합의 홈페이지 전반에 대해 운영 실태를 주기적으로 모니터링하고 홈페이지 운영이 미진한 추진위원회 및 조합에 대하여는 홈페이지 운영이 정상화 되도록 필요한 행정조치를 취하여야 한다.

【자치구 모니터링내용】

가. 공개항목별 정보공개기준〈별첨1〉 및 공개자료입력지침서 준수여부

나. 추진위원회 및 조합의 홈페이지 기본정보 적정성

다. 추진위원회 및 조합의 정보공개의견게시판 답변처리 및 토지등소유자·조합원·세입자 권한인증처리 적정성

② 자치구 총괄부서장은 홈페이지 운영실태 점검결과〈별첨4〉를 작성하여 매월 2회(매월 15일과 말일 기준) 서울시 총괄부서장에게 보고하여야 한다.

(생략)

별첨1 클린업시스템 정보공개 사항

별첨2 클린업시스템 사용(변경) 신청서 서식

별첨3 클린업시스템 개인정보보호 지침

별첨4 클린업시스템 운영실태 보고서 서식

조례 제45조(공공관리 적용범위 및 비용부담 등)
조례 제46조(공공관리자의 업무범위)

법 제77조의4제2항

• 공공관리 적용범위 및 비용부담 등 • 공공관리자의 업무범위

재개발·재건축사업 진행 시 공공부문의 역할을 강화함으로써 정비사업의 투명성과 효율성을 높이기 위하여 공공관리제도를 도입하고, 2010.7.16부터 효력이 발생하도록 하였다. 서울시도 이에 맞춰 2010.7.15 조례를 개정하여 7.16부터 공공관리제도를 시행하였다.

▢ 개정 연혁

▸ 도시정비조례[서울시조례 제5007호, 2010.7.15, 일부개정]

제45조(공공관리 적용범위 및 비용부담 등) ① 구청장은 법 제4조제5항에 따라 시장이 정비구역을 지정·고시한 날부터 조합 총회에서 시공자를 선정한 때까지 공공관리를 하여야 하며, 다음 각 호의 비용을 부담한다. 〈신설 2010.7.15〉

1. 구청장이 추진위원회 구성을 위한 용역 및 선거관리위원회 위탁비용 〈신설 2010.7.15〉
2. 위탁관리 수수료 〈신설 2010.7.15〉

② 조합은 시공자를 선정한 후 법 제77조의4제2항 각 호 외의 업무를 지원받고자 하는 경우에는 총회의결을 거쳐 구청장에게 신청할 수 있다. 〈신설 2010.7.15〉

③ 구청장은 제2항에 따라 조합의 신청이 있는 경우 법 제77조의4제1항 후단의 기관 중에서 지정하여 조합에 통보하여야 하며, 조합은 해당 기관과 지원범위 및 수수료 등에 대한 계약을 체결하고 비용을 부담하여야 한다. 〈신설 2010.7.15〉

제46조(공공관리자의 업무범위) 법 제77조의4제2항제4호에 따라 "그 밖에 시도 조례로 정하는 사항"이란 다음 각 호에 해당하는 업무를 말한다. 〈신설 2010.7.15〉

1. 추진위원회 구성을 위한 위원 선출업무의 선거관리위원회 위탁 〈신설 2010.7.15〉
2. 기타 용역업체 선정방법 등에 관한 업무의 지원 〈신설 2010.7.15〉
3. 조합설립 준비업무에 관한 지원 〈신설 2010.7.15〉
4. 추진위원회 또는 조합의 운영 및 정보공개 업무의 지원 〈신설 2010.7.15〉

부 칙 〈제5007호, 2010.7.15〉

제1조(시행일) 이 조례는 2010.7.16부터 시행한다. 다만, 제48조제2항의 개정규정은 2010.10.1부터 시행한다.

제4조(공공관리에 관한 경과조치) ① 이 조례 시행 당시 종전규정에 따라 행하여진 처분·절차 그 밖의 행위는 이 조례에 따라 행하여진 것으로 본다.

② 이 조례 시행 당시 법 부칙(제6852호, 2002.12.30) 제7조제2항에 따라 시공자가 선정된 정비사업의 공공관리 적용범위는 제45조제1항에 불구하고 이 조례 시행일부터 구청장이 사업시행인가를 한 때까지로 한다.

③ 이 조례 시행 당시 정비구역 지정 전에 추진위원회 설립 승인을 받은 정비사업의 공공관리 적용범위는 제45조제1항에 불구하고 이 조례 시행일부터 조합총회에서 시공자를 선정한 때까지로 한다.

④ 이 조례 시행 전에 법 제13조제2항에 따라 구청장에게 추진위원회의 구성 승인 신청을 한 정비사업은 법 제77조의4제2항제1호의 개정규정에 불구하고 종전 규정에 따른다.

제5조(공공관리의 적용례) 제6장의 개정규정은 이 조례 시행 당시 법 제24조에 따른 총회에서 시공자 또는 설계자를 선정하지 아니한 정비사업 분부터 적용한다.

➡ 구청장은 정비구역 지정·고시한 날부터 사업시행계획을 반영한 설계도서에 따라 경쟁입찰의 방법으로 조합 총회에서 시공자 선정한 때까지 공공관리를 하며, 이에 소요되는 비용을 부담하고 공공관리자의 업무범위 및 시공자등의 선정기준을 정하였다.

► [서울시조례 제5348호, 2012.7.30, 일부개정]

第45条(공공관리 적용범위 및 비용부담 등) ① 구청장은 법 제4조제5항에 따라 시장이 정비구역을 지정·고시한 날부터 법 제48조제1항에 따른 최초 관리처분계획의 인가 때까지 공공관리를 하여야 하며, 다음 각 호의 비용을 부담한다. 〈신설 2010.7.15, 개정 2012.7.30〉

1. 구청장이 추진위원회 구성을 위한 용역 및 선거관리위원회 위탁비용 〈신설 2010.7.15〉
2. 위탁관리 수수료 〈신설 2010.7.15〉

② 조합은 제1항에 따른 관리처분계획을 인가받은 후 법 제77조의4제2항 각 호 외의 업무를 지원받고자 하는 경우에는 총회의 의결을 거쳐 구청장에게 신청할 수 있다. 〈신설 2010.7.15, 2012.1.5, 개정 2012.7.30〉

③ 구청장은 제2항에 따라 조합의 신청이 있는 경우 법 제77조의4제1항 후단의 기관 중에서 지정하여 조합에 통보하여야 하며, 조합은 해당 기관과 지원범위 및 수수료 등에 대한 계약을 체결하고 비용을 부담하여야 한다. 〈신설 2010.7.15〉

第46条(공공관리자의 업무범위) 법 제77조의4제2항제6호에 따라 "그 밖에 시도 조례로 정하는 사항"이란 다음 각 호에 해당하는 업무를 말한다. 〈신설 2010.7.15, 개정 2012.7.30〉

1. 추진위원회 구성을 위한 위원 선출업무의 선거관리위원회 위탁 〈신설 2010.7.15〉
2. 건설사업관리자 등 기타 용역업체 선정방법 등에 관한 업무의 지원 〈신설 2010.7.15, 개정 2012.7.30〉
3. 조합설립 준비업무에 관한 지원 〈신설 2010.7.15〉
4. 추진위원회 또는 조합의 운영 및 정보공개 업무의 지원 〈신설 2010.7.15〉
5. 법 제30조제4호에 따른 세입자의 주거 및 이주 대책 수립에 관한 지원 〈신설 2012.7.30〉
6. 관리처분계획 수립에 관한 지원 〈신설 2012.7.30〉

부 칙 〈제5348호, 2012.7.30〉

제1조(시행일) 이 조례는 공포한 날부터 시행한다(효력발생시기는 2012.7.30).

➡ 공공관리 적용 및 지원 범위 확대
- 세입자의 주거 및 이주 대책 수립에 관한 지원, 관리처분계획 수립에 관한 지원

▢ 공공관리 제도

'공공관리제도'는 재개발·재건축 등 정비사업이 투명하고 공정하게 추진될 수 있도록 구청장이 행정·재정적 지원을 목적으로 한다.

서울시는 공공관리제도의 핵심으로 설계자, 시공자, 정비사업전문관리업자 등 협력업체 선정에 필요한 기준을 제시하여 공정하게 선정토록 하고, 공공의 자금 융자 확대와 정확한 정보공개 관리 등 업무지원을 통해 주민의 자율적 사업추진 역량을 강화하여 주민갈등에 따른 불필요한 사회·경제적 비용낭비를 방지하고, 사업기간 단축과 사업비를 절감하고자 하는 목적으로 도입된 제도다.

▢ 조례 제45조(공공관리 적용범위 및 비용부담 등)

○ 조례 제45조제1항

구청장은 서울시장이 정비구역을 지정·고시한 날부터 최초 관리처분계획의 인가 때까지 공공관리를 하여야 하며, 다음 각 호의 비용을 부담한다(동조 제1항).

1. 구청장이 추진위원회 구성을 위한 용역 및 선거관리위원회 위탁비용
2. 위탁관리 수수료

○ 조례 제45조제2항 및 제3항

조합은 관리처분계획을 인가받은 후 법 제77조의4제2항 각 호 외의 업무를 지원받고자 하는 경우에는 총회의 의결(주민총회가 아닌 조합총회를 말함)을 거쳐 구청장에게 신청할 수 있다(동조 제2항).

구청장은 제2항에 따라 조합의 신청이 있는 경우 법 제77조의4제1항 후단의 기관(한국토지주택공사, 공기업법에 의한 지방공사, 대한주택보증주식회사, 한국감정원) 중에서 지정하여 조합에 통보하여야 하며, 조합은 해당 기관과 지원범위 및 수수료 등에 대한 계약을 체결하고 비용을 부담하여야 한다(제3항).

▢ 조례 제46조(공공관리자의 업무범위)

법 제77조의4제2항제6호에 따라 "그 밖에 시도 조례로 정하는 사항"이란 다음 각 호에 해당하는 업무를 말한다(본조).

1. 추진위원회 구성을 위한 위원 선출업무의 선거관리위원회 위탁

➡ 서울시는 「공공관리추진위원회 구성 선거관리기준」을 둬 예비추진위원장, 예비감사, 예비추진위원을 구성하도록 하여 추진위원회 구성을 꾀하였다.

2. 건설사업관리자 등 기타 용역업체 선정방법 등에 관한 업무의 지원

➡ 서울시는 용역업체 선정을 위해 공공관리 정비사업전문관리업체 선정기준, 공공관리 설계자 선정기준, 공공관리 시공자선정기준 및 공공관리 정비사업 공사표준계약서를 제정, 시행하고 있음. 이와 관련된 서울시 유권해석은 "도시정비법령 유권해석(33. 공공관리, 협력업체 선정 등)"편을 참조하기 바란다.

3. 조합설립 준비업무에 관한 지원
4. 추진위원회 또는 조합의 운영 및 정보공개 업무의 지원
5. 법 제30조제4호에 따른 세입자의 주거 및 이주 대책 수립에 관한 지원
6. 관리처분계획 수립에 관한 지원
7. 법 제13조제6항에 따라 추진위원회 구성 단계를 생략하는 정비사업의 조합설립에 필요한 토지등소유자의 대표자 선출 등 지원

➡ 이 부분에 대해서는 구체적 규정이 없는 실정이다.

〈서울시 보도자료 2011. 10. 13〉

서울시, 조합과 시공자 win-win하는 '공공관리 정비사업 공사표준계약서' 제정·보급 : 재개발/지역조합

앞으로 서울의 재개발·재건축에선 조합의 전문성 부족을 이용해 시공사에게만 일방적으로 유리하게 체결돼 온 공사계약 관행이 사라져갈 것으로 기대된다. 서울시는 '공공관리 정비사업 공사표준계약서'를 제정, 재개발·재건축 현장에 보급해 주민의 권익을 보호하고 공사 시공자에겐 합리적 이익을 보장하겠다고 13일(목) 밝혔다.

그동안 정비사업 계약 체결 시 조합은 계약 전반에 전문성이 부족한데다 시공자는 자금대여라는 무기를 갖고 있어 시공자가 우월한 위치에서 계약체결이 이뤄지는 경우가 대부분이었다. 또 최근엔 경기침체로 시공자는 공사비 증액을 요구하고 조합원들은 분담금 증가로 계약해지를 추진하는 등 갈등이 심화되는 사례들이 발생하고 있다.

'공사표준계약서'는 조합과 시공자의 표준적인 계약내용을 예시하는 가이드라인이자, 설계서, 내역서를 바탕으로 한 입찰결과의 계약문서로서 설계변경이나 계약금액 조정의 기준 역할을 하게 된다.

계약당사자와 이해관계자가 참고해 win-win하는 공평하고 투명한 계약이 되도록 지원하며, 당사자 간 책임과 의무를 명확히 해 분쟁이 발생할 경우 해결이 쉽도록 했다.

즉, 그동안의 정비사업 공사계약이 시공자와 조합 간에 제각각의 내용으로 원칙과 기준 없이 이뤄졌다면 이제는 합리적인 표준안을 통해 치우침 없이 이뤄지기 때문에 조합에 불리한 계약관행을 타파할 수 있게 됐다.

'공사표준계약서'의 주요 내용은 ▲산출내역서 근거로 한 계약 체결 의무화 ▲공사계약과 자금 대여계약 구분 명확화 ▲기성률에 의한 공사대금 지급 ▲시공자에게서 조합으로 자금관리 권한 전환이다.

첫째, 종전엔 시공사가 제시하던 공사예정금액을 조합이 제시하도록 바꾸고, 그동안 시공자가 첨부하지 않았던 '공사비 산출내역서'를 계약 시 의무적으로 제출하도록 했다.

즉, 그동안은 시공자가 일방적으로 주도한 계약이 이뤄졌다면, 앞으로는 주민들도 '공사비 산출내역서' 등의 객관적 정보를 바탕으로 총회에서 시공자를 선정, 계약을 맺게 된다.

또, 설계변경과 계약금액 조정 시엔 시공자가 '조정산출내역서'를 제시하도록 함으로써 시공자가 조합원에게 부당한 추가 분담금을 요구할 수 없도록 했다.

그동안은 구체적인 산출내역서 없이 공사계약이 이뤄져 시공자가 추가 분담금을 요구해도 주민들은 분담금 증가내역을 명확히 확인할 길이 없어 주민 간 갈등, 시공자와의 분쟁이 잦았다.

또, 공사설계 및 내역이 없는 사업초기 단계(조합설립 직후)의 가계약에서 제시한 사업비가 집행단계(관리처분 직전)의 본 계약에서 대폭 증가해 분담금이 늘어나는 것이 빈번했지만, 조합원들이 손을 쓸 길이 없었다.

둘째, 당초 공사비에 포함돼 있던 기본이주비 이자를 명확히 구분함으로써 설계변경에 따른 공사비 증액 요인이 생겨도 조합원들이 이자부분에 대한 증액 부담을 지지 않도록 개선했다.

셋째, 시공자가 기성률에 관계없이 분양대금 등 수익금이 생기면 공사비를 우선 지급했던 기존 관행을 타파해 공사대금을 감리자의 확인에 의해 기성률에 따라 지급하도록 했다.

넷째, 그동안 사실상 시공자가 소유하고 있던 자금관리권도 사업주체인 조합으로 전환했다. 이렇게 되면 조합원분담금이나 일반분양금 등 수익 예치로 인한 이자도 시공사에 귀속되지 않고 조합에 귀속되게 된다.

이 밖에도 공사대금을 현물(아파트)이 아닌 현금으로만 지급하도록 '공공관리 시공자 선정기준'도 개선하고, 지분제로 공사발주를 할 수 없도록 했다. 공사대금을 현금 지급은 현물로 지급해서 생기는 사업지연, 분양가 하락 등의 조합과 시공자 간의 갈등을 해소하기 위함이다.

또 지분제 공사발주 금지는 조합이 사업주체로서 공사비, 분양가 등을 결정하는 것이 도시정비법 및 공공관리제도의 취지이지만, 지분제는 이에 부합하지 않고 산출내역서 등이 불필요한 계약방식으로 시민들의 오해를 불러일으킬 소지가 있어 개선하는 것이다.

다만, 일반분양하는 아파트 등이 미 분양될 경우에는 당사자가 협의해 현물(아파트)로 지급할 수 있도록 하고, 조합이 스스로 공사입찰금액과 분양수입 등을 추정하고 주민에게 무상지분율을 제시해 입찰참여업체의 제안비교표를 작성하는 것은 허용된다.

'공사표준계약서'는 표준계약서 제정 이후 입찰 공고하는 정비사업부터 적용되며, 시는 공공관리 대상구역 중 시공자를 아직 선정하지 않은 399개 구역에 적용하고 이중에서도 조합이 설립돼 시공자를 선정할 수 있는 20개 구역에 우선 적용할 예정이다.

특히 올 연말 시공자 선정에 착수하는 고덕주공 2단지가 공공관리 '정비사업 공사표준계약서'를 적용, 조합이 예정공사비를 제시해 시공자 선정을 위한 입찰에 들어가는 최초의 시범사업이 될 전망이다. 서울시와 공공관리자(강동구청장)는 이를 적극 지원할 예정이다.

(이하 생략)

○ 조례 부칙

- 부칙 제4조제2항

이 조례 시행 당시 법 부칙(제6852호, 2002.12.30) 제7조제2항에 따라 시공자가 선정된 정비사업의 공공관리 적용범위는 제45조제1항에 불구하고 이 조례 시행일부터 구청장이 사업시행인가를 한 때까지로 한다.

- 부칙 제4조제3항

이 조례 시행 당시 정비구역 지정 전에 추진위원회 설립 승인을 받은 정비사업의 공공관리 적용범위는 제45조제1항에 불구하고 이 조례 시행일부터 조합총회에서 시공자를 선정한 때까지로 한다.

- 부칙 제4조43항

이 조례 시행 전에 법 제13조제2항에 따라 구청장에게 추진위원회의 구성 승인 신청을 한 정비사업은 법 제77조의4제2항제1호의 개정규정에 불구하고 종전 규정에 따른다.

- 부칙 제5조(공공관리의 적용례)

서울시 도시정비조례 제6장의 개정규정은 이 조례 시행 당시 법 제24조에 따른 총회에서 시공자 또는 설계자를 선정하지 아니한 정비사업 분부터 적용한다.

○ 서울시 공공관리 업무처리기준

〈사 례〉

Q 2010.7.15 이전에 조합총회에서 시공자와 설계자를 모두 선정한 조합에서 2010.7.16 이후 해당 업체 선정에 관하여 무효 또는 취소판결이 확정된 경우 공공관리 적용대상인지?

A 2010.7.16 현재 시공자 또는 설계자를 선정하지 않은 정비사업에 해당되어 공공관리의 적용대상임.

Q 2010.7.15 이전에 조합총회에서 시공자와 설계자를 모두 선정한 조합에서 2010.7.16 이후 해당 업체와 계약을 해제 또는 해지하는 경우 공공관리 적용대상인지?

A 개정 법률에 따라 공공관리는 2010.7.16 기준으로 계약 행위가 아닌 조합총회에서 시공자와 설계자의 선정 여부에 따라 적용토록 하고 있음. 따라서 계약해제나 해지는 선정이 유효하여 공공관리의 적용대상이 아니나, 선정까지 무효로 하는 계약해제의 경우에는 적용대상임.

Q 공공관리 적용대상인 정비사업의 추진위원회 또는 조합이 종전 규정에 따라 선정한 설계자 또는 정비업체와 계약을 해제 또는 해지하고, 재선정하고자 할 경우 업체 선정기준은?

A 법 제77조의4제6항에 따라 공공관리의 시행을 위한 방법·절차 및 지원기준 등을 시도 조례에서 따로 정하고 있는 경우, 공공관리 적용대상인 정비사업은 그 기준을 적용하여야 하므로, 설계자 또는 정비업체 등 참여업체를 종전 규정에 따라 선정하였는지 여부에 관계없이 공공관리 적용대상인 정비사업은 공공관리의 기준을 따라야 함.

Q 2010.7.16 현재 시공자와 설계자를 모두 선정하지 않은 정비사업으로서 2010.9.30 이전 조합총회에서 시공자를 먼저 선정한 경우 공공관리 적용범위의 종료 여부와 설계자 선정에 관한 적용기준은?

A 서울시 조례 제45조, 제48조제2항 및 부칙 제4조에 따라 공공관리 적용범위는 기본적으로 사업시행인가까지로 하고 있음. 따라서 해당 조합은 2010.9.30 이전 시공자를 선정하였다 하더라도 사업시행인가일까지 공공관리의 적용을 받으며, 설계자를 선정함에 있어 공공관리 기준을 적용해야 함.

Q 공공관리의 적용범위가 종료된 후, 기 선정한 시공자·설계자 또는 정비업체와 계약해제(해지)하고, 재선정하는 경우 업체 선정에 관한 적용기준은?

A 공공관리 적용대상인 정비사업이 공공관리 적용범위가 완료되었다고 하여 적용대상에서 제외되는 것은 아니며, 또한, 공공관리제도 도입취지와 공익 목적 달성을 위하여, 공공관리 적용대상인 정비사업은 사업을 완료하는 때까지 그 기준을 계속 적용하여야 함.

Q 2010.7.16 현재 추진위원회 단계인 정비사업으로서 제정 당시 법 부칙과 2010.4.15 개정법률에 따라 시공자와 설계자가 모두 선정된 경우 공공관리 적용대상인지?

A 서울시 조례 부칙(2010.7.15) 제4조제1항과 제2항에 따라 시공자와 설계자의 선정 지위는 인정되나, 2010.4.15 개정법률 부칙 제3항에 따라 조합설립 전으로서 공공관리의 적용대상인 정비사업이며, 적용범위는 사례 4에서와 같이 사업시행인가까지임.

□ 시도별 조례

○ 경기도

제37조(공공관리의 적용범위 및 비용 부담 등) ① 시장·군수는 법 제4조제5항에 따라 정비구역을 지정·고시한 날부터 조합총회에서 관리처분계획을 수립한 때까지 공공관리를 하여야 한다. 〈개정 2012.5.11〉

② 시장·군수는 공공관리에 필요한 다음 각 호의 비용을 부담한다.

1. 추진위원회 구성을 위한 용역 및 선거관리위원회 위탁 비용
2. 위탁관리 수수료

③ 조합은 시공자를 선정한 후 법 제77조의4제2항 각 호 외의 업무를 지원받고자 하는 경우에는 총회의결을 거쳐 시장·군수에게 신청할 수 있다.

④ 시장·군수는 제3항에 따라 조합의 신청이 있는 경우 법 제77조의4제1항의

기관 중에서 지정하여 조합에 통보하여야 하며, 조합은 해당 기관과 지원범위 및 수수료 등에 대한 계약을 체결하고 비용을 부담하여야 한다.

[본조신설 2011.10.20]

第38조(공공관리자의 업무범위) 법 제77조의4제2항제6호에 따라 "조례로 정하는 사항"이란 다음 각 호에 해당하는 업무를 말한다. 〈개정 2012.5.11〉

1. 추진위원회 구성을 위한 위원 선출에 관한 선거관리위원회 위탁
2. 기타 용역업체 선정방법 등에 관한 업무 지원
3. 조합설립 준비업무에 관한 지원
4. 추진위원회 또는 조합의 운영 및 정보공개 업무의 지원

[본조신설 2011.10.20]

- 남양주시, 부천시, 안산시, 안양시, 고양시

경기도와 같다.

- 수원시

第45조(공공관리의 적용범위 및 비용 부담 등) ① 시장은 법 제4조제5항에 따라 정비구역을 지정·고시한 날부터 조합총회에서 관리처분계획을 수립하였을 때까지 공공관리를 하여야 한다.

② 조합은 관리처분계획을 수립한 후 법 제77조의4제2항 각 호 외의 업무를 지원받고자 하는 경우에는 총회의결을 거쳐 시장에게 신청할 수 있다.

③ 시장은 제2항에 따라 조합의 신청이 있는 경우 법 제77조의4제1항의 기관 중에서 지정하여 조합에 통지하여야 하며, 조합은 해당 기관과 지원범위 및 수수료 등에 대한 계약을 체결하고 비용을 부담하여야 한다.

第46조(공공관리자의 업무범위) 법 제77조의4제2항제6호에 따라 "조례로 정하는 사항"이란 다음 각 호에 해당하는 업무를 말한다.

1. 추진위원회 구성을 위한 위원 선출에 관한 선거관리위원회 위탁
2. 그 밖에 용역업체 선정방법 등에 관한 업무 지원
3. 조합설립 준비업무에 관한 지원
4. 추진위원회 또는 조합의 운영 및 정보공개 업무의 지원

○ 인천시, 부산시, 대구시, 대전시

관련 조문이 없다.

○ 광주시

제44조(공공관리 적용범위 및 비용부담 등) ① 구청장은 법 제4조제5항에 따라 시장이 정비구역을 지정·고시한 날부터 조합 총회에서 시공자를 선정한 때까지 공공관리를 하여야 하며, 다음 각 호의 비용을 부담한다.

1. 구청장이 추진위원회 구성을 위한 용역 및 선거관리위원회 위탁비용
2. 위탁관리 수수료

② 조합은 시공자를 선정한 후 법 제77조의4제2항 각 호 외의 업무를 지원받고자 하는 경우에는 총회의결을 거쳐 구청장에게 신청할 수 있다.

③ 구청장은 제2항에 따라 조합의 신청이 있는 경우 법 제77조의4제1항 후단의 기관 중에서 지정하여 조합에 통보하여야 하며, 조합은 해당기관과 지원범위 및 수수료 등에 대한 계약을 체결하고 비용을 부담하여야 한다.

[본조신설 2012.5.15]

제45조(공공관리자의 업무범위) 법 제77조의4제2항제6호에 따라"그 밖에 시도 조례로 정하는 사항"이란 다음 각 호에 해당하는 업무를 말한다. 〈개정 2013.2.15〉

1. 추진위원회 구성을 위한 위원 선출업무의 선거관리위원회 위탁
2. 기타 용역업체 선정방법 등에 관한 업무의 지원
3. 조합설립 준비업무에 관한 지원
4. 추진위원회 또는 조합의 운영 및 정보공개 업무의 지원

[본조신설 2012.5.15]

조례 제47조(선거관리의 방법 등)
조례 제48조(시공자등의 선정기준)

법 제11조, 제77조의4
공공관리 추진위원회 구성 선거관리기준(서울시)(별첨)
공공관리 시공자 선정기준(서울시)(별첨)

선거관리의 방법 등, 시공자등의 선정기준

공공관리제도의 경우, 추진위원회 위원 또는 조합임원의 선거관리기준 및 시공자 선정기준 등에 대한 규정이다.

▢ 개정 연혁

▸ 도시정비조례[서울시조례 제5007호, 2010.7.15, 일부개정]

제47조(선거관리의 방법 등) 시장은 추진위원회 위원 또는 조합임원의 선거에 관하여 다음 각 호의 내용을 포함한 선거관리기준을 정할 수 있다. 〈신설 2010.7.15〉

1. 선거관리위원회의 업무위탁에 관한 사항 〈신설 2010.7.15〉
2. 주민설명회 개최에 관한 사항 〈신설 2010.7.15〉
3. 입·후보자 등록공고 및 등록에 관한 사항 〈신설 2010.7.15〉
4. 합동연설회 개최에 관한 사항 〈신설 2010.7.15〉
5. 주민선거 실시에 관한 사항 〈신설 2010.7.15〉
6. 그 밖에 선거관리를 위하여 필요한 사항 〈신설 2010.7.15〉

제48조(시공자등의 선정기준) ① 조합은 총회에서 경쟁입찰의 방법으로 시공자를 선정하여야 한다. 〈신설 2010.7.15〉

② 조합은 제1항에 따라 시공자를 선정할 때에는 법 제28조에 따라 인가된 사업시행계획서를 반영한 설계도서를 작성하여 입찰에 부쳐야 한다. 〈신설 2010.7.15〉

③ 추진위원회 또는 조합은 총회에서 경쟁입찰의 방법으로 「건축사법」 제23조에 따라 업무신고를 한 자를 설계자로 선정하여야 한다. 〈신설 2010.7.15〉

④ 시장은 정비사업전문관리업자·설계자 및 시공자의 선정방법 등에 대하여 다음 각 호의 내용을 포함하는 기준을 정할 수 있다. 〈신설 2010.7.15〉

1. 업체 선정에 관한 세부절차 〈신설 2010.7.15〉
2. 업체 선정 단계별 공공관리자 등의 기능 및 역할 〈신설 2010.7.15〉
3. 기타 업체 선정방법 등 지원을 위하여 필요한 사항 〈신설 2010.7.15〉

⑤ 시장은 제46조제2호에 따른 용역업체의 선정기준 등에 대하여 제3항의 규정을 준용하여 정할 수 있다. 〈신설 2010.7.15〉

부 칙 〈제5007호, 2010.7.15〉

제1조(시행일) 이 조례는 2010.7.16부터 시행한다. 다만, 제48조제2항의 개정규정은 2010.10.1부터 시행한다.

제5조(공공관리의 적용례) 제6장의 개정규정은 이 조례 시행 당시 법 제24조에 따른 총회에서 시공자 또는 설계자를 선정하지 아니한 정비사업 분부터 적용한다.

➡ 공공관리자의 업무범위 및 시공자등의 선정기준을 정하였다(안 제46조 및 제48조).

▸ [서울시조례 제5417호, 2012.12.31, 일부개정]

제47조(선거관리의 방법 등) 시장은 추진위원회 위원, 조합임원 또는 제46조제7호에 따른 토지등소유자의 대표자 선출을 위하여 다음 각 호의 내용을 포함한 선거관리기준을 정할 수 있다. 〈신설 2010.7.15〉〈개정 2012.12.31〉

1. 선거관리위원회의 업무위탁에 관한 사항 〈신설 2010.7.15〉
2. 주민설명회 개최에 관한 사항 〈신설 2010.7.15〉
3. 입·후보자 등록공고 및 등록에 관한 사항 〈신설 2010.7.15〉
4. 합동연설회 개최에 관한 사항 〈신설 2010.7.15〉
5. 주민선거 실시에 관한 사항 〈신설 2010.7.15〉
6. 그 밖에 선거관리를 위하여 필요한 사항 〈신설 2010.7.15〉

제48조(시공자등의 선정기준) ① 조합은 총회에서 경쟁입찰의 방법으로 시공자를

선정하여야 한다. 〈신설 2010.7.15〉

② 조합은 제1항에 따라 시공자를 선정할 때에는 법 제28조에 따라 인가된 사업시행계획서를 반영한 설계도서를 작성하여 입찰에 부쳐야 한다. 〈신설 2010.7.15〉

③ 추진위원회 또는 조합은 총회에서 경쟁입찰의 방법으로 「건축사법」 제23조에 따라 업무신고를 한 자를 설계자로 선정하여야 한다. 〈신설 2010.7.15〉

④ 시장은 정비사업전문관리업자·설계자 및 시공자의 선정방법 등에 대하여 다음 각 호의 내용을 포함하는 기준을 정할 수 있다. 〈신설 2010.7.15〉

1. 업체 선정에 관한 세부절차 〈신설 2010.7.15〉
2. 업체 선정 단계별 공공관리자 등의 기능 및 역할 〈신설 2010.7.15〉
3. 기타 업체 선정방법 등 지원을 위하여 필요한 사항 〈신설 2010.7.15〉

⑤ 시장은 제46조제2호에 따른 용역업체의 선정기준 등에 대하여 제4항의 규정을 준용하여 정할 수 있다. 〈신설 2010.7.15, 개정 2012.7.30〉

부 칙 〈제5417호, 2012.12.31〉

제1조(시행일) 이 조례는 공포한 날부터 시행한다. 다만, 제50조의3 개정규정은 공포한 날부터 6개월 후 시행한다(효력발생시기는 2013.7.1).

제2조(공공관리에 의한 조합설립 방법 등에 관한 적용례) 제5조제12호 및 제50조의3의 개정규정은 구청장이 영 제10조제2항에 따라 최초로 정비계획 수립을 위해 조사하는 정비구역부터 적용한다.

➡ 추진위원회 구성 단계를 생략하는 정비사업의 조합설립에 필요한 토지등소유자의 대표자 선출 등 지원을 위한 조문이 신설됨에 따라 제47조에도 이에 관한 내용이 추가되었다. 2012.2.1 도시정비법 제77조의4제6항의 개정으로 도시정비조례상 시공자 선정시기의 위임규정을 명문화함에 따라 제48조제5항이 바뀌었다.

▢ 조례 제47조(선거관리의 방법 등)

시장은 추진위원회 위원, 조합임원 또는 조례 제46조제7호에 따른 토지등소유자의 대표자 선출을 위하여 다음 각 호의 내용을 포함한 선거관리기준을 정할 수 있다(본조).

1. 선거관리위원회의 업무위탁에 관한 사항
2. 주민설명회 개최에 관한 사항
3. 입·후보자 등록공고 및 등록에 관한 사항
4. 합동연설회 개최에 관한 사항
5. 주민선거 실시에 관한 사항
6. 그 밖에 선거관리를 위하여 필요한 사항

- 공공관리제도에서 추진위원회 구성을 위한 예비추진위원장 등의 선출

서울시는 구청장이 공공관리대상 정비사업의 추진위원회 구성 지원을 위하여 실시하는 추진위원장 및 감사 선거에 관한 선거관리기준을 규정함을 목적으로 「공공관리 추진위원회 구성 선거관리기준」을 제정, 시행 중이다.

이 선거관리기준에서는 추진위원회의 구성을 위한 예비추진위원장, 예비감사의 선정해서 이들 예비추진위원장 등은 추진위원회 구성을 위한 준비 작업을 하게 된다.

- 추진위원회 단계를 생략한 정비사업

공공관리를 시행하려는 경우에는 추진위원회를 구성하지 않을 수 있으며, 이 경우 대표자를 선정하여야 한다(법 제13조제6항). 이 경우 토지등소유자의 대표자를 선출하여야 하는데, 대표자 선출을 위한 상세한 조문이 없는 실정이다. 추진위원회 단계를 생략한 경우에서의 창립총회 개최는 시행령 제22조의2제3항에 의거 대표자로 선출된 자의 소집으로 가능할 것이다.

그러나 기존의 추진위원회를 해산하고 공공관리를 통한 대표자 선출 방법으로 창립총회가 가능한지 여부는 불가능하다 할 것이다. 왜냐하면 정비계획 수립단계에서 조사대상이기 때문이다.

※ 도시정비법 시행령 제22조의2(창립총회의 방법 및 절차 등) ③ 창립총회는 추진위원회 위원장(법 제13조제2항 단서 및 같은 조 제6항 전단에 따라 추진위원회를 구성하지 아니하는 경우에는 토지등소유자의 대표자를 말한다. 이하 이 조에서 같다.)의 직권 또는 토지등소유자 1/5 이상의 요구로 추진위원회 위원장이 소집한다. 다만, 토지등소유자 1/5 이상의 소집요구에도 불구하고 추진위원회 위원장이 2주 이상 소집요구에 응하지 아니하는 경우 소집요구한 자의 대표가 소집할 수 있다.

도시정비조례 제5조(정비계획 수립 시 조사 내용) 영 제10조제2항제7호에서 "그 밖에 시도 조례가 정하는 사항"이란 다음 각 호의 사항을 말한다. 〈개정 2009.7.30, 2012.12.31〉

1. 거주가구 및 세입자 현황 〈개정 2009.7.30〉
2. 도시관리계획상 토지이용계획 현황 〈개정 2009.7.30〉
3. 토지의 용도 소유자·규모별 현황 〈개정 2009.7.30〉
4. 건축물의 허가유무 및 노후·불량 현황 〈개정 2009.7.30〉
5. 건축물의 용도 구조 규모 및 건축경과(준공) 연도별 현황 〈개정 2009.7.30〉
6. 정비구역안의 유·무형의 문화유적, 보호수목 현황 및 지역유래 〈개정 2009.7.30〉
7. 법 제2조제9호에 따른 토지등소유자(이하 "토지등소유자"라 한다.)의 정비구역 지정에 관한 동의현황(주민제안의 경우에만 해당한다.) 〈개정 2009.7.30, 2010.3.2〉
8. 기존 수목의 현황 〈개정 2009.7.30〉
9. 구역 지정에 대한 주민(토지등소유자 및 세입자)의 의견 〈신설 2012.7.30〉
10. 토지등소유자의 분양희망 주택규모 및 자금부담 의사 〈신설 2012.7.30〉
11. 세입자의 임대주택 입주 여부와 입주희망 임대주택 규모 〈신설 2012.7.30〉
12. 제50조의3제1항에 따른 토지등소유자의 추진위원회 구성 단계 생략에 대한 의견

□ 조례 제48조(시공자등의 선정기준)

조합은 총회에서 경쟁입찰의 방법으로 시공자를 선정하여야 하는데, 이 경우 법 제28조에 따라 인가된 사업시행계획서를 반영한 설계도서를 작성하여 입찰에 부쳐야 한다(동조 제1항, 제2항).

추진위원회 또는 조합은 총회에서 경쟁입찰의 방법으로 건축사법 제23조에 따라 업무신고를 한 자를 설계자로 선정하여야 한다(동조 제3항).

시장은 정비사업전문관리업자·설계자 및 시공자의 선정방법 등에 대하여 다음 각 호의 내용을 포함하는 기준을 정할 수 있다(동조 제4항).

1. 업체 선정에 관한 세부절차
2. 업체 선정 단계별 공공관리자 등의 기능 및 역할
3. 기타 업체 선정방법 등 지원을 위하여 필요한 사항

시장은 조례 제46조제2호에 따른 용역업체의 선정기준 등에 대하여 위 제4항의 규정을 준용하여 정할 수 있다(동조 제5항).

- 법 제77조의4제6항의 개정과 조례 제48조제2항(시공자 선정시기)

개정 전의 도시정비법 제77조의4제6항에서는 백지위임 형태로 시공자 선정시기 등에 대해 시도 조례로 위임한 바 있다.

이로 인해 시공자 선정시기가 조합설립인가 단계에서 사업시행인가로 후퇴함에 따라 출구전략과 함께 사실상 서울시내 정비사업의 진행이 불투명해 졌다.

또한 법제처의 유권해석에서도 도시정비법 제11조제1항 본문에서는 조합이 조합설립인가를 받은 후 조합총회에서 시공자를 선정하여야 한다고 규정하고 있음에도 불구하고, 같은 법 제77조의4제1항에 따른 공공관리하는 정비사업에 대해서는 같은 조 제2항 및 제6항에 따라 제정된 시도 조례의 규정을 근거로 사업시행인가를 받은 후에만 시공자를 선정하게 할 수 있는지가 문제될 수 있다는 의견이 제기되었다.

Q 공공관리되는 정비사업의 경우 같은 법 제11조제1항은 조합이 조합설립인가를 받은 후에 시공자를 선정하도록 하고 있는데, 법 제77조의4제2항 및 제6항에 따른 시도 조례에서 조합이 사업시행인가를 받은 후에 시공자를 선정하도록 할 수 있는지?

A 도시정비법 제77조의4제1항에 따라 공공관리되는 정비사업의 경우 같은 조 제2항 및 제6항에 따라 제정된 시도 조례에서 조합이 사업시행인가를 받은 후에 시공자를 선정하도록 할 수는 없다는 것이 법제처의 해석임(법제처 2011.11.4).

2012.2.1 도시정비법 제77조의4제5항이 아래와 같이 개정되면서 도시정비조례로 인한 시공자 선정시기(법 제11조)의 위법성 문제가 일단락되었다. 그러나 서울을 제외한 경기도, 인천시 등에서는 시공자 선정시기를 그대로 둠에 따라 차별성을 두었다.

개정 전 : 도시정비법[법률 제10268호, 2010.4.15, 일부개정]

제77조의4(정비사업의 공공관리) ⑥ 공공관리의 시행을 위한 방법과 절차, 기준 및 도시·주거환경정비기금의 지원 등 필요한 사항은 시도 조례로 정하는 바에 따른다.[본조신설 2010.4.15]

개정 후 : 도시정비법[법률 제11293호, 2012.2.1, 일부개정]

제77조의4(정비사업의 공공관리) ⑥ 공공관리의 시행을 위한 방법과 절차, 기준 및 도시·주거환경정비기금의 지원, 시공자 선정시기 등 필요한 사항은 시도 조례로 정하는 바에 따른다.〈개정 2012.2.1〉

○ **협력업체 선정방법**

– 정비사업전문관리업자 선정

• 선정대상 : 도시정비법 제69조제1항에 따른 정비사업전문관리업자 및 법 제63조제3항에서 정하는 기관

• 선정방법

□ 자격심사-Ⅰ(사업수행능력과 가격 평가) 또는 자격심사-Ⅱ(자격심사-Ⅰ과 기술제안서 평가)

□ 입찰방법 : 일반경쟁(2인 이상), 제한경쟁(5인 이상), 지명경쟁(10인 이상 지명, 5인 이상 입찰)

□ 추진위원회(조합 대의원회)에서 평가 후 상위 2개 업체 총회상정 주민투표로 선정(자격심사-Ⅱ는 반드시 공공관리자가 평가 대행)

– 설계자 선정

• 선정대상 : 「건축사법」 제23조에 따라 업무신고를 한 자

• 선정방법 : 자격심사 또는 설계경기(현상공모) 중 택1

□ 입찰방법 : 일반경쟁(2인 이상), 제한경쟁(자격심사-5인 이상 입찰, 설계경

기 2인 이상), 지명쟁쟁(자격심사-10인 이상 지명, 5인 이상 입찰, 설계경기-5인 이상 지명, 2인 이상 입찰)

ㅁ 추진위원회(조합 대의원회)에서 평가 후 상위 2개 업체 총회상정 주민투표로 선정(요청 시 공공관리자가 평가 대행)

- 시공자 선정

• 선정방법 : 사업시행인가된 설계도서(내역서 포함)에 따라 경쟁입찰

ㅁ 대의원회에서 3 이상의 업체를 선정하여 총회 상정

ㅁ 조합원 과반수가 직접 참석한 총회에서 산정

ㅁ 주민 자율적 판단에 의한 의사 결정(입찰참여업체 비교표, 조합원 사전통지 등)

ㅁ 총회에서 다수결 결정(도급금액, 브랜드, 금융비용 등 다양한 조건 고려)

▢ 시도별 조례

○ 경기도

공공관리 조문을 두었지만 서울시와 달리 시공자 선정시기는 도시정비법과 같이 조합설립인가 이후로 유지하고 있다. 경기도 내 대도시인 남양주시, 부천시, 안양시, 안성시, 수원시, 화성시, 고양시도 이와 같다.

제37조(공공관리의 적용범위 및 비용 부담 등) ①~② : 생략

③ 조합은 시공자를 선정한 후 법 제77조의4제2항 각 호 외의 업무를 지원받고자 하는 경우에는 총회의결을 거쳐 시장·군수에게 신청할 수 있다.

④ 시장·군수는 제3항에 따라 조합의 신청이 있는 경우 법 제77조의4제1항의 기관 중에서 지정하여 조합에 통보하여야 하며, 조합은 해당 기관과 지원범위 및 수수료 등에 대한 계약을 체결하고 비용을 부담하여야 한다.

[본조신설 2011.10.20]

제39조(선거관리의 방법 등) 도지사는 추진위원회 위원 또는 조합임원의 선거를 관리하기 위하여 다음 각 호의 내용을 포함한 선거관리기준을 정할 수 있다.

1. 선거관리위원회의 업무위탁에 관한 사항
2. 주민설명회 개최에 관한 사항
3. 입후보자 등록공고 및 등록에 관한 사항
4. 합동연설회 개최에 관한 사항
5. 주민선거 실시에 관한 사항
6. 그 밖에 선거관리를 위하여 필요한 사항

[본조신설 2011.10.20]

제40조(설계자 등의 선정기준) ① 도지사는 정비사업전문관리업자·설계자 및 시공자 등의 업체 선정방법 등에 대하여 다음 각 호의 내용을 포함하는 기준을 정할 수 있다.

1. 업체 선정에 대한 세부절차
2. 업체 선정 단계별 공공관리자 등의 기능 및 역할
3. 기타 업체 선정방법 등 지원을 위하여 필요한 사항

② 시장·군수는 제38조제2호에 따른 용역업체의 선정기준 등에 대하여 제1항에서 정한 기준을 준용한다.

[본조신설 2011.10.20]

- 고양시, 수원시, 부천시, 안산시, 안양시, 화성시, 남양주시

시공자 선정기준은 경기도와 같다.

○ 인천시, 부산시, 대구시, 대전시

관련 조문이 없다.

○ 광주시

제46조(선거관리의 방법 등) 시장은 추진위원회 위원 또는 조합임원의 선거에 관하여 다음 각 호의 내용을 포함한 선거관리기준을 정할 수 있다.

1. 선거관리위원회의 업무위탁에 관한 사항
2. 주민설명회 개최에 관한 사항

3. 입·후보자 등록공고 및 등록에 관한 사항
4. 합동연설회 개최에 관한 사항
5. 주민선거 실시에 관한 사항
6. 그 밖에 선거관리를 위하여 필요한 사항
[본조신설 2012.5.15]

第47조(시공자등의 선정기준) ① 조합은 총회에서 경쟁입찰의 방법으로 시공자를 선정하여야 한다.

② 조합은 제1항에 따라 시공자를 선정할 때에는 법 제4조에 따라 고시된 정비계획을 반영한 설계도서를 작성하여 입찰에 부쳐야 한다.

③ 추진위원회 또는 조합은 총회에서 경쟁입찰의 방법으로 「건축사법」 제23조에 따라 업무신고를 한 자를 설계자로 선정하여야 한다.

④ 시장은 정비사업전문관리업자·설계자 및 시공자의 선정방법 등에 대하여 다음 각 호의 내용을 포함하는 기준을 정할 수 있다.
1. 업체 선정에 관한 세부절차
2. 업체 선정 단계별 공공관리자 등의 기능 및 역할
3. 기타 업체 선정 방법 등 지원을 위하여 필요한 사항

⑤ 시장은 제45조제2호에 따른 용역업체의 선정기준 등에 대하여 제4항의 규정을 준용하여 정할 수 있다. 〈본조신설 2012.5.15, 개정 2014.3.1〉

시공자 선정기준은 경기도와 같다.

□ 유권해석

서울시 공공관리과의 유권해석은 "도시정비법령 유권해석(33. 공공관리, 협력업체 선정)"편을 참조하기 바란다.

공공관리 추진위원회 구성 선거관리기준

서울시고시 제2011-120호(제정 2011.5.6)

서울시고시 제2011-140호(개정 2011.6.2)

제1장 총 칙

제1조(목적) 이 기준은 「도시정비법」 제77조의4 및 「서울시 도시정비조례」 제47조에 따라 구청장이 공공관리대상 정비사업의 추진위원회 구성 지원을 위하여 실시하는 추진위원장 및 감사 선거에 관한 선거관리기준을 규정함을 목적으로 한다.

제2조(용어의 정의) 이 기준에서 사용하는 용어의 정의는 다음과 같다.

1. "선거"라 함은 정비사업 추진위원회의 구성을 위한 예비추진위원장, 예비감사의 선거를 말한다.
2. "관할위원회"란 선거관리위원회법 제3조에 따라 정비구역 소재지를 관할하는 구 선거관리위원회를 말한다.
3. "예비추진위원장"이란 구청장(이하 "공공관리자"라 한다.)이 추진위원회 구성을 지원하기 위한 추진위원장 선거에서 당선된 자를 말한다.
4. "예비감사"란 공공관리자가 추진위원회 구성을 지원하기 위한 감사선거에서 당선된 자를 말한다.
5. "예비추진위원"이란 예비추진위원장이 추진위원회 구성을 위해 추진위원으로 추천한 자를 말한다.
6. "예비추진위원회"란 예비추진위원장, 예비감사 및 예비추진위원으로 구성된 추진위원회를 말한다.
7. "공직선거등"이란 「공직선거법」에 따른 공직선거, 「지방교육 자치에 관한 법률」에 따른 교육감선거, 「국민투표법」에 따른 국민투표, 「주민투표법」에 따른 주민투표, 「주민소환에 관한 법률」에 따른 주민소환투표를 말한다.

제3조(적용범위) 이 기준은 공공관리자가 추진위원회 구성을 지원하기 위한 선거에 적용한다. 추진위원회와 조합은 위원 또는 임원의 선거에 이 기준을 준용할 수 있다.

제4조(선거인) ① 이 기준에서 "선거인"이란 선거가 실시되는 정비구역(이하 "당해구역"이라 한다.) 내 토지등소유자를 말한다.

② 토지등소유자 수 산정에 관한 사항은 도시정비법 시행령(이하"영"이라 한다.) 제28조

제1항1호 및 제2호의 규정에 따른다.

제5조(공공관리자의 업무) ① 공공관리자는 추진위원회가 구성되지 아니한 당해구역에서 다음 각 호의 선거사무를 수행한다. 다만, 「도시정비법」(이하 "법"이라 한다.)에 따라 해당 관할위원회에 선거를 위탁할 경우 제6호부터 제11호까지의 사항은 상호 협의하여 위탁할 수 있다.

1. 후보자등록 및 자격심사
2. 선거인명부의 작성 및 확정
3. 선거공보원고의 심사 및 홍보
4. 선거인자격 이의신청에 대한 판정
5. 선거관련 분쟁의 조정
6. 선거홍보 및 계도에 관한 사항
7. 위반행위 단속·조사 및 조치에 관한 사항
8. 선거관리, 투표관리 및 개표관리에 관한 사항
9. 투표소와 개표소의 설치 및 질서유지에 관한 사항
10. 투표의 유·무효의 판정
11. 당선인의 확정

② 공공관리자는 선거종사원을 위촉하여 선거사무에 종사하게 할 수 있다.

③ 공공관리자는 시장이 고시한 정비사업전문관리업자(이하 "정비업체"라 한다.) 선정기준에 따라 용역업체를 선정하여 추진위원회의 구성 지원 업무를 수행하도록 할 수 있다.

제6조(후보자 등의 공정경쟁의무) 당해구역 선거의 후보자 및 선거운동을 하는 자는 이 기준을 준수하고 공정하게 경쟁하여야 하며, 후보자의 정견을 지지·선전하거나 이를 비판·반대함에 있어 선량한 풍속 기타 사회질서를 해하는 행위를 하여서는 아니 된다.

제7조(주민설명회) ① 공공관리자는 추진위원회 구성을 위한 선거의 주민설명회를 후보자등록공고 및 선거인명부 열람공고전에 개최하여야 한다.

② 공공관리자가 제1항에 따른 주민설명회를 개최하는 경우에는 토지등소유자에게 일시, 장소, 설명내용 등을 주민설명회 7일전까지 통지하고 클린업시스템에 게시하여야 한다.

제8조(선거의 위탁 등) ① 공공관리자가 추진위원회 구성 지원을 위한 선거를 관할위원회에 위탁할 경우에는 중앙선거관리위원회의 공공단체 위탁선거 관리규칙(이하 "위탁선거 관리규칙"이라 한다.)에 따라야 한다.

② 공공관리자는 선거를 위탁한 경우 관할위원회와 협약서(별지 제1호서식)를 작성할

수 있다.

③ 공직선거 등으로 선거실시제한 기간에 해당하여 관할위원회가 선거를 수탁할 수 없는 경우에는 공공관리자가 직접 선거를 주관하여 실시할 수 있다.

제2장 선거권 및 피선거권

제9조(선거권 등) ① 선거권은 선거인명부 확정일 기준 당해구역 토지등소유자로서 선거인명부에 등재된 자에게 있다.

② 제1항에 따른 토지등소유자의 선거권이 영 제28조제1항제1호 및 제2호에 해당할 경우에는 대표소유자 1인에게 선거권이 있다. 이 경우 선거인명부 열람기간 내 대표자 선임동의서(별지 제2호서식)를 작성하여 제출하여야 하며, 공공관리자는 선거인명부에 기재하여야 한다.

③ 제1항의 규정에 불구하고 다음 각 호에 해당하는 자는 선거인명부 열람기간 내에 위임장 또는 지정서(별지 제3호서식)를 제출하여야 한다. 이 경우 공공관리자는 선거인명부에 기재하여야 한다.

1. 토지등소유자가 권한을 행사할 수 없어 배우자·직계존비속·형제·자매 중에서 성년자를 대리인으로 정하여 위임장을 제출하는 경우
2. 해외거주자가 대리인을 지정하는 경우
3. 법인인 토지등소유자가 대리인을 지정한 경우(법인의 대표자는 선거권이 있으므로 선거인명부에 기재하여야 한다.)

④ 선거인명부 열람기간 내 명의변경등 기재사항의 누락·오기 등 잘못된 사항에 대하여 이의신청하지 아니한 토지등소유자는 선거권이 없다.

제10조(피선거권 등) 추진위원회설립에 동의한 자로 후보자등록일 기준으로 다음 각 호의 기준에 적합한 토지등소유자는 피선거권이 있다.

1. 운영규정안 제15조제2항의 규정에 적합한 자
2. 추진위원회운영규정(이하"운영규정"이라 한다.) 제2조제3항, 운영규정안 제16조제1항 규정에 해당하지 않는 자

제3장 선거기간, 선거일, 선거인명부

제11조(선거일) ① 공공관리자는 후보자 확정공고일 다음날부터 10일 이상 14일 이내로 선거일을 정하여 클린업시스템에 공고한다.

② 제1항에 따른 선거일은 가급적 휴일을 정하여 토지등소유자의 선거참여를 유도하여야 한다.

제12조(선거인명부) ① 공공관리자는 당해구역 토지등소유자로서 제9조에 따른 선거권이 있는 자에 대하여 선거인명부(별표 제4호서식)를 작성하여야 한다. 이 경우 선거인명부의 작성은 전산조직에 의할 수 있다.

② 선거인명부는 다음 각 호에 따라 작성하여야 하며 당해구역 선거이외의 목적으로 사용할 수 없다.

1. 선거인명부에는 등재번호, 선거권자의 성명, 주소, 성별, 생년월일, 토지 및 건물 소유현황 등 필요한 사항을 기재한다.
2. 선거인명부는 선거인명부 열람공고 전일까지 작성해야 한다.
3. 선거인명부는 당해 구역별로 선거위탁 및 열람 장소의 다소 등을 고려하여 적정한 부수를 작성한다.

③ 공공관리자가 제8조제1항에 따른 위탁선거를 실시하는 경우 선거인명부를 작성하고 즉시 관할위원회에 제출한다. 단, 공공관리자가 직접 선거를 실시하는 경우에는 제외한다.

제13조(선거인명부 열람) ① 공공관리자는 선거인명부를 작성하고 선거인명부 확정공고 14일 전까지 열람 공고하여야 한다. 이 경우 토지등소유자 또는 선거인명부에 기재된 자는 자신의 정보에 한하여 열람할 수 있다.

② 공공관리자는 선거인명부 열람 사실을 등기우편의 방법으로 통지하여야 하며, 등기우편이 반송된 경우에는 1회에 한하여 일반우편에 의한 방법으로 재발송하여야 한다.

③ 선거인명부 열람공고에는 열람 장소, 기간, 방법 등과 제9조의 규정에 의한 선거권에 대한 사항을 기재하여야 하며 클린업시스템에 게시하여야 한다.

④ 토지등소유자는 선거인명부의 기재사항에 누락, 오기 또는 명의이전 등 변경사항이 있을 경우에는 열람 기간내 증빙자료를 첨부하여 이의를 신청하여야 한다.

⑤ 제4항의 의한 이의신청이 있을 경우 공공관리자는 확인하고 선거인명부를 수정하여야 하며 모든 이의신청 사실을 관리하여야 한다.

제14조(선거인명부 확정) ① 공공관리자는 선거인명부를 선거일 10일부터 14일전까지 확정하여야 하며, 클린업시스템에 선거인명부 확정사실을 공고한다.

② 공공관리자가 확정공고한 선거인명부는 당해구역의 선거에 한하여 효력을 가진다.

제15조(선거인명부의 송부) ① 공공관리자가 선거인명부를 작성하거나 확정한 경우에는 즉시 선거인명부 등본(전산자료 복사본을 포함하고 선거권자가 3,000명 이상인 경우에는 분철하여 작성된 것을 말한다.)을 위탁선거관리규칙이 정하는 바에 따라 관할위원회에 송부하여야 한다.

② 공공관리자는 관할위원회에 선거인명부를 송부한 후 선거인명부확정 전에 선거인명부에 오기 또는 선거권이 없는 자나 사망자가 있는 것을 발견하거나 정당한 선거권자의 누락을 발견한 때에는 지체 없이 위탁선거 관리규칙이 정하는 바에 따라 관할위원회에 그 사실을 통보하여야 한다.

③ 공공관리자는 확정된 선거인명부에 오기가 있는 때 또는 선거권이 없는 자나 사망자가 있는 때에는 선거일 전일까지 위탁선거 관리규칙이 정하는 바에 따라 관할위원회에 그 사실을 통보하여야 하며, 관할위원회는 확정된 선거인명부등본의 비고란에 그 사실을 기재하여야 한다.

제4장 후보자

제16조(후보자추천) ① 후보자가 되고자 하는 자는 후보자 추천서(별지 제5호서식)에 의거 선거권자의 추천을 받아야 한다. 이 경우 공공관리자(선거관리담당자)가 후보자 등록공고 이후 날인하여 발급한 추천서에 의한다.

② 예비추진위원장, 예비감사 후보의 추천인수는 다음 각 호에 따른다.

1. 당해구역 토지등소유자가 1000인 이상인 경우에는 50인 이상의 추천
2. 당해구역 토지등소유자가 1000인 미만인 경우에는 30인 이상의 추천
3. 당해구역 토지등소유자가 300인 미만인 경우에는 토지등소유자수의 1/10 이상의 추천

③ 당해구역 모든 토지등소유자는 제2항의 규정에 의한 추천인이 될 수 있다.

제17조(후보자등록) ① 공공관리자는 예비추진위원장 및 예비감사의 후보자를 등록받고자 하는 경우에는 클린업시스템에 후보자 등록공고를 하여야 한다.

② 공공관리자는 후보자등록 공고일 이후 7일이 경과한 날부터 기산하여 2일 이상의 후보자등록기간을 정하여야 한다.

③ 제10조의 규정에 의한 피선거권이 있는 자는 다음 각 호의 서류를 갖추어 후보자등록 신청서(별지 제6호서식)를 공공관리자에게 제출하여야 한다.

1. 운영규정 제2조제3항의 각 호 사항에 해당 없음을 증명하는 서류(경찰서의 범죄사실 확인서 포함)
2. 제출된 서류의 공개와 확인을 위한 동의서(별지 제7호서식)
3. 제16조의 후보자의 추천서
4. 공명선거 및 추진위원회설립동의, 낙선 시 추진위원 선임 등에 관한 이행각서(별지 제8호서식)
5. 공무원으로 인정되는 자는 직장대표자의 겸직동의 공문서(입후보 동의서)

④ 후보자등록을 한 자는 선거공보 작성안(별지 제9호서식)과 후보자 정견서(별지 제10호서식)에 따라 후보자 선거공보 홍보문을 확정공고일까지 제출하여야 한다.

⑤ 공공관리자는 입후보자의 자격을 확인하여야 한다.

⑥ 공공관리자는 추첨에 의한 방법으로 후보자 기호를 배정하여야 한다.

제18조(후보자 확정) ① 공공관리자는 후보자의 자격을 확인 후 즉시 후보자를 확정하고 후보자등록명부(별지 제11호서식)에 작성하여야 하며 클린업시스템에 확정 공고해야 한다.

② 공공관리자는 후보자등록명부가 작성되면 관할위원회에 제출해야 한다.

제19조(후보자등록 무효) ① 공공관리자는 후보자등록 후에 후보자의 피선거권이 없는 것이 발견된 때에는 후보자등록을 무효로 하고, 당해 후보자에게 그 사유를 지체 없이 통보한다.

② 후보자 확정 공고 후에 후보자가 사퇴하고자 하는 경우에는 후보자 사퇴서(별지 제12호서식)를 제출하여야 한다.

③ 후보자가 사퇴 또는 사망하거나 등록이 무효로 된 경우에 공공관리자는 이를 지체 없이 공고한다.

제5장 선거운동

제20조(정의) ① 선거운동이라 함은 당선되거나 되게 하거나 되지 못하게 하기 위한 행위를 말한다. 다만, 다음 각 호의 1에 해당하는 행위는 선거운동으로 보지 아니한다.

1. 선거에 관한 단순한 의견개진 및 의사표시
2. 입후보와 선거운동을 위한 준비행위
3. 후보자 추천에 관한 단순한 지지·반대의 의견개진 및 의사표시

② 선거운동은 후보자, 후보자의 배우자, 후보자 및 배우자의 직계존비속에 한하여 후보자 확정공고일의 다음날부터 선거일 전일까지 할 수 있다.

③ 후보자, 후보자의 배우자, 후보자 및 배우자의 직계존비속은(후보자의 배우자와 후보자 및 배우자 직계존비속의 경우 5호 내지 7호에 한함) 선거운동기간 중 다음 각 호의 사항 중 선거관리위원회(선거를 위탁받은 경우)나 공공관리자가 정한 방법 외의 방법으로 선거운동을 할 수 없다.

1. 선거벽보
2. 선거공보
3. 합동연설회
4. 현수막
5. 어깨띠

6. 명함
7. 전화(문자메세지 포함)·컴퓨터통신(전자우편 포함)을 이용한 지지 호소

④ 제3항에 따른 선거운동방법의 세부내용과 절차 그 밖의 선거관리에 관하여 필요한 사항은 선거관리위원회(선거를 위탁받은 경우)나 공공관리자가 정할 수 있다.

제21조(합동연설회) ① 공공관리자는 입후보자의 홍보를 위하여 선거운동기간 내에 합동연설회를 개최할 수 있다.

② 입후보자는 특별한 사유가 없는 한 합동연설회에서 홍보를 위한 연설을 해야 한다.

③ 입후보자 연설순서는 추진위원장, 감사 순이며, 배정된 기호 순으로 한다.

제22조(선거홍보 등) ① 공공관리자가 선거통지를 하는 경우에는 선거일시, 투표시간, 투표장소, 약도, 유의사항 등이 기재된 투표안내문과 후보자의 사진, 성명, 기호, 경력·학력 및 정견 등 후보자별 선거공보를 포함하여 통지하여야 한다. 단, 후보자확정 공고일까지 선거공보를 제출하지 않은 후보자는 그러하지 아니하다.

② 공공관리자는 제1항의 규정에 의한 선거통지를 등기우편의 방법으로 하여야 하며, 등기우편이 반송된 경우에는 1회에 한하여 일반우편에 의한 방법으로 재발송하여야 한다.

③ 공공관리자는 토지등소유자의 선거참여를 유도하기 위하여 홍보현수막을 2개 이상 게첨하여야 한다.

④ 공공관리자는 후보자가 제출한 선거공보를 인쇄하여 당해구역 2곳 이상에 선거벽보(선거공보를 확대하여 인쇄한 것을 말함)를 붙여야 한다. 단, 토지등소유자수가 500인 이상일 경우에는 4곳 이상에 붙여야 한다.

제6장 제한·금지 및 위반행위에 대한 조사·조치

제23조(제한·금지) ① 누구든지 추진위원회 위원 또는 조합의 선출직 임원으로 당선되거나 되게 하거나 되지 못하게 하기 위하여 금전·물품·향응·재산상의 이익을 제공하거나 제공의 의사를 표시하거나 그 제공을 약속할 수 없다.

② 누구든지 제1항에 규정된 이익을 제공받거나 그 제공을 권유·알선·요구할 수 없다.

③ 누구든지 선거와 관련하여 연설·벽보·홍보물 그 밖의 방법으로 허위의 사실을 적시하여 공표하거나 공표하게 할 수 없다.

제24조(위반행위에 대한 단속·조사) ① 각급선거관리위원회 직원(공공관리자가 직접 선거를 주관하는 경우 공공관리자를 말한다. 이하 이 장에서 같다.)은 선거관리기준을 위반한 혐의가 있다고 인정되거나, 공공관리자 등이 그 위반혐의에 관한 소명자료를 첨부하여 서면으로 제기한 소명이 이유 있다고 인정되는 경우 또는 그 위반행위의 신고를 받

은 경우에는 후보자와 선거인 및 그 밖에 선거와 관련된 자(이하 "관계인"이라 한다.)의 동의를 얻어 질문·조사하거나 동행·출석요구를 할 수 있으며, 관련서류 그 밖의 조사에 필요한 자료의 제출을 요구할 수 있다.

② 각급선거관리위원회 직원은 조사업무 수행 중 필요하다고 인정되는 때에는 법령에 위반되지 않는 범위 내에서 질문답변내용의 기록, 녹음·녹화, 사진촬영, 위반행위와 관련 있는 서류의 복사 또는 수집 그 밖에 필요한 조치를 취할 수 있다.

③ 각급선거관리위원회 직원이 제1항의 질문·조사를 하거나, 동행·출석요구 및 자료의 제출을 요구하는 경우에는 관계인에게 그 신분을 표시하는 증표를 제시하고 소속과 성명을 밝히며 그 목적과 이유를 설명하여야 한다.

④ 공공관리자는 관할위원회와 협의하여 선거인에게 다음 각 호의 사항을 고지하는 안내문을 작성하여 통지할 수 있다.

1. 관할위원회가 다음 각 목의 활동을 하는 사실
   가. 제1항 및 제2항에 규정된 위반행위에 대한 단속, 조사 및 조치
   나. 위반행위 방지를 위한 예방활동
   다. 단속사무소 설치(필요한 경우에 한하여 설치)에 관한 사항
2. 관할위원회의 예방·단속활동에 대한 적극적인 협조 및 신고
   가. 위반행위 단속·조사 활동에 대한 협조 당부
   나. 위반행위 발견·인지시 적극적인 신고요청

제25조(위반행위에 대한 조치 등) ① 선거에 관한 규정 위반행위에 대한 조치의 종류는 다음 각 호와 같이 한다.

1. 중지
2. 경고
3. 시정명령
4. 고발 또는 수사의뢰(범죄가 있다고 판단되는 때를 말한다.)

② 관할위원회는 선거에 관한 규정 위반행위에 대한 조치결과(수사의뢰 제외)를 선거인이 알 수 있도록 투표안내문 동봉, 선거일 투표소 첩부, 인터넷 홈페이지 게시, 그 밖의 방법으로 공개할 수 있다.

③ 관할위원회는 누구든지 선거에 관한 규정 위반사실이 특히 중하다고 인정되거나 관할위원회의 관리 및 단속업무를 방해할 경우 업무방해죄 등으로 고발할 수 있다.

제7장 선거 및 투·개표

제26조(선거) ① 선거는 기표방법으로 투표한다. 다만, 관할위원회(공공관리자가 직접 선거

를 주관하는 경우 공공관리자를 말한다. 이하 이 장에서 같다.)에서 전자투표의 방법으로 결정한 경우에는 그에 따른다.

② 선거인명부에 기재된 토지등소유자 1인이 1표로 직접 선거한다.

③ 투표소 투표관리를 위해 투표관리관을 둘 수 있다.

④ 예비추진위원장, 예비감사는 선거에서 다수의 유효투표를 얻은 자를 선임한다. 단, 투표결과 유효투표가 동수일 경우에는 연장자를 당선자로 한다.

⑤ 단독입후보자는 예비추진위원장, 예비감사에 당선된 것으로 본다.

⑥ 공공관리자는 투·개표사무를 보조할 투표종사원을 둘 수 있으며, 수당과 실비를 지급해야 한다.

제27조(투표) ① 투표소는 선거인수를 고려하여 당해 구역 내 일정한 장소나 인접지역의 적당한 장소에 비밀투표가 보장되도록 설치한다.

② 투표는 관할위원회가 감독하며, 투표소의 질서유지를 위하여 경찰공무원을 요청할 수 있다.

③ 투표소에는 투표를 위한 선거권자, 투표관리관, 투표종사원, 참관인을 제외하고는 누구도 출입할 수 없다. 단, 관할위원회가 인정하는 자는 제외한다.

④ 투표시간은 선거일 오전9시부터 오후6시까지로 한다.

⑤ 투표를 하고자 하는 선거권자는 본인을 증명하는 신분증을 제시하여 선거인명부와 대조·확인을 받아야한다. 이 경우 신분증의 종류는 공직선거법을 준용한다.

제28조(투·개표 참관인) ① 공공관리자는 투·개표참관인(이하 "참관인"이라 한다.)으로 하여금 투표용지의 교부상황과 투표상황, 개표상황을 참관하게 하여야 한다.

② 후보자는 2인 이내의 참관인을 선정하여 선거일 5일전까지 공공관리자에 참관인 등록신청서(별지 제13호서식)를 제출하여야 한다.

③ 참관인은 당해구역 토지등소유자에 한하며, 참관인에게는 수당 등을 지급할 수 있다.

④ 참관인은 투·개표에 영향을 미치는 행위를 하여서는 아니 된다.

제29조(개표) ① 개표는 관할위원회가 감독하며, 개표소의 질서유지를 위하여 경찰공무원을 요청할 수 있다.

② 개표소는 투표소와 같은 장소로 한다. 단, 장소협소 등 동일 장소에서 개표하기가 어려울 경우 인접한 장소에 별도 설치할 수 있다.

③ 개표소에는 공공관리자(지원용역업체를 포함한다.), 개표종사원, 참관인을 제외하고는 누구도 출입할 수 없다. 단, 관할위원회가 인정하는 자는 제외한다.

④ 개표는 투표 종료 후 즉시 실시하는 것을 원칙으로 한다.

⑤ 개표는 예비추진위원장, 예비감사를 구분하여 집계하며 후보자별 득표수는 관할위원회에서 발표한다. 단, 공공관리자가 직접 선거를 주관하는 경우에는 그러하지 아니하다.

제30조(무효투표) 다음 각 호의 투표는 무효로 한다.

1. 공공관리자의 날인이 없거나(투표관리관의 사인을 포함한다.) 소정의 투표용지가 아닌 경우
2. 기표가 안 된 경우
3. 기표가 불확실한 경우
4. 소정의 기표용구 이외의 것으로 기표한 경우

제31조(당선자) ① 공공관리자는 선거일로부터 3일 이내에 선거결과 및 당선자를 공고한다.

② 당선자는 당선자공고로서 그 지위를 득한다.

③ 당선자는 추진위원회승인 전까지 예비추진위원장 또는 예비감사의 지위를 갖는다.

④ 추진위원장, 감사의 임기는 추진위원회 승인을 받는 날부터 개시한다.

제8장 보 칙

제32조(선거관계서류의 보관) 공공관리자 또는 관할위원회는 선거관리가 종료된 후 모든 선거관계서류 일체를 예비추진위원장, 예비감사의 임기동안 보관하여야 한다.

제33조(추진위원회 구성 기준) ① 예비추진위원장, 예비감사 및 예비추진위원은 공공관리자의 지원을 받아 운영규정 작성 등 추진위원회 구성 및 동의서 징구를 위하여 적극 노력해야 한다.

② 예비추진위원의 추천은 예비추진위원장 당선자가 통별, 가구 수, 세대 수 및 시설의 종류와 운영규정 제2조제3항을 고려하여 110% 이상 추천해야 한다. 이 경우 선거의 낙선자는 당연직 예비추진위원으로 추천하여야 한다. 단, 낙선자가 거부할 경우에는 그러하지 아니하다.

③ 공공관리자는 예비추진위원을 추천받아 도시정비법 시행규칙(이하 '시행규칙'이라 한다.) 제6조제2항의 규정에 의한 추진위원회 설립동의서(이하 "동의서"라 한다.)에 연번을 부여하여 제공하여야 한다.

④ 제2항에 따라 예비추진위원을 추천하는 경우에는 승낙서(별지 제14호서식)를 받아야 하며 제3항에 따른 동의서가 작성된 이후에 예비추진위원을 사퇴할 경우 그 수리는 추진위원회 승인이후에 해야 한다.

⑤ 예비추진위원장은 토지등소유자 과반수의 동의를 얻어 승인을 신청한다.

제34조(조합임원 선거등의 위탁) ① 법 제21조제3항의 규정에 의거 추진위원회 또는 조합

은 총회의 의결을 거쳐 추진위원회 위원 또는 조합임원 선출에 관한 선거관리를 관할위원회에 위탁할 수 있다. 이 경우 공공관리자에게 그 사실을 통지해야 한다.

② 공공관리자는 제1항의 규정에 의한 선거관리위탁이 있을 경우 다음 각 호의 사항을 지원할 수 있다.

1. 선거관리위탁서 작성
2. 선거인명부 및 후보자등록·명부 작성
3. 위탁선거 관리규칙에 따라 관할위원회의 협조요청이 있을 경우 인력, 시설, 장비 등의 지원

부 칙

(시행일) 이 기준은 이 고시 이후 최초로 추진위원회 구성 지원을 위한 추진위원장·감사 선거 후보자등록 공고하는 정비사업부터 적용한다.

부 칙 〈2011.6.2〉

(시행일) 이 고시는 발령한 날부터 시행한다.

서울시고시 제2012-163호 (2012.6.28)

「도시정비법」 제77조의4 및 「서울시 도시정비조례」 제48조제4항에 따라 공공관리 적용대상인 정비사업의 시공자 선정방법 및 절차 등을 규정한 「공공관리 시공자 선정기준」 일부 개정기준을 다음과 같이 고시합니다.

2010년 6월 28일

서 울 시 장

공공관리 시공자 선정기준

제정 2010.9.16 고시 제326호
개정 2011.6.23 고시 제160호
개정 2011.10.20 고시 제310호
개정 2012.3.15 고시 제54호
개정 2012.6.28 고시 제163호

제1장 총 칙

제1조(목적) 이 기준은 「도시정비법」(이하 "법"이라 한다.) 제77조의4제1항에 따라 공공관리를 하는 정비사업조합(이하 "조합"이라 한다.)의 시공자 선정에 관하여 필요한 사항을 규정함을 목적으로 한다.

제2조(용어의 정의) 이 기준에서 사용하는 용어의 정의는 다음과 같다.

1. "건설업자등"이란 「건설산업기본법」 제2조제5호에 따른 건설업자 또는 「주택법」 제12조제1항에 따라 건설업자로 보는 등록사업자를 말한다.
2. "건설업자등관련자"란 건설업자등의 임·직원, 그 피고용인, 용역요원 등 건설업자등으로부터 당해 시공자 선정에 관하여 재산상 이익을 제공받거나 제공을 약속 받은 자(조합원인 경우를 포함한다.)를 말한다.
3. "설계도서"란 설계도면·공사시방서·현장설명서 및 물량내역서 등 공사의 입찰에 필요한 서류를 말한다.

4. "물량내역서"란 당해 정비사업의 공종별 목적물의 물량과 규격등이 적힌 내역서를 말한다.
5. "산출내역서"란 물량내역서에 단가를 적은 내역서를 말한다.

제3조(설계도서의 작성 등) ① 조합은 시공자를 선정하고자 하는 경우 제7조제1항에 따른 이사회 개최 전에 공사입찰에 필요한 설계도서의 작성 및 공사원가를 산출하여야 한다.
② 제2조제3호의 설계도서 중 설계도면의 작성은 국토부장관이 고시한 「주택의 설계도서 작성기준」 제4조제1항에 따른 실시설계도면 작성방법에 따른다.

제2장 입찰의 방법

제4조(입찰의 방법) ① 조합이 건설업자등을 시공자로 선정하고자 하는 경우에는 일반경쟁입찰, 제한경쟁입찰 또는 지명경쟁입찰의 방법으로 선정하여야 한다. 다만, 지명경쟁입찰의 경우에는 조합원이 200명 이하인 정비사업으로 한정한다.
② 제1항에도 불구하고 미 응찰 등의 사유로 3회 이상 유찰된 경우에는 총회의 의결을 거쳐 수의계약 할 수 있다.
③ 조합은 제1항에 따라 제한 또는 지명경쟁으로 입찰에 부치고자 하는 경우에는 입찰에 참가할 건설업체등을 부당하게 제한할 수 없으며, 입찰참여자격을 제한하거나 건설업자등을 지명하고자 하는 경우에는 대의원회의 의결을 거쳐야 한다.

제5조(제한경쟁에 의한 입찰) 조합은 건설업자등의 자격을 시공능력평가액·신용평가등급(회사채 기준), 해당 공사와 같은 종류의 공사실적(건설예정세대수 이내 범위), 그 밖에 조합의 신청으로 구청장이 따로 인정한 것으로만 제한할 수 있으며, 5인 이상의 입찰참여 신청 및 응찰이 있어야 한다. 이 경우 공동참여의 경우에는 1인으로 본다.

제6조(지명경쟁에 의한 입찰) 조합은 지명경쟁에 의한 입찰에 부치고자 할 때에는 5인 이상의 입찰대상자를 지명하여 3인 이상의 입찰참여 신청이 있어야 한다.

제3장 시공자 선정절차

제7조(선정계획 결정) ① 조합은 시공자를 선정하려는 때에는 다음 각 호의 사항을 포함한 선정계획안을 작성하여 이사회의 의결을 거쳐야 하며, 이사회가 의결한 선정계획안에 대하여 대의원회의 소집을 통지하기 전에 미리 공공관리자의 검토를 받아야 한다.
1. 입찰참여자격
2. 입찰방법에 관한 사항
3. 시공자 선정방법 및 일정에 관한 사항
4. 합동홍보설명회 개최 및 개별 홍보 등 위반자에 대한 제재 방법

5. 삭제
6. 기타 시공자 선정에 관하여 필요한 사항

② 조합은 제1항에 따라 공공관리자의 검토를 거친 경우 대의원회를 소집하여 정관에 정한 방법에 따라 시공자 선정계획을 의결하여야 한다.

제8조(입찰공고) ① 조합은 시공자 선정을 위하여 입찰에 부치고자 할 때에는 현장설명회 개최일로부터 7일 전에 1회 이상 전국 또는 서울시를 주된 보급지역으로 하는 일간신문에 공고하여야 한다. 다만, 지명경쟁에 의한 입찰의 경우에는 현장설명회 개최일로부터 7일 전에 내용증명우편으로 발송하여야 하며, 반송된 경우에는 반송된 다음 날에 1회 이상 재발송하여야 한다.

② 조합은 제1항에 따른 입찰공고를 관련기관에 의뢰하기 전에 공고의 내용 등에 대하여 공공관리자의 검토를 받아야 한다.

제9조(입찰공고의 내용) 조합은 제8조에 따른 공고를 하려는 때에는 다음 각 호의 사항을 명시하여야 한다.

1. 사업계획의 개요(공사규모, 면적 등)
2. 입찰의 일시 및 장소
3. 현장설명회의 일시·장소 및 구비서류
4. 입찰참가 자격에 관한 사항
5. 예정가격
6. 입찰참가에 따른 준수사항 및 위반(제14조를 위반하는 경우를 포함한다.)시 자격 박탈에 관한 사항
7. 그 밖에 조합이 정하는 사항

제9조의2(부정당업자의 입찰 참가자격 제한) ① 조합은 대의원회의 의결을 거쳐 제8조제1항에 따라 입찰공고하는 당시 2년 이내의 범위에서 다음 각 호에 해당하는 자에 대하여 입찰 참가자격을 제한할 수 있다.

1. 조합총회에서 선정된 후 정당한 이유 없이 계약을 체결하지 아니하여 선정이 무효로 된 자
2. 금품·향응 등을 제공하여 처벌을 받았거나, 입찰 또는 선정이 무효로 된 자
3. 제14조제3항에 따른 개별홍보 금지 규정을 위반하여 입찰 또는 선정이 무효로 된 자

② 조합은 제1항 각 호의 어느 하나에 해당하는 자에 대하여 지체 없이 업체명·무효사유 및 처분일자등을 공공관리자와 시장에게 제출하여야 한다.

제10조(현장설명회) ① 조합은 입찰일 45일전에 다음 각 호의 사항이 포함된 현장설명회

를 개최하여야 한다.

1. 사업시행인가의 내용을 반영한 다음 각 목의 설계도서
   가. 사업시행인가서
   나. 공사도면
   다. 공사시방서
   라. 물량내역서(필요 시)
   마. 산출내역서 작성방법 및 설계도서 열람방법(도면과 시방서 등은 현장설명회 참여자에게 정보저장매체로 제공할 것)
2. 입찰에 필요한 다음 각 목의 내용이 포함된 입찰참여안내서
   가. 입찰제안서 작성방법·제출서류·접수방법 및 입찰유의사항 등
   나. 입찰보증금의 납부 및 예입조치에 관한 사항
   다. 입찰의 무효에 관한 사항
   라. 건설업자등의 공동홍보방법 및 위반시 제재사항
   마. 시공자 선정방법 및 일정에 관한 사항
3. 공사도급계약서 작성에 관한 사항
   가. 공사도급계약서(안)
   나. 공사도급계약조건 및 특수조건(안)
   다. 공사도급 계약금액의 조정에 관한 사항
   라. 기타 공사도급 계약조건에 관한 사항
4. 기타 입찰에 관하여 필요한 사항

② 입찰참여자는 제1항제1호 라목의 물량내역서를 직접 작성하고 단가를 기재하여 조합에 제출하여야 하며, 제출한 물량내역서의 기재 내용에 대한 책임은 입찰참여자에게 있다. 다만, 조합은 입찰참여자가 설계도서의 검토에 참고할 수 있도록 물량내역서를 제공할 수 있다.

③ 조합은 현장설명회에 참가한 건설업자등을 입찰에 참가할 수 있도록 하고, 현장설명회에 참가한 건설업자등에게 별지 제1호서식의 시공자 입찰참여 의향서를 작성·제출토록 하여 조합의 인감이 날인된 접수증을 교부하여야 한다.

제11조(입찰제안서의 접수 및 개봉) ① 조합은 밀봉된 상태로 입찰제안서를 접수하여야 한다. 이 경우 조합은 입찰에 참가하는 건설업자등에게 별지 제2호서식의 시공자 입찰참여 신청서를 작성·제출하게 하고, 조합의 인감이 날인된 확인서를 교부하여야 한다.

② 입찰제안서를 개봉하고자 할 때에는 입찰제안서를 제출한 건설업자등의 대표(대리인을 지정한 경우 그 대리인) 각 1인과 조합임원, 기타 이해관계인이 참가한 공개된 장소

에서 개봉하여야 한다.

제12조(입찰제안서 비교표 작성 등) ① 조합은 제11조제2항에 따라 입찰제안서를 개봉한 때에는 건설업자등이 제출한 입찰제안서에 따라 별지 제3호서식의 입찰제안서 비교표를 작성하고, 건설업자등과 각각 확인·날인하여 사업을 완료하는 때까지 보관하여야 한다.

② 조합은 제1항에 따라 작성한 입찰제안서 비교표의 사본을 제13조제1항에 따른 대의원회와 제15조제1항에 따른 총회를 개최하기 전에 대의원 또는 조합원에게 미리 통지하여야 한다.

제13조(총회에 상정할 건설업자등 결정) ① 조합은 총회에 상정할 건설업자등을 결정하기 위하여 대의원회를 개최하여야 한다.

② 대의원회는 총회에 상정할 6인 이상의 건설업자등을 선정하여야 한다. 다만, 입찰에 참가한 건설업자등이 5인 이하인 때에는 모두 총회에 상정하여야 한다.

③ 제2항에 따른 건설업자등의 결정은 대의원회 재적의원 과반수가 직접 참석한 회의에서 비밀투표의 방법으로 의결하여야 한다. 이 경우 서면 또는 대리인을 통한 투표는 인정하지 아니한다.

④ 조합은 제1항에 따른 대의원회 소집을 통지하기 전에 공공관리자에게 관련 자료의 검토를 받아야 한다.

제14조(건설업자등의 홍보) ① 조합은 제13조에 따라 총회에 상정할 건설업자등이 결정된 때에는 조합원에게 이를 즉시 통지하여야 하며, 건설업자등의 합동홍보설명회를 2회 이상 개최하여야 한다.

② 조합은 제1항에 따라 합동홍보설명회를 개최할 때에는 미리 일시 및 장소를 정하여 조합원과 해당 건설업자등에게 이를 통지하여야 한다.

③ 조합 및 건설업자등관련자는 조합원을 상대로 개별적인 홍보(홍보관·쉼터 설치, 홍보책자 배부, 세대별 방문, 인터넷 홍보 등을 포함한다. 이하 이 항에서 같다.)를 할 수 없으며, 홍보를 목적으로 조합원 또는 정비사업전문관리업자 등에게 사은품 등 물품·금품·재산상의 이익을 제공하거나 제공을 약속하여서는 아니 된다.

④ 건설업자등관련자가 제3항에 따른 개별적인 홍보 및 홍보를 목적으로 하는 일체의 행위를 하지 않도록 관리감독하고, 이를 위반한 건설업자등은 입찰참여자격의 박탈 등 필요한 조치를 할 수 있다.

제15조(시공자의 선정) ① 조합은 시공자를 선정하기 위하여 총회를 개최하여야 하며, 총회는 조합원 총수의 과반수가 직접 참석하여 의결하여야 한다. 이 경우 정관이 정한 대

리인이 참석한 때에는 직접 참여로 본다.

② 조합원은 제1항에 따른 총회 직접 참석이 어려운 경우 서면으로 의결권을 행사할 수 있으나, 제1항에 따른 직접 참석자의 수에는 포함되지 아니한다.

③ 제2항에 따른 서면의결권 행사는 조합에서 지정한 기간·시간 및 장소에서 서면결의서를 배부받아 제출하여야 한다.

④ 조합은 제3항에 따른 조합원의 서면의결권 행사를 위해 조합원 수 등을 고려하여 서면결의서 제출기간·시간 및 장소를 정하여 운영하여야 하고, 시공자 선정을 위한 총회 개최 안내 시 서면결의서 제출 요령을 충분히 고지하여야 한다.

⑤ 조합은 총회에서 시공자 선정을 위한 투표 전에 각 건설업자등별로 조합원들에게 설명할 수 있는 기회를 동등하게 부여하여야 한다.

⑥ 총회에 상정된 건설업자등이 출석한 조합원(서면의결권을 포함한다.)의 과반수 동의를 얻지 못한 경우 시공자 선정방법은 정관에 정한 바에 따르며, 정관에서 특별히 정하지 않은 경우에는 총회 의결에 따른다.

⑦ 조합은 제6항에 따라 해당 총회에서 재투표할 경우에는 재투표를 하기 전에 제1항에 따른 조합원의 과반수 직접 참석 여부를 확인하여야 한다.

⑧ 조합은 제1항에 따른 총회 소집을 통지하기 전에 공공관리자에게 관련 자료의 검토를 받아야 한다.

제4장 계약의 체결 및 이행

제16조(계약의 체결) 조합은 제15조에 따라 선정된 시공자가 정당한 이유 없이 3월 이내에 계약을 체결하지 아니하는 경우에는 제15조의 규정에 따른 총회의 의결을 거쳐 당해 선정을 무효로 할 수 있다.

제5장 보 칙

제17조(입찰보증금) ① 조합은 건설업자등에게 입찰시 입찰보증금을 미리 납입하게 할 수 있다.

② 입찰보증금은 현금 또는 「지방자치단체를 당사자로 하는 계약에 관한 법률 시행령」 제37조제2항 각 호의 보증서 등으로 납부하게 할 수 있다.

제18조(입찰보증금의 예입조치) ① 조합장은 총회에서 선정된 건설업자등이 정당한 사유 없이 계약을 체결하지 아니하거나 입찰참여 규정 등을 위반하여 조합에 손해가 발생한 경우 해당 건설업자등의 입찰보증금을 해당 조합에 귀속시킬 수 있다. 이 경우 조합은 미리 그 뜻을 해당 건설업자등에게 통지하여야 한다.

② 제1항에 따른 입찰보증금의 예입조치 사유가 발생한 때에는 지체 없이 그 뜻을 해당 금융기관 또는 보증기관 등에게 통지하고 당해 입찰보증금을 현금으로 징수하게 하거나 조합 소유 유가증권으로 전환하게 할 수 있다.

③ 조합은 해당 건설업자등에게 다음 각 호에 따라 입찰보증금을 환급하여야 한다.

1. 총회 상정할 업체 결정에서 제외된 건설업자등 : 대의원회 개최일부터 14일 이내
2. 총회에서 시공자로 선정된 건설업자등 : 계약일부터 14일 이내(단, 조합이 시공자와 협의한 경우 대여금으로 전환이 가능하다.)
3. 제1호와 제2호 외의 건설업자등 : 총회 개최일부터 14일 이내

④ 제16조에 따라 총회에서 시공자 선정이 무효로 된 경우에는 입찰보증금을 제1항과 제2항의 방법 및 절차에 따라 조합에 귀속시킬 수 있다.

제19조(입찰참여안내서 등의 작성) 조합은 해당 정비구역의 여건 등에 따라 법령과 이 기준에 적합한 범위 안에서 별지 제3호 및 제4호의 서식을 수정·보완하여 작성할 수 있다.

제20조(자료제출 등) 조합장은 시공자 선정에 관한 자료를 다음 각 호의 방법에 따라 공공관리자에게 제출하여야 한다.

1. 시공자 선정계획 : 대의원회 소집 공고 전
2. 입찰공고 : 관련 기관에 공고 의뢰 전
3. 이사회·대의원회 및 총회 상정 자료 : 소집 공고 전
4. 이사회·대의원회 및 총회 결과 : 개최 후 지체 없이
5. 현장설명회 결과 : 그 행위가 있은 후 지체 없이

제21조(관련 자료의 공개) 조합은 시공자 선정에 관하여 조합원 또는 토지등소유자가 알 수 있도록 클린업시스템 또는 그 밖의 방법을 병행하여 그 해당하게 된 날부터 15일 이내 공개하여야 한다.

1. 시공자 선정계획에 관한 사항
2. 입찰공고에 관한 사항(설계도서 포함)
3. 현장설명회 자료
4. 조합총회·대의원회 및 이사회의 의사록
5. 시공자 선정계약서
6. 입찰참여업체의 홍보에 관한 사항

제22조(감독) 공공관리자는 조합이 이 기준에 따라 시공자를 선정하지 않는 경우에는 적정한 시행을 위하여 법 제77조에 따라 그 처분의 취소·변경 또는 정지, 임원의 개선 권고 등 그 밖의 필요한 조치를 할 수 있다.

제23조(재검토기한) 「훈령·예규 등의 발령 및 관리에 관한 규정」(대통령 훈령 제248호)에 따라 이 고시를 발령한 후의 법령이나 현실 여건의 변화 등을 검토하여 개정 등의 조치를 하여야 하는 기한은 2014.12.31까지로 한다.

부 칙 〈2010.9.16〉

제1조(시행일) 이 기준은 2010.10.1부터 시행한다.

제2조(적용례) 이 기준은 시행 당시 조합총회에서 시공자를 선정하지 아니한 정비사업분부터 적용한다.

제3조(경과조치) 이 기준의 시행 전에 관련 규정에 따라 조합총회에서 적합하게 선정된 시공자는 이 기준에 의한 시공자로 본다.

부 칙 〈2011.6.23〉

① (시행일) 이 기준은 고시한 날부터 시행한다.

부 칙 〈2011.10.20〉

① (시행일) 이 기준은 고시한 날부터 시행한다.

부 칙 〈2012.3.15〉

① (시행일) 이 기준은 고시한 날부터 시행한다.

② (설계도면 작성에 대한 적용례) 제3조제2항의 개정 규정은 이 기준 시행 후 최초로 법 제28조에 따라 사업시행인가를 얻는 분부터 적용한다.

③ (입찰방법 등에 대한 적용례) 제4조제1항 단서, 제5조, 제9조제6호, 제9조의2 및 제10조의 개정규정은 이 기준 시행 후 최초로 제8조에 따라 시공자 선정을 위하여 입찰공고를 하는 분부터 적용한다.

부 칙 〈2012.6.28〉

① (시행일) 이 기준은 고시한 날부터 시행한다.

② (선정계획 결정에 대한 적용례) 제7조제1항제5호의 개정 규정은 이 기준 시행 후 제8조에 따라 시공자 선정을 위하여 입찰공고를 하는 분부터 적용한다.

조례 제49조(위탁관리자의 지정 등)
조례 제50조(조합설립 등의 업무지원)
조례 제50조의2(관리처분계획 수립 지원 등)

• 위탁관리자의 지정 등
• 조합설립 등의 업무지원, 관리처분계획 수립 지원 등

2010.7.15 공공관리 제도의 업무지원 범위는 추진위원회 구성 및 조합설립 등의 지원업무이었으나, 세입자의 주거 및 이주 대책 수립에 관한 지원과 함께 관리처분계획 수립에 관한 지원도 추가되었다.

□ 개정 연혁

▸ 도시정비조례[서울시조례 제5007호, 2010.7.15, 일부개정]

제49조(위탁관리자의 지정 등) ① 공공관리자가 법 제77조의4제1항에 따라 위탁관리하고자 하는 경우 「행정권한의 위임 및 위탁에 관한 규정」을 준용하여 위탁관리자를 지정하여야 한다. 〈신설 2010.7.15〉

② 시장은 다음 각 호의 내용이 포함된 표준협약서를 작성하여 보급할 수 있다. 〈신설 2010.7.15〉

1. 위탁의 목적
2. 상호간의 권리와 의무
3. 구역의 위치 및 면적
4. 위탁업무의 범위
5. 위탁기간
6. 계약체결 및 수수료 지급 방법
7. 감독에 관한 사항

8. 협약 해지 등 위탁관리에 필요한 사항

제50조(조합설립 등의 업무지원) ① 시장은 추진위원회 또는 조합이 개략적인 사업비등을 산출할 수 있는 프로그램을 제공할 수 있다. 〈신설 2010.7.15〉

② 추진위원회 위원장 또는 조합임원은 조합설립을 위한 동의를 받는 때부터 조합 총회에서 관리처분계획을 의결하는 때까지 시장이 지정한 홈페이지에서 제1항에 따른 프로그램에 정비계획 등 필요한 사항을 입력하여야 한다. 〈신설 2010.7.15〉

부 칙 〈제5007호, 2010.7.15〉

제1조(시행일) 이 조례는 2010.7.16부터 시행한다. 다만, 제48조 제2항의 개정규정은 2010.10.1부터 시행한다.

제5조(공공관리의 적용례) 제6장의 개정규정은 이 조례 시행 당시 법 제24조에 따른 총회에서 시공자 또는 설계자를 선정하지 아니한 정비사업 분부터 적용한다.

▸ [서울시조례 제5237호, 2012.1.5, 일부개정]

제49조(위탁관리자의 지정 등) ① 공공관리자가 법 제77조의4제1항에 따라 위탁관리하고자 하는 경우 「행정권한의 위임 및 위탁에 관한 규정」을 준용하여 위탁관리자를 지정하여야 한다. 〈신설 2010.7.15〉

② 시장은 다음 각 호의 내용이 포함된 표준협약서를 작성하여 보급할 수 있다. 〈신설 2010.7.15〉

1. 위탁의 목적
2. 상호간의 권리와 의무
3. 구역의 위치 및 면적
4. 위탁업무의 범위
5. 위탁기간
6. 계약체결 및 수수료 지급 방법
7. 감독에 관한 사항
8. 협약 해지 등 위탁관리에 필요한 사항

제50조(조합설립 등의 업무지원) ① 시장은 추진위원회 또는 조합이 개략적인 사업비등을 산출할 수 있는 프로그램을 제공할 수 있다. 〈신설 2010.7.15〉

② 추진위원회 위원장 또는 조합임원은 조합설립 동의 시부터 최초로 관리처분계획을 수립하는 때까지 사업비에 관한 주민 동의를 얻고자 하는 경우에는 시장이 지정한 홈페이지에서 제1항에 따른 프로그램에 정비계획 등 필요한 사항을 입력하고, 토지등소유자가 개략적인 분담금 등을 확인할 수 있도록 하여야 한다. 〈개정 2012.1.5〉

③ 추진위원회 위원장 또는 조합임원은 토지등소유자에게 동의를 얻고자 하는 사업비의 내용과 부합되게 자료를 입력하여야 한다. 〈신설 2012.1.5〉

부 칙 〈제5237호, 2012.1.5〉

제1조(시행일) 이 조례는 공포한 날부터 시행한다(효력발생시기는 2012.1.5).

▶ [서울시조례 제5348호, 2012.7.30, 일부개정]

제49조(위탁관리자의 지정 등) ① 공공관리자가 법 제77조의4제1항에 따라 위탁관리하고자 하는 경우 「행정권한의 위임 및 위탁에 관한 규정」을 준용하여 위탁관리자를 지정하여야 한다. 〈신설 2010.7.15〉

② 시장은 다음 각 호의 내용이 포함된 표준협약서를 작성하여 보급할 수 있다. 〈신설 2010.7.15〉

1. 위탁의 목적
2. 상호간의 권리와 의무
3. 구역의 위치 및 면적
4. 위탁업무의 범위
5. 위탁기간
6. 계약체결 및 수수료 지급 방법
7. 감독에 관한 사항
8. 협약 해지 등 위탁관리에 필요한 사항

제50조(조합설립 등의 업무지원) ① 시장은 추진위원회 또는 조합이 개략적인 사업

비등을 산출할 수 있는 프로그램을 제공할 수 있다. 〈신설 2010.7.15〉

② 추진위원회 위원장 또는 조합임원은 조합설립 동의 시부터 최초로 관리처분계획을 수립하는 때까지 사업비에 관한 주민 동의를 얻고자 하는 경우에는 시장이 지정한 홈페이지에서 제1항에 따른 프로그램에 정비계획 등 필요한 사항을 입력하고, 토지등소유자가 개략적인 분담금 등을 확인할 수 있도록 하여야 한다. 〈개정 2012.1.5〉

③ 추진위원회 위원장 또는 조합임원은 토지등소유자에게 동의를 얻고자 하는 사업비의 내용과 부합되게 자료를 입력하여야 한다. 〈신설 2012.1.5〉

제50조의2(관리처분계획 수립 지원 등) ① 시장은 제46조제5호 및 제6호의 업무지원에 필요한 방법과 절차, 기준을 정할 수 있다. 〈신설 2012.7.30〉

부 칙 〈제5348호, 2012.7.30〉

제1조(시행일) 이 조례는 공포한 날부터 시행한다(효력발생시기는 2012.7.30).

➡ 공공관리 적용 및 지원 범위 확대

- 세입자의 주거 및 이주 대책 수립에 관한 지원, 관리처분계획 수립에 관한 지원

▢ 조례 제49조(위탁관리자의 지정 등)

"공공관리자"란 법 제77조의4제2항 각 호의 업무를 수행하는 자로서의 구청장이다. 위탁관리자란 공공관리자인 구청장으로부터 공공관리를 위탁받은 자를 말한다. 이 위탁관리자에는 한국토지주택공사, 공기업법에 의한 지방공사(예, 서울은 SH공사, 경기도는 경기지방공사 등), 신탁업자, 대한주택보증주식회사 및 한국감정원이다.

○ 조례 제49조제1항

공공관리자가 법 제77조의4제1항에 따라 위탁관리하고자 하는 경우 「행정권한의 위임 및 위탁에 관한 규정」을 준용하여 위탁관리자를 지정하여야 한다(동조 제1항).

※「행정권한의 위임 및 위탁에 관한 규정」[대통령령 제24463호, 2013.3.23, 일부개정]
「정부조직법」 제6조제1항 및 그 밖의 법령에 따라 행정능률의 향상, 행정사무의 간소화와 행정기관의 권한 및 책임의 일치를 위하여 법률에 규정된 행정기관의 권한 중 그 보조기관 또는 하급행정기관의 장에게 위임하거나 다른 행정기관의 장 또는 지방자치단체의 장에게 위임 또는 위탁할 권한을 정하는 규정이다.

이는 행정기관의 장은 허가·인가·등록 등 민원에 관한 사무, 정책의 구체화에 따른 집행사무 및 일상적으로 반복되는 사무로서 그가 직접 시행하여야 할 사무를 제외한 일부 권한(이하 "행정권한")을 그 보조기관 또는 하급행정기관의 장, 다른 행정기관의 장, 지방자치단체의 장에게 위임 및 위탁하는 제3조(위임 및 위탁의 기준 등)규정이 있다.

이외에도 특별시장·광역시장·특별자치시장·도지사 또는 특별자치도지사(특별시·광역시·특별자치시·도 또는 특별자치도의 교육감을 포함한다.)나 시장·군수 또는 자치구의 구청장은 행정의 능률향상과 주민의 편의를 위하여 필요하다고 인정될 때에는 수임사무의 일부를 그 위임기관의 장의 승인을 받아 규칙으로 정하는 바에 따라 시장·군수·구청장(교육장을 포함) 또는 읍·면·동장, 그 밖의 소속기관의 장에게 다시 위임할 수 있는 제4조(재위임)가 있다.

위임의 내용으로는 행정기관 간 위임·위탁사항과 민간위탁사항이 있다.

○ 조례 제49조제2항

시장은 다음 각 호의 내용이 포함된 표준협약서를 작성하여 보급할 수 있다(동조 제2항).

1. 위탁의 목적
2. 상호간의 권리와 의무
3. 구역의 위치 및 면적
4. 위탁업무의 범위
5. 위탁기간
6. 계약체결 및 수수료 지급 방법
7. 감독에 관한 사항
8. 협약 해지 등 위탁관리에 필요한 사항

▢ 조례 제50조(조합설립 등의 업무지원)

○ 조례 제50조제1항

시장은 추진위원회 또는 조합이 개략적인 사업비등을 산출할 수 있는 프로그램을 제공할 수 있다(동조 제1항).

이를 위해 서울시는 2011.11.14 사업비 및 분담금 추정프로그램을 만들어 해설한 바 있으며, 2013.7 "사업비 및 분담금 추정프로그램(신버전)매뉴얼"을 제정, 시행 중에 있다.
"사업비 및 분담금 추정프로그램(신버전)매뉴얼"은 사업개요, 수입 및 지출 산출조서, 개별분담금 조회, 개별분담금 변동조회, 토지등소유자 명부관리 등으로 구성돼 있다.

○ 조례 제50조제2항 및 제3항

추진위원회 위원장 또는 조합임원은 조합설립 동의 시부터 최초로 관리처분계획을 수립하는 때까지 사업비에 관한 주민 동의를 얻고자 하는 경우에는 시장이 지정한 홈페이지에서 제1항에 따른 프로그램에 정비계획 등 필요한 사항을 입력하고, 토지등소유자가 개략적인 분담금 등을 확인할 수 있도록 하여야 한다(동조 제2항).

추진위원회 위원장 또는 조합임원은 토지등소유자에게 동의를 얻고자 하는 사업비의 내용과 부합되게 자료를 입력하여야 한다(동조 제3항).

▢ 조례 제50조의2(관리처분계획 수립 지원 등)

서울시장은 조례 제46조제5호(세입자의 주거 및 이주 대책 수립) 및 제6호(관리처분계획 수립)에 관한 지원의 업무지원에 필요한 방법과 절차, 기준을 정할 수 있다(본조).

2012.2.1 도시정비법 제77조의4제2항이 개정되면서, 정비사업의 공공관리 업무에 세입자의 주거 및 이주대책 수립에 관한 지원, 관리처분계획 수립에 관한 지원

업무가 추가되었다.

이에 따라 서울시도 조례를 개정하여 양자의 업무를 공공관리 업무에 추가하였다.

〈서울시 보도자료 2010. 4. 22〉

공공관리제도 관련 세부내용

〈위탁관리자의 지정 등〉

○ 지정방법 : 「행정권한의 위임 및 위탁에 관한 규정」을 준용

○ 지원방법 : 시장이 표준협약서를 작성하여 자치구에 보급

- 정비구역 지정 대상이 아닌 재건축사업
- 정비구역 지정 당시 토지등소유자 수가 100명 미만이고, 주거용 건설비율이 50% 미만인 도시환경정비사업

〈"사업비 및 분담금 추정프로그램" 제공 및 관리 등〉

○ 목적 : 토지등소유자의 동의가 필요한 조합설립 등의 업무지원

○ 지원방법 : 시장은 클린업홈페이지에 프로그램을 제공

○ 관리방법 : 추진위원회 또는 조합은 관리처분계획 수립 때까지 정비계획등의 자료를 입력하여 주민들이 개략적 분담금을 추정해 볼 수 있도록 관리 의무

□ 시도별 조례

○ 경기도

제41조(위탁관리자의 지정 등) ① 공공관리자가 법 제77조의4제1항에 따라 위탁관리하고자 하는 경우 「행정권한의 위임 및 위탁에 관한 규정」을 준용하여 위탁관리자를 지정하여야 한다.

② 도지사는 공공관리의 위탁과 관련하여 다음 각 호의 내용이 포함된 표준협약서를 작성하여 보급 할 수 있다.

1. 위탁의 목적
2. 상호간의 권리와 의무

3. 구역의 위치 및 면적
4. 위탁업무의 범위
5. 위탁기간
6. 계약체결 및 수수료 지급 방법
7. 감독에 관한 사항
8. 협약 해지 등 위탁관리에 필요한 사항

[본조신설 2011.10.20]

第42조(조합설립 등의 업무지원) ① 도지사는 추진위원회 또는 조합이 개략적인 사업비 등을 산출할 수 있는 프로그램을 제공할 수 있다.

② 추진위원회 위원장 또는 조합장은 시장·군수가 정비사업을 위한 홈페이지를 운영하는 경우 제1항에 따른 개략적 사업비 산출과 홈페이지 운영에 필요한 내용을 입력하여야 한다.

[본조신설 2011.10.20]

- 남양주시, 부천시, 수원시

경기도와 같다.

- 안산시, 안양시

조합설립 등의 업무지원 규정이 없다.

- 고양시

第45조(위탁관리자의 지정) ① 공공관리자가 법 제77조의4제1항에 따라 위탁관리하고자 하는 경우 「행정권한의 위임 및 위탁에 관한 규정」을 준용하여 위탁관리자를 지정하여야 한다.

조합설립 등의 업무지원 규정이 없다.

○ 인천시, 부산시, 대구시, 대전시

관련 조문이 없다.

○ **광주시**

제48조(위탁관리자의 지정 등) ① 공공관리자가 법 제77조의4제1항에 따라 위탁관리하고자 하는 경우「행정권한의 위임 및 위탁에 관한 규정」을 준용하여 위탁관리자를 지정하여야 한다.

② 시장은 다음 각 호의 내용이 포함된 표준협약서를 작성하여 보급할 수 있다.

1. 위탁의 목적
2. 상호간의 권리와 의무
3. 구역의 위치 및 면적
4. 위탁업무의 범위
5. 위탁기간
6. 계약체결 및 수수료 지급 방법
7. 감독에 관한 사항
8. 협약 해지 등 위탁관리에 필요한 사항

[본조신설 2012.5.15]

제49조(조합설립 등의 업무지원) ① 시장은 추진위원회 또는 조합이 개략적인 사업비 등을 산출할 수 있는 프로그램을 제공할 수 있다.

② 추진위원회 위원장 또는 조합임원은 조합설립을 위한 동의를 받는 때부터 조합 총회에서 관리처분계획을 의결하는 때까지 시장이 지정한 홈페이지에서 제1항에 따른 프로그램에 정비계획 등 필요한 사항을 입력하여야 한다.

[본조신설 2012.5.15]

조례 제50조의3(공공관리에 의한 조합설립 방법 및 절차 등)
조례 제51조(비용지원 등)
조례 제52조(공공관리의 정보공개)

공공관리에 의한 조합설립 방법 및 절차 등, 비용지원 등 및 공공관리의 정보공개

2012.2.1 도시정비법 개정으로 정비사업에 대하여 공공관리를 시행하려는 경우에는 추진위원회 구성을 생략할 수 있다(법 제13조제6항)는 규정의 신설로 인해, 서울시도 그 시행에 맞춰 2012.21.31 조례 제50조의3(공공관리에 의한 조합설립 방법 및 절차 등)을 신설하여 추진위원회가 생략된 경우의 조합설립에 대한 규정이 만들어졌다.

▢ 개정 연혁

▸ 도시정비조례[서울시조례 제5007호, 2010.7.15, 일부개정]

제51조(비용지원 등) 법 제77조의4제4항에 따라 시장은 다음 각 호의 업무에 소요되는 비용의 70% 범위 내에서 「서울시 보조금 관리조례」 제9조에 따라 자치구 재정력을 감안하여 구청장에게 지원할 수 있다. 〈신설 2010.7.15〉

1. 법 제77조의4제2항제1호에 따른 추진위원회 구성을 위한 소요비용 〈신설 2010.7.15〉
2. 법 제77조의4제1항에 따른 공공관리의 위탁수수료 〈신설 2010.7.15〉

제52조(공공관리의 정보공개) 공공관리자 및 위탁관리자는 다음 각 호의 관련 자료를 인터넷과 그 밖의 방법을 병행하여 일반에 공개하여야 한다. 〈신설 2010.7.15〉

1. 법 제77조의4제1항에 따른 위탁관리자의 지정 및 계약에 관한 사항 〈신설 2010.7.15〉

2. 법 제77조의4제2항제2호에 따른 정비사업전문관리업자 선정 및 계약에 관한 사항 〈신설 2010.7.15〉
3. 추진위원회 위원 및 조합 임원의 선거관리에 관한 사항 〈신설 2010.7.15〉

부 칙 〈제5007호, 2010.7.15〉

제1조(시행일) 이 조례는 2010.7.16부터 시행한다.

제5조(공공관리의 적용례) 제6장의 개정규정은 이 조례 시행 당시 법 제24조에 따른 총회에서 시공자 또는 설계자를 선정하지 아니한 정비사업 분부터 적용한다.

➡ 시장은 구청장에게 공공관리에 소요되는 비용의 70% 범위에서 자치구 재정력을 감안하여 지원할 수 있도록 하였다(안 제51조).

► [서울시조례 제5417호, 2012.12.31, 일부개정]

제50조의3(공공관리에 의한 조합설립 방법 및 절차 등) ① 구청장은 제5조제12호에 따라 토지등소유자의 과반수가 원하는 경우 법 제13조제6항에 따라 추진위원회 구성을 생략할 수 있다.

② 제1항에 따라 추진위원회 구성을 생략하는 경우 토지등소유자는 시장이 정하는 방법과 절차 등에 따라 조합을 설립하여야 하며, 시장은 다음 각 호의 내용을 포함한 기준을 정하여 고시하여야 한다.

1. 토지등소유자의 대표자 등 주민협의체 구성을 위한 선출방법
2. 참여주체별 역할
3. 조합설립 단계별 업무처리 기준
4. 기타 조합설립 업무지원을 위하여 필요한 사항

[전문신설 2012.12.31]

제51조(비용지원 등) 법 제77조의4제4항에 따라 시장은 다음 각 호의 업무에 소요되는 비용의 70% 범위 내에서 「서울시 보조금 관리조례」 제9조에 따라 자치구 재정력을 감안하여 구청장에게 지원할 수 있다. 〈신설 2010.7.15〉

1. 법 제77조의4제2항제1호에 따른 추진위원회 구성을 위한 소요비용 〈신설

2010.7.15〉

2. 법 제77조의4제1항에 따른 공공관리의 위탁수수료 〈신설 2010.7.15〉

제52조(공공관리의 정보공개) 공공관리자 및 위탁관리자는 다음 각 호의 관련 자료를 인터넷과 그 밖의 방법을 병행하여 일반에 공개하여야 한다. 〈신설 2010.7.15〉

1. 법 제77조의4제1항에 따른 위탁관리자의 지정 및 계약에 관한 사항 〈신설 2010.7.15〉
2. 법 제77조의4제2항제2호에 따른 비사업전문관리업자 선정 및 계약에 관한 사항 〈신설 2010.7.15〉
3. 추진위원회 위원 및 조합 임원의 선거관리에 관한 사항 〈신설 2010.7.15〉

부 칙 〈제5417호, 2012.12.31〉

제1조(시행일) 이 조례는 공포한 날부터 시행한다. 다만, 제50조의3 개정규정은 공포한 날부터 6개월 후 시행한다(효력발생시기는 2013.7.1).

제2조(공공관리에 의한 조합설립 방법 등에 관한 적용례) 제5조제12호 및 제50조의3의 개정규정은 구청장이 영 제10조제2항에 따라 최초로 정비계획 수립을 위해 조사하는 정비구역부터 적용한다.

➡ 공공관리 적용으로 토지등소유자의 과반수가 원하는 경우 추진위원회 구성을 생략하고 그에 따른 조합설립 방법과 절차에 대한 기준을 정하였다.

▢ 조례 제50조의3(공공관리에 의한 조합설립 방법 및 절차 등)

○ 조례 제50조의3제1항

구청장은 토지등소유자의 과반수가 원하는 경우 법 제13조제6항에 따라 추진위원회 구성을 생략할 수 있다(동조 제1항).

추진위원회 단계를 생략한 경우, 창립총회의 개최는 토지등소유자의 대표자의 직권 또는 토지등소유자 1/5 이상의 요구로 소집된다.

다만, 토지등소유자 1/5 이상의 소집요구에도 불구하고 토지등소유자의 대표자가 2주 이상 소집요구에 응하지 아니하는 경우 소집요구한 자의 대표가 소집할 수 있다(영 제22조의2제3항 참조).

○ 조례 제50조의3제2항

제1항에 따라 추진위원회 구성을 생략하는 경우 토지등소유자는 시장이 정하는 방법과 절차 등에 따라 조합을 설립하여야 하며, 시장은 다음 각 호의 내용을 포함한 기준을 정하여 고시하여야 한다(동조 제2항).

1. 토지등소유자의 대표자 등 주민협의체 구성을 위한 선출방법
2. 참여주체별 역할
3. 조합설립 단계별 업무처리 기준
4. 기타 조합설립 업무지원을 위하여 필요한 사항

그러나 서울시는 이 경우 주민협의체 구성을 위한 선출방법이나 참여주체별 역할 등에 대한 규정이 없어 사실상 운영이 불가능한 상태이다.

□ 조례 제51조(비용지원 등)

법 제77조의4제4항에 따라 시장은 다음 각 호의 업무에 소요되는 비용의 70% 범위 내에서 「서울시 보조금 관리조례」 제9조에 따라 자치구 재정력을 감안하여 구청장에게 지원할 수 있다(본조).

1. 법 제77조의4제2항제1호에 따른 추진위원회 구성을 위한 소요비용
2. 법 제77조의4제1항에 따른 공공관리의 위탁수수료

※ 서울시 보조금 관리조례[조례 제5150호, 2011.7.28, 일부개정]
제9조(차등보조율의 적용) ① 시장은 필요하다고 인정되는 보조 사업에 대해서는 해당 자치구의 재정사정 등을 감안하여 차등 보조율을 적용할 수 있다.
② 제1항의 차등보조율과 적용대상이 되는 자치구의 범위 및 적용기준 등에 관한 사항은 규칙으로 정한다.

보조금 관리조례 시행규칙 제3조(차등보조율의 적용기준) 조례 제9조에 따라 적용되는 자치구의 차등 보조율 범위 및 기준은 [별표2]와 같다. 〈개정 2010.1.14〉

– [별표2] 적용기준

자치구에 대한 차등 보조율은 「서울시 자치구의 재정조정에 관한 조례」 제8조의 기준재정 수요액의 산정 및 제9조의 기준재정 수입액의 산정에 따른 기준재정 수요충족도(재정력)를 기준으로 다음과 같이 차등 보조한다.

재정력	40~50% 미만	50~70% 미만	70~100% 미만	100% 이상
보조율	70% 이내	60% 이내	50% 이내	필요 시 30% 이내

▢ 조례 제52조(공공관리의 정보공개)

공공관리자 및 위탁관리자는 다음 각 호의 관련 자료를 인터넷과 그 밖의 방법을 병행하여 일반에 공개하여야 한다(본조).

1. 법 제77조의4제1항에 따른 위탁관리자의 지정 및 계약에 관한 사항
2. 법 제77조의4제2항 제2호에 따른 정비사업전문관리업자 선정 및 계약에 관한 사항
3. 추진위원회 위원 및 조합 임원의 선거관리에 관한 사항

서울시는 20106.30 클린업시스템 운영지침을 제정(개정 2013.7.26)해 시행 중에 있다.

추진주체 구성 전 구청장이 수행하는 공공관리 대상으로 클린업시스템 정보공개 사항은 다음과 같다.

○ 정비계획 수립 및 구역지정

정비계획 수립업체 선정계약 : 계약 명, 계약업체 명, 사업자번호, 입찰공고일자, 입찰마감일시, 선정일자, 선정방법, 계약일자, 계약기간, 총 계약금액(원, 부가세별도)/자료효력발생일(계약일)로부터 7일 이내 공개하도록 권장

- 공람공고 : 공고일자, 공람기간, 공람내용, 의견제출처/자료 효력발생일(공고일)로부터 3일 이내 공개하도록 권장
- 주민설명회(공청회)공고 : 공고일자, 일시, 장소, 안건/자료 효력발생일(공고일)

로부터 3일 이내 공개하도록 권장

- 구역지정 결정·고시 : 고시일자, 고시번호, 구역면적(㎡), 주용도, 건폐율(%), 용적률(%), 높이(층수), 건립예정세대수/자료효력 발생일(공고일)로부터 3일 이내 공개하도록 권장

○ **추진주체 구성 지원**

– **지원·정비업체 선정**

- 입찰공고 : 공고일자. 입찰 명, 입찰마감일시, 입찰참가자격, 선정방법/자료효력발생일(공고일)즉시 공개하도록 권장
- 입찰등록결과공고 : 결과공고일자, 접수결과/자료 효력발생일(결과공고일) 즉시 공개하도록 권장
- 선정결과공고 : 결과 공고일자, 선정일시, 평가결과/자료 효력발생일(결과공고일) 즉시 공개하도록 권장
- 용역계약사항 : 계약여부, 계약변경여부, 선정업체 명, 사업자번호, 선정방법, 선정일자, 계약 명, 계약일자, 계약기간, 총 계약금액(원, 부가세별도), ㎡당 계약금액(원, 부가세별도)/자료효력발생일(선정일)로부터 3일 이내 공개하도록 권장

– **추진주체 구성**

- 임원후보(참관인포함) 등록공고 : 공고일자, 등록마감일자, 등록 장소, 신청자격/자료효력발생일(공고일)즉시 공개하도록 권장
- 선거인명부 열람공고 : 공고일자, 일시, 장소, 열람방법, 이의신청방법, 이의신청기간/자료 효력발생일(공고일)즉시 공개하도록 권장
- 후보자 확정공고 : 공고일자, 후보자등록현황/자료 효력발생일(공고일)즉시 공개하도록 권장
- 선거인명부 확정공고 : 공고일자, 일시, 장소/자료 효력발생일(공고일)즉시 공개하도록 권장
- 선거일 및 투표소설치 공고 : 공고일자, 선거일시, 투표장소, 선거방법/자료효력발생일(공고일) 즉시 공개하도록 권장

- 임원후보자 합동연설회 개최공고 : 공고일자, 일시, 장소, 후보자명단/자료 효력발생일(공고일) 즉시 공개하도록 권장
- 선거결과 공고 : 공고일자, 선거일시, 투표율, 선거결과/자료 효력발생일(공고일) 즉시 공개하도록 권장
- 동의서 제출에 대한 안내(동의서 양식 등) : 공고일자, 주요 내용/자료 효력발생일(공고일) 즉시 공개하도록 권장
- 동의서 접수현황 : 일자, 토지등소유자 수, 동의자 수, 동의율(%), 비고/매주 1회 이상

▢ 시도별 조례

○ 경기도

제43조(비용지원 등) 법 제77조의4제4항에 따라 도지사는 다음 각 호의 업무에 소요되는 비용의 일부를 「경기도 보조금의 예산 및 관리에 관한 조례」 제9조에 따라 시·군 재정력을 감안하여 시장·군수에게 지원할 수 있다.

1. 법 제77조의4제2항제1호에 따른 추진위원회 구성을 위한 소요비용
2. 법 제77조의4제1항에 따른 공공관리의 위탁수수료

[본조신설 2011.10.20]

제44조(공공관리의 정보공개) 공공관리자 또는 위탁관리자는 다음 각 호의 관련 자료를 인터넷과 그 밖의 방법을 병행하여 일반에 공개하여야 한다.

1. 법 제77조의4제1항에 따른 위탁관리자의 지정 및 계약에 관한 사항
2. 법 제77조의4제2항제2호에 따른 정비사업전문관리업자 선정 및 계약에 관한 사항
3. 추진위원회 위원 및 조합 임원의 선거관리에 관한 사항

[본조신설 2011.10.20]

– 남양주시, 부천시, 수원시, 고양시, 안양시, 화성시, 안산시

공공관리의 정보공개 조문만 두고 있다.

○ 인천시, 부산시, 대구시, 대전시

관련 조문이 없다.

○ 광주시

第50조(비용지원 등) 법 제77조의4제4항에 따라 시장은 다음 각 호의 업무에 소요되는 비용의 일부를 「광주광역시 보조금 관리 조례」 제4조에 따라 구청장에게 지원할 수 있다.

1. 법 제77조의4제2항제1호에 따른 추진위원회 구성을 위한 소요비용
2. 법 제77조의4제1항에 따른 공공관리의 위탁수수료

[본조신설 2012.5.15]

第51조(공공관리의 정보공개) 공공관리자 및 위탁관리자는 다음 각 호의 관련 자료를 인터넷(정비사업 정보망을 포함한다.)과 그 밖의 방법을 병행하여 일반인에게 공개하여야 한다.

1. 법 제77조의4제1항에 따른 위탁관리자의 지정 및 계약에 관한 사항
2. 법 제77조의4제2항제2호에 따른 정비사업 전문관리업자 선정 및 계약에 관한 사항
3. 추진위원회 위원 및 조합임원의 선거관리에 관한 사항

[본조신설 2012.5.15]

조례 제53조(자료의 제출)
조례 제54조(자료공개의 방법 등)
법 제81조제1항

자료의 제출 및 자료공개의 방법 등

□ 개정 연혁

► **도시정비조례[서울시조례 제5007호, 2010.7.15, 일부개정]**

제53조(자료의 제출) 추진위원회 위원장 또는 조합장은 구청장의 효율적인 공공관리업무 추진을 위하여 공공관리자(위탁관리자를 포함한다.)에게 다음 각 호의 자료를 제출하여야 한다. 〈신설 2010.7.15〉

1. 추진위원회·주민총회·조합총회 및 조합의 이사회·대의원회의 개최에 관한 사항 〈신설 2010.7.15〉
2. 시공자·설계자 및 정비사업전문관리업자 등 업체 선정계획과 계약에 관한 사항 〈신설 2010.7.15〉
3. 그 밖에 규칙으로 정하는 사항 〈신설 2010.7.15〉

제54조(자료공개의 방법 등) ① 시행규칙 제22조제1항에 따른 "시도 조례가 정하는 세부 공개사항"이라 함은 다음 각 호의 자료를 말하며, 구체적인 자료의 공개방법은 규칙으로 정한다. 〈신설 2010.7.15〉

1. 사업시행계획서 〈신설 2010.7.15〉
2. 관리처분계획서 〈신설 2010.7.15〉
3. 그 밖에 자료의 용량이 과다하거나 개인정보의 보호가 필요하여 규칙으로 정하는 사항 〈신설 2010.7.15〉

② 추진위원회 위원장 또는 조합임원은 법 제81조제1항 각 호에 해당하는 자료를 클린업시스템을 통하여 공개하여야 한다. 〈신설 2010.7.15〉

부 칙 〈제5007호, 2010.7.15〉

제1조(시행일) 이 조례는 2010.7.16부터 시행한다(효력발생시기는 2010.7.15).

제5조(공공관리의 적용례) 제6장의 개정규정은 이 조례 시행 당시 법 제24조에 따른 총회에서 시공자 또는 설계자를 선정하지 아니한 정비사업 분부터 적용한다.

► **[서울시조례 제5237호, 2012.1.5, 일부개정]**

제53조(자료의 제출) 추진위원회 위원장 또는 조합장은 구청장의 효율적인 공공관리업무 추진을 위하여 공공관리자(위탁관리자를 포함한다.)에게 다음 각 호의 자료를 제출하여야 한다. 〈신설 2010.7.15〉

1. 추진위원회·주민총회·조합총회 및 조합의 이사회·대의원회의 개최에 관한 사항 〈신설 2010.7.15〉
2. 시공자·설계자 및 정비사업전문관리업자 등 업체 선정계획과 계약에 관한 사항 〈신설 2010.7.15〉
3. 그 밖에 규칙으로 정하는 사항 〈신설 2010.7.15〉

제54조(자료공개의 방법 등) 추진위원회 위원장 또는 조합임원은 법 제81조제1항 각 호에 해당하는 자료를 클린업시스템을 통하여 공개하여야 한다.

[본조개정 2012.1.5]

부 칙 〈제5237호, 2012.1.5〉

제1조(시행일) 이 조례는 공포한 날부터 시행한다(효력발생시기는 2012.1.5).

➡ 토지등소유자가 사업시행을 합리적으로 판단하도록 하기 위한 사업비 추정프로그램 자료 입력 및 공개의무를 명확히 하였다.

☐ 도시정비법 상 관련 자료의 공개와 보존 등

추진위원회 위원장 또는 사업시행자(조합의 경우 조합임원, 도시환경정비사업을 토지등소유자가 단독으로 시행하는 경우 그 대표자를 말한다.)는 정비사업의 시행에 관한 다음 각 호의 서류 및 관련 자료가 작성되거나 변경된 후 15일 이내에 이를 조합원, 토지등소유자 또는 세입자가 알 수 있도록 인터넷과 그 밖의 방법을 병행하여 공개하여야 한다(법 제81조제1항).

- 추진위원회 운영규정 및 정관등
- 설계자·시공자·철거업자 및 정비사업전문관리업자 등 용역업체의 선정계약서
- 추진위원회·주민총회·조합총회 및 조합의 이사회·대의원회의 의사록
- 사업시행계획서
- 관리처분계획서
- 해당 정비사업의 시행에 관한 공문서
- 회계감사보고서
- 월별 자금의 입금·출금 세부내역(법 제81조제1항)
- 연간 자금운용 계획에 관한 사항(이하 영 제70조제1항)
- 정비사업의 월별 공사 진행에 관한 사항
- 설계자·시공자·정비사업전문관리업자 등 용역업체와의 세부 계약 변경에 관한 사항
- 정비사업비 변경에 관한 사항
- 법 제46조제1항에 따른 분양공고 및 분양신청에 관한 사항

이를 위반하면 도시정비법 제86조제6호에 해당하는 범죄로 1년 이하의 징역 또는 1천만 원 이하의 벌금에 처하게 되며, 행위자 외에 정비조합도 같은 벌금형에 처하게 된다.

※ 법 제86조(벌칙) 다음 각 호의 1에 해당하는 자는 1년 이하의 징역 또는 1천만 원 이하의 벌금에 처한다.

6. 제81조제1항을 위반하여 정비사업 시행과 관련한 서류 및 자료를 인터넷과 그 밖의 방법을 병행하여 공개하지 아니하거나 제81조제6항을 위반하여 조합원 또는 토지등소유자의 열람·등사 요청에 응하지 아니하는 추진위원회 위원장 또는 조합임원(도시환경정비사업을 토지등소유자가 단독으로 시행하는 경우 그 대표자)

법 제87조(양벌규정) 법인의 대표자나 법인 또는 개인의 대리인, 사용인, 그 밖의 종업원이 그 법인 또는 개인의 업무에 관하여 제84조의2, 제85조, 제86조의 어느 하나에 해당하는 위반행위를 하면 그 행위자를 벌하는 외에 그 법인 또는 개인에게도 해당 조문의 벌금형을 과(科)한다. 다만, 법인 또는 개인이 그 위반행위를 방지하기 위하여 해당 업무에 관하여 상당

한 주의와 감독을 게을리 하지 아니한 경우에는 그러하지 아니하다.
[전문개정 2009.2.6]

□ 조례 제53조(자료의 제출) 및 제54조(자료공개의 방법 등)

추진위원회 위원장 또는 조합장은 구청장의 효율적인 공공관리업무 추진을 위하여 공공관리자(위탁관리자를 포함한다.)에게 다음 각 호의 자료를 제출하여야 한다(조례 제53조).

1. 추진위원회·주민총회·조합총회 및 조합의 이사회·대의원회의 개최에 관한 사항
2. 시공자·설계자 및 정비사업전문관리업자 등 업체 선정계획과 계약에 관한 사항
3. 그 밖에 규칙으로 정하는 사항

추진위원회 위원장 또는 조합임원은 법 제81조제1항 각 호에 해당하는 자료를 클린업시스템을 통하여 공개하여야 한다(조례 제54조).

자료공개를 위해 서울시는 클린업시스템 운영지침(제정 2010.6.30, 개정 2013.7.26)을 제정, 운영하고 있다. 자료 공개의 방법으로 공공관리자의 경우 정비계획 수립 및 구역지정과 추진주체 구성 지원의 단계에서 자료를 공개하도록 하였다.

또한 추진위원회 위원장과 조합장이 수행하는 업무에 대해서도 다음과 같이 공개하도록 정하고 있다.

□ 추진위원장 수행 업무 공개

○ 공통사항

- 의사록

① 주민총회

일시, 장소, 주요안건 및 결과 : 필수 첨부자료로 의사록, 속기록(또는 녹음 또는 영상자료), 회의내용 안내책자(예 : 총회책자등), 참석자 및 결의자명부, 서면결의서 원본스캔파일(2013,10, 시스템구축오픈 이후부터)

② 추진위원회

일시, 장소, 주요안건 및 결과 : 필수 첨부자료로 의사록, 속기록(또는 녹음 또는 영상자료), 회의내용 안내책자(예 : 총회책자등), 참석자 및 결의자명부, 서면결의서 원본스캔파일(2013,10, 시스템구축오픈 이후부터)

③ 기타

일시, 장소, 주요안건 및 결과 : 필수 첨부자료는 의사록

– 용역업체 선정 계약(정비사업전문관리업자, 설계자, 시공자, 기타)

계약여부, 변경계약여부, 선정업체 명, 사업자번호, 선정방법, (총회)선정일, 계약명, 계약일자, 계약기간, 총계약금액(원, 부가세별도), ㎡당 계약금액(원, 부가세별도)

※ 필수 첨부자료 : 계약서 및 계약서 붙임문서(계약조건등) 원본스캔파일, 선정 경위 파일

– 자금운용

- 연간자금운용계획 :
- 월별자금입·출금세부내역
- 자금입출금관련 약정·계약서 : 변경약정·계약여부, 약정·계약명, 약정·계약업체명, 약정·계약일자, 약정·계약기간, 약정·계약금액(원)
- 결산보고서
- 회계감사보고서

– 사업시행관련 공문서

발신·수신 문서

– 공 고

- 주민총회
- 추진위원회
- 입찰 : 공고일자, 입찰명, 입찰마감일시, 입찰참가자격, 선정방법, 기타
- 기타

○ **추진위원회 승인**

- 추진위원회 승인서/추진위원회 운영규정 : 접수일자, 승인일자, 토지등소유자 수, 동의자 수, 동의율(%), 추진위원장

○ **조합설립**

- 동의서 접수현황 : 일자, 토지등소유자 수, 동의자 수, 동의율(%), 비고

▢ 조합장 수행 업무 공개

○ **공통사항**

- 의사록 : 조합총회, 이사회, 대의원회, 기타 : 일시, 장소, 주요안건 및 결과
- 용역업체 선정 계약(정비사업전문관리업자, 설계자, 시공자, 철거업자, 기타)

- 자금운용

- 연간자금운용계획 : 수입자금계획, 지출자금계획
- 월별자금입·출금세부내역 : 당월수입, 당월지출
- 자금입출금관련 약정·계약서 : 변경약정·계약여부, 약정·계약 명, 약정·계약 업체 명, 약정·계약일자, 약정·계약기간, 약정·계약금액(원)
- 결산보고서
- 회계감사보고서 : 감사일자, 감사자, 감사결과

- 사업시행관련 공문서

- 발신, 수신 문서

- 공 고

- 조합총회
- 이사회
- 대의원회

• 입찰 : 입찰명, 입찰마감일시, 입찰참가자격, 선정방법, 기타
• 세입자
• 분양(조합원) : 공고일자, 이주예정일, 철거예정일, 분양신청기간, 분양신청장소, 분양신청자격, 분양을 신청하지 아니한 조합원에 대한 조치
• 기 타

– **조합설립인가**

• 조합설립(변경)인가서/정관 : 사업 명, 조합장, 사무소소재지, 인가신청일자, 인가(변경)일자, 토지등소유자 수, 조합원 수, 동의자 수, 동의율, 주요변경내역

– **사업시행계획서(인가)**

• 사업(시행·변경·중지·폐지)인가서
• 건축시설계획–사업개요
• 건축시설계획–조감도
• 건축시설계획–배치도
• 건축시설계획–단위세대평면도
• 건축시설계획–재료마감표
• 세입자대책현황(예정자)
• 기 타

– **관리처분계획서(인가)**

• 관리처분계획인가(변경·중지·폐지인가)서
• 정비사업비 추산액 및 조합원 부담규모 및 시기
• 세입자대책현황
• 기 타

– **공사시행**

• 월별공사 진행사항
• 사업비변경내역(공사비 제외)
• 공사비변경내역

- 준공인가
  - 준공인가전 사용허가
  - 준공인가

- 해산 및 청산
  - 조합해산, 조합청산

〈서울시 보도자료 2013.9.25〉

재개발·재건축 조합이 독점하던 '조합원 연락처' 공유

이번에 마련된 「조합원 명부 공개 업무처리기준」은 그동안 도시정비법에 구체적으로 명시되지 않아 논란이 되어 왔던 전화번호 공개 등 개인정보 제공범위, 미공개시 구청장이 직접 제공할 수 있는지 여부 등을 세세하게 담은 것이 특징이다. 2012.2.1 개정된 「도시정비법 제81조제3항 및 제6항」에 따르면, 조합원 또는 토지등소유자가 조합원명부 등 정비사업시행에 관한 서류와 관련 자료를 요청하는 경우 추진위원회 위원장·사업시행자는 신청일로부터 15일 이내에 주민등록번호만 제외하고 공개하도록 규정하고 있다.

이를 위해 서울시는 법률자문, 정보공개심의회 심의, 관련부서 의견 등을 종합해 ▲조합 등의 공개 범위 및 절차 ▲추진주체가 미 공개하는 경우 행정조치 절차 ▲구청장에 의한 정보공개 절차 ▲개인정보 보호를 위한 조치방법 등의 처리방안을 마련했다.

〈조합은 개인정보 보호 위한 조치 후 전화번호 포함한 명부 공개 원칙〉

먼저 현행 법률에 따라 조합원이 조합원 명부를 제공받고자 할 경우엔 조합이 주민등록번호를 제외한 이름, 주소 뿐 아니라 전화번호까지 기재된 조합원 명부를 열람 또는 복사를 통해 제공하도록 했다.

다만, 이때 개인정보 보호를 위해 제공하는 조합원 명부에 일련번호 부여 및 처벌 규정 등 경고 문구를 명부 중앙에 색인하도록 하고, 해당 정보를 제공한 법적 근거 및 목적 등을 홈페이지에 게재하도록 했다.

해당 정보를 제공받은 자가 사용목적 외의 용도로 이용하거나 제3자에게 제공해 문제가 발생하는 경우에는 '개인정보 보호법'에 따라 형벌에 처해질 수 있다.

(이하생략)

▢ 시도별 조례

○ 경기도

제44조(공공관리의 정보공개) 공공관리자 또는 위탁관리자는 다음 각 호의 관련 자료를 인터넷과 그 밖의 방법을 병행하여 일반에 공개하여야 한다.

1. 법 제77조의4제1항에 따른 위탁관리자의 지정 및 계약에 관한 사항
2. 법 제77조의4제2항제2호에 따른 정비사업전문관리업자 선정 및 계약에 관한 사항
3. 추진위원회 위원 및 조합 임원의 선거관리에 관한 사항

[본조신설 2011.10.20]

제45조(자료의 제출) 추진위원회 위원장 또는 조합 임원은 공공관리를 위하여 필요한 자료를 공공관리자에게 제출하여야 한다.

[본조신설 2011.10.20]

- 남양주시, 부천시, 수원시, 안양시, 화성시, 안산시, 고양시

경기도와 같다.

○ 인천시, 부산시, 대구시, 대전시

관련 조문이 없다.

○ 광주시

제51조(공공관리의 정보공개) 공공관리자 및 위탁관리자는 다음 각 호의 관련 자료를 인터넷(정비사업 정보망을 포함한다.)과 그 밖의 방법을 병행하여 일반인에게 공개하여야 한다.

1. 법 제77조의4제1항에 따른 위탁관리자의 지정 및 계약에 관한 사항
2. 법 제77조의4제2항제2호에 따른 정비사업 전문관리업자 선정 및 계약에 관한 사항
3. 추진위원회 위원 및 조합임원의 선거관리에 관한 사항

[본조신설 2012.5.15]

第52條(자료의 제출) 추진위원회 위원장 또는 조합장은 구청장의 효율적인 공공관리업무 추진을 위하여 공공관리자(위탁관리자를 포함한다.)에게 다음 각 호의 자료를 제출하여야 한다.

1. 추진위원회·주민총회·조합총회 및 조합의 이사회·대의원회의 개최에 관한 사항
2. 시공자·설계자 및 정비사업전문관리업자 등 업체 선정 계획과 계약에 관한 사항
3. 그 밖에 규칙으로 정하는 사항

[본조신설 2012.5.15]

제 7 장

사업시행인가 및 관리처분계획인가 시기조정

조례 제55조(정 의)
조례 제56조(시기조정사유 등)
조례 제57조(시기조정자료)
조례 제58조(시기조정 절차 및 방법)

법 제77조의5

사업시행인가, 관리처분계획인가 시기조정

2012.2.1 법 개정으로 법 제77조의5 사업시행인가 및 관리처분계획의 인가 시기조정 조문이 신설되자, 서울시는 2012.7.30 종전의 제7장 보칙을 제8장으로 이동시키고 제7장에 '사업시행인가 및 관리처분계획인가 시기조정'이 신설되었다.

▢ 개정 연혁

▸ 도시정비조례[서울시조례 제5348호, 2012.7.30, 일부개정]

제55조(정의) 이 장에서 사용하는 용어의 뜻은 다음과 같다.

1. "주변지역"이란 사업시행구역이 위치한 자치구와 행정경계를 접하는 자치구를 말한다.
2. "주택재고량"이란 시장이 통계청 인구주택 총조사를 기준으로 매 분기까지 주택공급과 주택멸실을 고려하여 작성한 주택의 재고량을 말한다.
3. "조정대상구역"이란 서울시 주택정책심의위원회(이하 "주택정책심의회"라 한다.)의 심의를 거쳐 사업시행인가 또는 관리처분계획인가 시기조정 대상으로 확정된 정비구역을 말한다.
4. "시기조정자료"란 해당 구역의 현황 및 추진상황, 예상 이주시기 및 이주가구, 주택의 멸실 및 공급량을 말한다.

제56조(시기조정사유 등) ① 법 제77조의5제1항에서 “시도 조례로 정하는 사유”란 정비사업의 시행으로 인하여 정비구역의 멸실량이 자치구 주택재고량의 1%를 초과하거나 정비구역의 기존 주택수가 2,000호 초과하는 경우(이하 “심의대상구역”이라 한다.)를 말한다.

② 심의대상구역 중 다음 각 호의 어느 하나에 해당하는 경우 조정대상구역으로 정할 수 있다.

1. 주변지역의 주택 멸실량이 공급량을 30% 초과
2. 주변지역의 주택 멸실량이 공급량을 2,000호 초과
3. 그 밖에 주택시장 불안정 등을 고려하여 주택정책심의회에서 인가 시기의 조정이 필요하다고 인정하는 경우

제57조(시기조정자료) ① 구청장은 해당 자치구의 주택공급, 멸실 현황 및 예측, 전세가격 동향 등을 매월 말일까지 작성하여 시장에게 제출하여야 한다.

② 시장은 자치구에서 제출한 시기조정자료 등을 기초로 자치구별 주택재고량을 매 분기별 공고하여야 한다.

③ 구청장은 정비구역의 사업시행인가 또는 관리처분인가 신청 이전이라도 시기조정자료를 사업시행자에게 요청할 수 있다.

④ 시장은 시기조정에 필요한 세부기준을 별도로 정하여 운영할 수 있다.

제58조(시기조정 절차 및 방법) ① 구청장은 심의대상구역의 사업시행자가 사업시행인가 또는 관리처분계획인가를 신청하는 경우에는 시기조정 자료와 검토의견을 작성하여 시장에게 심의를 신청하여야 한다.

② 시장은 심의대상구역의 사업시행인가 또는 관리처분계획인가 시기에 대하여 주택정책심의회의 심의를 거쳐 조정여부 및 조정기간 등을 결정한다.

③ 시장은 제2항에 따른 결정사항을 심의신청일로부터 60일 이내 구청장에게 서면으로 통보하며, 구청장은 특별한 사유가 없으면 결정사항에 따라야 한다.

④ 구청장은 제2항에 따른 조정대상구역의 조정기간이 경과되면 인가를 할 수 있다.

⑤ 조정대상구역의 사업시행자는 사업시행인가 조정기간 중이라도 공공관리자와 협의하여 시공자를 선정할 수 있다.

부 칙 〈제5348호, 2012.7.30〉

제1조(시행일) 이 조례는 공포한 날부터 시행한다(효력발생시기는 2012.7.30).

➡ 2012.2.1 도시정비법 개정으로 구역해제, 사업의 인가 시기조정 등에 대한 세부 시행방안이 조례로 위임됨에 따라 이를 정하는 한편, 현행 조례 운영상 나타난 미비점을 보완하려는 것으로 시기조정에 관한 방법 및 절차(제56조, 제57조, 제58조)

- 심의대상구역은 자치구 주택재고량의 1%를 초과하거나 정비구역의 기존 주택수가 2,000호 초과하는 경우
- 조정대상구역은 주변지역의 주택 멸실량이 공급량을 30% 초과 또는 2,000호 초과 등이 발생하는 경우 서울시 주택정책심의위원회 심의를 거쳐 사업시행인가 또는 관리처분계획인가 시기를 조정할 수 있으며, 조정기간은 1년 이내 정하였다.
- 구청장은 조정대상구역의 조정기간이 경과되면 사업시행인가 또는 관리처분계획을 인가를 할 수 있다.
- 조정대상구역의 사업시행자는 사업시행인가 조정기간 중이라도 공공관리자와 협의하여 시공자를 선정할 수 있다.

□ 사업시행인가 및 관리처분계획의 인가 시기조정

2012.2.1 도시정비법을 개정하여, 정비사업의 시행으로 주변지역에 현저한 주택부족이나 주택시장 불안정 등의 사유가 발생하는 경우 1년의 범위에서 정비사업의 사업시행인가 및 관리처분계획인가의 시기를 조정할 수 있도록 법 제77조의5가 신설되었다.

특히, 사업시행인가 또는 관리처분계획인가의 시기 조정에 관한 방법 및 절차 등에 관하여 필요한 사항은 시도 조례가 아닌 "특별시·광역시도 또는 특별자치도의 조례"로 위임하였다.

※ 도시정비법 제77조의5(사업시행인가 및 관리처분계획의 인가 시기 조정)

① 시·도지사는 정비사업의 시행으로 인하여 정비구역 주변 지역에 현저한 주택 부족이나 주택시장의 불안정이 발생하는 등 특별시·광역시 또는 도의 조례로 정하는 사유가 발생하는 경우에는 주택법 제85조제1항에 따른 시도 주택정책심의위원회의 심의를 거쳐 사업시행인가 또는 제48조에 따른 관리처분계획인가의 시기를 조정하도록 해당 시장·군수

에게 요청할 수 있으며, 요청을 받은 시장·군수는 특별한 사유가 없으면 그 요청에 따라야 한다. 이 경우 사업시행인가 또는 관리처분계획인가의 조정 시기는 그 인가 신청일로부터 1년을 넘을 수 없다.

② 특별자치도지사는 정비구역 주변 지역에 현저한 주택 부족이나 주택시장의 불안정이 발생하는 등 특별자치도의 조례로 정하는 사유가 발생하는 경우에는 주택법 제85조제1항에 따른 시도 주택정책심의위원회의 심의를 거쳐 사업시행인가 또는 제48조에 따른 관리처분계획인가의 시기를 조정할 수 있다. 이 경우 사업시행인가 또는 관리처분계획인가의 조정 시기는 그 인가 신청일로부터 1년을 넘을 수 없다.

③ 사업시행인가 또는 관리처분계획인가의 시기 조정에 관한 방법 및 절차 등에 관하여 필요한 사항은 특별시·광역시·도 또는 특별자치도 조례로 정한다.

[본조신설 2012.2.1]

▢ 조례 제55조(정의)

이 장에서 사용하는 용어의 뜻은 다음과 같다(본조).

1. "주변지역"이란 사업시행구역이 위치한 자치구와 행정경계를 접하는 자치구를 말한다.

➡ 법 제77조의5제1항, 제2항에서의 주변지역을 정의하였다. 주변지역이란 해당 정비구역인 사업시행구역 외에도 인근 다른 자치구의 경우를 포함한다. 서울시의 경우 서울시장은 해당 자치구청장에게 시기조정을 요청하면 특별한 사유가 없는 한 요청에 따라야 한다.

2. "주택재고량"이란 시장이 통계청 인구주택총조사를 기준으로 매 분기까지 주택공급과 주택멸실을 고려하여 작성한 주택의 재고량을 말한다.
3. "조정대상구역"이란 서울시 주택정책심의위원회의 심의를 거쳐 사업시행인가 또는 관리처분계획인가 시기조정 대상으로 확정된 정비구역을 말한다.

➡ 조정대상구역은 주변지역이 아닌 시기조정 대상이 확정된 해당 정비구역을 말한다.

4. "시기조정자료"란 해당 구역의 현황 및 추진상황, 예상 이주시기 및 이주가구, 주택의 멸실 및 공급량을 말한다.

〈서울시 보도자료 2013. 2. 20〉

'강제철거'없는 재개발·재건축

서울시, 사전협의체 운영 통해 강제철거 예방대책 마련

서울시는 법을 떠나서 강제철거라는 극단적인 상황이 발생하지 않도록 대화와 협의로 해결을 유도하는 적극적인 행정을 시행해 나가기 위해, 조합·가옥주·세입자·공무원 등이 함께하는 '사전협의체'를 구성·운영해 나간다는 방침이다. '사전협의체'는 사업시행인가 신청 및 사업시행인가를 받아 추진 중인 정비사업장별로, 조합장 및 조합임원 2인 이상, 가옥주, 세입자, 공무원 등 총 5인 이상으로 구성된다.

구성시기는 기 관리처분인가 된 사업장의 경우 2013.2월말까지 구성을 완료하고, 미 인가 된 정비사업장은 관리처분인가 신청 전까지 '사전협의체'를 구성하여 관리처분인가 신청시 운영계획과 함께 관할구청에 제출하면 된다.

조합·세입자 등이 함께하는 '사전협의체' 운영을 통하여 충분한 대화 창구를 마련하고 합의에 의한 이주를 유도함으로써 명도소송 제기 최소화, 사회적 약자의 주거권 및 인권 침해를 사전 예방해 나가겠다는 것이다.

운영기간은 관리처분인가 시점부터 이주 완료시까지 수시로 조합, 가옥주, 세입자간 원만한 이주 협의가 안 되어 명도소송 제기 우려가 있는 경우에 운영하고, 최소한 5회 이상 대화·협의를 거쳐 합의를 유도하되, 합의가 되지 않을 경우 도시분쟁조정위원회(위원장:부구청장)를 통하여 조정토록 하였다.

서울시가 철거과정에서 발생하는 무분별한 철거와 강제적인 퇴거로 인하여 세입자 등 사회적 약자를 눈물 흘리게 하는 일이 없도록 강제철거 방식의 정비사업 관행을 바꾸어 나가겠다는 의지를 표명한 것이다.

실효성을 확보하기 위해 사업시행인가 시에는 관리처분인가 신청서 제출 전 '사전협의체' 구성을 완료하고 운영계획서를 제출토록 조건부 인가 처리하는 방안도 병행할 계획이다.

시는 지난해 7월부터 강제철거가 우려되는 명도소송 진행 중인 25개 정비사업장을 대상으로 자치구의 협조를 받아 '이주 및 철거 현황'을 매주 점검하는 등 지속적으로 모니터링을 실시해 오고 있다.

사람이 거주하고 있는 주택은 퇴거가 완전히 된 후에 철거하고, 철거 과정에서 지속적인 대화와 협의를 통해 해결책을 모색토록 독려해 나가고 있다.

이에 따라 현재까지 봉천 12-1 구역, 신길 11 구역 등 9개 구역이 강제철거 없이 이주

완료 되었으며, 현재 성동구 금호 20구역 등 16개 구역에 대하여 매주 지속적으로 모니터링이 진행되고 있다.

특히, 관악구 봉천 12-1 구역의 경우 조합, 미 이주세대 및 자치구 공무원 등이 5차례에 걸쳐 협의하여 세입자 전원 합의하에 15세대 이주를 완료하였다.

영등포구 신길 11 구역의 경우 2013.1.18 남부지방법원의 명도소송 결과에 따라 건축물 2동이 강제집행 예정되어 있었으나, 자치구 중재 하에 조합사무실에서 조합장, 조합이사, 미 이주세대가 협의를 통하여 강제집행기일을 1주일 연장하고 연장 기일 내에 자진 이주하였다. 또한, 시는 정비사업 현장에서 강제철거를 원칙적으로 금지시키기 위하여 도시정비법상 동절기(12월~2월) 철거 제한, 사전협의체 구성·운영 등 국토부에 법 개정 건의 및 제도개선을 지속적으로 추진해 나간다는 방침이다.

(이하 생략)

□ 조례 제56조(시기조정사유 등)

○ 조례 제56조제1항(법 제77조의5제1항에서 "시도 조례로 정하는 사유")

정비사업의 시행으로 인하여 정비구역의 멸실량이 자치구 주택재고량의 1%를 초과하거나 정비구역의 기존 주택수가 2,000호 초과하는 경우(이하 "심의대상구역"이라 한다.)를 말한다(동조 제1항).

○ 조례 제56조제2항(조정대상구역)

심의대상구역 중 다음 각 호의 어느 하나에 해당하는 경우 조정대상구역으로 정할 수 있다(동조 제2항).

1. 주변지역의 주택 멸실량이 공급량을 30% 초과
2. 주변지역의 주택 멸실량이 공급량을 2,000호 초과
3. 그 밖에 주택시장 불안정 등을 고려하여 주택정책심의회에서 인가 시기의 조정이 필요하다고 인정하는 경우

조정대상	• 주변지역의 주택 멸실호수가 공급호수를 **30% 초과** • 주변지역의 주택 멸실호수가 공급호수를 **2,000호 초과** • 그 밖에 인가 시기의 조정이 필요하다고 주택정책심의 **위원회에서 인정하는 경우**

※ 주변지역 : 사업시행구역이 위치한 자치구와 행정경계를 접하는 자치구
※ 주택멸실·공급량 : 심의월을 기준으로 전·후 3개월(총 6개월간) 분석

▢ 조례 제57조(시기조정자료)

구청장은 해당 자치구의 주택공급, 멸실 현황 및 예측, 전세가격 동향 등을 매월 말일까지 작성하여 시장에게 제출하여야 한다(동조 제1항).

시장은 자치구에서 제출한 시기조정자료 등을 기초로 자치구별 주택재고량을 매 분기별 공고하여야 한다(동조 제2항).

구청장은 정비구역의 사업시행인가 또는 관리처분인가 신청 이전이라도 시기조정자료를 사업시행자에게 요청할 수 있다(동조 제3항).

시장은 시기조정에 필요한 세부기준을 별도로 정하여 운영할 수 있다(동조 제4항).

▢ 조례 제58조(시기조정 절차 및 방법)

구청장은 심의대상구역의 사업시행자가 사업시행인가 또는 관리처분계획인가를 신청하는 경우에는 시기조정자료와 검토의견을 작성하여 시장에게 심의를 신청하여야 한다(동조 제1항).

시장은 심의대상구역의 사업시행인가 또는 관리처분계획인가 시기에 대하여 주택정책심의회의 심의를 거쳐 조정여부 및 조정기간 등을 결정한다(동조 제2항).

시장은 제2항에 따른 결정사항을 심의신청일로부터 60일 이내 구청장에게 서면으로 통보하며, 구청장은 특별한 사유가 없으면 결정사항에 따라야 한다(동조 제3항).

구청장은 제2항에 따른 조정대상구역의 조정기간이 경과되면 인가를 할 수 있

다(동조 제4항).

조정대상구역의 사업시행자는 사업시행인가 조정기간 중이라도 공공관리자와 협의하여 시공자를 선정할 수 있다(동조 제5항).

정비사업의 시기조정은 사업시행인가 또는 관리처분인가를 대상으로 서울시 주택정책심의위원회 심의를 거쳐 조정여부 및 조정기간을 결정한다. 시기조정의 절차는 크게 인가신청, 심의신청, 심의, 결과통보, 인가 시기조정으로 이루어진다.

시장은 구청장의 심의신청에 따라 위원회 심의를 거쳐 인가신청일로부터 1년 이내에서 조정여부와 조정기간을 결정한다. 심의결과는 구청장의 심의신청일로부터 60일 이내에 서면으로 통보되고, 구청장은 특별한 사유가 없는 한 시장의 요청에 따라야 하며, 조정기간이 모두 경과되면 해당 정비구역의 인가가 가능하다. 조정대상구역의 사업시행자는 사업시행인가 조정기간 중이라도 공공관리자와 협의 하여 시공자 선정 가능하다.

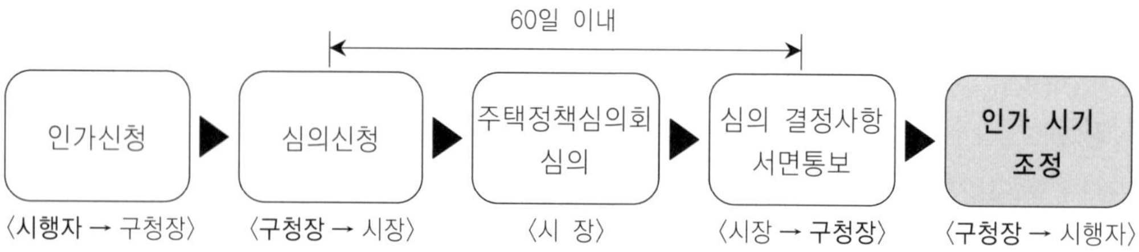

〈정비사업 시기조정의 주요절차〉

□ 시도별 조례

○ 경기도

제57조(사업시행인가 및 관리처분계획인가의 시기 조정) ① 법 제77조의5제1항에 따라 도지사가 시장·군수에게 사업시행인가 또는 관리처분계획인가의 시기 조정을 요청할 수 있는 것은 다음 각 호의 어느 하나에 해당하는 경우로 한다.

1. 정비사업의 시행으로 인하여 정비구역 주변 지역에 현저한 주택 부족이나 주택시장의 불안정이 발생한 경우
2. 국토계획법에 따른 도시기본계획 상의 인접 생활권(인접 시·군을 포함한

다.) 내 정비사업이 특정시기에 집중되어 주택이 일시에 멸실되어 전세난 등 주택 수급이 어려워질 것이 예상되는 경우

② 도지사는 제1항 각 호의 사유가 발생하였다고 인정할 때에는 법 제77조의5 제3항에 따라 해당 시장·군수에게 다음 각 호의 자료를 제출받아 주택법 제85조제1항에 따른 도 주택정책심의회 심의를 거쳐 사업시행인가 또는 관리처분계획인가의 시기 조정을 요청할 수 있다.

1. 정비구역 주변지역의 주택거래동향, 주택보급률, 임대주택현황 등 주택시장 현황자료
2. 정비사업의 진행으로 인하여 예상되는 주택멸실 및 이주자 현황, 향후 시기 조정에 따른 주택수급 계획

[본조신설 2012.5.11]

– 남양주시, 부천시, 수원시, 고양시, 안양시, 안산시, 화성시

관련 조문이 없다.

○ 인천시

관련 조문이 없다.

○ 부산시

제37조의2(사업시행인가 및 관리처분계획의 인가 시기 조정) ① 법 제77조의5제1항에서 "특별시·광역시 또는 도의 조례로 정하는 사유"란 다음 각 호의 어느 하나에 해당하는 경우를 말한다.

1. 정비사업의 시행으로 인하여 정비구역 주변 지역(사업시행구역이 위치한 구·군과 행정경계를 접하는 구·군을 말한다. 이하 이 조에서 같다.)에 현저한 주택 부족이나 주택시장의 불안정이 예상되는 경우
2. 정비사업이 특정시기에 집중되어 주택이 일시에 멸실되고 전세난 등 주택 수급이 어려워 질 것이 예상되는 경우

② 시장은 제1항 각 호의 사유가 발생하는 경우에는 구청장에게 다음 각 호의 자료를 제출받아 「주택법」 제85조제1항에 따른 부산광역시 주택정책심의위원

회의 심의를 거쳐 사업시행인가 또는 법 제48조에 따른 관리처분계획인가의 시기 조정 등을 결정한다.

1. 구역의 현황 및 추진상황, 정비구역 주변 지역의 주택거래동향, 주택보급률, 임대주택현황, 전세가격 동향 등 주택시장 현황자료
2. 정비사업의 시행으로 인하여 예상되는 주택멸실 현황, 이주시기 및 이주자 현황, 향후 시기 조정에 따른 주택수급 계획, 검토의견

[본조신설 2012. 12. 26]

○ **대구시**

제40조(사업시행인가 및 관리처분계획의 인가 시기조정) 〈신설 2013.3.11 조례 제4479호〉 ① 법 제77조의5제1항에 따른 "조례로 정하는 사유"란 다음 각 호의 어느 하나에 해당하는 경우를 말한다.

1. 정비사업의 시행으로 인하여 정비구역 주변 지역에 현저한 주택 부족이나 주택시장의 불안정이 예상되는 경우
2. 정비사업이 특정시기에 집중되어 주택이 일시에 멸실되어 전세난 등 주택수급이 어려워질 것이 예상되는 경우
3. 그 밖에 구청장이 제1호 또는 제2호의 사유에 따라 인가 시기를 조정할 필요가 있다고 시장에게 요청하는 경우

② 시장은 제1항의 사유가 발생한 경우에는 해당 구청장에게 다음 각 호의 자료를 제출하게 하여야 한다.

1. 정비구역 주변지역의 주택거래동향, 주택보급률, 임대주택현황 등 주택시장 현황자료
2. 정비사업 진행으로 인해 예상되는 주택멸실 및 이주자 현황, 향후 시기 조정에 따른 주택수급 계획

○ **대전시**

제46조의5(사업시행인가 및 관리처분계획의 인가 시기 조정) ① 법 제77조의5제1항에 따른 "조례로 정하는 사유"란 다음 각 호의 어느 하나에 해당하는 사유를 말한다.

1. 정비사업의 시행으로 인하여 정비구역 주변 지역에 현저한 주택 부족이나 주택시장의 불안정이 예상되는 경우
2. 정비사업이 특정시기에 집중되어 주택이 일시에 멸실되고 전세난 등 주택 수급이 어려워 질 것이 예상되는 경우
3. 그 밖에 구청장이 제1호 또는 제2호의 사유에 따라 인가 시기를 조정할 필요가 있다고 시장에게 요청하는 경우

② 시장은 제1항의 사유가 발생한 경우에는 해당 구청장에게 다음 각 호의 자료를 제출하게 하여야 한다.

1. 정비구역 주변지역의 주택거래동향, 주택보급률, 임대주택현황 등 주택시장 현황자료
2. 정비사업 진행으로 인하여 예상되는 주택멸실 및 이주자 현황, 향후 시기 조정에 따른 주택수급 계획[본조신설 2012. 06. 15 조례 제4076호]

○ 광주시

제52조의2(사업시행인가 및 관리처분계획의 인가 시기 조정) ① 법 제77조의5제1항에 따른 "조례로 정하는 사유"란 다음 각 호의 어느 하나에 해당하는 경우를 말한다.

1. 정비사업의 시행으로 인하여 정비구역 주변 지역에 현저한 주택 부족이나 주택시장의 불안정이 예상되는 경우
2. 정비사업이 특정시기에 집중되어 주택이 일시에 멸실되어 전세난 등 주택 수급이 어려워질 것이 예상되는 경우
3. 그 밖에 구청장이 제1호 또는 제2호의 사유에 따라 인가 시기를 조정할 필요가 있다고 시장에게 요청하는 경우

② 시장은 제1항의 사유가 발생한 경우에는 해당 구청장에게 다음 각 호의 자료를 제출하게 하여야 한다.

1. 정비구역 주변지역의 주택거래동향, 주택보급률, 임대주택현황 등 주택시장 현황자료
2. 정비사업 진행으로 인해 예상되는 주택멸실 및 이주자 현황, 향후 시기 조정에 따른 주택수급 계획

[본조신설 2013.2.15]

제 8 장

주거환경관리사업의 주민협의체 및 주민공동체운영회

조례 제59조(정 의)

조례 제60조(주민공동체운영회의 구성과 운영 등)

주거환경관리사업 주민공동체운영회 표준운영규약(서울시고시 제2014-243호, 2014.6.26)

○○동 주민공동체운영회 운영규약(별첨)

조례 제61조(주민공동체운영회 등의 지원)

조례 제62조(주민공동체운영회의 지도·감독)

주민공동체운영회의 구성과 운영 등 및 주민공동체운영회 등의 지원

2012.2.1 도시정비법 개정으로 도입된 주거환경관리사업에서 주민과의 소통을 통한 주민중심의 정비계획 수립과 사회·경제·문화적 측면의 지속적 도시재생 추진을 위해 주민조직을 제도화하고 주거환경관리사업의 주민협의체 및 주민공동체운영회 구성·운영하도록 하였다.

□ 개정 연혁

▸ 도시정비조례[서울시조례 제5701호, 2014.5.14, 일부개정]

제59조(정의) 이 장에서 사용하는 용어의 뜻은 다음과 같다.

1. "주민"이란 주거환경관리사업이 예정된 구역 또는 주거환경관리사업구역의 토지등소유자 및 세입자를 말한다.
2. "주민협의체"란 정비계획을 수립하기 위해 주민, 관련전문가 및 이해관계자 등으로 구성된 조직을 말한다.
3. "주민공동체운영회"란 주거환경관리사업의 정비구역 지정 후 물리적·사회적·경제적 측면의 도시재생 추진을 위해 주민, 관련전문가 및 이해관계자

등으로 구성된 조직을 말한다.

[본조신설 2014.5.14]

[종전 제59조는 제64조로 이동 〈2014.5.14〉]

第60조(주민공동체운영회의 구성과 운영 등) ① 주민공동체운영회를 구성하려면 구역 내 주민의 1/10 이상의 동의를 얻어 구청장의 승인을 얻어야 한다. 단, 주민공동체운영회 구성에 필요한 동의를 받지 못한 경우 구청장이 주민공동체운영회를 구성할 수 있다.

② 제1항에 따라 주민공동체운영회를 구성하는 때에는 운영규약을 작성하여야 하며, 운영규약을 변경하는 경우 구청장의 승인을 얻어야 한다.

③ 시장은 주민공동체운영회의 운영, 위원 선임방법 및 절차 등 운영규약 작성에 필요한 사항을 포함한 주민공동체운영회 표준운영규약을 정할 수 있다.

[본조신설 2014.5.14]

[종전 제60조는 제65조로 이동 〈2014.5.14〉]

第61조(주민공동체운영회 등의 지원) 시장 및 구청장은 주거환경관리사업구역의 주민공동체 활성화를 위한 주민협의체 및 주민공동체운영회의 구성 및 운영에 필요한 업무와 경비의 일부를 예산의 범위 안에서 지원할 수 있다.

[본조신설 2014.5.14]

[종전 제61조는 제66조로 이동 〈2014.5.14〉]

第62조(주민공동체운영회의 지도·감독) ① 시장은 주민공동체운영회에 대하여 지원경비 및 주민공동이용시설 운영 사무와 관련하여 필요한 사항을 보고하게 하거나 업무 지도·감독에 필요한 서류, 시설 등을 검사할 수 있다.

② 시장은 제1항의 보고·검사결과 사무 처리가 위법 또는 부당하다고 인정될 때에는 시정명령을 할 수 있다.

③ 시장은 제2항에 따라 시정명령을 할 경우 문서로 주민공동체운영회에 통보하고 사전에 의견진술의 기회를 주어야 한다.

④ 시장은 주민공동체운영회가 제2항에 따른 시정명령을 이행하지 않을 경우 지원 경비 환수 또는 공동이용시설 관리주체 변경 등의 조치를 할 수 있다.

부 칙 〈제5701호, 2014.5.14〉

제1조(시행일) 이 조례는 공포한 날부터 시행한다(효력발생시기는 2014.5.14).

➡ – 주민중심의 정비계획 수립을 위한 주민조직(주민협의체) 및 정비계획 수립 후 물리적·사회적·경제적 측면의 종합적 주거지재생 추진을 위한 주민조직(주민공동체운영회)의 정의를 명확히 하였다.

– 주민공동체운영회의 구성방법 및 운영에 대한 기준을 마련하였다.

– 주거환경관리사업 구역 내 주민협의체 및 주민공동체운영회의 구성 및 운영에 필요한 경비의 일부를 예산의 범위에서 지원할 수 있도록 하였다.

– 지원 경비 및 주민공동이용시설의 운영사무 관련 합리적 통제장치와 불법, 부당 집행시의 제재조치에 대한 근거를 마련하였다.

주거환경관리사업을 위한 정비계획은 다음 각 목의 어느 하나에 해당하는 지역에 수립한다.

– 전용주거지역, 제1종일반주거지역 및 제2종일반주거지역 중 단독주택 및 다세대주택 등이 밀집한 지역으로서 주거환경의 보전·정비·개량이 필요한 지역
– 법 제4조의3에 따라 해제된 정비구역 및 정비예정구역
– 기존 단독주택 재건축사업 또는 재개발사업을 위한 정비구역의 토지등소유자의 50% 이상이 주거환경관리사업으로의 전환에 동의하는 지역
– 「재정비특별법」 제7조제2항에 따라 재정비촉진지구가 해제된 지역 및 같은 법 제2조제6호에 따른 존치지역

주거환경관리사업은 사업시행자가 정비구역에서 정비기반시설 및 공동이용시설을 새로 설치하거나 확대하고 토지등소유자가 스스로 주택을 보전·정비하거나 개량하는 방법으로 한다. 이 사업의 경우 정비조합을 구성하지 못하며 시장·군수가 직접 시행한다. 주택공사등을 사업시행자로 지정하여 시행하게 하려면 정비구역 공람·공고일 현재 토지등소유자 과반수의 동의를 받아야 한다.

따라서 주거환경관리사업에서는 조합이 아닌 공공시행자가 시행자이며, 주민이 참여하게 되는 사업이다.

□ 조례 제59조(정의)

이 장에서 사용하는 용어의 뜻은 다음과 같다(본조).

1. "주민"이란 주거환경관리사업이 예정된 구역 또는 주거환경관리사업구역의 토지등소유자 및 세입자를 말한다.
2. "주민협의체"란 정비계획을 수립하기 위해 주민, 관련전문가 및 이해관계자 등으로 구성된 조직을 말한다.
3. "주민공동체운영회"란 주거환경관리사업의 정비구역 지정 후 물리적·사회적·경제적 측면의 도시재생 추진을 위해 주민, 관련전문가 및 이해관계자 등으로 구성된 조직을 말한다.

이 조문은 2014.5.14 조례 개정 시 신설되었으며, 이 장(章)이란 주거환경관리사업을 위한 주민협의체 규정을 위한 서울시 도시정비조례 제8장(제59조 내지 제62조)을 말한다.

□ 조례 제60조(주민공동체운영회의 구성과 운영 등)

주민공동체운영회를 구성하려면 구역 내 주민의 1/10 이상의 동의를 얻어 구청장의 승인을 얻어야 한다. 단, 주민공동체운영회 구성에 필요한 동의를 받지 못한 경우 구청장이 주민공동체운영회를 구성할 수 있다(동조 제1항).

제1항에 따라 주민공동체운영회를 구성하는 때에는 운영규약을 작성하여야 하며, 운영규약을 변경하는 경우 구청장의 승인을 얻어야 한다(동조 제2항).

시장은 주민공동체운영회의 운영, 위원 선임방법 및 절차 등 운영규약 작성에 필요한 사항을 포함한 주민공동체운영회 표준운영규약을 정할 수 있다(동조 제3항).

위 조문은 2014.5.14 조례 개정 시 신설되었다.

서울시의 경우 주민공동체운영회 표준운영규약은 2014.6.26 제정, 시행하였다.

▢ 조례 제61조(주민공동체운영회 등의 지원)

시장 및 구청장은 주거환경관리사업구역의 주민공동체 활성화를 위한 주민협의체 및 주민공동체운영회의 구성 및 운영에 필요한 업무와 경비의 일부를 예산의 범위 안에서 지원할 수 있다(본조).

이 조문은 2014.5.14 조례 개정 시 신설되었다.

▢ 조례 제62조(주민공동체운영회의 지도·감독)

시장은 주민공동체운영회에 대하여 지원 경비 및 주민공동이용시설 운영 사무와 관련하여 필요한 사항을 보고하게 하거나 업무 지도·감독에 필요한 서류, 시설 등을 검사할 수 있다(동조 제1항).

시장은 제1항의 보고·검사결과 사무 처리가 위법 또는 부당하다고 인정될 때에는 시정명령을 할 수 있다(동조 제2항).

시장은 제2항에 따라 시정명령을 할 경우 문서로 주민공동체운영회에 통보하고 사전에 의견진술의 기회를 주어야 한다(동조 제3항).

시장은 주민공동체운영회가 제2항에 따른 시정명령을 이행하지 않을 경우 지원 경비 환수 또는 공동이용시설 관리주체 변경 등의 조치를 할 수 있다(동조 제4항).

이 조문은 2014.5.14 조례 개정 시 신설되었다.

▢ 시도별 조례

서울시는 2014.5.14 조례 개정 시 주거환경관리사업을 위한 주민협의체 정을 위해 도시정비조례 제8장 제59조 내지 제62조가 신설되었다. 이를 시행하기 위하여 2014.6.26 주거환경관리사업 주민공동체운영회 표준운영규약 및 ○○동 준민공동체운영회 운영규약을 제정, 시행하고 있다.

다른 시도에서는 이와 관련된 조문이 없는 실정이다.

주거환경관리사업 주민공동체운영회 표준운영규약

서울시고시 제2014-243호(제정 2014.6.26)

제1조(목적) 본 표준운영규약은 도시정비조례(이하 "조례"라 한다) 제60조제3항에 따라 주거환경관리사업 주민공동체운영회(이하 "운영회"라 한다)의 구성·기능·조직 및 운영에 관한 보편적인 기준과 수정·보완 가능한 범위를 정하여 운영회의 효율적이고 투명한 운영을 목적으로 한다.

제2조(정의) ① "주민"이란 주거환경관리사업구역의 토지등소유자 및 세입자를 말한다.

② "주민공동체운영회"란 주거환경관리사업의 정비구역 지정 후 물리적·사회적·경제적 측면의 도시재생 추진을 위해 주민, 관련전문가 및 이해관계자 등으로 구성된 조직을 말한다.

제3조(구성) ① 운영회를 구성하고자 하는 경우 구역 내 주민의 1/10 이상의 동의를 얻어 해당 자치구의 구청장(이하 "구청장"이라 한다.)의 승인을 얻어야 한다. 단, 운영회 구성에 필요한 동의를 받지 못한 경우 구청장이 운영회를 구성할 수 있다.

② 운영회 회원의 수는 최소 10인 이상으로 한다.

③ 운영회 임원의 구성은 다음 각 호의 기준에 따른다.

1. 대표 1인, 총무 및 감사(각 1인 이상)를 두어야 한다.
2. 부대표 및 고문(각 3인 이내)을 둘 수 있다.

제4조(운영규약의 작성 및 승인) ① 운영회를 구성하고자 하는 경우 운영규약을 작성하여 구청장의 승인을 얻어야 한다.

② 제1항의 운영규약은 '따로붙임1'의 표준운영규약을 기본으로 하여 다음 각 호의 방법에 따라 작성한다.

1. 제9조제1항, 제4항, 제7항, 제13조제9항, 제14조제1항, 제15조제2항, 제19조제2항의 규정은 지역별 상황을 고려하여 수정 및 보완할 수 있음.
2. 구역의 특성상 필요한 경우 운영규약 안에 조, 항, 호, 목 등을 추가할 수 있음.
3. 제2항 각 호의 규정에 의하여 수정, 보완 및 추가하는 사항이 관계법령, 본 운영규약 및 관련 행정기관의 지침에 위배되거나 모순되는 경우에는 효력을 갖지 아니함.

③ 운영규약을 변경하는 경우 구청장의 승인을 얻어야 한다.

제5조(운영) 운영회는 관계 법령, 운영규약 및 관련 행정기관의 지침을 준수하여 운영되어

야 하며, 그 업무를 추진함에 있어 회원 및 주민의 의견을 충분히 수렴하여야 한다.

부 칙 〈2014.6.26〉

제1조(시행일) 이 운영규약은 고시한 날부터 시행한다.

〈따로붙임1〉

○○동 주민공동체운영회 표준운영규약

제1장 총 칙

제1조(목적) 본 운영규약은 도시정비조례(이하 “조례”라 한다.) 제60조제3항에 따라 ○○동 주민공동체운영회(이하 “운영회”라 한다.)의 운영, 임원 선임 방법 및 절차 등에 관한 사항을 정하여 주민공동체운영회를 투명하게 운영하고, ○○동의 역사 및 환경 등을 고려한 물리적·사회적·경제적 측면의 통합 재생을 통해 마을공동체를 활성화함을 목적으로 한다.

제2조(정의) ① “주민”이란 주거환경관리사업구역의 토지등소유자 및 세입자를 말한다.

② “주민공동체운영회”란 주거환경관리사업의 정비구역 지정 후 물리적 · 사회적·경제적 재생 추진을 위해 주민, 관련전문가 및 이해관계자 등으로 구성된 조직을 말한다.

③ “마을공동재산”이란 마을기금 및 마을에서 공동으로 사용하는 물품, 비품 등으로 마을재산 목록으로 기재되어 관리되는 것을 말한다.

④ ○○동 주거환경관리사업 구역은 ○○구 ○○(대)로 ○○ 외 ○○필지로 한다.

⑤ 운영회의 회원, 임원 및 총회의를 각각 “회원”, “임원” 및 “총회”라 한다.

제3조(역할) 운영회의 역할은 아래와 같다.

① 마을 환경의 보전 · 정비 · 개량을 지원하여 주거환경을 개선하고 범죄로부터 안전한 마을을 조성한다.

② 공동이용시설의 투명한 운영을 통해 일자리를 창출하고 지역의 복리를 증진하는 등 공익을 달성하여 마을공동체를 활성화한다.

③ 본 운영규약을 준수하고 그 밖에 총회에서 결정된 사항을 적극적으로 실천한다.

제4조(활동 범위) 운영회의 활동 범위는 ○○동 주거환경관리사업 구역을 기본으로 하고 그 인근 지역을 포함할 수 있다.

제5조(사무소) 운영회의 주된 사무소는 ○○구 ○○(대)로 ○○에 둔다.

제2장 회원 및 임원

제6조(회원의 자격) 회원의 자격은 아래와 같다.

① 운영회 활동 범위 내에 거주하는 토지등소유자 및 세입자
② 총괄계획가, 자문계획가, 건축사 등 관련 전문가
③ 운영회 활동범위에 소재한 사업장 종사자 등 이해관계자
④ 그 밖에 운영회 활동에 관심이 있는 자 등

제7조(회원의 가입 및 자격상실) ① 제6조의 자격요건에 결격사유가 없으며 운영회의 목적에 동의하는 자는 입회서를 제출하여 회원이 될 수 있다.

② 운영회가 최초 구성된 이후 가입한 회원은 입회서를 제출한 날로부터 1개월 이후부터 총회에 참석하여 결정권을 행사할 수 있다.

③ 회원은 최소 10인 이상으로 하고, 전체 회원 중 운영회 활동범위 내에 거주하는 토지등소유자 및 세입자의 비율은 2/3 이상으로 한다.

④ 운영회는 회원이 아래에 해당하는 경우 총회의 결정에 따라 제명할 수 있다.

1. 본 운영회 명의를 이용하여 자기 영리 행위를 한 경우
2. 고의 또는 중대한 과실, 의무 불이행 등으로 인해 운영회에 막대한 손해를 입힌 경우
3. 특별한 사유 없이 지속적으로 총회에 불참하는 등 운영회 활동에 성실히 임하지 않은 경우
4. 총회에서 결정한 내용을 인정하지 않고 개인 민원을 제기하는 경우

⑤ 운영회는 제3항에 따라 회원을 제명하고자 할 때는 총회 개최 14일 전에 해당 회원에 대해 소명기회를 부여하며, 청문 등 소명기회를 부여하였음에도 불구하고 이에 응하지 아니한 경우에는 소명기회를 부여한 것으로 본다.

제8조(회원의 권리와 의무) ① 회원은 아래의 권리와 의무를 수행한다.

1. 운영회의 제반활동에 참여
2. 대표, 총무 및 감사에 대한 선거권과 피선거권
3. 시장 및 구청장의 지도·감독에 적극 협조

② 회원의 권한은 평등하며, 권한의 대리행사는 인정되지 아니한다.

제9조(임원 구성) ① 운영회의 임원 구성은 아래의 기준에 따르며, 임원은 회원에 포함된다.

1. 대표 1인, 총무 및 감사(각 1인 이상)를 두어야 한다.
2. 부대표 및 고문(각 3인 이내)을 둘 수 있다.

② 임원은 회원 중 운영회의 활동범위 내에 거주하는 토지등소유자 및 세입자 중에서 선출한다.

③ 대표, 총무 및 감사는 총회에서 투표를 통해 선출하며 부대표, 고문 등은 대표가 선임한다. 임원은 상호간에 겸임할 수 없으며, 임원이 임기 중 공석이 된 경우에는 회원 중에서 새로 선출 또는 선임하고, 임원의 선출 또는 선임 시 그 결과를 구청장에게 제출한다.

④ 임원의 임기는 선출 또는 선임된 날부터 2년으로 한다.

⑤ 임원은 총회에서 전체 회원의 과반수의 참석과 참석 회원 3분의 2 이상의 찬성에 의해 연임할 수 있다. 다만, 자진사퇴를 하거나 제10조의 규정에 의한 결격사유 등이 발생된 경우에는 그러하지 아니하다.

⑥ 제3항에 따라 새로 선출 또는 선임된 임원의 임기는 전임자의 잔여기간으로 한다.

⑦ 운영회는 총회의 결정을 통해 분야별 운영회를 추가로 구성할 수 있다.

제10조(임원의 결격사유와 자격상실) ① 아래에 해당되는 자는 임원이 될 수 없다.

1. 미성년자, 금치산자, 한정치산자
2. 파산자로서 복권되지 아니한 자
3. 금고 이상의 실형의 선고를 받고 그 집행이 종료(종료된 것으로 보는 경우 포함)되거나 집행이 면제된 날부터 2년이 경과되지 아니한 자
4. 금고 이상의 형의 집행유예를 받고 그 유예기간 중에 있는 자
5. 관련 법령을 위반하여 벌금 100만원 이상의 형을 확정판결 받은 날부터 5년이 경과되지 아니한 자

② 임원이 제1항에 해당하게 되거나 선출 또는 선임 당시 그에 해당하는 자이었음이 판명된 때에는 당연 퇴임한다.

③ 임원으로 선출 또는 선임된 후 그 직무와 관련한 횡령, 뇌물 등 직무비리행위로 인한 형사사건으로 벌금형 이상의 확정판결이 난 경우 확정판결일로부터 그 자격을 상실한다.

제11조(임원의 해임) ① 임원이 직무를 성실하게 수행하지 않거나, 관계법령 및 본 운영규약을 위반하여 운영회에 부당한 손실을 초래한 경우에는 해임할 수 있다.

② 임원은 회원의 해임요구가 있는 경우에 총회에서 전체 회원 과반수의 참석과 참석 회원 2/3 이상의 찬성으로 해임할 수 있다.

③ 임원을 교체할 경우에는 운영회 관계 서류 일체를 후임자에게 인수·인계하여야 하고, 감사의 입회하에 확인을 받아야 한다.

제12조(임원의 직무) ① 대표는 운영회를 대표하고 운영회의 사무를 총괄하며 총회의 의장이 된다.

② 부대표는 대표를 보좌한다.

③ 총무는 회계업무 등 운영회 사무의 실무를 총괄 관리한다.

④ 감사는 운영회 사무 및 재산상태와 회계를 감사한다. 운영회의 재산관리 또는 업무 진행이 공정하지 못하거나 부정이 있음을 발견하였을 때에는 총회에 보고하기 위하여 대표에게 그 개최를 요구하여야 한다.

⑤ 고문은 중요 사무에 관하여 대표의 자문에 응한다.

⑥ 대표 유고(有故) 시에는 직책 순으로 그 직무를 대리한다.(부대표, 총무, 감사, 고문 순)

제3장 총회 등

제13조(총회의 구성) ① 운영회는 전체 회원으로 구성하는 총회를 둔다.

② 총회는 정기총회와 임시총회로 구분한다.

③ 정기총회는 1년 중 1회 운영회에서 정한 날짜에 개최한다.

④ 대표는 필요한 경우 임시총회를 개최할 수 있으며, 아래에 해당하는 경우 요구가 있는 날로부터 20일 이내에 임시총회를 개최하여야 한다.

1. 전체 회원 1/5 이상으로부터 개최요구가 있는 때(단, 개최를 요구하는 회원의 수는 최소 5인 이상이어야 한다.)
2. 감사의 요구가 있는 때

⑤ 제4항에 의한 요구가 있는 날로부터 대표가 20일 이내에 정당한 이유 없이 임시총회를 개최하지 아니하는 때에는 개최를 요구한 자(개최를 요구한 회원의 대표 또는 감사)가 지체 없이 임시총회를 개최할 수 있다.

⑥ 제5항에 따라 임시총회를 개최하는 경우 개최를 요구한 자가 총회 의장의 직무를 수행한다.

⑦ 총회를 개최하는 경우 의장은 총회 개최 7일전부터 회의 목적, 안건, 일시 및 장소 등 주요내용을 공공장소(마을회관 게시판 등)에 게시하여야 한다.

⑧ 총회에서는 제7항에 의하여 게시한 안건에 대해서만 결정할 수 있다.

⑨ 운영회는 효율적인 마을 현안사항 논의를 위해 총회 이외의 회의를 개최할 수 있으며, 회의 운영에 관한 구체적인 사항은 총회의 결정을 통해 정한다.

제14조(총회의 결정) ① 총회는 아래의 사항에 대하여 결정하며 법령에 위배되지 않는 범위에서 결정사항을 추가적으로 정할 수 있다.

1. 운영규약의 개정
2. 제3조에 따른 운영회의 주요 사무
3. 마을공동재산 및 공동이용시설 활용계획
4. 회원의 제명 또는 임원의 선임 · 해임

5. 그 밖에 총회의 결정이 필요한 사항

② 총회는 본 운영규약에서 특별히 정한 경우를 제외하고는 전체 회원 과반수의 참석과 참석한 회원 과반수의 찬성으로 결정한다. 단, 찬성과 반대가 같은 수일 경우에는 대표가 결정한다.

③ 회원 본인과 관련된 사항에 대하여 당사자는 결정권을 행사할 수 없다.

④ 회원 권한의 대리행사는 인정되지 않는다.

⑤ 총회는 본 규약에서 정한 결정의 범위·절차 및 방법에 따라 결정할 수 있으며, 그 권한을 일탈하거나 절차상 중대하고 명백한 하자있는 결정은 무효가 된다.

제15조(총회의 운영) ① 총회는 본 운영규약 및 의사진행의 일반적인 관례에 따라 운영한다.

② 대표는 총회 안건의 내용 등을 고려하여 아래에 해당하는 자 등 회원이 아닌 자를 총회에 참석시켜 발언하도록 할 수 있다.

1. 기술자 등 각계 전문가

2. 그 밖에 대표가 총회 운영을 위하여 필요하다고 인정하는 자

③ 대표는 총회의 질서를 유지하고 의사를 정리하며, 고의로 의사진행을 방해하는 발언, 행동 등으로 총회 질서를 문란케 하는 자에 대하여 그 발언의 정지, 제한 또는 퇴장을 명할 수 있다.

제16조(의사록의 작성 및 관리) 총회의 의사록 작성기준 및 관리 기준은 아래와 같다.

① 의사록에는 의사의 경과, 요령 및 결과를 기재하고 참석한 임원 및 회원이 기명날인하여야 한다.

② 의사록은 총무가 작성하고, 총무 불참석 시 대표가 지명한 자가 한다.

③ 의사록은 운영회 사무소에 비치하여 회원이 항시 열람할 수 있도록 하여야 한다.

④ 임원의 선출 또는 선임과 관련된 총회의 의사록을 구청장 또는 시장에게 송부하고자 할 때에는 임원 명부와 선출 관련 서류를 첨부하여야 한다.

제4장 공동이용시설 등의 운영

제17조(공동이용시설의 운영) ① 운영회는 「도시 및 주거환경정비법」 제67조의2에 따라 마을공동체 활성화 등 공익 목적을 위하여 공동이용시설에 대한 사용허가를 받고 그 사용료를 면제받는 경우에는 공동이용시설의 용도, 운영 및 수익관리 등이 포함된 운영계획을 수립하고, 구청장의 승인을 받은 후 시행한다.

② 공동이용시설은 아래와 같이 공익의 달성을 목표로 투명하게 운영한다.

1. 주거 환경을 보호 및 정비하고 주민의 건강과 안전, 이익을 보장하며 지역사회가 당

면한 문제를 해결하는 등 마을공동체를 활성화

2. 지역사회의 재생, 지역경제 활성화, 지역 주민들의 권익 · 복리 증진(기존 상권을 침해하지 않는 범위 내)

3. 구역 내외 취약계층을 대상으로 사회서비스 또는 일자리를 제공하거나 지역사회에 공헌함으로써 지역주민의 삶의 질 향상 등

③ 공동이용시설은 운영회를 중심으로 직접 운영하는 것을 원칙으로 한다.

④ 공동이용시설의 운영을 통해 발생한 수익금은 인건비와 경비를 제외하고 전액 마을기금으로 적립하고, 마을의 공익 목적을 위하여 사용한다.

⑤ 공동이용시설의 일부를 임대주택으로 조성하고자 하는 경우 아래의 조건을 충족하여야 한다.

1. 운영회가 임대주택을 유지 · 관리할 것

2. 임대주택 입주자들을 마을공동체 활성화 프로그램에 참여하게 할 것

⑥ 임대주택 운영으로 발생한 월 임대료 수익 등은 수선유지비로 우선 적립하고, 그 잔액을 마을기금으로 적립하여 활용한다.

⑦ 임대보증금 관리 등 임대주택에 관련하여 본 운영규약에서 정하지 않은 사항은 서울시에서 정한 기준에 따른다.

제18조(마을공동재산의 운영) ① 마을공동재산은 마을의 유지·관리, 마을공동의 이익창출 및 주민자율복지 등 공익 목적을 위해 필요한 사업을 시행하는 경우에만 사용한다.

② 마을공동재산은 회원 개인의 사적인 용도로 사용될 수 없다.

③ 마을공동재산의 활용계획은 총회에서 결정한다.

제5장 회계 및 감독

제19조(운영회의 회계) ① 운영회의 회기는 매년 1월1일부터 12월 말일까지로 한다.

② 운영회의 회계는 서울시에서 정한 기준에 따르되 총회에서 필요하다고 인정하는 때에는 별도의 회계규정을 정하여 운영할 수 있다. 이 경우 별도의 회계규정은 총회에서 결정한다.

③ 총무는 회계연도 매 분기별 종료일부터 10일 내에 '따로붙임2' 서식에 따른 결산보고서를 작성하고 감사, 대표의 확인을 거쳐 구청장에게 제출하여야 한다.

④ 운영회는 회계 관련 서류를 사무소에 비치하는 등 주민 및 회원에 상시 공개하여야 한다.

제20조(재원) 운영회의 운영 및 사업시행을 위한 자금은 아래의 방법에 의하여 조달한다.

① 운영회 명의로 시행하는 사업의 수입금
② 공동이용시설의 운영으로 발생한 수입금
③ 회원의 회비 및 주민 등의 찬조금
④ 기타 수입금 등

제21조(지도 및 감독 협조) ① 조례 제62조에 따라 시장이 지원 경비 및 주민공동이용시설 운영 사무와 관련하여 필요한 사항을 보고하게 하거나 업무 지도·감독에 필요한 서류, 시설 등을 검사 및 회계 감사를 할 경우 운영회는 성실히 응해야 한다.
② 제1항의 보고·검사·감사 결과 사무 처리가 위법 또는 부당하다고 인정되어 시장이 시정명령을 할 경우 운영회는 이를 적극 이행하여야 한다.

부 칙

제1조(시행일) 본 운영규약은 ○○○ 구청장의 승인을 받은 날부터 시행한다.

제2조(관련 법령의 해석) 본 운영규약에서 정하지 아니한 사항은 관계법령, 그리고 관련 행정기관의 지침 또는 유권해석에 따른다.

제9장

보 칙

조례 제63조(교육의 이수 등)

법 제74조의2

영 제66조의2

교육의 이수 등

시장은 추진위원회의 위원장 및 감사, 조합의 임원 등은 교육을 이수하도록 하였다.

▢ 개정 연혁

▸ 도시정비조례[서울시조례 제5701호, 2014.5.14, 일부개정]

제63조(교육의 이수 등) ① 시장이 법 제74조의2에 따라 교육을 실시하는 경우 추진위원회의 위원장 및 감사, 조합의 임원 등은 교육을 이수하여야 한다.

② 시장은 제1항에 따른 교육을 실시하는 경우 다음 각 호의 내용을 포함한 기준을 정하여 공고할 수 있다.

1. 영 제66조의2에 따른 교육의 세부내용
2. 교육 이수 시기
3. 제1항 이외의 교육대상자
4. 기타 필요한 사항

[본조신설 2014.5.14]

부 칙 〈제5701호, 2014.5.14〉

제1조(시행일) 이 조례는 공포한 날부터 시행한다(효력발생시기는 2014.5.14).

➡ 시장이 교육을 실시하는 경우에는 추진위원장, 조합임원 등은 교육을 이수하도록 하였다.

□ 추진위원장, 조합임원의 교육

○ 근거 규정

- 법 제74조의2(교육 등)

국토교통부장관, 시·도지사, 시장·군수 또는 구청장은 추진위원회의 위원장 및 감사, 조합의 임원, 정비사업전문관리업자의 대표자 및 기술인력 등에 대하여 대통령령으로 정하는 바에 따라 교육을 실시할 수 있다.

- 제66조의2(교육의 실시)

법 제74조의2에 따른 교육의 내용에는 다음 각 호의 사항이 포함되어야 한다. 〈개정 2013.3.23〉

1. 주택건설 제도
2. 도시 및 주택 정비사업 관련 제도
3. 정비사업 관련 회계 및 세무 관련 사항
4. 그 밖에 국토교통부장관이 정하는 사항

[본조신설 2010.7.15]

□ 조례 제63조(교육의 이수 등)

시장이 법 제74조의2에 따라 교육을 실시하는 경우 추진위원회의 위원장 및 감사, 조합의 임원 등은 교육을 이수하여야 한다(동조 제1항).
시장은 제1항에 따른 교육을 실시하는 경우 다음 각 호의 내용을 포함한 기준을 정하여 공고할 수 있다(동조 제2항).

1. 영 제66조의2에 따른 교육의 세부내용
2. 교육 이수 시기
3. 제1항 이외의 교육대상자
4. 기타 필요한 사항

서울시는 국내 최초로 추진위원회 위원장, 정비조합장, 이사, 및 감사 등의 업무 수행능력을 함양시키기 위해 2014.5.14 조례 개정을 통하여 강제 교육이수 의무를 규정하였다.

다른 시도에서는 교육의 이수에 관한 규정이 없는 실정이다.

〈도시개발신문 2014.5.12〉

조합임원 등 전문성 높이고 효율적 사업추진 위해 교육 실시

재시 관계자는 "개정안은 의견 수렴을 위해 지난 2월부터 3월까지 입법예고를 거쳐 시의회 임시회에서 수정가결되고 조례규칙심의회를 통과함에 따라 오는 14일 공포될 예정"이라며 "개정안은 지난 2012.2.1 도시정비법 개정으로 도입된 주거환경관리사업의 운용상 미비점을 개선하고, 아울러 정비사업 추진주체의 위원장 또는 조합장, 감사 등 임원들의 정비사업관련 교육이수를 의무화해 효율적 사업추진은 물론 전문성 제고에 기여할 것"이라고 말했다.

• 추진위 위원장·감사 또는 정비조합의 임원 등 정비사업 교육 이수해야

개정안의 주요내용을 살펴보면, 우선 정비사업에 대한 전문성을 높이고 효율적 사업추진을 위해 시장이 교육을 실시하고 조합 임원 등은 교육을 받도록 했다(안 제15조의7).

현행 도시정비법 제74조의2는 국토부장관, 시·도지사, 시장·군수 또는 구청장은 추진위의 위원장 및 감사, 조합의 임원, 정비사업전문관리업자의 대표자 및 기술인력 등에 대해 ▲주택건설 제도 ▲도시 및 주택 정비사업 관련 제도 ▲정비사업 관련 회계 및 세무 관련 사항 ▲그 밖의 국토부장관이 정하는 사항 등에 대한 내용을 포함해 교육을 실시할 수 있다고 규정하고 있다.

그러나 이 규정은 임의규정이라 '해도 되고 안 해도 되는' 그런 규정으로 대부분의 지자체에선 이에 대한 교육을 의무화하고 있지 않은 상태다.

이번에 서울시가 정비사업 추진주체 임원 등에 대한 교육을 의무화하는 조례 규정을 신설함에 따라 여타 시도에도 영향을 미칠 것으로 보인다.

정비업계 한 관계자는 "재개발 등 정비사업은 그 법률적 관계나 운용이 비전문적인 사람들이 맡아 진행하기에 무리가 있는 사업"이라며 "그러나 일부 사설기관에서 진행하는 교육프로그램을 제외하고는 정비사업에 대한 지식을 접할 기회가 적었는데 이번에 서울시가 조례 개정을 통해 교육이수를 의무화함에 따라 이러한 부분에 대한 것은 다소 해소될 것으로 보인다."고 말했다.

서울시는 이와 관련 해 지난 3월부터 정비사업 임원 등의 교육을 위해 '클린조합, 뉴타운 등 정비사업 아카데미'를 운영하고 있으며, 정비사업 관련 소양 및 전문(직무)교육과정으로 11월까지 100명씩 총 8회 운영할 계획이다.

시 관계자는 "4월에 교육을 이수한 조합임원 등을 대상으로 설문조사 결과 약 47%가 정비사업에 대한 강의를 들은 적이 없었으며, 74%가 교육받은 내용이 실제 정비사업에 도움이 된다고 생각하는 것으로 나타났다."고 전했다.

(이하 생략)

조례 제64조(관련 자료의 인계)

법 제81조제4항

관련 자료의 인계

시장·군수 또는 주택공사등이 사업시행자인 경우를 제외하고, 정비조합이 사업시행자는 정비사업을 완료, 폐지 시에는 관계서류를 시장·군수에게 인계하여야 한다. 이를 위반하면 과태료 처벌을 받게 된다.

□ 개정 연혁

▶ 도시재개발사업조례[서울시조례]

제34조(관계서류의 인계) 법 제59조제1항에 의하여 토지등의 소유자, 조합 또는 제3개발자인 시행자는 다음 각 호의 서류를 재개발사업의 분양처분·고시일로부터 3월 또는 재개발사업의 폐지일로부터 2월내에 구청장에게 인계하여야 한다. 다만, 구청장은 특별한 사유가 있다고 인정될 때에는 시행자의 신청에 의하여 인계기간을 연기할 수 있다.

1. 〈삭제 1999.7.31〉
2. 〈삭제 1999.7.31〉
3. 〈삭제 1999.7.31〉
4. 〈삭제 1999.7.31〉
5. 분양처분서
6. 확정측량 관계서류
7. 청산관계 서류
8. 등기신청 관계 서류
9. 감정평가 관계 서류
10. 손실보상 및 수용관계 서류
11. 공동구설치 비용부담 관계 서류
12. 회계 및 계약관계 서류
13. 총회, 대의원회, 이사회 및 감사의 감사관계 서류
14. 보류시설 및 체비시설의 처분과 우선매수청구권자에 대한 분양관계 서류

➡ 도시재개발사업조례의 경우 관계서류의 인계를 해태한 경우에도 과태료 처벌 규정이 없는 것이 비교된다.

▸ **도시정비조례[서울시조례 제4167호, 2003.12.30 제정]**

제40조(관련 자료의 인계) 법 제81조제4항에 의하여 주택공사등이 아닌 사업시행자는 다음 각 호의 서류를 법 제54조의 규정에 의한 이전고시일부터 3월 이내 또는 정비사업의 폐지일부터 2월 이내에 구청장에게 인계하여야 한다. 다만, 구청장이 부득이한 사정이 있다고 인정하는 때에는 사업시행자의 신청에 의하여 인계기간을 연기할 수 있다.

1. 이전고시 관계서류
2. 확정측량 관계서류
3. 청산관계 서류
4. 등기신청 관계 서류
5. 감정평가 관계 서류
6. 손실보상 및 수용관계 서류
7. 공동구설치 비용부담 관계 서류
8. 회계 및 계약관계 서류
9. 회계감사 관계서류
10. 총회, 대의원회, 이사회 및 감사의 감사관계 서류
11. 보류지 및 체비시설의 처분과 우선매수청구권자에 대한 분양관계 서류

부 칙 〈2003.12.30〉

제1조(시행일) 이 조례는 공포한 날부터 시행한다(효력발생시기는 2003.12.30).

➡ 도시재개발사업조례와 달리 도시정비조례에서 관련 자료의 인계를 태만히 한 자에게 과태료 처벌 규정을 두었다.

► **[서울시조례 제4824호, 2009.7.30 일부개정]**

제43조(관련 자료의 인계) 법 제81조제4항에 따라 주택공사 등이 아닌 사업시행자는 다음 각 호의 서류를 법 제54조에 따른 이전고시일부터 3개월 이내 또는 정비사업의 폐지일부터 2개월 이내에 구청장에게 인계하여야 한다. 다만, 구청장이 부득이한 사정이 있다고 인정하는 때에는 사업시행자의 신청에 따라 인계기간을 연기할 수 있다. 〈개정 2009.7.30〉

1. 이전고시 관계서류 〈개정 2009.7.30〉
2. 확정측량 관계서류 〈개정 2009.7.30〉
3. 청산관계 서류 〈개정 2009.7.30〉
4. 등기신청 관계 서류 〈개정 2009.7.30〉
5. 감정평가 관계 서류 〈개정 2009.7.30〉
6. 손실보상 및 수용관계 서류 〈개정 2009.7.30〉
7. 공동구설치 비용부담 관계 서류 〈개정 2009.7.30〉
8. 회계 및 계약관계 서류 〈개정 2009.7.30〉
9. 회계감사 관계서류 〈개정 2009.7.30〉
10. 총회, 대의원회, 이사회 및 감사의 감사관계 서류 〈개정 2009.7.30〉
11. 보류지 및 체비시설의 처분과 우선매수청구권자에 대한 분양관계 서류 〈개정 2009.7.30〉

부 칙 〈2009.7.30〉

제1조(시행일) 이 조례는 공포한 날부터 시행한다(효력발생시기는 2009.7.30).

➡ 단독주택 재건축 분양대상 조문 제24조의2를 제28조로 이동시키는 등 조문 정리를 하였으나, 내용은 개정되지 않았다.

► **[서울시조례 제5237호, 2012.1.5, 일부개정]**

제59조(관련 자료의 인계) ① 법 제81조제4항에 따라 주택공사 등이 아닌 사업시행자는 다음 각 호의 서류를 구청장에게 인계하여야 한다. 〈개정 2012.1.5〉

1. 이전고시 관계서류
2. 확정측량 관계서류
3. 청산관계 서류
4. 등기신청 관계 서류
5. 감정평가 관계 서류
6. 손실보상 및 수용관계 서류
7. 공동구설치 비용부담 관계 서류
8. 회계 및 계약관계 서류
9. 회계감사 관계서류
10. 총회, 대의원회, 이사회 및 감사의 감사관계 서류
11. 보류지 및 체비시설의 처분과 우선매수청구권자에 대한 분양관계 서류

② 제1항에 따른 서류의 인계는 법 제54조에 따른 이전고시일부터 3개월 또는 정비사업이 폐지되는 경우 폐지일부터 2개월 이내에 하여야 한다. 다만, 구청장이 부득이한 사정이 있다고 인정하는 때에는 사업시행자의 신청에 따라 연기할 수 있다. 〈신설 2012.1.5〉

부 칙 〈제5237호, 2012.1.5〉

제1조(시행일) 이 조례는 공포한 날부터 시행한다(효력발생시기는 2012.1.5).

➡ 공공관리 조문이 신설됨에 따라 기존의 제43조가 제55조로, 제59조로 이동되었으며, 기존의 조문을 제1항과 제2항으로 구분하였다.

▢ 관련 서류의 인계

시장·군수 또는 주택공사등이 아닌 사업시행자(대표적으로 정비조합)는 정비사업을 완료하거나 폐지한 때에는 시도 조례가 정하는 바에 따라 관계서류를 시장·군수에게 인계하여야 한다(법 제81조제4항).

법 제81조제4항에 따른 관계 서류의 인계를 태만히 한 자에게는 500만 원 이하의 과태료를 부과한다(법 제88조제2항). 제2항에 따른 과태료는 대통령령으로 정하

는 방법 및 절차에 따라 국토교통부장관, 시·도지사 또는 시장·군수가 부과·징수한다(동조 제3항).

과태료는 국토부장관이 부과하거나, 시·도지사가 부과, 징수하게 된다. 아래의 경우에는 시·도지사가 부과, 징수하게 되는 과태료이다.

※ 도시정비법 시행령 [별표6] 과태료의 부과기준(제73조 관련)

1. 생략
2. 가~다 : 생략
   라. 법 제81조제4항을 위반하여 관계서류의 인계를 태만히 한 경우(법 제88조제2항제3호)
      (1) 시도 조례로 정하는 인계기간을 경과한 날부터 1개월 이상 2개월 미만 지연한 경우 : 100만원
      (2) 시도 조례로 정하는 인계기간을 경과한 날부터 2개월 이상 3개월 미만 지연한 경우 : 200만원
      (3) 시도 조례로 정하는 인계기간을 경과한 날부터 3개월 이상 4개월 미만 지연한 경우 : 300만원
      (4) 시도 조례로 정하는 인계기간을 경과한 날부터 4개월 이상 지연하거나 인계하지 않은 경우 : 400만원

▢ 조례 제59조

○ 조례 제59조제1항(인계해야 할 서류의 종류)

주택공사 등이 아닌 사업시행자는 다음 11종의 서류를 구청장에게 인계하여야 한다(동조 제1항).

1. 이전고시 관계서류
2. 확정측량 관계서류
3. 청산관계 서류
4. 등기신청 관계 서류
5. 감정평가 관계 서류
6. 손실보상 및 수용관계 서류
7. 공동구설치 비용부담 관계 서류
8. 회계 및 계약관계 서류

9. 회계감사 관계서류
10. 총회, 대의원회, 이사회 및 감사의 감사관계 서류
11. 보류지 및 체비시설의 처분과 우선매수청구권자에 대한 분양관계 서류

○ 조례 제59조제2항(법정 인계기간)

서류의 인계는 법 제54조에 따른 이전고시일부터 3개월 또는 정비사업이 폐지되는 경우 폐지일부터 2개월 이내에 하여야 한다. 다만, 구청장이 부득이한 사정이 있다고 인정하는 때에는 사업시행자의 신청에 따라 연기할 수 있다.

- 조례 제67조(과태료의 징수절차)

과태료는 국토부장관이 부과하거나, 시·도지사가 부과, 징수하게 된다. 아래의 경우에는 시·도지사가 부과, 징수하게 되는 과태료이다.

서울시장의 과태료의 징수절차는 「질서위반행위규제법」에 따른다(조례 제62조).

▢ 시도별 조례

○ 경기도, 인천시

제55조(관련 자료의 인계) 법 제81조제4항의 규정에 따라서 주택공사등이 아닌 사업시행자는 다음 각 호의 서류를 법 제54조에 따른 이전고시일 부터 3월 이내 또는 정비사업의 폐지일부터 2월 이내에 시장·군수에게 인계하여야 한다. 다만, 시장·군수가 특별한 사유가 있다고 인정하는 때에는 사업시행자의 신청에 의하여 인계기간을 연기할 수 있다. 〈개정 2009.12.31〉

1. 이전고시 관계서류
2. 확정측량 관계서류
3. 청산관계 서류
4. 등기신청 관계 서류
5. 감정평가 관계 서류
6. 손실보상 및 수용관계 서류

7. 공동구설치 비용부담 관계 서류
8. 회계 및 계약관계 서류
9. 회계감사 관계서류
10. 총회, 대의원회, 이사회 및 감사의 감사관계 서류
11. 보류지 및 체비시설의 처분과 우선매수청구권자에 대한 분양관계 서류

- 남양주시, 부천시, 수원시, 안양시, 안성시, 고양시, 화성시

경기도와 같다.

○ 부산시, 대구시, 대전시, 광주시

第38조(관련 자료의 인계) 법 제81조제4항에 따라 주택공사등이 아닌 사업시행자는 다음 각 호의 서류를 법 제54조에 따른 이전고시일부터 3개월 이내 또는 정비사업의 폐지일부터 2개월 이내에 구청장에게 인계하여야 한다. 다만, 구청장이 특별한 사유가 있다고 인정하는 때에는 사업시행자의 신청에 따라 인계기간을 연기할 수 있다. 〈개정 2005.9.21, 2010.3.3〉

1. 이전고시 관계서류
2. 확정측량 관계서류
3. 청산 관계서류
4. 등기신청 관계서류
5. 감정평가 관계서류
6. 손실보상 및 수용 관계서류
7. 공동구설치 비용부담 관계서류
8. 회계 및 계약 관계서류
9. 회계감사 관계서류
10. 총회, 대의원회, 이사회 및 감사의 감사 관계서류
11. 보류지 및 체비지의 처분과 우선매수청구권자에 대한 분양 관계서류
12. 조합설립인가서(변경인가서를 포함한다.)
13. 임대주택 건설 및 분양 관련 서류 〈신설 2005.9.21〉

조례 제65조(도시·주거환경정비기금의 운용 및 비율 등)

법 제82조제1항, 제4항

도시·주거환경정비기금의 운용 및 비율 등

▢ 개정 연혁

▸ 도시재개발사업조례[서울시조례]

제33조의2(기금의 운용과 매각대금 적립비율 등) 〈신설 1998.3.10〉 ① 법 제53조의 규정에 의하여 서울시재개발사업기금(이하 "기금"이라 한다.)의 관리·운용은 특별회계로 한다. 〈신설 1998.3.10〉

② 법 제53조제2항의 규정에 의하여 기금에 적립하여야 하는 재개발구역 안의 공유지매각대금의 일정율은 30/100으로 한다. 〈신설 1998.3.10〉

③ 법 제53조제5항의 규정에 의하여 재개발사업으로 발생한 「개발이익환수에 관한 법률」에 의한 개발부담금의 지방자치단체 귀속분 중 기금으로 적립되는 비율은 50/100으로 한다. 〈신설 1998.3.10〉

④ 영 제54조제1항에 의하여 재개발사업기금으로 적립되는 비율은 당해 연도의 도시계획세 징수 총액의 15/100로 한다. 〈신설 2000.11.30〉

▸ 도시정비조례[서울시조례 제4167호, 2003.12.30, 제정]

제41조(도시·주거환경정비기금의 운용 및 비율 등) ① 법 제82조제1항 및 제4항의 규정에 의한 도시·주거환경정비기금은 서울시 주택사업특별회계에 포함하여 운용·관리한다.

② 영 제71조제1항의 규정에 의하여 도시계획세 중 정비기금에 적립되는 비율은 징수 총액의 15/100로 한다.

③ 법 제82조제2항제3호의 규정에 의하여 정비구역안의 공유지 매각대금 중

정비기금에 전입하는 비율은 매각대금의 30/100으로 한다.

④ 법 제82조제4항의 규정에 의하여 개발부담금 중 정비기금에 적립되는 비율은 지방자치단체 귀속분의 50/100으로 한다.

부 칙 〈제4167호, 2003.12.30〉

제1조 (시행일) 이 조례는 공포한 날부터 시행한다(효력발생시기는 2003.12.30).

▸ [서울시조례 제4824호, 2009.7.30, 일부개정]

제44조(도시·주거환경정비기금의 운용 및 비율 등) ① 법 제82조제1항 및 제4항에 따른 도시·주거환경정비기금(이하 “정비기금”이라 한다.)은 서울시 주택사업특별회계에 포함하여 운용·관리한다. 〈개정 2009.7.30〉

② 영 제71조제1항에 따라 도시계획세 중 정비기금에 적립되는 비율은 징수총액의 00분의 10으로 한다. 〈개정 2009.7.30〉

③ 법 제82조제2항제3호에 따라 정비구역안의 공유지 매각대금 중 정비기금에 전입하는 비율은 매각대금의 30/100으로 한다. 〈개정 2009.7.30〉

④ 법 제82조제4항에 따라 개발부담금 중 정비기금에 적립되는 비율은 지방자치단체 귀속분의 50/100으로 한다. 〈개정 2009.7.30〉

⑤ 법 제82조제3항제1호 라목에 따라 “시도 조례로 정하는 사항”이란 조합운영경비, 설계비 등 용역비, 세입자 대책비, 조합원 이주비를 말한다. 〈신설 2009.7.30〉

부 칙 〈2009.7.30〉

제1조(시행일) 이 조례는 공포한 날부터 시행한다(효력발생시기는 2009.7.30).

▸ [서울시조례 제5237호, 2012.1.5, 일부개정]

제56조(도시·주거환경정비기금의 운용 및 비율 등) ① 법 제82조제1항 및 제4항에 따른 도시·주거환경정비기금(이하 “정비기금”이라 한다.)은 서울시 주택사업특별회계에 포함하여 운용·관리한다. 〈개정 2009.7.30〉

② 법 제82조와 영 제71조제1항에 따른 기금의 재원 중 정비기금으로 적립되는 비율은 다음 각 호와 같다. 〈개정 2012.1.5〉

1. 정비구역안의 공유지 매각대금의 30/100
2. 개발부담금 중 지방자치단체 귀속분의 50/100
3. 「지방세법」 제112조(같은 조 제1항제1호는 제외한다.)에 따른 재산세 징수 총액의 10/100

③ 법 제82조제3항제1호 라목에 따라 "시도 조례로 정하는 사항"이란 추진위원회·조합의 운영경비, 설계비 등 용역비, 세입자 대책비, 조합원 이주비를 말한다. 〈개정 2012.1.5〉

④ 〈삭제 2012.1.5〉

⑤ 〈삭제 2012.1.5〉

부 칙 〈제5237호, 2012.1.5〉

제1조(시행일) 이 조례는 공포한 날부터 시행한다(효력발생시기는 2012.1.5).

▸ [서울시조례 제5417호, 2012.12.31, 일부개정]

제60조(도시·주거환경정비기금의 운용 및 비율 등) ① 법 제82조제1항 및 제4항에 따른 도시·주거환경정비기금(이하 "정비기금"이라 한다.)은 서울시 주택사업특별회계에 포함하여 운용·관리한다. 〈개정 2009.7.30〉

② 법 제82조와 영 제71조제1항에 따른 기금의 재원 중 정비기금으로 적립되는 비율은 다음 각 호와 같다. 〈개정 2012.1.5〉

1. 정비구역안의 공유지 매각대금의 30/100
2. 개발부담금 중 지방자치단체 귀속분의 50/100
3. 지방세법 제112조(같은 조 제1항제1호는 제외한다.)에 따른 재산세 징수 총액의 10/100

③ 법 제82조제3항제1호 라목에 따라 "시도 조례로 정하는 사항"이란 다음 각 호와 같다. 〈개정2012.12.31〉

1. 추진위원회·조합의 운영경비, 설계비 등 용역비, 세입자 대책비, 조합원 이주비

2. 주거환경관리사업구역의 주택개량 및 신축비용, 가로주택정비사업의 건축 공사비
3. 주거환경관리사업 주민공동체 활성화를 위한 조직 운영비 및 사업비
4. 추진위원회 사용비용 보조금

④ 〈삭제 2012.1.5〉

⑤ 〈삭제 2012.1.5〉

부 칙 〈제5417호, 2012.12.31〉

제1조(시행일) 이 조례는 공포한 날부터 시행한다(효력발생시기는 2012.12.31).

▸ [서울시조례 제5701호, 2014.5.14, 일부개정]

제65조(도시·주거환경정비기금의 운용 및 비율 등) ① 법 제82조제1항 및 제4항에 따른 도시·주거환경정비기금(이하 "정비기금"이라 한다.)은 서울시 주택사업특별회계에 포함하여 운용·관리한다. 〈개정 2009.7.30〉

② 법 제82조와 영 제71조제1항에 따른 기금의 재원 중 정비기금으로 적립되는 비율은 다음 각 호와 같다. 〈개정 2012.1.5〉

1. 정비구역안의 공유지 매각대금의 30/100
2. 개발부담금 중 지방자치단체 귀속분의 50/100
3. 「지방세법」 제112조(같은 조 제1항제1호는 제외한다.)에 따른 재산세 징수 총액의 10/100

③ 법 제82조제3항제1호 라목에 따라 "시도 조례로 정하는 사항"이란 다음 각 호와 같다. 〈개정2012.12.31, 2014.5.14〉

1. 추진위원회·조합의 운영경비, 설계비 등 용역비, 세입자 대책비, 조합원 이주비
2. 주거환경관리사업구역의 주택개량 및 신축비용, 가로주택정비사업의 건축 공사비
3. 주거환경관리사업 주민공동체 활성화를 위한 조직 운영비 및 사업비
4. 추진위원회 사용비용 보조금
5. 정비구역(전면철거방식이 아닌 정비사업에 한한다.)내 범죄예방 등 안전한

주거환경 조성비

④ 〈삭제 2012.1.5〉

⑤ 〈삭제 2012.1.5〉

부 칙 〈제5701호, 2014.5.14〉

제1조(시행일) 이 조례는 공포한 날부터 시행한다(효력발생시기는 2014.5.14).

➡ 정비기금의 범위에 "정비구역(전면철거방식이 아닌 정비사업에 한함)내 범죄예방 등 안전한 주거환경 조성비"가 추가되었다.
2014.5.14 제8장 주거환경관리사업의 주민협의체 및 주민공동체운영회 규정이 신설됨에 따라 제65조로 이동하였다.

▢ 도시·주거환경정비기금의 설치 등

정비기본계획을 수립하거나 승인하는 특별시장·광역시장·도지사 또는 시장은 정비사업의 원활한 수행을 위하여 도시·주거환경정비기금(이하 "정비기금"이라 한다.)을 설치하여야 한다(법 제82조제1항).

다음 각 호의 1의 금액을 정비기금 재원으로 조성한다(동조 제2항).

- 지방세법 제112조(같은 조 제1항제1호는 제외한다.)에 따라 부과·징수되는 재산세 중 대통령령이 정하는 일정률 이상의 금액
- 법 제62조에 의한 부담금 및 정비사업으로 발생한 「개발이익환수에 관한 법률」에 의한 개발부담금 중 지방자치단체의 귀속분의 일부
- 「재건축 초과이익 환수에 관한 법률」에 의한 재건축부담금 중 동법 제4조제3항 및 제4항에 의한 지방자치단체 귀속분
- 정비구역(재건축구역을 제외)안의 국·공유지 매각대금 중 대통령령이 정하는 일정률 이상의 금액
- 시·도지사 또는 시장·군수에게 공급된 소형주택의 임대보증금 및 임대료
- 그 밖에 시도 조례가 정하는 재원

- 정비기금의 사용

정비기금은 다음 각 호의 어느 하나의 용도 이외의 목적으로 사용하여서는 아니 된다(동조 제3항).

1. 이 법에 의한 정비사업으로서 다음 각 목의 어느 하나에 해당하는 사항
   가. 기본계획의 수립
   나. 안전진단 및 정비계획의 수립
   다. 추진위원회의 운영자금 대여
   라. 그 밖에 이 법과 시도 조례로 정하는 사항
2. 임대주택의 건설·관리
3. 임차인 주거안정 지원
4. 「재건축 초과이익 환수에 관한 법률」에 의한 재건축부담금의 부과·징수
5. 주택개량 지원

- 정비기금의 관리, 운용의 시도 조례 위임

정비기금의 관리·운용과 개발부담금의 지방자치단체의 귀속분 중 정비기금으로 적립되는 비율 등에 관하여 필요한 사항은 시도 조례로 정한다(동조 제4항).

▢ 조례 제65조

○ 조례 제65조제1항

도시·주거환경정비기금(이하 "정비기금"이라 한다.)은 서울시 주택사업특별회계에 포함하여 운용·관리하는데, 여기에는 국민주택사업계정, 정비사업계정 및 재정비촉진사업계정의 세입세출로 운영한다(동조 제1항).

※ 서울시 주택사업특별회계조례
제5조(도시·주거환경정비사업계정의 세입·세출) ① 도시·주거환경정비사업계정의 세입은 다음 각 호와 같다.
1. 도시정비법(이하 "법"이라 한다.) 제30조제5호·제30조의2에 따라 공급된 임대주택의 임대보증금 및 임대료
2. 법 제57조에 따른 청산징수금

3. 법 제63조에 따른 국고보조금·융자금
4. 제2항제5호·제6호에 따른 융자금의 상환원리금
5. 법 제68조에 따라 양여받은 토지의 사용 또는 처분에 따른 수입금
6. 법 제82조제2항제1호 및 「서울시 도시정비조례」(이하 "조례") 제41조제2항에 따른 도시계획세 전입금
6. 법 제82조제2항제1호 및 「서울시 도시정비조례」 제44조제2항에 따른 도시계획세 전입금
7. 법 제82조제2항제2호 및 조례 제41조제4항에 따른 부담금 및 개발부담금
8. 법 제82조제2항제3호에 따른 국·공유지 매각대금
9. 다른 회계로부터의 전입금
10. 국민주택기금 등으로부터의 차입금
11. 서울시재정투융자기금 예탁금 상환금 및 이자수입
12. 폐지된 「주택개량촉진에 관한 임시조치법」에 따라 무상양도 받은 토지의 사용 또는 처분에 따른 수입금
13. 「재건축 초과이익 환수에 관한 법률」 제4조제3항에 따라 시에 귀속되는 재건축부담금의 50/100
14. 그 밖의 정비사업 관련 수입금

② 도시·주거환경정비사업계정의 세출은 다음 각 호와 같다.

1. 법 제30조제5호·제30조의3에 따른 임대주택건설 및 매입에 필요한 경비
2. 법 제57조에 따른 청산금의 지급
3. 제1항제3호 및 제10호에 따른 융자금 및 차입금의 상환
4. 법 제60조·제64조에 따른 정비기반시설 및 임시수용시설(주거환경개선사업의 경우 법 제2조제5호에 따른 공동이용시설을 포함한다.)의 설치에 필요한 경비
5. 법 제63조에 따른 정비사업 시행자에 대한 보조금 및 융자금
6. 정비구역안의 주택건설 및 개량자금의 융자금
7. 정비사업을 위한 연구·조사·측량·설계·감정 및 행정관리에 필요한 경비
8. 정비사업 관련 도시계획사업 및 수탁 사업비
9. 에스에이치(SH)공사에 대한 출자
10. 제1항제1호에 따른 임대보증금 반환금
11. 추진위원회 사용비용 보조
12. 그 밖의 정비사업 관련 필요경비

○ 조례 제65조제2항

법 제82조제2항에서의 기금의 재원 중 정비기금으로 적립되는 비율은 다음 각 호와 같다(동조 제2항).

1. 정비구역안의 공유지 매각대금의 30/100
2. 개발부담금 중 지방자치단체 귀속분의 50/100
3. 지방세법 제112조(같은 조 제1항제1호는 제외한다.)에 따른 재산세 징수 총액의 10/100

○ 조례 제65조제3항

법 제82조제3항제1호 라목에 따라 "시도 조례로 정하는 사항"이란 다음 각 호와 같다(동조 제3항). 〈개정 2012.12.31, 2014.5.14〉

1. 추진위원회·조합의 운영경비, 설계비 등 용역비, 세입자 대책비, 조합원 이주비
2. 주거환경관리사업구역의 주택개량 및 신축비용, 가로주택정비사업의 건축공사비
3. 주거환경관리사업 주민공동체 활성화를 위한 조직 운영비 및 사업비
4. 추진위원회 사용비용 보조금
5. 정비구역(전면철거방식이 아닌 정비사업에 한한다.)내 범죄예방 등 안전한 주거환경 조성비

2014.5.14 조례 개정 시 제5호인 "정비구역(전면철거방식이 아닌 정비사업에 한한다.)내 범죄예방 등 안전한 주거환경 조성비"가 추가되어 전면철거방식이 아닌 정비사업으로 한정하여 이 구역에서의 범죄 예방 등 안전한 주거환경 조성비는 정비기금의 범위에 포함되도록 하였다.

▢ 시도별 조례

○ 경기도, 부산시, 대구시, 대전시, 광주시

경기도는 도시정비조례 제6장 도시·주거환경정비기금에서 정비기금에 관한 조문에 정비기금운용심의위원회를 구성, 운영하고 있다.

부산시, 대구시, 대전시, 광주시도 이와 유사하다.

– 경기도

第46조(도시·주거환경정비기금의 설치 등) ① 도지사는 도세 보통세 2/1,000 이내를 출연하여 경기도 도시·주거환경정비기금을 조성한다. 〈개정 2011.10.20〉

② 제1항에 따른 정비기금은 정비기금을 조성한 기초자치단체에 우선하여 지원한다. 〈신설 2011.8.8〉

③ 시장은 법 제82조제1항에 따라서 정비기금을 설치한다. 〈개정 2011.8.8〉

④ 법 제82조제2항제2호에 따라서 정비사업으로 발생한 「개발이익환수에 관한 법률」에 따른 개발부담금의 지방자치단체 귀속분 중 정비기금으로 적립되는 비율은 50%로 한다.

⑤ 법 제82조제2항제5호에 따른 "그 밖의 시도 조례가 정하는 재원"이란 다음 각 호와 같다.

1. 일반회계 전입금 등 〈신설 2011.8.8〉
2. 정비사업과 관련된 교부금
3. 정비사업 관련 융자금 회수 및 이자 수입
4. 정비사업 관련 수탁사업 수입
5. 그 밖에 정비사업과 관련한 수입금

⑥ 영 제71조제1항에 따라서 정비기금으로 적립되는 비율은 해당 연도 「지방세법」 제112조(같은 조 제1항제1호는 제외한다.)에 따라 부과·징수되는 재산세의 15% 이상으로 한다. 〈개정 2011.8.8〉

⑦ 법 제82조제3항제1호 라목에 따라 "조례로 정하는 사항"은 다음 각 호와 같다. 〈개정 2009.12.31〉

1. 법 제63조 및 영 제60조에 따른 보조 및 융자
2. 법 제60조제2항에 따른 정비기반시설 설치 부담금
3. 법 제36조의 규정에 따른 임시수용시설 등의 설치를 위한 보조 및 융자(시장·군수가 직접 시행하는 경우에 한한다.)
4. 국고융자금에 대한 상환금
5. 추진위원회 해산 시 사용비용 보조금 〈신설 2012.12.28〉
6. 그 밖에 정비사업에 필요하다고 해당 시장·군수가 인정하는 경비(추진위원회 구성을 위한 선거관리위원회 위탁비용 등) 〈개정 2009.12.31, 2011.10.

20, 2012.12.28〉

⑧ 정비기금은 다음 각 호의 내용을 포함하여 회계연도마다 수립하는 정비기금운용계획에 따라서 운용하여야 한다.

1. 정비기금의 수입 및 지출에 관한 사항
2. 해당 연도 사업계획 및 자금계획에 관한 사항
3. 정비기금 재산에 관한 사항
4. 그 밖에 정비기금운용상 필요하다고 인정되는 사항

⑨ 〈삭제 2011.10.20〉

제47조(기금관계 공무원) 기금관계 공무원은 다음 각 호와 같이 지정한다.

1. 기금운용관 : 정비기금 업무를 담당하는 국장급 공무원 〈개정 2011.10.20〉
2. 분임기금운용관 : 정비기금 업무담당 과장 〈개정 2011.10.20〉
3. 기금출납원 : 정비기금 업무담당 사무관 〈개정 2011.10.20〉

[본조신설 2011.8.8.]

제48조(정비기금운용심의위원회) ① 도지사는 정비기금의 관리·운용에 관한 다음 각 호의 사항을 심의하기 위하여 경기도 도시·주거환경정비기금운용심의위원회(이하 "심의위원회"라 한다.)를 설치한다.

1. 정비기금 운용계획의 수립 및 결산의 승인에 관한 사항
2. 정비기금운용의 수입 및 지출에 관한 사항
3. 해당연도 사업계획 및 자금계획에 관한 사항
4. 그 밖에 정비기금운용에 필요하다고 인정되는 사항

② 심의위원회는 위원장 1명을 포함한 6명 이내의 위원으로 구성한다.

③ 위원장은 정비기금 업무를 담당하는 국장급 공무원이 되고, 위원은 다음 각 호에 해당하는 사람 중에서 도지사가 임명 또는 위촉한다. 이 경우 제3호에 해당하는 사람이 1/3 이상이 되어야 한다.

1. 정비기금 관계 공무원
2. 도시정비 관련 분야에 학식과 경험이 풍부한 사람
3. 기금운용 또는 기금 관련 분야의 민간 전문가

④ 위촉위원의 임기는 2년으로 하되 한 차례만 연임할 수 있다. 다만, 보궐위원의 임기는 전임위원 임기의 남은기간으로 한다.

[본조신설 2011.10.20]

제49조(위원장의 직무) ① 위원장은 심의위원회를 대표하고 사무를 총괄한다.

② 위원장이 부득이한 사유로 직무를 수행할 수 없는 경우에는 미리 지명한 위원이 그 직무를 대행한다.

[본조신설 2011.10.20]

제50조(회의) ① 위원장은 심의위원회의 회의를 소집하고, 그 의장이 된다.

② 위원장은 심의안건이 긴급히 요구되어 위원회를 소집할 여유가 없을 때에는 서면심의를 할 수 있다.

③ 심의위원회의 회의는 재적위원 과반수의 출석으로 개의하고, 출석위원 과반수의 찬성으로 의결한다. 다만, 서면심의 시에는 재적위원 과반수의 찬성으로 의결한다.

[본조신설 2011.10.20]

제51조(간사 및 서기) ① 심의위원회의 업무를 처리하기 위하여 간사와 서기를 각각 1명을 둔다.

② 간사는 정비기금 업무담당 과장이 서기는 정비기금 업무담당 사무관이 된다.

[본조신설 2011.10.20]

제52조(수당) 심의위원회에 출석한 위원에 대하여는 예산의 범위에서 「경기도위원회실비변상조례」가 정하는 바에 따라 수당 및 여비 등의 실비를 지급할 수 있다.

[본조신설 2011.10.20]

제53조(운영세칙) 그 밖에 심의위원회의 운영에 필요한 사항은 심의위원회의 의결을 거쳐 위원장이 정한다.

[본조신설 2011.10.20]

- 인천시

제44조(도시 및 주거환경정비기금의 설치 등) ① 법 제82조제1항에 따라 인천시에 도시 및 주거환경정비기금(이하 "정비기금"이라 한다.)을 설치한다.

② 법 제82조제2항 각 호의 재원으로 조성되는 정비기금 중 법 제82조제2항제5호에서 "그 밖에 시도 조례가 정하는 재원"이란 다음 각 호의 재원을 말한다.

1. 정비사업과 관련된 교부금

2. 정비사업과 관련하여 회수된 융자금 및 그 이자
3. 정비사업과 관련된 수탁사업으로 인하여 발생한 수입금
4. 타 회계로부터의 전입금
5. 법 제50조제3항에 따라 임대주택을 인수한 경우 그 임대보증금 및 임대료
6. 그 밖에 정비사업과 관련된 수입 또는 차입이 있는 경우 그 수입 또는 차입금

③ 법 제82조제2항제2호에 따른 개발부담금의 지방자치단체 귀속분 중 정비기금으로 적립되는 비율은 50/100으로 한다.

제45조(기금의 관리·운용) ① 법 제82조제4항에 따른 정비기금의 효율적인 관리·운용을 위하여 정비기금에 다음 각 호의 기금관리공무원을 둔다. 〈개정 2014.3.10〉

1. 기금운용관 : 도시계획국장
2. 분임기금 운용관 : 정비기금업무담당과장
3. 기금출납원 : 정비기금관련업무 담당사무관

② 기금운용관은 매 회계연도마다 「인천시 기금관리 기본조례」 제4조제3항에 따른 총괄기금관리관의 협조를 받아 정비기금운용계획을 수립하여야 하며, 회계연도 폐쇄 후 1월 이내에 기금결산 보고서를 작성하여 잔액증명과 함께 총괄기금관리관에게 제출하여야 한다.

③ 정비기금은 법 제82조제3항 각 호의 용도 이외의 목적으로 사용하여서는 아니 된다.

④ 제3항에 따른 정비기금의 사용용도 중 법 제82조제3항제1호 라목에서 "그 밖에 시도 조례로 정하는 사항"이라 함은 다음 각 호의 사항을 말한다. 〈개정 2014.3.10〉

1. 법 제16조의2제2항에 따른 정보제공에 필요한 비용의 일부 보조 〈신설 2012.4.9〉
2. 법 제60조제2항에 따른 정비기반시설 및 임시수용시설의 사업비 부담 〈제1호에서 이동 2012.4.9〉
3. 법 제63조제1항·제3항 및 영 제60조에 따른 정비사업비의 보조 및 융자
4. 법 제77조제3항에 따른 정비사업 현장조사 참여 전문가 수당 〈신설 2012.4.9〉
5. 법 제77조의4에 따른 공공관리에 필요한 비용의 일부 보조 〈신설 2012.4.9〉

6. 국고융자금 상환 〈제3호에서 이동 2012.4.9〉
7. 정비사업 관련 연구용역 및 홍보 〈제4호에서 이동 2012.4.9〉
8. 정비사업의 추진에 따른 빈집관리, 방범 및 거주자의 생활안정 그 밖에 필요한 조치를 위하여 필요하다고 인정되는 군·구의 사업비 보조 〈제5호에서 이동 2012.4.9〉
9. 그 밖에 원활한 정비사업을 위하여 필요한 시민교육 지원 및 주거환경정책 자문 등을 위한 전문가 자문수당 〈신설 2012.4.9〉

⑤ 시장은 이 조례에 의한 융자업무를 「은행법」 및 「주택법」에 따라 설립된 금융기관 등에 위탁할 수 있으며, 정비기금의 대출이율, 상환조건 및 융자업무의 위·수탁 협약체결 등에 관하여는 정비사업 실태 및 정비기금 운용상황 등을 고려하여 정비기금운영위원회에서 결정한다. 〈개정 2014.3.10〉

⑥ 시장은 제5항에 따라 선정된 금융기관(이하 "수탁기관"이라 한다.)과 정비사업 융자금운용·위탁에 관한 협약(이하 "협약"이라 한다.)을 체결하여야 한다. 〈신설 2014.3.10〉

제46조(정비기금운영위원회) ① 정비기금의 관리·운용에 따른 다음 각 호의 사항을 심의하기 위하여 정비기금에 정비기금운영위원회(이하 "운영위원회"라 한다.)를 둔다.

1. 정비기금의 운용계획에 관한 사항
2. 정비기금의 결산에 관한 사항
3. 정비기금의 관리·운용상 필요하다고 인정하여 심의안건으로 회의에 부치는 사항

② 운영위원회는 위원장을 포함한 7명 이내의 위원으로 구성한다.

③ 운영위원회의 위원장은 도시계획국장이 되고, 위원은 예산담당관, 도시계획과장 그 밖에 기금관련분야에 학식과 경험이 풍부한 사람으로서 시장이 위촉하는 사람으로 한다.

④ 위원장은 운영위원회의 대표로서 업무를 총괄하며, 부득이한 사유로 직무를 수행할 수 없는 때에는 참석위원 중에서 위원장의 지명을 받은 위원이 위원장의 직무를 대행한다.

⑤ 운영위원회의 회의는 위원장을 포함한 재적위원 과반수의 출석으로 개의하

고, 출석위원 과반수의 찬성으로 의결한다.

⑥ 운영위원회의 사무처리를 위하여 운영위원회에 간사와 서기를 둔다.

⑦ 그 밖에 운영위원회의 운영에 관하여 필요한 사항은 운영위원회의 의결을 거쳐 위원장이 정한다.

⑧ 운영위원회에 출석한 위원 중 공무원이 아닌 위원에 대하여는 예산의 범위에서 「인천광역시위원회실비변상조례」가 정하는 바에 따라 수당 및 여비를 지급할 수 있다.

⑨ 제3항에 따라 위촉한 위원의 임기는 2년으로 하되 1회 한하여 연임할 수 있다. 다만, 보궐위원의 임기는 전임자의 잔임 기간으로 한다. 〈신설 2014.3.10〉

제46조의2(정비기금운영위원회 위원의 제척·기피·회피 등) ① 위원은 심의의 공정을 기하기 위해 자기와 직접 이해관계가 있는 안건의 심의에는 참여할 수 없다.

② 위원은 본인 또는 관계인의 요청에 의해 심의에서 제외될 수 있다.

③ 위원이 제1항에 해당함에도 불구하고 심의에 참여하여 심의의 공정성을 해친 경우에는 해촉될 수 있다.

[본조신설 2014.3.10]

조례 제66조(권한의 위임)

법 제83조(권한의 위임 등)

「행정권한의 위임 및 위탁에 관한 규정」

권한의 위임

▢ 개정 연혁

▸ 도시재개발사업조례 시행규칙[서울시규칙]

제21조(임대주택의 매입 등) ① 조례 제27조제4항에 의하여 시장에게 처분되는 임대주택의 매입(분양)계약 및 대금의 지급방법은 다음 각 호와 같다.

1. 임대주택(대지 및 부대·복리시설을 포함한다. 이하 같다) 매입계약은 서울시장이 당해 재개발사업시행자 대표와 체결하되, 당해 재개발구역을 관할하는 구청장이 시장을 대리하여 계약을 체결한다(별지 제45호 서식). 이 경우 구청장은 계약내용에 대하여 사전에 시장의 승인을 받아야 한다.

2~4 : 생략

② 구청장은 임대주택의 매입(분양)계약의 체결, 계약금·중도금 및 잔금의 지급, 임대주택의 사용승인(임시사용승인을 포함한다), 공사의 완료공고, 분양처분고시, 등기에 관한 조치 및 처분을 하거나 보고를 받은 때에는 지체 없이 시장 및 공사 사장에게 이를 보고 또는 통보하여야 한다.

제22조(임대주택의 관리 등) ① 시장은 임대주택 관리 및 임대주택 입주·입주자관리에 관한 사무를 공사 사장에게 위탁한다.

②~⑧ : 생략

➡ 임대주택의 매입, 관리 등과 관련해서 구청장이 시장을 대리하여 업무를 처리하거나, 공사사장이 시장으로부터 위탁받아 관리업무를 처리하기도 하였다.

► **도시정비조례[서울시조례 제4167호, 2003.12.30, 제정]**

제42조(권한의 위임) 시장은 다음 각 호의 권한을 구청장에게 위임한다.

1. 법 제3조제3항의 본문의 규정에 의한 기본계획의 변경을 위한 주민공람 및 구의회 의견 청취
2. 법 제4조제3항의 규정에 의한 정비구역의 지정 또는 변경지정에 따른 주민설명회 개최
3. 제20조의 규정에 의한 임대주택의 매매계약체결에 관한 사무
4. 법 시행 이전에 종전의 「도시저소득주민의 주거환경개선을 위한 임시조치법」의 규정에 의하여 주거환경개선지구로 지정된 정비구역의 정비계획수립

부 칙 〈2003.12.30〉

제1조(시행일) 이 조례는 공포한 날부터 시행한다(효력발생시기는 2003.12.30).

► **[서울시조례 제4269호, 2005.3.17, 일부개정]**

제42조(권한의 위임) 시장은 다음 각 호의 권한을 구청장에게 위임한다. 〈개정 2005.3.17〉

1. 법 제3조제3항의 본문의 규정에 의한 기본계획의 변경을 위한 주민공람 및 지방의회 의견 청취 〈개정 2005.3.17〉
2. 법 제4조제3항의 규정에 의한 정비구역의 지정 또는 변경지정에 따른 주민설명회 개최
3. 제20조의 규정에 의한 임대주택의 매매계약체결에 관한 사무
4. 법 시행 이전에 종전의 「도시저소득주민의 주거환경개선을 위한 임시조치법」의 규정에 의하여 주거환경개선지구로 지정된 정비구역의 정비계획수립
5. <u>법 제4조제2항의 규정에 의한 정비구역의 변경지정(영 제12조 및 조례 제7조에 규정된 사항에 한한다.)</u>

부 칙 〈2005.3.17〉

① (시행일) 이 조례는 공포한 날부터 시행한다(효력발생시기는 2005.3.17).

② (정비구역 지정의 입안신청에 관한 적용례) 제6조제1항 후단의 개정규정은

이 조례 시행 이후 최초로 요구되는 정비구역 지정 입안신청 분부터 적용한다.

③ (정비구역 변경지정의 권한위임에 대한 경과조치) 이 조례 시행당시 구청장으로부터 시장에게 신청된 정비구역의 변경지정에 대하여는 종전의 규정에 의한다.

▸ [서울시조례 제4359호, 2006.1.1, 일부개정]

제42조(권한의 위임) 시장은 다음 각 호의 권한을 구청장에게 위임한다. 〈개정 2005.3.17〉

1. ~~법 제3조제3항의 본문의 규정에 의한 기본계획의 변경을 위한 주민공람 및 지방의회 의견 청취~~ 〈삭제 2006.1.1〉
2. 법 제4조제3항의 규정에 의한 정비구역의 지정 또는 변경지정에 따른 주민설명회 개최
3. 제20조의 규정에 의한 임대주택의 매매계약체결에 관한 사무
4. 법 시행 이전에 종전의 「도시저소득주민의 주거환경개선을 위한 임시조치법」의 규정에 의하여 주거환경개선지구로 지정된 정비구역의 정비계획수립
5. 법 제4조제2항의 규정에 의한 정비구역의 변경지정(영 제13조의2에 규정된 사항에 한한다.) 〈신설 2005.3.17, 개정 2006.1.1〉

부 칙 〈2006.1.1〉

① (시행일) 이 조례는 공포한 날부터 시행한다(효력발생시기는 2006.1.1).

▸ [서울시조례 제4601호, 2007.12.26, 일부개정]

제42조 (권한의 위임) 시장은 다음 각 호의 권한을 구청장에게 위임한다. 〈개정 2005.3.17〉

1. 〈삭제 2006.1.1〉
2. 법 제4조제3항의 규정에 의한 정비구역의 지정 또는 변경지정에 따른 주민설명회 개최
3. 정비사업의 임대주택 매매계약 체결 및 단계별(계약금·중도금·잔금) 매매대금의 지급에 관한 사항

4. 법 시행 이전에 종전의 「도시저소득주민의 주거환경개선을 위한 임시조치법」의 규정에 의하여 주거환경개선지구로 지정된 정비구역의 정비계획수립
5. 법 제4조제2항의 규정에 의한 정비구역의 변경지정(영 제13조의2에 규정된 사항에 한한다.) 〈신설 2005.3.17, 개정 2006.1.1〉

부 칙 〈2007.12.26〉

① (시행일) 이 조례는 2008.2.1부터 시행한다.

▸ [서울시조례 제4824호, 2009.7.30, 일부개정]

제45조(권한의 위임) 시장은 다음 각 호의 권한을 구청장에게 위임한다. 〈개정 2009.7.30〉

1. 정비사업의 임대주택 매매계약 체결 및 단계별(계약금·중도금·잔금) 매매대금의 지급에 관한 사항 〈개정 2009.7.30〉
2. 법 시행 이전에 종전의 「도시저소득주민의 주거환경개선을 위한 임시조치법」에 따라 주거환경개선지구로 지정된 정비구역의 정비계획수립 〈개정 2009.7.30〉
3. 법 제4조제4항에 따른 정비구역의 변경·지정(영 제13조의2에 규정된 사항에 한한다.) 〈개정 2009.7.30〉

부 칙 〈2009.7.30〉

제1조(시행일) 이 조례는 공포한 날부터 시행한다(효력발생시기는 2009.7.30).

▸ [서울시조례 제4949호, 2010.3.2 일부개정]

제45조(권한의 위임) 시장은 다음 각 호의 권한을 구청장에게 위임한다. 〈개정 2009.7.30〉

1. 정비사업의 임대주택 매매계약 체결 및 단계별(계약금·중도금·잔금) 매매대금의 지급에 관한 사항 〈개정 2009.7.30〉
2. 법 시행 이전에 종전의 「도시저소득주민의 주거환경개선을 위한 임시조치법」에 따라 주거환경개선지구로 지정된 정비구역의 정비계획수립 〈개정

2009.7.30〉

~~3. 법 제4조제4항에 따른 정비구역의 변경지정(영 제13조의2에 규정된 사항에 한한다.) 〈개정 2009.7.30〉~~ 〈삭제 2010.3.2〉

부 칙 〈제4949호, 2010.3.2〉

이 조례는 공포한 날부터 시행한다(효력발생시기는 2010.3.2).

➡ 2009.2.6 도시정비법 제4조제3항이 개정되어 주민제안으로 정비구역 지정 신청이 가능하게 되고 2009.8.7부터 효력이 발생하게 되었으며 주민설명회 제도가 폐지되었음. 서울시는 2010.3.2 조례를 개정하여 제3호를 삭제하였다.

▸ [서울시조례 제5348호, 2012.7.30, 일부개정]

제61조(권한의 위임) 시장은 다음 각 호의 권한을 구청장에게 위임한다. 〈개정 2009.7.30〉

1. 정비사업의 임대주택 매매계약 체결 및 단계별(계약금·중도금·잔금) 매매대금의 지급에 관한 사항 〈개정 2009.7.30〉
2. 법 시행 이전에 종전의 「도시저소득주민의 주거환경개선을 위한 임시조치법」에 따라 주거환경개선지구로 지정된 정비구역의 정비계획수립 〈개정 2009.7.30〉
3. 〈삭제 2010.3.2〉

부 칙 〈제5348호, 2012.7.30〉

제1조(시행일) 이 조례는 공포한 날부터 시행한다(효력발생시기는 2012.7.30).

➡ 공공관리제도 규정의 신설로 개정 없이 조문만 제61조로 이동하였다가, 2014.5.14 제8장 주거환경관리사업의 주민협의체 및 주민공동체운영회 규정이 신설됨에 따라 제66조로 이동하였다.

▢ 권한의 위임·위탁

행정사무의 간소화와 행정기관의 권한 및 책임의 일치를 위하여 법률에 규정된 행정기관의 권한 중 그 보조기관 또는 하급행정기관의 장에게 위임하거나 다른 행정기관의 장 또는 지방자치단체의 장에게 위임 또는 위탁할 권한을 정하기 위한 「행정권한의 위임 및 위탁에 관한 규정」이 있다.

이 규정에서 "위임"이란 법률에 규정된 행정기관의 장의 권한 중 일부를 그 보조기관 또는 하급행정기관의 장이나 지방자치단체의 장에게 맡겨 그의 권한과 책임 아래 행사하도록 하는 것을 말한다.

"위탁"이란 법률에 규정된 행정기관의 장의 권한 중 일부를 다른 행정기관의 장에게 맡겨 그의 권한과 책임 아래 행사하도록 하는 것을 말한다.

▢ 조례 제66조(권한의 위임)

시장은 다음 각 호의 권한을 구청장에게 위임한다(본조).

1. 정비사업의 임대주택 매매계약 체결 및 단계별(계약금·중도금·잔금) 매매대금의 지급에 관한 사항
2. 법 시행 이전에 종전의 「도시저소득주민의 주거환경개선을 위한 임시조치법」에 따라 주거환경개선지구로 지정된 정비구역의 정비계획수립

도시정비조례 제23조에서는 임대주택 매매계약 체결은 시장과 조합이 체결하며, 공정에 따라 지급한다(동조 제1항제1호). 임대주택부지의 매매계약은 정비구역 안의 대지조성을 완료한 후에 해당 사업시행자인 조합과 시장이 체결하도록 규정하고 있다.

또한 공정에 따라 임대주택 관련 매입비 등을 지급하게 되는데, 이 규정 등은 조례 제66조에 의해 구청장에게 위임하였다.

▢ 시도별 조례

○ 경기도

제56조(권한의 위임) 경기도지사는 법 제4조제4항에 따른 정비구역의 경미한 변경 지정의 권한을 시장·군수에게 위임한다. 〈개정 2011.10.20〉

[전문개정 2009.12.31]

○ 인천시

제47조(권한의 위임) 시장은 다음 각 호의 권한을 구청장 등에게 위임한다. 〈개정 2013.4.8〉

1. 법 시행 이전에 종전의 「도시저소득주민의 주거환경개선을 위한 임시조치법」에 따라 주거환경개선지구로 지정된 정비구역의 정비계획(그 변경을 포함한다.) 수립
2. 법 제4조제4항에 따른 정비구역의 경미한 변경(영 제12조 각 호의 어느 하나에 해당하는 변경을 말한다.) 지정

○ 부산시

제51조(권한의 위임) 시장은 다음의 권한을 구청장에게 위임한다. 〈개정 2005.2.16, 2005.9.21, 2010.3.3〉

1. 법 제3조제3항 본문의 규정에 따른 기본계획의 변경을 위한 주민공람 〈개정 2005.9.21, 2010.3.3〉
2. 〈삭제 2010.3.3〉
3. 법 시행 이전에 종전의 「도시저소득주민의 주거환경개선을 위한 임시조치법」의 규정에 의하여 주거환경개선지구로 지정된 정비구역의 정비계획의 수립 또는 변경 〈개정 2005.2.16, 2005.9.21〉

○ 대구시

제59조(권한의 위임) 시장은 다음 각 호의 권한을 구청장에게 위임한다. 〈개정

2010.6.30 조례 제4170호〉

1. 법 제3조제3항에 따른 기본계획의 변경을 위한 주민공람 및 구·군의회 의견청취 〈개정 2010.6.30 조례 제4170호〉
2. 〈삭제 2010.6.30 조례 제4170호〉

○ 대전시

제48조(권한의 위임) 시장은 다음 각 호의 권한을 구청장에게 위임한다.

1. 법 제3조제3항 본문의 규정에 의한 도시·주거환경정비기본계획의 변경에 관한 주민공람 및 자치구의회 의견 청취 〈개정 2007.2.23 조례 제3480호〉
2. 법 제4조제3항의 규정에 의한 정비구역의 지정 또는 변경지정에 따른 주민설명회 개최
3. 법 시행 이전 종전의 「도시저소득주민의 주거환경개선을 위한 임시조치법」의 규정에 의하여 주거환경개선지구로 지정된 정비구역의 정비계획 수립 〈개정 2006.5.12 조례 제3421호〉

○ 광주시

제56조(권한의 위임) 시장은 다음 각 호의 권한을 구청장에게 위임한다.

1. 법 제3조제3항의 본문의 규정에 의한 기본계획의 변경에 관한 주민공람 및 구의회 의견 청취
2. 〈삭제 2010.1.1〉
3. 〈삭제 2010.1.1〉

조례 제67조(과태료의 징수절차)

영 제73조

과태료의 징수절차

도시재개발사업조례에서는 서울시장의 과태료 징수절차 관련 규정이 없었다. 2003.7.1 도시정비법 시행 이후 같은 해 12.31 시행된 도시정비조례에서는 과태료 징수절차 규정을 두었다.

□ 개정 연혁

▸ 도시정비조례[서울시조례 제4167호, 2003.12.30, 제정]

제43조(과태료의 징수절차) 영 제73조제4항의 규정에 의한 과태료의 징수절차는 서울시 재무회계규칙 및 서울시 시세부과징수규칙을 준용한다.

부 칙 〈제4167호, 2003.12.30〉

제1조(시행일) 이 조례는 공포한 날부터 시행한다(효력발생시기는 2003.12.30).

▸ [서울시조례 제4824호, 2009.7.30, 일부개정]

제46조(과태료의 징수절차) 과태료의 징수절차는「질서위반행위규제법」에 따른다. 〈개정 2009.7.30〉

부 칙 〈제4824호, 2009.7.30〉

제1조(시행일) 이 조례는 공포한 날부터 시행한다(효력발생시기는 2009.7.30).

▸ **[서울시조례 제5417호, 2012.12.31, 일부개정]**

제62조(과태료의 징수절차) 과태료의 징수절차는「질서위반행위규제법」에 따른다. 〈개정 2009.7.30〉

부 칙 〈제5417호, 2012.12.31〉

제1조(시행일) 이 조례는 공포한 날부터 시행한다(효력발생시기는 2012.12.31).

➡ 2014.5.14 조례 개정 시 제67조로 이동하였다.

▢ 과태료 부과

○ 과태료 부과·징수권자(원칙적으로 국토부장관)

과태료 부과·징수권자는 국토부장관, 시·도지사 또는 시장·군수이다(법 제88조 제3항).

아래 법 제88조제1항 및 제2항제1호 및 제2호에 해당하는 경우의 과태료 부과 징수권자는 국토부장관이다.

※ 법 제88조(과태료) ①제77조제3항에 따라 점검반의 현장조사를 거부·기피 또는 방해한 자에게는 1천만 원의 과태료를 부과한다.

1. 〈삭제 2009.2.6〉
2. 〈삭제 2009.2.6〉
3. 〈삭제 2009.2.6〉

② 다음 각 호의 어느 하나에 해당하는 자에게는 500만 원 이하의 과태료를 부과한다.

1. 제49조제4항 또는 제54조제1항에 따른 통지를 태만히 한 자
2. 제74조제1항 및 제75조제2항에 따른 보고 또는 자료의 제출을 태만히 한 자
3. 제81조제4항에 따른 관계 서류의 인계를 태만히 한 자

○ 과태료 부과·징수권자(시·도지사)

시장·군수 또는 주택공사등이 아닌 사업시행자는 정비사업을 완료하거나 폐지한 때에는 시도 조례가 정하는 바에 따라 관계서류를 시장·군수에게 인계하여야

한다(법 제88조제2항제3호).

서울시는 시장·군수 또는 주택공사등이 아닌 정비조합이 사업시행자인 경우, 다음 각 호의 서류를 구청장에게 인계하도록 하였다(조례 제64조).

1. 이전고시 관계서류
2. 확정측량 관계서류
3. 청산관계 서류
4. 등기신청 관계 서류
5. 감정평가 관계 서류
6. 손실보상 및 수용관계 서류
7. 공동구설치 비용부담 관계 서류
8. 회계 및 계약관계 서류
9. 회계감사 관계서류
10. 총회, 대의원회, 이사회 및 감사의 감사관계 서류
11. 보류지 및 체비시설의 처분과 우선매수청구권자에 대한 분양관계 서류

이 서류의 인계는 법 제54조에 따른 이전고시일부터 3개월 또는 정비사업이 폐지되는 경우 폐지일부터 2개월 이내에 하여야 한다. 다만, 구청장이 부득이한 사정이 있다고 인정하는 때에는 사업시행자의 신청에 따라 연기할 수 있다.

○ 조례 제67조(과태료 산정 및 징수절차)

과태료 처벌은 아래 기준에 의하되, 과태료의 징수절차는 「질서위반행위규제법」에 따른다(본조).

※ [별표6] 과태료의 부과기준(영 제73조 관련)

1. 일반기준
   가. 제2호에 따른 지연기간에는 다음의 사유로 지연된 기간은 산입하지 않는다.
      1) 천재·지변 등 불가항력적인 경우
      2) 소송 등의 사유로 의무의 불이행에 상당한 사유가 있다고 인정되는 경우
   나. 부과권자는 다음의 어느 하나에 해당하는 경우에는 제2호에 따른 과태료 금액의 1/2의 범위에서 그 금액을 감경할 수 있다. 다만, 과태료를 체납하고 있는 위반행위자의 경우에는 그러하지 아니하다.

1) 위반행위가 사소한 부주의나 오류로 인한 것으로 인정되는 경우
2) 위반행위자가 위반행위가 적발되기 전에 법 위반상태를 시정하거나 해소한 경우
3) 그 밖에 위반행위의 정도, 위반행위의 동기와 그 결과 등을 고려하여 감경할 필요가 있다고 인정되는 경우

다. 부과권자는 다음의 어느 하나에 해당하는 경우에는 제2호에 따른 과태료 금액의 1/2의 범위에서 그 금액을 가중할 수 있다. 다만, 과태료의 총액은 법 제88조제2항에 따른 과태료 금액의 상한을 넘을 수 없다.

1) 위반의 내용·정도가 중대하여 이해관계인 등에게 미치는 피해가 크다고 인정되는 경우
2) 법 위반상태의 기간이 6개월 이상인 경우
3) 그 밖에 위반행위의 정도, 위반행위의 동기와 그 결과 등을 고려하여 가중할 필요가 있다고 인정되는 경우

2. 개별기준

가, 나, 다 : 생략(부과징수권자가 국토부장관임)

라. 법 제81조제4항을 위반하여 관계서류의 인계를 태만히 한 경우(법 제88조제2항제3호)/부과징수권자가 시·도지사

1) 시도 조례로 정하는 인계기간을 경과한 날부터 1개월 이상 2개월 미만 지연한 경우 : 100만원
2) 시도 조례로 정하는 인계기간을 경과한 날부터 2개월 이상 3개월 미만 지연한 경우 : 200만원
3) 시도 조례로 정하는 인계기간을 경과한 날부터 3개월 이상 4개월 미만 지연한 경우 : 300만원
4) 정하는 인계기간을 경과한 날부터 4개월 이상 지연하거나 인계하지 않은 경우 : 400만원

□ 시도 조례 조문

○ 경기도, 대전시

과태료 처벌 규정이 없다.

○ 인천시

제48조(과태료의 징수절차) 영 제73조제4항에 따른 과태료의 징수 절차는 지방세

징수의 예에 따른다. 이 경우 납입고지서에는 이의신청방법과 이의신청기간을 함께 기재하여야 한다.

○ 부산시

제52조(과태료의 징수절차) 법 제88조제3항에 따른 과태료의 징수절차에 관해서는 질서위반행위규제법령에 따른다.

[전문개정 2010.3.3]

○ 대구시

제60조(과태료의 징수절차) 법 제88조제3항에 따른 과태료의 징수절차는 「질서위반행위규제법」에 따른다.

[전문개정 2010.6.30 조례 제4170호]

○ 광주시

제57조(과태료의 징수절차) 과태료의 징수절차는 「질서위반행위규제법」에 따른다.

〈개정 2010.1.1〉

부 록

도시정비조례 부칙 관련 유권해석

도시정비조례 부칙 제5조 관련, 분할다세대의 분양자격(서울시 주거정비과 2009.11.17)

• 요지 : 분할다세대는 정관에 명시되어야 분양자격이 있다.

조례 제12조(조합정관에 정할 사항)제5호에 "단독 또는 다가구주택을 건축물 준공 이후 다세대주택으로 전환된 주택을 취득한 자에 대한 분양권 부여에 관한 사항"이 규정되어 있고,

도시정비조례 부칙(2003.12.30) 제5조(분양대상기준의 경과조치)에 "제24조제2항제1호의 규정에 불구하고 이 조례 시행 전에 단독 또는 다가구주택을 다세대주택으로 전환하여 구분등기를 완료한 주택에 대하여는 전용면적 60제곱미터 이하의 주택을 공급하거나 정비구역안의 임대주택을 공급할 수 있으며,"라고 명시되어 있음.

Q 조합정관에 조례 제12조제5호의 사항이 명시되어 있지 아니한 경우에도 조례 부칙 제5조의 조건에 부합한 토지등소유자에게 관리처분 총회결의에 의해 주택을 공급할 수 있는 것인지?

A 도시정비법 제20조제1항의 규정에 '조합원의 자격에 관한 사항'이 포함된 정관을 작성하여야 한다고 정하고 있으므로, 당해 조합의 정관에 정한 분양대상 조합원의 자격에 해당하지 않는다면 조합원이 될 수 없어 주택을 공급 받을 수 없는 것임.

서울시 도시정비조례의 부칙 제4167호, 2003.12.30 제5조(분양대상기준의 경과조치)

조례 제24조제2항제1호에 불구하고 이 조례 시행 전에 단독 또는 다가구주택을 다세대주택으로 전환하여 구분등기를 완료한 주택에 대하여는 전용면적 60㎡ 이하의 주택을 공급하거나 정비구역안의 임대주택을 공급할 수 있으며, 다세대주택의 주거전용총면적이 60㎡를 초과하는 경우에는 종전 관련조례의 규정에 의함.

단, 하나의 다세대전환주택을 공유지분으로 소유하고 있는 경우에는 주거전용총면적에 포함시키지 아니하며 전용면적 85㎡ 이하 주택을 분양신청 조합원에게 배정하고 잔여분이 있는 경우, 전용면적 60㎡이하 주택 배정조합원의 상향요청이 있을 시에는 권리가액 다액 순으로 추가 배정할 수 있다."고 하고 있음.

Q 제가 보기에는 60㎡ 이하의 주거전용 면적을 지닌 다세대주택이면 60㎡ "이하"의 주택이나 임대주택을 공급할 수 있으며, 주거전용면적이 60㎡"이상"일 경우에는 종전 조례에 의함.

위 조례에서 "종전조례에 의한다"에서 종전조례가 어떤 조례의 어떤 항목을 이야기하는지?

A 위 경과조치는 분양대상기준에 대한 것으로 단독주택 또는 다가구주택이 건축물준공 이후 다세대주택으로 전환된 경우에는 수인의 분양신청자를 1인의 분양대상자로 보아야 함에도 불구하고, 이 조례 시행 전에 단독 또는 다가구주택을 다세대주택으로 전환하여 구분등기를 완료한 주택에 대하여는 수인의 분양대상자로 보아 전용면적 60㎡ 이하여 주택을 공급하거나 정비구역안의 임대주택을 공급할 수 있다는 의미로 이해됨.

한편 종전 관련조례 규정이란 위 조례 시행으로 인하여 폐지된 서울시 도시재개발사업조례·서울시 도심재개발사업조례 및 서울시 주거환경개선사업시행조례 및 각 조례의 분양대상기준에 관한 조항을 의미하는 것으로 보임(서울시 2011.9.19).

재개발사업의 분양대상자에 대한 질의

Q 도시정비조례 부칙 제7조에 의하면 1990.4.21 다가구주택제도 도입 이전에 단독주택으로 건축허가를 받아 지분 또는 구분등기를 필한 사실상의 다가구주택은 동 조례 제24조제2항제3호에 불구하고 다가구주택으로 건축허가 받은 가구 수에 한하여 가구별 각각 1인을 분양대상자로 한다.'고 규정하고 있음.

다가구주택제도 도입 이전인 1984년에 주택 및 근린생활시설(지하 1층, 지상 4층 지하 1층 및 지상 1,2층은 근린생활시설, 지상 3,4층은 주택)로 건축허가를 받았고 각 층별로 지분등기(5인 소유)를 필한 건축물의 경우, 지상 3층 및 4층 주택 소유자 각각을 1인의 분양대상자로 할 수 있는지?

A 도시정비조례 제24조제2항제3호에 수인의 분양신청자를 1인의 분양대상자로 보는 기준으로 '하나의 주택 또는 한 필지의 토지를 수인이 소유하고 있는 경우'로 정하고, 동 조례 부칙(2003.12.30) 제7조의 규정에 '1997.1.15 이전에 가구별로 지분 또는 구분소유등기를 필한 다가구 주택(1990.4.21 다가구주택제도 도입이전에 단독주택으로 건축허가를 받아 지분 또는 구분등기를 필한 사실상의 다가구 주

택을 포함한다.)은 동 조례 제24조제2항제3호에 불구하고 다가구 주택으로 건축허가 받은 가구 수에 한하여 가구별 각각 1인을 분야대상자로 한다.'고 정함.
따라서 질의 내용의 주택 및 근린생활시설 지상3, 4층 주택부분이 1990.4.21 다가구주택제도 도입 이전에 단독주택으로 건축허가를 받아 지분 또는 구분등기를 필한 사실상의 다가구주택인 경우 다가구주택으로 건축허가 받은 가구 수에 한하여 가구별 각각 1인을 분양대상자에 포함하는 것임(서울시 주거정비과-15473, 2007.10.1).

(구)도시재개발법에 의하여 사업시행인가된 구역의 공유지분 취득 기준일

Q 구 도시재개발법에 의하여 사업시행인가되어 시행중인 재개발사업구역에서 관리처분계획을 수립함에 있어 분양대상자 결정을 위한 공유지분 취득기준일을 구역지정일로 해야 하는지, 사업계획결정일로 해야 하는지?

A 도시정비조례 부칙 제8조에 의하면 종전 도시재개발법 제4조에 따라 재개발구역으로 지정된 정비구역 지정·고시일을 이 조례시행일로 보도록 정하고 있고, 동 조례 제25조에 따라 이 조례 시행일(2003.12.30) 이전부터 공유지분으로 소유한 토지의 지분면적이 건축조례 제25조제1호에 의한 규모 이상인 자는 분양대상자로 볼 수 있음(서울시 주거정비과-3638, 2004.4.28).

※ 부 칙 〈제4657호, 2008.7.30〉
제1조(시행일) 이 조례는 공포한 날부터 시행한다.
제2조(사실상 주거용으로 사용되고 있는 건축물에 관한 경과조치) 이 조례 개정전 종전의 제24조제1항제1호에 따른 "사실상 주거용으로 사용되고 있는 건축물"로서 이 조례 시행 전에 법 제4조제1항에 따른 정비계획을 주민에게 공람한 지역의 분양신청자와 이외 지역에서 법 제4조제3항에 의한 정비구역 지정·고시일부터 법 제46조제1항에 의한 분양신청기간이 만료되는 날까지 세대원 전원이 주택을 소유하고 있지 아니한 분양신청자는 종전의 규정에 의한다.

Q 2008.7.30 개정된 조례 부칙 제2조(사실상 주거용으로 사용되고 있는 건축물에 관한 경과조치)에 따라 2008.7.1 정비구역으로 지정된 재개발구역의 경우에는 건축물대장상 용도가 근린생활시설로 되어 있는데, 실제로는 주거용으로 이용되고 있는 건축물의 경우 공동주택 분양대상이 되는지?

A 2008.7.1 정비구역으로 지정된 재개발구역이라면 조례 부칙(2008.7.30) 제2조에 따라 조례 시행 전에 정비계획을 주민에게 공람한 지역에 해당할 것이므로, 사실상 주거용으로 사용되고 있는 건축물에 해당한다면 종전 규정을 적용할 수 있을 것임(서울시 주거정비과 2010.4.12).

※ 종전 규정의 적용은 공동주택을 분양받을 수 있다는 의미이다.

부 칙 〈제4657호, 2008.7.30〉

제3조(분양대상 등에 관한 경과조치) 제24조제2항제6호의 개정규정은 이 조례 시행 후 최초로 건축허가를 신청하는 분부터 적용한다.

다세대 전환주택의 경과규정의 해석

Q **서울시 도시정비조례 부칙 제5조의 규정 중 "종전 관련 조례에 의한다"는 정확한 의미는?**

A 우리시는 재개발구역 내 단독주택 또는 다가구주택에 대하여 분양권 취득을 목적으로 무분별하게 다세대주택으로 전환되는 것을 방지하기 위하여 동 조례 제정 시 단독주택 또는 다가구주택을 다세대로 전환한 경우에는 수인의 분양신청자를 1인의 분양대상자로 인정하고 있음. 다만 동 조례 시행일인 2003.12.30 이전에 건축허가(용도변경)를 받아 단독주택 또는 다가구주택을 다세대로 전환하여 구분 또는 지분등기를 완료한 주택은 단독주택 소유자와의 형평성을 유지하기 위하여 소형주택(전용면적이 60㎡ 이하)을 공급하거나 임대주택을 공급하도록 하였으며, 전용면적이 60㎡를 초과한 다세대 전환주택에 대하여는 그 권리가액에 해당하는 주택을 공급할 수 있도록 경과조치를 둔 것임(서울시 주거정비과-1781, 2007. 2.5).

다세대 전환 주택 소유자에 대한 주택공급기준 등

Q **① 2003.12.30 이전 다세대주택(전용면적 60㎡ 이하)으로 전환한 조합원에 대하여 전용면적 60㎡ 이하 또는 임대주택만 공급하여야 하는지와 국민주택규모 이하의 주택을 조합원에게 처분하고 잔여분이 있어 상향요청이 있는 경우 분양해야만 하는지?**

② 도로 부지 90㎡ 이상의 토지를 갖고 있는 소유자는 분양자격이 없는지?

A ① 「서울시 도시정비조례」 부칙 제5조에 의하여 2003.12.30 이전 다세대로 전환하여 구분등기를 필한 세대에 대하여는 당해 주택의 전용면적에 따라 분양주택

을 공급하거나 임대주택을 공급할 수 있으며, 또한 국민주택규모 이하(전용면적 85㎡)의 주택이 잔여분이 있는 경우에는 전용면적 60㎡ 이하의 다세대전환주택 소유자가 상향 요청 시 권리가액이 많은 순으로 분양할 수 있음.

다만, 위 부칙 규정은 다세대 전환주택 소유자의 분양자격에 대한 제24조제2항제1호의 경과조치로써 임의규정이므로, 본 건 질의에 대하여는 같은 조례 제12조제5호에 의하여 조합의 정관에 정한 바에 따라 판단할 사항임.

② 같은 조례 제24조제1항제2호에 따라 당해 토지가 제24조제3항에 해당되지 않는다면 분양자격이 있음(서울시 주거정비과-2095, 2008.2.12).

사실상 다가구주택에 대한 분양기준

Q 재개발구역 내 1985.6.27 단독주택으로 준공한 건축물에 대하여 1985.7.3 4인이 각각 1/4씩 공유지분으로 소유하고 있다가 추가로 2인이 1997.1.15 이전 지분등기를 필하여 공동으로 소유하고 있는 경우에 6가구 모두 분양대상이 되는지?

A 서울시 도시정비조례 부칙 제7조에 의하면 "1997.1.15 이전에 가구별로 지분 또는 구분소유등기를 필한 다가구주택(1990.4.21 다가구주택제도 도입 이전에 단독주택으로 건축허가를 받아 지분 또는 구분등기를 필한 사실상의 다가구주택을 포함한다.)은 제24조제2항제3호의 규정에 불구하고 다가구주택으로 건축허가 받은 가구 수에 한하여 가구별 각각 1인을 분양대상자로 한다."고 정하고 있는 바, 동 규정에서 정하고 있는 1990.4.21 다가구주택제도 도입 이전 사실상 다가구주택은 건축허가 당시부터 가구별로 분리하여 거주할 목적으로 건축허가를 받고 준공 후 가구별로 지분 또는 구분등기를 필한 단독주택을 말하며, 건축허가 받은 가구 수의 산정은 건축허가 내용을 기초로 판단할 사항임(서울시 주거정비과-1271, 2007.1.26).

사실상 다가구주택의 분양자격

Q 주택으로 건축허가를 받아 1982.7.7 준공을 필하였으며, 1990. 이전 12가구가 지분 등기하여 독립된 주거형태를 갖추어 거주하고 있는 경우 각각 분양대상자로 볼 수 있는지 여부와 주택이 아닌 대피소(지하층)를 건축허가 받은 가구 수에 포함되는지?

A 서울시 도시정비조례 부칙 제7조에 따라 1990.4.21 다가구주택 제도 도입 이전에 단독주택으로 건축허가를 받아 지분 또는 구분등기를 필한 사실상의 다가구주택은 건축허가 받은 가구 수에 한하여 가구별 각각 1인을 분양대상자로 본다고 정하고 있는 바, 본 조례 개정 취지는 건축허가 당시부터 여러 가구가 거주할 목적으로 계획하였음에도 다가구주택제도가 도입되지 않아 주택으로 건축허가 받은 지분(구분) 소유자의 분양권에 대하여 다가구주택과 형평성을 고려하여 인정한 것임.
따라서 1990.4.21 다가구주택제도 도입이전 건축허가 받은 주택의 분양권 수는 다가구주택의 분양권과 동일하게 적용하여 지분소유자 수와 별도로 허가권자인 귀청이 건축허가 도서 등을 근거로 몇 가구의 사실상 다가구주택으로 볼 것인지 여부를 판단하여야 하며, 또한, 건축허가 받은 가구 수를 판단함에 있어 주택 용도가 아닌 대피소 등을 가구 수에 포함해서는 안 될 것임(서울시 주거정비과-19477, 2007.12.11).

사실상 다가구주택 분양권

Q **1989.1.25 주택(지하1층, 지상2층)으로 건축허가를 받아 1989.7.7 사용승인을 받았으며, 1991.3.12 3인이 공유지분으로 소유한 경우 각각 분양대상이 되는지 여부와 소유권의 변동 없이 그대로 승계한 제3자도 분양대상이 되는지?**

A 서울시 도시정비조례 부칙 제7조에 따라 1997.1.15 이전에 가구별로 지분 또는 구분소유등기를 필한 다가구주택(1990.4.21 다가구주택제도 도입이전 단독주택으로 건축허가를 받아 지분 또는 구분등기를 필한 사실상의 다가구주택을 포함한다.)은 건축허가 받은 가구 수에 한하여 각각 분양대상자로 보도록 정하고 있는 바, 1990.4.21 다가구주택제도 도입 이전 건축허가 받은 주택의 경우 지분소유자 수와 별도로 당해 주택을 몇 가구의 사실상 다가구주택으로 볼 것인지에 대하여 판단이 필요하며, 질의 경우 당해 주택을 3가구의 사실상 다가구주택으로 인정할 수 있다면 3가구 각각분양대상이 될 것이며, 도시정비법 제10조의 사업시행자 등의 권리·의무의 승계 원칙에 따라 분양대상자로부터 소유권을 변동 없이 전부 이전받은 제3자 또한 분양대상이 됨(서울시 주거정비과-19779, 2007.12.17).

다가구주택의 분양기준에 관한 경과 조치

Q 다가구주택을 지분소유 등기한 경우 가구별 소유지분 내역이 가구별 실제 면적과 서로 상이한 경우에도 지분소유자를 각각 분양대상자로 할 수 있는지?

A 재개발구역 내 공급하는 주택등의 분양대상은 인가된 해당 재개발조합정관에 정한 바에 따라 인가권자가 판단할 사항이나, 현행 도시정비조례 부칙 제7조에 의하면 1997.1.15 이전에 가구별로 지분 또는 구분소유 등기를 필한 다가구주택은 건축허가 받은 가구 수에 한하여 가구별로 각각 1인을 분양대상자로 한다고 정하고 있는 바, 지분 또는 구분소유 등기를 기준으로 다가구로 건축허가 받은 가구 수에 한하여 각각 1인을 분양대상자로 인정할 수 있음(서울시 주거정비과-7051, 2005.6.22).

Q 도시정비조례 부칙 제7조 다가구주택의 분양기준에 관한 경과조치에 의거 건축물의 현황이 지분자 모두 단독생활이 가능한 주택일 경우 각각 1인의 분양대상자가 되는지?

A 도시정비조례 제24조 및 부칙 제7조에 의하면 하나의 주택을 수인이 소유하고 있는 경우 수인의 분양신청자를 1인의 분양대상자로 보며, 다만 1997.1.15 이전에 가구별로 지분 또는 구분소유등기를 필한 다가구주택은 같은 조례 제24조제2항제3호에 불구하고 다가구로 건축허가 받은 가구 수에 한하여 가구별 각각 1인을 분양대상자로 한다고 규정되어 있는 바 개별건축물에 대한 분양대상 여부는 건축허가 및 등기내용 등 사실 판단에 의거 관리처분계획을 수립하는 사업시행자 및 인가권자인 구청장이 판단할 사항임(서울시 주거정비과-5953, 2004.6.22).

※ 부 칙 〈제4657호, 2008.7.30〉

제8조(재개발사업 분양대상 기준에 관한 경과 조치) 이 조례 시행 당시 종전 도시재개발법 제4조에 의하여 재개발구역으로 지정된 정비구역(정비계획이 수립되지 않은 정비구역은 제외한다.)의 경우 제24조에 불구하고 구역지정·고시일을 이 조례 시행일로 보며 제24조제1항제2호 단서 규정의 30㎡를 20㎡로 한다.

Q 2008.7.30 개정된 조례 부칙 제2조(사실상 주거용으로 사용되고 있는 건축물에 관한 경과조치)에 따라 2008.7.1 정비구역으로 지정된 재개발구역의 경우에는 건축물대장상 용도가 근린생활시설로 되어 있는데, 실제로는 주거용으로 이용되고 있는 건축물의 경우 공동주택 분양대상이 되는지?

A 2008.7.1 정비구역으로 지정된 재개발구역이라면 조례 부칙(2008.7.30) 제2조에 따라 조례 시행 전에 정비계획을 주민에게 공람한 지역에 해당할 것이므로, 사실상 주거용으로 사용되고 있는 건축물에 해당한다면 종전 규정을 적용할 수 있을 것임(서울시 주거정비과 2010.4.12).

※ 종전 규정의 적용은 공동주택을 분양받을 수 있다는 의미이다.

※ 부 칙 〈제4657호, 2008.7.30〉
제3조(분양대상 등에 관한 경과조치) 제24조제2항제6호의 개정규정은 이 조례 시행 후 최초로 건축허가를 신청하는 분부터 적용한다.

서울시내에서 2008.4에 신축허가 받고, 2008.12에 준공되었음.

Q 신축허가 시 근린생활용도(4평)로 신축허가 받고, 2009년 9월에 다세대주택으로 용도를 변경함(집합건물관리대장 확인). 향후 해당 물건에 대해서 2008년 7월 이전 신축허가 예정이며, 이미 다세대주택으로 용도가 변경되어 있는 상태이므로 재개발사업 추진 시 아파트 분양권을 받을 수 있는지?
2008.7 이전에 신축허가가 기준인지, 준공이 기준인지?

A 2008.7.30 개정 및 공포된 서울시 도시정비조례 부칙 제3조는 분양대상 등에 관한 경과조치로 제24조 제2항 제6호의 개정규정은 '이 조례 시행 후 최초로 건축허가를 신청하는 분부터 적용한다.'고 규정하고 있으므로 신축다세대 주택의 경우 2008.7.30 이전에 건축허가가 신청되었다면 기존 규정에 따라 분양권을 받을 수 있음(준공날짜 아님)(서울시 2011.9.16).

전용면적 60㎡ 이하의 다세대 전환주택을 2 이상 소유하여 전용면적 60㎡ 초과 시 종전 조례 규정 적용 가능 여부

Q 분양신청자가 2003.12.30 전에 단독 또는 다가구를 다세대로 전환하여 구분등기를 필한 주택을 2 이상 소유하고 있는 경우 각각의 주거전용면적을 합산하여 60㎡를 초과할 시 도시정비조례 부칙 제5조의 단서규정에 따라 종전 조례의 규정을 적용할 수 있는지?

A 도시정비조례 부칙 제5조에 의하면 "이 조례 시행 전에 단독 또는 다가구주택을 다세대주택으로 전환하여 구분등기를 완료한 주택에 대하여는 전용면적 60㎡ 이하의 주택을 공급하거나 정비구역안의 임대주택을 공급할 수 있으며, 다세대주택의 주거전용면적이 60㎡를 초과하는 경우에는 종전 관련 조례의 규정에 의한다." 고 정하고 있는바, 이러한 취지는 재개발구역 안에서 분양권을 취득할 목적으로 단독 또는 다가구주택을 무분별하게 전환함으로써 조합원의 급격한 증가에 따른 사업성 저하로 재개발사업 시행 자체를 어렵게 할 우려가 있어 다세대로 전환된 주택에 대하여 소형주택이나 임대주택을 공급할 수 있도록 제한한 것이므로 전용면적 60㎡ 이하의 주택을 2 이상 합산하여 전용면적 60㎡를 초과한다 하더라도 종전 조례의 규정을 적용할 수 있는 것은 아님(서울시 주거정비과 2006.11.13).

다가구주택제도 도입 이전의 사실상 다가구주택의 개념 및 가구 수의 산정기준

Q 서울시 도시정비조례 부칙 제7조에서 정하고 있는 1990.4.21 다가구주택제도 도입 이전에 단독주택으로 건축허가를 받아 지분 또는 구분등기를 필한 사실상 다가구주택의 경우 건축허가 받은 가구 수의 산정은?

A 동 규정에서 정하고 있는 1990.4.21 다가구주택제도 도입 이전에 단독주택으로 허가받아 지분 또는 구분등기를 필한 사실상 다가구주택의 산정은 건축허가 당시부터 가구별로 분리하여 거주할 목적으로 건축허가를 받고 준공 후 가구별로 지분 또는 구분등기를 필한 단독주택(예 : 협동주택 등)을 말하며, 이 경우 건축허가 받은 가구 수의 산정은 건축허가 내용을 기초로 관리처분계획인가권자인 관할구청장이 판단할 사항임(서울시 주거정비과-2006.11.2).

구 도시재개발법에 의하여 사업시행인가된 구역의 공유지분 취득 기준일

Q 구 도시재개발법에 의하여 사업시행인가되어 시행중인 재개발사업구역에서 관리처분계획을 수립함에 있어 분양대상자 결정을 위한 공유지분 취득 기준일을 구역지정일로 해야 하는지, 사업계획결정일로 해야 하는지?

A 도시정비조례 부칙 제8조에 의하면 종전 도시재개발법 제4조의 규정에 의하면 재개발구역으로 지정된 정비구역의 경우 구역지정·고시일을 이 조례시행일로 보도록 정하고 있고, 동조례 제25조에 따라 이 조례 시행일(2003.12.30) 이전부터 공유지분으로 소유한 토지의 지분면적이 건축조례 제25조제1호의 규정에 의한 규모 이상인 자는 분양대상자로 볼 수 있음(서울시 주거정비과-2004.4.28).

다가구주택을 다세대주택 전환 시 전용면적 60㎡ 이하로 제한 여부

Q 2002.7 다가구에서 다세대로 전환한 주택으로써 건물의 주거전용면적이 32.4㎡이나, 토지의 공유지분 면적이 90.5㎡인 경우에도 서울시 도시정비조례 부칙 제5조의 규정에 따라 주택공급 면적이 제한되는지?

A 재개발사업으로 건립되는 공동주택의 분양자격 여부에 대하여는 인가된 조합정관에 따라 조합설립인가권자인 관할구청장이 판단할 사항임. 다만, 서울시 도시정비조례 부칙 제5조의 규정에 의하면 "2003.12.30 전에 단독 또는 다가구주택을 다세대주택으로 전환하여 구분등기를 완료한 주택에 대하여는 전용면적 60㎡ 이하의 주택을 공급하거나 정비구역안의 임대주택을 공급할 수 있으며, 다세대주택의 주거전용면적이 60㎡를 초과하는 경우에는 종전 관련조례의 규정에 의한다."고 정하고 있는바, 이 경우 다가구주택을 다세대주택으로 전환된 주택의 주거전용면적에 따라 주택공급면적이 제한됨(서울시 주거정비과-13875, 2006.11.24).

다가구주택제도 도입 이전 사실상 다가구주택의 등기 기준일 및 가구별 분양대상의 산정 기준

Q 다가구주택의 분양기준에 관한 경과조치 규정 중 1990.4.21 다가구주택제도 도입 이전 단독주택으로 허가를 받은 사실상 다가구주택의 경우 등기 시점은 1997.1.15 이전이면

되는지 여부와 독립된 주거형태에 따라 지분 또는 구분등기를 필한 가구에 대하여는 분양권이 주어지는지?

A 재개발사업으로 건립되는 공동주택의 분양자격 여부에 대하여는 인가된 조합정관에 따라 조합설립인가권자인 관할구청장이 판단할 사항임. 다만, 도시정비조례 부칙 제7조에 의하면 "1997.1.15 이전에 가구별로 지분 또는 구분소유등기를 필한 다가구주택(1990.4.21 다가구주택제도 도입 이전에 단독주택으로 건축허가를 받아 지분 또는 구분등기를 필한 사실상의 다가구주택을 포함)은 다가구주택으로 건축허가 받은 가구 수에 한하여 가구별 각각 1인을 분양대상자로 한다."고 정하고 있는바, 1990.4.21 이전에 단독주택으로 허가를 받은 사실상 다가구주택도 등기시점이 1997.1.15 이전인 경우에는 해당되며, 가구별 분양대상자의 산정은 건축허가 받은 내용을 기초로 하여 관리처분계획인가권자인 관할구청장이 판단할 사항임(서울시 주거정비과 2006.11.27).

사실상 다가구주택의 분양대상에 대한 판단기준 및 가구별 소유등기기준일

Q 건축물대장상 용도는 주택이며, 1989년에 건축되어 현재 등기부등본 상 공유지분으로 등기하여 사실상의 다가구주택으로 사용되고 있는 경우, 서울시 도시정비조례 부칙 제7조의 규정을 적용하여 가구별 각각 1인을 분양대상자로 인정할 수 있는지?

A 동 조례 부칙 제7조(다가구주택의 분양기준에 관한 경과조치)의 규정에 의하면 "1997.1.15 이전에 가구별로 지분 또는 구분소유등기를 필한 다가구주택(1990.4. 21 다가구주택제도 도입이전에 단독주택으로 건축허가를 받아 지분 또는 구분등기를 필한 사실상의 다가구주택을 포함)은 건축허가 받은 가구 수에 한하여 가구별 각각 1인을 분양대상자로 한다."고 정하고 있는바, 이 경우 사실상의 다가구주택은 건축허가의 내용을 기준으로 판단할 사항이며, 또한 가구별로 지분 또는 구분소유등기는 1997.1.15 이전에 필한 경우 본 규정을 적용하여 가구별 각각 1인을 분양대상자로 인정할 수 있을 것이나, 질의내용으로는 등기를 필한 시기 및 건축허가 사항 등을 알 수 없어 판단이 곤란함(서울시 주거정비과 2006.7.25).

사실상 다가구주택의 분양대상 여부에 대한 등기기준일

Q 서울시 도시정비조례 부칙 제7조의 규정에 따라 1990.4.21 다가구주택제도 도입 이전에 단독주택으로 건축허가를 받아 지분 또는 구분등기를 필한 사실상의 다가구주택인 경우에 언제까지 등기를 필하면 되는 것인지?

A 서울시 도시정비조례 부칙 제7조의 규정에 의하면 "1997.1.15 이전에 가구별로 지분 또는 구분소유등기를 필한 다가구주택(1990.4.21 다가구주택제도 도입 이전에 단독주택으로 건축허가를 받아 지분 또는 구분소유등기를 필한 사실상의 다가구주택 포함)은 제24조제2항제3호의 규정에 불구하고 다가구주택으로 건축허가 받은 가구 수에 한하여 가구별 각각 1인을 분양대상자로 한다."고 정하고 있는바, 위 괄호 규정의 사실상 다가구주택의 경우 등기기준일은 1997.1.15 이전임(서울시 주거정비과-2006.8.8).

다가구주택제도 도입 이후 단독주택으로 허가받은 경우 사실상 다가구주택에 대한 분양자격 여부

Q 1990.8.9 단독주택으로 허가를 받아 4인이 공유지분으로 소유하여 다가구주택에 준하여 사용하고 있는 경우 도시정비조례 부칙 제7조에 따라 분양대상이 되는지?

A 도시정비조례 부칙 제7조에 의하면 "1997.1.15 이전에 가구별로 지분 또는 구분소유등기를 필한 다가구주택(1990.4.21 다가구주택제도 도입 이전에 단독주택으로 건축허가를 받아 지분 또는 구분등기를 필한 사실상의 다가구주택을 포함)은 제24조제2항제3호에 불구하고 다가구주택으로 건축허가 받은 가구 수에 한하여 가구별 각각 1인을 분양대상자로 한다."로 정하고 있는바, 다가구주택제도 도입 이후에 단독주택으로 허가받은 건축물은 이 규정을 적용하여 각각의 소유자를 분양대상자로 인정할 수 없음(서울시 주거정비과 2006.12.22).

다세대 전환 주택소유자에 대하여 전용면적 60㎡ 이하의 주택을 건설하지 않을 경우 전용면적 60㎡ 초과 주택공급 가능 여부

Q 도시정비조례 부칙 제5조에 따라 다가구를 다세대주택으로 전환한 분양대상자에게는 전용면적 60㎡ 이하의 주택을 공급하도록 정하고 있으나, 조합이 주거전용면적 60㎡ 이

하의 주택을 건립하지 아니하는 경우에 60㎡를 초과하는 주택을 공급받을 수 있는지?

A 재개발사업으로 건립되는 공동주택의 분양대상은 인가된 조합정관에 따라 조합설립인가권자인 관할구청장이 판단할 사항임. 다만, 도시정비조례 부칙 제5조에 의하면 "2003.12.30 전에 단독 또는 다가구주택을 다세대주택으로 전환하여 구분등기를 완료한 주택에 대하여는 60㎡ 이하의 주택을 공급하거나 정비구역안의 임대주택을 공급할 수 있다."고 정하고 있는바, 전용면적 60㎡ 이하의 주택을 건립하지 않는 경우 전용면적 60㎡ 초과하는 주택을 공급할 수 없으며, 관할구청장은 정비계획 수립 과정에서 당해 구역 내 다세대주택으로 전환된 전용면적 60㎡ 이하의 주택현황을 면밀히 파악하여 정비계획에 반영하거나 임대주택을 공급할 수 있도록 필요한 조치를 취해야 함(서울시 주거정비과 2006.9.28).

구 도시재개발법에 의하여 사업시행인가된 구역의 공유지분 취득 기준일

Q 구 도시재개발법에 의하여 사업시행인가되어 시행중인 재개발사업구역에서 관리처분계획을 수립함에 있어 분양대상자 결정을 위한 공유지분 취득 기준일을 구역지정일로 해야 하는지, 사업계획결정일로 해야 하는지?

A 도시정비조례 부칙 제8조에 의하면 종전 도시재개발법 제4조에 따라 재개발구역으로 지정된 정비구역의 경우 구역지정·고시일을 이 조례 시행일로 정하고 있고, 동 조례 제25조에 따라 이 조례 시행일(2003.12.30) 이전부터 공유지분으로 소유한 토지의 지분면적이 건축조례 제25조제1호에 의한 규모 이상인 자는 분양대상자로 볼 수 있음(서울시 주거정비과 2004.4.28).

다가구주택 제도 도입의 기준일로 정한 근거

Q 1989.12.30 건축허가를 받아 현재 총 9가구가 토지 및 건물을 지분소유하고 있는 경우 각각 분양대상이 되는지와 1990.4.21을 다가구주택제도 도입의 기준일로 정한 근거는?

A 도시정비조례 부칙 제7조에서 의하면 "1997.1.15 이전에 가구별로 지분 또는 구분소유등기를 필한 다가구주택(1990.4.21 다가구주택제도가 도입되기 이전에 건축허가를 받아 지분 또는 구분등기를 필한 사실상의 다가구주택 포함)은 건축허가

받은 가구 수에 한하여 가구별 각각 분양대상자로 한다."고 정하고 있는바, 위 질의 내용만으로는 분양대상 여부를 판단할 수 없으며, 다가구주택제도는 1990.4.21 건교부 건축30420-9321호 관련 지침에 의거 시행되었음(서울시 주거정비과 2006.2.6).

다가구주택의 분양대상 가구 수 산정방법

Q **도시정비조례 부칙 제7조 다가구주택의 분양기준에 관한 경과조치 규정에 의거 건축물의 현황이 지분자 모두 단독생활이 가능한 주택일 경우 각각 1인의 분양대상자가 되는지?**

A 도시정비조례 제24조 및 부칙 제7조에 의하면 하나의 주택을 수인이 소유하고 있는 경우 수인의 분양신청자를 1인의 분양대상자로 보며, 다만 1997.1.15 이전에 가구별로 지분 또는 구분소유등기를 필한 다가구주택은 같은 조례 제24조제2항제3호에 불구하고 다가구로 건축허가 받은 가구 수에 한하여 가구별 각각 1인을 분양대상자로 한다고 규정되어 있는바, 개별건축물에 대한 분양대상 여부는 건축허가 및 등기내용 등 사실판단에 의거 관리처분계획을 수립하는 사업시행자 및 인가권자인 구청장이 판단할 사항임(서울시 주거정비과 2004. 6.22).

다세대전환주택 소유자에 대한 주택공급 기준

Q **단독 또는 다가구주택을 건축물 준공 이후 다세대로 전환한 주택(주거전용면적 60㎡ 이하)을 소유한 자에 대하여 도시정비조례 부칙 제5조를 적용함에 있어 조합정관 및 총회결의를 통하여 전용면적 60㎡를 초과하는 주택을 공급할 수 있는지?**

A 도시정비조례 부칙 제5조에 의하면 "이 조례 시행 전에 단독 또는 다가구주택을 다세대주택으로 전환하여 구분등기를 완료한 주택에 대하여는 전용면적 60㎡ 이하의 주택을 공급하거나 정비구역안의 임대주택을 공급할 수 있으며, 다세대주택의 주거전용면적이 60㎡를 초과하는 경우에는 종전 관련 조례의 규정에 의한다."로 정하고 있는바, 이러한 취지는 재개발구역 안에서 분양권을 취득할 목적으로 단독 또는 다가구주택을 무분별하게 전환함으로써 조합원의 급격한 증가를 방지하기 위하여 동 조례 제24조제2항제1호의 규정에 불구하고 이 조례 시행 전 다세대

로 전환된 주택에 대하여는 소형주택 또는 임대주택을 공급할 수 있도록 제한한 것으로서 정관에 별도 정하거나 총회 결의로써 전용면적 60㎡를 초과하는 주택을 공급할 수 있는 것은 아님(서울시 주거정비과 2006.12.19).

다가구주택을 기준일 이후 상속에 의한 공유지분으로 소유권 취득 시 공유지분소유자 각각을 분양대상자로 볼 수 있는지 여부

Q 1993년에 허가받은 다가구주택(3가구)을 1998년 상속으로 인하여 2인이 공유지분으로 소유할 경우 공유지분 소유자가 각각 재개발 공동주택의 분양대상이 되는지?

A 도시재개발사업조례 부칙 제6조(현행 도시정비조례 부칙 제7조)에 의하면 1997.1.15 이전에 가구별로 지분 또는 구분소유등기를 필한 다가구주택은 건축허가 받은 가구 수에 한하여 가구별 각각 1인을 분양대상자로 한다고 규정하고 있으므로 1997.1.15 이전에 가구별 지분 또는 구분소유 등기를 필하지 않은 다가구주택을 1997.1.15 이후에 공유지분으로 분할하여 수인이 소유한 경우에는 그 수인의 분양신청자를 1인의 분양대상자로 보아야 함(서울시 주정 2003.9.23).

구분소유등기 기준일 이후 매도한 다가구주택의 분양대상 여부

Q 1991.4.26자로 다가구주택(3가구)으로 허가를 받아 1993.5.4자로 을에게, 1997.4.23자로 병에게 각각 1가구에 해당하는 지분의 건물·토지를 매도한 경우 분양대상이 되는지?

A 도시재개발 사업조례 부칙 제6조(현행 도시정비조례 부칙 제7조) 다가구주택의 분양기준에 관한 경과조치에 의하면 1997.1.15 전에 가구별로 지분 또는 구분소유등기를 필한 경우 허가받은 가구 수에 한하여 가구별 각각 1인의 분양대상자로 규정하고 있는바, 질의의 경우 병은 분양대상이 아님(서울시 주정 2003.12.31).

협동주택의 분양대상 여부

Q 1981.11.5 협동주택으로 사용승인을 득하여 건물은 구분소유, 토지는 지분등기를 한 경우에 2005.11.10 개정된 서울시 도시정비조례 부칙 제7조에 의한 분양대상이 되는지?

A 협동주택은 1990.4.21 다가구주택제도 도입이전 단독주택으로 건축허가를 받아 지분 또는 구분등기를 필한 사실상의 다가구주택에 포함될 수 있으므로 개정된 도시정비조례 부칙 제7조를 적용하여 건축허가 받은 가구 수에 한하여 가구별 각각 1인을 분양대상자로 인정할 수 있을 것임(서울시 주거정비과 2005.12.7).

1997.1.15 이전 다가구주택에 대한 분양기준

Q 1993년에 8가구의 다가구용 단독주택으로 준공을 득해 준공 당시부터 2인이 소유하고 있는 경우 도시정비조례 부칙 제7조에 의거 2인은 각각 분양대상이 되는지?

A 재개발구역 내 공급하는 주택 등의 분양대상은 인가된 해당 재개발조합정관에 따라 인가권자인 구청장이 판단할 사항이나, 도시정비조례 부칙 제7조에 의하면 1997.1.15 이전에 가구별로 지분 또는 구분소유등기를 필한 다가구주택은 건축허가 받은 가구 수에 한해 가구별로 각각 1인을 분양대상자로 정하고 있는바, 본건의 경우 1997.1.15 이전부터 다가구주택을 2인이 지분 또는 구분등기를 필하고 소유했다면 2인 각각에 대해 분양대상자가 될 수 있음(서울시 주거정비과 2005.12.9).

다가구주택 분양기준 경과 조치

Q 도시정비조례 부칙 제7조의 다가구주택의 분양기준에 관한 경과조치 중 단독주택의 범위와 분양자격이 있는지?

A 재개발구역 내 공급하는 주택 등의 분양대상은 인가된 조합정관에 의하여 인가권자인 구청장이 판단할 사항이나, 현행 도시정비조례 부칙 제7조의 단독주택이란 다가구주택제도가 도입(1990.4.21)되기 이전 건축허가를 받은 주택을 말하며, 건축허가 받은 가구 수에 한하여 1997.1.15 이전에 지분 또는 구분등기를 필한 가구는 분양대상이 됨(서울시 주거정비과 2005.12.21).

단독 또는 다가구를 다세대 주택으로 전환한 경우 분양자격

Q 도시정비법 시행 이전 조합설립인가를 받은 구역인 경우에 구역지정 이전 단독 또는 다가구주택을 다세대주택으로 전환하여 구분등기를 완료한 주택소유자에게 분양권을 주어야 하는지?

A 도시정비법 시행령 부칙 제8조에 의하면 이 영 시행 당시(2003.7.1) 종전 법령에 의하여 인가된 정관은 각각 이 영에 의한 정관으로 보도록 하고 있는바, 도시정비법 시행령 시행 이전에 조합정관이 인가되었다면 그 정관에 따라 주택을 공급하여야 하나, 조합원의 권익 보호 등을 위하여 정관을 변경할 사유가 있는 경우에는 현행 법령 등에서 정한 기준에 따라 정관의 변경이 가능할 것임(서울시 주거정비과 2005.8.17/주거정비과 2005.11.10).

종전 조례에 의한 분양대상 소급 적용

Q 종전 도시재개발사업조례에는 구역지정 이전 토지와 건물을 분리한 경우 각각 분양대상자였으나, 현행 조례에는 1인의 분양대상자로 보도록 규정하고 있는 데 이미 구역지정된 지역까지 소급적용하여 1인의 분양대상자로 보는지?

A 재개발구역 내 분양대상자는 인가된 조합정관이 정한 바에 따라 판단할 사항이며, 도시정비법 시행령 부칙(제18044호, 2003.6.30) 제8조에 의하면 종전 법령에 의하여 인가된 정관은 이영에 의한 정관으로 본다고 규정하고 있는바, 이 법 시행당시 종전 법령 등에 의거 인가받은 조합정관은 특별한 사유가 없는 한 반드시 변경하여야 하는 것은 아님. 다만, 조합원의 권익보호 등 정관을 변경할 사유가 있는 경우에는 현행 법령 등에서 정한 기준에 따라 정관의 변경이 가능함(서울시 주거정비과 2004. 5.15/주거정비과 2005.11.10).

재개발사업 분양대상 기준에 관한 경과조치 적용 범위

Q 도시정비조례 시행(2003.12.30) 이전 도시정비법에 의하여 지정된 구역의 경우 동 조례 부칙 제8조에 규정된 경과조치 적용을 받을 수 있는지?

A 도시정비조례 부칙 제8조에 의하면 이 조례 시행 당시 종전 도시재개발법 제4조

에 의하여 재개발구역으로 지정된 정비구역으로 한정하고 있으므로 도시정비법에 의거 지정된 정비구역은 적용되지 않음(서울시 주거정비과 2004.5.15).

구 도시재개발법에 의하여 사업시행인가된 구역의 공유지분 취득기준일

Q 구 도시재개발법에 의하여 사업시행인가되어 시행 중인 재개발사업구역에서 관리처분계획을 수립함에 있어 분양대상자 결정을 위한 공유지분 취득기준일을 구역지정일로 해야 하는지, 사업계획결정일로 해야 하는지?

A 도시정비조례 부칙 제8조에 의하면 종전 도시재개발법 제4조에 의하면 재개발구역으로 지정된 정비구역 구역지정·고시일을 이 조례 시행일로 보도록 정하고 있고, 동 조례 제25조에 따라 이 조례 시행일(2003.12.30) 이전부터 공유지분으로 소유한 토지의 지분면적이 건축조례 제25조제1호에 의한 규모 이상인 자는 분양대상자로 볼 수 있음(서울시 주거정비과 2004.4.28).

다가구주택에 대한 동의자 수 산정 기준

Q 토지등소유자의 동의자수 산정 시 도시정비조례 부칙 제7조에 의거 각각 공유지분 소유자별로 분양대상이 될 수 있는 다가구주택의 경우 그 수인을 대표하는 1인을 토지등소유자로 산정하여야 하는지?

A 도시정비조례 부칙 제7조에서 지분소유등기를 필한 다가구주택은 하나의 건축물로 도시정비법 시행령 제28조에 의거 그 수인을 대표하는 1인을 토지등소유자로 산정하여야 할 것임(서울시 주거정비과 2004.7.1).

종전 도시재개발법에 의하여 사업시행 인가된 구역에서의 평형 배정

Q 도시정비조례 부칙 제5조의 단독 또는 다가구주택을 다세대주택으로 전환하여 구분등기를 완료한 주택은 60㎡ 이하의 주택을 공급하도록 되어 있는데, 이 조례 시행 이전에 사업시행인가되고 관리처분계획에 대한 총회를 마친 경우에 종전 규정에 따라 희망 평형을 배정할 수 있는지?

A 도시정비법 부칙 제7조제1항에서 종전 법률에 의하여 사업시행인가를 받아 시행중인 재개발사업은 종전 도시재개발법을 적용하도록 되어 있고, 동법 시행령 부칙 제8조에는 종전법령에 의하여 인가된 정관 및 시행규정은 각각 이 시행령에 의한 정관 및 시행규정으로 보도록 규정하고 있음. 따라서 이 법 시행 전에 사업시행인가를 받아 시행하는 재개발사업의 경우에는 종전 조례 및 정관 등에 저촉되지 아니하는 범위 안에서 관리처분계획(희망평형 배정 등)을 수립하여야 할 것임(서울시 주거정비과 2004.1.17).

건축물관리대장에 가구 수가 표시되지 않은 다가구주택의 가구 수 산정과 분양대상

Q 건축허가 시부터 가구별 독립된 주거형태로 생활하였으며 지분등기가 되어있는 다가구형 단독주택을 도시재개발사업조례 부칙 제6조에 의한 다가구주택으로 보아 가구별 분양대상자가 될 수 있는지 여부와 1999.4.30 이전 건축된 다가구주택으로서 건축물관리대장에 가구 수가 표시되어 있지 않고 주용도란에 주택으로 표시된 경우 가구 수 산정 방법과, 주 용도가 다가구주택이 아니고 주택으로 표기된 경우에도 사실관계를 확인하여 분양권을 부여할 수 있는지?

A 1997.1.15 개정된 도시재개발사업조례 부칙 제6조(현행 도시정비조례 부칙 제7조)에 의하면 "이 조례 시행 전(1997.1.15 이전)에 건축법 규정에 의하여 허가받은 다가구주택으로서 가구별로 지분 또는 구분소유등기를 필한 다가구주택은 제27조제2항 나목(현행 제24조제2항제3호)에 불구하고 허가받은 가구 수에 한하여 가구별 각각 1인의 분양대상자로 한다."고 규정하고 있는바, 1997.1.15 이전부터 가구별로 지분 또는 구분소유등기를 필한 경우에는 허가받은 가구 수에 한하여 가구별로 각각 분양 대상자로 보아야 할 것이나,

등기부상 가구별로 지분 또는 구분소유 등기되지 않고 단지 공유지분으로 등기되어 있는 경우에는 같은 조례 제27조제2항 나목에 따라 수인의 분양신청자를 1인의 분양대상자로 보아야 할 것이며, 재개발사업에서 분양대상 여부는 건축 허가한 가구 수에 한하여 가구별 구분등기 유무에 따라 결정되는 것으로서 주택의 주용도 또는 실사에 의한 가구 수의 확인은 의미가 없음(서울시 주거정비과 2003.10.1).

도시정비조례 제24조 및 부칙 제7조 관련 개정 건의

Q 용산구 후암동1구역의 경우 2006.3에 "단독주택 재건축정비구역"으로 고시되어, 2007. 4.23 용산구청으로부터 추진위원회 승인을 획득한 상태임. 그러나 도시정비조례(이하 조례) 규정이 일부 미비하여, 향후 다가구주택이 포함된 단독주택 재건축에 걸림돌이 예상되고 있음.

– 아 래 –

가. 도시정비조례 개정 이유

서울시 조례(2006.7.19 제4426호) 부칙 제7조에 의하면, 재개발의 경우는 조례 제24조제2항제3호에도 불구하고 1997.1.15 이전에 가구 별 지분 및 구분소유 등기를 필한 다가구주택은 분양권이 주어짐. 현재 조례에는 단독주택 재건축사업에 있어서의 다가구주택의 분양기준에 대한 경과조치가 없어, 1997.1.15 이전에 가구별로 지분 또는 구분소유등기를 필하였음에도 조합원 및 분양대상자로서의 법적 보호를 받지 못하고 있고, 다가구주택이 포함된 단독주택 재건축사업 추진에 걸림돌로 예상되고 있으므로, 서울시 관련 조례의 신속한 개정을 건의함.

나. 후암A구역 단독주택 재건축사업 추진 현황

후암A구역의 경우, 단독주택 재건축으로 지정된 사유는 도시정비법 제2조제2항 다목과 같이 정비기반시설은 양호하나 노후·불량건축물이 밀집한 지역이므로 주거환경개선을 위해 시행하는 사업으로 알고 있으며, 현재 후암A구역은 3만여 평으로서 정비구역 내에 863가구가 있으나, 이중 다가구주택 소유자 포함 177명이 조합원에서 제외될 위기에 있으며, 향후 다가구주택이 포함된 재건축사업 추진 시 토지등소유자의 동의율 미달로 사업 추진에 상당한 애로 예상됨.

정비구역으로 지정되어 단독주택을 재건축하는 경우, 정비기반시설을 제외하고는 노후·불량 건축물의 수준이나 상황은 재개발조건과 동일한 상황이므로, 다가구주택 소유자에 대한 조합원자격, 분양대상기준 등의 적용조건도 재개발이나 단독주택 재건축사업에 동등하게 적용할 수 있도록 검토해 주었으면 좋겠음.

다. 민원인의 의견

재개발사업 및 집합건물(아파트) 재건축사업은 오래전부터 서울에서 시행해 오고 있는바, 정비구역 지정에 의한 단독주택 재건축사업은 2006.3에 처음 서울시에서 고시하여, 올 해부터 본격 추진하는 사업이라 향후 관련 규정의 개정이 동시에 뒤따를 수 있도록 서울시 관계공무원의 많은 관심과 지원이 요망됨.

집합건물(기존 아파트 등 공동건물)의 경우는, 현재 서울시 조례를 적용하여 재건축을 시행해도 걸림돌이 거의 없을 것으로 사료되나, 정비구역 지정에 의한 단독주택 재건축은 다가구주택 소유자에 대한 조합원 자격, 분양대상 기준 등의 조항을 현재의 집합건물 재건축 적용 조항과는 다르게 적용해야 하는 것 아닌지?

A 도시정비조례 제24조제2항제3호에 재개발사업의 분양대상으로 수인의 분양대상자를 1인의 분양대상자로 보는 기준에서 '하나의 주택 또는 한필지의 토지를 수인이 소유하고 있는 경우'로 정하고, '다만, 2003.12.30 전부터 공유지분으로 소유한 토지의 지분면적이 90㎡(주거지역) 이상인 자는 그러하지 아니 한다.'고 정해있고, 동 조례 부칙 제7조에 1997.1.15 이전에 가구별로 지분 또는 구분소유등기를 필한 다가구주택은 동 조례 제24조제2항제3호에 불구하고, 다가구주택으로 건축허가 받은 가구 수에 한하여 가구별 각각 1인을 분양대상자로 한다고 정하고 있는 데 단독주택 재건축의 경우도 동 부칙 조항을 신설요망을 제안하였음. 동 부칙 조항의 단독주택 재건축사업에의 신설 적용은 단독주택 재건축사업의 사업성 등에 미치는 영향이 클 것으로 사례 연구 등 보다 세밀한 연구검토와 논의를 통해 중·장기적으로 적용여부를 검토할 예정임(서울시 2007.4.29).

Q 도시정비조례 부칙 제7조 다가구주택의 분양기준에 관한 경과조치에 의거 건축물의 현황이 지분자 모두 단독생활이 가능 주택일 경우 각각 1인의 분양대상자가 되는지?

A 조례 제24조 및 부칙 제7조에 의하면 하나의 주택을 수인이 소유하고 있는 경우 수인의 분양신청자를 1인의 분양대상자로 보며, 1997.1.15 이전에 가구별로 지분 또는 구분소유등기를 필한 다가구주택은 동 조례 제24조제2항제3호에 불구하고 다가구로 건축허가 받은 가구 수에 한하여 가구별 각각 1인을 분양대상자로 한다고 규정되어 있는바, 개별건축물에 대한 분양대상 여부는 건축허가 및 등기내용 등 사실 판단에 의거 관리처분계획을 수립하는 사업시행자 및 인가권자인 구청장이 판단할 사항임(서울시 FAQ).

서울시 도시정비조례 부칙 제7조(다가구주택의 분양기준에 관한 경과조치)

Q ① 1997.1.15 이전에 가구별로 지분 또는 구분소유등기를 필한 다가구주택(1990.4.21 다가구주택제도 도입 이전에 단독주택으로 건축허가를 받아 지분 또는 구분등기를 필한 사실상의 다가구주택을 포함한다.)은 제24조제2항제3호에 불구하고 다가구 주택으로 건축허가 받은 가구 수에 한하여 가구별 각각 1인을 분양대상자로 한다(개정 2005.11.10).
1990.4.21 다가구주택제도 도입 이전에 단독주택으로 건축허가를 받아 지분 또는 구분등기를 필한 사실상의 다가구주택을 포함한다는 뜻은 1990.4.21 이전에 건축허가를 받아 1997.7.15 이전에 가구별로 지분 또는 구분소유등기를 필하여야 하는지, 아니면 1990.4.21 이전에 가구별로 지분 또는 구분소유등기를 필하여야 하는지?
② 만약 후자라고 한다면 건축허가 시는 가구별 지분 또는 구분소유등기를 필할 방법이 없는데 그렇다면 1990년 다가구주택제도 도입이 이전이라는 말은 앞뒤가 안 맞는 거 같음. 1990.4.21 다가구주택제도 도입 이전에 단독주택으로 건축허가를 받아 지분 또는 구분등기를 언제까지 필하여야 하는지 정확한 날짜는?

A 도시정비조례 부칙 제7조에 의하면 "1997.1.15 이전에 가구별로 지분 또는 구분소유등기를 필한 다가구주택(1990.4.21 다가구주택제도 도입 이전에 단독주택으로 건축허가를 받아 지분 또는 구분등기를 필한 사실상의 다가구주택을 포함)은 다가구주택으로 건축허가 받은 가구 수에 한하여 가구별 각각 1인을 분양대상자로 한다."고 정하고 있는바, 1990.4.21 다가구주택제도 도입 이전 단독주택으로 건축허가를 받은 사실상 다가구주택의 등기의 시점은 1997.1.15 이전임(서울시 FAQ).

Q 도시정비조례 부칙 제7조 다가구주택의 분양기준에 관한 경과조치 규정에 의거 건축물의 현황이 지분자 모두 단독생활이 가능 주택일 경우 각각 1인의 분양대상자가 되는지?

A 도시정비조례 제24조 및 부칙 제7조에 의하면 하나의 주택을 수인이 소유하고 있는 경우 수인의 분양신청자를 1인의 분양대상자로 보며, 1997.1.15 이전에 가구별로 지분 또는 구분소유등기를 필한 다가구주택은 같은 조례 제24조제2항제3호에 불구하고 다가구로 건축허가 받은 가구 수에 한하여 가구별 각각 1인을 분양대상자로 한다고 규정되어 있는바, 개별건축물에 대한 분양대상 여부는 건축허가 및

등기내용 등 사실 판단에 의거 관리처분계획을 수립하는 사업시행자 및 인가권자인 구청장이 판단할 사항임(서울시 FAQ).

Q 도시정비법 부칙 제7조가 종전 규정에 의하여 사업시행인가를 받은 구역은 종전 규정에 따라 사업을 시행할 수 있다는 의미인지?

A 종전 규정에 의하여 사업시행인가를 받은 구역에 대하여 도시정비법 부칙 제12조에 따라 사업시행인가 받은 내용에 한하여 종전의 규정에 의한다는 내용이므로 이후에 시행되는 새로운 절차 중 현행 법령의 내용에 위배되는 종전 규정은 효력을 갖지 못하므로 현행 법에 따라 시행하여야 함(서울시 FAQ).

도시정비조례 관련 판례

▢ 대법원 판례

대법원 2009.9.10 선고 2009두10628 판결 [관리처분계획취소(라)파기환송]

【판시사항】

[1] 구 서울시 도시정비조례 중 다가구주택이 다세대주택으로 전환된 경우에 관한 규정인 제24조제2항제1호, 부칙 제5조에서의 '전환'의 의미

[2] 다가구주택이 다세대주택으로 전환된 경우로서 가구별 개별분양대상에 해당하지 않는다.

【판결요지】

[1] 구 서울시 도시정비조례(2005.11.10 조례 제4330호로 개정되기 전의 것) 제24조제2항제1호, 제3호, 부칙 제5조, 제7조의 입법 취지, 연혁 및 위 각 규정의 체계적 구조 등에 비추어 보면, 위 조례 제24조제2항제3호, 부칙 제7조는 다가구주택에 관하여 지분등기 또는 구분소유등기만이 경료된 경우에 관한 규정임에 대하여, 제24조제2항제1호, 부칙 제5조는 다가구주택이 다세대주택으로 전환된 경우에 관한 규정으로서 이때의 '전환'이란 구 건축물대장의 기재 및 관리 등에 관한 규칙(2007.1.16 건설교통부령 제547호로 전부 개정되기 전의 것) 제6조제1항에 의한 '건축물대장의 전환'을 의미한다고 봄이 상당하다.

[2] 도시정비법 제48조제2항제6호 및 도시정비법 시행령 제52조제1항제3호의 위임에 따라 '서울시 도시정비조례'(이하 '이 사건 조례'라 한다. 뒤에서 보는 대로 2003. 12. 30.에 제정·시행되었다.)의 제24조제2항은 수인의 분양신청자를 1인의 분양대상자로 보는 경우(이하 '공동분양'이라 한다.)로 "단독주택 또는 다가구주택이 건축물 준공 이후 다세대주택으로 전환된 경우"(제1호), "하나의 주택 또는 한 필지의 토지를 수인이 소유하고 있는 경우"(제3호)를 규정하면서, 부칙에서 제1호에 대하여는 "2003.12.30[이 사건 조례 시행일이다] 전에 단독 또는 다가구주택을 다세대주택으로 전환하여 구분등기를 완료한 경우"(부칙 제5조), 제3호에 대하여는 "1997.1.15 이전에 가구별로 지분 또는 구분소유등기를 필한 다가구주택의 경

우"(부칙 제7조)에는 위 각 호에 불구하고 각 가구별로 개별분양을 할 수 있도록 하는 경과규정을 두고 있다. 이 사건 조례 부칙 제7조 및 제5조의 취지는 다가구주택에 관하여 각 가구별로 수인이 지분등기를 하거나 구분소유등기를 한 경우 또는 애초 다가구주택이었던 건물이 후에 다세대주택으로 전환되어 공동주택이 된 경우에 예외적으로 가구별 개별분양을 인정하여 그와 같은 경우 독립된 구조를 가진 가구별로 구분거래되는 실정을 반영하면서도, 재개발사업에 의하여 공급되는 공동주택을 다수 취득할 목적으로 행하여지는 이른바 '지분쪼개기'와 같은 폐해를 방지하기 위하여 일정한 시점 이전까지 지분등기나 구분소유등기의 경료 또는 다세대주택으로의 전환이 행하여졌을 것을 요구하는 데 있다고 할 것이다. 이와 같은 이 사건 조례 제24조제2항제1호, 제3호, 부칙 제5조, 제7조의 입법취지, 연혁 및 위 각 규정의 체계적 구조 등에 비추어 보면, 이 사건 조례 제24조제2항제3호, 부칙 제7조는 다가구주택에 관하여 지분등기 또는 구분소유등기만이 경료된 경우에 관한 규정임에 대하여, 제24조제2항제1호, 부칙 제5조는 다가구주택이 다세대주택으로 전환된 경우에 관한 규정으로서 이때의 '전환'이란 구 '건축물대장의 기재 및 관리 등에 관한 규칙'(2007.1.16 건설교통부령 제547호로 전부개정되기 전의 것) 제6조제1항에 의한 '건축물대장의 전환'을 의미한다고 봄이 상당하다.

※ 원고들은 다가구주택인 이 사건 건물에 관하여 2002.10 지분등기를, 2003.7.31 구분소유등기를 각 마쳤을 뿐, 같은 해 12.30까지 다세대주택으로 건축물대장의 전환을 하지 않은 채 분양신청을 하지 아니하였으므로 이 사건 조례 제24조제2항제3호의 "하나의 주택을 수인이 소유하고 있는 경우"에 해당한다고 할 것인데, 이 경우에 관한 경과규정인 위 부칙 제7조의 요건을 갖추지 못하였으므로, 공동분양대상이 될 수밖에 없다고 본 사례

대법원 2009.4.23 선고 2008두22853 판결 [분양거부처분취소]

【판시사항】

[1] 다가구주택의 공유자들이 가구별로 재개발사업으로 건립되는 공동주택의 분양대상자로 인정되기 위한 요건

[2] 서울시 도시정비조례 부칙(2003.12.30) 제7조가 헌법상 평등의 원칙을 침해하는지(소극)

도시정비법 제48조제2항제6호는 관리처분의 내용 중 하나로 "2인 이상이 1주택

을 공유한 경우에는 1주택만을 공급한다"고, 같은 조 제7항은 "관리처분계획의 내용, 관리처분의 방법·기준 등에 관하여 필요한 사항은 대통령령으로 정한다."고 각 규정하고 있고, 도시정비법 시행령 제52조제1항제3호는 관리처분을 정하는 경우 "정비구역안의 토지등소유자에게 분양할 것, 다만, 공동주택을 분양하는 경우 시도 조례가 정하는 금액·규모·취득 시기 또는 유형에 대한 기준에 부합하지 아니하는 토지등소유자는 시도 조례가 정하는 바에 의하여 분양대상에서 제외할 수 있다."라고 규정하고 있다. 한편 위 시행령의 위임에 따라 서울시 도시정비조례(이하, '이 사건 조례'라고 한다.) 제24조제2항제3호는 "하나의 주택 또는 한 필지의 토지를 수인이 소유하고 있는 경우에는 수인의 분양신청자를 1인의 분양대상자로 본다."고 규정하고 있고, 이 사건 조례 부칙 제7조는 다가구주택의 분양기준에 관한 경과조치로서 "1997.1.15 이전에 가구별로 지분 또는 구분소유등기를 필한 다가구주택(1990.4.21 다가구주택제도 도입 이전에 단독주택으로 건축허가를 받아 지분 또는 구분등기를 필한 사실상의 다가구주택을 포함한다.)은 제24조제2항제3호의 규정에 불구하고 다가구로 건축허가 받은 가구 수에 한하여 가구별 각각 1인을 분양대상자로 한다."라고 규정하고 있다.

이와 같은 법령 및 조례의 규정에 따르면, 다가구주택의 공유자들이 가구별로 각각 재개발사업으로 건립되는 공동주택의 분양대상자로 인정되기 위해서는 1997.1.15 이전에 그 각 가구에 상응하는 지분 또는 구분소유등기를 경료할 것을 요한다고 할 것이다.

대법원 2011.3.10 선고 2010두4377 판결 [조합원지위확인]

【판시사항】

[1] 재개발사업구역 내의 토지 또는 건축물을 수인이 공유하는 경우, 공유자들이 각각 재개발조합의 단독 조합원 지위에 있는지(소극)

[2] 협동주택의 공유자들이 재개발조합을 상대로 각자가 단독 조합원의 지위에 있음의 확인을 구하는 사안에서, 위 공유자들이 각 건물 지하층의 공유자들에 불과한 이상 각 해당 공유 부분의 다른 공유자들과 함께 그 전원이 1인의 조합원으로 될 뿐 각자 단독 조합원의 지위에 있는 것은 아니라고 한 사례

【판결요지】

[1] 구 도시정비법(2009.2.6 법률 제9444호로 개정되기 전의 것) 제19조제1항, 제48조제7항, 구 도시정비법 시행령(2009.8.11 대통령령 제21679호로 개정되기 전의 것) 제52조제1항제3호, 구 서울시 도시정비조례(2008.7.30 서울시조례 제4657호로 개정되기 전의 것) 제24조제2항제3호, 서울시 도시정비조례 부칙(2003.12.30) 제7조(2005.11.10 서울시조례 제4330호로 개정된 것)의 각 규정과 재개발조합원은 재개발사업으로 건립되는 공동주택에 대한 분양신청권, 조합원 총회 의결권, 조합 임원 등의 선임권과 피선임권을 가지게 되는 점 등을 종합하여 보면, 재개발사업구역 내의 토지 또는 건축물을 수인이 공유하는 경우에는 원칙적으로 그 공유자 전원에게 1인의 조합원 지위만 부여되는 것이고, 다만 재개발사업으로 건립되는 공동주택의 분양대상자격에 관하여는 서울시 도시정비조례 부칙 제7조의 일정한 요건을 갖춘 다가구주택 또는 사실상의 다가구주택의 공유자들의 경우 가구별로 각각 1인을 분양대상자로 한다는 취지로 보아야 한다.

[2] 협동주택의 건물 및 토지의 공유자들이 재개발조합을 상대로 각자가 단독조합원의 지위에 있음의 확인을 구하는 사안에서, 위 건물 지하층의 각 가구는 건축단계부터 가구별로 독립적인 주거생활을 영위할 수 있는 구조를 갖추고 실제로 독립된 주거로 이용되어 왔고, 다가구주택제도 도입 이전에 가구별로 지분등기가 이루어져 각 해당 가구를 그 지분등기 이전의 방법으로 양수받은 점, 해당 재개발조합의 정관이 조합원의 자격에 관하여 구 도시정비법(2009.2.6 법률 제9444호로 개정되기 전의 것) 제19조와 같은 내용을 규정하고 있을 뿐 달리 협동주택의 공유자들에게 단독 조합원의 자격을 부여하고 있지는 않은 점 등을 보면, 건물 지하층의 각 해당 가구를 실질적으로 구분소유하고 있는 위 공유자들은 서울시 도시정비조례 부칙(2003.12.30) 제7조(2005.11.10 서울시조례 제4330호로 개정된 것)에서 정한 사실상의 다가구주택의 공유자들로서 가구별로 분양대상자격을 가진다고 할 것이나, 각 건물 지하층의 공유자들에 불과한 이상 다른 공유자들과 함께 그 전원이 1인의 조합원으로 될 뿐 각자 단독 조합원의 지위에 있는 것은 아니다.

대법원 2007.6.29 선고 2006다60441 판결 [손해배상(기)]

【판시사항】

[1] 도시재개발사업 시행자가 관련 조례에 정한 '기존 무허가건축물'에 대하여 그 일부 면적만에 상응한 분양을 하고 차액부분에 대하여 청산금을 지급하지 아니한 채 분양처분고시를 하여 그 소유권을 상실시킨 경우, 불법행위의 책임을 지는지 여부(적극)

[2] 도시재개발사업을 시행하는 공사의 시행규정에서 무허가건축물의 면적은 무허가건물확인원상의 면적으로 한다고 규정하고 있다 하더라도, 그 측량성과에 따른 면적이 모두 인정되어야 한다고 본 사례

【판결요지】

[1] 재개발사업 시행자가 분양신청을 하지 아니한 토지의 소유자에 대하여 대지 및 건축시설을 분양하지도 아니하고 청산금도 지급하지 아니하기로 하는 분양처분고시는 행정처분의 성질을 지닌 것이므로 그것이 적법한 행정소송의 절차에 의하여 취소되지 아니하는 한 법원도 그 처분에 기속되어 그 행정처분의 내용과 달리 청산금을 지급하라고 명할 수는 없지만, 그와 같이 대지 및 건축시설도 분양하지 아니하고 청산금도 지급하지 아니한 채 분양처분고시를 하여 재개발구역 내에 다른 사람이 소유하고 있던 토지의 소유권을 상실시켰다면 재개발사업 시행자는 그 한도에서 재개발사업을 위법하게 시행하였으므로 그 토지의 소유자에 대하여 불법행위의 책임을 지고, 이는 도시재개발사업 시행자가 서울시 도시재개발사업 조례 제2조제1호의 '기존 무허가건축물'에 해당하는 건축물에 대하여 그 일부 면적만을 인정하여 그에 상응한 분양을 하고 그 차액부분에 대하여 청산금을 지급하지 아니한 채 분양처분고시를 한 경우에도 마찬가지이다.

[2] 도시재개발사업을 시행하는 공사의 시행규정에서 무허가건축물의 면적은 무허가건물확인원상의 면적으로 한다고 규정하고 있다 하더라도, 이는 서울시 도시재개발사업조례 제2조제1호 가목에 해당하는 1981.12.31 현재 무허가건축대장에 등재된 건물'의 면적산정에 관한 규정일 뿐, 나아가 위 조례 제2조제1호 나목 내지 라목의 기존 무허가건축물을 배제하거나 또는 나목 내지 라목 소정의 기존 무허가건축물에 대하여 무허가건물확인원에 등재할 것을 요구하는 취지라고 볼 수는 없으므로, 결국 위 조례 소정의 기존 무허가건축물로 인정되는 이상 그 측량성과에 따른 면적이 모두 인정되어야 한다.

대법원 2001.10.12 선고 2000두1591 판결 [조합원지위확인등]

【판시사항】

무허가로 축조된 구조물이 「서울시 자치구 무허가건물정비사업에 대한 보상금 지급조례」의 적용대상이 되는 무허가건물에 해당하기 위한 요건 및 그 판단 기준

【판결요지】

주택개량재개발조합 정관은 "건축물이 무허가인 경우에는 「서울시 자치구 무허가건물정비사업에 대한 보상금 지급조례」 적용대상 무허가건축물로서 자기 소유임을 입증하는 경우에 한하여 그 무허가건축물 소유자를 조합원으로 인정한다." 고 규정하고 있고, 위 조례 제3조는 제1호에서 제4호까지 위 조례의 적용대상이 되는 무허가건물의 범위를 규정하고 있음을 알 수 있는바, 무허가로 축조된 구조물이 위 조례의 적용대상이 되는 무허가건물이 되기 위하여는 사회통념상 독립한 건물로서의 구조와 형태를 갖추어야 하는 것이고, 이를 판단함에 있어서는 구조물의 물리적 구조뿐만 아니라 거래 또는 이용의 목적물로서 관찰한 건물상태 등 객관적인 사정은 물론 건축한 자의 의사와 같은 주관적인 사정도 고려하여 판단하여야 한다.

대법원 2001.3.15 선고 99두4594 전원합의체 판결 [청산금부과처분취소]

【판시사항】

[1] 재개발사업에 대한 관리처분계획인가와 공사완료가 된 상태에서 근거 법령인 도시재개발법이 개정되면서 달리 특별한 경과규정을 두지 않은 경우, 청산금 산정·부과의 근거가 되는 법령(=개정법령)

[2] 지방자치단체가 사업시행자가 되어 시행하는 도시재개발사업의 경우, 청산금 산정방식에 관하여 '면적평가방식'을 규정한 조례가 '가격평가방식'을 규정한 도시재개발법령에 위배되는지(적극)

【판결요지】

[1] 행정처분은 원칙적으로 처분시의 법령에 근거하여 행하여져야 하고, 법령의 개정으로 그 기준이 변경된 경우에는 달리 특별한 정함이 없는 한 처분시의 개정법령에서 규정하고 있는 기준이 적용되어야 하는바, 구 도시재개발법(1995.12.29

법률 제5116호로 전문 개정되기 전의 것)에 의하여 재개발사업에 대한 관리처분계획인가와 공사완료가 되었으나, 1995.12.29 법률 제5116호로 전문 개정된 도시재개발법 및 1996.6.29 대통령령 제15096호로 전문 개정된 같은 법 시행령은 청산금의 산정·부과와 관련하여 구 도시재개발법(1995.12.29 법률 제5116호로 전문 개정되기 전의 것) 및 같은 법 시행령(1996.6.29 대통령령 제15096호로 전문 개정되기 전의 것)의 관련 규정이 계속 적용된다고 볼 수 있는 경과규정을 두고 있지 아니하므로, 그 시행 후에 이루어진 청산금 산정·부과의 근거 법령은 1995.12.29 법률 제5116호로 전문 개정된 도시재개발법 제42조와 1996.6.29 대통령령 제15096호로 전문 개정된 같은 법 시행령 제45조 및 제40조임이 분명하다.

[2] 종래 재개발사업지구 내의 토지는 재개발사업 시행의 결과 투입비용 이상의 가치 증가가 창출되는 것이 일반적인 현실이었음에 비추어 「서울시 용산구 재개발사업시행조례」상의 면적평가방식은 1995.12.29 법률 제5116호로 전문 개정된 도시재개발법 및 1996.6.29 대통령령 제15096호로 전문 개정된 시행령 규정상의 가격평가방식과 비교할 때, 우선 사전 추산된 사업비 액수를 근거로 산출한 체비지 면적을 감보율의 적용에 의하여 분양대상에서 사전 제외시킴으로써 결과적으로 사업시행지역 내 토지 소유자들에 대한 분양대지의 면적을 축소시키게 되고, 또 가격평가방식에 의할 경우에는 분양대지의 가격에 가산되는 재개발사업비용 중 일부가 제외되기도 하는 점(위 시행령 제45조제2항제5호 참조) 등에 견주어 토지 소유자들에게 불리하다고 하지 않을 수 없는바, 지방자치단체가 사업시행자가 되어 시행하는 도시재개발사업의 경우에 조례로 토지, 건축물에 관한 권리의 가격평가방법, 관리처분계획 및 청산에 관한 사항 등을 포함하는 시행규정을 둘 수는 있되, 상위법령인 도시재개발법령의 규정 취지에 어긋나지 않아야 할 것이므로, 결국 위와 같이 모법의 위임 없이 모법에 규정된 내용을 토지 소유자들에게 불이익하게 변경하는 내용의 면적평가방식을 규정한 위 조례는 상위법령에 위배되어 그 효력이 없고, 따라서 그에 기한 청산금부과처분은 재개발사업의 시행방식과 관계없이 위법함을 면할 수 없다.

대법원 1999.11.9 선고 98두15214 판결 [조합원자격확인]

【판시사항】

무허가건물이 「서울시 관악구 무허가건물정비사업에 대한 보상금 지급조례」의 적용 대상이 되기 위한 요건 및 무허가건물에 대한 입증방법을 규정한 같은 조례 제3조가 예시적 규정인지(소극)

【판결요지】

「서울시 관악구 무허가건물정비사업에 대한 보상금 지급조례」 제3조의 규정 형식, 규정 취지 등에 비추어 보면, 무허가건물이 같은 조례의 적용대상이 되기 위하여는 무허가건물이 1981.12.31(연면적 85㎡ 이하의 주거용 건물인 경우에는 1982.4.8) 이전에 건립되었다는 것만으로는 부족하고, 같은 조례 제3조 각 호가 정하는 바와 같이 무허가건물이 1981.12.31 현재 무허가건물대장에 등재되었거나, 1981년 제2차 촬영 항공사진에 수록되어 있거나, 재산세 납부 등으로 공부상 1981.12.31 이전에 존립하였다는 확증이 있거나, 연면적 85㎡ 이하의 주거용 건물의 경우 1982년 제1차 촬영 항공사진에 수록되어 있거나 또는 재산세 납부 등 공부상 1982.4.8 이전에 건립되었다는 확증이 있음을 요한다고 보아야 하며, 위 규정이 1981.12.31 또는 1982.4.8 이전에 건립된 무허가건물이라는 점에 대한 입증방법을 예시적으로 규정한 데 불과한 것으로 볼 것은 아니다.

대법원 1996.6.14 선고 96추46 판결 [주택개량재개발사업지구 청산금징수조례안재의결무효확인]

【판시사항】

청산금의 분할징수에 관하여 일정기간 이자 징수를 면제한 조례가 구 도시재개발법 제54조, 도시재개발법 시행령 제47조제1항에 위반되는지(적극)

【판결요지】

재개발사업의 공사완료에 따른 청산금의 분할징수 등에 대한 도시재개발법 시행령 제47조제1항은 그 규정형식에 비추어 분할징수 등의 경우에는 이자를 필요적으로 징수할 것을 전제로 한 규정이라고 봄이 상당하므로, 조례로써 이자를 전부 또는 부분적으로 면제하는 것은 허용되지 않는다. 따라서 지방의회가 재의결한 재개발사업지구 청산금징수 조례안 제2조제1항 단서 소정의 청산금의 분할징수에 있어서 3년 이내의 무이자로 하는 거치기간을 둘 수 있다는 규정은 구 도시재개발법(1995.12.29 법률 제5116호로 전문 개정되기 전의 것) 제54조, 구 도시재개발법 시행령(1996.6.29 대통령령 제15096호로 전문 개정되기 전의 것) 제47조제1항에 위반되어 위법하다.

대법원 1995.11.14 선고 94누13572 판결 [토지수용무효확인]

【판시사항】

[1] 이른바 기관위임사무를 지방자치단체의 조례에 의하여 재위임할 수 있는지

[2] 도시재개발사업시행변경인가 및 그 고시, 관리처분계획인가·고시 등이 위법한 것인 경우, 위 처분의 당연무효 사유인지

[3] 재개발사업시행변경인가처분 등의 위법을 이유로 토지수용재결처분의 취소를 구할 수 있는지

【판결요지】

[1] 도시재개발법에 의한 사업시행변경인가, 관리처분계획인가 및 각 고시에 관한 사무는 국가사무로서 지방자치단체의 장에게 위임된 이른바 기관위임사무에 해당하므로, 시·도지사가 지방자치단체의 조례에 의하여 이를 구청장 등에게 재위임할 수는 없고, 정부조직법 제5조 제1항 및 이에 기한 「행정권한의 위임 및 위탁에 관한 규정」 제4조에 의하여 위임기관의 장의 승인을 얻은 후 지방자치단체의 장이 제정한 규칙이 정하는 바에 따라 재위임하는 것만이 가능하다.

[2] 도시재개발사업 시행변경인가 및 그 고시, 관리처분계획인가·고시 등이 위법한 것이라고 할지라도 이러한 하자는 위 처분의 당연무효 사유가 아니다.

[3] 재개발사업시행 변경인가처분 등의 위법은 사업시행변경인가 등의 단계에서 다투어야 하고, 이미 그 쟁송기간이 도과한 수용재결 단계에서는 그 인가처분 등이 당연무효라고 볼만한 특단의 사정이 없는 한 그 위법을 이유로 토지수용재결처분의 취소를 구할 수 없다.

대법원 1995.8.22 선고 94누5694 전원합의체 판결 ★ [관리처분계획인가처분취소]

【판시사항】

가. 도시재개발법 제41조의 관리처분계획인가 등 처분권한을 위임받은 시·도지사가 이를 구청장 등에게 재위임할 수 있는지

나. 이른바 권한위임사무를 지방자치단체의 조례에 의하여 재위임할 수 있는지

다. 처분권한의 재위임에 관한 조례 부분이 조례제정권의 범위를 벗어나 무효라고 한 사례

라. 하자있는 행정처분이 당연무효인지를 판별하는 기준

마. 무효인 조례에 근거한 구청장의 관리처분계획인가 처분은 그 하자가 중대하나 명백하다고는 할 수 없으므로 당연무효가 아니라고 한 사례

바. 관리처분계획인가·고시가 법규에 따르지 아니하여 그 위법성은 명백하지만 인가를 당연무효로 할 만큼 중대한 하자에 속한다고는 할 수 없다고 한 사례

【판결요지】

가. 도시재개발법 제8조, 같은 법 시행령 제58조제1항제12호에 의하면 건설부장관의 권한에 속하는 도시재개발법 제41조의 규정에 의한 관리처분계획의 인가 등 처분권한은 시·도시사에게 위임되었을 뿐 시·도지사가 이를 구청장, 시장·군수에게 재위임할 수 있는 근거규정은 없으나, 정부조직법 제5조제1항과 이에 기한 「행정권한의 위임 및 위탁에 관한 규정」 제4조에 재위임에 관한일반적인 근거규정이 있으므로, 시·도지사는 그 재위임에 관한 일반적인 규정에 따라 위임받은 위 처분권한을 구청장 등에게 재위임할 수 있다.

나. '가'항의 관리처분계획의 인가 등에 관한 사무는 국가사무로서 지방자치단체의 장에게 위임된 이른바 기관위임사무에 해당하므로, 시·도지사가 지방자치단체의 조례에 의하여 이를 구청장 등에게 재위임할 수는 없고, 「행정권한의 위임 및 위탁에 관한 규정」 제4조에 의하여 위임기관의 장의 승인을 얻은 후 지방자치단체의 장이 제정한 규칙이 정하는 바에 따라 재위임하는 것만이 가능하다.

다. 서울시장이 건설부장관으로부터 위임받은 관리처분계획인가 등 처분권한을 「행정권한의 위임 및 위탁에 관한 규정」 제4조에 의하여 규칙을 제정해서 구청장에게 재위임하지 아니하고, 서울시 행정권한위임조례(1990.10.8 서

울시조례 제2654호) 제5조제1항 [별표]에 의하여 구청장에게 재위임하였다면, 서울시 행정권한위임조례 중 위 처분권한의 재위임에 관한 부분은 조례제정권의 범위를 벗어난 국가사무(기관위임사무)를 대상으로 한 것이어서 무효이다.

라. 하자 있는 행정처분이 당연무효가 되기 위해 하자가 법규의 중요한 부분을 위반한 중대한 것으로서 객관적으로 명백한 것이어야 하며, 하자가 중대하고 명백한 것인지 여부를 판별함에 있어서는 그 법규의 목적, 의미·기능 등을 목적론적으로 고찰함과 동시에 구체적 사안 자체의 특수성에 관하여도 합리적으로 고찰함을 요한다.

마. '다'항의 무효인 서울시 행정권한위임조례의 규정에 근거한 관리처분계획의 인가 등 처분은 결과적으로 적법한 위임 없이 권한 없는 자에 의하여 행하여진 것과 마찬가지가 되어 그 하자가 중대하나, 지방자치단체의 사무에 관한 조례와 규칙은 조례가 보다 상위규범이라고 할 수 있고, 또한 헌법 제107조제2항의 "규칙"에는 지방자치단체의 조례와 규칙이 모두 포함되는 등 이른바 규칙의 개념이 경우에 따라 상이하게 해석되는 점 등에 비추어 보면, 위 처분의 위임과정의 하자가 객관적으로 명백한 것이라고 할 수 없으므로 결국 당연무효 사유는 아니라고 봄이 상당하다고 한 사례.

바. 관리처분계획인가·고시가 관계 법령의 규정에 따르지 아니한 것으로서 그 위법성은 명백하지만 관리처분계획·인가를 당연무효로 할 만큼 중대한 하자에 속한다고는 할 수 없다.

사. 통상 고시 또는 공고에 의하여 행정처분을 하는 경우에는 그 처분의 상대방이 불특정 다수인이고, 그 처분의 효력이 불특정 다수인에게 일률적으로 똑같이 적용됨으로 인하여 고시일 또는 공고일에 그 행정처분이 있음을 알았던 것으로 의제하여 행정심판 청구기간을 기산하는 것이므로, 관리처분계획에 이해관계를 갖는 자는 고시가 있었다는 사실을 현실적으로 알았는지 여부에 관계없이 고시가 효력을 발생하는 날인·고시가 있은 후 5일이 경과한 날에 관리처분계획인가 처분이 있음을 알았다고 보아야 하고, 따라서 관리처분계획인가 처분에 대한 행정심판은 그날로부터 60일 이내에 제기하여야 한다.

대법원 1995.6.13 선고 94누13626 판결 [청산금부과처분무효확인]

【판시사항】

가. 「서울시 중구 주택개량재개발사업시행조례」 제29조, 제30조 중 자력재개발방식에 있어서의 청산금 산정방법에 관한 규정부분이 무효인지 여부

나. 무효인 조례규정에 의하여 산정된 청산금부과처분의 효력

【판결요지】

가. 재개발사업지구 내의 토지는 재개발사업 시행의 결과 투입비용 이상의 가치 증가가 창출되는 것이 일반적인 현실이어서 자력재개발방식에 의한 사업시행의 경우에 징수하여야 할 청산금을 산정함에 있어 「서울시 중구 주택개량재개발사업시행조례」(중구 조례 제196호)의 규정방법에 따를 경우에는 도시재개발법의 규정방법에 따를 경우보다 그 산정금액이 많아 토지소유자들에게 부담을 가중시킬 것임은 충분히 짐작되는 바이고, 또 도시재개발관계를 규율하는 법령의 어디에서도 재개발방식이나 사업시행자의 차이에 따라 청산금 산정방법을 달리하도록 규정하고 있지 않으며, 나아가 여러 유형의 재개발방식 사이에 성질상의 차이가 있다 하여 그 청산금 산정방법까지 달리하여야 할 필연적인 이유가 있다고는 보여 지지 아니하는 점 등에 비추어 볼 때, 지방자치단체가 사업시행자가 되어 시행하는 도시재개발사업의 경우에는 조례로 토지·건축물에 관한 권리의 가액평가방법, 관리처분계획 및 청산에 관한 사항을 포함하는 시행규정을 작성할 수 있되, 그 청산금 산정의 기준은 재개발방식의 차이에 관계없이 어디까지나 같은 법 제53조의 규정취지에 어긋나지 않아야 한다 할 것인데, 같은 조례 제29조, 제30조 중 자력재개발방식에 있어서의 청산금 산정방법 등에 관하여 규정하고 있는 부분은 위와 같이 같은 법 제53조의 규정취지와 달라서, 이는 모법의 위임 없이 모법에 규정된 내용을 토지소유자들에게 불이익하게 변경하는 것으로서 모법에 위반되는 무효의 규정이라고 하지 않을 수 없다.

나. 행정처분에 하자가 있어 그 처분이 무효로 되기 위해서는 그 하자가 중대하고도 명백할 것이 요구된다고 할 것인바, 청산금부과처분에 법령위반의 하자가 있는 경우라도 부과대상이 아니거나 납부의무가 없는 자에 대한 부과처분과 같이 부과처분을 하지 않았어야 함에도 잘못 부과처분을 한 경우에

는 그 하자가 중대하고도 명백하다고 할 수 있을 것이나, 지방자치단체가 시행하는 재개발사업에 있어서의 청산금은 도시재개발법 제53조의 방법에 의하여 산정하여야 하는데도 무효인 「서울시 중구 주택개량재개발사업시행조례」 제29조, 제30조의 방법에 의하여 산정한 경우는, 단순히 청산금 산정방법이 잘못된 것으로서 그 하자가 중대하고도 명백하다고 할 수 없고, 따라서 이러한 하자는 그 부과처분의 취소사유에 해당한다고 보아야 할 것이다.

대법원 1995.6.30 선고 94누5502 판결 [등록세등부과처분취소]

【판시사항】

가. 조세법령이 납세의무자에게 불리하게 개정되었으나 기득권 내지 신뢰보호를 위한 경과규정을 둔 경우의 적용법조

나. 「서울시 도시재개발사업에 대한 시세과세면제에 관한 조례」 부칙 제2조의 해석

다. 지방세법·조례상 등록세 면제자를 교육세 납세의무자에 포함시킬 수 있는지

【판결요지】

가. 납세의무의 성립시기를 전후하여 조세법령이 개정된 경우에 개정 전후의 규정 중에서 납세의무가 성립한 당시에 시행되는 규정을 적용하여야 함은 법률불소급의 원칙상 당연하나, 조세법령이 납세의무자에게 불리하게 개정된 경우에 있어서 납세의무자의 기득권 내지 신뢰보호를 위하여 특별히 경과규정을 두어 납세의무자에게 유리한 종전 규정을 적용하도록 하고 있는 경우에는 마땅히 종전 규정을 적용하여야 한다.

나. 1991.12.31 개정된 「서울시 도시재개발사업에 대한 시세과세면제에 관한 조례」 부칙 제2조"의 조례 시행 당시 종전의 조례에 의하여 과세면제 하였거나 과세면제 하여야 할 시세에 대하여는 종전의 규정에 의한다"는 규정은 종전의 조례에 의하면 시세(등록세)면제대상이 되어야 할 부동산등기가 조례의 개정으로 그 대상에서 제외된 경우에는 납세의무자의 기득권 내지 신뢰보호를 위하여 납세의무자에게 유리한 종전 조례를 적용한다는 특별규정이라고 보아야 한다.

다. 교육세법 제3조제4호, 제5조제1항제4호 규정에 따르면 등록세가 지방세법이

나 조례에 의하여 면제되는 경우에는 그 납부하여야 할 등록세액은 존재하지 아니하는 것이므로 다른 특별한 규정을 두지 아니하는 이상, 이 경우 등록세 면제자를 교육세의 납세의무자에 포함시킬 수 없다고 보아야 한다.

대법원 1995.4.25 선고 93누17850 전원합의체 판결 [청산금부과처분취소]

【판시사항】

「서울시 동작구주택개량재개발사업조례」 제29조, 제30조 중 자력재개발방식에 있어서의 청산금 산정방법 등에 관하여 규정하고 있는 부분이 모법인 도시재개발법에 위반되어 무효인지

【판결요지】

재개발사업지구 내의 토지는 재개발사업 시행의 결과 투입비용 이상의 가치 증가가 창출되는 것이 일반적인 현실이어서 자력재개발방식에 의한 사업시행의 경우에 징수하여야 할 청산금을 산정함에 있어 「서울시 동작구주택개량재개발사업조례」(서울시 동작구 조례 제156호)의 규정 방법에 따를 경우에는 도시재개발법의 규정방법에 따를 경우보다 그 산정금액이 많아 토지소유자들에게 부담을 가중시킬 것임은 충분히 짐작되는 바이고, 또 도시재개발 관계를 규율하는 법령의 어디에서도 재개발방식이나 사업시행자의 차이에 따라 청산금 산정방법을 달리하도록 규정하고 있지 않으며, 나아가 여러 유형의 재개발방식 사이에 성질상의 차이가 있다 하여 그 청산금 산정방법까지 달리하여야 할 필연적인 이유가 있다고는 보여 지지 아니하는 점 등에 비추어 볼 때, 지방자치단체가 사업시행자가 되어 시행하는 도시재개발사업의 경우에는 조례로 토지 건축물에 관한 권리의 가액평가방법, 관리처분계획 및 청산에 관한 사항을 포함하는 시행규정을 작성할 수 있되 그 청산금 산정의 기준은 재개발방식의 차이에 관계없이 어디까지나 도시재개발법 제53조의 규정취지에 어긋나지 않아야 하므로, 「서울시 동작구주택개량재개발사업조례」 제29조, 제30조 중 자력재개발방식에 있어서의 청산금 산정방법 등에 관하여 규정하고 있는 부분은 도시재개발법 제53조의 규정취지와 달라서 이는 모법의 위임 없이 모법에 규정된 내용을 토지소유자들에게 불이익하게 변경하는 것으로서 모법에 위반되는 무효의 규정이다.

대법원 1994.4.26 선고 93누9170 전원합의체 판결 ★ [취득세부과처분취소]

【판시사항】

가. 구 지방세법 제109조제2항의 “소유자”의 의미

나. 구 「서울시 재개발구역 내 토지 및 건축물에 대한 시세과세면제에 관한 조례」 제2조제2호가 구 지방세법 제109조제2항에 위반되는지

【판결요지】

가. 재개발사업에서 소유자가 건축시설을 분양받은 경우에도 이를 대지의 경우와 마찬가지로 환지로 보고 취득세를 부과하지 아니하는 이유는 그 취득의 성질이 법적으로 종전의 대지 또는 건축시설에 대한 권리변환으로 종전의 권리와 동일성이 있는 것으로 취급된다는 점과 위 사업의 원활한 수행을 세제적으로 뒷받침하려고 함에 있고, 구 지방세법(1990.12.31 법률 제4269호로 개정되기 전의 것) 제109조제2항에서 말하는 소유자는 재개발사업에 있어서는 당해 재개발구역 안의 대지 또는 건축시설의 소유자로서 도시재개발법 제40조의 분양신청을 하여 관리처분계획에 따른 사업시행자의 분양처분에 의하여 대지 또는 건축시설을 분양받을 자격이 있는 조합원을 의미하는 것으로서, 위 지방세법 조항이 취득세의 비과세대상이 되는 목적물의 소유자의 범위에 관하여 아무런 제한을 가하지 아니하고 있으며, 조합원은 재개발사업 시행 중에도 그가 소유하는 대지나 건축시설(다만 이는 멸실 이전에 한하는 것일 것이다)의 소유권을 자유롭게 이전할 수 있고 그 취득자는 그로 인한 취득세를 부담하게 되는 점 등을 종합하여 보면, 위 지방세법 조항 소정의 소유자는 사업시행인가 당시의 소유자뿐만 아니라 그로부터 분양처분 이전까지 대지나 건축시설의 소유권을 취득하여 당해 조합원의 대지 또는 건축시설을 분양받을 권리를 승계하는 자를 포함하는 개념이라고 해석하여야 한다.

나. 「구 서울시 재개발구역 내 토지 및 건축물에 대한 시세과세면제에 관한 조례」(1989.1.10 조례 제2394호) 제2조제2호가 재개발사업의 시행에 따라 취득하게 되는 대지 또는 건축시설에 대한 취득세를 면제받는 대상자를 당해 재개발사업 시행인가 당시의 소유자에 한하도록 하였음은 상위법인 구 지방세법(1990.12.31 법률 제4269호로 개정되기 전의 것) 제109조제2항에 의

하여 비과세대상의 기준이 되는 소유자의 범위를 부당하게 제한한 것으로서 그에 저촉되어 무효이다.

대법원 1992.3.31 선고 91누7620 판결 [취득세등부과처분취소]

【판시사항】

가. 도시재개발법 제12조에 의하여 재개발사업시행자로 된 토지등의 소유자의 그 지구 내의 토지의 매도와 인가조건에 위배 여부

나. 「서울시 재개발구역 내 토지 및 건축물에 대한 시세과세면제에 관한 조례」 제2조제1호의 입법취지 및 사업시행자가 그 사업시행 도중에 그 취득부동산을 타에 매도하여 버린 경우 면제된 취득세 등을 추징할 수 있는지(적극)

【판결요지】

가. 도시재개발법 제12조에 의하여 토지등의 소유자가 재개발사업시행자로 된 경우에는 그 시행자가 그 지구 내에 토지를 소유하고 있으면 인가가 되고, 그 시행자가 얼마만큼의 토지를 소유하든지, 또는 시행중 그 지구 내의 토지를 매수하든지 또는 매도하든지에 관계없이 그 지구 내에 전혀 토지를 소유하지 아니하게 되는 경우가 아니면 위와 같은 토지의 매도행위가 인가조건에 위배되는 것은 아니다.

나. 재개발사업시행자가 재개발사업구역 내의 토지 및 건축물의 취득에 대하여 취득세 등을 면제하도록 규정한 「서울시 재개발구역 내 토지 및 건축물에 대한 시세과세면제에 관한 조례」 제2조제1호의 입법취지는 사업시행자가 그 구역 내의 토지를 매수하여 그 토지의 소유자가 되는 것은 원활한 사업시행에 도움이 되므로 사업시행자에게 세제혜택을 주어 사업시행자로 하여금 세 부담의 경감으로 인하여 원활한 사업시행을 할 수 있도록 도와주자는 데 있으므로, 사업시행자가 사업시행을 위하여 위 부동산을 취득하였다가 그 사업시행 중에 이를 양도한 경우에는 위 부동산의 취득이 결과적으로 그 사업시행에 도움이 되지 아니하게 되었다 할 것이어서, 위 조례의 입법취지로 보아 이와 같은 경우에까지 취득세 등을 면제하여 준다는 취지는 아니라고 보여지고, 또한 위 조례의 문구 자체에 의하더라도 '재개발사업의 시행을 위하여' 취득하는 것에 대하여 취득세를 면제한다고 규정하고 있는

것으로 보아 그와 같은 면제에는 그 부동산의 취득자인 사업시행자가 그 사업의 완료시까지 그 취득부동산을 보유하여 그 사업시행에 제공되어야 한다는 것을 그 전제로 하고 있다 할 것이며, 사업시행자가 그 사업시행 도중에 그 취득부동산을 타에 매도하여 버렸다면 이를 사업시행에 제공한 것이 아니므로, 이와 같은 경우에는 이 점에 관한 취득세 등 추징규정을 따로 두지 아니하였더라도 위 규정 자체에 의하여 당연히 면제된 취득세 등을 추징할 수 있다.

대법원 1991.9.24 선고 91다17160 판결 [부당이득금]

【판시사항】

「서울시 재개발구역 내 토지 및 건축물에 대한 시세과세면제에 관한 조례」 제2조제2호 소정의 면세대상에 대한 법률해석의 잘못으로 인한 과세처분이라 해도 당연무효의 처분이라 할 수 있는지

【판결요지】

「서울시 재개발구역 내 토지 및 건축물에 대한 시세과세면제에 관한 조례」 제2조제2호 소정의 면세대상에 대한 법률해석의 잘못으로 인한 과세처분이라 해도 그 하자가 명백하다고 할 수 없어 당연무효의 처분이라 할 수 없다.

대법원 1991.9.24 선고 91누1189 판결 [재산세등부과처분취소]

【판시사항】

「서울시 재개발구역 내 토지 및 건축물에 대한 시세과세면제에 관한 조례」(1983.1.20 개정) 제2조 후문에 의하여 재산세 및 도시계획세가 면제되는 기간의 기준이 되는 재개발사업 시행이 완료한 때의 의미(준공검사필증 교부 및 공사완료 공고 시)

【판결요지】

「서울시 재개발구역 내 토지 및 건축물에 대한 시세과세면제에 관한 조례」(1983.1.10 개정) 제2조 후문의 규정에 의하여 재산세 및 도시계획세가 면제되는 기간의 기준이 되는 재개발사업시행이 완료한 때란 특단의 사정이 없는 한 도시

재개발법 제48조제1항 내지 제3항에 의하여 준공검사필증을 시행자에게 교부하고 공사완료를 공고한 때라고 보아야 할 것이고, 건축물의 취득일과 재산세의 현황 부과에 관한 지방세법 시행령 제73조제4항 및 제139조의 규정에 의하여 위 재개발사업시행의 완료시를 가릴 것이 아니다.

대법원 2009.10.29 선고 2008두19239 판결 [급수공사비부과처분취소청구]

【판시사항】

[1] 주민에게 혜택을 부여하는 내용의 조례 등의 문언 등에 비추어 그 혜택을 부여받을 대상에 포함되지 않는 것으로 해석되는 경우 혜택을 부여받는 대상과 동일한 혜택을 부여할 것을 요구할 수 있는지(원칙적 소극)

[2] 행정청이 재개발사업시행에 따른 급수시설공사를 승인하면서 사업시행자에게 기존에 거주하던 세대와 새로 입주하는 세대를 구분하지 않고 일률적으로 일정 금액의 시설분담금을 부과한 사안에서, 기존 세대에 대한 시설분담금 부과처분이 부담금관리기본법 제5조제1항에 정한 이중부담금지의 원칙에 위배되는지(소극)

【판결요지】

[1] 주민에게 혜택을 부여하는 내용의 조례 등은 주민의 권리를 제한하거나 새로운 의무를 부과하는 경우보다 광범위한 입법형성의 자유가 인정되는 것이고, 한편 그와 같은 조례 등의 문언 및 논리적인 해석의 결과 그 혜택을 부여받을 대상에 포함되지 않는 것으로 해석되는 경우에는 비록 혜택을 부여받는 대상과 비교하여 다소 불합리한 결과가 된다 하더라도 추가적인 입법 조치 등이 없는 한 그와 동일한 혜택을 부여할 것을 요구할 수는 없다.

[2] 행정청이 재개발사업시행에 따른 급수시설공사를 승인하면서 사업시행자에게 기존에 거주하던 세대와 새로 입주하는 세대를 구분하지 않고 일률적으로 일정 금액의 시설분담금을 부과한 사안에서, 시설분담금 부과처분 당시 수도급수조례 등 관계 법령에 기존 거주 세대에 대한 시설분담금 감액에 관한 근거 규정이 없어 추가적인 입법조치가 없는 한 시설분담금 중 기존 거주 세대 부분에 대한 감액을 주장할 수 없고, 기존의 급수설비가 모두 철거되고 새로운 급수설비가 설치된 이상 새로운 급수설비에 대한 시설분담금과 종전 급수설비에 대한 시설분담금의 부

과대상이 동일하다고 할 수 없어, 기존 세대에 대한 시설분담금 부과처분이 부담금관리기본법 제5조 제1항에 정한 이중부담금지의 원칙에 위배되지 않는다.

대법원 2009.10.29 선고 2007두26285 판결 [공법상부당이득금반환청구]

【판시사항】

[1] 조례가 법률 등 상위법령에 위배된다고 하여 그 조례에 근거한 행정처분의 하자가 당연무효 사유에 해당하는지(원칙적 소극)

[2] 변상금연체료 부과처분의 근거인 「서울시 공유재산 관리 조례」의 관련 규정이 지방재정법 등 상위법령의 위임이 없어 효력이 없는지 여부가 명백하다고 할 수 없으므로, 위 부과처분이 당연무효에 해당한다고 판단한 원심판결을 파기한 사례

【판결요지】

[1] 하자 있는 행정처분이 당연무효로 되려면 그 하자가 법규의 중요한 부분을 위반한 중대한 것이어야 할 뿐 아니라 객관적으로 명백한 것이어야 하므로, 행정청이 위법하여 무효인 조례를 적용하여 한 행정처분이 당연무효로 되려면 그 규정이 행정처분의 중요한 부분에 관한 것이어서 결과적으로 그에 따른 행정처분의 중요한 부분에 하자가 있는 것으로 귀착되고, 또한 그 규정의 위법성이 객관적으로 명백하여 그에 따른 행정처분의 하자가 객관적으로 명백한 것으로 귀착되어야 하는바, 일반적으로 조례가 법률 등 상위법령에 위배된다는 사정은 그 조례의 규정을 위법하여 무효라고 선언한 대법원의 판결이 선고되지 아니한 상태에서는 그 조례 규정의 위법 여부가 해석상 다툼의 여지가 없을 정도로 명백하였다고 인정되지 아니하는 이상 객관적으로 명백한 것이라 할 수 없으므로, 이러한 조례에 근거한 행정처분의 하자는 취소사유에 해당할 뿐 무효사유가 된다고 볼 수는 없다.

[2] 변상금연체료 부과처분의 근거인 「서울시 공유재산 관리 조례」의 관련 규정이 지방재정법 등 상위법령의 위임이 없어 효력이 없는지 여부가 해석상 다툼의 여지가 없을 정도로 객관적으로 명백하다고 할 수 없다(부과처분이 당연무효에 해당한다고 판단한 원심판결을 파기한 사례).

대법원 2001.10.23 선고 2001두5392 판결 [취득세부과처분취소]

【판시사항】

재개발사업에서 분양신청 후 잔여분 중 일반에 분양하는 것으로서 체비지 또는 체비시설로 지정된 부분이 구 지방세법 제109조제3항의 비과세 대상인 '체비지'에 해당하는지(적극) 및 그 체비지에는 건축시설도 포함되는지(적극)

【판결요지】

구 지방세법(2000.12.29 법률 제6312호로 개정되기 전의 것) 제109조제3항은, 도시재개발법에 의한 재개발사업의 시행으로 인하여 사업시행자가 체비지 또는 보류지를 취득하는 경우에는 취득세를 부과하지 아니한다고 규정하고 있고, 도시재개발법 제34조제9항은, "시행자가 제33조의 규정에 의하여 분양신청을 받은 후 잔여분이 있는 경우에는 규약·정관·시행규정 또는 사업시행계획이 정하는 목적을 위하여 보류지(건축시설을 포함한다.)로 정하거나 일반에게 분양할 수 있다."고 정하고 있으며, 같은 법 제39조제2항은, "제34조제9항의 규정에 의한 보류지와 일반에게 분양하는 대지 또는 건축시설은 토지구획정리사업법의 규정에 의한 보류지 등으로 본다."고 정하고 있고, 구 토지구획정리사업법(2000.1.28 법률 제6252호로 폐지) 제54조는 "보류지 등"이라는 제목 하에 제1항에서, "시행자는 구획정리사업에 필요한 경비에 충당하거나 규약·정관·시행규정 또는 사업계획이 정하는 목적을 위하여 환지계획에서 일정한 토지를 환지로 정하지 아니하고 이를 체비지 또는 보류지로 정할 수 있다."라고 규정하고 있는바, 구 지방세법(2000.12.29 법률 제6312호로 개정되기 전의 것)에서 사업시행자가 취득하는 체비지와 보류지에 대하여 취득세를 비과세하는 입법 취지가 당해 사업의 원활한 수행을 세제적으로 뒷받침하려는 데 있다는 점과 위 각 조항들의 규정내용에 비추어, 분양신청 후의 잔여분 중 일반에 분양하는 것으로서 체비지 또는 체비시설로 지정된 부분은 구 지방세법(2000.12.29 법률 제6312호로 개정되기 전의 것) 소정의 비과세 대상인 체비지에 해당하고 체비지에는 토지뿐 아니라 건축시설도 포함된다.

▢ 하급심 판례

서울행정법원 2008.9.11 선고 2008구합19666 판결 [관리처분계획취소등]

[1] 도시정비법과 같은 법 시행령, 그리고 서울시 도시정비조례(이하 이 사건 조례라고 한다.)의 각 규정을 종합하여 보면, 피고의 조합원이 되기 위해서는 정비구역안의 토지 또는 건축물을 소유하여야 하고, 토지등의 소유권이 수인의 공유에 속할 때에는 그 수인을 1인의 조합원으로 보며, 하나의 주택을 수인이 소유하고 있는 경우에는 원칙적으로 수인의 분양신청자를 1인의 분양대상자로 보아 그 수인에게 하나의 주택을 분양하면 족하나, 다만 '1997.1.15 이전에 가구별로 지분 또는 구분소유 등기를 필한 다가구주택'과 '1990.4.21 다가구주택제도 도입 이전에 단독주택으로 건축허가를 받아 지분 또는 구분등기를 필한 사실상의 다가구주택'에 대하여는 특별히 하나의 주택을 수인이 소유하고 있는 경우라도 다가구주택으로 건축허가 받은 가구 수에 한하여 가구별 각각 1인을 분양대상자로 하여야 한다.

그런데 건축법상 '다가구주택' 또는 그 '가구 수' 자체에 관한 허가라는 것은 존재하지 않고, 단지 건물의 용도로서 단독주택 중 다가구주택(주택으로 쓰이는 층수가 지하층을 제외하고 3개 층 이하이고, 1개 동의 주택으로 쓰이는 바닥면적의 합계가 지하층 면적을 제외하고 660㎡ 이하이며, 19세대 이하가 거주할 수 있는 주택으로서 공동주택에 해당하지 않는 것)이 규정되어 있는 점에 비추어 보면, 이 사건 조례상의 '다가구주택으로 건축허가 받은'의 의미는 그 용도가 다가구주택인 건물 자체가 무허가건물이 아니어야 한다는 것으로 해석된다.

[2] 이 사건에 관하여 살피건대, 이 사건 제1 내지 14건물과 같은 XX주택은 다가구주택제도가 도입되기 이전인 1970년대 중반부터 1980년대 중반까지 사이에 한시적으로 건축된 단독주택의 일종으로서 다가구주택과 동일한 용도로 기능하여 온 점, 이 사건 각 건물은 각 공유자의 가구별 독립한 주거공간으로 구성되어 있고 가구별 주거공간은 거래에 있어서도 독립한 소유권의 객체로 취급되어 온 것으로 보이는 점 등을 종합하여 보면, 이 사건 각 건물은 다가구주택 도입 이전에 단독주택으로 건축허가를 받아 가구별로 지분등기를 필한 다가구주택에 해당한다고 할 것이고 가구별 주거공간은 사실상의 다가구주택 중 각각 1인의 분양대상자

가 되는 가구에 해당한다고 봄이 상당하다.

다가구주택제도 도입 이전에 단독주택으로 건축허가를 받아 가구별로 지분등기를 필한 사실상의 다가구주택에 해당하는 건물의 지층을 가구별로 구분소유하면서 주택으로 사용하여 온 경우 그 부분의 공부상의 용도가 대피소로 되어 있다 하더라도 가구별로 각자 단독조합원의 지위를 가진다.

서울행정법원 2008.5.23 선고 2008구합5834 판결 [조합원지위확인]

도시정비법과 같은 법 시행령, 그리고 서울시 도시정비조례의 각 규정을 종합하여 보면, "1997.1.15 이전에 가구별로 지분 또는 구분소유 등기를 필한 다가구주택"과 "1990.4.21 다가구주택제도 도입 이전에 단독주택으로 건축허가를 받아 지분 또는 구분등기를 필한 사실상의 다가구주택"에 대하여는 특별히 하나의 주택을 수인이 소유하고 있는 경우라도 다가구주택으로 건축허가 받은 가구 수에 한하여 가구별 각각 1인을 분양대상자로 하여야 한다.

서울고등법원 1996.6.13 선고 96나2608 판결 : 상고 [부당이득금]

【판시사항】

[1] 재개발사업 시행에 따른 취득 대지 또는 건축시설에 대한 취득세 면제 대상자를 최초 시행인가 당시의 소유자에 한하도록 한 구 「서울시 도시재개발사업에 대한 시세과세면제에 관한 조례」 제2조제1항제2호가 구 지방세법 제109조제3항에 저촉되는지(적극)

[2] 신고납세 방식의 조세에 있어 납세액이 민사상 부당이득이 되기 위한 요건 및 그 판단 기준

[3] 무효인 조례규정에 터잡은 행정지도에 따라 취득세를 신고·납부한 경우, 그 신고행위의 하자가 중대하고 명백한 것인지(소극)

[4] 신고납세에 있어 신고납부 행위에 착오 또는 강박 등의 하자가 있는 경우, 민법상의 의사표시에 관한 규정을 적용할 수 있는지(소극)

【판결요지】

[1] 도시재개발사업에서 소유자가 건축시설을 분양받은 경우에도 이를 환지로

보고 취득세를 부과하지 아니하는 이유는, 그 취득의 성질이 법적으로 종전의 대지 또는 건축시설에 대한 권리변환으로 종전의 권리와 동일성이 있는 것으로 취급된다는 점과 그 사업의 원활한 수행을 세제적으로 뒷받침하려고 함에 있고, 구 지방세법(1993.12.27 법률 제4611호로 개정되기 전의 것) 제109조제3항에서 말하는 소유자는 도시재개발사업에 있어서는 당해 재개발구역 안의 대지 또는 건축시설의 소유자로서 구 도시재개발법(1995.12.29 법률 제5116호로 개정되기 전의 것) 제40조의 분양신청을 하여 관리처분계획에 따른 사업시행자의 분양처분에 의하여 대지 또는 건축시설을 분양받을 자격이 있는 조합원을 의미하는 것으로서, 그 지방세법 조항이 취득세의 비과세 대상이 되는 목적물의 소유자의 범위에 관하여 제한을 가하고 있지는 아니하며, 조합원은 재개발사업 시행 중에도 그가 소유하는 대지나 건축시설의 소유권을 자유롭게 이전할 수 있고, 그 취득자는 그로 인한 취득세를 부담하게 되는 점 등을 종합하면, 그 지방세법 조항 소정의 소유자는 사업시행인가 당시의 소유자뿐만 아니라 그로부터 분양처분 이전까지 대지나 건축시설의 소유권을 취득하여 당해 조합원의 대지 또는 건축시설을 분양받을 권리를 승계하는 자를 포함하는 개념이라고 해석하여야 하므로, 구 「서울시 도시재개발사업에 대한 시세과세면제에 관한 조례」(1991.12.31 조례 제2843호) 제2조제1항제2호가 재개발사업의 시행에 따라 취득하게 되는 대지 또는 건축시설에 대한 취득세를 면제받는 대상자를 당해 재개발사업의 최초 시행인가 당시의 소유자에 한하도록 하였음은 상위법인 같은 지방세법 조항에 의하여 비과세 대상의 기준이 되는 소유자의 범위를 부당하게 제한한 것으로서 그에 저촉되어 무효이다.

[2] 취득세는 신고납세방식의 조세로서 이러한 유형의 조세에 있어서는 원칙적으로 납세의무자가 스스로 과세표준과 세액을 정하여 신고하는 행위에 의하여 조세채무가 구체적으로 확정되고, 그 납부행위는 신고에 의하여 확정된 구체적 조세채무의 이행으로 하는 것이며, 국가나 지방자치단체는 그와 같이 확정된 조세채권에 기하여 납부된 세액을 보유하는 것이므로, 납세의무자의 신고행위가 중대하고 명백한 하자로 인하여 당연무효로 되지 아니하는 한 그것이 바로 부당이득에 해당한다고 할 수 없고, 여기에서 신고행위의 하자가 중대하고 명백하여 당연무효에 해당하는지 여부에 대하여는 신고행위의 근거가 되는 법규의 목적, 의미, 기능 및 하자 있는 신고행위에 대한 법적 구제수단 등을 목적론적으로 고찰함과 동시에 신

고행위에 이르게 된 구체적 사정을 개별적으로 합리적으로 판단하여야 한다.

[3] 무효인 조례규정에 터잡은 행정지도에 따라 스스로 납세의무자로 믿고 취득세를 자진 신고 납부한 경우, 위 [2]항의 법리와 특히 신고행위가 없어 부과처분에 의하여 조세채무가 확정된 경우에 취득세를 납부한 자와의 균형을 고려하면, 그와 같은 사정만으로는 납세자들의 신고행위의 하자가 중대하고 명백한 것이라고 단정할 수 없다.

[4] 신고납세에서 납세의무자의 과세표준 및 세액의 신고행위는 부과과세에 있어서의 부과처분과 마찬가지로 납세의무자의 구체적인 조세채무의 존재와 범위를 확인하고 이를 과세관청에 통지하는 공법상의 준법률행위에 해당하므로, 신고행위에 착오 또는 강박 등의 하자가 있다고 하더라도 오로지 그 유·무효만이 문제될 뿐이고 민법상의 의사표시에 관한 규정이 적용되거나 또는 유추적용 된다고 볼 수 없다.

부칙 관련 판례

대법원 2009.4.23 선고 2008두22853 판결 [분양거부처분취소]

【판시사항】

[1] 다가구주택의 공유자들이 가구별로 재개발사업으로 건립되는 공동주택의 분양대상자로 인정되기 위한 요건

[2] 서울시 도시정비조례 부칙(2003.12.30) 제7조가 헌법상 평등의 원칙을 침해하는지(소극)

【판결요지】

[1] 도시정비법 제48조제2항제6호는 관리처분의 내용 중 하나로 “2인 이상이 1주택을 공유한 경우에는 1주택만을 공급한다.”고, 같은 조 제7항은 “관리처분계획의 내용, 관리처분의 방법·기준 등에 관하여 필요한 사항은 대통령령으로 정한다.”고 각 규정하고 있고, 도시정비법 시행령 제52조제1항제3호는 관리처분을 정하는 경우 “정비구역안의 토지등소유자에게 분양할 것. 다만, 공동주택을 분양하는 경우 시도 조례가 정하는 금액·규모·취득 시기 또는 유형에 대한 기준에 부합하지 아니하는 토지등소유자는 시도 조례가 정하는 바에 의하여 분양대상에서 제외할 수 있다.”라고 규정하고 있다. 한편 위 시행령의 위임에 따라 서울시 도시정비조례(이하, ‘이 사건 조례’라고 한다.) 제24조제2항제3호는 “하나의 주택 또는 한 필지의 토지를 수인이 소유하고 있는 경우에는 수인의 분양신청자를 1인의 분양대상자로 본다.”고 규정하고 있고, 이 사건 조례 부칙 제7조는 다가구주택의 분양기준에 관한 경과조치로서 “1997.1.15 이전에 가구별로 지분 또는 구분소유등기를 필한 다가구주택(1990.4.21 다가구주택제도 도입 이전에 단독주택으로 건축허가를 받아 지분 또는 구분등기를 필한 사실상의 다가구주택을 포함한다.)은 제24조제2항제3호의 규정에 불구하고 다가구로 건축허가 받은 가구 수에 한하여 가구별 각각 1인을 분양대상자로 한다.”고 규정하고 있다.

이와 같은 법령 및 조례의 규정에 따르면, 다가구주택의 공유자들이 가구별로 각각 주택재개발사업으로 건립되는 공동주택의 분양대상자로 인정되기 위해서는 1997.1.15 이전에 그 각 가구에 상응하는 지분 또는 구분소유등기를 경료할 것을

요한다고 할 것이다.

[2] 이 사건 조례 부칙 제7조의 취지는, 다가구주택이 독립된 구조를 가진 가구별로 구분 거래되기도 하는 현실을 반영하여, 설계 및 건축 단계부터 독립된 구조를 가지고 있고 그에 상응한 지분등기가 마쳐짐으로써 그 지분등기를 이전하는 방법에 의하여 사실상 가구별로 독립적 거래가 가능한 경우에는 예외적으로 다가구주택의 가구별로 개별 분양대상자격을 인정하되, 다만 재개발사업에 의하여 공급되는 주택을 다수 취득할 목적으로 이른바 '지분쪼개기'와 같은 행위를 하는 폐해를 방지하기 위해서 일정한 시점까지 지분등기를 마칠 것을 요구하는 것으로 보이는바, 이는 다가구주택의 거래실정 및 재개발사업에 따른 주택분양 법률관계의 현실에 비추어 합리성이 인정되므로, 이 사건 조례 부칙 제7조가 헌법상 평등의 원칙을 침해한다고 보기는 어렵다.

대법원 2012.10.25 선고 2010두25077 판결 [재정비촉진계획결정취소]

【판시사항】

[1] 특정 사안과 관련하여 법령에서 조례에 위임을 한 경우, 조례가 위임의 한계를 준수하고 있는지 판단하는 기준

[2] 구 서울시 도시정비조례 제4조제1항제2호가 수권 규정인 구 도시정비법 시행령 제10조제1항 [별표1] 제5호의 위임 한계를 일탈하였는지(소극)

【판결요지】

[1] 특정 사안과 관련하여 법령에서 조례에 위임을 한 경우 조례가 위임의 한계를 준수하고 있는지를 판단할 때는 당해 법령 규정의 입법 목적과 규정 내용, 규정의 체계, 다른 규정과의 관계 등을 종합적으로 살펴야 하고, 위임 규정 자체에서 그 의미 내용을 정확하게 알 수 있는 용어를 사용하여 위임의 한계를 분명히 하고 있는데도 그 문언적 의미의 한계를 벗어났는지, 수권 규정에서 사용하고 있는 용어의 의미를 넘어 그 범위를 확장하거나 축소하여서 위임 내용을 구체화하는 단계를 벗어나 새로운 입법을 하였는지 등도 아울러 고려해야 한다.

[2] 구 도시정비법 시행령(2008.7.29 대통령령 제20947호로 개정되기 전의 것) 제10조제1항 [별표1](이하 '시행령 [별표1]'이라 한다.) 제2호는 재개발사업을 위한

정비계획 수립 대상구역 지정요건을 규정하면서 '대지로서의 효용 상실', '건축물의 과도 밀집', '기반시설의 정비 불량과 현저한 부족 등'과 같은 추상적 개념을 사용하고 있어 정비계획을 수립하는 관할 행정청이 그 요건을 심사하기 위해서는 구체적 판단 기준이 마련될 필요가 있는 점, 이에 시행령 [별표1] 제5호의 위임에 따라 구 서울시 도시정비조례(2008.9.30 조례 제4686호로 개정되기 전의 것, 이하 '이 사건 정비조례'라 한다.) 제4조제1항제2호가 시행령 [별표1] 제2호의 요건에 관한 판단 기준을 과소필지 등의 비율, 호수밀도 등의 객관적 수치로 구체화하여 규정하고 있는 점, 특히 이 사건 정비조례 제4조제1항제2호의 지정요건과 시행령 [별표1] 제2호의 지정요건의 관계를 보면 대체로 전자의 과소필지 등의 비율은 후자의 '도시의 환경이 현저히 불량하게 될 우려가 있는 지역'에 대한 판단 기준으로, 전자의 호수밀도는 후자의 '건축물이 과도하게 밀집되어 있어 그 구역 안의 토지의 합리적인 이용과 가치의 증진을 도모하기 곤란한 지역'에 대한 판단 기준으로 볼 수 있는 점 등 관계 법령이나 이 사건 정비조례 제4조제1항제2호의 각 문언과 내용, 입법 취지 등을 종합적으로 고려하여 보면, 이 사건 도시정비조례 제4조제1항제2호는 시행령 [별표1] 제2호의 범위 안에서 정비구역 지정요건을 구체화한 것이므로, 수권 규정의 위임 한계를 일탈하였다거나 그 지정요건을 완화한 것이라 보기 어렵다.

대법원 2011.3.10 선고 2010두12361 판결 [조합원지위확인]

【판시사항】

[1] 건축법상 단독주택에 해당하는 다가구주택을 여러 사람이 공유하는 경우, 재건축조합원이 되는 사람

[2] 구 도시정비법 제48조제2항제6호의 원칙에 대한 예외인 서울시 도시정비조례 부칙(2003.12.30) 제7조의 규정은 다가구주택의 공유자들에게 가구별로 분양하는 경우, 각자 단독 조합원의 지위를 부여하는 취지로 볼 수 있는지 여부(소극)

구 도시정비법(2009.2.6 법률 제9444호로 개정되기 전의 것) 제19조제1항은 "정비사업의 조합원은 토지등소유자(재건축사업의 경우에는 재건축사업에 동의한 자에 한한다.)로 하되, 토지 또는 건축물의 소유권과 지상권이 수인의 공유에 속

하는 때에는 그 수인을 대표하는 1인을 조합원으로 본다."고 규정하고 있으므로, 건축법상 단독주택에 해당하는 다가구주택을 수인이 공유하는 경우에는 원칙적으로 그 공유자 전원을 1인의 조합원으로 보아야 할 것이다. 한편 구 도시정비법 제48조제7항 및 구 도시정비법 시행령(2009.8.11 대통령령 제21679호로 개정되기 전의 것) 제52조제1항제3호의 위임에 따른 서울시 도시정비조례(이하 '정비조례'라고 한다.) 부칙(2003.12.30) 제7조는, 2인 이상이 1주택을 공유한 경우 1주택만 공급하도록 한 도시정비법 제48조제2항제6호의 원칙에 대한 예외로서, '1997.1.15 이전에 가구별로 지분 또는 구분소유등기를 필한 다가구주택 및 1990.4.21 다가구주택제도 도입 이전에 단독주택으로 건축허가를 받아 지분 또는 구분등기를 필한 사실상의 다가구주택'의 경우에는 가구별 각각 1인을 분양대상자로 한다고 규정하고 있으나, 이는 1인의 조합원에게 1주택을 분양하는 원칙에 대한 예외로서 일정한 요건을 갖춘 다가구주택의 공유자들에 대하여는 가구별로 각각 1인을 분양대상자로 한다는 취지에 불과할 뿐, 나아가 그 다가구주택의 공유자들에게 각자 단독조합원의 지위를 부여하는 취지라고 볼 수는 없다.

대법원 2011.3.10 선고 2010두4377 판결 [조합원지위확인]

【판시사항】

[1] 재개발사업구역 내의 토지 또는 건축물을 수인이 공유하는 경우, 공유자들이 각각 재개발조합의 단독 조합원 지위에 있는지(소극)

[2] 협동주택의 공유자들이 재개발조합을 상대로 각자가 단독 조합원의 지위에 있음의 확인을 구하는 사안에서, 위 공유자들이 각 건물 지하층의 공유자들에 불과한 이상 각 해당 공유 부분의 다른 공유자들과 함께 그 전원이 1인의 조합원으로 될 뿐 각자 단독 조합원의 지위에 있는 것은 아니다.

【판결요지】

[1] 구 도시정비법(2009.2.6 법률 제9444호로 개정되기 전의 것) 제19조제1항, 제48조제7항, 구 도시정비법 시행령(2009.8.11 대통령령 제21679호로 개정되기 전의 것) 제52조제1항제3호, 구 서울시 도시정비조례(2008.7.30 서울시조례 제4657호로 개정되기 전의 것) 제24조제2항제3호, 서울시 도시정비조례 부칙(2003.12.

30) 제7조(2005.11.10 서울시조례 제4330호로 개정된 것)의 각 규정과 재개발조합원은 재개발사업으로 건립되는 공동주택에 대한 분양신청권, 조합원 총회 의결권, 조합 임원 등의 선임권과 피선임권을 가지게 되는 점 등을 종합하여 보면, 재개발사업구역 내의 토지 또는 건축물을 수인이 공유하는 경우에는 원칙적으로 그 공유자 전원에게 1인의 조합원 지위만 부여되는 것이고, 다만 재개발사업으로 건립되는 공동주택의 분양대상자격에 관하여는 서울시 도시정비조례 부칙 제7조의 일정한 요건을 갖춘 다가구주택 또는 사실상의 다가구주택의 공유자들의 경우 가구별로 각각 1인을 분양대상자로 한다는 취지로 보아야 한다.

[2] 협동주택의 건물 및 토지의 공유자들이 재개발조합을 상대로 각자가 단독조합원의 지위에 있음의 확인을 구하는 사안에서, 위 건물 지하층의 각 가구는 건축단계부터 가구별로 독립적인 주거생활을 영위할 수 있는 구조를 갖추고 실제로 독립된 주거로 이용되어 왔고, 다가구주택제도 도입 이전에 가구별로 지분등기가 이루어져 각 해당 가구를 그 지분등기 이전의 방법으로 양수받은 점, 해당 재개발조합의 정관이 조합원의 자격에 관하여 구 도시정비법(2009.2.6 법률 제9444호로 개정되기 전의 것) 제19조와 같은 내용을 규정하고 있을 뿐 달리 협동주택의 공유자들에게 단독 조합원의 자격을 부여하고 있지는 않은 점 등을 보면, 건물 지하층의 각 해당 가구를 실질적으로 구분소유하고 있는 위 공유자들은 서울시 도시정비조례 부칙(2003.12.30) 제7조(2005.11.10 서울시조례 제4330호로 개정된 것)에서 정한 사실상의 다가구주택의 공유자들로서 가구별로 분양대상자격을 가진다고 할 것이나, 각 건물 지하층의 공유자들에 불과한 이상 다른 공유자들과 함께 그 전원이 1인의 조합원으로 될 뿐 각자 단독 조합원의 지위에 있는 것은 아니다.

대법원 2007.6.29 선고 2006다60441 판결 [손해배상(기)]

【판시사항】

[1] 도시재개발사업 시행자가 관련 조례에 정한 '기존 무허가건축물'에 대하여 그 일부 면적만에 상응한 분양을 하고 차액부분에 대하여 청산금을 지급하지 아니한 채 분양처분고시를 하여 그 소유권을 상실시킨 경우, 불법행위의 책임을 지

는지(적극)

[2] 도시재개발사업을 시행하는 공사 시행규정에서 무허가건축물의 면적은 무허가건물확인원상의 면적으로 한다고 규정하고 있더라도, 그 측량성과에 따른 면적이 모두 인정되어야 한다고 본 사례

【판결요지】

[1] 재개발사업 시행자가 분양신청을 하지 아니한 토지의 소유자에 대하여 대지 및 건축시설을 분양하지도 아니하고 청산금도 지급하지 아니하기로 하는 분양처분고시는 행정처분의 성질을 지닌 것이므로 그것이 적법한 행정소송의 절차에 의하여 취소되지 아니하는 한 법원도 그 처분에 기속되어 그 행정처분의 내용과 달리 청산금을 지급하라고 명할 수는 없지만, 그와 같이 대지 및 건축시설도 분양하지 아니하고 청산금도 지급하지 아니한 채 분양처분고시를 하여 재개발구역 내에 다른 사람이 소유하고 있던 토지의 소유권을 상실시켰다면 재개발사업 시행자는 그 한도에서 재개발사업을 위법하게 시행하였으므로 그 토지의 소유자에 대하여 불법행위의 책임을 지고, 이는 도시재개발사업 시행자가 서울시 도시재개발사업조례 제2조제1호 소정의 '기존 무허가건축물'에 해당하는 건축물에 대하여 그 일부 면적만을 인정하여 그에 상응한 분양을 하고 그 차액부분에 대하여 청산금을 지급하지 아니한 채 분양처분고시를 한 경우에도 마찬가지이다.

[2] 도시재개발사업을 시행하는 공사의 시행규정에서 무허가건축물의 면적은 무허가건물확인원상의 면적으로 한다고 규정하고 있더라도, 이는 서울시 도시재개발사업조례 제2조제1호 가목에 해당하는 1981.12.31 현재 무허가건축대장에 등재된 건물'의 면적산정에 관한 규정일 뿐, 나아가 위 조례 제2조제1호 나목 내지 라목 소정의 기존 무허가건축물을 배제하거나 또는 나목 내지 라목의 기존 무허가건축물에 대하여 무허가건물확인원에 등재할 것을 요구하는 취지라고 볼 수는 없으므로, 결국 위 조례 소정의 기존 무허가건축물로 인정되는 이상 그 측량성과에 따른 면적이 모두 인정되어야 한다.

대법원 2001.10.12 선고 2000두1591 판결 [조합원지위확인등]

【판시사항】

무허가로 축조된 구조물이 「서울시 자치구 무허가건물 정비사업에 대한 보상금 지급조례」의 적용대상이 되는 무허가건물에 해당하기 위한 요건 및 그 판단 기준

【판결요지】

주택개량재개발조합 정관은 "건축물이 무허가인 경우에는 「서울시 자치구 무허가건물 정비사업에 대한 보상금 지급조례」 적용대상 무허가건축물로서 자기 소유임을 입증하는 경우에 한하여 그 무허가건축물 소유자를 조합원으로 인정한다." 라고 규정하고 있고, 위 조례 제3조는 제1호에서 제4호까지 위 조례의 적용대상이 되는 무허가건물의 범위를 규정하고 있음을 알 수 있는바, 무허가로 축조된 구조물이 위 조례의 적용대상이 되는 무허가건물이 되기 위하여는 사회통념상 독립한 건물로서의 구조와 형태를 갖추어야 하는 것이고, 이를 판단함에 있어서는 구조물의 물리적 구조뿐만 아니라 거래 또는 이용의 목적물로서 관찰한 건물상태 등 객관적인 사정은 물론 건축한 자의 의사와 같은 주관적인 사정도 고려하여 판단하여야 한다.

대법원 1995.6.30 선고 94누5502 판결 [등록세등부과처분취소]

【판시사항】

가. 조세법령이 납세의무자에게 불리하게 개정되었으나 기득권 내지 신뢰보호를 위한 경과규정을 둔 경우의 적용법조

나. 「서울시 도시재개발사업에 대한 시세과세면제에 관한 조례」 부칙 제2조의 해석

다. 지방세법·조례상 등록세 면제자를 교육세 납세의무자에 포함시킬 수 있는지

【판결요지】

가. 납세의무의 성립시기를 전후하여 조세법령이 개정된 경우에 개정 전후의 규정 중에서 납세의무가 성립한 당시에 시행되는 규정을 적용하여야 함은 법률불소급의 원칙상 당연하나, 조세법령이 납세의무자에게 불리하게 개정된 경우에 있어서 납세의무자의 기득권 내지 신뢰보호를 위하여 특별히 경

과규정을 두어 납세의무자에게 유리한 종전 규정을 적용하도록 하고 있는 경우에는 마땅히 종전 규정을 적용하여야 한다.

나. 1991.12.31 개정된 「서울시 도시재개발사업에 대한 시세과세면제에 관한 조례」 부칙 제2조 "이 조례 시행 당시 종전의 조례에 의하여 과세면제 하였거나 과세면제 하여야 할 시세에 대하여는 종전의 규정에 의한다."는 규정은 종전의 조례에 의하면 시세(등록세)면제대상이 되어야 할 부동산등기가 조례의 개정으로 그 대상에서 제외된 경우에는 납세의무자의 기득권 내지 신뢰보호를 위하여 납세의무자에게 유리한 종전 조례를 적용한다는 특별규정이라고 보아야 한다.

다. 교육세법 제3조제4호, 제5조제1항제4호 규정에 따르면 등록세가 지방세법이나 조례에 의하여 면제되는 경우에는 그 납부하여야 할 등록세액은 존재하지 아니하는 것이므로 다른 특별한 규정을 두지 아니하는 이상, 이 경우 등록세 면제자를 교육세의 납세의무자에 포함시킬 수 없다고 보아야 한다.

저자약력

◈ 전연규(全延圭)

- 1975 ~ 1979 : 서울시 토목직 공무원
- 1980 ~ 1998 : 서울중앙지방검찰청 특별수사부, 공안부, 강력부 근무
- 현 기린법무사합동법인 대표법무사
- 현 도시개발신문사 대표

【경　력】

- 서울시 중구청 분양가심의위원 역임
- 국회 입법지원 위원
- (사)한국도시개발연구포럼 대표
- 국가청렴위원회 전문위원(현 국민권익위원회 자문위원) 역임
- 송파구청 공유토지분할위원 역임
- 경기도 도시재정비위원(2006 ~ 2008년 역임)
- 김포시 원도시 재정비를 위한 특별위원 역임
- 서울대 법학전문대학원 재건축·재개발교육 강사
- 대한법무사협회 법무사연수원 부동산공법 강사(재건축·재개발)

【실　무】

- 반포주공2단지 재건축조합, 도곡렉슬재건축조합, 잠실2단지, 잠실3단지, 잠실4단지, 잠실시영아파트, 반도아파트 재건축조합과 보문4구역, 안양덕천마을 재개발조합 업무 등 다수를 처리한 바 있음.

【저　서】

- 8.31부동산대책과 재개발·재건축·뉴타운사업의 쟁점, 전연규(2005.11.)
- 참여정부의 부동산대책과 부동산개발업법, 전연규(2007.6.)
- 재정비특별법과 뉴타운사업 해설, 전연규(2008.9.)
- 재개발·재건축비리와 처벌, 전연규(2009.8.)
- 새로운 재건축·재개발이야기, 김종보·전연규 공저(2010.8.)
- 도시개발법과 실무해설, 전연규외 도시개발연구팀(2010.9.)
- 재개발·재건축사업에서 알려지지 않은 18가지 비법, 전연규·황서윤 공저(2011.3.)
- 도시정비법과 뉴타운 출구전략, 전연규(2012.3.)
- 정비사업과 형사처벌, 전연규·이금규 공저(2013.4.)
- 재건축재개발 Q&A백과사전, 전연규 외3 공편저(2014.4.)　등 다수

2014 「도시 및 주거환경정비조례」 조문 해설

저　자 전 연 규　　2014년 8월 7일 초판 인쇄
발행인 양 진 수　　2014년 8월 14일 초판 발행
발행처 진 원 사

서울시 서초구 법원로 2길 17-6(서초3동, 형덕빌딩 1층)
전화 : 02) 916-1850 / 팩스 : 02) 916-3442
신고번호 제321-2512007002호
http://www.jinwonsa.co.kr
http://www.lawbookstore.co.kr

ISBN : 978-89-6346-385-8　93360　　정가 70,000원